中国楚菜大典

湖北省商务厅
湖北经济学院

编著

长江出版传媒

湖北科学技术出版社

图书在版编目（CIP）数据

中国楚菜大典 / 湖北省商务厅，湖北经济学院

编著 . — 武汉：湖北科学技术出版社，2019.11

ISBN 978-7-5706-0799-0

Ⅰ . ①中…

Ⅱ . ①湖…　②湖…

Ⅲ . ①菜谱—湖北

Ⅳ . ① TS972.182.63

中国版本图书馆 CIP 数据核字（2019）第 243830 号

策　　划 / 刘　玲

责任编辑 / 兰季平　刘　辉　王小芳　蔡　婧

封面设计 / 胡　博

出版发行 / 湖北科学技术出版社

电　　话 / 027-87679468

地　　址 / 武汉市雄楚大街 268 号（湖北出版文化城 B 座 13~14 层）

邮　　编 / 430070

网　　址 / http：//www.HBstp.com.cn

印　　刷 / 武汉市金港彩印有限公司

邮　　编 / 430023

出版日期 / 2019 年 11 月第 1 版　2019 年 11 月第 1 次印刷

开　　本 / 889×1194　　　　1 / 16

印　　张 / 46.5

字　　数 / 1430 千字

定　　价 / 688.00 元

《中国楚菜大典》
编委会

王业利　王永明　王先志　王自俊　王金虎　王建邦　王海东　王辉亚
毛忠亮　方元法　方志勇　尹东　尹若冰　尹明录　孔德明　邓勇
邓弼发　甘泉　石正栋　龙劭华　卢苏　卢永良　卢永忠　卢酿蜜
叶庆年　叶钟洪　叶宴平　田勇　田贞彦　田荣茂　付和平　付胜红
冯超　司寄超　吉维刚　毕代辅　朱甫兵　朱洪斌　伍松　伍峰
任德胜　刘刚　刘俊　刘健　刘高　刘涛　刘虓　刘小飞
刘卫平　刘五刚　刘江来　刘安全　刘志敏　刘克单　刘宏波　刘现林
刘泽军　刘晓东　刘爱明　刘海东　刘淑林　刘路田　关勇章　江立洪
汤旺林　汤荣战　祁建国　许德俊　孙先一　孙先恩　孙志国　孙国辉
孙昌弼　孙玲莉　严涛　严凌华　严随有　苏方胜　苏忠高　李广
李建　李亮　李辉　李磊　李璟　李开群　李代军　李兴生
李志刚　李忠南　李和鸣　李育林　李学文　李学峰　李建华　李冠华
李继东　李家喜　李德华　杨涛　杨辉　杨翔　杨元银　杨东林
杨同生　杨金成　杨咏霞　杨智葳　杨善全　肖关羽　肖述林　肖喻康
吴涛　吴卫侦　吴可军　吴永江　吴兴涛　吴细双　吴恒清　吴海波
何奇　何渊　何耀军　余勤　余付泉　余克喜　余志刚　余明社
余明超　余贻斌　邹志平　汪军鸿　张健　张彬　张强　张毅
张文波　张在祥　张红军　张军伟　张京旭　张春明　张炳超　张爱兵
张德隽　张鹤奎　陆升龙　陈占　陈明　陈忠　陈梅　陈才胜
陈天虎　陈艾军　陈志全　陈来彬　陈建喜　陈胜利　陈彦斌　陈继民
陈得华　陈景洪　陈新云　武斌　武思平　武俊庆　武清高　林斌
罗文　罗想　罗华璋　罗建文　金文学　金世兵　周刚　周青
周军成　周鑫洋　郑少奎　郑彦章　郑海军　郑德敢　宗家宏　赵文
郝军　郝永桥　胡鸣　胡功强　胡年平　胡志勇　胡宏厂　胡雨明
胡忠志　胡承伟　胡晓屹　柯金龙　钟波　钮立平　施建军　姚三林
秦武军　袁红　袁少林　袁引军　袁红成　袁建华　聂昌伟　聂国良
夏胜强　夏家胜　顾群　徐国　徐钢　徐水元　徐作良　徐建民
徐海明　徐家莹　翁华军　高志国　郭四海　唐飞　涂建国　涂庭田
陶析彻　桑少凯　黄锐　黄黎　黄安胜　黄志雄　黄金林　曹利军
常福曾　崔进　章永皇　章登华　梁少红　彭金杰　董新洲　韩号
韩斌　喻思恩　程双喜　储勤虎　鲁建群　童先彬　童振中　谢元亮
谢加芬　谢光华　谢红安　谢建伟　雷光武　雷建华　解德福　蔡波
蔡少平　蔡东鸿　管建国　廖华　赛玉彪　谭义务　谭恩章　谭墩群
谯乾明　熊勇　熊一富　熊国胜　熊琳丽　潘红羽　戴军华　魏铁汉

文字校对：（按姓氏笔画排序）
丁方　刘燕雨　但佳丽　张芸　张洁慧　陈雨珊　姚春霞　谭正林

资料整理： 王金国　马丽　申丹　彭辉昊

菜照摄影： 王小波　管俊

组织联络： 王援　王巧云　李再辉

在湖北省商务厅、湖北经济学院和众多湖北饮食文化学者、楚菜烹饪大师及餐饮企业的共同努力下，历经两年编纂而成的楚馔文化的鸿篇巨制——《中国楚菜大典》正式面市发行。这对于我们现在和将来进一步传承湖北饮食文化，推动楚菜的创新发展，扩大楚菜在全国乃至于全世界的影响，具有里程碑的意义。功在当今，惠及后世，实在是件值得称道庆贺的事情！

习近平总书记在十九大报告中指出："文化是一个国家、一个民族的灵魂。文化兴国运兴，文化强民族强。没有高度的文化自信，没有文化的繁荣兴盛，就没有中华民族伟大复兴。"习总书记高屋建瓴地阐述了文化自信对民族、对国家不可替代的独特作用，因此，无论是从落实党的十九大会议精神的重要性上看，还是从满足湖北省经济发展的现实需要角度上看，有悠久饮食文化历史的湖北，实在应该有这样一本关于楚菜前世今生、文脉流向的指南性工具书。

《中国楚菜大典》的出版，是湖北省委、省人民政府落实党的十九大精神的实际行动。马克思主义的哲学观认为，生产力决定生产关系，但在一定条件下，生产关系反过来又能促进生产力的发展。高速发展的湖北经济和人们生存方式的嬗变，催生了现在楚菜的兴旺，楚菜的兴旺反过来又促进了湖北经济的发展和加快人们生活方式的变化，正所谓楚菜兴，为湖北增色；楚菜衰，为湖北减分。从这个角度上看，楚菜文化其实还充任了为湖北在更大格局上提振竞争力的角色。今天，湖北的菜品日益繁多，小吃品种风味突出，餐饮业态极其丰富，餐饮市场持续繁荣，实为历史上最好的发展时期，湖北经济持续发展为楚菜的昌盛繁荣奠定了坚实的基础。

《中国楚菜大典》的出版，是今人对楚国先民遗留千秋的宝贵文化遗产的守望与致敬。

湖北是长江之腰上的一颗璀璨明珠，生生不息，熠熠生辉。千百年来，人们喜欢用"鱼米之乡""湖广熟、天下足"来赞誉湖北的富庶，用"惟楚有材""天上九头鸟"赞誉湖北人的聪慧，用"楚文化发源地""长江文明发源地"赞誉湖北人对人类文明做出的贡献。有着近3000年发展历史的楚菜，是不可多得的珍贵文化遗产。众所周知，楚国自古有着极其灿烂的肴馔文明。湖北菜古称楚菜、荆菜，起源于江汉平原，发源地在楚国的郢都（今湖北江陵）。按专家的说法，华夏文化从西周开始逐渐分为南北两支，北支的中原文化，地跨黄河流域，壮阔雄浑，纯朴敦厚；南支即为楚文化，活跃于长江中下游，清奇秀丽，豪放浪漫为其表征。正由于我国南方的山清水秀，人杰地灵，作为楚文化具象表现形式之一的肴馔——楚菜，无处不体现出南方固有的精、奇、细、巧的特征。早在近3000年前，楚国就是周朝的强国之一，疆域辽阔，物产丰富，是鱼米之乡。《史记·货殖列传》记载楚国"饭稻羹鱼""不得贾而足""无饥馑之患"，楚国这种自然资源优势，在当时生产力发展水平的条件下，足以让其他国家羡慕不已。在《楚辞·招魂》和《大招》里，分别记录了两份著名的菜单："宗室遂宗，食多方些。稻粢穱麦，挐黄粱些。大苦咸酸，辛甘行些。肥牛之腱，臑若芳些。和酸若苦，陈吴羹些。胹鳖炮羔，有柘浆些。鹄酸臇凫，煎鸿鸧些。露鸡臛蠵，厉而不爽些。粔籹蜜饵，有餦餭些。瑶浆蜜勺，实羽觞些。挫糟冻饮，酎清凉些。华酌既陈，有琼浆些。""五谷六仞，设菰粱只。鼎臑盈望，和致芳只。内鸧鸽鹄，味豺羹只。魂乎归来，恣所尝只。鲜蠵甘鸡，和楚酪只。脍苴蓴只。吴酸蒿蒌，不沾薄只，魂兮归来，恣所择只。炙鸹蒸凫，煔鹑敶只。煎鰿膗雀，遽爽存只。魂乎归来，丽以先知。四酎并熟，不涩嗌只。清馨冻饮，不歠役只。吴醴白蘖，生楚沥只。魂乎归来，不遽惕只。"

这两份菜单集中呈现了楚国宫廷贵族肴馔之精华，从一个角度说，固然表现了楚国贵族们的奢侈生活；但从另一个角度说，楚国确乎有让贵族们能过上奢侈生活的物资条件。楚菜历经春秋战国、汉魏六朝、隋唐宋元、明清和现代与当代的五个演变时期，走向了今日的辉煌，在中国烹饪史上有"千年楚馔史，半部江南食"之谓。

当然，历史也证明，楚菜经过几千年的沿袭与演变，不拒众流，方为江海，至今仍呈现出极其旺盛的生命力，确乎不是浪得的虚名，确实能反映出南方烹饪技艺、享饪文化的高超水平和体现出长江中下游流域独树一帜的风味特色。

厘清楚人先祖创造辉煌饮馔文明的来龙去脉，既是这部书籍编纂者传承与守望历史传统文化的责任，也是该书编纂者应有的向传统菜馔文化的致敬态度。知道辉煌的过往，可增强我们的文化自信，亦能掂出担之于肩的历史分量，这，会使我们迈向明天的步履，更加稳健沉雄，更加铿锵有力！

《中国楚菜大典》的出版，是对当下楚菜文化现实流向的关注和远期发展态势的眺望。

楚菜文化是生生不息的楚文化具象表现形式之一，亦是楚文化极其重要的组成部分。人类历史发展规律清楚地表明，时下的地域文化已经不单单是一种文化现象，而是一种综合势能的整体展现。在全国乃至全世界各地区竞争的格局中，某个地域的文化软实力，其实已与该地域的经济发展硬实力融为一体，共同构成了该地区的综合竞争力。

所以说，楚菜的发展已经不仅是一种简单的文化现象，而是与湖北经济发展格局和人民生活水准的高低，甚至与人们对获得幸福感的认同密切相关。今天的湖北，已是温饱问题基本解决的小康社会，饮食已由饱肚果腹的低级功能逐渐向品尝文化的精神享受功能转化，饮食文化已然成为人们生活中可感可触的文化符号，且具有其他文化形式所不具备的润物细无声的感染力和强劲持久的传播力，并以鲜活的形式彰显了楚文化的软实力。我们可以预期，该书的出版，势必对湖北经济的发展，起到重要的推动作用。

《中国楚菜大典》以翔实的史料，系统地梳理了近3000年楚地饮馔文明的辉煌文脉，以楚菜为核心，上溯楚地古今地理物产，旁及楚酒、楚茶及筵宴、器皿，涉及面相当广泛，着重展示当下的饮食文化表现形态，尤其展现了改革开放40年来楚菜发展的骄人成果，贯穿了人文传统、民风民俗，颇具资料的完备性与相当的权威性，突破了以往或"就湖北菜论湖北菜"，或对湖北菜馔文化的研究，总是落实成为出版一本本具体菜谱的窠臼，为读者提供了一个更为广阔的文化视野，也为外界了解、认识楚菜整体风貌开了一扇指南性"窗口"，是近年湖北地区饮食文化研究的一项重要的阶段性成果，为后来者投入湖北饮食文化的研究工作奠定了一块扎实的基石。

是为序。

中国烹饪协会会长：姜俊贤

2019年11月

目录

绪 论 楚菜与楚文化

第一章 楚菜的源流

第二章 楚菜发展与产业创新

第三章　楚菜特色食材

第四章　楚菜制作技艺与菜品创新

第五章　楚菜饮食非遗与美食之乡

第六章　楚天名茶名酒

第七章　荆楚名宴名席

第八章　荆楚名菜名点

第九章 楚菜大师

第十章 楚菜名店名企

第十一章　名人谈楚菜

附　录

内容索引

后　记

绪 论

楚菜与楚文化
CHUCAI YU CHU WENHUA

一、追根溯源："鄂""楚"之由来

湖北位于长江中游，洞庭湖以北，故名湖北，简称鄂。同时，湖北文化的主干与源头，又是先秦时期独步一时的楚文化。因此，鄂、楚与湖北有着千丝万缕的关系。追根溯源，理清"鄂""楚"的由来，对于准确把握湖北历史文化的发展脉络与特色尤为重要。

（一）"鄂"之由来

鄂是一个历史悠久的先秦古国，在商周时期有着重要的影响。

"鄂"在甲骨文和金文中写作"噩"，后世文献中均写为"鄂"。在传世文献中，鄂最早见于《战国策·赵策三》"秦围赵之邯郸"篇：鲁仲连曰："昔者，鬼侯、鄂侯、文王，纣之三公也。鬼侯有子而好，故入之于纣，纣以为恶，醢鬼侯。鄂侯争之急，辨之疾，故脯鄂侯。文王闻之，喟然而叹，故拘之于牖里之车，百日而欲舍之死。"

《史记·殷本纪》也有类似记载："（纣）以西伯昌、九侯、鄂侯为三公。九侯有好女，入之纣。九侯女不喜淫，纣怒，杀之，而醢九侯。鄂侯争之强，辨之疾，并脯鄂侯。"同样内容又见于《史记·鲁仲连邹阳列传》。

根据上述文献可知，鄂国在商末时已存在，且地位甚高，为纣之三公之一，与西伯昌（周文王）、九侯并列，且称"侯"，这表明鄂国在商代已是诸侯国。至于鄂国之立国时间，则当在此之前。

文献还记载，鄂国为姞姓。姞姓为黄帝十二姓之一，姞姓诸侯除鄂国之外，史载还有南燕国和密须国，这些先秦姞姓诸侯国基本上都位于黄河流域，地望大致不出今天的甘肃东部、陕西西部的泾渭流域以及山西汾河流域一带。

在上述地域范围内，如今仍有一些古鄂国所留存的史迹，为追踪早期鄂国提供了线索。《左传》隐公六年："翼九宗五正顷父之子嘉父逆晋侯于随，纳诸鄂，晋人谓之鄂侯。"鄂，晋别邑，其地所在，杨伯峻注："据《一统志》，鄂侯故垒在今山西省乡宁县南一里。"此鄂侯又见于《史记·晋世家》："孝侯十五年，曲沃庄伯弑其君晋孝侯于翼。晋人攻曲沃庄伯，庄伯复入曲沃。晋人复立孝侯子郤为君，是为鄂侯。"表明春秋早期时，乡宁一带犹称鄂。

也就是说，从商至西周早期，鄂国居于乡宁，即"乡宁之鄂"。乡宁隶属于今山西省临汾市，位于山西省西南端临汾市西隅、吕梁山南端，西隔黄河与陕西为邻。今乡宁境内仍有鄂城、鄂山、鄂谷、鄂水等地名，是鄂人长期在此活动而留下的地理痕迹，可见商代鄂国的立国之地最初当在今山西乡宁附近。

约在商代武丁时或稍早阶段，鄂国由乡宁迁向今河南沁阳县城或略偏南一带，此乃沁阳之鄂。

从现存资料来看，"鄂"字最早与湖北的政区设置发生联系，是在西周中期后段楚君熊渠之时。最早的记载见于《世本·楚谱》，相关内容仅一句，即"熊渠有三子，其中之名为红，为鄂王"。除此之外，记载较早、较详细的是《史记·楚世家》，其云："熊渠生子三人。当周夷王之时，王室微，诸侯或不朝，相伐。熊渠甚得江汉间民和，乃兴兵伐庸、扬粤，至于鄂。熊渠曰：'我蛮夷也，不与中国之号谥号。'乃立其长子康为句亶王，中子红为鄂王，少子执疵为越章王，皆在江上楚蛮之地。及周厉王之时，暴虐，熊渠畏其伐楚，亦去其王。"

熊渠所伐的鄂、所封中子红的"鄂王城"在今天的什么地方？这是一个长期悬而未决的难题，说法众多，以"东鄂说"和"西鄂说"为主。

东鄂说认为鄂国在今湖北鄂州一带，以王国维、陈梦家、殷崇浩、陈佩芬、张正明、刘翔、罗运环等学者为代表，其中以王国维最早主张东鄂说。如陈梦家在《西周铜器断代》一文中根据上海博物馆所藏的"鄂叔簋""鄂侯弟卣""鄂季簋"出土之地——武昌，认为西周时期鄂国的地望在东鄂。殷崇浩在《楚都鄂补》中综合考虑了鄂地的地理位置，从军事防御方面论证东鄂说。刘翔在《周夷王经营南淮夷及其与鄂之关系》一文中根据对周夷王征伐南淮夷历史的考证，加上对相关青铜器铭文的解读，同样认为鄂国地望在东鄂，而且正是由于鄂国与南淮夷关系的密切才导致鄂国的灭亡。

西鄂说则认为西周鄂国在南阳盆地的汉代西鄂县故城一带，以徐中舒、马承源、张剑、黄盛璋、徐少华、张昌平等学者为代表。20世纪50年代，徐中舒先生在系统研究"禹鼎"铭文时，认为西周鄂国的地望应如《楚世家》正义所说，位于南阳盆地内的西鄂故城。黄盛璋根据"禹鼎"中"禹以武公徒驭至于噩，敦伐噩京，休获厥君驭方"的铭文，认为此"噩"即西鄂，在今南阳市北。

"东鄂说""西鄂说"都有支持自身观点的文献依据和考古材料，但也都有其局限性。随着湖北随州等地的考古新发现，最终打破了鄂国地望研究方面的僵局。

1975 年，湖北随州安居镇羊子山一带曾发现 4 件青铜器，其中一件铜尊有铭文"鄂侯弟历季作旅彝"。另上海博物馆曾于 20 世纪 50 年代末 60 年代初收集到一件铜卣，洛阳市博物馆也收集到一件铜簋，两件青铜器铭文与羊子山所出"鄂侯弟历季尊"相同，这三件鄂器同为鄂侯之弟历季所作，应为同一组礼器，也表明上海、洛阳两地的鄂侯弟历季铜器亦当出于随州羊子山。1980 年，羊子山再次出土 18 件青铜器，年代皆为西周早期。

学者曹淑琴据此提出，鄂的地望从江汉平原一带着手探索可能更为合理，今后如能加强这一地区的考古工作，或可解开鄂国地望之谜。至 2007 年，随州地区考古工作的新发现验证了这一预言。

2007 年 11 月，因犯罪分子盗掘古墓未遂，随州市博物馆在随州安居镇羊子山墓地抢救性清理了一座西周早期的墓葬，编号为羊子山四号墓，出土了 27 件鄂国青铜器，有方鼎、圆鼎、簋、甗、罍、盉、盘、提梁卣、尊、斝、觯、爵、方彝等，其中大部分铜器上有"鄂"或"鄂侯"铭文，证明羊子山四号墓的墓主应为西周早期的某一代鄂侯。

羊子山四号墓的发现，使西周早期鄂国地望问题逐渐清晰起来，学者普遍认为西周早期的鄂国确应该位于随州安居镇附近。

2012 年，南阳夏响铺鄂国贵族墓地的发掘是鄂国考古的又一重要发现，为鄂国研究提供了最新资料。夏响铺墓地位于南阳市新区新店乡夏响铺村北一处高岗上，一共有三十多座古墓，墓葬出土青铜器上有"鄂侯""鄂侯夫人""鄂"的铭文，其时代初步推断为西周晚期晚段。夏响铺鄂侯墓地的发掘对于研究西周晚期到春秋早期鄂国历史是一个重大的突破。河南南阳夏响铺墓地的发现，表明至少在西周晚期鄂国并没有完全被消灭，而是被迁徙到了南阳盆地一带。至春秋早期楚文王灭申设县以后，鄂国才被楚彻底地灭掉。此前学术界根据"禹鼎"铭文记载，大都认为鄂国在西周晚期时已被周所灭，但夏响铺西周晚期鄂国墓地的发现表明，周厉王时鄂侯驭方叛乱被西周扑灭后，鄂国并未被灭，而是在南阳地区安置下来，并且为汉代南阳西鄂县的来源和鄂国西鄂说找到了考古确证。

综上所述，商代鄂国活动于北方中原地区，最早在山西乡宁一带；约在商代武丁时或稍早阶段，迁至河南沁阳附近；西周早期，鄂国当在湖北随州安居镇附近；西周晚期，鄂国迁至河南南阳地区；春秋早期，鄂国被楚消灭。

（二）"楚"之由来

提及湖北，我们经常提到一个概念：荆楚。那么，什么是荆，什么是楚呢？荆与楚的关系又是怎样的呢？

实际上，"荆"与"楚"是同物异名，荆即楚，楚即荆，它是一种柔韧性较好的木本植物，如成语"负荆请罪"中的"荆"指的就是这种木本植物。所以，在探讨湖北历史文化时，"荆""楚"的概念是统一的。

司马迁《史记·楚世家》说："楚之先祖出自帝颛顼高阳。高阳者，黄帝之孙，昌意之子也。"这说明楚族的始祖是颛顼高阳氏，而高阳氏又是黄帝之孙，所以楚族的始祖应是华夏各族的共同祖先——黄帝。

颛顼之后，经过漫长的发展，大约在夏王朝时期，颛顼部落传承至祝融部落。祝融部落与夏部落及后来的夏王朝关系一直很密切。1987 年，荆沙铁路考古队发掘湖北省荆门市包山楚墓，墓主人陪葬品楚简中明确记载墓主人所祭祀的祖先名字，祝融赫然位列其中。这是证明祝融是楚人祖先最有力的实物证据之一。

夏商之际，中原地区争夺激烈，祝融部落分崩离析，祝融部落的一支芈姓季连为了生存与发展，将眼光投向了当时许多部落目力所不及的所谓"南土"。"南土"，即今天的荆楚大地。

南下的芈姓季连部落，一方面带有浓厚的中原华夏文明的印记，同时入乡随俗，与土著文化融合，不断发展和强大起来，逐渐成长为"南土"一个不可轻视的重要方国部落。

芈姓季连部落至鬻熊之时，在地处南土的荆楚之地形成了一个被称为"荆楚"或"楚荆""楚蛮""荆蛮""蛮荆"的新兴民族。

所以，楚族从其主源看，是源自以黄帝为代表的华夏集团；而从其群体看，则是华夏族与南蛮相融合而成的民族群体。

到商代末年，楚族涌现出了一个著名领袖鬻熊。鬻熊敏锐地察觉到了商王朝的腐朽与没落，而正在兴

起的周族是可以依赖的势力，于是审时度势，及时投奔周族首领西伯姬昌（周文王），并与其他各地方国部落一起参加了灭商的斗争。鬻熊因此得到周王室颁给的"子"的爵位名分。所以，鬻熊既是楚族的杰出首领，也是楚国最早的缔造者。楚人后来感念其功，把鬻熊与祝融一样，奉为祖先祭祀。同时，在鬻熊之后，楚的国君便以熊为氏，如熊丽、熊狂、熊绎、熊艾等。

在鬻熊第四代孙熊绎的时候，周王朝正式给楚以"子男"封号，还分封了相应的地盘，据说就在荆山脚下。根据文献记载，荆山在今湖北西部保康、南漳一带。《史记·孔子世家》记载："楚之祖封于周，号为子男五十里。"说明当时的楚国版图促狭，不过方圆五十里。熊绎被封以子爵，颁给封地，标志着周王室正式承认楚。楚人鲤鱼跃龙门般从部落进入到诸侯国的行列，意味着楚人建国的开始。但是，当时楚国国土面积不过区区五十里，小得可怜。而且，熊绎当时受封，仅仅只是一个挂名的诸侯，根本没入各路诸侯的法眼，也根本不能与中原诸侯同起同坐。有一次，周成王在岐山之阳召集诸侯举行盟会，熊绎首次以诸侯的身份出席这次盟会，但因身份卑微，在如此隆重的场合，只能担当守"燎"一职，就是专门看守祭天的火堆，无缘参与正式盟会仪式。

立国之初的楚人，在熊绎的带领下，在荆山深处的丛林中刀耕火种，度过了一段自力更生、艰苦奋斗的岁月。对于这段极度艰辛的创业历程，楚人的后裔总是难以忘却。《左传》记载了楚人对这段历史的回忆和描述："昔我先王熊绎，辟在荆山，筚路褴缕，以处草莽。跋涉山林，以事天子。"筚路即简陋的柴车，蓝缕是破旧的衣裳，桃弧是桃木做的弓，棘矢是棘枝做的箭。这段话的意思就是，立国初期的楚人，坐的是简陋的柴车，穿的是破旧的衣裳，生活在草莽丛生的山林里。他们开垦荒山，辛勤耕作，还要在崎岖的山路中往返跋涉，为周天子当差效力，贡献弓箭等物品。楚人就是在如此艰苦恶劣的环境中迈出了艰苦创业的第一步。也正是以此为起点，楚人创造了八百余年的辉煌历史。

但是，楚国国名究竟是如何来的呢？有人说，这是因为楚人的居住地生长着许多荆条，这种荆条当时被称为"楚"。也有人说，"楚"字象征着一个人跋涉在灌木中。更多的专家认为，荆楚这个国名，源于西周时期楚国被分封在荆山一带……关于楚国国名的由来可谓众说纷纭，莫衷一是。

2008年，清华大学收藏了2388枚失落在海外的珍贵竹简，即著名的"清华简"。这些竹简的年龄超过2000岁，也就是说，其年代为战国中晚期，其史料价值巨大。

随着释读与研究工作的不断深入，专家们发现，竹简中记载了大量极为宝贵的文献，其中一些文献将改写中国上古史。特别是其中一些关于楚国起源的记载，颠覆性地冲击着几十年来关于楚国历史的原有研究成果。

这批文献中，有一篇被称为《楚居》，比较详细地记载了楚人的早期历史。也正是这篇《楚居》文献，终于解开了困扰历史学家们多年的楚国国名来源之谜。

竹简记载，楚人是炎帝的火师、火神祝融的后代。也就是说，楚人来自中原，是炎黄子孙，祖居"祝融之墟"，这与以往的文献记载一致。《史记·楚世家》等记载，楚人的先祖生活在黄河下游一带，文化上属于炎帝系统，始祖为祝融。"祝融之墟"应该就是楚人的起源地。据考古学家分析，其地点应该在今天的

荆山主峰

河南新密一带。

《楚居》中赫然记载，楚先君穴熊的妻子妣厉难产而死，巫师先用荆条（原文中为"楚"）把她左胁长长的伤口捆扎起来，然后再并隆重安葬。为了纪念这位为生育后代献出自己生命的伟大母亲，这个部族后来自名为"楚"。

关于楚国国名的来源，这篇由 2000 年前的楚国史官所写的文献提供了最权威的解释，争论至此尘埃落定。

秦代，因为"楚"犯了秦始皇父亲子楚的名讳，遂改以荆山之"荆"称之。后来湖北就多称荆，有时合称荆楚。

二、文化传统：博大精深的楚文化

如上所述，楚文化因楚国、楚人而得名，它发端于湖北，既是周代荆楚地域的主体文化，又是秦汉以后湖北文化的源头。因此，我们可以说，湖北文化的主源就是楚文化。

楚文化是古老的，它的青春和迟暮都在两三千年以前。但楚文化也是全新的，人们有幸同它相识还不过百年光景。

楚文化的遗存埋没在地下达两三千年之久，直到 20 世纪 20 年代至 40 年代才被盗墓者唤醒，出土了战国时代的许多楚文物。其中有不少铜器和漆器工艺精绝，风格独特，令史学家和古董商诧异不已。但这还只是"小荷才露尖尖角"，人们一时还很难认清它们的意态风神。从 20 世纪 50 年代起，楚文化的遗存一批又一批地被考古学家唤醒，给文化界带来一阵又一阵的狂喜。"惊起却回首"，人们重新审视哲学史上的《老》《庄》和文学史上的《庄》《骚》，彻然大悟，原来它们也都是楚文化的精华。

（一）波澜壮阔的楚国 800 年

在楚国先祖鬻熊第四代孙熊绎的时候，周王朝正式给楚以"子男"封号，还授给了相应的分封范围，此举标志着楚人建国的开始。尽管地处偏远，爵位卑微，但是作为一个新生的国家，楚已经开始厕身诸侯国方阵之中。

从熊绎至熊渠的一百多年间，楚国由弱变强，逐步摆脱了周王朝的束缚，走上独立发展的道路。特别是熊渠，作为楚国历史上著名的政治家、军事家，对楚国的崛起与强盛，起到了重要的作用。

熊渠颇有胆气和勇力，尤其擅长射箭。司马迁在《史记》中对熊渠的射箭技术赞誉有加，认为就连射落过九个太阳的后羿也无法与熊渠媲美。一天夜晚，熊渠正急着赶路，突然听到草丛中发出一阵奇怪的响声，他急忙停下脚步，机警地朝四周望去，猛然发现一只大老虎就趴着前方不远处。熊渠赶紧弯弓搭箭，只听见"倏"的一声，那老虎就一动不动了。待他上前一看，惊讶地发现，哪有什么老虎呀，不过是一块巨石横卧在那里罢了。他再去拔那箭头，竟然深深钻入石头，怎么也拔不出来了。

这就是熊渠"金石为开""射石饮羽"的故事。这个典故和后世广为流传的"李广射石"的传说如出一辙，不过前者的时间却早了七百余年。

熊渠不仅力气过人，而且胆略超群。他利用周王朝内外矛盾重重、统治不稳的时机，采取远攻近交的策略，首先团结江汉流域的群蛮百濮和大小方国部落，史称"熊渠甚得江汉间民和"。当在江汉间立足后，即开始开疆拓土。熊渠向西攻下了大国庸，向东一直攻打到鄂（今湖北鄂州市境）。

在鄂境内，有一处著名的铜矿——大冶铜绿山。在当时，铜可是非常重要的战略物资。熊渠兵锋直指鄂，占领了包括铜绿山铜矿在内的广大土地。掘取长江中游的铜矿，是熊渠一生所做出的最重大的决策，也是他所建立的最辉煌的功业。仰赖丰富的铜矿，楚国制造了锋利的武器，组建了精师锐勇，为楚国的振兴崛起奠定了坚实的基础。熊渠不失为楚国历史上杰出的政治家、军事家，对楚国的崛起与楚文化的孕育发展，起到了重要的作用。

楚武王、文王、成王、穆王时期，楚国国力逐渐增强，并将势力范围慢慢覆盖到周边地区，灭掉了周围几十个小国，扫清了通往中原的道路。

公元前 613 年，楚庄王即位，其时他尚不满 20 岁。当时楚国国内政治腐化，奸臣争权夺利，政权极不稳定。在这种情形之下，楚庄王主持朝政，如履薄冰，举步维艰，他经常叹息道："满朝文武大臣虽多，却不知到底谁是能够真心辅佐自己的贤相良臣？谁是祸国殃民的奸臣贼子？"

为了辨识忠奸，楚庄王决定"以静观动"，上演一出宫廷"选秀大剧"。楚庄王通过暗中仔细观察，终于看清了群臣中孰忠孰奸。于是，庄王当机立断，罢免奸佞小人，选用忠良贤臣。同时，庄王还大刀阔

斧地进行政治、经济和军事改革，广揽人才，兴修水利，重农务商，整饬军事，为楚国争夺霸业打下了坚固的基础。

公元前606年，楚庄王率领大军北上争霸，饮马黄河，问鼎中原。楚庄王观兵周疆，问鼎轻重，是中国历史上一件大事。它标志着南国之楚，已深入中原，深刻地影响着中国历史与文化的发展，后人称之为"天下大事尽在楚"。楚庄王一生戎马倥偬，南征北战，"并国二十六，开地三千里"，称霸中原，威播四方，楚国霸业进入到鼎盛时期，他也成为赫赫有名的"春秋五霸"之一。

庄王出征雕像

楚庄王逝世后，楚、晋两国为了霸主地位争得不可开交。楚、晋争霸结束后，楚、吴之间战火再起。由于战火不断，楚国国力日渐衰弱，甚至出现了吴师入郢这样的惨剧。

至楚昭王时期，昭王痛定思痛，重用贤臣，奖赏分明，与民休息，发展生产，使楚国国力得以迅速复苏，重又步入争霸行列，东却吴，北抑晋，楚国又以大国强国姿态立于华夏之林。

至楚惠王即位，继续执行安邦定国、伺机发展的方针。惠王在位57年，积极东拓，使楚国重又富强，成为战国"七雄"之一。

楚惠王后，继位的楚简王、楚声王政绩平平，同时楚国政局动荡，民不聊生，社会矛盾已到了十分尖锐复杂的地步。

于是，楚悼王启用吴起变法。"吴起变法"是楚国历史上一次著名的改革，但是由于楚悼王不幸早逝，吴起失去了坚强的靠山，被旧贵族残酷杀害，变法成果也付诸东流。

楚威王时期，楚国迎来了又一次巅峰期，版图空前扩大，从一个地处偏僻的蕞尔小邦，一跃成长为雄踞南方的泱泱大国。鼎盛时期，楚国领土东至东南沿海，西至渝川以东，北至河南、山东，南至两广，成为当时地域最广、人口最多、军事实力最强的国家。后人谓楚国"江山五千里"，应该是实至名归的。

楚怀王时期，屈原出任左徒。此时，正是楚国和秦国相互抗衡之际。屈原年轻气盛，意气风发，一心要使楚国强大起来，打败秦国，统一中国。屈原怀着初生牛犊不怕虎的气魄和胆略，极力主张改革政治，破旧除弊。在内政方面，屈原提议选择品行端正、有真才实干的人出任各级官吏，同时限制旧贵族特权。在外交方面，屈原主张联合齐国和其他一些国家，共同抗击秦国。概括起来，就是举贤任能，立法富国，联齐抗秦，进而统一中国。

经过屈原的一系列改革，使得楚国一度出现国富兵强、诸侯威震的局面。但是屈原的一系列改革措施，却遭到楚国贵族的坚决反对。楚怀王动摇了，忠奸不分，开始疏远屈原，任用小人，终使楚国国土大片沦丧，国力大大削弱。从此，楚国再度由盛转衰。屈原为怀王所疏远，郁郁不得志，被迫离开郢都。

楚顷襄王主政后，继续重用奸臣，排斥忠良，朝政更加腐败黑暗。楚顷襄王三年（公元前296），屈原被放逐于江南，长期流浪于沅、湘一带。他目睹楚国政治日益腐败，国土沦丧，人民疾苦，心情极为悲愤，经常吟诗直抒胸臆："长太息以掩涕兮，哀民生之多艰。"屈原为振兴楚国推行政治改革却遭到无情打击，流离失所。但他并不因此而后悔，向苍天和大地表白："亦余心之所善兮，虽九死其犹未悔。"

公元前278年，秦国大将白起带兵南下，长驱直进，攻入楚郢都。同年五月初五，屈原悲愤交加，投水自尽。楚都郢失守后，楚顷襄王迁都于陈（今河南淮阳）。

楚顷襄王卒，太子完立，是为楚考烈王（公元前262—前238）。公元前241年，楚考烈王又迁都至寿春（今安徽寿县），楚国国势江河日下。

公元前223年，秦国大将王翦率部攻入楚都寿春，俘虏楚王负刍。至此，富有传奇色彩的楚国宣告灭亡，正式退出历史舞台。

（二）博大精深的楚文化

楚人缔造了强大的楚国，同时也创造了辉煌的楚文化。著名学者张正明先生在《楚文化史》中，将楚文化的发展历程分为五期，即滥觞期、茁长期、鼎盛期、滞缓期、转化期。

在长期的发展过程中，楚国既融汇中原诸夏传统文化，又吸收本土民族的文化，创造了高度发达且风格独特、"亦夏亦夷"的荆楚地域文化。鼎盛时期楚文化的门类和成果有以下几个方面：天文、历象、算数、冶金、织帛、髹漆、筑陂、筑城、筑室、道术、辞章、艺事等。楚文化的成就，不仅领先于当时中原诸国，而且，在某些方面，还达到了当时世界的最高水平。

楚文化的滥觞期，始自西周早期楚国始封之时，迄于两周之交楚国将盛之际，历时近3个世纪。

《史记·孔子世家》记："楚之祖封于周，号为子男五十里。"楚文化的起点，正是在这弹丸之地。立国之初的楚人，还徜徉于原始社会之中。

《左传》昭公十二年记楚灵王时大夫子革说："昔我先王熊绎，辟在荆山。筚路蓝缕，以处草莽。跋涉山川，以事天子。唯是桃弧棘矢以供御王事。"周王封给熊绎一块蛮荒之地，熊绎则要对周王尽守燎以祭天、贡苞茅以缩酒及献桃弧棘矢以禳灾的职分。初创时期楚人生计之维艰，于此不难想见。

熊绎的国都仍称丹阳，但已不是昔日的丹水之阳，而是位于今湖北南漳、保康一带的荆山谷地。

从新石器时代以来，豫西南和鄂西北就是黄河、长江两大流域古代文明交相切劘之区。早期的楚国，恰好位于毗连豫西南的鄂西北，这种纵跨南北的地理位置，成为楚人得以兼采华夏和蛮夷之长的优势。

熊绎五传至熊渠。熊渠近交远攻，揭开了楚人吸收蛮夷文化的序幕。

楚国的周围是楚蛮，西和南为濮人和巴人，东和南有扬越。所谓楚蛮，即楚地的蛮族，其主体是三苗的遗裔。但熊渠在周夷王时大举讨伐的，主要还不是楚蛮和濮人的庸，而是扬越的鄂。鄂，位于今湖北鄂州市境，在其南面不远处的今大冶铜绿山一带，有一个巨大的红铜生产基地。红铜是当时的头等战略物资，熊渠很可能是在红铜的诱惑之下才劳师远征的。

两周之际，有若敖、霄敖、蚡冒相继为楚君。《左传》昭公二十三年记："若敖、蚡冒，至于武、文，土不过同。"说明那时楚国的版图并不大。当时，楚人用兵的方向仍以南向为主，因此，这个时期的楚文化遗存，主要分布于今沮漳河的中游和下游。

楚人及其先民长期依附于比他们强大而且进步的华夏及其先民，自然会受到后者的染濡，久而久之，彼此的文化面貌就显得十分相近了。正是由于华夏文化与蛮夷文化的交融，滥觞期的楚文化才在考古遗迹上依稀显露出某些自身的特色。然而，楚文化毕竟有介乎华夏文化与蛮夷文化之间的主源——祝融部落集团崇火尊凤的原始农业文化。至于华夏文化与蛮夷文化，则分别是楚文化的干流和支流，三者交会合流形成了楚文化，而对楚文化发展方向起决定作用的则是其主源。

楚文化的茁长期，始于熊通继位，时当春秋早期中叶，终于吴师入郢，时当春秋晚期中叶。

张正明先生认为，楚人在蚡冒、熊通之际，完成了从原始社会到阶级社会的过渡。当时，楚人所面临的历史条件已不允许他们对诸夏趋之若鹜了。诸夏先进而且强盛，无论其奴隶制的发展处于何种境况，楚人都会在诸夏的引力和斥力的交错作用之下，偏离历史的常轨。楚国在家族的胚胎时期，奴隶制成分和农奴制成分并存。楚人在度过了这样的胚胎时期之后，奴隶制成分虽苟延于宫廷和贵族的家室之中，农奴制成分却得以在县邑的里社中潜滋暗长。在楚国异常迅猛的扩张进程中，随着赋役制的普及，农奴制充斥于作为楚国主要行政区域的县邑，以致奴隶制的发展最终受到遏制。

一个民族能否另辟蹊径，创造出风采卓异的文化来，取决于他们能否矢志不渝地追求文化的独创性，亦即历史的独创性。对于楚国来说，探索自己的前进道路，是至关紧要之事。假若楚国甘心步诸夏的后尘，那么，在强邻四逼、列侯纷争的时世里，势难逃脱夭折的厄运。幸而楚人独行其是，化险为夷，而且在许多方面有出蓝之举，创造了先秦史上的奇迹之一。楚人在历史转折关头所显示的独创精神，是楚文化茁长的基因。

周室东迁之后，周王丧失了军事盟主的实力，楚人再也用不着为来自中原的威胁而忧心忡忡了。于是，楚武王时，楚人便把东线作为主攻方向，而汉阳诸姬之首——曾国（随国），便成为楚人东进的主要障碍。武王末年，楚国大举伐曾，迫使曾国订立了城下之盟。自楚成王三十二年（公元前640）始，曾国就成为楚国的附庸了。至于百濮、群蛮、百越，更容易被楚国各个击破。

楚人在政治上结夷夏为一体的进程，也是它在文化上熔夷夏为一炉的进程。楚文化的一切重大成就，都是师夷夏之长技而力求创新的结果。

楚人进入江汉平原之后，受到土著楚蛮的影响，文化面貌发生了显而易见的变化。根据考古资料可知，这个变化首先体现在陶器上，其中以陶鬲最为突出。西周晚期，南下的楚人为了适应楚蛮占多数和稻米为主食的环境，与楚蛮一起把带有诸夏文化特征的红陶锥足罐形鼎略加改造，做成了一种新式陶鬲——楚式鬲。

楚人在广泛吸收和综合利用南北农业文化精华的基础上，将楚蛮、扬越和淮夷的家族性或邻里性的小型农田水利作业加以改进提高，修建了筑陂塘等大型农田水利工程。

楚人做得最为成功的，莫过于得扬越和华夏的青铜冶铸技术而兼之。

中原的青铜时代，大约始于夏代晚期，历经商代和西周，下至春秋早期。楚人的青铜冶铸技术主要是师法中原。不仅如此，春秋早期以前，在青铜冶铸方面，楚人甚至赶不上越人。近年来，在湖北随州、京山、枣阳以及河南新野等地，出土了一批西周晚期至春秋早期的铜器，它们的形制和纹饰都一如中原，它们的数量和质量都超过了现已发现的楚国同期铜器。

熊渠时，由于一度进兵到包括铜绿山在内的鄂地，占据了青铜原料的来源，楚国的青铜冶铸业获得了初步的发展。然而，楚国青铜冶铸业的突飞猛进，却始自成王之世。成王奋武、文二世威服汉阳诸姬之余烈，北收弦、黄，控制了大别山南北的通道，铜绿山就成为楚国的掌中之物了。《史记·楚世家》记楚：成王"使人献天子，天子赐胙，曰：'镇尔南方夷越之乱，无侵中国。'于是楚地千里。"此处所谓"夷越"当指扬越。后来扬越地区的局势比较稳定，表明楚国在那里实行了有效的统治。

楚人占领铜绿山以后，把扬越的冶炼技术和中原的铸造技术结合起来，生产出大量优质的青铜器，并在铸造工艺方面超过了诸夏。1978年和1979年，在河南淅川下寺发掘了大型和中型的楚墓，年代为春秋中期至晚期，出土青铜器达四百余件。这些青铜器足以说明，当时楚国不仅普及了中原地区大约在春秋中期推广的分铸、焊合技术，而且创造了中原地区尚无先例的失蜡法和漏铅法铸造工艺；不仅镶嵌红铜工艺的运用早于中原地区，而且镶嵌黑漆工艺的采用更是开风气之先。

对待先进文化，楚人向来不抱偏见，他们满腔热忱地引进、改造，以求为我所用。在湖北襄阳山湾春秋楚墓中，有邓公秉鼎和上都府簠出土。在淅川下寺春秋楚墓中，有巴式剑、鄝子之用戟、上都公簠、蔡侯簠和吕王钟出土。这些不同国属和族属的器物成为楚人的宝物，体现了楚国的文化方针和楚人的文化素养。然而，在楚文化的苗长期，就总体来说，中原和其他地区的青铜器不再是楚人膜拜的对象了。这时的楚人，对自己的未来充满信心。在铸造青铜器的时候，他们的原则主要是创造而不是模仿，他们所刻意追求的，是根据自己的传统，按照自己的审美情趣，表现自己的风格和气派，由此，楚国的青铜器卓然自成一家了。外求诸人以博采众长，内求诸己而独创一格，这是楚国青铜器发展的道路，大而言之，也是楚文化发展的道路。

不只是青铜冶铸，楚国的典章制度和楚人的风俗习惯，也都介乎夷夏之间。楚君本称敖，这与诸夏和蛮夷都不同。楚君称王，始于自号为武王的熊通。

楚国的官制，从形式上看，与诸夏同少异多。如以尹名官虽始于商朝，但楚国以尹名官应是向周朝学来的，西周铜器铭文即有"皇天尹"。然而，楚官普遍称尹则是楚人求独立、求尊严的表现。县虽是周朝原有，但真正作为行政区域的县则始见于楚国。楚师的主帅称莫敖，后来也设了大司马、左司马、右司马之类。楚人偶尔也征用没有严格建制和没有严密阵法的蛮人入伍。楚国兵制方面的这些特点，都是因夷夏结合而形成的。

在封爵、食邑、礼法等方面，春秋时代的楚制也各具特色。例如，在王与士之间的大夫等级中，没有明确的阶层；有官无爵；封邑一般传袭不过三世；丧葬列鼎大多为偶数，与诸夏的奇数恰好相反。

在精神文化方面，楚人向华夏学来的首先是语言文字。据文献记载，无论是折冲樽俎时的唇枪舌剑，还是两军对垒时的彼此问答，楚人都没有借助于翻译。看来许多楚人应通夏言，至少楚国贵族是如此。而从《左传》庄公二十八年记楚令尹子元伐郑时"楚言而出"来看，楚人应有不同于夏言的本民族语言。至于文字，就是流行于中原而为周代各国各族通用的文字——夏文。

春秋中晚期，楚国的音乐艺术已有初步发展。淅川下寺出土编钟 52 件，其全部乐音系列可以奏出七声或六声的音阶。

苗长期的楚文化，从鄂西传播到鄂中，从汉西、汉南传播到汉东、汉北，从江北传播到江南，从淮水上游传播到淮水中下游，从长江中游传播到长江下游，几有席卷江淮之势。仅就江淮地区而言，楚文化如春风化雨，从其浸润之广，不难想见其蕴蓄之深。

楚昭王十一年（公元前 505），吴师离楚。次年，吴又大举伐楚，楚恐吴师再度入郢，迁都至都，而仍称郢。在楚昭王十三年至二十四年（公元前 503—前 492）之间，楚都又南迁到今湖北江陵纪南城，仍称郢。昭王九传至顷襄王。顷襄王十一年（公元前 278），秦将白起拔郢，楚都东迁。楚国以纪南城为首都长达 220 左右，可以说，纪南城的兴衰，伴随着楚文化鼎盛期的始终。

这个时期楚国的变化是空前的，可谓经济昌盛，文赋纷华。铜器生产登峰造极，并促进了铁器制造的改进和推广。其他各行各业，如丝织、刺绣、髹漆和城市建设等，也生机盎然。经济结构上，封建领主制的普及与家务奴隶制的延伸并行不悖。政治体制方面，则有断断续续的革故鼎新。旧有的县化大为小，已在全国普设；新设的郡在县之上，而仅限于边陲。官职日多，爵秩渐繁。封君的权势大致与先前的县公相当，其财富却非县公所能比拟。精神文化方面的成就异常突出，诸如老子、庄子、屈子等文化巨星相继升起，熠熠生辉！《老子》《庄子》代表着楚国的哲学，《庄子》《离骚》代表着楚国的文学，它们已跻身于全中国乃至全世界的哲学宝库和文学宝库之列。先秦的帛画迄今只发现过两幅，都属楚国。1949 年出土的一幅是人物龙凤帛画，1973 年出土的一幅是人物御龙帛画。这两幅帛画是当今所谓国画的先驱，一经发现，举世震惊。1978 年出土的曾侯乙编钟，以其壮美的阵容和高超的性能而令人叹为观止，这套编钟是世界上最早具有十二个半音音阶关系的定调乐器。

楚都迁陈（今河南淮阳）之后，国势江河日下。顷襄王四传至负刍，约历半个世纪，这是楚文化的滞缓期。

从负刍五年（公元前 223）秦灭楚起，到汉武帝前期止，历一个世纪有余，这是楚文化向汉文化转化期。楚国将亡之时，它的文化早已超越其国界而传向远方了。江西新建昌邑战国墓出土有楚式鼎、敦、壶和剑、戈、矛，广东四会乌旦山战国墓出土有楚式剑和楚式矛，以及广西平乐银山岭战国墓出土有楚式剑、戈、矛，表明楚文化从湘江流域扩展到赣江流域，从岭北辐射到岭南，已深入百越地区。四川成都羊子山战国墓出土有楚式剑，说明楚文化溯江而上，已逾巴至蜀。楚人庄蹻率兵入滇，滇楚之间也不无人文相通之处。

秦灭楚后，楚文化进入了转化期。秦朝求统一心切，对楚文化采取排斥态度。

不过，秦朝对楚文化也并非一概拒绝。李斯《谏逐客书》指出的"所以饰后宫、充下陈、娱心意、悦耳目者"，正是秦朝所要从楚国和关东其他各国的文化中接受的。

楚人把半壁河山丢给了秦人，然而，曾几何时，他们却从秦人手里夺来了统一的天下，建立了汉朝。

秦末农民起义的主力是楚人，他们愤于秦朝对楚文化的恣意摧残，掀起了复楚文化之古的狂热。设官多从楚制，置历仍从楚法，色尚和坐向悉遵楚俗。然而，楚人毕竟不是秦人，他们对异国甚至异族的文化从来都是兼收并蓄的。汉朝的行政区域和文武百官多承秦制，秦末起义中楚人所用的楚式官名大半废弃了。

西汉前期，统治者有鉴于秦朝实行学术专制的覆辙，采取了相当自由的文化政策。自从汉武帝采纳董仲舒独尊儒术的建议，文化政策才变得僵化了。太初元年（公元前 104），汉武帝改历法，以正月为岁首；定服色，以黄色为上。正是从这时起，自成体系的楚文化销声匿迹了。当然，这并非意味着楚文化的个性从此消失了，实际情况是，楚文化和其他区域文化一起，转化成为全国的共性凌驾于区域的个性之上的汉文化了。楚文化的某些个性，已成为汉文化的一些共性了。

在八百余年漫长的发展过程中，楚国既融汇中原诸夏传统文化，又吸收本土民族的文化，创造了高度发达且风格独特、"亦夏亦夷"的荆楚地域文化。漫长的积累，终于迎来新的崛起。春秋战国时期，荆楚地区的文化即楚文化发展走上了一条个性化发展的道路，青铜冶铸技术高度发展，丝织刺绣技术后来居上，木竹漆器流光溢彩，老庄哲学独树一帜，屈骚文学"别创新体"，美术乐舞动人心魄。楚文化博大精深，精彩绝伦，不仅与中原文化比肩而立，竞趋争先，而且在很多方面已达到当时世界先进文化的高度。

特别是在楚国发展壮大和楚文化的形成过程中，

楚文化的优秀内涵与卓异精髓日益凸显，我们将其归纳为五种精神，即筚路蓝缕的艰苦创业精神、追新逐奇的开拓创新精神、兼收并蓄的开放融汇精神、崇武卫疆的强军爱国精神和重诺贵和的诚信和谐精神，以及楚庄王、孙叔敖、老子、庄子、屈原等一大批杰出的政治家、军事家、思想家、文学家，都深刻地影响着后人。由楚人创造的楚文化精神沾溉百代，流泽万世，历久弥新，弥足珍贵，她穿越历史时空，融入中华民族儿女的血脉之中，成为中华民族的一笔宝贵财富。

（三）楚文化与中华文化

作为春秋战国时期的重要方国，楚国不仅在地域上曾经占据南部中国，成为战国时期疆域最为辽阔的国家，而且创造出独具风采的楚文化。楚文化参与了中华文化的构建，与中原文化一道成为中华文化的主脉。

楚国立国800年，开疆5000里。楚人在政治体制上敢于越等破格，在经济制度上敢于领异标新。在春秋时期的南北角逐中，楚是南方各族之雄；在战国时期的东西抗争中，楚是东方各国之长。最盛时的楚国，其版图东北达山东南部、西北到陕西南部、东抵大海、南逾五岭、西南至渝黔桂东部。早在秦统一中国之前，楚国已先行统一了大半个中国。可以说，楚国不仅在客观上为秦的统一铺平了道路，而且为此后中国南方政局稳定和经济发展奠定了基础。楚人以其"筚路蓝缕"的进取精神、博采众长的开放气度、"一鸣惊人"的创新意识、炽烈坚贞的爱国情结，创造了堪称当时中国第一流的精神文明和物质文明。楚国不仅有精深玄妙的老庄哲学、"惊采绝艳"的屈宋辞赋、"诡诡谲怪"的绘画雕刻、"五音繁会"的音乐、"翘袖折腰"的舞蹈和"层台累榭"的建筑，而且有铸造精美的青铜器、工艺考究的漆木器和技艺超凡的丝织刺绣。在同时代的区域文化中，楚文化独领风骚。

"楚虽三户，亡秦必楚"。秦末农民起义领袖陈胜、吴广、项羽都是楚人，建立汉朝的刘邦也是楚人后裔。学术界大多认为，汉朝在政治上"汉承秦制"，在文化上则是"汉承楚制"。自汉朝建立起，楚文化成为中国传统文化的一个重要组成部分。

具体而言，楚文化在中华文化中的地位与影响，特别体现在以下三个方面。

第一，屈原与中华民族精神。一个民族不仅要有本民族的民族精神，而且还要有体现本民族精神的典范，楚国时代的屈原就是一位跨越时空而体现中华民族精神的典范。屈原受重用时，"正道直行，竭忠尽智以事其君"，努力实行其"美政"理想；遭排挤、疏远甚至流放时，也不改"前志"，没有放弃对"美政"理想的追求。诚如司马迁在《史记·屈原贾生列传》中所云："以彼其才，游诸侯，何国不容。"但他始终不忍离开自己的父母之邦，直至以身殉国。正是这种执着的爱国情怀，"受命不迁""深固难徙，更壹志兮"的"后皇嘉树"般的精神，构成了屈原精神的特色。

千百年来，历史选择了屈原作为中华民族精神的典范。历代帝王着眼于屈原"竭忠诚而事君"，唐代昭宗特地追封屈原为昭灵侯，宋代神宗等封屈原为"忠洁侯""清烈公"，元朝仁宗封屈原为"忠节烈公"，等等。一些文人学者多从儒家角度，引经据典评论屈原精神及其作品，汉代刘安对屈原忠廉正直、出淤泥而不染的操行予以高度评价："推此志，虽与日月争光可也。"宋代晁补之认为，屈原爱君，"被谗且死而不忍去"，其行其辞，"实羽翼六经于其将残之时"，可与儒圣同等。朱熹认为，屈原"乃千载而一人"，其"忠君爱国之诚心"，不辨自显；其书可以发"天性民彝之善""而增夫三纲五典（常）之重"。屈原之后的历代学者皆意欲将屈原纳入正统的儒家范畴。而人民则因为屈原的精神所感染而深切地寄予哀思，不仅在他的故里秭归和投水的汨罗江畔修建了屈原庙、屈子（原）祠和屈原墓，而且还以端阳节吃粽子和赛龙舟的形式来纪念他。

屈原精神，在不同的时代、不同的社会甚至于不同的国度，都具有强烈的感染力。1953年，世界和平理事会所倡议纪念的"世界四大文化名人"中就有屈原，这位中国的典范便成了世界性的典范。诚如毛泽东所言："（屈原）不仅是古代的天才歌手，而且是一名伟大的爱国者：无私无畏，勇敢高尚。他的形象保留在每个中国人的脑海里。无论在国内国外，屈原都是一个不朽的形象。我们就是他生命长存的见证。"

第二，老庄哲学与中国文化。老子，春秋时期楚国苦县曲仁里（今河南鹿邑）人。老子的思想主要见《老子》。《老子》又称《道德经》，主要思想是"无为"，以"道"解释宇宙万物的演变。《老子》中的一些名句格言，如"道可道，非常道。名可名，非常名""上善若水""治大国若烹小鲜"等，世代传诵。

有人曾统计，《道德经》是世界上仅次于基督教《圣经》被翻译语言最多的一部作品。

庄子（约公元前369—前286），宋国蒙邑（今河南商丘东北，一说今安徽蒙城县）人。庄子的思想体现在《庄子》中，主要思想是"天道无为"，认为一切事物都在变化。

老庄哲学思想和由他们创立的道家学派，不仅对我国古代思想文化的发展做出了重要贡献，而且在此后的两千多年里，在中国古代思想的发展进程中一直扮演着重要角色。随着历史的发展，道家思想以其独特的宇宙、社会和人生领悟，在哲学思想上呈现出永恒的价值与生命力。即便如今我们经常挂在嘴边的口头禅如"你知道吗"，以及"你这个人不讲道理""这个事我们一定要讲道理"，等等，都出自道家。道家思想影响之大，由此可见一斑。

第三，楚辞与中国文学。《楚辞》同《诗经》一样，是我国文学两大源泉之一。楚辞作为一种文体，是春秋以后随着周诗（《诗经》）热的冷落而崛起于楚国，并成为我国诗歌创作的一个崭新的发展高峰。所谓"自风雅（指《诗经》）寝声，莫或抽绪（继承），奇文郁起，其《离骚》（代指楚辞楚赋）哉"即指此而言。与此相应，在这个高峰时期，还涌现出以屈原为首，包括宋玉、唐勒、景差之徒在内的楚辞、楚赋的作家群体。这既是楚国，也是我国第一个作家群体。屈原以楚辞著称，宋玉等人皆效法屈原而以楚赋见长。他们创作了不少作品，而水平最高、作品最多者首推屈原，次为宋玉，故后世或以"屈宋"并称。

楚辞在民歌体式的基础上，开拓了宏大的篇体和错落有致的句式。摆脱了《诗经》以四言为主的句式的束缚，节奏韵律富于变化，表情达意更为深刻而委婉。自屈原创作楚辞以后，历代文人学者几乎没有不读《楚辞》，没有不受屈作楚辞影响的。他们追慕屈原，模拟屈作楚辞，真可谓"其衣被辞人，非一代也"，以至于"其影响于后来之文章，乃甚或在《三百篇》（《诗经》）以上"。《楚辞》在东方世界汉文化圈内影响也很深广，它在唐代传入日本，对日本文化产生过巨大影响。此外，还被译为多种外语版本流传欧美及俄罗斯诸国。

（四）楚文化与世界文化

在世界文明史上，楚文化与同时期的古希腊文化并列为当时世界文明的代表，楚文化在世界文化史上具有一定的地位与影响。

公元前323年，亚历山大用武力拼凑起来的庞大帝国迅即瓦解。此后10年，楚国成为世界第一大国。公元前6世纪中叶至公元前3世纪中叶，代表当时世界水平的文化是东方的楚文化和西方的希腊文化。二者虽互见短长，但总体水平难分轩轾。

在哲学方面，二者各有所长，各有千秋。中国传统哲学的根基主要在老子和庄子，而老子和庄子都是楚国人。1993年，湖北荆门出土的竹简本《老子》甲、乙、丙三种，受到世界学术界的高度关注。

楚人青铜冶炼、铸铁、丝绸、漆器，早于古希腊，许多科学技术处于领先地位。在音乐艺术方面，楚人在古希腊人之上。

在国家政体建设、货币制度方面，楚国比古希腊更为完善。

在交通运输方面，航海古希腊在前，车运楚人在先。

古希腊人在理论科学、造船航海、体育竞技、写实艺术、建筑技术等方面比楚人擅长。

我们完全可以这样说，楚国和古希腊从不同的方向出发，同时登上了古代世界文明的光辉殿堂。

不仅如此，楚文化同东南亚、南亚以及中亚、西亚甚至环太平洋地区的古代文化都发生过碰撞与交流，因此，不研究楚国的历史和文化，就不可能深入了解世界的历史和文化。

总之，现代文化是在传统文化的根基上生长出来的，其中必然流贯着传统文化的气脉。楚文化作为中国传统文化的重要组成部分，与现代文化声息相通。同时，楚文化在世界文化发展史上也有其重要的地位与影响。研究、传承和利用好楚文化，对于我们弘扬中华文化的优秀传统，坚定传承、弘扬、发展楚文化的文化自信与自觉，建设社会主义先进文化，发展当代文化产业，乃至实现中华民族伟大复兴的中国梦，都具有十分重要的意义。

三、正本清源：楚文化对楚菜的滋养

楚文化博大精深，主要包括青铜冶铸、丝织刺绣、木竹漆器等物质文化，以及屈骚文学、老庄哲学、歌乐舞蹈、绘画雕塑等精神文化。这其中，饮食文化也是楚文化的重要组成部分，是中华传统饮食文化的重要来源。脱胎于楚文化母体的楚菜历史悠久，内涵丰富，前景光明。楚菜之所以能够奠定如此地位，

与楚文化的根植与滋养是分不开的。

（一）楚菜发端，源远流长

湖北地处长江中游，土地肥沃，气候湿润，四季分明，是中国稻作农业重要的起源地之一。新石器时期，湖北地区稻作农业已发展到相当高的水平。据统计，长江流域范围内共发现新石器时代水稻遗存有近100处，湖北占有二十多处，水稻种植已经比较普遍，进入真正意义上的稻作农耕时代。

同时，荆楚先民还以捕鱼、打猎等作为食物的重要补充。湖北地域广阔，森林茂密，湖泊众多，动植物物种十分丰富，这也为湖北先民从事捕鱼打猎和自然采集活动提供了优越的先天条件。在湖北许多新石器遗址中，发现有大量鱼类骨骼遗存，如鱼、鳖、蚌壳等。湖北巴东曾发现一枚青鱼牙齿，根据其大小推测，这条青鱼活体或可长达两米左右。还出土各种用于渔猎和采集的生产工具，如砍砸器、刮削器、石球、网坠等，渔猎的手法主要是围猎、网捕、手抓、锥刺、石砸、叉鱼、网鱼等。

如今，人们一提起湖北，总是将其与"鱼米之乡"的美誉联系起来，殊不知，早在新石器时期，湖北已是"鱼米之乡"。荆楚先民以稻米为主食，多用、善用鱼类等水产品的饮食文化传统，在新石器时代已经开始呈现。这种传统一直绵延不断，如司马迁《史记·货殖列传》中称楚越之地"饭稻羹鱼"，班固《汉书·地理志》中亦谓江南"民食鱼稻"。如今，"鱼米之乡"更是成为楚菜故乡的一个闪亮标签。

（二）楚国崛起，楚菜起步

楚菜的真正发端，并为日后跻身中国著名菜系奠定基础，是伴随着先秦楚国崛起、楚文化的流播而开启，并逐渐发展、成熟及最终定型的。

楚文化是指由楚人创造并由楚国发扬光大的古代文化。从西周初年立国算起，至公元前223年秦灭楚为止，楚国历时八百余年。楚文化的覆盖范围几乎包括了整个长江中下游地区和淮河流域大部分地区，极盛时期的楚国曾拥有今湖北、湖南的全部及河南、陕西、四川、安徽、江苏、浙江、山东的部分或大部分领土，实际上占有当时天下的半壁江山。楚人创造了高度发达且风格独特的荆楚地域文化即楚文化。楚文化的成就，不仅领先于当时中原诸国，而且在某些方面，还达到了当时世界的最高水平。

优越的地理环境，使楚人可用较粗放的农耕渔猎方式就能获得美食，有条件来发展、丰富自己的饮食生活。另外，由于楚人主食为稻米，稻米不如麦面可以制出许多花色品种，因此楚人便想法以多样的副食和菜肴品种来改善主食的单调状况。加之楚国厕身春秋五霸、战国七雄之列，生产力空前发展，以此为基础，楚人在饮食文化方面，也达到了一个新的高峰。所以，无论从食材、制作、调味、器皿诸方面，楚菜已经达到相当的水准，不输各诸侯国。

由此可见，随着楚国的强势崛起、楚文化的鼎盛辉煌，作为楚文化一支的楚菜也随之成熟、定型，楚菜文化迈出坚实的第一步。《楚辞》中的《大招》与《招魂》中相关的记载，就充分证明了这一点。从堪称中国古代"食单""菜谱"的《大招》与《招魂》中，我们可以看出，当时楚国食物原料丰富、烹调方法多样、调味手段多变，它像一面镜子，生动地反映了当时荆楚地区的饮食风貌和特色，表现了先秦时期楚菜艺术的高度成就。《淮南子·齐俗训》中"荆吴芬馨，以啖其口"的赞语，也反映出楚国当时已经成为驰名四方的美食之乡，具有地域风味的楚菜当时已经初见端倪，初具雏形。

（三）楚菜风韵，流泽后世

纵观人类饮食文化史，每个时代、每个民族的饮食文化总是受着物质生产水平、地理环境、习俗等诸多因素的共同影响，并与之相适应。

湖北文化的源头主干是灿烂辉煌的楚文化，同时，楚菜也在楚国时期就已达到相当的水平与成就，并奠定基本楚菜菜品的传统与风格。秦汉以后，以楚国时期菜品为源头主干的湖北菜不断发展进步、改革创新，逐渐形成了具有鲜明地域特色的饮食传统和饮食文化风格，以及独具地域特色的饮食文化风貌和文化意味。楚菜既有中华食文化的共同特征，又有着不同于其他地区的食文化特点，表现出鲜明的地域特色和文化特征。简而言之，楚菜的文化特征包括如下方面：在传统方面，讲究饭稻羹鱼，主副搭配；在食材方面，注重农耕渔猎，四方采纳；在制作方面，强调烹调精细，五味调和；在器皿方面，偏好钟鸣鼎食，食器相宜；在内涵方面，崇尚食方有道，重味尚美。同时，在湖北境内，楚菜还进一步细分若干区域板块特色饮食文化，如湖北中部的淡水鱼虾饮食文化及养生饮食文化、湖北西南的土家饮食文化、湖北西北的三国饮食文化及道教饮食文化、湖北东部的佛教饮食文化及东坡饮食文化等等。两千余年来，这些基本传统与风格薪火相传，一直延续至今。所以，时至今日，有很多业内人士将湖北菜径直称为楚菜。

四、底蕴支撑：将湖北菜的简称统一规范为"楚菜"

2007年，中国著名烹饪大师卢永良率先提出将"鄂菜"改"楚菜"的建议。一石激起千层浪，卢永良大师的建议，顿时引起学术界、餐饮界及众多食客的热议。

10年之后的2017年，继"鄂商"改名"楚商"后，湖北17个市州的六千多家餐饮企业共同发出呼吁，重提将"鄂菜"更名为"楚菜"，使湖北菜更富历史文化内涵。

实际上，从历史底蕴、文化渊源、国家政策导向、大众接受心理等方面考量，应该及早将湖北菜的简称由"鄂菜"规范为"楚菜"。

（一）楚文化是湖北文化的"根"与"魂"，理应是楚菜的"根"与"魂"

湖北历史悠久，文化灿烂，特别是西周晚期至春秋早期，楚国与楚文化在今湖北境内孕育、生长并逐渐发展；春秋中晚期至战国时期，楚国与楚文化在以湖北为核心区的南中国迅速崛起，狂飙突进。

楚国与楚文化的孕育、发展、壮大直至衰落的过程，大约持续了八百余年。这段辉煌的历史，是湖北历史上的一个里程碑，而且在中华文明史上也具有举足轻重的意义。楚文化博大精深，精彩绝伦，对长江流域以南地区的古代文明产生过极大影响，是中国古代文化极为重要的组成部分，在缔造和发展统一的中华民族文化的过程中，起过不可估量的作用，对中华文明做出过卓越贡献。正因为如此，楚与楚文化成为湖北最鲜明的印记，对湖北社会经济、文化思想、衣食住行等方面，影响巨大且深远。楚文化堪称湖北文化的"根"与"魂"，理应成为楚菜的"根"与"魂"。

（二）"楚"的文化影响力和辐射力远胜于"鄂"

南宋诗人陆游在《哀郢二首》中，深有感触地写道："远接商周祚最长，北盟齐晋势争强。章华歌舞终萧瑟，云梦风烟旧莽苍。草合故宫惟雁起，盗穿荒冢有狐藏。离骚未尽灵均恨，志士千秋泪满裳。""楚"用作地域方国的政治实体名称，最晚在商代已经出现。

周成王时，楚国先君熊绎被"封以子男之田"。公元前223年，楚为秦所灭。楚国享国八百余年，历史不可谓不悠久。800年间，楚国由一个地处偏僻的蕞尔小邦，一跃成长为一个泱泱大国，在其鼎盛时期，曾领有东至东南沿海，西至川东，北至河南、山东，南至两广的广袤版图，置身春秋五霸、战国七雄之列，成为当时地域最广、人口最多、实力最强的超级国家。楚国为中华民族的形成和中华文化的发展做出了杰出的贡献，所以著名历史学家范文澜先生曾指出："楚国八百余年扩张经营，为秦汉创立伟大封建帝国准备了重要条件，七国中秦楚应是对历史贡献最大的两个国家。"

鄂同样是一个历史悠久的先秦古国，在商周时期有着重要的影响。但鄂立国之初，其活动范围主要在黄河流域一带。在商至西周早期，鄂国居于今山西乡宁一带。此后，鄂国一路南迁，先后居于河南沁阳、河南洛阳、河南南阳、湖北随州。春秋早期，鄂国被楚国消灭。由此可见，在用作地域方国的政治实体名称方面，鄂晚于楚；同时，在先秦时期，鄂国历史的大部分时间主要居于黄河流域，与湖北交集不是特别密切，只是在后期居于今湖北随州一带，鄂国在今湖北境内的活动范围大大小于楚国在湖北境内的活动范围。

更重要的是，隋文帝杨坚开皇九年（公元589），"改置鄂州"，其治所在江夏（今武汉武昌）。这时"鄂"字才首次用作湖北政区名，这也是今湖北简称"鄂"的源头所在。

元世祖忽必烈至元十一年（公元1274）始建荆湖等路行中书省，省会在鄂州（今武汉市武昌区），故荆湖等路行中书省又称"鄂州行省"，简称则为"鄂省"。至元十八年（公元1281）改设湖广等处行中书省，简称湖广行省。也仍因湖广行省的省会在鄂州（今武汉市武昌区），故湖广行省的简称仍为鄂，或单独写作"鄂"或写作"鄂省"。荆湖等路行中书省、湖广行省简称"鄂"的重要意义，即开湖北省简称"鄂"的先河。

康熙六年（公元1667），湖广左右布政使司分别改名为"湖北布政使司""湖南布政使司"。雍正初年，分别改"湖广巡抚""偏沅巡抚"为"湖北巡抚""湖南巡抚"。湖北作为省名从此确立，并沿用至今。

湖北省正式建省后，没有官方文书定湖北省简称鄂，其他省也是如此。清咸丰以前，湖北、湖南共用一个"省简称"，即"楚省"。这种现象直到咸丰、同治年间才有改变。检索《清实录》，湖北省简称"鄂"使用时间最早是在《清实录》卷一二六《文宗实录》，咸丰四年（公元 1854）四月庚午《谕军机大臣等曾国藩奏剿办崇阳通城贼匪续获胜仗一摺》。在这条咸丰帝手谕中，首次提到湖北省的简称，即"鄂省"。而且，在这个时期，关于湖北省的简称很不统一，有鄂、鄂省、楚、楚省、楚鄂、楚北、湖北等多种称呼。

也就是说，从政区历史、政区地理的角度看，湖北简称"鄂"的历史只有七百多年，而湖北正式建省且简称"鄂"却晚至清代咸丰年间，距今不超过 200 年，而"楚"的历史则有近 3000 年；从地域范围看，"鄂"单指今湖北一省，而"楚"则差不多涵盖大半个南中国，主要包括湖北、湖南、河南、安徽等地。至于文化的影响力，楚文化更是明显胜出一筹。

（三）从国家政策导向看，更适合于选择"楚"

古人云：民以食为天。由此可见，饮食是人类生活必不可少的内容。中华饮食文化源远流长，博大精深，素有"烹饪王国""美食王国"之称。舌尖上的中国，色香味俱全，自古至今，时刻触碰着亿万中国人乃至世界各地人民的神经和味蕾，令人垂涎欲滴，回味无穷。

由于受文化传统、地理气候以及物产等多方面的影响，在数千年漫长的发展过程中，中华饮食经过不断积累、改良、创新和发展，在不同的区域逐渐形成了一整套自成体系的烹饪技艺和风味，也就是菜系流派。其中最具影响的有"八大菜系"，即鲁菜、川菜、粤菜、闽菜、苏菜、浙菜、湘菜、徽菜。中国"八大菜系"的烹调技艺各具风韵，其菜肴特色也各有千秋。

2018 年初，中国烹饪协会提出要形成"中国菜"的国家饮食文化整体概念，针对全国 34 个地域（含港澳台）重新"定义"各自区域的菜系以及其"代表名菜"。

2018 年 8 月 1 日，中国烹饪协会给各个省（自治区、直辖市）商务主管部门、烹饪（餐饮、饮食）行业协会及相关单位下发通知称，为进一步诠释"中国菜"科学完整的内涵，促进各地域特色菜肴的交流与发展，向世界展示"中国菜"的整体形象，特向全国广泛征集了"中国地域菜系经典名菜"和"中国地域菜系主题名宴"等，以形成"中国菜"的国家饮食文化整体概念。

中国烹饪协会办公室负责人称，原有的"四大菜系""八大菜系"只是民间流传的说法，但实际上，中国各个省市的饮食都各有其特点，原有的"八大菜系"等说法并不能将它们全部概括，也难以体现中国餐饮文化的全貌和丰富多彩。因此，这也不是官方所推崇的说法。

也就是说，今后在国家层面上，将大力推行"三十四大地域菜系"的提法。这应该是将湖北菜的简称由"鄂菜"规范为"楚菜"的最佳时机、最佳理由。

（四）从大众接受心理看，更倾向于选择"楚"

目前，关于湖北的简称有"鄂"与"楚"两种争论。如果从大众接受心理的角度出发，"楚"似乎更合人心，更易于被接受。

首先，大部分老百姓直觉认为，"鄂"字比较生僻，知名度较低，不利于传播。第二，从汉字结构来看，"鄂"字形态上"不太好看"。第三，"鄂"字发声"不好听"，"鄂"的读音跟"恶"同音，给人的感觉不好。有外地人曾半开玩笑半挖苦地说，湖北的简称是"鄂"，湖北人就是恶人。辛亥武昌首义湖北军政府时期，湖北曾被称作"鄂人治鄂"，听起来有点像"十恶不赦"的大恶人。

可能正因为如此，在湖北民间，"楚"的使用比"鄂"的使用更为广泛，无论是大商家还是小店铺，无论是媒体还是建筑，带"楚"的标识到处可见，如"荆楚大地""荆楚儿女""荆楚风云"等，湖北日报下辖有楚天都市报，湖北省人民政府门户网站是荆楚网，就连福利彩票也称"楚天风彩"。基于上述分析，我们可以认为：第一，"鄂菜"得名，是从湖北省简称"鄂"而来，忽视了菜系的历史渊源、文化底蕴，失之简单、粗率。第二，从"鄂""楚"得名看，"楚"之得名远远早于"鄂"，因此从历史渊源出发，将"鄂菜"改名"楚菜"名正言顺。第三，楚菜菜系的形成、确立，与楚文化密切相关。从文化底蕴考量，将"鄂菜"改名"楚菜"名正言顺。第四，两千余年来，源于先秦楚国的楚菜水平高超，特色鲜明，薪火相传，延续至今。从文化传承看，"楚菜"更适用于湖北菜的简称。

湖北是楚文化的发祥地，是楚文化的根基所在。一个"楚"字足以涵盖楚国八百多年波澜壮阔的历史，一个"楚"字足以代表一种影响中国的深厚文化积淀和人文精神,一个"楚"字也最能反映湖北的风土人情,一席楚菜同样是中华饮食文化的主要构成。楚菜拥有如此悠久的历史,源头在楚文化;楚菜拥有如此丰富的内涵,得益于楚文化;楚菜未来的发展与愿景,同样要依靠楚文化的滋养。因此,很有必要尽早将湖北菜的简称由"鄂菜"统一规范为"楚菜"。

第一章

楚菜的源流

CHUCAI DE YUANLIU

第一节
楚菜的地理环境和物产

在中华大地上，不同的自然地理环境、民俗风情习惯孕育了不同特质、各具特色的地域文化，也就是说不同的地域文化与当地的自然地理环境有密切的关系。在人类文化创造的自然地理环境中，河流是人类各种文化发源的天然摇篮，世界著名的底格里斯河、幼发拉底河、尼罗河、恒河等，都和一些民族文化的诞生、形成有着密切的关系。楚国处在长江中下游地区，疆域达湘、鄂、豫、皖，一度到达吴，这些不同地域、不同特色的文化互相交流，互相融合，为光耀中华的楚国饮食文化奠定了深厚的基础。

一、楚菜文化产生的地理环境

中国作为一个幅员辽阔的泱泱大国，自古以来，不但社会经济的发展很不平衡，而且文化的发展也很不平衡，而经济的发展、文化的形成，又都受地理环境所制约，地理环境通过物质生产及技术系统等形式，深刻而长久地影响着人们的生活。从一定意义上来说，地理环境是人类文化创造的自然基础，因此，我们在考察楚菜饮食文化生成机制时，应首先从饮食文化赖以发生发展的地理背景的剖析入手，进而探讨地域文化与饮食文化之间的联系。

据最近几十年来的考古发掘，在楚国境内的许多新石器时代遗址中，都普遍发现有稻谷遗存，无论湖南彭头山文化还是后起的湖南石门皂市遗址下层文化，都是以种植水稻为主的，显示了这一地区的农业特点，这说明楚国已进入农业时代，是农业在气候等自然条件允许的范围内广泛发生的一种区域现象，由此可以看出我国最早的栽培水稻也是在洞庭湖、鄱阳湖一带，然后逐步向长江中下游流域及江淮平原扩展，从而初步形成了接近于现今水稻分布的格局。

考古发现与文献记载是一致的，在中国古代文献中，记载稻的种植与食用也主要是在长江流域，如《周礼·夏官·职方氏》中就认为荆州、扬州"其谷宜稻"。荆、扬之地处于长江中下游地区，在春秋战国时期分属楚、吴、越，是著名的水乡泽国，司马迁《史记·货殖列传》叙述这里的饮食生活状况为"楚越之地，地广人稀，饭稻羹鱼。"班固《汉书·地理志》中也认为："楚有江汉川泽山林之饶，……民食鱼稻，以渔猎山伐为业"。可见，稻谷一直是楚国人民的主食，水产品则是主要副食。

一定地理环境下的农业创造与发展，决定着人们的饮食样式，特别是在物质生产较为发达的地区更为明显。人们饮食状况如何，首先和他们创造什么、生产什么有关。中华饮食文化的南北之别，正是植根于这种与地理环境有密切依存关系的经济生活的土壤之中。我国古代的荆楚地区，由于地理环境是川泽山林，因此不仅创造了水田耕种、稻谷栽培的农业生产方式，而且还创造了与此相适应、高度发达的饮食文化类型，最终形成了重视农业，讲究饮食的生活传统。所以说，是得天独厚的长江，滋育了流域内楚国饮食文化的形成与发展。

考古发掘资料也一再证明，先秦时期，长江流域楚国人民的主粮是稻谷，黄河流域人民的主粮是黍、稷，中国饮食文化分成两大地域系统，早在公元前五千多年就已形成，并由此形成了南北迥异的饮食习俗和各自风格的饮食文化类型。春秋战国以后，在黄河流域，黍、稷的主食地位逐步让位给麦，而在长江流域，稻谷始终是人民的主食，在黄河流域却列为珍品，孔子就曾用"食夫稻，衣夫锦，于女安乎？"来批评他的弟子宰我不守孝道及生活奢侈讲究。可见，食稻衣锦是当时黄河流域民众生活水平较高的象征。在长江流域的楚地，稻谷却是民间常食，并且稻谷作为人民的主粮，其地位数千年未变。这一事实说明，长江流域的稻作文化和黄河流域的粟作文化是长期共存的，中国饮食文明的大厦，是由各地域饮食文化共同构筑的，没有地域饮食文化作为基础，就没有光辉灿烂的中国饮食文化，因此，只有分地域深入考察各地饮食文化，才有可能避免中国饮食文化研究中以偏概全的流弊，进而对整个中国饮食文化的历史进行接近客观实际的总体概括。

二、楚菜与巴蜀、吴越地方菜环境的比较

长江流域的饮食文化，因流域地理环境的不同而呈现出丰富的多元状态。大体而言，长江流域可分为三个主要饮食文化区域，也就是长江上游的巴蜀饮食文化区，长江中游的楚地饮食文化区，长江下游的吴越饮食文化区。对这些区域饮食进行比较，可以更清楚地认识楚菜的特色。

（一）以巴蜀为代表的长江上游饮食文化区

长江从云、贵、川结合部的四川宜宾到湖北宜昌，俗称川江，这一流域处于青藏高原至长江中下游平原的过渡地带，也是西部牧业民族和东部农业民族交往融合的地方。它所流经的四川盆地，是我国富庶的地区之一。盆地四周被海拔1000～3000米的高山和高原所环绕，在冬季能阻挡由北方来的冷空气，即使侵入盆地，也由于越过高山，减轻了寒冷的程度，使盆地冬暖春早，成为我国冬季著名的暖中心，霜期在两个月左右，霜日一般不超过25天，全年无霜期一般在250～300天，盆地中最冷的1月份，平均温度在5℃以上。由于北方冷空气侵入较少的关系，春季升温快，春来早，较长江中下游要提前数十天。这种气温有利于各种农作物及蔬菜瓜果的滋生繁茂。正如川籍诗人苏轼《春菜》诗云："蔓菁宿根已生叶，韭芽戴土拳如蕨。烂蒸香荠白鱼肥，碎点青蒿凉饼滑。宿酒初消春睡起，细履幽畦掇芳辣。茵陈甘菊不负渠，绘缕堆盘纤手抹。北方苦寒今未已，雪底波棱如铁甲。岂如吾蜀富冬蔬，霜叶露芽寒更苦。久抛菘葛犹细事，苦笋江豚那忍说。明年投劾径须归，莫待齿摇并发脱。"（《苏轼诗集》卷一六）

四川盆地全年降雨量过1000毫米以上，而水分蒸发量在600毫米左右，蒸发量小于降水量，故境内径流丰富。另外，从总体上来看，古代巴蜀区域地形复杂，不可能有大面积的水旱灾害，山上旱，山下补，这种环境的多样性与多变性也促使巴蜀人民养成勤作巧思，善于因地制宜的精神风貌。四川盆地的这种温暖湿润的亚热带季风性气候，对农业生产的全面发展是十分有利的，这也就为川菜的烹制，提供了既广且多的原料。

四川盆地内的土壤条件也非常好，特别适宜农耕。肥沃的成都平原，常常是一片金黄色的世界，橙黄色的稻子、麦子，深黄色的油菜花、柑橘等，让人眼花缭乱。四川盆地还盛产茶叶、桐油、竹木、药材，各种蔬菜四季常青，六畜兴旺，鱼类众多，所以，《后汉书·公孙述列传》云："蜀地沃野千里，土壤膏腴，果实所生，无谷而饱。"《华阳国志》亦云："蜀沃野千里，号为'陆海'，旱则引水浸润，雨则杜塞水门，故记曰：水旱从人，不知饥馑，时无荒年，天下谓之'天府'也"（常璩撰，刘琳校注《华阳国志·蜀志》，成都：巴蜀书社，1984年）以上巴蜀之地的气温、降水量、土壤、资源等，都是古代四川之所以能够成为"天府之国"的优越自然条件，这些无疑也是川菜发展的深厚基础和主要因素。

"尚滋味""好辛香"（常璩撰，刘琳校注《华阳国志·蜀志》，成都：巴蜀书社，1984年），这是东晋时蜀人常璩对巴蜀饮食文化的高度概括。长江上游云、贵、川地区多为高山峡谷，日照时间短，空气湿度大，因此自古以来这里的人们就喜好辛香之物，即花椒、姜、薤之类带刺激性的调味品。胡椒、辣椒传入中国后，更受巴蜀人喜爱。今天四川人以喜吃辣椒闻名，多饮酒，食火锅，这些嗜好的形成与历史上巴蜀地区气候湿热有关。

长江上游地区是多民族居住的地方，而蜀地作为长江上游区域的政治、经济、文化的中心，历来是长江上游各民族人民理想的聚居之地。在广汉三星堆商代遗址出土的神人像、头像、人面像近100件，可以观察到：发式有西南盛行的辫、披发、椎结，又有东南流行的断发，中原常见的笄和冠，以及贯耳文身这一东南文化区的特征。面部特征既有长脸高鼻，也有扁脸阔鼻，反映出这一地区民族系属十分复杂。此后历代中，特别是在明、清，更有所谓"湖广填川"的大规模移民四川的运动。各地区各民族的人民在巴蜀共同生活，既把他们的饮食习俗、烹饪技艺带到了巴蜀，也受到当地原有饮食传统的影响，互相交融，互相渗透，取长补短，形成了四川地区特有的菜肴风味。清人李调元曾将其父李化楠悉心收集的名菜名点和烹制方法，整理成《醒园录》，就是巴蜀饮食文化吸收各地饮食文化精华的证明。

川菜的形成与发展，还与巴蜀文化善于消化融合各地各民族文化有关。以汇纳百川的态度不断接受外地移民和外地文化，这是巴蜀文化的一大特点，因此，川籍学者袁庭栋指出："高水平的川酒、川菜、川戏都是外地文化传入四川之后才形成的，而这一事实可能是绝大多数川酒、川菜、川戏爱好者所未所料及的。"（袁庭栋《巴蜀文化》第 59 页，沈阳：辽宁教育出版社，1991 年）川菜也是在融合长江流域各地乃至中国饮食风味中发展起来的。如川菜中的名菜"狮子头"源于扬州"狮子头"，"八宝豆腐"源于清宫御膳，"蒜泥白肉"源于满族"白片肉"，山城"小汤圆"源于杭州"汤圆"，"烤米包子"源于鄂西土家族，等等。从历史上溯，当今不少川菜的烹饪原料、调料、菜点，都是吸收外地甚至外国之长而来的。原料中的胡瓜、胡麻、胡豆、菠菜、南瓜、莴苣、胡萝卜、茄子、番茄、圆葱、马铃薯、番薯、花生，调料中的胡葱、胡荽、胡椒、大蒜、辣椒，都是从外国引进，由"洋"货改为"土"货。要是没有辣椒做调味料，今天的川菜风味也就不会存在了。

（二）以楚为代表的长江中游饮食文化区

长江穿越雄伟壮丽的山峡后，由东急折向南，就到了湖北宜昌，进入"极目楚天舒"的两湖平原，一直到江西鄱阳湖口，这便是长江中游区域，即洞庭湖平原和江汉平原，古人常说："两湖熟，天下足"，主要指的就是这两大平原。

长江流域是一个在自然地理方面有着频繁的文化、物质交换，普遍存在因果关系的区域。在社会经济、文化方面，由于长江的纽带作用，流域内的文化、物质、信息交换比其他区域要频繁得多，这些都是长江流域不同于其他区域所特有的性质，而长江中游在这方面的优势也更为明显。长江中游是古代楚文化的发祥地，它与长江上游的巴蜀文化和同处于长江下游的吴越文化是近邻却异同互见，但又互相渗透、吸收，是具有高度亲和力的文化圈。

楚文化作为一个大地域文化，其中又含有若干个基本的子文化，如江汉文化、湖湘文化、江淮文化，在这三个文化周边还有一些边缘文化。楚文化的地域中心在两湖，所以说，两湖文化是楚文化的核心。

长江流域的荆楚文化和黄河流域的中原文化，一南一北，在人类文明的早期，同时迅速地促进和发展人类的原始农业，楚文化的出现是长江流域几千年原始文化发展的结晶。在此基础上生长起来的荆楚文化经过楚国时期的发扬光大，将它的光辉映照了整个中国。

楚文化的兴起，有其独特而优越的地理环境。位于长江中游的江汉平原，西有巫山、荆山耸峙，北有秦岭、桐柏、大别诸山屏障，东南围以幕阜山地，恰似一个马蹄型巨大盆地，唯有南面敞开，毗连洞庭平原。在这里，长江横贯平原腹部；汉江自秦岭而出，逶迤蜿蜒；源出于三面山地的一千多条大小河流，形成众水归一，汇入长江的向心状水系。千万年来，由于巨量泥沙的淤积，形成了肥沃的冲积平原。尤其是在古代，这里"地势饶食，无饥馑之患。"（司马迁《史记·货殖列传》）"荆有云梦，犀兕麋鹿满之，江汉之鱼鳖鼋鼍为天下富。"（《墨子·公输》）至今长江中下游各地，仍被誉为"鱼米之乡"。

优越的地理环境，使楚人可用较粗放的农耕渔猎方式就能获得美食，比中原人较少有生存之忧和劳作之苦，心情性格自然开朗活泼，闲暇时间也相对要多一些。这样，也就有条件来发展、丰富自己的饮食生活。另外，由于楚人主食为稻米，稻米不如麦面可以制作许多花色品种，因此楚人便想法以多样的副食和菜肴品种来改善主食的单调状况。加之东周以来，楚国生产力获得了突飞猛进的发展，以此为基础，楚人的衣食住行也就在内容与形式两个向度上均得到尽善尽美的发展，特别是在饮食文化方面，达到了一个新的高峰，也最能代表当时的烹饪水平。

《楚辞》对楚人的饮食结构及菜肴品种做过具体的记载，《楚辞·招魂》中说：室家遂宗，食多方些。稻粢穱麦，挐黄粱些。大苦咸酸，辛甘行些。肥牛之腱，臑若芳些。和酸若苦，陈吴羹些。胹鳖炮羔，有柘浆些。鹄酸臇凫，煎鸿鸧些。露鸡臛蠵，厉而不爽些。粔籹蜜饵，有餦餭些。瑶浆蜜勺，实羽觞些。挫糟冻饮，酎清凉些。华酌既陈，有琼浆些。

在《楚辞·大招》中也列有一些美味菜肴，这就是：五谷六仞，设菰粱只。鼎臑盈望，和致芳只。内鸧鸽鹄，味豺羹只。魂乎归来，恣所尝只。鲜蠵甘鸡，和楚酪只。醢豚苦狗，脍苴蒪只。吴酸蒿蒌，不沾薄只。魂兮归来，恣所择只。炙鸹烝凫，煔鹑敶只。煎鰿臛雀，遽爽存只。魂兮归来，丽以先只。四酎并孰，不涩嗌只。清馨冻饮，不歠役只。吴醴白蘖，和楚沥只。

《楚辞》虽然是一部文学作品，但它表现出的楚国饮食文化却是源于现实生活的。如果要了解这一时期楚国的烹饪技艺和菜肴品种，以上两段文字是不容忽视的，它的篇幅不长，但却相当丰富和完整，可以说是两份既有文学价值，又有南国特色的楚人食谱，显示出楚人精湛的烹饪技艺。这一食谱中诱人的美味，被称为当世的珍肴，《淮南子·齐俗训》中就有"荆吴芬馨，以啖其口"的赞语，反映了楚国已成为春秋列国的美食之乡。

在上面这些佳肴里，肉食就达三十多种，除常见的六畜外，还有鳖、蠵（大龟）、鲤、鳍（鲫鱼）、凫（野鸭）、豺、鹌鹑、鹄（天鹅）、鸿（大雁）、鸧（黄鹂）、乌鸦等。在烹饪技艺上，楚人讲究用料选择，以楚地所产的新鲜水产、禽鸟、山珍野味为主，制作中又重视刀工和火候，富有变化，如"腼鳖炮羔"中"炮羔"的做法，就与西周"八珍"中的"炮豚"相似。这个菜要采用烤、炸、炖、煨等多种烹饪方法，工序竟达 10 道之多。在调味上，楚人更为讲究，"大苦咸酸，辛甘行些"，就是说在烹调过程中把五味都适当地用上，开中国饮食五味调和之先河。《楚辞》在对膳馐的描述中都涉及了五味调和的问题，反映了楚国菜肴味道的丰富多样，堪称中国美味的源泉。

由于楚国夏季气候炎热，人们爱喝冷饮，所以《楚辞·招魂》中说："挫糟冻饮，酎清凉些。""挫糟"就是去除酒滓，"冻饮"就是将冰块置于酒壶外，使之冷冻，这样饮用起来就清凉爽口。冻饮制作十分复杂，首先要有冷藏设施，即冰窖，类似于井。据考古发现，在楚都纪南城中部，有不少冰窖，其中有处十八眼窖井密集在一起。每到隆冬季节，就将冰藏之于内，到天热时，作冰镇美酒佳肴之用。（1979年纪南城古井发掘简报，《文物》1980 年第 10 期）当时有一种青铜器，称为"鉴"，类瓮，口较大，便是用来盛冰，以冷冻酒浆和菜肴之用，后人称为"冰鉴"，这在楚墓中较为多见。如 1978 年湖北随州曾侯乙墓就出土了两件冰（温）酒器，这也证实了《楚辞·招魂》中的记载。（后德俊.从冰（温）酒器看楚国用冰，《江汉考古》1983 年第 1 期）

楚国饮食不但讲求色、香、味、形的美，而且还非常重视饮食器具的美。色、香、味、形、器是楚国饮食文化不可分割的五个方面，楚国最富特色的是漆制饮食器具，楚墓中出土的木雕漆食器有碗、盘、豆、杯、樽、壶、勺等，其形制之精巧，纹饰之优美，

常令人惊叹不已。漆食器具有轻便、坚固、耐酸、耐热、防腐，外形可根据用途灵活变化，装饰可依审美要求变换花样等优点，所以，它逐渐在华夏各诸侯国的生活领域中取代了青铜食器，而楚国是当时产漆最多的地方，楚国漆食器最负盛名，无论数量还是质量，都堪称列国之冠，并大量输往各国，成为各诸侯国贵族使用和收藏的珍品，楚食与楚器相得益彰，这从一个侧面也反映出楚国饮食文化的发展水平。（后德俊.漆源之乡话楚漆，《春秋》1985 年第 5 期）

荆楚文化经过两千多年的发展，其内部又因地理环境以及政治、经济、文化的发展水平不一，表现出若干差异性，形成了江汉文化和湖湘文化，这在饮食文化上的表现就是形成了两大菜系——湖南菜和湖北菜。这两大菜系，均为全国十大菜系之列，其风味有同有异，相同之处就是继承了楚人注重调味，擅长煨、蒸、烧、炒等烹调方法。不同之处在于湖南菜偏重酸辣，以辣为主，酸寓其中。湘人嗜酸喜辣，实际上也与地理环境有关，湖南多山区和卑湿之地，常食酸辣之物有祛湿、祛风、暖胃、健脾之功效，而且，由于古代交通不方便，海盐难于运达内地山区，人们不得不以酸辣之物来调味，因此，养成了人们偏爱酸辣的饮食习俗。湖北菜的调味则偏重咸鲜。湖北素称"千湖之省"，淡水鱼虾资源丰富，而咸鲜口味的形成，"可能与楚人爱吃鱼有关，因为鱼本身很鲜。"（方爱平.荆楚饮食风俗撷谈.《楚俗研究》第 186 页，武汉：湖北美术出版社，1995年）又由于湖北有"九省通衢"的雅称，因而在饮食上的兼容性很强，湖北菜吸收了长江上游的巴蜀、长江下游的吴越乃至中原、粤桂各地饮食文化的精华，因而形成了以水产为本、以蒸煨为主、雅俗共赏、南北皆宜，既有楚乡传统，又有时代特点的风味特色，体现了长江中游区域的饮食文明。江西位于长江中下游交接处的南岸，历史上有"吴头楚尾"之称，部分地区又曾属越，所以江西的饮食习俗具有吴、楚、越的特点。又由于江西在历史上曾是儒、佛、道三教的活动中心，合流之处，因而在饮食上也具有俗家饮食与佛道饮食文化结合的特点，它创制出了许多养生药膳。

（三）以吴越为代表的长江下游饮食文化区

在先秦时，长江下游地区，以太湖为界，北为吴国，南为越国。吴、越虽是两国，土著却是一族。吴

越的地理环境，气候条件大体类似，由于历史上长江上游带来的大量泥沙，加上钱塘江北岸的部分沉积，使吴越的中心地区即太湖流域形成水网交错，土壤肥沃的冲积型平原，整个地区地势平坦，以平原和丘陵为主，东面临海，江湖密布，这种地理环境为稻谷生长提供了十分优越的条件。而且，当时太湖流域的气候条件也给稻作农业产生了良好的影响。竺可桢在《中国五千年来气候变迁的初步研究》一文中认为，远古时长江下游及杭州湾地区的气温要比现在高2℃，也就是说远古长江流域的气温接近现在的珠江流域。考古资料也印证了这一推论的正确，据考古人员对7000年前杭州湾北岸河姆渡出土的植物遗存中的孢粉分析，当时这里曾"生长着茂密的亚热带绿叶阔叶林，主要树种有樟树、枫香、栎、栲、青冈、山毛榉等，林下地被层发育较好，蕨类植物繁盛，有石松、卷柏、水龙骨、瓶尔小草，树上有缠绕着狭叶的海金沙。"（河姆渡遗址动植物遗存的鉴定研究，《考古学报》1978年第2期）海金沙现在只分布于中国广东、台湾地区，以及马来西亚群岛、泰国、印度、缅甸等地，说明当时河姆渡一带的气候比现在更温暖。

从太湖流域新石器时代遗存出土的稻谷品种来看，当时只有籼稻、粳稻和过渡型三个稻谷品种，经过吴越先民不断改良，到明清时，江苏、浙江两省的稻种竟达一千多种。（游修龄.我国水稻品种资源的历史考证，《农业考古》1986年第2期）稻谷种类的增多，从主食上也就极大地丰富了吴越的饮食文化。

一般而言，稻谷可分为粳、籼、糯三大类，粳米性软味香，可煮干饭、稀饭；籼米性硬而耐饥，适于做干饭；糯米粘糯芳香，常用来制作糕点或酿制酒醋，也可煮饭。在长江下游的饮食生活中，自古以来，糕点都占有十分重要的位置。在宋人周密的《武林旧事》中，就收录了南宋临安（杭州）市场上出售的"糖糕""蜜糕""糍糕""雪糕""花糕""乳糕""重阳糕"等近19个品种。（周密《武林旧事》卷六《糕》，北京：中国商业出版社，1982年）但如果论制作工艺之精，品种之多，味道之美，则以苏州为上。

吴越地区将以糯米及其屑粉制作的熟食称为小食，方为糕，圆为团，扁为饼，尖为粽。吴中乡间有句俗谚："面黄昏，粥半夜，南瓜当顿饿一夜。"晚餐若以面食为之，到黄昏就要挨饿，因此，吴人若偶以面食为晚餐，则必有小食点心补之，这就使得吴

地糕点制作特别发达。早在唐代时，白居易、皮日休等人的诗中就屡屡提到苏州的"粽子""粔籹"，令人叹奇的是，一种名为"梅檀饵"的糕，它是用紫檀木之香水和米粉制作而成。宋人范成大《吴郡志》载，宋代苏州每一节日都有用糕点节食，如上元的糖团，重九的花糕之类。明清时，苏州的糕点品种更多，制作更为精巧，这在韩奕的《易牙遗意》、袁枚的《随园食单》、顾禄《清嘉录》《桐桥倚棹录》中都有不少记载。如今，苏州糕点已形成品种繁多，造型美观，色彩雅丽，气味芳香，味道佳美等特点。

在苏州糕点中，最为人称道的是苏式船点，船点是由古代太湖中餐船沿袭而来的，它在制作工艺上受到吴门画派清和淡逸、典雅秀美的风格影响，无论是制作鸟兽虫鱼、花卉瓜果，还是山水风景、人物形象，均能做到色彩鲜艳，惟妙惟肖，栩栩如生。再包上玫瑰、薄荷、豆沙等馅，更是鲜美可口，不仅给人以物质上的享受，还给人以精神上的美感，充分显示了吴地饮食具有高文化层次的特征。由此可以看出，源远流长的吴越稻作生产对人民饮食生活结构与习俗的巨大影响。

经过长时期的历史发展，吴与越的文化特征也各自显现出来，春秋战国时期，公元前173年，越灭吴，公元前333年，楚灭越，越文化由此逐渐向东南沿海地区流播，其海洋文化的特色更浓。而吴地则被楚文化所笼罩。东汉以后，东吴国家建立，这也就使吴文化在新的历史背景下找到了崛起和传承的契机。两晋南朝，具有新质的长江下游地区的吴文化迅速发展。唐宋时，中国经济的重心移往江南已成为不改之势。明清时，长江下游已成为全国最繁荣的地区，在这种历史背景下，古老的吴越饮食文化也因其地域不同而分成了淮扬、金陵、苏州、无锡、杭州等不同风味。这些不同地域的菜肴，虽有相通之处，但终究是自成一家，各具特色。

淮扬指江苏北部扬州、镇江、淮安等沿运河地区。但在古代，扬州却是个大区域概念，由淮及海是扬州，《尚书·禹贡》中的扬州还包括今苏南、皖南及浙、闽、赣大部分位置，隋代以后方定指今日之扬州，淮扬风味即发源于今之扬州等地。淮扬菜系为我国四大风味菜之一，又因其发源地在江苏，故有以江苏菜取代淮扬菜者。它与浙皖等风味合称下江（长江）菜，与浙江风味合称江浙菜，其风味大同小异。

淮扬菜的风味特点是清淡适口，主料突出，刀工精细，醇厚入味，制作的江鲜、鸡类都很著名，肉类菜肴名目之多，居各地方菜之首。点心小吃制作精巧，品种繁多，食物造型清新，瓜果雕刻尤为擅长。

苏州在长江以南，扬州在长江以北，一江之隔，两地菜肴的风味却不尽相同。因地理相近，为长江金三角之地，苏州菜与无锡、淞沪等地风味一致，其风味特色是口味略甜，现在则趋清鲜。菜肴配色和谐，造型绚丽多彩，时令菜应时迭出，烹制的水鲜、蔬菜尤有特色，苏州糕点为全国第一。

扬州与苏州，"一江之隔味不同"，其原因在于扬州在地理上素为南北之要冲，因此在肴馔的口味上也就容易吸取北咸南甜的特点，逐渐形成自己"咸甜适中"的特色了。而苏州相对受北味影响较小，所以"趋甜"的特色也就保留下来了。

"一方水土养一方人"，同在长江流域而分处上游的巴蜀饮食文化，中游的楚地饮食文化，下游的吴越饮食文化，由于地理环境的不同，这些区域的饮食文化既有联系，也有区别，其风味也各具特色，这深刻说明复杂多变的地理形势和气候环境是中华饮食文化多样化发展的空间条件和自然基础。从这一角度出发来比较先秦时期长江流域各国的饮食文化，才能对楚国饮食文化有一个清晰的认识。

第二节
楚菜的历史源流概况

一、古代楚菜发展的脉络

楚国饮食文化的历史十分悠久，从考古发现的情况看，楚地是世界上最早的栽培作物起源中心之一，自古以来，楚地的先民就驯化选育了品种繁多的谷类作物，为中国农业的发展做出了不可磨灭的贡献。早在先秦时期，楚国的先民就将稻谷作为其主食品种之一，楚地的主食一直是以稻米为主，并辅以菱、粟等。

新石器时代以后，副食主要有肉食与蔬菜两大类。肉食又有兽、禽、鱼三种，各个时期的畜牧业经历了不断发展的过程，人们食用家畜的比例也不断增多，渔猎的比重不断下降，而且肉食的品种也不断丰富，尤其是战国秦汉时期更为明显，蔬菜在春秋之前尚未发现，在战国和西汉时期的墓中已有不少发现，而且品种也较多，已是当时人们的主要副食。同时，还发现了许多调味料，说明当时对饮食质量的要求提高了。

湖北饮食文化是伴随着楚文化的崛起而兴旺发达起来的。这也就是说，湖北菜的制作，早在两千多年前的楚国时期就已达到相当的水平。《楚辞》中的《大招》与《招魂》中所列举的肴馔已证明了这一点。

《楚辞·招魂》里记录了从主食到菜肴、以及精美点心、酒水饮料等二十多个品种的楚地名食，从这张食单中可以看出，当时楚国食物原料丰富，烹调方法及调味手段多变，它像一面镜子，生动地反映了当时荆楚地区的饮食风貌和特色，表现了先秦时期楚菜艺术的成就，也充分说明楚菜在先秦时期已初具雏形。

另外，从考古发现的资料上来看，特别是1978年湖北随州曾侯乙墓中出土的一百多件饮食器具更是较好的例证。以曾侯乙墓为代表的这一时期楚墓中出土的饮食器具主要由铜、陶、金、漆木、竹5种材料制作而成。其中曾侯乙墓发现的一件煎盘，是迄今首次的考古发现。它由上盘下炉两部分组成，煎盘的腹部两侧各有一副提链。炉的口沿上立有四个兽蹄形足，出土时盘内有鱼骨（经鉴定为鲫鱼），盘内有木炭，炉底有烟炱痕迹，显然是煎烤食物的炊器。在众多的饮食器具中，煎盘是一种可烧、可煎、可炒的饮食器具，而在两千四百多年前就能运用煎、炒等烹调方法，这在各大菜系中是领先的，同时也充分证实了楚菜源远流长的历史。

秦汉以后，楚地饮食文化有了长足的发展。进入汉魏，《七发》记下了"狗羹盖石花菜""熊掌调芍药酱""鲤鱼片缀紫苏"等荆楚佳肴；《淮南子》

也盛赞楚人调味精于"甘酸之变";这时还制成"造饭少顷即熟"的诸葛行锅和光可鉴人的江陵朱墨漆器,反映了这一时期楚地饮食文化的进一步发展。降及唐宋,《江行杂录》介绍过制菜"馨香脆美,济楚细腻"、工价高达百匹锦绢的江陵厨娘。五祖寺素菜风靡一时,苏东坡命名的黄州美食脍炙人口。晚唐诗人罗隐在《忆夏口》中吟唱道:"汉阳渡口兰为舟,汉阳城下多酒楼。当年不得尽一醉,别梦有时还重游。"该诗反映了武汉地区的饮食业在一千多年前就有了一定的规模。

到了明清两代,楚菜更趋成熟。在《食经》《随园食单》《闲情偶寄》和《清稗类钞》等著名食书中,搜集的楚菜精品就更多了。这时,不仅有楚菜代表菜品,更多名菜也应运而生,如"沔阳三蒸""江陵千张肉""黄陂烧三合""石首鱼肚""咸宁宝塔肉""武汉腊肉炒菜薹",以及黄梅五祖寺著名的素菜"三春一汤"——煎春卷、烧春菇、烫春芽、白莲汤,如此等等。在鱼菜技艺上也有较大的创新,如钟祥的"蟠龙菜",主料是鱼和肉,而成品却是鱼不见鱼、肉不见肉;黄州的"金包银""银包金",使鱼肉合烹,各自剁蓉成馅,相互包裹,光洁似珠,落水不散,技艺之精湛可谓登峰造极。此外,黄云鹄的《粥谱》集古代粥方之大成,楚乡的蒸菜、煨汤和多料合烹技法见之于众多的食经,楚菜作为一个菜系已基本定型。

二、清代以后楚菜行业发展概况

(一)清末至民国时期楚菜行业发展状况

清末至民国,在急剧变化的社会环境中,湖北饮食文化得到了快速发展。楚菜呈现大融合、大发展的局面。其他省份甚至西方的饮食文化开始融入,一些新的食品被本地区人们所接纳。随着饮食业的兴盛,域内风味流派迅速发展,名菜、名点、名酒、名茶、名店不断出现。

1. 楚地城市开埠后的食材输入输出状况

湖北地区传统菜肴结构中,植物类以蔬菜为主,动物类以猪肉类菜、禽类菜、淡水鱼鲜类菜为大宗,其他种类菜肴所占比例极少;传统面点结构中以米制品占绝对优势,面制品较少。菜点的这种构成在19世纪中叶以后发生了明显变化,导致这种变化的主要原因是本区域食物生产结构的调整和区域外海产品、牛羊肉、果品和面粉的大量输入,而后者又是引起本区域民众饮食生活变化的重要物质因素。

(1)海产品的输入状况

湖北汉口开埠(公元1861)后,东南亚海产品成批输入武汉。清同治十三年(公元1874),经销"东洋"海味的上海东源行派人来汉,设海味专号,专营海味品批发。1898年,日本的海产品开始直输汉口,由三井、伊藤忠等洋行经销。后经销海味的店铺不断增加,以致形成了一些帮别。据统计,清末汉口一镇售卖糖杂海货的杂货铺有五百余户,著名的包席菜馆达数十家,其销售、耗用的海味品,均由各海味号供应。同时,长江沿岸,内地客商也有常驻客帮在汉采购,并有数以千计的各路"乡脚帮"麇集汉口进货。

据《湖北近代经济贸易史料选辑》之"水产品贸易"载:清末汉口大量输入海味,消费遍及城乡。汉口地区水产之需极为普遍,"无上下贵贱之别,用于日常之食膳与猪肉相似。其份额约达百二十万两,每年且有增加。"汉口主要输入的海产品为海带、海参、干鱿(含墨鱼)及洋菜等。所输入的海产品绝大部分由当地居民所消费掉。干鱿及墨鱼,尤为汉口居民所嗜好。其输入额,干鱿与墨鱼相近。此外,江瑶柱、虾米、鱼翅皆各有相当需求。唯干鱼与咸鱼,其输入额不过全输入额的0.3%左右。主要因为湖北鲜鱼产量丰富,全年均有大量上市,且在11月、12月间,淡水鲜鱼上市高峰,住户多腌制相当数量腊鱼以备春节和春天食用。只是在夏季三四个月内,由于江湖水涨,渔获不适当,产品额稍微不多,然而鲜鱼价格比之咸鱼,不足半额,所以咸鱼之需求量不大。自19世纪中叶始,汉口及周边地区居民的餐桌上普遍增加了海味。

(2)牛羊肉的输入状况

湖北居民素以食用猪肉为主,牛羊肉相对较少。居民食用牛肉数量增多始自近代,广泛食用羊肉则是近30年的事。

清朝时期,为保护耕牛,以利农耕,清政府禁宰耕牛。不过,地痞流氓和不怕事的牛贩,仍有时宰牛贩肉。据《武昌牛业的一些记忆》载:"那时宰户,三两日宰头肥牛,每头牛肉分割32块挑卖。县官一日两次出巡,卖牛肉的要躲过县太爷以后再卖,天气干旱禁宰较严,对被抓到的牛贩、肉贩,可以判坐牢的。"汉口开埠后,外商外侨大量涌入,又有不少外国水兵,这时欧风东渐,四洋杂处,以牛肉为食品大宗。清政府始放宽禁令，准许省内武昌、汉阳、汉口和宜昌、沙市、武穴、老河口七个通商口岸宰牛。《外国人与武汉牛肉业》一文也讲：武汉开埠后，牛肉销量大增，外国人喜食牛肉，既吃又加工运出，牛肉业兴旺发达。除设在汉口的洋行加工出口牛肉外，还有设在上海的洋行也要牛肉加工罐头，有的冻装"回块瓦"肉运出，牛大腿加工腊肠外销。

（3）粮食的输入输出状况

湖北武汉地处华中重要产粮区，自古是湘、鄂、赣、川等地漕粮孔道，官府征榷、储存粮食的中心和米谷集散大埠。

清末民国时期，杂粮来源（当时指小麦、大麦、芝麻、菜籽、玉米、各种豆类、薯类等），以湖北、河南为大宗，其次为陕西、江西、湖南等地。其中：小麦以湖北本地为主，占半数以上；蚕豆以湖北本地为大宗。杂粮，除部分为武汉市居民食用，酿造、酱园、榨油及工业原料外，其余输往浙江、上海、广州、潮州、汕头等地，并有相当一部分出口国外。湖北地区居民自清末以来，粮食消费结构中面粉及其他杂粮占有很大比重，这大大地刺激了面点制作技术的提高和促进了面点品种的丰富。

（4）调味料、茶酒及果品的输入输出状况

湖北所需食糖、食盐、香味调料主要依靠外地输入。新中国成立前糖类货源主要来自上海口岸和广东地区，川、赣等地亦常有糖类运汉。1912—1935年，汉口共进口食糖2210万关担，年平均超过92万关担食糖的长期大量调入，促进了糕点、糖果类食品的发展，也使许多湖北菜具有咸鲜回甜、纯甜或酸甜的特点。

食盐是人们的生活必需品，长期由外地输入，食盐来源主要是海盐，也有部分川盐。调味料如八角、茴香、桂皮、花椒、胡椒、丁香等历来依赖外省输入。湖北菜中的卤菜和微辣菜，多需加胡椒调味，故进口胡椒所占比例较大。

2. 楚地餐饮业的发展状况

南北朝以来，随着中国经济重心的南移，南方经济不断上升，湖北城镇数量不断增多、规模不断扩大，餐饮业随之发展和繁荣。

民国时期，在被誉为"鱼米之乡"的湖北地区，一批餐饮名店开始兴起，代表名店有"老通城""五芳斋""小桃园煨汤馆""老会宾楼""冠生园""四

季美汤包馆""蔡林记热干面馆""谈炎记水饺馆""祁万顺""大中华酒楼"等。这个时期湖北餐饮业的发展状况，以武汉餐饮业最具代表性。

（1）武汉餐馆酒楼的发展状况

早在唐宋时期，湖北武汉的餐饮业已具相当规模。罗隐《忆夏口》记汉阳酒楼"汉阳渡口兰为舟，汉阳城下多酒楼。当年不得尽一醉，别梦有时还重游"。宋范成大《吴船录》记武昌："南市在城外，沿江数万家，廛闬甚盛，列肆如栉，酒垆楼栏尤壮丽，外郡未见其比"。

明清时期，湖北武汉的餐饮业发展迅速。明末夏口（汉口）商业日渐繁荣，餐馆业相应发展。清初，武昌"酒楼临江开竹屋，当垆小姬能楚曲。"至清道光年间，武汉饮食业业态细分趋势明显，不同风味的酒楼和名菜逐渐兴起，风味小吃已很普遍。据《夏口县志》记载，清道光年间，武汉饮食业已按业务范围形成自然分类，有豆丝、酒店炒菜、包席赁碗、面、素菜等。叶调元《汉口竹枝词》记清道光年间汉口的名菜馆云："银牌点菜莫论钱，西馔苏肴色色鲜，金谷会芳都可吃，坐场第一鹤鸣园。"《汉口竹枝词》中亦有"水饺汤圆猪血担，夜深还有满街梆""鳊鱼肥美菜薹香"的记载。

汉口开埠后，随着经济和市场的繁荣，各种类型的餐馆进一步发展，不仅有京、苏、川、粤、浙、宁、徽、湘等风味的餐馆，还有经营英、法、德、俄各式西菜西点的西菜馆和经营日本菜肴的料理馆。至民国初年，武汉餐饮市场已具备"中西大菜、南北筵席"各色风味。

民国年间，武汉餐馆业开始按餐馆规模等条件划分等级，1934年的《调查与统计》将全市餐馆分为上、中、下三等，后来细分为甲、乙、丙、丁、戊、己六个等级。同时，武汉餐馆业发展呈现起伏跌宕态势。其间的兴盛时期，武汉大、中型酒菜馆逐步增多，各帮风味荟萃，其业务以各色风味酒席、菜肴为主，兼有小吃、点心等，一般有1～3个楼面的餐厅，陈设雅致，配以字画花木，爽洁宜人；大型餐馆还备有银铜台面和牙骨、细瓷等高级餐具；服务人员仪表整洁，按照规范迎接顾客、安座奉茶、介绍菜点、摆设餐具、上菜递巾、代客结账、礼貌送客等程序服务。主要经营方式有：坐堂营业，招客上门；出堂下灶，上门服务；来碗购买，来料加工；往来赊销，定期结算；

广告宣传，发行礼券；提供礼厅，代为请客；跑街（业务员）上门，招揽生意。据1933年《实业统计》记载，在1931年武汉水灾后，各业萧条，以经营高档筵席为主的汉口中西菜馆歇业21家，酒饭面馆和熟食小店也分别歇业了47家和51家。据1935年《实业部月刊》记载，当年汉口"中西菜馆业，能稍获利者，不过十分之一，亏折者十分之九，普通饭馆能维持开支亦属少数，专营包席者无一不告赔累，歇业者计达43家（原有160家）之多"。1932年"一·二八"事变后，江浙时局不稳，上海、南京、安徽等地的厨师来汉开馆，仅徽州菜馆就由16家增至42家。抗日战争初期，武汉城市人口陡增，外出就膳需求扩大，餐馆业盛行一时。武汉沦陷前夕，餐馆业纷纷停业。日军侵占武汉后，伪市政对餐馆实行物料配给，复业户虽不少，但营业清淡，勉强维持。抗日战争胜利后，大批餐馆复业或新开，接近战前的水平。不久因苛捐杂税和通货膨胀的打击，业务衰落。1947年6月19日《华中日报》载："酒菜业在勉强苦撑的占十分之九。"1949年4月21日《汉口商报》载："熟食业因受时局不清，市面萧条之影响，一般人购买力几乎已降至零度，营业实在无法继续，所有微弱资本，已亏耗殆尽。该业各会员纷纷宣告停业，所留无几。"

（2）武汉茶馆的发展状况

记载汉口茶馆最早、最详的文献是清道光年间范锴的《汉口丛谈》和叶调元的《汉口竹枝词》。当时汉口西郊的后湖是游览胜地，几十家茶馆星罗棋布，相传湖心亭茶楼最早，白家楼茶馆最著名。还有涌金泉、第五泉、翠芗、惠芳亭、丽亭轩、楚江楼等近10家，分布在雷祖殿、龙王庙一带。遍及汉口街头巷尾的茶馆，生意兴旺，自晨开店，营业到深夜。

汉口开埠后，新的生产、生活与社会交往方式传入汉口，汉口商业逐渐繁荣，原来专供休息的茶馆成为商贾洽谈生意的处所，手工业者聚集茶馆，接活觅业，茶馆、茶摊日益增多。《汉口小志·风俗志》记载"（汉口）男女多爱吃茶以故茶楼日渐发达"。大约在1920年，汉口茶馆增至696家，1928年，增加到1117家。（参见皮明庥《近代武汉城市史》，北京：中国社会科学出版社，1993年）由于茶馆接待对象复杂，每每被帮会中人所把持，进行黑社会活动。特别是租界内的茶馆，利用"治外法权"，为当时地方政府管理所不及，更是藏垢纳污之所。

1929年下半年，国民党汉口市党部对茶馆业进行调查，在《关于茶馆的调查》报告中说："茶馆是市民聚会最方便而最适当的地方，所以茶馆成为本市最发达而且最多的营业……"，于是提出加强"休闲教育"，在汉口、汉阳设立6所"民众茶园"，晓喻茶馆业协助进行，试图把茶馆业变成"围剿"反革命文化的工具。20世纪30年代初，因水灾的破坏，武汉百业萧条，工厂商店纷纷倒闭，失业闲散人口涌入茶馆，或打听行情，寻找就业机会，或消磨时间，在不景气的经济生活中，茶馆生意反而格外兴隆。1938年10月底，武汉沦陷，茶馆业受到摧残。1945年8月，抗日战争胜利后，武汉茶馆业虽有所恢复，但由于苛捐盘剥，通货膨胀，依然举步维艰。至1949年春，武汉三镇茶馆倒闭三百多家。

民国年间，武汉同业公会根据茶馆规模划分等级：25张茶桌以上的是甲等，15～25张茶桌的是乙等，5～10张茶桌的是丙等，5张茶桌以下的是丁等。甲等大茶馆多设于闹市，多集中在汉口，茶客大多数是做生意的商人。新中国成立前著名的有怡心楼、汉南春、普天春、话雅、品江楼等三十余家；内设雅座和普座，普座一般是方凳或条凳，茶叶中等；雅座备有靠椅、躺椅，春秋有毛巾，冬天有毛毯或狗皮褥，茶具雅洁，沏上等茶。乙等以下的中小茶馆房屋设备都比较简陋，遍布街头巷尾。茶客分地段不同：小街道上的茶馆顾客主要是各行手工业者；沿江（河）和铁路边的茶馆顾客，主要是水陆货客、装卸工人、三轮车工人；公园、风景区的茶馆则是游人和玩雀鸟者休憩的地方；市郊的茶馆主要是瓜菜商贩和行人小憩之所。一般茶馆摆设茶桌按传统上、中，下首方位，称上、中、下台。经营分早、中、晚三茶，午饭以前为早茶，午饭后至晚饭六点左右为中茶，晚茶一般供应到夜里十点多钟。早上茶馆一开门，提篮贩早点的孩子们就把饼子、油条之类摆上茶桌，茶客以茶佐点，吃多少算多少钱，一些单身汉则上茶馆买热水洗漱。白天的茶客多是忙碌之人，夜茶多为市民休息、娱乐享用。一壶茶不能超过早、中、晚规定的时间，否则必须更茶，另付茶钱，而且不卖"招茶"（两人以上共沏一壶茶），不过茶客暂时离开，只消将茶杯紧靠茶壶放好，就不会有人收去茶具和占据这个席位。

民国年间，武汉茶馆按经营项目分，有"清水"

和"浑水"两种类型。清水茶馆以卖茶为主,附设小卖,出售香烟、瓜子、点心等佐茶品;附设理发,出售开水,可叫菜开酒筵。这类茶馆一般与经济活动联系紧密。如分布在武昌鲇鱼套解放桥一带,汉阳南正街,汉口沿汉水岸边的清水茶馆是各行帮商业活动的重要场所。著名的有汉口的怡心楼、清泉等几家大茶楼。临近江河水路的茶馆,无论货主、船主、买家和船工都聚集在那里接洽各自的生意。20世纪40年代,"跑单帮"的买卖就在话雅、洞天居等大茶馆里进行。市区中小茶馆是各类手工业者打听行情、承接活路、饮茶小憩之处。城郊的茶馆是菜农贩结账之所。分布在沿江和僻静处的清水茶馆还兼有少量文化活动。浑水茶馆除售茶外,还有唱戏、说书、打皮影、演木偶、标会、赌博抽头,此外,报童、擦皮鞋、修脚、算命、卖小吃各类人等也在茶馆里活动,有时甚至与胭粉有关。咸丰年间,黄孝花鼓戏进城,在汉口土荡的茶馆里演出。光绪末年,官府禁演花鼓戏,为避缉拿,戏班在德租界华景街附近一个茶馆的楼上半夜三更秘密化装演出。尔后,花鼓戏在租界的茶馆里盛行起来,观众踊跃,茶馆生意兴隆。辛亥革命后,花鼓戏风行汉口各大浑水茶楼,著名的有共和升平楼、四海升平楼、天一茶园、天仙茶园等。汉剧当初也在茶馆演出,演员们还常聚于茶馆交流戏艺。1934年,汉口演出戏剧的茶园、茶社和茶楼有37家,以后大部分成为专业剧场,仍保留给观众沏茶、递把子(毛巾)等茶馆服务项目。更多的中、小浑水茶馆则是开展戏剧清唱、曲艺、杂耍、皮影等娱乐项目。茶馆对拓展和传播乡土文化起过积极的作用。

(二)新中国成立后湖北武汉餐饮业的发展状况

1. 20世纪50—70年代,经济短缺、政治运动对武汉餐饮业的影响

新中国成立后,崇尚俭朴,武汉餐饮业曾一度滑坡。不久,武汉餐饮业贯彻"面向大众,分级划类经营,发扬传统特色,适应多种需要"的经营原则。人民政府对饮食业进行整顿,贯彻执行"公私兼顾,劳资两利"政策,至1953年初基本恢复正常经营;通过贯彻对私营饮食服务业"利用、限制、改造"的方针,行业得到普遍的发展。通过自救和国家扶持,行业的恢复和发展很快。由于社会经济结构和群众消费结构

的变化,经济饭馆、熟食小吃发展迅速,小吃品种繁多,经营灵活,生意兴旺;酒楼的经营则比较清淡。

1956年元月,饮食服务业实行全行业公私合营,并将饮食业和服务业分别归口新成立的武汉市饮食公司和武汉市生活服务公司。1956年公私合营时,武汉市餐馆酒楼业分为大型酒楼、中型餐馆、小型餐馆、面点甜食小吃4种类型;供应风味菜肴品种360个,一般菜肴品种270个,小吃品种260个。1959年至1961年严重困难期间,生活物资紧缺,餐馆供应压力增大,行业根据场所、设备、技术、管理等条件将餐馆改为大、中、小三个类型;供应菜肴品种减至六十余种,且素多荤少。餐馆一度采取高价经营、凭票供应的办法。

1962年,经过调整,饮食行业出现转机。1963年,停止高价经营,餐饮市场出现活跃局面。但由于国营饮食业采取排挤和代替个体业户的做法,个体熟食商贩大幅减少,行业中,国营餐馆的比重增大,个体熟食店比重缩小。饮食消费层次逐步增多、转高,实行分等分类经营,将饮食业划为饭店、酒楼、综合餐馆、餐馆、风味小吃、面点甜食、大众熟食7种类型。不同类型的餐馆又分别按一、二或一、二、三进行分等。至1965年,恢复供应风味菜肴品种250个,一般菜肴品种增至470个,小吃品种236个。

"文化大革命"期间,武汉餐馆分类分等工作受到冲击,帮口风味也被打乱,全市个体饮食商贩被当作"资本主义尾巴"割掉,合作店的经营受到限制,国营餐馆因货源紧张和社会动乱的影响,生产停滞,供应的品种和数量极少,1975年,供应品种仅剩190个。菜点质量低下,服务方式简单,群众排队买早点、上餐馆就餐也很困难。

2. 20世纪80年代,武汉"老字号"餐饮企业焕发青春

1978年以后,武汉饮食业又重新划为酒楼、餐厅、专业风味小吃店、经济饭馆、熟食面点馆5种类型,并逐步恢复了各帮风味。

20世纪80年代,武汉饮食业贯彻国家、集体、个体一起上的方针,个体饮食店得到迅猛的发展。各类餐馆营业活跃,竞争激烈,各自发挥优势,满足不同层次的饮食消费需要。1985年,武汉市有酒楼15家、餐厅47家、专业风味小吃店28家、经济饭馆81家、熟食面点馆258家;各帮风味中,鄂帮39户、

京津帮 4 户、苏帮 7 户、粤帮 1 户、川帮 4 户、徽帮 2 户、湘帮 2 户、浙帮 1 户、清真 1 户、素菜 2 户；全市餐馆供应大众小吃 214 种，名点 72 种，一般菜肴 374 种，风味菜肴 634 种，名菜 354 种；呈现出以湖北菜为中心，各帮风味竞相发展的经营特色。酒楼都设有雅厅、专厅和外宾接待室，配有空调等现代化设备，广泛使用冰库设施和冷柜、电烤炉、液化气灶、绞肉机等各种炊事机械，主营风味名菜、各色小炒和南北大菜，并兼营饮料、糖、酒、糕点等副食品。部分有条件的酒楼，还附设旅客房间、开办舞厅或举办茶座、音乐会等综合服务。餐厅基本与酒楼近似，而规模较小，适于小型宴会。雅座光线柔和，伴以立体音响，以小巧雅致见长，风味小炒为主营业务。熟食小吃店、摊、担、个体小酒家分布广泛，供应灵活，花色品种繁多，早市、夜市生意兴隆。胜利饭店、璇宫饭店、江汉饭店等饭店的西餐厅陆续对外营业，全市出现了多处酒吧间，适应了群众西餐消费的需要。

3. 20 世纪 90 年代开始的武汉餐饮老字号衰败和新字号兴起

改革开放后餐饮市场的传统格局已被打破，在激烈的竞争下，"老通城""小桃园""老会宾""福庆和""祁万顺""大中华""一品香""蔡林记""谈炎记"等老字号，除少数企业外，或名存实亡、或苦苦支撑。出现了湖北三五醇酒店有限公司、武汉市小蓝鲸健康美食管理公司、武汉湖锦酒楼、武汉卢大师酒店管理有限公司、湖北艳阳天旺角工贸发展有限公司、武汉市醉江月饮食服务有限公司、鄂州大碗厨酒楼、黄冈德尔福、武汉东鑫酒店、武汉新海景酒店、咸宁御湾酒店管理有限公司、武汉藕巷餐饮管理有限公司、武汉九龙大酒店、湖北巨浪酒店管理有限公司、荆门九尊商贸有限公司、钟祥市金苑大酒店、钟祥郢龙粗茶淡饭农庄、仙桃农家小院、仙桃吴刚食府、仙桃乡村情、湖北仙宇调味食品股份有限公司、荆州荃风酒楼、谢氏老金口渔村、武汉味发现酒店管理有限公司、武汉楚菜印象餐厅、荆州天喜楚韵大酒店、黄石楚乡厨艺、武汉农家小院、潜江虾皇餐饮服务有限公司、潜江市楚盛餐饮服务有限公司、潜江市楚虾王味道工厂餐饮有限公司、武汉鱼头泡饭酒楼、武汉乐福园酒店、武汉市楚鱼王餐饮管理有限公司、襄阳江汉人家酒店、湖北食在老家生态食品科技有限公司等一批蓬勃发展的餐饮企业，一些餐饮企业如"九

头鸟""湘鄂情""蟹老宋""小蓝鲸""毛家菜馆"等纷纷向外扩张。

图 1-1　20 世纪 80 年代的老通城

图 1-2　20 世纪 80 年代的老会宾

老字号餐饮业往往拥有世代传承的技艺或服务，具有鲜明的中华民族传统文化背景和深厚的文化底蕴，取得社会广泛认同，形成良好信誉的品牌。但是，20 世纪 80 年代中期以后至今，老字号在洋快餐和现代餐饮业的冲击下，在竞争中节节败退、衰落甚至消亡。武汉的大中华武昌鱼菜肴、小桃园的鸡汤等，也逐渐被人们淡忘。餐饮老字号历经百年沧桑，不仅见证了大武汉的历史，同时也蕴含了深厚的历史文化底蕴，是武汉市的一张城市文化名片。20 世纪 80 年代中期，武汉市餐饮老字号尚有五十多家，是当时武汉市餐饮业的重要支柱力量。在 1993 年以前，这些餐饮老字号一直占据着武汉市餐饮销售的大半壁江山，"老通城""祁万顺""大中华"都曾创造过年销售上千万、利税过百万的辉煌业绩。1987 年到 1989 年被公认为是老通城的鼎盛时期，销售额名列全市同行业第一。然而，20 世纪 90 年代中期，由于

体制弊端以及地理位置的劣势等诸多原因，武汉市老字号餐饮企业走上了一条盛极而衰的道路。2002年初，武汉大中华酒楼关门停业。2006年3月14日，有着77年历史的武汉老通城酒楼，颓势难逆，悄然关门谢客。2006年初的调查表明：武汉市餐饮老字号现仅存12家，仅有"四季美""五芳斋""芙蓉""小桃园""野味香""谈炎记"等还保留原味经营，"春明楼""新兴楼""德华楼""老会宾楼"等保留原招牌靠出租门面苦苦支撑，步履维艰。

导致武汉市老字号餐饮企业今非昔比，面临如此窘迫局面的原因，是武汉市市民食品消费结构及生活方式的变化，也有体制的原因。

首先，武汉市居民食品消费结构由单一型向多元化、量向质方面转变。在消费水平和市场资源有限的年代，人们无法讲究饮食。随着人们收入的增加，人们的基本需要在得到一定程度的满足后，就会产生高层次的需要。在有足够的经济支付能力的情况下，人们开始追求效用最大化。开始由吃饱到追求吃好，越来越讲究食物的精细、营养、美味、方便、快捷等。食品消费结构呈现出主食比重下降，副食比重上升的态势。2005年以来，粮食、淀粉及薯类、干豆类及豆制品的家庭人均月消费支出止步不前，甚至出现下降趋势，而同时蔬菜类、饮料类、干鲜瓜果类、糕点类、奶及奶制品类的消费明显呈上升趋势。特别是糕点、奶及奶制品的消费成为新亮点。在外出就餐时，人们更加青睐无污染和无公害的绿色食品、保健食品、富含高纤维的蔬菜水果。没有污染且营养丰富的野菜在餐馆菜肴中所占的比例日渐扩大，而原来作为餐馆主菜、大菜的高脂肪食品则退居次要地位。由此可见，武汉市居民膳食结构越来越科学合理，由过去的单纯增加某种食物营养转变为注重多种食物的营养平衡，绿色、营养保健食品成为消费的主旋律。而纵观武汉餐饮老字号产品。其原料主要来源于传统的肉禽蛋水产品以及油脂类产品，例如：四季美汤包的主要原料是鲜猪腿肉；老通城豆皮以鲜肉、鲜蛋、鲜虾仁为主制作馅料，营养结构单一。当这种结构单一的食品被人们经常食用时，从人的生理和心理角度来说，从每一单位消费品中所感受到的满足程度和对重复刺激的反应程度是递减的。

其次，在餐饮消费中，人们更加倾向于快餐。随着工作和生活节奏逐步加快，餐饮消费逐渐向快餐消费转化。快餐的消费比例与收入水平是紧密联系的。高收入人群同样也是快餐的强势人群，随着收入的增加，快餐的消费比例和频率都有提高。在这时期，快餐不只是为了吃得快一点、好一点，主要是为了解决消费者饮食社会化的问题。现今人们的时效观念不断增强，效率意识日益增强，人们用于买菜、做饭、吃饭的时间逐步减少。快节奏、高效率的现代都市生活和工作，促使越来越多的人成为快餐的消费者。这个消费群体多为上班族，包括各行各业的管理人员、科技人员、白领、司机、工人等。上班族对餐饮要求方便快捷，这同每天紧张的工作息息相关。洋快餐和中式快餐正是适应了这一要求，统一配料，用机器进行标准化生产，速度快、效率高、成本低，在竞争中击败了不厌其烦煎炒烹炸的"中华老字号"，抢占了市场，大获成功。以麦当劳为例：无论客人多少，一般5分钟都能拿到食品，10分钟左右可以用餐完毕，为客人赢得了宝贵的时间，也为自己赢得了市场。而餐饮老字号产品作坊式的经营模式，手工操作耗时耗力，生产效率低下，与如今的食品工业化格格不入。目前，武汉市的餐饮市场，主要被以麦当劳、肯德基为首的世界著名连锁快餐企业和以"湖锦""小蓝鲸""太子""艳阳天""湖北三五"等为代表的本土连锁餐饮企业瓜分。2005年，武汉市限额以上快餐连锁店销售总额达5.69亿元，连锁门店数达112家。

再次，武汉老字号餐饮企业多是在解放初期通过公私合营建立起来的国有企业、集体企业，通常缺少有效的公司管理结构，政企不分、归属不明晰、整体责任划分不清等问题十分突出。武汉市老字号餐饮企业的生产模式大多停留在传统的作坊式，生产机械化、标准化水平低。产品制作时配方具有随意性，加之厨师的技艺良莠不齐，做出来的产品质量难以得到保证，且这种生产经营模式规模小、抵御风险的能力弱。目前，武汉市老字号餐饮小吃中，仅有五芳斋汤圆和德华年糕引进自动化生产线，告别了作坊式的生产模式。目前，餐饮业"连锁之风"越刮越猛。连锁已经成为一种默认的经济发展趋势，经营连锁的收益日益明显。而纵观武汉市老字号餐饮企业，大多是坐店经营模式，规模小，难以做强做大。

武汉新字号餐饮大多为民营企业。如：武汉市小蓝鲸酒店管理有限公司创立于1986年，积极倡导"饮食讲科学，营养讲均衡"和"吃出健康来"等健康饮

食理念。2008 年，在全国已有近 20 家连锁店，被评为"中国餐饮百强企业""全国十佳酒家"。武汉湖锦娱乐发展有限责任公司于 1994 年成立以来，不仅注重硬件设施的提升与维护，还注重酒楼员工的素质培养，且高度重视菜品质量与菜品安全，建立了大规模的中央厨房和食品安全检测室，现已成为著名大型饮食服务连锁企业，获得"中国餐饮百强企业""国家白金五钻级酒家""食品卫生安全等级 A 级单位""中华餐饮名店"等诸多荣誉称号。武汉市亢龙太子酒轩有限责任公司创办于 1992 年，先后荣获了"中国餐饮百强企业""国家五钻级餐饮企业""湖北市场绿色首选品牌"等荣誉称号，现已发展成为"中华餐饮名店"。湖北三五醇酒店有限公司始创于 1992 年，是一家以湖北特色家常菜肴为主，高档次、低消费经营为辅，为湖北省最具规模的中式餐饮连锁经营企业之一，入选"中国餐饮百强企业""全国餐饮优秀企业"。此外，武汉艳阳天商贸发展有限公司等餐饮企业也有较大影响。

三、楚菜主要原料的起源

稻米虽然飘香，却不能像麦面那样不断花样翻新，难免有些单调。为了改变这一"缺陷"，楚人想方设法种植蔬菜，猎牧动物，饲养牲畜，以多样的副食来改善主食的单调。楚人的基本副食除了鱼肉，还有蔬菜瓜果。从远古起，蔬菜瓜果与水产经济就开始作为楚国先民生活中的副食来源，可以说古代楚国种植蔬菜，同谷物几乎具有同样悠久的历史。所以，《尔雅·释天》在解释"饥馑"二字时说："谷不熟为饥，蔬不熟为馑"。这里谷蔬同时并提，正好揭示了主食和副食之间的密切关系。

考古资料证明，在距今五千多年的浙江吴兴钱山漾和杭州水田畈等处新石器时代文化遗址中，也发现有花生、蚕豆、两角菱、甜瓜子、毛桃核、酸枣核、葫芦等。这表明，我国长江流域在新石器时代也已有了初级园艺。而从考古发现的资料反映出楚地蔬果种类也非常丰富，在湖北江陵望山楚墓中出土的果实、果核、果皮及种子就有十余种之多。至于其他农副产品，如板栗、樱桃、梅、枣、柿、梨、柑橘、甜瓜子、南瓜子、生姜、小茴香、菱角、莲子、藕、荸荠等，在长沙、江陵、荆门、信阳等地楚墓都可见到这些品种的部分甚至全部。

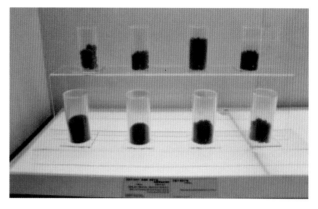

图 1-3 马王堆汉墓中的蔬菜种子

在商代甲骨文中，出现过"囿""圃"等字，可知在商代就有以蔬菜瓜果为主要栽培对象的菜园了，园圃经营已与大田谷物经营存在着一定的区别。西周以后，这种区别更为明显，蔬菜瓜果生产已逐渐成为一种脱离粮食生产而独立的专门职业，在春秋时期，"圃"与"农"已经成为分开的两种专业了。到战国时，见于记载的，更有不少的人"为人灌园"。当时园艺确与农耕分了家，园圃经营的专业性大大加强。这种分工的产生和发展，是为了适应人类物质生活多方面的需要，是社会生产不断进步的一种表现。从文献记载中可以看出，楚国园圃种植非常普遍而且兴旺发达。《楚史梼杌·虞丘子》载：庄王"赐虞丘子菜地三百。"《庄子·天地篇》云："子贡南游于楚，反于晋，过汉阴，见一丈人方将为圃畦，凿隧而入井，抱瓮而出灌。"《韩诗外传》载云："楚有士曰申鸣，治园以养父母，孝闻于楚。"这说明当时楚国已有人种植蔬菜，并且将种植园圃作为职业，以供养家人。反映了楚国园圃业的规模及技术已相当成熟，收获亦当丰富，足以供给时人的消费。战国时期楚墓中的出土实物有土瓜、茭白、芋、冬苋菜、芥、菘等，这证实了当时蔬菜的种类繁多。同时，楚地的气候及地理条件所决定，野生植物从种类到数量都远远多于北方，这为野菜的采集提供了可能。比较而言，楚地副食构成中很大一部分为中原地区所没有，丰富的副食必然为楚国的饮食习俗特色增添更多更深的内涵。

（一）楚菜的蔬菜类原料

楚国的蔬菜，主要有葵、韭、荠、荷、芹、薇等十多种，下面简要介绍古代蔬菜的几个主要品种。

1. 葵

葵在古代被称为"百菜之主"。（常璩撰，刘琳校.《华阳国志校注·巴志》，成都：巴蜀书社，

1984 年）它是人类在采集活动中较早从野生变栽培和直接采食营养体的蔬菜植物之一。马王堆一号汉墓出土有葵的种子（湖南农学院等.《长沙马王堆一号汉墓出土动植物标本的研究·农产品鉴定报告》第 16 页，北京：文物出版社，1978 年）。采葵时只采葵叶，所谓"采葵莫伤根，伤葵根不生"（《艺文类聚》卷八二引）。葵可以做羹，可以制作成腌菜，也可以晒干后食用。汉诗中有"采葵持作羹"之语（《乐府诗集》卷二五引）。《四民月令》说："九月作葵菹，干葵。"（崔寔撰，石声汉校注.《四民月令校注》，北京：中华书局，1965 年）

在楚地古老的蔬菜品种中，唯有葵最脍炙人口，但是，由于葵菜的变异性比较狭窄，在历史的演变过程中竞争不过同一时期从十字花科植物的野油菜中发展起来的白菜，所以古葵自宋代以后，就逐渐脱离人们的餐桌，沦为野生，或作为药用了。现在重庆、鄂西等地区尚有葵菜，别名冬寒菜、滑肠菜。食法是取其嫩叶作汤，但如超过嫩叶期，就不好吃了，作为蔬菜的意义不大。

2. 菘

菘，即白菜，是十字花科芸薹属草本植物，芸薹属的栽培植物在中国蔬菜中占有极其重要地位。它们被利用的历史可能比其他粮食作物还要古远，因为不需要等到结实就可以作为食物来采集。

菘是我国古代常见蔬菜之一，一年四季均有食用。现在菘的种类较多，但主要分为小白菜和大白菜，楚地种植的多为小白菜。关于菘在楚地种植的历史记录有数种，例如三国时吴人张勃《吴录》载：陆逊攻襄阳时，"雇人种豆菘"（《太平御览》卷九七九引）。《三国志·吴书·陆逊传》中也有类似的话。南朝陶弘景《别录》中说："菜中有菘，最为常食。"《南齐书·周颙传》中有"春初早韭，秋末晚菘"的话。

3. 芥

芥菜是我国特产的蔬菜之一，在湖南长沙马王堆一号汉墓中，就出土有外形完整的芥子。芥菜在楚地种植十分广泛，经过长期培育，变种也很多，有利用根、茎、叶的不同品种，如叶用的有雪里蕻、大叶芥等；茎用的变种有榨菜；根用的变种有大头菜等，这都是劳动人民在改造植物习性上的成就。

4. 芜菁

芜菁，即葑，又名蔓菁。殷周以来，芜菁就已作

为我国的重要菜蔬之一，它起源于一种具有辛辣味的野生芸薹属植物，其根与萝卜很相像。现在驰名中外的湖北襄阳腌大头菜，就是用芜菁制作的。

5. 芹

芹有水芹和旱芹之分，我国古代，芹主要指水芹。芹菜原产于楚国蕲春一带，这里是明代著名医学家李时珍的故乡。《本草纲目》中指出："其性冷滑如葵，故《尔雅》谓之楚葵。"《吕氏春秋》中说："菜之美者，云梦之芹。"云梦，楚地也。楚有蕲州、蕲县，俱音淇。罗愿《尔雅翼》云："蕲地多产芹，故字从芹，蕲亦音芹。"可知芹原产于湖北蕲州，即现在蕲春县，后才传播到各地的。

6. 莱菔

莱菔，俗称萝卜，在楚国各地都有种植。李时珍《本草纲目》中说："莱菔上古谓之芦菔，中古转为莱菔，后世讹为萝卜，南人呼为萝瓝（bó）。"萝卜是我国最古老的栽培作物之一，《诗经·谷风》中有"采葑采菲"之说，这里的"菲"即指萝卜。

7. 莲藕

食用莲藕在楚地有悠久历史，如马王堆一号汉墓出土有藕的实物。莲的不同部位均有不同名称，《尔雅》说："荷，芙蕖，其茎'茄'，其叶'蕸'（xia），其本'蔤'（mi），其华'菡萏'，其实'莲'，其根'藕'，其中'的'，的中'薏'。"

早在先秦时期，楚人就爱好食藕，《楚辞》中有不少对莲的描写。莲藕既可当水果吃，又可烹饪成佳肴，还可做粥饭和制成藕粉。

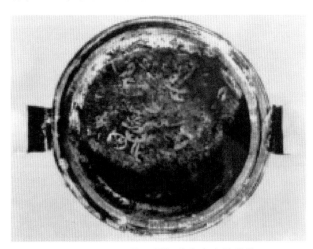

图 1-4　马王堆一号汉墓中出土的藕片

在马王堆一号汉墓曾出土过一些蔬菜，蔬菜虽然全部炭化，但个别的形状仍隐约可见。最令人惊讶的

是打开一号汉墓出土的云纹漆鼎时，竟发现里面盛有两千一百多年以前的汤，而且在汤的表面还漂浮着一层完整的藕片。但令人遗憾的是，由于藕片内部纤维早已溶解，出土后与空气接触，再加上起取过程中不可避免的震荡，藕片迅速消失，全部溶解于水中了。由此地震工作者认为，这一现象说明：两千一百多年来，长沙地区没有发生过较大的、有破坏性的地震。

8. 蕹菜

蕹菜，又名空心菜，系旋花科番薯属一年生或多年生草本。楚地是其原产地，主要含有胡萝卜素和维生素 C。江苏邗江出土有蕹菜籽实（扬州市博物馆：扬州西汉"妾莫书"木椁墓，《文物》1980 年第 12 期）。如今楚地均有种植。

9. 韭

韭菜起源于我国。楚人认为韭是对人体极有好处的食物，长沙马王堆汉墓出土的《十问》将韭说成是"百草之王"："草千岁者唯韭"，它受到天地阴阳之气的熏染，胆怯者食之便勇气大增，视力模糊者食之会变得清晰，听力有问题者食之则听觉灵敏，春季食用可"苛疾不昌，筋骨益强"。（参见《马王堆汉墓帛书（肆）》，北京：文物出版社，1995 年）因此，与葵、芹等蔬菜一样，楚地韭的种植十分广泛。

10. 竹笋

竹笋，为一种根茎类蔬菜原料。《尔雅·释草》云："笋，竹萌。"时人认为笋是美味蔬菜。楚国各地都有，品种极其繁多，楚地的人们普遍喜食竹笋。

11. 茭白

茭白，别名菰菜、茭旬、菰手、茭瓜，盛产于楚地。陆游《邻人送菰菜》诗："张苍饮乳元难学，绮季餐芝未免饥。稻饭似珠菰似玉，老家此味有谁知？"（《剑南诗稿》卷七八）可见，茭白主要产于长江中下游一带。

12. 莼菜

莼菜，为水生类蔬菜原料，既有野生又有人工栽培。盛产于楚地，如今恩施一带还广为培植。

13. 姜

生姜是人们日常生活中不可缺少的调料，又是香料，也是药用植物资源，早在先秦时楚国各地都有种植，湖北江陵战国楚墓中曾出土过生姜，现藏湖北省博物馆内，马王堆一号汉墓也出土有姜片实物。（参见湖南农学院等《长沙马王堆一号汉墓出土动

植物标本的研究》第 16～17 页，北京：文物出版社，1978 年）

以上蔬菜品种是楚国人民经过人工栽培和人工保护的几十种常食蔬菜，在古代文献中，还可以看到楚地一些蔬菜名称，如荻芽、棕笋、巢菜、各种野生菌、茆、马齿苋、藜、蒲、蕨、蒿、蓼、茶、苏，等等，这些蔬菜，由于产量小，且多为野生，经济价值不高。

如同蔬菜一样，楚地瓜果种类繁多，种植历史也很悠久。在古代文献中都能见到，如甜瓜、葫芦、柑橘、枇杷、龙眼、荔枝、桃、杏、李、枣、柿、梅、苹果等，楚地都有种植。

（二）楚菜的鱼类原料

俗话说："靠山食兽，近水食鱼。"从长江流域的新石器时代文化遗址的地理位置分布状况可以看出，当时人们的居址多坐落在傍近小河的丘陵或高地上，这就决定了当时人们的经济生活除以农业为主外，渔猎仍然是人们饮食生活的辅助手段。大体上而言，时代愈早，渔猎经济在人们的饮食业所占的比重愈大；时代愈晚，农业愈进步，渔猎经济在人们饮食中所占的比重就愈小。

地处长江流域的楚国湖泊众多，渔业资源十分丰富。自从人类学会用火之后，鱼类便成为人类的主要食物来源之一。在楚地一些新石器时代文化遗址中，鱼和龟鳖类遗骨数量很多，淡水鱼骨随处散见，滨海河口的鲻鱼骨也不少，说明早在新石器时代长江流域的先民就普遍地在食用鱼类。在一些新石器时代的文化遗址中，还发现了多种原始捕鱼工具，有带倒刺的鱼骨镖头、骨制钓鱼钩、木浮标、鱼叉等，说明这一时期人们的生活是"以佃以渔"。据《竹书纪年》记载，夏王后荒曾"东狩于海，获大鱼"，可见海洋渔业在上古时代也开始兴起了。

长江流域淡水鱼类的品种极为丰富，据文献记载主要有鲫、鳜、鲤、鲈、白鱼、青鱼、鳢、鲋、鲢、鳟、鲩（草鱼）、鲚、鳝、鲥、鳅、鲔、鳗、鳊、鳇、鲂、鲇、鲷、鳙、蚌、龟、鳖、蚬、蛤、螺等数十种。古楚人偏爱食鱼。《风俗通》说："吴楚之人，嗜鱼盐，不重禽兽之肉。"杜甫《岁宴行》也说："楚人重鱼不重鸟，汝休枉杀南飞鸿。"

鱼在中国古代长江流域人民生活中占有十分重要的位置，早在周代，朝廷中设有"渔人"职司，（参见《周礼·天官》）向王者进献饮食中所需的各种鲜鱼、

干鱼，还设有"鳖人"这一职司，其职责是"春献鳖蜃，秋献龟鱼"。从渔人和鳖人的分工中，说明鱼在周人饮食中是不可缺少的副食。鳖人的职务表明，先秦时龟、鳖、蚌、蛤、螺都是可以上国宴的美味。事实上，早在商代，人们食龟肉就十分普遍，并把龟甲作为占卜之用，仅目前出土的甲片就达十多万，其中的龟肉已先被食用。周代用龟甲占卜亦如商朝。春秋时期，龟鳖已作为国家的贵重礼品，《左传·宣公四年》记载："楚人献鼋（大鳖）于郑灵公，公子宋与子家将见，子公之食指动，以示子家，曰：'他日我如此，必尝异味'。及入，宰夫将解鼋，相视而笑。公问之，子家以告。及食大夫鼋，召子公而弗与也，子公怒，染指于鼎，尝之而出。公怒，欲杀子公。"后子公先下手，杀了灵公，由分鼋不均，导致父子相杀，其鼋味的珍美及饮食地位可想而知。

四、楚地小吃的起源和特色

在历史的长河中，荆楚人民创造了许多风味各异的地方小吃。这些风味小吃是荆楚文化的物质再现。

早在战国时期，屈原在《楚辞·招魂》中记述过楚王宫的筵席点心，如"粔籹""蜜饵"之类，这也就是"甜麻花""酥馓子""蜜糖团子"等糕点的雏形。例如"粔籹"就是如今的馓子，据庞元英《文昌杂录》云："今岁时，……油煎花果之类，盖亦旧矣。"贾思勰《齐民要术》中也说："细环饼，一名寒具，脆美"。所谓"细环饼"，就是馓子，因其形状酷似妇女之环钏而得名。唐代诗人刘禹锡《寒具》诗曰："纤云搓来玉数寻，碧油煎出嫩黄深，夜来香睡无轻梦，压褊佳人臂缠金。"曾经贬谪鼎州（今湖南常德）、夔州（今四川奉节）等地的刘禹锡不但对"寒具"（馓子）的制作、造型十分熟悉，而且还在字里行间流露

出对制作者的同情与共鸣。迨及近现代，馓子一直是荆楚名牌风味小吃之一，有扇形与枕形两种。馓子的丝要粗细均匀，质地焦脆酥化，造型新颖别致。它既属点心，又可当菜食，为南方广大顾客所喜爱的传统风味小吃之一。

蜜饵，是用糯米和大米并加蜜掺和做成的十分柔软、可口的食品，鄂湘等地俗称"团子"。这种食品，历史古老。先秦古籍《周礼·春官》中已有"羞笾之食，糗饵粉粢"的记载。汉代郑玄注云："糗，熬米，使之熟又捣之为粉也。"宋代《东京梦华录》载述："冬月虽大风雪阴雨，亦有夜市，……糍糕、团子、盐豉汤之类方盛。"可见其历史久远。

魏晋南北朝时，荆楚已有众多的节令小吃，《荆楚岁时记》中有楚人立春"亲朋会宴啖春饼"和清明吃大麦粥的记述，《续齐谐志》介绍了楚地端午用彩丝缠粽子投水祭奠屈原的风俗，而且荆州刺史桓温常在重阳邀约同僚到龙山登高、品尝九黄饼。

荆楚小吃之所以丰富多味，是与荆楚的地理位置有关系的。荆楚地处我国中部，长江横贯其境内，可谓是得中独厚，得水独利。从古至今荆楚汇集了天南海北各地人，同时兼收并蓄了东西南北的饮食文化，荆楚小吃无疑是在兼容各地风味的基础上广收博采，人为我用中发展起来的，呈现出各地小吃在此荟萃的特色。

在兼收并蓄中发展起来的荆楚小吃，能够满足不同人的口味，适应天下人的需要，荆楚小吃可概括为以下几个主要特色：品种丰富，口味各异；主料多为米、豆制品，兼及面、薯、蔬、蛋、肉、奶；因时而异，轮流上市，一年四季，小吃的上市品种不相同；小吃是荆楚人过早（吃早餐）的主要品种；包容性强，对外来品种大胆移植和改进。

第三节
楚菜的特色器皿

佳肴配佳名，美食须美器。美食美器的搭配在楚菜文化中也有非常清晰的反映。楚菜不但讲求食之色、香、味、形之美，而且还非常重视饮食器具之美。

漂亮的彩陶、庄重的铜器、秀逸的漆器和辉煌的金银器共同装点着楚人的饮食器皿，并与楚菜相得益彰，从另一个侧面折射出楚菜文化的发达与进步。楚菜器

皿主要有以下两大特点。

一、饮食器皿器类多种多样

楚国饮食器皿器类丰富，琳琅满目，主要器皿包括鼎、鬲、甗、簋、簠、盨、敦、豆、匕、箸、煎盘，等等，此外还出现了一些造型独特、功能新颖的饮食器皿，如猪形酒具盒、对凤纹耳杯、青铜冰鉴等，令人眼界大开，叹为观止。

鼎：楚国贵族阶层最常用的饮食器皿，相当于现在的"火锅"。鼎不仅是餐桌上的实用器皿，也是身份和权势的象征，有严格的使用制度，所以自古就有"钟鸣鼎食""列鼎而食"等说法。

图 1-5　青铜鼎

鬲：同样是楚国贵族阶层最常用的饮食器皿，作用与鼎相似。

甗：也属于楚国贵族阶层最常用的饮食器皿，是蒸食器，相当于现代的蒸锅。甗分上、下两部分，上部为甑（底部有孔的蒸器），下部为鬲，有的是连体，有的是分开的，上部盛食物，下部盛水烧煮，中间有通气的箅。

簋：形似大碗，主要用于放置煮熟的饭食。簋是重要的礼器，以偶数与列鼎配合使用，如天子用九鼎八簋，诸侯用七鼎六簋，卿大夫用五鼎四簋，士用三鼎二簋等。

簠：古代祭祀和宴飨时盛放黍、稷、粱、稻等饭食的器具，用途与簋相同。形制为长方形，盖和器身形状相同，大小一样，上下对称，合则一体，分则为两个器皿。

盨：用来盛黍、稷、稻、粱等。器物呈椭圆形、敛口、两耳、圈足或四足，有盖。

敦：由鼎演变而来，为盛主食之器。敦呈西瓜形状，三短足、圆腹、口侧附两兽首、衔环。主食一般需要保温，所以敦是带有器盖的，器盖上有三环，翻转过来成盘状。

图 1-6　青铜敦

豆：状如高脚盘，有盖，本用来盛饭食，后渐渐用来盛肉酱与肉羹。

匕：勺、匙之类的取食用具，形如现在的羹匙。在考古发现中，楚人常用的有窄柄舌形铜匕和漆匕。

箸：夹食的用具，先秦时称"梜""箸"，沿用至今，即筷子。在楚国，箸主要有铜质、竹质和象牙质地的。由于南方多竹林，因此楚人一般多使用竹箸。湖北宜昌博物馆现藏楚墓出土的一双竹筷，是目前所见最早的竹筷实物，该竹筷长短粗细以及上方下圆的式样，和如今所用的筷子基本相同。

煎盘：一种可烧、可煎、可炒、可涮的烹饪器具，类似于今天的煎锅。曾侯乙墓发现有一件煎盘，由上盘下炉两部分组成。出土时盘内有鱼骨（经鉴定为鲫鱼），盘内有木炭，炉底有烟炱痕迹，该盘显然是煎烤食物的炊器。

可以看出，楚国饮食器皿中，除了碗、盘、碟之类常见、常用器类外，还出现了鼎、甗及煎盘等，它们的功用颇为类似如今的"火锅""蒸锅"与"煎锅"。

以上属于楚国较为常见的饮食器皿。楚文化总是让人耳目一新，在饮食器皿方面也不例外，下面我们再看看几件更具楚文化特色的饮食器皿。

猪形酒具盒：湖北省荆州市天星观二号楚墓出土。是战国时期出现的新式便携酒具盒，用于盛放耳杯，两端握手有销拴固定，长64.2厘米、宽24厘米、通高28.6厘米。该酒具盒造型新颖，盒身为双首连体的猪，猪的嘴、鼻、眼、耳都雕刻得惟妙惟肖，盒身还装饰了宴飨、狩猎等生活场景图案，生动体现了楚人的世俗生活情趣。全器外壁皆以黑漆为地，在其上用红、黄、银灰、棕红等色描绘龙纹、凤纹、云气纹等，内壁髹红漆。出土时该器内装有数件耳杯。江陵望山一号楚墓也出土有类似酒具盒，盒里分4格放置酒壶两件，耳杯9件，大、小盘各一件，整器作长方形而圆其四角，整体造型新颖别致，美观大方。酒具盒应是楚人踏青郊游时，用于随身携带酒具的，可以看出楚人的日常生活是非常讲究的。

图1-7　猪形酒具盒

对凤纹耳杯：湖北省荆州市荆州区马山一号楚墓出土。口径长边15.5厘米、窄边5厘米、高4.5厘米。木胎，椭圆形口，耳面上翘呈新月形。器表和口沿内侧髹黑漆，器内髹暗红漆。器沿内侧、耳面及外侧绘变形凤纹，两端外侧饰变形凤纹、卷云纹。器底饰有用银粉描绘首尾相连的双凤。器形优美，纹饰布局华丽玄奇。

铜鉴缶：曾侯乙墓出土，是迄今所见到的先秦时代最大、最完整、最精美的冰酒用具，又称"冰鉴"，还被誉为古代"冰箱"。该器物由方鉴和方尊缶两部分组成，方尊缶置于方鉴正中，组合为一个整体。当时出土有两套鉴缶，分别重168.8千克、170千克。出土时两器并列放置，上置一勺。鉴缶的制作匠心独具，异常精美。该器外面是一个大方鉴，方鉴里面正中位置放着一个方尊缶（即装酒的壶）。在方鉴内底部有呈"品"字形分布的3个凸形的弯钩，其中一个弯钩还装有活动插销。当方尊缶放入鉴内，鉴底的3个弯钩刚好可以套入方尊缶圈足上的3个榫眼内，这时弯钩上的活动插销就自动掉下，卡住尊缶，使之不致移动。方鉴与方尊缶之间的上下左右均保持一定的空间，因此四周可放置冰块使尊缶内的酒变得清凉可口。战国时代的酒类似于如今的米酒，这种酒在高温下最易发酸变质，古人便想出此法来冰酒、保质。当时的用冰也不可能是类似现代的人造冰，只能是自然冰。当时的人们在冬天将冰块储藏到很深的地窖里，到第二年就可取出用于降温、冰酒等。

图1-8　曾侯乙冰鉴

二、饮食器皿材质丰富多彩

根据文献和考古资料可知，楚菜器皿的材质丰富多样，主要有陶、青铜、金银、漆及竹木等。其中，漆质器皿是楚菜最具特色的饮食器皿。

楚国的陶质饮食器皿有鼎、鬲、瓦、甑、甗、釜、罐等。青铜饮食器皿有鼎、鬲、甗、煎盘、簋、簠等。金银饮食器皿有盏、匕、器盖等，如随州曾侯乙墓出土的金盏、金匕都是墓主生前用过的金质饮食器皿。其中，金盏重2150克，含金量高达98%，是迄今我国出土最早、最大、最重的金器器皿之一。金盏制作考究，带盖，全器饰有蟠螭纹、绹纹、雷纹、涡云纹等。金匕置盏内，重50克，匕端略呈椭圆凹弧形，内有镂空云纹，附扁平形长柄，非常精美。金匕有镂孔，是专为从汤汁中捞取食物用的，又称作金漏匕，与金盏配套使用。曾侯乙墓还出土了一件双耳素面金杯，通高10.65厘米，盖径8.2厘米，重789.9克。器呈圆桶状，束腰，有盖有耳，通体素面无纹，杯壁较厚，盖足圆拱形，显得敦厚庄重。过去，有人认为中国金银器的制作技术是从西方传入的，但这几件金器无论从形制上还是花纹上，均属典型的楚国风格。

漆质饮食器皿是楚国最富特色的食器。漆是从漆树上割取出来的一种液体，一般称为生漆或天然漆，俗称大漆，又称国漆、土漆等，是我国的特产之一。将提炼后的漆涂于各种器物的表面，制成日常器具和工艺品等就是漆器。涂漆的工艺，称之为髹。漆器轻便美观，具有轻灵、坚固、耐用及易于装饰的特点。

漆器是中国古代先民的伟大发明之一，中国漆器历经数千年的发展，成为举世瞩目、极其珍贵的工艺品，为世界文化做出了重要贡献。

古代楚国是我国漆树分布的主要地区之一，生长着大面积的天然漆树林，有"漆源之乡"的美称。楚国用漆，在古代文献中亦有较多记载。据《庄子·人间世》记载，楚昭王时，孔子南游至楚，楚狂接舆游其门曰："桂可食，故伐之，漆可用，故割之。"庄子本人曾担任过管理漆园的小官吏。由此可知，春秋时期的楚国境内有大量的漆树，割漆已是楚国的一项普遍性生产活动。同时，楚国气候湿润，竹木资源丰富，这些因素，为楚国漆器及髹漆工艺的发展提供了得天独厚的自然条件。

所以，到东周时期，楚国的髹漆工艺在各诸侯国中最为发达。楚国漆器出土地域广泛，种类丰富多样。从地域上说，楚国漆器的发现地点遍及今湖北、湖南、河南、安徽、江苏、浙江等省，其中湖北境内出土的漆器数量最多。

楚国漆器的种类极多，且多为实用器具，按其用途可分为生活用具、工艺品、娱乐用品、丧葬用品等，几乎涵盖了楚国社会生活的各个方面，其中就包括大量的饮食器皿。这些漆器流光溢彩，令人目不暇接，美不胜收，为楚菜增色不少。

楚国漆质饮食器皿有碗、盘、豆、杯、樽、壶、勺等，其形制之精巧，纹饰之优美，常令人惊叹不已。同时，漆质饮食器皿具有轻便、坚固、耐酸、耐热、防腐等优点，以其优越的性能弥补了铜器价格昂贵、陶器易碎的缺点，逐渐应用到楚人日常生活中。下面介绍几件漆质饮食器皿中的精品。

凤鸟形双联漆杯：出土于湖北江陵楚国都城纪南城遗址。该器作凤鸟负双杯状，前端为头颈，后端为尾翼，中间并列两个桶形杯，两杯之间有孔相通。凤鸟的头、颈、胸、尾遍刻象征羽毛的鳞状纹，全身除尾翼底面为红色外，其余皆髹黑漆地，再用红、黄、金三色漆绘，用笔细腻，描摹逼真。凤鸟的头顶、颈侧、两翼、下胸部还嵌有银色宝石八颗，使凤鸟更显得华贵俏丽。双杯外壁中部以黑色绘相互缠绕的双龙，杯底以红色分别绘两蟠龙。龙凤形象集于一杯，寓有"龙凤呈祥"之意。凤鸟形双联漆杯造型独特，做工精美，堪称楚国饮食器皿中的精品。

图1-9 凤鸟形双联漆杯

彩漆鸭形木雕豆：湖北江陵雨台山楚墓出土，时代约为战国中晚期。此豆为木胎，深盘，短柄，喇叭座。盖与盘合成一只蜷伏状的鸭子。器表髹黑漆，用朱红、金黄等色漆彩绘。器内髹朱漆。鸭尾两侧绘两只对称的金凤，作回首站立状。柄部和座部绘三角云纹和卷云纹，显得庄重而沉稳。最巧妙之处是盖与盘合为一体，并被雕成一只鸭，鸭的头、身、翅、脚、尾均雕刻得惟妙惟肖。作为一件饮食器皿，它绝不是一般宴会所用，而只可能是楚国王室或高等级贵族举行高规格宴会，如婚礼之类才用的器具，既是身份等级的象征，也寄托了当时人们对美好生活的向往。

造型新颖、做工精美、种类丰富、功能各异的楚国饮食器皿共同向我们展示了两千多年前楚人精致、享乐的日常生活，也使我们从一个侧面看到了楚国饮食文化的丰富多彩。

第四节
楚地的饮食民俗风情

有些学者认为，所谓荆楚文化是一种广义的概念，是指昔日楚地疆域上从古至今所形成的文化，是一种历时性的文化，以内涵言，是物质文化和精神文化的合成，以地区中心论又主要是指两湖文化。本节中的荆楚饮食民俗主要是介绍湖北地区的楚地饮食民俗以及贵族的宴会礼仪。

一、荆楚饮食民俗的特点

（一）大米和淡水鱼鲜是人们日常饮食中重要的主副食原料

所谓"鱼米之乡"是对荆楚地区饮食结构最准确的概括，大米是本地一日三餐不可缺少的主食原料，在一些乡村地区，早餐是大米粥，中晚餐是大米饭，大米占摄取量的70%～80%以上。大米产量大，食又广，加工方法也很多，除了常见的大米粥、大米饭等主食外，还可制成米糕、米豆丝、米粉丝、米面窝、米泡糕，以及用糯米制成的汤圆、年糕、糍粑、欢喜坨、粽子、凉糕、米酒等小吃品种，还可以将大米做菜，最常见的是做"粉蒸菜"，如"粉蒸肉"，肉有粉香，粉透肉味，风味独特，另外是将糯米与其他原料拌合，做出所谓的"珍珠菜"，如"珍珠圆子""珍珠鲴鱼"，等等。由此可以证明大米在人们饮食生活中的重要地位。

荆楚民间素有"无鱼不成席"之说。鱼在荆楚人的餐桌上扮演了十分重要的角色。荆楚拥有淡水鱼类一百七十多种，常见经济淡水鱼类有五十多种，产量位居全国前列。荆楚人爱吃鱼，逢年过节，少不了一道"红烧鲢鱼"，以图"年年有余"之大吉；婚庆席上，少不了一道"油焖鲤鱼"，以祈"多子多孙"之预兆。荆楚人会吃鱼，鱼的烹调方法不下30种，红烧、油焖、汆、清蒸、焦熘、水煮，等等；加工方法多样，鱼块、鱼片、鱼条、鱼饼、鱼圆、鱼面、鱼糕等等，鱼类菜肴达1000种以上。荆楚人吃鱼还积累了许多经验，什么季节吃什么鱼，到什么地方吃什么鱼，什么鱼吃什么部位最好，什么鱼用什么烹调方法最好，都很讲究。

（二）以"蒸、煨、炸、烧"为代表的烹调方法和以"微辣咸鲜"为基调的口味特征

"蒸"是荆楚地区广泛使用的一种烹调方法，不仅鱼能蒸、肉能蒸，鸡、鸭、蔬菜也能蒸，尤其是在仙桃市（原沔阳县）素有"无菜不蒸"不说。荆楚地区蒸菜十分讲究，不同的原料、不同的风味要求各有不同的蒸法，如新鲜鱼讲究清蒸，取其原汁原味；肥鸡肥肉讲究粉蒸，为了减肥增鲜，油厚味重的原料讲究酱蒸，以解腻增香。荆楚名菜"清蒸武昌鱼""沔阳三蒸""梅菜扣肉"是这三种蒸法的代表作。

"煨"也是极富江汉平原地方风格的一种烹调方法。逢年过节家家户户少不了要做一道"汤"，汤清见底，味极鲜香。

此外，"炸""烧"的烹调方法使用也十分普遍。民间称做菜叫"烧菜"，谓腊月二十八准备春节食品叫"开炸"，可见"炸""烧"在楚地民间应用的广泛。

荆楚口味以"微辣咸鲜"为基本味，调味品品种单调，过去许多地方都是"好厨师一把盐"，基本上不用其他调料。在一些乡村的筵席菜点中，所有的菜几乎都只一个味——微辣咸鲜。这种口味特征可能与楚人爱吃鱼有关，因为鱼本身很鲜，烹调鱼时，除了需加少许姜以去腥味外，调味品只需盐则足矣。

（三）"无鱼不成席""无圆不成席""无汤不成席"集中反映了荆楚筵宴的风格

"无鱼不成席"是因为鱼的味道鲜美，价格便宜，营养丰富，更重要的是鱼富含寓意，多子、富裕、吉祥、喜庆等，所以"逢宴必有鱼，无鱼不成席"。

"无圆不成席"是说荆楚人特别喜欢吃圆子菜，如"鱼圆""肉圆"等。荆楚人不仅可用动物原料做圆子，而且还善于用植物原料做圆子菜，如"藕圆

子""萝卜圆子""绿豆圆""糯米圆子""豆腐圆子""红薯圆子"等。同鱼菜一样，圆子菜也是各种筵席不可缺少的，在民间，肉圆子是筵席中的主菜，它的大小、好坏往往是衡量该桌筵席档次的重要标准。在鄂东南一带还盛行一种"三圆席"——以肉圆、鱼圆、糯米圆为领衔菜组成的一种筵席。以连中"三元"（解元、会元、状元）寓祝福之意。故民间举办婚嫁、喜庆筵席必用"三圆席"，以示吉祥如意，事事圆满。

荆楚人爱喝汤，举凡筵宴都少不了一钵汤。汤的制法多样，有余、有煮、有熬、有煨、有炖，汤的原料丰富，鱼、肉、蔬菜、水果、野味、山珍等等都是良好的原料。汤菜品种繁多，高级的有"清炖甲鱼汤""长寿乌龟汤"，中档的"鲫鱼奶汤""瓦罐鸡汤""野鸭汤"等，低档的有"余圆汤""三鲜汤""鲫鱼汤"等。这种爱喝汤的饮食习惯可能与荆楚人偏爱咸鲜的口味和荆楚大地冬季寒冷，借汤驱寒，夏季炎热，借汤以开胃补充水分、盐分的需要有关。

（四）吃鱼讲究多

荆楚地区筵宴不仅是"无鱼不成席"，年节筵宴还讲究"年年有鱼"，即鱼是看的，而不是吃的。鱼作为长江中游地区人们日常生活和宴请的一道必不可少的菜肴，其品种也可谓繁多。每逢新春佳节，家家户户吃团圆饭的时候，都必然有一盘全鱼，取其"年年有余"之意。或红烧，或清蒸，或熘炸，但是，怎么个吃法，各地有各地的习俗。在我国长江流域的荆楚地区，鱼是整个宴席的最后一道菜，基本上是端出来摆摆样子，谁也不去吃它，这意味着，这条鱼是今年剩下来的，留给明年；还有一些地区，一上热菜就是全鱼，一直摆在桌子的中间，直到宴会快结束时，人们才动筷子。这两种吃鱼的习俗，都是人们所寄托的一种期望，希望家业发达，是"年年有余"的象征。

由于楚地气候比较炎热，鱼存放久了容易变质腐烂，于是人们就将鱼宰杀去内脏，再晒干或焙干后保存起来，这种方法谓之"枯鱼"。《韩非子·外储说左下》："孙叔敖相楚，栈车牝马，粝饼菜羹，枯鱼之膳。"孙叔敖做楚令尹时就经常吃这种枯鱼。干鱼一般经腌制后晒干水分，便于保藏，也可用火烤干水分，烤干的鱼称为"鱼炙"。《国语·楚语下》云："士食鱼炙"，"鱼炙"也就是这种鱼。

楚巴交界区域一些山里人还爱吃一种"熏鱼"。就是把鱼洗净晾干后，吊在灶口上让烟熏，然后在锅里放上少许米或糖，上面架上甑皮（一种用竹片编架起来用来蒸东西的工具），再把经过烟熏的鱼洗干净后放在上面，用文火慢慢地熏烤，一边烧，一面在鱼身上涂一些红酒糟，直至锅里的米或糠完全烧焦为止，便可食用了。这种熏鱼味道奇香，带有浓郁的酒糟味，咬起来带有弹性，便于保存，所以，山里人把它切成片后，作为正月里人来客往的一道最好的下酒菜。

二、荆楚节令婚嫁生育饮食民俗

荆楚地区的节令、婚嫁、生育等活动中，也有丰富多彩的饮食内容，值得回味。

（一）节令食俗

节日习俗是中华民族一份珍贵的文化遗产，是中国先民在长期社会活动过程中，适应生产、生活的需要和欲求而创造出来的。特别是在荆楚地区，中国许多年节习俗形成并成熟于这一地区，这些年节几经嬗变，一直传延至今。

荆楚地区的年节具有数量多，节日形式成熟，构造复杂等特点，也正是由于这些特点，证明了它的载体文化是高度发达而成熟的，同时也证明了它自身也是高度成熟的。可以说，正是由于这两方面成熟的条件，才使得荆楚地区年节习俗如此绚丽多彩。

1. 春节食俗

春节，俗话说："腊八过，办年货。"家家户户腌腊鱼腊肉，碾糯米粉，泡糯米打糍粑，做小吃，打豆腐，宰牛鸡，福（伏）年猪（民间过年杀猪叫"福"，福作动词用）。直至腊月二十八晚"开油炸（锅）"，将年饭食品全部准备完毕。腊月二十九或年三十日，将家中水缸储满水，以后3天不能挑水。腊月三十除夕夜，家庭举宴，长幼咸集，多作吉利语，名曰"年夜饭"。关于吃"年饭"的时间，各地不尽相同，有的是早晨，有的是中午，也有的是晚上，但不管什么时间，其食品之丰盛、进餐礼俗之讲究是任何筵宴不可比拟的。

正月初一开始，亲戚朋友相互拜年，彼此相邀畅饮，从正月初一至十五止，民间谓之"请年酒"或"吃新年酒"。这段日子里真是"灶里不断火，路上不断人"。

近年来长江流域出土的简牍材料表明，战国秦汉时期南方楚地存在着很多里，里皆有其社。里社逢年过节也有一些饮食活动，云梦睡虎地秦简《封诊式》中记载，该里人士伍丙因擅长"毒言"巫术，所以"里即有祠，丙与里人及甲等会饮食，皆莫肯与丙共杯器"（每年里社祭祠后进行会饮时，无人愿与他共用杯器）。所谓"祠"，当即社祭，说明同里之人一年内有共祭社神的活动，祭祀社神后的会同宴饮是此活动的一个重要部分。（杨华．战国秦汉时期的里社与私社，《天津师范大学学报》，2006年第1期）一般情况下，春节期间是要举行社祭的，这也与礼书的相关制度相合。

2. 端午食俗

荆楚端午习俗更是撩人兴味，它不仅寄托了楚人对先贤屈原的缅怀之情，也蕴含了对美好生活的向往与追求，具有强大的内在生命力和社会影响力，现已入选联合国教科文组织《人类非物质文化遗产代表作名录》。

农历五月五日端午节是中国传统节日中仅次于春节的第二大节日。端午又称"端五""重五""重午""端阳""地腊（道教节庆）""女儿节""浴兰"和"天中节"。

端午节的起源和发展与荆楚民俗有密切关系。汉代至魏晋是端午节初步形成的阶段，而南北朝至隋唐则是端午节定型化、成熟化的阶段，因为端午节中的许多风俗事象，都是在这一时期形成的。

端午节最主要的节令食品是粽子。相传粽子始于汉代，是端午节投向水中祭楚人屈原的供品。南朝梁人吴均《续齐谐记》载："屈原五月五日投汨罗而死，楚人哀之，每至此日竹筒贮米，投水祭之。汉建武中，长沙欧回，白日忽见一人，自称三闾大夫，谓曰：'君当见祭，甚善。但常所遗，苦为蛟龙所窃。今若有惠，可以楝树叶塞其上，以五彩丝缚之。此二物蛟龙所惮也。'回依其言。世人作粽并带五色丝及楝叶，皆汨罗之遗风也。"可见，最早的粽子是用楝叶包裹的。

后来，人们又改用菰叶来包粽子。周处《风土记》云："仲夏端午，烹鹜角黍。"又云："五月五日，以菰叶裹黏米煮熟，谓之角黍，以象阴阳相包裹，未分散也。"《齐民要术》中又引《风土记》注云："用菰叶裹黍米，以淳浓灰汁煮之，令烂熟，于五月五日夏至啖之。粘黍，一名粽，一名角黍，盖取阴阳尚相裹，未分散之时象也。"《荆楚岁时记》亦云："夏至节日，食粽。"其注云："按周处《风土记》谓为角黍，人并以新竹为筒粽。"此外，《尔雅翼》卷一"伀"字注引《荆楚岁时记》佚文云："其菰叶，

荆楚俗以夏至日用裹黏米煮烂，二节日所尚，一名粽，一名角黍。"

从以上这些材料中可以反映出，在南朝时，楚地粽子的名称已逐渐代替了角黍，其制作原料也由黍米改为主要用大米了，而且粽子也成为夏至和端午两个节日的节令食品。

事实上，所谓用竹筒贮米和包裹"粽子"，原是巴楚地域稻作民族制作主食的两种古老方法，制筒粽的方法是在新砍的竹筒中贮米注水，置火上烧烤成熟食。制粽子的方法是以楝树叶或菰叶包裹黏米，用线缚紧，投水中煮烂，然后取出剥食。这两种制作主食的方法至今仍为部分西南少数民族所沿袭。

端午节时在荆楚地区除吃粽子外，在鄂东南地区，端午节还要吃糯米饭或包裹糖馅的糍粑，有的还吃麦面馍。江汉平原地区，端午节兴吃芝麻糕、绿豆糕、盐蛋、鳝鱼。家家户户要腌一些鸡蛋、鸭蛋，农村小孩总是在这天胸前挂上一个用线网装着的咸蛋，互相逗乐。端午节还是食鳝鱼的最佳时节，这个时候鳝鱼肥美味鲜。

除了上述春节食俗和端午食俗之外，三月初三"上巳节"（又名荠菜花节）的饮食习俗尤具地方特色。是日，家家采地米菜煮鸡蛋吃，俗以为上巳日吃了"地米菜煮鸡蛋"可以清毒、免灾、治头晕。

（二）婚嫁食俗

婚嫁食俗是婚嫁活动中的一个重要方面，其内容十分广泛，地区差异性也很大，这里仅对一些比较有特色的食俗内容做一些介绍。

婚嫁食俗从相亲开始。鄂东南地区，如果丈母娘对新上门的女婿看不中，会做一碗鸡蛋面条给小伙子吃，若是明智的小伙子，他就会知道吃了鸡蛋就该"滚蛋"了。如果双方家长相看中意，则由男方提出订婚。民间订婚要备办订婚礼物（俗称聘礼），聘礼中有些食物是必不可少的，茶叶就是其中之一。明人郎瑛《七修类稿》中引《茶疏》说："茶不移本，植必子隆。古人结婚，必以茶为礼。取其不移植之意"。可见聘礼用茶，有"一经订婚，决不解毁（改悔）"之意。

女儿出嫁，家母要在嫁妆中放一些具有特殊意义的食品，以示期望，如在被子角放上红枣、花生、桂圆、瓜子等，取其"早生贵子"之意，或在马桶（现在一般用痰盂）里放一些煮熟染红的鸡蛋和筷子，谓之"送子"。

新婚之日，男方要大摆宴席，民间谓之"喜酒"，

婚宴一般分两天举办。第一天迎亲日，名为"喜酌"，第二天名为"媒酌"。喜酌的赴宴者为三亲六戚，媒酌的赴宴者为亲朋好友。在鄂东南地区，婚宴正式开始前，要先行一个"茶礼"。新娘在姑子的陪同下，给入席坐定的客人倒"喜茶"（旧时为红糖水），名为倒茶，实为认亲。小姑子给新嫂子介绍客人的称谓，新娘随后喊一声"××请用茶"，客人站起，接过茶杯喝完后，将早已准备好的红包放在盘中，新娘收起红包，再给下一位倒茶。一一倒完，茶礼结束，婚宴开始。

在民间，婚宴菜品的构成都有特殊的规定。农村许多地方，婚宴菜肴还有吃菜、看菜、分菜之别，所谓"吃菜"即是供客人在席桌上吃的菜。按理说，筵席上的菜肴都是可以吃的，但出于某种礼仪，有的菜却只能看而不能吃，谓之"看菜"。因为这道菜象征着某一种意义，此时它已成为某种寓意的寄托物。所谓"分菜"是指给赴宴宾客带回来吃的菜肴。分菜一般是炸制或烧制的无汁或少汁菜，常做成块状或圆子状，便于分装携带。菜肴一上桌，由席长或同席长辈分给每位客人，客人取出早已准备好的布袋或手巾包好带走。

（三）生育食俗

十月怀胎，饮食为要。在民间，妇女怀孕后，为了达到预想的生育目的（生儿或生女）和顺利生产，总是采取一些饮食手段来加以影响。如：要求孕妇多吃龙眼（干品叫桂圆），以为多吃龙眼，生的孩子眼睛会像龙眼一样又大又明亮。荆沙一带，长辈总要孕妇吃藕，因藕多孔，多吃藕，希望孩子将来又白又胖又聪明，多长心眼。还有的地方要求妇女多吃猪脚，以求孩子将来走步早，会走路。

民间除了鼓励、要求孕妇吃某些食物外，还禁止孕妇吃某些食物。如禁止吃牛肉，说是吃了牛肉，小孩身上会多毛；禁止吃狗肉，以为狗肉不洁，食后会导致难产；有的地方还忌吃生姜，认为孕妇吃了生姜，出生的孩子可能是六指。此外，有的地方为了达到预期的生儿、生女目的，常采取一些饮食手段加以影响，如"咸男淡女""酸男辣女"，等等，不一而足。

产妇进补最主要的方式是喝老母鸡汤，所以亲戚朋友送礼大多都是送鸡，产妇产后一般要吃二三十只鸡。有的地方还用红糖进补，说是红糖可补血。"产前一盆火，饮食不宜暖；产后一块冰，寒物要当心"，这是民间对产妇饮食的经验总结。

孩子出生后，亲戚朋友都要前往祝贺，主家则要设宴款待。亲朋好友送的礼物大多数是吃喝的东西，如鸡、鸭、肉、面条、糯米等。主家则举行隆重的"满月宴"或"九朝宴"来款待。

三、楚国贵族的宴会礼俗

宴席是菜品的组合艺术，具有聚餐式、规格化、社交性的特征。所谓聚餐式，是指多人围坐畅谈，愉情悦志的一种进餐方式；所谓规格化，是指宴席庖制精细，肴馔配套，餐具漂亮，礼节有秩；所谓社交性，是指通过饮宴来加深彼此了解，敦睦亲谊。宴席在西周时就已具雏形，古汉语"燕"通"宴"，所以《仪礼》与《礼记》中的"燕礼"，即为"宴礼"。"燕礼"比"乡饮酒礼"的菜肴远为丰富。《仪礼》和《礼记》中所记述的"乡饮酒礼"主要发生在西周乡民之间，王公贵族的宴席则有"燕礼"和"公食大夫礼"。楚国的王公宴席，既有"燕礼"的基本特征，也有楚国的特色。

（一）品类多样与"食多方些"

先秦文献中常以"食前方丈，罗致珍羞，陈馈八簋，味列九鼎"来形容春秋战国王室宴席的丰盛，而楚国的宴会更为讲究，文献记载子路"南游于楚，从车百乘，积粟万钟，累茵而坐，列鼎而食。"（《孔氏家语·致思》，北京：北京燕山出版社，2009年）这在《楚辞·招魂》中得到了印证，其中屈原为招楚怀王之魂，列举了楚国王室的各种美食说："室家遂宗，食多方些。稻粢穱麦，挐黄粱些。大苦咸酸，辛甘行些。肥牛之腱，臑若芳些。和酸若苦，陈吴羹些。胹鳖炮羔，有柘浆些。鹄酸臇凫，煎鸿鸧些。露鸡臛蠵，厉而不爽些。粔籹蜜饵，有餦餭些。瑶浆蜜勺，实羽觞些。挫糟冻饮，酎清凉些。华酌既陈，有琼浆些。归来反故室，敬而无妨些。"

林乃燊先生在《中国饮食文化》一书中把这首诗译为："家里的餐厅舒适堂皇，饭菜多种多样：大米、小米、二麦、黄粱，随便你选用；酸、甜、苦、辣、浓香、鲜淡，尽会如意伺奉。牛腿筋闪着黄油，软滑又芳香；吴厨师的拿手酸辣羹，真叫人口水直流；红烧甲鱼、挂炉羊肉，蘸上清甜的蔗糖；炸烹天鹅、红焖野鸭、铁扒肥雁和大鹤，喝着解腻的酸浆。卤汁油鸡、清炖大龟，你再饱也想多吃几口。油炸蛋馓、蜜沾粱粑、豆馅煎饼，又黏又酥香。蜜渍果浆，满盏闪翠，真够你陶醉。冰镇糯米酒，透着橙黄，味酸又清凉。为了解酒，还有玉浆的酸梅羹。归来吧！老家不会使你失望。"

《楚辞》的《招魂》和《大招》各留下了一个品类多样的菜单。《大招》提供的菜单如下："这里有很多精细的食粮，用菰米做饭真香。食鼎满案陈列，食物散发芬芳。肥嫩的仓庚鹁鸠天鹅肉，还调和着豹狗的肉汤。魂魄啊！回来吧！任你品尝。鲜美的大鱼炖肥鸡，再放点楚国的乳浆。猪肉酱和苦味的狗肉，再切点苴莼加上。吴国做的酸菜，淡淡正恰当。魂魄啊！回来吧！任你选择哪样。烤乌鸦，蒸野鸭，鹌鹑肉汤陈列上。煎鲫鱼，炒雀肉，味道鲜美令人口爽。魂魄啊！回来吧！味美请先尝。一起成熟的四缸醇酒，纯正不会刺激咽喉。酒味清香最宜冷饮，奴仆难以上口。吴国的白谷酒，掺入楚国的清酒。魂魄啊！回来吧！酒不醉人不要害怕"。（黄寿祺，梅桐生译注.《楚辞全译》，贵阳：贵州人民出版社，1991年）

在楚国最具传统特色的酒是香茅酒。楚人向周天子进贡，祭祀神灵都使用香茅酒。楚人有两种饮酒方法，"冻饮"和"酎清凉"，"冻饮"是将冰块置于酒壶外使之成为冻酒，"酎清凉"则是将酒壶浸入冷水中使之成为凉酒。这都是楚人在夏季的饮酒方法。1978年，湖北随县曾侯乙墓出土了两件冰（温）酒器，这种器物是由两种容器组合而成，里面的方壶形器是盛酒的，每个方壶中均有一把铜勺，外面的方鉴形器在夏季用来盛冰或凉水，在冬季则用来盛热水。

从以上两个菜单可以看出，楚国国君的饮食中，有主食，有点心，有饮料，有调味品，有菜肴，有羹汤，可谓多种多样。

楚国宴会不仅品种多，而且质量高。仅据《楚辞》"二招"的记述，楚王享用的名菜肴就有十多种。据宋公文、张君的研究，这些菜肴：一是"肥牛之腱，臑若芳些"；二是"和酸若苦，陈吴羹些"；三是"胹鳖炮羔，有柘浆些"；四是"鹄酸臇凫，煎鸿鸧些"；五是"露鸡臛蠵，厉而不爽些"；六是"内鸧鸽鹄，味豺羹只"；七是"鲜蠵甘鸡，和楚酪只"；八是"醢豚苦狗，脍苴莼只"；九是"吴酸蒿蒌，不沾薄只"；十是"炙鸹烝凫，黏鹑臇只"；十一是"煎鰿臛雀，遽爽存只"。上述十余道美食佳肴非常讲究，烹饪技艺，用了臑、羹、炮、醢、脍、炙、蒸、黏、

煎等10种手法。（宋公文，张君.《楚国风俗志》第21～23页，武汉：湖北教育出版社，1995年）

楚国贵族的饮宴，不仅在席位、进食等方面有礼仪之规，同时在不同的宴会上，馔肴和饮品、醯酱等物的摆放上，也有一定的规矩，不得错乱。一般宴席的看馔食序，大抵是先酒、次肉、再饭。后世人们宴客，也是先上茶，再摆酒肴，最后是鱼肉饭食，每次食完将席面清洁一次，仍继承着西周时宴会礼仪的食序。

春秋战国时期国君宴请前来访问的其他国家的宾客，是以鼎的多少来象征宾客的身份。在已出土的荆楚食器中，簋按一定数量与鼎配合使用，以表示贵族的身份等级。通常为八、六、四、二偶数组合，九鼎八簋为诸侯以上级别，七鼎六簋为卿和上大夫以上级别，五鼎四簋为大夫以上级别，三鼎二簋或一鼎一簋为士以上级别。从这些礼器组合中可以发现一个规律，即高级别的食器充当礼器，往往是以奇数出现，寓意以九封顶，象征长久和顶级尊贵。而次一级的食器则往往以偶数出现，偶数在传统中国人心目中一般认为比较吉利。

曾侯乙墓出土了国内最完整的九鼎八簋礼器组合。九鼎本来为国君所专享的规格，这时却在楚国的一个属国出土，该礼器为楚王赠予曾国国君陪葬，则应为楚国所制。

用鼎多少是"别上下、明贵贱"的标志。楚国也一直在沿袭这套用鼎制度，到西汉以后，这套用鼎制度才逐渐退出历史舞台。

（二）场面宏大与"以乐侑食"

春秋战国时期，王公宴席的各种饮食礼节也已经十分完善，这时不少宴筵的礼仪，都可以在《礼记》中看到其形式。以"燕礼"为例，所谓"燕礼"，即国君宴请群臣之礼，其节文与形式同"乡饮酒"大同小异，不同的是场面更加宏大，来宾更众，歌唱、吹奏的乐曲更多，饮食更为丰富。其形式为："献君，君举旅行酬；而后献卿，卿举旅行酬；而后献大夫，大夫举旅行酬；而后献士，士举旅行酬；而后献庶子。俎豆、牲体、荐羞，皆有等差，所以明贵贱也。"（《礼记·燕义》）

这就是说，饮酒时，宰夫（宴会主持人）先敬献国君，国君饮后举杯向在座的来宾劝饮；然后宰夫向大夫献酒，大夫饮后也举杯劝饮；然后宰夫又向士献酒，士饮后也举杯劝饮；最后宰夫献酒给庶子。

燕礼中应用的餐具饮器、菜肴点心、果品酱醋之类，都因地位的不同而有差别。由此可见，席位有尊卑、献酒有先后、食用有差别，都是用来分别贵贱的，故曰："燕礼者，所以明君臣之义也。"这也反映了楚国宴会的基本形式。

乐舞相伴也是楚国王室宴会的一大特色。《左传·成公十二年》："晋郤至如楚聘，且莅盟。楚子享之，子反相，为地室而县焉。郤至将登，金奏作于下。"杨伯峻先生解释"为地室而县焉"说："'县'同悬。于地下室悬挂钟鼓。地下室当在堂下。"又解释"金奏作于下"说："金奏，金指钟镈（似钟），奏九种《夏》乐，先击钟镈，后击鼓磬，谓之金奏。"这是楚国国君设享礼招待其他大国来聘问的大臣，在地下音乐厅奏乐。

乐舞与饮食相伴可以追溯到更早。先秦时期，当人们获得了丰收，以及猎取了美味以后，常常设庆功喜宴，杀牛、宰羊，并载歌载舞，以祈求祖先、天地、神灵保佑他们，希望风调雨顺，五谷丰稔，牲畜兴旺，免除灾难。由此形成了诗歌，早期诗歌一般都配合乐器，带有扮演舞蹈的艺术，多数诗篇都是反映劳动人民饮食生活状况的。此后，宫廷宴集也必须行礼举乐，以乐侑食。《周礼·天官·膳夫》云："王日一举，……以乐侑食，……卒食，以乐彻于造。"其意是说：每天给王者供给其菜肴所需。进食的时候，要奏乐，以调和气氛。待王者进食完毕，再奏乐，并负责将剩余的菜肴收入厨房之中。又《礼记·王制》记载"天子食，日举侑乐"。周王室遇有重要宴飨，还必须举乐唱诗。可见，这种"以乐侑食"之风盛行于西周与东周。天子、诸侯进而大夫举行宴会时，都要以乐侑食，以活跃气氛，培养情绪，增进食欲。据学者研究，《诗经·大雅》是用于周王室大典宴会的歌辞，《小雅》是用于诸侯国宫廷宴会的歌辞。

《楚辞·招魂》中也有这种记载，"肴羞未通，女乐罗些。陈钟按鼓，造新歌些。《涉江》《采菱》，发《扬荷》些。美人既醉，朱颜酡些。娭光眇视，目曾波些。被文服纤，丽而不奇些。长发曼鬋，艳陆离些。二八齐容，起郑舞些。衽若交竿，抚案下些。竽瑟狂会，搷鸣鼓些。宫廷震惊，发《激楚》些。吴歈蔡讴，奏大吕些。"其意是说：丰盛的酒席还未撤去，舞女和乐队就罗列登场。安放好编钟设置好大鼓，把新作的乐歌演奏演唱。唱罢《涉江》再唱《采菱》，更有《阳

阿》一曲歌声扬。美人已经喝得微醉，红润的面庞更添红光。目光撩人脉脉注视，眼中秋波流转水汪汪。披着刺绣的轻柔罗衣，色彩华丽却非异服奇装。长长的黑发高高的云鬟，五光十色艳丽非常。二八分列的舞女一样妆饰，跳着郑国的舞蹈上场。摆动衣襟像竹枝摇曳交叉，弯下身子拍手按掌。吹竽鼓瑟狂热地合奏，猛烈敲击鼓声咚咚响。宫殿院庭都震动受惊，唱出的《激楚》歌声高昂。献上吴国蔡国的俗曲，奏着大吕调配合声腔。

《楚辞》中的这段描写，反映出此风在楚国贵族间也颇为流行。但是，楚人的以乐侑食又明显具有自己的独特性。这主要表现在宴会所用音乐上。首先，楚人宴饮用乐为地方民乐、俗乐，不在《诗经》中；其节奏鲜明，风格明快活泼。《楚辞》中所记的音乐有《涉江》《采菱》《扬荷》《激楚》，王逸注曰："楚人歌曲也。"这些都是楚地地方性的音乐。"吴歈蔡讴，奏大吕些"，指吴地和蔡地的讴谣；"大吕"为音乐调值名，并不指特定的音乐。蔡早在春秋时期已为楚所灭，到楚怀王时期，吴越之地也进入了楚国版图。因此，此时的"吴歈蔡讴"已经成为楚国的地方音乐。

而中原地区的宴饮用乐，记载诸侯与群臣宴饮用乐都固定选用《诗经》曲目：《鹿鸣》《四牡》《皇皇者华》《南陔》《白华》《华黍》《鱼丽》《由庚》《南有嘉鱼》《崇丘》《南山有台》《由仪》均出自《小雅》；《关雎》《葛覃》《卷耳》，均出自《国风·周南》；《鹊巢》《采蘩》《采苹》出自《国风·召南》；《新宫》，郑注以为《小雅》逸篇；用于舞蹈伴奏的《勺》，即《周颂·酌》。这些音乐曲目固定，早被编入《诗经》之中。而《诗经》至少在孔子时代就已经编定，其音乐与"吴歈蔡讴"不同，到战国末已经成了"古乐"，失去了鲜活的民间性。而且，这些曲目被规定下来成为礼，在北方各诸侯国通用，可以说具有"国际性"。

相比之下，楚人的宴饮使用地方音乐，则更具地方特色。同时楚人还使用俗乐和创造出的"新歌"，曲目似乎不固定，更为自由。刘向《九叹》云："恶虞氏之箫《韶》兮，好遗风之《激楚》。"王逸注曰："恶虞舜箫《韶》之乐，反好俗人淫泆《激楚》之音也。"可知令"宫廷震惊"的《激楚》属于俗乐。宋玉《对楚王问》曰："客有歌于郢中者，其始曰《下里巴人》，国中属而和者数千人。"可见楚人好俗乐，《激楚》

与《下里巴人》一样流行于当时的楚国。楚人"陈钟按鼓，造新歌些。"而在中原地区音乐与道德建立起联系，由于不符合道德规范，"新歌""新声"被限制使用。《国语·晋语》记"平公说新声"，师旷便反对说，听音乐应注意"修诗以咏之，修礼以节之。"《乐记》中子曰："今夫新乐，进俯退俯，奸声以滥，溺而不止。"更是称新乐为"奸声"。这说明在音乐方面，楚人纯以娱乐看待音乐，并未赋予音乐太多道德性的内涵。其次，楚人宴饮用乐不需要配合宴会各步骤，形式轻松自由。中原宴饮规定了"宾及庭，奏《肆夏》"；宾出，奏《陔》；主人答谢宾的进酒时音乐就停止……音乐的表演配合着宴饮仪式，等等。（杨雯.《楚辞风俗研究》第 59 页，四川师范大学硕士学位论文，2009 年）

（三）席地而食与"士女杂坐"

在先秦时期，中国先民习惯于席地而坐，席地而食，或凭俎案而食，人各一份，清清楚楚。西周以后，随着生产力的发展，工艺技术水平的提高，必然引起人们日常生活的面貌发生一些变化。在室内用具上，席的使用已十分普及了，并成为古代礼制中的一个规范。当时无论是王府还是贫苦人家，室内都铺席，但席的种类却有区别。贵族之家除用竹、苇织席外，还有的铺兰席、桂席、苏熏席等，王公之家则铺用更华贵的象牙席，工艺技巧已达到十分高超的地步。

铺席多少也有讲究。西周礼制规定天子用席五重，诸侯三重，大夫两重。且这些席的种类、花纹色彩均不相同。后来，有关用席的等级意识逐渐淡化，住房内只铺席一重，稍讲究一点的，再在席上铺一重，谓之"重席"。下面的一块尺寸较大，称为"筵"，上面的一块略小，称为"席"，合称为"筵席"。郑玄在《周礼》注中云："铺陈曰筵，籍之曰席。"（转引自贾公彦《周礼·春官·司几筵》疏）贾公彦疏曰："凡敷席之法，初在地者一重即谓之筵，重在上者即谓之席。"筵铺满整个房间，一块筵周长为一丈六尺，房间大小用多少筵来计算。席因为铺在筵上，一般质料比筵也要细些。

先秦民众无论是平时进食或举行宴会时，食品、菜肴都是放在席上或席前的案上，一些留存下来的礼器，如俎、豆、簠、簋、瓿、爵等饮食器，都是直接摆在席上的。文献与考古资料都证明先秦之民是席地而食的，一二人是如此，就是大宴宾客也是如此，

主人和客人也都是坐在席上，无席而坐是被视为有违常礼的，后世的筵席、席位、酒席等名称就是由此发展而来的。

西周礼制规定，席子要铺得有规有矩。《论语·乡党》载孔子曰："席不正，不坐。""君赐食，必正席先尝之。"《墨子·非儒》篇说："哀公迎孔子，席不端，弗坐，割不正，弗食。"《晏子春秋·内篇杂上》说："客退晏子直席而坐。"由此看来，所谓"席不正"，就是席子铺的不端正，不直，歪歪斜斜，或座席摆的方向不合礼制。

席地而食也有一定的礼节，首先，座席要讲席次，即座位的顺序，主人或贵宾坐首席，称"席尊""席首"，余者按身份、等级依次而坐，不得错乱。其次，坐席要有坐姿。要求双膝着地，臀部压在后足跟上。若座席双方彼此敬仰，就把腰伸直，是谓跪，或谓跽。坐席最忌随随便便，《礼记·曲礼上》曰："坐毋箕。"也就是说，坐时不要两腿分开平伸向前，上身与腿成直角，形如簸箕，这是一种不拘礼节、很不礼貌的坐姿。因此，这时很注重人的坐姿，如殷墟甲骨卜辞中说："王占曰：不𢓜若兹卜，其往，于甲酒咸。"（郭沫若主编.《甲骨文合集》975 反，北京：中华书局，1979 年）其中𢓜字就像一人跪坐在筵席之上，也反映了西周时酒筵上是有座席的。

这时，富贵人家的席前还常置有俎案，其制式一般都非常矮小，这是为了与坐在席上相适应而设计的。案的起源较早，在山西襄汾陶寺新石器时代晚期文化遗址中，考古工作者曾在此发现了一些用于饮食的木案。（1978—1980 年山西襄汾陶寺墓地发掘简报，《考古》1983 年第 1 期；高炜.陶寺龙山文化木器的初步研究——兼论北方漆器起源问题，《中国考古学研究》第二集，北京：科学出版社，1986 年）木案平面多为长方形或圆角长方形，长约 1 米，宽约 30 厘米左右，案下三面有木条做成的支架，高仅 15 厘米左右。木案出土时都放置在死者棺前，案上还放有酒具多种，有杯、瓢和用于温酒的斝。稍小一些的墓，棺前放的不是木案，而是一块长 50 厘米的厚木板，板上照例也摆有酒器。陶寺文化遗址还发现有与木案形状相近的木俎，也是长方形，略小于木案。俎上放有石刀、猪蹄或猪肘。这是我们现在所见到的最早一套反映饮食方式的实物，可以看出，当时人们进食与烹饪都是坐在地上的。

这种小食案都是与分食制相联系的，在发掘出的汉代画像石、画像砖以及壁画上，常常可以看到一人面前一个食案，席地而食的进餐场景。为什么在商周乃至汉唐这样一个很长的历史时期中国都盛行分食制呢？这个问题不仅与远古社会平均分食的传统饮食方式有关，还由于当时能影响它发生变化的外部条件也不成熟，因为合食、会食制的形成，是与新家具的出现以及烹饪技术的发展、看馔品种的增多有关的，而在当时楚国的宴会上，每人面前都只有一个小食案。

《史记》中有段记载也从侧面反映了东周以来分食制的情况，其中说："孟尝君在薛，招致诸侯宾客及亡人有罪者，皆归孟尝君。孟尝君舍业厚遇之，以故倾天下之士。食客数千人，无贵贱一与文等。孟尝君待客坐语，而屏风后常有侍史，主记君所与客语，问亲戚居处。客去，孟尝君已使使存问，献遗其亲戚。孟尝君曾待客夜食，有一人蔽火光。客怒，以饭不等，辍食辞去，孟尝君起，自持其饭比之。客惭，自刭。士以此多归孟尝君。孟尝君客无所择，皆善遇之。"（《史记·孟尝君列传》）

如果不是实行分食制，而是众人在一起同桌合食的话，就不会出现客人以为"饭不等"而导致自杀的悲剧了。

楚国宴席不仅是席地而食，而且是男女杂坐。《楚辞·招魂》曰："士女杂坐，乱而不分些。放陈组缨，班其相纷些。郑卫妖玩，来杂陈些。"宴会上有来自郑国、卫国等地的美女陪坐侍酒，所有人不分男女，间杂坐在一起。

宴会中无论君臣、不分男女坐在一起，也是楚人独特的风俗。《韩诗外传》卷七记录了这样一个故事：楚庄王与群臣饮宴，有人竟能趁大殿上烛火熄灭的间隙，去拉王后的衣服，并能在烛光亮起前回到原位，且不被人发现。从这个故事我们可以了解到，楚王与群臣宴饮王后也参与其中，并且与宴者彼此距离相当接近。这样的故事在楚国发生，它说明《招魂》中描绘的酒酣耳热场面实在是楚国宫廷的实况。然而，这样的故事也只能在楚国发生。中原地区的宴会是座次井然、威严恭敬的。首先，据周人的宴饮礼俗，男女不能一同进餐。《礼记·内则》："七岁，男女不同席，不共食。"又《礼记·曲礼上》："男女不杂坐，不同椸枷，不同巾栉，不亲授。"这些礼书极为细致、

极为严格地制定了人一生中各个阶段的行为要求，男女从七岁开始就不能在一起吃饭，杂坐在一起更是不被礼制允许的。

其次，中原的宴饮以醉为度，虽醉不及乱。《诗经·宾之初筵》云："既醉而出，并受其福。醉而不出，是谓伐德。饮酒孔嘉，维其令仪。"对像楚人这种男女共醉，杂坐无别的情形，被视为"污秽"淫乱之行，是道德有缺失的表现。《新书·阶级》卷二曰："坐污秽男女无别者，不谓污秽，曰'帷簿不修'。"

但是楚人自己对此颇不以为然，他们的宴会没有这些道德约束，充满了人自然天性的放纵。形成这种风俗，可能是受到楚地少数民族风俗的影响。据《古丈坪厅志》载：火床，男女共坐眠，则风之近苗者。男女共坐共眠是苗人的风俗。就今天看，南方的其他少数民族也有此类风习。上古先民们同氏族、同部落的人围坐篝火四周，不分男女老幼。少数民族的风俗许多也是原始遗风的残存。楚国本是三苗故地，因此楚人习惯于宴饮中男女杂坐，这可能也是受了境内少数民族民风影响。

楚国宴会中坐西面东，是最尊贵的座位。《史记·项羽本纪》中记载，西楚霸王项羽在鸿门军帐中大摆宴席招待刘邦。在宴会上，"项王、项伯东向坐。亚父南向坐，亚父者，范增也。沛公北向坐，张良西向侍"。在这里，项羽和他的叔父项伯坐的是主位，坐西面东，是最尊贵的座位。其次是南向，坐着谋士范增。再次是北向，坐着项羽的客人刘邦，说明在项羽眼里刘邦的地位还不如自己的谋士。最后是西向东坐，因张良地位最低，所以这个位置就安排给了张良，叫作侍坐，即侍从陪客。鸿门宴上五人中四位是楚人，只有张良是韩人，席次则按楚俗安排。这种座次安排是主客颠倒，反映了项羽的自尊自大和对刘邦、张良的轻侮。

以东向为尊，在《史记》中有充分的反映，如《史记·武安侯列传》说，田蚡"尝召客饮，坐其兄盖侯南向，自坐东向"。田蚡认为自己是丞相，不可因为哥哥在场而不讲礼数，否则就会屈辱丞相之尊。《史记·周勃世家》亦云："周勃不好文学，每召诸生说士"，自居东向的座位，很不客气地跟儒生们谈话。这样的例子在史书中很多。一般而言，只要不是在堂室结构的室中，而是在一些普通的房子里或军帐中，都是以东向为尊的。所以顾炎武《日知录》亦云："古

人之坐，以东向为尊。"

以东向为尊的礼俗源于先秦，在《仪礼·少牢馈食礼》和《特牲馈食礼》中可以看到这样一种现象，周代士大夫在家庙中祭祀祖先时，常将尸（古代代表死者受祭的活人）位置放置在室内的西墙前，面向东，居于尊位。此外，郑玄《祫志》中云：天子祭祖活动是在太祖庙的太室中举行的，神主的位次是太祖，东向，最尊；第二代神主位于太祖东北即左前方，南向；第三代神主位于太祖东南，即右前方，北向，与第二代神主相对，以此类排下去。主人在东边面向西跪拜，这都反映出室中以东向为尊的礼俗。

第五节
楚菜与养生

饮食对人类的贡献是无可替代的，因人离不开营养，人有了营养就可以生存生长，延年益寿，补充营养最好的方式就是吃。中国菜五彩斑斓，从四大菜系，到八大菜系，再到三十四个地域菜系，各有特色。楚菜是所有菜系里面最注重养生的，这是因为楚地有独特的地理优势，孕育了独特的人文历史，中国人的别称"炎黄子孙"，中华始祖炎帝就在楚地上，为中华民族和人类做出了不可磨灭贡献。盛楚八百年影响巨大，老子庄子都在楚地上留下了人类的巨著，屈原的家国情怀影响着中国人的精神也留下了一个美食的节日端午，"唯楚有才"滋养了茶圣陆羽和撰写《本草纲目》的李时珍，武当道家养生影响着世界，"千湖之省""鱼米之乡"孕育了"长寿之乡"钟祥，蒸煨擅长的楚菜是营养保持最完整烹饪方式，东南西北中的五方对应者酸甜苦辣咸的五味，滋润着心肝脾肺肾的五脏，成就了楚菜独特的历史贡献和新时代的担当。

一、炎帝与楚菜

炎帝对人类先后有两大贡献：一是发明了种养殖。炎帝在古阴阳和襄阳之间今神农架一带，在当时饮食没有保障的情况下，他带领部落成员，将种子留下来进行耕种，比如：留下一个玉米棒，有接近300粒玉米，每粒到第二年成了一株，每一株结五至六个玉米棒，第二年就是玉米满仓；将动物留活口让其生殖繁衍，如兔子：一年生殖 3 ~ 4 胎，每一次下 5 ~ 7 个兔仔，一对兔子到第三年五百多只兔子，以种植和养殖的方式，保证其部落成员不愁吃。因此，

他是种植和养殖的发明人。人们给他的第一个尊称："神农氏"。二是炎帝发明了神龙本草经，运用药材给人治病。他在部落饮食有保证的情况下，发现部落子民胖瘦不均，寿命长短不保，他又向新的领域进军，开始研究食物和食物之间相生相克的关系，冒着生命危险"神农尝百草"，逐步总结了一套食药同源的经典。通过口口相传，到了汉代总结成了中国中医药最源头的书籍"神农本草经"。

二、陆羽的《茶经》

陆羽的《茶经》，是一部关于茶叶生产的源流、技术、饮茶技艺及茶道原理的综合性论著。《茶经》一书分上、中、下三卷，共十章，约七千余字。卷上包括一之源、二之具和三之造，卷中包括四之器、卷下包括五之煮、六之饮、七之事、八之出、九之略和十之图。

《茶经》是中国茶文化的里程碑，她对中国饮食文化的贡献是多方面的：

首先，《茶经》内容丰富，按现代科学来划分，涉及植物学、农艺学、生态学、药理学、水文学、民俗学、训诂学、史学、文学、地理学以及铸造、制陶等多方面的知识，其中还辑录了现已失传的某些珍贵典籍片段。所以，《茶经》堪称"茶学百科全书"。

其次，《茶经》首次把饮茶当作一种艺术过程来看待，首次将"精神"二字贯穿于茶事之中。创造了从烤茶、选水、煮茶、列具、品饮这一套中国茶艺，将美学意境和氛围贯穿其中。强调茶人的品格和思想情操，把饮茶看作进行自我修养，锻炼志向，陶冶情操

的方法。将物质与精神、饮茶与文化有机地结合起来了。

再次，《茶经》首次将我国儒、道、佛三家的思想文化与饮茶过程融为一体，首创中国茶道精神，构造了中国茶文化的基本格局和文化精神。陆羽以"精行俭德"为茶道精神的宗旨。"一之源"中记录的"茶之为用，味至寒，为饮，最宜精行俭德之人。"中的核心"精"和"俭"正是象征着茶的特性和具备端正行为和俭朴品德的理想人间相。《茶经》的"源""造""煮""饮""略"等中提到的"精"包含精细、精心、精华、精工等多样的意义。"精"意味茶本性的同时，也指体现茶特性所需的人们虔诚的心灵和行为。陆羽特别强调了清廉、节制、勤俭节约的朴素精神，提倡在日常生活及文化中，借助茶来修行积德，培养精神，提高人格，希望通过饮茶实现人性修养。茶事指通过日常饮茶之习惯，觉悟"平常心是道"。陆羽著述《茶经》的目的便在于通过"精行俭德"以完善人性。"精行俭德"精神对当时文人们产生了很大的影响，掀起了通过品茶来培养雅志和品德的风潮。陆羽通过将茶和精神世界结合在一起宣传了茶道精神和思想。

三、楚菜与食疗

食疗在我国起源很早，有"药食同源"之说。《黄帝内经》中提出"毒药攻邪，五谷为养，五果为助，五畜为益，五菜为充，气味合而服之，以补精益气"的膳食配制原则。《本草纲目》中不但食疗药物十分丰富，而且具有辨证施膳，药粥药酒并重的特点。《本草纲目》搜罗食疗药物十分广博，把食物纳入本草中。指出："水为万化之源，土为万物之母。饮资于水，食资于土，饮食者，人之命脉也，而营卫赖之，故曰水去则营竭，谷去则卫亡。"（《卷五·目录》）。全书收载食用药用水43种，谷物73种，蔬菜105种，果品127种及一些可供食疗的药物，至今仍为临床和民间常用，所载444种动物药中，有许多可供食疗使用，且营养丰富。

《本草纲目》的食疗方中，体现了"同病异治"、"异病同治"的辨证施膳思想，如对肝虚目赤病征，采用补肝的食物治疗，"青羊肝，薄切水浸，吞之极效"（卷五十·羊）；对血热目赤病征，采用清热凉血的生地粳米粥治疗，"睡起目赤肿起，良久如常者，血热也。卧则血归于肝，故热则目赤肿，良久血散，

故如常也。用生地黄汁，浸粳米半升，晒干，三浸三晒。每夜以米煮粥食一盏，数日即愈。有人病此，用之得效"（卷十六·地黄）。对老人脚气，消渴饮水等多种不同的病征，因为都表现有脾胃虚弱证，均采用补虚弱、益中气的猪肚治疗，"老人脚气，猪肚一枚，洗净切作片，以水洗，布绞干，和蒜、椒、酱、醋五味，常食。亦治热劳"（卷五十·豕）；"消渴饮水，日夜饮水数斗者。《心镜》用雄猪肚一枚，煮取汁，入少豉，渴即饮之，肚亦可食。煮粥亦可"（卷五十·豕）。食物和药物一样，有五味及寒、热、温、凉之性，李时珍据此辨证选择，以之来矫正脏腑机能之偏盛偏衰，使脏腑机能恢复平衡。如《本草纲目·卷五十·羊》附方中的羊肉汤："张仲景治寒劳虚，及产后心腹疝痛。用肥羊肉一斤，水一斗，煮汁八升，入当归五两，黄芪八两，生姜六两，煮取二升，分四服。"

药粥是食疗的一个重组成部分，《本草纲目》中记载着常用的药粥五六十种，这些药粥对于疾病初愈，身体衰弱者是很好的调养剂，有的还能治疗和辅助治疗某些疾病。药酒也是食疗的一个重要组成部分，主要是使药物之性，借酒的力量，遍布到全身各个部位。《本草纲目》中明确标明的药酒有80种之多，这些药酒中，有补虚作用的人参酒等24种；有治疗风湿痹病的薏苡仁酒等16种；有祛风作用的百灵藤酒等16种；有温中散寒，治疗心腹胃痛的蓼汁酒等24种。

为了使食疗药物的药性发挥和保持食物的风味，李时珍在《本草纲目》中采用了盐、葱、姜、枣、薤等调味料和使用了煮、浸酒、粥食、煮成汁、捣成膏、捣作饼、上盐作羹食等多种烹制方法，体现了"药食同源"的思想，收到"食助药力，药助食威"的效果。

《本草纲目》中载有大量长生、延年、益寿等功用的药物和服食类的方剂。

李时珍认为肾为先天之本，对人体的生殖、发育、衰老起着巨大的作用，强调肾间命门的作用。肾藏精，精血之间相互滋生转化《本草纲目》1万多首附方中，有390多条记载有关轻身、抗衰老药和一些服食的长寿案例，其中补肝肾方药约九十多条。李时珍认为"脾乃元气之母"（卷三十·橘），"土为元气之母"（卷三十三·莲藕），力倡脾胃功能健运，元气充沛，则不易致病，"土者万物之母，母得其养，则水火既济，木金交合，而诸邪自去，百病不生"（卷十二·黄精），"母气既和，津液相成，神乃自生，久视耐老"

（卷三十三·莲藕），充分体现了李时珍调脾胃的养生防病思想。在《本草纲目》养生延年益寿药物中，调补脾胃的方药有七十余种，多为临床所用，如药物有人参、白术、甘草、灵芝等，方有参术膏、人参膏、白术膏等。《本草纲目》养生延寿方药主要以温肾阳、补肾阴、益精填髓、健脾养肝为主，同时佐以通利活血药物，达到补虚不留邪，变呆补为活补的目的。如李时珍在补药中加入行气药，可收事半功倍之效，"治脾胃虚寒泄泻，用破故纸补肾，肉豆蔻补脾，二药虽兼补，但无斡旋，往往常加木香以顺其气，使之斡旋，空虚仓廪，仓廪空虚则受物矣。屡用见效，不可不知"（卷十四·补骨脂）。又如在补药中加入通利药，补而不腻，可长期服用。如仙茅丸中加入车前子和白茯苓，"壮筋骨，益精神，明目，黑髭须。仙茅二斤，糯米泔浸五日，去赤水，夏月浸三日，铜刀刮剉锉阴干，取一斤；苍术二斤，米泔浸五日，刮皮焙干，取一斤；枸杞子一斤；车前子十二两；白茯苓去皮，茴香炒，柏子仁去壳，各八两；生地黄焙，熟地黄焙，各四两；为末，酒煮糊丸如梧子大。每服五十丸，食前温酒下，日二服"（卷十二·仙茅）。

四、楚菜与食在当季

但凡谈到民众的饮食养生，都会不约而同地说到：食在当季。

何为食在当季？食在当季有道理吗？

所谓食在当季，指人在某个季节所吃的食物，系选择所在季节的食材出产来食用的一种饮食理念。这是古人"天人合一"哲学思想的体现，人的饮食生活，应该与大自然四时运行的节律相同步。

事实上，食在当季的饮食理念，是中国饮食自古就有的时令性属性的经典表述，抑或说是古人总结的循时而食的生活经验。

中国是个以农为本的文明古国，时令不仅是先民们日常生活的生存法则，也是他们依靠天地星辰来认知世界，指导耕种稼穑，调整人与自然关系的哲学基础。

中国很早就有一整套计时的完整历法。这个历法是先民对天文、气象、物候进行长期观察、研究的产物，其背后蕴含了中华民族悠久的文化内涵和历史积淀。

所谓二十四节气，是在历法中把一年中的立春、雨水、惊蛰、春分、清明、谷雨、立夏、小满、芒种、夏至、小暑、大暑、立秋、处暑、白露、秋分、霜降、立冬、小雪、大雪、冬至、小寒、大寒二十四个不同的时段，以不同的名称予以确定，以具体反映出一年中寒暑往来的物候变化。

在每个节气时令中，古人又根据自然界飞禽走兽的时令性活动，包括迁徙、蛰眠、复苏、始鸣、繁育，以及各种花草树木萌芽、发叶、开花、结果和电闪雷鸣等，古人通过它能够直观、清楚地了解一年中季节气候的变化规律，以此掌握农时，合理安排农事活动。

二十四节气不仅在农业生产方面起着指导作用，同时还影响着古人的衣食住行医等方方面面，甚至是文化观念。

在中国古老的哲学观念中，食物都是按照季节顺序而生长成熟的，四季天时不仅是天地的运行顺序，还是人间法则，循天而食是人生活的正途。先民们对饮食与季节的关系，也有凝练的总结，《论语·乡党》里记载有孔子"不时不食"的主张，即现在人们非常推崇的饮食养生方式——食在当季，也是中国先民根据四时变化规则制定出的人的饮食养生理论。

（一）春季篇

此谓发陈。天地俱生，万物以荣。夜卧早起，广步于庭，被发缓形，以使志生。生而勿杀，予而勿夺，赏而勿罚。此春气之应，摄生之道也。逆之则伤肝，夏为寒变，奉长者少。

这乃是顺应春气，养护人体生机的法则。违背这一法则，就会伤害肝气，到了夏天还会因为身体虚寒而出现病变。

（二）夏季篇

夏三月，此谓蕃秀，天地气交，万物华实，夜卧早起，无厌于日，使志无怒，使华英成秀，使气得泄，若所爱在外，此夏气之应，养长之道也。逆之则伤心，秋为痎疟，奉收者少，冬至重病。

这乃是顺应夏气，保护身体肌能旺盛滋长的法则。违背这一法则，就会伤害心气，到了秋天又会由生疟疾。

（三）秋季篇

秋三月，此谓容平，天气以急，地气以明，早卧早起，与鸡俱兴，使志安宁，以缓秋刑，收敛神气，使秋气平，无外其志，使肺气清，此秋气之应，养收之道也。逆之则伤肺，冬为飧泄，奉藏者少。

这乃是顺应秋气，养护人体收敛机能的法则。违

背了这一法则，就会伤害肺气，到了冬天就会留下不能消化的残渣。

（四）冬季篇

冬三月，此谓闭藏。水冰地坼，无扰乎阳，早卧晚起，必待日光，使志若伏若匿，若有私意，若已有得。去寒就温，无泄皮肤，使气亟夺，此冬气之应，养藏之道也。逆之则伤肾，春为痿厥，奉生者少。

这乃是顺应冬气，养护人体闭藏机能的法则。违背这一法则，就会伤害肾气，到了春天还会导致四肢痿弱逆冷的病症。

《黄帝内经·素问·四气调神大论》奉劝生民：夫四时阴阳者，万物之根本也。所以圣人春夏养阳，秋冬养阴以从其根，故与万物沉浮于生长之门。逆其根，则伐其本，坏其真矣。

意思是说，一年四季和阴阳变化，是万物的生命之本。因此，圣人们在春夏时节都注重保养阳气，以满足生命体生长的需要；在秋冬两季，都注重保养阴气，以满足生命体收藏的需要。

如果顺应了这一生命发展的根本规律，就能与万物一起生发、长养、收敛、闭藏，在四时更替循环的规律中一同和谐地发展；如果违背了这个规律，人体的本元就会受到摧残，从而伤害生命体的本真。

老子在《道德经》中说："人法地，地法天，天法道，道法自然。"

春、夏、秋、冬各季所产的食物，恰恰是遵循了动、植物的自身规律，也顺应了天时，自然地生长，在某个季节成熟，与人体在当季时的生命体形成了"和合"关系，因而人们食在当季，使得人体得以保持发展的平衡，继而合顺而健康。

中国人在道法自然原则指导下的数千年的生活实践，无数次地证明：人若在不同的季节，对应吃当季的食物，可以收到事半功倍的养生功效。

五、武当道家养生

武当山是我国著名的道教圣地。武当道家十分注重养生，并形成了一整套饮食养生理论。道家以追求长生为主要宗旨，因此，在饮食上有自己的一套信仰，主要表现在以下三个方面。

（一）辟谷养生

武当道家主张辟谷养生。所谓"辟谷"，亦称断谷、绝谷、休粮、却粒等，"谷"在这里是指谷物蔬菜类简称，"辟谷"即不进食这类食物。长沙马王堆汉墓发现的《却谷食气》一书，是我国现存最早的辟谷文献。道家为什么要回避谷物呢？这是因为道家认为，人体中有三虫，亦名三尸，道家认为三尸常居人脾，是欲望产生的根源，是毒害人体的邪魔，三尸在人体中是靠谷气生存的，如果人不吃五谷，断其谷气，那么，三尸在人体中不能生存了，所以，要益寿长生，便必须辟谷。辟谷者虽不吃五谷，却也不是完全食气，而是以其它食物代替谷物，这些食物主要有大枣、茯苓、芝麻、蜂蜜、石芝、草芝、菌芝等。对于道教的这种辟谷做法，我们应该辩证地去看待，在特定的历史时期、特定的生存环境下，以及配以武功训练，也许有一定的作用，但对于现代大多数普通人来说，排斥谷物蔬菜，饮食单一的做法，不值得提倡。

（二）服食养生

服食又名服饵，指服食药物以养生。道教认为，世间和非世间有某些药物，人食之可以祛病延年，乃至长生不死。葛洪引《神农四经》说：上药令人身安命延，升为天神，中药养性，下药除病。道士在这种信念的驱动下，在实践中逐渐积累起一套采集、制作和服食长生药的方术，即为服食术。道教服食，包含养生和成仙两大内涵，照葛洪的看法，服食药物分草木之药和金石之药。草木之药的功效在于"救亏缺"，亦即治病补养，而金石之药的功效在于不死成仙。又照《抱朴子》和《博物志》所引《神农四经》的说法，服食的药饵分为上、中、下三等，上药令人身安命延，中药养性，下药治病。所谓"救亏缺"，意在补养元气、滋阴壮阳、调利五脏、和荣精血以及治病疗疾。所谓服食金丹、羽化登仙是早期道教的炼养之术，在实践中逐渐被道教养生家所抛弃。道教服食养生，撇开其神化的部分，通过服食草木之药达到除病健身的目的，是值得肯定的。

（三）道茶养生

道教认为，茶味似道意。茶乃天地间之灵物，生于明山秀水之间，与青山、云雾为伴，以明月、清风为侣，得天地之精华，而造福于人类。道与茶密不可分，道茶养生是武当的悠久传统，自古武当道人以茶会友，以茶修行，以茶养生。每年三月三、九月九，武当道人要在盛大的法事活动中，用最好的道茶，举行敬奉真武祖师品茶仪式，也以茶礼待道友和善男信女。武当道茶有多个品类，诸如武当银剑、武当针井、武当太和茶、武当奇峰茶、武当道茶王等，武当八仙观因产好茶被评为"中国道茶之乡"。修道品茗打太极，在"道法自然""天人合一"的思想中悟道，是武当特有的道家养生文化。

道茶的妙用有三：一是饮茶消病。俗语云"十道九医"，道人十分注重道茶的药用价值，以饮茶消病。二是饮茶养生。饮茶能清心提神，清肝明目，生津止渴。三是修身养性。道人夜里打坐以饮茶提神，沏茶飘香观色，亦是一种精神上的享受。

四季饮道茶也有讲究：春季，辅以葛根、桔梗、野菊花，饮茶可提神、升阳、解毒；夏季，辅以连翘、二花、石斛，饮茶可生津止渴、清热解暑；秋季，辅以生地、麦冬、沙参，饮茶可敛肺、滋阴、润燥；冬季，辅以枸杞、桂圆、山茱萸，饮茶可滋阴、御寒、养胃。

第六节
与楚菜相关的古代文献

通过查阅古代文献资料，我们会发现，在这些文献里，有着丰富的楚国饮食生活资料。

一、《诗经》

《诗经》是周王朝观察风俗、考证得失的政治参考书，是推行礼乐制度的工具书，《诗经》中与饮食烹饪有联系的篇章比较多。正如清人姚际恒在《诗经通论》中所述：《诗经》中"又有似采桑图、田家乐图、食谱、谷谱、酒经，一诗之中，无不具备"。楚国出土文献的不断发现使人们认识到《诗经》对楚文化的影响不仅表现在楚国的礼乐教育、政治思想等方面，而且还表现在社会生活和乐舞文化等方面，所以《诗经》中关于饮食的记载值得重视。

（一）饮食原料

在"五谷"说出现以前，也有"百谷"之说，《诗经·幽风·七月》中有："其始播百谷。"《诗经·小雅·大田》和《诗经·周颂·噫嘻》都有"播厥百谷。"《诗经·小雅·信南山》中还有："生我百谷。"《诗经》出现的谷物品种就有十多种。从百谷到五谷，是不是粮食作物的种类减少了呢？不是的，据晋代杨泉《物理论》中的解释，百谷是包括除谷物之外，还有蔬菜、果品等多种农作物。另外，先秦时的人们习惯把一种作物的几个不同品种一个个起上一个专名，这样列举起来就多了。而且，这里的百谷也并非实指，而言其多。

《诗经》中也提到了不少鱼类，鳣、鲨、鲂、鳢、鰋、鲤是贵族宴会宾客的下酒物，《诗经·鱼丽》说："鳣、鲨……鲂鳢……鰋鲤，君子有酒，旨且有。"鳣、鲔、鲦、鳢、鰋也多用于祭祀，成为享祀佳肴，《诗经·潜》说："有鳣有鲔，鲦鳢鰋鲤。以享以祀，以介景福。"

在目前我国比较常见的100种蔬菜中，我国原产和从国外引入的大约各占一半。我国原产的蔬菜，最早和最多的记载见于《诗经》，有葵、韭、荁、荷、芹、薇等十多种，其中大多数蔬菜在楚地都有。

（二）饮宴活动

《诗经》中写到酒及宴会的场面比较多，其中有四十多篇提到酒或直接描写酒，从中可以看出当时宴会的一些格局。

西周贵族们行"燕射礼"的场面，在《诗经》中也有一些描写，其中，最形象、精彩的要数《诗经·小雅·宾之初筵》了。诗中描述了西周幽王宴会大臣贵族的情形，从中可以看到西周王室宴会礼仪的基本概况以及国王及群臣失仪纵酒、行为放荡的生活情形。

《宾之初筵》是一首全面、生动描写西周宴会礼仪的诗作，这首诗把宾客出场、礼仪形式、宴席食物与食器的陈列、音乐侑食和射手比箭写得清楚有序、生动简洁，宴会气氛热烈而活跃，这显然是当时"燕射礼"的艺术描写以及所应遵守的规范程序。当然，"燕射礼"参与者的主要目的是饮酒作乐，因此左右揖让，射箭不过是形式。诗中所描写的饮宴礼乐的盛大场面，远比《仪礼》《礼记》所记形象多了，使人们对于西周宴会礼仪形式和实际情况有了进一步的感性认识。

（三）加工方法

西周时，舂谷比商代有所普及，据《诗经·大雅·生民》记载：当时人们为了祭祀和庆贺节日，常在一起，"或舂或揄，或簸或蹂，释之叟叟，蒸之浮浮"。这描写了有的人在舂米，有的人在扬弃糠皮，有的人在淘米，然后把米做成饭。从侧面也反映了一般平民已开始注重饮食的细化了。

《诗经》提到烹饪方法的有"炰鳖脍鲤"（《小雅·六月》），"有兔斯首，炮之燔之……有兔斯首，燔之炙之"（《小雅·瓠叶》），"谁能烹鱼，溉之釜鬵"（《桧风·匪风》），"释之叟叟，烝之浮浮"（《大雅·生民》）等句。其中，除最后一句是描绘的蒸饭情景外，其他的炰、脍、燔、炙、炮、烹均是做菜方法，极有参考价值。

（四）祭祀饮食

《诗经》中描写祭祀的篇章较多，从一定意义上说，人类的宗教活动亦是从饮食活动中发展起来的。早期的宗教仪式主要是祭祀，祭祀总是同人类的某种祈求心理分不开的，而这种祈求又是以奉献饮食的形式反映出来。《诗经·小雅·楚茨》云："苾芬孝祀，神嗜饮食，卜尔百福，如几如式。"这几句诗用现代诗韵翻译出来就是："看馔芳香先祖享，丰美饮食神灵尝。赐你百福作报应，祭祀及时又标准。"总之，中国古代的祭祀活动，都离不开饮食，无论是大祭或薄祭，都是以最好的食物侍之。

《颂》诗主要是《周颂》，这是周王室的宗庙祭祀诗，产生于西周初期。如《周颂·丰年》："丰年多黍多稌，亦有高廪，万亿及秭；为酒为醴，烝畀祖妣，以洽百礼，降福孔皆。"再如《周颂·潜》："猗与漆沮，潜有多鱼。有鳣有鲔，鲦鲿鰋鲤。以享以祀，以介景福。"前一篇写的是以酒祭祖，后一篇写的是以鱼品祭祖，从中反映了当时的饮食风习以及以农业立国的社会特征和西周初期农业生产的情况。

《诗经》是我国饮食文学光辉的起点，是我国饮食文学发达很早的标志，它所表现的"饥者歌其食，劳者歌其事"的现实主义精神对后世饮食文学影响最大。《诗经》在中国饮食文献史上占有十分重要的地位。

二、《左传》

《左传》是中国现存最早的、第一部较为完备的编年体史书。相传是春秋末年左丘明为解释孔子的《春秋》而作。它起自鲁隐公元年（公元前722），迄于鲁哀公二十七年（公元前464），以《春秋》为本，通过记述春秋时期的具体史实来说明《春秋》的纲目，是儒家重要经典之一。西汉时称为《左氏春秋》，东汉以后改称《春秋左氏传》，简称《左传》。

左丘明姓丘名明，春秋末期鲁国人。因其世代为左史官，所以人们尊其为左丘明。左丘明世代为史官，并与孔子一起"乘如周，观书于周史"。他根据鲁国以及其他封侯各国大量的史料，依《春秋》著成了中国古代第一部记事详细、议论精辟的编年史《左传》，和现存最早的一部国别史《国语》，成为史家的开山鼻祖，其中也有许多饮食的史料。

中国古代的烹饪，技艺精湛，源远流长，特别是羹的制作，十分讲究，是一份珍贵的文化遗产，《左传》一书就介绍了"羹"制作的方法。

羹是汤的古音，《左传·昭公十一年》说："楚子城陈蔡，不羹。"《正义》说："古者羹臛之字，音亦为郎"，重读则为汤。不过古代的羹一般说比现在的汤更浓一些。羹字从羔从美，羔是小羊，美是大羊，可知最初的羹主要是用肉做的，所以《尔雅·释器》中有"肉谓之羹"的说法。后世才有以蔬菜为羹，于是羹便成为普通汤菜的通称，不专指肉煮的了。

最初的羹，称之为太羹，即太古的羹，它是一种不加五味的肉汁，这也是羹的最原始的做法。后来随着烹饪技术的进步，制羹的技术才逐渐复杂起来，大约从商代起，五味就已放入羹中，《古文尚书·说命》篇中有："若作和羹，尔惟盐梅。"用盐和梅子酱来调羹，这是羹的基本味道。到春秋时，羹的调制达到了一个较高的水平，《左传·昭公二十年》记载晏子对齐景公说："和与羹焉，水火醯醢盐梅，以烹鱼肉，燀之以薪，宰夫和之，齐之以味，济其不及，以泄其过。"这里叙述了制肉羹的过程和原料。鱼肉放在水中用火煮，然后再用醋、酱、梅子和盐来调和，在煮制过程中要提防"过"和"不及"。这种"过"和"不及"主要是指味道与火候。可见，当时人们已认识到做羹的关键在水火和五味，水火掌握好了可以使五味适中，否则就使人难以下咽，齐桓公的饔人易牙，就是这时调羹的名手。

春秋时期，人们的饮食还有手食的方式。《左传·宣公四年》记载："楚人献鼋（大鳖）于郑灵公，公子宋与子家将见，子公之食指动，以示子家，曰：'他日我如此，必尝异味。'及入，宰夫将解鼋，相视而笑。公问之，子家以告。及食大夫鼋，召子公而弗与也，子公怒，染指于鼎，尝之而出。公怒，欲杀子公。"后子公先下手，杀了灵公，由分鼋不均，导致父子相杀，其鼋味的珍美及在他们饮食中的地位可想而知，同时这段文献也透露出当时人们手食的信息，这里，从"食指动"到"染指于鼎"，都是手食的动作。

三、《国语》

《国语》是关于西周（公元前 11 世纪—公元前 771）、春秋（公元前 770—公元前 476）时周、鲁、齐、晋、郑、楚、吴、越八国人物、事迹、言论的国别史杂记，全书共 21 卷，分《周语》《鲁语》《齐语》《晋语》《郑语》《楚语》《吴语》《越语》八个部分，《晋语》最多。全书起自周穆王，终于鲁悼公，以记述西周末年至春秋时期各国贵族言论为主，因其内容可与《左传》相参证，所以有《春秋外传》之称。

中国古代饮食礼制规定：太牢是最隆重的祭礼，所谓太牢是三牲齐备，即牛、羊、猪三种牺牲俱全，牺牲二字皆从牛，可见古代珍贵的食物是以牛作为标志的，没有牛的即称少牢。《礼记·王制》指出："天子社稷皆太牢，诸侯社稷皆少牢。"《国语·楚语》中也有类似的论述："其祭典有之曰：国君有牛享，大夫有羊馈，士有豚犬之奠，庶人有鱼炙之荐，笾豆脯醢，则上下共之。"即说牛是国君的祭品，羊是大夫的祭品，猪是士以下人员的祭品。

四、《楚辞》

《楚辞》是战国时代以屈原为代表的楚国人创作的诗歌，它是《诗经》以后的一种新诗体。《楚辞》充分反映了楚人的生活风情，其中与饮食烹饪有关的内容主要体现在《招魂》《大招》中。

中国烹饪技艺在春秋战国时就达到了一个新的高峰，这时的菜肴精美多样，标志着生活富裕和文明程度都比前代有所提高。楚国的饮食，最能反映当时的烹饪水平。《楚辞》对楚人的饮食结构及菜肴品种做了详尽的记载，例如《楚辞·招魂》中说："室家遂宗，食多方些。稻粢穱麦，挐黄粱些。大苦咸酸，辛甘行些。肥牛之腱，臑若芳些。和酸若苦，陈吴羹些。胹鳖炮羔，有柘浆些。鹄酸臇凫，煎鸿鸧些。露鸡臛蠵，厉而不爽些。粔籹蜜饵，有餦餭些。瑶浆蜜勺，实羽觞些。挫糟冻饮，酎清凉些。华酌既陈，有琼浆些。"

另一首诗《大招》里写道："五谷六仞，设菰粱只。鼎臑盈望，和致芳只。内鸧鸽鹄，味豺羹只。魂乎归来，恣所尝只。鲜蠵甘鸡，和楚酪只。醢豚苦狗，脍苴蓴只。吴酸蒿蒌，不沾薄只。魂兮归来，恣所择只。炙鸹烝凫，煔鹑陈只。煎鰿臛雀，遽爽存只。魂兮归来，丽以先只。四酎并孰，不涩嗌只。清馨冻饮，不歠役只。吴醴白糵，和楚沥只。"

《楚辞》虽然是一篇文学作品，但它表现出的饮食文化是源于现实生活的。如果要了解这一时期的烹饪技艺和菜肴品种，这段文字是不容忽视的，它的篇幅不长，却是非常丰富和完整，可以说是一份既有价值又有趣味的古代食谱。这一食谱中诱人的美味，被称为当世的珍肴，《淮南子》中就认为"荆吴芬馨"。在上面这些佳肴里，肉食就达三十多种，除常见的六畜外，还有鳖、蠵（大龟）、鲤、鳝、凫（野鸭）、豺、鸀鹑、鸧（黄鹂）等等。在烹饪上，楚人继承了西周以来的烹饪特点，讲究用料选择、刀工、火候，在做法上更富有变化，如"胹鳖炮羔"的做法就与"八珍"中"炮豚"相似。在调味上，楚人更为考究，"大苦咸酸，辛甘行些"。即是说在烹调过程中把五味都适当地用上，《楚辞》在对膳、馐、饮的描述中都涉及了五味调和问题，在一定程度上反映了楚人对五味已有了较深入的了解。

楚国的一些名肴有的还留传至今，江苏省徐州地区的传统名菜"霸王别姬"，相传是在楚汉之争时，项羽被刘邦围困在垓下（今安徽省灵璧县南），处于四面楚歌中，其美人虞姬为楚霸王项羽解愁消忧，用甲鱼和雏鸡为原料，烹制了这道美菜，项羽食后很高兴，精神振作。后来流传民间，因用甲鱼与雏鸡制菜，具有较强的滋补作用，所以人们都喜欢食用此菜，逐渐出名，特别是经菜馆名厨师加工烹制后，其味更佳。因该菜制法相传出于霸王别姬之时，故后人称它为"霸王别姬"。此菜不仅在徐州享有盛名，而且在湖南、湖北也都享有盛誉。

中国古代贵族在夏天进食时，还喜好喝一些冷饮。据《周礼》记载，周代设有专管取冰用冰的官员，称为"凌人"。每到隆冬，"凌人"负责凿冰，并把它存放于"凌阴"（冰库）之中。当时楚国有一种青铜器，称为"鉴"，类瓮，口较大，便是用来盛冰，以冷冻膳馐和酒浆，后人称为"冰鉴"，这在楚墓中出土较多，这是因为楚国地处南方，气候炎热，人们

更爱冷饮的缘故。《楚辞·招魂》中就有"挫糟冻饮，酎清凉兮"的句子，郭沫若翻译为："冰冻甜酒，满杯进口真清凉"。可见，早在先秦时期，我国先民就已在夏天开始喝冷饮了。到了后来，各种饮料品种就更多了，这充分反映了楚国人民无穷的创造性和智慧。

五、《吕氏春秋》

《吕氏春秋》是战国末秦相吕不韦集合门客共同编写的杂家代表著作。原书分十二纪、六论、八览，序意一篇，则附于《十二月纪》之末。因此，后人亦称《吕氏春秋》为《吕览》《吕纪》《吕论》。《吕氏春秋》中和烹饪关系密切的主要是《本味》篇。《吕氏春秋·本味》是战国及其以前社会生活的反映，是我国现存的最古的论及饮食烹饪的著作之一，其中许多部分都论述了楚地的饮食与物产。

《吕氏春秋·本味》保留了古代的烹饪理论，具有较强的实用性。其中关于调味的一段论述十分精当："调和之事，必以甘、酸、苦、辛、咸，先后多少，其齐甚微，皆有自起。鼎中之变，精妙微纤，口弗能言，志弗能喻。若射御之微，阴阳之化，四时之数。故久而不弊，熟而不烂，甘而不哝，酸而不酷，咸而不减，辛而不烈，淡而不薄，肥而不腻"这里，强调了五味调和及准确掌握放调料次序、用量的重要。只有做到这几点，才能使菜肴制作得久而不败，熟而不烂，甜而不过头，酸而不强烈，咸而不涩嘴，辛而不过度，淡而不寡味，肥而不油腻。"

《吕氏春秋·本味》记载了战国及其以前很长一段时期的佳肴美馔和各地特产。文中是分肉、鱼、菜（蔬菜）、饭（谷物）、水、果、和（调料）七类记述的。就其范围，南至南海、越骆，东至东海，西至昆仑，北至冀州、大夏，把如此大范围中的著名物产都提到了。就其具体品种，有猩唇、獾炙、旄牛或大象的筋、凤凰的卵、洞庭湖的鳟、东海的鲕鱼子、醴水的朱鳖鱼、昆仑山的苹草、寿木的果实、阳华山的芸菜、云梦泽的芹菜、太湖流域的韭花、阳朴的姜、招摇的桂、越骆的菌、膻鱼的酱、大夏的盐、玄山的禾麦、不周山的小米、阳山的黄黍、南海的黑米等等，这数十种菜肴和原料中，固然少数有神奇色彩，但其中大多数却应是有生活依据的。

《吕氏春秋·本生》篇对如何科学地饮食也有涉及，其中提出："肥肉厚酒，务以自强，命之曰烂肠之食。"这说明喝酒吃肉过多，有损健康，甚至会带来不幸的后果。

六、《七发》

《七发》是汉代枚乘所撰的重要辞赋之一，其中有一段文字专门谈西汉楚王宫的饮食，引录如下："犓牛之腴，菜以蒲笋。肥狗之和，冒以山肤。楚苗之食，安胡之饭。抟之不解，一啜而散。于是伊尹煎熬，易牙调和。熊蹯之臑，芍药之酱。蒲苴之炙，鲜鲤之鲙。秋黄之苏，白露之茹。兰英之酒，酌以涤口。山梁之餐，豢豹之胎。小饭大歠，如汤沃雪。此亦天下之至美也，太子能强起尝之乎？"

这段话中记载了不少精美的饭、菜，虽有夸张的成分，但还是在一定程度上反映了当时楚地上层社会的饮食面貌。

受枚乘《七发》的影响，后来曹植的《七启》、张景阳的《七命》等模仿性作品里，也都有一段文字专写饮食。与《七发》相类，这些作品中也不免有夸张的成分。如《七启》中形容刀工有"蝉翼之割，剖纤析微。累如迭縠，离若散雪，轻随风飞，刃不转切"之句。夸张的色彩非常明显，但对于赋这种文学作品来说，这是正常的、无可厚非的。

七、《淮南子》

《淮南子》一书一般认为是淮南王刘安及其门客李尚、苏飞、伍被等共同编著。

《淮南子》中蕴涵着丰富的饮食思想，又因淮南是楚地，因此，其中也在一定程度上反映了楚地的饮食风俗。概而言之，主要体现在如下几个方面：

其一，强调食为民之本。《淮南子》认为饮食是人民赖以生存的根本，也是国家长治久安的根本。它说："食者民之本也，民者国之本也，国者君之本也。"（《主术训》）"衣食饶溢，奸邪不生。"（《齐俗训》），看一个国家是否有仁政，首先要考察百姓能否饥充腹果。它认为："民之所望于主者三：饥者能食之，劳者能息之，有功者能德之。"（《兵略训》）这是评价统治者功过是非的客观准则，也是《淮南子》始终强调的重要治国命题。

其二，重视甘味，但不应过分追求。《淮南子》说："味有五变，甘其主也。"（《地形训》）这里的"甘"，并非甜的意思，乃是本味、原味之义。甘味之所得，主要在调，而调必生变。如何调呢？《淮南子》说："炼甘生酸，炼酸生辛，炼辛生苦，炼苦生成，炼成反甘。"（《地形训》）在重视甘味的同时，《淮南子》也认为对美味的追求应适可而止，不能过度。它说"五味乱口，使口爽伤"（《精神训》），也就是败坏了甘美的原本口感。还说"夫声色五味，远国珍怪，环异奇物，足以变心异志，摇荡精神，感动气者，不可胜计也"（《精神训》）。显然，《淮南子》在重视甘味的同时，也反对对美味的过分追求。

其三，认为食俗因地而异，与人的天性有关。俗言"一方水土养一方人"，不同的自然生态，种植的作物会有不同。《淮南子》云："汾水濛浊而宜麻，沛水通和而宜麦，河水中浊而宜菽，雒水轻利而宜禾，渭水多力而宜黍，汉水重安而宜竹，江水肥仁而宜稻，平土之人慧而宜五谷。"各地因自然生态不同、种植作物不同，其食俗自然也有差异。如《精神训》云："越人得髯蛇，以为上肴，中国得而弃之无用。"（《地形训》）《淮南子》还认为食俗与人的天性有密切的关系："食水者善游能寒，食土者无心而慧，食木者多力而奰，食草者善走而愚，食叶者有丝而蛾，食肉者勇敢而悍，食气者神明而寿，食谷者知慧而夭，不食者不死而神。"（《地形训》）又云："北狄不谷食，贱长贵壮，俗尚气力，人不驰弓，马不解勒，便之也"。（《原道训》）

此外，《淮南子》中还记载了不少与饮食有关的内容。如考证食器的来历，云："席之先葙蕈，樽之上玄酒，俎之先生鱼，豆之先泰羹，此皆不快于耳目，不适于口腹，而先王贵之，先本而后末。"（《诠言训》）又如论说水火在烹调过程中的辩证关系："水火相憎，错（即鼎）在其间，五味以和。"（《说林训》）再如对水与五味调和之关系的探讨："水不与五味，而为五味调；……能调五味者，不与五味者也。"（《兵略训》），等等。

《淮南子》的版本很多，校释本也较多。校释本主要有张双棣的《淮南子校释》、何宁的《淮南子集释》、刘文典的《淮南鸿烈集解》、杨树达的《淮南子证闻》等。

八、《荆楚岁时记》

《荆楚岁时记》由南朝梁宗懔所撰，是一部记载荆楚地区岁时习俗的著作，也是保存到现在的我国最早的一部专门记载古代岁时节令的专著。本书正文以时为序，记述了古代荆楚地区时俗风物；注文则引用

经典的俗传，考辨了习俗的源流，是研究古代文化风俗的重要著作。

图 1-10 馈五辛盘

最早著录此书的是《旧唐书·经籍志》："十卷，宗懔撰；又二卷，杜公瞻撰。"后又见于《新唐书·艺文志》《崇文总目》《郡斋读书志》《通志》《直斋书目解题》《文献通考》《宋史·艺文志》等。元代陶宗仪《说郛》有此书节本，明代《永乐大典》未见此书，此书当亡于元明之际。历来认为，杜氏本为注本。其卷数旧说纷纷，有10卷、6卷、2卷、4卷等。现流传于世的为1卷残本。

《荆楚岁时记》大约撰于魏恭帝二年（公元555）。书中保存了不少饮食风俗资料，对研究古代饮食风俗的流变具有重要价值。如"正月一日……进椒柏酒，饮桃汤。进屠苏酒、胶牙饧，下五辛盘……""正月七日为人日，以七种菜为羹……""立春之日，悉剪彩为燕以戴之。亲朋会宴，春饼、生菜，帖'宜春'二字。或错缕为幡胜，谓之春幡。""正月十五日，作豆糜，加油膏其上，以祠门户。""去冬至节一百五日，即有疾风甚雨，谓之寒食。禁火三

日，造饧大麦粥。""三月三日……是日，取鼠曲汁蜜和为粉，谓之龙舌，以厌时气。""夏至时节，食粽。""六月伏日，并作汤饼。""九月九日，四民并籍野饮宴。""仲冬之月，采撷霜芜菁、葵等杂菜干之，家家并为咸菹。有得其和者，并作金钗色。""岁暮，家家具肴蔌，谓宿岁之储，以迎新年。相聚酬饮，请为送岁……"

不仅正文中记载了不少饮食习俗，注文中也有不少，有些还记载了相关饮食习俗的流变。如重阳节"籍野饮宴"之事，《荆楚岁时记》说："九月九日，四民并籍野饮宴。"杜公瞻注云："九月九日宴会，未知起于何代，然自汉至宋未改。今北人亦重此节，佩茱萸，食饵，饮菊花酒，云令人长寿，近代皆设宴于台榭。"又如正月初一"下五辛盘"之事，《荆楚岁时记》云：元旦"长幼悉正衣冠，以次拜贺，进椒柏酒，饮桃汤；进屠苏酒，胶牙饧，下五辛盘；进敷淤散，服却鬼丸；各进一鸡子。"注云："周处《风土记》曰：'元日造五辛盘，正月元日五薰炼形。'注：五辛所以发五藏之气。庄子所谓春正月饮酒茹葱，以通五藏也。"注文交代了元日造五辛盘是从先秦"正月饮酒茹葱，以通五藏"的饮食习惯发展而来的。

《荆楚岁时记》辑佚本散见于《广秘笈》《广汉魏丛书》《四库全书》《湖北先正遗书》《增订汉魏丛书》《麓山精舍丛书》等丛书中。由于以上辑本或有遗漏，或正文与注文混淆，因此后人又做了不少辑佚工作。如1985年，谭麟《荆楚岁时记译注》出版。1986年，姜彦稚在岳麓书社出版《荆楚岁时记》新辑校本。1987年，宋金龙在山西人民出版社出版的《荆楚岁时记》校注本，注本以《广秘笈》本为底本，《广汉魏丛书》本作补充，校以它书，校注详明，注本后附录佚文，收书45种。

九、《膳夫经手录》

《膳夫经手录》由唐代杨晔所撰，成书于唐宣宗大中十年（公元856）。《新唐书·艺文志》《崇文总目·医书类》《通志·艺文略》《宋史·艺文志》等书目皆称其4卷，现仅有1卷存世，约1500字，载入《宛委别藏》《粤雅堂丛书》《碧琳琅馆丛书》《丛书集成》初编。此外，北京图书馆特藏书室藏有清初毛氏汲古阁抄本。"膳夫"，原指掌管皇室饮馔的官员。《周礼·天官》载："膳夫，掌王之食饮膳馐，

以养王及后世子。"但从存世的《膳夫经手录》残卷中还看不出这个迹象，"主要和着重记载了各地食物原料及粗加工的一些内容，实际上称其为方物志或风物志似更为恰当，题为《膳夫经》可谓有点文不对题"。

《膳夫经手录》残卷并无明确的分类，但大体上是以类相从，可以分为粮谷、蔬菜、荤食、水果、茶、熟食等类。分别简述了虏豆、胡麻、薏苡、薯药、芋头、桂心、萝卜、鹊、苜蓿、勃公英、水葵、菰蒌、木耳、芜菁、羊、鹑子、鳗鲡鱼、鲨鱼、樱桃、枇杷、茶等二十多种动植物原料，有的仅提及产地，有的则叙述性味，还有的涉及食用方法。此外，还有一段是专门谈论"不饪"的。

《膳夫经手录》残卷的内容虽然比较单薄，但有助于后人对唐代食品名称进行考证。如在"莼菜"条中，还记载有："出镜湖者，瘦而味短，不如荆郢间者。"这句话虽不长，但却告诉人们，在唐代不仅吴地出莼菜，就连湖北一带也有莼菜之佳品，味道不亚于会稽镜湖所产的。

《膳夫经手录》残卷对于考证一些饮食典故，纠正传说中的某些错误，也具有重要的参考价值。如苏东坡与"皛饭"的故事流传甚广，宋人朱弁《曲洧旧闻》卷六载："东坡尝与刘贡父言：'某与舍弟习制科时，日享三白食之，甚美，不复信世间有八珍也。'贡父问三白何物？答曰：'一撮盐、一碟生萝卜、一碗饭，乃三白也。'贡父大笑，久之折简召坡，过其家吃皛饭。坡不复省忆尝对贡父三白之说也，谓人云，贡父读书多，必有出处。比至赴，见案上所设惟盐、芦菔、饭而已，乃始悟贡父以三白相戏笑。"实际上，苏东坡并非"三白"的最早发明者，《膳夫经手录》称："萝卜，贫寒之家与盐饭偕行，号为'三白'。"

《膳夫经手录》残卷中对茶的记载较为详细，约占其内容的五分之三。首先简略地介绍了饮茶的起源，称："茶，古不闻食。晋宋以降，吴人采其叶煮，是为'茗粥'。"接着介绍了唐代的地方饮茶风俗，如"饶州浮梁茶，今关西、山东闾阎村落皆吃之。累日不食犹得，不得一日无茶也"；最后介绍了各地名茶，如"新安茶""蜀茶""饶州梁茶""蕲州茶""鄂州茶""至德茶""衡州衡山团饼""潭州茶""渠江薄片茶""江陵南木香茶""施州方茶""建州大团""蒙顶茶""峡州茱萸茶""夷陵小江源茶""宜兴茶""祁门茶"等。或介绍生长概况，或介绍风味

特点，或介绍制作方法，或进行优劣对比，还间或写到商人买卖茶叶"数千里不绝于途"的情况。陈伟明先生认为，《膳夫经手录》残卷大多数是从量的角度，如茶叶的品种内容等，没有从茶质、茶叶的饮用制作特点等做更进一步的详述，"说明了作者尚未能从实践中做进一步的总结"。虽然如此，《膳夫经手录》残卷仍是研究唐代茶史不可多得的珍贵资料，可与陆羽《茶经》中的记载相互参照佐证。

十、《茶经》

《茶经》由唐代陆羽所撰。陆羽，字鸿渐，一名疾，字季疵，号桑苎翁，生于唐玄宗开元二十一年（公元733），复州竟陵（今湖北天门）人，故又号竟陵子。因其曾诏拜太子文学，后徙太常寺太祝，故世称陆文学、陆太祝；又因其辞官不仕，浪迹天下，故世人又称其为陆处士、陆居士、陆三山人、陆鸿渐山人、东园先生等。据记载，陆羽3岁时，父母双亡，被竟陵西塔寺（一说龙盖寺）的智积禅师收养。13岁时，离开寺院，投身戏剧。14岁时，受到竟陵太守李齐物的赏识，李齐物介绍他到火门山邹夫子处读书，并在邹夫子指导下采茶煎饮。后从崔国辅游学。"安史之乱"时，他隐居于湖州苕溪之滨，完成了《茶经》等书。唐德宗建中元年（公元780），陆羽移居饶州（今江西上饶），后又移居洪州（今江西南昌）。此后还曾游历湖南、广州等地。晚年时，再度回到竟陵。唐德宗贞元二十年（公元804），陆羽与世长辞。后世将之誉为"茶神""茶圣""茶祖"，民间甚至还烧制陶像或贴上纸绘像供奉，被制茶业及茶肆尊为祖师爷。

《茶经》共3卷，10类，七千余字。卷上列"一之源""二之具""三之造"等3类。其中，"一之源"讲茶的起源、名称、特征和品质；"二之具"谈采茶、制菜的工具；"三之造"论茶叶的种类及采制方法。卷中为"四之器"，列煮茶、饮茶的器皿及用具。卷下列"五之煮""六之饮""七之事""八之出""九之略""十之图"等6类。其中，"五之煮"讲煮茶的方法，并讨论各地水质的优劣；"六之饮"谈饮茶风俗；"七之事"叙述有关茶的典故、产地和药效；"八之出"分析各地所产茶叶的优劣；"九之略"指出可以省略的茶具、茶器；"十之图"教人将茶经写在绢布上悬挂。

《茶经》虽只有七千余字，但可谓是古代的茶百科全书。时至今日，《茶经》仍然是研究茶文化的重要资料。

从《茶经》中，还可以考察唐代的茶文化和陆羽的饮茶美学。唐代是中国茶文化发展的重要时期，茶树的种植范围日益扩大，栽培技术更是有了较大进步，制茶技术和饮茶方式也与前代有很大的不同。对此，在《茶经》中都有反映。

唐代煮茶工具繁多，煮茶过程复杂，从《茶经》"二之具""四之器"中介绍的茶具可见一斑。但陆羽崇尚简单、质朴、自然，因而又在"九之略"中说明如何精简茶具，饮茶应因时、因地制宜，不拘泥文义或形式。陆羽所提倡的简约、自然的饮茶风格，"将饮茶带向一个感性而悠然的生活情境，让后世饮茶的人从清澈的茶汤中，体会一种随性自在的甘美"。

《茶经》对中国茶文化产生了重大影响，其表现主要有三：第一，《茶经》是中国第一部关于茶的专门著作，也是世界上第一部茶学专著，开创了后人著述茶书的先河；第二，《茶经》将日常生活的饮茶活动提升到系统性、艺术性的文化领域，也融汇了儒、释、道三家思想的精华，促进了茶德和茶艺的形成；第三，《茶经》促进了茶文学、茶艺术的形成和发展。

唐以后编纂的公私书目，如《新唐书·艺术志》小说类、《郡斋读书志》农家类、《直斋书录解题》杂艺类、《通志》食货类、《宋史·艺文志》农家类、《文献通考》农家类、《国史经籍志》史类、《四库全书总目》子部谱录类等对《茶经》皆有著录。

《茶经》问世后，历代传抄刊刻不绝，版本繁多。早在宋代时，就产生了多种歧异的《茶经》版本。北宋陈师道《茶经》"序"称："陆羽《茶经》，家传一卷，毕氏、王氏书三卷，张氏书四卷。内外书十有一卷，其文繁简不同，王、毕氏书繁杂，意其旧本。张书简明，与家书合，而多脱误，家书近古可考证。"可见，陈师道已见过至少四种不同版本的《茶经》。《茶经》现存的版本有：《百川学海》本、《说郛》本、《山居杂志》本、《茶书全集》本、《唐宋丛书》本、《格致丛书》本、《文房奇书》本、《四库全书》本、《学津讨原》本、《唐人说荟》本、《湖北先正遗书》本、《续茶经》本、《汉唐地理书钞》本、《植物名实图考长编》本等数十种。《茶经》还流播到世界各地，在日本有日文版。就内容繁简而言，

这些版本大致可分为三类：一无注释的简本，如《说郛》本；二是增加注释的注本，如《唐宋丛书》本；三是在卷中"四之器"后，附加了南宋审安老人《茶具图赞》的增本，如《山居杂志》本。

十一、《觞政》

《觞政》由明袁宏道所撰。宏道，字中郎、无学，号石公，又号荷叶山樵，湖广公安（今湖北公安）人。万历壬辰（公元1592）进士，历任吴县知县、礼部主事、吏部考功员外郎、稽勋司郎中等职。事迹具《明史·文苑传》。与兄宗道、弟中道齐名，时称"三袁"。

"觞政"即饮酒时用的酒令。关于撰写本书的缘由，作者云："社中近饶饮徒，而觞容不习，大觉卤莽。夫提衡糟丘，而酒宪不修，是亦令长者之责也。今采古科之简正者，附以新条，名曰《觞政》。凡为饮客者，各收一帙，亦醉乡之甲令也。"由此可见，作者作此书的目的在于使饮酒者遵守酒法、酒礼，用现在的话来讲就是要做到文明饮酒。但《觞政》一书与一般的酒令不同。袁宏道"趣高而不饮酒""不能酒，最爱人饮酒"，故此书乃趣高之作，非酗酒之作。

是书仅一卷，分十六则："一之吏""二之徒""三之容""四之宜""五之遇""六之候""七之战""八之祭""九之典刑""十之掌故""十一之刑书""十二之品第""十三之杯杓""十四之饮储""十五之饮饰""十六之词具"等。卷末，另附酒评一则。此书虽无关烹饪技术，但其中提到了一些有关饮食习俗的内容，可作为研究我国古代饮食习俗史的参考资料。如第十二则"品第"云："凡酒以色清味冽为圣，色如金而醇苦为贤，色黑味酸醨者为愚。以糯酿醉人者为君子，以腊酿醉者为中人，以巷醪烧酒醉人者为小人。"这里对酒划分了品第，并与人进行类比，很有意思。又如第十四则"饮储"云："下酒物色，谓之饮储。一清品，如鲜蛤、糟蚶、酒蟹之类。二异品，如熊白、西施乳之类。三腻品，如羔羊、子鹅炙之类。四果品，如松子、杏仁之类。五蔬品，如鲜笋、早韭之类。"这里作者对下酒菜进行分类，"清品""异品""腻品""果品""蔬品"一应俱全，荤素搭配，清淡适宜，从中可以看出古人的饮食情趣和对"清""雅"之物美的追求。

十二、《本草纲目》

《本草纲目》由明代李时珍所撰。李时珍（公元1518—1593），字东璧，号濒湖，蕲州（今湖北蕲春）人，是世界公认的杰出的医药学家。

《本草纲目》成书于万历六年（公元1578），全书共52卷，约190万字，载有药物1892种，其中载有新药374种，收集医方11096个，书中还绘制了一千一百多幅精美的插图，是我国医药宝库中的一份珍贵遗产，是对16世纪以前中医药学的系统总结，被誉为"东方药物巨典"。

图1-11 李时珍雕像

《本草纲目》广征博引，图文并茂，在考证药物本草的名称、性味、功效等特性时，广泛涉及饮食原料、日常食品加工及食疗药膳等，也是研究食疗的重要参考文献。

《本草纲目》中与食疗有关系的篇章很多，如序例部分的"五味宜忌、五味偏胜、服药食忌、饮食禁忌"，以及谷部、菜部、果部、鳞部、介部、禽部、兽部中所收录的大量药物等。如谷部"大麦"条，作者在"释名"部分考释了大麦的名称；在"集解"部分旁征博引，说明大麦的出产、性能、食俗云："……

郭义恭《广志》云：'大麦有黑穬麦，有口麦，出凉州，似大麦。有赤麦，赤色而肥。'据此，则穬麦是大麦中一种，皮厚而青色者也。大抵是一类异种，如粟粳之种近百，总是一类，但方上有不同尔。故二麦主治不甚相远，大麦亦有粘者，名糯麦，可以酿酒。"在"气味"和"主治"部分介绍了大麦的药物性能："味醎，温，微寒，无毒，为五谷长，令人多热。""消渴除热，益气调中。补虚劣，壮血脉，益颜色，实五脏，化谷食止泄，不动风气。久食，令人肥白滑肌肤。为面，胜于小麦，无燥热。面平胃止渴，消食疗胀。久食，头发不白。和铁砂、没石子等染发变黑色。宽胸下气凉血，消积进食"等功效。在"发明"部分介绍了大麦食疗功效："大麦作饭食，芤而有益；煮粥甚滑；磨面作酱甚甘美。"在"附方"部分，列出附方"旧四新五"共九种方子："食饱烦胀""膜外水气""小儿伤乳""蠼螋尿疮""肿毒已破""麦芒入目""汤火伤灼""被伤肠出""卒患淋痛"。诸如此类，还有很多。

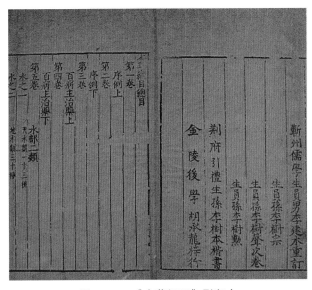

图1-12　《本草纲目》影印本

除各种动植物原料外，《本草纲目》还将许多食品看作药物用来治病。在"谷部""酒"条中，除介绍米酒、老酒、春酒、东阳酒等外，还附诸药酒方，约收70种古代的著名药酒，每种酒后均有疗效及酒的制法。如"菊花酒"，"治头风，明耳目，去痿痹，消百病。用甘菊花煎汁，同曲、米酿酒。或加地黄、当归、枸杞诸药亦佳。"又如"人参酒"，"补中益气，通治诸虚。""用人参末同曲、米酿酒，或袋盛浸酒，煮饮。""粥"条除收"小麦粥""寒食粥""糯米粥""粳米粥"等9个品种外，还另附粥方13首，每种粥后

都写明疗效。如"小豆粥"："利小便，消水肿脚气，辟邪疠"；"莲子粉粥"："健脾胃，止泄痢"；"芋粥"："宽肠胃，令人不饥"；"萝卜粥"："宽中下气"；"枸杞子粥"："补精血，益肾气"；"鸭汁粥"和"鲤鱼汁粥"："并消水肿"。

由于李时珍的旁征博引，使《本草纲目》保存了丰富的有关食品的史料，为今人探讨食品加工的历史提供了方便。如"豆腐"条"集解"载："豆腐之法，始于汉淮南王刘安。凡黑豆、黄豆及白豆、泥豆、豌豆、绿豆之类皆可为之。造法：水浸碎，滤去滓，煎成，以盐卤汁或山矾叶或酸浆，醋淀就釜收之。又有入缸内，以石膏末收者。大抵得咸、苦、酸、辛之物，皆可收敛尔。其面上凝结者，揭取晾干，名豆腐皮，入馔甚佳也。"又如"粽"条载："糭俗作粽。古人以菰芦叶裹黍米煮成，尖角，如棕榈叶心之形，故曰粽，曰角黍。近世多用糯米矣。今俗五月五日以为节物相馈送。或言为祭屈原，作此投江，以饲蛟龙也。"又如"烧酒"条，在记述其异名为火酒、阿刺吉酒后，李时珍在"集解"中说："烧酒非古法也。自元时始创其法，用浓酒和糟入甑，蒸令气上，用器承取滴露。凡酸坏之酒，皆可蒸烧。近时唯以糯米或粳米或黍或秫或大麦蒸熟，和曲酿瓮中，七日，以甑蒸取。其清如水，味极浓烈，盖酒露也。"这三段文字，分别谈了豆腐、粽子、烧酒的历史和制法，极受化学史家、食品史家的重视。

作为一部药物学巨典，《本草纲目》融汇了明代及以前时代众医家的药物学成就，保存了许多食疗古籍中的内容。书中提到的食疗著作主要有孙思邈的《千金·食治》，孟诜、张鼎的《食疗本草》，陈士良的《食性本草》，吴瑞的《日用本草》，汪颖的《食物本草》，宁原的《食鉴本草》，等等。如"酥"条内云："按《臞仙神隐》云：造法以牛乳入锅煮二三沸，倾入盆内冷定，待面结皮，取皮再煎，油出，去渣，入在碗（锅）内，即成酥油。一法……，凡入药，以微火熔化，滤净用之良。"如"牛"条内云："《食经》云：牛自死、白首者，食之杀人。疥牛食之发痒。黄牛、水牛肉合猪肉及黍米酒食，并生寸白虫；合韭、薤食，令人热病；合生姜食，损齿。煮牛肉，入杏仁、芦叶易烂，相宜。"《本草纲目》正是在融汇百家的基础上，自成一家，成为明代一部划时代的伟大巨著。

图1-13　《本草纲目》湖北本

　　《本草纲目》的最早版本是1593年前后由胡承龙刻的金陵本。其次是1603年夏良心、张鼎思序刊的江西本，江西本改正了金陵本的一些错误，同时也有金陵本不错而改错了的。再次是1606年董其昌序的湖北本，它和以后如梅墅烟梦阁等各种明清刻本，大都是以江西本为底本翻刻的，一般改动不大。直到1885年合肥张绍棠味古斋重校刊本，才作了较大的变动，并抽换了几百幅图，他改对和改错之处都显著增加。以后各种石印、排印，以至1957年人民卫生出版社的影印本，一般都是以张本为底本。历代由于抄写、刻版、校订、覆刊所产生的错误，数以千计，严重地影响了该书的质量。1982年，人民卫生出版社又出版了新的校点本，新的校点本采用刊印较早的江西本为蓝本，旁采各本进行校勘，订正了不少错谬，得到了学者的好评。2004年，人民卫生出版社再版了此书，为方便读者检索，在书末新增"正言语标题笔画索引"和"下文标题拼音索引"。

　　作为一部伟大的医药宝典，《本草纲目》不仅对中国产生了重要影响，而且还传播到世界，为世界医药文化的发展做出了重要贡献。此书于1606年传入日本，此后又被译为拉丁文及法、德、英、俄等国文字，流传于各国，对世界药物学、植物学、矿物学、化学等学科的发展，产生了较大的影响，成为世界文化的瑰宝。

十三、《粥谱》

　　《粥谱》由清代黄云鹄所撰。黄云鹄，字翔云，蕲春（今湖北蕲春）人。《粥谱》是我国最早的一部药粥专著，成书于光绪七年（公元1881），全书共一卷，细分为《粥谱序》《食粥时五思》《集古食粥名论》《粥之宜》《粥之忌》《粥品》六部分。这六部分，如果简单划分，大致归属为三方面内容：

　　其一，介绍撰作《粥谱》的缘由，包括《粥谱序》《食粥时五思》两部分。关于撰写《粥谱》的缘由，黄云鹄表达了两个方面的意思：第一，自己体会到了食粥之妙，获得了食粥之益，而决定加以总结，推己利人。在《粥谱序》中，黄云鹄自述自己是在经过食粥的实践、身体"较十年前为健壮"之后，才决心撰写《粥谱》以向世人更好地推荐。第二，多年来对粥的钟爱和不敢厌。在《食粥时五思》中，黄云鹄回顾了自己"少贱时""饥困时""京宦时"食粥的情况，描述了"旱荒时"衣食无着的灾民流离失所、以粥果腹的惨状，想起了古昔"圣贤俱安淡泊"的人生态度，从而发出了"终身不敢厌"食粥的慨叹，进而总结食粥经验，撰《粥谱》一书。

　　其二，关于食粥的理论，包括《集古食粥名论》《粥之宜》《粥之忌》三部分。《集古食粥名论》总共收集了从先秦到明代十三条关于食粥的著名论述，其中多是讲食粥养身、治病的。如所引韩氏《医通》中的一条资料云："一人病淋，素不服药。予令专啖粟米粥，绝去它味，旬余减，月余瘥。此五谷治病之验也。"又如引张来《粥记》云："每日清晨食粥一大碗，空腹胃虚，谷气便作，所补不细，又极柔腻，与胃相得，最为饮食之妙诀。盖粥能畅胃气，生津液也。"这十三条食粥名论，对于研究中国古代食粥的历史很有很高的参考价值。《粥之宜》《粥之忌》两部分主要介绍了煮粥、食粥的注意事宜，简单明了，价值甚高。在《粥之宜》中，黄云鹄指出煮粥"水宜洁，宜活，宜甘"；"火宜柴，宜先文后武"；"罐宜沙土，宜刷净"；"米宜精，宜洁，宜多淘"；"下水宜稍宽，后勿添"；"宜常搅。已焦者勿搅，搅则不可食"；"食后宜缓行百步，鼓腹数十"，等等。在《粥之忌》中，提出煮粥食粥时需要注意的禁忌："忌浓膏厚味添入""忌铜锡器""忌不洁""忌隔宿""忌焦臭""忌清而不粘""忌浓稠如饭""忌熟后添水""忌凉食""忌急食""忌食后即睡"，等等。这些理论，不仅符合生活道理，而且还带有一定的科学性，对于煮粥、食粥均具有指导意义。此外，在《粥之宜》《粥之忌》中，黄云鹄还提到了食粥文化的内容，如《粥之宜》

中提出："宜与素心人食"；食后"宜低声诵书""宜微吟""宜作大字""宜玩弄花竹"。《粥之忌》中提出："忌与要人食。""人虽不要未脱膏粱气者亦忌与食。"这些观点实际上已包含着不少文化因素，体现了黄云鹄崇尚恬淡、朴素的食粥之风。

其三，记载各种药粥的成品及疗效，主要体现在《粥品》之中。《粥品》是《粥谱》一书的重点和精华。《粥品》按制粥原料分谷类、蔬类、蔬实类、糯类、蓏类、木果类、植药类、卉药类、动物类九类，其中谷类收粥方54则，蔬类收粥方50则，蔬实类、糯类、蓏类收粥方29则，木果类收粥方24则，植药类收粥方23则，卉药类收粥方44则，动物类收粥方13则。全书共收录237则药粥方，数量之丰富，无他书可比。所列粥方，既有源自李时珍的《本草纲目》，也有高濂的《遵生八笺》，还有来自《史记·仓公传》《范石湖集》《陆游集》中的粥方，更有黄云鹄自己搜集的粥方。如"米麦粥"："吾乡有之。似大麦而无壳，食之健人，颇似青稞。" 吾乡，即湖北。说明湖北的米麦粥很有特色。如"长寿果粥"："宜胃健脾。出松潘厅及打箭炉。"其他如"红油菜粥""染绛菜粥""巢菜粥""鼠曲菜粥""甘露子粥""慈姑粥"等也很具特色。

《粥谱》不仅意在收集、保存各种粥方，尤其注意粥方的药疗价值，现代医学中的内科、外科、妇科、儿科、眼科等方面的许多疾病，均可以在《粥谱》中找到相应的粥方。如"芦笋粥"可以"止呕，表痘疹"；"枣粥"可以"补中益气，和脾胃"；"蒲公英粥"可以"下乳，治乳痛"；"杏仁粥"可以"润肺止咳"；"枸杞子粥"可以"益肾气、健人"；"羊肝粥"可以"补肝明目"；"焦米粥"可以"收水泻，回胃气"；"发菜粥"可以"治瘿，利大小肠，除结"；"茵陈粥"可以"逐水湿，疗黄病"；"红白饭豆粥"可以"调经益气"等等。

《粥谱》的行文简明扼要，对每一种粥品，作者都先说明其食疗作用，如需作补充说明，则加以补充。如"木耳粥"："治痔已痔，理血病。白者补肺气。""白者补肺气。"是说白木耳(银耳)煮粥有补肺气的功效。这样，寥寥十几个字，就把黑木耳、白木耳粥的功效均讲到了。又如"甘露子粥"："利胃下气。川人呼为地蛹，楚名海螺菜，又名石蚕。"文中的补充说明也就把甘露子在四川、湖北等地的异名介绍出来了，

有利于当地人仿制"甘露子粥"。

《粥谱》也有其不足之处，主要表现为三点：其一，在记述每一粥品时，只单纯地罗列粥名，而缺少制粥原料的用量及制法的记述，不利于人们仿制。其二，所列之粥全部为单味粥方，前人许多有效的复方药粥均未记载。其三，有一些粥品药疗作用也未必能如书上所言的那样好。

尽管存在不足，但"《粥谱》仍然是古代食粥经验之集大成的著作。如果对它做科学的研究，其中的许多粥品均能为今人（尤其是老人）的健康、长寿做出贡献的"。

十四、《野菜赞》

《野菜赞》由清初顾景星所撰。顾景星（公元1621—1687），字赤方，号黄公，别号玉山居士，湖北蕲州（今蕲春）人。

《野菜赞》成书于清顺治九年（公元1652）。当年湖北大旱，顾景星与家人一起动手采集野菜度荒，并从自己所食的野菜中选取了44种，对每种野菜均做了"赞"，注明性状和食法。这便是《野菜赞》一书的由来。如"地踏菇"："生阴湿地，雨过即采，见日辄枯。地鸡以味言，獐头以形言，雷后得者曰雷菇，以候言。菇类甚多，无齿者杀人。枫松桧柏皂角树上生者，亦杀人。地踏生砂石带土处，如木耳而薄，得麻子油良。以碎瓷片或银环同炒，黑则毒，地有蛇故。"又如"凤耳"："一名女儿花。四五月高四五尺，花如凤鸟耳。色数种，每自变易。结角尖圆如小毛桃。又如人目眦，触则迸裂。紧屈如拳，故又名急性子。诸虫不生，蜂蝶不采，又名妒蝶。蛇遇则肤烂，故又名烂蛇。取苗叶灰水浸一宿，去其毒，微酸，须姜汤中薄煮出之。糟方苣笋，不如蔷薇蕨香美。此最伤齿，亦食物所忌。惟煮肉投子数粒，易烂。"再如"葛根"："亦名鹿藿。藤蔓十数丈，叶如枫。紫花，成穗，结荚亦可食，名葛谷。冬取根，深掘得五七尺长者。制如薜荔，打糊代粥，晒干同米麦做饼。世传后周李迁哲，镇蜀乏粮，始造此粉。其实非也。"诸如此类，对研究湖北野菜的性状、食用方法有一定的意义。

需要指出的是，尽管《野菜赞》对野菜性状、食法的记述浅显易懂，然有学者认为该书"唯赞语文字深奥，没有相当学识的人不易读"。

第二章

楚菜发展与产业创新

CHUCAI FAZHAN YU CHANYE CHUANGXIN

第一节
楚菜的分支流派与整体特色

关于楚菜风味特色，立足于不同时期、角度和层次，自然有多种不同的看法。对于楚菜的风味特色，需要本着科学认真的态度和海纳百川的胸襟，客观和准确地加以总结和提炼，提高人们对楚菜的认识和理解，增强人们对楚菜的认同感和亲近感，助推楚菜文化的对外交流传播和楚菜产业的持续健康发展。

一、楚菜的含义

（一）楚菜的基本含义

所谓楚菜，是目前湖北菜的统一规范简称，其基本含义是指一个历史悠久并突出手工操作性的、主要集中于湖北地区的饮食风味体系，其发源地是古代的楚国，历经千年逐渐演变而来，植根于荆楚大地，原料以湖北各地出产的畜禽、淡水鱼鲜等动物性食材和蔬菜瓜果、食用菌、五谷杂粮等植物性食材为主，烹调技法以蒸、煨、烧、炒、炸为代表，口味上以咸鲜微辣为基调，名菜、名宴、名店品类齐全，具有较高知名度并深受湖北及其他地区民众喜爱的系列化菜品。

（二）楚菜的完整含义

楚菜的完整含义，是在楚菜基本含义的基础上，加以拓展和延伸，是比较广义层面上的楚菜概念，既包括在住宿和餐饮业，或者居民家庭厨房中以手工制作为主，又包括以工业化生产为主并进入消费者餐桌上的具有湖北风味特色的食品。

二、楚菜的分支流派

楚菜风味分支流派有"两支系""三支系""四支系"和"五支系"四种说法。

"两支系说"是以湖北"两圈一带"发展战略为背景，承袭于历史性，立足于现实性，着眼于前瞻性而提出来的新说法，即楚菜风味分支流派简化为武汉风味和鄂西风味。其中，武汉风味以做"水文章"为主，突出淡水鱼鲜的"营养功能"；鄂西风味以做"山风情"为主，突出山珍野味的"绿色神韵"；共同打造和形成"山水互补，山水相依"的和谐态势。

传统的"三支系说"是指武汉风味、荆沙风味和黄冈风味。

传统的"四支系说"是指汉沔风味、荆南风味、襄郧风味和鄂东南风味。

现阶段最流行的"五支系说"是指以古云梦泽为中心的汉沔风味、以荆江河曲为中心的荆南风味、以汉水流域为中心的襄郧风味、以鄂东丘原为中心的鄂东南风味、以鄂西南山地为中心的土家风味。

（一）楚菜风味的五大支系

楚菜风味"五支系"说法比较细致、准确，符合1980—2010年这段时期湖北菜的基本情况，认同度最高，亦最具代表性，故被收录于湖北省商务厅、湖北省烹饪协会编著的湖北省重点图书《中国鄂菜》之中。

1. 以古云梦泽为中心的汉沔风味

具体包括武汉、孝感、仙桃（古称沔阳）等地，以武汉三镇为中心。选料严格，制作精细，擅长烹制大水产（即鳊鱼、财鱼等体型相对较大的淡水鱼类和水生植物），尤以"蒸菜"和"煨汤"见长，米类小吃颇具特色，菜肴口感柔嫩滑爽，口味鲜香微辣，被誉为"湖北菜之精华"。代表名菜有"沔阳三蒸""排骨煨藕汤""清蒸武昌鱼""珊瑚鳜鱼""菜薹炒腊肉""泥蒿炒腊肉""黄陂烧三合""全家福"等。

2. 以荆江河曲为中心的荆南风味

具体包括荆州、荆门、宜昌等地。此地为湖北菜的发祥地，擅长烹制小水产（即鳝鱼、甲鱼等体形相对较小的淡水特种鱼类和水生植物）和野味，尤以鱼糕、鱼圆著称，菜肴芡薄爽口，咸鲜微辣，被誉为"湖北菜之正宗"。代表名菜有"橘瓣鱼氽""荆州鱼糕""皮条鳝鱼""冬瓜鳖裙羹""蟠龙菜""龙凤配""千张肉"等。

3. 以汉水流域为中心的襄郧风味

具体包括襄樊、十堰、随州等地，以畜禽类辅以淡水鱼鲜和山珍野味，菜肴口感软烂，汁少味重。代表名菜有"夹沙甜肉""蜜枣羊肉""武当素菜"等。

4. 以鄂东丘原为中心的鄂东南风味

具体包括黄石、黄冈、咸宁等地，擅长加工粮豆蔬菜和畜禽野味，尤以大烧、油焖、干炙见长，菜肴口感醇香味重，山乡气息浓郁。代表名菜有"黄州东坡肉""金包银""银包金""蜜汁甜藕""鄂南石鸡"等。

5. 以鄂西南山地为中心的土家风味

具体包括恩施土家族苗族自治州以及宜昌市鹤峰土家族自治县、长阳土家族自治县等地区，擅长烹制山珍野味和杂粮，喜食熏腊，菜肴酸辣醇香，民族气息浓郁。代表名菜有"鲊广椒炒腊肉""恩施腊蹄子火锅""菜豆腐""炕土豆""小米年肉"等。

（二）楚菜风味的新三大支系

武汉商学院魏峰在充分剖析研究现状的基础上，提出并改变研究基点，以湖北地理特征为主要依据，兼顾地方特产、历史沿革、人文因素及发达地区对烹饪技术发展的重要影响性，于2016年在"关于湖北风味流派研究的再思考"一文中提出了新的"三大支系说"，即以山地地貌为特征的湖北山乡风味（具体包括以恩施及宜昌的五峰等山区为主体的鄂西南山乡风味；以十堰、神农架林区和襄阳的保康等山区为主体的鄂西北山乡风味；以随州的随县和黄冈的罗田、英山、红安、麻城及孝感的大悟等山区为主体的鄂东北山乡风味；以咸宁的通山、通城和崇阳等山区为主体的鄂东南山乡风味）、以江川河曲为主线的湖北平原风味（具体包括长江流域风味和汉水流域风味2个小支系）、以省会城市武汉为中心的湖北都市风味（具体包括武汉市以及受武汉饮食影响较大的咸宁、鄂州、孝感、仙桃等地区）。

三、楚菜风味特色的流行观点

楚菜发展至今，历时约2800年，可谓历史悠久，底蕴深厚，在中国餐饮界享有一定的知名度和美誉度。提到楚菜，人们尤其是湖北人经常会谈到一个大众性与专业化兼备的话题，那就是楚菜的风味特色究竟是什么？

关于楚菜风味特色，目前在社会和行业中流行着多种说法，其中最通俗的说法是"水产为本，鱼菜为

主。"最纯粹的说法是"原汁、味浓、纯正、咸鲜、微辣。"此外，有人说"选料严谨，工艺精致，技法多样，菜式丰富，擅长蒸、煨、烧、炸、炒，煨汤、蒸菜、肉糕、圆子位居'四大拳头产品'，富有浓厚的江南水乡特色。"有人说"注重刀工、火候，讲究配色和造型，以烹制山珍海味见长，淡水鱼鲜与煨汤技术独具一格，口味讲究鲜、嫩、柔、软，菜品汁浓、芡亮、透味。"还有人说"以水产为本，鱼馔为主，汁浓芡亮，香鲜微辣，注重本色，菜式丰富，筵席众多，擅长蒸、煨、炸、烧、炒等烹调方法，民间看馔以煨汤、蒸菜、肉糕、鱼丸和米制品小吃为主体，具有滚、烂、鲜、醇、香、嫩、足七美，经济实惠。"从文字表述上看，以上各种说法之间有一些相同点，也各自突出了一些侧重点，但存在的问题或大或小，似乎都不能全面、准确地概括出楚菜的总体风味特色。

"水产为本，鱼菜为主"这种观点简单明了，最为盛行，但仅仅突出了湖北菜选料方面的一大特色，以及湖北菜菜式方面的一大亮点，虽然简单明了，内容及层次方面颇为狭隘。

"原汁、味浓、纯正、咸鲜、微辣"这一观点紧扣中国美食"以味为核心"这一特性，突出了湖北菜的口味特色，可谓纯粹而鲜明，但就语意而言，"原汁"与"纯正"颇有重叠之嫌，而且在内容及层次方面相当局限。

"选料严谨，工艺精致，技法多样，菜式丰富，擅长蒸、煨、烧、炸、炒，煨汤、蒸菜、肉糕、圆子位居'四大拳头产品'，富有浓厚的江南水乡特色"这一观点比较全面，涵盖面较广，突出了烹调技法和菜式方面的鲜明特色，但对湖北菜选料、口味、配膳等方面的总结显得模糊或比较欠缺。

"注重刀工、火候，讲究配色和造型，以烹制山珍海味见长，淡水鱼鲜与煨汤技术独具一格，口味讲究鲜、嫩、柔、软，菜品汁浓、芡亮、透味"这一观点比较周全，但"烹制海味"不宜为湖北菜所长，同时忽略了湖北菜"香而微辣"的鲜明口味特色，对湖北菜选料、技法、口味、配膳等方面的总结同样显得模糊或相对欠缺。

"以水产为本，鱼馔为主，汁浓芡亮，香鲜微辣，注重本色，菜式丰富，筵席众多，擅长蒸、煨、炸、烧、炒等烹调方法，民间看馔以煨汤、蒸菜、肉糕、鱼丸和米制品小吃为主体，具有滚、烂、鲜、醇、香、

嫩、足七美，经济实惠"这一观点相当专业，不足之处在于忽视了湖北菜重要的山野资源和健康品位，显得不够深刻和饱满。

四、从《中国名菜谱·湖北风味》看楚菜名菜的风味特色

华中农业大学谢定源以中国财政经济出版社1990年出版的《中国名菜谱·湖北风味》一书中收录的236道楚菜名菜为分析对象，从菜肴的品种类型、刀工成形、烹调方法、滋味、色泽、质感六个方面进行分类统计，总结出楚菜名菜风味的主要特色。

（一）以鱼为本，擅烹猪、鸡及植物菜

1. 水产菜位居各类名菜之首

在收录的236道湖北风味名菜中，水产菜所占比例高达31.4%，这与湖北具有丰富的水产资源和悠久的食用水产品传统是分不开的。所用原料有鳊鱼、青鱼、鳜鱼、鲤鱼、鲫鱼、鳡鱼、鮰鱼、鳝鱼、银鱼、春鱼、甲鱼、虾、蟹、蚌、鱼肚、鱼翅、海参、鲍鱼、干贝、石鸡、乌龟等，其中以团头鲂（武昌鱼）、鮰鱼、鮰鱼鱼肚、鳜鱼、鳝鱼、甲鱼、春鱼等最具特色。在此基础上烹制出了一系列颇具地方特色的水产名菜，诸如"红烧鮰鱼""珊瑚鳜鱼""明珠鳜鱼""清蒸武昌鱼""荆沙鱼糕""黄焖甲鱼""虫草八卦汤""皮条鳝鱼""鄂南石鸡""炸虾球""酥馓糊蟹"等。

2. 肉菜、禽蛋菜地位显著

在收录的236道湖北风味名菜中，肉菜占比为20.8%，仅次于水产菜。肉菜选用的原料以猪肉及其内脏为主，有35道肉菜以此为主料，占肉菜总数的71.4%；其次为牛肉、牛掌、羊肉，以及獐肉、鹿肉、野兔等。代表菜品有"珍珠圆子""粉蒸肉""应山滑肉""螺丝五花肉""千张肉""蟠龙菜""黄州东坡肉""洪山菜薹炒腊肉""夹沙肉""小笼粉蒸牛肉""蜜枣羊肉"等。在收录的236道湖北风味名菜中，禽蛋菜占比为20.3%，位居第三。禽蛋菜以鸡及内脏为主料的菜最多，共23道，占禽蛋菜总数的47.9%；其次为鸭及鸭掌（6道菜），野鸭（6道菜），野鸡及竹鸡（5道菜）；还有鹌鹑、麦啄。代表菜有"板栗烧仔鸡""翰林鸡""瓦罐鸡汤""芙蓉鸡片""红烧野鸭""母子大会"等。

3. 山珍海味菜、植物菜也具特色

在收录的236道湖北风味名菜中，山珍海味菜占比为11.0%，位列第四。较有地方特色的原料为猴头、燕窝（湖北神农架山地岩洞中出产土燕窝）等。代表菜有"武当猴头""蟹黄鱼翅""冬瓜鳖裙羹""鸽蛋燕菜"等。在收录的236道湖北风味名菜中，植物菜占比为10.6%。湖北省丘陵、河湖广布，盛产各类植物原料，其中包括香菇、银耳、猕猴桃、香椿、桂花、柑橘等特色原料，代表菜有"豆腐圆子""椒盐蛋皮椿卷""花浪香菇""散烩八宝""银耳柑羹""拔丝猕猴桃"等。

总体上看，湖北名菜在原料选用上颇具地方特色，通常以本地土特产和时鲜产品做原料，即使采用部分省外海味原料，也能因地制宜，制作出富于楚乡特色的菜品。

（二）形态多样，新品菜有追求艺术化的倾向

1. 湖北名菜的形态以块形菜和整形菜居多，比较"大气"

在收录的236道湖北风味名菜中，较大形状的块状菜占32.2%，整形菜占19.9%，即有半数以上的湖北名菜形状较大，这与湖北名菜多以蒸、烧、炸、焖、煨等烹法制作是一致的。片状菜占16.3%，位居第三。

2. 蓉、泥类菜所占比例较高

在收录的236道湖北风味名菜中，蓉、泥类菜达14.8%，这是湖北名菜的一个显著特点。不少菜品是将猪肉、鱼肉、鸡肉、红薯等制成蓉、泥后再烹制而成。代表菜有"明珠鳜鱼""橘瓣鱼氽""空心鱼圆""白汁虾面""蒸白圆""蟠龙菜""芙蓉鸡片""桂花红薯饼""黄陂烧三合""三鲜圆子"等。

3. 新品名肴有追求艺术化的倾向

使用花刀刀工处理后再造型的菜品比重较大，特别是新品名肴，有追求艺术化的倾向。据初步统计，在收录的236道湖北风味名菜中，使用花刀和刀工处理后再造型的菜品占名菜总数的33.9%。花刀种类繁多，诸如凤尾花刀、柳叶花刀、兰草花刀、葡萄花刀、百叶花刀、十字花刀、多十字花刀、螺丝花刀、佛手花刀、麦穗花刀等。不少菜品的原料，先制成丝、片，后再制成卷。将原料制成蓉、泥后更是富于变化，如制成圆子、球、橘、瓣、片、元宝、饼、面条、荷花、葵花等多种形状。这类菜有"绣球干贝""葡萄鳜鱼""珊瑚鳜鱼""白汁鱼圆""鱼皮元宝""玉带财鱼卷""螺丝五花肉""锅烧佛手肚""梅花牛

掌""琵琶鸡""葵花豆腐"等。

（三）以蒸、烧、炸、炒、烩、熘、煨等烹调方法见长

1.蒸制法使用频率最高

在收录的236道湖北风味名菜中，有59道菜采用了蒸制法，占比为25.0%，是应用最广的一种烹调方法。楚菜的蒸法又分为粉蒸、清蒸、干蒸几种。代表菜有"武当猴头""蒸粉石头鱼""粉蒸肉""小笼粉蒸牛肉""清蒸武昌鱼""荆沙鱼糕""珍珠圆子""扣蒸酥鸡"等。

2.烧制法颇有地方特色

在收录的236道湖北风味名菜中，烧菜占比为15.9%，分干烧和红烧，其中以红烧最具特色。代表菜有"红烧鮰鱼""红烧瓦块鱼""红烧鲶鱼""红烧野鸭""海参武昌鱼""烧鱼桥"等。

3.炸、炒、烩、熘也占有相当比重

在收录的236道湖北风味名菜中，使用炸、炒、烩、熘等技法制作的菜品，分别占11.0%、9.5%、7.2%、6.1%，也具有相当比重。"炸菜"较有特点的是炸制鱼虾，以及鸡菜、鸭菜等，代表菜有"炸鳜鱼卷""酥炸鱼排""炸虾球""夹沙肉""炸鸡球""锅烧鸭"等。"熘菜"以酸甜味重、质感外酥内嫩的焦熘菜较突出，代表菜有"珊瑚鳜鱼""酥鳝""糖醋麦啄"等。湖北名菜中的"烩菜"一般不加酱油等有色调料，以白汁为主，汤宽汁多，几乎汤菜各半，口感多松软细嫩滑润，几乎均为咸鲜味，如"鸡蓉笔架鱼肚""白汁鱼肚""白汁鱼圆""芙蓉鸡片""双黄鱼片""烩鸭掌"等。湖北名菜中的"炒菜"多为咸鲜味，质感以软嫩、脆嫩为多，如"五彩鳜鱼丝""清炒虾仁""元葱炒斑鸠"等。

4.煨汤技术具有独特的楚乡情韵

在收录的236道湖北风味名菜中，"煨菜"占比为4.2%，其中以煨汤技术最具特点。湖北民间多用灶内柴草余火煨汤，方法是把经过煸香的各种肉、禽类原料装在瓦罐中，置于灶内余火中长时间加热使其成熟；特点是使用暗火，煨制时间长，菜品骨酥肉烂，汤汁浓醇，色泽乳白，鲜醇浓香。武汉小桃园酒楼的煨制法是将原料煸香入瓦罐后置小火较长时间加热，改良后虽有失原来浓醇的乡土气息，但仍在一定程度上保留了原有风味。代表菜有"虫草八卦汤""龟鹤延年汤""牛肉萝卜汤""瓦罐鸡汤"等。

（四）咸鲜、咸甜、酸辣、咸鲜微辣等味型颇具地方特色

1.湖北名菜以咸鲜为最基本的味型

在收录的236道湖北风味名菜中，有115道属咸鲜味型，占比为48.7%。从六大类菜品中咸鲜味型所占比例看，以山珍海味菜最高，高达88.5%；其次为其他菜，占78.6%；在植物菜中占52%，在水产菜中占44.6%；较低的为肉菜，占32.7%，在禽蛋类菜中占41.7%。说明山珍海味、植物菜、水产菜等多突出本味、鲜味。湖北素称"千湖之省"，淡水鱼虾资源丰富，而咸鲜口味的形成可能与楚人爱吃鱼有关。

2.咸甜、酸辣、咸鲜微辣等味型颇具地方特色

在收录的236道湖北风味名菜中，咸甜味型、甜酸味型、无咸苦味型（纯甜、纯甜酸）几种味型占有较大比例，尤以咸甜味型更具特色。咸甜味型、甜酸味型、无咸苦味型占比分别为18.2%、8.1%、6.8%。带甜味的湖北名菜数量多，占比为41.9%。十分突出的是，不少湖北名菜具有咸鲜甜或咸鲜回甜味道。咸甜味型是在咸鲜味的基础，用白糖、冰糖、甜面酱等调料调出甜味，所以此味型有回味悠长、滋味醇美的特点。甜辣、甜酸辣、咸麻等味型也颇有特点，占比分别为4.2%、3.8%、3.4%。在所收录的湖北风味名菜中，带辣味的菜品占比为13.6%，带酸味的菜品占比为16.1%，这些菜品除以咸鲜味为基础外，往往添加甜味调料，形成咸鲜甜辣、咸鲜甜酸辣等味型，这也是湖北名菜的独特之处。需要说明的是，统计时未将用胡椒、生姜等调出的微辣菜计入辣味菜中，实际上大部分湖北名菜添加了胡椒粉、姜、葱等香辛调料。此外，带麻味的名菜占比为7.2%，多为咸麻、酸辣麻、辣麻、甜麻、甜辣麻等味型菜品。

（五）注重调色，追求红、黄色泽

1.注重调色

在收录的236道湖北风味名菜中，本色菜占有较大比重，为42.4%。本色菜烹调时不加有色调料，突出原料的固有色彩，不做粉饰，体现了一种明净秀雅、清新淡雅之美。代表菜有"武当猴头""鸡蓉笔架鱼肚""余鮰鱼""空心鱼圆""芙蓉鱼片""鸡粥菜花""清炖野鸡汤""虾蛋蹄筋"等。

2.追求鲜艳的红、黄色泽

在收录的236道湖北风味名菜中，红黄色彩菜品

比例大，合计占湖北名菜总数的57.6%，具有古代楚人"尚赤"之遗风。呈红色的代表菜有"珊瑚鳜鱼""黄州东坡肉""螺丝五花肉""红烧野鸭"等。呈黄色的代表菜有"酥炸鱼排""黄焖圆子""拔丝猕猴桃""黄陂烧三合"等。

（六）名菜质感嫩、烂、酥、糯突出

1. 湖北名菜的质感以"嫩"最为突出

在收录的236道湖北风味名菜中，有近百款菜品的质感以嫩为主，占比高达40.9%。菜品质感主要与其用料、刀工成形、烹调方法等有直接关系。首先，原料质地是菜肴质感形成的基础。湖北名菜所用的动物原料以鱼虾、鸡鸭及猪肉等为主，这些原料组织结构中含水量高、结缔组织少、肌肉持水性较强，经烹调后常能保持质嫩的特点；而所用的植物原料更是以柔嫩的豆腐和各种鲜嫩蔬果为主，为成菜的质嫩提供了物质基础。其次，刀工成形和烹调方法是菜感形成的关键。在所收录的湖北名菜中，有相当数量的菜品原料被加工成细小或极薄的片、丝、蓉、丁、粒等形状，有些还要上浆，这样有利于菜品快熟和保持水分。而蒸、炒、烩、烧等烹调方法的大量使用，更促使菜品形成质"嫩"的特点。

2. "烂"在湖北名菜质感中位居第二

在收录的236道湖北风味名菜中，有21.3%的菜品呈现软烂、肥烂、酥烂的质感。使用的烹调方法是蒸、煨、炖、焖等，长时间加热。

3. "酥"在湖北名菜质感中的地位较突出

在收录的236道湖北风味名菜中，有20.8%的菜品表现出酥的质感，此类菜多以油传热的烹调方法完成。当原料与高温油接触后，组织中的水分迅速气化逸出，则形成酥松、酥脆、外酥内嫩的质感。

4. "糯"在湖北名菜质感中也占有一定的比重

在收录的236道湖北风味名菜中，有8.1%的菜品表现出糯的质感。湖北名菜中有一些采用含胶原蛋白高的原料及糯米等原料制成，烹调中又经慢火加热或加入白糖、冰糖烹制，令成菜呈现出糯的质感。

五、对楚菜风味特色的再思考再总结

1. 菜系风味的综合性和时代性

对楚菜风味的界定不宜过于简单和狭隘，而应体现其综合性。楚菜是一类区域性系列化菜品的集合，不同于单一的菜肴或单桌的宴席。楚菜风味不同于菜肴滋味、菜品口味，而是一个涵盖面较广的概念，是指楚菜客观特性使人们产生的感觉和印象的总和，既包括菜品的物理味觉、化学味觉以及心理味觉，又应包括原料到成品过程中主要环节的印象，也应包括物质技术层面到精神层面的鲜明感觉。由此可见，关于楚菜风味特色的总结，需要深层次思考和提炼，需要结合社会和行业上有关楚菜风味特色的常见说法，同时融合一些学者专家和业内人士的理性观点，历史与现实相结合，才可能更为客观和准确。

2. 楚菜在菜肴原料的搭配方面具备两大突出特点

翻开湖北菜谱，细细分析，楚菜在菜肴原料的搭配方面具备两大突出特点。楚菜区别于其他菜系的一个显著特点，就是楚菜精于肉鱼合烹，畜禽肉类同淡水鱼鲜巧妙搭配，肉有鱼鲜，鱼有肉香，诸如"黄陂烧三合""鱼羊鲜""腊鱼烧肉"等，甚而至于将畜禽肉类、淡水鱼鲜制成肉蓉和鱼蓉之后融为一体，达到"吃肉不见肉，吃鱼不见鱼"的境界，诸如"荆州鱼糕""金包银""银包金"等，使人在大快朵颐之时禁不住拍案叫绝。楚菜区别于其他菜系的另一个显著特点，就是善于将米类及其制品、豆类及其制品、水果蔬菜类与动物性原料融于一体，使得成品荤素搭配，肥而不腻，诸如"珍珠鲴鱼""沔阳三蒸""小米年肉""宜昌肥鱼馍""糯米蒸甲鱼""阴米母鸡汤""红薯蒸肉""豆渣煨鲶鱼""云梦鱼面""炸藕"，等等。

"水产为本，鱼菜为主"通常被称为楚菜的主要特色，但这种说法常常被人们简单理解为"水产＝鱼鲜，鱼菜＝湖北特色菜"，从而忽视了水产中的水生植物类原料，诸如莲藕、藕带、菱角、荸荠、莼菜、茭白等，这些"水族成员"亦是楚菜的重要原料，在湖北人餐桌上熠熠生辉，流光溢彩。同时，这种说法容易让人忽略楚菜选料中的另外一个主角——山野资源，很多人熟悉的是湖北的"水乡韵味"，却常常忘却了湖北的"山乡风情"，因为湖北不仅是"千湖之省"，同样有"名山大川"，猴头、木耳、花菇、竹笋、竹荪、蕨菜、薇菜、天麻、厚朴叶、刺嫩芽以及玉米、荞麦等，各色各样的山珍野味和粗粮杂粮，在湖北人灶台上活色生香，异彩纷呈。由此可见，就楚菜的原料和菜色而言，合理的提法应该是水鲜鱼菜和山野资源相得益彰，其中，水鲜鱼菜体现了"水

之韵味"，山野资源彰显着"山之风情"。

3. 楚菜突出的健康品位

湖北省人民政府原副省长、省人大原副主任韩忠学多年来一直关注着湖北餐饮业和湖北菜的发展，致力于楚菜的宣传和推广，曾明确提出了"想健康，吃鄂菜"的口号。为什么说湖北菜的一大特色就是有益健康，对于这个问题，韩忠学解释说，湖北特有的淡水资源和山野资源极大地提高了楚菜的营养价值，蒸、煨、烧、炒等常用烹调方法有利于保护食物营养，兼容百家之长和适应八方来客的适中味道，避免了过麻、过辣、过咸、过油、过甜，浓淡相宜，可口可心，以蒸菜、煨汤、肉糕、鱼圆等为代表的风味菜肴，经济实惠，易于消化。韩忠学先生的以上说法明确指出了楚菜的一大优势和特色，那就是从中医保健学和现代营养学而言，楚菜味型方面的"中庸之道"，原料方面的"粗细互补"，菜式方面的"方圆之矩"，使得楚菜将滋味和营养很好地融合在一起，不偏不倚，不温不火，恰到好处，既保持传统，又顺应潮流。

4. 对楚菜风味特色的再总结

关于楚菜风味特色的再总结，不同的烹饪大师、专家学者亦有不同的看法。比较有代表性的是湖北经济学院烹饪与营养学系曾翔云副教授主张的"体系性总结法"和武汉大学中国传统文化研究中心特聘研究员方爱平提出的"通俗化总结法"。

（1）楚菜风味特色的"体系性总结法"

对于楚菜风味特色，湖北经济学院烹饪与营养学系曾翔云副教授从系统性、简洁性和主题词、关键字四个层面进行了总结和提炼。

从系统性层面而言，将楚菜风味特色表述为：选料考究，工艺精致，善于用水和用火，擅长蒸、煨、烧、炸、炒，煨汤、蒸菜、肉糕、圆子"四星高照"，鲂、鲴、龟、鳝鱼鲜菜品名满天下，水生蔬菜有口皆碑，山珍野味四季飘香，肉鱼合烹醇厚诱人，米类小吃独具一格，色泽鲜亮，原汁味浓，鲜香微辣，软嫩可口，南北兼容，浓淡适中，味养兼备，经济实惠。

从简洁性层面而言，将楚菜风味特色表述为：灵山秀水，擅长蒸煨，鲜香微辣，健康品位。其中，"灵山秀水"体现了楚菜以山野资源和淡水产品为主的选材特点（符合湖北地区灵山秀水、山水相依的宏大格局），"擅长蒸煨"突出了蒸和煨是楚菜最具特色的烹调方法，"鲜香微辣"表明了楚菜最鲜明的普遍性口味特点（强调香味，淡化咸味，明确了楚菜高超的调香技艺），"健康品位"揭示了楚菜不偏不倚、不温不火、浓淡适中、营养安全、可口可心的美食核心价值（符合人们追求营养、安全、绿色、健康的时代潮流）。

从主题性词层面而言，将楚菜风味特色的味型主题词概括为"鲜香"，是"鲜香微辣"口味特点的直接精炼与浓缩。为了与"灵秀湖北"这句湖北旅游形象主题口号对应，将楚菜风味特色的形象主题词概括为"灵气"。这是因为，从"灵"这个字的含义来说，与楚人关系密切。《新华字典》等工具书对"灵"的解释是：古代楚人称跳舞降神的巫为"灵"；反应快，变化快。古人云"唯楚有才"，楚人聪明敏捷，审时度势，因时而变，"敢为天下先"，这是"灵气"的基本诠释。其次，从选料而言，无论是水鲜鱼菜所体现的"水之韵味"，还是山野资源所彰显的"山之风情"，都是"灵气"的充分体现。再者，就烹制技法和菜式菜色来说，湖北菜因时当令，活色生香，行云流水，顾盼生辉，直接展示着鲜明的"灵气"神韵。

从关键字层面而言，将楚菜风味特色浓缩为一个"鲜"。这是因为从农田到餐桌，从原料到成菜，都体现着楚菜清鲜醇和的鲜明特色。楚菜注重原材料的新鲜，以选用新鲜食材为主。楚菜注重食物自身鲜美的本味，较少使用花椒、辣椒等重口味调味品，善于利用烧、炖、蒸等烹调方法激发出菜品的鲜美滋味，同时利用食材的合理搭配调理出菜品的鲜美滋味，既可口，又可心，是典型的健康美食。鲜是味觉审美的需求，鲜是人体营养的需要，鲜也是食品安全的体现。鲜味是最自然的味道，也是最富有生命力的味道，有道是"知味者求鲜"，真正懂得味道科学和健康奥秘的人们才会孜孜以求鲜味的享受，可以说，人们对于鲜味的追寻是人类文明进步和饮食文化变化的体现。灵秀醉荆楚，鲜味在湖北。选择楚菜，就是选择健康！

（2）楚菜风味特色的"通俗化总结法"

对于楚菜风味特色，武汉大学中国传统文化研究中心特聘研究员方爱平将其总结为"鱼米之乡，蒸煨擅长，咸鲜微辣，兼容四方"。其中，"鱼米之乡"是从历史发展层面体现了楚菜选材用料的主要特点，"蒸煨擅长"突出了蒸和煨是楚菜最具特色的烹调方法，"咸鲜微辣"表明了楚菜最基本的口味特点，"兼容四方"从地域性角度体现了楚菜包容并蓄、善于吸

纳的多元风格。这种表述比较简单易懂，通俗直白，既朗朗上口，又易于传播。

5. 楚菜风味特色的官方统一说法

2018年12月2日，湖北省烹饪酒店行业协会召集湖北省商务厅商贸服务处相关楚菜工作负责人、知名楚菜文化专家学者和著名楚菜烹饪大师、楚菜服务大师等二十余人，举行了"楚菜风味特色凝练和对外宣传"工作研讨会。会议上各位专家、大师畅所欲言，热烈讨论，最后达成了明确共识，形成了统一口径。楚菜风味特色用"鱼米之乡，蒸煨擅长，鲜香为本，融和四方"十六个字表达。如果用两个字简洁表述楚菜风味特色，则用"鲜香"。

第二节
楚菜烹饪职业教育培训

一、湖北经济学院烹饪职业教育概况

湖北经济学院坐落于武汉市江夏区藏龙岛开发区杨桥湖大道，是2002年经教育部批准，在原湖北商业高等专科学校、武汉金融高等专科学校和湖北省计划管理干部学院三校基础上合并组建的普通本科院校，由湖北省人民政府主办，湖北省教育厅主管。

湖北经济学院旅游与酒店管理学院烹饪与营养学系初创于1992年，1994年正式成立（烹饪工艺专科专业独立招生），2004年开办烹饪与营养教育专业（本科），是国内最早开设烹饪高等教育的院系之一，目前被誉为"湖北省烹饪本科教育发源地和高素质餐饮人才集聚地，湖北地区烹饪理论与餐饮文化研究中心，校企合作推动楚菜产业发展的智力引擎"。

湖北经济学院烹饪与营养教育专业现有专职教师11名，其中教授2名，副教授8名，高级职称教师比例高达90%以上；具有博士学位教师3人，具有硕士学位教师4人；中国烹饪大师5人，中国烹饪名师1人，高级营养技师5人，全部为"双师型"教师；5人是国家或国际餐饮高级评委，1人是国家级食品安全专家，1人是国家级绿色饭店（餐饮企业）评审专家，11人都是湖北省旅游局或湖北省人社厅餐饮服务类高级考评专家；大多数教师具有到美国、法国、韩国等国访学和交流的背景。2002年至今，该系教师承担各级各类科研教研项目二十余项，出版著作（专业教材、行业书籍、学术专著等）三十多部，公开发表学术论文一百多篇。

湖北经济学院烹饪与营养教育专业始终重视搭建强实的高层次专业教学平台，现已拥有国家级"烹饪实训教学示范中心"、省级"卢永良烹饪技能大师工作室"、省级"世界技能大赛烹饪（西餐）项目

实训基地"、国家级"邹志平烹饪技能大师工作室"和国家汉办"中国饮食文化培训基地",一起承担着由湖北省人力资源和社会保障厅、湖北省商务厅、湖北省酒店烹饪行业协会、中国烹饪协会、国家汉办等机构委托的烹饪职业技能培训和鉴定考核工作，以及开展国际化的中国饮食文化培训与交流活动。2008年至今，以上五大教学平台在专业教学、技能培训（服务行业和社会），以及对外饮食文化交流活动中取得了丰硕的成果，赢得了良好的口碑，发挥着兼具广泛性和实效性的综合示范效应，曾获"湖北省优秀教学成果二等奖""世界中餐国际推广突出贡献奖""中国餐饮30年桃李芬芳卓越奖""湖北省国家级绿色饭店（餐饮）评审工作先进单位"等诸多荣誉。烹饪专业优秀学生在省市级和国家级烹饪技能竞赛活动中不断摘金夺银，在全国高校餐饮类专业大学生创业大赛中多次获奖；一部分毕业生考取了华中科技大学等驰名高校相关专业的硕士研究生，一部分毕业生到中职高职院校从事烹饪教育教学工作，一部分毕业生立足专业到食品餐饮企业就业谋发展或者积极创业自己做老板，每一个毕业生在行业和社会中凭借自身的综合素质和实干精神积极追求并实现着各自的人生梦想。

二、武汉商学院烹饪职业教育概况

武汉商学院是2013年经教育部批准在武汉商业服务学院基础上建立的普通本科院校，坐落于武汉经济技术开发区后官湖畔，由武汉市人民政府举办，湖北省教育厅主管。学校坚持立足武汉、辐射全国，面向现代服务业，重点培养服务区域经济社会发展所需要的应用型、技术技能型人才，是湖北省第一批转型发展试点院校。

武汉商学院烹饪与食品工程学院（原武汉商业服务学院中国烹饪系、食品工程系、烹饪与食品工程系），创建于1963年，曾属中专层次，是我国烹饪类职业院校中成立最早、且最具特色的院系之一，始终坚持"以职业素质教育为基础，以专业技能教学为核心，以管理能力培养为目标"的办学方向，独创了"个性化'2+1'人才培养模式"，形成了"教师'双师素质'重特长，教学'理实一体'重实操，学生'双证融通'重技能"的办学特色，被我国餐饮行业誉为"职业教育的先锋，烹饪大师的摇篮"。

武汉商学院烹饪与食品工程学院现开设烹饪与营养教育、食品质量与安全两个本科专业和烹调工艺与营养（原烹饪工艺与营养）、中西面点工艺、西餐工艺等专科专业，每年在册学生共计一千三百余人。其中烹饪工艺与营养专业为国家级教改试点专业、省级重点专业、省级示范专业；西餐工艺为市级示范专业。

2007年至今，武汉商学院烹饪与食品工程学院师生组成的代表队分别在武汉、扬州、北京、天津举办的全国高校烹饪技能大奖赛中连续荣获了"团体金奖"。2008年，选派了215名学生参加北京奥运会餐饮服务工作，荣获中国餐饮界最高奖项——"团体金厨奖"。2010年，选派近200名学生参加上海世博会、广州亚运会等服务活动，赢得社会广泛赞誉。

武汉商学院烹饪与食品工程学院现有专任教师38人，其中教授3人、副教授16人、博士6人、中国烹饪大师15人，全部具备"双师素质"。学院有湖北省非物质文化遗产研究中心、武汉市传统食品工程研究中心、中国沔阳三蒸研究院、武汉市鄂菜研发中心、武汉素食研究所等科研机构；建有由餐饮技能与服务实训中心、食品加工生产性实训中心和烹饪技术生产性实训中心构成的国家职业技能实训基地。

近几年，武汉商学院烹饪与食品工程学院成功举办"鄂菜发展研究论坛"和"武汉素食研讨会"，承办"中国鄂菜产业发展大会"，发表学术论文三百余篇（其中核心期刊论文三十余篇），出版了《中国茶文学的文化阐释》《中国茶文化教程》《中国筵席宴

会大典》《中国鄂菜》《烹饪化学》《烹饪原料学》《中外饮食民俗》《中华年节食观》《餐饮菜单设计》等著作及教材，完成了三十余项省、市及校级科研课题。

三、湖北经济学院法商学院烹饪职业教育概况

湖北经济学院法商学院成立于2003年3月，是经教育部批准设立的全日制普通本科院校，坐落在风景秀丽的武汉汤逊湖畔，与湖北经济学院共享师资、学科、科研、教学、信息技术、国际教育等教研资源，教室、实验室、运动场馆、图书馆、校园活动场所等教学场馆与设施，医院、食堂、安全保卫等后勤保障设施，校园环境优美，教学和生活设施配套齐全，逐步形成了以经济学、管理学为主，法学、文学、艺术学、工学等多学科协调发展的格局，并赢得了较高的社会声誉，在艾瑞深中国校友会网发布的2018年全国独立学院排名中位居第66名，在中国财经类独立学院排名中位居第7名。

湖北经济学院法商学院旅游与酒店管理系与湖北经济学院共享烹饪专业教学资源，现有专业教师13人，其中教授2人，副教授8人，讲师3人，具有博士学位教师3人，硕士学位教师5人，"双师型"教师比例高达90%以上。现开设有烹饪与营养教育本科专业、烹调工艺与营养专科专业，其中烹调工艺与营养专业（专科）于2007年开始招生，烹饪与营养教育专业（本科）于2009年开始招生。目前烹饪本专科在校学生共计约400人。

湖北经济学院法商学院烹饪专业按照"厚基础、重应用、强能力"的要求培养人才，全面深化产教融合、校企合作、协同育人工作，取得了显著成效，每年毕业生就业率均在95%以上，历届毕业生颇受用人单位欢迎。该校烹饪专业学生在省级和国家级餐饮烹饪竞赛活动中表现突出，成绩优秀。2011年，

荣获第三届全国高职学校烹饪技能大赛团体特等金奖和单项热菜金奖、银奖以及面点银奖。2013年，荣获第五届全国江鲜（淡水鱼）烹饪大赛热菜组金奖。2016年，荣获第五届全国高校餐饮类专业大学生创业大赛二等奖。2018年，荣获第四十五届世界技能大赛烹饪（西餐）项目湖北省选拔赛总决赛第二名。

四、襄阳技师学院烹饪职业教育概况

襄阳技师学院是由湖北省人民政府批准，经国家人力资源和社会保障部备案的全日制综合职业学院，位于襄阳市鹿门山下东津新区，目前已建设成为集学制教育、职业培训、技能鉴定、竞赛集训、公共实训、就业服务"六位一体"综合性高技能人才培养基地，是全国职业教育先进单位、国家高技能人才培养示范基地、全国首批一体化课程教学改革试点院校、国家职业教育改革发展示范学校、湖北省"十二五"重点建设的十所技师学院之一。

襄阳技师学院商贸服务系中式烹饪专业开设于1975年10月（原属襄阳地区技工学校），是襄阳技师学院历史最为悠久且最有生命力的一个专业，2013年被评为湖北省紧缺技能人才振兴计划品牌专业。目前中式烹饪学制为三年，每年春季、秋季招生，年招生规模200人左右，在校学生总计近600人，且仍趋于增长趋势。该校中式烹饪专业现有专业教师23人，其中高级讲师5人，讲师12人，中国烹饪大师1人，湖北烹饪大师2人，设有"张鸿烈烹饪大师工作室"1个；同时拥有较完备的、符合生产实际需要的先进教学设施设备，其中实训场地约5000平方米，各类教学实训室18个，除校内实训中心外，校企合作实训基地遍布襄阳、武汉以及长江三角洲、珠江三角洲地区，并与众多国内知名餐饮企业建立了稳定的合作关系，保证了烹饪专业毕业生就业率始终保持在98%以上，连续多年被评为"湖北省就业先进单位"。

襄阳技师学院中式烹饪专业以"精益求精，追求

卓越"的进取精神，致力于培养和造就餐饮行业生产、管理、服务等一线急需的高技能人才。一方面，专业教师编写有国家紧缺技能人才培训教材《中式烹调工艺》和襄阳市政府培训教材《襄阳牛肉面》，公开发表专业论文一百余篇；另一方面，积极组织师生参加全国和省市各级各类烹饪技能竞赛，共取得国家级金奖一个、银奖一个、铜奖一个，省级特别金奖七个、特别银奖一个，市级操作技术比赛冠军两个等系列优秀成绩。

四十多年来，襄阳技师学院为襄阳和周边地区餐饮行业培养了大量的烹饪专业人才，对襄阳地方经济发展和饮食文化传播做出了重要的贡献。

五、三峡旅游职业技术学院烹饪职业教育概况

三峡旅游职业技术学院是宜昌市委、市政府主办的，于2008年经湖北省人民政府批准，由宜昌教育学院、湖北三峡科技学校合并组建而成，2009年获教育部批准备案的一所全日制普通高职院校，位于宜昌市高新区汉宜大道205号宜昌职教园内。

三峡旅游职业技术学院烹饪工艺与营养专业（专科）于2011年秋开始招生，2016年被湖北省教育厅确定为第一批现代学徒制试点专业，2017年被教育部确定为国家第二批现代学徒制试点专业。截至2018年年底，该校形成了烹调工艺与营养、中西面点工艺、西餐工艺等烹饪类专业群，建立了"校企合作、工学结合、实习就业一体化"的人才培养模式，同时建有校内烹饪实训中心（包括烹饪工艺演示室、烹调基本功实训室、烹调工艺实验室、西餐实训室、中西点实验室、中餐实训室、酒水与酒吧实训室、茶艺室等10个实训室以及配套设施设备），并与多家国内高星级酒店、宜昌本土知名社会餐饮企业建立了

二十多个校外实习基地，共同构建了烹饪工艺、西餐工艺、食品加工、食疗保健、中西点工艺、酒水酒吧6大类实训模块，能充分保障学生校内外实习实训的实际需求。该校烹饪专业现有专兼职教师15人，其中副教授7人，具有硕士研究生及以上学历教师4人，中国烹饪大师3人，烹饪高级技师3人，营养技师3人，楚天技能名师2人，设有"职业教育技能名师工作室"。现有烹饪专业在校生超200人，烹饪专业毕业生双证率达100%，就业率达93%以上。

三峡旅游职业技术学院烹饪专业积极组织学生参加国内烹饪技能竞赛，并多次取得优异成绩。2014年，参加教育部主办的全国职业院校技能大赛，荣获烹饪项目团体三等奖和面点项目二等奖。2015年，参加全国职业院校技能大赛，荣获面点项目二等奖；参加全国湖鲜烹饪大赛，荣获两枚金奖和一枚银奖；参加湖北省生活服务业职业技能大赛，荣获烹饪项目金奖和特金奖。2016年，代表湖北省参加由教育部主办的全国职业院校技能大赛，荣获烹饪项目团体三等奖。由于在餐饮烹饪类职业教育方面取得的突出成绩，学院被评为"全国餐饮职业教育优秀院校"。

六、黄冈职业技术学院烹饪职业教育概况

黄冈职业技术学院是1999年经教育部批准组建的一所公立全日制高等职业院校，是国家优秀骨干高职院校、教育部高职高专人才培养工作水平评估优秀院校和全国首批现代学徒制试点高职院校，校园环境优美，教学特色鲜明，有"全国职业院校魅力校园"之美誉。

该校办学历史可追溯至1949年的黄冈专区财经干部班。1999年，由黄冈财贸学校、黄冈机电学校和黄冈农业学校合并组建而成。该校举办高等职业教育20年来，坚持"立足黄冈市，对接大武汉，面向大别山，培养生产、建设、服务和管理一线的高素质技术技能型人才，促进区域经济社会发展"的办学定位，确立"服务社会设专业、依托行业建专业、校企合作强专业"的专业建设思路，形成了独具特色的"多层双向融合"型高职教育模式。截至2018年年底，该校有专任教师802人，其中教授、副教授340人，"双师素质"教师624人；常年聘请楚天技能名师34人、外籍教师8人、兼职教师六百余名。

该校烹调工艺与营养专业始建于 2008 年，是首批国家现代学徒制试点验收通过专业和湖北省特色专业，目前校内专业教师和企业师傅共 16 人，其中，注册中国烹饪大师 2 人，湖北烹饪大师 9 人；高级技师 3 人，副高职称 2 人，在校生规模两百余人。该专业坚持"校企协作、产教融合"的办学模式，形成了具有鲜明特色的"共享基地＋流动岗"现代学徒培养模式，构建了"校企双环境、学生学徒双身份、教师师傅双师共同执教"的教学模式，搭建了教学与经营一体化的实践教学体系，建成了以国家专业标准为基准、楚菜单品贯穿全过程的课程体系；同时积极开展国际餐饮文化交流，先后与澳大利亚、新西兰等国家留学生和教师开展饮食交流、教师互访，组织短期培训 8 场次，接待外籍人员五百余次。该专业建有教学面积一千余平方米的校内烹饪实训中心，建有国家级烹饪技能大师工作室、烹饪生产性实训基地、东坡菜研发与推广中心等实践性教学与科研平台，设备设施较为齐全。

该校烹调工艺与营养专业办学 10 年来，已向社会输送五百余名毕业生，就业对口率 98.6%，创业率 4.7%，教学质量受到学生和社会的好评，在湖北省乃至全国同类院校中形成了一定影响力和美誉度。多次参加各类各级烹饪技能大赛，获得特金奖 14 项、金奖 6 项、铜奖 4 项、银奖 2 项。在 2018 年世界技能大赛湖北省选拔赛中，荣获 3 个三等奖，2 名学生入围烘焙项目省赛集训队，1 名学生入围烹饪（西餐）项目省赛集训队。在 2018 年首届湖北省楚菜职业技能大赛中，荣获团体特等金奖以及个人特金奖 1 项、金奖 2 项、银奖 2 项。

七、荆门职业学院／湖北信息工程学校烹饪职业教育培训概况

荆门职业学院／湖北信息工程学校位于湖北省荆门市国家级高新经济技术开发区，是湖北省、荆门市

两级人民政府重点支持、重点建设的一所公办全日制普通高职、中职一体化职业院校。

湖北信息工程学校是 2008 年经荆门市委、市政府批准，由原湖北信息工程学校（国家级重点职业学校，由始建于 1979 年的原化工部湖北化学矿山技校、中南化工学校和荆门工业学校合并组建而成）、原荆门市职业中等专业学校（国家级重点职业学校，由始建于 1985 年的荆门市塔影职业高中、荆门市职业技术教育中心、荆门市成人中等专业学校合并组建而成）、原荆门市财经学校（湖北省级重点职业学校）整合组建而成，是荆门市办学规模最大、综合实力最强的中等职业教育学校。

荆门职业学院是 2016 年根据鄂政函〔2016〕33 号文件精神，由湖北省人民政府批准荆门市在湖北信息工程学校设立的公办专科层次的全日制高等职业院校，由荆门市人民政府主管，学校教学业务受湖北省教育厅管理和指导。

该校秉承"厚德精技，致知力行"的办学理念，按照"专业设置与产业需求对接，课程内容与职业标准对接，教学过程与生产过程对接，毕业证书与职业资格证书对接，职业教育与终生学习对接"的办学思路，大力推行产教融合、校企合作办学模式，积极试行现代学徒制培养模式，致力于提升学生专业素养，促进学生全面发展。该校先后获得国家首批"中等职业教育改革发展示范学校""全国实践教育先进单位""湖北省职业教育先进单位"等诸多荣誉称号。

该校中职烹饪专业最初于 1986 年在原荆门市塔影高级职业中学开办，至今已有三十多年历史。1994 年，该专业被认定为市级骨干专业，现有（截至 2018 年）中职在籍学生三百多人。2016 年，该校开办高职层次的烹调工艺与营养专业，现有（截至

2018年）在籍学生一百余人。

该校烹饪专业建有包括理化试验室、中西式面点示范操作室和中西式面点实训操作室、中式烹调示范操作室、中式烹调辅导操作室和中式烹调实训操作室、冷拼雕刻示范实训室、西餐示范操作室和西餐实训操作室、调酒示范实训室和茶艺示范实训室、中式和西式餐厅、原料标本室、多功能专业教室等在内的烹饪综合实验中心，并在省内外近10个大中城市建立了稳固的网络式校外专业实习基地，能够充分满足烹饪专业学生在校内学习和校外实习的综合需求。

截至2018年底，该校烹饪专业有专业教师18人，其中包括教授2人，副教授3人，湖北省特级教师1人，资深级中国烹饪大师2人，楚天技能名师1人。出版专著及教材8部，公开发表教研科研论文一百多篇，曾有多篇论文获得国家级和省级奖励。该校烹饪专业学生曾连续6年在全国职业院校技能大赛中取得佳绩，先后获8个一等奖、4个二等奖、4个三等奖，彰显了烹饪专业的办学实力，展现了烹饪学子的良好风貌，提高了学校的知名度和美誉度。

八、仙桃职业学院烹饪职业教育概况

仙桃职业学院是经湖北省人民政府批准、教育部备案的一所公办全日制普通高等院校，坐落于湖北省仙桃市纺织大道，风景秀美，环境幽雅，先后荣获"全国现代学徒制试点单位""湖北省园林式学校"等称号。

仙桃职业学院烹调工艺与营养专业是在仙桃市高级技工学校、仙桃市理工中等专业学校中餐烹饪专业的基础上申报开设的，其开办历史可追溯到1982年，主要为餐饮服务行业培养高素质技术技能型专门人才。截至2018年底，烹调工艺与营养专业拥有专兼职教师18人，其中硕士及以上学历教师3人，副教授和教授9人，烹饪高级技师9人，湖北省技能大师1人，中国烹饪大师5人，省级及以上职业技能鉴定高级考评员15人；建有省级"李和鸣技能大师工作室"、湖北省非物质文化遗产名录项目沔阳三蒸制作技艺传承教学基地、烹调工艺实训室、刀工雕刻实训室、面点实训室、多媒体教学演示室等教学实训室10个，面积约2000平方米，各类烹调、面点实训设施设备两百多台（套）；同时与国内二十多家知名酒店集团和餐饮企业建立了深度合作的校外实训实习基地。

仙桃职业学院烹调工艺与营养专业现已形成了"能力导向，四层递进"工学结合型人才培养模式，不仅有5位教师在全国烹饪大赛上获得金奖，众多毕业生也在酒店餐饮行业中大显身手。截至2018年，累计向社会输送优秀毕业生和培训各类烹饪专业技术技能人才近万人，为仙桃市地方经济发展做出了重要贡献。

九、潜江市小龙虾烹饪职业技能培训学校烹饪职业教育培训概况

潜江市小龙虾烹饪职业技能培训学校成立于2015年10月，隶属于江汉艺术职业学院，是经教育部备案、湖北省教育厅、潜江市人社局联合批准设立的一所民办高职院校，坐落在"中国小龙虾之乡"潜江市紫月东路中国生态龙虾城内。

潜江市小龙虾烹饪职业技能培训学校不仅开设有烹调工艺与营养专业（技能＋学历型3年专科专业），同时开展小龙虾烹饪私人订制、龙虾大师、龙虾名师、龙虾养殖技师、烹饪大师、烹饪名师等多个专业培训班，专门培养中国小龙虾产业技术人才，为小龙虾全产业链提供技术和智力服务。

为了探索高质量的"技能＋学历"型人才培养新模式，潜江市小龙虾烹饪职业技能培训学校在大力打造一支以中国烹饪大师、知名餐饮职业教育专家、资深餐饮职业经理人、小龙虾养殖专家、水产工程师、饮食文化学者为核心的导师团队的基础上，积极加强应用型研究，分别制定了《活体小龙虾分级标准》《小龙虾餐饮行业标准》《小龙虾烹饪师评定标准》等多项行业标准，申请了多项行业专利，编撰出版了《高效养殖小龙虾》《小龙虾烹饪师操作手册》《营养师与配餐师操作手册》等专业教材，同时不断创新教学模式，实现课堂教学与实体店后厨实操的无缝对接，更好地为学生提供高质量的学习体验和学习经历。

为了打造高口碑的"就业＋创业"型人才培养新格局，潜江市小龙虾烹饪职业技能培训学校依托"潜江龙虾万师千店工程"的全方位资源，为学生提供稳定的就业渠道，依托"省级众创空间""省级文化产业示范基地""省级人才创新创业平台""省级星创天地"，为有志于投身小龙虾创业的学子们提供完善的创业保障，为毕业学子加盟"潜江龙虾"品牌提供全方位的创业扶持。

潜江市小龙虾烹饪职业技能培训学校自成立以来，积极进取，大胆创新，为推动潜江地方经济发展和唱响"潜江龙虾"品牌及"中国小龙虾美食之乡"品牌做出了重要贡献。

十、武汉市第一商业学校烹饪职业教育概况

武汉市第一商业学校成立于 1963 年，是一所专门培养中、高级商业人才的公办全日制国家级重点普通中等职业学校，获得"湖北省示范性中等职业学校""湖北省职业教育先进单位""武汉市文明单位""全国教育系统先进集体"等诸多荣誉称号，被中国商业联合会授予"全国商业服务业校企合作与人才培养优秀院校"。

武汉市第一商业学校的烹饪专业源自 1985 年，在长期的办学实践中不断探索烹饪专业人才培养模式改革，定位培养标准，切准市场脉搏，形成了"标准引领、工学轮转、大师带动、基地融合"的中职烹饪专业人才培养新路径。截至 2018 年底，烹饪专业（中餐烹饪与营养膳食、西餐烹饪）在校学生近 400 名，专业教师 15 人，其中国烹饪大师 3 名，湖北烹饪大师 4 名，3 人分别获得湖北省、武汉市"五一劳动奖章"及"技术能手"称号，1 人荣获湖北省"荆楚好老师"称号，大部分专业教师均为中式烹调技师或高级技师；拥有各类专业实训室 8 间，设备总值

近八百余万元，可同时容纳近二百多名学生进行专业实训，其中"餐饮学生创意创新创业高水平实习实训基地"为武汉市首批高水平实习实训建设基地，并分别作为第四十四届、第四十五届世界技能大赛西餐、糖艺项目湖北省集训基地。

近几年来，武汉市第一商业学校烹饪专业师生在各级各类竞赛中屡获佳绩，获得教育部举办的全国职业院校烹饪技能大赛一等奖 2 名、二等奖 4 名、三等奖 6 名，获得武汉市中等职业学校烹饪技能竞赛一等奖 23 人次，1 名学生荣获"湖北省技术能手"称号。2018 年，在第四十五届世界技能大赛糖艺项目湖北省总决赛中，3 名同学包揽一、二、三等奖，其中 1 名学生在全国选拔赛中成功入围国家集训队。

十一、恩施州商务技工学校烹饪职业教育培训概况

恩施州商务技工学校是由湖北省人民政府批准于 1979 年成立的培养中、高级技术人才的公办技工学校，也是湖北省技能定点培训机构和国家职业技能鉴定机构。学校始终坚持"依法治校，以德立校，特色兴校，质量强校"的办学理念，"以服务为宗旨、以就业为导向"的办学方针和"面向市场、主动适应、强化管理、突出技能"的教学思路，不断强化"订单"式就业保障，形成了独特的办学特色。学校曾获中国烹饪协会颁发的"全国餐饮业教育成果奖"，多次被省人力资源和社会保障厅授予"湖北省技工学校招生就业工作先进单位"称号。2008 年，学校被中共湖北省委、省人民政府授予"湖北省农村劳动力转移培训先进单位"称号。

恩施州商务技工学校中式烹饪专业从1979年建校时设置至今，是学校开设时间最长，教学力量、教学设备、社会效益俱佳的专业，2006年，成为湖北省二级重点专业。截至2018年底，该专业设有中级班和高级班（学制为两年和三年），拥有一支水平高、业务精、能力强的"双师型"专业教师队伍，专业教师13人，其中高级职称教师9人，多次获得湖北省烹饪技能比赛和全国烹饪技能大赛金奖、银奖，曾荣获中国烹饪协会"中华金厨奖"。近40年来，该专业为恩施州及湖北地区餐饮行业培养（培训）了数千名高素质技能人才。

十二、钟祥市高级技工学校烹饪职业教育培训概况

钟祥市高级技工学校创建于1980年，是经湖北省人民政府批准、隶属于钟祥市人力资源和社会保障局的公办全日制技工学校，现为国家级重点技工学校、湖北省特色技工院校、湖北省高技能人才培训基地、钟祥市职业技能公共就业实训基地。自建校以来，已累计培养各类专业技能人才近3万名，开展各类职业培训6万多人次。

钟祥市高级技工学校烹饪专业开办于1980年，是湖北省人力资源和社会保障厅评定的省级品牌专业。目前，该专业开设有烹调技术、原料知识、原料加工、食品雕刻、中式面点、西餐烹调、西点烘焙、饭店管理基础知识等主要课程，做到了中餐与西餐相结合、烹饪与酒店管理相融合；逐步形成了独具特色的"产教研一体化"教学模式，即生产、教学、研发与推广相结合。这套教学模式在实践中细化为"实景式""校企合作式"的教学方法和"实操＋理论并重式"的评价手段，对专业教学起到了很好的促进作用。截至2018年底，该校烹饪专业有专兼职一体

化教师22人，均具有中、高级以上职业资格，其中9人为高级实习指导教师或高级技师，包括1名国家级烹饪大师（建有武清高技能大师工作室）、1名省级烹饪大师、5名省级烹饪名师；公开发表专业文章二十多篇，并主编参编了《烹饪实习教材》《楚天风味》《钟祥食记》《楚乡美食与传说》《合理膳食选择指南》《中国郢州菜》等多部实训教材和专业书籍。

钟祥市高级技工学校烹饪专业师生曾先后荣获荆门市第二届职工文化节果蔬雕刻比赛优秀团体奖、第七届全国烹饪技能竞赛暨湖北省第十一届烹饪技术比赛团队最佳奖、钟祥市首届"中京杯"蟠龙菜制作大赛团体优胜奖；有5名教师在第七届全国烹饪技能竞赛上获得特别金奖或金奖，有3名教师在2017年潜江"虾王"烹饪大赛上荣获特别金奖或金奖，有2名教师在2018年天门蒸菜技能大赛上荣获金奖，有2名学生在2015年荆门市"舌尖上的农谷"地方小吃大赛上分别荣获"最佳传统特色小吃奖""最受荆门市民喜爱小吃奖"。

建校38年来（截至2018年），钟祥市高级技工学校已培养烹饪专业毕业生两千多名，培训烹饪学员近万人，许多毕业生已成为企业的业务骨干或者中、高层领导，一部分毕业生自主创业（诸如开设餐厅、酒店），成为本地餐饮行业领军人物，为促进地方经济发展和弘扬荆楚饮食文化做出了重要贡献。

十三、湖北新东方烹饪职业培训学校烹饪职业培训概况

湖北新东方烹饪职业培训学校坐落于湖北省武

汉市江夏区江夏大道，是经湖北省人力资源和社会保障厅、湖北省民政厅批准成立的民办烹饪职业培训学校，隶属于新东方烹饪教育集团，于2013年正式招生运营。学校始终秉承"汇集天下名菜，培养厨师精英"的办学宗旨，坚持"立一等品格，求一等技能"的厨师宣言，采用半军事化管理和开放式教学模式，实施"知识＋技能""技能＋学历"一体化教育模式，培养全面发展的技能型人才。

截至2018年底，湖北新东方烹饪职业培训学校拥有汤逊湖校区和阳光路校区，烹饪教学基础设施配套完善，师资力量雄厚，在职教师约150人，其中技师10人，高级技师15人，在湖北省烹饪技能比赛和全国烹饪技能大赛等竞赛活动中多次获得金奖、银奖。学校常年在校生约2000人，至今累计为社会培养应用型烹饪专业技术人才近10000人。

十四、湖北省第一厨师学校烹饪职业培训概况

湖北省第一厨师学校创建于1989年，坐落于武汉市武昌区，初名武汉第一高级职业学校，1998年更名为湖北省第一厨师学校。2006年创办湖北中南技工学校。该校是经湖北省人民政府部门批准成立的烹饪技工专业学校，是"湖北省再就业培训基地""军地两用人才培训基地""武汉市农民工培训基地"，被誉为"培养高级烹饪人才和酒店管理人才的国际餐饮教育基地"。

湖北省第一厨师学校初创时期，仅设置一个烹调面点专业，至2018年，发展有中西式烹饪基础、中西面点制作、高级全能大厨、烹饪科学与营养、生鲜食品加工与经营5个烹饪类专业。建有烹饪教学实验室、电教中心、多媒体教室及实验实训大厅等一批教学、实习场所。拥有教职工六十余人，其中

有享受国家津贴的专家、全国优秀教师、高级技师、市区优秀青年教师等三十多人。学校始终秉承"汇集天下名厨，培养厨师精英"的宗旨，以满足社会需要为导向，形成了覆盖湖北地区的多层次、多元化、多边合作的办学格局和"技能＋学历"一体化教学模式。在目前餐饮业转型升级和市场竞争大背景下，该校直面生源压力，以坚韧不拔的毅力，不忘初心，砥砺前行，为"省级先进学校"荣誉而继续努力奋斗。

近30年来，湖北省第一厨师学校（湖北中南技工学校）为我国餐饮行业累计输送了优秀烹饪技工人才数万人，学生就业创业遍布全国。该校曾在全国各类烹饪大赛中多次获得"团体金奖"，曾获"全国诚信自律建设先进单位"等多项荣誉称号。

十五、宜昌市烹饪职业培训学校烹饪职业培训概况

宜昌市烹饪职业培训学校是一所烹饪中等职业技工学校，成立于1982年，其前身是由宜昌市政府和劳动局批准开办的宜昌市饮食服务职工学校，地处宜昌市点军区点军大道，交通便利，环境优美。

宜昌市烹饪职业培训学校开办有中式烹调、中式面点、西式烹调、西式面点等烹饪专业，同时开展饮食服务管理、短期厨师培训、下岗人员再就业培训班，保育员和育婴师、湖北省餐饮服务食品安全管理员等培训，是宜昌市具有颁发中式烹调培训中专学历及国家职业资格证书的知名学校，也是国家职业技能鉴定A级培训考试基地，湖北省人力资源和社会保障厅、财政厅认定的第一批"技能培训定点机构"和"湖北省农村劳动技能就业计划培训基地"，也是湖北省食品药品监督管理局首批备案"湖北省餐饮服务专职（兼职）食品安全管理员"的培训机构。

宜昌市烹饪职业培训学校拥有一批责任心强、业务素质高的兼专职教师，其中注册中国烹饪大师10人，公共营养高级技师1人。1982年至今，该校烹

任专业先后为宜昌市饮食服务公司、相关机关事业单位和宾馆企业输送了三千多名合格的厨师和服务人员，有相当部分的毕业生已成为宜昌市餐饮行业的主厨、中高层管理人员，少数毕业生创业后成长为餐饮企业老板。

近几年来，宜昌市烹饪职业培训学校一直与社会相关部门紧密合作，发挥烹饪专业的特长和优势，积极为推进楚菜产业发展服务。2010年以来，受宜昌市教育局委托，对全市学校食堂管理人员和炊事员进行培训考核，培训人数累计达15000人次。2011年以来，对宜昌市武警部队第六支队炊事班长及厨师进行厨艺培训及职业资格证书考核。2013年以来，为多家企事业单位开展技能人才评价活动，共培训鉴定1500人次（其中技师、高级技师三百多人）；同时培训湖北省餐饮服务专职（兼职）食品安全管理员一万多人，为宜昌市建设"十佳食品安全放心城市"及餐饮行业食品安全提升工程做出了贡献，在社会中获得广泛好评。

第三节
知名楚菜文化专家学者

一、姚伟钧

姚伟钧，男，1953年出生，湖北武汉人，历史学博士。现任华中师范大学历史文化学院教授、博士生导师、华中师范大学武汉社会文化研究院副院长，兼任华中科技大学、北京工业大学、湖北大学、江汉大学、湖北经济学院、武汉商学院、台湾高雄餐旅大学等大学客座教授，国家出版基金评委，国家社会科学基金评委，中国非物质文化遗产评委，湖北省、武汉市非物质遗产专家委员会成员，湖北省旅游发展决策咨询委员，中国烹饪协会专家委员会委员，武汉市参事室文史馆文化研究院副院长，武汉市文史馆馆员。

近30年来，在海内外出版个人专著8部，合著5部，先后在《中国史研究》《中国文化研究》《中华文史论丛》《中国经济史研究》《文献》《浙江学刊》《社会科学战线》《华中师范大学学报》《光明日报》《新华文摘》等学术刊物上发表论文数百篇，这些专著与论文对中国饮食文化贡献较多。代表性的学术著作有《中国古代饮食礼俗研究》《长江流域的饮食文化》《中国饮食典籍史》《黄河中游饮食文化史研究》《黄河下游饮食文化史研究》《长江流域的饮食生活》《楚国饮食与服饰研究》等。

1998年，被评为湖北省高校跨世纪学科带头人。2018年，被中国烹饪协会授予"改革开放40年中国餐饮行业促进发展突出贡献人物"称号。

二、张硕

张硕，男，1966年出生，湖北蕲春人，本科学历，学士学位。现任湖北省社会科学院楚文化研究所所长、研究员，兼任湖北省楚国历史文化学会秘书长、湖北省荆楚文化研究会副秘书长等社会职务。

长期从事楚文化研究、宣传、普及及博物馆展陈策展工作，已经公开出版学术著作（含合著）二十余部，发表学术论文一百余篇。

在长期的楚文化研究中，张硕研究员对湖北先民

的饮食习俗、"鄂""楚"起源、楚菜的生成环境、楚菜食谱、楚菜器皿、楚菜源流等方面关注较多，并有一定的研究成果发表，主要包括《湖北读本》《中国地域文化通览·湖北卷》《文化湖北》《印象湖北》《湖北文化掠影》《荆楚文脉》《荆楚文明曙光》《楚文化概要》《楚学论丛》《武汉通史·先秦卷》《长江之歌，文明之旅》《自强不息　厚德载物——中华优秀传统文化读本》《中华优秀传统文化》等。

《湖北读本》（执行主编）获得湖北省第九届精神文明建设"五个一工程"奖，《武汉通史·先秦卷》获得湖北省第六届社会科学优秀成果二等奖、武汉市第十一届社会科学优秀成果一等奖、首届湖北出版政府奖图书奖，《长江流域的丝织刺绣》获"2016年全国优秀科普作品"奖。

三、谢定源

谢定源，男，1963年生，湖北鄂州人，研究生学历，硕士学位，高级技师，中国餐饮文化大师，中国餐饮文化国家一级认定评审师，现任华中农业大学食品科技学院副教授，硕士生导师，狮山"硕彦计划"教学特岗教师，学院党委委员，食品科学系教工党支部书记，环境食品学教育部重点实验室学术带头人，兼任浙江工商大学中国饮食文化研究所客座研究员，浙江商贸职业学院客座教授，湖北省食文化研究会常务副会长、专家委员会主任，湖北烹饪酒店行业协会特邀副会长，中国食文化研究会常务理事，世界中餐业联合会饮食文化专家委员会委员，亚洲食学论坛学术委员会委员，中国烹饪协会饮食文化研究会委员，教育部国家精品在线开放课程评委、霍英东青年教师基金评委，武汉市能人回乡创业导师团导师。

主要从事中国饮食文化与传统食品产业化教学及研究工作。主持各级教研科研课题二十多项；出版《中国饮食文化史·长江中游地区卷》《中国饮食文化》《中国名菜》《中国名点》《中国烹饪文化大典》（副主编）等著作十多部，主编丛书二十多册；发表论文七十多篇（其中SCI及中文核心期刊十多篇）；申请国家发明专利8项，获得授权发明专利3项；主持的《中国饮食文化》被教育部认定为首批国家精品在线开放课程；曾到日本、韩国、泰国、俄罗斯及新加坡等国家参加学术交流；与食品企业合作，使传统美食实现工业化生产，部分产品已出口三十多个国家。

曾被授予"中国食文化突出贡献专家""全国饮食文化学生社团优秀指导老师""湖北省食文化突出贡献专家""武汉市新长征突击手"，华中农业大学"优秀共产党员""师德先进个人""首届最受学生欢迎的老师"等荣誉称号。曾荣获中国大学MOOC优秀教师奖，中国改革开放四十年优秀食学著作"随园奖"，湖北省人民政府教学成果一等奖，武汉市高校首届青年教师教学质量奖，华中农业大学教学质量优秀一等奖、教学成果一等奖。

四、周圣弘

周圣弘，男，1963年出生，湖北洪湖人。1986年、1989年分别毕业于湖北师范大学本科和复旦大学硕士班。现任武汉商学院烹饪与食品工程学院教授、武汉商学院中国茶文化与产业研究所所长、武汉

学院茶学工作室主任、武汉商学院中国蒸菜研究学术团队首席专家、武汉商学院学术委员会委员，兼任湖北省非物质文化遗产研究中心主任、湖北省烹饪与酒店行业协会特邀副会长、湖北省杂文学会副会长、中国沔阳三蒸研究院院长、中国大红袍研究院院长、《武汉商学院学报》编委、《新丝路》杂志编委。

自1987年以来，主持各类各级课题17项，获得研究经费五百余万元；出版学术著作二十余部，发表学术论文九十余篇。其中，关于饮食文化研究的著作有《中国沔阳三蒸研究》《中国沔阳三蒸标

准菜谱》《中国古代蒸菜 100 例》《1978—2018：中国蒸菜研究论文集》《湖北名茶及其冲泡技艺》《中国茶文学的文化阐释》《中国茶文化教程》等十余部；饮食文化研究论文有《"沔阳三蒸"的起源与发展考论》《竹溪蒸盆的起源与发展考论》《湖广鱼鲊考论》《武汉热干面申遗失败原因探析与发展对策》等二十余篇。业余兼事文学创作，发表散文、小说等文学作品一百余篇。在茶文化暨饮食文化方面的研究成就，曾被中央电视台 CCTV-4、央视国际在线频道、福建电视台经济频道、凤凰网、新浪网、网易财经以及《海峡都市报》《中国食品报》等数十家媒体报道。

五、方爱平

方爱平，男，1965年出生，湖北鄂州人，本科学历，硕士学位，国家职业技能鉴定（中式烹饪）高级考评员，现为武汉大学宿教中心主任、武汉大学中国传统文化研究中心特聘研究员，兼任湖北省食文化研究会副会长、武汉城市职业学院客座教授、中国烹饪协会饮食文化研究会委员。

方爱平研究员长期从事饮食文化、餐饮管理研究，对楚菜特点、楚菜食材、楚菜宴会有较多的研究，先后主编或合编《中华酒文化辞典》《宴会设计与管理》《大厨创新菜》《特色蔬果菜》《国食》《饮食习俗》《厨艺一点通丛书》《地方特色家常菜丛书》《外婆的厨房经丛书》等著作十余部，发表《鄂菜特色初探》《主题文化宴的开发与设计》等文章一百余篇，参与《中国饮食文化》MOOC 建设，主持研发"荆楚小吃宴""赤壁三国宴"等主题文化宴，为弘扬湖北乃至中国饮食文化做出了一定的贡献。1992年，获评"武汉大学优秀教师"。1999年，获评"武汉市十大读书之星"。2005年，被中国食文化研究会评为"中国食文化突出贡献专家"。

六、贺习耀

贺习耀，男，1966年出生，湖北武汉人，大学

本科学历，营养师高级技师，中国烹饪大师。现任武汉商学院教授，主要从事烹饪营养、餐饮设计及饮食文化研究，为弘扬楚菜饮食文化和推进楚菜产业发展做出了积极贡献。

主持完成"湖北筵席文化研究""节约型餐饮与中餐筵席创新设计研究"等省市级科研项目 7 项，参与各级教学科研项目十余项，申报国家发明专利 1 项（葛粉鱼面及其制作方法）；出版学术著作、规划教材及饮食书籍 11 部，公开发表学术论文九十余篇（含中文核心期刊论文 10 篇）。代表性成果有《荆楚风味筵席设计》（独著）《幼儿膳食调制与养生》（独著），以及《荆沙鱼糕制作机理浅析》《加热方式对瓦罐鸡汤风味品质影响的研究》《湖北黄冈文化主题宴设计研究》《创新烹调方法对清蒸武昌鱼风味品质影响的研究》等学术论文。

七、曾庆伟

曾庆伟，男，1958年出生，湖北武汉人，作家，美食评论家。现任《炎黄美食》杂志总编辑，兼任武汉散文学会副秘书长、武汉餐饮业协会副秘书长、武汉炎黄文化研究会美食文化委员会主任、武汉地方菜研发中心副主任、武汉广播电视台科技生活频道专家顾问、华中科技大学出版社基础教育分社专家顾问、"长江讲坛"主讲嘉宾、"荆楚讲坛"主讲嘉宾，以及《幸福》杂志、《美食导报》等报纸杂志专栏作家。

曾在全国各大纸刊杂志上发表文学作品一百五十余万字，出版《楚天谈吃》《味蕾上的乡情》《武汉味道》等著作 6 部，撰稿的专题纪录片《武汉人过早》《异军突起的"第三世界"》曾获中央电视台一等奖，为楚菜文化传播和楚菜产业发展做出了突出贡献。

八、曾翔云

曾翔云，男，1971年出生，湖北孝感人，本科学历，工学学士学位，高级技师，湖北省人力资源和社会保障厅职业技能（中式烹饪）高级评审专家。中国绿色饭店（餐饮）国家注册高级评审员，现为湖北经济学院杰出教师、旅游与酒店管理学院副教授、楚菜研究所副所长。主要从事食品安全、饮食文化、烹饪高等教育教学研究，是湖北地区烹饪高等职业教育的开拓者。

二十多年来，致力于楚菜产业人才培养和楚菜产业推广服务工作，曾主持完成"烹饪产品创新与鉴赏研究""神农架旅游特色菜品及宴席的研究与开发"等各级教研科研课题十余项，主编参编专业教材2部，参编《中国鄂菜》《美味湖北》《楚厨绽放》等烹饪书籍二十余部，出版学术专著2部，公开发表学术论文一百余篇，为弘扬楚菜饮食文化和推进楚菜产业发展做出了积极贡献。代表性成果有《合理膳食与科学烹饪》（独著）、《中国餐饮产业热点问题及对策研究——基于和谐文化视域》（独著）、《鄂

菜产业发展研究报告》（担任主笔和总纂），以及《湖北瓦罐煨汤的风味机理》《武昌鱼的四性五味》《谈湖北菜的分支流派与风味特色》《生态经济背景下神农架旅游美食开发的思考》等学术论文。

曾荣获湖北经济学院"十佳青年教师""科研工作先进个人"等荣誉称号，曾获湖北省人民政府优秀教学成果二等奖，曾被评为"湖北省贸易系统商业教育优秀教师""湖北省贸易系统优秀党员""湖北省高校工委优秀党务工作者"。

九、黄剑

黄剑，女，1960年出生，黑龙江林口人，本科学历，高级技师，武汉商学院副教授。

曾主持完成《中国筷箸文化探索》等省市级科研项目6项，参与其他相关饮食文化研究项目8项，出版《中外饮食民俗》《面点工艺》《面点装饰与面塑制作》等学术著作和专业教材4部，公开发表《鄂菜文化面面观》《武汉老字号的发展困境及对策分析》等饮食文化类学术论文近50篇。制作的《饮食文化》教学课件曾获高职院校第九届、十一届"全国多媒体课件大赛"优秀奖。

第四节
楚菜技艺与文化研究

一、楚菜技艺与文化研究机构概况

近30年来，湖北地方高校、行业协会和市州政府等相继组建成立了几所校级和地方级楚菜研究机构，有计划地开展了一些理论研究和技术研发工作，并取得了一些实际成效，但由于缺乏省级层面的统筹规划和政策扶持，楚菜研究机构数量较少，规模较小，实力较弱，缺少诸如"川菜发展研究中心"之类的具备较高综合性和规格性的研究平台，缺少知名度高、影响力大的领军人物，缺少稳定而结构合理、能力

突出的楚菜文化研究和技术开发团队，楚菜研究机构的作用和功能尚未得到有效发挥。

1.湖北经济学院楚菜研究所简介

1996年2月，经湖北省原贸易厅批准，在当时的湖北商业高等专科学校成立"湖北省鄂菜烹饪研究所"。1997年4月，卢永良大师、余明社大师受聘担任研究所副所长。2018年7月，湖北省人民政府办公厅发布《关于推动楚菜创新发展的意见》（鄂政办发〔2018〕36号），其中明确将湖北菜的简称统一

规范为"楚菜"。于是，"湖北省鄂菜烹饪研究所"更名为"湖北经济学院楚菜研究所"，由享受国务院政府特殊津贴专家邹志平大师担任所长。该研究所是湖北地区楚菜菜品开发和烹饪理论研究的重要机构，目前已经公开发表论文一百多篇，编著出版烹饪图书和饮食文化类著作三十多部，其中代表性的著作有《中华名厨卢永良烹饪艺术》《好吃佬（丛书）》《鄂菜产业发展报告（2013）》《楚厨绽放》《中国莲藕菜》等。

2. 湖北省食文化研究会简介

2011年4月，湖北省食文化研究会经省文化厅批准、民政厅注册登记后正式成立。该研究会为湖北省非营利性食文化研究学术组织，由热心食文化研究的社会活动家、食品和饮食专家学者、文化工作者、企业家及有关领导组成。湖北省食文化研究会的主要任务是组织专家学者系统深入研究湖北食文化的历史、现状和发展趋势；普及食品科学知识，推广健康饮食理念；举办湖北省食文化名企、名食、名人评选活动；努力办好会刊《湖北食文化》杂志，为会员单位相互交流提供平台。截至2018年，会员单位达到五百多家。截至2018年，《湖北食文化》杂志编辑出版了25期，安排有《食文化研究》《会员天地》《会长寄语》《湖北名食典故》《健康饮食》《武汉老字号》等栏目。代表性的研究成果有"非油炸方便型热干面的研发与产业化""食品安全检测与鄂菜产业化"以及《方便型武汉热干面湖北省地方标准》等。

3. 武汉地方菜研发中心简介

2006年1月，经武汉餐饮业协会发起，由小蓝鲸、三五醇、亢龙太子、艳阳天等约20家本地餐饮企业为首批研究单位的武汉地方菜研发中心正式成立。该中心为非营利民办非企业单位，实际工作以武汉地方菜的菜品改良与创新为主。

4. 武汉素食研究所简介

2013年6月，武汉素食研究所在武汉商学院正式成立。该研究所的主要任务是开展素食产品研发和素食文化研究，承接素食企业业务培训，进行海内外学术交流。中国烹饪大师鲁永超兼任武汉素食研究所所长。代表性的研究成果有《我行我素：中国素食研究》（武汉大学出版社）以及《弘扬素食传统发展素食产业》《武汉素食产业发展现状与对策研究》《素食者的营养问题与对策建议》《合理素食对人体健康促进作用的研究进展》《寺观素菜传承与发展研究》《试论素食产生与发展的深层原因》等。

5. 湖北蒸菜研发中心简介

2013年7月，湖北省首个蒸菜研发中心在天门市揭牌成立。该中心由天门市商务局、天门市烹饪协会、北京品优美食品有限公司合作组建，旨在将现代科学技术与传统蒸菜美食相结合，研发蒸菜配餐设施设备，推进当地蒸菜产业化发展。其代表性的研究成果有"粉蒸茼蒿""粉蒸肉""炮蒸鳝鱼"等具有原汁原味天门风味的系列速食蒸菜产品。

6. 中国蒸菜文化研究院简介

2014年12月，中国蒸菜文化研究院在天门成立。该研究院以天门市本地二十多家餐饮企业为主体，旨在创新系列蒸菜菜品，完善蒸菜制作标准，加强蒸菜文化研究，推进天门蒸菜美食文化街和中国蒸菜博物馆建设，服务天门蒸菜产业发展。时任天门市烹饪协会会长王国斌受聘担任院长，中国烹饪大师卢永良教授、原天门市人大常委会副主任孔圣坤被聘请担任名誉院长。其代表性的研发成果有"天门九蒸宴"（2018年上榜"中国菜"主题名宴名录）等。

7. 中国沔阳三蒸研究院简介

2015年4月，中国沔阳三蒸研究院在仙桃挂牌成立。该研究院由仙桃市政府与武汉商学院共建，旨在研究沔阳三蒸的历史文化的起源与发展，菜品的研发与创新，品牌的保护与推广，产业化工艺流程与产品包装等，为促进沔阳三蒸的品牌化、规模化、产业化发展服务。武汉商学院周圣弘教授被聘任为首任院长。其代表性的研究成果有《湖北沔阳三蒸市场调查研究报告》《"沔阳三蒸"的起源与发展考论》等。

二、楚菜技艺与文化研究成果概况

借助湖北高校图书馆，以及通过百度等网站和CNKI等中国学术文献数据库等网络资源，以"湖北菜""鄂菜""楚菜""蒸菜""湖北筵席""湖北饮食文化"等为主题，以"姚伟钧等知名楚菜研究学者和卢永良等知名楚菜烹饪大师的姓名"为作者，查找和搜索到1980年以来公开出版发行的代表性楚菜技术型和理论型著作总计约55部（本），其中代表性楚菜技术型著作46部（本），代表性楚菜理论型著作9部（本）。总体而言，基于楚菜研究的实用性导向，以实际应用型著作为主；由于学术导向、评价机制等方面的影响和研究平台、研究资金、研究队伍等方面

的制约，楚菜著作的数量较少，质量不高，影响力不足。查找和搜索到1980年以来公开发表的代表性楚菜技术和理论论文（文章）总计约374篇，其中，1980年有1篇，1981年有2篇，1982年有1篇，1983年有2篇，1985年有4篇，1986年有5篇，1987年有2篇，1988年有4篇，1989年有4篇，1990年有7篇，1991年有7篇，1992年有1篇，1993年有7篇，1994年有7篇，1995年有5篇，1996年有11篇，1997年有12篇，1998年有7篇，1999年有9篇，2000年有7篇，2001年有7篇，2002年有4篇，2003年有13篇，2004年有7篇，2005年有18篇，2006年有10篇，2007年有8篇，2008年有14篇，2009年有14篇，2010年有17篇，2011年有35篇，2012年有29篇，2013年有18篇，2014年有16篇，2015年有22篇，2016年有16篇，2017年有14篇，2018年有7篇。以上楚菜技术和理论论文（文章）绝大多数（约90%）发表于普通期刊，少数（约10%）发表于核心期刊，发表于权威期刊的几乎为零，表明楚菜研究的关注度、投入度和产出度相对较低，与湖北科教大省的地位极不相称，没有表现出应有的水平和格局，需要引起重视，并针对性采取激励措施，提升楚菜理论研究和技术研发的水平与质量。

（一）1980年以来公开出版发行的代表性楚菜技术型著作

《武昌鱼菜谱》（黄昌祥著．湖北科学技术出版社，1983年）、《湖北蒸菜》（常时昌，张虎飞编．湖北科学技术出版社，1983年）、《湖北素菜》（朱世明口述，吴赤锋，夏祖寿编．湖北科学技术出版社，1984年）、《中国小吃·湖北风味》（湖北省饮食服务公司编．中国财政经济出版社，1986年）、《鄂菜工艺》（中国饮食服务公司武汉烹饪技术培训站编．湖北科学技术出版社，1986年）、《中国食府四名丛书·大中华酒楼》（大中华酒楼．中国轻工业出版社，1989年）、《中国食府四名丛书·老通城酒楼》（老通城酒楼．中国轻工业出版社，1990年）、《中国名菜谱·湖北风味》（湖北省饮食服务公司，湖北省烹饪协会编．中国财政经济出版社，1990年）、《楚天风味》（武清高编著．武汉大学出版社，1995年）、《新概念中华名菜谱：湖北名菜》（谢定源主编．中国轻工业出版社，1999年）、《流行新潮菜谱》（方爱平，张鹏亮．湖北科学技术出版社，1999年）、《地方特色家常菜系列·家常鄂菜》（熊永奇，裴超．

湖北科学技术出版社，2001年）、《中华名厨卢永良烹饪艺术》（卢永良主编．辽宁科学技术出版社，2001年）、《湖北小吃（中华传统与新潮小吃丛书）》（谢定源主编．中国轻工业出版社，2001年）、《鄂菜大系·家常风味篇》（刘念清、潘东潮主编．湖北人民出版社，2003年）、《鄂菜大系·创新风味篇》（刘念清、潘东潮主编．湖北人民出版社，2004年）、《鄂菜大系·地方风味篇》（武汉商业服务学院烹饪系编．湖北人民出版社，2004年）、《钟祥食记》（武清高著．中国文化出版社，2005年）、《中国烹饪大师作品精粹·卢永良专辑》（卢永良著．青岛出版社，2005年）、《中国烹饪大师作品精粹·卢玉成专辑》（卢玉成著．青岛出版社，2005年）、《中国烹饪大师作品精粹·余明社专辑》（余明社著．青岛出版社，2005年）、《中国烹饪大师作品精粹·汪建国专辑》（汪建国著．青岛出版社，2005年）、《中国烹饪大师作品精粹·王海东专辑》（王海东著．青岛出版社，2005年）、《武汉创新菜》（张明，龚新华主编．武汉出版社，2005年）、《吃在宜昌》（宜昌烹饪协会．湖北科学技术出版社，2005年）、《湘鄂乡土菜》（陈绪荣主编．纺织工业出版社，2006年）、《湖北经典家乡菜系·小吃》（陈绪荣．湖北科学技术出版社，2007年）、《湖北经典家乡菜系·烧炒》（陈绪荣．湖北科学技术出版社，2007年）、《湖北经典家乡菜系·蒸菜》（陈绪荣．湖北科学技术出版社，2007年）、《湖北经典家乡菜系·煨汤》（陈绪荣．湖北科学技术出版社，2007年）、《湖北经典家乡菜系·凉菜》（陈绪荣．湖北科学技术出版社，2007年）、《中国鄂菜》（湖北省商务厅、湖北省烹饪协会编著．湖北科学技术出版社，2008年）、《好吃佬丛书·吃鱼（上）》（王庆主编．湖北科学技术出版社，2010年）、《好吃佬丛书·吃鱼（下）》（王海东主编．湖北科学技术出版社，2010年）、《好吃佬丛书·吃肉》（甘泉主编．湖北科学技术出版社，2010年）、《好吃佬丛书·吃禽》（刘现林主编．湖北科学技术出版社，2010年）、《好吃佬丛书·吃素》（蔡波主编．湖北科学技术出版社，2010年）、《好吃佬丛书·喝汤》（邹志平主编．湖北科学技术出版社，2010年）、《好吃佬丛书·圆子》（陈才胜主编．湖北科学技术出版社，2010年）、《天门蒸菜精选100品》（王国斌主编．长江出版社，2010年）、《中国郢州菜》（钟祥市烹饪协会编著．中国文化出版社，2011年）、《美味湖北》（湖北省商务厅编．湖北科学技术出版社，2012年）、《楚厨绽放》（卢永良主编．湖北科学技术出版社，2014年）、《潜江龙虾美食100例》（朱铁山，邓定良编著．中国文联出版社，2014年）、《中华厨圣食典》（余贻斌主编．湖北科学技术出版社，2015年）、《中国莲藕菜》（邹志平著．湖北科学技术出版社，2016年）。

（二）1980年以来出版发行的代表性楚菜理论型著作

《武昌鱼》（李昭民，孟庆偿，彭传斌编．华中师范大学出版社，1989年）、《春华秋实——陈光新教授烹饪论文集》（陈光新著．武汉测绘科技大学出版社，1999年）、《楚乡美食与传说》（武清高著．中国文化出版社，2006年）、《烹苑杂谈》（张毅著．中国文化出版社，2007年）、《武汉食话》（姚伟钧，刘朴兵著．武汉出版社，2008年）、《鄂菜产业发展报告2013》（湖北省商务厅主编．湖北科学技术出版社，2014年）、《楚天谈吃》（曾庆伟著．百花文艺出版社，2014年）、《荆楚风味筵席设计》（贺习耀著．旅游教育出版社，2016年）、《楚国饮食与服饰研究》（姚伟钧、张志云著．湖北教育出版社，2017年）。

（三）1980年以来公开发表的代表性楚菜技术和理论文章（见表2-1）

表2-1　1980年以来公开发表的代表性楚菜技术和理论文章一览表

年份	文章名称	文章出处
1980年	东坡饼	《食品科技》
1981年	无龙不成席	《中国食品》
	家乡腌肉菜肴——渣菜	《食品科技》
1982年	湖北梁子湖畔的薤头	《中国蔬菜》
1983年	风景拼盘——古城春色	《中国食品》
	龙凤配	
1985年	鄂菜的起源与发展	《春秋》
	宰相创制的千张肉	《中国食品》
	湘妃糕与三鲜头菜	
	夹沙肉的制作要领	《中国烹饪》（湖北专号）
	散烩八宝饭	《中国食品》
1986年	鄂菜的源流与特色	《中国烹饪》
	鄂菜工艺特色初探	
	漫谈湖北小吃	《春秋》
	湖北蒸菜技艺三绝	《中国烹饪》
	蜜枣汁羊肉	
	楚地美食多　鄂菜源流长——从考古发现谈湖北饮食渊源	
1987年	鄂乡小吃耐回味	《中国食品》
	橘瓣鱼制作关键分析	
1988年	湖北风味——蒸肉糕	《中国食品》
	马口发面包子	
	鄂菜大师的"三国菜"	《烹调知识》
	湖北蒸菜的起源与发展	《中国烹饪》
1989年	楚乡新菜	《中国烹饪》
	鄂西北特产蔬菜——荆芥	《中国蔬菜》
	樊城薄刀	《中国食品》
	略谈湖北汤菜	《烹调知识》

年份	文章名称	文章出处
1990 年	武昌鱼和纪念鱼	《科学养鱼》
	湖北名菜"皮条鳝鱼"	《烹调知识》
	红安乡土风味菜两款	
	云梦小吃二款	《中国食品》
	安陆白花菜	《长江蔬菜》
	襄樊大头菜	《中国食品》
	鄂肴鱼鲜四款	
1991 年	鄂菜新谱	《中国烹饪》
	天门特产——义河蚶、金鳞大鲤鱼、西湖藕	《中国食品》
	天门橘瓣鱼圆	
	毕兹卡与土家油茶汤	《中国茶叶》
	云梦豆皮	《中国食品》
	浅析"瓦罐鸡汤"的风味成因	
	从《楚辞·招魂》看荆楚饮食特征	
1992 年	两款传统鄂菜	《中国烹饪》
1993 年	为古城江陵增辉的荆楚菜点	《中国食品》
	仿楚菜四例	《中国烹饪》
	应城的三款扒菜	
	湖北乡土风味——鲊	《中国食品》
	湖北黄冈特产：黄州萝卜	《中国蔬菜》
	荆楚民间烹调法——炕	《烹调知识》
	红安特产菜——煨葫芦	《中国食品》
1994 年	湖北绿豆皮	《烹调知识》
	楚菜四款	《食品与生活》
	洪湖三蒸	《烹调知识》
	红安珍珠菜	《中国土特产》
	福宝莼菜水中珍	《民族大家庭》
	鄂味创新菜三款	《烹调知识》
	应城全鱼席	《中国食品》
1995 年	孝感豆油藕卷	《烹调知识》
	武昌鱼造型菜四例	
	干拨财鱼	《四川烹饪》
	鄂厨善烹长鱼香	《中国食品》
	荆菜的演化道路	《扬州大学烹饪学报》
1996 年	鄂北农家风味面食两款	《四川烹饪》
	煨汤	《四川烹饪》
	浅议鄂菜的振兴	《中国烹饪研究》
	鄂西北的风味蒸菜	《中国食品》
	什锦蒸盆	《四川烹饪》
	樊口鳊鱼甲天下	《四川烹饪》

年份	文章名称	文章出处
1996 年	清蒸武昌鱼	《食品与健康》
	楚乡蒸肉名肴五款	《烹调知识》
	湖北莲藕肴馔十一款	
	王树林创新菜三款	
	湖北名菜"清蒸武昌鱼"的风味成因	
1997 年	振兴鄂菜 势在必行	《湖北画报 – 湖北旅游》
	武当道观素馔三款	《烹调知识》
	鄂菜的形成与发展趋势	《食品与生活》
	楚辞与荆楚饮食文化	《华夏文化》
	湖北风味财鱼肴	《烹调知识》
	西餐的排在鄂菜中的运用	《中国烹饪》
	安陆太白名肴	《烹调知识》
	武汉的酒楼与饮食文化	《武汉文史资料》
	毛嘴卤鸡	《湖北文史资料》
	武汉的名小吃	《武汉文史资料》
	鄂西珍品山野菜	《四川烹饪》
	鄂菜如何形成新特色	《中国烹饪》
1998 年	一代伟人与湖北风味——小记毛泽东在湖北的饮食生活	《四川烹饪》
	装成卷切号蟠龙	《烹调知识》
	宣恩的富硒火腿	《中国牧业通讯》
	学做湖北风味菜	《服务科技》
	湖北阳新的两道红苕菜	《烹调知识》
	"白汁芙蓉蛋"的制作	《中国食品》
	唐国璋创新虾肴六款	《烹调知识》
1999 年	荆楚美食野味干锅	《四川烹饪》
	昭君和番与汤余桃花鱼	《中国保健营养》
	湖北人的家常菜——排骨莲藕汤	《食品与生活》
	浅谈荆沙鱼糕的制作	《烹调知识》
	酱烧武昌鱼	《今日湖北》
	云梦名肴馔两款	《烹调知识》
	土家族的饮食风味	《食品与健康》
	谈贴	《中国烹饪》
	水余桃花鱼	《烹调知识》
	湖北特色汤肴两款	《中国食品》
2000 年	鄂菜大师余明社和他的"白云黄鹤"与"富海一锅鲜"	《今日湖北》
	谈清江流域旅游建设中的饮食文化资源	《长江建设》
	湖北风味名菜——蚕形鱼圆	《烹调知识》
	重铸鄂菜老品牌	《湖北日报》
	荆楚乡土风味两款	《家庭科技》
	论振兴鄂菜	《人文论丛》
	鳊·鲂·武昌鱼	《烹调知识》

年份	文章名称	文章出处
2001年	鄂菜三款	《烹调知识》
	稀滚烂淡鲜——鄂式蒸菜要领	《餐饮世界》
	利川莼菜	《美食》
	新派鄂菜	《上海调味品》
	鱼羊合烹出佳鲜	《中国烹饪》
	新鄂菜崛起武汉三镇	《中国烹饪》
	滋润唇齿的羹汤	《四川烹饪》
2002年	汪集鸡汤：正宗难抵水货	《今日湖北》
	武汉三五酒店新派鄂菜	《中国食品》
	土家懒豆腐	《四川烹饪高等专科学校学报》
	桃花鱼 昭君泪	《烹调知识》
2003年	清江流域土家族原生态饮食文化的传承与整理	《云龙学术会议论文集》
	肉鱼合烹成佳肴	《烹调知识》
	鄂菜新味	《餐饮世界》
	鄂菜进军北方	《中国食品》
	湖北名菜风味特色分析	《东方美食（学术版）》
	荆楚名肴典故多	《中国食品》
	鄂菜怎样飘香全国	《湖北日报》
	鄂菜借机走四方	
	京城餐饮"鄂军"沉浮	《经济日报》
	金牌菜点的制作与鉴赏	《烹调知识》
	湖北特色菜肴与风味小吃	《今日中国（中文版）》
	风味小吃湖北菜	《中国民族报》
	风味特殊的湖北小吃	《烹调知识》
2004年	楚灶王祝融传奇	《烹调知识》
	湖北瓦罐煨汤风味的机理	《中国食品》
	鄂菜明珠武昌鱼	《烹调知识》
	武昌鱼的四性五味	《餐饮世界》
	故乡的银丝鱼面	《烹调知识》
	鄂东名特产：芝麻糊藕	《美食》
	荆楚饮食文化论略	《湖北经济学院学报》
2005年	品味湖北民间乡土菜	《中国烹饪》
	武汉家常菜：九省通衢味兼南北	《中国烹饪》
	鄂西土家族原生态饮食文化的传承与开发	《湖北民族学院学报（哲学社会科学版）》
	话说中国菜系九——冷艳美人之鄂菜	《饮食科学》
	农家锅贴菜	《四川烹饪》
	洪山菜薹鉴别与食用	《四川烹饪高等专科学校学报》
	武昌鱼的诗文掌故	《中国食品》
	新式鸳鸯武昌鱼的制法与要点	《烹调知识》
	听鄂菜名厨讲鄂菜故事——从鄂文化里品出佳肴来	《今日湖北》

年份	文章名称	文章出处
2005 年	汉派餐饮尚缺品牌优势	《经济日报》
	郧阳小吃三合汤	《四川烹饪》
	湖北菜·食有鱼	《餐饮世界（上半月）》
	沙市小吃	《四川烹饪》
	鸡泥桃花鱼	《四川烹饪》
	美食在湖北	《家庭医学新健康》
	新派湖北特色菜	《中国食品》
	武汉小吃故事多	《中国保健营养》
	荆楚佳肴闹京城	《中国食品》
2006 年	湖北马头山羊的保种与开发利用	《中国草食动物》
	人见人爱的红菜薹	《烹调知识》
	鄂菜：美食中的楚风汉韵	《深圳特区日报》
	武汉美食趣闻	《中国保健营养》
	巫山云雨楚地菜	《中国食品》
	佳肴良药说黄鳝（二）	《内陆水产》
	古灵精怪看楚菜	《中国烹饪》
	毛泽东在湖北的饮食生活	《文史精华》
	崇阳小镇美食掠影	《四川烹饪》
	荆楚特色美食	《烹调知识》
2007 年	土家"掉渣烧饼"制作法	《烹调知识》
	武汉酱园老字号钩沉——兼论酱园老字号振兴之路	《2007年中国首届酱文化国际高峰论坛文集》
	试论鄂西土家族饮食文化特色	《湖北民族学院学报（哲学社会科学版）》
	武汉餐饮老字号的历史与振兴	《武汉文博》
	武汉的风味小吃	《东方食疗与保健》
	鄂西的菜焖饭	《四川烹饪》
	味美动人的桃花鱼	《烹调知识》
	武昌鱼神仙汤	《烹调知识》
2008 年	新菜传真菜品推荐	《四川烹饪》
	经典鄂菜沔阳三蒸	《食品与生活》
	历史悠久的武汉小吃	《东方食疗与保健》
	百味莲藕出蔡甸	《中国质量万里行》
	从武汉小吃看品牌创新	《湖北财经高等专科学校学报》
	孝感米酒：白如玉液赛琼浆	《中国质量万里行》
	软煎虾饼	《四川烹饪》
	昔日帝王菜 今日百姓爱	《生意通》
	湖北十大名吃	《食品与健康》
	沔阳的三蒸菜	《烹调知识》
	武汉小吃米当先	《湖北旅游》
	早点入菜说面窝	《餐饮世界》
	龟鹤延年汤："煨"出来的养生文化	《烹调知识》

续表

年份	文章名称	文章出处
2008 年	鄂菜：两江育荆楚　鄂馔巧烹鲜	《餐饮世界》
	感受淳朴的楚风荆韵	《中国食品》
2009 年	宜昌美食：冬季里的一抹温暖	《湖北画报·湖北旅游》
	武汉饮食老字号品牌与武汉城市形象——兼论武汉文化软实力建设	《武汉商业服务学院学报》
	从功能对等理论看几道荆州菜名的文化内涵与翻译	《文教资料》
	湖北圆子菜说略	《南宁职业技术学院学报》
	鄂城老街的石井小吃	《烹调知识》
	楚乡炖钵菜	《四川烹饪》
	银装飘香鱼	《四川烹饪》
	随州乡间土菜	《四川烹饪》
	浅谈武汉小吃的文化内涵	《现代商业》
	武汉小吃——透着浓郁人情之美	《烹调知识》
	老三届酒楼坚持做湖北家常菜	《大武汉》
	汉味小吃与武汉城市形象	《武汉商业服务学院学报》
	感受湖北私家菜的味道	《中国食品》
	湖北：打造小龙虾产业链	《农村养殖技术》
2010 年	鄂乡味浓	《中国烹饪》
	谈湖北菜的分支流派与风味特色	《中国食品》
	楚菜发展现状及建议	《武汉商业服务学院学报》
	生态经济背景下神农架旅游美食开发的思考	《湖北经济学院学报（人文社会科学版）》
	荆楚端午习俗的传承与非物质文化遗产保护	《武汉文博》
	走进亢龙太子，品味鄂菜经典	《中国食品》
	老汉口：楚汉风中新食代	《烹调知识》
	蔡林记热干面因风味独特而驰名	《湖北文史》
	传承弘扬蒸菜美食文化	《湖北日报》
	天门蒸菜打响品牌正当时	《湖北日报》
	吉庆美味"黄陂三合"	《医食参考》
	中国辣之湖北：楚天别有辣	《烹调知识》
	秋凉贴膘寻鄂菜	《中国食品》
	武汉的排骨藕汤	《四川烹饪》
	湖北民间宴席研究	《中国商界（上半期）》
	湖北民间特色宴席鉴赏	《餐饮世界》
	流连忘返品武汉小吃	《中国食品》
2011 年	我看湖北菜	《四川烹饪》
	泉水制成豆腐干	《大武汉》
	神农架的榨广椒	《食品指南》
	发掘、整理、利用、传承老字号文化遗产	《武汉商业服务学院学报》
	湖北饮食文化解构	《武汉职业技术学院学报》
	我们的湖北寻味之旅	《四川烹饪》

年份	文章名称	文章出处
2011 年	讲究本味的荆州菜	《四川烹饪》
	三鲜豆皮八卦汤	《食品与生活》
	解析荆州名菜	《四川烹饪》
	荆沙甲鱼	《四川烹饪》
	小议武汉特色小吃的英译版本——以热干面、豆皮、面窝为例	《科教导刊》
	湖北饮食老字号创新发展研究——以湖北饮食老字号老通城为例	《武汉商业服务学院学报》
	荆楚风：用粉粉的藕，熬一碗浓浓的汤	《天下美食》
	西陵峡口肥鱼美	《四川烹饪》
	天门蒸菜——鲜蒸后调出本味	《四川烹饪》
	武穴酒席说略	《赤峰学院学报（汉文哲学社会科学版）》
	东坡豆腐	《三联生活周刊》
	武昌鱼宜三吃	《烹调知识》
	楚乡名馔应山滑肉	《中国保健营养》
	襄阳饮食缩影	《四川烹饪》
	迷宗十堰菜	《四川烹饪》
	武当猴头	《饮食与健康（下旬刊）》
	感受香醇味浓的炖钵菜	《四川烹饪》
	以莲藕的名义开启湖北菜的盛宴	《四川烹饪》
	让脆皮糊长出珍珠：珍珠银鳕鱼制法图解	《四川烹饪》
	芙蓉鸡片的制作工艺创新	《武汉商业服务学院学报》
	武汉面点小吃的地方特色	《扬州大学烹饪学报》
	我看湖北菜	《四川烹饪》
	两鱼一菜一吊汤	《四川烹饪》
	三进三出 打造湖北菜产业链	《中国高新技术》
	盐菜腊味烧鳝鱼	《四川烹饪》
	卤味新宠牛骨头	《四川烹饪》
	土苗风味菜	《四川烹饪》
	滋润唇齿的羹汤	《四川烹饪》
	无滑肉不成席	《烹调知识》
2012 年	湖北美食数鱼丸	《医食参考》
	鱼肴新做有新味	《四川烹饪》
	关于鄂菜营养化发展的思考	《武汉商业服务学院学报》
	湖北鱼肴文化探析	《扬州大学烹饪学报》
	舌尖上的文化湖北	《湖北旅游》
	武汉饮食老字号与非物质文化遗产保护	《武汉文博》
	加强餐饮文化建设 推进鄂菜产业发展	《武汉商业服务学院学报》
	影响鄂菜发展的因素分析	《武汉商业服务学院学报》
	品味应城"三扒"	《烹调知识》
	鄂菜菜名英译研究	《科教导刊》
	竹溪菜	《食品与生活》

年份	文章名称	文章出处
2012年	新菜传真菜品推介	《四川烹饪》
	杂谈武汉"老大兴园"的鮰鱼	《四川烹饪》
	小桃园里靓汤飘香	《四川烹饪》
	排骨藕汤：弥漫在舌尖的幸福滋味	《湖北旅游》
	梁子湖畔河蟹肥	《湖北旅游》
	鱼米之味湖北菜	《中老年保健》
	恩施小吃	《美食》
	荆楚味道	《农产品市场周刊》
	湖北淡水鱼鲜烹调常规解析	《中国－东盟博览》
	振兴鄂菜的思考	《现代阅读教育版》
	湖北饮食老字号的发展历史与生存现状	《武汉商业服务学院学报》
	湖北饮食老字号的传承与创新	《职大学报》
	流传百年的经典小吃：八宝饭	《饮食与健康（下旬刊）》
	十三根半刺的武昌鱼	《湖北旅游》
	开屏武昌鱼的做法	《百姓生活》
	阴米煨猪肚 湖北人家秋冬滋补暖胃第一汤	《大武汉》
	感官评定体系引入对湖北菜发展的积极作用	《中国－东盟博览》
	詹厨王与随州"应山滑肉"	《农产品加工》
2013年	土家年肉	《四川烹饪》
	土家刀头肉	《饮食科学》
	红烧瓦块鱼	《饮食与健康（下旬刊）》
	武当山与道教饮食文化	《湖北旅游》
	诗中名菜武昌鱼	《烹调知识》
	鄂菜菜名的认知研究	《华中人文论丛》
	鄂菜及其面塑探析	《武汉商业服务学院学报》
	神州一奇 湖北小吃	《中老年保健》
	孝感的焦湖藕夹	《四川烹饪》
	略论湖北传统筵席中的"四无不成席"	《旅游纵览（下半月）》
	荆风楚韵筵席之创新设计	《商品与质量（理论研究）》
	潜江火烧粑	《科学之友（上旬刊）》
	肉甜薄壳最肥美	《大武汉》
	武汉人的菜桌	《武汉文史资料》
	对潜江龙虾产业发展的思考	《现代农业科技》
	淡妆浓抹的湖北菜	《青春期健康》
	藕圆 小圆子里的大乾坤	《大武汉》
	土家风味美食——恩施炕土豆	《烹调知识》
2014年	荆州鱼糕及其文化意蕴	《黑龙江史志》
	鄂菜——美食界的新风向标	《美食》
	武汉热干面的传承与创新	《南宁职业技术学院学报》

年份	文章名称	文章出处
2014 年	热干面芝麻酱生产中 HACCP 体系的应用	《武汉商业服务学院学报》
	湖北：圆圆满满鲜滋味	《健康与营养》
	寻味荆楚	《美食堂》
	长阳：深山里的土家族宴席	《三联生活周刊》
	草根美食中的童年记忆——宜昌凉虾	《湖北旅游》
	荆沙鱼糕制作机理浅析	《中国调味品》
	钟祥"长寿宴"设计探讨	《荆楚学刊》
	襄阳大头菜	《烹调知识》
	李白与安陆翰林鸡	《烹调知识》
	武汉热干面"申遗"失败原因探析与发展对策	《农村经济与科技》
	湖北恩施州饮食结构特点分析	《农村经济与科技》
	风干武昌鱼鱼肉辐照和高温灭菌后的挥发性成分分析	《核农学报》
	不同加工方式的武昌鱼鱼肉中挥发性成分分析	《食品工业科技》
2015 年	黄冈东坡菜开发应遵循的原则	《南宁职业技术学院学报》
	论饮食与生态的关系——基于湖北饮食与生态环境的分析	《三峡论坛理论版》
	沔阳三蒸的起源与发展考论	《武汉商学院学报》
	湖北沔阳三蒸市场调查研究报告	《食品安全导论》
	鱼糕、肉丸做成的"头子"它上桌才是年夜饭的开始	《大武汉》
	美味沔阳三蒸	《烹调知识》
	武汉素食产业发展现状与对策研究	《武汉商学院学报》
	加工方式对葛粉鱼圆风味品质的影响研究	《食品研究与开发》
	葛粉鱼面加工工艺研究	《食品研究与开发》
	湖北黄冈文化主题宴设计研究	《荆楚学刊》
	浅析湖北鄂州地区饮食民俗"鱼丸"的文化意蕴——以湖北鄂州市泽林镇为例	《荆楚学术论丛》
	湖北三国文化宴设计探析	《武汉商学院学报》
	仙桃珍珠圆子年饭中的佳品	《湖北画报（湖北旅游）》
	恩施古城品合渣	《食品与健康》
	湖北特色蔬菜——藕带	长江蔬菜
	佳肴"粉蒸荷叶肉"	《家庭中医药》
	土家十大碗宴席	《民族大家庭》
	荆门夏季美食——米茶	《中国保健食品》
	荆楚风味全鱼席设计探析	《四川旅游学院学报》
	试论素食产生与发展的深层原因	《2015 食文化发展大会论文集》
	湖北蒸菜的特色粉发展对湖北粉蒸肉的探索与思考	《饮食保健》
	如何打造黄冈"十大美食"的影响力	《智富时代》
2016 年	土家抬格子　全家团圆的吃饭仪式	《湖北画报 – 湖北旅游》
	湖北地域文化应用于餐饮企业的实证分析	《南宁职业建设学院学报》
	"油焖大虾"流行的因素分析	《四川旅游学院学报》
	湖北潜江"油焖大虾"复合调味酱工艺配方的优化	《中国调味品》

年份	文章名称	文章出处
2016 年	水中碧螺春：利川莼菜	《湖北画报 - 湖北旅游》
	腌制和油炸处理对酥鳞武昌鱼品质的影响	《食品工业科技》
	地域饮食风俗中的民众文化心理——以湖北饮食风俗为例	《长江师范学院学报》
	苏东坡的黄州饮食生活及黄州东坡菜系的形成	《黄冈职业技术学院学报》
	浅议鄂菜的地域特色	《南宁职业技术学院学报》
	武汉热干面的传统制作及其创新研究	《经营管理者》
	浅谈麻城肉糕	《消费导刊》
	汉味小吃与武汉城市形象	《食品安全导刊》
	关于湖北风味流派研究的再思考	《武汉商学院学报》
	创新烹调方法对清蒸武昌鱼风味品质影响的研究	《中国调味品》
	家乡风味——荆州鱼糕的民俗文化研究	《明日风尚》
	油焖大虾酱的保藏研究	《中国调味品》
2017 年	莲藕排骨汤的功效与烹饪技术	《健康养生》
	传统荆沙鱼糕品质优化研究	《武汉商学院学报》
	基于产业链视角下的武汉市素食产业效益分析	《福建农林大学学报（哲学社会科学版）》
	非遗视角下荆州饮食文化资源保护与开发文献综述	《湖北经济学院学报（人文社会科学版）》
	湖北地方传统风味虾鲊的标准化工艺设计	《农村经济与科技》
	香死街坊的"糊汤粉"	《大武汉》
	嘉鱼吊锅	《饮食科学》
	苏东坡与湖北美食（上）	《养生保健指南》
	苏东坡与湖北美食（下）	《养生保健指南》
	荆州美味冬瓜鳖裙羹	《烹调知识》
	武当道斋 以食问道的养生智慧	《旅游》
	黄陂肉糕制作工艺优化与关键指标相关性分析	《食品研究与开发》
	三种磷酸盐对鱼丸感官品质和持水性的影响	《食品安全导刊》
	鄂式茼蒿蒸菜的制作技艺	《中国调味品》
	荆州美肴"龙凤配"	《烹调知识》
2018 年	楚菜传承与发展的必由之路是工艺创新	《现代食品》
	罗田吊锅的乡愁与传承	《瞭望东方周刊》
	武汉洪山菜薹	《中国蔬菜》
	恩施土家"羊格格"	《保健医苑》
	武汉热干面的发展及市场现状	《食品界》
	教您两道湖北美味特色菜	《北京广播电视报》

第五节
楚菜对外交流现状

近些年来，随着中外饮食文化交流的不断推进和深化，湖北餐饮人士和企业家的国际化意识与走出去行动不断加强，楚菜文化对外（省外、境外、国外）交流越来越活跃，知名楚菜企业、著名楚菜大师到国外参加国际烹饪比赛、楚菜技艺表演、孔子学院美食课堂等多种活动，提高了湖北美食的国内及国际知名度，楚菜在国内国外餐饮市场持续拓展，楚菜的身影和楚菜馆的招牌越来越多见。

2000年3月，在日本东京举行的第三届中国烹饪世界大赛期间，卢永良受聘担任武汉代表队的技术顾问，武汉代表队一举夺得团体和个人金牌以及展台特等奖等三项大奖，进一步扩大了湖北菜在国际上的影响力。

2004年1月，在法国波尔多参加中法文化交流活动过程中，楚菜大师孙昌弼和同事一起现场进行的精湛厨艺表演，深深打动了在场的法国朋友，而后受邀到当地一家百年英式餐厅做现场厨艺交流，其烹制的湖北美食被誉为"人间美味"，明显提升了湖北菜在法国的知名度。

2006年11月，受当时日本料理协会会长伊东学明的邀请，以楚菜大师卢永良为技术总顾问的湖北厨艺代表团对日本东京、大阪等地进行了为期10余天的交流访问活动，继续为实现"湖北菜走出去"战略积极宣传，扩大了湖北菜在日本的知名度。

2012年5月18日，在湖北经济学院组建10周年暨建校105周年庆典上，国家汉办孔子学院总部党委书记马箭飞与时任湖北省人民政府副省长郭生练为"汉语国际推广中华饮食文化培训基地"揭牌。国家汉办在湖北经济学院建立"中华饮食文化培训基地"，不仅有利于中华饮食文化的交流、研发、创新，不断丰富中华文化交流与传播的内容，提高中华文化在海外的影响力，同时可促进湖北饮食文化对外交流的广度和深度，推动湖北菜的国际化进程，提高湖北菜在国内和国际上的知名度和市场占有率。

2012年5月26日至28日，由世界中餐厨艺交流会、世界名厨联谊会举办，被业内称为"中餐比赛里的奥运会"的世界厨王争霸赛，在中国江苏省江阴市成功举办。来自中国、美国、加拿大、荷兰、德国、阿根廷、马来西亚、新加坡和中国台湾等31个国家和地区的48个团队以及一百五十多名个人选手参加了此次国际性的中餐烹饪技能大赛，其中，武汉市派出2个团队，由4位楚菜大师组成的武汉综合代表队以"高山流水""天圆地方""千年地参"等饱含浓浓湖北特色的湖北菜获得冠军，武汉醉江月代表队获得季军。武汉2个代表队在总共6个大奖中获得了2项大奖，占据了1/3的奖项，不仅精彩地展现了湖北菜的文化魅力，而且有效地提升了湖北菜的国际知名度和影响力。

2013年4月底，卢永良大师应邀带领湖北大师代表团（邹志平、陈亮、常福增、甘泉、王波）赴马来西亚拉曼大学开展餐饮文化交流活动，为该校10周年校庆所邀请的220名马来西亚各界名人和企业家们制作感恩宴会。卢永良大师团队综合考虑各种因素，精心设计了宴席菜单和操作流程，因地制宜，中西结合，制作出的一道道精致可口的美味佳肴深受好评。宴会结束后，22张桌上的宴席菜单一张不留都被嘉宾们带走珍藏了。本次感恩宴请活动结束时，拉曼大学特别向每一个大师颁发了感谢状和纪念品，全场嘉宾以长时间热烈掌声向大师们表示感谢。

2013年12月7日，法国总理埃罗一行在武汉访问期间，来到东湖宾馆参加晚宴，席间夸赞湖北菜达到了国际顶级水平。

2015年3月24日至26日，以"世界好产品、美味无国界"为主题的2015世界厨王上海争霸赛在上海隆重举办，来自世界三十多个国家和地区的中餐厨师精英所组成的36个团体队和60组双人队参加了此次争霸赛。由楚菜大师卢永良带领的湖北代

表队以独具荆楚饮食文化特色的"楚厨绽放宴"参加团体展台比赛并荣获团体赛季军；楚菜大师邹志平现场制作的"橘瓣鱼氽""明珠武昌鱼""软煎虾饼"荣获热菜金奖，楚菜大师王波现场制作的"萝卜白菜包""苹果琵琶酥"荣获面点金奖。湖北代表队在如此高规格的国际性烹饪赛场上所展现的精湛厨艺和所取得的优异成绩，无疑进一步提升了湖北菜在国内及国际烹坛的知名度和影响力。

2015年4月19日至23日，中国烹饪协会名厨专业委员会应韩国料理协会邀请，选派了4位中国地域中青年名厨组队赴韩国首尔开展烹饪文化交流。湖北经济学院副教授、中国烹饪协会名厨专业委员会副秘书长邹志平应邀作为4名成员之一参加了此次活动。邹志平大师将韩国本土特色食材与自己擅长的湖北菜烹调方法巧妙结合，精心设计和烹制的"膳府辣酱烩鱼圆""韩国泡菜炒虾片""韩国大酱焖牛肉""青椒烧加吉鱼"等菜品色香味形俱佳，得到韩国同仁们的一致好评。邹志平大师表示，作为湖北厨师代表应邀到韩国参加美食文化交流活动，不仅提升了自身的国际化视野，在一定程度上也扩大了湖北菜在韩国的知名度。

2016年7月初，在由中国驻斯特拉斯堡总领馆、巴黎中国文化中心和中国烹饪协会联合举办的"中国非遗美食世界行"系列活动中，楚菜大师卢永良、邹志平和其他代表团成员一起，先后在法国斯特拉斯堡、贝桑松市以及巴黎开展了隆重的美食品鉴以及精彩的厨艺表演活动，进一步提升了湖北风味美食和中国美食文化在法国的知名度和影响力。

2017年5月11日至13日，楚菜大师邹志平，湖北经济学院旅游酒店管理学院楚菜大师团队受澳大利亚格里菲斯大学邀请参加澳大利亚"第三届中国

美食节"系列活动。5月12日晚，在布里斯班柏林大酒店举办了中国美食品鉴会。5月13日下午，在伊普斯维奇Queens Park（女王公园）举办了第二场中国美食节，邹志平、陈才胜等楚菜大师现场为当地六千多市民展现了精彩的厨艺，明显增强了当地民众对湖北特色美食和中华饮食文化的认识。

2018年7月30日至8月6日，受澳洲华人餐饮业商会邀请，卢永良、方学德、曾丕良、董新洲4人组成的楚菜大师团队，在澳大利亚悉尼为八百多位嘉宾精心设计并烹制了4场楚菜精品宴，"葱烧长江鮰鱼肚""金蟹狮子头炖鱼丸"等精品楚菜造型精致、鲜美可口，赢得了现场嘉宾的一致好评，让楚菜又一次香飘澳洲。

2018年7月12日，由湖北省委、省人民政府主办的主题为"新时代的中国：湖北，从长江走向世界"的湖北全球推荐活动在外交部蓝色大厅隆重举行，一百四十多个国家的驻华使节代表、国际组织驻华代表、世界500强企业嘉宾以及中外媒体记者等五百余人参会。作为本次活动的压轴戏——楚菜冷餐会，由楚菜大师卢永良、邹志平率领22位湖北厨师团队精心制作的29道美味佳肴（包括19道主菜、6道点心主食、4道水果），集中展示了湖北菜灵动的鲜美滋味和深厚的文化底蕴，第一次在国家层面以"楚菜"名义隆重而鲜活地向中外嘉宾推介湖北美食文化。

2018年9月14日，由湖北省人民政府、中国邮政集团公司主办的中国（武汉）期刊博览会在武汉国际博览中心隆重开幕之际，举行了楚菜大师邹志平专著《中国莲藕菜》版权输出与当代出版社（尼泊尔）的签约仪式，意味着《中国莲藕菜》将携带荆楚美食走进尼泊尔，扩大楚菜在尼泊尔的知名度和影响力。

产业发展报告
Report on the Development of Hubei Cuisine
2013
湖北省商务厅 主编

第六节
楚菜餐饮行业改革开放40年发展概况

自改革开放以来，40年间，几代楚菜餐饮从业者始终坚持以菜品质量为基础，技术创新为核心，文化融合为动力，品牌提升为目标，不断开拓进取，聚沙成塔，践行着一条适合楚菜发展的新途径。40

年风雨征程，40年春华秋实，楚菜改革、创新、融合、进步的一系列成就是国家政治经济持续发展和人民对美好生活的向往所共同推动的。

一、1978—1988 年

改革开放的第一个十年是楚菜创新发展的初始期。楚菜餐饮从业者积极贯彻和落实国家改革开放政策，坚持以经济建设为中心，楚菜餐饮企业敢于创新，真抓实干，实现了楚菜餐饮行业历史性的突破。1981 年出版的中等商业服务业技工学校试用教材《烹调技术》将湖北菜列入中国"十大菜系"。首届全国烹饪名师技术表演鉴定会前夕，新华社向海内外发布专稿，正式确认湖北菜是中国"十大菜系"之一。

1. 依靠政策支持为企业创新创造机会，从体制上驱动企业改革发展

改革开放之前，以"蔡林记""四季美""五芳斋""大中华""老通城"等楚菜老字号为代表的多数著名楚菜餐饮企业已经具有明显的技术优势和品牌优势。改革开放初期，在国家宏观政策的引领下，一方面，部分老字号楚菜餐饮企业通过改革企业产权关系、完成企业体制和机制的变革，使企业逐步建立起产权明确、两权分离、分层管理的资产运营管理体制。另一方面，部分老字号楚菜餐饮企业通过重组、联营、合资、兼并、收购等多种形式，使企业逐步建立起较为规范的现代企业管理制度，还有一部分老字号楚菜餐饮企业实现了传统企业股份制改造。

2. 积极挖掘传统技艺，继承与创新并举，大力提升楚菜菜品品质

改革开放初期，湖北武汉餐饮市场十分火爆，楚菜老字号、楚菜新字号规模在国内驰名。楚菜业界始终重视菜品质量，认真找准自身技艺的个性风格、特色定位和发展目标，坚持对传统菜品进行挖掘和整理，不断巩固餐饮企业技术优势，坚持产品结构的主流引导，强化餐饮市场的精品战略，形成了以烹制武昌鱼菜而驰名的"大中华酒楼"，以烹制鮰鱼菜而驰名的"老大兴园"，以制作"三鲜豆皮"而驰名的"老通城"，以制作武汉名小吃为特色的"祁万顺""小桃园""五芳斋""蔡林记""四季美"等一系列"特色""精品"楚菜餐饮企业。通过 10 年对楚菜传统菜品烹饪技艺的挖掘、创新，使楚菜餐饮行业为湖北人民生活提高和湖北经济快速发展做出了突出贡献，并对当时荆楚饮食业整体发展进程产生了积极而深远的影响。

3. 重视发展技能练兵和职业教育，着力培养楚菜人才队伍

改革开放初期，湖北餐饮业界大力提倡岗位练兵与名师带徒，多次开展等级竞岗和技能竞赛活动，发掘、培养了一批楚菜业界优秀人才。伴随着楚菜餐饮业的快速发展，餐饮市场对楚菜专业人才的需求急剧提升，尤其是高素质职业人才短缺。为了加快楚菜人才培养，湖北地区部分职业院校纷纷开办中专、大专层次的烹饪专业，集中培养楚菜专业人才，打造高素质楚菜职业人才队伍。例如：1979 年，恩施商务技工学校开办烹饪专业；1982 年，仙桃市高级技工学校开办中餐烹饪专业；1985 年，武汉商业服务学院由中专升为大专，随之拉开了楚菜大专层次专业人才培养序幕。

二、1988—1998 年

改革开放的第二个十年是楚菜创新发展的成长期，积极探索传承与创新的融合点，坚持打造楚菜新品牌，弘扬楚菜老品牌，助力楚菜餐饮企业现代化升级，选择出了一条适合楚菜行业创新发展的新路径。

1. 湖北厨师队伍技术实力显著提升，楚菜技术人才队伍初具规模

在 1988 年举办的第二届全国烹饪技术比赛中，湖北 13 名参赛选手荣获金牌 3 枚、银牌 3 枚、铜牌 7 枚。同年，127 名湖北厨师晋升为高级厨师职称。

1990 年，武汉大中华酒楼和北京全聚德、广州酒家一起被原国家商业部评定为餐饮业国家二级企业，成为国内餐饮行业标杆。

1991 年，全国首届青工技术比赛在北京人民大会堂举行，湖北厨师获得第 4 名和第 8 名的优异成绩。

1989 年，《中国食府四名丛书——大中华酒楼》由中国轻工业出版社出版发行。

1990 年，《中国食府四名丛书——老通城酒楼》由中国轻工业出版社出版发行。

1992 年，在全国商业系统首届高级技师评选中，湖北有 50 名厨

师晋升烹饪技师职称。

2. 加强名师名店建设，发挥骨干引领作用，打造楚菜系列品牌

1995 年，湖北省人民政府实施《整理和弘扬鄂菜计划》，开展鄂菜大赛、促进鄂菜创新、树立鄂菜品牌等鄂菜振兴活动，推动了湖北餐饮业大发展。

1996 年，时任湖北省省长助理的江泓在鄂菜展示会上讲话强调："首先要有一个长期的规划和实施的具体安排，要建设、抉择、发展一批湖北名店，突出本地风味，要名师上灶、名菜上桌，确保菜品质量。要出现像上海新亚集团、北京烤鸭集团等这样的大型餐饮集团。企业要在整理弘扬鄂菜方面起骨干作用，以经济实力为依托积极参与国内和国际性的餐饮竞争。"同年，根据湖北省人民政府《整理和弘扬鄂菜计划》，按照湖北风味名店基本条件要求，经评选并报送湖北省人民政府同意，授予卢永良、卢玉成、余明社、陈昌根、杨同生等人"鄂菜烹饪大师"荣誉称号，授予武汉东湖宾馆、湖北省人民政府驻京湖北宾馆、湖北楚游宫美食娱乐中心、武汉迎宾馆、武汉胜利饭店、湖北饭店、湖北华联楚天大厦、湖北复兴饭店、武汉机场长江美食城、大中华酒楼 10 家单位"湖北风味名店"称号。

3. 坚持技术创新，加快品牌建设，塑造楚菜餐饮企业新形象

在改革开放的第二个十年里，随着国民经济的快速增长，湖北餐饮界以重塑品牌、创造品牌、运作品牌、提升品牌为重点，大力实施品牌战略，引领和创新市场需求，楚菜餐饮企业实现了从传统走向现代、从机会经营走向能力经营的转变和提升，在现代理念、现代模式、现代制度、现代技术的环境氛围中，实现了楚菜餐饮行业的快速发展和持续壮大，出现了"小蓝鲸""三五""太子""梦天湖""湖锦""艳阳天""九头鸟"等一批知名楚菜餐饮企业，成功塑造了一批魅力独特的楚菜餐饮企业新形象。

三、1998—2008 年

改革开放的第三个十年是楚菜技术创新和品牌发展鼎盛期，以自主创新为动力，进一步加大楚菜餐饮企业的现代化技术升级力度，出现了一批具有一定影响力的美食项目，实现了楚菜餐饮行业阶段性升级发展战略，完成了从国内业界被动跟随者到国内餐饮业界发展规划参与者和厨界技术竞赛规则制定者的华丽蜕变。

1. 强化技能培训、工艺研究和技艺创新，全面提升楚菜技术含金量和业界影响力

楚菜厨师立足于自身专业修养与技术创新素养，以丰富的创作想象力和感悟力，不断演绎出精湛的楚菜厨艺风格，楚菜整体的技术含金量和业界影响力上升到一个新高度，取得的竞赛成绩和承办的赛事活动上升到一个新台阶。

例如：2000 年，在日本东京举办的第三届中国烹饪世界大赛中，武汉三五酒店代表队获团体金杯奖，代表队成员余明社获个人金牌奖，这是楚菜名企名家首次在国际中餐烹饪技术比赛中获得团体金杯及个人金奖。2005 年，在湖北武汉举办的首届全国中餐技能创新大赛中，湖北参赛选手荣获创新人奖 11 枚、特别金奖 24 枚、金奖 23 枚、银奖 13 枚、铜奖 11 枚，总计 82 枚奖牌，在全国烹饪赛场上充分展示了楚菜厨师精湛的技艺水平和良好的精神风貌。

又如：武汉市成功举办了 1999 年第四届全国烹饪技术比赛（武汉赛区）、2003 年第五届全国烹饪技术比赛（武汉赛区）、2005 年首届全国中餐技能创新大赛、2005 年第十五届中国厨师节、2008 年第六届全国烹饪技术比赛（武汉赛区）等大型赛事和节会活动。

2. 打造楚菜领军企业，出版湖北菜品专辑，开创楚菜餐饮行业发展新局面

在日趋激烈的市场竞争大环境中，楚菜餐饮从业人员直面挑战，积极进取，关注餐饮市场消费需求，紧跟餐饮市场消费潮流，从标准化、产业化、品牌化、连锁化、信息化入手，使楚菜发展始终与时俱进，"太子""湖锦""小蓝鲸""三五醇""艳阳天"等湖北本地楚菜餐饮名企持续壮大，使得楚菜在国内各大菜系争荣斗艳的格局中跻身第二方阵前列，知名度和影响力继续增强，楚菜餐饮市场进入鼎盛高峰时期。

2008 年，在湖北省人民政府重视和关怀下，由湖北省商务厅和湖北省烹饪协会历时近两年共同编著完成的《中国鄂菜》正式出版发行。该书采用中英文对照方式，既全面介绍湖北菜的历史源流、风格特色、文化风貌，又多方收录"清蒸武昌鱼""奶汤鲴鱼""排骨煨藕汤"等三百多道湖北风味特色菜品，是第一部全面介绍湖北菜的大型专著。

3. 着眼于楚菜产业大格局，启动荆楚美食之乡规划布局，构筑楚菜行业发展新势态

楚菜餐饮行业的发展不能仅仅满足于武汉市一枝独秀，楚菜餐饮行业的崛起离不开湖北各市州的大力协助。确立楚菜发展大格局和新理念，着力楚菜餐饮行业高质量发展新目标，发掘各市州县的特色饮食文化资源，彰显荆楚大地各个区域的特色饮食风格，诸如天门市和仙桃市的蒸菜文化、鄂州市的武昌鱼文化等，开始启动楚菜美食之乡建设规划，使其成为展示荆楚餐饮发展水平与独特魅力的形象标志和助推楚菜餐饮行业联动繁荣的区域基地。

四、2008—2018 年

改革开放的第四个十年是楚菜产业创新发展新时期，楚菜发展理念由企业思维与行业思维模式转入产业思维模式，融入技术创新新理念，探索转型升级新路径，寻求产业发展新动能，推动楚菜产业发展提质增效。

1. 引领国内业界新风尚，打造楚菜资源、技术、文化整合大气候

在创新楚菜经济联盟的前提下，湖北餐饮界坚持继承和发扬荆楚饮食文化，更加注重烹饪技术积淀和厨艺创新，兼容并蓄不忘本，随心所欲不逾矩，吸纳荆楚饮食文化魅力，推广楚菜地标产品应用，重视烹饪高等教育教学，扶持餐饮老字号发展，加强绿色餐饮企业建设，引领国内餐饮新风尚，打造楚菜资源、技术、文化整合大气候。

在 2016 年第三届全国饭店业职业技能竞赛全国总决赛上，武汉湖锦酒楼代表队以总分第 1 名位列团体项目之首，同时又以评分第 1 名摘取全国饭店业最高奖——优质服务白金五星奖，参赛的 5 名厨师均获得全国最佳厨师称号。如此骄人的成绩，使楚菜蹿红全国饭店行业职业技能总决赛赛场，再一次在全国各大菜系厨艺比拼中精彩地展现了楚菜发展新风貌。

2. 依托互联网新技术和美食文化创意，打造楚菜产业的新增长点和新热点

楚菜餐饮企业经营管理者坚持技术引领、特色引领、融合引领、经典引领，积极推动高新科技成果与餐饮经营管理的深度融合，加大云计算、大数据、人工智能、网购等互联网技术在餐饮企业中的应用，

通过新技术、新产业、新业态、新模式的快速进步，使数字经济、平台经济、共享经济、智能经济成为楚菜产业新的增长点。同时，以荆楚美食文化研究带动荆楚美食文化创意产业快速发展，构建起特色丰富、品质上乘的餐饮产品，为多样化、个性化的消费者提供了高质量服务，使美食文化创意成为楚菜产业创新的新热点。

3. 产研结合，校地共建，助推楚菜创新能力升级进位

荆楚大地底蕴深厚，人杰地灵，物产丰富，为楚菜产业发展提供了坚实的物质基础。湖北高校众多，教学资源丰厚，科力力量雄厚，为楚菜产业发展提供了强实的科技支撑。湖北餐饮行业主管部门、湖北烹饪酒店行业协会、湖北各地人民政府积极倡导并鼓励开展产研结合，校地共建，通过优势互补，助推楚菜创新能力升级进位。例如：2013 年，湖锦酒楼与华中农业大学食品科技学院合作建立企业食品安全检验室。2015 年，武汉商学院与仙桃市人民政府合作共建沔阳三蒸研究院。2016 年，湖北经济学院与荆州市人民政府合作开展楚菜研发与推广活动。

4. 紧跟湖北发展新定位和新要求，抢抓楚菜产业发展新机遇

从 20 世纪 90 年代中期出现楚菜规模性餐饮企业至今，武汉地区规模餐企居全国首位，餐企连锁经营、规模经营居国内前列。近十年来，楚菜发展虽然一度面临巨大困境，但发展趋势依然良好，楚菜餐饮企业持续向多样化、特色化、品质化方向发展升级，在保就业、促消费、稳增长等方面都发挥着积极作用。

2014 年，由湖北经济学院主持完成，由湖北省商务厅主编的《鄂菜产业发展报告（2013）》正式出版发行。该报告中明确提出 2014 年至 2018 年湖北餐饮产业发展规划，要求把优势资源变为优势产业，打造湖北菜全产业链，助推湖北社会、经济、文化发展。

2016 年，把湖北建设成为中部地区崛起重要战略支点，是国家对湖北发展的新定位、新要求。2017 年，要求以全国经济中心、高水平科技创新中心、商贸物流中心和国际交往中心四大功能为支撑，加快建成国家中心城市，是国家对武汉发展的新定位、新要求。

楚菜产业发展事关湖北"三农"问题、湖北文化

软实力和湖北新农村、新城镇建设，与湖北人民对美好生活的向往密切相关。武汉市和湖北省发展的新定位和新要求，对楚菜产业提出了新定位和新要求，意味着楚菜产业迎来了新的发展机遇期。

2018年，湖北省人民政府办公厅印发《关于推动楚菜创新发展的意见》【鄂政办发（2018）36号】，明确提出要打造楚菜品牌，发展楚菜产业，建设美食强省。

第七节
楚菜核心产业发展现状

一、楚菜产业与楚菜产业化的定义

（一）楚菜产业的定义

所谓楚菜产业，就是与楚菜生产、加工及销售、服务等活动相关的行业群体，包括楚菜核心产业（餐饮产业）、楚菜配套产业和楚菜拓展产业。楚菜核心产业即楚菜餐饮产业涉及的企业包括直接从事制作和销售正餐、快餐、小吃为主的楚菜餐饮企业。楚菜配套产业涉及的企业包括从事楚菜材料生产、加工及提供用餐配套消费品的各类企业。楚菜拓展产业涉及的企业包括楚菜食品企业、休闲餐饮、团体膳食及外卖店等。

（二）楚菜产业化的定义

所谓楚菜产业化，就是以市场为导向，以效益为中心，以食物原料为基础，以龙头企业带动和科学技术进步为依托，将楚菜原料种养、原料加工、设施设备、烹调技术、菜品工艺、饮食文化、产品销售等各种生产要素进行优化组合，实行楚菜的区域化布局、专业化生产、集约化加工、品牌化管理，促进楚菜产业持续健康发展。

二、楚菜产业集群和楚菜产业体系的定义及内容

（一）楚菜产业集群的定义及内容

楚菜产业集群是指在一定地理区域内的与楚菜生产、加工和销售、服务等活动相关的企业和配套机构，由于共性或互补性而联系在一起所形成的经济群落，具有提高生产力、促进技术创新、降低生产成本、提升经济利益等多方面的竞争优势。

楚菜产业集群主要包括农、林、牧、渔业集群，餐饮业集群，交通运输和仓储业集群，制造业集群等。

楚菜产业的农、林、牧、渔业集群包含有：生产农、林、牧、渔等农产品的农户，各种农、林、牧、渔等农产品加工、运输、销售的企业以及与之相应的各类服务机构（金融机构、原材料供应商、农技推广部门、农业科研机构、农产品行业协会、教育培训机构、农业中介机构）等。

楚菜产业的餐饮业集群包含有：餐饮企业或餐饮部门以及与之相应的各类服务机构（金融机构、食物原材料供应商、烹饪酒店行业协会、教育保险机构、培训机构）等。

楚菜产业的交通运输和仓储业集群包含有农产品运输企业，农产品仓储企业以及与之相应的各类服务机构（金融机构、原材料供应商、保险机构、教育培训机构）等。

楚菜产业的制造业集群包含有农副食品加工业及其专用设备制造业，食品制造业及其专用设备制造业，饮料制造业及其专用设备制造业，精致茶加工业，以及与之相应的各类服务机构（金融机构、原材料供应商、行业协会、保险机构、教育培训机构）等。

（二）楚菜产业体系的定义及内容

楚菜产业体系是与楚菜生产、加工及销售、服务等活动相关的产业，按照一定的秩序和内部联系组合而成的，集资源开发、人才培养、原料生产与供给、设备生产与维护、菜品加工与销售、饮食文化传承、生态环境保护、政策法规制定等内容于一体的综合系统，包括产业核心系统、产业辅助系统和发展环境支持系统三大部分。

三、目前湖北餐饮业发展概况

（一）回顾：增幅稳中有升，步入理性发展

湖北省餐饮业"十二五"期间历经行业洗牌且强势回暖，2016 年餐饮收入 1 555.2 亿元（据湖北省统计局《2017 湖北统计年鉴》，中国饭店协会数据为 2 084 亿元，两个数据相差 528.8 亿元），比 2012 年的 991.2 亿元增长 564 亿元，五年增幅达 56.9%（若以中国饭店协会数据增长为 1 092.8 亿元，五年增幅达 110.3%，也就是五年翻了一番多）。

2017 年餐饮收入达 2 389 亿元，同比增长 15.5%，占全国餐饮收入 39 644 亿元的 6.03%。

1. 强势回暖，发展态势平稳向好

梳理近几年来的数据，不难看出，"十二五"期间湖北餐饮收入年均增长 10.5% 以上。2012—2013 年，受市场环境影响连续两年负增长，2014 年恢复正增长，并连续 3 年达 13% 以上增幅，2017 年同比增长 15.5%，步入稳中有升发展阶段。具体见表 2-2、表 2-3。

从表 2-2 与表 2-3 可以看出，数据来源不同，差别很大。下文若无特别说明，均以《湖北省统计年鉴》为数据依据。因未查到湖北省统计局《2018 湖北统计年鉴》，2017 财政年度以中国饭店协会《2018 中国餐饮业年度报告》和湖北省统计局月度统计限上数据为准。

2. 对比增幅，湖北高于全国水平

通过对 2012 年以来全国餐饮收入增幅与湖北餐饮收入增幅对比可知，除 2012—2013 年低于全国平均增幅，2014 年后均高于全国餐饮收入增幅，且走势平稳，2016 年略有回落。但 2017 年增势强劲，增幅位居全国前列，达 15.5%（《2018 中国餐饮业年度报告》数据。因无湖北省统计局 2017 年餐饮收入年度总额，以月度统计限上增幅 14.5% 为基数，增幅也是名列第三），仅次于云南 17.1%、河北 16.3%，增幅进入全国三甲。2018 年 1—10 月，湖北省限上增幅更是高于全国餐饮收入增幅 6 个百分点。见表 2-4 和图 2-1、图 2-2、图 2-3。

表 2-2 2012—2017 年湖北省餐饮收入、增幅及增速比上年同期变动表

年度	湖北省餐饮收入（亿元）	增幅（%）	增速比上年同期变动百分点	数据来源
2012 年	991.20	12.20	−7.5	2013 湖北省统计年鉴
2013 年	1 072.90	0.80	−11.2	2014 湖北省统计年鉴
2014 年	1 212.42	13.00	+12.2	2015 湖北省统计年鉴
2015 年	1 375.02	13.40	+0.4	2016 湖北省统计年鉴
2016 年	1 555.15	13.10	−0.3	2017 湖北省统计年鉴
2017 年	2 389.00	15.50	+2.4	2018 中国餐饮业年度报告

按《中国餐饮年鉴》和《中国餐饮业年度报告》数据，六年来湖北餐饮收入年均增长 16.48%，具体见表 2-3。

表 2-3 2012—2017 年湖北省餐饮收入及增幅表

年度	湖北省餐饮收入（亿元）	增幅（%）	增速比上年同期变动百分点	数据来源
2012 年	1 490.93	21.50		中国餐饮年鉴（2012）
2013 年	1 725.60	15.70	−5.80	中国餐饮年鉴（2013）
2014 年	1 990.70	15.40	−0.30	中国餐饮年鉴（2014）
2015 年	1 813.56	15.84	+0.44	2016 中国餐饮业年度报告
2016 年	2 084.00	14.91	−0.93	2017 中国餐饮业年度报告
2017 年	2 389.00	15.50	+0.59	2018 中国餐饮业年度报告

表 2-4　2012—2018 年全国餐饮收入增幅与湖北餐饮收入增幅表

年度	全国餐饮收入增幅（％）	湖北餐饮收入增幅（％）	增速对比变动百分点
2012 年	13.6	12.2	−1.4
2013 年	9.0	0.8	−8.2
2014 年	9.7	13.0	+3.3
2015 年	11.7	13.4	+1.7
2016 年	10.8	13.1	+2.3
2017 年	10.7	15.5	+4.8
2018 年	（1—10 月限上）9.6	（1—10 月限上）15.6	（1—10 月限上）+6.0

注：根据《湖北统计年鉴》数据整理。

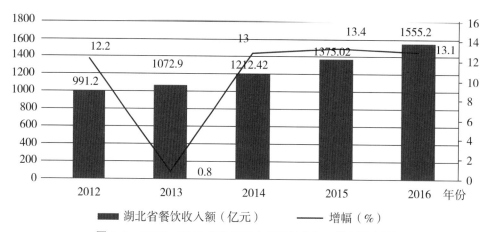

图 2-1　2012—2016 年期间湖北省餐饮收入、增幅示意图

注：根据《湖北统计年鉴》数据绘制。

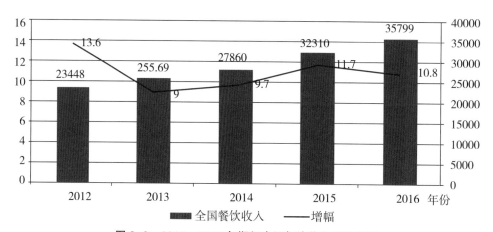

图 2-2　2012—2016 年期间全国餐饮收入及增幅图

注：根据国家统计局数据绘制。

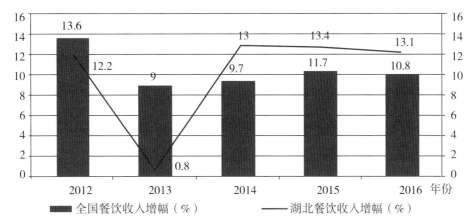

图 2-3　2012—2016 年期间全国餐饮收入增幅与湖北餐饮收入增幅对比图

注：根据国家统计局和湖北省统计局数据绘制。

3. 占比增加，市场稳升但有空间

根据湖北省餐饮收入在 2012 年曾占湖北省社会消费品零售总额的比重为 10.23%，2013 年跌落为 9.72%，2014 年以来小步回升，但占比一直在 9.72%～9.94% 之间徘徊，2016 年仍低于全国餐饮收入占全国社会消费品零售总额比重（10.8%）达 0.86%（图 2-4、图 2-5、表 2-5、表 2-6）。但若以《2018 中国餐饮业年度报告》数据，2016 年湖北餐饮收入 2 084 亿元，则占湖北社零总额 15 649.22 亿元的 13.32%。2017 年占比又有提升，达 13.74%，均高于全国占比。

2016 年全国城镇居民人均可支配收入为 33 616 元，而湖北要低 4 230 元，城镇居民人均可支配收入只有 29 386 元。2017 年全国城镇居民人均可支配收入为 33 834 元，增长 7.2%，湖北城镇常住居民人均可支配收入 31 889 元，增长 8.5%。虽增幅高于全国，但仍低于全国人均水平 1 945 元。目前餐饮业消费对象主要是城镇居民，所以楚菜发展还有待于经济的发展来推动，还有待于通过楚菜产业化带动其关联产业共同发展。

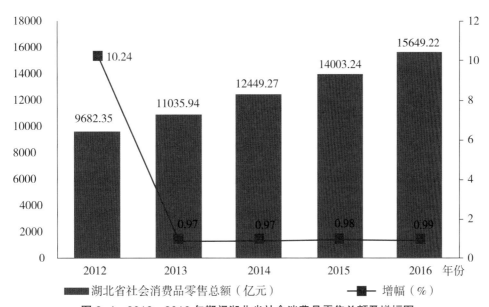

图 2-4　2012—2016 年期间湖北省社会消费品零售总额及增幅图

注：根据国家统计局和湖北省统计局数据绘制。

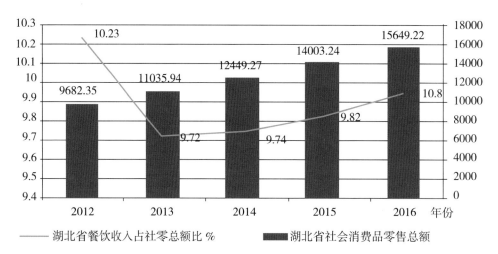

图 2-5　2012—2016 年期间湖北餐饮收入占湖北社零总额比

注：根据湖北省统计局数据绘制。

表 2-5　2016—2018 年（1—10 月）湖北省餐饮收入、增幅与全国同期对照表

年份	分类	餐饮收入（亿元）	湖北占全国比（％）	同比增幅（％）	数据来源
2016 年	全国	35 799.00		10.8	国家统计局
	湖北	1 555.20	4.34	13.1	湖北统计年鉴
		2 084.00	5.82	14.9	中国饭店协会
2017 年	全国	39 644.00		10.7	国家统计局
	湖北	2 389.0	6.03	15.5	中国饭店协会
2018 年 1—10 月	全国	33 769.00		9.6	国家统计局
	湖北	（限上）523.60	6.90	（限上）15.6	湖北省统计局

注：2018 年 1—10 月湖北为限额以上单位餐饮收入。限额以上单位统计口径为 200 万元及以上的餐饮业企业（单位）。

表 2-6　2018 年（1—10 月）湖北限额以上住宿和餐饮业营业额与全国餐饮收入比较表

月份	湖北限额以上住宿和餐饮业营业额当期值（亿元）	同比增长（％）	湖北限额以上住宿和餐饮营业额累计值（亿元）	累计增长（％）	湖北限额以上社零总额当期值（亿元）	同比增长（％）	湖北限额以上社零总额累计值（亿元）	累计增长（％）	全国限上单位餐饮收入当期值（亿元）	同比增长（％）	全国限上单位餐饮收入累计值（亿元）	累计增长（％）
1—2	87.34		87.34	12.40			1256.56	12.20			1479.5	7.1
3	45.58	16.10	133.13	14.40	619.17	14.30	1872.06	12.90	719.3	9.7	2186.3	80
4	45.76	14.20	179.06	14.30	586.75	10.90	2462.36	12.40	700.2	6.9	2889.0	7.7
5	50.10	14.50	229.32	14.40	617.48	10.70	3082.06	12.10	741.1	4.5	3629.6	7.1
6	57.24	16.60	287.08	15.00	722.91	13.80	3808.75	12.40	777.0	7.8	4399.4	7.2
7	55.67	14.80	343.10	14.90	639.51	11.50	4451.20	12.30	763.8	6.0	5146.4	7.0
8	56.80	15.50	400.14	15.10	652.70	11.10	5107.00	12.10	791.1	7.5	5907.4	7.1
9	58.78	16.00	459.37	15.30	709.81	10.00	5822.88	11.90	800.1	6.9	6692.8	7.0
10	61.50	14.50	523.60	15.60	700.20	7.50	6550.67	11.40	848.5	5.0	7540.3	6.8
平均增长	15.28			14.60		11.23		12.19		6.79		6.45

从 2016 年消费情况来看，湖北餐饮业在政府政策推动（主要是"营改"增税收）、居民消费持续增强、行业创新转型驱动下，呈现出大众转型、结构优化、动力转换、单品消费与精准服务等明显趋势特征，行业回归理性健康发展。

4. 2018 年（1-10 月）：增幅继续保持强劲

国家统计局最新发布的数据显示，2018 年 1—10 月，全国餐饮收入 33 769 亿元，同比增长 9.6%；限额以上单位餐饮收入 7540 亿元，同比增长 6.8%。湖北限额以上单位同期餐饮收入 523.6 亿元，同比增长 15.6%，湖北限额以上单位占全国限额以上单位餐饮收入比 6.9 个百分点，同比增长高于全国限额以上单位餐饮收入达 8.8 个百分点。

这些数据显示，在近年来省政府关于推动楚菜创新发展的政策引领下，已有市场利好迹象。随着政策内容逐步落实，湖北餐饮业保持强劲增长是毫无疑问的。

（二）现状：湖北餐饮发展面临三大困境

在稳中有升的同时，我们也应看到自"十二五"期间以来，湖北省餐饮业发展中长期性的结构不合理现象凸显，餐饮需求侧与供给侧之间的矛盾日益显著。餐饮业界往往将矛盾处理的着力点放在需求侧，忽视了餐饮行业供给侧的问题。而实际情况恰恰是餐饮行业的供给侧已经成为整个行业发展的软肋和瓶颈。就餐饮行业的供给规模来看，全省餐饮供给量的基数是非常可观的，但长期处于小、散、乱、弱状况，企业走不出湖北，餐饮产业的整体效能不高，供给的产品普遍显现出单一化、同质化、粗放化的倾向。

1. 认识：还要提高

餐饮业作为最终消费环节，据中国社科院专家预测，在餐饮业消费 1 元，将拉动其他相关行业 9 元消费。而很多人依然认为餐饮业仅是一个吃吃喝喝的行业，是让人民获得幸福感的民生行业；没有认识到它是一个横跨第一产业的农业、第二产业的食品加工业、第三产业的服务业，环节多、链条长，与其他行业关联度大、能够产生聚合发展效应的重要行业；没有将餐饮业与农产品的生产和加工转化、旅游业、零售业（包括电商）等形成互动关系的行业综合规划，统筹发展；忽视了餐饮业拉动内需经济、重要税收来源和促进就业创业的特殊作用。所以有必要从产业关联发展的角度，认识到"以楚菜拉动湖北全省农业及旅游业发展"的重要性。

2. 政策：加强引领

由于以上认识问题，导致湖北在楚菜产业发展和餐饮业深化改革、服务创新、优化环境、推动转型、激发供给活力等方面，导向引领和政策推力还需加强。

2018 年 7 月，湖北省人民政府办公厅出台《关于推动楚菜创新发展的意见》，确定了指导思想和发展目标，明确了八项重点工作，制定了四项保障措施，为湖北餐饮业的发展指明了方向。但任务仍然艰巨，认识还需提高，落实尚需时日，引领还要加强，政策还应配套。如拟定关联产业发展统筹规划；建立楚菜和餐饮业发展专项扶持基金；设置钻级酒家评定和绿色饭店创建的奖励资金；建立健全法规、标准和统计体系以及引导行业规范发展的举措；组织建立相关专家团队，开展关于楚菜和餐饮业发展方面的市场调研、数据收集、分析预测、经验总结、典型推介等研究工作，绝非一朝一夕之功。

3. 协会：助推发展

行业协会以行业活动为纽带在扩大楚菜品牌影响、以品牌文化为内涵推动楚菜特色发展方面做了很多工作，认证了一大批楚菜人才、产品、企业和区域品牌。但在人才品牌认证标准上必须严格把握，区域品牌认证后必须大力推进发展，要像潜江、鄂州那样，将品牌转化为商品优势、旅游优势和品牌优势，从而促进产业化的大发展。而不仅仅是把品牌认证作为"拿牌子""捧场子""闹眼子"的闹场！

行业协会在行业管理、行业自律和协调服务方面的作用发挥还有待加强。在以互联网为媒介拓展营销渠道、以标准化为契机促进规范发展、以大众化服务为方向推动行业转型、以人才培训为手段提升队伍素质、以文化软实力为抓手助推产业发展等方面还大有文章可做。

（三）问题：创新发展不足，制约因素明显

造成楚菜和我省餐饮市场这些长期性、结构性供给侧问题的原因很多，除了浅层次的表象诸如餐饮产能过剩、企业创新力不足、市场机制运行不畅等因素外，深层次的症结主要集中在餐饮业发展的导向问题和餐饮行业有效供给不足这两方面。

根据《鄂菜产业发展报告 2013》所归纳（因已明确将湖北菜的简称规范为楚菜，因此下文均改为楚菜），五年前楚菜产业可持续发展所存在的八大主要问题，至今仍然改观不大，具体表现为：

楚菜产业发展的规划引导不够,楚菜产业受到政府的重视程度不够,楚菜核心产业政策不够扎实,楚菜产业龙头企业综合实力不够强大,楚菜产业化服务综合平台缺位,楚菜标准化工作进展缓慢,楚菜文化建设和理论研讨比较薄弱,楚菜社会中介组织潜力没有有效发挥。

(四)分析:市场并非万能,楚菜需要引领

住宿餐饮业是我国开放最早、市场化程度最高的行业。历经三十多年的发展,民营经济、个体工商户早已成为市场的主体。这在改革开放初期解决"吃饭难"、促进市场发育、推动经济发展方面无疑发挥了巨大作用,但现在完全市场化的弊端也凸显无疑。

1. 民营成为主体,市场不是万能

2015年3月12日,湖北省统计局公布的《湖北省第三次全国经济普查主要数据公报(第三号)》显示:在住宿和餐饮业企业法人单位中,内资企业占99.0%,港、澳、台商投资企业占0.6%,外商投资企业占0.4%。内资企业中,国有企业占企业法人单位的2.0%,股份有限公司占0.9%,有限责任公司占18.0%,私营企业占68.6%(表2-7)。

98%的民营企业,加上100%的个体工商户,再加上缺乏或无法进行行业发展规划和网点布局规划,因此住宿餐饮业基本上处于完全自发的调节和盲目发展的状态,网点建设的随意性强,根本无人考虑或无法考虑布局问题。

这种状况也说明:缺乏强大国家能力和工业化意志的小农市场经济和私有产权,不可能自然而然产生工业化。所以我们认为,在这个基础上的餐饮业升级,只能是一句空话。

2. 企业盈利微薄,难以做大做强

不仅如此,在上文介绍餐饮收入全国和湖北省增长数字的同时,另一组公开数据显示,2017年上半年,只有20%的餐厅赚钱;北上广深四个一线城市平均每个月有10%的餐厅倒闭;关店餐厅的平均寿命只有508天;《中国餐饮报告(白皮书2017)》显示,餐厅年复合倒闭率高达80%。

表2-7　2015年湖北省按登记注册类型分组的住宿和餐饮企业法人单位和从业人员及比率

分类	企业法人单位(个)	占比(%)	从业人员(万人)	占比(%)
合计	9 954		29.13	
内资企业	9 856	99.0	25.87	88.8
国有企业	201	2.0	1.22	
集体企业	91	0.9	0.29	
股份合作企业	45	0.5	0.12	
联营企业	25	0.2	0.07	
有限责任公司	1 790	18.0	9.12	
股份有限公司	88	0.9	0.59	
私营企业	6 832	68.6	13.39	
其他企业	784	7.9	1.08	
港澳台商投资企业	55	0.6	0.83	2.9
外资投资企业	43	0.4	2.43	8.3

注:根据湖北省统计局《湖北省第三次全国经济普查公报(第三号)》数据整理。

应该说,湖北也和全国一样,只是没有相关数据报道。因为湖北省餐饮业一直以"亲民的价格、包容的口味、健康的烹饪技法及深厚的饮食文化底蕴"为优势,小、散、乱、弱现象更为严重,价格战更为惨烈,企业经营更为艰难,规模企业更是不多,龙头企业块头不大。湖北的四大餐饮名企"太子""湖锦""艳阳天""小蓝鲸"的年餐饮收入总和还不及"海底捞"一家公司。

为什么会是这样的呢?请看2017年湖北省统计局贸经处《湖北省上半年消费市场运行情况分析》。

(1)持续快速增长,支撑力度不足

2017年上半年,湖北省城镇和乡村居民人均可支配收入均仅增长8.4%,低于全省社零额增幅3.4个百分点,增速分别较上年同期回落0.4和1.0个百分点。城乡居民收入2016年本来就低于全国平均水平,现又增长放缓,且较大幅度低于社零额增长水平,

消费意愿受滞，潜力释放不够。湖北省消费市场快速增长后劲不足，难以维持长期快速增长的态势。

（2）成本居高不下，经营压力很大

湖北省餐饮业分散性突出，缺乏整体定位，普遍集中度偏低，信息化、标准化程度不高，餐饮企业店铺租金、人工成本等负担过于沉重，导致经营成本居高不下，企业经营压力大。

3. 数据莫衷一是，决策缺乏依据

长期以来，有关餐饮业的统计"数出多门"，就是统计局的数据也有多个版本，令研究者一头雾水，莫衷一是，更不用说作为决策依据了。

从表2-8可以看出，数据来源不同，2016年湖北餐饮收入总额，不同部门统计的数据差额达528.8亿元；增幅相差1.8个百分点。而人均餐饮收入在全国的占位比差别就更大了：如果按2 084亿元计算，人均餐饮收入达3 541.21元，仅次于浙江，居第二位，高于江苏、山东和广东，比全国平均水平高952.16元，比按1 555.2亿元计算多898.56元。

表2-8　2016年部分省市餐饮收入、GDP、城镇人均可支配收入及增幅比较

省份	餐饮收入（亿元）	同比增长（%）	人口（万人）	人均餐饮收入（元）	GDP收入（亿元）	GDP同比增长（%）	城镇人均可支配收入（元）
全国	35 799.00	10.80	138 271.00	2 589.05	744 127.00	9.9	33 616.0
广东	3 496.59	10.40	10 999	3 179.01	79 512.05	7.5	37 684.3
山东	3 244.00	13.70	9 946.64	3 261.40	67 008.20	7.6	34 012.0
江苏	2 808.00	14.00	7 998.60	3 510.61	76 086.20	7.8	40 152.0
河南	2 434.42	0.13	9 532.42	2 553.83	40 610.01	8.1	27 233.0
浙江	2 248.00	13.10	5 590	4 021.47	46 485.00	7.5	47 237.0
四川	2 214.00	13.20	8 262.00	2 679.74	32 680.50	7.7	28 355.0
湖北	2 084.00	14.90	5 885	3 541.21	3 229 791	8.1	29 386.0
	1 555.20	13.10		2 642.65			
湖南	1 646.00	14.00	6 822.00	2 412.78	31 244.70	7.9	31 284.0
重庆	1 026.95	14.50	3 048.43	3 368.78	17 558.76	10.7	29 610.0
云南	836.50	12.60	477.50	1 753.49	14 869.96	8.7	28 611.0

注：1. 根据国家统计局和中国烹饪协会《中国餐饮业发展报告（2017）》、中国饭店协会《2017中国餐饮业年度报告》数据整理。

2. 湖北省2016年餐饮收入：2084亿为中国烹饪协会《中国餐饮业发展报告（2017）》、中国饭店协会《2017中国餐饮业年度报告》数据；1555.20亿为《湖北统计年鉴》数据。

表2-9　2017年部分省市餐饮收入、GDP、城镇人均可支配收入及增幅比较

省份	餐饮收入（亿元）	同比增长（%）	人口（万人）	人均餐饮收入（元）	GDP收入（亿元）	GDP同比增长（%）	城镇人均可支配收入（元）
全国	39 644.0	10.7	139 008	2 851.92	827 122.0	6.9	25 974
广东	3 680.3	5.9	11 169	3 295.10	89 879.2	7.5	33 003
山东	3 602.6	10.5	10 005.83	3 600.50	72 678.3	7.4	26 930
江苏	3 076.6	11.4	8 029.3	3 831.72	85 900.9	7.2	35 024
河北	2 739.3	16.3	7 519.52	3 642.92	35 964.0	6.7	21 484
浙江	2 558.0	13.8	5 657	4 521.83	51 768.0	7.8	42 046
四川	2 478.8	12.4	8 302	2 985.79	36 980.2	8.1	20 580
湖北	2 389.0	15.5	5 902	4 047.78	36 522.9	7.8	23 757
湖南	1 841.6	11.8	6 860.2	2 684.47	34 600.0	8.0	23 103
辽宁	1 667.4	3.2	4 368.9	3 816.52	23 942.0	4.2	27 835
福建	1 329.4	8.9	3 911	3 393.13	32 298.3	8.1	30 048

注：根据国家统计局和中国烹饪协会《中国餐饮业发展报告（2017）》、中国饭店协会《2018中国餐饮业年度报告》数据整理。

同时，湖北餐饮收入占全国餐饮收入的比重差别也变化较大：若按2 084亿元计算，占全国餐饮收入35 799亿元的5.82%；按1 555.2亿元计算，则少了1.48%，只占4.34%。

根据国家统计局和湖北省统计局数据，2017年，湖北餐饮收入为23 89.0亿元，占全国餐饮收入39 644.0亿元的比重为6.03%，见表2-9。

4. 产业政策引领，应该提上日程

有人在分析东欧、俄罗斯和按西方经济学理论模式运行的国家经济现状后认为："中国之所以经济搞得这么好，恰好是因为没有全盘接受西方新自由主义经济学这套理论，没有让一切东西市场化，没有让一切东西私有化，政府没有退出一切领域。"但我国餐饮业应该是一个例外，基本上是市场化。

实践证明缺乏强大国家能力和工业化意志的小农市场经济和私有产权，不可能自然而然产生工业化，正确的产业政策很重要，餐饮业同样如此。

因为，市场不会自动有效运作，需要强大的外部规范、引领和监管。同时，市场是有内部结构的，也是不断变化的。市场和政府不必是对立的，而是可以相辅相成的，只有在新自由主义西方经济学理论里面它们才成为天然对立的东西。

换句话说，西方经济学不仅假设市场天然存在并自动有效运作，是与政府对立的东西，而且假设它没有任何内部时空结构和动力学，与所交易产品的性质无关，只是供给与需求相遇并产生均衡价格的地方，就像牛顿的绝对时空，只是物体运动的空洞场所。而市场的大小就完全是由厂商的供给能力或产能决定的，在所谓一般均衡下供给有多大，市场就有多大。

市场的有效运行除了需要一系列法律体制以外，还需要高度的政治稳定和社会信任甚至道德情操，否则市场交换很难发生和维持。这些都需要国家力量才能提供。

还有，从文化的角度来讲，中国饮食文化丰富多彩，湖北楚文化更是历史悠久，以文化软实力来助推经济发展，没有国家战略也是不可想象的。这方面日本、韩国、泰国餐饮业都值得借鉴。

"十二五"对于餐饮业而言，是行业阵痛震荡、分化整合的五年，是产业创新驱动、深度融合的五年，是企业"大浪淘沙""破茧化蝶"的5年。走过了被称为"十二五开局之年"、餐饮消费规模突破"2万亿元"的2011年；感受了倡导"厉行节约"和践行"八项规定"市场定位转变的2012年；煎熬过产业增长急速下滑、企业挣扎于亏损和关门之间的2013年；蛰伏过行业全面回归大众市场、消费需求和信息技术深刻变革的2014年；迎来了转型升级成效初显、产业融合深度增强的2015年；进入了复苏巩固、稳定可持续发展的2016年。而今"十三五"也即将结束。认真回顾餐饮业走过的波澜曲折之路，理性分析餐饮业的发展历程，可以为今后的餐饮业提供初心不改的耐力和任重道远的动力。

第八节
引领楚菜传承发展的理念

一、共建共享：楚菜传承发展的价值取向

人人共建，人人共享，不仅是经济社会发展的理想状态，也是中华文明"兼济天下"人文精神的高度体现。

共享理念引领楚菜传承发展，突出体现于其对楚菜传承发展价值性的表达，体现了湖北餐饮界对楚菜传承发展的意义更为深刻的认识。

楚菜产业是"美味湖北""富强湖北""创新湖北""幸福湖北""文明湖北"的一张鲜活名片，楚菜的传承发展，不仅仅是餐饮企业、餐饮行业自身的事情，同时与全体湖北人民对美好生活的向往息息相关。

践行共享理念，需要从硬件设施、市场发展、财政资金、队伍建设、政策扶持等要素入手，为楚菜传承发展提供更加完善而有效的保障体系；需要大力调动全体湖北民众的积极性和参与性，满足他们对楚菜产业服务美好生活的体验感和获得感，使楚菜传承发展的成果实实在在惠及每一个湖北家庭，惠及每一位湖北人。

就菜系的文化特性而言，"楚菜文化圈"涵盖湖北、湖南全境以及重庆、安徽、河南、江西等部分地区。2013年4月，武汉、长沙、合肥、南昌四市签署了《长江中游城市群餐饮合作协议》；2017年4月，武汉、长沙、合肥、南昌等城市签署了《长江中游城市群深化旅游合作协议》，旨在实现优势互补，协同发展。

践行共享理念，需要确立"楚菜文化圈"大视野和"长江经济带"大格局，以楚文化为纽带，以区域产业集群为抓手，携手共进，和谐共赢，振兴楚菜产业，服务中部崛起！

二、创新发展：楚菜传承发展的动力源泉

"富有之谓大业，日新之谓盛德。"创新是引领发展的第一动力，是决定竞争成败和发展成效的关键。毫无疑问，创新是楚菜传承发展的动力之源。

楚文化是中华传统文化的重要组成部分，是湖北文化的主要源头。源远流长的楚文化是中华文明的瑰宝，更是楚菜产业的灵魂。楚文化所具有的"筚路蓝缕的艰苦创业精神、追新逐奇的开拓创新精神、兼收并蓄的开放融合精神、崇武卫疆的强军爱国精神、重诺贵和的诚信和谐精神"，对推动当前楚菜产业发展具有深刻的价值意义和不可替代的重要作用。

"传承不守旧，创新不逾矩。"楚菜的传承和发展，需要以坚持历史传承为前提，以遵循客观规律为基础，以发挥主观能动性为保证，古为今用、洋为中用，辩证取舍，推陈出新，将创造性转化与创新性发展融为一体，积极培育楚菜发展新动能，持续增强楚菜产业内生发展动力，推进楚菜产业形成小企业"铺天盖地"、大企业"顶天立地"的发展新局面。

三、绿色健康：楚菜传承发展的战略基点

"个人之健康是立身之本，人民之健康是立国之基。"随着人民生活水平从小康向富裕过渡以及健康意识的增强，人们更加追求生活质量，更加关注健康安全。通过倡导现代健康生活方式，不仅是"治已病"，更是"治未病"。

"没有全民健康，就没有全面小康。"推进健康中国建设，是全面建成小康社会、基本实现社会主义现代化的重要基础，是全面提升中华民族健康素质、实现人民健康与经济社会协调发展的国家战略。

近些年来，湖北省委、省人民政府坚定不移探索生态优先、绿色发展新路子，围绕绿色发展主题布局重点工作，要求以"扣扣子、钉钉子"的精神抓好落实，不断推动经济高质量发展，以持续增强湖北产业和区域竞争力。

2018年7月21日，湖北省人民政府办公厅发布了《省人民政府办公厅关于推动楚菜创新发展的意见》【鄂政办发（2018）36号】，明确提出"大力开展绿色（饭店）餐饮企业创建活动，大力倡导绿色消费。"

2018年8月8日，湖北省委宣传部召开"湖北长江经济带绿色发展十大战略性举措"新闻发布会，其中第十大战略举措就是"倡导绿色生活方式和消费模式"，明确提出要"新创建200家绿色饭店"。

青山绿水是楚菜安全优质食材的保障，蒸煨烧炒是楚菜科学合理技法的保障，慎用调料是楚菜鲜美宜人口味的保障，注重配膳是楚菜全面均衡营养的保障。

总之，"不偏不倚，不温不火，浓淡适中，营养安全，可口可心"是楚菜的美食核心价值——"选择楚菜，就是选择健康"。

第九节
推动楚菜创新发展的意见

楚菜历史悠久，文化底蕴深厚，风味特色鲜明，产业初具规模，在国内外具有一定的知名度和影响力。随着楚菜产业发展，其延伸带动作用越来越明显，以农业为基础、餐饮业为核心、食品加工业为主体、旅游业为载体、会展业为平台、物流和信息产业为支撑、职业培训为动能，相关产业融合发展的格局正在形成，但与人

民群众日益增长的消费需求相比，仍存在着楚菜品牌提升乏力、产业化程度偏低、政策法规建设滞后等不足。2018年7月21日，湖北省人民政府办公厅颁布了《关于推动楚菜创新发展的意见》（鄂政办发〔2018〕36号），全面助力楚菜产业发展和美食强省建设。

一、指导思想和发展目标

（一）指导思想

以习近平新时代中国特色社会主义思想为指导，全面贯彻党的十九大精神和习近平总书记视察湖北重要讲话精神，按照省委、省政府部署，打造、叫响楚菜品牌，加快楚菜创新发展步伐，促进湖北高质量发展，努力满足人民群众对美好生活的向往。以"提升楚菜品牌，弘扬楚菜文化，建设美食强省"为主线，树立"创新、协调、绿色、开放、共享"的发展理念，按照"政府推动、市场推进、企业主体、社团协调"的原则，深入挖掘传承楚菜历史文化底蕴，不断创新业态，着力提升品牌，培育餐饮龙头企业，推进楚菜产业化发展。

（二）发展目标

力争到2020年，湖北全省餐饮业营业额超过3 500亿元，年均增长14%。创建一批具有地方特色、文化氛围浓郁的美食名城（乡）、名街、名企、名店、名菜、名点；培育特色鲜明、知名度高、辐射带动作用明显、年营业额10亿元以上、以餐饮经营为主体的企业集团10家；构建楚菜标准体系，促进楚菜健康快速发展；创办以"楚菜美食博览会"为主体和地方特色楚菜节会为补充，特色鲜明、主题突出、定期举办、有一定影响力、有实效的楚菜节会活动。到2025年，打造万亿楚菜产业，将湖北省建设成为以荆楚文化为底蕴、美食之都（乡）为载体、特色楚菜为标志、满足多元消费需求、在国内外具有广泛影响力和良好美誉度的美食强省。

二、重点工作

（一）大力实施楚菜品牌创建工程

1.规范"楚菜"名称

将湖北菜简称统一规范为"楚菜"。楚文化是荆楚大地的根，楚菜是楚文化的重要组成部分和载体，要充分挖掘荆楚饮食文化，加强楚菜理论研究，探索建立楚菜理论体系，讲好楚菜故事，提升楚菜知名度，叫响楚菜品牌。

2.培育、振兴楚菜品牌

实施楚菜品牌工程，评定推出一批楚菜名城（乡）、名街、名企、名店、名菜、名点、名师。开展"绿色楚菜原辅材料基地""绿色餐饮企业"创建活动，培育"绿色楚菜原辅材料基地"100家、"绿色餐饮企业"300家。提升"明厨亮灶"覆盖面，提高楚菜消费安全水平。加强美食园区建设，建设一批楚菜美食之都（乡）。2018年楚菜美食博览会开展"百城千品万店"活动，做好"十大楚菜系列"评定活动，评定命名"十大楚菜名菜""十大楚菜名点""十大楚菜食材""十大楚菜餐饮企业""十大楚菜食材基地""十大楚菜大师""十大楚菜美食街""十大楚菜名宴"等楚菜品牌。

3.鼓励楚菜研发创新

楚菜发展要坚持挖掘传承与创新发展相结合。坚持"继承、发扬、兼容、创新"，研发创新特色菜品。支持餐饮企业设立楚菜研发机构，加快楚菜创新步伐，加强楚菜菜品和调味品创新，改良饮食器皿，适应群众餐饮消费的新变化、新需求。

4.加强楚菜文化研究

进一步凝练楚菜文化特色，丰富楚菜文化内涵，传承楚菜文化精神，增强楚菜文化创造力，推进楚菜文化与时代特色相结合，不断提升楚菜文化魅力。集中力量出版一部《中国楚菜大典》及系列丛书。加快武汉楚菜博物馆建设。积极促进楚菜非物质文化遗产的保护和传承，楚菜产业布局与地域文化相结合，重点加强鄂中南淡水鱼虾饮食文化及养生饮食文化、鄂西南土家饮食文化、鄂西北三国饮食文化及道教饮食文化、鄂东佛教饮食文化及东坡饮食文化的建设。

（二）科学规划楚菜发展布局

1.统筹制订楚菜发展规划

按照科学规划、合理布局、突出特色的要求，坚持与城乡经济发展相衔接、与人民群众消费需求相适应、与相关产业发展相协调。相关部门要加快楚菜发展顶层设计谋划，逐步将楚菜发展纳入经济社会发展总体规划，逐步将餐饮网点布局纳入城市商业网点规划、旅游业发展规划，逐步将楚菜原、辅材料基地纳入农业发展规划，逐步将楚菜加工基地纳入食品工业发展规划，逐步将发展大众化餐饮与城市改造和社区商业建设紧密结合起来，统筹规划楚菜发展。

2.重点建设楚菜特色集聚区

重点建设1个"美食之都"、14个"中国美食之乡"。包括世界（武汉）淡水鱼美食之都、中国（鄂州）武昌鱼美食之乡、中国（天门、仙桃）蒸菜美食之乡、中国（潜江）小龙虾美食之乡、中国（荆州）楚味美食之乡、中国（钟祥）养生美食之乡、中国（襄阳）三国文化美食之乡、中国（武当）道教文化美食之乡、中国（神农架）生态美食之乡、中国（黄州）东坡美食之乡、中国（黄冈、黄石）豆制品美食之乡、中国（咸宁）丘陵乡土美食之乡、中国（黄梅）佛教禅宗文化美食之乡、中国（宜昌）江鲜美食之乡、中国（恩施、长阳）土家美食之乡。

3.培育特色楚菜产业

楚菜生产企业、加工企业和餐饮企业要加强联合，以生产企业连产品基地、加工企业连配送中心、餐饮企业连产品消费中心，餐饮企业之间连锁经营，形成从生产、加工、连锁配送到餐饮、商超的相互配套、相互支撑的楚菜产业模式。实施"一县一品"工程，重视楚菜原、辅材料的原产地域产品和地理标志保护，结合各地原、辅材料特色，参照潜江小龙虾产业模式，创建推出一批特色菜肴产业。

（三）积极推动楚菜餐饮业转型发展

1.运用信息化技术推动创新发展

引导餐饮企业运用互联网、大数据、云计算等技术，开展服务创新、管理创新、市场创新和商业模式创新，发展新兴餐饮业态，增强餐饮企业技术引进和管理创新能力。推动餐饮实体店开展电子商务应用或与网络服务平台深入合作，积极开发网上营销、在线订餐、电子支付、美食鉴赏、顾客点评等服务功能，大力发展外卖和外送服务模式，实现餐饮服务的线上线下融合创新发展，提升企业竞争力。

2.开展集约化经营推动绿色发展

鼓励有条件的地方依托本地文化、旅游资源，因地制宜发展本地特色产品，打造美食街（区），推动餐饮业集聚式发展。支持餐饮企业完善企业管理制度，通过直营、加盟等形式发展连锁网络，扩大企业规模，提升品牌知名度。积极建设中央厨房，实现原辅材料的集中采购、产品的统一生产、统一配送，同时建立绿色餐饮原、辅材料基地，向种养、加工、物流配送等产业链的上下游延伸。完善有机餐饮行业标准，鼓励餐饮企业以绿色化为方向，建设现代食品

追溯制度，减少一次性用品的使用，加强餐厨废弃物回收体系建设，在生产的各个环节推广应用新型节能技术。大力开展"绿色（饭店）餐饮企业"创建活动，大力倡导绿色消费。积极推动和实施餐饮服务单位"明厨亮灶"工作，提高食品安全系数。

3.围绕大众化目标实现共享发展

积极引导大众化餐饮业态创新发展，统筹建设商务餐饮集群、中低餐饮集群和社区餐饮集群，促进正餐、早餐、快餐、特色小吃、社区餐饮、团体供膳、食街排档、"农家乐"等经营业态发展，着力构建以家庭为核心、社区为基础、城市为支撑、农村为补充的餐饮服务体系。加快实施"早餐工程"。推进主食加工配送中心建设。引导餐饮企业面向社会开展配送服务，大力发展家庭送餐服务，形成优质、便捷、经济的餐饮服务网络。

（四）着力打造楚菜产业链条

1.培育壮大楚菜餐饮龙头企业

推动餐饮企业规模化发展，鼓励资本运作，支持有条件的企业通过兼并、收购、参股、控股等多种方式，组建大型餐饮集团，加快餐饮企业集团化、规模化步伐。鼓励各级政府探索建立楚菜餐饮龙头企业认定办法，并建立激励机制，推动楚菜餐饮企业发展。振兴"老字号"餐饮企业，推动"老字号"企业按照现代企业管理要求，建立新的经营机制，创新营销方式，提高"老字号"美誉度和市场占有率。

2.加强楚菜产业联动发展

建立楚菜相关产业合作发展长效机制，形成配套齐全、整体联动、运行高效的楚菜发展模式，推动农业、餐饮、食品加工、商品零售、旅游、健康、会展等产业融合发展。以名菜为龙头，推动绿色食材供应基地建设，带动产业发展，助推乡村振兴。提升知名楚菜小吃、经典菜品和特色原、辅材料标准化水平，扩大工业化生产规模；选择具有一定研发能力、生产能力、市场营销能力的餐饮和食品加工企业，研制开发楚菜工业化生产，提升产品附加值，实现楚菜进商超。深度挖掘湖北中医药优势资源，开发楚菜养生美食，助推养老产业和健康养生产业发展。在旅游景区、公园大力发展楚菜特色餐饮、休闲餐饮、主题餐饮，引导支持品牌餐饮企业到风景区、公园开店设点，将参观美食街（乡）、品尝楚菜特色美食纳入旅游观光项目，实现"吃、住、行、游、购、娱"联动市场营销，

促进餐饮服务业与旅游业的联动发展。

（五）加快推进楚菜标准化进程

1. 加快制订楚菜技术标准

制订楚菜特色菜点制作标准和工艺规范，推动楚菜产业化发展，培育楚菜产业新的增长点。2018—2020年，对楚菜100道经典菜点的主配料、制作工艺等进行研究，制订楚菜经典菜点制作工艺规范，制定楚菜代表菜点加工技术标准。

2. 加快推进楚菜原材料标准化生产

重点围绕生猪、家禽、淡水产品、食用菌等优势楚菜原材料，加快建设一批专业化、规模化、标准化的农业生产基地，发展一批无公害农产品、绿色食品、有机食品生产示范基地（示范区）。大力发展"三品一标"，大力推进"荆楚优品"工程，为楚菜发展提供标准、绿色原材料。

（六）加强楚菜人才队伍建设

充分发挥省内科教资源优势，加强楚菜产业专门人才队伍建设，尽快形成与楚菜产业发展相适应的人才支撑体系。鼓励餐饮职业培训学校开设相关专业，开展多种形式的楚菜技能培训、岗位技能提升和创业培训。设立省市级楚菜技能大师与楚菜文化大师工作室，着力培养领军人物。举办楚菜职业技能大赛，开展楚菜技术交流，积极组织参加全国及国际性专业技能大赛与学术会议，促进专业技术与科研人才的交流学习和技术提升。着重培养和引进高水平职业经理人和高技能人才，整体提升楚菜企业营销和管理水平。

（七）强化楚菜宣传推广工作

1. 加强楚菜宣传工作，提升楚菜知名度

制定楚菜宣传计划，积极开展招商引资、文化交流、美食节会活动，利用报刊、电视、网络等各种宣传媒体，加大楚菜宣传力度。制作一批适合长期推广的楚菜市场营销和品牌推广宣传品，包括一部楚菜宣传片、一部全省美食地图、一本楚菜美食故事、一批楚菜美食旅游精品路线、一套楚菜制作示范光碟。每年举办一次"楚菜美食博览会"，总结和推广楚菜发展经验，展示楚菜发展成果，推进餐饮业与农业、会展业、旅游业等产业的协调发展，增强楚菜产业链协同发展能力。深入分析地方楚菜特色，因地制宜开展具有浓郁地方特色的楚菜节会活动，逐步在全省形成一批特色鲜明、主题突出、定期定点举办、有一定影响力、有实效的楚菜节会活动。

2. 加快楚菜"走出去"步伐

大力支持楚菜名牌企业、连锁企业走出湖北，向周边省市拓展。鼓励向国内及境外输出楚菜人才和技术服务。继续加强楚菜在境外宣传推广活动，有计划、有重点地选择一些有代表性的国家和地区开展楚菜烹饪表演和宣传，提高楚菜的国际知名度。

（八）切实保障楚菜质量安全

以人民消费和市场需求为导向，促进楚菜产业高质量发展。严格执行《中华人民共和国农产品质量安全法》《湖北省实施〈中华人民共和国农产品质量安全法〉办法》，加强蔬菜、畜产品和水产品标准化生产和质量安全监管，确保楚菜源头质量安全。强化楚菜企业食品安全管理，严格执行《中华人民共和国食品安全法》等法律法规，完善监管制度标准体系。进一步健全餐饮服务食品经营许可、网络餐饮服务监管、餐饮服务量化分级管理、学校（含幼儿园）食堂食品安全监管、民航运营、铁路运营食品安全管理等规章制度。开展"明厨亮灶"质量提升行动和餐饮食品安全示范创建行动，促进餐饮业提高质量安全水平。积极开展餐饮质量安全示范街（区）和餐饮质量安全示范店创建活动。加强诚信体系建设，规范企业经营行为，探索建立餐厨废弃油脂规范回收利用模式和监督机制，大力发展环保型绿色餐饮消费。

三、保障措施

（一）加强部门协作，建立长效机制

建立由省政府办公厅、宣传、发改、经信、商务、财政、人社、住建、农业、文化、税务、统计、工商、质监、旅游、食药监、金融办、机关事务管理、接待办、科研院所、行业协会等相关部门和单位组成的省促进楚菜创新发展联席会议制度。联席会议召集人由省政府领导担任，副召集人由省商务厅主要负责人担任，相关部门负责同志为成员，联席会议办公室设在省商务厅，负责制订楚菜发展目标、政策和促进措施，定期召开联席会议，解决楚菜发展过程中遇到的困难和问题。各地、各部门要高度重视推动楚菜创新发展工作，精心组织，找准特色，建好平台，共同打造、叫响楚菜品牌。

（二）加大扶持力度，优化发展环境

1. 加大资金支持

湖北省各级政府及财政部门要充分发挥已有相关支持企业（产业）发展资金（基金）的引导作用，创新财政支持方式，加大对楚菜产业支持力度。重点支持：楚菜美食街（区）建设；举办楚菜美食节会；楚菜品牌培育、认定与推广；餐饮企业发展连锁经营、集中采购、统一配送等现代流通方式；"绿色楚菜原辅材料基地""绿色餐饮企业"创建；楚菜标准制定、楚菜研发与文化宣传推广等。

2. 完善金融支持

积极研究落实鼓励消费者使用银行卡进行餐饮消费的有关办法，积极推动银联标准移动支付产品应用，满足消费者多样化支付需求。引导金融机构加大对餐饮业的金融支持力度，鼓励金融机构针对餐饮企业特点大力开展抵押贷款、知识产权质押贷款、银担合作等业务创新，有效满足餐饮企业融资需求，用于企业改造经营设施、开设网点、购买生产设备、投建配送中心。积极落实相关利率优惠政策，完善相关配套金融服务。对经认定的省级餐饮龙头企业，金融机构给予重点支持。

3. 落实税收优惠政策

落实国家现行税收政策，餐饮业中的增值税一般纳税人凭取得的合法有效增值税扣税凭证抵扣进项税额，符合条件的连锁餐饮企业可采取汇总申报纳税的办法申报缴纳增值税；符合条件的餐饮企业依法享受小微企业税收优惠政策。对经省级有关部门认定的楚菜产业化基地、省级餐饮龙头企业，纳税有困难的，符合优惠条件并按规定报经税务部门核准，可酌情减免城镇土地使用税、房产税。

4. 减轻企业负担

简化餐饮企业灯饰、广告设置审批手续，合理放宽对老字号、楚菜名店、美食街区的广告设置规定。对早餐、夜市的经营网点和车辆停靠，城市执法管理和公安交通管理部门要予以支持。对已经按有关要求参加年度餐饮服务食品安全知识培训并在省内餐饮企业流动工作的从业人员，无须重复参加食品药品监督管理部门组织的培训。

（三）完善行业统计，规范市场秩序

湖北省商务厅及行业协会牵头组织建立省级餐饮龙头企业联系制度，并结合楚菜产业发展制定相关统计指标体系。统计部门按照统计职能及结合工作实际，协助研究制定统计指标体系，并在指标体系的科学性、可行性等方面予以指导，跟踪分析餐饮业市场运行情况，不断完善餐饮发展的政策措施。规范餐饮市场秩序，加快建立企业、消费者、政府部门和新闻媒体四位一体的监管体系，促进楚菜产业健康有序发展。

（四）发挥协会作用，加强行业自律

充分发挥餐饮（烹饪）行业协会和其他相关社团组织在促进楚菜产业发展中的积极作用，督促行业协会履行行业服务、行业自律和行业协调的职能。充分发挥中介组织在餐饮业的调查研究、技能培训、业务技术等级评定、有关标准制定、技术交流和餐饮名店、名师、名菜的推荐认定等方面的作用。

第三章

楚菜特色食材

CHUCAI TESE SHICAI

第一节
楚菜食材概述

湖北地貌三面环山，半数以上为高低落差较大的山地，且大部分位于西部和北部地区，中部向南，中间低平，略呈不完整盆地，形成外高、内低，向南敞开之势。荆楚乃"鱼米之乡"，长江自西向东，流贯省内26个县市。支流众多，水系发达，湖泊主要集中在江汉平原上，全年雨量充沛，霜冻期短，四季分明。丰富的水源，四季的变化孕育出的植被呈现出丰富与多样性。不同地理生态条件下生长着具有代表性的动植物，物种资源丰富，为人们采食捕猎提供了更多可供选择的资源，也为楚菜的发展提供了基础保障。

生活在这片土地上的各族人民，在享受着大自然的馈赠同时，也常常受到自然洪涝与干旱灾害的侵扰，先民们就在这片充满生机与挑战的土地上劳作繁衍。为适应周围的生活环境，他们用勤劳和智慧，顺应自然规律，巧妙利用生活环境，从早期的采摘、捕猎到耕种、养殖，逐渐形成了不同条件下食材应用的区域性特点。在历史的长河中，人口的流动，烹调技法的交流融合，饮食文化的相互影响，给食材在应用的形式上，赋予了更多的内涵。

不同地区在原料的使用方法上，也存在着很大的差异。人们靠山吃山，靠水吃水，因地而居，因势而食，因此，湖北在菜肴制作上主要以稻谷、水产、山货为主要食用原料。受环境、民族、文化等因素影响，当地人分别喜好以烧、蒸、煨、焖等技法进行处理，造就了今天楚菜"鱼米之乡，蒸煨擅长，鲜香为本，融和四方"的特点。所谓名、特、优食材，既有自然环境造就的成因，也有历史文化上的因素，结合当地民众对食材理解和应用的智慧，充分发挥其食材性质特点，使之广为流传，受到大众喜好及称赞，形成独有的地域饮食文化特征。

早期生活在湖北山区的祖先，多以野生畜禽为主要肉食材，季节性植物原料极其丰富，如野笋、野菌、野生蔬菜等，在调料上辅以山胡椒、生姜等调味。当时处理食材，一是为果腹；二是为储存食物以防后患。随着生产力的发展，人们在制作食物时，不仅是满足生存需要，更注重精神层面的追求，制作工艺上开始注重质感变化和入口味感，探寻着二者之间关系，使其达到一种极富协调的境界和美食的享受。

生活在不同自然条件土地上的人们，总能巧妙利用当地动、植物食材的性质特点，制作出具有特色的美食。经世代探索，创造出能因地制宜、极富地方色彩食物的制作方法。发酵、腌制、晒干、制酱等各种技法，对食用材料进行保存和预加工处理；杂粮细作，增强可食性；越冬食用材料腌制，解决冬季食物短缺，克服不利气候条件带来的困扰。

湖北恩施是湖北西部山区对食用材料理解应用调制处理的典型代表。特点为料形大，味偏咸，酸味与山西有别，辣味不比湖南，配以山胡椒调香，香味与四川不同，别有风味。该地特有的山区气候条件和食材资源，使得这里的烟熏猪蹄和排骨、野生干菌、高山土豆等随处可见。利川天上坪甘蓝、来凤县凤头姜、鹤峰葛仙米等名特食材名扬海内外。

稻谷和小麦是湖北平原和丘陵地区栽种历史悠久并广泛食用的主食。在长期种植培育过程中，形成了极富当地特色且质量优良的品种，诸如京山桥米、孝感太子米等均是历史上有名的贡米。稻米除用来做主食外，人们还依据稻米糯性的不同，以其为原料，制作出花色品种不同的菜肴，这也是湖北菜的另一种特色。人们还将稻米和小麦等制成酱、醋、酢等，丰富了湖北菜的味型特色。

江河湖泊中的淡水产品，民间有许多人结合自身劳作特点，发挥自身的聪明才智创造出既鲜美可口又便于食用的系列菜品。如梁子湖区的渔民，将黄颡鱼（黄腊丁）宰杀洗净后，将鱼嘴挂于锅盖上，瓦罐中放米、猪油、盐、水，点燃锅下架着的木材燃料，再将挂有鱼的锅盖盖上,使鱼身几乎淹埋在煮米的水中,劳作间米饭自然成熟,劳作之余揭开锅盖,鱼刺和鱼肉在焖熟的米饭中自然分离,鱼刺随锅盖提起,鱼肉留在米饭中,稻香鱼鲜的"黄颡鱼焖饭"就可享用了。

优越的江河湖泊自然环境,孕育了诸如武昌鱼、中华鲟、长江鮰鱼、翘嘴鲌、监利黄鳝、京山乌龟、洪湖莲子等著名水产原料。

随着当今畜牧养殖的发展和种植科学技术的进步,食材的品种和数量极大地丰富了市场,有些品种打破了上市的季节性。在新形势新环境下,湖北市场上的新食材不断出现,满足了人们日益增长的对食材的更高追求。新技术、国际贸易、冷链物流使地处华中的湖北,能见到世界各地所产食材品种,"吃全球"的想法悄然而生。在这些新事物面前,湖北人敢于创新,对外来新品种有极大的包容性,结合自身的食用习惯,发扬为我所用的烹调理念,依据食材的烹饪性质,改进加工处理方法,烹制出系列美味菜品。例如潜江"油焖大虾",已红遍了全国,走向了世界。

第二节
楚菜名特蔬果

一、武汉洪山菜薹

菜薹古名芸薹菜,又称紫菜、紫菘、菜心等,红色者称红菜薹,偏紫色者叫紫菜薹,洪山菜薹即属于此类。

红菜薹广泛生长在我国长江流域一带,特别盛产于江汉平原。种植此菜需要肥沃的土壤,较低的气温,一般是秋植冬撷。红菜薹其枝干亭亭,黄花灿灿,茎肥叶嫩,素炒登盘,清脆可口,质脆味醇,最为上乘。红菜薹以武昌洪山一带所产质量最佳,故一般叫它"洪山菜薹",有人称其为"国内绝无仅有的美食名蔬"。还有行家称,武昌洪山宝通寺一带的菜薹味道尤其出色,别处所产均不能与之媲美,以至有一种说法,以宝通寺钟声所到之处为范围的地方,出产的菜薹是正宗的洪山菜薹。

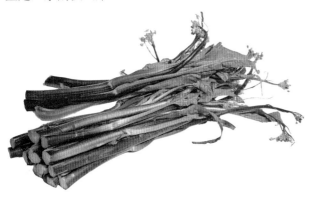

历史悠久的洪山菜薹,作为一种名贵佳蔬,千百年来甚为人们所喜爱。据有关文献记载,洪山菜薹曾被皇家封为"金殿玉菜",作为楚地特产被列为贡品。传说清代慈禧太后嗜爱洪山菜薹,常派人到武昌洪山一带索取。历代达官权贵、文人雅士为洪山菜薹留下了许多趣闻雅事。相传北宋大文豪苏东坡,为吃到洪山菜薹,曾三次到武昌。前两次均因故未得其味,每次都是"乘兴而来,败兴而去"。第三次时,苏东坡游黄鹤楼后,渴望一尝洪山菜薹,可是时值寒冬,洪山菜薹因冰冻而推迟了抽薹,苏东坡就特意滞留武昌,直到如愿以偿,大饱口福才惬意而去。

关于洪山菜薹还有著名的"刮地皮"典故。据王葆心《续汉口丛谈》上记载:"光绪初,合肥李勤恪瀚章督湖广,酷嗜此物(按:指洪山菜薹),觅种植于乡,则远不及。或曰'土性有宜'。勤恪乃抉洪山土,船载以归,于是楚人谣曰:'制军刮湖北地皮去也'。"

1949年1月,时任国民党行政院院长张群离开武汉临走前,对湖北省主席张笃伦说:"今晚到洪山去买三百斤菜薹,以便明晨带回南京去。"事后,有知情者写诗讥讽云:"从此辞去鄂州路,空载洪山菜薹归。"

清代汉阳诗人徐鹄庭在《汉口竹枝词》中曾写道:"不须考究食单方,冬月人家食品良,米酒汤圆消夜好,鳊鱼肥美菜薹香。"菜薹与鳊鱼齐名,足见其味之美。

洪山菜薹入馔,自古食法颇多,清代《调鼎集》

中就收有各种菜薹肴馔达十余品。武汉当地以炒法居多，"洪山菜薹炒腊肉"是古今闻名、别具一格的传统时令佳肴。

国家质检监督检验检疫总局批准自2005年12月31日起，对洪山菜薹实施地理标志产品保护。2008年7月1日，武汉市洪山菜薹产业协会申请的"鄂洪山菜薹"标志正式被国家工商总局商标局核准注册为地理标志证明商标，成为武汉市首件地理标志证明商标。在农业部农产品质量安全中心2017年第5次地标专家评审会上，洪山菜薹正式被确定为农业部地理标志农产品。

二、武汉蔡甸莲藕

蔡甸莲藕系湖北省武汉市蔡甸区特产，外观通长肥硕、质细白嫩、口味香甜、生脆少渣、藕丝绵长，营养丰富，品质优良。

蔡甸种植莲藕历史悠久。隋唐时期，作为栽培的莲藕在蔡甸传播引种，开始人工栽培，良种沃土相得益彰，越长越好。宋代开始闻名京都，蔡甸莲花湖莲藕年年进京朝贡，夏冬两季，水陆兼程，定时入京。明清时代已经大面积植藕。清代诗人乔大鸿在《晚渡南湖》诗中写道"十里尽薄荷，迷漫失南湖。人家何处边，停桡问渔叟。"

蔡甸城关建镇于晋，莲花湖环抱古镇，湖水清澈，湖泥肥沃，为蔡甸莲藕的生长提供了物质基础。蔡甸区充分发挥本地资源优势，积极发展莲藕产业，在扩规模、上科技、创品牌、拓市场等方面大做藕文章，莲藕成为具有蔡甸特色的支柱产业，形成规模化、区域化、专业化种植格局。从20世纪90年代中期开始，蔡甸莲藕种植面积达15万亩（1亩＝0.0667公顷），是中国最大的县（区）级莲藕生产和销售基地。

2000年5月，中国绿色食品发展中心为蔡甸莲藕颁发了莲藕绿色食品A级证书。2004年，蔡甸区

无公害莲藕种植基地被国家标准委批准为全国农业标准化示范区，武汉质量技术监督部门主持起草的《蔡甸莲藕》种植标准同时成为全国莲藕种植技术和产品质量标准的蓝本。2007年，蔡甸莲藕获国家质量监督检验检疫总局地理标志产品保护证书。2010年，蔡甸莲藕获得国家商标局核准注册的地理标志证明商标。2012年，蔡甸区获得"中国莲藕之乡"称号。

三、武汉蔡甸藜蒿

蔡甸（原汉阳县）南部水乡，一直盛产野生藜蒿。清光绪《汉阳县志》记载："藜生于阪隰（音xí，低湿的地方），以沼泽尤佳。"

藜蒿学名狭叶艾，又名芦蒿、水蒿、青艾等，为菊科多年生草本植物，具有极强的生命力，耐湿、耐寒、耐贫瘠，但不耐旱。民间有"正月藜，二月蒿，三月作柴烧"之说，指农历三月藜蒿纤维已显粗老，没有食用价值。《本草纲目》草部第十五卷记载："藜蒿气味甘甜无毒，主治五胀邪气，风寒湿脾，补中益气，久食轻身。"

藜蒿鲜茎嫩尖作时蔬，具蒿的清气，菊之甘香，脆嫩可口。有红茎和绿茎秆之分，红茎秆为野生，绿茎秆是近年来人工培育品种，二者香气相同，以野生品种为甚。地下茎人们常称作藜蒿根，同嫩茎尖一样，常和腊肉同炒成菜，腊香和藜蒿芳烈野香，经充分混合，食之有咬春返璞归真的感受，受到人们的推崇和青睐。

2013年12月，"蔡甸藜蒿"成功注册为国家地理标志证明商标。2014年，被农业部评定为地理标志农产品。

四、汉南甜玉米

玉米，学名叫玉蜀黍，俗称玉茭、苞谷等，是全世界总产量最高的粮食作物，也是重要的饲料来源。

甜玉米，又称蔬菜玉米，禾本科玉米属，是玉米家族八大类型中含有一个或几个特殊基因的品种。据了解，甜玉米原产于墨西哥，现代甜玉米产业起源于美国，因其具有丰富的营养和甜、鲜、脆、嫩的特色而深受人们青睐。

武汉市汉南区位于武汉市西南部，属江汉平原东部，四季分明，素有"鱼米之乡"的美誉。汉南区富含有机质的沙质土壤非常适宜甜玉米种植，而在 1997 年前，湖北省超甜玉米种植还是一个空白，2007 年，华中农业大学研究人员历经 10 载选育出第一个经审定的超甜玉米新品种——"金银 99"，并将汉南区作为甜玉米新品种研发及新技术应用试验示范基地。汉南作为全国最早种植甜玉米的地区之一，是全国鲜食甜玉米综合生产标准化示范区，被誉为"中国甜玉米之乡"。

2012 年 1 月，汉南甜玉米被国家质检总局正式批准为"地理标志保护产品"。2013 年，汉南甜玉米获得国家地理标志证明商标。

汉南玉米可分为甜玉米、糯玉米、常规玉米 3 种，尤以甜玉米最为有名。产自汉南区的甜玉米，又有"水果型玉米"之称，既可生吃，也可熟食，其主要特点是穗大、籽粒饱满均匀、色泽鲜亮，青棒阶段皮薄、汁多、质脆而甜。汉南甜玉米富含维生素 A、维生素 B1、维生素 C、矿物质及游离氨基酸等，含糖量更是高达 20%，是常规品种玉米的 1 倍左右。

五、武汉江夏舒安藠头

藠（音 jiào）头别名南蘘、三白头，是石蒜科、葱属多年生鳞茎植物。舒安藠头是湖北省武汉市江夏区舒安乡特产，2010 年，经国家质检总局审定为"国家地理标志保护产品"。2012 年 7 月，武汉市藠头协会申报的"舒安藠头"获国家工商总局商标局注册为地理标志证明商标。

据元《农桑辑要》记载，早在南宋时期，江夏区梁子湖沿岸已开始大面积种植藠头，从来未间断，其产量以舒安、徐和、燎原为最丰，是湖北富有地方特色的传统拳头产品之一。

梁子湖畔的舒安乡地处沿江冲淤积平原和鄂东南低山丘陵接合部，主要由湖沼、垅岗、丘陵三种地貌地形组成，一般海拔 20～30 米。其土壤均为轻壤土和黄沙壤土，土壤中含丰富的有机质，可提供比较全面的植物营养元素，提高土壤保肥能力，改善植物维生素的供应，促进作物生长。2004 年湖北省农药及农产品安全质量监督检验站对该区域采集土样，检测结论认为该地区的土壤质量各项指标符合绿色食品产地环境条件要求，以及 AA 级绿色食品土质标准，具有种植优质舒安藠头的土壤条件。

特有的地理环境和特殊的土质，使舒安所产藠头风味独特，层多色白，个匀肉脆，汁多味足，在清代曾被作为贡品，入选满汉全席。20 世纪 70 年代，日本内阁总理大臣田中角荣访问中国，周恩来总理以舒安藠头作为开胃小菜招待他，田中首相自此喜爱并迷上了舒安藠头，在他的直接干预下，舒安藠头走出国门，成为日本食品市场里的一道亮点。

舒安藠头在吃法上，既能当名菜独用，又能做配料，调制各种美味佳肴。

六、十堰房县小花菇

花菇是香菇中的上品，素有"山珍"之称，它以朵大、菇厚、含水量低、保存期长而深受人们的喜爱。

房县地处湖北省西北部边陲，是国家级自然保护区，至今仍保持着原始生态和无污染的环境。这里年均气温15℃，因气温较低，使这里的香菇生长极慢，至少需要6个月的时间。1981年9月，在云南昆明召开的全国食用菌评审会上，房县香菇获得第一名，综合质量优于日本香菇，从此房县香菇名扬四海，畅销海内外。

房县小花菇是正宗的神农架土特产品。1970年，神农架自然保护区成立，林区2/3由房县划出，故神农架土特产品与房县土特产品同源。2009年，房县香菇被农业部认定为国家农产品地理标志。2017年，"房县小花菇"地理标志证明商标获得国家工商总局商标局注册认定。2018年，房县香菇入选欧盟地理标志保护名单，代表着房县香菇的质量和声誉达到了国际高水准。

房县小花菇的顶面呈现淡黑色，菇纹开暴花，呈白色，菇底呈淡黄色，因顶面有花纹而得名。房县小花菇的生产保持着天然纯净特色，以其味香质纯、冰清玉洁而饮誉菇坛，又因其外形美观、松脆可口而被称为席上佳珍。电视纪录片《舌尖上的中国》第二季《脚步》，对房县小花菇还做了专门纪录。

香菇是楚菜常用食材，"香菇糯米鸡肉卷""香菇炖鸡汤""香菇啤酒鸭""菜心小花菇"等都是著名的香菇佳肴。

七、十堰房县黑木耳

房县黑木耳产于湖北省十堰市南部的房县。房县位于神农架和武当山之间，是中国著名的黑木耳生产基地县和驰名中外的"木耳之乡"。《湖北通志》云："黑木耳以郧属产者最为著名，世谓郧耳"。房县黑木耳因其"色鲜肉厚，朵大质优，营养丰富"而被称为"房耳"，又因其"形似燕，状如飞"，又被誉为"燕耳"。

房县黑木耳栽培历史悠久，产业持续兴旺。唐朝苏恭《唐本草注》中就提到了房县黑木耳的人工栽培方法。据史书记载，房县黑木耳在唐中宗李显（庐陵王）流放于房县回京后便被作为贡品，曾一度出现"百姓皆种耳，官商皆收耳"的繁荣景象。到了清代，鄂西北山区已发展成为我国木耳的重要产地，其产量占湖北省1/3以上。如今，房县已发展成为鄂西北最大的黑木耳集散地。

1986年，原国家商业部把房县列为全国黑木耳生产重点县。2006年，房县黑木耳先后通过国家绿色食品和有机食品认证。2009年，原国家质检总局批准对房县黑木耳实施地理标志产品保护。2018年，房县黑木耳入选欧盟地理标志保护名单，代表着房县黑木耳的质量和声誉已经达到了国际高水准。

房县黑木耳属于光木耳。新鲜的房县黑木耳呈胶质状，半透明，深褐色，有弹性；干燥的房县黑木耳为角质状，背面绒毛短而少，暗灰色，耳面黑褐色，平滑有光感。房县独特的自然环境，使得房县黑木耳色鲜形美，肉厚朵大，弹性好，口感佳，营养丰富，风味独特，畅销国内外。

黑木耳被誉为"素中之荤"，经常食用对人体具有积极的营养作用和一定的食疗功效。《本草纲目》载：黑木耳"味甘甜，性平，具有调节神经、补气血润肺之功能。"经常食用黑木耳能提高机体免疫力，还对高血压、动脉硬化症具有一定的补充疗效。

房县黑木耳因其品质优良而在烹饪中应用广泛，既可作主料，如"凉拌黑木耳""素炒黑木耳"等；也可作配料，如"黑木耳炒山药""黑木耳炒鸡蛋""黑木耳炒肉片"等。

八、十堰武当榔梅

榔梅，武当山树种，果实叫榔梅果。武当榔梅是武当山生存已久的本土物种，它非李非杏、非桃非梅，又似李似杏、似桃似梅，在《中国高等植物图鉴》中尚无记载。明代医学家李时珍在《本草纲目》中记载："榔梅，只出均州太和山。"古时武当山叫太和山，地处均州。也就是说，榔梅只出产在武当山，其他地方绝无仅有。正因为榔梅只出在武当山，物以稀为贵，所以就有许多神奇之处。《本草纲目》中记载：榔梅"实〔气味〕甘、酸，平，无毒。生津止渴，清神下气，消酒。"

据有关史书记载，榔梅源自"折梅寄榔"神话，宋代赋予它"预知年景"的圣果之名，明代称其为"显瑞呈祥"的瑞应之物，还被列为皇帝的贡品。因此，武当榔梅极具历史文化价值、具有较高的经济价值。2010年12月，原国家质检总局批准对武当榔梅实施地理标志产品保护。2015年，"武当榔梅"被国家工商总局批准为地理标志证明商标。

武当榔梅是特有的一种水果，其品质特征突出，金相玉质，外观诱人，果实橙黄色，果皮光洁细腻、光泽度好。果肉鲜艳、肉质柔软致密。口感芳香，风味甘甜，汁液丰富，酸甜适度。武当榔梅果实既可鲜食，又可加工果酒、果脯、果冻，营养价值丰富。

九、宜昌蜜橘

宜昌蜜橘是湖北宜昌地区所产的一种柑橘，与宜昌彩陶、根雕一起，被誉为"宜昌三宝"。更与南丰蜜橘、琴城蜜橘、黄岩蜜橘一道，被誉为"中国四大名橘"。

湖北宜昌，种植柑橘历史悠久，早在两千多年前，伟大爱国诗人屈原就在故里写下了《橘颂》名篇。《史记·秦列传》（西汉司马迁著）记载："齐必致鱼盐之海，楚必致橘柚之园"，说明楚地（湖北、湖南等地）的柑橘与齐地（山东等地）的鱼盐生产并重，《史记》

中还提道："蜀汉江陵千树橘，……此其人皆与千户侯等"。可见当时柑橘生产已有相当规模。

宜昌地区特殊的气候条件和土壤特征，是生产"宜昌蜜橘"最佳生态区。宜昌蜜橘，色泽鲜艳，香气浓郁，酸甜适口，可连皮食用。其色、香、味、形俱全，兼营养和保健于一身，是被人们赞为"食之悦口，视之悦目，闻之悦鼻，誉之悦耳"的"四悦"水果。橘肉、橘皮、橘络、橘核、橘叶皆可利用，周身是宝，不仅具有较高的食用价值，还具有一定的药用价值。

2017年，宜昌蜜橘被登记为农业部农产品地理标志。2018年9月，在我国首个中国农民丰收节期间，"宜昌蜜橘"与"潜江龙虾""监利黄鳝""秭归脐橙"一起入选"100个农产品品牌名单"。

十、宜都蜜柑

宜都蜜柑，是湖北省宜都市特产。2008年，宜都蜜柑获得国家农产品地理标志产品核准登记。2017年2月，国家工商总局商标局发布注册公告，湖北省宜都市柑橘协会申报注册的地理标志集体商标"宜都蜜柑"取得商标专用权。

宜都市气候温和，雨量充沛，日照充足，四季分明，地理、气候条件极适合柑橘的生产发展，是中国柑橘区划中宽皮柑橘最适宜区，先后被定为首批中国园艺产品出口示范区、中国柑橘生产优势区域、中国柑橘之乡、全国柑橘标准化示范县（市）。

宜都种植柑橘历史悠久。早在公元437年盛弘之所著《荆州记》一书中就有关于"宜都柑"的记载。唐代伟大的现实主义诗人杜甫在游览宜都横碛橘园风光时即兴而作的《横碛柑园》，诗中所提到的"横

碛"就在今天宜都市陆城花庙堤附近。清代，宜都县令彭颖也写下了"十里黄柑茂，何如八百桑"的佳句。近年来宜都的柑橘产业发展迅猛，柑橘是宜都市农业经济的支柱产业，居宜都四大农业产业之首。在2017年中国果品区域公用品牌价值榜中，宜都蜜柑位居第25位，品牌价值达到28.5亿元。

宜都蜜柑果形端正，色泽鲜艳，皮薄光滑，大小一致，汁多化渣，风味浓甜，香气宜人，营养丰富，是不可多得的柑橘良品。

十一、枝江百里洲砂梨

百里洲砂梨是宜昌市下属枝江市百里洲镇特产，其果实以个大、肉脆、汁多、味甜被湖北省农业厅命为"湖北十大名果"，是枝江市首件地理标志证明商标。

枝江市百里洲镇位于长江中游荆江首段，四面江水环抱，东眺荆楚，西极峡江，南与松滋市一水相连，北与枝江城区隔江相望，是万里长江第一大江心洲，版图面积约212平方千米。百里洲具有独特的气候条件和地理位置，日照充足，水源丰富，气候温和，土地肥沃、无霜期长，良好生态环境条件，是生产无公害百里洲砂梨的最佳产地，被中国特产之乡宣传暨推荐活动组织委员会推荐命名为"中国砂梨之乡"。

2010年，在国家工商总局注册"百里洲砂梨"地理标志商标。2012年，百里洲砂梨获批农业部农产品地理标志。百里洲砂梨主要品种有丰水梨、圆黄梨、黄金梨、翠冠梨、黄花梨、金水梨。果实扁圆形至近球形，果点小，皮薄，果肉雪白，肉质细脆、多汁、无渣，酸甜适口。砂梨大若拳，色若金，甘如蜜，脆如菱，另有解暑降温、生津止渴、消热解毒、润脾健胃等功效。

十二、枝江七星台蒜薹

七星台蒜薹，是产于湖北省枝江市七星台镇的一种美食蔬菜，具有略带辛辣的清甜口味和消炎抗菌的特殊功能，故而美名远播，俏销国内多个大中城市。七星台蒜薹产区位于湖北省枝江市七星台镇，是水电旅游名城宜昌市的东大门，与古城荆州隔河相望，享有"湖北大蒜镇""三峡油脂城"之美誉。

七星台镇属亚热带季风性气候特征，气候温和，四季分明，雨量充沛，无霜期长，这里的自然生态环境非常适合大蒜的生长。七星台所产蒜薹，形体粗大条长，每根高度为58～78厘米，茎粗0.7～0.89厘米，百薹重2.8～3.7千克，茎部嫩白，中上部翠绿，尾端不萎蔫、不糠心，肉质肥厚，纤维少，入口化渣，生食辛辣，清甜淡香，熟食嫩滑爽口，回味香甜，品质优良。蒜薹含有人体所需多种营养素以及大蒜素等成分。2016年，七星台蒜薹获得了国家农产品地理标志的登记认证。

七星台蒜薹食用方法是切成寸段凉拌、清炒或佐以其他肉类烹饪，凉拌或炒制后颜色白绿相间，口感脆而不烂，略感微辣，香气扑鼻，化渣易嚼，脆嫩爽口。"蒜薹炒腊肉"是最有名、最大众的楚菜之一。

十三、宜昌兴山昭君眉豆

昭君眉豆是昭君故里湖北省兴山县高山特有的一种原生态蔬菜。因豆荚颜色鲜艳靓丽，形似弯弯的眉毛，故名昭君眉豆，也被称为颜值最高的菜豆。迄今有两千多年的种植历史，是高山农民种植的传统蔬菜。

昭君眉豆栽培有严格的地域要求，香溪河以南要求海拔 1100 米以上，香溪河以北要求海拔 1000 米以上。昭君眉豆栽培季节有严格的时间要求，6 月初播种，播早了高温影响结实，食用时因没有豆粒的香糯而不好吃，播晚了遇低温不能成熟。

昭君眉豆具有"产量低，营养价值高"的特点。2014 年，湖北省农科院检验认证，昭君眉豆富含 8 种微量元素，尤以钾和膳食纤维含量丰富。

昭君眉豆制作方法多样，味道鲜美。"老了吃荚"是昭君眉豆的吃法。一般很少食用新鲜豆子，要等豆荚自然老化风干。豆子要用水发约 12 小时。水发时豆荚两头要剪角——剪太小吃水不够，剪太大一炖豆荚会散。水发完后再用高压锅煮约 10 分钟。这种豆子不怕炖，越炖越好吃。煮好的昭君眉豆，异常粉糯，而且吸满汤汁，味厚香浓。"昭君眉豆炖腊蹄""昭君眉豆炖排骨""黄焖昭君眉豆" 等都是兴山县具

有代表性的风味名菜。

2016 年，昭君眉豆被农业部认定为中国农产品地理标志产品。

十四、宜昌兴山胭脂柚

胭脂柚是湖北兴山县特产珍奇水果，营养丰富，特别维生素 C 含量较多。胭脂柚产于香溪河流域海拔 400 米以下含磷钾较高的紫色页岩土壤中。其树木四季常青，叶片碧绿芳香，花白馥郁如茉莉，果实外皮色泽金黄，圆润端正，内皮和果肉嫣红，色如胭脂，汁多肉细，甜酸适度，脆嫩可口。兴山胭脂柚，又称"秋月柚"，历来以其味美色奇而古今闻名，从汉代起便成为历代封建帝王的贡品。

"群山万壑赴荆门，生长明妃尚有村。"兴山为汉明妃王昭君的故乡，因"环邑皆山，县治兴起群山之中"而得名。兴山的山俊美，兴山的水秀美，兴山境内山峦重叠、岗翠峦青、万木争荣，水能、矿产、林业、旅游资源十分丰富。

1957 年 2 月的一天，时任国家副主席董必武和湖北省委书记王任重、省长张体学等领导，一起到洪山宾馆看望出席湖北省劳动模范代表大会的代表，第一次品尝到兴山胭脂柚，大加称赞："这柚子味道好，皮薄色鲜，汁多香甜。"并指出，要大力发展胭脂柚，向全国各地销售。（冯骏祥. 董必武与胭脂柚的故事.《绿色大世界》，1996 年第 4 期）

在兴山县民间，胭脂柚是一种象征亲人团圆、生活美满的美食佳果，故每逢中秋佳节，合家欢聚赏圆月时，胭脂柚是必备的果品之一。

十五、宜昌秭归脐橙

脐橙原名甜橙，别名橙、香橙、橙子，是世界各国竞相栽培的柑橘良种。秭归脐橙产于湖北省宜昌市秭归县。秭归地处长江西陵峡畔，位于三峡工程坝上库首，秭归栽培柑橘历史悠久，早在两千多年前，伟大爱国诗人屈原就在故里写下了《橘颂》名篇。1951年4月，秭归因盛产优质脐橙而被国家有关部门命名为"中国脐橙之乡"。秭归脐橙品质优良，风味独特，皮薄色鲜，肉脆汁多，香味浓郁，酸甜可口。2006年6月，原国家质检总局批准对秭归脐橙实施地理标志产品保护，同年获得国家工商总局地理标志证明商标。2017年，秭归脐橙获得农业部国家农产品地理标志登记保护。

秭归脐橙营养丰富，老少皆宜，是形、色、香、味俱佳的鲜食柑橘精品和纯天然保健果品。经测定，秭归脐橙可溶性固形物含量12%～15%，每100毫升果汁中含糖11～13克、酸0.6～0.9克、维生素C 50～60毫克，还富含无机盐、粗纤维等多种营养成分。有"常吃秭归脐橙，身体健康延年"之说。

产于屈原故里的秭归脐橙，以其悠久的历史、丰富的品种、独特的品质、著名的品牌倍受消费者欢迎和钟爱。秭归脐橙多次荣获部优、省优产品以及农业博览会金奖称号，先后被国家有关部门授予"中华名果""中国知名品牌""湖北省十大名牌农产品""中国名牌农产品""湖北省著名商标"等称号。通过广大客商的广泛推介，秭归脐橙已销往全国30个省市自治区、五十多个大中城市，并出口到俄罗斯、新加坡等国家和港澳地区。

十六、襄阳大头菜

大头菜是湖北襄阳市的名特产品，它以咸香味美、清脆爽口的独特风味，自古驰名遐迩。

大头菜系使用蔓菁块经腌制而成。蔓菁，又名芜菁，属十字花科，一、二年生草本。根茎肥大，质较萝卜致密，带有甜味，呈球形或扁圆形。原产于我国及北欧。《诗经》"采葑采菲"中的葑即指蔓菁。明代李时珍《本草纲目》云："芜菁南北皆有，北土尤多。四时常有，春食苗，夏食心，亦谓之薹子，秋食茎，冬食根。河朔多种，以备饥岁。菜中之最有益者惟此尔。"清代乾隆年间编纂的《襄阳府志》把它列为蔬菜之首。

相传，三国时期诸葛亮隐居襄阳隆中，他在此躬耕苦读，博览群书，但由于生活清贫，每到冬季缺菜时，常采挖一种野生的疙瘩菜（蔓菁）充食，由于其生食时有强烈的芥辣味，便将其腌制贮存起来备食。经过腌制后的疙瘩菜，在炒制后咸香脆美，成为可口的佐餐佳肴。从此，将采集的疙瘩菜（蔓菁）腌制后食用的方法便在当地传开了。

汉献帝建安十二年（公元207），刘备三顾茅庐时，诸葛亮曾以自己腌制的疙瘩菜，切成丝精心调拌，饮宴款待，刘备品食后赞不绝口。后来诸葛亮当了刘备军师，辅佐刘备统一天下恢复汉室，而他曾在蜀中军营里令兵士种植并推广食用这种疙瘩菜，以作军粮。故至今蜀人呼其为"诸葛菜""孔明菜"。

千古流传的大头菜，经历代襄阳人民精心腌制，继承和发扬了地方独特的传统操作工艺，配料制作严格，其腌制周期为八个月，成品呈暗酱红色，外挂盐霜，能长期贮存，既可单独做菜，又可作大菜配料，既可以清炒，也可以烧汤。若做宴席配碟食用，亦别具风味。

2007年5月30日，襄阳大头菜在京通过了国家质检总局地理标志产品保护的评审。2012年12月21日，湖北襄阳大头菜协会注册的"襄阳大头菜"被国家工商总局商标局注册为地理标志证明商标。

十七、孝感肖港小香葱

肖港小香葱是湖北省孝感市孝南区肖港镇特色蔬菜。2009年12月，国家质检总局批准对肖港小香葱实施地理标志产品保护。

肖港种植小香葱的历史可以追溯到明朝。据《孝感地方志》记载，明洪武元年（公元1368），朱元璋为了长治久安，采取了一系列发展农业生产的措施，其中之一就是向江北移民，开垦荒地。江汉平原孝感一带的居民，多是从江西迁移而来。据说，小香葱就是此时随着人们的大迁移由江西传入孝感，从此落地生根。肖港镇位于江汉平原北端，该地区由澴河冲积形成的潮沙土和原地表的黄壤土结合形成的独特土质使肖港小香葱具备独有特性。肖港小香葱种植地区兼有北方的寒冷，故生长周期相对南方长，使之具有"叶片深绿、饱满、挺实而有光泽，葱味微辛辣，香味浓，口感好"等特点。

肖港小香葱营养成分多且含量高，其药用功能也早已被人们所重视。明代李时珍著述的《本草纲目》等中草药书中对小香葱的药用功能有记载。药理研究还表明，小香葱的葱白具有发热解汗及健胃、利尿、祛痰等功效。

肖港小香葱除做调味料、蔬菜外，还能做配料，生产多种葱油、葱花等副食品。

十八、孝感荸荠

荸荠，俗称马蹄，又名水栗，在水生植物中，与莲藕、慈姑、菱角齐名。被人们广为传颂的汉孝子董永的故乡——孝感，向以生产优质荸荠出名，孝感荸荠皮薄而鲜红，质细渣少，脆甜可口，其产量和质量均居湖北省首位，每年仅加工供出口的白荸荠就以千万斤计，在美国、加拿大和日本等国享有盛誉。

在孝感当地民间，有"董永以荸荠孝父"的故事。由此，荸荠敬老成为孝感民间习俗，每逢荸荠收获季节，特别是出嫁女儿回娘家，总要带些荸荠，用以表示继续孝敬父母的养育之恩。甚至年节探访亲友，亦用荸荠作为馈赠礼品，以传递友情。

荸荠富含营养，并具有生津化痰、降压利尿、清热解毒之功效，是冬令特殊的水生蔬果，以脆爽、清甜的特点，惹人喜爱。荸荠既可做菜点，又可当水果，还能制淀粉，造粉丝，熬饴糖，酿果酒，做糕点、蜜饯，特别是大量加工制成罐头，成为四季可吃的蔬果美食，更为餐桌菜点增添了丰富色彩。

荸荠入馔，能烹制出很多脍炙人口的佳肴美点，如"拔丝荸荠""荸荠肉圆""荸荠红烧肉""马蹄糕"等。有些菜如"蒸肉糕""红烧狮子头"等加点荸荠丁，可具有脆、爽的特点。

十九、鄂孝玉皇李

李是我国原产果品。古籍《素问》言："李味酸属肝，东方之果也。"李的品种很多，《本草纲目》云："李，绿叶白花，树能耐久，其种近百。其子大者如杯如卵，小者如弹如樱。"果实圆形，果皮紫红、青绿或黄绿色；果肉暗黄或绿色，近核部紫红色。品质优者，甘香味美，更加别具风味。

玉皇李乃李中名品，系蔷薇科，李属，落叶乔木

果树。它是湖北的传统名贵水果，最早起源于北京八达岭一带，原名"玉黄李"，果皮底色玉黄，香浓脆甜醇厚，营养丰富，味极佳美。

相传，在明代中叶（公元1400—1500），正值太平盛世，百业兴旺，玉皇李自北向南传入江淮地区，由河南济源至信阳州（今信阳市），顺淮水而下进入湖北境内，并在大悟芳畈和孝感花山、金盆一带落户安家。当时生长在湖北钟祥的明世宗朱厚熜，据说他早已品尝领略过玉黄李的美味，甚为喜爱。直到后来继位做了嘉靖皇帝。玉黄李便随之成为进献朝廷的贡品，因此，又名"玉皇李"，在民间还有"嘉靖果"之称。

过去，在孝感小河花山和大悟芳畈一带，每在小暑前，家家户户喜摘玉皇李，其收益占当地农户的三分之一。当时还流传着"一船李子五船粮，丰年有钱用，灾年可度荒"的歌谣。后因多种原因，致使玉皇李生产遭受严重破坏，几乎濒于灭绝。

为了开发利用自然资源，在20世纪70年代末期，已引起政府重视，由湖北省组成联合调查组，并将玉皇李列为重点资源，大力培育发展。由于其果品质地优异，1982年和1984年，曾荣获全省名李鉴评第一名，还被命名为"鄂孝玉皇李一号"，驰誉省内外。

二十、孝感大悟蜜桃

大悟蜜桃，俗称"大红袍"，以其果皮淡黄中透出鲜红色而得名，为湖北著名特产。具有果实肥大，皮薄色艳，肉红松脆，甘甜芬芳的特点。因而，每到蜜桃上市，人们就把它作为馈赠亲友的最佳礼品，特别受人喜爱。

据原华中农学院出版的《果树栽培技术》介绍，大悟蜜桃属华北系统优良桃的引种，故其桃有着非凡的来历。据古书《宛委编余》记载，明代洪武元年，清理元朝宫廷内库，发现四粒特大桃核上刻有"西王母赠武帝桃宣和殿"十个字，朱元璋看了后，拍案称奇，想到要在人间培育仙桃，于是令人选地精心培育，四粒贮藏了一千多年的种子，居然一一生根、发芽、开花、结果。大悟蜜桃就是以此优良品种，逐步引种而来，已有数百年的历史了。

大悟蜜桃，它是经过长期实践选育出的一个早熟品种，每年六月上旬为其成熟上市季节，比山东肥城佛桃早2个月至3个月；比江苏无锡玉露桃要早1个月至2个月。大悟蜜桃年产量达500万千克，居湖北全省之冠，其桃耐贮运，每年除运销北京、佳木斯、齐齐哈尔、呼和浩特、包头、大同等三十多个城市外，还有相当一部分用于出口。大悟蜜桃，果肉清脆，味甜不酸，富含营养，除一般生食外，还可加工制成各种成品，如桃干、桃脯、桃膏、蜜饯以及蜜桃罐头等，能常年供人享用。

二十一、孝感安陆白花菜

白花菜，又名羊角菜，属白花菜科。为一年生草木，被黏质腺毛，柔茎延蔓，掌状复叶，一枝五叶，叶绿色，大如拇指。有红梗、青梗两种，宜在三月种之，夏秋开小白花，长蕊，结小角，长7～10厘米。新鲜白花菜，有羊臊气味，故不宜鲜吃。

湖北安陆市种植的白花菜，是一种别具风味的地方特色蔬菜，早在清朝康熙年间，即有"奇香味绝"的美誉。而其产量之多，质量之优均超过外地，故原

《安陆县志》记载有："他处皆不及，异地异也"之说。而安陆人还与白花菜有难解之缘。近些年来，有些远居美国和台湾的安陆人回国探亲时，特别喜食家乡的白菜花，并且赞美不已。曾有两位探亲返台人员，还将白菜花籽带到台湾，种在花盆里欣赏，以此抒发思乡之情。尚有民谣云："安陆白菜花，十八九个爱。色美美得奇，味香香得怪。家里来了客，吃了还想带，游子种他乡，减了相思债。"

2009 年，安陆白花菜被农业部登记为农产品地理标志产品。2013 年，经国家工商总局商标局核准，"安陆白花菜"地理标志证明商标获准注册。

白花菜具有食用和观赏价值，并且具有一定的药用价值。明代《食物本草》记载：

"白花菜性味苦、辛，微毒，主治下气。"李时珍《本草纲目》还说："（白花菜）煎水洗痔，捣烂敷风湿痹痛，擂酒饮止疟。"白花菜食用，当地多制腌菜，腌制的白花菜清香可口，风味别致。用于素食或做配料炒肉、炒蛋，均色、香、味俱佳，可谓蔬中美食。"白花菜扣肉"是楚菜的杰出代表。

二十二、孝感安陆南乡萝卜

南乡萝卜是湖北安陆南城出产的一种根系植物，白色，圆形，富水分，清淡甜脆；调理温和，自古就有"南乡的萝卜进了城，城里的药铺要关门"之说。

传说安陆女婿——唐代诗人李白寓居安陆期间，一次突发怪病，整天咳嗽、发烧、眼睛发赤，心里烦躁。为了医治疾病，他的文朋诗友们不知找过多少郎中为他看过病，他也不知吃了多少药，可就是不见病情好转。一天夜晚，李白突然做了一个梦，梦见白花仙女对他说："若要医治好您的疾患，得将相公腰间系着的一

颗白玉佩珠解下来，种在城南涢水河边仰家石桥一带的土地里，再以清澈甘甜的涢水浇灌，就可以长出一个个白如玉、甜似蜜、形似馒头的萝卜来。相公吃了这种能清热、降火、祛湿、解毒的萝卜后，病情就可以好转。"第二天一大早，李白按照梦中白花仙女所示，来到仰家石桥，将腰间的白玉佩珠种在一块田地里，并且适时地给它浇灌涢水。不久田地里就长出一大片色白、皮薄、汁多、入口脆，甜如蜜的团团圆圆的萝卜来。李白将萝卜挖出洗净吃了以后，果然病情好转并很快痊愈。一向乐于助人的李白，见这种萝卜既能食用，又能药用，就把萝卜种子分送给了那里的农民。从此，当地民间就有了"南乡萝卜进了城，中药铺里关了门"的歌谣。南乡萝卜只有在安陆南乡仰棚村一带才能生长得最好，移植别地则变形、变色、变味。

南乡萝卜形态优美，为圆形或椭圆形，上部为青色如翡翠，下部为白色如白玉，故有"小萝莉"的美称。南乡萝卜除了富含糖类物质外，还含有各类氨基酸和大量的萝卜素，萝卜素具有止咳、助消化、利尿等药用功能，故南乡萝卜又有"小人参"之美誉。此外，南乡萝卜肉质脆嫩，味甜多汁，生吃甜似苹果脆似梨，还有"大水果"之别名。

南乡萝卜可炒、可烧、可炖、可腌、可腊，亦可生吃，其中，"萝卜烧五花肉"是民间餐桌上最常见的佳肴。

2017 年 11 月，国家质检总局正式批准对安陆南乡萝卜实施地理标志产品保护。

二十三、荆州独蒜头

大蒜又叫蒜头、大蒜头、胡蒜，是蒜类植物的统称。半年生草本植物，百合科葱属，以鳞茎入食或入

药，秦汉时从西域传入中国。荆州独蒜是大蒜的一种，当我们把大蒜的蒜皮剥开，通常可以看到许多小蒜瓣。一个大蒜一般含有 4 ～ 5 个甚至 10 来个蒜瓣。可是，有时剥开后里面却只有一个蒜瓣，这种就叫独瓣蒜。独蒜是湖北荆州地区特产，相传在清乾隆年间，乾隆皇帝游江南时曾吃过此独蒜，从此，荆州城一带便将此独蒜制作的糖蒜作为敬献朝廷的珍品。 独蒜与普通大蒜相比，其个体圆正，蒜味浓郁；其加工产品，圆润晶莹，脆嫩香甜。

独蒜亦食亦药，用作家常小菜，荤宴小碟，消腻去腥，开胃健食，别具风味。独蒜也是楚地厨师烹饪必不可少的调味品，调制馅料用独蒜蓉，可去腥增香保鲜；蒜粒制作凉拌菜时用独蒜蓉，可增香消毒杀菌。

二十四、荆州石首尖椒

石首尖椒，是湖北石首市的名特产品，与笔架鱼肚、桃花山鸡蛋一起并称为石首"三宝"。石首尖椒历来以品质优良著称，不仅在国内畅销湖南、四川等地，而且外销罗马尼亚以及东南亚和非洲等许多国家，在国际市场上享有盛名，被誉为"中国石首尖椒"。

传说，石首尖椒是七仙女下凡路经该地播种而生的。此尖椒通常每六七个呈簇拥状朝天生长，故被称为七姊妹朝天椒，还被誉为"天仙七姊妹"。石首尖椒种群资源十分丰富，植株杆短叶密，抗逆性强，病虫害少，结果率高（每株挂果 200 个左右），大体分为大果型、中果型、小果型三大类，果形有圆锥形和长条形两种。石首尖椒色泽鲜红，辣味浓而纯正，富含维生素和纤维素，除鲜食外，还适宜加工配制成各种品质优良的辣类调味品，别具风格。据湖北省进出口商品检验局测定，每 100 克干椒中辣椒素含量高达 219.5 毫克，是一般辣椒的 2.5 倍。适量食用能刺激唾液和胃液分泌，帮助消化，增进食欲，健脾开胃，芳香开窍。

石首尖椒每年出口干制品达二十余万千克。近几年来，石首已兴办起了数家尖椒加工厂，每年加工制成尖椒油、尖椒粉、油辣子、油辣豆瓣等多种调味品，畅销国内外市场，极受广大消费者欢迎。2001 年，被中国国际农业博览会认定为湖北省名牌产品。2012 年，"石首尖椒"被国家工商总局商标局认定为地理标志证明商标。

二十五、荆州洪湖藕带

藕带，古时称藕鞭、藕丝菜、银苗菜，又称藕心菜、藕梢、藕苗，藕带是莲的幼嫩根状茎，由根状茎顶端的一个节间和顶芽组成。藕带与莲藕为同源器官，条件适宜时，藕带膨大后就成为藕，通常为白色、黄色、粉黄色，最合适的采摘时间是夏季的雨后。

洪湖藕带，是湖北省洪湖市特产。洪湖是湖北省第一大淡水湖，水质优良，微量元素丰富，得天独厚的自然环境孕育了洪湖藕带的天然品质，当地渔民将它形象地总结为五个字"白、粗、脆、香、甜"。即形态较粗，肉质厚实；色泽呈白色；口感清脆、清香、清甜无异味，且营养成分丰富，富含维生素、矿物质。

2015年12月，原国家质检总局批准对"洪湖藕带"实施地理标志产品保护。

湖北人喜欢食用藕带，古代就有采食藕带的习惯，如李时珍《本草纲目》记载的"藕丝菜"就是现今所谓的藕带。

藕带吃法很多，炒、拌、炸、熘、生吃皆可。既可作主料，又可作配料，荤素皆宜。最为有名的是"清炒藕带"和"酸辣藕带"这两道菜，但不管怎么吃，味道都是绝佳的。成菜的藕带细脆无筋，清香浓郁，嫩、雅、鲜、香、辣、爽。利用藕带加工成的泡菜，如"酸辣藕带""糖醋藕带"等，也极受消费者欢迎。

二十六、黄州萝卜

黄州萝卜是中国湖北省黄冈市黄州区具有地方特色的农家蔬菜，因该萝卜长得粗壮，形似冬瓜，人称"冬瓜萝卜"，有着悠久的种植历史，是"黄州三绝"之一，以清香甜脆著称。据史料记载：黄州萝卜体大皮薄，水分充足，含糖量高，肉脆味美。生食，甜脆可口似水果；熟食，味佳回锅而不烂。有"生萝卜甜、熟萝卜香、腌萝卜脆，冬藏春吃更有味"之说。据传，早在东汉时期，曹操驻兵黄州时，曾因"兵吃萝卜、马吃菜"而盛名天下。宋朝著名诗人苏东坡居住黄州所食之"东坡肉""东坡鱼"都要用黄州萝卜相佐。黄州民谚曰："过江名士笑开口，樊口鳊鱼武昌酒，萝卜豆腐本味佳，盘中新雪巴河藕。"

《黄冈县志》记载，"自演武厅——下巴河口瓜菜圃也，有萝卜，大者一枚十余斤"。长圻廖至孙镇一带全长四十余里，盛产萝卜、瓜菜，历史上誉称"四十里菜园"。该地区土地肥沃松软，气候温和，雨量充沛，远离污染，长出的萝卜所含矿物质等营养成分大大超过普通萝卜，具有很高的营养价值，在历史上久负盛名。

1959年，黄州萝卜被选送到北京参加国庆10周年农展馆的展览并获奖。1992年，又被选入湖北省名、特、优、新农产品开发项目库，成为湖北省具有开发前景的名优农产品资源之一。2008年9月，黄州萝卜正式成为国家地理标志保护产品。

黄州萝卜入馔，可炒、可烧、可煨、可煮，"萝卜煮鲫鱼""萝卜烧肉""萝卜煨汤""萝卜圆子"等，均为当地老百姓餐桌上的家常菜品。另外，黄州萝卜亦可当水果食用。

二十七、浠水巴河莲藕

巴河莲藕，简称巴河藕，又名芝麻湖藕，产于湖北浠水县巴河的芝麻湖，故此得名。这里所产的湖藕，质白似雪，细嫩甜糯，可谓首屈一指，闻名全国。

传说古时候，有一只丹顶仙鹤，口含一粒晶莹碧绿的莲子，从波涛汹涌的南海冲天而起，向北飞去。仙鹤飞过了长江，累了想歇口气，可刚一开口，那粒莲子从口里脱落，随着一道金光，掉进了芝麻湖里。次年，芝麻湖里绿荷莹莹，红花朵朵。从此，芝麻湖长出了一种与众不同的"九孔藕"，呈四方形，藕面有凹槽，向藕节外伸延由浅渐深；表皮呈白玉色，没有铜锈斑纹，久藏不变色；每节藕常为三节，节间粗壮，肉细汁多，糖质淀粉丰富。这种藕生吃脆甜，熟食炒不变色，炖不浑汤。凡到浠水旅游的人，都想品尝地道巴河藕，有"不食芝麻湖藕，枉到鄂东旅游"之说。

据《浠水县志》记载："巴河藕，产自芝麻湖者为最。"此藕为历代名人骚客所喜食和赞美，鄂东一带流传有民谣："过江名士开笑口，樊口鳊鱼武昌酒，

萝卜豆腐本佳味,盘中新雪巴河藕。"闻一多是浠水的故乡,他曾赞巴河莲藕"心较比干多一窍,貌若西子胜三分"。陆游、胡风等文人墨客为此写下过不少赞美巴河莲藕的诗句。据说,吃了九孔藕人会特别聪明。历史上,巴河藕产区的确留下了"清出状元明出相"的佳话。

2010年1月,浠水县巴河莲藕顺利通过国家质检总局专家评审,获国家地理标志产品保护。2013年,"巴河莲藕"已注册地理标志证明商标。

楚地老百姓爱吃藕,会烹藕,或炒,或烧,或炸,或煨,以巴河藕为主要原料制作的"蜜汁甜藕""藕粉丸""藕煨排骨汤""炸藕夹"等菜品已被《中国名菜谱(湖北风味)》《中国鄂菜》《中国莲藕菜》等著作收录。

二十八、黄冈蕲春马冲姜

湖北蕲春县是明代著名医药学家李时珍的故乡,蕲春县漕河镇马冲村生产的生姜,独具特色,成品金黄,质地脆嫩,细腻无筋,微辣带甜,芳香滋美,开胃生津,别具风味,驰名全国。这里的人对姜特别钟情,流传着"女人不能百日无糖,男人不能百日无姜"的谚语,可见姜在人们生活中的重要性。

马冲姜种植很讲究,需要在半阳半阴的地方生长,而且要松软土,正好当地有一种香炉灰土特别适合这种姜的生长。马冲村生长的姜块头大,形状怪(如盘指),颜色鲜亮,富含多种矿物质,因此深受人们的喜爱。

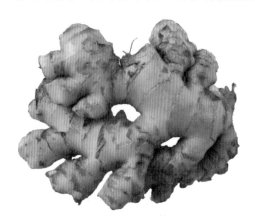

姜既供食用又供医用。李时珍《本草纲目》记载说:"姜辛而不荤,驱邪避恶,生啖熟食,醋、酱、醋、盐、蜜煎调和,无不宜之。可蔬可和,可果可药,其利博矣。"姜能强御百邪,自古被看作一味常用中药,亦可用姜配置药膳和滋补美食,长期以来,民间种姜、食姜的风气渐浓,并且已成习惯。故《论语》有云,

每食不撒姜。姜可长食,但不可多食。据分析,姜含有丰富的挥发性姜油酮、姜油酚、姜油醇、姜辣素和多种营养素。适量食用对人体确有裨益,能清口开胃,增加食欲,促进健康。

姜可提取香精,制作姜粉,亦可制酱、糖渍,或制成姜糖、姜酒等。姜更是人们日常生活中的一种调味佳品,应用于烹调,烧鱼或炖肉,不仅具有去腥除膻的本领,而且还能增强鱼、肉的鲜香。故姜以自身特殊的辛辣芳香,受到人们的称赞和喜爱。

二十九、黄冈罗田板栗

"蚕吐丝、蜂酿蜜、树结油、山产栗",这是鄂东大别山区罗田人民引以为豪的四大特产,其中的"山产栗"指的就是罗田板栗。

板栗,又名栗、栗子、风腊,是壳斗科栗属的植物,原产于中国,分布于越南、中国台湾以及中国大陆地区。罗田是中国板栗主要产区,历史悠久,素有"板栗之乡"的美称。罗田是全国板栗第一县,其面积、产量均居全国第一。罗田板栗有桂花香、九月寒、红光栗、早栗、油栗、羊毛栗等17个品种,色味独特,风格各异。其中,桂花香果壳暗紫色,富有光泽,果肉黄色,味甜肉嫩,有桂花香味,是罗田板栗中最佳品种之一;早栗果壳红润,肉质松脆,其味甘香;红光栗壳色绯红有光,肉质脆嫩爽口,入食香甜;羊毛栗果壳色紫且有霜色毛茸,生食清香,熟食甜滋;油栗果壳青乌发亮,富有油腻,食之香如桂花,甜似梨饴,为板栗之上品。罗田板栗的独特品质和信誉,吸引了许多外国人。美国澳本大学洛顿教授不远万里来罗田考察,他通过对罗田板栗品种的实地考察后认为,罗田是"世界板栗的基因库",并积极介绍美国企业界人士来中国罗田开发板栗系列产品。日本、加拿大、意大利等国家的专家曾五十多次来罗田考

察，对其板栗的品质惊叹不已。据说，日本将罗田板栗进口后进行加工处理，制成风味独特的板栗食品，并称之为"人参果"。

罗田板栗果仁中富含淀粉、蛋白质、脂肪、钙、铁以及维生素A、维生素B2、维生素C等营养物质和营养元素，所含蛋白质比大米高30%，脂肪比大米高20倍。

板栗具有较高的食用价值，现在食品工业已开发有速冻板栗肉、板栗粉、板栗果脯、栗羊羹、板栗汁、栗蘑、栗壳炭等二十多种产品，烹饪入馔，"板栗烧仔鸡""板栗红烧肉""排骨栗子荷叶饭"等都是楚地颇受欢迎的佳肴。

2007年，原国家质检总局批准对罗田板栗实施地理标志产品保护。2012年，"罗田板栗"被国家工商总局授予地理标志保护产品证明商标。

三十、黄冈罗田茯苓

茯苓，亦名茯灵、伏菟、松腴、不死面。茯苓为担子菌纲，多孔菌科植物茯苓菌的干燥菌核，靠吸收松木中的水分和营养物质生长。嫩时呈白棉绒状，成熟后呈棕褐色皮状。李时珍说："茯苓有大如斗者，有坚如石者，绝胜。其轻虚者不佳，盖年浅未坚故耳。"现仍有野生，但主要靠人工培养。

鄂东地区的罗田、英山、麻城一带是茯苓的主要产区。罗田生产茯苓有五百多年的历史，曾被誉为"中国茯苓之乡"。罗田、英山、麻城等地的茯苓各有特色。英山茯苓出口片类，以洁白匀净著称；麻城茯苓以块类方正、整齐见长；罗田茯苓以个苓坚实、皮细闻名，药用性能好。2007年，国家质检总局对罗田九资河茯苓实施地理标志产品保护。

据《本草纲目》载，茯苓"主治胸胁逆气，忧恚惊邪恐悸，心下结痛，寒热烦满咳逆，口焦舌干，利

小便。久服，安魂养神，不饥延年。"甚至有人称其"通神而开心，调营而理卫，上品仙药也。"宋代苏颂著《集仙方》把茯苓酥描述为"日食一枚，终日不饥。"慈禧太后曾令御膳房制作"茯苓饼"供膳，并常以此赏赐王公大臣。

茯苓入馔，做法很多，"茯苓糕""茯苓饼""茯苓馒头""茯苓豆腐""荷叶茯苓粥"等，都是楚地常见的美味佳肴。

三十一、黄冈麻城辣椒

辣椒是在明朝嘉庆万历年间传入中国的外来蔬菜，据《麻城县志》记载，清朝康熙年间麻城即有大规模辣椒种植。新中国成立前，麻城辣椒便是挑夫贩卒谋生的首选货物，大都将其贩运流通到汉口及周边的府县。在农村的深秋时节，麻城家家户户门前都要挂上几串鲜红的辣椒，条件好的人家要泡上几大缸，冬天，家人围坐在吊锅旁吃着有辣椒的吊锅菜，喝着老米酒，满屋弥漫着辣椒味和老米酒香，这一习俗在大别山区域延续了几百年，时至今日仍在传承。

在大别山区有这样一首民谣：老米酒，兜子火，除了皇帝就是我；酸辣椒，吊锅菜，越吃我越爱。在解放战争期间，刘邓大军千里挺进大别山来到麻城，当时条件艰苦，寒冬岁月，战士衣单被薄，常吃辣椒驱寒保暖，提神抗病，提高战斗力。在战争年代，麻城辣椒为中国革命事业做出了重要贡献。改革开放以后，麻城市政府大力调整产业结构，将106国道两旁、举水河畔肥沃的棉产区全部调整为百里大棚蔬菜带，全力发展麻城辣椒。2002年，在宋埠镇麻城辣椒主产区，成功举办了第一届麻城辣椒节，邀请了全国部分地区知名专家和客商，专家一致称赞麻城辣椒与众不同，独树一帜。到目前为止，麻城已经成功地举办

了5届麻城辣椒节，有力地推动了麻城辣椒产业发展。2014年11月，麻城辣椒荣获第十一届中国武汉农业博览会金奖。同年12月，麻城辣椒荣获国家农产品地理标志登记保护产品。2016年8月，农业部公布第六批全国一村一品示范村镇名单，麻城市宋埠镇彭店村榜上有名。该村打造"麻城辣椒"品牌，成为鄂东蔬菜第一村。

麻城辣椒果实外观整齐，色泽光亮，果皮较薄，果肉厚而脆，微辣，味道鲜美，营养丰富。在楚菜烹调运用上，麻城辣椒既可以作调料，起到去腥、添辣、增香的作用，又可以作辅料，起到配色、补味、爽口的作用。麻城辣椒还是麻城特色美食"麻城吊锅"必不可少的辅调料。

三十二、黄冈红安苕

苕是湖北地方对红薯的俗称。红薯，学名番薯，又名山芋、红芋、甘薯、地瓜（北方）、红苕（南方）等。

红安苕是一种地方红苕名品，它生长在大别山革命老区湖北省红安县，是红安人祖祖辈辈赖以生存的主要粮食作物。红安出产的红薯呈长条形、纺锤形、红皮、红心，胡萝卜素含量高，因其形状、质地同别的地方不同，以至成为红安特产，名曰"红安苕"。2009年9月，国家质检总局正式对红安苕实行地理标志产品保护。红安县位于大别山西南低山丘陵地带，这里雨量充沛、光照充足、气候温和、四季分明，属典型的亚热带大陆性季风气候。全县土壤质地轻，含砂量大，通气性好，以微酸的土壤为主，这里的气候、土壤特别适合种植耐旱喜温的红薯（苕）。

红安苕种植历史悠久，清宣统元年（公元1909）的《黄安乡土志》对红安苕的品种、种植、加工、收藏和功用有着详细记载："外有非毂非蔬非

果而有益民食者，曰薯芋，曰芋。不甚种薯。则冬月窖藏其种，二三月畦种之；五月截蔓寸余，雨中插之；九十月割其蔓而掘其实。红白二种，味甘性平；生熟皆可食，可酿酒，可取粉，可为饴。贫人半岁之食，多者百数十石（担）。茎叶且可豢豕（喂猪），（黄）安已遍植矣"。

红安苕较之其他地方红薯品种，特色明显。生吃，甜甜的，脆脆的，有红枣之味，有黄梨之香；熟吃，绵绵的，粉粉的，有蛋黄之美，有南瓜之甜。一般红苕吃后易胀气、打嗝，感到不好消化，唯独红安苕没有这种弊病。

据湖北省农科院检测鉴定，红安苕淀粉含量适中，纤维素含量低，皮薄肉红，少粉多糖。其表面皮色有红皮、黄皮、白皮等。

红苕食法很多，可煮吃、蒸吃、炸吃、炒吃、烤吃，还可切成片晒干做成苕干，煮稀饭；也可磨成粉做成红薯粉条，氽汤吃；用它拌面粉，可做成红苕粑；用它拌糯米粉，可做成红苕糕。

三十三、武穴佛手山药

山药，亦名薯蓣，为一年生或多年生缠绕性藤本植物，其地下的块茎可做菜也可入药，是食、医两用佳品。

武穴佛手山药种植历史悠久，据清同治壬申年《广济县志》记载，唐贞观年间开始引入种植，至今一千三百多年。栽培面由横岗山向太平山扩展并覆盖大别山二支脉。武穴原名广济，古称佛国，广济县名即取广施佛法，普济众生之意。相传，唐贞观年间，唐僧存奘和尚（俗名蒋祖）远游暹罗（今泰国）等地，来到广济，建大藏寺居之。佛手山药即由大藏禅寺僧人首先栽种，初以健脾补肺、固肾益精之药物栽种，因栽种于寺庙，用之于医药，且形似手掌，故称"佛药"。后传入民间，渐有人佐以菜肴，以滋补身体，始觉美味无比。至明代，蕲春李时珍发现"佛药"与"山药"十分相似，便有"佛手山药"之称。

武穴佛手山药主要产地仅限于武穴市境内的梅川镇、余川镇一带，其中武穴市余川镇芦河村佛手山药于2015年入选农业部"全国一村一品示范村镇"名录。2009年11月，国家质检总局批准对广济佛手山药实施地理标志产品保护。2009年7月，武穴佛手山药被农业部核准登记为国家农产品地理标志认证农产品；2017年，武穴佛手山药在国家工商总局成功申报了"区域公共品牌"。

武穴佛手山药形似佛手，表皮呈浅黄色，皮薄如蝉翼，毛孔平实，有1～2厘米细长的根蒂，组织细密，肉质嫩白，黏液质丰富，松手掉地易脆裂。佛手山药煨制食用，香气四溢，风味独特，具有滋阴、利肺、健肾、健胃、止泻痢、化痰涎、润毛发等功效，是很好的医食两用食材。

三十四、咸宁崇阳雷竹笋

崇阳雷竹笋是湖北省咸宁市崇阳县的特产。崇阳素有"鄂南竹乡"之称，竹的栽培在崇阳历史悠久，竹文化源远流长，竹类资源得天独厚。雷竹笋是天然森林蔬菜，不仅味美可口，营养丰富，而且具有一定的食疗保健功能。雷竹笋富含的纤维素能促进肠道蠕动，有利消化和排泄，减少有害物质在肠道的滞留和吸收。雷竹笋还具有清热、化痰、消炎、利尿之功效，对肺热、咳嗽、浮肿、糖尿病、高血压等疾病，都有一定的食疗作用。

凭借鄂南竹海这个得天独厚的自然条件，采用天然的深山雷竹为原料，利用现代一流的加工工艺制成

的雷竹笋系列产品（雷竹干笋、湿笋、调味笋等系列绿色保健食品），畅销海内外。选用崇阳雷竹笋炖制乡土猪肉，食材独特，搭配适中，制作工艺精湛，地方特色明显。2016年，经当地商务部门和烹饪协会的层层评选，"崇阳雷竹笋炖乡猪肉"入选湖北省"一城一味"咸宁地方特色名菜。2016年1月，《质检总局关于批准对达茂马铃薯等产品实施地理标志产品保护的公告》发布，正式批准崇阳雷竹笋为国家地理标志保护产品。

三十五、咸宁嘉鱼莲藕

嘉鱼莲藕又称嘉鱼湖藕，亦称嘉鱼野藕，在嘉鱼人工采食已有两千多年的历史。据史传三国赤壁之战时，吴军水师操练就驻扎于嘉鱼境内的西梁湖（俗称西湖，时称蒲圻湖）、龟山湖一带，他们以鱼鸭为荤，莲藕为素，士兵们身体养得又健又壮，打败了曹操。

嘉鱼远古就属于八百里洞庭湖的云梦沼泽地，在沿江百里沼泽地中，水生生物极其丰富，特别是莲藕遍湖、港、滩随地可见，人们就把水乡嘉鱼称为"鱼藕之乡"。当地莲农有"斧头湖的水，西梁湖的浪，湖歌号子满天扬；鱼儿成群野鸭飞，两湖的荷花遍地香"和"西湖的鱼，东湖的藕，才子佳人吃了不想走"的歌谣。

嘉鱼莲藕品种资源也很丰富，有红花莲和白花莲，有七孔藕和九孔藕。嘉鱼的地方良种"六月暴"，还被国家品种资源库收集。特别是2012年美食纪录片《舌尖上的中国》第一集中"嘉鱼珍湖莲藕"和纪录片《挖藕人》，以及少儿栏目《大手牵小手》等反映嘉鱼藕文化的节目在中央电视台播出后，嘉鱼莲藕名扬海内外，受到各地消费者的青睐。

嘉鱼的莲藕又分家藕和野藕，一般家藕又称田藕，多为人工选育而成，家藕适合炒食。嘉鱼野藕又称湖藕，是嘉鱼自古形成的特产。湖藕淀粉多，藕丝长，野藕适合煨汤，口感粉糯。嘉鱼莲藕的制作手法种类繁多，炒、拌、煎、蒸、炸、煨、煮、熘，无论哪种做法都能保持莲藕的清香和爽滑。以藕为原料的特色食品有很多，其中主要有"清炒藕片""铁锅藕片""藕粉圆子""酸辣藕丁""粉蒸藕""卤藕""炸藕夹""莲藕排骨汤"等。

2017年11月，国家质检总局发布公告，正式批准嘉鱼莲藕为国家地理标志保护产品。2015年10月，"嘉鱼珍湖莲藕"被成功注册为地理标志证明商标。

三十六、随州泡泡青

随州是泡泡青的起源中心。泡泡青学名叫皱叶黑油白菜，是十字花科白菜类不结球白菜的越冬栽培草本植物，抗寒性强，在我国许多地方都有栽培，其生物学特性与普通白菜相近，因出产于湖北历史文化名城，随州的皱叶黑白菜叶片与别处不同，其叶色青黑，叶柄短，叶片厚实略卷，质地柔软，叶面凸凹不匀，形似一个个泡泡，故当地人形象地称之为"泡泡青"。

泡泡青是随州地区古老的地方蔬菜品种，由原始的野生类型演化成现在的栽培类型。泡泡青具有较强的地域性，只有在随州东经112°43′—113°46′，北纬31°19′—32°26′这种南北过渡地带冬季干冷霜冻的气候条件下，才能长出随州特色的泡泡青。随州市曾都区的东城、西城、南郊、北郊、万店、何店、淅河及随县的安居、厉山、新街、环潭、均川、万和、尚市、唐镇、柳林等十多个乡镇都适宜种植。曾有人将泡泡青种子带到外地种植，但长出来的菜色泽淡、

不起泡、叶夹长、起高秆，无论是外形还是味道都与随州本土泡泡青相差甚远。因而泡泡青成为随州的特产蔬菜，全国独一无二，为随州地区独有的地方特色蔬菜品种。

2010年，随州泡泡青被农业部审定为地理标志农产品。2011年12月，在第二十届中国食品博览会上，随州泡泡青被评为金奖产品。2014年7月，国家质检总局正式批准对随州泡泡青实施地理标志产品保护。

泡泡青露天种植，当雪盖大地时，它却生机勃勃，霜降后由于昼夜温差大，积累有机物多，营养更加丰富。泡泡青上市于年尾至来年的二、三月份结束，是寒冷冬季不可多得的蔬菜。随州泡泡青为鲜食蔬菜，主要以柔嫩叶供食，后期也可食用嫩茎。可清炒，可入火锅煮，耐热性好，入口软绵厚实，清香回甜，别具风味。

三十七、恩施利川天上坪甘蓝

湖北利川天上坪甘蓝（俗称"包菜"）是湖北省恩施土家族苗族自治州利川市齐岳山天上坪一带的特产。

利川自古有种植高山蔬菜的传统习惯。据《利川市志》（1986—2003）记载："尤其以齐岳山天上坪村发展最快，成为远近闻名的高山蔬菜第一村，有歌谣为证：齐岳山、雾沉沉，几股凉风吹死人；天上坪、天上人，满坡蔬菜爱死人。萝卜、白菜、包包菜（即利川甘蓝），富了乡村惠百姓……。"天上坪甘蓝种植区海拔均在1200米以上，特殊的山地冷凉气候及广袤肥沃的土壤条件，成就了"利川天上坪甘蓝"特有的品质。

2010年9月，利川市10万亩甘蓝基地通过全国绿色食品原料标准化生产基地专家组验收，正式成为全国绿色食品蔬菜原料标准化生产基地。利川天上坪甘蓝呈扁圆形或圆头形，叶色深绿，叶片间连接紧实，质地脆嫩，口感甘爽。

2011年5月，"利川天上坪甘蓝"被国家工商行政管理总局商标局注册为国家地理标志证明商标。

三十八、恩施利川莼菜

莼菜，又名马蹄草，睡莲科水生草本植物，是珍贵的水生蔬菜，以幼嫩茎梢和水中的初生卷叶为食用部分，由于莼菜口感滑润，为其他任何蔬菜所不及，堪称蔬中一绝。莼菜自古就被视为珍贵蔬菜，成语"莼鲈之思"反映了古今民间对莼菜绝佳美味的肯定。

中国有四大莼菜产区，即江苏太湖地区、浙江西湖地区、四川螺吉山地区和湖北利川地区，其中以湖北利川莼菜最为有名。

利川市属云贵高原东北的延伸部分，境内四周山峦环绕，中部平坦，海拔一般在1000～1300米，是一个典型的高山悬围。亚热带大陆性季风气候，使这里夏无酷暑，云多雾大，日照较少，雨量充沛，空气潮湿，非常适宜莼菜这种水生草本植物生长。20世纪80年代，莼菜"野转家"栽培试验在利川取得成功。1995年，利川被授予"中国莼菜之乡"称号。

利川莼菜以嫩而小者为上品。春夏季节，嫩茎没有长叶的莼菜叫稚莼，叶稍舒展的称为丝莼；秋天时节，质地变老后就叫葵莼。利川莼菜含有丰富的胶质蛋白、多种维生素和矿物质，以"状如鱼髓蟹脂，食之柔滑脆嫩"的特点而闻名于世，并具有清热、利水、消肿、解毒的功效，被誉为"21世纪的健康蔬菜"，

其食用方法多样，可煮、可炒、可凉拌，与鱼、肉、鸡等配制成汤，滑嫩鲜美，别具风味。

2004年12月，原国家质检总局批准对利川莼菜实施原产地域产品保护。2011年，利川"山野莼菜"获中国绿色食品发展中心有机食品认证。

三十九、恩施来凤凤头姜

凤头姜是湖北省恩施市来凤县的名特食材，因新上市的仔姜，块根肥脆，白嫩的块根紧连成扇形，顶上有点点红蒂，非常好看，像传说中凤凰的头，又因"来凤"这个美丽的县名，故取名凤头姜。

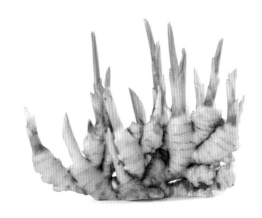

凤头姜在来凤具有五百余年的种植加工历史，是本县闻名于全国的传统土特产。来凤县凤头姜品质独特，皮薄色鲜，富硒多汁，纤维化程度低，营养丰富，风味醇美，富含多种营养素及姜油酮、酚、醇等成分。2007年12月，来凤凤头姜被原国家质检总局批准为中国国家地理标志产品。

姜乃药食两用植物，药用主治感冒风寒、呕吐、痰饮、喘咳、胀满等症。以凤头姜为食料，可制作成糟姜，糟姜是土家族人人喜爱的咸菜。制作方法是：将生姜去皮，用水洗净，沥干水分，然后切成均匀的姜块，放入盆内，加入白酒、酒糟、食盐、花椒和切碎的红辣椒一起拌匀，置入坛内，上面撒上砂糖，盖严坛口，糟腌约一星期即可开坛食用。如今，凤头姜作为系列产品被专门开发经营，凸显出了其应有的社会经济价值。用凤头姜为主要辅料制作的"子姜麻鸭"是当地代表名菜。

四十、恩施鹤峰葛仙米

葛仙米，古称天仙米、天仙菜，俗称地木耳、田木耳、水木耳，学名念珠藻，是一种藻类植物，它在

植物分类学上，属于蓝藻门，念珠藻科。附生于湖、溪山穴中的砂石间或阴湿的泥土上。其米呈细胞球形，由多数细胞连成念珠状群体，包有胶质，色绿粒圆，玲珑剔透，外形可与珍珠媲美，若入蔬烹制成肴馔，味极鲜美，故被人们美称为"珍珠菜"。

相传东晋时期，炼丹术家、医学家、道教理论家葛洪在隐居南土时，灾荒之年采之以为食，偶获健体之功能。后来葛洪入朝以此献给皇上，体弱太子食后病除体壮，皇上为感谢葛洪之功，遂将"天仙米"赐名"葛仙米"，沿称至今。葛仙米，原非谷属，而名为米，是因其状如米粒，采而干之，粒圆如黍，煮熟后大于米。

葛仙米是湖北鹤峰县的著名特产。清代赵学敏《本草纲目拾遗》记载："葛仙米，生湖北沿溪山穴中石上，遇大雨冲开穴口，此米随流而出，土人捞出，初取时如小鲜木耳，紫绿色，以醋拌之，肥脆可食……"鹤峰盛产葛仙米，据《鹤峰县志》记载："葛仙米，出产距州城（鹤峰原为州）百余里，大岩关外水田内，遍地皆生"。当地农民每年打捞此品，经晒干贮藏，终年可食。

据中国科学院水生生物研究所藻类专家多次实地考察研究，并分析测定，葛仙米含有高蛋白质、藻类淀粉和其他糖类，其中蛋白质含量在50%以上，并含有人体必需的八种氨基酸中的七种（除蛋氨酸外）以及多种矿物质，是宴席上不可多得的珍品。

葛仙米食用广泛，除可入蔬、调和、揉面、酿酒外，还可加工制成其他许多食品。近年来，武汉食品研究所已将鹤峰所产葛仙米藻类植物，研制成葛仙米罐头、葛仙米酱和葛仙米饮料等系列食品。葛仙米也是鹤峰土家族的一道传统名菜，食用方法多样，干鲜宜烹，糖盐可调，蒸、煮、炒、做汤、凉拌不拘，

与各种配料相处和谐。因其性淡而调味宜浓，用作辅料为佳。任何时节经水一泡，就变成嫩绿新鲜菜。

2008年，鹤峰走马葛仙米获得农业部农产品地理标志认证。2014年4月，鹤峰葛仙米被原国家质检总局正式批准为地理标志保护产品。

四十一、恩施富硒土豆

潜土豆，恩施人也称之为洋芋，学名马铃薯。在恩施山区，土豆是主粮，当地向有"早上金苹果，中午马尔科，晚上洋芋坨坨打汤喝。"的民谚。据恩施地方志记载，早在300年前，土豆便成为恩施人的主要口粮。2015年，"恩施硒土豆"被评为"最受消费者喜爱的中国农产品区域公用品牌"。2018年，"恩施土豆"地理商标通过国家农业农村部地理标志保护农产品认证。

地处神秘北纬30度的恩施市，有着"世界硒都"的美称，全州95.6%的土壤含硒，53.3%的土壤富硒，是全世界天然生物硒资源最富集的地区。硒被国内外医药界称为"生命的火种"，享有"抗癌之王"美誉。恩施土豆具有天然富硒、皮薄肉嫩、手工种植、绿色健康等特点。它的营养成分丰富，含有淀粉、蛋白质、脂肪、粗纤维、钙、磷、铁等。恩施土豆中的大量膳食纤维，有助于促进肠胃蠕动，带走体内多余的油脂和垃圾，有预防便秘和防癌等作用。目前，"恩施硒土豆"走进了全国二十多个省市区百姓的餐桌，成为名副其实的"网红土豆"。继"恩施硒茶"之后，马铃薯产业已成为恩施第二大脱贫产业，"富硒土豆"不仅是恩施州的特色名片，更成为带动农户的"致富金豆"。土豆的食用价值在精深加工中慢慢拓展。

将马铃薯粉和面粉按照科学配比混合，把土豆加工成类似馒头、面条、米粉等主食产品，以及纯天然的"马铃薯酵母液"，将马铃薯从原料产品向产业化系列制成品升级转变。2019年5月26日中国马铃薯大会暨世界硒都（恩施）马铃薯博览交易会在湖北恩施举行。此次大会以"马铃薯产业与健康消费"为主题，向全国乃至世界推广"恩施富硒土豆"。

恩施土豆煮熟后直接剥皮吃，浓郁的土豆味就散发出来，糯糯的、沙沙的口感带着点甜。无论煮着吃、烧着吃，还是炕着吃，都有那么一股轻轻的、淡淡的、绵绵的香味，口感特别好。其中，"炕洋芋"是鄂西山区最流行的美食。

四十二、潜江潜黄湾贡藕

潜黄湾贡藕是湖北省潜江市王场镇黄湾村出产的一种名特水生蔬菜。黄湾藕的优良特性来源于该地特殊的自然环境。黄湾村所在的王场镇一带系江汉冲积平原，土地肥沃，尤其是黄湾村这一带荷塘，土质富含硒、铁等矿物质元素，还有一处泉水，源源不断滋润着这片荷塘。难怪有人将黄湾藕移植他处，但品质始终都不如原产地的藕，故有"若出黄湾村，人间种不生"之说。"潜黄湾"和"黄湾西子臂"系潜江市潜黄湾莲藕种植专业合作社注册的两大品牌。

黄湾藕的闻名遐迩，据传说还与乾隆皇帝有关。

相传乾隆皇帝下江南的途中，正巧品尝到了潜江当地的黄湾藕，这种粉糯的口感和纤细纯白的外形令乾隆皇帝赞叹不已，当即写下了两句诗："一弯西子臂，七窍比干心"，以此赞美黄湾藕独特的形态，黄湾贡藕并由此而得名。

黄湾藕外观特别，一般藕的孔数都是相对固定的，但黄湾藕不是，其孔数为单数，一般有七、九、十一个孔不等，以九孔居多，且黄湾藕不像其他地方的莲藕节短多枝，多为三大节，每节细细长长的，被誉为"西施的手臂"。黄湾贡藕生吃脆嫩多汁，煨汤粉糯易烂、汤酽味醇。为了使这一名贵土特产永葆天然优良品质，如今的黄湾人对黄湾藕的种植环境保护愈来愈重视，期望这一大自然馈赠的稀世珍品得以生生不息，继续为更多的人所享用和喜爱。

第三节
楚菜名特水产

一、梁子湖大河蟹

梁子湖位于武汉市与鄂州市之间，湖水清澈，水质达国家二级标准，是驰名中外的武昌鱼的故乡。鱼美蟹肥是对梁子湖物产的最好描述。梁子湖所产梁子湖大河蟹，个大肚白，油满脂丰，肉鲜味美，被誉为"蟹中珍品"。早在清代年间，《湖北通志》就有"樊湖螃蟹，个大味腴"的记载。

梁子湖大河蟹实行全生态养殖。2005年，经中国华夏有机食品认证中心认定为有机食品。2007年，

武汉江夏区梁子湖大河蟹被国家质检总局确定为国家原产地地理标志保护产品。2008 年，"梁子"商标被认定为湖北省著名商标。2009 年，"梁子湖大河蟹"被湖北省实施质量兴省战略工作领导小组、湖北省质量协会授予湖北省名牌产品称号。2010 年和 2011 年，梁子湖大河蟹连续两年获得中国国际农产品交易会金奖。2012 年，"梁子"牌梁子湖大河蟹获评中国驰名商标。

梁子湖大河蟹属中华绒螯蟹，甲壳纲、方蟹科，具有"青背（蟹壳成青灰色，平滑而有光泽）、白肚（贴泥的肚脐和甲壳晶莹洁白，没有黑色斑点）、黄毛（蟹腿有金黄色绒毛，根根挺拔）、金爪（蟹爪金黄，坚挺有力）"的突出特点。成熟的梁子湖河蟹，螯头胸部都微微隆起，个体肥大，膏满脂丰，肉质细嫩，鲜美香溢，营养丰富，富含蛋白质和多种游离氨基酸（尤以天门冬氨酸、谷氨酸、精氨酸、赖氨酸最为突出），以及视黄醇、核黄素等多种维生素，钙、铁等多种无机盐，其蛋白质含量达到 19.8%（比普通河蟹高出 5.8%），粗脂肪达 10.3%（比普通河蟹高出 4.3%），水分约为 57.9%（比普通河蟹低 11%），品质不逊阳澄湖大闸蟹。"一蟹上席百味淡"，这是民间和业界对梁子湖大河蟹的最佳称赞。"千古江夏诗文在，梁子湖畔蟹正肥"，这是著名文化学者余秋雨对梁子湖大河蟹的由衷赞美。

梁子湖大河蟹的吃法以清蒸居多，也有取其膏黄制作"蟹黄汤包""蟹黄豆腐""蟹黄菜胆"等系列菜品。螃蟹属寒性较重的食材，食用时配姜醋为宜，而且不宜一次吃得太多。有伤风感冒、发热的病人及过敏体质者不宜吃蟹。

二、长江中华鲟

中华鲟为冷水性淡水鱼，是距今 1.5 亿年前因受自然环境变迁，所残存下来的介于软骨和硬骨鱼类之间少有的一种鱼类，是现代水产活化石和水生考古的标本，被誉为"稀世之珍"。

中华鲟是一种大型经济鱼类，其个体一般常见者重达数百斤，最大者可逾千斤。三国时陆玑《毛诗草木鸟兽虫鱼疏》云："鲟身似龙，大者千斤。"民间还有"千斤腊子万斤象"的渔谚，可谓淡水鱼中之王。因中华鲟是洄游性鱼类，热衷于上溯下行于江海之间。在长江葛洲坝兴建后，中华鲟就不能到长江上游

产卵繁殖，所以其产量更显稀少。为了不使国宝中华鲟绝种，国家已将其列入受法律保护的水产动物之一，严禁捕杀。1982 年，我国的水产科研单位对中华鲟进行人工繁殖试验，获得成功，并得到较大规模人工养殖。人工养殖子二代的中华鲟，按规定办理相关经营许可证后可以销售，从而使这一美味端上了百姓餐桌。

鲟鱼全身都是宝，鱼鳍可制成"鱼翅"，是盛宴上的高贵食品；鱼鳔可干制成别具风味的"鱼肚"；骨骼可制作"鱼粉"；鳔和脊索还可制作鱼胶。特别是鲟鱼籽，含脂肪和蛋白质极丰富，是驰名中外的珍贵佳肴。

中华鲟的肉及籽还是高级补品和珍贵药材，具有一定的食补和食疗价值。鲟鱼入馔，自古以来食法多样，无论用于烧、炒、煨、蒸、熘，或作脍、凉拌等，都可制出各种脍炙人口的美味佳肴。清代饮食专著《调鼎集》中，就收录有"脍鲟鱼""炒鲟鱼""烧鲟鱼""炖鲟鱼"等精品十多款，均为上等宴席看馔。

三、武汉新洲涨渡湖黄颡鱼

黄颡鱼俗称黄腊丁，又名黄骨鱼、黄鼓鱼、江颡，体长，腹平，体后部稍侧扁，一般体长为 11 ～ 19 厘米，体重 30 ～ 100 克。体青黄色，肉质细嫩，无小刺，多脂肪，其蛋白质含量丰富，是我国常见的食用鱼类。

涨渡湖是武汉市新洲区的一个淡水湖泊，也是中国最大的城中湖之一，被誉为新洲农业品牌"四个楚天第一（汪集土鸡汤、李集小香葱、徐古鲜蘑菇、新洲黄颡鱼）"之一的黄颡鱼，就出产在这里。

涨渡湖是世界上内陆湿地生态系统中最具特色的湖泊之一，历来是"汛期一湖水，枯水一片荒"，涨渡湖因此而得名。汛期整个湖区多为一片汪洋的明水地貌生态景观，枯水期少雨多洲，既有明水，又有沼泽、沙滩，呈现出多种湿地生态景观格局。涨渡湖具有丰富多样的野生生物资源，湖区湿地动植物不仅

种类繁多，而且产量也很高，属于国家重点保护的动植物物种较多。湖区尚未有工业污染源，水质优良，是中国生态环境最好的湿地之一。优越的地理气候环境，优质的水资源状况，丰富多样的饵料资源，十分适宜于涨渡湖黄颡鱼的生长栖息。新洲黄颡鱼种质资源丰富，2002年，新洲建成湖北省（省级）涨渡湖黄颡鱼良种场。2009年2月，新洲区涨渡湖黄颡鱼获得国家地理标志保护产品认证。

涨渡湖黄颡鱼活鱼体背部墨绿色，腹部淡黄色，各鳍灰黑色，其营养丰富，富含蛋白质、脂肪及多种维生素。黄颡鱼烹调，常用于煮汤，也有"红烧黄颡鱼""黄颡鱼煮面条"等做法。

四、十堰丹江口翘嘴白

翘嘴白，学名翘嘴红鲌，隶属鲤科、红鲌属，是长江流域的优质经济鱼类。体型较大，体细长侧扁，呈柳叶形，体侧银灰色，腹面银白色；头背面平直，头后背部隆起；口上位，下颌坚厚且急剧上翘，竖于口前，使口裂垂直；眼大而圆，鳞小易脱落，通体白色约占70%，俗称大白鱼、翘嘴巴、翘壳等。唐代诗圣杜甫《峡隘》诗云："白鱼如切玉，朱橘不论钱。"诗中的"白鱼"就是翘嘴白。

俗话说"好山出好水，好水养好鱼"。丹江口翘嘴鲌原系长江、汉江土著鱼种，因丹江口大坝修建，在特定优良环境（水质、温度、酸碱度、光照）中繁衍生存的地域性特色产品，具有嘴上翘，背部肌肉突起，背部青灰色，腹部银白色，生长快，个体大（常见野生个体为1～10千克，最大个体可达10～15千克），肉质呈丝条状，紧实细嫩，富含蛋白质和氨基酸（蛋白质含量高达17%左右，比太湖鲌鱼高1个百分点，氨基酸含量比太湖鲌鱼高0.5个百分点）

等特征，堪称"鱼中上品"。

民间有一段关于丹江口翘嘴鲌的传说。相传明朝永乐皇帝朱棣南巡武当山，御舟行至汉水均州府境内时，忽有一尾大白鱼跃出水面，落在御舟甲板上，活蹦乱跳，银光熠熠，甚是逗人喜爱。永乐帝令御厨以此鱼烹制成菜，品尝之后对其美味大为赞赏。从此，均州府出产的大白鱼就被列为上等贡品。

2008年，丹江口翘嘴鲌荣获全国首家活体鱼类地理标志认证产品，同年由国家质检总局批准实施地理标志产品保护，并获得了中国地理标志博览会优质产品的称号。

目前，丹江口翘嘴鲌畅销北京、上海、天津、武汉、成都、广州等国内大城市，并出口中国香港、中国澳门等地区。

"丹江翘嘴鲌，香煎天下锅。佳宴有知己，美味总传说。舟漱三千水，均州鱼儿多。相约仙山下，倾听孺子歌。"这是诗人童宏斌专门为丹江口翘嘴鲌所作的一首诗。

丹江口翘嘴鲌烹饪方法多样，或清蒸，或红烧，或干煸，或油煎等，各具风味。诸如"风干翘嘴白""清蒸翘嘴白""红烧翘嘴白""香煎翘嘴白""黄焖翘嘴白"等系列菜品，都是让人唇齿留香的美味佳肴。

五、十堰丹江口鳡鱼

丹江口市位于湖北省西北部、汉江中上游，是南水北调中线工程调水源头和大坝加高工程建设所在地。湖北境内的丹江口水库称汉江库区（汉库），河南境内的叫丹江库区（丹库），丹江口鳡鱼就出产于群山环绕，水面宽阔，水质透明的汉库中，2011年获中国国家地理标志产品保护。

丹江口鳡鱼凶猛异常，被称为"水中老虎"，体背泛青，腹鳍和尾鳍下部呈黄色，鲜肉呈淡橘黄色，肌肉结实，内脏体积很小，腹膜银白色（其他地方鳡鱼呈淡灰色），熟肉呈丝条状，细嫩，味道鲜美，没有泥腥味，无肌间刺。

鳡鱼肉质细嫩，适合做鱼圆、鱼糕、鱼线等。

六、十堰丹江口青虾

丹江口青虾，2013年通过国家地理标志保护产品申报评审，产地范围为湖北省丹江口市均县镇、六里坪镇、习家店镇、凉水河镇、浪河镇、丁家营镇、土台乡、武当山特区、牛河林业开发管理区、大坝办事处、丹赵路办事处、三官殿办事处12个乡镇办事处区现辖行政区域，这些区域出产的青虾，曾获得国家有机产品认证。

该虾自然繁殖、生长、捕捞，生活环境水质清澈，具有壳薄肉满、虾身洁净、透明度高等特征，是高蛋白低脂肪水产品，颇受消费者欢迎。

青虾食用时要注意它的新鲜度，选购时要做到"二看一捏"。"二看"是指：一看形态，虾体是否完整，头与身体紧密相连，虾体有一定弯曲度；二看色泽，是否呈透明的青色，颜色鲜亮，虾体表面干燥无黏液。"一捏"是指：用手指捏新鲜虾体，能感觉到虾壳坚硬，壳内肌肉富有弹性，没有壳肉分离的感觉。

七、十堰房县娃娃鱼

娃娃鱼，学名大鲵，因其叫声像幼儿啼哭而得名，是国家二类保护水生野生动物。娃娃鱼的生活环境较为独特，一般在水流湍急，水质清凉，水草茂盛，石缝和岩洞多的山间溪流、河流和湖泊之中，房县的水质和自然条件为娃娃鱼的生长提供了良好的生存环境。

房县与娃娃鱼有着非常深厚的渊源。房县地貌形成于距今3亿8000万年前的造山运动，是中国娃娃鱼原产地自然分布五大区域之一，特殊的地理环境和气候，最适宜娃娃鱼生态养殖，是国内最早从事大鲵（娃娃鱼）驯养繁殖、大鲵食品等新产品研究与开发的地区。房县境内人工养殖的娃娃鱼有"原生态、类野生"的特点。

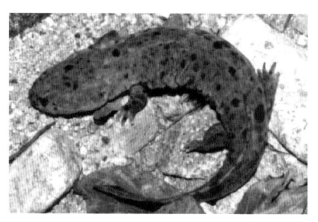

大鲵（娃娃鱼）是一种食用价值极高的动物，其肉质细嫩、味道鲜美，含有优质蛋白质、丰富的氨基酸和微量元素，营养价值极高，被誉为"水中人参"，在中国香港、台湾及东南亚市场上被视为珍稀补品。大鲵肌肉蛋白是一种优质蛋白，富含18种氨基酸，其中6种呈味氨基酸占氨基酸总量的42.77%，8种人体必需氨基酸占氨基酸总量的40.72%，符合FAO/WHO提出的氨基酸理想模式。大鲵蛋白质必需氨基酸评分高，符合人体需要量模式程度相当高，其中含有丰富的在我国主食中容易缺乏的赖氨酸，可以与主食合理搭配食用，有利于发挥蛋白质互补作用。

娃娃鱼是国家二级保护水生野生动物，现在市场上用于经营和食用的娃娃鱼，都是野生娃娃鱼繁殖出来后进行人工饲养的子二代。房县类野生驯养娃娃鱼已经入选湖北名优特产。2016年7月，原国家质检总局批准对房县娃娃鱼实施地理标志产品保护。利用娃娃鱼食材，房县开发了"金汤大鲵""红烧娃娃鱼""酱椒娃娃鱼拌面""阴米炖娃娃鱼汤"等多道菜品，深受消费者喜爱。

八、宜昌兴山香肠鱼

香肠鱼，又名油筒鱼、麻花鱼，是湖北兴山县一种稀有独特的珍贵鱼种，生长在清溪激流之中，独产于汉明妃王昭君故里的兴山香溪河畔。这种鱼每在桃花吐蕊时繁殖，桂子飘香时捕捞，其成鱼约长15厘米左右，体圆，呈梭子形，全身仅有一根脊刺，其肉质细嫩殊香，腹内油脂满囊，因而一般煎食不用油、醋、葱、姜。由于此鱼长短粗细恰似整筒香肠，烹食常以整条盛盘上席，故名香肠鱼。

据传，汉代时，王昭君一次在香溪河边洗衣，忽然一条鱼钻入了她的袖筒，昭君惊喜地将其带回家给母亲烹食，由于家贫缺油少酱，感到食而无味。待将鱼食完后，昭君特地设法弄来猪油和葱、蒜，裹住剩下的鱼脊刺，掷入香溪河中，并吟云："溪百里，生贵鱼，济贫穷，上宴席。"从此，香溪河中游的百里水域即有了这一味美无比的香肠鱼。千百年来，每到八月桂花盛开时节，就成了昭君故乡招待客人饮宴的佳肴。不少游客在品食此美肴时，往往会因民间传说而激发起思古之情。

香肠鱼入馔，食法别致，可煎可氽，过去民间则以氽食为多。如每年金秋季节，当地渔民摇舟摆橹，捕捞到香肠鱼后，便在船板上烧着木柴小炉，常以活鲜直接下入紫砂顶锅中，汤沸即可捞起品鲜，可谓香溢唇齿，滋味特美。食时手持鱼头，顺口一勒，将鱼背的肉吃进口里，剩下的鱼刺、鱼腹部位，随手抛入江河中，群众称这种食法为"勒锅子"。

而今楚菜风味的中国名菜"生氽香肠鱼"，就是集民间传统食用之妙法制作而成，主料系选用活鲜香肠鱼，辅料加用香菜，并用多种调味佐料，分别配制好味碟。烹调时采用铜火锅生氽，鱼嫩、汤鲜、味香宜人，食时佐以各种调味料，随吃随放鱼，别有一番情趣。

2015年11月，兴山南阳镇水产产业协会申请的"兴山香肠鱼"地理标志证明商标，获国家工商总局商标局核准注册。

九、襄阳甲鱼

甲鱼是鳖的俗称，也叫团鱼、水鱼，是卵生爬行动物，是龟鳖目鳖科软壳水生龟的统称，共有二十多种。中国现存主要有中华鳖、山瑞鳖、斑鳖、鼋，其中以中华鳖最为常见。

我国食用甲鱼历史悠久，据《左传》宣公四年载，公元前605年的郑灵公元年，一天，郑国的大夫子公与子家一起上朝，忽然子公的食指无缘无故地颤动起来，就对子家说：以前我的手指头颤动的时候，都预示着有异味可尝，看来今天又有好吃的东西了。入朝后，果然见厨师在杀鼋（大鳖），俩人不觉好笑。子家就把这件事告诉了郑灵公。等鳖烧熟以后，郑灵公将鳖肉分食众臣，唯独不给子公。这本来是开玩笑的事情，可是子公觉得伤了面子，一气之下，就伸指向盛甲鱼的鼎里蘸上点汤，尝尝滋味就走了。于是后人就将这件事情称为染指于鼎。"染指"一词即来源于吃甲鱼。

甲鱼在湖北民间是被推崇的珍贵小水产，它富含多种营养成分。此外，龟板富含骨胶原和多种酶，是增强免疫力、提高智力的滋补佳品。它的肉具有鸡、鹿、牛、羊、猪等5种肉的美味，故素有"美食五味肉"的美称。

古代楚国地区河湖交错，水产丰富，是盛产甲鱼的地方。湖北襄阳甲鱼，养殖生态环境好，所产中华鳖性情凶猛，生命力强，裙边宽厚，胶原蛋白含量高。2017年，"襄阳甲鱼"注册地理标志证明商标。

湖北人既会养殖甲鱼，也会烹调甲鱼。著名的甲鱼菜肴有"冬瓜鳖裙羹""红烧甲鱼""甲鱼烧牛鞭""清炖甲鱼""霸王鳖鸡""荆沙甲鱼"等。

十、襄阳槎头缩项鳊

襄阳槎头缩项鳊，同武昌鱼一样，是湖北著名的淡水鱼。东晋史学家习凿齿所撰《襄阳耆旧传》记载：

"岘山（今襄阳）汉水中，鳊鱼肥美。""齐高帝求此鱼，刺史张敬儿作陆舻置鱼而献曰：'奉槎头缩项鳊一千八百头'。"宋代陶谷《清异录》中还称赞其鱼为"缩项仙人鳊也"。并云："以尔缩项仙人，鬼腹星鳞，道亨襄汉。宜授槎头刺史。"可见其鱼之珍贵，早已名不虚传。

槎头鳊作为一种佐酒的美味佳肴，一直为历代人民群众所喜爱，并为历代文人学士所称道赞赏。如唐代襄阳著名诗人孟浩然在《冬至后过吴张二子檀溪别业》一诗中写道："乌泊隋阳雁，鱼藏缩项鳊。停杯问山简，何似习池边。"又《岘山作》云："试垂竹竿钓，果得槎头鳊。美人聘金错，纤手脍红鲜。"故杜甫《解闷诗》云："复忆襄阳孟浩然，清诗句句尽堪传，即今耆旧无新语，漫钓槎头缩项鳊。"宋代文学家欧阳修也有诗赞美："磊落金盘灿璘璘，槎头缩项昔所闻。"苏轼《鳊鱼》诗中云："谁言解缩项，贪饵每遭烹。"明代《襄阳四季歌》里还流传有："适情细烩槎头鳊，洽欢满泛宜城酒。""放身钓取槎头鳊，胜沽白酒宁论钱。"可见历代诗人之吟咏，不仅赞赏了襄阳鳊鱼美，而且还道出了古城名酒香。这些脍炙人口的诗句，仿佛散发出那鱼鲜和酒香诱人之感，真是别有情趣。也足以说明襄阳槎头缩项鳊，作为珍馐美味的鱼肴，一直是以鲜美著称而誉满楚天。鳊鱼自古为人们所钟爱，《诗经》里即有"岂其食鱼，必河之鲂"的记载。曾有俚语云："伊洛鲤鲂，美如牛羊。"不仅味极鲜美好食，而且营养丰富，并且有一定食疗滋补的功能。《随息居饮食谱》还记载说："（鳊鱼）甘平。补胃，养脾，去风，运食。功用与鲫相似。产活水中，肥大者胜。"因此，鳊鱼入馔，特别是以团头鲂和槎头鳊烹调作为湖北佳肴，自古名传遐迩，有口皆碑。

十一、梁子湖武昌鱼

武昌鱼，学名叫团头鲂，古称樊口鳊鱼，俗称缩项鳊。20世纪50年代，易伯鲁等三十多位中科院水生所研究人员发现湖北梁子湖中有一种鳊鱼是以往文献中没有的。这种鱼头小、口小，背部隆起明显，较厚且呈青灰色，两侧银灰色，腹部银白，体侧扁而高，呈菱形，鳍呈灰黑色，尾柄宽短。专家遂将它命名为团头鲂，又因其原产湖北鄂州（古称武昌），故称武昌鱼。武昌鱼另有一显著生理特征与其他品种区别较为明显，即两侧肋骨为13根半，比其他鳊鱼多一根刺。

三国时期，东吴将原来楚国的鄂（即现在的鄂州）改为武昌（因武而昌之意）。东吴民谣："宁饮建业水，不食武昌鱼"是最早对武昌鱼的文字记载，只不过当时所说的"武昌鱼"并非专指团头鲂，系泛指武昌当地的鱼鲜。后因毛泽东主席《水调歌头·游泳》中的："才饮长沙水，又食武昌鱼"诗句，使武昌鱼名扬海内外。

鄂州市与武汉市之间的梁子湖是湖北省第二大湖泊，水质清澈，无污染，鱼类资源丰富，水域面积宽广，直通长江，是著名武昌鱼的母亲湖。每到入秋时节，武昌鱼要游过梁子湖通往长江的90里长港，到长江水流湍急的樊口越冬，这种习性造就了鱼体厚实肌肉，肌间脂肪少，经烹调后口感富有弹性，再加上武昌鱼自身结构中红肌肉量极少，腥味极低，入秋后食用，最能体现它味鲜、肉细的特点。

2006年12月，"鄂州武昌鱼"原产地证明商标通过国家工商总局核准注册。2007年12月，"鄂州武昌鱼"被湖北省人民政府授予"湖北十大名牌农产品"称号。

武昌鱼系列菜是楚菜的重要组成部分，以卢永良为代表的武昌鱼制作技艺非物质文化遗产第三代传承人和以邹志平为代表的第四代传承人，制作的"海参武昌鱼""明珠武昌鱼""清蒸武昌鱼""酥鳞武昌鱼""香煎武昌鱼"等，享誉国内外。

十二、鄂城鳜鱼

鳜鱼又叫鳜鱼、鳌花鱼，与黄河鲤鱼、松江四鳃鲈鱼、兴凯湖大白鱼齐名，同被誉为中国"四大淡水名鱼"。唐朝诗人张志和在其《渔歌子》中写下的著名诗句"西塞山前白鹭飞，桃花流水鳜鱼肥"，赞美的就是这种鱼（俗称"鄂城鳜鱼"）。

鄂城鳜鱼产地水域主要是鄂州（原鄂城县）梁子湖和90里长港，梁子湖和长港湖港相连，与鄂州长江相通。梁子湖为全国十大淡水湖之一，90里长港水体清澈，水质纯净，无任何污染，90里长港和梁子湖的水域非常适合鳜鱼的生长。鳜鱼是一种口大、鳞小、尾圆的鱼，背有黄绿色花纹，形像桂花，俗称鳜鱼。2014年2月，"鄂城鳜鱼"被国家工商总局批准注册为原产地地理标志证明商标。

鳜鱼体较高而侧扁，背部隆起。身体较厚，尖头，头部具鳞，鳞细小。鳜鱼肉质细嫩，刺少而肉多，其肉呈瓣状，味道鲜美，实为鱼中之佳品。明代医学家李时珍将鳜鱼（鳌花鱼）誉为"水豚"，意指其味鲜美如河豚。

用鳜鱼制作的名菜很多，著名的有"松鼠鳜鱼""珊瑚鳜鱼""清蒸鳜鱼""葡萄鳜鱼""安徽臭鳜鱼"等。

十三、鄂州沼山银鱼

银鱼，又称为冰鱼、玻璃鱼，属银鱼科，淡水鱼，古称脍残鱼，又名白小。唐代大诗人杜甫《白小》诗曰："白小群分命，天然二寸鱼。细微沾水族，风俗当园蔬。人肆银花乱，倾箱雪片虚。生成犹舍卵，尽其义何如。"

描绘了银鱼"小而剔透，洁白晶莹，纤柔圆嫩"的特点。

梁子湖区沼山镇属丘陵滨湖地区，地形从东向西倾斜，沿湖一带地势较平坦，良好的生态环境使沼山成为湖北省未受污染的"圣洁"之处，素有"鱼米之乡"的美称，是湖北省水产50强镇之一。产于湖北梁子湖靠近沼山水域的银鱼，体细长，近圆筒形，成鱼体长约12厘米，晶莹似玉，营养丰富，为水产珍品，清朝时曾列为贡品。

晒干后的银鱼叫燕干，每100克燕干含蛋白质72.1克，脂肪13克，钙761毫克。沼山银鱼吃法很多，常见的有"银鱼炒鸡蛋""银鱼蒸蛋""韭菜炒银鱼""清炸银鱼"等。

十四、荆门石头鱼

荆门石头鱼，又称马良石头鱼，生长在湖北荆门城南沙洋所在地汉江之滨的马良山下。这里依山傍水，山石潜伸江底，蜿蜒曲折的汉水流经此处，江中怪石嶙峋，犬牙交错，形成了一个多旋回缓冲水域，造就了石头鱼得天独厚的天然栖息场所。

民间传说在很久很久以前的远古时代，白帝与轩辕黄帝在这里鏖战，由于进行了一场不可开交的水攻、石挡的激烈战斗，致使河流阻塞，山洪泛滥成灾，致万顷良田被淹没，哀鸿遍野，当即惊动天庭，玉帝降旨即派雷神等天兵天将炸山疏河，顷刻间，山河发生巨变，只见那被炸碎的山石，似暴风雨般地倾泻江河，一下便化作游鱼，自此人们遂称此鱼为"石头鱼"。

石头鱼光滑无鳞，嘴形弯若新月，鱼脊灰石色，隐约露出石头般的斑纹；圆鼓鼓的鱼腹白里泛红，尾部扁侧稍窄。石头鱼肉质鲜嫩，无细刺，脂肪肥厚但油而不腻。历朝历代被列为贡品。晚清名臣李鸿章

曾派人专程来马良采办石头鱼，宴请各国驻华使节。当时汉口英法租界的外侨不惜以 10 块银圆 1 斤的高价购食石头鱼。石头鱼因而蜚声海外。

荆门石头鱼，其鱼之鳔晒干后可加工成鱼肚，可烹制成席上珍品的美味佳馐。荆门石头鱼做法很多，如"奶汤石头鱼""清蒸石头鱼""红烧石头鱼""酸菜石头鱼火锅"等。

十五、荆门京山乌龟

乌龟隶属于龟科、乌龟属的一种，别称金龟、草龟、泥龟和山龟等，是常见的龟鳖目动物之一，也是现存古老的爬行动物。

2000 年 8 月，乌龟被列入中国国家林业局发布的《国家保护的有益的或者有重要经济、科学研究价值的陆生野生动物名录》。京山乌龟系人工养殖，京山市目前建有全国一流、全省最大的土乌龟养殖及繁育基地——盛昌乌龟原种场，也是京山乌龟的保护、繁育、研究、开发利用基地。养殖京山乌龟，用"稻—龟"生态种养模式来限制并规范农药、化肥的使用。通常情况下，京山乌龟在普通稻田中很少发现，而在绿色有机稻田中经常出现。良好的生态环境，培育出

品质优良的京山乌龟。

京山乌龟原产地覆盖京山县永隆、钱场、雁门口、新市、曹武等 6 个镇。2016 年 10 月，京山乌龟地理标志产品通过产品鉴评会。2017 年，京山乌龟成为国家农产品地理标志登记产品。

乌龟被民间视为大补之物，乌龟肉营养丰富，含丰富蛋白质、矿物质等。乌龟腹甲称为龟板，为我国传统珍贵药材，富含骨胶原、肽类、多种酶、脂类、钙。据中医临床研究证实，龟板气腥、味咸、性寒，具有滋阴降火，柔肝补血，补肾健骨等功效。乌龟入馔，以红烧、炖汤最为常见。

十六、荆州石首鮰鱼

鮰鱼是我国珍贵的食用鱼类，被誉为"长江三鲜"之一，是"鱼中之美者"。其色黄黑，有玉石琥珀光，周身无鳞，给人一种半透明感；肉细、少刺，烹食味鲜，嫩如脂，入口即化，深受民众喜爱。

鮰鱼，学名长吻鮠，亦称江团、白吉、肥鱼。属鱼纲、鲶科。体延长，前部平扁，后部侧扁，吻圆突，口腹位，唇肥厚，具须 4 对，皮小。背鳍、臀鳍均具硬刺，腹鳍低而延长。喜栖息河流和江口底层，爱食无脊椎动物和小鱼等。主产于浩瀚富饶的长江中游流域，尤以湖北石首一带所产为上品。宋元丰三年（公元 1080），苏东坡初到湖北黄州，还不识此鱼为何名，故以鱼的产地"石首"而命名之。至今湖北仍以烹制鮰鱼著名，如武汉老大兴园享有"鮰鱼大王"的美誉。

民间传说鮰鱼原是天上监管鱼族的神灵，因同情神鱼私自下凡，被玉帝压在武昌黄鹤楼下的长江中，以巨石镇之，以化石为食。不知经过了多少年，有一天，黄鹤翩翩戏掠江面，听得江中有呼救之声，黄鹤随声潜至江底，见到鮰鱼。鮰鱼悲惨地哭诉自己犯下天条

受罚的经过，并请求黄鹤转奏天帝把它解救出来为人造福。黄鹤十分同情，便飞向天宫转奏玉帝，免去鮰鱼苦役，让其在长江流域生存。到了宋代，著名文学家苏东坡谪居湖北黄州时，在品尝过鮰鱼美味后，不禁写下《戏作鮰鱼一绝》云："粉红石首仍无骨，雪白河豚不药人，寄语天公与河伯，何妨乞与水精灵。"

鮰鱼自古脍炙人口。明代出生于湖北蕲春的医药学家李时珍，在《本草纲目》中还将其列为药食兼佳的珍品。这种皮肉粉红、骨如玉石、身无鳞甲、营养丰富的鮰鱼，经过历代名厨高手精烹制作，早已成为受人喜爱的美味珍馐。如湖北传统风味的"红烧鮰鱼""粉蒸鮰鱼""网油鮰鱼""清炖鮰鱼""氽鮰鱼汤"等，均为色、香、味、形俱佳，驰誉全国的名菜。

十七、荆州石首笔架鱼肚

笔架鱼肚系用石首鮰鱼肚为原料经传统工艺制作的石首特色食料，独产于湖北石首市，并冠有"此物唯独石首有，走遍天下无二家"之美誉，堪称世间珍品。

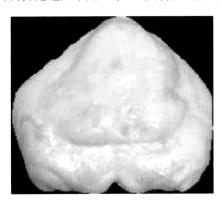

石首有一座临江的笔架山，山型酷似笔架，林木葱茏。笔架山一带环境优美，而且江中多石滩，是鱼类最喜欢的栖息场所，更成为鮰鱼的天然乐园。鮰鱼爱在急流中游动，常溯水游到石首笔架山脚下产卵。而这种特有的鮰鱼，体色粉红，背腹呈灰白，尚有玉石琥珀光，无鳞、少刺、柔细、味鲜、嫩如脂，它的肚（即鮰鱼腹中的鳔）很特别，个大如掌，雪白肥厚，晒干后重约100克，其外形和肚内隐隐可见的凹凸三角形阴影图案，近似长江边的笔架山，笔架鱼肚便由此得名。

相传早在明朝洪武二十年（公元1388），石首笔架鱼肚曾作为"贡品"敬献给明太祖朱元璋享用。长期以来，笔架鱼肚还被人们作为馈赠亲友的上等

礼品和待客的佳肴。20世纪50年代，这一名冠天下的稀有水产品——笔架鱼肚，首次在广交会展出，即得到中外来宾好评，成为我国出口食品中最受欢迎的珍品之一，从而名播海外。笔架鱼肚食疗功效高，其中含有丰富的蛋白质及钙质，女士视为养颜珍品，对身体多部位均有补益作用，是补而不燥之佳品。鱼肚食法多样，可烩、烧、炖。著名的鱼肚菜有"芙蓉鱼肚""三丝鱼肚羹""酱烧鱼肚"等。

2012年2月，国家质检总局正式批准湖北省石首市笔架鱼肚为地理标志保护产品。2011年10月，石首市"笔架鱼肚"被国家工商总局成功注册为国家地理标志证明商标。

十八、荆州监利黄鳝

黄鳝又名鳝鱼，体细长呈蛇形，常生活在稻田、小河、小溪、池塘、河渠、湖泊等淤泥质水底层，是湖北地区常见的小水产。黄鳝散见于湖北各地，尤其在江汉平原一带居多。在众多的黄鳝品种中，以监利黄鳝最为著名。监利黄鳝以其优良的养殖生态环境、生长速度快、抗病能力强、饵料系数低、不钻泥，以及肉质嫩、骨脆、花斑清楚等特点，名扬海内外。2013年，监利县黄鳝养殖运销协会申报的"监利黄鳝"被国家工商总局商标局核准注册为国家地理标志证明商标。2017年，"监利黄鳝"被评为"2017年全国百强农产品区域公共品牌"，监利县获得"中国黄鳝特色县""中国黄鳝美食之乡"称号。

黄鳝营养价值很高，我国民间流传着"冬吃一枝参，夏吃一条鳝"的说法。黄鳝肉性味甘、温，有补中益血、治虚损等功效。

黄鳝一年四季均产，但以小暑前后最为肥美，民间有"小暑黄鳝赛人参"的说法。监利县程集镇的"生态黄鳝"美名远扬，产品远销美国、日本、韩国，及中国台湾、香港等国家和地区。程集镇目前是国家级

黄鳝健康养殖技术规范基地、人工繁育优质黄鳝苗种基地。养殖面积 1000 公顷，黄鳝年产量五千余吨。2018 年 9 月，在我国首个中国农民丰收节期间，"监利黄鳝"与"潜江龙虾""宜昌蜜橘""秭归脐橙"一起入选"100 个农产品品牌名单"。

湖北地区的厨师非常擅长用鳝鱼制作菜品，流行在湖北地区的鳝鱼菜品不下百种，著名鳝鱼菜肴有"金丝鳝鱼""皮条鳝鱼""清炖黄鳝""粉蒸鳝鱼""监利盘鳝""黄金鳝鱼""霸王献乌龙"等。

十九、荆州洪湖清水蟹

洪湖是湖北最大的淡水湖，也是全国第七大淡水湖。洪湖所产洪湖清水蟹被湖北省农业厅认定为 2008 年"湖北十大名牌农产品"。2012 年，"洪湖清水蟹"获得"中国驰名商标"认证，成为继阳澄湖大闸蟹之后的第二个蟹类中国驰名商标。洪湖清水蟹曾连续三届荣获"中国国际农产品交易会金奖"，连续四次获"海峡两岸优良食品品鉴会金奖"。洪湖市因此被授予"中国名蟹第一市（县）"的称号。2008 年 12 月，洪湖大闸蟹获得国家质检总局地理标志产品保护。

洪湖清水蟹素有"螯封嫩玉双双满，壳凸红脂块块青"的形象特征。那橘红色的蟹黄、白玉似的脂膏、洁白细嫩的蟹肉，是其他湖区蟹无法比拟的。洪湖清水蟹的特质，源于洪湖特定的自然条件：第一，洪湖是一个过水性湖泊，水体交换较频发，活水性较好，水质清新、无污染；第二，洪湖湖底底质好，硬地占65% 以上，表层多数呈斑块状的粉沙和沙质泥；第三，湖内矿物质丰富，尤其是钙离子含量高，利于螃蟹生长、脱壳；第四，水草特别茂盛，它既是蟹爬行的阶梯，又可做食料。因此，洪湖这一特定的生态环境和湖水中特定的理化因子，造就了洪湖清水蟹这一知名品牌。

洪湖清水蟹含有丰富的蛋白质、氨基酸及微量元素，对身体有很好的滋补作用。我国有中秋节前后食用河蟹的习俗，由于传统中医认为河蟹性寒，故食河蟹时常用生姜、紫苏等配制调料。

螃蟹的烹饪方法很多，可以烹制出全蟹宴。2018 年 11 月 10 日下午，一项新的世界纪录在洪湖诞生。40 名专业厨师和美食爱好者一起制作的 123 道以洪湖清水螃蟹为原材料的菜肴，改写了 2015 年在南京制作的 108 道全蟹宴所保持的世界纪录。

二十、潜江小龙虾

小龙虾也称克氏原螯虾、红螯虾和淡水小龙虾，形似虾而甲壳坚硬。成体长约 5.6 ~ 11.9 厘米，暗红色，甲壳部分近黑色，腹部背面有一楔形条纹。螯狭长，甲壳上明显具颗粒。属淡水经济虾类，因肉味鲜美广受人们欢迎。因其杂食性、生长速度快、适应能力强而在当地生态环境中形成绝对的竞争优势，因此成为重要经济养殖品种。

小龙虾原产于北美洲，第二次世界大战期间，小龙虾从日本传入我国，20 世纪 50 年代开始传入潜江。从 2000 年开始，潜江市成功探索发明"虾稻连作"模式，开展稻田养虾，后又发展为"虾稻共作"模式。小龙虾在潜江得到了人工繁殖，养殖面积和产量快速增加，带动了潜江龙虾餐饮和加工业的大发展，潜江市现有以"潜江油焖大虾"为特色的潜江龙虾餐饮店二千余家，建立了熊口华山园、浩口莱克园、后湖宝龙园三个密集型水产品加工企业群。潜江龙虾产业已形成集科研示范、良种选育、苗种繁殖、健康养殖、加工出口、餐饮服务、冷链物流、精深加工等于一体的产业化新格局，潜江龙虾产业综合产值突破 200 亿元。2010 年 5 月，潜江市被评定为"中国小龙虾之乡""中国小龙虾加工出口第一市"。2013 年，潜江龙虾获国家农产品地理标志保护。2012年，经国家工商总局商标局认定，"潜江龙虾"荣获国家地理标志证明商标。2017年，潜江小龙虾被纳入清单，成为中国和欧盟互换认证的100个地理标志产品之一。

潜江小龙虾的特点是：尾肥体壮，鳃丝洁白，无异味，腹部清洁透明；两只前螯粗大，色泽明亮，外壳一般呈淡青色或淡红色，性成熟个体呈红褐色，无附着物。可食比率≥25%，虾尾肉占虾体重≥15%，虾肉中蛋白质含量占鲜重比率≥17%。2018年9月，在我国首个中国农民丰收节期间，"潜江龙虾"与"监利黄鳝"与"宜昌蜜橘""秭归脐橙"一起入选"100个农产品品牌名单"。

利用潜江小龙虾制作的著名菜肴有"潜江油焖大虾""清蒸小龙虾""脆皮小龙虾""麻辣小龙虾""蒜蓉炒虾球"等。

二十一、天门义河蚶

义河蚶是湖北省天门市水产名品，本名车螯，亦作砗螯，学名橄榄蛏蚌，属全国稀有之品。唐代诗人皮日休《送从弟崇归复州竟陵》诗句"车螯近岸无妨取"，即咏此物。

相传宋太祖赵匡胤，一次在湖南境内，遇到由山西蒲州随父来南岳大刹进香拜神的京娘，因其在途中遇父走散不能返家。这时，赵匡胤正准备赴竟陵（今湖北天门），投奔后汉复州防御史王彦超，他为了使京娘能够平安回家，便毅然决定千里送京娘。一天，赵匡胤送京娘来到竟陵河边，在龙潭湾过河时，因身边没钱，便取下随身携带祖传短剑抵作渡资，当船到河心，突起一阵大风，京娘摇摇晃晃地几乎掉入河中，幸被赵匡胤抓住脱险，但手中短剑却不慎掉入河中，艄公见状便免收渡资。后来赵匡胤做了皇帝，诏封龙潭湾上下一带的天门河为"义河"。传说先前掉进水

里的短剑变成了蚶，遂名"义河蚶"。短剑变蚶之说虽不可信，但义河蚶之名始于宋代却是事实。据《天门县志》记载，宋太祖赵匡胤过竟陵县河，舟子不收渡资，赵匡胤登基后，遂诏封天门河为"义河"，并蠲免渔课。义河所产之蚶由此被命名为"义河蚶"。

天门"义河蚶"具狭长贝壳两枚，相等，其壳墨色，厚而坚硬，呈扁长形，酷似短剑，一般长约15厘米，宽约3厘米。壳内壁白色，肉呈黄白色，营养丰富，味极鲜美，独具特色，品质在车螯、蛤蜊之上，是湖北天门著名的水产品。2013年7月，天门义河蚶已成功获批国家地理标志证明商标。

天门义河蚶肉味鲜美，乃食中上品，席上珍馐。蚶肉入馔，自古食法颇多，炙烹、红烧、爆炒，以及煮羹、汆汤等，均能烹制出别有风味的美肴。清代美食家袁枚在《随园食单》中说："蚶有三吃法：用热水喷之半熟，去盖，加酒、秋油醉之；或用鸡汤滚熟，去盖入汤；或全去其盖做羹亦可，但宜速起，迟则肉枯。"现今酒店通常做法是"清蒸义河蚶"，取其原汁原味。而老百姓家常烹调，一般用蚶肉配菜炒，也别有风味。

第四节
楚菜名特禽畜

一、黄石阳新鸼

阳新鸼学名番鸭，又名西洋鸭，与一般家鸭同属不同种。1992年，湖北省畜牧局陈大章、邓蔼祥、王志强、王秀芝等专家赴阳新考察后，一致认为阳新鸼是一个具有独特性的地方品种。1998年，在中央电视台播出时使用"鸼"字，读tún（阳新话为tén）音。2017年6月，原国家质检总局批准阳新鸼为国家地理标志产品。

阳新鸼在湖北阳新的养殖历史较久，相传因吃得多（当地称"屯得"）而得名。这种家禽，是一种似鹅非鹅，似鸭非鸭的鸭科动物，体重比鸭大比鹅小。羽毛以白色为主（部分为黑白花色），喙色鲜红或暗红，头部两侧和颜面有红色或赤褐色皮瘤，体躯略扁，胸部丰满，翅大而长，腿短粗壮，趾爪硬而尖锐，蹼大肥厚呈黄色。白条鸼，皮肤呈黄色，皮薄骨细软，皮下脂肪少，呈黄色，肌肉深红色，富弹性。食法与鸭、鹅同，一般多煨汤，烹后汤色浓黄色，香味浓郁。

阳新鸼全身都是宝，肉质细嫩，汤香肉甜，鲜美可口，既是佳肴珍品，又具有一定的食疗价值。鸼内

金是消食化气和治脾胃病不可缺少的良药；鸼肥肝富含有不饱和脂肪酸和多种氨基酸、维生素以及硒元素，对预防老年动脉血管粥样硬化，以及降低血脂和血胆固醇有一定的效果；鸼血有化瘀、解毒之功效；鸼蛋具有清热、降逆之功效；常食用鸼汤可增强人体免疫力。

二、十堰郧西马头山羊

郧西马头山羊是我国优良地方山羊品种，因其头部无角，形似马头，体格较大，身体结实，四肢匀称，强健有力，外形近似白马驹而得名，有"中国羊后"之称。2013年，郧西马头山羊被评为国家地理标志保护产品。2010年4月，郧西马头山羊获国家地理标志农产品认证。2010年10月，"郧西马头山羊"通过国家地理标志集体商标注册。

郧西毗邻六朝古都西安，清代以前，这里一直是皇家狩猎的禁封之地，大约在明代时期，大批流民因生活所迫冒险进入皇家禁封地，在郧西山区定居下来，其中的一支回民带入了无角的马头山羊。在漫长的历史演进中，无角的马头山羊在相对封闭的地域环境中一步一步地繁育成为今天的特种马头山羊。据有关资料介绍，马头山羊的种群数量很少，它得以生息繁衍的一个重要原因就是它性情温驯，生长快，体质健壮。郧西境内山峦起伏，溪谷交错，广阔的山林、草坡是马头山羊的天然牧场。"山青青，水涟涟，赶着羊儿好赚钱"即是郧西民间放牧马头山羊的民俗写真。

郧西马头山羊，肉色鲜红，肉质细嫩，脂肪分布均匀，膻味小，食之鲜而不腻。郧西马头山羊肉富含优质蛋白质、脂肪、铁以及维生素B族、维生素A等营养元素，营养价值高。

"大的能推磨，小的一百多，老人吃了不起夜，妇女吃了奶水多。"这首流传在郧西民间的打油诗把马头山羊的温补作用描绘得生动而又传神。中医学实践证明，郧西马头羊肝可益血明目，肾能助阳生精；郧西马头羊肉骨煮汤对老年体弱、气血亏虚、风寒湿痹等症具有一定的滋补作用。

郧西马头羊汤是湖北省十堰市郧西县的特产。郧西县携手武汉市食品龙头企业飘飘集团所生产的罐装"马头羊汤"，具有味美、肉嫩、汤鲜的特点，销往全国各地。马头羊卷是我国出口创汇的拳头产品，在国际市场上享有很高声誉。

三、十堰竹山郧巴黄牛

郧巴黄牛起源于湖北省竹山县得胜镇庙垭村，又称庙垭牛，是我国长江以北、秦岭以南、秦巴山区役肉兼用型优良品种。据《竹山县志》记载，几百年前，生活在竹山县得胜、秦古等地的农民就把郧巴黄牛作为赖以生存的主要畜力，加以精心饲养培育，世代相传。通过不断选育，逐渐形成了如今的特有品种——郧巴黄牛。2014年，郧巴黄牛被原国家质检总局批准为地理标志保护产品。2015年，"郧巴黄牛"被国家工商总局商标局受理注册为国家地理标志证明商标。2015年9月，郧巴黄牛地方标准草案通过国家级评审。

郧巴黄牛主要产于十堰市的竹山、竹溪、房县等地，郧西、郧县、丹江口市亦有分布。该地区属湖北省西北山区，区域内山上有原，原上有山，山峦起伏，万山重叠，植被覆盖率较高。由于该地区气候温和，雨量充沛，植物种属繁多，其天然草场中有许多品质优良的野生牧草品种，为郧巴黄牛提供了优良的草食资源。此外，该区域内有较多的回民居住，回民历来有饲养牛羊的习惯和丰富的饲养牛羊经验，具备了较好的草食家畜发展基础。

郧巴黄牛体格较大，肌肉较丰满，肉质细嫩、肉鲜味美，肌肉红色均匀，有光泽且有弹性，脂肪洁白，纤维清晰，牛肉品质优，营养价值高。

竹山大力发展牛肉产品深加工，开发了冷鲜牛肉、卤牛肉、牛肉干、牛肉丸等系列产品。积极培育郧巴黄牛专业合作社，走"公司＋基地＋农户"的发展道路，做大做强郧巴黄牛产业，使之成为享誉湖北省的优势品牌。

四、十堰郧阳大鸡

郧阳大鸡原名竹山大鸡，俗称三黑鸡（腿黑、嘴黑、皮黑），系我国秦岭以南，巴山地区的优良品种，属蛋肉兼用型，因主产于秦巴山区余脉的竹山县境内，故又称为竹山郧阳大鸡，是竹山土鸡的代表和特有的地方优质品种。

郧阳大鸡的形成由来已久，相传是明代武当山古刹的司晨鸡（一说斗鸡），由远近香客带出，流传于民间，与当地鸡种杂交，后经群众长期选育和驯化而成。郧阳大鸡原来在竹山称为"打鸡"，该品种于1959年在竹山和神农架林区首先被发现，后经省、市、县多方考证，"打鸡"实为"大鸡"的地方谐音。1982年5月，全国畜禽品种志专家组将竹山"打鸡"

正式命名为郧阳大鸡，并于 1985 年收录《湖北省家畜家禽品种志》，成为湖北省优良的畜禽地方品种的代表。2014 年 4 月，竹山郧阳大鸡获得国家质检总局批准为国家地理标志保护产品。2014 年 10 月，竹山郧阳大鸡地理标志证明商标获得国家工商总局受理。

郧阳大鸡具有个体大、生长快、性温驯，以及产肉、产蛋性能好等特点。用郧阳大鸡煨汤，鲜香醇厚，营养丰富，是当地妇女产后滋补养生佳品。卤制的郧阳大鸡，色泽酱红，鲜美爽口，是深受当地民众欢迎的特色美食。

五、荆州松滋鸡

松滋鸡源于湖北省江汉平原上的柴鸡（又称土鸡），是地方经过二百余年培育的优良种鸡，因其遍布于江汉平原而得名江汉鸡，又因其羽毛多为麻色，也叫麻鸡。麻鸡产蛋量高，民间流传有"黑一千，麻一万，粉白鸡子不下蛋"的谚语。

松滋鸡属于地方良种土鸡，是蛋、肉兼用型鸡种，体型矮小，身长胫短，母鸡头较小，公鸡头较大，外貌清秀，性情活泼，善于觅食。

松滋地处丘陵，山地资源丰富，农民利用荒坡、竹林、果园、庭院散养土鸡的历史悠久。鸡群在竹园、丛林躲荫避寒，食山间虫草，饮天然溪水，故体壮肉实，无污染。用以烹制菜肴，其汤汁浓郁，肉感鲜嫩爽滑，香韧耐嚼，油而不腻。以当地这种土鸡制作的"松滋鸡"，不仅成为风靡全国的美食，甚至发展成为一个新的餐饮产品业态。如今，在武汉市乃至全国许多城市，到处都有"松滋鸡"的品牌出现。"松滋鸡"已成为荆州乃至湖北一张靓丽的美食名片。

2016 年，"松滋鸡"获批国家地理标志证明商标。2018 年 1 月，松滋鸡获国家农产品地理标志保护。

六、荆州洪湖野鸭

野鸭古称凫，又称水鸭、蚬鸭。狭义的指绿头鸭，广义的包括多种鸭科禽类。

洪湖是湖北省最大的淡水湖，其良好的湿地环境和丰富的湿地资源，是湿地水鸟重要的栖息地、越冬地和繁殖地。洪湖得天独厚的生态环境使迁徙来的野鸭久久不愿离去，丰富的饵料资源使得成群结队的野鸭聚集在洪湖栖息、繁殖、安营扎寨，使野鸭的种群数量日益增多。"四处野鸭和菱藕"的壮观湖景，装点了洪湖，使得这里的野鸭成为湖北著名的地方特产。2013 年，洪湖野鸭荣膺国家农产品地理标志。

洪湖民间素有"九雁十八鸭，最佳不过青头与八塔"之谚。以"青头鸭""八塔鸭"为代表的特种洪湖野鸭，是烹制湖北名菜"红烧野鸭"的最佳食材。

洪湖野鸭肉质细嫩、美味可口，蛋白质含量高，脂肪含量低，胆固醇低，富含人体必需的氨基酸、脂肪酸和矿物质，没有其他鸭子的那种鸭腥味，是优质的保健禽肉食品。洪湖野鸭有补虚暖胃、行气活血的功效，经常食用，可以补肺益气，滋肝养肾，增强体质，抵御疾病，是一种气质纯和、食味清隽的滋补佳品。

红烧野鸭是洪湖地区的传统名肴。相传三国时期，曹操南征，为鼓舞士气，亦有"先至乌林者，尝食红烧野鸭"的传说。现如今，洪湖野鸭被列入了禁捕保护动物，市面上的洪湖野鸭基本上都是圈养的，即用野鸭蛋进行人工孵化繁殖。这样，既传承了当地人逢年过节一定要品尝洪湖野鸭美味的习俗，也实现了人与自然的协调和环境友好。

七、黄冈大别山黑山羊

大别山黑山羊是利用大别山地区优质地方良种山羊经多年选育提纯而形成优良肉皮兼用型山羊。其体型高大，遗传性能稳定，具有生长发育快、育肥性能好、屠宰率和净肉率高、肉质好、膻味轻等优点，是农业部黑山羊种质资源保护对象。大别山黑山羊原称土灰羊、麻羊、青灰羊，是从中心产区当地的土种羊（土灰羊）中选择个体大、生长快、性情温驯的黑山羊留种而进行长期的自发选育而成。20世纪80年代初，麻城市福田河镇畜牧兽医站开展了品种资源的挖掘，扩大了生产群体，提名为福田河黑山羊。20世纪90年代初，原湖北农学院刘长森教授一行利用大别山科技扶贫项目，开展了黑山羊的选种选配工作，使黑山羊的生产性能及品质得以提高。大别山黑山羊生活在大别山南麓的麻城、罗田一带，这里远离工业区，自然环境优美，森林植被面积占到了90%，野生动植物资源丰富，是原生态的天然氧吧。黑山羊以纯放牧方式饲养，常年在山林草地和田头路边放牧，收牧后饮山泉水。优越的自然环境造就了麻城黑山羊特有的品质。

大别山黑山羊肌纤维细，硬度小，肉质细嫩，味道鲜美，膻味极小，营养价值高，蛋白质含量在22.6%以上，脂肪含量低于3%，胆固醇含量低，比猪肉低75%，比牛肉和绵羊肉低62%，男女老少皆宜。以黑山羊为原料制作的"大别山黑山羊吊锅"成为当地代表性的佳肴。

2016年2月，原国家质检总局批准对大别山黑山羊实施地理标志产品保护。以湖北名羊农业科技发展有限公司为代表的大别山黑山羊综合利用开发企业，在黑山羊科研、育种、养殖、加工等方面发挥了重要作用，取得了良好的经济效益。

八、黄冈英山茶乡鸡

英山茶乡鸡属肉蛋兼用型地方良种，养殖历史悠久，是大别山南麓黄冈市英山县名优土特产。2016年11月，原国家质检总局批准对英山茶乡鸡实施地理标志产品保护。

湖北英山县是著名的"茶叶之乡"，成片的茶园绵延在群山之中，是得天独厚的原生态自然畜禽养殖区。当地老百姓在茶园周边搭建鸡舍，让鸡群在茶园里觅食，在茶树底下扒草、吃鲜茶叶，在茶树上捉虫。通过这种散养的方式长大的鸡，放养密度小，扩大了其活动范围，增强了其活动能力，提高了鸡肉的蛋白质含量，降低了鸡肉的脂肪含量，成就了茶乡鸡的品质和品牌。英山茶乡鸡肉独特的品质与其所富含的各种营养物质密不可分。经农业部食品质量监督检验测试中心（武汉）检测，其蛋白质含量超过26%，水解氨基酸总量超过23%，脂肪含量只有约1%，每100克鸡肉中胆固醇含量约为44毫克。

英山茶乡鸡肉表皮浅黄，光滑滋润，肌肉丰满有弹性，肌间脂肪分布均匀；表皮和肌肉切面有光泽，肉质鲜美，无异味；鸡汤透明澄清，脂肪团集于汤汁面，清香四溢，回味无穷。

九、咸宁通城猪

通城猪又叫通城两头乌，属于华中两头乌中的一种，首尾为黑色，中间白色，狮子头，背腰多稍凹，四肢较结实，肉质鲜嫩，肉味鲜美。2012年8月，通城猪荣获中国农业部农产品地理标志认证，被列入国家农产品地理标志保护行列。2015年，"通城猪"正式申报中国地理标志证明商标并成功注册。通城猪被农业部列为仅有的国家级地方生猪资源优良品种，该猪的"标准相"还上了世界级权威的美国《遗传学》杂志封面，得到世界认可。

通城猪分布于湖北幕阜山低山丘陵地区的通城、崇阳、蒲圻、通山、咸宁、鄂州、大冶等地，以现在

的通城县为主。据《湖北通志》记载，"通城人不轻去其乡"，说明该县历来生产条件稳定，人民守土耕作，饲养畜禽。当地养猪不放牧，利用田埂地角、河溪沟边的野草和自产的红薯、荞麦、玉米、大豆、泥豆、糠麸、菜叶熟食圈养。用这种猪肉加工出来的火腿、腊肉、香肠及各种炒、烹、蒸、煮、油炸肉食品，很受消费者的欢迎。通城两头乌的肉质新鲜优质，根据不同做法，通过手工腌制、柴火熏烤精制而成的腌腊肉制品透明发亮，味道醇香，健脾开胃；中式香肠回味绵长，香气浓郁；酱卤肉制品酱香飘逸，食之肥而不腻，瘦不塞牙；发酵肉制品经冬历夏，发酵后各种营养素更易被人体吸收，味甚香美。

十、恩施建始景阳鸡

景阳鸡是由外国传教士带入的国外鸡种与当地景阳乌骨鸡杂交繁衍，经长期自然选择和人工选择培育而形成的，因主产于湖北恩施自治州建始县景阳河沿岸而得名，俗称景阳九斤鸡。2003年，建始县颁布《关于加强景阳鸡品种资源保护与开发利用的

通知》，开始景阳鸡品种资源保护与提纯复壮工作。2004年，景阳鸡被载入《湖北省家畜家禽品种志》。景阳鸡具有个体大、耐粗饲、适应性广、抗病力强、繁殖性能好、肉品质好、蛋品质好等优点，是湖北省优质地方肉用型鸡种。《建始县地名志》记载："景阳鸡个体大、肉质好，是全省内闻名的地方品种。"2009年5月，原国家质检总局批准对景阳鸡实施地理标志产品保护。

景阳鸡羽毛色彩有栗麻和黄麻两种，腿高粗壮，体型外貌以个大、红冠、绿耳、乌皮、黑腿、骨乌、乌肉为优。景阳鸡肉质细嫩，味道鲜美，而且属高富硒产品（每100克鸡肉中含硒1.16微克），具有滋补保健功能，营养价值高。

十一、仙桃沙湖盐蛋

沙湖盐蛋是湖北省仙桃市沙湖镇的传统名特食材。在沙湖镇周围水域中，有一种水草叫麦黄角，活虾喜栖于麦黄角中，鸭子寻食连角带虾吞食后，所产鸭蛋腌制煮熟后，蛋黄为朱砂红，呈砂糖颗粒状，剖开后油质四溢，色彩鲜艳。

传说清朝末年，沙湖人李绂藻，是位翰林。因为候"缺"住在翰林院。那时八国联军打进了北京，慈禧带内侍人员西逃，路过翰林院见窗口透出灯光，甚觉稀奇，命内侍找来"困京"的李绂藻："都在逃难，唯你在此……？"李绂藻见是梦寐以求的圣颜驾临，直是叩头："臣李绂藻怎敢先老佛爷而出京城！"于是，他被慈禧带着与群臣一起逃到了西京。议和回京后，慈禧重用了忠心耿耿的李绂藻，李绂藻由此而发迹。李绂藻为了讨得主子欢欣，便从家乡捎去一篓沙湖盐蛋，献给慈禧。慈禧食用此蛋，用象牙筷挑了那一坨红心，浸入水中，即见油花荡漾，煞是好看；

再挑红心入口，芳香扑鼻，其味醇久，甚是欣慰，连连称道："好蛋！好蛋！"真是'一点珠'啊！""沙湖盐蛋一点珠"便由此而来，并名播海外。

沙湖盐蛋系用特定的泥土加盐腌制而成，盐蛋经过一段时间的腌制，其营养元素发生变化，蛋白质含量明显减少，脂肪含量明显增多，矿物质保存较好，钙的含量有较大提高。

盐蛋除煮熟直接食用外，楚菜烹饪中，常见用盐蛋黄作大菜辅料，如"蟹黄（咸蛋黄）豆腐""蟹黄娃娃菜"等，还可以用盐蛋黄做月饼等。

第五节
楚菜其他名特食料

一、黄石阳新山茶油

山茶油是世界四大木本植物油之一，阳新山茶油是湖北省黄石市阳新县特产。阳新山茶树种植面积和茶油产量居全国第三、湖北第一，因此阳新又有"中国油茶之乡"的美称，并被国家林业局确定为国家级油茶生产示范县。当地山茶果含油 30% 以上，其茶籽提取的茶油是绿色无公害食品，营养丰富，有益健康，被公认为保健油。

阳新山茶油历史悠久。据《阳新县志》记载，阳新三国时期就有油茶树。相传有一年阳新人旱，田地颗粒无收，百姓讨米要饭，吴王孙权了解当地灾情后，带来十条粮船，专门扶贫济困，百姓磕头谢恩，百姓无物相送，只有一老汉把家中一罐茶油相送吴王，吴王问："干旱何来此物？"老汉说："此乃我家后山所长，不怕干旱。"孙权到后山一看，山上茶花盛开，而且还挂有茶果，孙权说"这山茶树真乃奇果"。自此当地遂将油茶树改名山茶树，山茶油由此而得名。

山茶果属珍稀植物资源，由山茶果榨制的山茶油系纯天然的有机产品和绿色食品，成为油中珍品，素有"油王"之美誉。国际粮农组织已将山茶油列为向世界各地推广的健康食用油，其品质能与国际著名的橄榄油媲美，所以享有"东方橄榄油"的美称。阳新山茶油著名的品牌有"恒春山茶油""富川山茶油"等，2010 年，阳新山茶油被批准获得国家地理标志产品保护，保护产地范围为湖北省阳新县现辖行政区域。

阳新山茶油色泽黄亮，清澈透明，清香自然，并且耐贮存。据检测，山茶油富含不饱和脂肪酸，其油酸和亚油酸含量高达 80%～90%，人体对其消化吸收率高达 95% 以上，还含有丰富的维生素 E、维生素 A 等多种维生素和锌、钙等多种矿物质，是不可多得的木本科植物油，长期适量食用可软化血管，预防高血压、高血脂等疾病。

二、十堰房县冷水红米

房县冷水红米，学名康熙胭脂米，是一种极为珍贵的稻米。2014 年 10 月 30 日，房县冷水红米顺利通过农业部农产品地理标志专家评审。2017 年，申请注册为国家地理标志证明商标。

房县冷水红米种植历史悠久，盛行于唐代，曾被作为"贡品"，古典文学名著《红楼梦》中有两回提到了这种十分罕见的胭脂米。清同治五年（公元1866）出版的《房县志》中，对房县冷水红米生产有这样的记载："谷有粳、糯二种。早晚谷名十数种，黄白赤青数色……粳米有盖草黄、冷水红……"。房县冷水红米生长区域在海拔800～1200米之间的冷水田，山泉灌溉，成熟后的冷水红米稻壳呈红褐色、有芒，芒特长，粟香味浓，口感润爽。在房县万峪河乡和沙河乡还有这样一个风俗，每逢女儿出嫁必缝制一个大枕头，里面装上数斤冷水红谷子作陪嫁，求的不仅是多子多福，也有助女儿分娩时补气养血，有利于恢复体力和增加乳汁，故房县冷水红米又被誉为"月米"。

冷水红米形呈椭圆柱形，比普通米粒稍长，营养极其丰富，里外都呈暗红色，顺纹有一条深红色的米线，煮熟时色如胭脂，芳香扑鼻，味道极佳。同白米混煮，亦有染色传香之特点。

冷水红米种植过程中不能使用任何农药化肥，是纯天然无污染的有机大米。现今市场上每千克售价高达两百多元人民币，是极其珍贵的大米品种。

三、荆门京山桥米

桥米是湖北京山市稀有的特产，独产于京山市孙桥区蒋家大堰附近一条山冲里的约120亩的田间。此米青粳如玉，腹白极小，做熟的米饭松软略糙，喷香扑鼻，可口不腻，营养丰富，自古享有盛名。据《京山县志》记载，早在明代就被御定为"贡米"，故有"御米"之称。

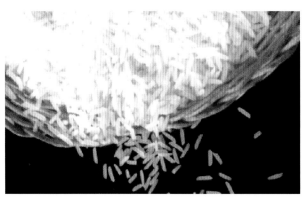

传说生于湖北钟祥县的明代嘉靖皇帝朱厚熜，从他断奶到以后当了皇帝，一直吃这里产的米。传说这种米的产量不受自然条件变化影响，刚好就够皇室吃

用，故称之为"巧米"。"巧米"的"巧"字与产地孙桥的"桥"字谐音，遂讹称为"桥米"。这桥米地域选择性很强，它"巧"在产地不扩散的特性。当地儿歌描绘了桥米之特色："桥米长，三颗米来一寸长；桥米弯，三颗米来围一圈；桥米香，三碗吃下赛沉香。"

孙桥是桥米之乡，过去就有大宗的桥米远销外地，极受人们喜爱。现在的桥米声誉更高，曾在广交会上展出，备受外商赞赏。1988年，京山"皇宫牌"桥米在首届中国食品博览会上荣获银奖，更加驰名全国。2015年，京山桥米入选"湖北好食材"名录。

2002年3月，京山县向国家质检总局提出对京山桥米实施原产地域保护申请，于2003年12月获得批准，京山桥米成为湖北省首个原产地域保护产品（2005年7月，国家将"原产地域保护产品"更名为"地理标志保护产品"）。2008年7月，"京山桥米"被核准注册为国家地理标志证明商标。

四、荆门钟祥葛粉

葛为多年生落叶藤本豆科植物，生长于山林沟谷之中，丘陵田野路旁，春季清明节前后发芽，七八月份开花，秋季霜降后落叶，冬季采收加工。葛是原国家卫生部公布的药食两用植物。位于湖北省大洪山南麓的钟祥市北部山区所产野生葛根，经检测富含葛根异黄酮和葛根素等中药有效成分及微量元素、氨基酸等营养成分。据《本草纲目》记载："葛味甘、辛、性凉"，具有清热解毒、降压降脂，改善脑循环等作用，葛根异黄酮还有调节女性更年期内分泌失调的功效。

在古代，"葛"本是一种无名植物。相传在晋代，钟祥北部山区流传一种无名疾病，由于无药医治，死了许多人。著名医学家、道学家葛洪带弟子云游于此地，见状，命弟子带众乡亲上山挖一种青藤的根捶粉让病人服下，这种疾病迅速治愈。当地老百姓为了感谢他，把这种植物叫作"葛藤"。自此以后当地人每到冬天都有挖葛捶粉的习俗，并当作家庭药方备用。

抗日战争时期，李先念率新四军在这里与敌周旋，将新四军地下医院设在客店镇赵泉河村。当时，在医药不足的情况下，人民群众上山采药，用葛根做中药配方，用于消炎解毒，发挥了极其重要的作用。在粮草不足的情况下，人民群众冒着生命危险，将自制的葛粉送到新四军手中。1985年，李先念故地重游，再次品尝了当地老百姓制作的葛粉，感慨万千。

钟祥葛粉为"钟祥八宝"之一，是具有地方特色的绿色食品。钟祥葛粉因其色泽均匀、味道甘醇、口感细腻、黏度高、成型度好而享誉海内外。1995年，钟祥市客店镇被国务院发展研究中心评定为"中国葛粉之乡"称号。2012年，钟祥野生葛粉被评为"湖北省首届食文化知名食品"。2013年，原国家质检总局批准对钟祥葛粉实施地理标志产品保护。

用钟祥葛粉制作的葛粉汤、羹、饼、包、饺、面条、粉丝等制品，葛味浓香，口感细腻，营养丰富，食用方便，颇受消费者欢迎。

五、孝感应城糯米

湖北应城市地处北纬30度，江汉平原与鄂中丘陵的过渡地带，属亚热带季风气候，阳光充足，热量丰富，雨量充沛，气候温暖湿润，南北差异较小，土地肥沃，质地较好，酸碱适度，是国内籼糯种植最适宜区域之一。其生产的籼糯米含有十多种微量元素，质地匀、色泽亮、白度高、粒型美、糯性强、口感好，支链淀粉含量高达98%以上，出酒率一般在51%以上，既可作为酿酒和食品加工的优质原料，又可作为主食直接食用，由于独特的品质，应城籼糯米享誉全国，闻名全国的绍兴黄酒和孝感米酒均将应城糯米作为首选原料。至2018年，通过政府组织引导，应城市籼型糯稻种植面积已达到三十余万亩，总产量超过2亿千克；全市建成无公害水稻生产基地十余个，种植面积五十余万亩，其中，无公害优质糯稻产地面积二十余万亩，绿色食品（糯稻）产地面积十余万亩。籼糯种植面积和产量分别约占湖北省的15%和14.8%，约占全国籼糯种植面积的5%，是全国最大的籼型糯稻生产市（县）。

为了有效保护应城糯米这一传统名、特、优农产品及品牌，进一步提升市场竞争力和知名度，2013

年末，应城糯米成功申报为国家地理标志保护产品。2016年，"应城糯米"顺利通过国家工商行政管理总局商标局审核，成功注册为国家地理标志证明商标。2017年，"应城糯稻现代农业产业园"获批成为湖北省首批"省级现代农业产业园"。

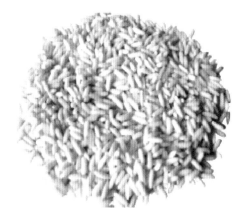

应城糯米广泛运用于楚菜烹调中，除了制作汤圆、糍粑、米酒等小吃之外，还用于菜肴制作，如"珍珠圆子""散烩八宝"等。

六、孝感邹岗太子米

"牛迹山的米，天下无有比"，这是对孝感太子米的一句美好赞语。此米产于湖北孝感市牛迹山太子岗，故称太子米。其米粒呈椭圆形，晶莹润泽，饱满沉甸，做熟的米饭柔软可口，香味浓郁，且其营养价值高于一般优质米，素为米中名品。

据说在唐代时，唐高祖李渊曾出巡途经牛迹山，品尝了当地的米饭后赞不绝口，随即指令地方，岁岁进贡此米。因皇太子尤为喜爱，成为太子主食，遂得名太子米。自唐代后的每个朝代便一直沿袭下来，年年向朝廷进贡，是有口皆碑的"贡米"。

太子米为谷中名品，米中奇珍，历史上一直供封建王朝的达官贵人所享用。新中国成立后，太子米曾被列为全国五大优质米（太子米、紫糯米、黑米、

蒸谷米、香稻米）之一，成为供作筵席的主食。还曾多次列入广交会展销，并远渡重洋，进入国际市场，深受国内外食客喜爱。

2009年，国家质检总局批准了对太子米实施地理标志产品保护。2014年，"孝昌太子米"地理标志商标被国家工商总局商标局核准注册。

七、荆州洪湖莲子

莲子，是睡莲科水生草本植物莲的种子，又称白莲、莲实、莲米、莲肉。洪湖莲子系湖北省洪湖市特产，2011年3月，原国家质检总局批准对洪湖莲子实施地理标志产品保护。2013年7月，经国家工商总局商标局核准，洪湖市成功注册"洪湖莲子"国家地理标志证明商标。

湖北省莲子产量大约占全国七成，是我国的莲子大省。洪湖市又是湖北省产莲大市，该市位于江汉平原东南端，长江与东荆河之间，属亚热带湿润季风气候，四季分明，雨量充沛，温和湿润，夏热冬冷，湖泊面积58.23万亩，占15.57%，素有"百湖之市""水乡泽国"之称，是优良的莲藕种植地区。洪湖莲子出产于生态环境优良的湖北第一大淡水湖洪湖湖区，产品颗大粒圆、皮薄肉厚，兼有清香甜润、微甘而鲜的风味。洪湖莲子含有丰富的蛋白质、淀粉、磷脂、多种维生素以及生物碱、类黄酮等营养成分和保健因子，可以制成多种饮料和食物。在医疗上，莲子有止血、散淤、健脾、安神等功效，是一种滋补佳品。其莲心制成茶，有减肥功效。《本草纲目》称洪湖莲子是一种难得的纯中药野生植物。

莲子食用价值很广，在烹调应用上也十分广泛，比较多的有甜羹类，如"银耳莲子羹""冰糖莲子羹""红枣莲子羹"等；粥类，如"八宝粥""莲子薏仁粥""莲子红豆粥"等。此外，洪湖莲子常用于制作广式月饼中的莲蓉馅。

八、黄冈蕲春水葡萄米

水葡萄米，又称水葡萄贡米，产于湖北蕲春县桐梓河郑家山，此谷米属冷浸田栽种，性耐寒怕热，积温效果敏感，为中稻型优良品种，谷壳薄，腹白少，米质优，呈透明状，烹饭香美，煮粥尤佳，倍受人们喜爱。1984年，蕲春水葡萄米被评为湖北省优质稻米。

相传清光绪元年（公元1875），郑家山（现青石镇郑山村）吴中湾一位名叫吴洪一的农民，因灾逃荒到江西武陵葡萄山烧窑度日，年终窑主给八斤稻种作工钱。吴洪一将稻种带回后，在当地作中稻种植，因该稻种来自葡萄山，便取名"水葡萄"。由于该品种米粒外观玉白晶亮，蒸煮性好，米饭柔软清香、口感好，加之高秆、茎秆纤细坚韧，适宜用于打藤扭索，编草鞋，经久耐用，且适宜于高海拔地区山垅冷浸田种植，因此，世代相传，延续至今。新中国成立后，1951年10月底，青石区土改复查工作队寄给毛泽东同志水葡萄米100斤，46天后，毛主席办公室委托国务院复信：钱寄上，以后不要寄各类物资。

蕲春水葡萄米质地优异，据有关科研部门化验鉴定，为我国谷类营养成分含量最高的品种之一。1960年，该谷米样品和化验清单在广交会上展出，颇获赞誉。目前，蕲春水葡萄米远销加拿大、美国、日本、新西兰等国。

九、黄冈蕲蛇

蕲蛇，又名白花蛇，属爬行纲有鳞目动物，为"蕲春四宝"之一。这种蛇主要产于蕲春蕲州龙凤山一带，喜潮湿阴凉处，多穴居，出外每伏烂草枯叶之间，以便猎取食物和隐蔽自己。因蕲蛇产子甚少，成长又慢，故是一种稀有名贵的蛇类动物。

蕲蛇是毒蛇的一种。相传人如果被蕲蛇咬伤，走不出五步就会致死，故又称蕲蛇为五步蛇。蕲蛇头部呈三角形，黑褐色，有菱形花纹，腹部白色，有黑斑，人称"念珠斑"，尾部侧偏，有利钩，人称"佛指甲"，如若被捕蛇者追得急，则会调转尾部利钩破腹自杀，故捕蛇者往往只能得到死蛇。

蕲蛇肉质鲜嫩，香美可口，营养价值很高。用其入馔，无论烧、炒、煎，还是炖、烹、烩等，都能制作出多款滋味鲜美、脍炙人口的蛇馔佳肴。除供食用外，还可入药酿制蛇酒以疗疾治病。

十、黄冈红安花生

红安县是湖北省花生生产大县，也是全国首批花生基地县之一。红安的土壤气候适宜种植花生，其花生的种植历史悠久，种植面积广，栽培技术娴熟，花生产量和花生产业发展名列全国前茅。

红安种植花生的历史悠久，清宣统元年《黄安乡土志》商务篇六十九卷载"落花生日盛，亦有洋种本地种之分，洋种颗大香逊，根蒂固易捆"。到清末民初"落花生日盛一日"，红安花生栽培面由北向南扩展并覆盖全县。红安人视花生为吉祥喜庆的象征，民间喜庆宴席必定少不了花生。订婚男方送"聘礼"赠送礼品的筮筐内要放柏枝、花生等，结婚时女方的嫁妆里也要放花生、红枣之类的，新房的枕头下、被褥里会提前藏好花生、红枣。除夕夜守岁，红安人家家炒花生，大年初一必定要以花生待客。1963年，李先念回故乡视察，感慨"红安的花生就是香"。1958年，毛主席在武昌接见红安种试验田的干部代表时曾连声称赞："红安的花生不错，红安的花生不错！"

红安花生的生长周期较快，一般是4个月至5个月成熟，4月份播种，到8月份或9月份即可收获。截至2018年，红安县已经成为湖北省最大的花生种植县，年产花生近3万吨。红安花生以果壳薄、果仁饱满、品质好、出油率高而闻名全国。红安花生制品有近百种，主要有花生油、花生酱、花生酥心糖、花生牛轧糖等食品工业产品以及"香酥花生""盐脆花生""酒鬼花生""鱼皮花生""多味花生"等小吃产品。

2012年末，红安花生获农业部批准为国家农产品地理标志产品。

十一、黄冈武穴菜籽油

菜籽油俗称菜油，又叫油菜籽油、香菜油、芸苔油、芥花油，是用油菜籽榨出来的一种食用油，是我国主要食用油之一，主产于长江流域及西南、西北等地，产量居世界首位。

武穴菜籽油是湖北省武穴市的特产，它是由双低油菜榨成的食用油。"双低"是指菜油中芥酸含量低、硫代葡萄糖甙含量低，故武穴菜籽油有"东方橄榄油"美誉。

"全国油菜看湖北，湖北油菜看武穴"，武穴

是全国双低油菜大市，荣获"中国油菜之乡"美誉，种植油菜面积达 45 万余亩，油菜品种双低率达 100%。武穴市福康油脂公司年加工能力达到 50 万吨，成为全国最大的双低菜籽油生产企业。主导产品"接福"牌武穴菜籽油，先后获评中国绿色食品 A 级产品、湖北名牌、湖北著名商标、湖北优质菜籽油，产品畅销湖北、福建、江西、上海等国内十多个省市，远销德国、东南亚等国家和中国香港地区。2014 年 7 月，原国家质检总局批准对武穴菜籽油实施地理标志产品保护。

武穴菜籽油是楚菜烹调的主要用油，用于炒菜，滑嫩爽口；用于炸菜，入酥增香。

十二、咸宁桂花

桂花是中国传统十大名花之一，其品种繁多，最具代表性的有金桂、银桂、丹桂、月桂等。桂花集绿化、美化、香化于一体，是兼具观赏和食用的传统名花。

咸宁市桂花栽培历史悠久。据史料载，两千三百多年前的战国时期，诗人屈原途经咸宁写下了"奠桂酒兮椒浆""沛吾乘兮桂舟"的诗句。500 年前，当地民间就有酿制桂花美酒的传统。咸宁市咸安区至今仍存少量千年古桂。咸宁市桂花的品种数量、古树数量、基地面积、鲜桂花产量、桂花品质等五个主要资源指标始终保持全国领先地位。1963 年和 1983 年，国家有关部门和组织先后两次命名咸宁市为"中国桂花之乡"。2013 年，"咸宁桂花"成功注册为国家地理标志证明商标。

桂花作为食品工业原料，已开发出桂花糕、桂花酱、桂花茶、桂花酒、桂花糖果、桂花米酒、桂花露、桂花香精等系列产品。桂花用于烹饪，可制作"桂花蜜汁藕""桂花山药""桂花奶豆腐""烧桂花肠"

"桂花杏仁豆腐""桂花八宝"等菜肴；亦可制作"桂花酥""桂花酥饺"等特色点心小吃。"咸宁桂花糕"是以咸宁桂花为原料制作的一种知名小吃，口味香甜可口，滋润松软，细腻化渣，深受广大食客的喜爱，具有浓郁的地方特色，享誉海内外。

十三、咸宁崇阳野桂花蜜

崇阳野桂花蜜又名桂花蜜，古时曾称石蜜、岩蜜、冬蜜，后因蜜蜂所采之花似茶花，又名茶花蜜。1964 年，经湖北省农业部门鉴定，其蜂蜜所采之花为山茶科的铃木花，铃木的枝、叶与花的姿色、香气酷似桂花，故更名为野桂花蜜。崇阳野桂花蜜的生产至今已有一千五百多年的历史。崇阳野桂花蜜色泽洁白、透明，气味芳香，口感细腻，滋味甜润，纯度高，溶于水后，仍不改变原水的颜色。浓度最高的可用纸包裹携带。

崇阳野桂花蜂蜜为严冬所产，无农药残留，无病虫污染，含有丰富的蛋白质、铁、钙、核黄素等营养物质，被誉为"蜜中之王"。现在不仅畅销国内，且远销东南亚及日本等国。

2014 年，崇阳野桂花蜜荣获国家农产品地理标志产品。2015 年，"崇阳野桂花蜜"被国家商标总局批准为地理标志商标。

十四、随州蜜枣

蜜枣，枣脯的一种，为枣的糖制品。南北均有制作，风味各异。随州所产蜜枣，是湖北著名的传统特产，其加工制作精细，素有"蜜饯珍品"之称，遐迩闻名。

大凡枣有补五脏、益气血、补脾益阴、润肺止咳的功能。《神农本草经》列枣为上品，称其"久服轻身延年"。古中医处方常用大枣，因其能"养胃健脾、益血壮神"，而且风味尤佳，营养丰富。民谚云："常吃蜜枣，永不见老。"蜜枣作为一种医食兼用的佳品，一直备受人们喜爱。

随州盛产大枣，个大肉丰，形体均匀，赛过秤砣，故称秤砣枣。以随州大枣为原料制作的蜜枣，色黄似金，故又名金黄蜜枣，体肥肉厚，甜如甘饴，沙酥爽口，营养丰富，具有滋补养身、健胃补血等功效，为湖北传统名优特产之一。1997年，随州金黄蜜枣荣获第三届国际食品博览会"中国优质食品"称号。

传说随州蜜枣产于清朝乾隆年间，为当时随州一位叫胡凌兴的匠人所创制，他精选当地一种优质罗汉枣，通过清洗、整理后，配以上好绵白糖进行秘制加工，历经数年反复研制而获成功。后经随州地方官将其蜜枣供奉朝廷，乾隆皇帝品尝后，赞赏道："不是仙桃，胜似仙桃。"自此，这一美味佳果，便被朝廷列为贡品，故又称"贡果"。

随州蜜枣入馔制作的代表名菜有"散烩八宝""蜜枣羊肉"等。

十五、随州桃胶

桃胶是蔷薇科植物桃或山桃等树皮中自然分泌，或在外力作用下产生伤口（桃胶有利于桃树伤口自愈）而分泌出来的树脂，又名桃油、桃脂、桃花泪、桃树胶、桃凝。比较黏稠的液体通过风吹日晒，水分蒸发后成为固体。每年阳春三月，在桃花盛开的季节，随州当地桃农都有从成年的桃树上采桃胶的习俗，桃胶因取于桃花凋零的时节，故而得名"桃花泪"。

随州是湖北省桃胶生产重地，全市80%的农户，有近10万人从事桃胶相关产业，经过多年发展，已成为中南地区最大的桃胶生产和出口基地，桃胶产业已成为随州的特色、优势产业。

随州桃胶基地位于水果之乡尚市镇社九桃花村，尚市镇地处桐柏山余脉，东、北、西三面环山，属亚热带向暖温带过渡丘陵地带，气候温和，光照充足，雨量适中，自然条件得天独厚，是桃胶的最佳适生区。

随州桃胶颜色淡红且黄色透明，有点像琥珀，质地黏稠，有淡淡的清香。随州桃胶的主要成分为半乳糖、鼠李糖、α-葡萄糖醛酸等，具有清血降脂、缓解压力和抗皱嫩肤的功效。

桃胶食法以做甜羹类居多，如"木瓜炖桃胶""桃胶银耳羹""桃胶皂角米羹"等。以随州桃胶为主料制作的"随州燕窝"，系用桃胶与冰糖加水慢炖40分钟而成，口感甜糯，色如琥珀，具有燕窝之滋补效果，是一道滋补养颜佳肴。

第四章

楚菜制作技艺与菜品创新

CHUCAI ZHIZUO JIYI YU CAIPIN CHUANGXIN

第一节
楚菜基本味型的形成与演变

湖北菜，历史上曾简称过荆菜、楚菜、鄂菜，湖北省人民政府于2018年正式将湖北菜的简称统一规范为楚菜。

楚菜是一个历史悠久并突出手工操作性的、主要集中于湖北地区的饮食风味体系。楚菜发源地是古代的楚国，中心是郢都（今湖北江陵），在古代荆菜、古代楚菜基础上逐渐演变而来，植根于荆楚大地，原料以湖北各地出产的禽畜、淡水鱼鲜等动物性食材和蔬菜瓜果、食用菌、五谷杂粮等植物性食材为主，烹调技法以蒸、煨、烧、炒、炸为代表，口味上以原汁、味浓、咸鲜、微辣最为常见，吸收了全国多个菜系特点，名菜、名宴、名店品类齐全，在全国具有较高知名度并深受湖北民众喜爱。

楚菜经过近3000年的传承与发展，并在漫长的发展过程中大量吸收全国多个菜系的不同特点，逐渐形成了自成一体的湖北地方菜系，目前具有"选料严谨，刀工精细，注意火候，讲究调料，装盘自然"的工艺特点，"原汁、味浓、咸鲜、微辣"的基本味型特点，"鱼米之乡，蒸煨擅长，鲜香为本，融和四方"的综合特点。

一、楚菜的基本味型

味是指食物进入口腔咀嚼时或者饮用时给人的一种综合感觉，包括基本味和复合味。现代烹饪学上通常将基本味分为七种，即酸、甜、苦、辣、咸、鲜、麻。

在全国范围内，每一个地区的民众都有不同于其他地区的饮食味道形态和味觉喜好，这种被某一地区民众普遍接受的饮食味道形态和味觉喜好，即为该地区的饮食基本味型。从表现形式上看，某一地区的饮食基本味型更集中更突出地体现于当地的菜系之中。由此可见，湖北地区的饮食基本味型主要体现在楚菜的基本味型上。

楚菜的基本味型，是指楚地（今天多指湖北地区）的大多数居民长期习惯接受的本地菜品味道形态和味觉喜好，是楚菜味觉的重要呈现形式，与楚菜整个菜系的存在和发展息息相关。改革开放以前的一段历史时期，餐饮业内人士当时谈及以武汉菜为典型代表的湖北菜基本味型，曾以"油厚、味大、芡浓"概括之，其中"味大"是指湖北菜口味普遍偏咸（食盐用量偏多），这个观念曾被全国餐饮业界广泛接受。改革开放以来的40年间，随着湖北地区民众生存状态的巨大变化和生活水平的大幅提高，湖北餐饮文化学者和湖北籍烹饪大师根据湖北菜发展的现实情况，将其基本味型特点调整为"原汁、味浓、咸鲜、微辣"，其核心是"咸鲜、微辣"，这一观点越来越被湖北乃至全国餐饮业界和消费者普遍认同。

二、楚菜基本味型形成的路径之一：3000年楚菜的历史传承

楚菜历史悠久，有文献记载的历史可追溯到春秋时期。楚菜起源于江汉平原，发源地在楚国的郢都（今湖北江陵）。早在约3000年前，楚国境域辽阔，物产丰富。据《史记·货殖列传》记载，当时楚国"饭稻羹鱼""不得贾而足""无饥馑之患"。楚国的丰饶物产，为古代荆楚菜系的确立奠定了物质基础。屈原在《楚辞·招魂》和《楚辞·大招》里，分别记录了两份著名的菜单，其中不仅罗列了二十多道当时的楚国名馔，还将菜式中的苦、咸、酸、辛、甘等具体味道作了记述。1978年，随州曾侯乙墓中曾出土了一百多件公元前433年的饮食器具，从考古学上可以佐证楚菜起源于春秋战国时期。

商代伊尹倡导"五味调和"，讲究"久而不弊，熟而不烂，甘而不哝，酸而不酷，咸而不减，辛而不烈，淡而不薄，肥而不腻"，这既是华夏饮食理念的至高境界，也是中国古代哲学思想的精要。什么是"五味"呢？郑玄注释为"酸、苦、辛、咸、甘"。从

操作层面上讲，古人以梅、酢（酸、醯）为酸味调料，以花椒、蘘荷、桂皮（桂花）、蓼、姜、酒（既是饮品又是调料）为辛香调料，以盐、醯、豆豉为咸味调料，以饴蔗浆为甜味调料，用于调和菜肴滋味。春秋战国时期，随着楚国疆域的不断拓展，在早期楚菜的形成过程中，很自然地受到中原饮食文化的影响。由此可以推断，楚菜基本味型在春秋战国时期已经初具雏形。

到了秦汉魏晋南北朝时期，楚菜的发展取得了长足的进步。西汉辞赋名家枚乘赞美楚食为"天下之至美"，枚乘在《七发》中暗讽了当时楚国贵族在饮食生活中食不厌精的奢侈状态，也从另一方面反映出当时楚国宫廷菜的烹饪水准已经达到了相当高的程度。

唐宋元明清时期，随着铁制炊具的使用和推广，随着通商口岸的不断增多，食物原料越来越丰富，烹饪方法越来越多样，使得楚菜菜品数量持续增多，尤其是辣椒在明代进入中国以来，在清朝后期湖北各地的辣椒"种以为蔬"，辣椒成为楚菜的日常蔬菜之一和主要的辣味调味品，湖北菜的分支流派及其基本味型逐渐稳定下来。

楚菜基本味型真正意义上的成熟与确立，与武汉这个城市密切相关。自春秋战国之后，湖北政治、经济、文化的中心随着历史的演进而逐渐由郢都（今湖北江陵）向江夏（今湖北武汉）东移，至明清时期，湖北地区的政治、经济和文化中心移至江夏（今湖北武汉）的局面已然确立，湖北作为一个行省在行政上不再分分合合，而是形成了相对统一的地理格局。自此以后，武汉作为荆楚饮食文化的中心，湖北各地的菜品在这里汇聚销售，争奇斗艳，湖北各地的厨师在这里各施其艺，各展其才，使得武汉饮食市场上售卖的菜品，成为楚菜菜品的典型代表。所以明朝中期至今的约 500 年，武汉这座城市对于楚菜基本味型的确立有着重要意义。

对武汉这座城市而言，明朝成化时期是个重要的时间节点。汉口镇于明朝成化二年（公元 1466）因汉江改道而横空出世，汉口水路交通的极大便利性，促进了汉口镇的空前繁荣，船运、码头、贸易、货物集散，助推了生产方式的快速变化，改变了武汉原有的地理格局和经济结构，行商坐贾的为商生存方式，促使武汉地区尤其是汉口镇出现了广泛的人口流动。

清咸丰十一年（公元 1861），汉口开埠。汉口的通商开埠和租界设立，使居住在租界里不同国度的外国人，把他们各自的文化和生活方式带到了武汉，让来自四面八方的异国文化元素融为武汉文化的一部分，加快了汉口镇朝着开放性城市迈进的步伐，包括外国人在内的外来人口日见其多，人口的大流动带来了武汉地域文化的大融合，同时也促进了武汉饮食文化的大发展。

清末至民国时期，随着英、俄、法、德、日等国租界相继在汉口开设，武汉码头林立，各国的洋行买办越来越多，从国外进口和从武汉码头外销的产品越来越多，于是，武汉诞生了一个为数众多的新兴职业群体——码头工人，以他们为消费对象的众多餐馆、小吃店为了迎合其消费习惯和消费能力，满足繁重的体力劳动对饮食口味的相应需求，使得武汉菜的基本味型在这个时期开始定格于"油大、味大"，继而武汉以其强大的政治、经济、文化辐射力，影响了湖北菜基本味型的定型与发展。在此阶段，江汉平原"天下粮仓"物产格局的进一步巩固，传统饮食习俗的不断积淀，对辣椒等外来特色食材的萃选接纳，使得楚菜进入到一个快速发展期，楚菜的整体风味特色基本形成，其"咸鲜"与"微辣"的基本味型得以确立。

三、楚菜基本味型形成的路径之二：对楚地优质食材的萃取和对外来特色食材的选用

由于地理及气候因素的影响，楚菜对楚地优质食材的萃取和对外来特色食材的选用，集中体现在两个方面。一方面，楚菜以淡水鱼为主选原料，即以水产居多，鱼馔为主，鲜香为本，汁浓芡亮，自然奠定了楚菜"鲜"的口味基础；另一方面，在楚菜烹饪实践中，较多地使用辣椒、胡椒、生姜、大蒜等辛香调料烹调菜品，尤其是较多使用辣椒（包括含辣椒的酱料）烹制菜品，自然奠定了楚菜"辣"的口味特征。

楚菜基本味型的核心是"咸鲜、微辣"，涉及三个关键字，即咸、鲜、辣，微辣是对辣的程度的修辞。

咸，《说文》的解释，其中有一含义是像盐的味道。楚菜在春秋时代便以盐、醯、豆豉为咸味调料。历经三千年，食盐仍然是楚菜诸多调味品中当仁不让的主角。

鲜，《说文》的解释，最初指鱼名，其本义是虽死但仍可食用的鱼。湖北省是千湖之省，淡水鱼产量

居全国第一，尤其江汉平原的湖区，是中国最为著名的水产区之一，不仅盛产青、草、鲢、鳙四大家鱼，鲤、鲫、鳜、乌鳢等品种亦出产丰饶。楚菜以淡水鱼为主选原料，形成了"水产为本，鱼馔为主，汁浓芡亮，鲜香微辣，注重本色，菜式丰富，筵席众多"的菜系风味格局。荆楚厨师以蒸、烧、煮、煎等多种烹饪技法烹制出数以百计的淡水鱼鲜菜品，这些鱼菜都有一个共同点，那就是"鲜"。楚菜长期烹饪实践证明，烹鱼时适度用盐，鱼菜则鲜，无盐则腥，食盐的合理使用对鱼菜鲜味的有效呈现具有画龙点睛的作用。

辣，辞书的解释，通常是指像姜、蒜、胡椒等的刺激性味道，也泛指植物中的辣椒。在上古文献中说到的"辣"，通常是指姜、蒜的刺激性味道。西汉时期，胡椒传入中国。明末清初，辣椒开始进入中国人的餐桌。

辣椒原产于美洲丛林。辣椒于15世纪时传入欧洲，在明末时从美洲传入中国，初始是作为观赏作物和药物进入百姓生活之中。中国人食用辣椒的食俗由西南的云、贵、川三地肇始，然后逐步向全国扩展。经过三百多年的演变，辣椒已经成为中国大多数省份寻常百姓日常餐桌和餐厅酒楼厨师做菜不可或缺的食材及调味品了。

在中国烹饪实践中，厨师根据辣椒的辣度差异，常以微辣、中辣、特辣三个类别加以区分，湖北人普遍能够接受的辣度在微辣与中辣之间。所谓微辣，一般是指食用后在人的舌头上和口腔中感受到轻微的刺激感，85%以上的湖北人都能够承受此等级辣度的菜品。所谓中辣，是指食用后在人的舌头上和口腔中能感受到较强的刺激灼烧感，将舌头伸出口腔外，灼烧感可得到减轻，50%至70%的湖北人能够承受此等级辣度的菜品。

三百多年前，湖北还不是传统上的食辣区。现阶段，湖北半数以上的人能够食辣，形成这个局面的历史还不到100年。由于食辣通常能让人产生一定的味觉依赖性，食辣人数在湖北地区越来越多，并形成了固定的饮食习俗。"微辣"与"咸鲜"一起，越来越被湖北民众普遍接受，成为楚菜基本味型的核心特征。

四、楚菜基本味型形成与演变的总结："咸鲜"是湖北人千百年味觉记忆的基调

事物总是变化发展的，一个地方菜系的基本味型也是变化发展的。楚菜基本味型自春秋时代的雏形，至明、清、民国时期完全成熟并延至今天，并不是一成不变的，而是随着楚地社会政治、经济、文化的发展和人们生存、生活方式的改变而传承和发展。如今，楚菜形成了"原汁、味浓、咸鲜、微辣"的基本味型特点，就是传承和发展所起的作用。但不管怎么变化，楚菜基本味型的核心中的核心"咸鲜"不会丢失，"咸鲜"是楚菜基本味型的"根"，是湖北人千百年味觉记忆的基调，是由湖北地区的地理环境、食材品类、烹饪方法及民众的生产、生活方式等多种因素共同作用的结果。

人作为万物之灵，所有思维是有记忆的。通常人的记忆由视觉记忆、嗅觉记忆、听觉记忆、味觉记忆、触觉记忆共同构成。科学研究表明，所有人体的器官都有记忆功能，重复的信号会给人的器官贮存记忆。人的味觉记忆也是如此。当一个人在重复接受一种味道信号的输入，且次数在一定时间内连续达到二十多次以后，味觉记忆就会形成。一般而言，一个人在10岁以前就已经形成了味觉记忆，且味觉记忆一旦形成，便终身不易改变。这也是离开了故乡多年的人，他（她）的乡愁总是与故乡饮食的味道联系在一起的原因。一个区域整体人群味觉记忆的基因遗传，便会形成这个地区饮食基本味型的传统，而且成为其文化的一部分，影响一代又一代人，生生不息。

面对未来，楚菜的基本味型还会随着社会的发展而发生相应的变化，但这种变化，只会是修复性的"微调"，不可能发生否定性、颠覆性的"裂变"。

第二节
楚地热菜制作技法

一、楚地热菜制作技法的形成与演变

热菜的制作技法源于火的利用，50 万年前的远古人类学会了用火烤熟食物，告别了茹毛饮血，人类饮食文明进入到熟食阶段。火的利用，从生食到熟食，人类文明向前跨越一大步，促进了社会的进步，也发明了最原始的火烹技法——"火炙石燔"，即烧烤（火烤、石烹、泥烤）。二千七百多年前先秦典籍《易经·鼎》对烹饪的解释是："以木巽火，亨饪也。"表明了烹饪加热的几个基本要素：热源、热能、器皿、原料。陶器的出现和青铜冶炼技术的革新，人类运用各种烹饪器具烧水煮熟食物或蒸熟食物，就形成了水烹法和汽烹法，包括煮、熬、焖、煨、蒸等。春秋战国时期，出现铁质锅釜，比青铜器具更为先进，功能更为齐全。榨油技术的发明，结合汉代出现的铁锅，由此出现了后来的油烹法，包括炸、煎等。

《吕氏春秋·本味》强调"物无定味，适口者珍"，指出动物原料的性味与其生活环境和食源相关，提出了火候与调味的概念，以及相互之间的关系和在菜肴制作中的作用，并介绍了一些方法。盐及其他各种调味料的利用，为烹饪工艺的创新注入了丰富的内涵，烹饪不再是简单地从生到熟，而是注重火候、质感、美味等多种因素，出现了烹中有调，调中有烹，烹调结合，菜肴制作技法更加精细。

据考证，春秋战国时期，出现南北风味流派，有北菜和南菜之分，地方菜种初现端倪。楚菜作为南菜的主要代表，遍及长江中下游，影响中原部分地区。楚人饮食之原料，为楚地所产，其特色与楚地物产资源特色和生产力发展水平相一致。楚人饮食文化体现了鲜明的"鱼米之乡"特色，即"淡水鱼鲜辅以野味，鲜蔬拼配佳果，注重蒸、烧、煨、炖，酸辣中调以滑甘"。楚国贵族钟鸣鼎食，屈原《楚辞》记载楚宫筵席包括主食、菜肴、点心、饮料四大类别，热菜就有 18 种之多，其中，"煨牛筋""烧羊羔""焖大龟""烩

天鹅""烹野鸭""油卤鸡""炖甲鱼""蒸青鱼"等，都达到了较高水平，奠定了楚菜热菜制作技法的基础。

楚地热菜制作经历了火烹、水烹、汽烹、油烹、混合烹、电器烹等几个阶段，烹饪技法的形成与楚地丰富的物产、饮食习俗、经济发展有直接关系。楚地热菜制作技法的演变，与热源的不断开发利用、炉灶器皿的不断更新、传热介质的综合运用、原材料的丰富和调味技术的改进、行业菜系间的交流、科学烹饪的研究创新、烹饪制作中融入科技元素等因素有关，制作技法不断趋于科学化、规范化、标准化、精细化、产业化，也出现了许多"一菜多法"和"一法多变"的经典菜式。例如蓉胶工艺就是楚地热菜制作的特色之一。湖北本地人极喜欢吃"圆子"，民间百姓或专业厨师都掌握了许多制作"圆子"的方法，由肉圆、鱼圆等创新制作而成的蓉胶菜肴多达百种。

楚国强盛时期，地域广袤，覆盖整个长江中下游地区，楚国在郢都（今湖北省荆州市荆州区纪南城）建都四百多年。湖北荆州地区素有"鱼米之乡"的美誉，物产丰富，盛产淡水鱼鲜，被誉为传统楚菜的发源地。楚地常用的热菜烹制技法有三十余种，以蒸、煨、烧、炸、炒最具特色，对湖南、江西、安徽、江苏、浙江、河南、四川、广东、福建等地也产生了一定的影响，既体现了传统湖北菜的工艺特点，又具有包容性和开放性。历代楚菜大师在实践中不断总结创新，使楚地热菜的烹制技法更加精细和规范。目前，楚菜的制汤与煨汤工艺、卤水调制、上浆挂糊工艺、蓉胶制作工艺、干料涨发、刀工技巧、火候控制、烹调技法创新等，都达到了较高水平，很多工艺技法在全国烹饪行业中首屈一指。

二、楚地热菜制作技法的分类与应用

（一）蒸

蒸是以水蒸气为传热介质，将经过加工处理的原

料，用旺火或中火加热，使菜品成熟入味的一种烹调方法。讲究原形、原色、原味、原汁，极少用有色调味品，力求突出禽畜的肥美、鱼虾的鲜嫩和蔬菜的清香。楚菜常见的蒸法有清蒸、粉蒸、炮蒸、旱蒸等，代表名菜有"沔阳三蒸""炮蒸鳝鱼""潜江二回头""清蒸武昌鱼""蒸八大碗""竹溪蒸盆""钟祥蟠龙菜""旱蒸甲鱼""珍珠圆子""冬瓜鳖裙羹"等。

楚菜的粉蒸最具特色，将原料拌米粉蒸制（有生米粉和熟米粉之分），以"沔阳三蒸"为代表。"沔阳三蒸"是以水产类、禽畜类、蔬菜类为主要原料，以粉蒸为主要技法，多种蒸法（清蒸、扣蒸）并用而制成的系列菜肴，因其起源于沔阳（现仙桃）而得名。

清蒸是将鲜活原料宰杀、腌制码味后入笼旺火快速蒸制，菜肴断生刚熟即可，以清蒸全鱼为代表。例如"清蒸武昌鱼"，即选鲜活的武昌鱼，宰杀整理干净，剞花刀用沸水快熟烫制，使表层蛋白质凝固，锁住水分，再旺火快速蒸熟，有利于保持鱼的本味和营养。楚地的清蒸全鱼不同于广东蒸鱼，蒸制时摆放火腿、香菇、姜片与鱼同蒸，鱼蒸熟后需要将汁水入锅勾芡后淋在鱼体上，更注重保持原汁原味。

炮蒸是粉蒸的一种延续，菜肴先拌生粉蒸熟，再加汤汁、米醋浸泡着蒸制，故名炮蒸。例如"炮蒸鳝鱼""炮蒸裙边"等。

扣蒸是指将原料调味后，造型装入扣碗，蒸熟翻扣入盘（碗），然后淋上芡汁的一种蒸制方法。扣蒸用料广泛，在楚地有"三蒸九扣"之说，例如"梅菜扣肉""白花菜扣肉"等。

旱蒸有两种制作技法，一种是将动物原料初加工（腌制、焯水、卤制）后，用中火长时间蒸制，如"旱蒸甲鱼"等；另一种是把动物原料制成蓉胶蒸制，如"蒸鱼糕""珍珠肉圆"等。

（二）烧

烧是先将主料经过预熟工艺（煎、炒、炸）处理后，一次性加入汤（或水），先用旺火烧沸，调制后再改用小火烧透入味，最后用中火或旺火收汁（勾芡）的一种烹调方法。根据所选原料及加工工艺的不同，烧又分为红烧、白烧、干烧、酱烧、葱烧、辣烧等多种技法。楚地的特色烧菜主要有"葱烧武昌鱼""黄州东坡肉""红烧豆腐""干烧鱼方""板栗烧仔鸡"等。

楚地的烧菜既具有特色，又特别注重火候的运用。比如烧鱼，三步用火，每个阶段的火力与时间恰

到好处，烹调结合，对菜肴的调味、色泽、香气、质感、芡汁等有较高要求。烧制之前，用热锅冷油将鱼煎制，烧制时一般需要两次加入香醋，前期与料酒一同加入，起到去腥的作用，后期（起锅前）加醋以达到增香的效果。再比如烧制禽畜类菜肴，需要将原料炒至干香，再加入汤水烧制，盐不能过早放入。"黄州东坡肉"的制作更是掌握火候的完美体现，苏东坡《猪肉颂》载："净洗铛，少著水，柴头罨烟焰不起。待他自熟莫催他，火候足时他自美。"成菜质地扒烂而形态完整，色泽红亮，口味香浓。

（三）焖

楚菜的焖一般用于富含胶原蛋白质的原料或蓉胶制品，以及根茎类植物原料。焖的操作过程与烧类似，都属于水烹法，原料经过旺火烧沸后，置于小火或微火上，加锅盖把菜肴焖熟，此时的火力更小，时间更长，一般在半小时以上，通常是收自然芡汁，达到明油亮芡的效果。焖菜注重汁浓味厚，突出本味，质感软滑。代表菜肴主要有"黄焖甲鱼""荆沙乌龟""红焖猪蹄""黄焖肉圆""干贝焖肉方""油焖大虾"等。

（四）烩

烩是将经过加工和预熟处理的多种原料混合置于汤中，用中火短时间加热，勾芡（流芡或玻璃芡）成菜的烹调技法。其加热方式类似于烧，但比烧菜的汤汁更宽。

楚地制作烩菜的原料以新鲜的鱼类、肉类、半成品为主，用高汤调鲜味，在宴席中一般作为主菜，特点是汤宽汁稠，菜汁合一，质感滑嫩，成菜以白色或浅黄色较多。代表菜肴主要有"全家福""烩双圆""黄陂三鲜""双黄鱼片""鸽蛋裙边""鸡蓉笔架鱼肚""白汁鱼蓉蛋"等。

（五）扒

扒是将加工成形的原料，整齐码放在锅中，加入适量汤汁和调料，用中火加热至熟透后勾芡，最后大翻锅保持整齐形状，收汁淋明油装盘。菜肴质感要求扒烂入味，又不失完整形态。扒的加热形式类似于烧、烩，在原料的加工方式和翻锅技巧方面有所不同。

根据加热方法的差异，楚菜的扒制分为烧扒、焖扒、蒸扒。烧扒、焖扒是直接在锅内完成，例如"扒鱼肚""扒豆腐"等；蒸扒是将原料卤熟后，放入蒸

笼长时间蒸至扒烂，再以卤汁勾芡淋在菜肴上，例如"八宝鸭""红扒蹄髈"等。

（六）煮

煮是以水为传热介质的热菜制作技法，就是将原料放入水中，用大火煮沸，改中火煮至成熟的烹调技法，适用于畜类、鱼类、豆制品、蔬菜等。成菜汤宽味浓，汤菜合一（半汤菜），不需勾芡。煮作为预熟方法使用的时候，类似于白卤。

楚菜擅长用原汤煮制菜肴。例如："鱼头煮鱼圆""竹笋煮杂鱼"是用鱼汤煮；"黄冈吊锅""煮金牛千张"是用高汤煮。

（七）氽

氽既是预熟处理方法，也是热菜烹调技法，在楚菜中广泛运用。通常分为水氽和油氽两种方法，加热的温度又有所不同，主要适用于加工后的动物原料或蓉胶制品。水氽又分为沸水氽和温水氽两种。例如：捶肉、捶鱼是用旺火沸水氽熟再烩制；鱼氽是在温水里（水不能沸腾）氽熟再制成"清汤鱼圆"或"白汁鱼圆"等，属于软蓉胶菜肴。"鱼蓉蛋"在制蓉胶时加入蛋泡，用温油氽制，属于嫩蓉胶菜肴；民间的氽汤，是将加工后的原料在汤里直接烫熟成为汤菜，例如"氽元汤""滑鱼片"等。

（八）煨

煨是将经过焯水、煸炒或炸制的新鲜动物原料，加入汤水旺火烧沸，撇去浮沫，调味后置于陶罐内，加盖用微火长时间加热至菜肴成熟的烹调方法。

煨汤原料要求新鲜，注重汤宽味浓、熟软香酥、原汁原味。楚地人喜喝汤与这一地区的水土、气候、习俗及其他条件有关。因此煨汤在民间运用广泛，重要节令尤为突出，是待客的重要菜式，也是宴席菜单中不可或缺的重要内容。

楚地煨汤选料多样，鱼、肉、菜、果、山珍、海味都是良好的煨汤原料；讲究火候，猛火烧开，文火慢煨，汤汁油而不腻，汤料烂而不糊。代表性煨汤菜肴主要有"瓦罐鸡汤""排骨藕汤""萝卜牛肉汤""胡萝卜羊肉汤""土豚汤""龟鳖汤"等。一般家庭最喜爱的是"排骨藕汤"。

（九）炖

楚菜的炖有两种制作技法，一种是用明火（微火）加热，类似于煨，广东的煲汤和江西的瓦罐汤由此演变而来，所用器皿以砂钵（罐）为主，出品以清汤的形式表现出来，故名清炖，如"清炖甲鱼""清炖乌龟""清炖鮰鱼狮子头"等。另一种是在蒸汽里面加热，器皿以瓷器、陶器、紫砂炖盅为主，又名隔水炖，制作的时候通常会加入一些中药材，例如"天麻炖土鸡""党参炖老鸽""山药炖猪肚""虫草老鸭汤""炖菌汤""汽水肉"等。

（十）炒

炒是将质地脆嫩植物原料或加工成细小形状滑嫩的动物原料用旺火、热油、快速加热成菜的烹调技法，是楚菜常用的烹调方法，特别注重火候的运用。其特点是：用油少，速度快，烹调结合，成菜干爽，质感滑嫩或脆嫩。根据制作工艺的不同，可分为滑炒、爆炒、干炒。

滑炒，是将动物原料滑嫩的肌肉组织切成片、丁、丝、条、粒、小块，经过上浆、滑油（三成油温），用旺火快速翻炒，勾芡（水粉芡）成菜的烹调技法。讲究烹调结合，即一边翻炒，一边调味。上浆是滑炒的重要工艺环节，原料要求上劲起胶，常用的浆汁有蛋清浆、全蛋浆、蛋黄浆、苏打浆等。上浆的质量和油温密切配合是滑炒菜肴制作的关键。楚地代表性滑炒菜肴有"滑炒鸡丝""滑炒虾仁""滑炒鱼丁"等。

爆炒，是将脆嫩的动物原料切成片、丁或剞花刀，上浆后用四成油温滑油，旺火快速炒制，勾芡（兑汁芡）成菜的烹调技法。爆炒菜肴滑油的油温比滑炒的油温更高一些，炒制的速度更快，调味与勾芡同步完成，质感脆嫩，芡汁紧包原料。常用的爆法主要有油爆、葱爆、酱爆等。楚地代表性爆炒菜肴有"爆炒猪肝""爆炒鸭胗""爆炒腰花""葱爆羊肉""酱爆鸡丁""酱爆茄子"等。

干炒，分为生炒、熟炒、炝炒、煸炒，原料加工不用上浆，植物原料直接用旺火热油炒制，动物原料经过刀工处理，腌制后直接用中火炒制，边炒边调味。干炒的菜肴具有脆嫩、干香的质感。例如"腊肉炒洪山菜薹""回锅拆骨肉""炝炒豆芽""香辣仔鸡"等。

（十一）炸

炸是以食用油为传热介质，将经过加工处理的原料在大油量的热油锅中加热的烹调技法。同时，炸也可以作为烹、烧、焖、蒸、拔丝、挂霜等烹调技法的预熟方法。炸制菜肴的原料通常要经过腌制、挂糊或制成蓉胶。为了表现不同菜肴的质感，炸制的时候，

火力与油温需要密切配合，因此，火力有旺火、中火、小火之分，油温有旺油、热油、温油之别。对特殊的菜肴还需要重油炸或浸油炸，利用热油对原料产生的疏水性，达到外焦内嫩或内外酥脆的质感。炸制的原料通常要经过挂糊加工，常用的糊有蛋清糊、全蛋糊、油酥糊、脆糨糊、拖蛋拍粉糊、干粉糊等。根据原料加工方式的不同和油温的高低，主要分为清炸（生炸）、酥炸、脆炸、软炸、卷包炸等几种技法。

楚地的炸菜品种较多，方法多样，质感有别，各具特色。例如："生炸丸子"属于清炸，"夹沙甜肉""香酥鸡"属于酥炸，"炸藕夹""炸茄夹"属于脆炸，"软炸虾球"属于软炸，"腐皮三丝卷"属于卷包炸。还有一些传统的楚菜，如"黄焖肉圆""珊瑚鳜鱼""干烹肉丝""红焖猪蹄""红扒蹄髈"等，在正式烹调制作前都需要炸制预熟。

（十二）煎

煎是把加工成型的原料放入少油量的热油锅中，用中火或小火贴锅加热至两面金黄色的一种烹调技法。其特点是以油为传热介质，但比炸的油量要少很多，油不能淹没原料，菜肴具有外焦香内鲜嫩的质感。另外，煎也可作为一种预熟方法，楚菜中的烧鱼块或烧全鱼在烧制之前需用热锅冷油煎制，达到去腥增香并保持完整形态的效果。

楚地煎制的菜肴在加热前，原料通常需要腌制或加工成蓉胶。代表菜肴主要有"煎藕饼""煎糍粑鱼""香煎奎圆""软煎鱼饼"等。

（十三）贴

贴的加热方式类似于煎，是用几种原料黏合在一起，呈饼状或多层厚片状，煎其中一面，即将底面煎至酥脆，表面受热达到软嫩效果的烹调技法。其中垫底的原料以硬肥膘肉或面包片为主，表面原料可以是动物原料切成片状，也可以是蓉胶。

在传统楚菜中，经常会用到贴这种烹调技法，主料（表面原料）通常是鱼、虾、鸡肉、鸭肉、猪肉、豆腐等。代表菜肴有"锅贴虾仁""锅贴鱼片""锅贴鸭脯"等。

（十四）熘

熘的制作分两个步骤：第一，原料制熟阶段，通常采用油炸、滑油、汽蒸、水煮，因制熟方法的不同表现出酥脆、滑嫩、外脆内嫩或外酥内软的质感；

第二，熘制阶段，将调制好的复合味汁勾芡，趁热浇裹于制熟原料上，或将熟料放入锅内的复合味汁中粘裹均匀。

楚地熘制菜肴有炸熘（焦熘）、滑熘、软熘之分，所用原料多以鱼、肉为主。例如"珊瑚鳜鱼""菠萝鱼""糖醋里脊""软熘鱼片"等。

（十五）烹

烹是将加工的小型原料腌制后挂糊（或拍干淀粉）炸熟，再回锅烹入预先调制好的复合味汁，原料迅速吸附味汁，成为酥香味浓的菜肴。原料的前期加工都要经过炸制，俗称"逢烹即炸"，也有不挂糊直接炸的。技术要领是：炸制时油温控制，外酥内嫩；烹制时动作要快，迅速出锅。楚地代表菜肴主要有"干烹肉丝""干烹鱼条""炸烹大虾"等。

（十六）烤

烤是将加工处理好或腌渍入味的原料置于烤具内部，用明火、暗火等产生的热辐射进行加热的技法总称。原料经烘烤后，表层水分散发，使原料产生松脆的表面和焦香的滋味，成菜具有形态完整、色泽亮丽、外脆里嫩的特点。烤制的设备有明炉、挂炉、烤箱、铁板等，有些菜肴用食盐、鹅卵石、泥土、面团加以配合，形成特殊风味。

楚菜的烤一般沿用北方菜肴的明炉烤，同时用烤箱加热也比较普遍。代表菜肴主要有"炭火烤鱼""烤羊排""面烤鱼""铁板烤肉"等。

（十七）拔丝

拔丝是将炸熟预制的原料趁热放入熬好糖浆的锅内，均匀地粘裹糖浆，趁热分离原料形成糖丝的烹调技法。食用时蘸凉开水降温，表层糖浆凝固，拔丝菜脆爽香甜，是制作甜菜的基本技法。拔丝的关键工艺是熬糖的火候控制、糖浆的老嫩度和掌握拔丝的时机，熬糖时的传热介质可以用油，也可以用水，但数量不宜太多。

用水熬糖还可形成另外一种甜菜制作技法——挂霜，其原理和工艺与拔丝大体相同。挂霜一般适合坚果类原料，炸熟冷却后放入熬好的糖浆中翻动，使糖浆粘裹均匀，降温摩擦，形成白色的糖粉，故名挂霜。挂霜是热制凉食的烹调技法，成菜一般作为凉菜使用。

楚菜中经常用到拔丝方法，食用过程具有热烈的气氛和互动的效果。拔丝所用的原料非常广泛，水果和根茎类蔬菜都适合拔丝。代表菜肴主要有"拔丝苹果""拔丝香蕉""拔丝汤圆""拔丝蛋液"等。

（十八）蜜汁

蜜汁是甜菜的主要制作方法，有两种制作方式，一种是把糖和蜂蜜加适量的水熬成浓汁，浇在蒸熟或煮熟的原料上；另一种是把炸好的原料放入锅内，加水、糖、蜂蜜、香料，小火熬制，收浓汤汁。热菜、凉菜均可。

楚地代表菜肴主要有"蜜汁莲藕""蜜汁山药""蜜汁排骨"等。传统楚菜"五香熏鱼"是一道热制凉食的菜肴，从加热技法上看，兼顾了焖和蜜汁两种制作技法。

第三节
楚派凉菜制作与食品雕刻技艺

一、楚派凉菜的整体特色

据考证，中国最早的凉菜为"周代八珍"之"渍珍"。"八珍"一词最早出现于《周礼·天官》："珍用八物""八珍之齐"。据文献释义，所谓"渍珍"乃是酒渍牛羊肉。发展至今，凉菜已自成体系，成为中华饮食文化的重要组成部分。

现代中式凉菜，又称冷荤或冷盘，是凉做凉吃或热做凉吃的一类菜肴，融合了烹制、刀功、拼摆装盘等一系列工艺，是烹饪综合技能的集中呈现和筵席菜的重要组成部分。

楚派凉菜融众家之长，调宴席五味，纳万千食材于一盘，适楚地乡亲之口味，而且彩头喜庆，寓意吉祥，烘托宴会气氛，广泛流传于荆楚大地，深受湖北民众的喜爱。

今天的湖北是春秋战国时期楚国的核心地带，楚国都城郢都即位于今天的湖北荆州，楚菜的核心区域当属湖北无疑。湖北一向有"千湖之省"美誉，江汉平原更是天下粮仓。所谓"湖广熟，天下足"，物产之丰富全国少有，这就为楚派凉菜的选材提供了取用不竭的资源。举凡湖河江鲜、山珍野味、六畜家禽、蔬菜野果及豆制品，皆可用来制作凉菜。

楚派凉菜烹制方法多样，配以出神入化的雕工、刀工，以食材入画，历代楚菜大师们创造了一系列凉菜艺术拼盘杰作。在多年的发展创新中，楚派凉菜名品迭出，为楚派名菜谱撑起了一方天地。代表作如"一帆风顺""二龙戏珠""三茄相会""四季发财""五香鹌鹑""六味酱肉""七星河虾""八仙戏莲""九尽春来""什锦扇碟""百花争艳""千秋蟠桃""万象更新"等等，享誉荆楚，成为凉菜经典。

经过数代楚菜大师和众多楚菜厨师孜孜不懈的努力以及潜心钻研，楚派凉菜形成了构思深刻、构图简洁、造型生动、手法别致、刀工精细、色泽和谐、命题恰当等鲜明的菜系特点。

楚派凉菜作品立意高远，独具匠心。楚菜大师孙昌弼先生在谈到艺术拼盘创作时强调，彩碟的创作需要"构思绘图、意象在先"，"一盘精美的彩碟，除拼摆造型的完美和色彩的艳丽协调外，更重要的是包含深刻的构思和美好的寓意……能使顾客在美的享受中增加食欲、感受到宴席喜庆或欢快的氛围"。楚菜大师们制作的冷拼作品从国画创作技法中吸收了丰富的营养，形成了诗画入碟的传统，正所谓白盘方寸地，诗画入眼来。"彩碟构思的意象很类似中国传统绘画中的写意画……追求神似，不求形似"。他们以精细的刀工、精妙的构思、简洁的构图，对拼摆手法出神入化的运用，营造出传统国画的韵味。

楚派凉菜的命题和取名体现了楚厨的匠心独运。楚菜大师们从国画、盆景等艺术作品的命名中获得启示，对冷盘的命题反复推敲、品味，融汇艺术性和趣味性，力求体现对凉菜构思意境的概括，达到"彩碟生辉、碟中有意、碟外生情"的效果。

楚派凉菜的创作还成功地将留白这一书画创作技法植入到了冷拼创作中。上品国画创作讲究留白，

即在有限空间内要留出适当的空白，为的是给欣赏者留下想象回味的余地。楚菜大师们善于使用简单刀工和拼摆手法甚至于简单食材最大限度地突出荆楚地方特色，拼盘成品画面干净、构图简洁、韵味悠长。

二、楚派凉菜的制作技法

楚派凉菜的烹制主要有拌、醉、糟、腌、腊、蜜、冻、卤、炝、炸、酥、炒、炙、烤、焗、烘、熏、蒸、白煮、挂霜、糖衣、微波22种方法。

（一）拌

拌是将经加工处理成小型的生料或熟料加调料拌匀入味成菜的方法。拌在楚菜凉菜中运用非常普遍，具有取料广、变化大、味型多、品种丰富、适应性强等特点。使用拌法制作凉菜时原料需做腌制或熟处理。典型菜品有"拌什锦菜""凉拌海带"等。

（二）醉

醉是用酒腌渍烹饪原料的方法。醉法分为生醉法和熟醉法两种。

1. 生醉

将鲜活原料清洗干净，加入高度白酒、米酒、啤酒，使其醉腌，随味食用。典型菜品有"醉河虾"等。

2. 熟醉

在熟制菜肴中加入高度白酒、米酒，或者酒与主料一起加热至熟，酒中乙醇的作用，使菜肴香气扑鼻，典型菜品有"醉鸡""醉鱼"等。

（三）糟

糟是肉类经白煮后，再用酒糟或陈年香糟代替酱汁或卤汁糟制的方法。糟法保持了原料固有的色泽和酒曲香气，风味独特。典型菜品有"糟肉""糟鸡""糟鹅"等。

（四）腌

腌是将加工处理的原料放入调味汁中拌和，排除其内部水分，腌渍入味而成菜的方法。凉菜腌法与一般的腌咸肉、腌牛肉的腌法不同，由于使用的调味汁不相同，其特点各异。典型菜品有"山椒凤爪""老坛子"等。

（五）腊

腊是肉经腌制后再经过烘烤（或日光曝晒）制成加工品的方法。腊法可增强食材防腐能力，延长保存时间，并增添特有的风味。由于通常是在农历的腊月进行腌制，所以称作"腊肉"，这是与咸肉的主要区别。典型菜品有"腊鱼""腊蹄髈"等。

（六）蜜

蜜是以蒸汽或水作为传热介质，以糖作为主要调料，将白糖、蜂蜜与清水熬化成浓汁后与加工处理过的原料完全黏裹，然后再经熬或蒸制，使甜味渗透，质地酥糯，再收浓糖汁成菜的方法。蜜汁可分为熬制蜜汁和蒸制蜜汁两种。典型菜品有"蜜汁山药""蜜汁枣莲"等。

（七）冻

冻是利用原料本身的胶质或添加猪皮、琼脂经过熬制，使菜品凝结在一起的方法。冻制品可分为甜、咸两种。咸味冻多用猪肘、鸡、鸭等原料制成菜肴，冻料多用猪皮；甜味冻多用鲜果等原料制成菜肴，冻料则只用琼脂。冻法菜品具有晶莹透明、鲜嫩或软嫩爽口的特点。典型菜品有"冻蹄花""水晶鸭""龙眼冻""什锦果冻"等。

（八）卤

卤是用汤水加调味料、香料，经熬煮制出浓郁香鲜味的汤汁，再加入食材一同煮熟煮透的方法。用卤法制做的菜肴，具有醇香酥烂的特点，鲜、咸、甜、香，层次丰富。根据卤制菜肴成品的不同要求及配制卤水锅所下调味料之差异，卤法又分为白卤、红卤两种。

1. 白卤

在配制卤锅过程中，调味时用精盐不用酱油或老抽，熬制出的卤水无色，制出的成品呈本色，故称之为白卤。典型菜品有"白卤肉""白卤猪肚"等。

2. 红卤

在配制卤锅过程中，调味料需用酱油或酱料，熬制出的卤水呈红色，卤制出的成品亦呈红色，故称之为红卤。典型菜品有"新农牛肉""精武鸭脖""辣得跳"等。

（九）炝

炝是将加工成形的生料与调料一起在锅中加热至成熟，盛入碗中压紧，用盖子盖紧，待冷却后，取出加蒜泥、干辣椒粉、香麻油，拌匀后装碟成菜的方法。炝法制作的凉菜，闻嗅和食用时都有较强的刺激性。典型菜品有"青椒炝花螺""炝萝卜丝"等。

（十）炸

炸是将食品原料置于较高温度的油脂中，使其加热快速熟化的方法。油炸可以杀灭食品中的微生物，延长食品的保质期，同时可以改善食品风味，赋予食品特有的金黄色泽，提升菜品的视觉感受和味觉感受。典型菜品有"油炸花生米""油炸小河虾"等。

（十一）酥

酥是将经加工处理的原料放入三四成油温的油锅中，随油温逐渐升高，使其炸透成熟的方法。此法需控制好油温回升速度，不可使油温回升过快，以免造成外焦而内未炸透的状况。酥炸法多用于制品结构紧密的原料。其制品特点是质松脆、色美观、香味浓郁。典型菜品有"酥鱼""油酥花生"等。

（十二）炒

炒是指使用食盐或铁砂作为传热介质，将食物置于其中翻动，使其受热均匀，快速熟化的烹饪方法。典型菜品有"炒坚果""糖炒板栗"等。

（十三）炙

炙是指在锅中放入清炸后的半成品，加少量鲜汤并佐以调味品，用中小火缓慢加热，再用小火收汁使食物外表油亮回软，汁汁入味的凉菜热做凉吃的方法。炙法主要适用于以动物性原料和豆制品原料制作的菜肴。典型菜品有"桂花炙骨"等。

（十四）烤

烤是利用火或电的辐射热和空气的对流直接将原料制熟的方法。此法一般以柴、木炭、天然气为燃料或以电为热能，适用于鸡、鸭、鱼、乳（奶）、猪肉、牛肉等大块或整形原料。根据操作方法和烤炉设备的不同，分暗炉烤和明炉烤两种。典型菜品有"烤鸡""烤鱼""牛肉干"等。

（十五）焗

焗是通过密闭加热，促使原料自身水分汽化，使食物间接受热至熟的方法。焗法可分为炉焗法和盐焗法。采用炉焗法成菜的菜肴一般要求先将原料进行腌渍；采用盐焗法时应选用耐高温的材料包裹原料，并将原料包裹严密。焗法菜品具有质地酥烂、香浓味鲜的特点。典型菜品有"盐焗凤爪""盐焗鸭舌"等。

（十六）烘

烘是将经过加工处理的原料放入锅内，酌情加入清水和调味品，用微火久烤至酥松取出，再用小火烘焙成菜的方法。烘法主要适用于含纤维多的动物原料。烹制时，微火长时加热至酥松，待锅内汁水接近干时将主料捞出，以干净纱布包裹，用手反复搓揉成丝状，装入瓷盘中置烘炉内烘干水分或直接入铁锅微火焙干。典型菜品有"鸡松""肉松""牛肉松"等。

（十七）熏

熏是将具有某种香味的材料燃烧时的烟香气扩散至原料中的方法。熏不能直接成菜，一般要配合运用其他烹调方法才能成菜。熏有熟熏和生熏两种方法。熏法菜品具有滋味芳香、色泽美观的特点。典型菜品有"烟排骨""烟鸭脯"等。

（十八）蒸

蒸是把经过调味后的食品原料放在器皿中，再置入蒸笼内利用蒸汽使其成熟的方法。典型菜品有"蛋黄糕""蛋白糕"等。

（十九）白煮

白煮也叫白切，是肉类经腌制后（或未经腌制），在清水（或盐水）中煮制而成熟肉的方法。产品除了仅加入少量食盐，不加入其他配料，基本保持原形原色及原料本身的鲜美味道。白煮法制作的菜肴外表洁白，皮肉酥润，肥而不腻。典型菜品有"白切肉""白斩鸡""白切猪肚"等。

（二十）挂霜

挂霜又称翻糖、返沙，是指将经过油炸或盐炒后的小型原料，放入糖汁中翻炒，使其表面粘上一层糖霜的烹调方法。典型菜品有"翻糖花生仁"等。

（二十一）糖衣

糖衣是将原料用炸或炒的方式，至一定成熟度时，将糖炒制成琥珀色的糖浆，放入炒好的原料，待主料裹好糖浆，冷却后装盘的方法。糖衣法制作的菜肴色似琥珀、香酥脆甜、醇厚甘爽。典型菜品有"琥珀桃仁""冰糖山楂"等。

（二十二）微波

微波是将经加工成形、腌渍好的烹饪原料用耐高温瓷器及玻璃器皿盛装，放入微波炉中，接上电源，定时加热至熟的方法。典型菜品有"微波花生米"等。

三、楚派凉菜的装盘技艺

凉菜装盘技艺，是指采用不同的刀法和拼摆技法，

将各种加工好的凉菜原料，按照一定的层次和位置拼摆成山水、花卉、动物等图案，供就餐者欣赏和食用的一门凉菜拼摆艺术。唐代就有了用菜肴仿制园林胜景的习俗。宋代则出现了以凉菜仿制园林胜景的形式，特别是当时宋代寺院中用凉菜仿制王维"辋川别墅"的胜景，被认为是世界上最早的花色冷拼。明、清以后，楚派凉菜装盘技艺在继承唐宋技法的基础上更上一层楼，制作水平大幅提升，也更注重细节部分。近几十年来，随着科技的发展和物流业的发展，获取食品原料的渠道增多，成本降低，航空冷链运输最大程度保证了山珍和海产品原料的新鲜程度，扩大了楚派凉菜的取材范围，推动了楚派凉菜装盘技艺的快速发展。

凉菜中的花色冷拼在宴席程序中是宴席头菜，不仅可以给消费者以视觉上的感官享受，也能调节消费者的味蕾，增加食欲，还能在宴席中能起到美化和烘托主题的作用，是中华传统饮食文化之精髓所在。

（一）楚派凉菜的装盘手法

楚派凉菜装盘表现手法主要有排、堆、围、摆、叠、覆六种。

1. 排

排是将原料切成相同厚度和大小的刀面，再将其按相同的间距整齐地排列在盘中的装盘手法。

2. 堆

一般用于单盘，是将细碎、难以成型、较蓬松的熟料进行堆砌，将原料堆砌成山包状的装盘手法，成品既简洁又大方。

3. 叠

叠是将熟料一片一片堆叠，宛若鱼鳞，多呈梯形排布的装盘手法。

4. 围

围是指将熟料对图案轮廓包围排列的装盘手法。在主料四周以辅料衬托，形成围边；也可围成花朵之型，即主料环绕成花瓣，中心辅料点缀为花心。

5. 摆

摆是根据事先设计，将熟料用各类刀法切成不同形状，并使用不同形状和色彩的熟料将其拼装成各种物形或图案的装盘手法。

6. 覆

覆是利用碗或其他工具，使在盘中的菜品外表面光滑或呈一种固定形状的装盘手法。一般先将熟料先排列在碗中或刀面上，再翻扣入盘中。

（二）楚派凉菜的装盘步骤

楚派凉菜装盘有四个步骤，分别是垫底、围边、盖面、衬托。

1. 垫底

垫底是指将构思好的形状用软碎原料或一些凉菜的边角碎料堆砌在盘中。如果将制作拼盘的过程比喻为绘画，垫底则似打稿或底稿，为装盘成型打基础，以确定凉菜拼摆的位置和形状。

2. 围边

围边是指将熟料沿着盘中垫底的外轮廓摆放，不仅更加清晰地勾勒出图案轮廓，而且充分地将垫底的软碎原料边缘遮盖住。围边似绘画中的描边，将拼盘的菜品轮廓与盘面形成明暗和色彩上的对比，丰富了拼盘的整体效果。

3. 盖面

盖面是指在完成垫底和围边后，将刀面原料切成所需要的形状，根据构图格局和设计要求，将其整齐地拼码在垫底的原料上，将垫底的原料完全盖住。盖面则似描绘，盖面后作品整体形状已跃然纸上，再对细节进行修缮和整理，即完成拼摆的主要步骤。

4. 衬托

衬托是指完成凉菜主体造型后，在拼好的图案的适当部位，放置一些颜色光亮的菜品或原料，以衬托主料，烘托主题，更能赋予拼盘艺术生命，使整个拼盘更加完整和完美。

（三）楚派凉菜的装盘形式

在基本拼盘中，运用排、堆、叠、围、摆、覆六种装盘手法，可以拼摆出多种形式的冷盘，诸如双拼、三拼、什锦拼盘等，在什锦拼盘的基础上又衍生出了艺术拼盘。

1. 双拼

双拼是指用两种凉菜拼摆放置在一个盘碟中，根据两种凉菜的色彩和形状进行搭配，使其相辅相成，互相融合。双拼一般使用圆盘或者腰盘，要求刀工整齐美观，色泽对比分明。双拼法灵活多样，例如：以盘碟中轴为界，将凉菜分别放置在盘碟两边；还可采用环形围绕，即一种凉菜排在盘碟中间；另一种凉菜围在周围。双拼讲究荤素搭配，凉菜一荤一素，色彩区分明显。

2. 三拼

三拼是指用三种不同的凉菜拼摆在盘碟中。将三种凉菜分别摆放在以圆形盘碟中心点划分出的三等份中，或将三种凉菜摆成三圈呈层层环绕之形等。另一种摆法采用腰圆盘，左右两边为刀面，中间采用桥面或堆面。三拼中的凉菜一般为两荤一素。

3. 什锦拼盘

什锦拼盘是指三种以上原料制作的拼盘。什锦拼盘将不同口味、不同色彩、不同类别的各色凉菜通过精心设计、拼摆放置在一个大圆盘内，所有凉菜浑然一体，赋予其文化艺术内涵。什锦拼盘要求刀工扎实精巧，尽可能多的采用刀面；外形讲究整齐典雅，拼摆准确有度，色彩搭配协调。常见的什锦拼盘造型各异，种类繁多，富于变化。既有圆形、五角星形、九宫格形等几何图形，也有葵花、大丽花、牡丹花、梅花等花形。

4. 艺术拼盘

艺术拼盘也称花色冷拼、象形拼盘、工艺冷盘，是经过精心设计、巧妙构思并融入艺术情怀后所形成的一种作品。艺术拼盘的制作，要求刀工精湛，将多种凉菜在盘中拼摆成飞禽走兽、花鸟虫鱼、山水园林等各种平面的、立体的或半立体的图案。艺术拼盘是一种技术要求高、艺术性强的拼盘形式，其操作程序比较复杂，多用于高档宴席。艺术拼盘要求主题突出，图案新颖，形态生动，造型逼真，实用性强。

四、楚派食品雕刻技艺

食品雕刻是用烹饪原料雕刻成各种动植物、人物、花卉、建筑物等各种图案与形态，用于美化菜肴、装点宴席的一种美术技艺。《管子》一书中曾提到"雕卵"，即在蛋上进行雕画，这可能是世界上最早的食品雕刻。食品雕刻具有重要作用，既可独立呈现，为整个宴席起到画龙点睛的作用；又可与冷拼配合呈现，达到锦上添花的效果。

（一）楚派食品雕刻的原料及其主要适用范围

现代楚派食品雕刻的主要原料有青萝卜、胡萝卜、水萝卜、莴笋、红菜头、马铃薯、红薯、白菜、圆葱、冬瓜、西瓜、青椒等。食品雕刻创作时要根据雕刻主题的需要，结合原料材质、大小因材施刀，如冬瓜、西瓜适于刻制各种浮雕、镂雕图案，若去其内瓤，还可作为盛器或作为瓜灯使用；胡萝卜或莴笋适合刻制小型花鸟鱼虫；白菜可刻制菊花、荷花等。

（二）楚派食品雕刻的原料选材原则

楚派食品雕刻选材要要根据雕刻作品的主题和季节来选择原料，选择的原料尤其是坚实部分必须无瑕缝，纤维整齐、细密、分量重、颜色纯正。

（三）楚派食品雕刻的手法

楚派食品雕刻手法分为整雕、浮雕、镂空、镶嵌雕和模扣五种。

1. 整雕

整雕又叫立体雕刻，区别于平面雕刻，就是将雕刻原料刻制成立体的艺术形象的雕刻手法。整雕技法难度较大，要求也较高，运用整雕法制作的作品具有真实感和实用性强等特点。

2. 浮雕

浮雕是在原料表面雕刻出画面或图形的雕刻手法。浮雕分为阴纹浮雕和阳纹浮雕。阴纹浮雕操作方便，使用"V"形刀，在原料表面刻出"V"形凹槽；相对于阴纹浮雕，阳纹浮雕则是将预设画面或图形轮廓之外的部分刻掉，使画面或图形凸现出来，形成"凸"形图案。阳纹浮雕还可逐层推进，使平面造型凹凸有致，层次丰富，不拘一格，其艺术效果更加突出，立体程度高于阴纹雕刻，操作难度也较阴纹雕刻要大些。此法适合于刻制亭台楼阁、人物、风景等。

3. 镂空

镂空是指将除预设画面或图形之外的部分刻透，使画面图案对比强烈，更为生动。镂空雕刻手法的代表作品如"西瓜灯"等。

4. 镶嵌雕

镶嵌雕是指先在一种原料上切出槽口，然后在槽口中镶嵌其他原料，最后将结合部分打磨平整，使两种原料浑然一体的雕刻手法。镶嵌雕的代表作品如"雨打芭蕉"等。

5. 模扣

模扣是指事先将不锈钢片或铜片制成各种图案轮廓，如动植物等，形成食品模具刀，按照具体要求将模型刀在原料上用力按压，使原料形成各种图案的雕刻手法。需要使用成型后的原料时，再将原料切片。此法主要用于配菜或点缀盘边，若是熟制品（如蛋糕、火腿等）可直接入菜，以供食用。

在楚派食品雕刻的创意和制作过程中，大量使用了零雕组装的技法，即利用一种或多种原料雕刻成整

部件和零部件,然后集中组装拼接成完整形体,也叫零雕整拼,或组合雕,是食品雕刻中多种技巧并用的综合性技法。零雕组装,工艺复杂,一般按照主体、陪衬、点缀三个步骤进行雕饰组装,讲究构图造型艺术的完整统一,注重雕刻构思整体形象的精巧性、部件颜色质地选择搭配的合理性以及各个组件之间

的比例协调性。组装时,还要按所构思物象的特定位置准确组装,使作品更加完美统一,从而突出作品的艺术效果。在楚派食品雕刻中,很多运用此技法创作的作品完整大气,搭配协调、色彩丰富,增加了构图造型的艺术想象空间。

第四节
楚式面点与小吃制作技艺

一、楚式面点与小吃概述

湖北地处华中腹地,交通连接南北,素有九省通衢之美誉,是内地人流、物流和饮食文化交流的中心。楚地的面点与小吃,在总体风味上和楚菜保持一致性,选料广泛,形态自然,技法多样,品种丰富,兼收并蓄,博采众长,口味以咸鲜为基调,香、酥、软、糯、酸、甜、辣兼而有之,重实用性而不尚虚华,讲大众化而不失品位,水乡的灵秀气息与山地的淳朴气质相辅相成,表现出"讲实用,重火候,尚滋味,图方便,有丰度"的地域特点。

二、楚式面点与小吃制作基本功

1. 和面

和面是指将面团调制的所需原料,包括面粉、米粉、鸡蛋、清水、油脂、食糖等按一定比例和投料顺序拌和均匀的过程。和面的手法主要有抄拌法、调和法和搅和法三种。

（1）抄拌法

抄拌法是指将准备好的所有面粉放入盆中或案板上,中间挖一坑,倒入75%的水或者其他辅料,手指张开,从外向里,由下向上,反复抄拌,抄拌成雪花片状时,再把剩下的水洒在面片上,揉搓成面团。这种手法适用于冷水面团的调制（图4-1）。

（2）调和法

调和法是指将所有面粉放在案板上,围成中薄边厚的圆形,将大部分水倒入中间,双手五指张开,从内向内外进行调和,面粉调和成雪花片状后,再掺入适量的水调和,并揉搓成面团。这种手法适用于冷水面团和水油面团的调制（图4-2）。

（3）搅和法

搅和法是指将面粉放入盆中或案板上,中间挖坑,左手浇水,右手拿擀面杖搅和,边浇水边搅和成面团。这种手法一般适用于烫面和蛋糊面的调制（图4-3）。

图4-1 抄拌法和面

图4-2 调和法和面

图4-3 搅和法和面

2. 揉面

揉面是将和好的面团,通过一定的技法,使粉料颗粒充分吸水膨胀粘连形成面团的过程。揉面的技法主要有揉、捣、揣、摔等。

揉面时,双脚站成丁字步,身体站正,上身略向前倾,用手掌根压住面团,把面团用力向外推开,再推卷回来,反复揉推多次,直至面团光滑（图4-4,图4-5）。

捣面时，将面团放在面盆内，双手紧握拳头，用力向下捣压面团各处，力量越大越好。如此反复多次，直到面团捣透上劲（图4-6）。

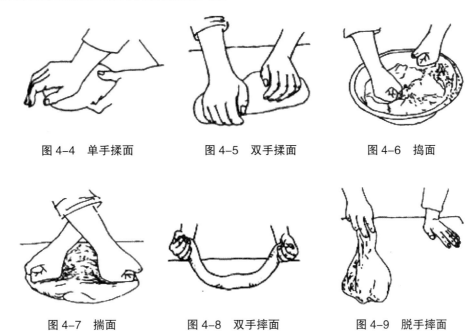

图4-4　单手揉面　　　图4-5　双手揉面　　　图4-6　捣面

图4-7　揣面　　　图4-8　双手摔面　　　图4-9　脱手摔面

揣面时，双拳紧握，交叉在面团上揣压，边揣压边向外推开，然后卷拢再揣再推，反复操作至面团光滑有弹性（图4-7）。

摔面手法分两种：一种是双手拿起面团两头，举起来，手不离面，摔在案板上，摔匀为止；另一种是针对稀软面团，用单手拿面摔在盆内或案板上，拿起再摔，摔匀为止（图4-8，图4-9）。

3. 搓条

搓条的方法是取一块面团，先稍拉成长条形，再双手摊平用掌跟按在长条上，从中间开始向两边推搓，边推边搓，来回推搓成粗细均匀的圆形长条。长条的长短和粗细程度可根据产品需要相应确定(图4-10)。

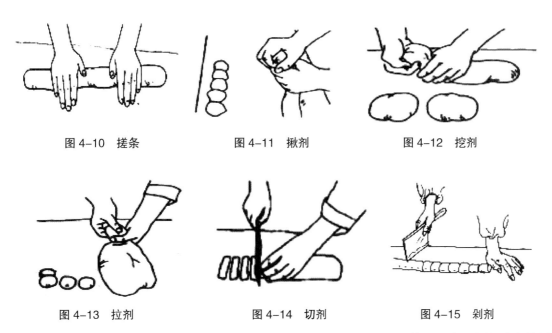

图4-10　搓条　　　图4-11　揪剂　　　图4-12　挖剂

图4-13　拉剂　　　图4-14　切剂　　　图4-15　剁剂

4. 下剂

根据面团特性及剂子形状和大小的差异，下剂的方法有揪剂、挖剂、拉剂、切剂和剁剂等。

揪剂适用于面团软硬适中和粗细适中的剂条。具体做法是：用左手握住剂条的一头，并从虎口处露出相当于剂子大小的一截，右手大拇指和食指捏住露出

的剂头，与左手大拇指相切，顺势用劲揪下一个面剂；然后转动手中的剂条，露出剂头，再揪第二个，如此反复，揪完为止（图4-11）。

挖剂又叫铲剂，适用于较粗的剂条。这种剂条粗而量大，左手一般拿不住，右手也揪不下。具体做法是：将搓好的剂条放在案板上，左手按住，右手四指弯曲成挖土机的铲形，从剂条下面伸入，四指向上一挖，挖出一个剂子后，左手向左移动出一个剂头，右手再挖，如此反复，挖完为止（图4-12）。

拉剂适用于比较稀软，不能揪也不能挖的面团。具体方法是用左手握住面团，右手五指抓住一块，拉下一块，反复操作，拉完为止（图4-13）。

切剂适合稀软无法揪剂和挖剂的面团，将面和好后，摊在案板上，按平按匀，用刀切成长条或方块形的剂子（图4-14）。

剁剂适合馒头等硬度大的面团。剂条搓好后放在案板上，用菜刀直接一刀一刀剁下，剁出的既是剂子又是半成品（图4-15）。

5. 制皮

面点的品种不同，包馅和成形的要求不同，制皮亦有多种方法，主要包括按皮、擀皮、捏皮、摊皮、压皮、敲皮等。

按皮是一种简单快捷的制皮方法。剂子下好后，截面向上，用手掌将其按压成边缘薄中间略厚的圆形皮即可（图4-16）。

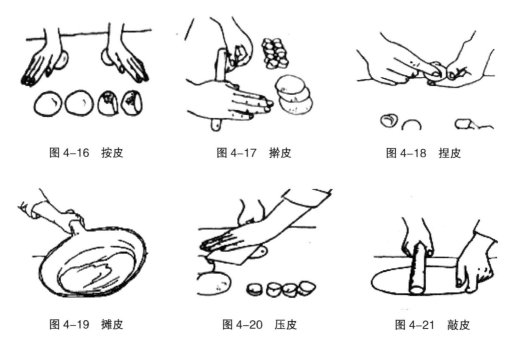

图4-16 按皮　　　　图4-17 擀皮　　　　图4-18 捏皮

图4-19 摊皮　　　　图4-20 压皮　　　　图4-21 敲皮

擀皮是最主要、最普遍的制皮方法，其技术要求高，适用范围广。常用的有单杖擀皮和双杖擀皮。单杖擀皮时，先用左手将面剂按扁后捏住面剂边缘，右手持单杖由外向内辊压面剂，边辊边转动面剂，最后辊成边缘薄中间厚的面皮即可。双杖擀皮，所使用的擀杖为枣核形，擀面时两根一起用，先把剂子按扁，双杖并排靠拢平放在面剂上，两手放在双杖两边，用力均匀来回推擀成圆形面皮（图4-17）。

捏皮适用于米粉面团品种的制作。先把剂子揉匀搓圆，再用双手捏成圆壳形，包馅收口（图4-18）。

摊皮是适用于稀软面团或糊糊状面团的制皮方法，例如制作春卷皮等。摊皮时，将稀软面团直接放在加热后的平铁锅上顺势摁一圈，或者在热平底锅中倒入面浆，端起平底锅转一圈，待到面糊凝固即可（图4-19）。

压皮在行业中也称拍皮，适用于澄粉面团制皮。压皮是将下好的剂子放在案板上，右手拿刀把，左手按住刀面，用力旋压成一边薄一边稍厚的圆形皮（图4-20）。

敲皮是一种特殊的制皮方法，适用于无骨的动物性原料。将用于制皮的原料放在案板上，铺上干粉，用工具力度适中地均匀敲打，边敲打边根据需要补粉或翻面，最终慢慢敲打展开成薄薄的面片（图4-21）。

6. 上馅

上馅是制作有馅面点的一道必需工序。有馅面点的品种不同，上馅的方法也有所不同。上馅方法有包上法、卷上法、拢上法、夹上法和滚沾法等。

包上法用途广泛，比如包子、饺子等大多数有馅面点品种都采用这种上馅方法。由于这些面点品种的成形方法有些不同，根据面点品种特性的差异性，相应采用捏边、卷边、提褶、提花等，因此采用包上法的具体做法也有些不同。

卷上法是指将面剂擀成面片，抹上馅料后卷起成形，熟后切制露出馅心的上馅方法。

拢上法适用于馅心较多的面点品种的制作，例如烧麦等。具体做法是，将馅心放在面皮中间，然后拢起捏住，露馅不封口。

夹上法是指一层坯料一层馅的上馅方法，上馅均匀平整，可夹上多层馅料。

滚沾法是指将馅心定形并喷水或沾水后，将其放在粉料中滚动，反复几个回合后成一定规格的圆球状的上馅方法。

三、楚式面点与小吃面团调制工艺

面团是指粮食类的粉料与水、油、蛋、糖以及其他辅料混合，经调制使粉粒相互黏结而形成的用于制作面点半成品或成品的均匀团块、浆坯料的总称。面团的形成过程一般称为面团调制。在楚式面点与小吃制作中，面团调制是重要的一道工序，面点与小吃的品种、风味不同，面团调制工艺也自然不同。

1. 水调面团的调制

水调面团是用各种粮食的粉料（包括面粉、米粉和其他杂粮的粉料）掺入水、油、蛋等进行调制，使粉粒与水及其他辅料相粘连，成为一个整体团块，被称为水调面团。水调面团是面点制作工艺中最基础的面团，使用范围广。根据调制水调面团水温的不同，水调面团可以分为：冷水面团、温水面团、热水面团三种。

冷水面团的调制：将面粉倒在案板上或盆中，中间挖一坑，倒入适量冷水，用手慢慢将四周的面粉由里向外调和，抄拌成雪花片状后，用力揉成团，待揉至面团光滑有劲即可。

温水面团的调制，有三种方法：第一种是直接用温水和面；第二种是用部分面粉加沸水调制成热水面团，剩余面粉加冷水调制成冷水面团，然后将两块面团糅合在一起而成面团；第三种是用少量沸水将面粉拌和成雪花片状，待热气散尽后，再加冷水调和揉搓

成面团。

热水面团的调制：将面粉放在盆中或案板上，中间挖一坑，加入热水后，用刮板或木杖拌和均匀，摊开散去热气后糅合成质地均匀的面团。

2. 膨松面团的调制

膨松面团，就是在调制面团的过程中，添加发酵剂，或者添加化学膨松剂，或者依靠机械力的搅打等途径，使面团通过生化反应或物理变化等，产生或者包裹气体，从而获得组织结构疏松膨大的面团。

生物膨松面团，就是将面粉、发酵剂和适量的水掺和，揉搓形成的面团，又称为"发酵面团"或"发面"。采用这类面团制作的成品，具有形态饱满、富有弹性、松软柔韧、易消化吸收等特点。

化学膨松面团，就是将一些可食用的化学膨松剂掺入面粉中，加入其他辅料调制而成面团，利用加热后化学膨松剂发生化学反应产生气体，使熟制品具有膨松的特点。

物理膨松面团，调制时必须加入鸡蛋液，通过高速搅打，搅入空气和保持气体，然后加入面粉调和成面团或面糊，加热后面团或面糊内所含的气体开始膨胀，使熟制品膨松柔软。

3. 油酥面团调制

油酥面团是指食用油脂与面粉、水及辅料调制而成的面团，油酥面团的成团、起酥与油脂的作用有关。油酥面团分为混酥面团和清酥面团。

混酥面团的调制是用糖、油、鸡蛋、干粉、水和化学膨松剂调制而成，具有酥性但不分层次。

清酥面团调制时由两部分组成，一部分是干油酥；另一部分是水油面。干油酥是用油脂和面粉添加适量的辅料调制而成。当油脂掺入面粉中时，油脂和面粉粘连在一起不易化开，需要反复地"擦"，扩大油脂颗粒与面粉颗粒的接触面，成为干油酥面团。干油酥面团中面粉颗粒与油脂颗粒的结合，并不像水调面团那样形成面筋蛋白质网络，淀粉也不能吸水膨润，所以干油酥松散没有黏性和筋力，这也形成了油酥面团的起酥性。水油面则是由主料面粉、水和辅料鸡蛋、油脂等调和揉搓而成的面团，具有较强的筋力和弹性。水油面和干油酥分别调好，按六比四或五比五的比例称量后，将水油面包裹干油酥，并擀成长方形，四折或三折后静置，如此反复操作3～4次，形成具有层次的酥性面团。

4.米粉面团的调制

米粉面团是由米粉调制而成的面团，根据磨粉工艺和成品要求不同，米粉面团大致可以分为松质糕粉团、黏质糕粉团、团类粉团和发酵粉团。

（1）松质糕粉团

松质糕粉团根据调制方法又分为白糕粉团和糖糕粉团两种。白糕粉团只是将米粉、冷水和适量的绵白糖调和擦匀，静置后筛粉，再填入磨具蒸制成熟。糖糕粉团是由米粉加糖浆调制而成，调制的方法和白糕粉团一样。

（2）黏质糕粉团

黏质糕粉团是先成熟、后成形的糕类粉团，是将拌好的粉上笼屉蒸熟后，倒入搅拌机里，再加上适量的清水，打透打匀，成团，取出分块、搓条、下剂、制皮、包馅、入模具成型，最后切块即成。

（3）团类粉团

团类粉团分为生粉团子和熟粉团子两种。熟粉团子的调制方法和黏质粉团做法类似。生粉团子以糯、粳米粉掺和调制，调制方法分为泡心法和煮芡法两种。泡心法是用适量沸水将部分米粉烫熟后再撒冷水调和均匀，揉到软滑不粘手为止。煮芡法是先取约1/3的糯米粉，用冷水调成团后拍成面饼，投入沸水中煮熟成"芡"，捞出与余下的糯米粉揉搓至光滑不粘手为止。

（4）发酵粉团

发酵粉团只适合用籼米粉制作，是以籼米粉、面肥、水、糖、膨松剂调和后发酵而成。

5.杂粮面团的调制

杂粮面团，是指将玉米、高粱、荞麦、豆类和薯类原料加面粉或单独调制成面团。调制杂粮面团时，须根据杂粮的种类、黏性、软硬度、水分含量等特性不同，灵活掌握，掺入一定比例的面粉、澄粉等原料，制成面团。

6.其他面团的调制

其他面团是指除以面粉、米粉和杂粮等为主料调制的面团以外的特殊面团，常用的有澄粉面团、蔬菜面团和鱼蓉面团等。

澄粉是从面粉中分离出来的淀粉部分，又称小麦淀粉。澄粉无筋度，澄粉面团需用90℃以上的热水调粉，使淀粉糊化后才有黏性可以揉搓成团。澄粉面团虽无筋度但有可塑性，色泽洁白半透明，口感柔软细腻。

蔬菜面团是指取蔬菜搅碎后取汁液或蓉泥加澄面、面粉、猪油等调制而成的面团。由于所用原料的不同，其调制方法也不一样，必需根据原料的性质及制品的要求灵活掌握。

鱼蓉面团是以鲜鱼（青、鲤、草鱼为佳）去骨皮取鱼肉，将鱼肉绞成肉浆，加面粉、生粉等搅拌揉搓成团。如"云梦鱼面"的制作就是鱼蓉面团的典型代表之一。

四、楚式面点与小吃馅心调制工艺

馅心是指使用各种动物性原料、植物性原料经过加工处理，再经生料调味或熟料调味后，覆盖于面团表面或者包入面点或小吃中的食料。

1.馅心的原料

动物性原料有哺乳动物类、禽类、水产类等。哺乳动物类原料是馅心中使用最多的动物性原料，猪、牛、羊、驴、马、狗的肉都可以用来制作面点与小吃的馅心。制作生肉馅适合选用结缔组织丰富、吸水性好、肥瘦相间的部位；而制作熟肉馅则适合肌肉组织发达的部位。禽类原料中的鸡、鸭、鹅等可以选用脯肉制作馅心。水产原料中的鱼、虾、蟹、贝类等都可以用来制作馅心。鱼、虾、贝类既适合制作生馅也适合制作熟馅，蟹类则适合制作熟馅。

2.馅心的分类

面点与小吃中所使用的馅料，不仅直接影响面点的口感、色泽、形态等感官品质，同时还影响面点的制作工艺。因此面点与小吃包馅所选用的原料、口味、分量等要根据其具体品种和性质来确定。

面点与小吃的馅心按原料分，可以分为荤馅、素馅和荤素馅；按口味分，可以分为甜馅和咸馅；按制作工艺分，可以分为生馅和熟馅；按包馅的多少分，可以分为轻馅、重馅和半皮半馅，轻馅中的馅料占10%～40%，重馅中的馅料占60%～80%，半皮半馅中的馅料占40%～50%。

3.馅心的作用

馅心是大部分面点与小吃制品的重要组成部分，馅心的制作是面点与小吃制作的重要工艺环节。馅心的品质直接影响着面点与小吃的质量，馅心能够改善面点与小吃的口味，影响面点与小吃的形态，形成面点与小吃的特色，丰富面点与小吃的品种。

五、楚式面点与小吃的成形技法

成形工艺是面点与小吃制作中的一道重要工序，是决定面点与小吃成品是否美观的关键。面点与小吃成形工艺是指将调制好的面坯，按照具体品种的要求，灵活运用各种手法制作半成品或成品的过程。面点与小吃的成形工艺大致可以分为以下几类：

1. 手工成形技法

手工成形的基本技法有揉、擀、卷、叠、摊、包、捏、剪、夹、按等。手工成形技法多种多样，大部分面点与小吃制品都是结合好几种技法成形的，因此要根据具体品种灵活运用。

（1）揉

揉是一种简单的成形技法，适用于制作高桩馒头和寿桃，分单手揉和双手揉。

单手揉的方法是双手各取一个剂子，在案板上用掌跟按住剂子向前推揉，双手同时操作，左手逆时针推出收拢，右手顺时针推出收拢，反复推收 3 次或 4 次，将面剂揉搓成结实光滑的球形面团即可。

双手揉的方法是将面剂放在双手掌中间，顺时针旋转揉至表面光滑即可，这种方法适用于单手无法握住的大面剂（图 4-22）。

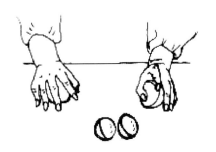

图 4-22　揉

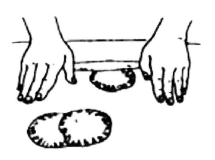

图 4-23　烧卖皮擀法

（2）擀

擀是指运用各种擀面工具，将面剂制成不同形态的成形技法。擀这种技法适用的范围广，被认为是面点与小吃制作中的代表性技术之一，具有面团成形和出品成形双重作用。根据擀面所用工具的不同，操作方法也不同（图 4-24）。下面介绍楚地风味面点"重油烧麦"的擀皮方法。

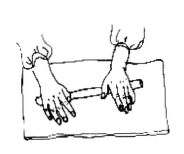

图 4-24　擀

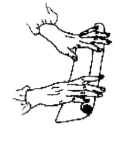

图 4-25　卷

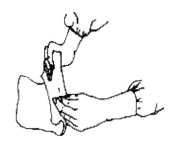

图 4-26　叠

"重油烧麦"的面皮要擀成中间略厚的圆形荷叶边面皮，其擀皮方法通常有两种：一种是使用中间粗两头细的橄榄杖，擀皮时双手分别压住面杖两头，着力点也放在两头，压住剂子边缘，边擀边转动；另一种擀法是使用通心槌，两手捏住通心槌两头，边擀边转，最后将剂子擀成有波浪花纹的荷叶形边的圆皮即可（图 4-23）。

（3）卷

卷是指在擀好的面皮上，抹油、加馅或根据品种的要求直接卷成不同的圆柱形的成形技法。卷的方法分单卷法和双卷法，常与擀、叠等方法连用，还常配合按、夹等成形方法。卷的技法适合制作花卷、凉糕、油饼等面点品种（图 4-25）。

（4）叠

叠常与擀连用，叠是指将经过擀制的坯料按需要叠成一定形态半成品的成形技法。例如"千层油糕"的制作等（图 4-26）。

（5）摊

摊是指将稀软面团或面糊入锅或在铁板上制成

饼或皮的成形技法。例如制作春卷皮等。

（6）包

包是指将制好的面皮上馅后包制成形的技法。包的手法在面点与小吃制作中应用范围很广，很多带馅的品种都用到了包的手法，在诸如包子、烧麦、馄饨等的成形中最为常用。

（7）捏

捏是指将包好馅的坯料按成品形态要求，运用手指技巧制成各种形状的成形方法。例如"三角饺""葵花饺"的制作等。

（8）剪

剪是指用剪刀对成品或半成品进行加工成形的技法，剪刀下刀时要用力适中，深浅得当。例如"刺猬包"的制作等。

（9）夹

夹是指借助筷子、花钳、花夹等工具对面坯进行造型的技法。

（10）按

按是指用手将面坯摁压成形的技法。例如"矮子馅饼"的制作等。

2. 模具成形技法

模具成形是指利用各种特制形态的模具，将面坯压印成形的一种方法。模具成型的优点是使用方便，规格一致，能保证成品的形态质量，便于批量生产。由于各种面点与小吃的成形要求不同，模具的种类大致可以分为四类：印模、套模、盒模、内模等。

印模是将成品的形态刻在木板上，然后将面团包好馅后放入模具内压制成形。这种模的图案和形态适用面广，如月饼模、绿豆糕模、桃酥模等。

套模是用铜皮、不锈钢或者塑胶制成的各种平面图形的套筒，成形时先将面团擀成平整的面皮，再用套模按压成形的方法。

盒模是用铁皮或铜皮等压制而成的凹形模具或其他形状的容器，其规格、花色很多，主要有长方形、圆形、梅花形、菊花形等。成形时将成品或坯料放入模具中，熟制后便可形成规格一致、形态美观的成品。盒模适用于蛋糕和面包等的成形。

内模是为了支撑半成品、成品外形的模具。适用于羊角酥和冰激凌筒等的成形。

这些模具都是面点成形的辅助工具，应该根据具体制品要求选择合适的模具。

3. 机械成形技法

随着工业技术的发展，各类手工业逐渐被机械完全或部分取代。目前很多面点与小吃品种的制作已经实现了半机械化或全机械化，市场上用于面点与小吃成形的机械众多，如馒头机、包子机、饺子机和各种制饼机等。机械成形的特点是：效率高，成形质量稳定。

4. 艺术成形技法

面点与小吃的艺术成形技法，是根据美术构图造型的基本理论，使用各种不同的食物原料，借助辅助工具，运用不同的技法，对面点与小吃进行造型和装饰的方法。面点与小吃的艺术成形技法有很多，适用面最广的就是裱花和面塑。

裱花是用奶油或蛋白糖膏等原料，装入裱花袋中用不同的花嘴挤注出花、鸟、虫、鱼、人物等各种形状的造型方法。

面塑是用熟制的面团或可以直接食用的面坯，进行立体塑型的一种方法。面塑在我国有着深厚的文化基础和历史渊源。面塑将面点与小吃的食用性和欣赏性融为一体。面塑的技法多样，难度很大，制作者除了要有扎实的面点制作技能外，还要有一定的美学基础，才能将面塑造型做得图案精美动人，形态栩栩如生。

六、楚式面点与小吃的熟制技术

熟制是指运用各种加热方式使生坯成熟的过程，是面点与小吃制作的最后一道关键工艺。熟制的效果对成品质量影响很大。熟制时成品是否成形或定形，色泽是否美观，馅心是否入味，这些都与熟制的"火候"，即传热介质和传热方式有关。

1. 熟制的传热介质与传热方式

面点与小吃的熟制是依靠不同的传热介质传递热量来完成的。不同的传热介质具有不同的导热性能，传递热量的方式也不一样。常见的传热介质有水导热、汽导热、油脂导热、热空气导热、金属导热等；热能的传递方式有传导、对流、辐射三种。

2. 面点与小吃熟制中的单加热方法

面点与小吃熟制中常见的单加热方法有蒸、煮、炸、煎、烙、烤等。

（1）蒸、煮熟制技术

蒸是指利用蒸汽的温度和外加的一定压力，利用蒸汽作为传热介质，通过蒸汽的对流运动，使面点与小吃生坯由表及里逐步成熟的方法。蒸制品种很多，例如"仙桃米团子""竹溪碗糕""重油烧麦""四季美汤包""水晶葛根糕"等。

煮是指将面点与小吃生坯投到较多的沸水或汤汁中，利用水的传热使制品成熟的方法。煮的应用范围较广，例如制作"三鲜米粉""地菜水饺""襄阳牛肉面""雪菜翡翠手擀面"等。

（2）烤、烙熟制技术

烤是指利用烤炉、烤箱内的高温将面点与小吃生坯加热成熟的一种方法。烤制技术的主要特点是温度高、受热均匀。烤制的面点与小吃，色泽鲜明，形态美观，品种丰富，例如"公安锅盔""黄石港饼""汉川荷月""潜江草鞋板""小桃园油酥饼"等。

烙是指通过金属直接传热，生坯直接与加热锅底或铁板接触，使面点与小吃生坯成熟的方法。例如"葱花烙饼""南瓜烙饼""罗田汽水粑"等。

（3）炸、煎熟制技术

炸是指将较多的油脂加热到一定温度，将生坯投入其中，利用油脂的热对流和热传导对面点与小吃生坯加热成熟的方法。例如"炸糍粑""炸面窝""红苕面窝""雪花酥饺""葱花油墩""黄州东坡饼"等。

煎是指将少量的油脂或者油和水倒入平底锅中，形成一层薄薄的油脂传热层，使面点与小吃生坯成熟的方法。例如"煎饺""生煎包""随州菜饼"等。

3.面点与小吃熟制中的复加热方法

面点与小吃熟制中的复加热方法是指将生坯经过两种或两种以上的加热方式烹制成熟，如先蒸后煎加热法，先煮后炒加热法等。例如"武汉糯米鸡""三鲜豆皮"等。

第五节
楚菜技艺创新的理念、途径与切入点

近十几年来，楚菜通过不断创新发展取得了长足的进步，形成了独到的发展理念，就是坚持传统烹饪技艺与现代烹饪技术一脉相承，坚持本土饮食文化与外来饮食文化兼收并蓄，坚持大众消费与中高档消费相得益彰，坚持绿色餐饮与市场经济协调并进。

一、楚菜转型升级离不开技艺创新

未来一段时期是中国餐饮业转型升级的攻坚时期，楚菜转型升级需要转变楚菜的发展方式、发展模式、发展形态，实现楚菜餐饮产业继续由粗放型向集约型发展。就楚菜的烹饪技艺层面而言，就是要在新的形势下，培育和健全多项创新机制，从楚菜生产的标准化、产业化、品牌化、信息化、技艺规范化入手，特别要加大对楚菜烹饪技艺的研发投入力度，加强楚菜从业人员（特别是技术人员）的人才储备厚度，切实激励楚菜厨师提高创新能力，弘扬楚菜经典厨艺，并在楚菜业界推崇"大家"风范，通过楚菜厨师队伍技术素质和职业素养的整体提升，使楚菜厨艺不断创新，从而促进楚菜产品结构优化升级，实现楚菜产业全面大振兴。

二、楚菜技艺创新的理念和途径

楚菜技艺创新，就是要求从业人员用新观念、新认识和新方法，为楚菜制作技艺赋予新的时代风格，就是要求在近3000年楚菜技艺的传承中，充实和优化出更好的现实技艺呈现方式。

楚菜技艺创新的重心是楚菜菜品创新。在楚菜菜品研发与创新过程中，餐饮业界特别关注理念形成和潮流趋势，注重从消费者的角度审视餐饮消费需求，最终使很多楚菜餐饮企业的菜品形成了不同于以往的新特征，归纳起来就是"实用、时尚、精致、大气"。

1.楚菜技艺创新的实用理念与途径
实用性是菜品制作的根本要求，菜品的实用性主要体现在可食性方面，这是菜品研发与创新的核心前提。原材料质量、加工标准、出品规范，这些形成了菜品实用性的基础。菜品创新的实用理念具体体现在三个方面：第一，将菜品的关注点放在菜品可以食用的核心部分上，切不可画蛇添足，主次不分；第二，原料的可食性是保证菜品可食性的基础。许多特色菜品要达到稳定的高品质，必须保证原料的高品质。于

是，楚菜餐饮企业重视建立专门的原材料生产基地，或者与上游产业对接，专业养殖种植，以保证烹饪原料的绿色与安全；第三，制定标准化的生产规范，保证菜品品质的一致性。楚菜中的武昌鱼系列、长江鱼系列、清江鱼系列、煨汤系列、天沔蒸菜系列、荆沙酱系列、江汉平原炸酱系列等菜品，都具有很高的实用性，也是实施标准化生产的代表菜品，其原材料养殖种植、运输，到烹调加工、菜品出品，甚至是以此为基础的衍生菜品的研发与创新，都是以具有一定生产规模、一定技术标准或约定俗成的技术经验，以及相对完整的上下游产业链为根本保障的。

2. 楚菜技艺创新的时尚理念与途径

饮食时尚其实代表着人们对菜品的审美取向。在多元饮食文化并行的时代背景和相对丰富的餐饮市场环境下，楚菜厨师需要更加开阔的视野，既不拘束于前人所传下的既定模式，也不迷失于形形色色的外来观念，而是从现实出发，在延续传统烹饪活动的基础上，追求菜品内容和形式方面的"新"和"变"，以最终的食尚效果为目标，为餐饮消费者提供相应的最佳消费体验。菜品时尚的关键在于流行元素与餐饮市场的有机结合，而将流行元素做成时尚，其桥梁就在于对细节的用心把握。通过流行元素与细节把握将传统菜品进行新包装，以满足自然、和谐、时尚的消费要求；同时，多种时尚元素的合理混合搭配，可使菜品的细节与品质得到进一步修饰与提升。

在楚菜挖掘与创新过程中，也推出了大量具有内容时尚性和形式时尚性的菜品，例如以海参为主料的菜肴和绿色食材合理搭配的菜肴，已经成为极受欢迎的流行菜品。以海参为主料的楚菜代表菜品有"海参武昌鱼""海参焖肉圆""海参炖王蛇""海参烧蹄花"等；合理运用绿色食材的楚菜代表菜品有"田园大丰收""菜根香""荷塘四小鲜""堂涮养生菜""鱼米之乡""麦香大枣"等。再如"葱香鸭"这道菜，以葱兜、香料作为盘饰，既有一种古朴飘逸的美，也与菜品的烹制加工产生联系；"田园大丰收"这道菜，根据不同食材的特性，在空间结构上适当摆放，营造出一种高低起伏和色泽分明的整体视觉效果。对菜品形式的把握主要体现在对餐具的选用、主辅料搭配、装盘配饰的选用、菜肴层次结构等方面。例如：金属、玻璃、高分子材料餐具的借鉴与运用，主要体现在金属器、漆器、瓷器、木器、石器之间的组合；插花、

盆景、茶艺、绘画等技艺在厨艺方面的融入与拓展，主要体现在装盘工艺方面对相邻艺术的借鉴，代表性的有泰式餐桌花艺、盆景堆叠布局、茶艺器具、绘画章法、印章篆刻等对餐艺的渗透。又如：复古主题如器皿在装盘方面的挖掘与整合，如木器、竹器、石板、铁器、仿古餐具、铁艺编制、铜艺编制、竹艺编制、特制陶器的运用；以自然为主题的装饰手法的采用与呈现，如小型的花果鲜品、干制品以及紫苏、黄瓜花、迷你萝卜、菜芽、精选果蔬类等。再如：先进工艺如分子厨艺、流行糖艺、工艺西点的融合与渗透，常见的有分子厨艺中的泡沫、胶囊、糖分、糖絮、糖丝、液氮冰模等对食物自然形态进行掩盖和修饰；特式餐具选用的借鉴与创意，代表性的有日本料理餐具、西餐餐具，以及树根、石板、陶板、陶锅之类的自制创意餐具等。

3. 楚菜技艺创新的精致理念与途径

菜品的精致，既是一种结果的呈现，也是一种制作过程的规范。一方面，通常强调保证菜品质量，保障的就是这些精细菜品的制作过程及其所带来的出品速度与成菜温度、颜色、形态、口感、滋味等方面的控制。菜品的精致程度实质是由很多流程与细节所构成和决定的，这是一种规范，也是厨师的一种职业技术行为习惯。另一方面，通过粗料精做的方法以提高传统原材料的档次，达到"食不厌精、脍不厌细"的烹饪要求，这也是追求菜肴精致的一种最高境界。诸如热菜中的"珊瑚鳜鱼""宝塔肉""千张肉""珍珠圆子""螺丝扣肉""四喜肉方"等，主食里的"金丝饼""苹果酥"系列，冷拼中的"白云黄鹤""楼鹤同春""鱼米之乡"等，雕刻中的"翡翠白菜""编钟"等，都是通过精湛的刀工处理和加热成型以及恰到好处的调味来体现楚菜名师对菜品细节的掌控。

在烹饪技艺的实践中，楚菜厨师十分注重解决好菜品温度与味觉之间的关系，这是楚菜厨师在菜品创新精致理念与途径中的完美实践，恰到好处的菜温控制和精准调味是菜品精致烹饪实践的具体呈现。研究资料表明：通常最能刺激味觉神经的温度是10℃～57℃，其中40℃～50℃最为敏感，若是高于或低于这个温度范围，敏感性都会有所降低；由于温度的不同，菜肴的口感与味感会呈现不一样的感觉，例如：甜的食物在37℃左右感觉最甜，酸的食物在10℃～40℃味道基本不变，咸和苦的食物

随着温度升高味道变淡，鲜的食物在57℃～85℃味道最鲜。就楚菜名品"贺胜桥土鸡汤"这道菜而言，菜温90℃时，汤汁冒着浓浓的热气，香味散发，但食用起来感觉烫口，而且不易品尝出汤的鲜味；菜温70℃～80℃时，分子热运动较快，分子扩散，营养物质分布比较均匀，鸡汤颜色黄亮有光泽，食用起来感觉入口温度适宜，而且汤味较鲜，味道浓郁，鲜味充足；当菜温低于50℃时，鸡汤颜色偏暗，表面有油脂层，食用起来感觉入口温度偏凉，有油腻感，而且咸味较重，鲜味变淡。由此可见，重视研究菜品温度，控制好菜品温度，无疑是进一步提高菜品质量和提升菜品品质的一项硬性指标。

4. 楚菜技艺创新的大气理念与途径

菜品的大气，就是要能给消费者内心带来一种充实与满足，既是一种粗犷爽利、古朴雄厚，也是一种自然隽永、风韵飘逸。菜品大气的呈现要同时兼具这两种表现形式，需要在加工制作、刀工技艺、餐具选用、寓意传递、品装盘饰过程中，强调菜品纵向延伸、立体扩散的表现形式。诸如"鸽蛋裙边""福寿延年龟""荆沙甲鱼""椒盐大王蛇""鸡汤笔架鱼肚""鱼圆鱼头锅"等楚菜名品，都是通过将食材与器皿整体融合后形成一种古朴浑厚的大气之美。

大气菜品需要尊重食物的"味之源"和珍视食物原貌的"鼎中鲜"。楚菜名师运用最简单的烹制技法却充分呈现出食物本身的美味，如"粉蒸鮰鱼""清蒸武昌鱼""莲藕排骨汤"等；在充分呈现出食物本身美味的同时，楚菜名师调制出可以充分发挥食材味的独特酱汁酱料加以搭配，如荆沙豆酱、鲊辣椒、桂花酱、蒸鱼醋等。

大气菜品需要出色"调羹手"与精通厨艺的"大厨匠"来呈现。楚菜菜品味道的浓淡、色泽的变化、口感的轻巧感与厚重感，都是厨师通过精湛的刀工、恰当的火候、精准的调味及精致时尚的拼摆等高超厨艺所呈现出来的，如"蟹黄芙蓉蛋""珊瑚鳜鱼""千张肉""蟠龙菜"等。

大气的菜品更应注意细节的把握，将细节做到精致。大气不是简单的重复，需要精致的过程来充实并使其内涵丰富；而精致的过程则需要借助大气的效果来呈现，给人视觉的冲击力，从而留下深刻的印象。如"榴莲酥""琵琶酥"等，每一层酥的纹理都清晰明了，玲珑精巧，单个则表现出精致，组合则展现

出大气。再如"木耳酱肉包"，大气中却不失精致，每一道褶皱与纹理都十分的细致并清晰可见，馅料味道十足，面皮质感柔软，内敛与张扬并举。

三、楚菜技艺创新的关注点与切入点

1. 对餐饮时尚特征的关注与表现

在业内竞争十分激烈的大环境下，楚菜餐饮企业的生存和发展面临着严峻的挑战，这就需要创立创新一套独特的饮食文化哲学和适应市场需求的"食经"。多年来，楚菜厨师烹饪技艺随着时代演进，总有时尚及潮流元素不断融入。优秀的楚菜厨师顺应时代需求，通过精湛厨艺不断推出符合市场需求和时代要求的新菜品。

楚菜餐饮企业十分注重对各个时期最流行餐饮业态的时尚特征、时尚题材的关注和理解，并让其通过菜品结构表现出来。就目前餐饮市场而言，食品安全问题依然是消费者最为普遍关心的问题，所以未来一段时间内，绿色安全的菜品必然是餐饮消费的关注点。众多楚菜餐饮企业重视食品安全保障措施，如建立食品安全标准体系等，从多方面着手，构筑严密有效的食品安全防火墙。

长期以来，特别是改革开放尤其是进入新时代以来，楚菜餐饮企业始终注重将异域菜中的现代融合理念引入湖北餐饮市场。目前，在武汉餐饮市场活跃着很多个性鲜明的代表性酒楼酒店及餐厅，诸如湖锦酒楼、亢龙太子酒轩、三五醇酒店、小蓝鲸酒店、赛江南艺术餐厅、艳阳景轩酒店等，都是把对各个时期餐饮时尚的关注作为餐饮产品研发的突破点，以此来形成自己的鲜明特色。例如"葱烧武昌鱼"这道菜，是武汉湖锦酒楼曾经的时尚菜品，也是武汉湖锦酒楼现今的特色名菜，年销售达百万余道。

2. 对菜品味觉艺术的关注与表现

菜品味觉艺术是烹饪技艺的核心，味与味之间的多种相互作用具有一定的规律性，合理利用这些变化规律对具体调味（包括火候）有着很大的启迪和提升作用，这是楚菜技艺创新过程中探索与研究的重点。

比如湖锦酒楼特色菜肴"辣得跳"，具有辣不燥而醇香、辣不薄而香辣、辣不淡而鲜醇的鲜明味觉特征和强烈的味感冲击力。湖锦酒楼厨师团队在学习辣度计量和辣度级别等相关知识的基础上，将辣椒添加量对产品辣度的影响以及菜品辣度衡量等问题进行

了深入研究和探讨，对火候与温度及多种调料对辣度影响的规律性做了专门的实践和总结，湖锦酒楼"辣得跳"这道菜的最佳辣度级别定在2500～5000史高维尔的五级辣度。

又如"精武鸭脖"的辣度与多种香料的比例关系，

"周黑鸭"的辣度、甜度及原料脱水程度等对呈味效果的影响作用，"新农牛肉"的本味与多种调料之间的比例量化关系等，这些楚菜代表名品的调味规律都是楚菜技艺创新中值得研究和探讨的重要问题。

第六节
楚菜菜品创新的基本理论与代表实例

菜品创新是衡量厨师综合素质的重要指标，是餐饮企业竞争与发展的根本要素，是餐饮市场菜品丰富繁多的源泉。正确理解楚菜菜品创新的内涵和外延，严格把握楚菜菜品创新的原则和要求，深入总结楚菜菜品创新的方法和境界，有利于避免楚菜菜品创新步入盲目性和庸俗性误区，有益于楚菜菜品创新科学化和规范化，对推动楚菜产业健康发展具有积极意义。

一、楚菜菜品创新的概念、基础和目的

（一）菜品创新的概念

楚菜菜品创新属于烹饪技术创新范畴，是烹饪创新的重心。楚菜菜品创新不是无本之木，而是以继承为基础的；楚菜菜品创新不能随心所欲，而是有条件有原则的。

楚菜菜品创新的概念，可以综合表述为：在继承楚菜烹饪传统的基础上，根据相关的原则和要求，利用新原料、新技术、新工艺、新设备等对菜品进行改良、完善和发展，以适应消费者不断变化的饮食需求和社会文明发展的时代需求。

（二）菜品创新的基础

对楚菜烹饪传统的继承是楚菜菜品创新的基础。烹饪是科学，是文化，是艺术，文化不大可能没有继承，艺术不大可能没有师承。创新不是搞突变，离开继承的创新往往造成断裂，而断裂往往难以发展壮大。古为今用，洋为中用，南料北烹，北料南烹，都源于继承，而又高于继承。

中国烹饪本身就是一门变革创新之学，继承传统，并非单纯的因循守旧，同样传承其变故求新的精神。因此，楚菜菜品创新离不开对湖北乃至中国烹饪

精湛的烹调技术、丰富的造型手法、深厚的文化底蕴、多样的风味流派等优秀传统的继承。

（三）楚菜菜品创新的目的

就经济学而言，创新的目的是为社会提供新的产品或者将新的生产工艺应用到生产过程中去，这包括在技术上的发明创造和在商业上的实际应用。楚菜菜品创新，可以向市场提供符合消费需求变化的新菜品。就荆楚餐饮企业而言，楚菜菜品创新的根本目的，在于获取更大的商业利益，即通过向市场提供符合消费需求变化的新菜品，满足消费者不断变化的饮食需要，增强竞争优势，扩大消费群体，推动餐饮消费，从而为企业创造更多的经济效益。就湖北餐饮行业而言，楚菜菜品创新的重要目的在于创造更多的社会效益，即通过向市场提供符合消费需求变化的新菜品，满足消费者不断变化的饮食需要，丰富饮食文化，改善饮食模式，推动湖北餐饮市场发展，并服务于国家经济建设。

二、楚菜菜品创新的原则和要求

楚菜菜品创新不是简单的随心所欲，而是有条件有原则的，即"随心所欲不逾矩"。准确地把握楚菜菜品创新的原则，深刻地理解楚菜菜品创新的要求，对避免菜品创新误区，找准菜品创新方向，保证楚菜菜品创新的良性发展具有重要意义。

（一）楚菜菜品创新的原则

1. 务实求本原则

楚菜菜品创新的务实求本原则，即菜品创新必须严格把握菜品的本质属性，以菜品属性为根本，有条

件地对传统楚菜菜品进行改良、完善和发展。

菜品属性即菜品的食用性，就是指"菜品是供人食用的物品"这一本质特性。菜品的食用性全面体现在满足人体生理需求和心理需求两个方面，其中生理需求是最根本的、第一性的。因此，楚菜菜品创新必须严格围绕"食用性（实用性）"做文章，避免步入华而不实的菜品创新误区。

2. 科学合理原则

楚菜菜品创新的科学合理原则，即菜品创新必须符合道德规范、法制规则、烹调原理、平衡膳食等相关要求，以健康型（人体健康标准以及行业和社会健康发展）为中心，有针对性地对传统楚菜菜品进行改良、完善和发展。

道德规范的约束，有利于避免菜品创新步入媚俗甚至低级趣味的消极误区；法制规则的制约，有利于避免菜品创新步入危害人体、破坏生态等的利益误区；烹调原理和平衡膳食的要求，有利于避免菜品创新步入"新而不适""重味轻养"等的质量误区。

3. 破立互动原则

楚菜菜品创新的破立互动原则，即菜品创新必须具有深刻的"否定之否定"精神，在挖掘中继承精华，剔除糟粕；在借鉴中发扬优点，摈弃缺点，以民主化为动力，选择性地对传统楚菜菜品进行改良、完善和发展。

楚菜菜品创新应充分地发扬与时俱进的时代精神，广泛地提倡多元意识、生态意识、资源意识和安全卫生意识等现代餐饮意识，进一步确立楚菜"味养并重，形神兼备"的新特点和可持续发展的和谐饮食观，鼓励新型技术设备的研发应用和绿色食品原料的开发利用，敢于抛弃传统烹饪中的消极成分，善于借鉴外来烹饪中的积极因素。

（二）楚菜菜品创新的要求

1. 菜品创新符合菜品属性的根本要求

菜品属于食品范畴，食品是供人类食用或饮用的原料或成品，菜品的食用性即是菜品的根本属性。营养、卫生和感官性状是菜品食用性的三要素。菜品属性的根本要求表现为：菜品必须具有严格的安全卫生保证和相应的营养价值以及一定的感官性状，三要素之间相辅相成，让消费者吃得放心、舒心、称心。遵循菜品属性的根本要求，有利于奠定楚菜创新菜品的核心竞争力。

2. 菜品创新符合面向大众化的经营要求

菜品创新的大众化，并不是指菜品创新的简单化和粗俗化，并不意味低档廉价菜品的市场倾销，也并非鼓励急功近利、去精取粗的经营思想，同样强调粗料细做、细料精做、精料巧做。具体而言，菜品创新的大众化要求主要表现为：原料选用侧重普通化，菜品装盘提倡简洁化，菜品品种突出多元化，菜式变换讲究经常化，菜肴口味适应本土化，菜品质量强调严格化。遵循大众化的经营要求，有利于打造楚菜创新菜品的强实冲击力。

3. 菜品创新符合平衡膳食的健康要求

平衡膳食是新世纪餐饮经营的热点话题，也是新世纪餐饮竞争的一个焦点问题。平衡膳食的健康要求主要表现在：膳食营养素种类齐全，数量充足，相互间比例适宜，能有效被人体吸收利用，有利于避免机体营养不足、营养缺乏、营养过剩、营养失调等营养问题。平衡膳食的健康要求具体落实在：科学地采用荤素搭配、粗细搭配、主副搭配、酸碱搭配等配菜方法。遵循平衡膳食的健康要求，有利于营造楚菜创新菜品的良好内蕴力。

4. 菜品创新符合文化与艺术兼容的特质要求

中国烹饪是集视觉、味觉、嗅觉、触觉于一体的综合艺术，良好的色、香、味、形、质等感官性状有利于提升菜品的食用功能和综合价值，有利于满足人们饮食消费过程中生理审美和心理审美的双重需要。楚菜菜品创新，提倡文化与艺术的兼容特质，继承但不循古，创新而不弃旧，继承并发扬中国传统饮食文化，坚持并光大烹饪综合审美艺术，使创新菜品形神兼备。遵循文化与艺术兼容的特质要求，有利于增强楚菜创新菜品的持续生命力。

5. 菜品创新符合绿色餐饮的时代要求

绿色餐饮是二十一世纪中国餐饮的发展趋势。绿色餐饮的核心是加强对食物资源的合理利用和对生态环境的有效保护。楚菜菜品创新，提倡使用绿色烹饪原料，强调合理利用食物资源，重视有效保护生态环境等。遵循绿色餐饮的时代要求，有利于彰显楚菜创新菜品的宜人亲和力。

三、楚菜菜品创新的方法

烹饪原料、工艺流程、烹制技法以及菜品的色、香、味、形等感官性状，是烹饪的基本要素。就烹

任基本要素的具体应用程度而言，楚菜菜品创新的常用方法可分为变味转换创新法、变料推陈创新法、变型换脸创新法、美器互补创新法、技法移植创新法和复合协同创新法六种方法。

（一）变味转换创新法

楚菜菜品的变味转换创新法，即在基本保留传统菜品原有主辅原料、工艺流程和烹制技法等烹饪要素的基础上，主要对其味型进行相应改变而后发展成为新菜品的一种单一要素型创新方法。

楚菜菜品变味转换创新法的主要方式有三种：换用已有味型，借用外来味型，尝用新式味型。

例如："蜜酱蒸鲇鱼"是在"粉蒸鲇鱼"这道菜的基础上，换用原有的咸鲜味型，调料中增加蜜酱，蒸制成熟后别具风味。

再如："潜江蒜蓉大虾"是在"潜江油焖大虾"这道菜的基础上，添加自制蒜蓉酱（创意来自西餐蒜蓉辣椒酱），成品香味浓郁，鲜美爽口，更受消费者欢迎。

（二）变料推陈创新法

楚菜菜品的变料推陈创新法，即在基本保留传统菜品原有工艺流程、烹制技法和味型特点等烹饪要素的基础上，主要对其主辅原料进行相应改变而后发展成为新菜品的一种单一要素型创新方法。

楚菜菜品变料推陈创新法的方式通常有三种：换用已有的主辅料，尝用外来主辅料，试用新型主辅料。

例如："糯香鮰鱼狮子头"是在"清炖蟹粉狮子头"这道菜的基础上，换用已有的主辅料，用长江鮰鱼肉替代普通猪肉作主料，增加阴米（蒸熟阴干的糯米）作辅料，新奇别致，推出后好评如潮，充分体现了湖北"鱼米之乡"的特色。

再如："火龙果炒鱼片"是在"香菇炒鱼片"这道菜的基础上，采用外来主辅料，用外来的火龙果替代本土的香菇，鱼肉搭配水果，色泽亮丽，风韵特异，清淡适口，充分体现了楚菜"可口可心"的格调。

（三）变型换脸创新法

楚菜菜品的变型换脸创新法，即在基本保留传统菜品原有主辅原料、工艺流程、烹制技法以及味型特点等烹饪要素的基础上，主要对其造型进行相应改变而后发展成为新菜品的一种单一要素型创新方法。

菜品造型主要取材于几何图形和象形图形，由此可演绎变化出形式斑斓、意趣丰盈的造型创新菜品。楚菜菜品造型变化倾向于简洁明快而突出实用性（食用性），避免了过分繁杂而费工费时，即在突出实用性的基础上营造出实用性与艺术性相得益彰的整体审美效果。

例如："寿桃樊口鳊鱼"是在"清蒸武昌鱼"这道菜的基础上，将鱼身切成两片后剞花围做寿桃形，中间空位填上馅料，蒸熟后淋上玻璃芡汁而成，滋味鲜嫩，造型美观，寓意吉祥，常用于庆寿宴席，丰富了武昌鱼这道楚菜明珠的韵味。

再如："荆州牡丹鱼糕"是在"荆州鱼糕"这道菜的基础上，大胆变型，一部分鱼蓉蒸熟切成鱼糕，围在盘子四周；另一部分鱼蓉制成牡丹花形后蒸熟，摆于盘子中央，略做装饰即成。成品色泽明亮，造型美观，口感鲜嫩香滑，风味别致悠长。

（四）美器互补创新法

楚菜菜品的美器互补创新法，即在基本保留传统菜品原有主辅原料、工艺流程、烹制技法、味型特点等烹饪要素的基础上，主要对其盛器进行相应改变而后发展成为新菜品的一种单一要素型创新方法。

盛器在饮食活动中有着不可或缺的实用价值和艺术价值，是饮食文化的重要组成部分，其实用性与艺术性兼容的特点越来越突出。灿烂缤纷的盛器为楚菜菜品创新提供了良好的载体。从菜品盛器的变化中探索创新菜的思路，打破传统的食器配置方法，同样能够产生新品菜肴。

例如："功夫水鱼盅"这道菜品，大胆采用工夫茶具作为菜肴盛器，原木茶盘、紫砂茶壶、陶瓷茶杯与水鱼汤完美结合，给人一种健康养生型美食精品的厚重感。

（五）技法移植创新法

楚菜菜品的技法移植创新法，即在基本保留传统菜品原有主辅原料、工艺流程、味型特点等烹饪要素的基础上，主要对其烹制技法进行相应改变后而成为新菜品的一种单一要素型创新方法。

技法繁多是中国烹饪的突出特点，技法移植是菜品创新的重要手段。楚菜技法移植创新对烹调技术水平的要求较多，创新菜品的技术含量相对较高。

例如：潜江"宫保虾仁"是在四川"宫保鸡丁"这道菜的基础上，以潜江小龙虾虾仁为主料，采用宫爆技法烹制出的一道新菜品，丰富了潜江小龙虾菜品系列。

再如："水煮金牛千张"是在四川"水煮牛肉"这道菜的基础上，以大冶特产金牛千张皮为主料，采用水煮技法烹制出的一道新菜品，丰富了大冶千张特色菜品系列。

（六）复合协同创新法

楚菜菜品的复合协同创新法，即在部分保留传统菜品原有主辅原料、工艺流程、烹制技法、味型特点等烹饪要素的基础上，对其他部分要素进行相应改变后协同发展而成为新菜品的一种复合型创新方法。

与单一要素型创新方法相比，复合协同创新法所涉及的要素更多，菜品所包容的技术含量、知识含量和信息含量更加丰富，更有利于创制出高品质的新菜品，是楚菜菜品创新的主流。

例如："香煎藕饼配鱼子酱"是在"香煎藕饼"这道菜的基础上，主料中增加了熟糯米，搭配鱼子酱，采用西餐装盘方式，色泽亮丽，形态美观，整道菜品呈现出一种脱胎换骨的新境界。

再如："浓汤炖鮰鱼"是在"清炖鮰鱼"这道菜的基础上，原料中增加了玉米，调料中增加了辣椒，味道由原汁原味调整为咸鲜微辣，色彩明亮，汤稠味醇，令人耳目一新。

四、楚菜菜品创新的代表实例

（一）海参武昌鱼

在1983年的全国首届烹饪名师技术鉴定会上，由当时的湖北厨界新秀卢永良精心设计制作的"海参武昌鱼"荣获金牌，自此"海参武昌鱼"被誉为湖北金牌名菜。

1. 原料

主料：新鲜武昌鱼1条（约750克），水法海参3只，猪瘦肉25克，冬笋片25克。

调料：食盐、葱段、白糖、姜末、香醋、绍酒、酱油、鲜汤、胡椒粉、水淀粉、熟猪油各适量。

2. 制作方法

（1）将武昌鱼处理干净后，在鱼身两边剞上十字花刀备用。

（2）水发海参切成大片入沸水锅焯水捞出备用；瘦猪肉切成片备用。

（3）将处理好的武昌鱼入锅煎至两面金黄色备用。

（4）锅中投入瘦猪肉片、冬笋片、葱段、姜末，煸炒后放入武昌鱼，加入鲜汤、海参、绍酒、酱油、白糖、食盐，大火烧沸后改小火焖烧，待鱼眼突出时，拣出葱段，再加入香醋，勾芡起锅，淋上熟猪肉，出锅装盘即成。

3. 操作要点

（1）煎制武昌鱼时须热锅冷油，以保持鱼皮的完整性。

（2）烹制时用小火焖烧。

4. 成菜特点

色泽黄亮，鱼形完整，海参滑爽，鱼肉鲜嫩。

5. 鉴赏分析

此菜以湖北地区传统烧鱼菜肴为基础，在原料搭配方面寻求突破，大胆创新。武昌鱼是楚菜中最为知名的烹饪原料之一，有"楚菜明珠"之美誉，武昌鱼虽贵为楚菜的当家食材明星，但名贵而价实，单独成菜时价位平实，并略显单调。海参有"海中人参"之称，是知名的海鲜类烹饪原料，且名贵而足质。选择海参和武昌鱼搭配，巧妙烹制而成的"海参武昌鱼"，湖海双鲜，珠联璧合，风味醇厚，价位适中，从菜肴的名称到内涵都充满着一种大气、厚重而实在的美感，堪称匠心独运，颇有特色。

（二）灌汤龙虾球

此菜为湖北经济学院烹饪专业优秀教师陈才胜的大赛创新菜品，荣获第四届中国烹饪世界大赛（2002年在马来西亚吉隆坡举办）特金奖。

1. 原料

主料：龙虾肉250克，鱼蓉150克，高汤100克。

调料：食盐、味精、小葱、生姜、淀粉、鸡蛋清、

白胡椒粉各适量。

2. 制作方法

（1）将高汤处理后冷冻，待凝固后挖成小球备用。

（2）龙虾肉制蓉，加调味料搅拌上劲；鱼蓉加调味料搅拌上劲后，再加入龙虾蓉混合均匀，然后包入汤球挤成球形，入温油中氽熟备用。

（3）锅内加清汤，调味勾薄芡后放入虾球，烩制成熟后，淋少许明油装盘即成。

3. 操作要点

（1）龙虾一般以选用青龙虾为佳。

（2）控制好虾蓉与鱼蓉的比例，混合后注意搅拌时间不宜太长。

（3）虾球宜用温油氽制，油温不宜过高。

4. 成菜特点

色泽洁白，形态圆润，口感滑爽，滋味醇鲜。

5. 鉴赏分析

（1）此菜在创作思想上承古出新，以传统湖北名菜"灌汤鱼圆"演绎出新而成，符合"细料精做，精料巧做"的菜肴创新要求。

（2）此菜在选料上颇具匠心，水产鲜汤互补，河鲜海鲜并重，龙虾价值提升了菜肴的品质。

（3）此菜在味型上以本色见长，以鲜味取胜，河鲜、海鲜、汤鲜三鲜合璧，蓉质滑嫩，汤味浓醇，充分体现了中国烹饪"知味者求鲜'的最高调味境界。

（4）此菜在成菜技法上别具一格，氽烩并用，灌汤技术的应用更是充分发扬了传统中国烹饪高超的用汤艺术。

（5）此菜在营养方面此消彼长，高汤的应用弥补了制蓉过程中无机盐的流失，油氽和烩制技法有利于减少维生素的损失，从整体上保证了菜肴的基本营养价值。

（三）虾仁三鲜豆皮

此菜为湖北经济学院烹饪专业优秀教师陈才胜的大赛创新菜品，格调轻奢，滋味鲜香，荣获第四届中国烹饪世界大赛（2002 年在马来西亚吉隆坡举办）金奖。

1. 原料

主料：糯米 200 克，绿豆 150 克，糙米 350 克。

配料：虾仁 100 克，卤牛肉 50 克，榨菜 25 克，香菇 20 克，鸡蛋 2 个。

调料：食盐、味精、白胡椒粉、橄榄油各适量。

2. 制作方法

（1）将绿豆、糙米、糯米分别用清水涨发备用。

（2）将涨发好的绿豆去皮，与涨发好的糙米一起磨浆，然后入大锅摊制成圆形豆皮并刷上蛋黄液，摊至八成熟备用。

（3）将涨发好的糯米入笼锅蒸熟备用。

（4）将虾仁炒香，卤牛肉、榨菜、香菇切丁后炒熟备用。

（5）用豆皮将糯米饭、虾仁、卤牛肉丁、榨菜丁、香菇丁等一起包成方形，入锅加橄榄油用中火煎熟，出锅装盘即成。

3. 操作要点

（1）绿豆与糙米的比例为三比七为宜，豆皮不宜太厚。

（2）糯米不宜蒸得太软太透。

（3）煎制时应严格控制用油量，用油量以少为宜。

4. 成菜特点

色泽金黄，外焦里嫩，咸鲜适中，香糯可口。

5. 鉴赏分析

（1）此点在创作思想上古谱新曲，由楚菜名点"三鲜豆皮"变料创新而成，是对传统地方特色风味小吃的丰富和发展，符合"继承但不泥古，创新而不弃旧"的菜点创新思维。

（2）此点在味型上基于咸鲜，突出清香，控制油量，少辛辣刺激，风味宜人，"汉味"与"海味"交融，传统与潮流并重。

（3）此点在选料上较为广泛，谷类、豆类、蛋类、肉鱼类、蔬菜类五类食物俱备，主副、粗细、荤素、酸碱兼顾，粮豆、肉菜互补，较好地运用了平衡膳食搭配的基本方法。

（4）此点在营养上讲究均衡，营养素种类齐全，蛋白质、糖类、脂肪比例较适宜，突出了"味养兼备"的时代饮食特点。

（5）此点在供应时间上突破了季节局限性，四季皆宜，"汉味"与"海味"的有机结合使其具有良好的亲和力，广泛适宜于大众化消费。

（四）金汤大鲵

此菜是湖北经济学院楚菜大师卢永良教授于2009 年专门为宣传和扶持湖北房县娃娃鱼特色产业而倾情设计制作的一道创新菜品，鲜香味醇，绿色健康，兼具社会价值和经济价值。

1. 原料

主料：大鲵肉（切薄片）500 克。

辅料：豆芽 100 克，水发黑木耳 50 克，南瓜蓉 50 克，高汤 750 克。

调料：黄金酱椒 100 克，色拉油 10 克，青、红椒各 50 克，食盐 3 克，味精 2 克，葱花 3 克，姜末 5 克。

2. 制作方法

（1）将豆芽、木耳焯水待用，用黄金酱椒等辅料、调料制作金汤，打去料渣备用。

（2）将大鲵肉入高压锅中压制 8 分钟后出锅备用。

（3）用金汤烩制压好的大鲵肉，加入垫有豆芽、木耳的碗中。

（4）用色拉油炒香青、红椒圈后，淋在金汤上即可。

3. 成菜特点

汤稠肉嫩，鲜香微辣，营养丰富，风味醇厚。

4. 鉴赏分析

大鲵（俗称娃娃鱼），被誉为"生物活化石"，现为国家二级保护动物。房县生态环境优越，是我国主要的大鲵原产区之一。房县人精心培育出"源生态，类野生"大鲵品种，使房县娃娃鱼肉内含有丰富的高质量蛋白质和人体所需的 17 种氨基酸，其中有 8 种人体必需氨基酸，营养价值高于牛肉和鹿肉，具有滋阴益肤，增强人体免疫力的功效，堪称"水中活人参"。选用品质独特的房县仿生态人工养殖娃娃鱼为主料，用心设计，精心烹制而成的"金汤大鲵"，兼具社会价值和经济价值，不仅滋味鲜美，营养丰富，而且对于宣传房县娃娃鱼品牌，促进房县娃娃鱼特色产业发展和服务当地农民脱贫致富都具有积极意义。

（五）酸汤莲藕虾片

此菜是湖北经济学院烹饪专业杰出教师、翠柳村客舍餐饮总监邹志平于 2015 年推出的企业经营型创新菜品，收录于 2016 年出版的大型主题菜品专著《中国莲藕菜》一书中。

1. 原料

主料：新鲜基围虾 250 克，嫩藕 100 克，澄粉 50 克，黄灯笼椒 50 克。

调料：食盐 2 克，柠檬汁 2 克，葱花 1 克，清汤 200 克。

2. 制作方法

（1）新鲜基围虾洗净后去头剥壳去虾线，沾上澄粉，捶打成薄片后汆水备用。

（2）嫩藕洗净去皮，切成薄片汆水备用。

（3）新鲜黄灯笼椒洗净后切成丁备用。

（4）清汤调入黄灯笼椒丁、食盐、柠檬汁，汆入虾片、藕片，起锅即可。

3. 成菜特点

汤色黄亮透明，虾片爽滑有弹性，藕片爽脆有嚼劲，荤素搭配，清淡健康。

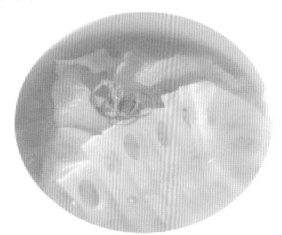

4. 鉴赏分析

莲藕遍布中国大江南北，其中湖北莲藕因其历史久、种植广、产量高、品质优而声名远播。湖北人爱藕、吃藕历史悠久，莲藕菜和鱼鲜菜是楚菜中的精髓与亮点。美食纪录片《舌尖上的中国》对嘉鱼莲藕的介绍，更是从一个侧面鲜活地展现了湖北莲藕的魅力。"酸汤莲藕虾片"这道菜是在"健康中国"国家战略大背景下，依托湖北莲藕特产，弘扬楚菜传统技艺，融合现代食尚元素，精心设计并创制出来的一款清淡健康型菜品，洋溢着清新灵秀的自然气息。

第五章

楚菜饮食非遗与美食之乡

CHUCAI YINSHI FEIYI YU MEISHI ZHI XIANG

第一节
楚菜饮食类非物质文化遗产

一、烹饪类非物质文化遗产

（一）荆州鱼糕制作技艺

荆州自古盛产鱼，鱼糕作为荆州的八大名肴，其历史源远流长，相传为舜帝妃子女英所创，在荆楚一带广为流传，春秋战国时开始成为楚宫廷头道菜，直到清朝，仍是一道宫廷菜，据说乾隆尝过荆州鱼糕后脱口而咏："食鱼不见鱼，可人百合糕。"

"荆州鱼糕"色彩绚丽，营养丰富，回味悠长，以吃鱼不见鱼，鱼含肉味，肉有鱼香，清香滑嫩，入口即溶被人称道。鱼糕谐音"余高"，寓意"年年有余，步步高升"。千百年来在荆州一带，逢年过节，婚丧嫁娶，喜庆宴会，鱼糕都是宴请宾客必须有的一道大菜，并有"无酒不成宴，无糕不成席"的说法。"荆州鱼糕"已经演化为人们体现喜庆、表达美好愿望与祝福的重要元素和载体，是荆州八大菜肴之首。

2009年，荆州市荆州区申报的荆州鱼糕制作工艺入选湖北省第二批省级非物质文化遗产代表性项目名录。

（二）老通城豆皮制作技艺

老通城是坐落在汉口中山大道大智路口一家大型酒楼的名字，以经营著名小吃三鲜豆皮驰名，有"豆皮大王"之称。这家酒楼创办于1931年，老通城制作的豆皮，具有"皮薄色艳，松嫩爽口，馅心鲜香，油而不腻"的特点，武汉人一提起它，总是津津乐道，赞不绝口。

老武汉人一直把老通城视为武汉的骄傲，因此来武汉的人有"不吃老通城豆皮，不算到武汉"的说法。因为武汉人都知道，豆皮虽有千家做，但要想尝到正宗地道的老汉口风味，还是要到老通城。老通城豆皮的名气也因为招待国内外名人而成为武汉引以为傲的名片。1958年4月3日和9月12日，毛泽东主席先后两次来到老通城品尝了"三鲜豆皮"，留下了"国营要更好地为人民服务"的教导，毛泽东主席一生没有给任何餐饮店题词，唯一例外的是给老通城题过词，成为老通城店史上最光辉的篇章。据说，毛泽东主席品尝的老通城豆皮，也都是由该店"豆皮大王"高金安和"豆皮二王"曾延林分别执厨做出来的。刘少奇、周恩来、朱德、邓小平、董必武、李先念及外国元首金日成、西哈努克等中外领导人吃过老通城的豆皮后，都给予了极高的评价。

2009年，武汉市江岸区申报的老通城豆皮制作技艺入选湖北省第二批省级非物质文化遗产代表性项目名录。

（三）石花奎面制作技艺

石花奎面是谷城县著名的特色面食，具有"精益求精，每根空心，细如发丝，养颜健身"的工艺特点。石花奎面已经有二百多年的历史，其做工十分考究，在用料上，面粉为精选的红皮小麦良种，种于背北朝南的黄土岗地，单收单打，淘净晒干，经石磨磨出的二道精粉。在做奎面前，一要洗澡更衣，保证清洁；二要剪磨指甲，不伤面绒；三要熄烟漱口，气无异味。心情不好时不做，怕做不专一；身体不"美气"（不舒服）时不做，怕体力不支；屋里有外人时不做，怕神工走邪。制作工艺严谨，30斤面拉成一丝，长约150华里，细圆柔韧，晾干为空心，白脆清香，煮不糊汤，丝丝清晰，落口滑嫩，爽口爽心。

2009年，谷城县申报的石花奎面制作技艺入选湖北省第二批省级非物质文化遗产代表性项目名录。

（四）武穴酥糖制作技艺

武穴酥糖产自湖北省武穴市。武穴市原名广济县，历史悠久，源远流长。相传明代万历年间，武穴镇桂花桥有一董姓孝子与母相依为命。入秋一日，母亲偶感风寒，卧床不起。董姓孝子用芝麻炒熟研末，并用院中新鲜桂花，以蔗糖浸渍，与芝麻末混拌，侍奉床前。母食数日，竟咳止康复，且目朗神清，心舒气畅，犹如枯木逢春，遂传为佳话，时人称为"桂花董糖""孝母酥"。后经作坊加工，历代糕点名师不断改进，于清朝道光八年（公元1828）定名为"酥糖"。

武穴酥糖的制作原料中主要有麻屑、白糖、香条、桂花等，具有"香、甜、酥、脆"的特色，色泽麦黄，骨子多层，松脆爽口，入口即化，甜而不腻，并能治咳润肺。武穴酥糖被收入《湖北糕点》名录，曾连续多次荣获中国国际食品博览会金奖。

2009年，武穴市申报的武穴酥糖制作技艺入选湖北省第二批省级非物质文化遗产代表性项目名录。

（五）襄阳大头菜腌制技艺

襄阳大头菜是中国四大名腌菜之一，据《中国风物志》记载，为诸葛亮隐居襄阳隆中时所创，民间素有诸葛菜、孔明菜之美称。襄阳大头菜，有强烈的芥辣味，又称为芥菜。叶、根均可食用，其根部如同萝卜，形如小孩大头脸状，所以称之为"大头菜"。腌制后的大头菜呈黄褐色，甘咸适中，质地脆嫩，味道鲜美，常食之有健胃增食欲之效，具有独特的地方风味和历史意义。

据《襄阳志》记载，大头菜流传的传统腌制技艺主要有两种：五香大头菜和普通大头菜。其腌制工艺具有"三腌五卤六晒一封缸"的流程，加工后的大头菜只有原重量的四成左右，存放越久味越香。

2009年，襄樊市襄阳区申报的襄阳大头菜腌制技艺入选湖北省第二批省级非物质文化遗产代表性项目名录。

（六）武汉小桃园煨汤技艺

武汉煨汤历史悠久，素有"三无不成席"（无汤不成席、无鱼不成席、无圆不成席）之说。武汉有许多煨汤馆，其中最为著名的是"小桃园"（原名筱陶袁）。"筱陶袁"最初是由来自黄陂的陶、袁两姓的两个小贩在汉口搭棚设摊，经营油条、豆浆之类的小吃，后来两家合作经营煨汤。

20世纪40年代，喻凤山经同乡介绍来到小桃园，在传承前辈煨汤技艺的基础上大胆创新，独创了"先炒后煨，炒中入盐，一次加足水，大、中、小火配合"的"喻记煨汤技艺"。小桃园在喻凤山的主理下，生意越来越兴旺发达，名气越来越大，武汉三镇及外地的顾客慕名纷纷前来品尝小桃园的煨汤。该店主要品种有"瓦罐鸡汤""排骨汤""甲鱼汤""牛肉汤"等，以"瓦罐鸡汤"最为有名，其原料为黄陂一带一斤半重以上的肥嫩母鸡，剁成鸡块，先入油锅爆炒，再倒入内有沸水的瓦罐内，用旺火煨熟，小火煨透，汤鲜肉烂，原汁原味，营养丰富，是滋补上品。这里的老厨师搜集民间煨汤技术的精华，再加以汇总，不断改进和提高，成就了小桃园煨汤别具一格的品位。

2011年，武汉市江汉区申报的煨汤技艺（武汉小桃园煨汤技艺）入选湖北省第三批省级非物质文化遗产代表性项目名录。

（七）老大兴园鮰鱼制作技艺

老大兴园酒楼由汉阳人刘木堂创办于清朝道光十八年（公元1838），原址设在武汉汉正街，1996年迁至利济北路。由吴云山主持后，以经营武汉风味菜为特色。因当时汉口有多家"大兴园"，故名为"老大兴园"。曾有刘开榜、曹雨庭、汪显山三代"鮰鱼大王"掌灶。主要名菜有"白烧鮰鱼""清炖鮰鱼""什锦鱼羹"等。

鮰鱼制作可谓多姿多彩，烧、熘、焖、酿、蒸、炸、烩样样都有。第一代"鮰鱼大王"刘开榜，在老大兴园酒楼推出了鮰鱼制作技艺的独特技法。第二代"鮰鱼大王"曹雨庭，师从刘开榜，传承前辈技艺，在鮰鱼制作技艺上探索并总结出了"选料认真、刀口讲究、注重火候、烹调得法、一次给水、鱼肉透味"的诀窍。第三代"鮰鱼大王"汪显山在制作技艺上独创的"三次换火、三次加油"技巧，使烹饪出的鮰鱼更加鲜嫩。

汪显山去世后，其徒弟孙昌弼不仅全面继承了汪显山的精湛技艺，而且在鮰鱼菜肴造型上有所创新，成为第四代"鮰鱼大王"。孙昌弼既尊重传统，又勇于突破，不断推出适应现代人口味和营养需求的新菜肴，如"珍珠鮰鱼""三味鮰鱼""鮰鱼线""鮰鱼

鱼圆"等。孙昌弼设计制作的鲴鱼宴获评"中国名宴"，后被列入《中国筵席800例》。

2011年，武汉市硚口区申报的老大兴园鲴鱼制作技艺入选湖北省第三批省级非物质文化遗产代表性项目名录。

（八）糕点制作技艺（黄石港饼制作技艺）

黄石港饼是湖北驰名的特产食品，起源于清嘉庆年间大冶刘仁八镇的刘合意师傅制作的合意饼。当时大冶人到黄石港做木排生意，把合意饼带入黄石港一带，民间老百姓都喜欢食用，于是在黄石港一带开小作坊加工合意饼，取名"港饼"，黄石港饼迄今已有二百多年的历史。

黄石港饼制作工艺独特复杂，经炒麻、碾碎、捏芯、和面、擦酥坨、包酥、包芯、捶饼、擀饼、摇麻、烘烤、包装等多道工序完成。食用起来酥松爽口，甜润清香，回味悠长。黄石港饼具有独特的地方风味和丰富的营养价值，成为中老年人喜欢食用的食品。同时，也是鄂东南地区民间习俗中婚嫁喜事、逢年过节、走亲访友以及从事文化经济交流等活动常用的礼品。

2011年，黄石市申报的糕点制作技艺（黄石港饼制作技艺）入选湖北省第三批省级非物质文化遗产代表性项目名录。

（九）糕点制作技艺（建始花坪桃片糕制作技艺）

花坪桃片糕，是建始久负盛名的百年老字号产品，源于乾隆皇帝御赐浙江小吃云片糕。清嘉庆初年（公元1796—1820），浙江富商吴秉衡将制作技艺带入建始花果坪。花坪桃片糕用料很讲究，手工工序极其复杂。选料、炒制、碾磨、露制、陈化、炖制、切片、包装到上市等13道工序要三个月以上时间才能完成，学通这门技艺，至少需要3年以上。

吴氏后代利用花坪得天独厚的条件，不断地改进和创新传统工艺，历经了两百多年的锤炼，制作出来的花坪桃片糕色泽玉白，桃仁布于其间，糕片薄如纸，细润绵软，散开似纸牌，卷裹如锦帛，香甜可口，具有滋阴补气，润肺化痰之功效。

2011年，建始县申报的糕点制作技艺（建始花坪桃片糕制作技艺）入选湖北省第三批省级非物质文化遗产代表性项目名录。

（十）传统面食制作技艺（蔡林记热干面制作技艺）

武汉市江汉区武汉人家喻户晓的蔡林记热干面，以其"爽而劲道、黄而油润、香而鲜美"的特色而闻名遐迩，是武汉的名特小吃之一。

相传，20世纪初，在武汉的汉口长堤街一带，有位叫李包的食贩，一次偶然的失误发明了面条的新吃法，立即引起了顾客的哄抢。由此，许多食贩遂向李包拜师学艺。在众多学艺的人中有个叫蔡明伟的食贩，他不仅学了技艺，还看准了其中的商机。于1928年在汉口满春路口开了一家面馆，并以"集木为林，财源茂盛"之意，取店名为"蔡林记热干面馆"。

改革开放后，热干面制作技艺的第三代传人，现任蔡林记执行总经理王永中先生，结合现代人的食味需求不断创新，拓宽了蔡林记热干面的品种，丰富了餐饮文化内涵。蔡林记热干面先后被评为"中华名小吃""最佳汉味小吃""中国名小吃"等称号。

2011年，武汉市申报的传统面食制作技艺（蔡林记热干面制作技艺）入选湖北省第二批省级非物质文化遗产拓展项目名录。

（十一）传统面食制作技艺（浮屠玉垴油面制作技艺）

阳新县浮屠镇玉垴村油面制作有着悠久的历史，其质量享誉鄂赣边区。明朝期间，李氏落业玉垴村后，就有人从事油面制作，在清朝时进入鼎盛期，至今也有很多传人。玉垴村油面制作工艺已有四百多年历史，蕴涵着丰富的传统文化价值。

浮屠玉垴油面手工制作工艺，具有一套完整的工艺流程。工艺流程为和面、割面、搓条、盘（条）面、上筷、拉面、晾晒、割面头。其主要原料有：面粉、食用油（菜油、豆油、花生油）、食盐等。主要制作工具是油面架、竹筷、面板、面盆、油面槽、面凳、面刀等。该村手工制作的油面不仅销往销武汉、黄石、上海、北京、广东、香港等地，还远加拿大。

2011年，阳新县申报的传统面食制作技艺（浮屠玉垴油面制作技艺）入选湖北省第二批省级非物质文化遗产拓展项目名录。

（十二）传统面食制作技艺（还地桥鱼面制作技艺）

大冶市还地桥鱼面，是还地桥这座千年古镇的传统特色美食。还地桥鱼面是采用国家级无公害水产品养殖示范区——黄金湖的上等青鱼、草鱼、鲢鱼等优质鲜鱼肉，配以红薯精粉、精盐，经过揉、擀、蒸、切、晒等传统工艺精制而成，富含人体必需的钙、铁、锌等矿物质和多种氨基酸，属高蛋白、低脂肪、低胆固醇的健康食品。其食法多种多样，烹煮煨汤，营养丰富；香油凉拌，鲜美可口；油炸酥脆，满口生津；佐料火锅，爽滑不腻；炒食配菜，风味独特。

2011年，大冶市申报的传统面食制作技艺（还地桥鱼面制作技艺）入选湖北省第二批省级非物质文化遗产拓展项目名录。

（十三）传统面食制作技艺（罗田手工油面制作技艺）

罗田县位于湖北省东部，大别山脉南麓。罗田手工油面制作，是大别山人一种季节性的小作坊手工技艺。一般是单家独户在秋季或冬季进行制作，大多为家族式的传承。制作油面的主要原料是小麦、植物油和食盐，是纯手工制作的食品，不含任何添加剂，无任何污染，食用时不需要加任何佐料。每逢老人做寿、妇女坐月子、婴儿出生、小孩做周岁、婚嫁等，特别是春节期间，都要请人做油面款待亲戚朋友。除此之外，手工油面还是馈赠亲友的最佳礼品之一。

2011年，罗田县申报的传统面食制作技艺（罗田手工油面制作技艺）入选湖北省第二批省级非物质文化遗产拓展项目名录。

（十四）传统面食制作技艺（应山奎面制作技艺）

应山奎面，即应山魁面，又称银丝贡面，吃起来清鲜滑爽，易于消化吸收，是广水当地传统美食之一。应山奎面制作工艺，于明朝初年从四川夔县传入应山。由吴太盛（公元1613—1688）对其工艺进行改良，历经六代人心手相传，在不断地工艺革新和原材料更新调配中达到了一个新的高度。这跟各代做面师傅必尊师训"心诚、意正、物实、身洁"的教诲是不可分的。应山奎面在工艺制作上极为严格，面粉"拌必均，和必柔，揉必慢，搓必匀，拉必沉"，才能做出细如丝、色如银的成品空心奎面。

2011年，广水市申报的传统面食制作技艺（应山奎面制作技艺）入选湖北省第二批省级非物质文化遗产拓展项目名录。

（十五）酱菜制作技艺（远安冲菜制作技艺）

远安冲菜，又名宠菜，是远安地方特色时令小菜肴，具有"好看（黄绿相间，鲜嫩悦目）、好吃（清脆爽口，酸咸适度）、好闻（香气扑鼻，暗藏冲劲）"等三大特色。

远安冲菜的制作为全手工制作。主要原料是腊菜（又名青菜）。每年霜降之后，将青腊菜整棵砍回，劈成两半，晾快（yàng）后去除老叶洗净切碎，入沸水中打个翻身，迅速捞起放入盆内，拌上早已准备好的盐、辣椒面、姜末、香油、味精等调味品，旋即趁热装入陶罐等容器中，将罐口用大青菜叶或塑料膜封严，盖上盖子，次日即可开罐食用。

2011年，远安县申报的酱菜制作技艺（远安冲菜制作技艺）入选湖北省第二批省级非物质文化遗产拓展项目名录。

（十六）湖北蒸菜制作技艺（沔阳三蒸制作技艺）

沔阳三蒸历史悠久，相传为元朝末年农民起义军领袖陈友谅之妻罗娘娘创造，其将肉、鱼、藕拌上米粉装碗上木甑，猛火蒸熟，犒赏兵士，便萌生了沔阳三蒸的早期雏形。后来流传民间，蒸食原料不断扩展，逐渐开始成为酒馆饭庄菜品。清代、民国时期，武汉三镇不少饭馆悬挂"沔阳三蒸"的牌子招揽生意，后流传全省乃至全国。

沔阳三蒸指蒸肉、蒸鱼、蒸蔬菜，其特点是粉蒸，原料品种繁多，大凡畜禽肉类、水产鱼类、素菜类，都可蒸制。在如今的仙桃市，可谓"无蒸不成席"，沔阳三蒸已成为当地广为流传的饮食文化现象。

2011年，仙桃市申报的湖北蒸菜制作技艺（沔阳三蒸制作技艺）入选湖北省第三批省级非物质文化遗产代表性项目名录。

（十七）湖北蒸菜制作技艺（天门蒸菜制作技艺）

天门蒸菜，亦称竟陵蒸菜，最早可上溯到石家河文明时期。2005年，天门市石河镇出土了东汉陶甑，甑是蒸食器，反映了天门菜式蒸法的运用至少有两千多年历史。

天门市地处湖北省中南部，江汉平原北部。这里气候适宜，雨量充沛，土地肥沃，物产富饶，素有鱼米之乡美称。丰富的物产使天门蒸菜具备了完整的

主料、副料、小料和调料。"无菜不蒸，无蒸不宴"是蒸菜在天门的真实写照。

天门蒸菜制作技法有粉蒸、清蒸、炮蒸、包蒸、封蒸、扣蒸、酿蒸、干蒸、花样造型蒸等九种，其中以粉蒸、清蒸、炮蒸最具特色。天门蒸菜以滚、淡、烂为基本风味，特别注重滚烫效果，既保证了菜肴的色、香、味、形，又营造了待客时的热烈气氛，给人以和谐美好、率直纯真之感，彰显出天门人热情好客的特性。

2011年，天门市申报的湖北蒸菜制作技艺（天门蒸菜制作技艺）入选湖北省第三批省级非物质文化遗产代表性项目名录。

（十八）应山滑肉制作技艺

"应山滑肉"是楚乡名馔，至今已有一千多年的历史，相传于唐代开元年间由古荆州应山名厨首创。应山滑肉的主要原料是：猪肥膘肉、胡椒粉、精盐、鸡蛋、酱油、高汤、葱花、湿淀粉、姜末、植物油、味精。制作工艺是：猪肉去皮洗净，切成2厘米的方块，用清水浸泡10分钟取出沥干，盛于碗内，加适量精盐、味精、姜末、淀粉稍拌，再加入鸡蛋液拌匀上浆；炒锅置旺火上，下植物油烧至七成热，将肉块散开下锅，炸10分钟，成金黄色时，倒入漏勺沥去油，稍凉后码在碗内，上笼用旺火蒸1小时左右，取出放入汤盘；炒锅置旺火上，下猪肉汤、酱油、味精烧沸后，勾薄芡端锅离火，加葱花、胡椒粉，起锅浇在肉块上即成。"应山滑肉"具有"油润滑爽，软烂醇香，肥而不腻，风味隽永"等特点。

2011年，广水市申报的应山滑肉制作技艺入选湖北省第三批省级非物质文化遗产代表性项目名录。

（十九）豆制品制作技艺（利川柏杨豆干制作技艺）

利川柏杨豆干，是湖北省利川市柏杨镇的一种地方特色风味食品，因产于利川市柏杨镇柏杨村而得名。柏杨豆干色泽金黄，滋味绵醇，质地细腻，无论生食还是热炒，五香还是麻辣，均有沁人心脾回味无穷之感。

明清时期，在利川柏杨集镇一带就开始生产豆干，其中尤以柏杨记豆干作坊生产的豆干最为有名，并被当地官员列为朝廷贡品，深受朝廷皇族们的喜爱，康熙皇帝还曾给柏杨沈记豆干作坊亲笔御赐"深

山奇食"金匾。

柏杨豆干主要以优质地产高山大豆、龙洞湾泉水和若干种天然香料为原料，经过水洗、浸泡、碾磨、过滤、滚浆、烧煮、包扎、压榨、烘烤、卤制、密封等十几道独特工序加工而成。在整个制作过程中，不用石膏及其他任何化学品。

2011年，利川市申报的豆制品制作技艺（利川柏杨豆干制作技艺）入选湖北省第三批省级非物质文化遗产代表性项目名录。

（二十）豆制品制作技艺（巴东五香豆干制作技艺）

巴东五香豆干起源于清代后期，是由一个叫朱天襄的人发明的，距今已有一百多年历史。

巴东五香豆干的制作技艺独特，选料讲究，精工卤制，颜色深黄，质细坚韧，五味俱全，食之回味无穷，被称之为"巴东美食名片"。巴东五香豆干生产工艺尤其讲究，泡料、磨浆、煮浆、过滤、点浆、压榨、漂煮、点卤、卤煮等，各道工序都独辟蹊径。

2011年，巴东县申报的豆制品制作技艺（巴东五香豆干制作技艺）入选湖北省第三批省级非物质文化遗产代表性项目名录。

（二十一）豆豉酿制技艺（杨芳酱油豆豉酿制技艺）

通山县杨芳林乡的酱油豆豉酿制技艺，是楚吴地区民间酱油豆豉酿制技艺的结晶，也对该地区酱油豆豉传统酿制工艺的传承和制酱业的振兴发挥着积极的作用。

杨芳林乡酿制酱油豆豉业起源于民间，据考证，魏晋时期就开始生产，至清代晚期达到鼎盛。在清乾隆年间曾作为贡品进献朝廷。杨芳酱油豆豉选用杨芳林乡独特名产牛肝豆为原料，取用杨芳林乡龙岩山溪泉水，依据北魏时贾思勰在《齐民要术》卷八中所介绍的酿造方法和传统秘方，经过选豆、浸泡、蒸煮、露晾、温室发酵、冷水洗黄、翻晒等多道工序酿制而成。杨芳酱油豆豉是杨芳林乡著名特产，所取原料牛肝豆只有在杨芳林乡才能生长，由于气候、水质和土壤的关系，邻近的地方都生长不好。

2011年，通山县申报的豆豉酿制技艺（杨芳酱油豆豉酿制技艺）入选湖北省第三批省级非物质文化遗产代表性项目名录。

（二十二）蟠龙菜制作技艺

钟祥蟠龙菜俗称"盘龙菜""卷切子""剁菜"，源于湖北省钟祥市，据传说是专门为嘉靖进京即位争取时间而由厨师詹多研制出来的，至今有四百六十多年历史，享有盛誉。

数百年来，湖北钟祥市人民一直将蟠龙菜视为"皇菜"，有无"龙"不成席之说。此菜红黄相间、色泽悦目、造型美观、鲜嫩可口、油而不腻，营养丰富，"以吃肉不见肉而著称"。历来烹制方法是：将猪瘦肉剁成蓉，放钵内，加清水浸泡半小时，待肉蓉沉淀后沥干水，加精盐 5 克、淀粉 100 克、鸡蛋清、葱花、姜末，边搅动边加清水，搅成黏稠肉糊状；鱼肉剁成蓉，加精盐、淀粉搅上劲透味成黏糊状；鸡蛋摊成蛋皮；鱼蓉、肉蓉合在一起拌均匀，分别摊在鸡蛋皮上卷成圆卷上笼，在旺火沸水锅中蒸半小时，取出晾凉，切成 3 毫米厚的蛋卷片；取碗一只，用猪油抹匀，将蛋卷片互相衔接盘旋码入碗内，上笼用旺火蒸 15 分钟后取出翻扣入盘；炒锅上火，加鸡汤、食盐、味精，勾芡，淋入熟猪油 10 克，点缀花饰即成。

2011 年，钟祥市申报的蟠龙菜制作技艺入选湖北省第三批省级非物质文化遗产代表性项目名录。

（二十三）武昌鱼制作技艺

武昌鱼学名团头鲂，最早得名与三国东吴故都的古武昌有关，当时就有"宁饮建业水，不食武昌鱼"的民谣，此后王安石、苏轼、岑参、毛泽东等历代名人都写过吟咏武昌鱼的诗词。最著名的是毛泽东脍炙人口的"才饮长沙水，又食武昌鱼"名句，让这一美食享誉全国，成为湖北的一道招牌菜。

武昌鱼入菜，烹制方法多样，或红烧，或清蒸等。"清蒸武昌鱼""海参武昌鱼""葱烧武昌鱼"等都是湖北风味名菜。例如"葱烧武昌鱼"这道名菜，以武昌鱼为主料，配以葱花、姜末、精盐等调味料制作而成，色泽美观，肉质细嫩，油润爽滑，味道鲜美，老少皆宜，在餐饮市场上深受大众的喜爱与推崇。

2013 年，武汉市硚口区申报的武昌鱼制作技艺入选湖北省第四批省级非物质文化遗产代表性项目名录。

（二十四）孝感麻糖制作技艺

孝感麻糖是湖北名特产品之一，早在元朝末年，就以名食享誉于世。八埠口是孝感麻糖的起源地，孝感当地有"一河两岸八埠口，两块麻糖一杯酒"俗语。"馋嘴婆娘"与"太监偷吃麻糖"的故事又为孝感麻糖的起源与传说披上了神秘的色彩。

孝感麻糖以芝麻、糯米为主要原料，配以桂花、金钱橘饼等，经过 12 道工艺流程、32 个环节制成，风味独特，营养丰富，有暖肺、养胃、滋肝、补肾等功效。1981 年，孝感麻糖荣获国家银质奖。

2013 年，孝感市申报的孝感麻糖制作技艺入选湖北省第四批省级非物质文化遗产代表性项目名录。

（二十五）松花皮蛋制作技艺

皮蛋是我国传统的风味蛋制品，生产历史悠久，早在 1600 年前的北魏时期，贾思勰的《齐民要术》就有相关记载。明清时期，德安府所在的安陆是鄂中一带的皮蛋产销中心。安陆地处丘陵山地与江汉平原交会地带，悠悠涢水纵贯南北，溪流塘堰星罗棋布，自古以来民间就有养鸭习惯。农家为使富余的鸭蛋保存较长时间，不断摸索既可长期保鲜、又可提高经济价值的皮蛋制作技艺。数百年来，安陆松花皮蛋享誉一方。现在，安陆更是全国最大的蛋品加工基地。湖北神丹健康食品公司传承和发掘安陆流传已久的松花皮蛋生产技艺，不断改进和优化生产配方与生产工艺，生产的无铅皮蛋输往二十多个国家及地区。

2013 年，安陆市申报的松花皮蛋制作技艺入选湖北省第四批省级非物质文化遗产代表性项目名录。

（二十六）汉川荷月制作技艺

汉川荷月是汉川风味独特的传统点心，约有六百多年的历史。据清代《汉川县志》记述，白饼子（即汉川荷月）酥软香甜，相传汉川尹令奉敬朝廷，经开水冲泡，碗中点心如同层层叠叠的洁白荷花瓣，而外形又如一轮皎洁的明月。皇上品尝后，倍加赞叹，根据白饼子产于汈汊之乡的特点，赋予"荷塘月色"之意境，赐名"荷月"。

汉川荷月用料考究，采用上等面粉、猪油起酥两

次，内馅用麻油、青梅、桂花、橘饼、白糖做成，呈圆形空心，面凸起，周边还有匀称的皱褶，整体表面乳白细腻，色、香、味俱佳，具有开胃理气之功效。

2013年，汉川市申报的汉川荷月制作技艺入选湖北省第四批省级非物质文化遗产代表性项目名录。

（二十七）传统面食制作技艺（油面传统制作技艺）

红安县手工油面是大别山地区特有的传统面食，迄今已有数百年的历史，由于工艺独特，尤其是对天气、温度、湿度及食盐的要求非常高，因此在民间以祖传师承的方式传承。其粗细均匀，口感劲道，易煮不糊，全部制作过程均为手工操作，俗称"一根面"，是不含任何添加剂的民间民俗美食。

2013年，红安县申报的传统面食制作技艺（油面传统制作技艺）入选湖北省第四批省级非物质文化遗产拓展项目名录。

（二十八）传统面食制作技艺（枣阳酸浆面制作技艺）

酸浆面为枣阳的独特面食，起源于清朝，距今已有一百多年的历史。据传，清朝中期枣阳琚湾一家小吃店以做面条生意为主，经常将夏秋收获的青菜放在缸内发酵变酸，留作冬天食用。一日，佐以面食的素菜用光了，店家便将酸菜水当作面食的佐汤做成酸乎乎、香喷喷的酸浆面，没想到客人食用后赞不绝口。从此之后，酸浆面逐渐成了枣阳特有的风味小吃。

经几代人的不断改良、更新，加上几十种香料做出的酸浆面，酸、香、辣兼具，油而不腻，面白味美，酸鲜可口，特别是在夏天，食后具有消暑开胃之功效，堪称夏季佳品美食。

2013年，枣阳市申报的传统面食制作技艺（枣阳酸浆面制作技艺）入选湖北省第四批省级非物质文化遗产拓展项目名录。

（二十九）酱菜制作技艺（凤头姜制作技艺）

凤头姜，因其形似凤头而得名，主产湖北省恩施土家族苗族自治州来凤县，品质优良、风味独特，鲜子姜无筋脆嫩，富硒多汁，辛辣适中，美味可口。凤头姜在来凤具有五百余年的种植加工历史，产量居湖北省之首。来凤县凤头生姜品质独特，具有"皮薄色鲜，富硒多汁，纤维化程度低，营养丰富，风味醇美"等特点。

凤头姜常见的制作方法有两种：一是洗净去皮后与红辣椒、大蒜等一起泡制成咸菜；二是将凤头姜切成片，拌适量的糟辣椒、食盐等佐料，入瓮几日后食用。

2013年，来凤县申报的酱菜制作技艺（凤头姜制作技艺）入选湖北省第四批非物质文化遗产拓展项目名录。

（三十）酱菜制作技艺（传统酱品制作技艺）

《潜江县志》（卷十六）记载："清道光末年潜江城关关厢门有吴长茂酱园以老字号面市，以酱芥菜、酱火腿、酱牛肉、花椒腐乳远近闻名。"历经百余年沧桑，演绎成就了今湖北尝香思食品有限公司。尝香思酱品分为发酵性和非发酵性两大系列，共有38个品种，以香辣牛肉酱为代表，集中反映了其酱品生产的工艺特征：一是原料选自于绿色农产品种植基地和优质畜牧品养殖基地；二是采用优秀的传统酿造方法，生产出既是独立的产品、又是配方辅料的发酵性品种，以秘制工艺合成"酱母"，繁衍出风味别致的非发酵性酱品；三是以熬制、泡制、腌制多种方式，经三十多道工序制成色、香、味、型俱全的系列产品。

2013年，潜江市申报的酱菜制作技艺（潜江传统酱品制作技艺）入选湖北省第四批省级非物质文化遗产拓展项目名录。

（三十一）糕点制作技艺（曹祥泰酥京果制作技艺）

曹祥泰是著名的中华老字号，曹祥泰酥京果历史悠久，深受武汉及湖北民众喜爱。清代光绪十年（公元1884），曹南山（武昌城外卓刀泉人）在武昌长街新街口（今解放路）开办一家名号为"曹祥泰"的门店，经营干货、水果等。1910年，曹祥泰增办糕饼坊，自制中式糕点出售，品种多，质量好，颇受欢迎。

阳酸浆面制作技艺）入选湖北省第四批省级非物质文化遗产拓展项目名录。

曹祥泰酥京果的主要原料是糯米和绵白糖，但其传统制作工艺独特，生产周期长达一年。首先，选用优质糯米放入缸中，加水浸泡，每天清晨换水，日晒夜露全凭自然发酵，约30天后，捞起晒干即为晒米。然后，将晒米泡水沥干，碾成细粉，水烧开加适量晒米粉，搅拌成稀糯糊状的和粉（称为冲浆），或者水烧开加适量晒米粉，搅拌成干稠状的和粉（称为勾芡），经揉团、擀片、切条后，再横切成方形小块。最后，入油锅中炸至外表色泽金黄、内部形成丝瓜瓤状的酥京果坯，沾上糖浆，再滚上用绵白糖和熟细糯米粉拌成的糖粉即成。成品色泽雪白，外形滚圆，酥甜可口，象征着团团圆圆，甜甜蜜蜜。

2013年，武汉市武昌区申报的糕点制作技艺（曹祥泰酥京果制作技艺）入选湖北省第四批省级非物质文化遗产代表性项目名录。

（三十二）豆豉酿制技艺（黄滩酱油制作工艺）

黄滩酱油是应城市黄滩镇的特产，经过选料→洗净→浸泡→沥干→蒸料→摊凉→接种→拌面粉→通风制曲→成曲→晒霉→加盐水下缸→晒露发酵→翻醅→抽滤→晒露浓缩→加热灭菌→成品酱油等十多道复杂工艺酿制而成。

黄滩酱油具有汁浓、香醇、味鲜、耐储、有光泽、无沉淀等特点，营养丰富，氨基酸含量高，口味醇厚芳香，是炒、凉拌或卤制菜肴的上等调料。《光绪应城志》记载，早在清乾隆年间，黄滩酱油就被钦定为朝廷贡品。1958年，周恩来总理把黄滩酱油作为礼物馈赠给朝鲜金日成主席。1985年，黄滩酱油荣获"湖北省优质产品"称号。1988年，荣获首届中国食品博览会铜奖。1990年，荣获"消费者满意杯"金奖。1995年，荣获首届中国国际食品博览会金奖。1996年，在湖北工业精品名牌消费品展销会上荣获金奖。

2013年，应城市申报的豆豉酿制技艺（黄滩酱油制作工艺）入选湖北省第四批省级非物质文化遗产拓展项目名录。

（三十三）豆制品制作技艺（石牌豆制品制作技艺）

钟祥自古以来盛产黄豆，也有加工食用豆制品的悠久历史，自汉唐以来就享有盛誉，钟祥市石牌镇是全国闻名的豆腐之乡。石牌豆制品自明清起即享誉大江南北，是老少皆宜的健康长寿食品。目前，石牌镇有2.8万人在全国各地，以及新加坡、泰国、俄罗斯等国家从事豆制品加工业。

2013年，钟祥市申报的豆制品制作技艺（石牌豆制品制作技艺）入选湖北省第四批省级非物质文化遗产拓展项目名录。

（三十四）豆制品制作技艺（蒋场干子制作技艺）

蒋场干子产自湖北省天门市蒋场镇，是当地有名的地方特产，也叫蒋场香干。因其独特的制作工艺和极其美味的口感，深受当地人民的喜爱。和其他豆制品一样，都有浸豆、磨浆、烧浆、点浆、包货、压制等项工序，除此之外，蒋场干子还有与众不同的后续三道工序。其一谓之"短水"，把压制成型的干子放入水中煮开，去除干子的豆腥味，也使成品更加柔韧劲道。其二谓之"过卤"，短水后的干子，继而下到秘制的卤汤里沐浴，以增强干子的纯正香醇。其三谓之"摊晾"，出浴后的干子，要迅速摊晾于竹芦秆编织的席子上，使之自然冷却固形，从而达到保质的效果。

2013年，天门市申报的豆制品制作技艺（蒋场干子制作技艺）入选湖北省第四批省级非物质文化遗产拓展项目名录。

（三十五）盐蛋制作技艺（沙湖盐蛋制作技艺）

沙湖盐蛋是湖北仙桃市沙湖镇的传统名菜。在沙湖镇周围，水中有一种水草叫麦黄角，活虾喜栖于角中，鸭子寻食连角带虾吞食后，所产鸭蛋的蛋黄呈红色，腌制的盐蛋如打破后将蛋黄清置于白色瓷碗中，则见蛋黄像一朵色泽艳红的花朵，十分美观。如将盐蛋煮熟食用，则见蛋白极白，蛋黄艳红带油，有"蛋白如凝脂白玉，蛋黄似红橘流丹"之说。沙湖盐蛋以沙湖鸭蛋为主料，以泥土、清水、食盐为配料制作而成，一般蛋盐比为100只鸭蛋1斤食盐。将泥土加适量清水和成稀糊状，取鸭蛋裹上泥糊，两头蘸上少许食盐，放入坛中封口，半月即成盐蛋。

2016年，仙桃市申报的盐蛋制作技艺（沙湖盐蛋制作技艺）获得湖北省第五批省级非物质文化遗产代表性项目名录。

（三十六）卤菜制作技艺（毛嘴卤鸡制作技艺）

毛嘴卤鸡是仙桃市传统名菜之一，采用五谷杂粮喂养的本地土鸡为原料卤制而成。在卤制过程中，用地道老卤汁，配以蜂蜜、杜仲、枸杞、八角等十几种中药材及天然香料，经传统工艺加工而成。毛嘴卤鸡肉质细嫩、油而不腻、香醇可口、品味绵长，号称"荆楚一绝"。

2016年，仙桃市申报的卤菜制作技艺（毛嘴卤鸡制作技艺）入选湖北省第五批省级非物质文化遗产代表性项目名录。

（三十七）传统鱼类菜肴制作技艺（笔架鱼肚制作技艺）

笔架鱼肚是用石首鮰鱼肚（鮰鱼的腹中之鳔）为原料，经传统工艺制作而成的石首特产食品，富含高级胶原蛋白、多种氨基酸、维生素和微量元素。笔架鱼肚为鱼肚上品，且产量极为有限，堪称名贵如金。石首鮰鱼的鱼鳔非常独特，看上去形如笔架、色似白玉，拿起来细嫩如脂、又重又滑，吃起来松软香甜、入口即化。用笔架鱼肚可烹制出"鸡蓉鱼肚""虾仁鱼肚""海参鱼肚""红烧鱼肚"等多种佳肴，皆味道鲜美可口，营养价值甚高。

2016年，石首市申报的传统鱼类菜肴制作技艺（笔架鱼肚制作技艺）入选湖北省第五批省级非物质文化遗产代表性项目名录。

（三十八）糕点制作技艺（扬子江传统糕点制作）

扬子江传统糕点，有近百年的历史，其制作技艺秉承"古法原香，传统手工"的理念。扬子江传统糕点最具有代表性的是"小法饼""荆楚汉饼""麻烘糕""老月饼"等，系武汉特有的地道的本土发酵类烘焙糕点。

扬子江传统糕点的主要原料是面粉、糖、油、鸡蛋及各种馅料，其制作有独特的工艺。如荆楚汉饼的制作需经和皮、和酥、制馅、成型四道工艺后，进行烘烤。入炉烤制，炉底温度100℃，面火150～200℃。麻饼在烤制中要翻两次面，使两面麻色一致。出炉冷却后包装。烤熟的荆楚汉饼形若锣弦鼓边，麻色黄亮，松酥爽口，甜润清香，顺气开胃。总之，荆楚汉饼生产工艺比较复杂，生产顺序很有讲究。月饼是扬子江传统糕点中最拿手的产品。

2016年，武汉市武昌区申报的糕点制作技艺（扬子江传统糕点制作）入选湖北省第五批省级非物质文化遗产拓展项目名录。

（三十九）酱菜制作技艺（白花菜制作技艺）

京山白花菜是一种具有悠久历史的地方名片型特产美食。早在盛唐时期，白花菜因风味独特而成为朝廷贡品。白花菜的食用方式主要是腌制食用，经过腌制后的白花菜散发出一种独特的香气，熟制后别具风味。白花菜传统腌制工艺至今已有一千三百多年历史，采用手工制作，产品色泽鲜亮，口感细腻，滋味浓香。现在，采用传统工艺与口味创新相结合加工而成的京山白花菜速食产品，在腌制的白花菜中拌入了天然晒酱、鲜肉、虾米、银鱼等食材，开袋即食，白花菜独特的风味价值得到更好的利用和发挥。

2016年，京山县申报的酱菜制作技艺（白花菜制作技艺）入选湖北省第五批省级非物质文化遗产拓展项目名录。

（四十）糕点制作技艺（东坡饼制作技艺）

东坡饼又名空心饼、千层饼，圆、黄、酥、脆，是黄州地方风味名点，当地人一般用来招待远道而来的贵宾，或于逢年过节时作为馈赠礼品。此饼相传为苏东坡设计，并由当时的黄州安国寺长老参谬试制而成，距今已有九百多年历史。东坡饼是用上等细面粉加水糅合成面团，摊长成细丝后做成盘龙状，用麻油煎炸，成品形态美观（千丝万缕之势，盘龙虬绕之姿），色泽金黄，气味香甜，酥脆爽口。

2016年，黄冈市申报的糕点制作技艺（东坡饼制作技艺）入选湖北省第五批省级非物质文化遗产拓展项目名录。

（四十一）糕点制作技艺（八角雪枣制作技艺）

八角雪枣，又名荆门雪枣，原产于湖北省荆门市东宝区子陵铺镇八角街，是具有浓郁地方风味特色的传统糕点。雪枣，因为外形如枣，色泽雪白晶莹而得名。八角雪枣闻名遐迩，源于明代八角街的民间老艺人刘之芳。八角雪枣选料严格且工艺复杂，成品色形美观，清香甜润，酥脆爽口。

2016年，荆门市东宝区申报的糕点制作技艺（八角雪枣制作技艺）入选湖北省第五批省级非物质文化遗产拓展项目名录。

（四十二）蒸菜制作技艺（竹溪蒸盆制作技艺）

竹溪蒸盆是竹溪民间传统美食的经典代表，选料考究，工序复杂，色鲜、汤清、味醇，充分体现了竹溪饮食讲究色香味形融合的风味特色。关于竹溪蒸盆的起源，当地民间有多种说法，其中一种传说与唐代薛刚有关。此菜集土鸡肉、猪蹄、蛋饺、香菇、萝卜、土豆、山药、菠菜等十多种主辅食材于一盆，以独特的方式蒸制成熟，成品红绿相映，香气袭人，味道鲜美，营养丰富。

2016年，竹溪县申报的蒸菜制作技艺（竹溪蒸盆制作技艺）入选湖北省第五批省级非物质文化遗产拓展项目名录。

二、酒品类非物质文化遗产

（一）蒸馏酒传统酿造技艺

1. 白云边酒传统酿造工艺

白云边出产于湖北松滋市城区北端。这里东临江汉平原、西倚巫山岭余脉、南接武陵、北滨长江，土沃粮优、泉甘风冽，是历史悠久的酿酒胜地。据考古专家对位于松滋王家大湖桂花树遗址的发掘，发现松滋在新石器时代就有了酿酒业的出现。公元759年，唐代大诗人李白秋游洞庭，乘流北上，夜泊湖口（今湖北松滋市境内），籍湖光月色，举杯吟诗："南湖秋水夜无烟，耐可乘流直上天。且就洞庭赊月色，将船买酒白云边。"美酒绝句相得益彰，白云边酒由此得名。

白云边酒选用优质糯高粱为原料，采用纯小麦制成高、中温大曲为糖化发酵剂，高温焖粮，高比例用曲，高温堆积，三次投料，混蒸续渣多轮次定期发酵，分层量质摘酒，精心调味而成。白云边酒生产工艺创造性地结合了浓香型白酒混蒸续渣、窖泥发酵的工艺特点和酱香型白酒高温制曲、高温堆积的工艺特点，形成了浓酱兼香型白酒独特的生产工艺，使白云边酒以其"芳香优雅，酱浓协调，绵厚甜爽，圆润怡长"的独特风格成为全国浓酱兼香型白酒的典型代表。

白云边酒酿造工艺概括为"三高两长"。"三高"是指白云边酒生产工艺的高温制曲、高温堆积发酵、高温馏酒。白云边大曲在发酵过程中温度高达65℃，在整个大曲发酵过程中可优选环境微生物种

类，最后形成以耐高温产香的微生物体系，在制曲过程中首先做到了趋利避害之功效；高温堆积发酵是中国白酒敞开式发酵最为经典和独创之作；高温馏酒是白云边酒的关键操作工序，与浓香清香型白酒有较大区别。"两长"主要指白云边酒的基酒生产周期长和原酒贮存时间长。白云边酒基酒生产周期长达一年，须三次投料、九次蒸馏、八次发酵、七次取酒，历经春、夏、秋、冬一年时间；白云边原酒一般需要长达三年以上贮存才能勾兑，以体现白云边酒的价值。

白云边酒业的前身是创建于民国时期的松滋老字号"泰顺和糟坊"。1952年5月，泰顺和糟坊更名松滋县人民酒厂。1979年、1984年、1989年，白云边酒连续三次蝉联全国白酒质量评比"银质奖"。2009年12月，以白云边酒业为第一起草单位制定的《浓酱兼香型白酒国家标准》正式颁布实施。

2011年，松滋市申报的白云边酒传统酿造工艺入选湖北省第三批省级非物质文化遗产代表性项目名录。

2. 园林青酿酒技艺

园林青酒产于湖北潜江，其酿造史可上溯至两千五百多年前春秋战国时期楚灵王宫廷御饮。1951年，潜江县地方国营酒厂成立。1983年，更名为园林青酒厂。园林青酒业从民间槽坊起步发展至今，已有百年以上历史。

园林青酒包括露酒和保健酒系列，是以高粱为原料，采用传统地缸发酵、清蒸清烧的清香型白酒为酒基，选用当归、砂仁、丁香、檀香、竹叶等十余味名贵中药调配而成。园林青酒生产工艺以低温制曲工艺、地缸发酵工艺、名贵药材的提炼工艺以及露酒、保健酒的配伍工艺为显著特征，生产出的原酒清香纯正、醇甜柔和、自然协调、余味爽净；露酒色泽金黄微带翠绿，药香酒香和谐细腻，醇厚甜绵，柔和爽口，深受消费者青睐。曹禺先生曾为之亲笔题词"万里故乡酒，美哉园林青"。

园林青原酒是湖北清香型酒类的代表，其露酒、保健酒汲取代传的工艺精华与众家之长，从而形成了自身的品牌特色。园林青于1985年、1990年、1995年蝉联三届国家质量"金质奖"。1988年，园林青酒荣获首届中国食品博览会金奖。1992年，荣获香港国际食品博览会金奖。1996年，被认定为湖北省名牌产品。2001年，被认定为中国国际农业博

览会名牌产品。

2013 年，潜江市申报的园林清酿酒工艺入选湖北省第四批省级非物质文化遗产扩展项目名录。

3. 三峡老窖酒传统酿造技艺

土家族人酿酒历史悠久，可追溯到春秋战国时期。1700 年前北魏晚期郦道元的《水经注·江水》中记载："江之左岸有巴村，村人善酿。"巴村，泛指今天的野三关、水布垭和清太坪一带。唐代李白在巴东写下了"雄关横亘巴蜀道，不锁酒香三千里"的名句，宋代寇准更是在野三关留下了"蕨苴虽好，岂比酒香"的千古绝赞。

野三关镇地处北纬 30 度的三峡库区，优良的生态条件和独特的酿酒古法，使野三关酿酒文化源远流长，被冠以"武陵酒都"的美名。始创于 1962 年的湖北三峡酒业，原名巴东县国营野三关酒厂。1993 年，国营野三关酒厂正式更名为中国三峡酒厂。

三峡老窖酒用富含硒元素的响水洞泉水，加上当地富硒五谷酿造而成，有极高的营养价值。再加上海拔 1200 米高山洞藏的独有自然环境，更让三峡老窖酒具有"清香纯正，醇甜柔和，自然清冽，谐调甘滑，余味爽净"的独特风格和"饮后不上头也不口渴"的特点，并以其"匠心品质，三峡品牌，高山洞藏"的格调而独树一帜。作为"武陵酒都"龙头企业，湖北三峡酒业已成为"湖北大型清香型白酒酿造基地"，先后获得"湖北名牌产品""中国驰名商标"等称号。

2013 年，巴东县申报的三峡老窖酒传统酿造技艺入选湖北省第四批省级非物质文化遗产扩展项目名录。

4. 枝江酒酿造技艺

枝江位于湖北省中部偏西，地处鄂西山区与江汉平原过渡地带，盛产稻粱麦黍等作物，素有"鱼米之乡"的美称。枝江自古为著名酒乡，境内问安镇关庙山村新石器时代遗址出土的五千余件文物中就有酒器，其中珍藏于中国历史博物馆的春秋早期青铜器时代的铜方壶，经考证属楚国贵族盛酒之器，表明春秋时期枝江人就已掌握了酿酒技术。明清时期枝江酿造业空前发展。清嘉庆二十二年（公元 1817），张元楠在枝江江口古镇开办槽坊，取名"谦泰吉"，专门酿造高粱白酒，称"堆花烧酒"。据清《荆州府志》载："今荆郡枝江烧春甚佳。"

枝江酒业股份有限公司成立于 1998 年，由创办

于清代嘉庆二十二年（公元 1817）的"谦泰吉"槽坊演变而来，是湖北最大的白酒生产企业之一，有两百余年酿造白酒的悠久历史。枝江酒传统酿造技艺要点可概括为料、曲、酿、窖、藏"五字诀"，即选配五粮、因时制曲、泥窖发酵、精心酿制、贮藏勾调五大工艺流程，以高粱、小麦、玉米、大米、糯米为原料，经适度粉碎，取 183 米深处古河床地下水，按一定配比润粮拌合，投撒纯小麦"人工踩曲"培养而成的特制桃花曲、桑落曲为糖化发酵剂，采取固态发酵于百年老泥窖长达 60 ~ 90 天酝酿，经起窖起糟、出窖鉴定、续糟配料、拌料酿造、混蒸混烧、甑桶蒸馏、量质摘酒、出甑打量水、摊粮下曲、踩窖封窖等一百多道工序，通过分甑分级、按质并坛，再经陶坛陈酿 1 ~ 3 年，使之自然老熟，最后以原酒陈浆精心勾兑调味而成。制成的枝江酒具有浓香型白酒"芳香爽口，绵软甘洌，香味协调，柔和纯净"的显著特点和"窖香浓郁，尾净余长"的独特风格。2006 年，枝江酒获评中国地理标志产品。2011 年，"枝江"注册商标被商务部认定为"中华老字号"。

2016 年，枝江市申报的枝江酒酿造技艺入选湖北省第五批省级非物质文化遗产扩展项目名录。

（二）米酒制作技艺

1. 孝感米酒制作技艺

孝感米酒是湖北省的传统地方风味小吃，源于宋代，成名于明代，具有千年历史。传统药草蜂窝酒曲、优质的朱湖农场珍珠糯米、城隍潭地下水和特殊的加工工艺是构成孝感米酒特殊风味的四大要素。孝感米酒选料讲究，所选糯米是本土当年生产的新鲜珍珠糯米，颗粒饱满，色泽均匀，无病虫害，糯性好，易吸水，易煮熟，酒曲是孝感特有的药草蜂窝酒曲。

孝感米酒的制作工艺包括浸米、蒸饭、摊饭、拌曲、落缸、装坛等程序，每一个步骤都有严格的规范要求。孝感米酒白如玉液，清香袭人，甜润爽口，浓而不沾，稀而不流，食后生津暖胃，回味深长。1958 年，毛泽东主席亲临孝感视察工作时，品尝了孝感米酒后称赞"味好酒美"。从此，孝感米酒闻名全国。

2013 年，孝感市孝南区申报的孝感米酒制作技艺入选湖北省第四批省级非物质文化遗产代表性项目名录。

2. 房县黄酒制作技艺

房县黄酒历史悠久，早在西周时期（公元前

827）已成为"封疆御酒"。闻名天下的《诗经》作者尹吉甫是房陵人，楚王派太师尹吉甫作为使者向周宣王进贡，尹吉甫带了一坛子房陵人自产的"白茅"（黄酒）献给周宣王，周宣王尝后大赞其美，遂封其为"封疆御酒"，派人把房陵每年供送的"白茅"（黄酒）用大小不等的坛子分装，用之封疆土，奖诸侯。

房县黄酒兴盛于唐代。武则天废中宗李显，贬为庐陵王，流放于房陵。李显登基后，封房县黄酒为"黄帝御酒"，故又称"皇酒"。

房县黄酒的酿制具有很强的区域性，必须用房县本地的材料（房县的自产小曲、房县的优质糯米、房县的溪水和地下水）并在房县的土地上才能酿造出地道的房县黄酒。

房县黄酒发酵采用典型的边糖化边发酵的方法，经过洗米浸米、上甑蒸熟、晾糜（淋糜）拌曲、落缸发酵等工序酿制而成，发酵过程中不加麦曲，不加纯酵母，酒体乳白色或淡黄色，清澄爽净，酒味甘醇绵长，酸甜可口，米香浓郁，酒性温和，喝不赘头。房县黄酒含有多种氨基酸、维生素及微量元素，具有通经养颜、舒筋活血、提神御寒、强身健体功效。

2013年，房县申报的房县黄酒制作技艺入选湖北省第四批省级非物质文化遗产代表性项目名录。

3. 麻城东山老米酒酿造技艺

麻城老米酒主要产于麻城市东部山区的木子店、东西城等地，因而又叫东山老米酒，为历代文人墨客盛赞。苏东坡诗句中的"酸酒""甜酒"，指的就是麻城老米酒。千百年来，麻城民间将"烤筊子火、饮老米酒"视为风调雨顺、国泰民安的象征，流传着"老米酒、筊子火，过了皇帝就是我"的民谣。

麻城东山老米酒，以当地优质糯米、大别山深处巴河水系源头的优质泉水和独特的绿色植物酒曲为原料精心酿制而成，其酿造工艺包括浸料、蒸米、拌曲、发酵、取酒、陈酿、出品等七个环节，每个环节都具有独特的风格。麻城东山老米酒色泽清亮，味道醇甜，质浓而不伤脾胃，含有多种氨基酸和维生素，具有健脾胃、舒筋络、消痛化瘀的功能，享有"神仙汤"之誉。2010年，麻城"木子店老米酒"获国家地理标志产品保护。

2013年，麻城市申报的麻城东山老米酒酿造技艺入选湖北省第四批省级非物质文化遗产代表性项目名录。

4. 枣阳黄酒制作技艺

枣阳黄酒历史悠久，尤以枣阳鹿头镇自酿黄酒为代表，是枣阳地区最富乡土气息的土特产品之一，因其发酵时将酒母窖藏于地下密封，故称"地封"，也叫"见风倒"。20世纪90年代，在枣阳鹿头镇的雕龙碑新石器时代原始氏族公社聚落遗址发掘中，出土了大量的谷壳、酒陶器，还发现类似酒罐（酒缸）藏室的遗迹。据《资治通鉴》记载："甲申，帝幸章陵，修园庙，祠旧宅，观田庐，置酒作乐，赏赐。"在建武十七年（公元41），汉光武帝刘秀还乡回到枣阳，大宴乡亲宾朋，饮用的就是黄酒。

枣阳属于亚热带湿润季风气候，为枣阳黄酒的酿制提供了优质原料。枣阳黄酒采用当地的优质糯米、小麦、井水及其他辅料为原料，采用传统酿制技艺，经过自制麦曲（包括制坯→培菌→成曲等三大流程和磨粉麦、拌麦曲、制曲坯、堆麦曲、保温培养、出曲晾晒等多个环节）、黄酒酿制（包括浸米→蒸饭→凉饭→前发酵→后发酵→压榨→澄清→杀菌→灌装等主要流程）两大技艺，通过长时间的糖化、发酵酿制而成。

枣阳黄酒带有地域性特有口感，色泽黄亮，酒性温和，醇厚柔和，绵甜可口，营养丰富。1990年，枣阳鹿头地封黄酒荣获湖北省优良产品证书。1994年，荣获全国食品博览会"银质奖"。1995年，荣获第四届湖北省"消费者满意产品金奖"。

2016年，枣阳市申报的枣阳黄酒制作技艺入选湖北省第五批省级非物质文化遗产扩展项目名录。

三、茶叶类非物质文化遗产

（一）绿茶制作技艺

1. 武当道茶炒制技艺

武当道茶，产于道教名山武当太和山，亦名太和茶。武当方圆八百里，境内奇峰竞秀，谷涧纵横，终年云雾缭绕，非常适宜茶树生长。武当道茶融道教文化和茶文化于一体，以"天人合一"的哲学思想树立茶道灵魂，表达崇尚自然，重生、贵生、养生的思想。"讼课、打坐、茶道"是古武当道人必备的三大功夫。

武当道茶主要以绿茶为主，还有黑茶、乌龙茶、红茶、茶食品、茶工艺品、茶叶提取物等七大系列一百多个产品。绿茶和红茶鲜叶采摘都要求新鲜、细嫩、匀净，武当道茶红茶揉捻的加压要比绿茶重，

要求多次揉捻充分，时间较长。

武当道茶外形独特，带有浓厚的道教文化色彩。条形茶茶形似武当太极阴阳鱼；扁形茶主要为单芽制作而成，形似武当宝剑；针形茶酷似道长手中所持的拂尘之须。武当道茶具有"形美、香高、味醇、有机茶"的产品内质和"养身、养心、养性、长寿茶"的文化特质，品质上乘，底蕴深厚。2011年，武当道茶通过农业部评审，正式成为国家级地理标志保护产品，也是湖北省涵盖面积最大的保护产品。在2012年农业部优质农产品开发中心举办的"中国最具影响力区域公用品牌"评选活动中，武当道茶获评"中国农产品百强区域公用品牌"，在全国24个进入百强的茶叶品牌中名列第一。

2009年，十堰市武当山旅游经济特区申报的武当道茶炒制技艺入选湖北省第二批省级非物质文化遗产代表性项目名录。

2. 五峰采花毛尖茶制作技艺

采花毛尖产于宜昌市五峰土家族自治县，该县被中国茶叶学会授予湖北省唯一的县级"中国名茶之乡"称号。《茶经》记载："峡州山南出好茶"，即指今五峰土家族自治县出产好茶。该县境内群山叠翠，云雾缭绕，空气清新，雨水丰沛，素有"三峡南岸后花园"之美誉，产自这里的茶叶以香清、汤碧、味醇、汁浓而著称。清朝康熙年间开始流传的《采茶歌》道："采茶去，去入云山最深处……年年常作采茶人，飞蓬双鬓衣褴褛，采茶归去不自尝，妇姑烘焙终朝忙，须臾盛得青满筐，谁其贩者湖南商。"

五峰采花毛尖外形细秀匀直，长短均衡，形如新月，色泽绿润，白毫披身，内质香高持久，滋味鲜醇回甘。每年清明前后的二十多天采摘最佳，每斤干茶含嫩芽约4万个。堪称茶中极品的毛尖王，一经冲泡就分为上下两层，上层"花开富贵"，底层"鱼翔浅底"，俗称"一花一世界"。采花毛尖加工工艺包括杀青、摊凉、揉捻、毛火、摊凉、整形、摊凉、干燥、提香等。

五峰采花毛尖于2008年荣膺"钓鱼台国宾馆特供茶"。2009年，荣获国家工商总局"中国驰名商标"称号。

2009年，五峰土家族自治县申报的五峰采花毛尖茶制作技艺入选湖北省第二批省级非物质文化遗产代表性项目名录。

3. 仙人掌茶制作技艺

仙人掌茶产于湖北当阳境内的玉泉山地区，又名玉泉仙人掌茶。据《全唐诗》《当阳县志》及《玉泉寺志》记载，仙人掌茶始创于唐代玉泉寺（创制人是玉泉寺的中孚禅师），至今已有一千两百多年的历史。仙人掌茶含有多种氨基酸、维生素和微量元素，营养丰富。

玉泉仙人掌茶品级分为特级、一级和二级。特级茶的鲜叶要求一芽一叶，芽长于叶，多白毫，芽叶长度为2.5～3厘米。加工分为蒸气杀青、炒青做形、烘干定型三道工序。蒸汽杀青在蒸笼内进行，温度达近100℃，蒸汽杀青时间为50～60秒钟，以鲜叶灰绿失去光泽，叶质柔软并发出清香为适度。蒸汽杀青后，即予扇凉，进行炒青做形。炒青做形又分头青、二青、做形三个步骤，是形成仙人掌茶独特外形的关键工序。头青炒法主要采用"抖"法，并须抖得快、散得开；二青炒法采用"抖""带"结合，使茶叶初具条形；该茶掌形的形成，主要是通过揉捻，即通过利用外力作用，使叶片揉破变轻，卷转成条，体积缩小，且便于冲泡。同时部分茶汁挤溢附着在叶表面，对提高茶滋味浓度也有重要作用。采用"抓""按"等手法炒制，力求茶叶扁平挺直，约七成干时，进行烘干定型；至含水量5%左右时，出烘包装收藏。

玉泉仙人掌茶外形扁平似掌，色泽翠绿，白毫披露；冲泡之后，芽叶舒展，嫩绿纯净，似朵朵莲花挺立水中，汤色嫩绿，清澈明亮；清香雅淡，沁人肺腑，滋味鲜醇爽口。初啜清淡，回味甘甜，继之醇厚鲜爽，弥留于齿颊之间，令人心旷神怡，回味隽永。2009年，玉泉仙人掌茶获有机茶认证。该茶多次被评为湖北省优质名茶。

2011年，当阳市申报的玉泉仙人掌茶制作技艺入选湖北省第三批省级非物质文化遗产代表性项目名录。

4. 恩施玉露制作技艺

恩施玉露产于湖北恩施市芭蕉乡及东郊五峰山，号称湖北"第一历史名茶"，是中国国家地理标志产品，为湖北恩施"四大名片"之一。恩施玉露蒸青工艺道法陆羽《茶经》，自唐时即有"施南方茶"的记载。明代黄一正《事物绀珠》载："茶类今茶名……崇阳茶、蒲圻茶、圻茶、荆州茶、施州茶、南木茶……出江陵。"清康熙年间，恩施芭蕉黄连溪有一兰姓茶商，所制茶叶外形紧圆、坚挺、色绿、毫白如玉，故称"玉绿"。1936年，湖北省民生公司管茶官杨润之，改锅炒杀青为蒸青，其茶不但茶汤鲜香味爽，而且外形色泽油润翠绿，毫白如玉，格外量露，故改名为"玉露"，"三绿"（茶绿、汤绿、叶底绿）为其显著特点。该茶选用叶色浓绿的一芽一叶或一芽二叶鲜叶经蒸汽杀青制作而成。高级玉露，采用一芽一叶、大小均匀、节短叶密、芽长叶小、色泽浓绿的鲜叶为原料。加工工艺分为蒸青、扇凉、炒头毛火、揉捻、炒二毛火、整形上光、烘焙、拣选等工序。"整形上光"是制成玉露茶光滑油润、挺直细紧、汤色清澈明亮、香高味醇的重要工序。此工序又分两个阶段。第一阶段为悬手搓条，把0.8～1千克的炒二毛火叶，放在50～80℃的焙炉上，用两手心相对，拇指朝上，四指微曲，捧起茶条，右手向前，左手往后朝一个方向搓揉，并不断抛散茶团，使茶条成为细长圆形，约七成干时，转入第二阶段。此阶段采用"搂、搓、端、扎"四种手法交替使用，继续整形上光，直到干燥适度为止。整个整形上光过程，约需70～80分钟。然后烘焙至用手捻茶叶能成粉末，梗能折断，就可上拣。拣除碎片、黄片、粗条、老梗及其他夹杂物。此外，恩施玉露含硒量适中，是富硒茶的代表性产品。2018年4月，在武汉中印首脑非正式会晤中的惊艳亮相，更是使其声名远播。

恩施玉露外形条索紧圆光滑、纤细挺直如针，色泽苍翠绿润。经沸水冲泡，芽叶复展如生，初时婷婷地悬浮杯中，继而沉降杯底，平伏完整；汤色嫩绿明亮如玉露，香气清爽，滋味醇和。观其外形，赏心悦目；饮其茶汤，沁人心脾。2016年，恩施玉露茶文化系统进入"全球重要农业文化遗产"预备名单。2017年，恩施玉露获"中国优秀茶叶区域公用品牌"称号。

2011年，恩施市申报的恩施玉露制作技艺入选湖北省第三批省级非物质文化遗产代表性项目名录。2014年，恩施玉露制作技艺入选第四批国家级非物质文化遗产代表性项目名录扩展项目名录。

5. 宣恩伍家台贡茶制作技艺

伍家台贡茶产于湖北省宣恩县伍家台，久负盛名。据传早在清朝，曾作为贡品献给乾隆皇帝，皇帝品后大悦，下旨御赐"皇恩宠赐"。2008年，成为国家地理标志产品，后获国内最高的良好农业规范认证和欧盟有机食品、美国有机食品等认证。

制作宣恩伍家台贡茶时，将鲜叶进厂验级后分别薄摊于干净的篾垫上，摊叶厚度不超过5厘米，根据各类茶加工原料要求而定，摊放时间为5～8小时，每2～3小时要轻轻翻叶1次，摊放程度至芽含水量达70%～75%。采用手工杀青，投叶时锅温掌握在160～170℃，每锅投叶量为200～250克。鲜叶下锅后，抛炒炒至热气上升时采用抖闷结合的手法，多抖少闷。揉捻环节多采用手揉方式，双手握叶成团，顺时针方向旋转团揉，先轻后重，揉至叶卷成条。

宣恩伍家台贡茶条索紧细圆滑，挺直如松针；色泽苍翠润绿，外形白毫显露，完整匀净，茶汤嫩绿明亮，清香味爽，滋味鲜醇，叶底嫩绿匀整。头年的春茶密封在坛子里，第二年饮用，其色、香、味、形不变，保持新茶的一切特点。2010年，宣恩伍家台贡茶在中国茶业国际博览会上荣获金奖。

2011年，宣恩县申报的宣恩伍家台贡茶制作技艺入选湖北省第三批省级非物质文化遗产代表性项目名录。

6. 栾师傅制茶技艺

栾师傅制茶技艺传承人栾礼周出生于宜昌市夷陵区制茶世家，祖辈以种茶、手工精制绿茶为业，目前已传承八代。栾礼周自1983年开始制作手工茶，已有三十多年的手工制茶经验，其精制手工茶受到越来越多消费者钟爱。2014年，栾师傅手工茶工艺引起宜昌民俗文化泰斗、湖北民俗协会副主席王作栋的注意，经王作栋推荐，宜昌市夷陵区非物质文化遗产保护中心对栾师傅手工茶艺进行了全面考察，将"栾师傅手工制茶技艺"纳入了区级非遗保护项目，随后被列为湖北省非遗保护项目。目前，栾礼周经营的"栾师傅"茶叶已有五峰、邓村、雾渡河3个手工茶基地。

手工制茶是纯粹依靠传统手工技艺和制作工艺而加工制作的茶叶成品。"栾师傅"传统手工绿茶制作技艺，把西陵峡地区历代炒制优质名茶的技艺精髓和家族传承下来的制茶诀窍融为一体，包含采摘、摊青、杀青、摊凉、揉捻、初焙整形、摊凉、隔末、复焙提香九道工艺，制作过程有抓、翻、托、抖、撒、压、摊、荡、揉、搓、抛等11种手法，先高后低，多抖少闷，抖闷结合，动作连贯，一锅到底，一气呵成。栾礼周认为杀青是其中最重要的环节，鲜叶下锅的温度适宜保持在110～130℃，温度过高会产生焦煳味，

温度过低易出现红梗红叶。"栾师傅"传统手工"绿茶制作技艺"是三峡地区茶农一代又一代不断探索而传承的技艺精华,从鲜叶采摘、遮阴、摊凉、炒制火候的掌握,揉捻的手法,到香茗的烘焙,是劳动人民智慧的结晶。"栾师傅"茶叶畅销全国各地及巴基斯坦、苏丹、西班牙等国。

2016年,宜昌市夷陵区申报的栾师傅制茶技艺入选湖北省第五批省级非物质文化遗产代表性项目名录。

7. 团黄贡茶制作技艺

团黄贡茶产于英山县东部土门河流域,其中以"英山十佳茶场"——杨柳翻身湾生态茶场所产的团黄品质最佳。团黄贡茶始于唐代,英山产的"团黄"与"蕲门"以及霍山产的"黄芽"并称"淮南三茗",被列为贡品运往京都长安。团黄贡茶的茶园均分布在海拔八百余米的群山之中,境内沟壑纵横,林木葱郁,风景秀丽。茶区环境优越,常年云雾缭绕,土壤富含有机物质,这些天然条件造就了团黄贡茶"然滋然味"的内质。

团黄贡茶鲜叶细嫩,因山高地寒,开采期一般在谷雨前3~5天,采摘标准一芽一叶、一芽二叶初展。黄芽要求鲜叶新鲜度好,鲜叶采回后即薄摊以散发表面水分,一般上午采下午制,下午采当晚制完。团黄贡茶制作流程包括杀青、整形、揉捻、炒二青、炒三青、烘干、干燥、精选等工序,每道工艺十分讲究,整个流程独具特色。

团黄贡茶栗香浓郁,条索紧秀,绿润洁净,醇厚温和,耐冲泡。现代团黄贡茶是1996年创制并恢复生产的,先后获得"鄂茶杯""陆羽杯"金奖及湖北省茶叶学会优质奖,并获评"湖北省著名商标"称号。

2016年,英山县申报的团黄贡茶制作技艺入选湖北省第五批省级非物质文化遗产代表性项目名录。

(二)黑茶制作技艺

1. 赵李桥砖茶制作技艺

赵李桥砖茶始于晋、盛于唐、兴于明清,历史悠久。今赵李桥所辖羊楼洞松峰山上的一株千年老茶树,相传植于唐太和年间(约公元827),是唐代鄂南茶叶辉煌历史的鲜活见证。羊楼洞砖茶中,青砖茶是黑茶制作技艺的代表,由原来的帽盒茶演变而来。宋朝时用米浆将茶叶粘合成饼状,目的是为了降低运费,减少损耗,便于长途运输。明朝时,采用先将茶叶拣筛干净,再经蒸汽加热,然后用脚踩制成圆柱形状的帽盒茶。到清朝中后期咸丰末年(公元1861),真正意义上的青砖茶开始出现。如今,赵李桥砖茶从茶园采摘下新鲜的茶叶,经过杀青、初揉、初晒、复炒等环节制作成干茶,而后历经短则数月长达数年的渥堆发酵,待自然的转化赋予其浓郁的香气后,再经过复制、紧压、烘制等71道工序制成。青砖茶的贮存是青砖茶产品进入商品化过程中的重要阶段,也是青砖茶品质不断提升的过程。一般来说,青砖茶越陈越香的上升过程依靠的是合理的贮存条件来实现的。

赵李桥砖茶外形多为长方砖形,色泽青褐,香气纯正,滋味醇和,汤色橙红,叶底暗褐。饮用青砖茶,除生津解渴外,还具有提神、助消化等功效。

2013年,赤壁市申报的赵李桥砖茶制作技艺入选湖北省第四批省级非物质文化遗产代表性项目名录。2014年,赵李桥砖茶制作技艺入选第四批国家级非物质文化遗产代表性项目名录扩展项目名录。

2. 长盛川青砖茶制作技艺

长盛川青砖茶制作技艺是湖北何氏家族世代传承下来的传统制茶技艺,始创于明洪武年间(公元1368),创始人为何氏先祖何德海,后于1791年开设长盛川砖茶厂,专事青砖茶的制作,至今已有650年历史,堪称青砖茶鼻祖。长盛川湖北青砖茶以长江流域鄂西南武陵山区高山优质富硒茶树鲜叶为原料,经过选叶、初制、渥堆发酵、陈化、复制、蒸茶、压制、烘制、包装等七十多道工序,产品质量高低全凭师傅手艺和经验判断,长时间独特发酵后高温蒸压制作是关键,最后压制成形似砖块的黑茶。该茶色泽青褐,香气纯正,汤色橙红清亮,浓酽馨香,回甘隽永,具有生津解渴、清新提神、帮助消化等功效。

在清朝道光、咸丰年间,从湖北走出去的青砖茶发展到了顶峰，贸易额占到整个清政府茶叶对外贸易的 80%，造就了中国近代史上最为辉煌的长达两个多世纪的输蒙、输俄和输欧的万里茶道。1915 年，长盛川湖北青砖茶经由上海茶叶会馆，代表中国茶叶参加了在美国旧金山举行的巴拿马太平洋国际博览会并荣获金奖。2015 年，长盛川湖北青砖茶获得首批"湖北老字号"授牌认证，随后在 2015 年意大利米兰世博会中国茶文化周活动中荣获"百年世博中国名茶金骆驼奖"。

2016 年，宜昌市伍家岗区申报的长盛川青砖茶制作技艺入选湖北省第五批省级非物质文化遗产代表性项目名录。

（三）红茶和黄茶制作技艺

1. 杨芳林瑶山红茶制作技艺

咸宁通山杨芳林乡种植茶叶有近 1300 年历史，清《康熙通志》云："茶出通山者上，……而杨芳林茶为最。"瑶山位于杨芳林乡西北三里之处，溪流环绕而过，受日照影响，溪水产生的雾气笼罩山林，犹如瑶池仙境（传说王母娘娘曾游览于此地）而得名。瑶山所产茶叶嫩绿黄亮，清香可口。1824 年，广州茶商钧大福到通山县杨芳林设庄收茶，他请来江西修水以制"宁红"出名的茶工，将红茶技术带到了杨芳林，杨芳林瑶山红茶问世。1850 年，杨芳林瑶山红茶成批运往英国。1854 年，英国买办方春源来杨芳林投资办茶庄，杨芳林本地人黄贻中与其合作开起了"春源和"，后黄贻中之子黄健纯与英国商人合办了"协和祥"茶庄。1915 年，瑶山红茶在巴拿马国际茶叶评比会上获得金奖。

杨芳林瑶山红茶的传统手工制作流程有二十多道工序，其选茶、杀青（晒）、揉茶、发酵，都有独到之处，茶叶选用当地瑶山上立夏前后的嫩茶，秋季也有少量，以略带微红色、叶宽肉厚的茶叶为最佳，俗称"牛尿茶"。杀青以晒为主，用竹制的晒箕晒至萎凋。揉茶，用双手揉动，要掌握好方向和力度。发酵，俗称"发汗"，通常有两种方式，一种是由太阳晒至适度再装到木桶盖好压紧，盖上湿润厚布蒸至湿润发酵；另一种是阴雨天气用竹制蒸笼装上至其上汽后倒入木桶中发酵。采用木桶发酵，有利于控制水分并增进香气。最后经日晒干燥、去渣质后装包。

21 世纪初，瑶山红茶的制作工艺被挖掘出来，百岁高龄的传承人郑清娴重新出山，结合现代化的机械设备，将瑶山红茶的传统制作工艺进行了科学的调整，利用当地优良茶树品种为原料，制成的红茶口感绵甜，花香浓郁，滋味醇厚，汤色红亮。

2016 年，通山县申报的杨芳林瑶山红茶制作技艺入选湖北省第五批省级非物质文化遗产代表性项目名录。

2. 远安鹿苑茶制作技艺

远安鹿苑茶，芬芳馥郁，滋味醇厚，品质独具风格，是楚茶中为数不多的黄茶类精品，因产于湖北省远安县鹿苑寺（位于远安县城西北群山之中的云门山麓）而得名。在清代乾隆年间，远安鹿苑茶被选为贡茶。鹿苑寺周边山水秀丽，茶园分布在山脚山腰一带，这里终年气候温和，雨量充沛，红砂岩风化的土壤肥沃疏松，良好的生态环境，对茶树生长十分有利。

远安鹿苑毛尖的鲜叶采摘时间在清明前后 15 天，采摘标准为一芽一、二叶，要求鲜叶细嫩、新鲜、匀齐、纯净，不带余叶、老叶、茶果。采回的鲜叶，先进行"短茶"，即将大的芽叶折短，选取一芽一叶初展芽尖，折下的单片、茶梗，另行炒制。习惯是上午采摘，下午短茶，晚间炒制。鹿苑毛尖的制造分杀青、炒二青、闷（焖）堆、拣剔、炒干等五道工序，制作工艺独具特色。

远安鹿苑毛尖，外形条索环状，白毫显露，色泽金黄，香郁高长，冲泡后汤色黄净明亮，滋味醇厚回甘，叶底嫩黄匀整。1991 年，远安鹿苑茶在杭州国际茶文化节上获评"中国文化名茶"。

2009 年，远安县申报的远安鹿苑茶制作技艺入选湖北省第二批省级非物质文化遗产代表性项目名录。

（四）油茶汤制作技艺

土家族油茶汤历史悠久，具有浓厚的民族风味特色。同治《来凤县志》记载："土人以油炸黄豆、苞谷、米花、豆腐、芝麻、绿焦诸物，取水和油，煮茶叶作汤泡之，向客致敬，名曰油茶。"同治《咸丰县志》记载："油茶：腐干切颗，细茗，阴米各用膏煎、水煮、燥湿得宜，人或以之享客，或以自奉，间有日不再食，则昏愦者。"各方志对油茶汤做法的记载大同小异。

土家族喝油茶汤的习俗源于古代巴人，至今广为流传，湖北西部地区土家族素有"客来不办苞谷饭，请到家中喝油茶"的民谣。每逢佳节或喜庆日子，土家族民众往往煮上油茶汤，合家畅饮；如有尊贵来客，主人必向客人敬奉油茶。

油茶汤被认为是中国最早饮茶法——粥茶法的历史余绪，现今土家族的油茶汤制作工艺更加精细。首先将植物油倒入锅内，放入茶叶煎炸；然后加水煮沸，加入阴米花、粉丝、豆腐干、腊肉粒、炒黄豆、花生米、炒芝麻、炒玉米等，再加入食盐、姜末、葱花、蒜泥、辣椒等调料做成。这样制作的油茶汤，红黄黑白色彩鲜亮悦目，闻起来浓香扑鼻，沁人心脾；喝起来更是令人疲乏顿释，神清气爽。食用方法也很特殊，先把炒玉米、阴米花等放入碗里，掺入油茶汤，只能用嘴喝，不能用筷子。喝时讲究把汤与浮在汤上的食物一起喝入口中，汤喝完，碗里食物也吃完。

油茶汤"香、脆、滑、鲜"，味美适口，有提神、解渴等多重功能，许多人饮之成癖，有"三天不喝油茶汤，头昏眼花心发慌"之说。油茶汤满足了土家族群众的饮食习俗需要，是土家族珍贵的文化遗产，被韩国、日本等国茶道协会称赞为"中国茶文化一绝"。1991 年，来凤油茶汤制作技艺在杭州举办的中国国际首届茶文化节中荣获金奖。

2011 年，咸丰县和来凤县申报的油茶汤制作技艺入选湖北省第三批省级非物质文化遗产代表性项目名录。

（五）其他茶叶类非物质文化遗产

湖北茶叶类非物质文化遗产丰富多彩，除了制茶技艺，还有部分民俗、戏曲类等与茶有关的非物质文化遗产项目进入名录。2009 年，"松滋礼俗——砂罐茶"入选湖北省第二批省级非物质文化遗产代表性项目名录（民俗类）；2013 年，"通山采茶戏"入选湖北省第四批省级非物质文化遗产代表性项目名录扩展项目（传统戏曲类）。

第二节
楚菜美食之乡

一、中国淡水鱼美食之都——武汉市

武汉简称"汉"，别称"江城"，是湖北省省会，中国中部地区最大都市及唯一的副省级城市，国家中心城市，中国历史文化名城，中国楚文化的发祥地之一，中国科教名城。早在 6000 年前的新石器时代，已有先民在此繁衍生息。北郊的盘龙城遗址作为武汉建城开端，距今有 3500 年历史。明末清初，汉口被誉为中国"四大名镇"之一。民国时期，汉口被誉为东方芝加哥，武汉三镇综合实力曾仅次于上海，位居亚洲前列。

武汉地处江汉平原东部。世界第三大河长江及其最大支流汉水横贯市境中央，将武汉城区一分为三，形成了武昌、汉口、汉阳三镇隔江鼎立的独特格局。境内江河纵横、湖港交织，上百座大小山峦，一百六十多个湖泊坐落其间，水域面积占全市面积约 1/4，构成了极具特色的滨江滨湖水域生态环境。

先秦时期，楚文化光彩夺目。《楚辞》中的《招魂》和《大招》篇给我们留下了两张相当齐备的菜单，列有"煎鱼""臑鳖""脍鳖"等鱼龟鳖佳肴。《战国策》引墨子的话说："江汉之鱼鳖鼋鼍为天下饶。"《左传·宣公四年》记有"楚人献鼋于郑灵公"的故事。

秦汉魏晋南北朝时期，已经形成"饭稻羹鱼"特色。三国时期，吴国左丞相陆凯上疏孙皓时，引用了民间童谣："宁饮建业水，不食武昌鱼。"反映出早在一千七百多年前，武昌鱼肴便被人们所赞赏。宋代范成大和元代马祖常，一个说"却笑鲈乡垂钓手，武昌鱼好便淹留"，一个还劝他的朋友"南游莫恋武昌鱼"，充分体现了武昌鱼的美食魅力。

隋唐宋元时士大夫饮食文化兴起，涌现出"鲫鱼脍""风鱼"等名菜。宋代文豪苏东坡谪居湖北黄州时，曾在品尝过鮰鱼的美味后，即兴挥毫写下了《戏作鮰鱼一绝》，将其与河豚相比，"粉红石首仍无骨，雪白河豚不药人，寄与天公与河伯，何妨乞与水精鳞"。这一时期，鮰鱼菜不仅是黄州风味美食，也是江城人的餐桌佳肴。

清代叶调元《汉口竹枝词》中讲武汉过节时客人

来了要殷勤款待，菜肴规格是"九碟寒肴一暖锅"。腊鱼、鱼圆为常用之品。春节"三天过早异平常，一顿狼餐饭可忘。切面豆丝干线粉，鱼餐圆子滚鸡汤。"豆丝、鱼圆、鸡汤三味均是武汉独具地方特色的菜品和小吃。虾鲊是一道武汉乡土风味名菜。据民国十年出版的《湖北通志》记载："鲊，酝也。以盐糁鲊酿而成，诸鱼皆可为之。"此菜是以河虾或湖虾为主料，拌以米粉及调料入坛腌制成虾鲊后，采用炕焖法制成，成品咸、鲜、辣、香俱全，风味独特，是武汉民间年节喜庆之时的美食。

湖北是千湖之省，武汉是百湖之市。湖北淡水产品总产量连续 23 年居全国第一。2018 年，全省池塘养殖面积 796 万亩，占全国 20.1%，水产品总产量 458 万吨；主要经济鱼类有青、草、鲢、鳙、鲤、鲫、鳊、鮰、鳜、鳜、鳗、鳝等五十余种，还富产甲鱼、乌龟、泥鳅、虾、蟹、蚌等小水产，许多质优味美的鱼类如长吻鮠、团头鲂、鳜鱼、铜鱼等名闻全国。青鱼、草鱼、鲢鱼、鳙鱼、小龙虾、黄鳝、黄颡鱼 7 个品种产量居全国第一。餐桌上 7 条鱼就有 1 条来自湖北，截至 2018 年底，全省水产商标品牌超过 1000 个，其中，中国驰名商标 10 个、中国名牌农产品 4 个、中欧互认地理标志产品 1 个、湖北著名商标 39 个、湖北名牌产品 25 个。

1990 年中国财政经济出版社出版的《中国名菜谱》湖北风味 236 道名菜中，以淡水鱼为主的水产菜所占比例高达 31.4%，加上其他菜中以淡水鱼等水产原料作主料的菜肴，湖北名菜中以淡水鱼等水产原料作主料的菜肴所占比例达 43.2%。

武汉利用全市及全省丰富的水产资源，创制了"清蒸鳊鱼""红烧鮰鱼""珊瑚鳜鱼""明珠鳜鱼""黄焖甲鱼""虫草八卦汤""炸虾球""酥馓糊蟹"等一系列颇具地方特色的淡水鱼鲜名菜，成为楚菜"鱼米之乡、蒸煨擅长、鲜香为本、融和四方"特色的典型代表。毛泽东主席 1956 年 6 月视察湖北时，在品尝过"清蒸鳊鱼"等鱼肴，挥毫写下的壮丽诗词《水调歌头·游泳》发表后，"才饮长沙水，又食武昌鱼"这一著名诗句家喻户晓，使武昌鱼驰名中外，名扬天下。

武汉烹饪人才荟萃，烹饪科教实力雄厚。汪显山、陈昌根、黄昌祥、卢永良、余明社、汪建国、卢玉成、孙昌弼、涂建国等著名楚菜大师，都是身怀绝技的烹鱼高手，在国内餐饮界享有盛誉。武汉厨师曾在各类

烹饪技术大赛中摘金夺银，硕果累累。湖北经济学院、武汉商业服务学院等高校举办有烹饪类本科专业，华中农业大学设有中式菜点产业化研究生培养方向。他们共同为全省乃至全国各地同行业培养输送的淡水鱼制作技术人才数以十万计。武汉建有湖北省淡水鱼加工技艺非物质文化遗产传承人大师工作室，包括卢永良技能大师工作室、孙昌弼技能大师工作室、邹志平国家技能大师工作室等。湖北经济学院楚菜研究院、武汉商学院湖北省非物质文化遗产保护中心、华中农业大学国家大宗淡水鱼加工技术研发分中心（武汉）、楚菜产业研究院，均以淡水鱼菜品创新及研发作为研究重点。

武汉淡水鱼鲜类非物质文化遗产丰富。武汉小桃园煨汤技艺、老大兴园鮰鱼制作技艺、武昌鱼制作技艺等先后入选湖北省级非物质文化遗产代表性项目名录。

武汉餐饮市场发达。唐宋时期，武汉的餐饮业已具相当规模。罗隐《忆夏口》记汉阳酒楼"汉阳渡口兰为舟，汉阳城下多酒楼。当年不得尽一醉，别梦有时还重游"。宋范成大《吴船录》记武昌："南市在城外，沿江数万家，廛闬甚盛，列肆如栉，酒垆楼栏尤壮丽，外郡未见其比"。明末夏口（汉口）商业日渐繁荣，餐馆业相应发展。清初，武昌"酒楼临江开竹屋，当垆小姬能楚曲。"至民国时，武汉已产生了小桃园、老会宾、大中华、老通城、德华楼、冠生园、祁万顺、蔡林记、谈炎记、四季美等一批餐饮名店。老大兴园原名大兴园，汉阳人刘木堂 1838 年创办，以鱼菜著称，其烹制鮰鱼的名师辈出，有四代相传的"鮰鱼大王"。大中华酒楼由章再寿等于 1930 年创办，以擅长烹调鱼菜在顾客中享有盛誉。1946 年，"小桃园"（原名"筱陶袁"）开业，专营煨汤，有"甲

鱼汤""八卦汤"等特色汤品。

武汉市小蓝鲸酒店管理有限责任公司、湖北三五醇酒店有限公司、武汉湖锦娱乐发展有限责任公司、武汉市亢龙太子酒轩有限责任公司、武汉艳阳天商贸发展有限公司、武汉华工后勤管理有限公司、武汉半秋山餐饮管理有限公司先后入围"中国餐饮百强企业"。武汉美食街区发达,著名的有武昌户部巷小吃一条街,汉口吉庆街饮食文化街,硚口美食街,江夏汤孙湖鱼圆一条街,沌口财鱼一条街,汉阳鹦鹉洲风情一条街,洪山鲁磨路农家乐一条街等。2018年,武汉市餐饮营业额达1080亿元。

2005年10月,第15届中国厨师节在武汉举行,武汉市餐饮协会经市商务局、市人民政府同意,曾向中国烹饪协会申报"中国淡水鱼之都"。

2018年9月,中国烹饪协会在河南省郑州市发布《中国菜——全国省籍地域经典名菜、主题名宴名录》,"原汤氽鱼丸""葱烧武昌鱼""粉蒸鲴鱼"等五道武汉菜品入选中国菜之楚菜十大经典名菜,长江鲴鱼宴、武昌全鱼宴、惟楚有才宴等七桌武汉(含与其他城市共同享有的宴席)宴席入选中国菜之楚菜十大主题名宴。

目前,武汉的淡水鱼鲜美食已成为武汉市的一个特色品牌和一张鲜活名片,在推动武汉餐饮行业和湖北楚菜产业发展方面发挥着越来越重要的作用。

二、中国蒸菜之乡——天门市

天门市位于湖北省中部的江汉平原,气候适宜,雨量充沛,土地肥沃,素有"鱼米之乡"的美誉。天门市是"茶圣"陆羽故里和竟陵派文学发源地,也是著名的"内陆侨乡""曲艺之乡""文化之乡""蒸菜之乡",有着光荣的文化传统和深厚的文化底蕴,而蒸菜美食文化正是其中的一朵奇葩。

天门蒸菜(亦称竟陵蒸菜)历史悠久,最早可以上溯到石家河文明时期。在天门境内著名的石家河新石器时代部落遗址中,出土了大量4600年前的石(玉)器、骨器、蚌器、粳稻等文物以及鸡、鸭、豕、鱼的残骨。2005年,天门市石河镇黄花岭汉墓出土了东汉陶甑,证明了天门菜式蒸法的利用至少具有两千多年历史。

天门地区素有"三蒸九扣十大碗,不是蒸笼不请客"的说法,"无菜不蒸,无蒸不宴"是蒸菜天门的真实写照。在漫长的历史传承过程中,勤劳聪慧的天门人民不断创新,代有增益,逐步构建了"天门三蒸""素三蒸""荤三蒸""混合蒸"等多种蒸菜菜式和清蒸、粉蒸、炮蒸、包蒸、酿蒸、封蒸、扣蒸、干蒸、造型蒸等九大蒸菜技法,以及各种调料在内的完善的蒸菜技术体系,极大地丰富了天门蒸菜的内涵与外延。

天门蒸菜以"滚、淡、烂"为基本风味。天门的蒸菜饮食文化，折射出天门人所独有的性格特征。天门蒸菜口味以清淡为主，注重原汁原味，这与天门人崇尚清纯、讲求雅致有关。天门蒸菜讲究滚烫，彰显着天门人热情好客的特性。天门蒸菜无论是什么品种或蒸法，都非常讲究上桌时达到热气腾腾的滚烫效果，既是为了保证菜肴鲜美的色、香、味、形，也是为了营造待客时的热烈气氛。凭借着悠远深厚的文化底蕴、健康营养的饮食理念、独特精湛的烹饪技艺，天门蒸菜一直位居楚菜代表名菜之列。

2009年12月，湖北省烹饪酒店行业协会向中国烹饪协会申报天门市为"中国蒸菜之乡"。

2010年4月，以"蒸菜美食，健康人生"为主题的首届中国（天门）蒸菜美食文化节在湖北天门市隆重举行。在4月28日上午举行的开幕式上，中国烹饪协会正式授予天门市"中国蒸菜之乡"牌匾。

"中国蒸菜之乡"名定天门，标志着历史悠久、源远流长的中国蒸菜文化进入了新的发展阶段。自2010年以来，天门市积极行动，克服困难，集思广益，大力传承和弘扬蒸菜美食文化，以蒸菜美食文化引领城市文化发展，努力打造天门蒸菜城市文化名片，天门"中国蒸菜之乡"品牌建设和蒸菜产业发展取得了一些较为明显的成效。

2010年4月，图文并茂的《天门蒸菜精选100品》图书出版发行。2010年8月，天门市蒸菜协会、天门市劳动和社会保障局成功主办了"首届天门蒸菜高级人才培训班"。2010年12月，湖北省天门市蒸菜美食文化协会成立。

2011年6月，天门市申报的湖北蒸菜制作技艺（天门蒸菜制作技艺）入选湖北省第三批省级非物质文化遗产代表性项目名录。2011年7月，"天八蒸""竟陵八蒸"等一系列与天门蒸菜相关的商标在天门市工商局成功注册。2011年12月，天门市隆重举办了主题为"千年食蒸，健康人生"的第二届中国（天门）蒸菜文化节。

2012年2月，天门市蒸菜美食文化协会制定并完成了首部《天门蒸菜制作标准》，先期收录了天门传统蒸菜中最经典的32道菜品。2012年9月，天门市隆重举办了主题为"千年食蒸，健康人生"的第三届中国（天门）蒸菜美食文化节。2012年10月，在全国休闲农业创意精品推介活动组委会公布的全国休闲农业创意精品推介活动获奖作品名单上，天门市选送的两道蒸菜创意作品——"天门九龙宝塔蒸笼"和"108碗蒸菜"，分获"产品创意银奖"和"文化创意优秀奖"。

2013年7月，由天门市商务局、天门市烹饪协会、北京品优美食品有限公司合作组建的首个蒸菜研发中心在天门揭牌成立，助力天门蒸菜产业发展。2013年9月，在湖北荆门举行的第七届全国烹饪技能竞赛湖北赛区暨湖北省第十一届烹饪技术比赛上，天门市14名参赛选手以"蒸技九法"制作的天门蒸菜，均获得湖北省特金奖或金奖，其中全国金奖1项、全国银奖7项和铜奖6项。2013年11月，湖北省人民政府台湾事务办公室、湖北省天门市人民政府共同主办了主题为"相约陆羽故里，品味两岸美食"的2013湖北（天门）台湾美食文化周。

2014年5月，天门蒸菜登上《舌尖上的中国》第二季。2014年9月，天门蒸菜入选国务院礼宾菜单；同期，由中国饭店协会组织的2014年全国湖鲜烹饪技能大赛在武汉举行，天门市5名参赛选手用"蒸技九法"制作的"酿蒸鳝鱼"等蒸菜，充分展示出天门蒸菜"八珍罗列，水陆杂陈，荤素咸宜，技术融和，交互辉映，互相渗透"的美食理念与文化，取得了全国特别金奖1项和全国金奖4项的优异成绩。2014年12月，天门市成立了中国蒸菜文化研究院。

2017年7月，天门市隆重举办了主题为"相约回故里，如愿品蒸肴"的第四届中国（天门）蒸菜美食文化节。

2018年5月，天门市隆重举办了主题为"蒸天下美食，品天门味道"的2018中国（天门）蒸菜技能大赛，同时举办了《蒸爱大师》首映、"神州第一笼"挑战大世界基尼斯纪录、"菜蒸天下"小游园开园、

中国蒸菜产业发展高峰论坛、招商项目签约等系列特色活动。2018年9月，"天门九蒸宴"上榜"中国菜"之湖北菜主题名宴名录。

纵观天门蒸菜的发展历程，以丰富的地方物产为基础，以深厚的区域文化为依托，以精湛的烹饪技艺为推手，既传承了不断演进的创新文化，更弘扬了"无菜不蒸，无所不蒸"的包容精神；又诠释了"注重菜品原汁原味"的求真品质，更体现了"蒸者，上行之气"的进取精神。这种独特的美食文化，使天门蒸菜魅力倍增，享誉全国甚至走向世界。

三、中国武昌鱼美食之乡——鄂州市

鄂州市位于湖北省东部，长江中游南岸，属亚热带季风气候过渡区，阳光充足，雨量丰沛，气候宜人，依山傍水，湖泊众多（其中梁子湖是湖北省第二大淡水湖，位列中国十大淡水名湖之一），是一座因长江而兴的千年古城，有"楚东门户"之称，是著名的"百湖之市"和"鱼米之乡"，被誉为武汉的"后花园"。

鄂州是武昌鱼的故乡。作为我国名贵鱼类，武昌鱼古称"樊口鳊鱼"，别称"缩项鳊"，原产梁子湖水系的樊口地区。梁子湖入口众多，但出口只有一个。长江鳊鱼作为洄游鱼类，在梁子湖育肥后，每年深秋经90里长港洄游至长江。据《湖北通志》记载："鳊鱼即鲂鱼，各处通产，以武昌樊口所出为最。"鄂州樊口是长港入长江的交会之处，因当樊港入江之口，故名樊口，于是便有了"樊口鳊鱼甲天下"之说。武昌鱼最初得名于三国时期，东吴甘露元年（公元265），末帝孙皓欲从建业迁都武昌，左丞相陆凯上疏劝阻，引用了"宁饮建业水，不食武昌鱼"这句民谣。虽然当时的"武昌鱼"是对古代武昌地区所产鱼类的泛称，但从此之后，"武昌鱼"这个名称渐渐为人所熟知。

历代文人墨客对武昌鱼吟咏不绝，仅见诸典籍吟咏武昌鱼的诗篇就有逾百首。诸如：南北朝诗人庾信《奉和永丰殿下言志十首》云："还思建业水，终忆武昌鱼。"唐代诗人岑参《送费子归武昌》曰："秋来倍忆武昌鱼，梦著只在巴陵道。"宋代诗人范成大《鄂州南楼》赞："却笑鲈乡垂钓手，武昌鱼好便淹留。"明代何景《送卫进士推武昌》说："此去且随彭蠡雁，何须不食武昌鱼。"历代文人墨客笔下的武昌鱼诗意盎然，他们的吟诵和推崇让武昌鱼声名远播。

20世纪50年代中期，中国科学院水生生物研究所就在梁子湖设立了工作站，对梁子湖鱼类资源和水生动植物进行了全面调查。调查发现梁子湖有一种鳊鱼，既不同于长春鳊，也不同于三角鲂，是梁子湖独有鱼类。最后由易伯鲁教授把这种鱼定名为"团头鲂"，就是如今俗称的武昌鱼。

1956年6月，毛泽东主席在武汉畅游长江后，品尝了湖北的五道鱼菜，并欣然写下了《水调歌头·游泳》，其中"才饮长江水，又食武昌鱼"的词句，蕴含深广，脍炙人口，使武昌鱼更加闻名遐迩。

1986 年 12 月，人民文学出版社出版的《毛泽东诗词选》一书中对武昌鱼的注释是："武昌鱼，指古武昌（今鄂城）樊口的鳊鱼，称团头鲂或团头鳊。"

1988 年 10 月，《中华人民共和国团头鲂鱼苗、鱼种质量标准》（GBl0030—88）由农业部批准，于 1989 年 7 月 1 日实施。

1997 年 1 月，湖北鄂州武昌鱼集团有限责任公司成立。

2001 年 9 月，鄂州市成功举办了首届"武昌鱼国际文化旅游节"。"武昌鱼国际文化旅游节"是湖北省鄂州市人民政府打造的一个节庆品牌。

2007 年 12 月，"鄂州武昌鱼"被湖北省人民政府授予"湖北十大名牌农产品"称号。

2008 年 6 月，"鄂州武昌鱼"原产地证明商标通过国家工商总局商标局正式核准注册，成为我国第一件淡水鱼原产地证明商标。

2010 年 10 月，鄂州市武昌鱼加工业年产值突破 15 亿元，拥有"鄂州武昌鱼""梁子岛"等十多个注册品牌。其中，"鄂州武昌鱼"被国家工商总局授予"中国驰名商标"称号。

2013 年 7 月，鄂州市召开了武昌鱼美食研讨会，开始挖掘武昌鱼烹饪传统技艺，整理武昌鱼美食传承脉络，以武昌鱼美食文化助推鄂州形象建设。

2013 年 11 月，鄂州市正式被中国烹饪协会授予"中国武昌鱼美食之乡"称号。

2014—2015 年，鄂州市武昌鱼的养殖和加工发展较快，带动全市武昌鱼养殖面积达 32 万亩，其中武昌鱼主养面积 11 万亩，促成武昌鱼水产加工企业发展到 24 家，特别是湖北振源公司、梁子岛水特产工贸有限公司、李氏水产品加工有限公司、武昌鱼食品工贸有限公司等水产加工龙头企业迅速发展起来，为鄂州市现代渔业发展提供了有力保障。

多年来，作为武昌鱼故乡的鄂州市通过大力推广农业标准化，不断提高武昌鱼的养殖和加工水平。目前，湖北武昌鱼集团股份有限公司系省级大型农业产业化龙头企业，是国家科技部等 9 部门确定的"全国农业产业化综合改革试点企业"，其控股股东湖北鄂州武昌鱼集团有限责任公司是国家经贸委确定的全国 500 家"国家重点企业"之一，其国家级武昌鱼原种、淡水鱼加工规模、武昌鱼生产加工量、淡水珍珠生产加工量四项指标均名列全国第一。

如今，在鄂州市大大小小的餐馆酒楼，用武昌鱼制作出来的菜品达上百道之多，"清蒸武昌鱼""葱烧武昌鱼""干烧武昌鱼""黄焖武昌鱼""香煎武昌鱼""酥皮武昌鱼""醋烹武昌鱼""风干武昌鱼""清汤橘瓣武昌鱼"等，每一道美食都是这个城市的记忆和印象。毫无疑问地说，武昌鱼已经不折不扣地成为鄂州的优势品牌，深入人心地成为鄂州的城市名片。

2018 年 12 月 15 日至 17 日，以"振兴乡村产业、培训乡村旅游技能人才、发现乡村美食"为主题的"武昌鱼杯"鄂州首届乡村旅游楚菜大赛暨中国武昌鱼"百味宴"基尼斯挑战赛，在鄂州市莲花山隆重举行。其间，120 位鄂州厨师利用武昌鱼为主食材，运用蒸、煨、炸、烧、炒、煮、熘等多种烹调方法，烹制出了"小米炖武昌鱼""黑米蒸武昌鱼""串烤武昌鱼""面烤武昌鱼""太极武昌鱼""酥炸武昌鱼鳞"等 155 道不同的武昌鱼菜品，成功创造了单食材最多不重样的上海大世界基尼斯纪录。

四、中国小龙虾美食之乡——潜江市

潜江地处江汉平原腹地，属北亚热带季风性湿润气候，四季分明，雨量充沛，域内河流沟渠纵横交错，池塘湖泊星罗棋布，拥有水域面积约40万亩，素有"水乡园林""鱼米之乡"的美誉。潜江地表组成物质以近代河流冲积物和湖泊淤积物为主，独特的土壤、气候、水质环境十分适合克氏原螯虾（俗称淡水小龙虾）的繁育生长和大规模养殖，造就了潜江小龙虾尾肥体壮、爪粗壳薄、色泽明亮、肉质鲜美的特点，深受国内外消费者青睐。潜江人不仅善于养殖小龙虾，烹制小龙虾，而且善于品尝小龙虾，销售小龙虾，为潜江赢得了"中国小龙虾之乡"和"中国小龙虾美食之乡"的金字招牌。

在20世纪60年代初，江汉平原为灭血吸虫，从天津一带引进克氏原螯虾（俗称淡水小龙虾）以消灭血吸虫的寄宿体——钉螺。这种淡水小龙虾因其杂食性广、生长速度快、适应能力强而迅速在江汉平原生长繁衍。

20世纪90年代中期，小龙虾逐渐成为潜江民间的一道乡土美食，比较盛行的吃法是吃"虾球"。随后在湖北江汉油田（潜江市广华区五七片区）开始出现用油焖方法烹制的小龙虾，俗称"广华油焖大虾""五七油焖大虾"，并逐渐以潜江为中心向周边地区流传开来，被称为"潜江油焖大虾"。由于餐饮市场需求的快速增长，潜江小龙虾的养殖和供应开始受到关注和重视。

2000年春，潜江市积玉口镇宝湾村农民刘主权、褚红云在实践中探索出虾稻连作种养模式。

2001年春，潜江市积玉口镇虾稻连作种养模式得到局部推广应用。

2002年夏，潜江市小龙虾餐饮渐显星火燎原之势，以"油焖大虾"为代表的小龙虾特色菜品受到市场欢迎。

2003年4月，潜江市委、市政府开始把发展小龙虾产业纳入战略层面进行规划。同期，潜江华山水产公司、莱克水产公司将小龙虾系列产品卖到欧美，在国际市场上刮起一股"红色旋风"。

2004年4月，湖北省人民政府在潜江市召开了"全省推广野生寄养小龙虾暨水产工作会议"。同年夏季，江汉油田五七社区油焖大虾美食城开业，五七虾市逐渐形成。同年年底，潜江小龙虾出口额超过江苏，首次成为全国最大的小龙虾出口加工基地。

2005年9月，潜江市在全国率先掌握了淡水小龙虾人工繁育技术，有效缓解了虾苗供应不足的问题，填补了我国淡水小龙虾人工繁育的空白。

2006年2月，具有潜江特色的"虾稻"被湖北省委写进省委一号文件，在全省推广。

2008年1月，潜江虾稻轮作标准化示范区被纳入第六批全国农业标准化一类示范项目。标准体系的建立和完善，有效提升了潜江小龙虾的品质。

2009年5月，首届中国湖北（潜江）龙虾节成功举办，16亿元的合作项目签约和生态农业旅游启动等系列活动为潜江小龙虾产业发展拉开了新的序幕。

2010年7月，第二届中国湖北（潜江）龙虾节成功举办，协议引资金额超过16亿元，成功塑造了潜江小龙虾良好的产业品牌形象。

2011 年 5 月，"潜江油焖大虾"被湖北省烹饪酒店行业协会授予"湖北名菜"称号。同年 9 月，"潜江油焖大虾"被中国烹饪协会授予"中国名菜"称号。

2012 年 6 月，第三届中国湖北（潜江）龙虾节成功举办，项目签约引资总额超过 228 亿元，有效地促进了潜江龙虾产业的发展和龙虾产业文化的提升。同期，"潜江龙虾"（活体）地理标志证明商标成功获批。

2013 年 6 月，以"龙虾之乡，幸福潜江"为主题的第四届中国湖北（潜江）龙虾节成功举办，项目签约引资超过 159 亿元，在又一次"红色风暴"中擦亮了"到潜江吃龙虾"的旅游新名片。

2014 年 6 月，以"龙虾之乡，幸福潜江"为主题的第五届中国湖北（潜江）龙虾节成功举办，中国烹饪协会向潜江市人民政府正式颁发了"中国小龙虾美食之乡"牌匾，项目签约引资超过 131 亿元，集中展示了"中国龙虾第一城"的独特城市魅力。同期，由中央电视台录制的大型绿色生态旅游节目《美丽中国乡村行》——走进潜江"在央视七套播出。

2015 年 6 月，以"龙虾之乡，幸福潜江"为主题的第六届中国湖北（潜江）龙虾节成功举办，潜江被正式授予"中国品牌节庆示范基地"牌匾，项目签约引资总额超过 206 亿元，充分显示了潜江小龙虾全产业链的强劲活力。随后，潜江市人力资源和社会保障局发文筹建潜江市小龙虾烹饪职业技能培训学校。

2016 年 6 月，以"龙虾之乡，幸福潜江"为主题的第七届中国湖北（潜江）龙虾节成功举办，合同引资总额超过 461 亿元，对延伸潜江小龙虾产业链和促进小龙虾产业升级产生了重大影响。随后，《潜江龙虾品牌服务规范》《潜江龙虾标准示范店装饰设计规范》《小龙虾烹饪师评定标准》等正式发布。

2017 年 6 月，首届中国（潜江）国际龙虾·虾稻产业博览会暨第八届湖北（潜江）龙虾节成功举办，潜江市被中国粮油学会授予"虾稻之乡"牌匾，合同引资总额超过 110 亿元，集中展现了潜江的城市知名度、美誉度和综合形象。

2018 年 5 月，以"潜江龙虾行天下　潜江虾稻香万家"为主题的第二届中国（潜江）国际龙虾·虾稻产业博览会暨第九届湖北（潜江）龙虾节成功举办，项目引资总额超过 211 亿元，集中彰显了潜江龙虾·虾稻产业的最新发展成果。

潜江小龙虾特色餐饮起始于"潜江油焖大虾"。在"潜江油焖大虾"于 2011 年 9 月被中国烹饪协会授予"中国名菜"称号的基础上，潜江小龙虾菜品随着市场的不断发展而演变出多种做法，逐渐形成了油焖大虾、卤虾、蒸虾、泡虾、汤虾（煮虾）、烤虾、炒虾球和冻虾等 8 大系列一百多个品种，风味多样的龙虾菜品有效满足着消费者日益挑剔的味蕾需求。每年夏季，八方游客接踵而至，"游潜江，品龙虾"已形成了一道亮丽风景。截至 2018 年底，潜江市小龙虾餐饮店总计两千多家，从业人员约 2 万人。由此可见，以中国名菜"潜江油焖大虾"为招牌的特色龙虾美食文化，已成为潜江饮食文化的重要代表，风靡荆楚，香飘海外。

在湖北省委、省人民政府的高度重视和湖北省农业厅、文化厅、商务厅、科技厅等省直部门的大力支持下，潜江人民凭借良好的生态环境和可贵的首创精神，经过近 20 年的探索、创新和发展，潜江小龙虾产业现已形成集科研示范、良种选育、苗种繁殖、健康养殖、加工出口、餐饮服务、冷链物流、精深加工、节庆文化等于一体的产业化格局，产业链条十分完整，有着"全国小龙虾加工量最大、出口创汇最多、养殖加工研发成果最多"等多项全国第一，在世界淡水小龙虾产品市场拥有第一话语权，实现了小龙虾产业与国内国际"大市场"有效对接，走出了一条具有全球视野、健康理念的发展之路，赢得了"世界龙虾看中国，中国龙虾看湖北，湖北龙虾看潜江"的美誉。潜江小龙虾产业的主要特色表现为养殖标准化、繁育工厂化、加工精深化、餐饮品牌化、销售网络化、产城一体化及节庆常态化。

2018 年，潜江小龙虾产业从业人员已经超过 10 万人，小龙虾养殖面积达 55 万亩，年产小龙虾约 10

万吨，小龙虾加工出口连续 14 年居全国第一（小龙虾系列产品出口欧美三十多个国家和地区），创汇超 1 亿美元，综合产值达 230 亿元，半数以上小龙虾养殖户年收入在 20 万元以上，带动了当地 2 万人脱贫，小龙虾产业已发展成为潜江富民强市的第一特色产业，毫无疑问成为潜江最靓丽的城市名片。集"中国小龙虾之乡""中国小龙虾美食之乡""中国小龙虾加工出口第一市""中国最具魅力节庆城市""中国虾稻之乡"等诸多荣誉于一身的潜江市，没有满足于目前所取得的一系列耀眼的成绩，在科学发展观的引领下，既着眼长远，又放眼世界，正致力于全国小龙虾繁育养殖、科技示范和加工研发"三大中心"建设，努力在国际淡水水产品市场全面打造以潜江为核心的国家发展优势，将潜江市打造成为"世界小龙虾产业之都"。

五、中国沔阳三蒸之乡——仙桃市

仙桃原名沔阳，位于湖北省中南部的江汉平原腹地，属亚热带季风气候区，阳光充足，雨量充沛，湖泊众多，土壤肥沃，物产丰富，是我国重要的粮、棉、鱼生产基地，有"鄂中宝地，江汉明珠"之称。

沔阳蒸菜的历史悠久，从仙桃沙湖、越舟湖新石器时代遗址中发掘的甑（一种蒸食用的陶器），证明仙桃蒸菜历史可追溯到四千五百多年前。

关于沔阳蒸菜的起源，目前尚无定论。沔阳"水乡泽国"的地理特点是其基础。历史上明清时期的沔阳地区，曾经"一年雨水鱼当粮，螺虾蚌蛤填肚肠"，当时平民百姓吃不起粒粒如珠玑的大米，只有用少许杂粮磨粉，拌合鱼虾、莲藕、野菜等蒸熟充饥，这大概就是"沔阳蒸菜"的雏形了。沔阳蒸菜的起源，

也有民间传说与元末农民起义领袖陈友谅的夫人张凤道有关，故其在当地有"娘娘菜"和"义军菜"之称。

沔阳人民爱吃蒸菜，家家能蒸菜，人人会蒸菜，有"无菜不蒸"的食俗。旧时的沔阳餐馆，用餐点菜还未上席之前，先上蒸菜，名曰"压桌"。现在的仙桃城乡，无论逢年过节还是婚丧嫁娶，招待亲朋好友，宴席上都要摆几道热气腾腾的蒸菜，寓意"蒸蒸日上"，不然会被视为对客人不尊重、不热情，故有"三蒸九扣十大碗，不上蒸笼不成席"之说。千百年来，"做蒸菜，吃蒸菜"在沔阳民间早已成为广为流传的一种饮食文化现象，传到外地，就有了"蒸菜大王，独数沔阳，如若不信，请来一尝"的歌谣，沔阳由此被称为"蒸菜之乡"。

沔阳蒸菜以"稀、滚、烂、淡、鲜"见长，"稀"主要是指蒸素菜要以好汤和匀，稀稠适中，不可过干；"滚"是对加热温度的要求，讲究"一滚三鲜"；"烂"是对成菜质感的要求，追求入口即化；"淡"是指粉蒸菜属满口菜，宜淡不宜咸；"鲜"是指原材料以新鲜为主，成菜鲜美可口。

"沔阳三蒸"是沔阳蒸菜的代表。所谓"沔阳三蒸"，有人说是以粉蒸、清蒸、扣蒸等多种蒸制技法做成的系列菜肴，因其起源于沔阳而得名；通常是指

粉蒸肉、粉蒸鱼、粉蒸青菜，或者说粉蒸水产（诸如"粉蒸鲶鱼""粉蒸青鱼""粉蒸鳝鱼"等）、粉蒸畜禽（诸如"粉蒸肉""珍珠丸子"等）、粉蒸蔬菜（诸如"粉蒸茼蒿""太极蒸双蔬""粉蒸莲藕"等）。

如今的"沔阳三蒸"，经过不断地改良和发展，具有原料简朴，粉香扑鼻，鲜嫩软糯，原汁原味，味美可口的鲜明特点，符合现代人清淡饮食的健康理念，适合广大民众"美味与健康同在"的生活需求。

传说清朝的时候，乾隆皇帝游江南，到沔阳吃了"三蒸"菜品后啧啧称赞。有了皇帝的赞赏，精明的沔阳人立即将沔阳三蒸馆开到了北京。

民国时期，沔阳人在汉口开了沔阳饭店，以"蒸菜大王唯有沔阳"的口碑招揽生意而享有盛名。东北军少帅张学良曾到北京跑虎坊的湖北蒸菜馆品尝"沔阳三蒸"后，即兴而书"一尝有味三拍手，十里闻香九回头"，这幅题联更让"沔阳三蒸"名声大噪。

2011年6月，仙桃市申报的湖北蒸菜制作技艺（沔阳三蒸制作技艺）入选湖北省第三批省级非物质文化遗产代表性项目名录。2011年11月，CCTV-2《消费主张》栏目《淘乐进行时——好戏连台》以"沔阳三蒸"为题介绍了仙桃的人文美食。

2012年9月，CCTV-4大型旅游节目《远方的家》栏目《北纬30°中国行》通过采访沔阳三蒸传承人的形式展示了"沔阳三蒸"的文化魅力。

2014年5月，在第七届全国烹饪大赛决赛赛场上，仙桃参赛选手精心制作的"沔阳三蒸"菜肴荣获特金奖。

2014年8月，仙桃市沔阳三蒸协会成立。

2015年3月，中国烹饪协会派出专家组，对仙桃市申报"中国沔阳三蒸之乡"项目进行了评估认定。专家组通过审核材料和实地调研后，认为"沔阳三蒸"历史悠久，特色鲜明，制作工艺简单方便，味道清醇，最大限度地保持了食物的原汁原味及营养，具有朴实的民间特色和鲜明的江汉地域特点及浓厚的文化底蕴，既符合现代人清淡饮食的健康理念，又适合人们对"美味与健康同在"的生活需求；群众基础广泛，地方政府高度重视，市场发展前景良好。

2015年4月，在仙桃市首届沔阳三蒸文化节暨沔街庙会开幕式上，中国烹饪协会正式授予仙桃"中国沔阳三蒸之乡"牌匾，沔街被授予"湖北旅游名街"称号和"湖北餐饮文化名街"称号，沔城回族镇被授

予"湖北餐饮文化名镇"称号。同期，由仙桃市政府与武汉商学院共建的"中国沔阳三蒸研究院"挂牌成立。

2016年2月，为期9天的仙桃市第二届沔阳三蒸文化节暨沔街庙会在沔街隆重举办，仙桃市民在"蒸蒸日上"的氛围中过了一个味道满满的新年。

2018年9月，中国烹饪协会在河南省郑州市发布《中国菜·全国省籍地域经典名菜、主题名宴名录》，"沔阳三蒸"位居"中国菜"之湖北十大经典名菜之列。

目前，"沔阳三蒸"已成为仙桃市的一个饮食品牌和一张鲜活名片，在推动仙桃餐饮行业和湖北楚菜产业发展方面发挥着越来越重大的作用。

如今的仙桃市越来越重视蒸菜人才的培养。截至2018年底，拥有中国烹饪大师10人，湖北烹饪大师15人，湖北烹饪名师20人，形成了一支由四十多位烹饪大师、名师和上百位烹调技师、高级烹调技师组成的实力雄厚的技能人才队伍，无疑为"沔阳三蒸"的传承与发展奠定了厚实的基础。仙桃人民将用自身的勤劳和智慧，把"沔阳三蒸"演绎得更加精彩纷呈。

六、中国东坡美食文化之乡——黄冈市

黄冈位于湖北省东部，雄踞大别山南麓，俯卧长江中游北岸，属亚热带大陆性季风气候，依山带水，风光秀丽，光照充足，四季分明，历史文化源远流长，自然人文交相辉映，素有"吴头楚尾"和"湖北东大门"之称。

中国历史上著名的文学家和美食家苏轼（苏东坡）与黄州古城血脉交融。北宋神宗元丰三年（公元1080），苏轼因"乌台诗案"被贬为黄州（今黄冈市）团练副使。贬居黄州的四年零四个月期间，是苏轼艺术创作的高峰期，其文学代表作"一词二赋"（《念奴娇·赤壁怀古》和《赤壁赋》《后赤壁赋》）以及被誉为"天下第三行书"的书法代表作《寒食诗帖》都作于此。余秋雨在《苏东坡突围》中曾写道："苏东坡成全了黄州，黄州也成全了苏东坡。"苏轼《自题金山画像》中说："问汝平生功业，黄州惠州儋州。"在出生于眉州的苏东坡心中，黄州是最值得眷念的地方，也把黄冈、惠州、儋州、眉山四座城市紧密地联系在了一起。

东坡躬耕地东坡在黄州，东坡居士始号于黄州，

东坡文化始铸于黄州，黄州无疑是东坡文化的发祥地，东坡文化无疑是黄冈的品牌文化。黄冈市委、市政府致力于将东坡文化资源优势转变为发展优势，打造城市的核心竞争力。

东坡美食文化是东坡文化最具象的内容，是东坡文化最鲜活的表现，是全体黄冈人的骄傲。黄冈市将苏东坡在黄州的生活方式总结为"躬耕东坡，放浪山水，修身养性，激情创作"。苏东坡在黄州的饮食生活简朴而精致，享自然之味，求味外之美，以自己的大智慧和平淡心塑造的美食之道，独具特色，别有风味。后人以苏东坡诗文中记载的制作方法和风味特点为依据，进行整理和开发，逐渐形成东坡荤菜、东坡素菜、东坡小吃、东坡饭粥和东坡饮品等五大类，"东坡肉""东坡饼""东坡羹"等近百品种的黄州东坡菜，每道东坡菜都融文学性、知识性、艺术性于一体，既有制作工艺，又有文化渊源，形成了黄冈美食的一个熠熠生辉的文化标识，为黄冈、湖北乃至中国留下了一份宝贵的饮食文化遗产。

黄州东坡菜是黄冈美食的地标，是湖北菜的一个重要组成部分，也是中国菜的一朵奇葩。以"黄州东坡菜"为载体的东坡美食文化，对推动中国传统饮食文化的发展和创新产生了重要影响并发挥着积极作用。

"黄州东坡肉"薄皮嫩肉，色泽红亮，味醇汁浓，酥烂而形不碎，香糯而不腻口，是黄州东坡菜的经典代表。1990年5月，"黄州东坡肉"被录入《中国名菜谱·湖北风味》。1992年4月，"黄州东坡肉"被录入《中国烹饪百科全书》。2008年5月，"黄州东坡肉"被录入《中国鄂菜》。2015年11月，"黄州东坡肉"被中国烹饪协会评为"中国名菜"。

近些年来，黄冈市政府将创建"中国东坡美食文化之乡"视为打造黄冈城市名片、经济名片和文化名片的重要抓手，要求各地、各部门强化东坡美食文化研究，深入挖掘东坡美食的文化内涵，全面推进黄冈餐饮业规模化、品牌化、特色化、规范化、产业化发展。黄冈餐饮业非常注重挖掘和收集东坡美食文化，积极开展东坡美食研发和东坡美食品牌建设，编撰东坡美食菜谱，制定东坡美食标准，做到一景一典故，一景一菜品，一菜一故事，以彰显东坡美食文化魅力，占领东坡美食文化高地，牢牢掌握东坡美食文化的话语权。

2016年7月，黄冈市人民政府办公室印发了《关于促进东坡美食产业发展的意见》（黄政办发〔2016〕43号），要求弘扬东坡文化，促进东坡美食产业发展壮大，努力把黄冈建设成为以东坡文化为底蕴、以东坡美食为标志、以东坡品牌企业为主导、荟萃国内特色品牌的"中国东坡美食文化之乡"。

2016年8月，在黄冈市创建"中国东坡美食文化之乡"评审意见反馈会上，中国烹饪协会专家组一致认为，黄冈具有深厚的东坡美食文化底蕴，形成了丰富的东坡美食菜品，东坡美食文化具有广泛的群众基础，各级领导高度重视发展东坡文化，东坡美食文化产业取得了长足发展，符合成为"中国东坡美食文化之乡"的条件。

2016年9月，以"东坡遗爱，黄梅飘香"为主题的第七届（黄冈）东坡文化节暨第九届湖北省黄梅戏艺术节成功举办，中国烹饪协会正式向黄冈市颁发"中国东坡美食文化之乡"牌匾，全国第一个以历史人物命名的美食之乡名定黄冈，让黄冈人民和黄冈餐饮业界为之振奋。

2016年12月，黄冈被湖北省民间文艺家协会授予"东坡文化之乡"称号。

2017年9月，"黄州东坡肉"走进央视2套《魅力中国城》栏目，成为"黄冈城市味道"的形象代言。

2018年9月，中国烹饪协会在郑州市发布《中国菜·全国省籍地域经典名菜、主题名宴名录》，"黄州东坡肉"跻身"中国菜"之湖北十大名菜之列。

2018年10月，黄冈被中国民间文艺家协会授予"中国东坡文化之乡"称号。

2018年12月，以"美丽黄冈，美好生活"为主题的2018大别山（黄冈）地标优品博览会暨首届东坡文化美食节隆重举办。此次"一会一节"融地标企业参展、地标优品宴评比、餐饮职业技能大赛、名吃名点展销、地方文化主题展示以及商旅文体康招商推介会等活动于一体，集中展示了"中国东坡美食文化之乡"建设的丰富成果。

七、中国黄鳝美食之乡——监利县

监利位于湖北省中南部，江汉平原腹地，属亚热带季风气候区，南临长江，北襟襄水，东邻洪湖，西接江陵，光照充足，雨量充沛，河网密布，湖泊星罗，土壤肥沃，有"鱼米之乡"和"芙蓉之国"的美誉。

监利因公元 222 年东吴派官"监收鱼稻之利"而得县名。区域经济特色明显，水产养殖全国闻名，是著名的"全国水产先进县"和"全国平安渔业示范县"。域内湖泊、沟渠和稻田是黄鳝天然栖息场所，特别是 7 万余亩洪湖子湖群、近万亩东港湖黄鳝水产种质资源保护区，蕴藏着丰富的黄鳝种源。20 世纪 80 年代，监利开始人工养殖黄鳝，经历了砖池固养、水泥池暂养、土池养鳝、稻田养鳝、网箱养鳝等多个阶段，是我国网箱养鳝模式的主要发源地之一。近 10 年来，监利县黄鳝网箱改良为 6～12 平方米的中小网箱，渔民们还探索出池塘养鱼套网箱养鳝，同时在配方饲料中拌喂鱼糜、螺蛳肉等方法，用生态养鳝模式以保证黄鳝的优良品质。

监利黄鳝品质优良，体形长而圆，尾柄尖且渐细；体色橙黄，背部有三条花斑，黑黄斑纹相间，主筋与副花明显，色泽鲜艳。经过多年的探索和发展，监利在黄鳝的养殖、培育、销售品牌等方面拥有国内优良的资源和领先的技术。2012 年以来，监利县黄鳝养殖规模和产量稳居湖北省前两位，同时位居全国前列。2013 年，"监利黄鳝"被国家工商总局商标局核准注册为国家地理标志证明商标。在监利黄鳝产量构成中，约 90% 为生态养殖产量，天然捕捞产量作为黄鳝商品的约 4000 吨，黄鳝产品近 5 年药残抽检合格率均为 100%。因为品质优良，监利黄鳝已畅销武汉、长沙、重庆、成都、北京、南京、广州、上海、

香港等地，远销美国、日本、韩国等国家。

2015 年以来，监利县高度重视生态渔业和水产健康养殖。截至 2018 年底，建成了东港湖黄鳝国家级水产种质资源保护区，建设了 20 个农业部水产健康养殖示范场和 8 个湖北省水产健康养殖示范场，全县通过无公害水产品产地认定面积约 70 万亩，通过农业部无公害水产品产品认证三十多个品种(批)。同时，监利县高度重视推进黄鳝美食产业，建立了黄鳝美食研究所，与省内乃至国内养殖协会、烹饪协会、高等院校、文化研究机构加强协作，围绕黄鳝美食烹饪技术、制作工艺和工业化生产开展科研攻关和成果交流，为黄鳝美食向规范化和标准化方向发展创造条件。

监利民间食用黄鳝的历史悠久，最早可追溯到春秋时期的"金砂鳝鱼"。监利黄鳝肉质细腻，口感绵糯，营养丰富，在当地素有"黄鳝赛人参""无鳝不成宴"的说法。监利县烹饪大师们继承和发扬历代名厨烹调技艺，以本地土特产为配料，精心烹制出一系列色彩绚丽、造型美观、口味丰富的黄鳝佳肴，诸如"金丝鳝鱼""皮条鳝鱼""虎皮黄鳝""青椒鳝丝""鸡腰鳝花""清炖黄鳝"等一百多道菜式，深受民众喜爱，其中十几道黄鳝佳肴被湖北省烹饪酒店行业协会、中国烹饪协会评为"湖北名菜""中国名菜"。监利黄鳝美食中最负盛名的当属"金丝鳝鱼"，又名"蛋皮鳝丝"，其色泽金黄，汤香味浓，鲜嫩爽口，是监利传统名菜，也是"中国名菜"。目前，监利县滨江美食街、实中路、茶庵大道东端等多条街道形成了"黄鳝美食一条街"，新沟、朱河、程集、白螺、周老嘴等乡镇的鳝鱼面和鳝鱼菜闻名遐迩，以"监利黄鳝"为代表的餐饮美食文化悄然成为监利黄鳝产业链上的新亮点。

2016 年，监利县黄鳝总产量约 3.7 万吨，产值约 25 亿元，养殖网箱单箱平均纯收入达 800 元，黄鳝产业带动约 3 万个农村劳动力就业致富，对促进当地经济发展做出了重要贡献。

2017 年 9 月，监利县人民政府正式致函中国烹饪协会申报"中国黄鳝美食之乡"。同年 9 月，"监利黄鳝"被评为"2017 中国百强农产品区域公用品牌"。同年 10 月，监利获得"中国黄鳝特色县"称号。同年 11 月，以"鳝行天下，生态监利"为主题的 2017 湖北·监利黄鳝节成功举办，中国水产流通与加工协会正式为监利县颁发了"中国生态黄鳝县"

牌匾，中国烹饪协会正式为监利县颁发了"中国黄鳝美食之乡"牌匾，湖北水产产业技术研究院正式在监利挂牌成立了"黄鳝研究所"。

2018年9月，在我国首个中国农民丰收节期间，"监利黄鳝"与"潜江龙虾""宜昌蜜橘""秭归脐橙"一起入选"100个农产品品牌名单"。

监利县正以"中国黄鳝特色县"和"中国黄鳝美食之乡"这两块金字招牌为契机，加强黄鳝产业发展规划，弘扬黄鳝美食文化，提升"监利黄鳝"品牌效应，努力把黄鳝产业打造成为监利县又一个百亿元产业。

八、中国美食之都——宜昌市

宜昌，古称夷陵（意为"水至此而夷，山至此而陵"），建制历史逾两千年，是巴楚文化的发祥地，而"宜昌"之名则始于东晋。宜昌位于湖北省西南部，长江上中游分界处，地处中亚热带与北亚热带的过渡地带，属亚热带季风性湿润气候，有四季分明，雨量充沛，水热同季，寒旱同季的气候特征，境内水系以长江为主脉，河流多，密度大，水量丰富；地理环境复杂多样，高低相差悬殊，境内有山区、平原、丘陵，大致构成"七山一水二分田"的格局，为湖北、重庆、湖南三省市交会地，"上控巴蜀，下引荆襄"，素以"三峡门户，川鄂咽喉"著称。

宜昌现为湖北省地级市，是湖北省域副中心城市、国家卫生城市、国家环保模范城市、国家园林城市、国家森林城市、中国优秀旅游城市、国家食品安全示范城市。2016年，宜昌市GDP总值为3709.36亿元，在湖北省17个市州中排名第2位，其中社会消费品零售总额达到1240.33亿元。2017年，宜昌市GDP总值为3857.17亿元，在湖北省17个市州中排名第3位，其中社会消费品零售总额达到1330.33亿元。2018年上半年，宜昌市GDP总值为1928.82亿元，在湖北省17个市州中排名第2位。可以说，宜昌市经济及综合实力仅次于省会武汉市，是"湖北省第二大经济体"和"湖北省综合实力第二强城市"。

宜昌山水相依，山美水秀，山珍野味和江湖河鲜食材资源丰富，品质优良，盛产山珍（以微菜、香菇为代表）、江鲜（以长阳清江鱼、长江肥鱼为代表）、果品（以宜昌蜜橘、秭归脐橙为代表）、茶叶（以宜昌红茶、鹿苑毛尖为代表）、高山蔬菜（以长阳西红柿、五峰大白菜为代表）等，都是宜昌美食的物质基础。

宜昌历史悠久，底蕴深厚。有道是"巴宾船贾集，蛮市酒旗风"，历史上的宜昌帆樯如林，商贾云集，具有悠久的烹饪发展历史和深厚的饮食文化积淀，源远流长的巴楚文化、烽火犹存的三国文化、蕴藉精深的诗词文化、雄伟壮观的水电文化、波澜壮阔的红色文化、丰富多彩的民俗文化，共同构成了宜昌餐饮文化的深厚基石。"一方水土养活一方人，一方人偏爱一种味"，千百年来，勤劳淳朴的宜昌人薪火相传，突出"江河水鲜与山乡土特"的选材风格，讲究"鲜而不腥，咸而不重，肥而不腻，辣而不烈"，逐渐形成了"原汁、油重、香鲜、酸辣、软嫩"的峡江饮食传统风味。随着旅游业的持续发展，鲜香楚菜、麻辣川菜、清淡粤菜等各大菜系在此相互交融，在传统饮食风味的基础上，敢于创新的宜昌人兼收并蓄，多种美味佳肴、名席名宴与风格流派交相辉映，"白刹肥鱼""峡口明珠汤""三游神仙鸡""鸡泥桃花鱼""凤尾锅贴鱼""三丝腰花""银针鸡丝""软炸鱼饼""魔芋豆腐""凉拌节节根""砂锅土鸡汤""萝卜饺子"等绚丽多姿，土家菜、山野菜、曲乡菜、柴

火菜、渔村菜等缤纷多彩，三国宴、屈原宴、昭君宴、三峡风情宴、清江民俗宴等群宴争辉，推动并造就了"原鲜味，一点辣"，风味自成一体的宜昌巴楚菜，丰富了楚菜的内容，也充实了楚菜的内涵。

"举世无双岩洞宴，三峡第一肥鱼汤。""宜昌肥鱼"位居宜昌名菜之首。肥鱼（鮰鱼的别称）是宜昌青山绿水孕育出的珍贵食材，辅以清淡的烹饪方法，汤白润泽，肉滑如玉，夹起来弹性十足，尝起来味道鲜美，作为头道菜端上桌最能彰显迎客之道。

"老九碗"是宜昌特色宴席的代表之一，由"杂烩头子""炸春卷子""鱼糕丸子""鱿鱼笋子""白肉肚子""香菌鸡子""珍珠丸子"等九道菜品组成，菜名后都有一个"子"字，都是用大碗盛装上桌，取"多子多孙，多福多寿"之意，迎合宴席的喜庆气氛，具有浓厚的峡江乡土气息。

"好食材才有好味道"，生长在宜昌青山绿水间的长江肥鱼、清江鲢鱼、高山蔬菜、节节根、木姜子等本地优质食材逐渐广为人知并深受欢迎。如今，以巴楚屈原文化为核心的端午美食正不断散发着其独特魅力；以武圣、长坂坡为代表的三国文化依旧彰显着宜昌餐饮的底蕴；以土家腊蹄子、长阳抬格子、高山原生态蔬菜为代表的土家风味美食热情洋溢着宜昌民俗的味道，宜昌独特的峡江饮食文化正在影响和吸引着越来越多的人。

在市场大潮流中，面对地方经济建设所面临的困难和机遇，以获得感、幸福感、安全感满足人民向往美好生活的新时代需要，落实长江经济带绿色发展战略，宜昌市开始布局"中国美食之都"和"千亿旅游产业"，推动绿色发展和高质量发展。

2016年2月，宜昌市正式提出通过三年左右的时间，把宜昌打造成本地人认可、国内外游客向往惦记的"美食之都"，推动餐饮业取得快速发展。

2016年5月，宜昌市政府正式印发了《宜昌市建设"美食之都"实施方案（2016—2018年）》，明确提出的主要任务是：挖掘本土特色美食，开展"宜昌名菜""十大名小吃"和品牌休闲食品评选活动，培育本土品牌餐饮企业，建设美食街区、美食镇、美食村，开展早餐示范店和便民快餐店建设与推广工作等。

2016年7月，宜昌市启动"美食之都"建设工程。在宜昌市委、市政府的高度重视与指导下，宜昌

市商务局、市烹饪酒店行业协会共同组织开展了"宜昌名菜"的征集和评选工作。评出了"宜昌肥鱼、土家抬格子、远安泥鳅火锅、夷陵土鸡汤、石磨懒豆花、香辣刁子鱼、原味腊蹄火锅、土家炕土豆、宜昌扣肉、清江鱼头"等10道地方特色浓郁、本土食材突出、文化底蕴深厚的"宜昌名菜"。

2017年10月，宜昌市人民政府办公室印发《宜昌市千亿旅游产业三年行动计划（2017—2019）》，其中旅游餐饮业的主要任务是：按照"健康、独特、美味、便利"的要求和建设"美食之都"目标，大力发展地方特色餐饮业，开放一批阳光厨房，打造一批新型智能餐饮企业。进一步提升星级酒店餐饮经营水平，支持本土餐饮品牌连锁发展，规范引导城区休闲快餐业发展。鼓励发展特色农家乐。

截至2018年初，宜昌市餐饮企业注册一万七千多家，三星级以上酒店四十余家，其中五星级2家，四星级10家，三星级30家。旅游接待指定餐饮店20家，"金盘级"旅游餐馆10家，"银盘级"旅游餐馆5家。有4家企业被中国烹饪协会认定为全国"优秀餐饮企业"，25人荣膺"中国烹饪大师"称号，7人获得"中华金厨奖"。

规划和建设"中国美食之都"，促进了宜昌食品加工业的发展。全市共有食品加工生产企业618家。屈姑食品、土老憨集团等知名企业，把宜昌柑橘、清江野鱼等本地美食资源加工成各类休闲食品及调味品，远销海内外。

规划和建设"中国美食之都"，也带动了宜昌农产品品牌创建。截至2018年10月上旬，宜昌市有效使用"三品一标"（无公害农产品、绿色食品、有机食品和农产品地理标志）的涉农企业达359家，其中的国家级农产品地理标志产品达28个。

2018年10月，在第二十八届中国厨师节期间，"宜昌系列名菜""屈乡风情宴""香溪昭君宴""峡江庆功宴""土家十碗八扣"等一道道、一桌桌富有浓郁地域特色的宜昌美食精彩亮相，充分展示了宜昌"中国美食之都"创建的成果和发展的潜力。在本届中国厨师节开幕式上，宜昌市正式被中国烹饪协会列入"中国美食之都"名录，宜昌市秭归县、宜昌市长阳土家族自治县同时被列入"中国美食之乡"名录。

第六章

楚天名茶名酒

CHUTIAN MINGCHA MINGJIU

第一节
楚天名茶

一、湖北：中国茶业的重镇

湖北省地处长江中上游南北交会、九省通衢的中心地带，坐落在中国茶叶南北特点兼有的北纬31°的茶叶黄金带上。东邻安徽，南界江西、湖南，西连重庆，西北与陕西接壤，北与河南毗邻。境内崇山峻岭，沟壑纵横，地形复杂，垂直高差显著，形成了多种多样的生物小气候。年平均温度15～17℃，年平均降水量800～1600毫米。土壤有黄棕壤、山地棕色森林土、黄壤等。以砂质壤土居多，一般呈微酸性反应。这些优越的生态环境，为茶树提供了良好的生存条件。从茶树的水平分布看，神农架、荆山、齐岳山、幕阜山、大别山等，在海拔1200米以下的山谷两侧坡面，都有茶树的天然分布。湖北是我国茶树原产地之一。

优良的益茶环境，发达的科技、交通和人文条件，勤劳的荆楚儿女，加上全国34个省市区中不多见的四座茶山：鄂东大别山、鄂南幕府山、鄂西武陵山（长江三峡带）、鄂西北秦巴山，应该说，湖北具有优质茶业天然的优势。

湖北产茶历史悠久，茶文化资源丰富，茶叶名品众多，是中国茶业的重镇。

（一）产茶历史悠久

中国是世界茶的故乡。而湖北地区，应该是茶的发源地之一。

湖北，历来是我国茶叶的主要产地。按信史所记，汉代饮茶之风由巴蜀传入荆楚。晋代《荆州土地记》中说："浮陵（即武陵）茶最好……武陵七县通出茶，最好。" 我国最早有关制茶的记载是三国时魏人张揖所做的《广雅》："荆巴间采叶作饼，叶老者，饼成以米膏出之。欲煮茗饮，先炙令赤色，捣末置瓷器中，以汤浇覆之，用葱、姜、橘子芼之。"这是楚人和巴人为中国茶事做出的初步创造。

湖北省的茶叶栽培，始于三国时期。一千七百多年前，湖北茶叶栽培、加工已有一定的基础。唐代竟陵（今天门市）人陆羽编著的《茶经》，介绍了栽茶、制茶、评茶的经验，记载了当时湖北茶叶产区已扩展到峡州、襄州、荆州、蕲州、黄州（实际上还有个归州），即现在的宜昌、枝城、远安、南漳、襄阳、江陵、蕲春、黄梅、黄州、麻城、巴东、秭归一带。

宋、元、明、清时代，湖北地区都是我国主要产茶区。

宋朝茶叶贸易由官府垄断，全国设置36个垄断经营的"榷茶场"，其中3个即在湖北：江陵府、汉阳军、蕲州蕲口。

明清时期，湖北茶叶已经开始出口海外。

清代，是湖北茶叶生产的盛期。从康熙、雍正、乾隆三朝到道光年间，边茶、红茶出口贸易的发展，促进了茶叶生产。1840年，仅蒲圻羊楼洞一处就有红茶庄号五十多家，年制红茶10万箱（每箱25千克，计2500吨）；1850年，达30万箱（计7500吨）；1861年以后，汉口辟为对外通商口岸，湖南、安徽、江西及湖北茶叶大量在汉口出口，汉口的对外贸易，茶叶为最大宗，汉口亦成为全国茶叶进出口贸易的主要商埠。1888年，出口总量为43000吨；1915年，上升到47510吨。此后，由于印度、锡兰红茶的兴起，湖北红茶减少，砖茶增加，原来产制红茶的羊楼洞大量转产老青茶，年制砖茶三十余万箱（每箱41千克至66千克，计12300～19800吨），故羊楼洞以生产青砖茶而著名。1916年至1932年（民国十五年至二十一年），湖北茶叶产量都在20500吨左右。据1937年的《湖北年鉴第一回》记载，1936年，湖北茶园面积为31万亩，年产茶21400吨。抗日战争期间，茶叶生产遭受严重摧残，每况愈下，到1949年，茶园面积仅13万亩，总产1750吨。

筚路蓝缕70年。2015年，湖北省出口茶叶企业有34家，同比增加了8家；出口过千万美元的企业增至4

家。同年,陆羽国际茶业交易中心在武汉光谷成功挂牌,业务涵盖交易、文化、检测、金融等四大板块。2016 年,湖北省茶园总面积 509 万亩,总产量 29.6 万吨,总产值 138.5 亿元,综合产值超过 500 亿元,茶园面积、产量均居全国第 4 位,产值居第 5 位。同年,湖北省规模以上茶叶加工龙头企业三百多家,其中国家级龙头企业 5 家,省级龙头企业六十余家。截至 2017 年,陆羽国际茶业交易中心已上线五十多个中华老字号及龙头企业产品,出货量超过 3000 吨,市值超过 20 亿元。

湖北绿茶独大的局面,也得到了改善。2016 年,湖北省生产红茶 3.12 万吨,黑茶 4.35 万吨,比 2010 年分别增加 108% 和 344%;红茶、黑茶产量比重提高到 25%,增加 10 个百分点;红茶、黑茶产值比重,年均增加约 3 个百分点。2000 年以来,湖北持续开展茶叶板块基地建设,鄂东大别山、鄂南幕阜山、鄂西南武陵山、鄂西北秦巴山、鄂中大洪山等五大茶山各具特色,茶园面积和产量约占全省的 90%。

湖北已经成为名副其实的茶叶生产大省,正在向茶业强省冲刺。

(二)茶文化资源丰富

湖北茶文化资源的突出亮点:与茶有关的三个圣人,均出自湖北。他们是茶祖神农氏、茶神诸葛亮、茶圣陆羽。

1. 茶祖神农

"茶之为饮,发乎神农氏,闻于鲁周公。"神农氏既是饮茶之祖,理所当然就是"中华茶祖"了。在湖北神农架林区,有一个流传极广的故事:一次,神农氏采药尝百草时中毒,生命垂危之际,顺手从身旁的灌木丛中扯下几片树叶嚼烂吞下去,以解饥渴,不想这几片树叶竟救了神农氏的命。神农氏将这种树叶命名为"荼"(即茶),并倡导种荼(茶)、喝荼(茶),从此茶叶恩泽天下。因为神农架是神农搭架采药摘茶的地方,他在此"架木为梯,以助攀缘""架木为屋,以避风雨",最后"架木为坛,跨鹤升天",老百姓就把那一片茫茫林海,取名"神农架",以此纪念神农尝百草、造福人间的功绩。为缅怀祖先,颂其伟业,神农架林区人民政府于 1997 年在神农架主峰南麓小当阳兴建神农祭坛一座,塑牛首人身的神农像于群山之中,景致浑宏,气宇轩昂,蔚为壮观。

2. 茶圣陆羽

陆羽,唐代复州竟陵(今湖北天门市)人,约出

生于公元 733 年,是唐代著名的茶文化家和鉴赏家,一生嗜茶,精于茶道,以世界第一部茶学专著《茶经》而闻名于世,对中国和世界茶业发展做出了卓越贡献,被誉为"茶仙",尊为"茶圣"。

《茶经》是中国第一部总结唐代及唐代以前有关茶事的来历、技术、工具、品啜之大成的茶业著作,也是世界上第一部茶书。《茶经》在总结自先秦到唐代中叶两千多年间茶事的基础上,全面系统地介绍了中国古代茶的演变,对有关茶树的产地、形态、生长环境,以及采茶、制茶、饮茶的工具和方法等,都进行了全面的总结,使中国茶业从此有了较完整的科学根据,对茶业生产与发展产生了极大作用,堪称一部茶道"百科全书"。

在陆羽的故乡湖北天门,有不少与之相关的茶文化遗迹:天门市区的"古雁桥",传说是当年大雁庇护陆羽的地方;镇北门的"三眼井",是陆羽煮茶取水处,井台旁边有一块后人立的石碑"唐处士陆鸿渐小像碑";城西陆羽大道旁建有陆羽公园,立有陆羽雕像,左右有凉亭及纪念祠,与之相距约 1 千米的地方,便是有名的陆羽广场。

3. 茶神诸葛亮

自古以来,人们对诸葛亮的认知大多集中在忠诚智慧方面,特别是辅佐蜀国在战场上的运筹帷幄,决胜千里。其实,诸葛亮在兴茶种茶方面的努力与贡献,同样功不可没。

诸葛亮 10 岁时随其叔父到襄阳,在隆中隐居 10 年,躬耕苦读,种茶明志,常与豪杰持杯饮茶,纵论古今,并对种茶技术和茶叶功效颇有见地。

民间有许多关于诸葛亮与茶叶的传说,他被云南一些少数民族尊称为"茶神"。史载:诸葛亮南征时,曾给西南少数民族带去了多种农作物种子及种植技术,其中就包括茶叶。诸葛亮的军队携带的茶叶种植技术在西南"蛮夷之地"推广伊始,茶叶的除湿排毒、降火祛寒、健脾和胃等保健治疗功效,很快为人们所了解和认同。种茶、吃茶、饮茶之风,迅速兴起。相传,诸葛亮在当地种下大量茶籽,向当地人传授制茶技艺,使得普洱茶发展开来。在云南普洱茶产区,人们每年都要祭拜"茶神"孔明。云南勐腊县象明乡境内有一座孔明山,每年农历七月二十三日(诸葛亮生日)那天,当地人都要饮茶、赏月、放"孔明灯"。众多村寨举行"茶祖会",祭拜茶祖诸葛亮和属于武侯遗

种的古茶树，祈求茶叶丰收、茶山繁荣、茶农平安。

湖北是我国茶树原产地和茶叶主要产地之一，茶业与饮茶历史悠久。湖北茶事的发展，为茶文学尤其茶诗的创作提供了广阔的题材。在历代湖北茶诗中，所吟大都以茶为主题或与茶有关。唐代大诗人李白的《答族侄僧中孚赠玉泉仙人掌茶诗并序》和郑谷的《峡中尝茶》对当阳仙人掌茶和峡州小江园茶的青史留名，宋代工部员外郎郑文宝的《寒食日经秀上人房文宝诗》、清代美容土司田九龄的《茶墅》两诗，对京山雨前茶和鄂西美容贡茶的滥觞与流播，都是弥足珍贵的湖北暨中国茶文化遗产。

还有流布在湖北各茶区的古今茶歌、茶舞和多彩的茶文化习俗，也是湖北茶文化的宝贵资源，亟待进一步挖掘整理，以期丰富湖北茶文化的内涵，增强湖北茶叶的文化含量。

（三）茶叶名品众多

茶树，是自然界长期发展的产物。湖北地处长江中上游，西起东经108°21′42″，东至东经116°07′50″，南起北纬29°01′53″，北至北纬33°6′47″。东邻安徽，南界江西、湖南，西连重庆，西北与陕西接壤，北与河南毗邻。境内崇山峻岭，沟壑纵横，地形复杂，垂直高差显著，形成了多种多样的生物小气候。年平均温度15～17℃，年平均降水量800～1600毫米。土壤有黄棕壤、山地棕色森林土、黄壤等。以砂质壤土居多，一般呈微酸性反应。这些优越的生态环境，为茶树提供了良好的生存条件。从茶树的水平分布看，神农架、荆山、齐岳山、幕阜山、大别山等，在海拔1200米以下的山谷两侧坡面，都有茶树的天然分布。湖北是我国茶树原产地之一。

湖北优越的益茶环境，催生了许多传统历史名茶和当代创新名茶。下面对湖北名茶做一次简要的巡礼。

1. 魏晋南北朝时期

三国时，荆巴间采茶作饼，叶老者饼成，以米膏出之，欲煮茗饮，先炙令赤色，捣末，置瓷器中，以汤浇覆之。用葱、姜、橘子芼之，其饮醒酒，令人不眠。（陆羽《茶经·七之事》）这一制茶方法，与今鄂西咸丰、宣恩、巴东等土家族聚居地世代用油炸茶叶加阴米、花生、芝麻、姜、葱、蒜等调制的油茶汤颇同；晋武帝时，宣城人秦精常入武昌山采茗；南北朝时期，"西阳、武昌、晋陵，皆出好茗，巴东别有真香茗"。彼时，西阳包括今黄冈、麻城、红安、罗田、英山、蕲水等地；

武昌郡，包括现今的江夏、咸宁、蒲圻、阳新、大冶、通山等地。这些史料，说明鄂东、鄂西、鄂南俱产茶。

2. 唐宋时期

有唐一代，巴山峡川有两人合抱的茶树。山南之茶，"峡州上，生远安、宜都、宜陵三县山谷。襄州、荆州次。襄州，生南漳县山谷。荆州，生江陵县山谷。圻州，生黄梅县山谷。黄州，生麻城县山谷。品与荆州、梁州同。"（陆羽《茶经》）李肇《唐国史补》载："峡州有碧涧、明月、芳蕊、茱萸。江陵有楠木，蕲州有蕲门团黄。"西蕃赞普所珍藏的六种地方名茶就有"此蕲门者"一种，说明当时圻州所产的圻门团黄，制作精良，堪为上品。王观国《学林新编》言："门蕲团黄，有一旗一枪之号。"言一叶一芽也，为茶之极品。李白对仙人掌的缘起、生态环境、采摘制造、功能等，进行了详细的记录，至今为人们所传诵。

五代之世，鄂南阳新、大冶、通山等地产茶。襄阳、随州、江陵、钟祥、天门等地亦已产茶。《元和志》《唐书·地理志》，皆言蕲州蕲春郡土贡茶，黄州齐安郡贡松萝茶，归州土贡白茶。

衍入宋代，江南西道：鄂州土产茶，兴国军土产茶。淮南道：蕲州土产茶，出蕲春、蕲水二县北山。蕲水县，茶山在县北深川，每年采造贡茶之所，黄州麻城县山原出茶，安州土产茶，荆州土产，松滋县出碧涧茶。沈子曰："茶饼、茶芽今贡。"峡州土产茶，归州土产白茶。唐代茶有二类：片茶和散茶。片茶有进宝、双宝、宝山……出兴国军，大拓枕出江陵。散茶，龙溪、雨前、雨后出荆湖末茶，清口出归州。房县产土茶，襄阳亦产茶，京山多宝寺产茶，阳新县花尖山下造茶"桃花绝品"，其味清香。时，罗田县产茶极盛。《元丰九域志》载："江陵府江陵郡，土贡碧涧茶芽六百斤。"《宋史·食货志》载："江陵府，贡碧涧茶芽。"唐宋时期，湖北就已是我国主要产茶地区之一。

3. 元明清时期

元代，兴国军所属的通山、大冶、阳新等地俱产茶。明季，湖北产茶之所以武昌为首，惟兴国最著。崇阳县西南龙泉山产茶，味甘美，号龙泉茶；兴国（今阳新）大坡山产茶，号坡山凤髓；武当山中官陈善于弘治二年（公元1489）复贡明王朝宗室篝林叶茶，供享用；阳新县，桃花山出茶桃花绝品；嘉鱼南阳山产茶；江夏县九峰寺狮子崖产茶；利川县忠路雾洞坡产雾洞茶。

清时，各地植茶已相当普遍。清末，蒲圻羊楼洞所产的茶品有物华、精华、月华、春华、天华、夺魁、赛春、一品、谷芽、谷蕊、仙掌、如栀、永芳、宝蕙、二五、龙须、凤尾、奇峰、乌龙、华宝、惠兰等二十四种之多；崇阳县城西四十里鲁溪崖产茶，县西七十里龙窖山产龙渊茶；武昌县南一百四十里，黄龙山产云雾茶极佳；大冶县之茶出天台、汪家崖、吴家岭诸山；江夏县东南六十里灵泉山产云雾茶；通山县城南九十里三界山旧产云雾茶入贡；嘉鱼县之阴山产茶；咸宁县，乡间况事红茶；五峰县邑属水尽、石梁、白溢等处产茶，清明节采者为雨前细茶，谷雨节采者为谷雨细茶，并有白毛尖，萌勾亦日蓉勾等名；王峰诸山产茶，统名峒茶；远安县，茶以鹿苑为绝品；利川县南一百三十里乌通山产乌通茶，忠路雾洞坡产雾洞茶；鹤峰县神仙园、陶溪二处茶为上品，容美贡茶闻名朝野，自丙子年（公元1876），广商来州采办红茶并茶庄五里坪，载至汉口兑易洋人，称为高品；建始县邑民多种茶；黄梅县西北紫云山，有僧人植茶，号紫云茶；蕲水县，斗方山及人家诸畏圃皆出茶。《清一统志》云：武昌府、宜昌府、施南府皆土贡茶。襄阳府土贡篝林叶茶。

4. 20世纪70年代以来

斗转星移，时光荏苒。从1977年开始，湖北省每年进行一次名优茶鉴评，促进了全省名优茶的发展。1983年，湖北省共评出恩施玉露、远安鹿苑、车云山毛尖、玉泉仙人掌、天台翠峰、竹溪龙峰、双桥毛尖、柏墩龙井、熊洞云雾、龙泉茶、容美茶等11个地方名茶和棋盘山、九皇山、邓村、松峰、隆中、长冲6个优质炒青茶，作为名优茶编入《湖北名茶》。1985年，宜昌县峡州碧峰茶、蒲圻县羊楼洞松峰绿茶被农业部和湖北省评为优质茶。1989年，随州市棋盘山毛尖茶被农业部评为全国名茶。1991年，咸宁浮山茶场生产的剑春茶和阳新金竹尖茶场生产的金竹云峰茶，获首届中国杭州国际茶文化节文化名茶奖。1992年，全省共评出邓村云雾、鄂南剑春、恩施玉器、江夏碧舫、隆中白毫、玉茗露、挪园青峰、武当针井、远安鹿苑、魁峰毛尖、雾洞绿峰、竹溪龙峰、金竹云峰、龟山岩绿、株山银峰、松滋碧涧、五峰春眉、神农奇峰、白云剑毫、西厢碧玉簪等20个名茶，以及昭君毛尖、天堂云雾、武当老君眉等55个一等优质绿茶。在1992年10月北京首届中国农业博览会上，金竹云峰获银质奖，江

夏碧舫茶、株山银峰茶获铜质奖。

2009年，湖北省人民政府发布《湖北省人民政府关于加快茶叶产业发展的意见》，提出要"重点建设鄂西武陵山富硒绿茶和宜昌三峡名优绿茶及宜红茶区、鄂东大别山优质绿茶区、鄂南幕阜山名优早茶及边销茶区、鄂西北秦巴山高香绿茶区等四大优势茶区，加快推进湖北茶产业的发展，做大做强湖北的茶产业"。

2010年以来，各地进一步打破区域界线，不断加大现有品牌整合力度，积极引导和支持重点龙头企业和专业合作组织打造大品牌，继"十一五"推出湖北名茶第一品牌采花毛尖、湖北第一历史名茶恩施玉露、湖北第一文化名茶武当道茶和萧氏茶之后，又推出湖北生态名茶黄鹤楼茶、大别山生态名茶英山云雾茶和中华孝文化名茶大别山悟道茶、湖北高香型名茶襄阳高香茶以及青砖茶、宜红茶等知名品牌，全省"十大茶品牌"的知名度和竞争力不断提高。通过大力实施"北进京、东入沪、南下港、走出国门"的"走出去、请进来"品牌战略，先后在武汉、香港、上海、北京、山东、俄罗斯、广东等地开展湖北品牌茶推介活动；重走"万里茶道"，在武汉汉口江滩举办"东方茶港"立碑仪式暨湖北斗茶大赛、把湖北青砖茶赠给普京总统；宜昌、恩施、英山、谷城、赤壁等每年举办茶叶节等一系列重大茶事活动，湖北优势茶区和茶品牌的社会知名度不断提升。近几年，湖北省昭君、羊楼洞、汉家刘氏、玉皇剑4个茶叶品牌获"中国驰名商标"称号。夷陵邓村、五峰、英山、大悟、竹溪、谷城、恩施芭蕉、利川毛坝、恩施、赤壁10县市（乡）被评为"中国名茶之乡"。采花茶业、萧氏集团、邓村绿茶、黄鹤楼茶、汉家刘氏、湖北宜红、羊楼洞茶业、五峰千珠碧等企业被授予"中国茶业百强企业"，保康县、宜都市被评选为全国重点产茶县。

经过近十年的努力，湖北持续开展鄂西南武陵山、鄂西北秦巴山、鄂中大洪山、鄂东大别山、鄂南幕阜山等"五大茶山"的茶叶板块基地建设，茶园面积和产量约占全省的90%。湖北已经成为名副其实的茶叶生产大省，正在向茶业强省冲刺。截至2016年，湖北已有二十多个茶叶产品获得中国驰名商标，三十多个产品获得国家地理标志产品，1个产品获称中华老字号。2016年，湖北茶叶出口逆势上扬，货值1.13亿美元，出口量为1.15万吨，跃居全国第4位、第6位。2017年，"武当道茶""恩施玉露"被农业部评为"中

国优秀区域公共品牌"称号。截至 2018 年，湖北省有武当道茶炒制技艺、五峰采花毛尖茶制作技艺、恩施玉露制作技艺、赵李桥砖茶制作技艺、杨芳林瑶山红茶制作技艺、远安鹿苑茶制作技艺等十多项传统制茶技艺入选第四批国家级非物质文化遗产代表性项目名录。

近二十年以来，湖北省农业管理部门不间断地举办了多届"湖北十大名茶"评选活动，涌现出来不少区域或全国性名茶。它们分别是：采花毛尖、松针茶、峡州碧峰、邓村绿茶、水镜茗芽、龙峰茶、松峰茶、恩施富硒茶、英山云雾茶、归真茶、保康绿针、大悟寿眉、绿林翠峰、温泉毫峰、荆山锦牌有机茶、圣水毛尖、萧氏绿茶、萧氏茗茶、鹤峰翠泉茶、伍家台贡茶、大悟绿茶、保康真香茶、玉皇剑茶，等（见表 6-1）。

表 6-1　1999—2009 年"湖北十大名茶"一览表

时间	届别	湖北十大名茶名称
1999 年	第一届	采花毛尖、松针茶、峡州碧峰、邓村绿茶、水镜茗芽、龙峰茶、松峰茶、恩施富硒茶、英山云雾茶、归真茶
2002 年	第二届	采花毛尖、龙峰茶、保康绿针、大悟寿眉、绿林翠峰、英山云雾茶、温泉毫峰、恩施富硒茶、邓村绿茶、水镜茗芽
2006 年	第三届	龙峰茶、采花毛尖、英山云雾茶、恩施富硒茶、翠泉牌鹤峰茶、荆山锦牌有机茶、大悟寿眉、圣水毛尖、萧氏绿茶、水镜茗芽
2009 年	第四届	龙峰茶、萧氏茗茶、鹤峰翠泉茶、圣水毛尖、伍家台贡茶、邓村绿茶、大悟绿茶、保康真香茶、玉皇剑茶、英山云雾茶

下面，以中国茶区划分为坐标，参照湖北茶区板块建设情况，分别以武陵山茶区、秦巴山茶区、桐柏山大别山茶区和鄂南低山丘陵茶区四大区域板块来介绍湖北名茶。

二、武陵山茶区的湖北名茶

武陵山茶区湖北区域，位于湘、鄂、渝两省一市交界处。湖北省恩施土家族苗族自治州和邻近恩施州的宜昌市辖五峰土家族苗族自治县，就位于武陵山茶区。主要产茶县、市，涵盖了恩施州所辖的恩施市、建始县、巴东县、宣恩县、咸丰县、利川市、来凤县、鹤峰县和宜昌市所辖的五峰县、长阳县、秭归县。

这里，生态环境优越。地处亚热带，年平均气温多数地方大于 15℃，年平均降雨量 1000 毫米左右，空气湿度相对较大；土壤类型丰富，即便是丘陵中下部的土壤，其 pH 值也在 4.5 ~ 5.5，具备适合茶树的生长的酸性要求。这些生态环境条件，完全适宜小乔木型和灌木型茶树的生长发育，也是茶树适宜的经济栽培区。

在本区域内，湖北省主要优良品系或品种有 2 个：一是属灌木型大叶中生的有性繁殖品系或品种恩施大叶，适制红茶和绿茶，尤其绿茶香高味爽，品质优良；二是属灌木型大叶早生的有性密殖品系或品种鹤峰苔子茶，树姿直立，适制绿茶。

本茶区主产名优绿茶、红茶。名茶品目包括 3 个历史名茶、6 个当代名茶（表 6-2）。

表 6-2　武陵山茶区湖北名茶

茶区	名称	属性	茶类	创制时间	主要产地
武陵山茶区	恩施玉露	历史名茶	蒸绿	清初	恩施市五峰山一带
	水仙茸勾	历史名茶	绿茶	清代	五峰县水尽司、渔洋关一带
	宣恩贡茶	历史名茶	绿茶	清乾隆年间	宣恩县伍家台一带
	五峰春眉	当代名茶	绿茶	1984 年	五峰县渔洋关一带
	采花毛尖	当代名茶	绿茶	1989 年	五峰土家族自治县
	美容茶	当代名茶	绿茶	1979 年	恩施州鹤峰县
	雾洞绿峰	当代名茶	绿茶	1987 年	利川市雾洞一带
	水仙春毫	当代名茶	绿茶	20 世纪 90 年代	五峰县水尽司、白溢寨一带
	天麻剑毫	当代名茶	绿茶	20 世纪 90 年代	五峰县采花乡

1. 恩施玉露

恩施玉露，是产于湖北恩施南部的芭蕉乡及东郊五峰山一带的针形蒸青绿茶。它以悠久的历史、独特的工艺和优美的文化掌故，与恩施大峡谷、恩施女儿会一起，成为土家儿女聚居的恩施市的三张亮丽的城市名片。

恩施市位于湖北省西南部，地处武陵山区腹地，境内多属低山或高山地区，土壤肥沃，植被丰富，四季分明，冬无严寒，夏无酷暑，年平均气温16.4℃，年无霜期282天，年降雨量1525毫米左右，相对湿度82%，终年云雾缭绕，是出产名优茶的理想之地。当地还有地方特色群体品种"恩苔早"作为恩施玉露的原料。极佳的气候环境、独特的茶树品种是恩施玉露品质的重要保证。

恩施玉露，是我国保留下来的为数不多的一种蒸青绿茶，是国家地理标志产品、国家地理标志商标。20世纪60年代，被列为"中国十大名茶"之一，是湖北省历史名茶。1999年以来，恩施富硒茶多次被评为"湖北省十大名茶"。它创制于清康熙年间，当时被称为"玉绿"，因其汤色绿亮、晶莹剔透而得名；民国时期改为"玉露"。其工艺始于唐，盛于明清，曾与"西湖龙井""黄山毛峰"并列为清代名茶。

关于恩施玉露还有一个动人的文化掌故：清朝康熙年间，恩施芭蕉黄连溪有一位蓝姓茶商的茶叶店生意不好，濒临倒闭。他的两个女儿蓝玉和蓝露见家中茶叶堆积，父亲愁眉紧皱，就商量着两人上山采茶，准备选用细嫩、匀齐、色绿、状如松针的一芽一叶或一芽二叶鲜叶制出好茶来替父解忧。半个月，才采得两斤精品嫩芽。回到家中，蓝玉和蓝露垒灶研制，先将茶叶蒸青，再用扇子扇凉，然后烘干，之后，蓝玉负责揉捻，蓝露负责第二次烘干，烘焙至用手能将末梗枝折断。最后拣去碎片、黄片、粗条、老梗及杂物，

然后用牛皮纸包好，置块状石灰缸封藏。经过这些烦琐的工序，姐妹俩花了八天八夜制成了上好的茶叶。父亲品尝之后赞不绝口：好，好啊！随后，即以女儿的名字命名恩施玉露。恩施玉露从此销路好，口碑好，一传十，十传百，名扬天下。

恩施玉露以其首创的蒸青工艺和"搂、搓、端、扎"四大造型手法以及形似松针的外形特点著称于世。高级玉露，采用一芽一叶、大小均匀、节短叶密、芽长叶小、色泽浓绿的鲜叶为原料。加工工艺分为蒸青、扇凉、炒头毛火、揉捻、炒二毛火、整形上光、烘焙、拣选等工序。"整形上光"是制成玉露茶光滑油润、挺直细紧、汤色清澈明亮、香高味醇的重要工序。此工序又分两个阶段。第一阶段为悬手搓条，把0.8~1千克的炒二毛火叶，放在50~80℃的焙炉上，用两手心相对，拇指朝上，四指微曲，捧起茶条，右手向前，左手往后朝一个方向搓揉，并不断抛散茶团，使茶条成为细长圆形，约七成干时，转入第二阶段。此阶段采用"搂、搓、端、扎"四种手法交替使用，继续整形上光，直到干燥适度为止。整个整形上光过程，需70~80分钟。所制的茶叶，外形条索紧圆光滑、纤细挺直如针，色泽苍翠绿润，被日本商人誉为"松针"。

恩施玉露的品级分为特级和一至五级。成茶条索紧圆、光滑、纤细，挺直如松针，苍翠绿润如新鲜绿豆。冲泡后，汤色嫩绿明亮，滋味清香醇爽，叶底嫩绿匀整。茶绿、汤绿、叶底绿为其显著特点。

恩施州是我国极少数的硒元素高富集区之一，有"世界硒都"之称。硒元素已被世界卫生组织（WHO）和中华医学会定为重要的微量营养保健元素。缺硒是导致大骨节病、克山病等地方病的主因，还与癌症、心脏病、老年性疾病等四十多种疾病有关。据中国农业科学院茶叶研究所分析，恩施玉露含硒，每千克干茶含硒 3.47 毫克，每千克茶汤含硒 0.01 ～ 0.52 毫克，符合富硒茶 0.3 ～ 5.0 μg/kg 的人类消费要求。除硒之外，恩施玉露还含有丰富的叶绿素、蛋白质、氨基酸和芳香物质，是一种优质的保健茶饮料。根据氨基酸平衡的理论，蛋白质中所含必需氨基酸组成比例越接近人体所需氨基酸的比例，则其质量越好。研究结果表明，绿茶"恩施玉露"中氨基酸总含量（TAA）为 23.12%，其中必需氨基酸（EAA）占 38.54%，各种人体必需氨基酸种类齐全，以赖氨酸和亮氨酸的含量最高，且比例均衡，与 WTO/FAO 提出的推荐值较为接近，具有较高的营养价值。常饮此茶能起到抗氧化、提高免疫力、预防冠心病、杀菌抗病毒、降血糖、降血压等作用。

冲泡恩施玉露，以 85 ～ 90℃水温为宜。以此方法泡出的玉露茶，芽叶复展如生，初时亭亭地悬浮杯中，继而沉降杯底，汤色绿亮如露，香气清爽，滋味醇和。观其形，赏心悦目；饮其汤，沁人心脾。

2. 水仙茸勾

水仙茸勾，是产于湖北五峰土家族自治县水尽司、渔关一带的条形烘青绿茶。该名茶据传始于清代，20 世纪 80 年代初期，经研制后成功恢复。

水仙茸勾茶的茶名，在五峰水尽司一带流传着这样一个故事：两百多年前，该地有一位土司，久病不愈，百医无效，医生束手无策。一天，来了一位姑娘献上当地的一种茶叶。土司喝了这位姑娘进贡的茶

叶，顿觉神清气爽，病很快就好了。土司为了感谢这位姑娘，就将当地所产的茶，取名为"仙女茶"。据考证，历史上这里曾经出产"蓉勾茶"。后人又将产茶的地名"水尽司"与"仙女"联系起来，各取其首字"水"与"仙"而成为"水仙"，冠在"蓉勾茶"之上，即称"水仙蓉钩茶"。1980 年，有关部门所研制成功的名茶也就称为"水仙茸勾茶"。

湖北西南部的五峰县，东邻宜都市和松滋市，南抵湖南石门县，西与鹤峰县、巴东县接壤，北与长阳县毗连。这里无山不绿、无水不清，茶树多生长在海拔 500 ～ 1200 米的肥沃山坡上，形成了"无坡不茶"的奇观。

水仙茸勾茶的制作工艺：采摘一芽一叶、一芽二叶，经杀青、搓条、做形、提毫、烘干等工序制成。成茶条索紧秀，弯曲如勾，色泽翠绿，满披银毫。冲泡后，汤色清澈明亮，嫩香高长，滋味鲜爽回甘，叶底嫩绿匀亮。

水仙茸勾先后多次荣获湖北省和商业部名茶科技成果奖和优质名茶奖。产品主销宜昌、武汉、上海、南京、北京等地。

3. 宣恩贡茶

宣恩贡茶产于宣恩县伍家台村，又称伍家台贡茶。因其"色绿、香郁、味佳、形美"四绝，而获乾隆皇帝赐匾"皇恩宠锡"（锡通"赐"），是武陵茶区的湖北历史名茶。如今，伍家台系列茶产品已经成为湖北省内外茶叶精品，茶业产业已经成为宣恩县的支柱产业。

地处宣恩县城东北 16 千米处的一脉紫色山上的伍家台贡茶产地，总面积约 5000 亩，海拔 700 ～ 800 米，具有茶叶生长喜温、好湿、耐荫的独特生态环境。据中国农科院茶叶研究所测定，贡茶中含有丰富的硒元素，其含硒量为 0.305ppm，有预

防癌症、冠心病等多种疾病之功效，实为上乘的健身饮品。日本企业家管村先生赞誉"贡茶具有味甘、色绿、清香的特点。一杯伍家台贡茶可使满屋清香，饮后读书、歌唱尤宜"。

据史料记载，清乾隆四十九年（公元1784），山东举人刘澍调任宣恩知县，听闻当地伍昌臣所制茶叶独具特色，上任后便去伍家台品茶。后向施南知府迁毓送茶礼。知府是乾隆的亲信，熟知乾隆爷好茶，便将这一发现启奏乾隆皇帝。伍家台茶"碧翠争毫，献宫廷御案，赞不绝口而得宠"，乾隆皇帝赐匾"皇恩宠锡"，伍家台茶由此得名"贡茶"。伍家台茶成为贡品后，驰名神州。茶师伍昌臣家族，也就成了当地的名门望族。

伍家台贡茶之所以闻名，与它的制作工艺是分不开的。

鲜叶摊放：鲜叶进厂验级后，薄摊于干净的篾垫上，厚度不超过5厘米，摊放时间为5～8小时，每2～3小时轻翻1次，至芽含水量达70%～75%。

杀青：手工或机械杀青。手工杀青，用斜锅或电炒锅，投叶时锅温在160～170℃，每锅投叶量200～250克。鲜叶下锅后，抛炒至热气上升时，抖闷结合，多抖少闷。当叶质含水量达到50%～60%时起锅，及时将杀青叶抖散冷却；机械杀青，采用滚筒连续杀青机，杀青温度120～140℃，时间35～90秒，杀青后叶含水量控制在58%～60%，投叶先多后少，以免开始投叶时温度过高烫焦叶芽。杀青出机后，摊晾至室温，簸去焦片、黄片，回潮时间30分钟。

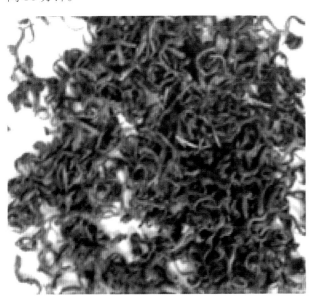

揉捻：可用手工或机器揉捻。手揉，双手握叶成团，顺时针方向旋转团揉，先轻后重，揉至叶卷成条；机械揉捻，揉捻机揉捻，加压方式为空压5～10分钟，重压10～15分钟，最后松压，中途轻重交替进行，揉

捻时间为15～35分钟，至芽卷紧成条，成条率应在90%以上。

初干：揉捻叶在烘干机上进行初干，至初干叶含水量45%～55%，摊晾回潮。

做形：手工或机器整形。手工整形，温度90～170℃，时间15～30分钟；机械做形：温度为120～150℃，每槽投叶量适宜，做形时间20分钟左右。做形后期，将做形叶在整形台上加工整形，或结束后利用理条搓条的手法进一步理直茶叶，固定形状，确保做形叶含水量约15%。然后，迅速用方筛除去茶末。

干燥：干燥温度80～100℃，至茶叶含水量6%～7%。出机后摊晾，回潮至茶叶中水分分布均匀。

增香：温度100～110℃，时间10～20分钟；或温度100～120℃，时间5～15分钟。

从茶园采摘制作的新茶，头汤汤清色绿，甘醇初露；二汤浑绿透黄，熟栗郁香；三汤汤碧泛青，芳香横溢。干茶密封在坛里，色、香、味、形不变，仿若新茶，有"甲子翠绿留乙丑，贡茶一杯香满堂"之说。

饮用伍家台贡茶，有很多保健功能：促进新陈代谢，维持心血管健康，预防动脉硬化、高血压等疾病，振奋精神，消除疲劳，增强思维和记忆力等。

4. 采花毛尖

采花毛尖产自"中国名茶之乡"湖北五峰县。五峰旧称长乐县，产茶历史悠久。采花毛尖茶系1989年根据《长乐县志》史料记载，采用传统工艺与现代技术相结合而研制成功的。产品具有外形秀直显毫，色泽翠绿油润，香气高而持久，滋味鲜爽回甘，汤色清亮，叶底嫩明等特点，深受消费者好评。1991年，获湖北省"十二佳"名茶优质奖和三峡地区首届名优茶"三峡杯"奖。1999 年、2003 年、2006 年，采花毛尖连续 3 次被评为"湖北省十大名茶"。

采花品质，出自天然。采花毛尖产地湖北五峰，平均海拔 800 米以上，山峰逶迤，峰峦叠翠，郁郁葱葱，渔洋河潺潺，天池河哗哗，春夏润雨和风，秋冬冰雪覆盖，境内生态天然无污染，是我国最适合茶树生长的地区之一。出产的茶叶品质优异，汤色清碧、滋味绵长、口感舒适，富含硒、锌等有益元素，具有提神醒目、强身健体之功效，历来就是宫廷贡茶。

采花毛尖对原材料的要求极其严格：每根茶枝仅有顶部的两片嫩芽入选，整株茶树只能采摘数十片，产量极低而品质极高，受到消费者喜爱，多年始终供不应求。早在 200 年前，英国商人远涉重洋，进采花台，

入撒花溪，置厂设铺，经营采花富硒茶，其金字招牌"英商宝顺合茶庄"至今仍保存在采花毛尖集团。采花毛尖极品选用单芽为原料，一级以一芽一叶或一芽二叶初展的芽叶为原料；鲜叶采回后，及时摊放在清洁无异味的竹席上，经 2～3 小时后再制作。制作工序分为六道：

杀青：使用五峰茶机厂生产的八方复干机（转速 27 转/分），温度 210～230℃，投叶量 2～3 千克，经 2～3 分钟后，温度降至 100℃，再继续杀青 3～4 分钟，至茶叶含水量达 60%～65% 时下机摊凉。

揉捻：使用 35 型揉捻机，以轻揉为主，中间适当加压，时间 15～25 分钟。

打毛火：使用八方复干机，温度 160～180℃，投叶量 6～8 千克，揉捻叶，滚炒 15～20 分钟，待茶叶含水量降到 25% 左右时，下机摊凉。

整形：整形是采花毛尖的主要工序，使用五峰茶机厂生产的 100 厘米×200 厘米的铝板蒸汽平台灶，以手工进行，铝板温度 80～90℃，投叶量一般为 0.3～0.4 千克，手法是理条、抽条、搓条和撒条等交替进行，至茶叶含水量降到 10% 时，下叶摊凉。

足干：使用当地俗称的"帽帽炕"烘茶，以木炭为燃料，炕上先铺一层细纱布，再铺茶烘焙，温度 70～80℃，每隔 2～3 分钟轻翻一次，历经 15 分钟左右，烘至茶叶含水量在 5% 时下炕，经摊凉后用防潮袋装好，入库保管。

拣剔与包装：二毛尖茶出售之前，进行简易精制，即拣去粗大茶、黄片、杂物，筛去碎片，然后用专用小塑料袋封口包装，再装入专用的大塑料袋贮藏待售。

峡州山南出好茶。采花乡有一棵风雨沧桑的"茶树王"，周围团聚着八棵小茶树，至今仍然枝繁叶茂，古意苍然。人们说这是苡禾娘娘和她的八个小孩的化身。据土家族史诗《梯玛神歌》记载：很久以前，在古峡州山南的云雾茶山中，住着一位勤劳美丽的姑娘苡禾。苡禾姑娘在山中过着神仙一般的日子。这一年的清明节，年满 18 岁的苡禾姑娘顶着晨雾上山劳作，口渴时尝了一把茶树芽，不料回到家里就怀孕了。怀胎三年六个月后，苡禾娘娘生下了八个小孩。因孩子太多，无法抚养，苡禾娘娘只好含泪将八个小孩抱到山里听凭命运造化。谁知这八个小孩天命富贵，饮雨露甘霖而生长，且有一只白虎每天来喂奶，将她们养大成人，并在这一带繁衍生息，成为土家族的祖先。后人为了纪念苡禾娘娘，每年都要评出一位当年清明节年满18岁的土家族"小幺姑"，身着盛装，由四个土家族小伙子用花轿抬上茶山，举行祭祖仪式。然后"小幺姑"爬上木梯，用纤纤玉手在"茶树王"上采摘下鲜茶芽，给当地老茶艺人精心制作。有一天，土司王身患重病，百医不治，来到采花一位老茶人家中，老茶人的孙女献上精心制作的珍茗，土司王闻到茶香，精神为之一振，饮茶后三天身体痊愈，面带桃花，体健如铜。土司王被这种茶的神奇功效和敬茶少女的美丽善良所打动，下令将这种茶和少女奉为贡品。皇上品茶后龙颜大悦，听了苡禾的故事，为此茶赐名"雨禾露"，"雨禾露"由此得名。如今，清明节就成了"采花毛尖"的采茶节，祭祖仪式更加隆重。

采花毛尖对增强人体免疫力具有重要的功效，含有维持人体生理系统正常运行的微量元素。茶叶中所含的茶多酚，能提高人体内酶的活性，可清新口气。

5. 容美茶

容美茶为新创名茶，创制于1979年，产于鄂西南鹤峰县，属绿茶类。鹤峰古称容美，容美茶因此得名。

（1）自然环境

鹤峰县位于湖北省西南部，地处北纬29°38′—30°14′，东经109°45′—110°38′的武陵山区，东与湖北省五峰县接壤，南与湖南省石门县、桑植县相连，西与湖北省来凤县、恩施市、建始县毗邻，北与巴东县相依，娄水河贯穿鹤峰全境，蜿蜒于大山深谷之中。

鹤峰县地处亚热带，属大陆性季风气候，其特点是：雨热同季，湿润多雾，海拔高差大，立体气候明显。境内最低海拔194.6米，最高2095.6米，高差

达1901米。全年日照时数，低山为1516小时，二高山为1342小时，高山为1253小时。年平均气温，低山为15.5℃，二高山为12.2℃，高山为9.8℃。年平均降水量在1700毫米，无霜期220～260天。

鹤峰县山高坡陡，森林茂盛。土壤多为红黄壤，含有机质丰富，pH值4.5～6.5，适于茶树等多种经济作物生长。特别是鹤峰县土壤含硒元素丰富，天然富硒茶资源十分广泛。据浙江农业大学分析，鹤峰茶叶平均含硒量为0.23毫克/千克，高硒区为1.16毫克/千克。经初步测算，全县富硒茶年产量为3000吨，是我国最大的富硒茶商品基地。

（2）茶树品种

鹤峰县栽培的茶树品种，属中小叶群体品种。1976年和1980年，鹤峰县农业局曾两次开展茶树品种资源调查，并筛选出43个优良单株。通过十余年的选育，有2个品种于1993年通过州级鉴定，确定为该地推广的茶树良种。《鄂西高效农业指南》一书，详细记述了这2个品种的特性，现摘录如下：

恩苔2号：系鹤峰县走马茶场苔子茶中选出的优良单株扦插繁殖而成。1977年1月，当地出现连续7天−13℃的低温，同片茶园均有不同程度的冻害。唯该株系仍青枝绿叶而中选。区试结果表明：1990年夏秋连旱，同块茶园茶树均停止生长，有的甚至枯枝落叶，唯有该品种仍能萌发秋梢，表现出惊人的抗逆性；产量在二高山地区比福鼎大白茶高40.5%，内在品质优良，氨基酸含量春茶4.17%，夏茶2.05%；儿茶素含量春茶145.49毫克/克，夏茶183.91毫克/克；咖啡因含量春茶4.7%，夏茶5.2%；茶多酚含量春茶23.8%，夏茶34.46%；水浸出物春茶41.21%，夏茶46%；酚氨比值5:7，适制绿茶；夏茶的酚氨比为16:81，适制红茶。内含物中除氨基酸含量低于福鼎大白茶0.49%～0.79%外，春夏茶其余指标均高于福鼎大白茶，儿茶素、咖啡因含量均高于楮叶齐。该品种株高150厘米，树幅140厘米，树姿半直立，灌木型，分枝密，角度小，株型紧凑，适于密植，是密植速成栽培的理想品种。叶长椭圆形，叶长6.1厘米，宽3厘米，小叶类，叶片向上斜生，分生角度小；1芽3叶长8厘米，重0.56克，发芽力强，发芽整齐，嫩叶黄绿色，老叶浓绿，梗粗芽壮，持嫩性中等。

该品种推广可扩大茶树栽培地域，解决二高山以

上地区冻害频繁的问题。在恩施自治州茶园立地条件差，灌溉设施跟不上的情况下，对于提高产量，降低灾害损失有现实意义。

鹤苔早：系鹤峰县走马茶场从"苔子茶"群体中选出的优良单株，系扦插繁殖而生。小乔木型，中叶类，树姿半开张，叶长椭圆形，叶质较柔软，育芽力、抗逆性均强，芽叶黄绿，1 芽 3 叶长 7 厘米，内含物中茶多酚比福鼎大白茶高 7%，氨基酸含量接近，儿茶素总量为 138.91 毫克 / 克，咖啡因为 3.17%，制出的红茶品质优良。产量较福鼎大白茶高 28.77%。突出优点是在二高山地区春茶萌发较福鼎大白茶早 15 天，开采期早 10 天左右，是难得的早芽种，可在鄂西茶区大面积推广。栽培时要注意定型修剪，较常规品种低 5 ~ 7 厘米，每年轻修剪时间提前 15 ~ 20 天，无冻害地区应在年前进行。

（3）历史沿革

鹤峰是著名的茶叶之乡，茶叶生产历史悠久。早在西晋时的《荆州土地记》中就记载："武陵七县通产茶。"唐代陆羽所著《茶经》也说"巴山峡川有两人合抱者"，又说，茶的品质"山南以峡州上"。1867 年，鹤峰第一任知州所纂《县志》就有记述："容美贡茗，遍地生植，惟州署后数株所产最佳……味极清腴，取泉水煮服，驱火除障，清心散气，去胀止烦，并解一切杂症。"迄今为止，民间还流传着"白鹤井的水，容美司的茶"之神话故事，传说将容美茶向土司、黄帝进贡时，杯中呈现出一对白鹤飞舞的景观。

1949 年后，茶叶生产得到较快发展。特别是 1976 年以后，全县大力推广密植速成茶园栽培技术，茶园面积和茶叶产量大幅度上升：全县现有茶园

6700 公顷，年产茶 4500 吨。过去主要生产"宜红"茶，1990 年后，实行"红"改"绿"，主要生产炒青绿茶。为了充分发挥茶叶品质的自然优势，增加花色品种，提高经济效益，鹤峰县国营走马茶场自 1979 年起，在生产出口红茶的同时，恢复创制成功特种绿茶——容美茶，该产品属条形烘青茶类，选料精细，制作精致，品质独特，受到省内茶学界的称赞。1983 年，容美茶被评为湖北省十大地方名茶之一，并收入《湖北名茶》第一集。1986 年，被授予湖北省优质产品证书。容美茶，是"湖北茶叶第一县"鹤峰创制成功的一个名茶，也是湖北省最早的名茶之一，现已收入《湖北名优茶》《中国名优茶选集》等著作中。著名茶学家庄晚芳先生在《中国茶史散论》一书中专门记述了容美茶。日本松下智先生曾来鹤峰考察，在其《中国名茶之旅》书中，将容美茶介绍到了日本及世界各国。

（4）采制技术

采摘：正常年景 3 月上旬开始采茶，一直可采至 9 月底。全年采摘批次在 20 次以上。采摘标准：特级为一个单芽，一级为 1 芽 1 叶，二级为 1 芽 2 叶（初展）。要求提手采，不损伤芽叶，不采紫芽、虫芽，不带鱼叶。采摘时间以晴天上午、下午和阴天为好，不采雨水叶、露水叶。采下的芽叶防止日晒，轻拿轻放，及时送厂加工。

摊放：鲜叶进厂后，用干净的竹簸在室内摊放，厚度 1 ~ 2 厘米，时间 3 ~ 5 小时。中间翻动 1 次，动作宜轻。

杀青：用小锅手工杀青，将锅温烧至 130 ~ 150℃，投入鲜叶 150 ~ 200 克，先焖炒 1 分钟左右，待叶温升高后，改为双手反复抛炒。2 ~ 3 分钟后降温至 100℃左右，续炒 2 分钟左右，待叶质变软，叶色暗绿，清香显露，杀青叶含水量达 60% 左右时出锅。

摊凉：将杀青叶迅速抖散薄摊于干净竹席上。时间 15 ~ 20 分钟。

揉捻：摊凉的杀青叶，放入竹簸中揉捻，以手握茶沿同一个方向旋转，开始用力宜轻，待初步成条再加大力度，中间解块 2 ~ 3 次，至芽叶基本成条即可，避免茶汁挤出过多。

搓条：锅温 70 ~ 80℃，投叶量为两锅杀青叶，先抖炒 1 ~ 2 分钟，然后抓茶合掌搓条，先轻后重，掌面放平，作单向搓转，将茶条徐徐搓落于锅中，反

复进行，经 8 ~ 10 分钟，茶条卷紧，白毫初露，含水量达 20% 时，即可提毫。

提毫：是发挥茶叶香气和形成容美茶特征的关键工序。仍在锅中进行，锅温 50 ~ 70℃，采取抓、理、搓等手法，用力匀和，使茶条更直，锋毫显露，约至九成干时出锅。

摊凉：提毫后将茶摊于干净竹席上，散热回潮，时间 20 ~ 30 分钟。

干燥：用特制的篾织烘笼进行，笼下放燃烧充分后的炭火。烘笼中先铺一层牛皮纸，然后撒上茶，笼内温度 80 ~ 90℃，时间 60 分钟。中间下火轻轻翻动 2 ~ 3 次。后期降温至 60℃ 左右。当茶叶用手指一捻即成粉末，含水量约 4% ~ 5% 时下笼。

加工为成品的容美茶，其品质特征为：外形条索紧秀显毫，色泽翠绿；内质汤色黄绿明亮，香气清高持久，滋味鲜醇回甘，叶底嫩绿匀整。经检测，容美茶内含品质成分含量为：氨基酸平均 3.36%，茶多酚平均 32.56%，咖啡因平均 4.16%，儿茶素总量平均142.85 毫克 / 克。容美茶含硒量，平均为 0.35 ~ 0.75毫克 / 千克。1991 年，浙江省科委组织茶叶、医学、土壤等学科专家进行了成果鉴定，将该类茶命名为"天然富硒茶"，推荐为缺硒地区的保健饮料。浙江农业大学教授、博士生导师刘祖生品饮该茶后，欣然题词："中国鹤峰，盛产名茶，香高味醇，名扬全球。"全国人大常委会副委员长廖汉生视察鹤峰时，也挥笔题词："云雾山中有好茶。"

1994 年，鹤峰容美茶被纳入国家富硒茶综合开发项目，现已投入机械化批量生产。产品销往武汉、上海、北京等大中城市，成为深受消费者喜爱的富硒茶珍品。

6. 雾洞绿峰

雾洞绿峰为新创名茶，属绿茶类，创制于 1987 年，产于利川市雾洞坡一带。

（1）自然环境

利川市位于湖北西南隅，地跨北纬 29°42′—30°30′，东经 108°21′—109°18′，处于巫山流脉和武陵山北上余支的交会部，属云贵高原东北的延伸部分，是恩施州土家族和苗族等少数民族的主要集居地之一。市境中部突起而平坦，海拔 1000 ~ 1300 米，是鄂西南少有的高山盆地。盆地四周峰峦起伏，沟谷幽深，与中部之高低悬殊，海拔一般下降至 800 米，

西南郁江出口处为全市最低点，海拔下降至 315 米。境内诸山皆为巫山余脉，齐岳山逶迤西北，莽莽苍苍，横亘天际 125 千米，成为利川高山盆地与四川盆地的重要地理分界线，有鄂西南"万里城墙"之美誉。水清十丈的清江，一碧千里的郁江，蜿蜒甘甜的唐崖河和谋道溪水，都从这里发源，呈放射状向东西南北四方流去。这里是孑遗植物"活化石"水杉王的所在地。

雾洞绿峰产于利川市忠路区雾洞坡一带。雾洞坡西南距忠路集镇约 1 千米，海拔 600 ~ 800 米，雾洞坡下城池坝，是古代土司和宋代龙渠县城的城池遗址。历史上它曾长期是土家族、苗族先民的政治、经济、文化重地，在

茶、桐、漆、倍（五倍子，没食子酸原料）等土特产的生产和贸易方面也曾有过辉煌。遗址现存面积约 18 万平方米，地下陶制下水管道纵横有序，巨大条石修成的水牢阴森可怖。地上石羊、石狮古朴威严，柱础、碑幢精美奇特，风刀霜剑，沧海桑田，历史老人把这一片葱茏的田园装点得分外神秘。温暖的后江河、沁凉的前江河在忠路集镇汇成郁江，绕着雾洞坡麓依依不舍地款款西去，在四川彭水注入乌江。仅在利川一段的 90 千米流程中，就有二泉、三池、四寺、五峡、六滩、七塘、八洞、十六桥、十七渡和三十六溪涧。大自然的鬼斧神工在雾洞坡附近雕塑了不少令人倾倒的奇观：犀牛卧天心、天光一根线、砥柱撑龙桥、寨公依寨母、天马飞骑人，有的粗犷有的细腻，有的真切有的朦胧，有的柔情有的凶猛，把一座终年披着绿色大氅的雾洞坡烘托得更加多姿多彩，楚楚动人。

雾浮雾洞托彩霞，云归洞口产佳茶。雾洞坡山腰有石洞，常年云雾缭绕。清泉从洞口流出，明净甘甜，四季不枯。传说洞口古茶三株，为仙人所植，用洞泉泡洞口之茶，香气四溢，茶尖朝上，形如白鹤腾空，饮后能成仙得道。所以，从古至今，人们一直把该山之茶叫雾洞茶、其泉名白鹤泉。

利川属亚热带大陆性季风气候，随海拔高度的

变化，呈明显的垂直差异。忠路雾洞坡一带，冬无严寒，夏无酷暑，1月平均气温 3.9℃，7月平均气温 26℃，年平均气温 15.2℃。雨量充沛，年降水量 1393.2 毫米，无霜期 255 天左右。土壤为砂质页岩，pH 值 4.5～5.5。茶山坐东向西，每日清晨郁江雾气蒸腾，迷漫四野。10 点以后，阳光漫射，清风徐来，为名茶的生长繁殖提供了极为有利的自然条件。据清同治《利川县志》载："当地土人遍种其茶。其茶清香坚实，经久耐泡，向异他处，亦地气然也。"足见古人对雾洞茶的优异品质和当地优异的生态环境的关系，已经有了一定的认识。

（2）历史沿革

史载：利川忠路一带，古属巴国。秦汉以降，其地先后为楚巫、黔中、朐忍、巴东等郡县辖地。林木茂密，山地阴湿而排水便利，茶树自古有之，未经炮制的茶叶名"苦茶"，历来即为土人敬献朝廷的贡品之一。南宋在忠路设羁縻龙渠县后，人烟渐臻稠密，城池井然，茶叶的生产制作技术已具一定水平，一些两广商人迁往忠路定居，从事茶叶贸易。"好个忠路城，山高路不平，清清两江水，养活异乡人。"这首长期在利川流行的古老民歌，就是对古代忠路异乡商贾云集、贸易繁荣的生动写照。元、明以后，雾洞茶成为土司进贡之佳品。相传，当年土司进贡以后，明成祖朱棣曾敕诗一首："此茶生来出雾洞，弟兄结拜在虚空；今夜茗茶同饮后，品居满园辅朝忠。"清代，境内茶树栽培越来越多。光绪初年，忠路商旅云集，土人覃、窦二家专靠茶业营生。民国时期，米珠薪桂，茶贱如糠，茶园多分布在沟坎、岩坷等瘠薄地带，长势衰败，品种蜕化，产量锐减。民国二十五年（公元 1926），境内仅有茶园 1040 公顷，产茶 803 吨，至 1949 年，茶园降至 180 公顷，产茶 40 吨，面积产量分别下降了 82% 和 95%。当时，忠路茶园及产量约占全境的 1/3。1949 年后，人民政府重视茶叶生产，培育成片茶园 60 公顷，占当时茶园总面积的 1/3。1955 年，全市（县）开垦荒芜茶园 100 公顷，其中忠路雾洞坡一带，所产茶叶多数销往本省及四川邻近县市。1966 年以后，利川掀起开荒种茶热潮，营造梯式茶田 773 公顷，产茶 143.5 吨，其中忠路雾洞坡一带近 70 公顷，产茶约 30 吨。1987 年以后，利川茶叶生产更加注重科学，在基层从事特产技术推广年近 30 个寒暑的科技人员杨光兴亲手采摘、制作，

历经三个寒暑，终于创制出了雾洞绿峰、雾洞翠香、雾洞白毫等名优产品。

雾洞绿峰条索紧细有锋苗，色泽翠绿袖润，内质清香持久，汤色嫩绿明亮，滋味醇厚鲜爽，叶底嫩绿匀齐，富含硒等微量元素。该茶自问世以来，1990 年，获湖北省第二届"陆羽杯"银奖。1991 年，被湖北省人民政府授予"湖北省优质产品"称号，并获时任全国政协副主席的王任重赐墨"雾洞茶"三字。1992 年，在全省名优茶评比中，被评为"湖北名茶"，时任全国人大常委会副委员长的廖汉生品尝该茶后，欣然命笔，题写了"雾洞绿峰"四个大字；同年，雾洞绿峰的培育创制人高级农艺师杨光兴，被国务院评为"在我国农业技术事业中有突出贡献"的科技工作者，受到国家奖励。1995 年 10 月，雾洞绿峰再创佳绩，在第二届中国农业博览会上荣获银牌。1994 年，雾洞绿峰先后被编入《湖北名优茶》《中国名优茶选集》等书。

雾洞绿峰工艺稳定，加工生产线科学，年产量 1 万千克以上，大量销往河南以及北京、上海、广州、武汉等省市，少量出口日本及东南亚地区，受到国内外消费者和商旅的广泛好评。

（3）采制技术

据晋代常璩所著《华阳国志》及唐代陆羽所著《茶经》记载，茶古时为巴东等郡贡品，巴山峡川有两人合抱之茶树。利川茶树为本地原生，雾洞绿峰茶树系在当地原始老茶树中精选培育所得之结晶。1973 年，为了选择良种，科技人员深入实地，对境内所有茶树品种进行了认真的调查研究。历时 3 年，在忠路雾洞坡一带发现古老茶树 3 株，分别命名为州茶 9 号、州茶 10 号和州茶 11 号。这 3 株茶树皆为半乔木、台子茶。州茶 9 号种树位于雾洞坡花椒坝，围周 70 厘米，树高、冠幅各 3 米；州茶 10 号种树位于雾洞坡山腰，围周 90 厘米，树高、冠幅各 3.5 米；州茶 11 号种树位于雾洞坡池子岭，围周 114 厘米，树高、冠幅各 4 米。这些原始型老树枝叶浓密，都具有早芽、肥壮、叶片茸毛多的良种特点。成叶形为椭圆，平均长 10～12 厘米，宽 4～5 厘米。叶面隆起、厚实，叶脉 8 对以上，边缘锯齿明显。9 号、10 号种茶，一芽三叶盛期在 3 月下旬，11 号种茶一芽三叶盛期虽然较晚，但泡后呈罕见的"冷后混"现象。用 3 株种树的枝条在恩施、鹤峰等地扦插，其适应性、抗逆性、丰产性和持嫩性均强，对所产茶

叶进行生化检验，其氨酚比为 6：8，咖啡因为 4.2，水浸出物为 43%。现雾洞坡茶区共有茶园 533.3 公顷，年产绿茶 200 吨，几乎全系州茶 9 号、州茶 10 号和州茶 11 号三株种树之同类所繁殖，特别是近年采用塑料大棚栽培后，大大提前了一芽一叶的采摘时间，1996 年，州茶 11 号一芽一叶的开摘时间为 3 月 12 日，比原来整整提前 22 天。

利川古人制茶，设施简陋，方法简单，"明火燣，脚板揉，太阳晒，瓦罐熬，大碗喝"的原始工艺和习俗，至今仍在深山民间留存，所饮之茶既酽又苦，与古之苦茶无异。明、清以后制茶作坊逐渐出现杀青全凭手感目测，极不稳定。中华人民共和国成立以后，除从大专院校分来一些专业人才外，当地人民政府还于 1953 年、1959 年、1996 年先后多次举办制茶技术人员培训班和派人到外地学习，先后在忠路、毛坝一带成立采茶专修班 231 个，制茶专修班 45 个，共计培训三千余人次，逐渐提高了采茶，制茶水平，形成了一条适合利川茶叶加工的稳定生产线。

利川雾洞绿峰茶取料考究，做工精细，原料要求在清明前后采摘，一芽一叶或一芽二叶初展，不采紫叶和病虫叶。高温杀青，温度控制在 200℃左右，投叶量视锅温高低掌握适量，做到杀匀杀透，不生不焦。至叶色变暗绿，折梗不断，略有清香时，杀青叶及时下锅吹风散热，切忌渥堆，确保鲜活。揉捻以轻压为主，投叶量视机型大小掌握适度，不要过多或过少，揉捻时间 20 分钟左右。二青先采后烘，高温快速定色，达到色泽翠绿鲜活，再行炒干，达到外形条索紧细。最后是细火长烘，使白毫显露，达到足干，切忌后期过多翻拌，以防断碎。至茶叶含水量达 6% 以下，手捻茶叶成粉末状时，及时下烘摊凉，包装贮藏或出售。

三、秦巴山茶区的湖北名茶

秦巴山茶区，隶属于我国四大茶区中最北面、产茶历史悠久的江北茶区。秦巴山茶区的湖北区域，位于湖北省长江以北，与陕、川、渝、豫等四省市接壤，区域范围包括鄂西北丘陵山地、桐柏丘陵山地及陕南丘陵山地，产茶区域包括了鄂西北襄阳、宜昌、十堰 3 市及神农架林区及宜昌地区部分县（市、区）：宜昌市辖宜都、远安、兴山三县；十堰市所辖丹江市、郧阳区、郧西县、房县、竹溪县、竹山县等；襄阳市所辖襄州区、老河口市、宜城市、南漳县、谷城县、保康县；神农架林区。

表 6-3 秦巴山茶区湖北名茶

茶区	名称	属性	茶类	创制时间	主要产地
秦巴山茶区	远安鹿苑	历史名茶	黄茶	南宋宝庆间	远安县鹿苑寺一带
	峡州碧峰	历史名茶	绿茶	唐代。1979 年恢复	宜昌市西陵山一带
	邓村绿茶	当代名茶	绿茶	1988 年	宜昌夷陵区邓村乡一带
	竹溪龙峰	历史名茶	绿茶	明清。20 世纪 60 年代复制	竹溪县龙王垭茶场
	梅子贡茶	历史名茶	绿茶	据传唐代	竹溪县梅子娅
	隆中白毫	当代名茶	绿茶	20 世纪 80 年代初	襄阳市隆中风景区
	武当针井	当代名茶	绿茶	20 世纪 80 年代	十堰市武当山一带
	神农奇峰	当代名茶	绿茶	1986 年	神农架林区
	圣水毛尖	当代名茶	绿茶	20 世纪 90 年代	竹山县 15 个产茶乡镇
	玉皇剑茶	当代名茶	绿茶	20 世纪 90 年代	谷城县五山镇一带
	水镜茗芽	当代名茶	绿茶	20 世纪 90 年代	南漳县
	青山凤舌	当代名茶	绿茶	20 世纪 90 年代	竹溪县
	剑茶	当代名茶	绿茶	20 世纪 90 年代	竹溪县
	宜红工夫	历史名茶	红茶	清代中叶	宜昌、恩施及湘西部分县

秦巴山茶区湖北板块的气候处于由北亚热带向暖温带的过渡带，水、热资源十分丰富，年平均气温 14℃左右，境内有神农架、武当山，庞大的山地成为长江上、中游一个重要的生态屏障。土壤类型以黄棕壤为主，其次是棕壤及紫色土等，土壤出微酸性，是灌木型中小种茶树适宜种植的区域。湖北省在本区域主要的优良茶树良系或品种有 2 个：一是宜昌大叶，又名宜昌种，属灌木型茶树，原产宜昌西陵峡

境内，适应性强，最高亩产鲜叶可达 400 千克以上；中芽偏早，育芽能力强，芽叶肥壮，茸毛多；一芽二叶茶多酚含量为 37.4%，水浸出物为 44%，适制红茶和绿茶。二是宜红早，属小乔木型，大叶早生，为无性繁殖品系或品种，发芽整齐，芽叶黄绿色；一芽二叶茶多酚含量为 28.3%，水浸出物为 45%，适制红、绿茶。

湖北省在本区域主要名茶产县（市、区）7 个，名茶 14 个。其中，历史名茶 5 个：远安鹿苑黄茶、峡州碧峰绿茶、竹溪龙峰绿茶、梅子贡绿茶、宜红工夫红茶。当代名茶 9 个：属绿茶类的有隆中白毫、武当针井、神农奇峰、邓村绿茶、圣水毛尖、玉皇剑茶、水镜茗芽、青山凤舌、剑茶。详情见表 6-3。

本节，我们选择简要介绍远安鹿苑、峡州碧峰、竹溪龙峰、梅子贡茶、隆中白毫、武当针井、水镜茗芽、宜红工夫等 8 种黄茶、红茶和绿茶名茶，以飨读者。

（一）远安鹿苑黄茶

远安鹿苑，亦名鹿苑毛尖，迄今已有七百五十余年的历史，是闻名湖北暨全国的历史名茶。

远安鹿苑是产于湖北省远安县鹿苑寺的条形黄小茶。黄小茶属黄茶类，以一芽一叶、一芽二叶的细嫩芽叶制成。我国黄小茶主要品类有沩山毛尖、北港毛尖、远安鹿苑、温州黄汤等。远安鹿苑品质独具风格，被誉为湖北茶中之佳品。

鹿苑寺位于远安县城西北群山之中的云门山麓，海拔 120 米左右，龙泉河流经寺前，茶园多分布于山脚、山腰一带，峡谷中的兰草、山花与四季常青的百岁楠树，相伴茶树生长，终年气候温和，雨量充沛，红砂岩风化的土壤，肥沃疏松，茶树生长繁茂，形成其特有品韵。

鹿苑茶采制历史悠久，陆羽《茶经》已有记载。据《远安县志》载，宋宝庆元年，远安鹿苑寺僧在寺侧栽植，产量不到 1 斤，当地村民见茶香味浓，也在山坡和房前屋后种植，茶树与日俱增。清乾隆年间被选为贡茶。乾隆皇帝饮后，顿觉清香扑鼻，食欲大增，即封远安鹿苑茶为"好饮茶"。清光绪九年（公元 1883），高僧金田来到鹿苑寺巡寺讲法，品茶题诗，称颂远安鹿苑为"绝品"，并题《鹿苑茶》诗："山精石液品超群，一种馨清满面熏。不但清心明目好，参禅能伏睡魔军。"该诗至今尚镶嵌在鹿苑寺中清代的石碑上。这位僧诗赞扬鹿苑茶的角度与世俗不同，他认为鹿苑茶凝聚萃取了灵山名泉之菁华，茶之功不仅可以清心明目，对僧人夜深打坐、驱困参禅大有禅益。古今流传的"清漆寺的水，鹿苑寺的茶"，说的就是湖北省当阳县清漆寺的水和湖北省远安县鹿苑寺的茶，都极其出众。中华人民共和国成立后，鹿苑茶不断改进制茶技术，品质已位居湖北名优茶之冠。1982 年 6 月，远安鹿苑茶在全国名茶评选会上被评为全国名茶。1986 年，获中国名茶称号。1990 年，通过全国名茶复评。1991 年，获杭州国际茶文化节"中国文化名茶"奖，同年获全国名茶品质认证。1995 年，通过国家绿色食品认证。

鹿苑毛尖的鲜叶采摘时间，在清明前后 15 天。采摘标准为一芽一叶、一芽二叶，要求鲜叶细嫩、新鲜、匀齐、纯净，不带鱼叶、老叶、茶果。采回的鲜叶，先进行"短茶"，即将大的芽叶折短，选取一芽一叶初展芽尖，折下的单片、茶梗，另行炒制。上午采摘，下午短茶，晚间炒制。

鹿苑毛尖的制造分杀青、二青、闷堆、拣剔、炒干五道工序。

杀青：锅温要求 160℃左右，并掌握先高后低，每锅投叶量1～1.5千克。炒时要快抖散气,抖闷结合,时间6分钟左右。炒至五六成干起锅,趁热闷堆15分钟后散开摊放。

二青:炒二青锅温100℃左右,炒锅要磨光。投入湿坯叶1.5千克左右,适当抖炒散气,并开始整形搓条,要轻搓、少搓,以防止产生黑条,时间约15分钟,当茶坯达七、八成干时出锅。

闷堆:闷堆,是鹿苑毛尖品质特点形成的重要工序。茶坯堆积在竹盘内,拍紧压实,上盖湿布,闷堆5～6小时,促进黄变。

拣剔:主要剔除扁片、团块茶和花杂叶,以提高净度和匀度。

炒干:炒干温度80℃左右,投叶量2千克左右,炒到茶条受热回松后,继续搓条整形,应用螺旋手势,闷炒为主,借以保持茶条环子脚的形成和色泽油润。约炒30分钟,达到足干后,起锅摊凉,包装贮藏。

远安鹿苑产品分特级和一级、三级。成茶色泽金黄、白毫显露。冲泡后汤色香气高郁,汤色黄绿明亮,滋味醇厚甘凉,叶底嫩黄匀整。产品主销宜昌、武汉、广州等大中城市。

黄茶是沤闷茶。沤闷会产生大量的消化酶,而这些消化酶对脾胃最有好处:消化不良、食欲不振、懒动肥胖,都可饮而化之

(二)峡州碧峰

峡州碧峰,是始见于唐代典籍而失传的历史名茶,恢复新创于1979年,属绿茶类。产于长江西陵峡北岸的宜昌市半高山区。唐时,这里为峡州属地,故名峡州碧峰。

生产环境:长江西陵峡两岸的半高山茶区,山川秀丽,碧峰林立,云雾弥漫;有千丈深谷,瀑布高悬;气候温和,空气湿润,土壤肥沃,林木葱郁的特点,年均温16.6℃,平均日照1669小时,平均降雨1177毫米,无霜期平均272天,水、热条件十分优越,植茶土壤多为花岗岩分化的沙质壤土,pH值为4.5～6,土层深厚疏松肥沃,生态环境得天独厚,是种茶的适宜区。明代诗人田钧的《夷陵竹枝词》赞咏峡州风景名胜时写道:"仙人桥上白云封,仙人桥下水汹汹,行舟过此停桡问,不见仙人空碧峰。"峡州碧峰名源于此,将峡州秀丽的风光融品质超群的茶中。茶景相融。

加工工艺:分采摘、鲜叶摊放、杀青、摊凉、初揉、初烘、整形、提毫、烘干、精制定级等工序。

品质特征:峡州碧峰茶属半炒半烘条形绿茶。其品质特征是,外形条索紧秀显毫,色泽翠绿油润,内质香高持久,滋味鲜爽回甘,汤色黄绿明亮,叶底嫩绿匀整。

峡州碧峰茶由宜昌峡州碧峰茶叶公司(原宜昌县西陵茶叶公司)生产及商标注册。1985年,获农牧渔业部"部优"产品称号。1995年至1997年,获

得中国农业博览会金奖和名牌产品认可。1997年，获评湖北"十佳"名茶精品。

（三）竹溪龙峰茶

龙峰茶产于湖北省竹溪县。

竹溪属于陆羽《茶经》所列"山南"茶区，远古曾以茶纳贡。竹溪茶，在《中国各茶原产地茶品目录》中榜上有名，被国家有关部门授予"中国茶叶之乡""中国有机茶之乡"的称号。从20世纪50年代初开始，该县将传统茶的种植与加工和现代先进种植与加工技术相结合，开发出了龙峰茶。因该产品核心产区位于龙王垭，山峰雾腾如龙，相传是龙王藏身之地，此地产的茶叶锋苗挺拔，沏泡后形如百龙竞游，故名为龙峰茶。龙峰茶外形紧细显毫，色泽嫩绿光润，整碎匀整，净度无嫩茎。2006年11月，国家质检总局批准对龙峰茶实施地理标志产品保护。

竹溪茶区土壤有机质含量适宜茶树的生长。竹溪茶区属亚热带季风气候区，雨热同季，温度相对较低且昼夜温差较大，光照强度适中，云雾较多，日照百分率较低，空气湿度较大，这些都是茶叶优异品质形成的重要气象生态条件。海拔900米左右的地方，发展优质龙峰茶生产基地的重点区域。

龙峰茶获一、二、三届中国农业博览会金奖，连续四届获"湖北十大名茶"称号。2000年，通过国家绿色食品A级认证，被评为省级有机名茶。龙峰茶曾连续9年被认定为湖北省名牌产品。

龙峰茶的制作大致分为九步：

鲜叶采摘：清明前后1个月采摘福顶大白茶一芽一叶或一芽二叶初展，要求芽壮、匀整、鲜活。不采雨叶、病芽和紫芽，禁带鳞片、老叶和杂物。

摊放：鲜叶进厂后，须在洁净的篾簸上薄摊，厚度1~2厘米。薄摊时间6~10小时，以促进部分水分和青草气散发，至鲜叶散发出清香为宜。

杀青：使用杀青机，当筒口1/3处空气温度达125~130℃时，开始投叶。每小时投叶量约25千克，杀青时间近3分钟。杀青程度，设含水量分别为62%以上、60%以下、55%以下三种情况处理。

摊凉：用菱凋槽（或吊扇、落地扇）鼓风，将杀青叶快速冷却，然后薄摊在篾簸上静置0.5小时。

揉捻：用6CR—30型揉捻机，揉5~8分钟。

理条：采用往复振动理条机，理条温度设55~70℃、70~80℃、85~100℃三种情况处理。每次理条投叶量0.7±0.1千克，理条时间5±2分钟。

摊凉回潮：理条做形完毕后，下机摊凉回潮，以使水分分布均匀，时间0.5~1.0小时。

初烘：采用网式连续烘干机，风口温度设110℃、120℃、130℃三种情况处理。摊叶厚度1厘米左右，烘15~20分钟。

复烘：为进一步失水做形，发散香气，初烘下机摊凉回潮0.5小时后，开始复烘。风口温度设85℃、95℃、105℃处理。摊叶厚度1厘米左右，烘15分钟。

龙峰茶外形紧细显毫，色泽嫩绿光润，匀整内质香气鲜嫩清高，带天然花香；滋味鲜醇甘爽，汤色嫩绿明亮，叶底细嫩成朵。其营养元素和生化成分含量较高，水浸出物丰富。

采用气相色谱质谱法 GCMS 分析龙峰茶的香气物质组成结果表明：香气物质中以醇类含量最高，其次是酸酯类和醛酮类香气物质，再次是烷烃和烯烃类以及芳香族类香气物质，而以含氮香气物质为最少。这种香气物质的组成，形成了竹溪龙峰茶香气"清香带花香"的独特品质。

保健价值：龙峰绿茶，尤宜高血压、高血脂、冠心病、动脉硬化、糖尿病、嗜酒嗜烟、发热口渴、头痛目昏、小便不利者及油腻食品食用过多、进食奶类食品过多者饮用。

（四）梅子贡茶

梅子贡茶是湖北省十堰市竹溪县的特产，为地理标志保护产品。

竹溪县地处秦岭南麓、大巴山脉东段北坡，与神农架相邻，植被覆盖率达到 81%，森林覆盖率达到 78.6%。竹溪素有"长江三峡水，楚地梅子茶"的美誉。竹溪县茶叶生产历史悠久。近年来，竹溪县茶叶总面积达到 13 万亩，居全省第二位。

梅子贡茶最早产于梅子垭。春秋末期，梅子垭茶成为朝廷贡品；唐代，梅子垭茶被武则天钦定为御用贡品，"梅子贡"因此得名，竹溪赢得了"贡茶之乡"美誉。

生态环境：梅子贡茶产地范围为湖北省竹溪县蒋家堰镇、中峰镇、鄂坪乡、汇湾乡、泉溪镇、梅子垭茶场、杨家扒综合农场、双竹林场共 8 个乡镇农林特场现辖行政区域。2 万余亩核心茶叶基地均在海拔 800 米以上的云雾山中。据华中农业大学专家检验，梅子贡茶氨基酸含量高达 2.95%，茶多酚含量达到 35.94%，超过同类茶的 1.4 倍。

梅子贡茶精选饱满单芽或一叶一芽为原料，经杀青、揉捻、烘干等精心焙制而成。干茶条索紧结、显毫、秀美、匀整、色泽翠绿光润、鲜嫩清高、甘醇鲜爽。茶汤色嫩绿明亮，清香持久，滋味鲜爽醇厚，叶底绿亮匀齐。干茶条索紧结，在茶汤中显毫、秀美、匀整、色泽翠绿光润，外观鲜嫩。茶汤色嫩绿明亮，甘醇鲜爽，清香持久，滋味鲜爽醇厚，叶底绿亮匀齐。茶叶内含有机质高，具有止渴生津、去暑消食、提神益思、怡情悦性之功效。此外，优越的生态环境促进了茶叶内含营养物质的合成，其中，氨基酸含量 3.6%、可溶性糖 5.6%，茶多酚含量达到 28.5%，是同类地区的 1.2 倍以上，水浸出物含量 49.8%，是国家标准规定的 1.46 倍，具有止渴生津、提神益思之功效。

近年来，梅子贡茶发展迅猛，不仅获得绿色食品认证和有机茶质量标准认证，还荣获多届农业博览会金奖和国际茶业博览会金奖，在"湖北省十大有机名茶"评比中名列第一。2004 年 9 月，竹溪县被中国特产之乡组委会命名为"中国有机茶之乡"，随后又被林业部命名为"中国茶叶之乡"。2009 年，梅子贡茶被认定为湖北省名牌产品并获得"湖北省著名商标"称号。2016 年，被评为湖北省老字号。

梅子贡茶业公司依托华中农业大学、中国茶研所等科研院校，走科技兴茶之路，开发出"梅子贡"绿茶、有机乌龙茶两大系列二十多种产品，有机乌龙茶被湖北省科技厅认定为省重大科技成果，产品先后获评中国安全信用品牌、湖北省消费者满意商品，并畅销全国。

（五）隆中白毫

隆中白毫，是产于湖北襄阳市隆中风景区一带的条形烘青绿茶，于20世纪80年代初研制而成，并于1992年获"湖北名茶"称号。

距襄阳城西约13千米的古隆中，是我国三国时期杰出的政治家、军事家诸葛亮隐居躬耕的地方。这里山不高而秀雅，水不深而澄清，地不广而平坦，林不大而茂盛。猿鹤相见，松篁交翠，景色十分幽雅。所产茶叶品质极佳，用该地"一泓碧水，清澈见底"的老龙洞泉水冲泡，茶味格外鲜美，茶香扑鼻。因此，隆中林茶场于20世纪80年代初创制该茶，并结合当地秀丽的景色和诸葛亮遗迹，以隆中茶名问世，即备受各界瞩目，并在湖北省名茶评比中，多次获奖而享誉中外。该地还建有一座幽雅别致的两层游廊式的卧龙茶室，游客在畅游隆中胜迹之余，在此煮泉烹茗，凭栏观望隆中景色，而流连忘返。

隆中茶有炒青型和翠蜂型两个品种。每年清明后的4月上旬，采摘一芽二叶的鲜叶，幼嫩匀整的，经摊青、杀青、揉捻、炒二青、复揉、整形、干燥等工序制成。品级分特级和一级、二级。成茶条索紧结重实，翠绿显毫。冲泡后汤色清澈明亮，香高味厚，回味甘甜，叶底绿亮匀齐。

产品主销襄阳、十堰、武汉等地。

（六）武当针井

武当针井为新创名茶，属绿茶类，创制于20世纪80年代初，产于丹江口市武当山一带。

1. 自然环境

丹江口市位于鄂西北山区，地跨北纬32°13′48″—32°58′30″，东经110°43′48″—111°34′48″，怀抱碧波万顷的丹江口水库，背依著名道教圣地武当山风景区，夹于历史悠久的襄樊重镇与新兴繁荣的十堰车城之间，又有林海神农架与南阳古市在其南北，素称"鄂西北门户"，是湖北省新兴的优质茶叶生产基地。

丹江口市境内南北最大纵距81千米，东西最大横距73千米，总面积3111平方千米，南、北、西三面环山，东开口于鄂西北平原岗地，整个地形地貌呈现"西高东低"和"七山二水一分田"的自然特征。山山相连，最高海拔1612米，是武当山主峰；水水相接，怀抱丹江口水库3.46万公顷水面。

丹江口市属北亚热带季风气候，具有四季分明、雨热同季、温暖湿润、热量丰富的气候特点，在以武当山为主的茶叶生产基地内，年平均气温15.9℃，大于等于10℃的活动积温5080℃，日照1950小时，年无霜期250天，平均降雨量918.2～1021.3毫米。土壤多为沙壤或轻壤，pH值5.8～6.8，含有机质0.06%～6.55%，全氮量0.037%～0.196%，速效磷0.14～19.8毫克/千克，速效钾20.3～158.3毫克/千克。成土母质有第四世纪黏土沉积物，白垩第三纪红砂岩风化物，石灰岩风化物，碳酸盐类风化物等7种。海拔高，植被好，山上云雾缭绕，相对湿度大，武当山"紫霄宫"海拔780～840米处，有几株树龄在70年以上的茶树至今枝叶繁茂，生长旺盛，叶色碧绿，叶质柔软，持嫩性强，可见其土质深厚，矿质元素丰富。

2. 历史沿革

1984 年 4 月，湖北省茶叶学会组织有关茶叶专家和技术员，对武当山名优茶生产和制作进行了考察，并且评审了武当针井茶，一致认为，丹江口市山好水好，植茶条件优越，茶叶品质上乘，尤以武当山镇八仙观一带所产最佳。

"只要功夫深，铁杵磨成针"的故事家喻户晓，这则故事就发生在武当山镇磨针井村。磨针井村位于武当山的中腹地带，至今仍有太上老姆磨针之石雕屹立其间，成为武当山一景，激励后人意志坚定，不畏艰辛，勇于攀登。武当针井茶则以此而来，一则表明制茶之艰辛，二则讲明了茶的外形如针般劲直，做工之精细。武当针井茶自开发至今，以其独特的品质特征，配之以武当山旅游之胜地，受到世人关注，产量也不断增加，年产量 3000 千克。知名度也不断扩大，1991 年至 1995 年，武当针井茶在湖北省名优茶评比中均获一等奖、特等奖。1995 年，获第二届中国农业博览会茶叶评比金奖。1992 年，获"湖北名茶"称号，并先后载入《湖北名优茶》和《中国名优茶选集》。

3. 采制技术

采摘：因丹江口市的气候条件，鲜叶采摘期比江南茶区迟，又加之为山地茶园，所以一般在 4 月上旬开采，一直可采到 10 月底茶园封园。采摘标准为单芽头，一芽一叶初展，最低标准不低于一芽二叶，剔除紫芽叶与病虫叶，鲜叶原料讲究匀实，否则不能制出上等的针井茶来。阴雨天气及雨后一般不采茶。摊放为了防止因鲜叶水分过高而杀青不透，采回的叶子一般要经过摊放。时间因天气而定，气温高往往摊放 2～3 小时，气温低时间可长一些，置阴凉处，有利于鲜叶内含物质的转化，提高干茶的香气和滋味。

杀青：一般在斜锅中进行，每锅投入鲜叶 500克左右，锅温为 200～220℃，先用高温闷杀 1～2分钟，再降温翻炒，动作轻快，翻炒均匀，直至叶质柔软，叶色绿，梗弯曲而不断，香气显露，青气消失，

手捏叶软略有黏性为止。总共时间为 5～6 分钟。机械杀青在 85 型滚筒杀青机中进行，投叶量为 4 千克左右。

初揉：将杀青叶放在竹匾上或装入 35 型揉捻机中轻揉，手工轻揉时间为 5 分钟。机械揉捻时间 15分钟，按轻、重、轻次序加压，目的是卷紧茶条，缩小体积。

炒二青：手工炒二青也在斜锅中进行，锅温应低，约 100℃，投叶量为头青的叶量，炒至不粘手，减重45%～50% 为止。机械炒二青也在 85 型滚筒杀青机中进行，锅温 120～140℃，投叶量应按两桶杀青叶并一桶，减重 45%～50% 时起锅。

整形：完全手工进行。将二青叶放在整形平台灶上，温度 80℃，一手在上，一手在下，搂住茶叶顺势搓条，按照用力轻、重、轻的原则，来回反复。搓条过程中不断理条、抖散，条理至细、紧、直，外形呈针状，失水 80% 左右即可。

干燥：烘温 70℃，用炭火烘干，烘笼下垫牛皮纸，每隔 3～4 分钟翻动一次，烘至茶叶含水量 5%～6%，手捏茶成粉末状时下烘，摊凉后包装。

武当针井茶外形色泽翠绿、显毫，条索紧细如针，香气高爽持久，汤色清澈明亮，滋味浓醇鲜爽，叶底嫩绿匀齐成朵。一般分为特级、一级、二级、三级和等外级五个等级。

（七）水镜茗芽

水镜茗芽，是产于湖北南漳县境内、创制于 20世纪九十年代的绿茶类湖北名茶。

南漳县位于汉水以南荆山山脉东麓，境内山峦重叠，地势复杂，是"八山、半水、分半田"的山区县。南漳产茶历史悠久。早在唐代，南漳就属襄州茶区，

其茶叶品质与彭州、荆州相当。据南漳县志记载，清朝同治年间（约公元 1866），该县李庙磨坪绿茶已作为贡品进奉朝廷。

南漳全县现有茶园约 33 万亩，主要分布在西南部山区，年产绿茶约 35 万千克，茶叶年产值两千多万元。

水镜茗芽龙头企业南漳水镜茶业公司立足本地自然优势，狠抓名优茶开发，所创"水镜"牌系列名优茶产品，行销湖北、陕西、山西、河南、福建、北京等省市。该茶 1996 年注册"水镜"品牌，1997 年、1998 年、1999 年连续三年获"中茶杯"名茶评比特等奖。1998 年，在中国国际名茶、茶制品博览会上获最佳推荐产品奖。1999 年、2002 年、2006 年连续三次获"湖北省十大名茶"称号。

水镜茗芽茶的主产区经省环保站进行大气、水质和土壤质量监测，其污染指数几乎为零。加之近几年该茶区大力推广无公害茶树栽培技术，茶园基本不施用农药，不施化学肥料，所产茗芽已成为纯天然饮品，2000 年，经国家绿色食品办公室严格检测，获得国家 A 级绿色食品证书。

1. 制作工艺

采摘：极品水镜茗芽茶鲜叶采摘时间为 3 月下旬至 4 月下旬。要求全部采摘发育健壮的嫩芽，芽长 12 厘米以上。

摊凉：鲜叶采回后摊放于干净的竹席上，摊放厚度约 2 厘米，摊放时间为 4 ~ 6 小时。

杀青：用 30 型名茶杀青机或 42 型多功能机，锅温 180℃左右，多功能机杀青每锅投叶量 500 克左右，时间 3 ~ 4 分钟。

整形：在多功能机或电炒锅中进行，并加轻压，使芽叶组织部分破碎，条索紧直。

干燥：分初烘和复烘两道工序，可在名茶烘干机或电炒锅中进行。初烘温度掌握在 120℃左右，烘时 20 分钟，烘至茶叶九成干时出机摊凉 30 分钟。复烘温度为 70 ~ 80℃，烘 20 分钟左右，待茶芽足干，折之即断，研之成粉末时，出机摊凉。

分级包装：制成的茶叶经剔除部分断碎芽后即可分级包装。内包装用铝塑复合袋，外用书本式手提包装。

2. 品质特点

水镜茗芽茶采用该县栽种的福鼎大白茶、鸠坑种的嫩芽为原料制成。其成茶芽肥状挺直，色泽翠绿显毫，茶汤清澈明亮，清香持久，滋味鲜醇回甘，叶底嫩绿匀齐。产品经农业部茶叶质量监督检验测试中心检测，其品质达到名优茶水平。

（八）宜红工夫

宜红工夫，是产于鄂西山区的宜昌、恩施两地的条形工夫红茶，邻近的湘西石门、桑植、慈利等县亦有部分生产。宜红工夫茶主销俄罗斯及东欧国家。

宜昌是中国的古老茶区。茶圣陆羽在《茶经》中，比较了全国各地茶叶品质后，对宜昌茶区的评价是"峡州上"。该区域山林茂密，河流纵横，气候温和，年平均气温 13 ~ 18℃，雨量充沛，年降雨量 750 ~ 1500 毫米，无霜期 220 ~ 300 天，土壤大都属微酸性黄红壤土，适宜茶树的生长。宜昌茶区海拔高，昼夜温差大，加上长江及其水系的水文气象效应，山中云雾缭绕，雨量充沛，土壤肥沃，具有得天独厚的生长优质茶的优越生态环境，据农业部茶叶质量检测中心测定，该茶区核心产地的茶叶中氨基酸含量达 5.76%，茶多酚、氢基酸比例恰当，是生产名优茶的基地。

据记载，宜昌红茶问世于 19 世纪中叶，至今已有百余年历史。1850 年，俄商开始在汉口购茶，汉口开始单独出口。1861 年，汉口被列为通商口岸，英国即设洋行大量收购红茶。因交通关系，由宜昌转运汉口出口的红茶取名"宜昌红茶"，"宜红"因此而得名。清朝道光年间，先由广东商人钧大福在五峰渔洋关传授红茶采制技术，设庄收购精制红茶，运往汉口再转广州出口。清朝咸丰甲寅年（公元 1854）

高炳三，及尔后光绪丙子年（公元1876）林紫宸等广东帮茶商，先后到鹤峰县改制红茶，在五里坪等地精制，由渔洋关运汉出口，洋人称为"高品"，渔洋关一跃成为鄂西著名的红茶市场。宜红由英国转售西欧，尔后美商、德商也时有所买，宜红产量大增。1876年，宜昌被列为对外通商口岸，"宜红"出口猛增，声誉极高。1886年前后，系宜红出口的最盛期，每年输出量达15万担左右。1888年，汉口茶叶出口量达86万担，占当时全国茶叶出口量的60%，其中以红茶为主。后由于历史原因，宜红一落千丈。1951年，湖北省茶叶公司成立，在五峰、鹤峰、长阳、宜昌、恩施、宜恩、利川及湖南石门设点收购宜红。后来，随着各地茶厂的建立，宜红的生产逐渐恢复和发展。目前，宜红已成为宜昌、恩施两地的主要土特产品之一，产量约占湖北省茶叶总产量的三成以上。

宜昌茶区的茶农十分注意保护生态环境，茶园又分布在高山峡谷之中，环境没有受到任何工业废气、废水、废物污染源的污染。重视保护茶园病虫的天敌资源，极少使用农药，绝对不使用国内外已禁止使用的农药，注意对病虫的预测预报，采用生物防治和农业防治相结合的方法防治病虫害；茶园内禁止使用除草剂，少量使用化肥，施肥以农家肥和绿肥为主。形成了山顶是林木，山腰是茶园，山脚是农田的合理布局，杜绝了茶园中空气、水源、土壤受污染的可能性。

宜红工夫茶外形条索紧细有金毫，色泽乌润，香甜纯高长，味醇厚鲜爽，汤色红亮，叶底红亮柔软。茶汤稍冷即有"冷后浑"现象产生，是我国上乘品质的工夫红茶之一。

宜红工夫茶的制作有萎凋、揉捻、发酵、干燥四道工序，因工艺复杂，技术性强，工夫红茶因此得名。宜红工夫茶制选分为初制和精制两个阶段。

宜红工夫茶的制作工艺是采摘一芽二叶、一芽三叶，经萎凋、揉捻、发酵、干燥制成。

宜红工夫茶品级分一至五级。成茶条索紧细有毫，色泽乌润。冲泡后汤色红亮，香醇高长，滋味醇厚鲜爽，叶底红亮柔软。茶汤稍冷即有"冷后浑"现象产生。产品主销东欧及俄罗斯。

宜昌红茶得以再次闻名，不只是因为它的口感上佳，也因其具有的养生功效。

解毒：宜红工夫茶中的茶碱能吸附重金属和生物碱，并沉淀分解，具有解毒功效。这对饮水和食品受到工业污染的现代人而言，不啻是一项福音。

强筋骨：宜红工夫茶中的多酚类能抑制破坏骨细胞物质的活力，为了防治女性常见骨质疏松症，建议每人服用一小杯红茶，坚持数年效果明显。

消炎杀菌：宜红工夫茶中的多酚类化合物具有消炎的效果，再经由实验发现，儿茶素类能与单细胞的细菌结合，使蛋白质凝固沉淀，借此抑制和消灭病原菌。所以细菌性痢疾及食物中毒患者喝红茶颇有益，民间也常用浓茶涂伤口、褥疮和香港脚。

提神消疲：经由医学实验发现，宜红工夫茶中的咖啡因借由刺激大脑皮质来兴奋神经中枢，使思维反

应更加敏锐，有利于增强记忆力；它也对血管系统和心脏具兴奋作用，强化心搏，从而加快血液循环以利新陈代谢，同时又促进发汗和利尿，由此双管齐下加速排泄使肌肉感觉疲劳的乳酸及其他体内老废物质，达到消除疲劳的效果。

生津清热：夏天饮宜红工夫茶，能止渴消暑。因为，茶中的多酚类、糖类、氨基酸、果胶等与口涎产生化学反应，刺激唾液分泌，导致口腔滋润，产生清凉感；同时，咖啡因还能调节体温，刺激肾脏以促进热量和污物的排泄，维持人体的生理平衡。

此外，宜红工夫茶还具有防龋、健胃通肠助消化、延缓细胞老化、降血糖、降血压、降血脂、抗辐射等功效；宜红工夫茶还是极佳的运动饮料，除了可消暑解渴及补充水分外，还能在运动中促成脂肪燃烧供应热能，让人体更具持久力。

四、桐柏山大别山茶区的湖北名茶

桐柏山大别山茶区位于长江中下游以北的鄂、豫、皖三省交界处。就湖北省而言，茶区范围包括鄂东北低山丘陵、鄂北低山丘陵，行政区域范围包括鄂东北黄冈市、孝感市、荆州市、襄阳市和随州市的大部分，总计产茶市（县、区）26个：黄冈、红安、麻城、罗田、浠水、蕲春、黄梅、广济、英山；孝感、汉川、云梦、应山、大悟、应城；武昌、汉阳、黄陂、新洲；当阳、枝江；江陵、公安；荆门、钟祥、京山等。

生态环境：本区域地处北亚热带边缘，年平均气温14～16℃，年平均降雨量1200～1500毫米，年平均相对湿度80%以上。土壤类型多为黄棕壤和棕壤，土壤pH值4.8～5.5，是灌木型中小种茶树适生区和经济栽培区。

名茶资源：湖北省在本区域主要原生优良品系或品种1个，即英山县的英山群体，小叶中生，为有性繁殖品系或品种，抗性强，长势旺，产量高。湖北省在本区域主要产名茶县（市、区）有6个，名茶7个，其中历史名茶3个，均属绿茶类：龟山岩绿，创制于唐代，为唐宋名茶，后失传，于20世纪50年代恢复创新，主产麻城市；当阳市的仙人掌茶，属绿茶类，创制于唐代，主产当阳市；车云毛尖，属绿茶类，创制于清代，闻名于民国，主产随州市。当代名茶7个，均属绿茶类：武昌的金水翠峰，黄梅县的挪园青峰，大悟县的双桥毛尖、大悟寿眉，孝感市孝南区杨店镇的浐川龙剑，英山县的天堂云雾，等（见表6-4）。

本节重点介绍仙人掌茶、车云山毛尖、龟山岩绿、天堂云雾、挪园青峰、大悟毛尖等六种名茶。

表6-4　桐柏山大别山茶区的湖北名茶

茶区	名称	属性	茶类	创制时间	主要产地
桐柏山大别山茶区	仙人掌茶	历史名茶	绿茶	唐代	当阳市玉泉寺一带
	车云毛尖	历史名茶	绿茶	民国间	随州市北部车云山一带
	龟山岩绿	历史名茶	绿茶	唐代	麻城市龟山一带
	天堂云雾	当代名茶	绿茶	1990年	英山县天堂寨南侧
	露毫茶	当代名茶	绿茶	1990年	英山县
	大悟寿眉	当代名茶	绿茶	20世纪90年代	大悟县黄站镇万寿寺茶场
	浐川龙剑	当代名茶	绿茶	20世纪90年代	孝感市杨店镇浐川茶场
	金水翠峰	当代名茶	绿茶	1979年	武汉市武昌区西北部
	挪园青峰	当代名茶	绿茶	1988年	黄梅县挪步园茶场
	大悟毛尖	当代名茶	绿茶	20世纪60年代	大悟县双桥镇一带

（一）仙人掌茶

仙人掌茶，又名玉泉仙人掌，产于湖北省当阳市玉泉山麓玉泉寺一带，为扁形蒸青绿茶。

生产仙人掌茶的玉泉寺，是我国著名的佛教寺院，与南京栖霞寺、浙江国清寺、山东灵岩寺并称"天下四绝"。玉泉山远在战国时期，就被誉为"三楚名山"。玉泉寺自然资源十分丰富，山间古木参天，云雾弥漫，翠竹摇影，四季常绿；地下乳窟暗生，特别是山麓右侧有一泓清泉喷涌而出，清澈晶莹，喷珠漱玉，名为"珍珠泉"，造就了玉泉山麓优越的植茶生态环境。这里气候温和，雨量充沛，土质肥沃，生长的茶树芽叶质软肥壮，萌发轮次多，从杨柳吐翠的三月，到丹桂飘香的九月，采摘期长达7个月之久，是茶叶的理想产地。

据《全唐诗》《当阳县志》及《玉泉寺志》记载，仙人掌茶始创于唐代，至今已有一千两百多年的历史。创制人是玉泉寺的中孚禅师（俗姓李，是著名诗人李白的族侄），他不但善品茶还善制茶，创制了一种形如仙人掌的扁形茶。唐肃宗上元元年（公元760），中孚禅师云游金陵（南京）栖霞寺时逢其叔李白在此逗留，于是将自己制作的茶献与李白。李白品尝后，觉得此茶清香滑熟，其状如掌，并了解了该茶产于玉泉寺，又是族侄亲手所制，遂取名玉泉仙人掌茶，并作诗一首颂之。从此，仙人掌茶名声大振。

仙人掌茶品级分为特级、一级和二级。特级茶的鲜叶要求一芽一叶，芽长于叶，多白毫，芽长为2.5～3厘米。制成的仙人掌茶，外形扁平似掌，色泽翠绿，白毫披露；冲泡之后，芽叶舒展，似朵朵莲花挺立水中，汤色嫩绿，清澈明亮。初啜清香雅淡，回味甘甜，弥留于齿颊之间；继之醇厚鲜爽，沁人肺腑，令人心旷神怡，回味隽永。

加工工序为蒸汽杀青、炒青做形、烘干定型三道工序。

杀青：杀青对仙人掌茶品质起着决定性作用。蒸汽杀青在蒸笼内进行，温度达100℃，蒸汽杀青时间为50～60秒，以鲜叶失去光泽，呈灰绿，发出清香，叶质柔软为适度。蒸汽杀青后，即予扇凉，进行炒青做形。通过高温，破坏鲜叶中酶的特性，制止多酚类物质氧化，以防止叶子红变；同时蒸发叶内的部分水分，使叶子变软，为揉捻造型创造条件。随着水分的蒸发，鲜叶中具有青草气的低沸点芳香物质挥发消失，从而使茶叶香气得到改善。除特种茶外，该过程均在杀青机中进行。影响杀青质量的因素有杀青温度、投

叶量、杀青机种类、时间、杀青方式等。它们是一个整体，互相牵制。

炒青做形又分头青、二青、揉捻做形三个步骤，是形成仙人掌茶独特外形的关键工序。头青炒法主要采用抖，并须抖得快、散得开；二青炒法采用抖、带结合，使茶叶初具条形；该茶掌形的形成，主要是通过做形。其法是交手四指并拢，拇指分开，平平地伸入锅内，采用抓、按等手法炒制，力求茶叶扁平挺直。通过利用外力作用，使叶片揉破变轻，卷转成条，体积缩小，且便于冲泡；同时部分茶汁挤溢附着在茶叶表面，对提高茶滋味浓度也有重要作用。仙人掌茶的揉捻工序有冷揉与热揉之分。所谓冷揉，即杀青叶经过摊凉后揉捻；热揉则是杀青叶不经摊凉而趁热进行揉捻。嫩叶宜冷揉以保持黄绿明亮之汤色与嫩绿的叶底，老叶宜热揉以利于条索紧结并减少碎末。除名茶仍手工操作外，大宗仙人掌茶的揉捻作业已实现机械化。约七成干时，进行烘干定形。至含水量5%左右时，出烘包装收藏。

烘干定型：干燥的目的，是蒸发水分，并整理外形，充分发挥茶香。干燥的方法，有烘干、炒干和晒干三种形式。仙人掌茶的干燥工序，一般先经过烘干，然后再进行炒干。因揉捻后的茶叶含水量仍很高，如果直接炒干，会在炒干机的锅内很快结成团块，茶汁易黏结锅壁。故此，茶叶先进行烘干，使含水量降低至符合锅炒的要求。

工序改革：在蒸青团茶的生产中，为了改善苦味难除、香味不正的缺点，逐渐采取蒸后不揉不压，直接烘干的做法，将蒸青团茶改造为蒸青散茶，保持茶的香味，同时还出现了对散茶的鉴赏方法和品质要求。这种改革出现在宋代。《宋史·食货志》载："茶有两类，曰片茶，曰散茶。"片茶即饼茶。元代王桢在《农书·卷十·百谷谱》中，对当时制蒸青散茶工序有详细记载："采讫，一甑微蒸，生熟得所。蒸已，用筐箔薄摊，乘湿揉之，入焙，匀布火，烘令干，勿使焦。"由宋至元，饼茶、龙凤团茶和散茶同时并存。到了明代，明太祖朱元璋于洪武二十四年（公元1391）下诏，废龙团兴散茶，使得蒸青散茶大为盛行。相比于饼茶和团茶，茶叶的香味在蒸青散茶得到了更好的保留，但使用蒸青方法，依然存在香味不够浓郁的缺点，于是出现了利用干热发挥茶叶优良香气的炒青技术。

蒸青仙人掌茶含量最多的茶多酚及咖啡因成分，能有效降低人体血脂的含量，帮助肠胃消化油腻食物和减少对脂肪的吸收，还有防辐射及抗癌等作用。

（二）车云山毛尖

车云山毛尖，是产于湖北随州市北部车云山的中国传统名茶，属绿茶类。

车云山位于湖北与河南两省交界的桐柏山区，境内群峰挺拔，山势巍峨，苍山青翠，巨石嶙峋。这里处处林木葱郁，清泉长流；每逢遇雨，群山若隐若现；雨后乍晴，团团白云，翻滚于群峰之间，其状如万马奔驰，又似车轮滚滚，车云山因此而得名。

车云山产茶历史悠久。早在清代光绪三十二年（公元1906），当地茶人就从邻近的安徽六安引种栽培，经茶农精工细制，创造出一种外形紧细圆直、内质香高味醇的佳品毛尖。20世纪20年代，当地茶农在吸收黄大茶、瓜片茶等制法的基础上，通过多年的反复实践，创造了一套毛尖茶加工技术，开始了独具一格的车云山毛尖茶的生产。1915年，车云山毛尖曾参加巴拿马国际博览会赛展。1979年，此茶作为全国名茶之一载入浙江人民出版社出版的《中国名茶》一书。现在，武汉、襄阳、随州、老河口等地，都是车云山毛尖的主要消费市场。

车云山毛尖，外形紧细圆直、锋毫显露；内质香气清高，具有浓厚的熟板栗香；滋味醇厚，甜凉爽口；汤色嫩黄，清澈明亮，叶底嫩绿匀净、柔软。

车云山毛尖的加工工艺，重在以下环节：

采摘：车云山毛尖采摘严格，鲜叶要求采摘匀、净、嫩。

炒制：分"生锅"和"熟锅"。生锅用帚把均匀挑动，待叶软柔后，按顺时针方向旋转成团。先重后轻，边转边抖，至茶叶开始挤出时，进入熟锅，进行赶条，至茶叶表面不黏结时，用手理条，采取四指并拢，拇指分开，使茶叶沿着锅壁轻擦带动，在掌心翻动，从虎口吐出，要求抓得均匀，甩得开展。到七、八成干时，起锅上烘，需三次烘焙。

烘焙：车云山毛尖加工工艺，烘焙技术最为独特。烘焙在地灶烘笼上进行，一般要分三次进行。一、二道烘焙主要起干燥作用，温度掌握先高后低，要求薄摊、勤翻、轻放，烘至色翠绿、毫显露为度；第三道烘焙被视为关键性的工序，用的是低温长烘，时间长达1小时，车云山毛尖浓厚的熟板栗香便产生了。再经适当拣剔，按照品质加以分级，装入锡罐存放待用。车云山茶叶制作技术，已载入于1981年8月农业出版社出版的教科书《茶叶制造学》。

常饮车云山毛尖茶，能提神醒酒、解毒、消除疲劳，还有解油、利尿、助消化，以及预防高血压、动脉硬化等疾病的功效。

（三）龟山岩绿

龟山岩绿，是产于湖北麻城龟峰山的东南沟、大块地、角尾、柿饼山、梨树山等地的条形炒青绿茶。

龟山岩绿，史称龟山云雾茶，早在唐代茶圣陆羽的《茶经》中就有记载。1958年，湖北省建起了国营龟山茶场，开垦出一大批新茶园，茶场的科技人员全身心投入龟山云雾茶的开发研究，在吸收龟山云雾茶的传统制作工艺上，经反复研究试验，于1959年研制出云雾茶之极品——龟山岩绿茶。龟山岩绿问世后，因其形质俱佳，在20世纪60年代初，即被列为湖北四大名茶之一，备受消费者青睐。

龟峰山位于大别山南麓的麻城县境内，顶峰海拔一千二百余米，终年云雾弥漫，故有"人在车中坐，车在雾中行"之说。这里风景秀丽，岩石嶙峋，群峰耸立，林木葱翠，溪水潺潺，鸟语花香。龟峰山茶树，一般分布在海拔800～1000米的龟头、龟尾、大块地、柿饼山等半高山地带，山间日照时间短，昼夜温差大，气候变幻莫测，尤其是在春夏之交，山间多为云雾笼罩。该地土层深厚肥沃，富含丰富的有机质及矿物质，pH值5.5左右，年平均气温16℃，夏季极端最高温不超过32℃，无霜期230～240天，降水量为1200～1300毫米，相对湿度80%，是一个得天独厚的宜茶之所。麻城龟山岩绿茶园基地分布在龟峰山海拔600～1000米的半高山地带，日照时间短，气候变幻莫测，尤其是春夏之交，多为云雾笼罩，故茶叶生长旺盛，芽头肥壮，叶质柔软，持嫩性强，所制之茶，外形绿秀，汤色明亮，滋味醇厚，栗香持久。

龟山岩绿的制作流程分为六步：

鲜叶采摘：鲜叶质量是做好龟山岩绿茶的物质基础。龟山岩绿茶的鲜叶采摘遵循"不采三叶，严求三度"的标准。

高温杀青：先高后低，是提高龟山岩绿茶香味的重要措施。龟山岩绿茶杀青，锅温要升至200℃以上，将4斤左右的鲜叶投入斜锅内翻炒以破坏酶的活性，先用手炒，以抖为主，使芽叶受热均匀；当感到茶叶烫手时，用木叉翻炒，水分重的茶叶继续抖炒，待水分大量发散后，进行闷炒，炒至叶质软略有黏性，立即退火，将锅温降低到约140℃，再翻炒到叶色由鲜绿变为暗绿，减重率40%～45%，即为杀青适度，迅速出锅，薄摊散热。

揉捻：要掌握轻、重、轻的分次揉捻手法，突出其内质鲜浓的品质。龟山岩绿茶要求耐冲泡，所以揉捻时，手揉开始不宜用力过大，采取逐步加压（机揉不加压），初揉用两手向前推动、倒转分开的揉捻方法，达到外形条索紧卷，细胞破坏率45%～65%为适度。龟山岩绿的外形要求挺直、圆匀，而外形主要在整形工序中形成，因此手揉或机揉的揉捻时间不宜过长，一般10～15分钟，加压（手揉）较一般绿茶轻。

及时初干：是保证质量的必要条件。龟山岩绿采用烘笼烘干，目的是进一步蒸发水分，浓缩茶汁，便于整形。初干的温度在120℃左右，每笼放茶胚0.75～2千克，做到薄摊勤翻，注意烟火，初干叶含水量40%～45%较适当，并随时摊放，使叶中水分重新分布，使叶片质变为柔软，便于复揉。

快、匀、巧整形：这一工序是决定龟山岩绿茶外形圆、直的重要过程，首先将经过复揉的茶胚，以每锅0.75～1千克投入锅内，锅温掌握先高后低，

即开始约120℃，待茶条至七成干时，锅温保持在70～80℃，以双手带茶，连扭带搓，使茶条均匀搓散，并取出放在揉茶筐内搓揉，解块2～3次，使茶进一步紧卷，再投入锅内搓条，如此反复3～4次，待茶叶失去黏性，含水量约20%时整形，做到手不离茶、茶不离锅，以快速巧妙的手法，将茶条收集摆直，用手掌合抱，虎口张开，右手向前，左手向后，茶条在掌中转动，以去重回轻的办法，使茶条从手掌中掉散出来，散落锅内，如此循环，茶叶达九成干时，茶条呈现圆直、紧细、色泽墨绿、白毫显露，即可出锅，进行摊凉。

小火长炒，旺火提香，是进一步提高香气的必要过程。将摊凉的茶条，重回锅内，锅温开始保持80℃左右，把茶条沿锅围来回转动，手要轻，用力要匀，茶条由墨绿转为油绿且含水量为7%时，锅温加高到140℃，速炒2分钟，以提高香气。出锅后，筛去碎末，拣出扁片、粗条，冷后包装储藏。

经过多年的生产实践，龟山岩绿形成了自己的品质特征：外形条索紧直喜圆，色泽翠绿，毫锋显露；香气浓郁持久，滋味醇厚回甜，汤色黄绿明亮，叶底黄绿嫩匀，耐冲泡。

龟山岩绿具有提神、防辐射、助消化、延缓衰老、抑菌消炎、预防心血管疾病等多种作用。

（四）天堂云雾

天堂云雾茶，得名于湖北大别山主峰天堂寨（位于安徽省金寨县域湖北省罗田县、英山县交界处）的"天堂"二字。此茶因为高山和半高山茶场所产，品质具有明显的香高、味醇、耐冲泡的云雾山中茶的特色，故又名英山云雾茶。

英山县位于湖北省东北部，地处大别山南麓，地势东北高西南低，平均海拔在500～800米左右，紧邻安徽中国名茶六安瓜片的产地，地理位置优越。大别山主峰天堂寨峰顶海拔1729米，北南走向有三条山脉夹着东西两条大河纵贯全境。从气候条件来说，英山属长江中下游北亚热带湿润性季风气候，光照充足，雨量充沛，无霜期长，全县年平均日照时数为1866小时，年平均气温为16.4℃，年平均降雨量为1462毫米，年平均蒸发量为1372毫米，非常适合茶树生长。

英山天堂云雾茶，产自大别山区重要生态功能区的江淮分界岭。这里群山连绵，秀水长流，生物多样，生态良好，是难得的一方净土，为英山云雾茶的优良

品质打下了良好的基础。

英山产茶的历史，源远流长。据县志记载，早在唐代，英山生产的"团黄""蕲门"就与安徽霍山的"黄芽"同称"淮南三茗"，作为贡品运往长安。如今，英山县的茶叶已从天堂寨泉边那块茶园发展到全县11个乡镇309个村，几乎是村村有茶场，是农业部授予的"中国茶叶之乡"。茶叶已成为英山全县富民强县的支柱产业。

英山云雾茶的生产工艺：英山云雾茶选料讲究，制作精细。根据茶芽生育的特性，按不同展叶期采摘的不同嫩度的原料，分别制成3个品级，即春笋、春蕊、春茗。春笋属全芽茶，是其中的极品；春蕊的原料为一芽一叶初展，是其中的第二个档次；春茗的原料为一芽一叶和一芽二叶初展，是其中的普通级。如此分期、分批按各自要求的原料标准采摘和各自要求的工艺进行加工。该茶的制作，具有设备简单、工艺流程严谨、方法易掌握的特点。设备上，一般茶场只要配置若干"龙井锅"就能生产；工艺上，只要把握住摊青、杀青、揉捻、炒二青、烘干等几个工序上的技术指标，环环扣紧，一气呵成，就能做出好茶；方法上，高档产品（春笋、春蕊）采用手工操作，以保持名茶独有的品质风格；普通级（春茗）可采用半机械、半手工的方法，以提高工效，降低成本，增加批量。

英山云雾茶的品质特征：英山云雾茶属条形烘青绿茶，以春笋为例，外形条索挺直显毫，色泽翠绿光润，内质香气清鲜，汤色翠绿，清澈明亮，滋味鲜醇回甘，叶底芽壮肥嫩，翠绿明亮。从1990年开始，该茶多次荣获"中茶杯""鄂茶杯""陆羽杯"金奖。1999年至2006年，连续4次被评为"湖北十大名茶"。2001年3月，被中国绿色食品发展中心认定为绿色食品。2003年，荣获湖北省人民政府"名牌产品"称号。

（五）挪园青峰

挪园青峰为新创名茶，属绿茶类，创制于1988年，产于黄梅县挪步园茶场。

1. 自然环境

黄梅县地处"吴头楚尾"，属鄂东大别山南麓东段，长江中下游北岸，东近安徽，南临江西，跨北纬29°43′—30°18′，东经115°43′—116°07′。地势由北向南，梯级递降，最高点为挪步园管理处的烂泥滩，海拔高度为1244.1米，境内茶区所在的紫云山、挪步园旅游地，宾馆林立，游客如云，前来避暑品茶的游人无不心旷神怡，乐而忘返。

挪园青峰茶，产于挪步园管理处的挪步园茶场。

挪步园本名萝卜园，因山高气清，土质肥沃，种的萝卜味甜脆而得名。明代万历年间，兵部尚书汪可受晚年隐居于此，兴建巢云寺，修书洞，教育子孙，颐养天年，还亲自辟园种茶，自采自制自饮。每当黄昏，偕友踱步于曲径幽林之中，赏青茶之芬芳，听泉琴伴鸟唱，悠然自得，乐而忘归，在这群峰环绕、吐雾吞云的弯曲山路之上挪步闲游，三步一走，两步一停，茶香缕缕，景色悠悠，实在是一种不可多得的雅致享受，再加上挪步园与萝卜园有谐音之趣，"挪步园"因而逐渐取代"萝卜园"之名而享誉四方了。挪步园山高岭峻，林深叶密，青峰似剑，巢云纳雾，簇露止珠，白瀑如玉，流莺鸣谷，白鹤翔空，紫云缥缈，宛若一幅天然的美丽画卷。"紫云天半气苍苍，雪后晴岗回异常。万冻消来同赴壑，一峰撑出独朝阳"，即所谓"紫云雾雪"之神奇景观。

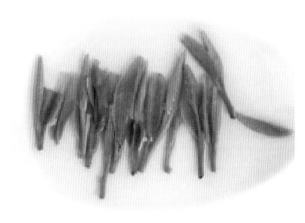

挪步园西近西山四祖寺，东邻东山五祖寺，南与江西庐山隔江相望，遥相竞秀。盛夏，山上紫云悠悠，凉风习习，宛若清凉的世外桃源，可谓是"山外正当三伏热，此间物候却深秋"，因此享有"小庐山"之美誉。

挪步园二十多公顷的茶园均分布在海拔 800 ~ 1500 米的高山上。茶区属北亚热带气候，气候温和，雨量充沛，10℃以上年积温达 3800℃左右，年降雨量 1700 毫米，相对湿度 80% 以上，pH 值 4.5 ~ 5.7，表层多为沙质壤土，土壤有机质含量 3.34%，全氮含量 0.15%，碱解氮含量 165 毫克/千克，速效磷含量 9.22 毫克/千克，有效钾含量 93.5 毫克/千克，自古以来，就是一块得天独厚的宜茶之地。

2. 历史沿革

挪步园产茶，始于唐代以前。相传陆羽曾两度登上挪步园，第一次为随方丈和尚探访印度僧人千岁宝掌和尚，并发现了紫云山产茶；第二次为天宝乙酉年（公元 745），专程考察紫云茶和喷雪岩泉水，并在其《茶经·八之出》中记述道："蕲州，生黄梅县山谷"。黄梅县唐时属蕲州郡，而黄梅山谷则指挪步园。直到今天，挪步园仍留有陆羽"望茶石"遗迹。唐代裴汶所著《茶述》中，更是把以黄梅紫云茶为代表的蕲州茶列为第一类贡品。

宋朝，由于茶叶生产的发展，朝廷在黄州、蕲州各县设立了榷茶场，黄梅榷茶场废于北宋景德二年（公元 1005）。

明朝嘉靖丁亥年（公元 1527），香林和尚带头在紫云山、挪步园一带劈山开地，扩植茶树，该处至今还留有茶山、茶洼等地名。邻近三省朝拜紫云山老祖寺、巢云寺的香客，称此茶为"香林茶"。

清代，茶农和僧人植制茶叶已成风气。黄梅戏《小和尚挖茶》，就是由紫云山采茶歌编成的。传说张天师的四位姑娘下凡扮成采茶姑娘采茶，同小和尚嬉戏对唱，被天师知道后勒令她们回宫，四姐妹留恋茶园风景和小和尚的忠厚勤劳，在她们驾云雾飘然上天之际，从半空各丢下一条香巾，随风而下，变为四座青峰，矗立在群峰之间，后人称为"四女峰"。

因紫云山有"紫云雾雪"一景，故紫云茶又称雪山茶。清史料载："雪山茶，最佳。"清代梅水田题词曰："茶同双井摘云腴"，王元之题诗云："梵石封台百尺深，试尝茶味如知音，唯余夜半泉中月，留得先生一片心。"

民国期间，战祸连绵，挪步茶园毁多存少。中华人民共和国成立前夕，茶园不足 10 亩。

1949 年后，紫云茶引起了省地县各界领导的高度关注。20 世纪 60 年代中期，集中了大量的人力、物力、财力进行连续四个秋冬的艰苦奋战，终于开垦出二十多公顷高山茶园，修通 20 千米盘山公路，使该茶得到迅速恢复和发展，并称之为"云雾茶"。

挪园青峰茶，是从 1988 年开始，在陆启清先生的指导下，地县农业局茶叶工作者和挪步园茶场共同协作，吸取传统精华，共同研制而成，其茶纤细碧绿，形色如同挪步园青秀美丽的山峰。为怀念享有"天下清廉第一"美誉、晚年隐居挪步园的汪可受，弘扬其"两袖清风"的精神品格，取其"清风"之谐音"青峰"为茶命名。

挪园青峰茶自问世以来，一直备受青睐，连续四次获黄冈地区名优茶一等奖。1989 年，获湖北省农牧厅名优茶一等奖。1990 年，获湖北省茶叶学会"陆羽杯"金奖。1992 年，获"湖北名茶"奖。1995 年，获中国农业博览会金奖。挪园青峰茶属条形烘青绿茶，外形条索紧秀匀齐，色泽翠绿油润，白毫显露，香气清高持久，汤色清澈明亮，滋味鲜爽甘醇，叶底嫩绿匀整，享有"挪园秀吴楚，青峰醉神州"之誉。

据中国农业博览会茶叶检评报告：该茶品质优异，特色突出，含茶多酚 27.3%，氨基酸 3.09%，总灰分 4.6%。

3. 采制技术

采摘：鲜叶要求细嫩、纯净、新鲜、匀齐。在谷雨前后采摘一芽一叶初展或一芽二叶初展，特级茶鲜叶要求芽长于叶或平齐，鲜叶采回后置通风处摊放 3 ~ 4 小时再加工，加工要求不过夜，现采现制。

杀青：锅温 140℃左右，投叶量 300 ~ 400 克，时间 7 ~ 8 分钟。杀青必须注意锅温，掌握先高后低，后期手法要轻，适当理条，炒至叶质变软，清香显露时即可出锅。

轻揉：一锅杀青叶做一次揉，双手伸直，掌心相对，使茶叶在掌心来回搓揉，掌握"轻 - 重 - 轻"和"来轻去重"的原则，揉至茶汁稍出，初步成条为止，时间 5 分钟。

整形提毫：在不断受热的整形台上进行，温度 80℃，时间 20 分钟。两手掌心相对，捧茶，边搓边散，反复搓搨，至茶条紧秀，白毫显露，茶叶稍有刺手感，约八成干时，出台摊凉烘焙。

烘焙：在烘笼上分初烘和足火两次，温度由高到低。初烘，温度 80℃，时间 15 ~ 20 分钟，中间翻动 2 ~ 3 次，至九成干时，晾 15 分钟，再上笼足烘；足火，温度 60℃，时间 25 ~ 30 分钟，中间翻动 1 ~ 2 次，烘至茶身满披茸毛，捻茶成末，含水量 5% 时为度，出笼摊凉入库或出售。

（六）大悟双桥毛尖

大悟双桥毛尖，是产于湖北省大悟县的双桥镇一带的绿茶。大悟位于湖北省东北部的丘陵山区，这里山谷绵延起伏，群山重叠，巨石林立，山花烂漫，溪流清澈，晴天雾罩日，雨天云接地，其中万泉寨、阮陀寺、天仙庵、罗汉岭一带，是双桥毛尖的主要产地。

每年清明至立夏是采制毛尖的黄金季节。如采时过早，因茶芽初萌，营养成分不足而滋味欠浓；过迟，则叶子过大而茶味不鲜。当茶园有 5% ~ 10% 的芽叶达到标准时即进园开采，但这时只是有选择地拣棵采，俗称"跑尖采"。早期毛尖，就在这时开始加工了。

双桥毛尖的制作工艺，分为生锅、熟锅和烘焙三道工序。

生锅即杀青，锅温 130 ~ 140℃，投叶量为 0.5 ~ 0.7 千克，鲜叶入锅后用专制的竹耙子进行抖炒和滚炒，当芽叶基本成条，历时 3 ~ 5 分钟，转

入炒熟锅。熟锅锅温为 80 ~ 90℃，初入锅时继续滚炒，以卷紧茶条，炒至六成干时，采用抓条和甩条相结合的手法，使茶条紧细圆光；最后放入凸形的竹制炕筐上，用木炭火烘焙，分初干和足干两次完成。烘至手捏茶条能成粉末，并显露清香和白毫时，即为足干适度。经摊凉和拣剔并稍加整理后，便可包装入库。

大悟双桥毛尖成茶外形条索细紧、显毫，色泽翠绿，滋味醇厚，汤色黄绿明亮，香气清高持久，叶底嫩绿匀齐。1989 年，在中国名茶评比会上获"中国名茶"称号。

双桥毛尖具有独特的保健作用。清人赵学敏《本草纲目拾遗》云："双桥毛尖性温味香，……味苦性刻，解油腻牛羊毒，虚人禁用。苦涩逐痰，刮肠通泄。"研究表明，经常适量饮用双桥毛尖茶，具有提神、消炎、增强免疫力、防止牙斑、预防蛀牙及齿垠疾病等作用。

五、鄂南低山丘陵茶区的湖北名茶

本区域位于长江中游南岸，其产茶范围主要包括鄂东南低山丘陵，行政区域范围包括湖北省的鄂州市、黄石市及咸宁市等 9 个县（市、区）。

生态环境：本区域地处中亚热带，年平均气温 16 ~ 18℃，年平均降雨量 1200 ~ 1600 毫米，年平均相对湿度 80% 左右。区域境内有幕阜山及鄱阳 / 洞庭两湖开阔的湖积冲积平原，环湖多属 200 米以内的丘岗地，土壤类型为冲积土、红壤及黄棕壤，土层深厚而肥沃，是灌木型中小茶品种最佳适种区域和经济栽培区。

名茶资源：本区域国家级及省区级茶树优良品种较多，均属灌木型茶树品系或品种，其中遗传资源及性状优良的有 4 个，其余为栽培及性状优良的品种。湖北省在本区域主要产名茶县（市、区）4 个，名茶也是 4 个，其中，历史名茶 1 个，即碧涧茶；当代名茶 3 个，即松峰绿茶、金竹云峰茶、鄂南剑春，等（见表 6-5）。

表 6-5　鄂南低山丘陵茶区的湖北名茶

茶区	名称	属性	茶类	创制时间	主要产地
鄂南低山丘陵茶区	碧涧茶	历史名茶	绿茶	北宋	产于松滋县西部
	松峰茶	历史名茶	绿茶	明代	赤壁市羊楼洞茶场
	金竹云峰	当代名茶	绿茶	20 世纪 70 年代	阳新县幕阜山一带
	鄂南剑春	当代名茶	绿茶	20 世纪 70 年代	鄂南咸宁地区
	湖北青砖	历史名茶	黑茶	清代乾隆年间	赤壁市羊楼洞一带

以下从上表中选取碧涧茶、松峰茶、鄂南剑春和湖北青砖茶等四种名茶分别作简介。

（一）碧涧茶

碧涧茶亦称松滋碧涧，是产于湖北松滋的湖北省恢复历史绿茶名茶。

碧涧茶历史悠久，久负盛名。据史料记载，碧涧茶起源于唐代，兴于宋朝，是难得的珍品，曾扬名荆楚，闻名华夏。唐代即有其名，张籍《送枝江刘明府》诗云："定访玉泉幽院宿，应过碧涧早茶时。"北宋《太平寰宇记》始有"荆州土产茶，松滋县出碧涧"的记载。可惜的是，1949年前却濒于灭绝。所幸的是，1984年，在湖北省有关专家的大力支持下，松滋的茶叶工作者查阅历史资料，在有关碧涧茶品质特征只言片语的情况下，精心设计，精心制作，在碧涧茶的历史产地——桠杈茶场恢复创制碧涧茶，一举获得成功。

松滋市地处长江中游南岸的湖北西南边缘，北枕长江，南接武陵，东部与荆州市、公安县接壤，南邻湖南的澧县、石门县，西与五峰县、宜都市交界，北与枝江县相连。地势地貌多姿，西部是海拔500～1000米的山地，中部是丘陵岗地，东部是平原湖区；属亚热带气候，气候温和，雨量充沛，月平均气温22.3℃，月平均降水量在100毫米以上。土壤为丘陵黄土，pH值在4.5～5.6，有机质含量2.1%。茶树分布在库容量为7000立方米的李桥水库南岸，茶树的立地生态环境优越。

碧涧茶采摘清明前不超过3厘米的一芽一叶或一芽二叶初展的嫩绿芽叶，经杀青、搓揉、做形和炒干制成。

碧涧茶属条形炒青绿茶，分特级、一级、二级。其外形条索紧秀圆直，翠绿显毫，内质清香、持久，滋味甘醇，汤色碧绿明亮，叶底嫩绿匀整。碧涧茶品质风韵独特而稳定，既有松针挺直的风韵，又有毛尖显毫的风貌和针眉"三绿"的风格。碧涧茶主销荆州、武汉、北京、上海等地。

（二）松峰茶

松峰茶，因产于蒲圻（今赤壁市）羊楼洞的松峰山而得名，属绿茶类，为湖北传统名茶。

蒲圻的茶叶栽培与加工历史悠久。被誉为"松峰茶王"的松峰山上两株近丈高的古亲本，靠松峰山肥沃的土壤，适中的雨量和温和的气候等得天独厚的自然条件，长盛不衰，至今枝叶繁茂，清香沁人。

传说很早以前，每到清明佳节，绿茶萌芽的时候，羊楼洞中有十位茶花仙女来到松峰山上，采摘新茶。她们用嘴将嫩叶一芽一芽地从树上含下来，吐入五彩缤纷的茶篮中。有位茶商专门收集仙女采摘的鲜叶，请来名师巧匠精心加工配制，制成极为珍贵的"仙女茶"。该茶色绿形美，香高味醇，每泡一杯，揭开杯盖，随着迷漫的香雾，便影现出一位美丽仙女的身姿翩翩起舞。从此，松峰绿茶誉满神州，传播国外。公元1883年，沙俄帝国从南楚的茶叶之乡赤壁运去松峰茶苗一万余株，栽培在格鲁吉亚的查伐克，数年之后，绿茶铺岭漫坡，流芳滴翠，使得松峰绿茶更加驰名于世。

松峰茶的采摘和制作都有严格要求，工艺十分讲究。湖广总督张之洞曾亲自推广《种茶炙焙法》，要求湘鄂两省多山各县仿照试行。每年只能在清明前后七到十天采摘，采摘标准为春茶的首轮嫩芽。而且规定：雨天不采、风伤不采、开口不采、发紫不采、空心不采、弯曲不采、虫伤不采等九不采。叶片的长短、宽窄、厚薄均以毫米计算，一斤银针茶约需50000个茶芽。

松峰茶的制作工序，分杀青、摊晾、初焙、初包、再摊晾、复焙、复包、焙干等八道工序，历时三四天之久方可制成。加工完毕，按芽头肥瘦、曲直及色泽亮暗进行分级。以壮实、挺直、亮黄者为上；瘦弱、弯曲、暗黄者次之。

松峰茶风格独特，色泽翠绿，形如松峰，香气清高，条形紧结匀整，汤色清澈明亮，叶底嫩绿均齐，是羊楼洞茶场的拳头产品。经质检部门检测，农药残留低于国家标准。常饮此茶，能清心明目，提神健身，延年益寿，兼有防辐射，防癌之功能。

（三）鄂南剑春

鄂南剑春为新创名茶，创制于20世纪60年代，属绿茶类。产于鄂南咸宁地区诸县市。

1. 自然环境

鄂南剑春茶产于湖北咸宁地区。该地区位于长江以南，是湖北的南大门，位于北纬29.4°，东经114°，海拔最高951米。全区辖咸宁、蒲圻、通城、嘉鱼、崇阳、通山、阳新共七个县市。境内地势起伏，有山有水还有丘陵和平地。鄂南剑春茶的主要产地就分布在幕阜山脉北麓古老茶区的九宫山、岳姑山、松峰山、大幕山及温泉、陆水、青山等名山名水胜地。

鄂南自古以来就是著名的茶叶之乡，中华人民共和国成立初期，国家划为"老青茶"产区，生产著名川字牌砖茶，供应内蒙古、新疆而誉满中外，而且自唐宋以来，历代都有名茶传誉中华。

鄂南地处长江南岸，气候属于亚热带北缘地带，年平均降雨量1516毫米，主要集中在4月至9月，年平均温度16.8℃，最高温度39℃，最低温度－6℃，无霜期为254天。土壤为花岗岩分化的黄红壤，其余为砂质壤土，pH值4.5～6.5，土壤有机质含量丰富。

源于九宫山各脉的富水、陆水、淦水流入长江，中途形成王英、富水、陆水、青山、南川等大水库和

西凉湖、黄盖湖、网湖等湖泊，溪流密布，塘堰成群，矿泉和地下水纵横交错，丰富的水域资源滋润了鄂南几万公顷茶园，形成润生名茶的云雾，这些山峻水美的地方，云雾缭绕，泉水叮咚，土肥石秀，松青竹翠，其优越的生态环境，是茶叶生长的理想地带，是鄂南剑春茶内质优、品位高的天然条件。

2. 历史沿革

从20世纪60年代开始，以高级农艺师宗嵩山为首的一批茶叶科技工作者在咸宁市浮山茶场进行剑春茶的研究。通过挖掘整理咸宁地区历史名茶的资料，吸收传统精华，突出当地特点，引进先进技术，经过反复试验，反复研究，终于研制出"剑春"名茶。

"壮志于三尺剑""绿茶十片火前春"。剑春茶外形扁平尖削，似唐代诗人李频诗中描绘的"三尺剑"，加之生长采制于融融春日，也正是唐代诗人白居易喜爱之绿茶；剑春茶又得咸宁地区的清山丽水润泽，生于古楚腹地，产于湖北南端，故命名为"鄂南剑春"。

鄂南剑春茶的鲜叶原料来源于本地区的良种茶园，其良种均是20世纪70年代引进的福鼎大白、龙井43、福云6号等品种，但大部分是福鼎大白种子直播的群体种。由于重视对茶园的水肥管理，下足基肥，多施有机肥，推广无农药公害茶叶的综合防治病虫害技术，保证了鲜叶优良的自然品质。加之引进品种繁多，芽叶肥壮，具有剑春茶的适制性。

剑春茶经过全国知名茶叶专家、学者张堂恒、庄晚芳、钱梁等多次审评，其感官品质特征是扁平挺直，尖削似剑，芽峰显露，颜色翠绿，边缘微黄，油润光滑，多蓉球，香气清鲜持久，滋味醇厚甘爽，汤色嫩绿明亮，叶底嫩匀成朵，品质优异。

鄂南剑春茶的理化品质经湖北农科院农业测试中心测定：六六六含量为0.0134毫克/千克，DDT含量为0.003毫克/千克，铜含量为0.2105毫克/千克，铅含量为0.12毫克/千克。

鄂南剑春在研制期间，著名茶叶专家庄晚芳、张堂恒、刘祖生、钱梁、陆启清等先后品尝、审评了该茶，并提出了许多改进意见，使剑春茶的品质不断提高。1986年，咸宁市浮山茶场所制的剑春茶，参加中国商业部在福州市主持召开的全国名优茶鉴评会，以97.28分获扁形茶类最高分，被评为"中国名茶"。1988年，获湖北省人民政府科技进步三等奖，同年又获中国首届食品博览会银质奖。1989年，获首届北京国际博览会银质奖。1991年，在中国杭州国际茶文化节上被评为"中国文化名茶"。1992年，被评为"湖北名茶"，同年获香港国际食品博览会金奖。1994年，先后被编入《湖北名优茶》与《中国名优茶选集》等书。

剑春茶的炒制技术，在咸宁地区全面推广后，鄂南的许多茶场都能生产高质量的剑春茶，全区共有茶园1万多公顷，大小茶场一千五百多个，年产剑春茶近100吨，市场活跃，价格坚挺，尤其在清明前后生产的剑春茶十分走俏，供不应求。不仅主销本地区及武汉、北京、上海、广州等大中城市，还批量出口，远销中国香港、中国澳门等地区及新加坡等国家，年产值达一千多万元，创外汇达十多万美元。尤其以咸宁市浮山茶场生产的剑春茶品质最优。蒲圻羊楼洞茶场生产的剑春茶曾多次获湖北省优质产品奖；通山土桥茶场、通城大柱茶场、阳新茶叶试验场、蒲圻羊楼洞茶场生产的鄂南剑春茶也在"鄂南十大名茶"之列；此外，咸宁市贺胜茶场、柏墩茶场、通城大坪茶场、崇阳跑马岭茶场、桂花茶场、阳新金竹茶场、咸宁地区茶科所以及阳新军垦农场等生产的鄂南剑春茶都是优等茶。

3. 采制技术

采摘：1000克剑春茶约10万个芽头，因而采摘标准要求相当严格。采摘的气候、时间不同，成茶品质就有差异，一般以阴天及晴天采摘较为理想。采摘要求单手提采，采时手不紧握，篮内不挤压，随采随放，尽量减少机械损伤。特级剑春茶以一芽一叶初展鲜叶为原料，不采紫红、墨绿色、病虫茶叶以及蛀芽、单叶片，要求芽叶肥壮，柔嫩匀齐，茸毛多，节间短，色泽黄绿一致，芽长于叶，其芽叶的长度以2.5～3厘米为好，制成的剑春茶外形匀齐，蓉球多，形似宝剑佩球，一经冲泡，芽叶徐徐舒展，朵朵匀齐，如盛开的花朵。

摊放：鲜叶采回后应及时摊放在干燥通风处，切忌堆放，摊放厚度以每平方米1.5千克为宜，摊放时间要结合当天当时的气候情况而定，一般为6～12小时，摊放至芽叶发软，芽峰自然舒展，青草气消退，含水量为65%～68%为适度。鲜叶在摊放过程中，轻翻1～2次。

剑春茶的加工制作是采用电炒锅，其工艺分为青锅和辉锅两大部分；青锅前段为杀青，后段为理条；辉锅主要分整形和磨光。

杀青与理条：一般杀青温度应控制在100～120℃内，而且要掌握先高后低。投叶量控制在100～150克，鲜叶未下锅前，在电锅内打上制茶专用油，鲜叶下锅后，要灵活地变换操作手法，使其均匀受热，轻搭、轻抹、抖匀、抖齐。当鲜叶在锅内炒约6～7分钟，爆点声消失，叶色由青转绿，散出清香，叶呈平直状态时要略为降温。此时的炒法要尽量把锅内茶叶抓握在手中，轻轻抖齐抖顺，再转为"搭、抹"手法，稍加压力，使茶叶逐步形成扁、平、直，而且相对定形，降低锅温。搭和抹要用力，茶叶在力的作用下，逐渐光滑。当手中的茶叶一散即开，落锅有声，茶叶挺直匀齐即可起锅。起锅的茶叶及时抖落在备用篾箕中摊凉，均衡水分，以利整形干燥。

干燥与整形：其手法，前段与杀青一样，以搭、抹手法变换操作，后段主要是"抓、推、炒"。在干燥前期温度不能太高，要用力搭、抹，使茶叶在重力的作用下条线匀齐，色泽一致。后段磨光，运用"抓、推、炒"，温度依次提高，手抓茶叶要齐而平，切忌乱抓、乱堆，扭折茶条，损坏芽峰，增加碎末。其具体炒法是：温度控制在50～60℃，一次投入200克左右的摊凉叶，经过轻抖、轻抹，使茶叶均匀受热，当茶叶软绵一致时，第一次加温至手心有较热的感觉，把锅内大部分茶叶握在手中，只抖落杂乱茶叶，手里茶叶不要松动，搭抹用力要重。炒至有少许茶叶茸毛开始脱落，进行第二次加温，达到有烫手感觉，再转入"抓、推、炒"，动作要先快后慢。由于茶叶在频繁往复的推力和摩擦力的作用下，茶叶茸毛渐渐脱落呈珠粒，黏附锅壁四周，茶叶慢慢透出翠绿颜色，此时，就以轻抓、轻推2～3分钟，待翠绿颜色完全透出，茶条直匀齐而光滑，挺秀尖削，含水量5%左右，即可起锅。

包装与贮藏：炒制成功的剑春毛茶，用四孔、五孔圆筛，把筛面茶，继续用抓、推、炒的手法进行炒制再行分筛，反复数次后，将茶头单独处理或降级拼配，拣出片末，簸去单片碎末，即可拼配包装。

剑春茶用油皮纸包装，每袋0.5千克，存放于大肚缸或白铁箱内。在装茶的容器内放生石灰袋，每隔15～30天换石灰一次，可以长期保存。随着科技的进步，鄂南剑春茶的包装，按市场的变化，不断更新

换代，在保持本地区特色的基础上，向外向型、精致型、多样型发展，50克、100克包装以及各种条装、组合装、复合保鲜装、铝塑复合材料包装，采用真空抽氧充氮，封入除氧剂等先进保鲜技术，保鲜期长。将这些包装好的鄂南剑春茶，采用生石灰和冰箱、冷库等低温贮藏法，保鲜期可达一年以上。

（四）湖北青砖茶

青砖茶是湖北省唯一的黑茶类传统历史名茶，主要产于湖北咸宁市的蒲圻（今赤壁市）、咸宁、通山、崇阳、通城等市县，已有百余年的历史。

1. 湖北青砖茶的产地条件

（1）地理环境。鄂南及鄂西南茶区地处长江中下游南岸，位于东经113°32′—114°13′，北纬29°28′—29°59′的长江上游与中游的结合部，鄂西秦巴山脉和武陵山脉向江汉平原的过渡地带，地势西高东低，地貌复杂多样，境内有山区、平原、丘陵，大致构成"七山一水二分田"的格局。

（2）气候特征。地处亚热带，属海洋性季风气候。由于地理位置、大气环流、地形的相互作用，雨量丰富，光照充足，气候温和，四季分明，无霜期长。年均日照时数2300小时，日照率41%；年均气温16.9℃；全年无霜期238天，年降雨量1500～1800毫米。

（3）土壤特点。多为黄棕壤，以微酸土壤为主。土壤含有钾、钙、铁、硼、镁、钼等多种微量元素；土壤含水量适中，通气性好。茶园多位于红色、黄色酸性土壤覆盖的平原、缓丘地带，pH值和盐基饱和度较低，是高品质茶叶的理想产地。

2. 历史渊源

鄂南地区茶事甚早。传说三国时，神医华佗曾在此采茶作药。晋代陶潜的《续搜神记》载："晋武帝宣城人秦精，常入武昌山采茗。"晋代道学家、医家葛洪曾在赤壁葛仙山、黄葛山、随阳山等处修行十余年，采茶煮茶，潜心著述。唐代，鄂南茶叶种植广泛，《太平寰宇志》云："鄂州蒲圻、唐年（今崇阳、通城）诸县，其民……唯以种茶为业。"陆羽的《茶经》和毛文锡的《茶谱》均有相关记载。宋代，实行茶马交易及榷茶之制，鄂南产茶更盛，当时的茶叶品类"片茶"，即今洞庄砖茶之雏形。元明时，鄂南已成为湖广区域最重要的产茶区域。明代中期，为了茶马贸易的需要，当时产于蒲圻、咸宁、崇阳、通山、通城及湖南临湘一带的老青茶，运至羊楼洞（今赵李桥）加工成圆柱形状的帽盒茶（即今赵李桥青砖茶之滥觞），大批销往蒙古等边疆地区，羊楼洞即成为鄂南茶产销集散中心。清代，羊楼洞供边销的帽盒茶制造业更加兴盛。乾隆晚年，山西茶商进入羊楼洞设三玉川、巨盛川等茶庄制茶，每年生产帽盒茶40万千克；鄂南的崇阳也成为一个重要的红茶产区和湖北著名的茶市。道光年间，广东帮茶商到羊楼洞收购精制红茶。公元1840年，羊楼洞有红茶号五十多家，年制红茶5万担，供出口欧洲。清代中后期，随着制茶技术的改进，道光末年已有成形的青砖茶出现。同治、光绪之际，羊楼洞进入茶事极盛之期，年销往西北砖茶可达30万担以上，有"小汉口"之称。

20世纪初，俄商将德国报废的蒸汽机火车头拉到鄂南羊楼洞，将其蒸汽锅炉部分改造用来蒸茶和烘干砖茶，利用其动力压轴原理改作压机压制砖茶。为了纪念这一历史性工业革命，俄商将"火车头"图案压印至米砖茶表面上，"火车头"商号诞生。20世纪二三十年代，羊楼洞青砖茶生产工艺已极成熟。

抗战爆发后，羊楼洞被日军铁蹄践踏。1945年8月，日军无条件投降后，民国政府接管日伪资产，成立民生茶叶公司下属鄂南砖茶厂。1949年7月中旬，中南军政委员会派遣军事代表率员接收国民政府湖北民生茶叶公司鄂南茶厂，成立中国茶叶公司羊楼洞砖茶厂。1953年，企业自羊楼洞迁至赵李桥，更名为"中国茶业公司赵李桥茶厂"。

青砖茶，清代在蒲圻羊楼洞生产，因此又名"洞砖"。青砖茶的砖面印有"川"字商标，所以又叫"川字茶"。近代，青砖茶移至蒲圻赵李桥茶厂集中加工压制，但并没有把"桥砖"作为它的别称。1910年至1915年，为青砖茶历史上的全盛期，包括湖南、江西流入的一部分原料所制的砖茶在内，最高年产量达到48万箱（每箱54千克）；后因战祸迭起，销路阻隔，产量锐减。直到20世纪50年代，国家大力扶植边销茶生产，使老青茶生产恢复了生机。1977年，产量达到8000吨。1978年至1982年，由于边销市场需求发生变化，年产量下降至5000吨以下。1983年，产量又恢复到7000吨。近几年，产量均维持在数吨。

3. 加工工艺

青砖茶以老青茶为原料，经压制而成，外形为长方形。青砖的压制分三四面、二面和里茶三个部分。其中三四面，即面层部分质量最好；最外一层称洒面，原料的质量最好，最里面的一层称二面，质量稍差，这两层之间的一层称里茶，质量较差。一二级老青茶为面茶。

青砖茶属后发酵的黑茶类，是以成熟新梢为原料，先加工成晒青毛茶，然后经过渥堆发酵、干燥、再拼配、蒸压成型、低温长烘、陈化等加工工序，形成青砖茶独特的品质特征：色泽青褐，香气纯正，

汤色红黄，滋味香浓。

4. 保健功效

渥堆发酵是青砖茶品质形成的关键工序，在这个过程中，原料同时受到湿热作用、微生物作用和酶的作用，内含成分较原料发生了显著变化。饮用青砖茶时，需将茶砖破碎，放进特制的壶中加水煎煮，茶汁浓香可口。经常适量饮用青砖茶，不仅可以减少体内脂质沉积，同时还可以降低脂质过氧化，从而对心血管起到保护作用，还具有清心提神、生津止渴、化滞利胃、杀菌收敛等多种功效。陈砖茶效果更好。

青砖茶历史上属边销茶，主要销往内蒙古、新疆、西藏、青海等西北地区和蒙古、格鲁吉亚、俄罗斯、英国等国家。在清朝茶叶国际贸易中，则主要销往俄罗斯的西伯利亚地区。近年来，湖北青砖茶的精品茶砖往往选用天尖毛茶压制，又成为减肥美容、追求情趣者的新宠。

六、湖北名茶冲泡注意事项

（一）湖北绿茶类名茶冲泡注意事项

绿茶在色、香、味上，讲求嫩绿明亮、清香、醇爽。在六大茶类中，绿茶的冲泡看似简单，其实极考工夫。因绿茶不经发酵，保持茶叶本身的鲜嫩，冲泡时略有偏差，易使茶叶泡老焖熟，茶汤黯淡，香气钝浊。此外，又因绿茶品种最丰富，每种茶，由于形状、紧结程度和鲜叶老嫩程度不同，冲泡的水温、时间和方法都有差异，所以没有多次的实践，恐怕难以泡好一杯绿茶。任何一种茶的冲泡，非常依赖于个人的经验。实践久了，就能泡得一手好茶。

1. 用水

水质能直接影响茶汤的品质。明末盲人戏剧家张大复在其《梅花草堂笔谈·试茶》中说："茶性必发于水，八分之茶，遇十分之水，茶亦十分矣；八分之水，试十分之茶，茶只八分耳。"可见水质对茶汤的重要性。

古人的茶书大多论及用水。所谓"山水上，江水中，井水下"，终不过是要求水甘而洁，活而新。从理论上讲，水的硬度直接影响茶汤的色泽和茶叶有效成分的溶解度，水的硬度高，则茶汤色黄褐而味淡，严重的会味涩苦。所以泡茶用水，应是软水或暂时硬水，以泉水为佳，洁净的溪水、江水、河水亦可，井水则要视地下水源而论。至于雨水和雪水，若涉污染，

恐怕没人敢喝。现代人泡茶多用矿泉水，茶艺馆的水，也多用矿泉水或蒸馏水。依山傍水的地方，则可汲取山泉，如杭州虎跑水，广州白云山泉水。一般家庭使用滤水器过滤后的水，也勉强可用。

2. 水温

古人对泡茶水温十分讲究，特别是在饼茶团茶时期，控制水温似乎是泡茶的关键。概括起来，烧水要大火急沸，刚煮沸起泡为宜。水老水嫩都是大忌。水温通过对茶叶成分溶解程度的作用，来影响茶汤滋味和茶香。

冲泡绿茶的用水温度，应视茶叶质量而定。高级绿茶，特别是各种芽叶细嫩的名绿茶，以 80 ~ 85℃ 左右为宜。茶叶愈嫩绿，水温愈低。水温过高，易烫熟茶叶，茶汤变黄，滋味较苦；水温过低，则香低味淡。至于中低档绿茶，则要用 100℃ 的沸水冲泡。如水温低，则渗透性差，茶味淡薄。

此外需说明的是，高级绿茶用 80 ~ 85℃ 的水温，通常是指将水烧开后再冷却至该温度；若是处理过的无菌生水，只需烧到所需温度即可。

3. 投茶量

茶叶用量，并没有统一的标准，视茶具大小、茶叶种类和各人喜好而定。一般来说，冲泡绿茶，茶与水的比例，大致是 1∶50 ~ 1∶60。严格的茶叶评审，绿茶是用 150 毫升的水冲泡 3 克茶叶。

茶叶用量主要影响滋味的浓淡。初学者可尝试不同的用量，找到自己最喜欢的茶汤浓度。

4. 茶具

冲泡绿茶，比较讲究的可用玻璃杯或白瓷盖碗。普通人家使用的大瓷杯和茶壶，只适于冲泡中低档绿茶。

玻璃杯比较适合于冲泡名茶，如采花毛尖、车云山毛尖、龟山岩绿等细嫩绿茶，可观察到茶叶在水中缓缓舒展、游动、变幻。特别是一些银针类，冲泡后芽尖冲向水面，悬空直立，然后徐徐下沉，如春笋出土，似金枪林立。上好的银针可三起三落，美妙至极。一般茶艺馆，多使用玻璃杯冲泡绿茶。

古人使用盖碗。与玻璃杯相比，盖碗保温性好一些。一般来说，冲泡条索比较紧结的绿茶，如珠茶、眉茶，可选盖碗。好的白瓷，可充分衬托出茶汤的嫩绿明亮，且盖碗雅致，手感触觉是玻璃杯无法可比的。此外，由于好的绿茶不是用沸水冲泡，茶叶多浮在水面，饮茶时易吃进茶叶，如用盖碗，则可用盖子将茶叶拂至一边。

总的来说，无论玻璃杯或是盖碗，均宜小不宜大，大则水多，茶叶易老。

5. 冲泡方法

绿茶的冲泡，相比于乌龙茶，程序简单。根据条索的紧结程度，分为玻璃杯泡与盖碗泡两种。无论使用何种方法，第一步均需烫杯，以利茶叶色香味的发挥。

（1）外形紧结重实的茶

1）烫杯之后，先将合适温度的水冲入杯中，然后取茶投入，不加盖。此时茶叶徐徐下沉，干茶吸收水分，叶片展开，现出芽叶的生叶本色，芽似枪，叶如旗；汤面水汽夹着茶香缕缕上升，如云蒸霞蔚。

2）茶汤凉至适口，即可品茶。此乃一泡。茶叶评审以 5 分钟为标准，茶汤饮用和闻香的温度均为 45 ~ 55℃。若高于 60℃，则烫嘴也烫鼻；低于 40℃，香气低沉味较涩。这个时间不易控制。如用玻璃杯冲泡，手握杯子感觉温度合适即饮；如用盖碗泡，则稍稍倒出一点茶汤至手背以查其温度。所以，实践是最重要的。

3）第一泡的茶汤，尚余 1/3，则可续水。此乃二泡。若茶形肥壮的茶，二泡茶汤正浓，饮后舌本回甘，齿颊生香，余味无穷。饮至三泡，则一般茶味已淡。

此种冲泡方法，除珠眉类绿茶外，同样适合于较紧结的湖北名绿茶。

（2）条索松展的茶

这类绿茶如采用上述冲泡方法，则茶叶浮于汤面，不易浸泡下沉。应采用如下方法：

1）烫杯后，取茶入杯。此时较高的杯温已隐隐烘出茶香。

2）冲入适温的水，至杯容量 1/3，也可少一些，但需覆盖茶叶。此时，须注意注水方法。茶艺馆中，多是直接以水冲击茶叶，这种方法不妥。这类条形比较舒展的绿茶，冲泡时无须借助水的冲力，反之易烫伤嫩叶。适宜的方法是：玻璃杯冲泡则沿杯边注水，盖碗冲泡则将盖子反过来贴在茶杯的一边，将水注入盖子，使其沿杯边而下，然后微微摇晃茶杯，使茶叶充分浸润。此时茶香高郁，不可即饮，然恰是闻香的最好时机。

3）稍停约两分钟，待干茶吸水伸展，再冲水至满。冲水方法如前。此时茶叶或徘徊飘舞，或游移于沉浮之间，别具茶趣。

4）其他步骤，皆与紧结型绿茶相同。

（二）湖北红茶类名茶冲泡注意事项

1.选用茶具适宜

红茶高雅的芬芳以及香醇的味道，必须要以合适的茶具搭配，才能烘托出它独特的风味。品饮红茶最合适的茶具是白色瓷杯或瓷壶，尤以骨瓷最佳。质地莹白、隐隐透光的骨瓷杯盛入色彩红艳瑰丽的红茶茶汤，在升腾的雾霭中感受扑鼻而来的香气。保温性能最佳的骨瓷杯，能保证品到的每一口红茶汤都温暖且甘甜。

一般来说，工夫红茶、小种红茶、袋泡红茶、速溶红茶等大多采用杯饮法，即置茶于白瓷杯中，用沸水冲泡后饮用。红碎茶和片末红茶，则多采用壶饮法，即把茶叶放入壶中，冲泡后从壶中慢慢倒出茶汤，分汤于小茶杯中饮用。茶叶残渣仍留壶内，或再次冲泡，或弃去重泡，处理起来都很方便。

2.水温控制得当

红茶最适合用沸腾的水冲泡，高温可以将红茶中的茶多酚、咖啡因充分萃取出来。高档红茶适宜水温在95℃左右，稍差一些的用95～100℃的水即可。注水时，要将水壶略抬至一定的高度，让水柱一倾而下，这样可以利用水流的冲击力将茶叶充分浸润，以利于色、香、味的充分发挥。当沸水冲入茶壶中时，茶叶会先浮现于茶壶上部，接着慢慢沉入壶底，然后又会借由对流现象再度浮高。如此浮浮沉沉，直到最后茶叶充分展开时方完成，这就是所谓的焖茶时间。

3.把控茶量投放

茶叶投放量的多少，要视茶具容量大小、饮用人数、饮用人的口味、饮用方法及茶的不同品性而定。大体原则和绿茶类似，茶叶与水的比例一般为1：50，1克茶叶需要50毫升的水。过浓或过淡都会减弱茶叶本身的醇香，过浓的茶还会伤胃。按照一般的饮用量来讲，冲泡4～5克的红茶较为适宜。红茶多放一点，冲泡出来会很浓香，但一定要把握得当。

4.注意浸泡时间

冲泡红茶，要有一个短短的烫壶时间。用热滚水将茶具充分温热之后，再向茶壶或茶杯中倾倒热水，静置等待。如有盖子，还可将盖子盖严，让红茶在密闭的环境中充分受热舒展。

根据红茶种类的不同，等待时间有少许不同，细嫩茶叶如宜红工夫的等待时间约2分钟；中叶茶约2分半钟；大叶茶约3分钟。若是袋装红茶，所需时间更短，40～60秒即可。泡好后的茶不要久放，否则茶中的茶多酚会迅速氧化，茶味变涩。好的工夫红茶一般可冲泡多次。

（三）湖北黄茶类名茶冲泡注意事项

六大茶类当中，黄茶属于少数族裔，知之者寡，市场上也难觅其踪。

以湖北远安鹿苑黄茶为例，介绍冲泡黄茶尤其黄小茶所应该注意的一些事项。

1.茶具首选玻璃杯

玻璃杯比较适合于冲泡细嫩名优黄茶。使用玻璃杯冲泡鹿苑毛尖，可观察到茶芽尖冲向水面，悬空直立，然后徐徐下沉，如春笋出土，似金枪林立，缓缓舒展、游动、变幻，三起三落，美妙至极。

2.泡茶水温须留意

黄茶的采摘较嫩，水温太高会把茶烫熟，适宜的泡茶水温在80～85℃。

3.投茶多少须合适

投茶量，以茶水比例1：50为宜，也可根据个人口感进行适度调整。冲泡鹿苑毛尖，以中投法为宜。

4.泡茶用水细选择

建议采用纯净水来冲泡黄茶。水中的氯离子、钙离子和镁离子对茶汤的品质有很大的影响，不建议采用自来水或含钙镁离子高的矿泉水泡茶。有条件的，以取用山泉水最佳。

5.出汤时间巧把握

如以盖碗冲泡鹿苑毛尖，若每次出汤2/3，则每道茶汤的口感更佳。建议1泡、2泡、3泡、4泡出汤时间分别为1.5分钟、2分钟、3分钟、4分钟，4泡后茶叶的可浸出物约可泡出80%。

（四）湖北青砖茶冲泡注意事项

1.投茶量

冲泡青砖茶时，投茶量的大小与饮茶习惯、冲泡方法、茶叶的个性有着密切的关系，富于变化。就饮茶习惯而言，港台、福建、两广等地习惯饮酽茶；云南人以浓饮为主，只是投茶量略低于前者；江浙人、北方人喜欢淡饮；湖北人喜欢饮淡茶。冲泡品质正常的青砖，投茶量与水的质量比一般为1：30或1：40。对于其他地区的消费者，可以此为参照，通过增减投茶量来调节茶汤的浓度。如果采用"工夫"泡法，投

茶量可适当增加,通过控制冲泡节奏的快慢来调节茶汤的浓度。就茶性而言,投茶量的多少也有变化。例如,陈茶可适当增加,新茶适当减少,切忌一成不变。

2. 泡茶水温

水温的掌握,对茶性的呈现有重要的作用。高温有利于香味的发散和茶味的快速浸出,但高温也容易冲出苦涩味,容易烫伤一部分高档茶。确定水温的高低,一定要因茶而异。例如,用料较粗的青砖茶、陈茶等适宜沸水冲泡;用料较嫩的高档青砖茶宜适当降低水温冲泡。

3. 冲泡时间

控制冲泡时间的长短,目的是为了让茶叶的香气、滋味得以充分呈现。由于湖北青砖茶的制作工艺和原料选择的特殊性,决定了冲泡的方式方法和冲泡的时间长短。冲泡时间的掌握,就规律而言:陈茶、粗茶的冲泡时间长,新茶、细茶的冲泡时间短;手工揉捻茶的冲泡时间长,机械揉捻茶的冲泡时间短。对一些苦涩味偏重的青砖新茶,冲泡时要控制好投茶量,缩短冲泡时间,以改善滋味。

4. 关于洗茶

洗茶的概念出现于明代。钱椿年的《茶谱》载:"凡烹茶,先以热汤洗茶叶,去其尘垢、冷气,烹之则美。"对于青砖茶,洗茶这一过程必不可少,这是因为大多数青砖茶都是隔年甚至陈放数年后饮用。储藏越久,越容易沉积尘埃和脱落的茶粉,通过洗茶达到涤尘润茶的目的。对于品质比较好的青砖茶,洗茶时注意掌握节奏,杜绝多次洗茶或高温长时间洗茶,以减少茶味的流失。

第二节
楚天名酒

一、中国酒史概说

(一)酒的起源

酒的起源年代没有准确的记载,因为文字比它出现晚得多。只能凭借有文字记载的酿酒信息,对更早时期的酿酒情况进行追溯性猜测,因而这种猜测就难免带有传说及臆想的成分。

按照人类学、社会学和古生物学的理论,可以推断"猿酒"可能是最初的酒。猿采野果为生。果子成熟的季节,漫山遍野的野果,猿随采随吃,也有采摘来吃不了的,把它随便放在避雨的洞空处。果实发酵了,成了酒浆,就是果酒了。假如这种推测能成立,人类出现之前的类人距今有60万年,那么酒的起源也有60万年之久了。只是,那是自然状态的酒。

此外,中国古文明还形成一个惯例,就是把每一项重大发明都附着在一位著名人物的身上,借以强调这项重大发明的权威性与神圣意义。所以,古文献在涉及酒的始源问题时,大都使用了同一种观点,即把酒的发明与人物联系起来。

古人论及酒之发明,主要附着于两位人物:一位是仪狄,一位是少康(也叫杜康)。仪狄,与大禹同时,是传说中大禹的酿酒者。仪狄出酒,进献给大禹,大禹品尝之后觉得甘甜可口,因此而疏远仪狄,并说后世必有以酒误事的,并下令,谁酿酒就砍谁的头。少康则晚于大禹五代,是夏朝第六代国君,他发明了用黍高粱酿酒的方法。少康不仅会造酒,治国也有良方,史书有"少康中兴"之说。什么事情都有一个积累演进的过程,酿酒法也不例外,它的发明者不可能是一个人。而上述的传奇人物,想必是对中国古代酿酒业做过特殊贡献的杰出代表。

以这两位人物为基点来探讨中国古酒起源,并没有多少实际的意义。因为远在夏朝之前,酒已经问世,考古领域早已证实了这一点。然而,关注中华几千年的酒文化历史,则不能不把两位传奇人物摆在一个始点位置,因为古人已经不自觉地把与酒有关的活动都联系在仪狄和杜康身上,并通过这种远古定位来确认酒的由来。后代产生的酒祖崇拜、业神祭祀以及酒文化活动,也都凝视仪狄或杜康的形象。下面,通过文献资料来了解酒界尊崇的仪狄与杜康:

《世本》卷一有言:"帝女仪狄始作酒醪,变五味；少康作秫酒。"

《战国策·魏策二》有言："昔者帝女仪狄作酒而美，进之禹，禹饮而甘之。"

《艺文类聚》卷七二引《古史考》云："禹时仪狄作酒。"又引魏王粲《酒赋》曰："帝女仪酖，旨酒是献。芯芬享祀，人神式宴。辩其五齐，节其三事。"

《说文解字》释"帚"字："古者少康初做箕帚、秫酒。少康，杜康也。"同书《酉部》释"酒"字："古者仪狄作酒醪，禹尝之而美，遂疏仪狄。杜康作秫酒。"

《古今图书集成》食货典卷二七六引晋人江统《酒诰》云："酒之所兴，肇自上皇，或云仪狄，一曰杜康。"

晋人陶潜《陶渊明集》卷三《述酒》诗序旧注云："仪狄造酒，杜康润色之。"

通过以上文献的记载，大体可以看出，仪狄是夏禹时代司掌造酒的官员。相传，她是一位杰出的女性，是我国最早的酿酒人。后代谈及酒的发明，会把功劳记在她的身上。宋代司马光曾用"酒醴乃人功，后因仪狄成"的诗咏，来肯定仪狄的作用。此外，也有更多的人信奉杜康造酒的传说。宋人高承《事物纪原》卷九就曾感叹："不知杜康何世人，而古今多言其始造酒也。"唐人李翰编著的识字课本《蒙求》，也把"杜康造酒"与"仓颉造字"相提并论，视为同一类型的发明。凡是生产酒和销售酒的场所，杜康均被奉为行业神。如元人熊梦祥《析津志·柯庙仪祭》记载："杜康庙，在（京城）北城光禄寺内。居西偏，内有天师宫。奉礼部摽拨道士一人，在内提点看经，专一焚修香火。盖为酿造御酒，每日于上位玉押槽内支酒一瓶，以供杜康。"清人周召《双桥随笔》卷六这样描述："市井中人，酒保则祀杜康，屠户则祀樊哙，甚而牵牛者以冉伯牛为牛王，卖菜者以蔡伯喈为园主，鬻茶者以陆羽为茶臣。"这种行业性质的崇拜，始终把杜康推到酒业的最高位置。

历代文人创作的诗赋，常将美酒与杜康贯穿而言。如曹操吟诗："对酒当歌，人生几何！譬如朝露，去日苦多。慨当以慷，忧思难忘。何以解忧？唯有杜康。"后人对杜康的偏爱，使得民间流传的杜康造酒说派生出许多俗文化的形态。

除了仪狄、杜康造酒的创物传说之外，古代医家还把酒的发明与利用归结到更远的伟人身上，这个人就是中华民族的人文初祖黄帝。由汉朝人最终修纂的

《黄帝内经》是目前中国流传最早的一部医典，这部医典中保存了许多先秦时代的医家见解，其中就有对酒的医学认知，如《黄帝内经·素问·汤液醪醴论篇》记述："帝曰：上古圣人作汤液醪醴，为而不用何也？岐伯曰：'自古圣人之作汤液醪醴者，以为备耳！'"同书《血气形态篇》还列举出用酒治疗疾病的事例："形数惊恐，经络不通，病生于不仁，治之以按摩醪药。"醪、醴均为古酒之品种。后代医家依据此典以及早期的《神农本草经》，认定酒的始祖应该追寻到黄帝那里。北宋人寇宗奭《本草行义》卷二〇"酒"条曾指出："《吕氏春秋》曰仪狄造酒，《战国策》曰帝女仪狄造酒，进之于禹。然《本草》中已著酒名，信非仪狄明矣。又读《素问》首言，以妄为常，以酒为浆，如此则酒自黄帝始，非仪狄也。"在我国古代，把黄帝作为酿酒始源的人物定位，一直得到医家共鸣。且不管黄帝造酒的言传有多少认定价值，总而言之，酒是中华民族先民不断完善的集体创作，是劳动人民智慧的结晶。

历史学界与考古学界，曾发表过一些有关中国酿酒起源的学术成果。20世纪五六十年代，一些人类学、历史学及考古学的研究者依据其丰富的文献资料和考古资料，对中国酿酒的起源问题进行了较为认真的探讨。发表看法的学者有凌纯声、李仰松、方扬等人。而后，很多考古工作者都依据自己发现的考古材料来试论酿酒的起始年代，大家主要还是从发现较早的酿酒器物上来推断酿酒产生的可能性，也有人依据史前农业进程而判断酿酒起源。这类论文较多，其中，王树明依据山东莒县陵阳河大汶口文化墓葬发掘的成套酿酒器具所做出的研究最有说服力。近年来，研究社会生活史与饮食史的专著，在涉及古酒起源时，也往往单列章节，徐海荣等人编纂的《中国饮食史》是代表性的专著之一。研究历史的学者比较注重文献资料，这是其优长所在。然而史前文献有限，单凭文献资料难以确断酿酒起源的准确年代，尤其不能对古酒本身进行内质分析，因而有些学者不自觉地搬用后代资料来作为前代酿酒的证据，这就难免出现误区。比如说，从发酵原理来看，酒类酿造可分为两大类，一是单发酵酒类，一是复式发酵酒类。有些学者为了说明史前时代已认识到单发酵现象，或已掌握复式发酵技术，硬性搬用唐代资料甚至明清民俗资料来充填证据，《中国饮食史》所写的原始社会酿酒就沿用了

这种模式。考古学者研究酿酒起源比较注重实物，他们在考古时发现了史前时代的谷物遗存和陶制器皿，便以此断定酿酒已经出现。最典型的是《考古》（1962年第1期）发表的李仰松的《对我国酿酒起源的探讨》一文，这篇文章仅以粟、窖穴的存在，就推测某些陶器具有充作酒器的可能性，以此作为仰韶文化已有酿酒的证据。有学者不同意这种草率的看法，方扬在《考古》（1964年第2期）发表了《我国酿酒当始于龙山文化》一文，对李仰松的观点提出质疑。方扬指出，粟的存在只能表示有了酿酒可能的若干条件之一，但由可能性变为现实性，还得有其他的条件，况且仰韶文化遗址中发现的陶器不适于酿酒。方扬认为，对我国酿酒起源的考察，不能仅限于从酿酒的化学知识的积累和发展来分析，更重要的是从酿酒可能存在的社会物质生活条件的研究着手，仰韶文化时期没有太多的谷物剩余，不可能出现酿酒。方扬断定，龙山文化晚期遗址发现了我国最早的酒器，所以我国酿酒应起源于这一时代。方扬的见解得到部分人的赞同。然而，到了1979年，山东莒县陵阳河大汶口文化墓葬发掘出一组成套的酿酒用具，有沥酒漏缸、接酒盆、盛酒盆、盛贮发酵物品的大口尊，用实物向今人展示，远在四千八百余年前，我国古代东夷部族就已经发明了谷物酿酒，中国酿酒绝不晚于这段时期。应该说，以考古中发现的酿酒器而不是盛酒器或饮酒器（这些酒器也可用来盛水饮水或盛饮其他饮料）来判断酿酒起源，最具说服力。探讨史前时代的酿酒，离不开考古发现所提供的准确线索。

（二）酒史五阶段

史料表明，我国在8000年以前的新石器时代就发明了酿酒法。数千年来，中国传统酒的发展呈现出段落性。

第一段落，为中国传统酒的启蒙期。时间由新石器时代的仰韶文化早期至夏朝初年（公元前4000—前2000），在这漫长的2000年里，酿酒的主要形式是用发酵的谷物来泡制水酒。

第二段落，为中国传统酒的成长期。时间由夏王朝至秦王朝（公元前2000—前200），历时1800年。这个时期人们懂得用火，懂得五谷的耕种，为酿酒创造了条件。曲蘖的发明使我国成为世界上最早用曲蘖酿酒的国家，出现了仪狄、杜康等技艺高超的酿酒大师，促进了酿酒业的发展，受到官府重视，设专门机构酿造和控制，享用者自然是以帝王及诸侯为主。由于商、周时期酒被引用到政治斗争中，产生过灭国、亡国的祸害，被当作阴谋诡计的邪恶物品，一定程度上限制了酒的发展。

第三段落，为我国传统酒的成熟期。从秦王朝至北宋（公元前200—公元1000），历时1200年，是传统酒的黄金时代。这一时期，有标致我国农业发展到相当水平的科技著作——贾思勰的《齐民要术》问世，为酿酒业的兴旺提供了直接条件。同时，政治的因素有东汉末到魏晋南北朝两百多年的战争，使统治者中产生不少失意者，他们不务实事，空谈虚度，需要酒的提神与助兴。汉唐盛世兴旺的商业活动和对外贸易，也推动了传统酒业的兴盛，开始出现名优美酒，黄酒、药酒、果酒和葡萄酒等品种也有了发展。饮酒风气不再停留在社会上层，而是遍及寻常百姓家。对外贸易中酒的交易和酒文化的交流，又为中国白酒的发明提供了条件。

第四段落，为我国传统酒的提高期。从北宋至晚清（公元1000—1840），历时840年。这一时期中国白酒已经问世，黄酒、果酒、葡萄酒和药酒也竞相发展。白酒的发明，得力于西方蒸馏器的传入。元代，人们利用蒸馏器发明了白酒，使之闻名天下，迅速得到普及。蒸馏白酒较传统酒度数高，被人们广泛接受。

第五段落，为我国传统酒的变革期。时间从晚清至现在（公元1840至现在）。这一时期，我国美酒园地百花竞放，异彩纷呈，纷纷在世界各种竞争中为民族争光，仅1915年巴拿马万国博览会，就有贵州茅台酒等50个品种获奖，使全世界震惊。同一时期，各种具有特色的新酿产量很快增长，一些外国酒也在我国生根成长，一派欣欣向荣的景象。

20世纪50年代以来，中国酿酒事业得到前所未有的发展，特别是改革开放后，酒的发展更是空前。品种多，规模大，传统的白酒、黄酒争奇斗艳，目不暇接，借助各种媒介，五光十色地表现出居世界首位的气度来。中国白酒以400万吨的年产量占世界烈性酒总产量的40%，使得中国成为一个名副其实的酿酒大国。

二、楚酒源流

楚酒文化源远流长。三千年前的楚国酒文化史，是有相关文献和文字记载可据可考证的。

据《楚辞》记载，古人饮酒有两种饮法，一种是汁滓一起饮用，另一种是除其糟而存其汁，仅喝其汁水，此汁水称"醨"。宋玉在《招魂》中称之"挫糟冻饮"。宋玉是楚王的文学侍臣，他在《招魂》一文中描写楚人酒宴的场面很大且十分奢华，可见楚国时期酒业繁荣的景象。

史籍所明确记载的湖北境内较早的酒，应该是宜城酒。宜城为汉县，今湖北宜城即是其地，这里以出产优质浊醪而闻名。东汉人士凡形容醪酒上乘者，无不以"宜城"为喻。郑玄注《周礼·天官冢宰》云："泛泛然，如今之宜城醪矣。"《释名》亦云："犹酒言宜城醪。"曹植《酒赋》中亦提及"宜城醪酿"。可见宜城酒知名度甚高。

此后，宜城酒不绝于书。魏晋以降，宜城酒仍然保持着良好的走势，留有"瓶泻椒芳，壶开玉液"的美称。唐代时，宜城酒的品质再度提高，以致唐人提及宜城好酒，无不津津乐道。王维《过李揖宅》云："一罢宜城酌，还归洛阳社。"孟浩然《九月怀襄阳》云："宜城多美酒，归于葛疆游。"又《山送张去非游巴东》云："祖席宜城酒，征途云梦林。"钱起《送卫功曹赴荆南》云："碧去愁楚水，春酒醉宜城。"又《送衡阳归客》云："醉里宜城近，歌中鄂路长。"韩翃《送李司直赴江西使幕》云："好酒近宜城，能诗谢康乐。"方干《汝南过访田评事》云："买酒宜城远，烧田梦泽深。"温庭筠《常林欢歌》云："宜城酒熟花覆桥。"白居易《和思归乐》云："江陵橘似珠，宜城酒如饧。"《花间集》中李珣《定风波》词云："老妻慢开宜城酒。"在唐朝诗人笔下，好酒佳酿，醉乡风月，无不与宜城联袂合璧，以至行南过北，走亲送友，都少不了宜城美酝。

唐代之后，湖北境域酒业很是兴隆。荆、鄂沿线，酒肆分布尤多。范成大《发荆州》诗中有"沙头沽酒市楼暖"的描写，其《将至公安》诗中又有"公安县前酒可沽"的提示。梅尧臣《送樊秀才归安州》诗"今当安陆归，白酒村中熟"，指的是乡村酿酒。彭汝《送周朝议赴郢》诗"兵厨且善为冰酒，当为公浮八月槎"，指出郢州官库酿酒遍及荆楚区域，到处都可以追嗅酒香。苏轼《武昌西山》诗云："忆从樊口载春酒，步上西上寻野梅。"韩琦《又一阕》诗云："主人自挈宜城酿，不为青旗趁尔来。"难怪黄庭坚有着"将发沔鄂间，尽醉竹林酒"的感叹。据说湖北地带，

黄州出产的酒最为优良，张耒曾为此多加讴颂。张耒在《冬日放言二十一首》诗中说："我初谪官时，帝问司酒神。曰此好酒徒，聊给酒养真。去国一千里，齐安酒最醇。"齐安，黄州别称。《齐安春谣五绝》亦有"莫笑江城大如斗，桃花如烧酒如油"的描写，可知黄州产酒亦多。

宋代宜城酒就专称竹叶酒。苏东坡《竹叶酒》诗云："楚人汲江水，酿酒古宜城。春风吹酒熟，犹似汉江清。耆旧何人在，丘坟应已平。惟余竹叶在，留此千古情。"《山堂肆考》也记载："宜城九酿酒号竹叶酒。"此外，成都、陕州、房州都有竹叶酒，见著于诗家吟咏。陆游《怀成都十韵》诗中有"竹叶春醪碧玉壶"之句，说明成都有竹叶酒。宋庠《次韵和吴侍郎谢王陕州寄酒》诗云："遥闻斋酎挈，来佐客觞酬。……竹供醅上色，兰献液中甘。"是说以陕州的竹叶酒作为款待嘉宾的名品。陕州相距鄂西北的宜城不算太远，可以看作宜城酒的传播。陈造《复次韵四首》诗云："病肺还沾竹叶青。"自注："房酒。"此指房州有竹叶酒。另据张能臣《酒名记》所载，泉州有竹叶酒，而杭州、梓州、襄州的地方名酝均号"竹叶清"。此处的襄州即是今日襄阳一带。

湖北盛产大米，水系发达，气候宜人。唐宋文人墨客、达官名流在湖北留下的无数赞美酒的诗词文字，充分反映出那个时代湖北酿酒业的发达程度。李白曾在安陆住了八年，曾写下"水浓如酒"的诗句，反映了安陆水河两岸酒业的繁荣景象。苏东坡曾官贬黄州，醉酒江边，误认赤壁，写下千古绝唱《赤壁赋》。辛弃疾曾官任湖北，在一次出行中，夜宵农家作坊，乘酒兴赋词，写下"酿成千顷稻花香"的美句。李白曾与友人同游洞庭湖，夜泊湖口（今松滋境内），赋诗抒怀，写下了"将船买酒白云边"的绝句。

"中国白酒自元代始"，这是湖北蕲春人李时珍所修编的明本《本草纲目》一书中首肯的观点，已经

成为我国白酒起源说最重要的论据。

楚酒文化，也是中国酒文化的缩影。古往今来，三千多年的楚地酒文化与楚文化息息相关，并在不断地发展演变中成为中国酒文化的一个缩影。千百年来，楚地先民吸收中原华夏先民所创造的先进文化因素，并以中原商周文明特别是姬周文明为基础向前发展，形成了独具特色的楚文化。

在开拓进取、革故鼎新的民族精神和崇火尚凤、力求浪漫的民族心理影响下，楚人嗜酒、善饮、好客。最直接的证据，就是在楚墓中发现的酒器在饮食器皿中所占的比例，远高于列国墓中所见。楚国爱国诗人屈原写下许多不朽诗篇，成为中国古代浪漫主义诗歌的奠基者，在楚国民歌的基础上创造了新的诗歌体裁楚辞。屈原在《离骚》《九章》《九歌》中抒发了炽热的爱国主义思想感情，表达了对楚国的热爱，体现了他对理想的不懈追求和为此九死不悔的精神。《楚辞·渔父》有"举世皆浊我独清，众人皆醉我独醒"的名句。此后，楚地便又多了一个"惟楚有才"的称谓。另外，《楚辞·招魂》还描述了楚人对酒的钟情："娱酒不废，沉日夜些。兰膏明烛，华镫错些。结撰至思，兰芳假些。人有所极，同心赋些。酎饮尽欢，乐先故些。"

南北朝时期，宗懔撰著的《荆楚岁时记》一书，是我国最早记录楚地岁时节令、风俗的笔记体专书，里面有几则涉及楚人的饮酒习俗，如："长幼悉正衣冠，以次拜贺，进椒柏酒，饮桃汤。进屠苏酒，胶牙饧，下五辛盘。进敷于散，脚却鬼丸。各进一鸡子。造桃板著户，谓之仙木。必饮酒次第，从小起。"意思是说：农历正月初一，全家老少穿戴整齐，依次祭祀祖神，祝贺新春。敬奉椒柏酒，喝桃汤水。饮屠苏酒，吃胶牙糖。吃五辛菜，服"敷于散"和"却鬼丸"。每人吃一个鸡蛋。做两块桃木板，悬挂在门上，这桃板叫作仙木。喝酒的次序是从年纪最小的开始。据了解，这段话中的"椒柏酒""屠苏酒"，都是楚人常饮之酒。

宋代著名诗人陆游在公元1170年，由长江到凤集做官，中间路过藕池镇，就曾因喝到楚酒而诗兴大发。明代著名医学家、药学家和博物学家李时珍在《本草纲目》中，曾对白酒进行了详细的阐述。李时珍提到的白酒，是小曲酒。湖北的小曲酒尚存且很受市民的欢迎，特别是农民。1950年代，湖北的小曲酒大约占到酿酒总量的95%。再往前追溯，小曲酒在楚

国源远流长。湖北现在的小曲酒就是劲酒，劲酒一直以来坚持用传统小曲。从酿酒的角度来讲，小曲酒出酒率高，发酵期短，酿酒最好的是小曲酒。可以说，劲酒对楚酒传统工艺的坚持，对于传承楚文化起到了非常大的作用。

三、楚酿白酒名酒

（一）黄鹤楼酒

清末一些从北方迁到汉口来的糟坊，用汉江之水酿酒，所出之酒酷似山西汾酒，但由于武汉的气候、水质等条件与山西不同，酿出的酒又具有武汉特殊的品质风味，故取名汉汾酒，后易名为黄鹤楼酒。

从名字和清香型可以看出，黄鹤楼酒属于汾酒流觞。公元223年，有"孙权醉酒水淋群臣"的典故。当时酿有众多酒品，如《湖北通志》载："武昌酒，旧时最著。"当时酒名有冰橘烧、桂花烧、佛手露、竹叶青、状元红、女贞、百益、煤溜诸种，皆武汉所窖造。但使黄鹤楼酒举国皆知的，还要数张之洞将酒进贡给光绪帝，得名"天成坊"的故事。清代光绪二十四年（公元1898），张之洞在京与朋辈畅饮其从汉口带来的醇香汉汾，因口味非同，众人回味无穷，对其赞不绝口。后来，这个消息传入光绪帝耳中，光绪帝命其上呈，更在品尝后连连称扬，下旨令张之洞成立汉汾酒坊以供御用，并赐名"天成"，寓意"佳酿天成，国富民强"。从此，汉汾酒又名"天成坊"，享誉天下。之后，虽经战乱，时代更迭，但汉汾酒的

制酒方法却一脉相传，流传至今。

汉汾酒既不同于茅台、双沟、郎酒等酱香型，又有别于泸州老窖、洋河、剑南春、古井贡酒这类浓香型，而是醇正的清香型。武汉市酿酒业历史悠久，各具特色，民间糟坊众多，其中以"天成糟坊"最负盛名。据《武汉市志·商业志》称，清末民初开业的老天成糟坊，所产汾酒清澈透明，味醇爽口，于1927年在巴拿马万国赛会上获丙等奖。中华人民共和国成立后，武汉市糟坊发生产业性变化。1952年，在老天成等几家糟坊基础上建成武汉酒厂，沿用传统工艺继续生产汉汾酒。1962年，在汉汾酒基础上投产特制汉汾酒。1984年，改为黄鹤楼酒。1992年，武汉酒厂易名黄鹤楼酒厂。

黄鹤楼酒（优质白酒）：是以高粱、大米为原料，采用人工纯种培养糖化发酵剂，机械化连续生产的纯粮食酒。酒质清亮透明，香味醇正，干净爽口，酒精度为55度。1980年，获湖北省优质产品称号。

晴川牌特制黄鹤楼酒：是以优质高粱为原料，沿用传统工艺生产，采用小麦中温曲为糖化发酵剂，用续渣水泥池固体发酵，量质摘酒，贮存3个月以上出厂，酒精度58度，为清香型大曲酒，色清透明，清香醇正，进口醇甜。在湖北省内历次评酒会上，晴川牌特制黄鹤楼酒均名列清香型大曲酒前茅。1979年，被评为湖北省优质产品。

黄鹤楼牌特制黄鹤楼酒：是在黄鹤楼酒的基础上创新的一种优质酒，于1962年投产。以优质高粱、糯米为原料，用纯净小麦、豌豆踩制的青茬大曲为糖化发酵剂，一次投料，两料清蒸，青砂封地，量质摘酒，用瓦缸、水泥池分级贮存半年以上，精心勾兑而成，酒精度60°，为大曲清香型酒，酒质清澈透明，清香幽雅，绵甜爽口，回味悠长。1984年6月，在第四届全国白酒评酒会上获清香型酒最高分，被评为中国名酒；同年8月，获国家金质奖。1989年1月，在第五届全国白酒评酒会上再次被评为中国名酒。

黄鹤楼大曲酒：以精选整粒高粱为原料，用优质小麦特制的中高温曲为糖化发酵剂，采用清蒸、堆积、水泥池8次发酵、7次馏酒而得，再经长期贮存老熟、精心勾兑而成，酒精度54度，风格独特。

（二）毛铺老酒

毛铺老酒是湖北省黄石市大冶劲酒公司精心开发的一款产品，采取独特的摘酒工艺，精选原酒，优

中选优，经陶缸多年陈酿而成。产品秉承劲牌公司小曲清香型白酒的传统风格，具有清香纯正，甘洌爽净的典型风格，虽具有68度的超高酒度，但高而不烈，浓而不腻，品之具有独特的风味和感受。

大冶灵乡镇毛铺村位于幕阜山脉，这里树木葱郁，楠竹连片，植被生长茂盛，是微生物生长、繁殖的理想天堂，被中国酿酒界泰斗沈怡方、高景炎等誉为"酿酒的世外桃源"。2001年，劲牌公司秉承1953年就开始采用的小曲清香型白酒传统酿造工艺，先后在此建立了三座原酒生产基地。毛铺老酒因此而得名。

毛铺老酒采汲幕阜山脉"双龙泉、养泉石、仙人洞、观音洞、半山罗"五口深山泉水作为酿酒水源，其山体孕育出来的甘泉水，源自海拔八百多米群山，冬暖夏凉，清澈甘甜，富含三十多种矿物质，达到了天然用矿泉水的标准。中国酿酒工业协会白酒组专家沈怡方等人品尝了该泉水酿造的酒后，挥毫题写"南酒一绝"，正应了"名酒必有佳泉"之说。

毛铺老酒以小曲清香型白酒为主体，融合浓香、酱香型原酒精华，经陶缸多年陈酿老熟而成，兼具清香酒的爽净、浓香酒的绵甜和酱香酒的幽雅，三香复合，诸香和谐，风格独特。

（三）石花大曲酒

石花大曲产于湖北省襄阳市谷城县石花街，酒以产地而得名。石花大曲酒曾以千年的品牌与茅台、汾酒、五粮液、泸州老窖等名酒一起享受着消费者对"老

字号"的信赖，并且以其特有的清香型品质特色和大众消费型价格优势而誉满华夏。

石花大曲无色透明，清香味纯，绵甜柔和，余味爽净，回味悠长，具有进口软、落肚甜、出口香的特点，属清香型白酒。

石花大曲历史悠久，与之相关的传说很多。相传古时候谷城境内有陨石堕落，如天上落花，陨石堕地之处，涌出清泉。当地人汲泉酿酒，酒味清香，绵软回甜。公元前206年，西楚霸王项羽攻打咸阳时路过谷城县石花街，就曾放量痛饮石花酒，一醉方休，连声叫绝，挥毫写下了"宿营石溪，痛饮苍潭"八个大字。自此，小小的石花街，留下霸王名，得以传千里。公元1642年，明代农民领袖李自成和张献忠在谷城会谈时喝的也是石花酒。传说明末的石花街，小铺林立，旗幌飘扬，热闹异常，一派繁荣景象。街上有一家黄公顺酒馆，旗幌上写着"石花曲酒"四个大字，柜台上酒坛排列，饮酒者甚多，买卖颇兴隆。石花大曲与山西汾酒风格相似，明末湖北著名学士何兆祥曾书写"杏村深处"几个金字大匾赠给黄公顺酒馆。由此可见，石花大曲在历史上已久负盛名。

生产石花大曲的湖北省石花酿酒股份有限公司（湖北省谷城县原石花酒厂），其前身正是清朝同治九年（公元1870）江西商人黄兴廷在石花街创立的"黄公顺酒馆"，是中国白酒行业著名的百年老店。千年古镇石花有文字记载的酿酒历史有两千五百多年，但在此前的各种文史记载中，对石花酒的称谓一直无定名。楚庄王当政时，石花酒被称为"石溪双泉液"。《谷城县志》和《石花镇志》均记载了楚庄王赞誉石花酒的诗文，曰："双泉液兮琼浆，醇芳袭兮甘柔。王斛倾兮寿康，祈国兴兮民强。"西楚霸王项羽、明末义军领袖李自成在石花街做英雄豪饮时，亦未明确界定其酒名。真正让石花酒形成风格和品牌的还是清朝末年一位黄姓江西传奇商人黄兴廷，时人尊称黄公。当时，黄公随父亲主要做石花街以西的荆山山脉到江西之间的山货生意，经常从水路往返汉口和石花之间。某一日，黄公又到汉口送货，饥肠辘辘之时，拿出仅有的一锭银子到汤圆店吃汤圆，小本生意的店家只好怂恿他去买一张彩票将银子换开。没想到黄公买彩票竟然中了头奖，然而彩票店老板却不想付现银，就用一船积压的食盐抵了他的奖金。战争时期，盐价飞涨，当黄公将食盐运到汉水上游的石花街时，盐价已翻了几番。

这种人生转折使黄公从中悟出一个看似简单、却富有哲理的经营之道：凡事不以赢利为目的反能赚钱，处心积虑求财者最终却为钱所伤。正是秉承这种经营理念，没几年黄公就成为石花街家产万贯的富商，并择机将建在石溪河畔"双泉井"上的大酒坊买了下来，又从山西杏花村请来了酿酒师傅大刘和二刘，精心改进酿造工艺，并确定将高粱作为蒸馏主要糁料，将大麦、豌豆作为制曲主料，摸索出了地缸深池发酵、地窖低温贮存等一系列规范的酿造技术，摸索出贮藏期决定酒的口感、质感和营养的原理，使白酒酿造技术日臻完善。

独特的工艺、稳定的质量很快使黄家的白酒声誉鹊起，赢得了稳定的市场消费群体。善于经营之道的黄公那时就有了品牌意识，于清朝同治九年（公元1870）正式将自己的酒坊起名为"黄公顺酒馆"。

清代诗人欧阳常伯进京赶考路过石花街，品尝石花酒后诗兴大发，顺手题写了"此处竞跨竹叶，何须遥指杏花"的佳句。这表明在清代石花酒就与竹叶青和杏花村齐名，步入中国名酒行列，并赢得了"北有杏花，南有石花"之称。

抗日战争时期，国民党第五战区司令长官李宗仁在薤山避暑，经常派卫士长到石花街的黄公顺酒馆买酒。李宗仁当上国民党代总统后，依旧不忘石花街黄公顺酒馆的陈年老酒，自此石花酒上了国宴，黄家也在汉口、南京开了字号。

1953年，石花街黄公顺酒馆实行公私合营，成立国营石花酒厂。在当年清产核资时，整个襄阳专区的工业企业，黄公顺酒馆的资产排名第二。1979年，黄公顺酒馆的第四代传人黄善荣受邀到北京人民大会堂参加工商界人士座谈会，受到邓小平同志的亲切接见。

曾任焦枝铁路建设总指挥、原湖北省委书记的孔庆德将军喜爱石花酒。为感谢石花酒对"三线工程"的支持，曾从省财政拨款26万元支持石花酒厂扩大生产规模。至今，黄公顺酒馆的第五代传人黄德强，仍在石花酒厂关键技术岗位上工作，曾是"霸王醉"酒的研发成员之一，现担任总工程师助理。

悠久的酿酒历史，传统的酿酒技术，得天的石花泉水，为石花大曲提供了有利的条件。石花酒厂既科学地总结了前人的酿酒经验，又吸取了杏花村汾酒和其他名酒工艺之所长，使石花大曲的制作在选料、制曲、发酵、制酒、养酒、勾兑等工序上形成了一套独特生产工艺。

自1971年以来，石花大曲在湖北省历次酒类质量评比会上被评为湖北名酒，曾荣获湖北省人民政府颁发的优质产品证书。1981年，石花大曲在全国清香型酒质量评比中名列全国第六位。

（四）石花霸王醉

石花霸王醉是鄂西北唯一的百年老店——湖北石花酿酒股份公司（前身为湖北省襄阳市谷城县石花街著名的黄公顺酒馆，始创于公元1870）的镇厂秘藏酒。其以"上好原酒、廿年窖藏、原汁灌装"三大独特工艺和70度无与伦比的独特口感，荣获"中国第一高度酒""湖北极品酒""襄樊三宝之一"等美誉。

石花霸王醉精选东北特优高粱，采用千年老泉"双泉井"水，经高温润糁堆积、传统地缸二次发酵而成。于2003年面市以来，受到了全国各地消费者的钟爱。中国白酒协会副会长、中国白酒评酒委员会专家组专家、中国白酒界号称"北高"的中国著名白酒专家高景炎老教授评价"霸王醉"时说："石花霸王醉清香纯正细腻，香气郁人，香而不厌，完全是自然发酵的香气，没有任何人为添加因素；石花霸王醉酒体醇厚丰满，酒度虽高达70度，在全国少见，但度高而不腻，饮后口不干，头不疼，是真正的好酒。"

中国白酒专业协会技术顾问组专家、国家白酒特聘评酒专家陶家驰说："石花霸王醉虽高达70度，但已没有高度酒常见的那种火爆、辛辣，而是非常绵软、圆润。"盛赞之余，挥毫留下了"千载石花极品酒，一壶玉液霸王醉"的诗句。

2005年，石花霸王醉荣获第三届中国（厦门）国际食品博览会金奖，并被湖北省人民政府列为省人民政府重点扶持的白酒品牌。

2009年10月25日，湖北省人民政府把编号为0037及1944的珍藏版石花霸王醉酒作为礼品分别赠送给了德国外交部和德国前总理施罗德先生。

目前，石花酿酒公司利用独有的"镇厂之宝、基酒之王"窖藏20年的原酒开发出的石花霸王醉，以"中国第一高度、醇而不腻、高而不烈、香而不厌"的独特品质很快占领了襄阳乃至湖北的高端酒市场，石花霸王醉由此成为"襄阳名片"和"湖北名片"。

（五）珍珠液酒

珍珠液是湖北省襄阳市南漳县酿造的一种酱香型高档大曲酒，颜色微黄，清亮透明，入口柔软，醇和浓郁，回味悠长，风味独特。

"八百里金南漳"所处的北纬31度，是世界六大蒸馏酒产区黄金纬度。南漳境内四十八大泉、七十二河堰，为酒业繁盛提供了天然条件。珍珠液酿酒用水，采自南漳西郊玉溪山下的珍珠泉，山崖下即是水镜先生司马徽的故居。相传三国时水镜先生司马徽曾与刘备在泉旁抱膝而坐，极尽"曲水流觞"之欢。珍珠泉水清冽甘甜，略呈碱性，有利于粮食的糖化与发酵，能促进酵母等有益微生物的生长繁殖。另外，泉水富含多种对人体有益的微量元素，是极为难得的优质矿泉水。

"玉溪风物殊，仙翁授珍珠。醉饮珍珠液，不知

归乡路。"今人透过三国名士司马徽的诗作,仍可窥见南漳当年繁盛的酿酒场景。同样有据可考的是,南漳后世保留下来的酒坊,酿酒之法取自3800年前的"苞茅缩酒"。公元前11世纪,熊绎受封在丹阳(南漳)建立楚国,他带领民众在蛮荒之地"筚路蓝缕",开疆拓土。当地盛产苞茅,人们用苞茅辅以细沙滤酒,以此进贡周天子。独特的"苞茅缩酒"记录了南漳悠久的酿酒历史。

珍珠液美酒得名,与卞和献玉有关。楚人卞和在南漳荆山发现璞玉,后被楚文王琢为和氏璧。卞和得赐还乡,将美酒埋在珍珠泉旁,后人采泉酿酒,名曰"珍珠液"。

1952年,南漳县政府在原有几家私人作坊的基础上,组建国营南漳县新华酒厂,使得古老的"苞茅缩酒"有了现代传承。1977年,更名为南漳县酒厂。2002年,改制为民营股份制企业。2009年,注册为湖北珍珠液酒业有限公司,珍珠液酒从此迈上产业之路。2013年2月19日,湖北珍珠液酒业有限公司由湖北日报传媒集团投资公司正式控股。

早在1972年,南漳珍珠液与贵州茅台开始合作,时任贵州茅台酒厂总工程师张作云带领技术团队来到湖北南漳县,亲手传授茅台酱香大曲酒生产工艺,

并结合南漳地理环境独创"地藏法"贮藏基酒,两次投粮、八次加曲、九次蒸煮、七次取酒,酒液储存于恒温19℃的地下酒窖——酱香型珍珠液酒从此拥有"湖北茅台"美誉。

珍珠液酒的制作特点主要是发酵、酿造、储藏的周期长,出酒后储藏三年后揭缸。珍珠液酒盈盅不荡,入口满嘴生香,醇厚甜润,如饮玉液琼浆。在湖北省酱香型酒质量评比中,曾连续四年荣获第一名。1993年,珍珠液酒在首届国际名酒(香港)博览会上夺得金奖。1997年,在中国国际食品博览会上,获中国优质酿造品称号。2010年12月,珍珠液酒被湖北省人民政府授予湖北省名牌产品称号。2012年12月,"珍珠液"牌商标被国家工商总局认定为中国驰名商标。

(六)宜城贡酒

宜城贡酒是湖北省襄阳市宜城的名特白酒产品,是取春秋战国时期当地曾以佳酿贡奉楚平王之事而命名。贡酒属其他香型酒,酒液透明清澈,窖香浓郁,绵甜甘洌,诸味协调,尾净余长。宜城贡酒是以当地优质高粱为原料,以小麦经拌合、踩制,中温制曲。产地土质坚硬,黏性强,泥土中孕育特有的微生物群,为发酵、生香主要来源之一;水质偏酸,微甜味长,硬度约为0.7,宜于酿酒。其酿制为熟糠配料,热水下浆,泥土老窖发酵,再经贮存、勾兑,使香味成分得到进一步缓冲与平衡,最终形成了该酒的独特风格。

（七）古隆中酒

古隆中酒是湖北省地方优质白酒之一。湖北古隆中演义酒业有限公司源于襄樊市酒厂，创立于1956年。2009年，更名为湖北古隆中演义酒业有限公司。

该酒采用小麦中温偏高曲为糖化发酵剂，以高粱、玉米、大米、糯米、小麦五种粮食为生产原料，谷壳为垫充辅料，科学配比，同时选用襄阳小北门的汉水为水源，用传统老五甑续渣法生产工艺操作，人工老窖，发酵周期为60天，酯化完全，风味全面，并做到按质摘酒，分缸贮存，分等级验收，精心勾兑，具有浓头酱尾（即浓香型头、酱香型尾）特点。酒质清亮透明，曲香浓郁，酱尾醇甜，入口甘爽，回味绵长。2013年以来，"古隆中""襄江红""隆中对"先后被认定为"湖北省著名商标"。

2016年，古隆中酒业在第八届"华樽杯"中国酒类品牌价值评议中居国内兼香型白酒第7名。2019年，比利时布鲁塞尔国际烈性酒大奖赛中"古隆中·窖龄20年"分别荣获金奖、银奖。

（八）翁泉特曲酒

翁泉特曲酒是湖北省襄阳市原保康县酒厂（创办于1966）生产的特产名酒。1991年，保康县酒厂在湖北省商办工业行业率先跨入省级先进企业行列。1994年6月，挂牌成立保康翁泉酿酒有限公司。

2003年，酒厂改制为民营保康楚翁泉酒业有限公司。2006年3月，全国文明村保康县尧治河村入资控股，成立湖北尧治河楚翁泉酒业有限公司。

翁泉特曲酒系选用优质高粱、玉米为原料，经除皮去嘴处理，博采名酒酿造先进经验，采用固态传统生产工艺，精心酿制，地封储存，科学勾兑而成。此酒系兼香型白酒，清澈透明，芳香浓郁，入口醇和绵甜，幽雅细腻，回味悠长，因采用"翁泉"矿泉水酿制而得名。1985年，翁泉特曲酒荣获湖北省优质产品证书。

目前，湖北尧治河楚翁泉酒业有限公司继续秉承"高山纯粮、纯净矿泉、固态发酵、长期贮藏"的酿酒手工传统工艺，生产楚翁泉酱香型、浓香型、兼香型系列白酒。

（九）白云边酒

松滋自古有佳酿。湖北省荆州市松滋县境，古为洞庭湖之首，酿酒历史悠久。"南湖秋水夜无烟，耐可乘流直上天。且就洞庭赊月色，将船买酒白云边。"这首脍炙人口的千古绝句，是我国唐朝大诗人、酒仙李白在唐肃宗乾元二年（公元759）秋从巫山至岳阳途中偶遇诗人贾至和族叔李晔，三人在洞庭湖边乘舟饮酒时的即兴之作。白云边由此而得名。

据考古专家对位于湖北省松滋市王家大湖桂花树遗址的发掘，发现湖北松滋在新石器时期就有了酿酒业的出现。在大溪文化后期，松滋的先民对酿酒、饮酒已习以为常。古书记载：松滋（古称乐乡）"自晋、唐以来，开设酒肆，历有年所"。

生产白云边的松滋县酒厂建厂于1952年。1974年，松滋县酒厂继承传统酿酒工艺，并集国内名酒之

长，制成一种美酒，取名"白云边"。

白云边酒系用优质高粱做主料，沿用我国传统的固体蒸馏法酿制而成，集贵州茅台式的酱香、泸州老窖式的浓香、山西汾酒式的清香三种香型于一体。闻为清酱香，进口为浓香，回味为酱香，是三香一体、三味俱全、醇甜爽厚的一种兼香型白酒。尤因酯的指标较高，醛的指标较低，而使酒质厚，味醇浓，杂质少，香气扑鼻。

1979 年 9 月，白云边酒在全国第三届评酒会议上被评为全国优质酒，为酒类的后起之秀。1984 年和 1989 年，蝉联全国白酒质量评比银质奖。1991 年 10 月，白云边酒以其"芳香优雅，酱浓协调，绵厚甜爽，圆润怡长"的独特风格被原国家轻工部确定为全国浓酱兼香型白酒的典型代表。2006 年，白云边入选"中国白酒工业十大竞争力品牌"，兼香型白云边酒被中国食品工业协会正式认定为中国白酒兼香型代表。2007 年 3 月 1 日，兼香型白云边酒获得纯粮固态发酵标志使用资格。2008 年 5 月 28 日，"白云边"被国家工商总局认定为中国驰名商标。2010 年 11 月，中国酒类流通协会发布第二届华樽杯中国酒类品牌价值排行榜，白云边酒业品牌价值为 46.57 亿元，在中国酒类企业中名列第 29 位，在中国白酒类别中名列第 20 位，在湖北酒类企业中名列第三。2015 年 12 月 20 日，白云边酒被中国食品工业协会授予"1985—2015 年中国白酒历史标志性产品"称号。

（十）黄山大曲酒

黄山大曲酒，是由湖北省荆州市原公安县曲酒厂出产的一种浓香型大曲名酒，以公安县与湖南省安乡县交界处的黄山命名。该酒源于藕池镇，可追溯到 1913 年。1951 年，组建石首人民制酒厂。1960 年，改名为石首县藕池酿酒厂。1973 年，更名为公安县曲酒厂，藕池大曲

酒试制成功。1994 年 6 月，酒厂实施股份制改造，成立湖北黄山头酒业股份有限公司。2008 年 2 月，凯乐科技正式收购湖北黄山头酒业股份有限公司。

黄山大曲酒取优质高粱为原料，以小曲为糖化发酵剂，沿用传统的混蒸续糟法生产工艺，吸取外地先进技术，用人工老窖发酵 60 天酿制而成，芳香浓郁，醇和协调，绵甜甘冽，回味悠长，畅销全国各地。

1979 年，黄山大曲酒在湖北省酒类评比会上首次荣获浓香型白酒第一名。1982 年，荣获湖北省优质产品证书。1984 年，荣获原轻工业部酒类质量大赛银杯奖。1989 年，荣获首届北京国际博览会银奖。1990 年，荣获首届轻工博览会银奖。1994 年，荣获首届中国国际酒类商品博览会金奖。2009 年，注册商标"黄山头"入选湖北省著名商标。

（十一）绣林玉液酒

绣林玉液酒，是湖北省荆州市石首本土优质白酒。石首市位于长江中游与洞庭湖交会地，九曲荆江穿境而过，境内山川毓秀，江河壮美，雨量充沛，土地肥沃，素有"玉石首"之美称。石首酿酒历史悠久，酒文化积淀深厚，可追溯到 3000 年前的商代。1951 年，成立国营石首县酒厂。2008 年 3 月 26 日，由劲牌公司投资成立劲牌酒业（石首）有限公司。

相传汉献帝建安十四年（公元 209），皇叔刘备挂锦在山，结绣如林，迎娶孙夫人于阳岐山（今石首市绣林山）。当地人摆酒迎庆，刘皇叔开怀畅饮，赞曰："真乃锦绣如林，琼浆玉液也。"绣林山、玉液酒因此得名。

绣林玉液在中华人民共和国成立前为一般陈粮酒。中华人民共和国成立后，继承和发扬酿酒传统工艺，吸取泸州老窖先进经验，以上等高粱为原料，采用小麦制曲，熟糠为填充剂，采用古老的"清蒸二

次清"酿造工艺,经陈年老窖发酵,多年陶缸陈酿而成,香气悠久,甘美醇厚,入喉净爽,回味悠长。在1977年和1981年的中南五省酿酒协作会议上,被专家们赞誉为浓香型的蒸馏曲酒。

1982年,绣林玉液酒获湖北省人民政府颁发的优质产品证书。2005年1月,获湖北省消费者协会授予的"2003—2004年度消费者满意商品"荣誉称号。2012年12月,"绣林"牌商标被国家工商总局认定为中国驰名商标。2013年12月,绣林玉液酒被评为湖北省名牌产品。

(十二)石首透瓶香酒

石首透瓶香酒,是湖北省荆州市原石首曲酒厂于1978年试制生产的一种低度酒。此酒以石首绣林玉液为酒基,使酒度降低到38度,再通过精心勾调,冷冻过滤和自然澄清,经理化与感官检验,然后包装出厂。此酒曾被列为北京人民大会堂特供酒。

石首透瓶香酒于1979年批量投入市场后,一直受到消费者的好评。此酒具有色清透明、窖香浓郁、入口绵甜、后味干净之特点,曾为石首当地广大消费者所喜爱,被作为相互馈赠之佳品。1982年,石首透瓶香酒在湖北省同类产品质量评比中获得第一名。1983年和1984年,均获湖北省浓香型低度白酒第一名。1985年,获湖北省一轻局优良产品证书。

(十三)落帽台低度白酒

湖北省荆州市江陵酿制美酒的历史悠久。早在春秋战国时代,楚郢都(又名纪南城,位于今江陵城北十华里处)的酿酒作坊已酿造了多种美酒。在《楚辞·招魂》中,就写到了颜色如玉的淡酒"瑶浆",色如赤玉的佳酿"琼浆"。历代名人在江陵做官或游览时,更是留下了许多咏酒的诗篇,其中有不少是盛赞江陵名酒的。唐代大文学家韩愈在荆州城做法曹参军时,曾遍尝江陵名酒,作诗盛赞,有"抛青春"之说,于

是后来"抛青春"作为名酒便一直盛誉不衰。清代乾隆年间和光绪年间先后修撰的《江陵县志》,也有"今荆郡'烧青'甚佳""近日良酿推莼酒"等记载。

中华人民共和国成立后,江陵酿酒行业在继承传统技艺的基础上,不断改进酿造工艺,生产多种名酒。关圣帝酒、马跑泉酒、桥林春、高粱小曲、江陵莼酒等都为群众所喜爱,而落帽台牌低度白酒,则出类拔萃,独树一帜,饮誉国内外。落帽台牌低度白酒为我国白酒行业的方向性产品,系原江陵县酒厂酿造。

相传东晋时大荆州刺史桓温于重阳节在江陵城西龙山设宴招待僚属,席间,参军孟嘉的帽子被风吹落,佯装不知,还乘酒兴与同僚作诗唱和,从此,便留下落帽台的古迹。后世名人来江陵,都要到此饮酒怀古。落帽台牌低度白酒原名荆州低度白酒,后取此故事,改用现名。

1979年,为了满足市场上对低度酒的需要,原江陵县酒厂技术人员大胆改进工艺,增加新的配方,选用优质糯米为原料,以天然药草特制的酒曲为发酵剂,采用半固半液的独特工艺,经固态糖化培菌,转缸液态发酵,适温缓慢蒸馏,分段测试,分级密封贮存,精心勾兑等工艺流程,终于试制成功了独具风格的低度白酒。

落帽台低度白酒为38度曲酒,色清透明,香气清幽,入口醇甜,回味悠长。包装美观、古朴、大方,具有明显的楚乡特色。1979年,在中南五省评酒会上获得专家称赞。1981年,被评为湖北省优良产品。1982年,获湖北省优秀新产品证书。1984年,再获湖北省优良产品证书。1985年,被评为湖北省优质产品。

(十四)醉仙牌陈坛香酒

"醉仙牌"陈坛香酒,系湖北省荆州市监利地方名酒。相传其源于山西杏花村。南北朝时期,为避兵祸,北人南迁,其间有杏花村郑姓、黄姓两家糟坊主落籍到监利,他们看到监利盛产高粱,河水清亮,乃重操旧业。所产之酒,经埋坛陈酿,饮者交口称赞,一时美名远播。后来吕洞宾过洞庭湖时,因贪此酒味美,豪饮过量,以致醉卧江石,有失仙家之态。陈坛香,醉仙牌,系由此传说而来。

原监利县酒厂继承传统发酵工艺,采用优质药曲,精选江汉平京特产糯高粱,专灶精工酿造此酒。产品斩头去尾,埋坛陈酿,酒质清亮透明,清香醇甘,

回味悠长，多饮不晕头，酒后有余香。20世纪70年代，"醉仙牌"陈坛香酒颇受消费者欢迎，曾畅销长江流域及东北、西北的十多个省市，并风靡北京城。

（十五）华容道大曲酒

相传东汉末年，刘表雄踞荆州，好交名士，每以诗酒唱和，所饮之酒，即取自古华容县（今监利县）。建安十三年（公元203）隆冬，曹操败走华容道，诸葛亮命关羽截杀，并赠华容美酒三瓮，以备庆功。时寒风凛冽，冷雨浸骨，曹兵挣扎在泥泞之中，十分狼狈，关羽于心不忍，念及旧情，乃义释曹操，并将庆功酒赏之。曹军饮后，饥寒顿消，回至南郡，尚觉余香绕喉。华容美酒，自此扬名。

一千多年来，骚人墨客每到监利之时，无不以把杯细品华容美酒为快事。荆州市原监利县酒厂继承此酒传统酿造工艺，结合现代酿造技术，加以提高，生产出浓香型华容道大曲酒。此酒晶莹透亮，芳香浓郁，醇厚绵甜，余味悠长。

（十六）洪湖荞酒

荞酒，是湖北省荆州市洪湖特酿名酒，采用曹市区特产甜荞麦为原料，以传统手工艺酿制而成。此酒酒液格外清亮，色微绿，味特纯，入口甘醇香甜，平和不燥，不冲头，余味绵长。洪湖荞酒虽风味独特，但产量不多。每逢新春佳节，只能少量供应。

（十七）稻花香酒

稻花香酒是湖北稻花香集团（位于宜昌市夷陵区龙泉镇）酿制的著名浓香型白酒。稻花香酒传承传统五粮浓香型白酒酿造工艺，运用中国名酒之传统工艺与现代科技相结合，选用优质红高粱、小麦、大米、糯米、玉米为原料，以独特的"苞谷曲"为糖化发酵剂，取"龙眼"优质矿泉水，经过跑窖循环、混蒸混烧、泥窖发酵等工艺精心酿造，再经长期贮存、精心勾调、精心包装而成的浓香型白酒，清澈透明，窖香浓郁，醇正净爽，诸味协调，回味悠长，不口干，不上头，具有"多粮型、复合香、陈酒味"的独特风格。

湖北稻花香酒业股份有限公司是稻花香集团的核心企业，肇始于1982年的青龙酱油厂，初创于1986年的宜昌县柏临酒厂。1992年，成立湖北稻花香集团公司，稻花香酒由此横空出世。南宋辛弃疾《鹊桥仙》有云："醉扶怪石看飞泉，又却是、前回醒处。……酿成千顷稻花香，夜夜费、一天风露。"稻花香酒名即源于此处。

稻花香集团是以白酒生产为龙头的跨行业企业集团，是湖北省最大的白酒生产基地。2005年，"稻花香"被国家工商总局认定为中国驰名商标，是湖北省白酒类首次入选的中国驰名商标。曾连续两年进入全国白酒"十强"行列，成为与茅台、五粮液并肩的全国白酒十强品牌。

2017年11月，稻花香系列白酒凭借其过硬的品质和良好的市场美誉度被认定为"人民大会堂宴会指定用酒"。2008年2月，稻花香集团以其丰富的白酒文化内涵、独特的企业文化、创新的品牌文化建设等优势，入选"2007年度中国酒业文化百强"。

2011 年 9 月，稻花香以 140.71 亿元的品牌价值入选中华人民共和国白酒八大品牌，成为首个入选中国八大名酒的湖北白酒品牌。

目前，稻花香旗下拥有稻花香、关公坊、屈原、昭君、楚瓶贡五大品牌 10 个系列一百多个品种的系列白酒，产品畅销全国，是中南地区最大的白酒酿造基地、农业产业化国家重点龙头企业、湖北省循环经济试点企业、湖北省白酒制造业龙头企业、湖北省高新技术改造传统产业示范企业、全国首批农产品加工业示范企业、中国大型工业企业。2017 年，稻花香连续第 14 年入选"中国 500 最具价值品牌"，品牌价值达 603.68 亿元。

（十八）西陵特曲

自古西陵出美酒。西陵特曲是西陵峡口古城宜昌市的特产名酒。"西陵峡牌"西陵特曲产自湖北宜昌市酒厂。西陵特曲是选用优质小高粱、小麦、大米、糯米、玉米为原料，以小麦高中温曲为糖化剂，取源于高峡的清澈溪水为酿酒用水，用土窖多轮长期发酵，精心勾兑而成的优质白

酒。西陵特曲酒既有贵州茅台酒的酱香，又有四川泸州大曲的浓香，浓头酱尾，醇厚甘爽，绵柔浓郁，回味绵长，风格独特。

得天独厚的地理环境造就了西陵特曲的独特风格。西陵特曲产地位于长江之滨，东临荆楚大地，四季交替，气温温润；西靠长江三峡，绿荫遮蔽，冬暖夏凉。这里的土壤酸碱适中，渗透性好，含有丰富的矿物质和微生物，让窖池和窖泥形成了大量极具酯化功能的独特菌群，正是这些微生物的作用形成了西陵特曲的特有醇香。

西陵酒业前身为七一酒厂，公司成立于 1954 年，是原属轻工部所辖的名优白酒生产厂家，其主导产品"西陵特曲"兼香型系列白酒和"三游春"露酒均是国内酒业的驰名品牌。1984 年和 1988 年，西陵特曲连续两届荣获国家名优产品银质奖。1988 年，荣获首届中国食品博览会金奖。1989 年，荣获第三十五届卢布尔雅娜国际博览会优质产品奖。2005 年，荣获湖北省第二届农博会金奖。1987 年，三游春露酒荣获湖北省优秀产品奖。1988 年，荣获首届中国食品博览会铜奖。1989 年，荣获第三十五届卢布尔雅娜国际博览会优质产品奖。

（十九）枝江大曲

湖北枝江酒业股份有限公司系由创办于清代嘉庆二十二年（公元 1817）的"谦泰吉"糟坊演变而来，具有两百多年酿造白酒的悠久历史。

明清时代是枝江酿酒较为发达的时期。宜昌枝江是长江三峡的东大门，因长江自此分枝而得名。枝江境内有个古镇叫江口，物华天宝，人杰地灵，人称"小汉口"。清嘉庆二十二年（公元 1817），松滋县一位为人谦和的秀才张元楠，相中了江口镇这块贾商云集的宝地，于是携家在江口镇开设酿酒糟坊，取名"谦泰吉"，意即谦和、福泰、吉祥，专门酿造高粱白酒，又称"堆花烧酒"。据清光绪十年（公元 1884）的《楚州府志》载："今荆郡枝江县烧春甚佳。"从此之后，江口镇满街兴办酒坊，枝江烧酒名冠荆楚。

史料载，清光绪十八年（公元 1892），翰林学士雷以栋回乡省亲，品尝江口"烧春"后赞不绝口，当即挥笔泼墨写下"谦泰吉"三个大字。张元楠为表谢意给雷以栋赠酒四坛。其中一坛被雷以栋转送给光绪帝，光绪帝品尝后夸赞"好酒"。

随着岁月的流逝，谦泰吉糟坊酿制的烧春酒后来改名为枝江小曲酒、枝江大曲酒。1949 年 10 月，"谦泰吉"糟坊更名为"维生公"糟坊。1951 年 8 月，枝

江县政府组建地方国营枝江县江口酒厂。1952年6月，更名为枝江县酒厂。1975年，继枝江小曲瓶装酒后，又生产出了枝江大曲瓶装酒。1997年2月，枝江县酒厂更名为枝江市酒厂。1998年10月，更名为湖北枝江酒业股份有限公司，企业改制后重新焕发新活力，进入跨越式发展新阶段。2002年，公司跻身全国白酒10强企业。2008年7月，枝江大曲以其15.36亿元的身价首度入选"中国500最具价值品牌"。

枝江小曲、枝江大曲两大系列白酒，因其深厚的历史文化底蕴、优质的技艺传承、独特的风格特点和强势的品牌实力而历久不衰，先后二十多次荣获省、部级优质产品奖和国际质量大奖，是湖北省著名商标和省人民政府确认的精品名牌产品。其中，枝江大曲更是屡获殊荣，摘取"中国白酒十大著名品牌""全国重点保护品牌""中国十大新名酒"等桂冠，是国家地理标志保护产品，其注册商标"枝江"被国家工商总局认定为中国驰名商标。

（二十）安陆涢酒

涢酒是湖北省孝感市安陆名特白酒，原名府酒，是我国唐代诗人李白"酒隐安陆"期间经常醉饮的名酒。安陆古为郧子国，故安陆城亦名郧城。唐设安州，辖六县，州治郧城。安陆依山傍水，山水秀丽，千里涢水，贯穿南北，百里碧山，横亘东西，是酿酒的绝好胜地。据《安陆县志》记载，唐代即有涢酒。可见安陆涢酒的生产历史至少可追溯至唐朝。

华中师范大学教授、李白研究专家朱宗尧主编的

《李白在安陆》一书考证，李白在唐开元十五年至二十五年（公元727—737）寓居安陆达十年之久。李白《秋夜于敬亭送从侄耑游庐山序》中云："酒隐安陆，蹉跎十年。"李白为何能在安陆驻足这么长时间？除了其他原因外，涢酒留住了这位"酒中仙"不能不说是一个重要原因。李白在安陆娶唐故宰相、安陆人许师之孙女为妻，家安碧山脚下。李白《山中问答》诗云："问余何意栖碧山，笑而不答心自闲。桃花流水杳然去，别有天地非人间。"此外，还在安陆白兆山的桃花崖壁上留下了"斗酒至今泉亦醉，年年余晕染桃花"的诗句，赞美安陆的涢酒。历代诸多文人墨客追寻李白足迹来到安陆，以能饮涢酒为快。

安陆涢酒以其独特的地方特色饮誉中外。日本前首相田中角荣访华时，在宴会上独点安陆涢酒，1983年，中央领导人到湖北视察时，特别提及要研究李白"酒隐安陆"之事。

涢酒有独特的传统酿制技术，系选用上等稻米、大麦、豌豆和天麻、海马、当归、肉桂、贝母等三十余种珍贵药材，精细加工制成酒曲，并以优质高粱、小麦为原料，经清蒸清烧、长期窖藏及精心勾兑而酿成。安陆涢酒酒液澄亮透明，酒香清逸谐调，入口绵甜柔和，甘爽隽永，风格独特。1980年，安陆涢酒被评为湖北省优质产品。

（二十一）皇陵大曲

湖北钟祥有着源远流长的白酒酿造历史和深厚的酒文化底蕴，有关历史文字记载的钟祥酿酒可追溯到唐朝初期。

传说在明朝正德年间，安陆州（今湖北省荆门市钟祥市）酿酒高手即取兴献王府井内之水酿酒，用此水酿造出来的酒，色泽明亮，香气芬芳，滋味醇厚。

嘉靖皇帝（朱厚熜）进京登位后，仍喜饮此酒，此酒随之成为御酒。

1952年，成立国营钟祥县酒厂，生产散装酒。1980年代初期，钟祥县酒厂继承传统酿酒技艺，以选用优质高粱、小麦、豌豆等制成的大曲为糖化发酵制，吸取近代名酒酿造工艺，制成一种酒液清亮透明，香气芳芬浓郁，滋味醇厚绵软，为消费者所欢迎的大曲酒。取兴献王府井水酿酒的故事，又因兴献王朱祐杬（嘉靖皇帝朱厚熜的父亲）死后葬于钟祥，陵墓犹在，故将此酒命名为"皇陵大曲"。1988年，国营钟祥县酒厂更名为文峰酒厂。1992年前后，皇陵大曲更名为文峰塔大曲。1998年前后，文峰塔大曲又更名为文峰粮液。

（二十二）文峰酒

文峰酒系荆门市钟祥所产名特白酒，由湖北省白酒酿造骨干企业湖北文峰酒业股份有限公司（前身为国营钟祥县酒厂）出品。该白酒以优质东北红粮和当地名泉水精工酿制而成，推行ISO9002质量体系认证和管理，采用老窖发酵、分级贮存等传统工艺和新技术、新工艺，生产文峰粮液、普通白酒和营养酒三

大类，共二十多个品种，其中主导产品文峰牌文峰粮液酒拥有以文峰王、金文峰等为代表的高档形象酒，以坛装情酒、缘酒、福酒、喜酒等为代表的中档实力酒，以仙酒、礼酒等为代表的大众消费基础酒。酒液清澈透明，窖香浓纯，绵甜柔和，香味协调，尾净悠长，具有绵、甜、软、净、香等独特风格，被誉为湖北浓香型大曲酒五粮液风格的典型代表。文峰系列酒中的文峰王为楚天最贵白酒，填补了湖北省内高档形象酒的空白；阳春酒采用鹿茸、首乌、杜仲、枸杞、当归等二十多种名贵中药材配制，具有营养保健功效。

文峰酒具有明显的品牌优势。"文峰"注册商标为湖北省著名商标，主导产品自1986年以来连续保持省优产品称号，多次在国际国内等重要产品赛事活动中获奖，其奖项主要有：第二届北京国际博览会银奖，首届中国食品博览会金奖，第三届中国农业博览会中国名牌产品，湖北省首届白酒质量大赛金钟奖，湖北工业精品名牌消费品展销会金奖。在中国航空航天博览会首场特定产品推卖会上，夺得唯一指定白酒特许权，成为唯一被选用的湖北白酒。2018年10月，在国家级放心酒工程授牌大会中，钟祥市文峰酒业有限公司揽获"国家级放心酒工程·示范企业"大奖，成为湖北的高端白酒典范。

（二十三）转斗湾陈香酒

转斗湾陈香酒是原转斗湾国营酒厂（成立于20世纪50年代后期）生产的一种地方特色白酒。转斗湾位于钟祥市胡集镇境内，曾是汉水中游的重要渡口。转斗湾有当地唯一的一口铁井，水质清冽甘甜，是酿酒的绝好水源。在钟祥民间至今还流传着"丰乐河的包子转斗湾的酒""石牌的豆腐转斗湾的酒"这类说法。

转斗湾陈香酒诞生于1968年，经过多次试验，于1975年正式投放市场。陈香酒以高粱为主要原料，采用传统的固态发酵，取白酒精华，密封长存，酒体清澈透明，清香雅郁，滋味醇厚绵软，甘润爽口，回味悠长，有后劲，虽为60度高度酒，但无强烈的

辛辣刺激感，因而得名。

陈香酒于 1977 年首次参加荆州地区白酒、曲酒评比会，被评为荆州地区白酒第三名。1980 年，被评为荆州地区白酒第一名。1981 年，被评为荆州地区白酒第二名。

（二十四）英山古泉青大曲

古泉青大曲，是原英山县古泉青酒厂（2011 年，更名为湖北古泉酒业有限公司）生产的地方名酒，于 1975 年投产。黄冈市英山县地处大别山脉中段南麓，属亚热带湿润季风气候，四季分明，雨量充沛，山清水秀，森林覆盖率达 68.5%，优越的生态环境造就了古泉青大曲酒优良的品质。

古泉青大曲酒是用优质高粱为原料，兼用豆、麦、水果、蔬菜等为辅料，利用古泉之水酿制而成的一种加度新型曲酒，为兼香型白酒。酿造工艺上既吸收外地著名酒厂的先进经验，又有所创新，不仅在制曲上增加了新的原料和曲菌菌种，控温适度；而且在窖池发酵方面配制了一种具有特殊香味的窖泥。该酒的酒度为 55 度，清澈透亮，香气优雅，甘醇爽口，饮后清香扑鼻，余味悠长。

古泉青酒是以古泉而得名。因原英山县古山酒厂（1988 年，更名为英山县古泉青酒厂）建于古山畔，山间有一眼甘泉，泉水冬温夏凉，饮之甘甜，沁人心脾，当地人称为古泉。距古泉四里处还有一股温泉，涌流不息，水质温和，与古泉齐名。两股泉水汇集到四面环山的盆地处。当地人们纷纷用古泉酿酒，因其酒质柔和，风格独特，故远近闻名，沿传至今。

古泉青大曲酒于 1975 年参加湖北省黄冈地区评比获全区第二名。1983 年，获湖北省优质产品奖和原农牧渔业部（1988 年，更名为农业部）优质产品奖。1986 年、1987 年，连续两届获部优产品奖。1988 年，获湖北省首届白酒评比银钟奖。

（二十五）编钟乐特曲酒

编钟乐特曲是随州市编钟乐酒厂（创建于 1975 年 6 月，原名随县酒厂，后更名随州市第一酒厂，1985 年 10 月再次更名随州市编钟乐酒厂）生产的优质白酒。该酒系选用优质高粱为原料，经"清蒸二次、地缸分离发酵"传统酿酒工艺生产，长期贮存，精心勾兑而得，其特点是清香纯正，醇甜柔和，自然协调，余味净爽，产品包装采用编钟瓶型，风格独特，古典高雅，获外观设计专利权。1985 年，编钟乐特曲酒荣获全国第四届旅游产品优秀奖和湖北省优质产品奖。

（二十六）沔阳小曲酒

沔阳小曲酒是原国营沔阳县酒厂（成立于 20 世纪 50 年代初，于 20 世纪 80 年代末倒闭）生产的传统白酒产品，原名红粮酒，后改名为沔阳小曲酒。

沔阳酿制小曲酒起源于何时，难以考证。据当地一些酿酒老前辈所述，明清时期，沔阳几乎所有集镇和大的村庄，皆有酒坊，酒名有"堆花老酒""半边月""冷半碗""过街楼"等，均为米香型的小曲酒。民国年间，全县小酒坊星罗棋布，仅沔阳城区（今仙桃市城区）就有小酒坊十多家，但生产设备简陋，酒的质量很不稳定。中华人民共和国成立后，组建了国营沔阳县酒厂，使沔阳酿酒业和小曲酒生产进入了一个新的发展时期。沔阳小曲酒的生产，在继承传统酿造技艺的基础上，应用焖水操作新工艺，引进观音土制小曲的新技术，采取缓慢蒸馏、掐头去尾、分级存放的方法，又通过改进生产设备，加强科学检测，使生产工艺得到了进一步提高，从而使小曲酒的质量达到了一个新的水平。

传统沔阳小曲酒是以优质高粱为原料，以小曲为糖化发酵剂，采用固态发酵法酿制而成的清香型白酒。酒液无色透明，芳香清雅，柔和爽口。2009 年，仙桃市汉江酒业有限公司成立后，适时改进小曲酒生产工艺，生产出浓香型沔阳小曲酒。

（二十七）清香白酒

清香白酒由原国营沔阳县酒厂（成立于 20 世纪 50 年代初，于 20 世纪 80 年代末倒闭）于 1979 年秋正式生产，它以甘薯干为原料，利用甘薯本身所含酶系统代曲或以快曲作糖化发酵剂，采取液体发酵法发酵，并经精塔蒸馏而成。该酒生产初期，酒的质量不佳。为了提高酒的品质，原国营沔阳县酒厂派人到武汉市、岳阳市等地相关酒厂学习，还专门聘请了岳阳市酒厂的两名技术人员来厂指导，并不断革新生产设备和酿制工艺，从而使酒的质量有了明显的提高。该酒色泽透明，味纯清香，故名"清香白酒"。

1979 年 11 月，清香白酒被原荆州地区评为优良产品。1980 年 11 月，湖北省原一轻局在沔阳召开全省液态酒生产检验会，清香白酒以其质好价廉而受到好评。曾有消费者反映，清香白酒喝了不冲头，喝半醉不烧口，刚够瘾还想喝。1980年代，清香白酒成为城乡群众的大众化白酒，不仅行销仙桃、荆州、宜昌、咸宁、恩施等湖北省内多个市县，还远销安徽、河南等地。

（二十八）园林青酒（白酒系列）

园林青酒是湖北省潜江市著名特产，由湖北园林青酒业股份有限公司（湖北省园林青酒厂）生产，以其色香味的谐调自然、独具风格而享有盛誉。

潜江酿酒历史悠久，早在东汉建安年间就已有用泉水酿酒的记载。潜江地处江汉平原腹地，田沃水秀，盛产高粱、大麦等酿酒原料，具有优越的酿酒条件。1951年，成立潜江县地方国营酒厂。1983年，更名为湖北省园林青酒厂。2008年，由华润集团投资重组为湖北园林青酒业股份有限公司。2017年，由中国城投股份有限公司、河北香河华鑫集团有限公司实施股权重组。

中华人民共和国成立后，潜江大力开展平原造林活动。20世纪70年代初，湖北电影制片厂拍摄的《水乡园林》纪录片在联合国放映后，受到广泛赞誉，潜江因此被誉为"水乡园林"。

园林青白酒为纯粮酿制，陶窖酿造，未经勾兑，原汁原味，晶莹透明，酒体丰满。清香型园林青白酒清香纯正，幽雅芳香，绵甜爽净。浓香型园林青白酒窖香浓郁，醇厚绵甜，回味悠长。

园林青酒装潢精美，富有江汉平原风情，是各地宾馆、餐厅宴席上常用之佳酿，也是人们馈赠亲友的常用礼品。

2002年，"园林青"被认定为湖北省著名商标。2014年，"园林青"荣获湖北省老字号称号，并被国家工商总局认定为中国驰名商标。

（二十九）竟陵北门酒

竟陵北门酒，是天门县竟陵镇城北倪强胜糟坊生产的地方名酒，香醇绵柔，历史上曾被称为竟陵四大特产（东湖鲫鱼、西湖藕、南门包子、北门酒）之一。

明代御赐"文恪"封号的国子监祭酒鲁铎，是天门干驿人，他在京任职时，多次称赞故乡的北门酒。清朝时北门酒更负盛名。传说乾隆乙酉年（公元1765），著名方志学家章学诚受聘修纂《天门县志》期间，向知县胡翼呈献《修志十议》，深受赏识，胡翼盛宴款待，席间敬以北门酒。章学诚豪情满怀，表示"如此珍品，当一醉方休"。

酿制竟陵北门酒有诸多讲究，对用水、酒曲、原料的要求高。水要选用北门外上堰里的水，清澈甘冽，不含杂质；酒曲要求纯正，北门糟坊历史悠久，均有"配曲室"，确保含有特种芳香醇菌的曲子不被污染；原料不能随意，最理想的是苦荞，其酒甘馥醇厚，淡绿清澄。新酒酿成后，密封窖藏数年，酒味更醇，酒气更香，即成"陈香老窖"。启封后，浓香扑鼻，赢得了"未必开樽香十里，也应隔壁醉三家"的口碑。

1955年，城关镇（今竟陵）的小槽坊全部归并于天门县地方国营酒厂。该厂继承了北门酒的传统工艺，几经扩建，年产白酒曾超过1000吨。所产一种清凉香型而具有大曲特色的"迎宾酒"，1984年，荣获地区优良产品证书，产品曾远销武汉、上海和北京等大城市。

四、楚酿露酒保健酒名酒

（一）劲酒

劲酒是湖北省黄石市大冶地方特产之一，以幕阜山泉酿制的清香型小曲白酒为基酒，精选地道中药材，采用现代生物工程技术提取其有效活性成分技术精心酿制而成，色如琥珀，晶莹透亮，口感甜润。酿制劲酒的配料包括优质白酒、水、淮山药、仙茅、当归、肉苁蓉、枸杞子、黄芪、淫羊藿、肉桂、丁香、冰糖。劲酒倡导"用做药的标准做保健酒"的理念，对生产的各个环节要求一丝不苟，精心保障产品品质，原酒之水取自幕阜山深山甘泉，纯净天然；生产原料来自原材料直供基地，地道正宗；采用数字提取技术，完整萃取原料精华。劲酒中蕴含多种皂苷类、黄酮类、活性多糖等功能因子，以及多种氨基酸、有机酸和人体所需的微量元素等营养成分，具有抗疲劳、免疫调节的保健功能。劲酒有很广的适应范围，但儿童、妊娠期妇女、心脑血管疾病患者、酒精过敏者等不宜饮用。

劲牌有限公司创立于 1953 年，历经六十多年持续稳定发展，已成为一家专业化的健康食品企业。产品从单一的白酒发展到以保健酒为主，以健康白酒、保健饮品为辅的健康产业结构。作为专业化健康食品企业，劲牌首倡中药现代化在保健酒生产中的应用。2003 年 12 月，"劲牌"商标被国家工商总局认定为中国驰名商标。2007 年 9 月，劲牌保健酒被评为中国名牌产品。

（二）咸宁桂花酒

我国酿制桂花酒的历史十分悠久。楚国大诗人屈原曾路过如今的咸宁，闻见遍地桂花香气袭人，便与花农月下品桂酒、喝椒浆，曾写下了"眺峦山而远望兮，嘉桂树之秋荣""蕙肴蒸兮兰藉，奠桂酒兮椒浆"等佳句。咸宁人认为桂酒即当地的桂花酒。唐代桂酒在皇家饮品中占有显著的位置，陪同皇帝左右的文人学士都能喝到这种酒。袁朗《秋日应诏》云："迎寒桂酒熟，含露菊花垂。"李峤《六月奉教作》云："竹风依扇动，桂酒溢壶开。"诗中展现的均是饮用桂酒的景象。桂酒配制简单，成本也低，所以在社会上的各种聚饮场合都能见到桂酒的芳姿。权德舆《六府诗》这种描述："金罍映玉俎，宾友纷宴喜。木兰泛方塘，桂酒启皓齿。"白居易《宴周皓大夫光福宅》也有诉说："绿蕙不香饶桂酒，红樱无色让花钿。野人不敢求他事，唯借泉声伴醉眠。"用桂酒饯别友人，在当时属于很隆重的送行仪式。李白《鲁郡尧祠送吴五之琅琊》为此有"送行奠桂酒，拜舞清心魂。日色促归人，连歌倒芳樽"的讴歌。高适《赠别褚山人》也曾表达："携手赠将行，山人道姓名。……墙上梨花白，樽中桂酒清。"杜牧《陵阳送客》亦有吟咏："兰舟倚行棹，桂酒掩馀樽。重此一留宿，前汀烟月昏。"

宋朝时，桂酒仍在流行，酿酒界人士都把桂酒作为重要的酒类产品而予以开发。官营酒坊生产出了许多优质桂酒。苏辙提及桂酒时说："江西官酿惟豫章最佳。"豫章，今江西南昌。江西南昌与湖北咸宁相去不远，气候物产民风民俗都十分相近。可以合理推测，此时湖北咸宁的桂花酒应该接近于苏辙所提及的品质。

咸宁桂花酒属于露酒，是用每年秋天采集的新鲜桂花和优质粮食酿制而成的，既有鲜桂花的幽香，又有优质酒的醇香，颜色鲜亮，淡而有致，入口醇如芳酸，爽如甘泉，恬淡适口，不浓不烈，别具一格。

（三）墨龟补酒

墨龟补酒是原沔阳县酒厂（成立于 20 世纪 50 年代初，于 20 世纪 80 年代末倒闭）生产的一种名特名酒，具有补气益血、补肾滋阴之功效。

传统中医认为龟是一种营养滋补品。明代著名医药学家李时珍在《本草蒙鉴》中早有记述："乌龟专补阴衰，善滋肾损。"历史上的沔阳（今仙桃市）盛产墨龟（全黑色，雄性），每年可捕获十多万斤。

1981 年，沔阳县酒厂根据广大消费者由爱饮烈性酒转变为喜饮低度酒和滋补酒的新特点，选用墨龟为主要原料，配以中草药，研制酿造新的低度滋补酒。

在研制过程中，除了查阅资料外，多次走访省内外有名望的老中医，不断对配方比例进行改进，最后确定以墨龟为主，佐以人参、杜仲、当归、枸杞等二十余味中草药，用优质高粱酒浸泡半年以上，取其浸液，掺以适量的冰糖调制而成。

墨龟补酒色清透明，药香纯正，酒味醇厚，入口绵甜，酒度31度，其他理化指标均达到国家标准，是一种优质的营养滋补酒。该酒曾经过武汉进出口商品检验局测定，酒液中含有蛋白质、氨基酸、葡萄糖、钙等多种营养成分。

（四）园林青酒（保健酒系列）

园林青酒（保健酒系列）是湖北省潜江市著名特产，由湖北省原园林青酒厂生产，以其色香味的谐调自然、独具风格而享有盛誉。

潜江酿酒历史悠久，早在东汉建安年间就已有用泉水酿酒的记载。1951年，成立潜江县地方国营酒厂。1983年，更名为湖北省园林青酒厂。2008年，由华润集团投资重组为湖北园林青酒业股份有限公司。2017年，由中国城投股份有限公司、河北香河华鑫集团有限公司投资实施股权重组。

园林青雄风酒是园林青保健酒系列的代表。该酒以清香型园林青原酒作酒基，加入鹿茸、虫草、蛤蚧

等十余种名贵中药陈酿而成。色泽黄亮透明，给人以清新之感。启塞后，药香芬芳，引人生津，入口醇厚甜润，余味绵绵。1999年，该酒被原国家卫生部批准为抗疲劳保健酒。

1980年，园林青酒参加湖北省酒类质量评比会，荣获湖北省优质产品证书。1981年以来，连续三年在湖北省同类产品评比中蝉联第一名。1984年，在北京参加全国评酒会，荣获原国家轻工部颁发的银杯奖。1985年，荣获国家优质食品金质奖。1988年，荣获原国家轻工部酒类质量大赛银杯奖。1996年，被认定为湖北省名牌产品。2002年，"园林青"被认定为湖北省著名商标。2014年，"园林青"荣获湖北省老字号称号，并被国家工商总局认定为中国驰名商标。

中国食品发酵研究所名誉所长秦含章教授曾赋诗曰："楚天有酒园林青，鄂地无垠潜水汀。开胃消化常两用，色香味体自成型。"著名剧作家曹禺品尝此家乡酒后，曾欣然题词："万里故乡酒，美哉园林青。"

五、楚酿啤酒黄酒果酒名酒

（一）行吟阁啤酒

行吟阁啤酒是原东西湖啤酒厂于1982年正式开始生产的武汉本地啤酒。香气芬芳宜人，口感清爽甘冽，饮后畅快淋漓的感受，使之曾成为武汉民众生活中不可或缺的部分。独特的口感及优良的品质，曾使行吟阁啤酒的市场份额连续多年在武汉主流酒市场上占有主导地位。1989年，东西湖啤酒厂跻身全国啤酒业十强之列。1991年，东西湖啤酒厂兼并武汉啤酒厂，组建了湖北省第一

个啤酒集团公司。2002年，经过多番交易，东西湖啤酒厂被华润雪花啤酒（武汉）有限公司并购，行吟阁等啤酒品牌逐渐退出了消费市场。

（二）荆州牌啤酒

荆州牌啤酒是原公安县啤酒厂于1984年开始生产,产品有12度、10度、8度三种。荆州牌啤酒系选用优质原料，引进上海先进技术，精心酿制而成。经过省、地、县有关部门的鉴定，各种理化指标、卫生指标均已达到国家部颁标准。产品曾行销湖北、湖南、广东、河南、北京、上海、深圳等十多个省市，深受广大消费者的欢迎。

（三）金龙泉啤酒

金龙泉啤酒是湖北金龙泉集团股份有限公司（组建于1993年）的主导产品，以优质大麦为原料，优质酒花为香料，采用丹麦嘉士伯先进的生产线，特供纯菌种酿造，全过程纯生化管理，无杂菌酿造，无杂菌过滤，无杂菌灌装。纯生系列啤酒口感新鲜清爽，口味纯正干净，无异杂味。特色系列啤酒香气浓郁，口味醇厚，风味独特。听装系列啤酒香气浓郁，口感清爽，携带方便。金龙泉啤酒以丰富的营养和新鲜纯正的口感被称为啤酒中的贵族。

金龙泉啤酒曾三十多次在国内外啤酒质量评比中获得大奖，是国家首批质量认证产品。金龙泉啤酒自1982年以来，先后十多次荣获湖北省优质产品称号。1988年，金龙泉10度、11度啤酒在首届中国食品博览会上荣获银质奖。1997年，被指定为人民

大会堂国宴特供酒和中华人民共和国建国50周年庆典国宴用酒。2002年，被中国名牌战略委员会授予中国名牌产品称号。2015年，"金龙泉"荣获湖北省著名商标称号。目前金龙泉啤酒有8度、9度、10度、11度、12.8度五大类共计约四十个品种，精品、高档和普通中、低档啤酒齐全，包装方式采用瓶装、易拉罐装和桶装，能满足不同口味和不同层次消费者的需求，颇受消费者欢迎，已销往国内二十多个省市，并通过边贸辐射到东南亚地区。

（四）竟陵啤酒

竟陵啤酒，是一种低酒精度（3.5% ~ 4%）的清凉饮料，以麦芽、大米为原料，添加适量酒花，采用"西江"天然水，经酵母发酵后，精心酿制而成。竟陵啤酒含有丰富的二氧化碳和人体所需的氨基酸、维生素、蛋白质等多种营养成分。

竟陵啤酒有8度、10度、12度三个品种，呈淡黄色，清亮透明，泡沫洁白细腻，挂杯持久，有明显的酒花香味，清凉爽口，酒体柔和纯正，饮后顿有快感。

竟陵啤酒的生产，始于1979年，由原天门县酒厂一次性试制成功。当年投产后，经有关部门检测，各项理化指标均获较高水平，并取名"义河牌"啤酒。1981年，国家拨款423万元新建天门县啤酒厂，设计年生产能力5000吨。1982年，新厂试产出酒，取名"竟陵"啤酒，并增添8度和10度两个新品种。

竟陵啤酒品质优良。1980年和1981年，在湖北省啤酒评比会上，连续两年蝉联第一名。1983年和1984年，均获湖北省同类产品第一名，并获得省优质产品证书。竟陵啤酒还曾代表湖北省啤酒产品参加了全国评酒会，受到专家和有关部门的好评。

（五）襄阳应时黄酒

应时黄酒是襄阳地区特有的一种低浓度的地方风味黄酒，介于白酒与啤酒之间，喝起来以碗计量，很容易使人联想起武松在景阳冈打虎之前的豪饮和"李白斗酒诗百篇"的诗句。

唐代伟大诗人、酒仙李白在《襄阳歌》里写道："傍人借问笑何事，笑杀山公醉似泥。鸬鹚杓，鹦鹉杯，百年三万六千日，一日须倾三百杯。"在《襄阳曲》里又写道："山公醉酒时，酩酊高阳下。头上白接篱，倒著还骑马。"令诗仙一日要饮三百杯，酣畅时倒着骑马的酒，

极有可能就是我们现在还在喝的襄阳黄酒。唐代襄阳籍的大诗人孟浩然喝酒的诗篇，初步统计有六十余首，占他存世诗篇的近1/4。诸如"酌酒聊自劝，农夫安与言""何当载酒来，共醉重阳节""当昔襄阳雄盛时，山公常醉习家池"，等等，这些也倾向于被认为喝的都是襄阳黄酒。

就其营养成分的含量和酒质来说，黄酒优于啤酒和果酒。中华人民共和国成立之前，襄阳城内有许多黄酒馆，门前的酒望（俗称酒幌子）上除了酒馆的名称，还写有两行字——应时黄酒，闻香下马。这情景可远溯到唐代诗人刘禹锡游襄阳时写下的"酒旗相望大堤头，堤下连樯堤上楼"这句诗。

襄阳黄酒用纯糯米酿制，原液呈淡黄色，成品为乳白色，稍有黏性。喝襄阳黄酒讲究新鲜，酿成后要在短期内饮用，否则会老化变质，因此被称为应时黄酒。

襄阳黄酒酿制时间很短，从糯米上锅到拌曲至酒成，仅需约三天时间。襄阳黄酒饮用的最佳期只有一至两天时间，因为有生酵母存在，酒会连续发酵产生二氧化碳，要求尽快饮用。由于新鲜的襄阳黄酒带不出襄阳地区，所以襄阳黄酒只能声名远播，而不能遍及天下。

饮用适量的黄酒具有益神爽身之效。人在劳累之后，喝几口襄阳黄酒，可消除疲劳，放松身体。冬天喝热黄酒，会周身发热，御风驱寒；夏天喝冷黄酒，能够消暑止渴，堪称降温佳品。

（六）琥珀液

琥珀液是原京山县酒厂生产的一种低度甜黄酒，以京山特产桥米或上等糯米为原料酿制而成。该酒酒度为16度，糖度为19度，色泽呈琥珀色，晶亮透明，酒香谐调，入口平滑柔软，风味独具一格。京山琥珀液酒曾荣获湖北省旅游产品优秀奖、内销工艺产品优秀奖等奖项。

（七）京山山葡萄酒

京山山葡萄酒，是原京山县酒厂生产的一种新型低度饮料酒。京山山葡萄酒，系以当地优质山葡萄为主要原料酿制而成。山葡萄是京山县的特产之一，种植面积约万亩，山坡、沟洼、岗岭常见，属落叶木质藤本植物，开小黄花，叶形如手掌，果实串串似珍珠，成熟时呈紫红色。山葡萄营养丰富，富含碳水化合物、矿物质和维生素，含糖量达12%，含酸量高，浆汁多，味酸甜，可生食，可酿酒。

京山山葡萄酒色泽棕红色，澄清透明，果香宜人，甜酸适口。1982年，曾荣获湖北省同行业产品质量评比第二名；随后在原国家轻工部主持召开的南方13省、市葡萄酒技术协作品酒会上，获评第一名。

第七章

荆楚名宴名席

JINGCHU MINGYAN MINGXI

"荆楚名宴名席，又称楚菜宴席、荆楚筵宴、荆楚风味宴席，是指流行于荆楚大地及周边地区，具有深远历史渊源、广泛社会影响或鲜明特色风味的筵席与宴会。此类筵宴按照荆楚民众的聚餐方式、社交礼仪和审美观念设计与制作，常以淡水鱼鲜和山野资源为主要食材，以楚乡风味菜品为主要菜式，兼容百家之长，富有鱼米之乡的饮馔风情。"。

第一节
荆楚名宴名席综述

一、荆楚宴席起源与发展

作为楚菜的重要组成部分和主要表现形式，荆楚宴席大约出现在 2800 年前，先后经历了草创萌芽期、快速发展期、兴盛辉煌期以及革故鼎新期 4 个阶段，总的趋势是由粗劣到精致，由古朴到时尚，以稳步推进为主流。

（一）荆楚宴席的草创萌芽期

自西周至战国年间，荆楚宴席因为祭祀活动及宫室起居等影响，在各种礼俗的熏陶下，逐步形成了初具特色的筵宴格局。

先秦时的楚国纵横五千余里，其农耕渔猎和养殖技术为荆楚宴席的诞生提供了丰富的原料支撑；以楚人先祖——祝融部落原始农业文化为主源，以华夏文化和蛮夷文化作为干流和支流的楚文化勃兴，为荆楚宴席的发展注入了活力。

（二）荆楚宴席的快速发展期

荆楚宴席传承与发展的第二个阶段出现在我国封建社会早期，以快速发展为主要特征。

自秦汉至南北朝时期，由于黄河流域文化与长江流域文化相互融合，中华民族进入炎黄同尊、龙凤呈祥的新时代；汉魏群雄逐鹿和南北朝长期争战，人口迁移，各族交往频繁，给荆楚筵宴的发展注入了新的激素。当时荆楚宴席的发展主要呈现出四大特色：第一，蔬菜和畜禽广为利用，植物油等新型调味品不断涌现，铁制锅釜提高了烹调效率，髹漆餐具提升了筵宴品质；第二，烹调工艺有了新的突破，蒸、煨、炖、焖等烹调技法日渐娴熟，"万寿羹""龙凤配""汤饼""筒粽"等一大批创新肴馔和荆襄小吃应用于筵宴之中；第三，荆楚民间婚寿喜庆、逢年过节聚会繁多，人生仪礼宴、岁时节日宴、迎送酬谢宴渐成体系；第四，荆楚筵宴出现了"领衔菜品"，如"清蒸鲂鱼"等，为地方特色宴席的诞生奠定了基础。

（三）荆楚宴席的兴盛辉煌期

隋唐宋元至明清两代，正值中国封建社会中晚期，荆楚宴席的传承与发展进入兴盛辉煌期。

自隋初至清末，享誉"鱼米之乡"的荆楚大地得天时，占地利，其饮食文化跃居到新的高度，以淡水鱼鲜菜品为主体的地方风味筵宴日渐盛行。其筵宴特色主要表现为：第一，食物原料品类丰繁，荆楚饮食分门别类，众多楚菜名肴组配形成系列筵宴；第二，五祖寺禅宗斋菜、武当山全真道菜、钟祥兴王府御菜、黄州东坡菜和蕲春药膳菜纷纷推出，充实了荆楚筵宴的菜式内涵，孕育出寺院斋菜席、荆楚鱼鲜宴等主题风味宴；第三，汉沔风味筵席、荆南风味筵席、襄郧风味筵席、鄂东南风味筵席出现分野，地方筵宴的特色风味鲜明，民俗风情得以彰显，武汉四喜四全席、荆沙民俗七星宴、襄阳十碗八扣席、鄂东庆典围席等享誉民间；第四，武汉、荆州、宜昌、襄樊、黄州等地的宴饮市场兴隆，出现了"老大兴""老会宾""聚珍园""大中华"等经营荆楚宴席的中华老字号，荆楚宴席的生产与营销进入黄金期。

（四）荆楚宴席的革故鼎新期

荆楚宴席传承与发展的第四阶段自辛亥革命起，时至当今，以革故鼎新为主流。

近 100 年来，现代楚菜继续秉承"因水而昌"的优势，将"水产为本、鱼菜为主"的荆楚饮食发挥至极致，使得荆楚筵宴的组配更严谨、调理更精细、气氛更浓烈、特色更鲜明。但与此同时，荆楚宴席选料崇尚珍奇、排菜缺乏新意、菜品数量过多、宴饮时间太长、进餐礼俗烦琐、忽视营养卫生等弊端也日显突出，革故鼎新渐成荆楚宴席创新发展必须解决的主要问题。

自改革开放以来，荆楚饮食直面川、苏、鲁、粤四大菜系的强劲冲击，兼收并蓄，锐意革新，逐步取得了令人满意的成绩。作为荆楚饮食的重要组成部分，荆楚宴席随着楚菜的革新而发展，一大批创新筵宴（如荆楚仿古创新宴、鄂东文化主题宴、湖北民俗风情宴、荆楚风味养生席）脱颖而出，增强了荆楚宴席的竞争实力，扩大了荆楚饮食的市场份额。据相关调研数据统计：目前，荆楚特色筵宴达数百余种，筵席菜品近 3000 款。2012 年，湖北省全年餐饮业零售额突破 1000 亿元，武汉餐饮业年销售额达 317.8 亿元，荆楚地方风味筵宴占全省餐饮年销售额的 52.6% 左右。2013 年，湖北省全年餐饮业零售额突破 1200 亿元，楚菜在武汉市、宜昌市、襄阳市三大主要城市餐饮市场占有 70% ~ 80% 的份额，荆楚地方风味筵席占全省餐饮年销售额的 51.7% 左右，其主体地位优势明显。此外，荆楚风味宴席在河南、陕西、安徽、江西、湖南、重庆等周边省市的餐饮市场占有率达 2% ~ 4%，发展前景非常可观！

二、荆楚宴席特色与类别

荆楚宴席主要由精致透味的各式冷碟、花色繁多的热炒大菜以及风姿各异的面食点心所构成，它既不同于日常膳饮，又有别于普通聚餐，与其他地方风味筵宴相比较，其自身特色相当鲜明。

（一）荆楚宴席的主要风味特色

荆楚宴席是楚乡风味菜品的组合艺术，湖北饮馔风情的表现形式。就其主要特色而言，主要表现为如下四方面。

1. 擅长运用本地食源，汲取国内外饮食精髓

俗语说："靠山吃山，靠水吃水。"荆楚宴席拥有丰富的淡水资源和山野资源。湖北的淡水鱼鲜，出产充足，物美价廉，其"十大鱼鲜"——鳊鱼、鲴鱼、青鱼、鳜鱼、鳢鱼、鲫鱼、鳡鱼、鳝鱼、甲鱼和春鱼，能烹制出数百款菜式，可组配成几十种鱼宴。

除淡水鱼鲜之外，肉畜、禽蛋、粮豆、蔬菜以及各地的土特原料也非常丰富。湖北著名的特产原料，东部有"萝卜豆腐数黄州，樊口鳊鱼鄂城酒，咸宁桂花蒲圻茶，罗田板栗巴河藕"；西部有"野鸭莲菱出洪湖，

武当猴头神农菇，房县木耳恩施笋，宜昌柑橘香溪鱼"。此外，洪山菜薹、笔架山鮰鱼肚、黄孝老母鸡、沙湖双黄盐蛋、梁子湖螃蟹、黄梅蔡龟、潜江龙虾、郧巴黄牛、武湖银鱼、随州蜜枣、襄阳槎头鳊、荆江麻鸭、孝感米酒、沙市独蒜、鄂西斑鸠、京山贡米等也各具特色。经过合理组配与加工，这些特色食材常被应用于荆楚宴席中，彰显出荆楚饮食的独特魅力。

随着时代的发展与进步，奋发图强的荆楚筵宴更加注重利用湖北"九省通衢"的便利条件，以其广收博取的巨大胸怀，不断汲取国内外饮食精髓，着力开发与利用各式新型食材，努力夯实自身的物质基础，期盼能在保持楚乡风味的前提下，不断完善自身形象，引领我国餐饮发展潮流。

2. 强调本土制作技法，注重合理取舍物料

湖北的烹调师操办筵宴，最拿手的烹调技法是蒸、煨、烧、炸、炒。其中，尤以蒸、煨菜式的应用最广泛，当地素有"无席不用蒸菜""无汤不排酒宴"之习俗。每逢规模较大的喜庆酒宴，厨房都要准备特大的蒸笼和众多的扣碗，厨师们也乐意大量使用蒸菜，一来轻车熟路，筵宴的质量有保障；二来方便省事，有利于掌控上菜节奏。例如襄樊的三蒸九扣席、天门的九蒸宴、武汉的四喜四全席，无一不以蒸菜为主导。湖北筵席中安排煨菜，更为湖北民众所青睐。鸡、鸭、鸽、龟、鳖、蛇、兔、排骨、肚片、蹄花、牛腩或牛尾，如若使用瓦罐煨制，则其宴饮气氛得以渲染。特别是一些正式的宴会席，汤菜（煨炖为主，多用作座汤）必须单独排列，常被视作正菜完毕的标志，用以引起就餐者的重视。

除习用蒸、煨等烹制技法外，荆楚宴席还特别注重合理取舍物料，擅长将多种食材进行合烹。为提升筵宴的风味品质，湖北的烹调师通常采用如下操作方法：第一，优先选用名优特色物产，适当控制常用食材的用量比例；第二，尽可能选用本地特色鲜明、物美价廉的食物原料，用以烘托席面；第三，合理利用边角余料，努力做到物尽其用；第四，经常制作肉蓉、鱼蓉制品，习惯于鸡鸭鱼肉蛋奶蔬果粮豆合烹。

3. 名菜美点繁多，楚乡风情浓郁

荆楚宴席的菜品，多以风味独特的荆楚名菜名点为主体，其主要特色是汁浓、芡亮、鲜香、味醇，富有"鱼米之乡"的饮馔气息。其中，汉沔风味筵宴以烧烹大水产和煨汤而著称，善于调制禽畜和蔬果；

特别是武汉风味宴席，吸取鲁川苏粤筵宴之长处，讲究刀工火功，精于配色造型，蒸煨菜式在筵宴中应用甚广。荆南风味筵宴擅长烧炖野味和小水产，用芡薄，味清纯，注重原汁原味，淡雅爽口。襄郧风味筵宴以畜禽为主料，杂以鱼鲜，精通烧焖熘炒，入味透彻，汤汁少，软烂酥香。鄂东南风味筵宴以加工粮豆蔬果见长，讲究烧炸煨烩，特色是用油宽，火功足，口味重，具有朴实的民间特色。

据统计，荆楚风味筵宴上的常见菜品近3000种，点心小吃四百余种。其中，知名的冷菜有"精武鸭脖""襄阳缠蹄""烟熏白鱼""楚香泡藕带""新农卤牛肉""姜汁黑木耳"等；山珍野味菜有"鸡泥桃花鱼""辣子石鸡腿""凤翅扒猴头""蒜子焖大鲵"等；肉畜菜有"黄焖肉丸""江陵千张肉""钟祥蟠龙菜""黄州东坡肉""沔阳三蒸""黄陂烧三合"等；鱼鲜菜有"鸡蓉笔架鱼肚""黄焖甲鱼""荆沙鱼糕""红烧鮰鱼""油焖槎头鳊""珊瑚鳜鱼"等；禽蛋菜有"母子大会""板栗烧仔鸡""楚乡辣子鸡"等；汤菜有"排骨煨藕汤""瓦罐煨鸡汤""冬瓜鳖裙羹""参芪乳鸽汤""芸豆肚片汤"等；蔬果菜有"腊肉炒菜薹""金钱藕夹""油焖双冬""清炒藜蒿"等。面食点心有"老通城豆皮""四季美汤包""谈炎记水饺""五芳斋汤圆""老谦记豆丝""蔡林记热干面""孝感糊米酒""黄州甜烧梅"等。它们不但特色鲜明，而且适应面广，对湖北及周边省区的民众有着极强的亲和力和凝聚力。

4. 筵席结构简练，宴饮气氛热烈

荆楚宴席按其宴饮特性及接待规格的不同，通常分为正式宴会席和简约便餐席两大类。荆楚风味宴会席气氛浓重，注重档次，其排菜格局通常是：冷碟—热菜（含汤菜）—点心—水果。这类筵宴多流行于湖北大中城市，接待规格较高。楚乡风情便餐席的特点是排菜简约大方，宴饮趋向灵活自由，适于接待至亲好友，可以畅述亲情友情。这类筵宴既经济实惠，又轻松活泼，在湖北民间交往中应用相当广泛。

例如仙桃八肉八鱼席，它是湖北荆南地区的民俗风情宴，以仙桃市为主要流行区。其最大特点是菜式简练，蒸扣为主。每桌10道菜，由8斤肉8斤鱼作主料调制而成，又吃又带，轻松愉快，体现出沔阳一带"无菜不蒸""省己待客"的饮膳风情。

湖北黄麻地区，虽是贫困的山乡老区，但其宴饮气氛热烈，讲求经济实惠。选料大多就地取材，调理注重荤素兼备，排菜强调汤菜并重，宴饮追求以乐佐食。一场婚庆宴，洋洋洒洒几十桌，只需一头猪，几十斤鱼，另加一些当地的物产，选三两个乡厨办酒，派自家亲属跑堂，请一乡村乐队助兴，三天九餐，欢快而又热闹。

（二）荆楚宴席的主要类别

荆楚宴席枝繁叶茂，体系完整，按照不同方式，可划分出若干类别。

1. 按筵宴特性分类

按照筵宴特性及接待仪程的不同，荆楚宴席有公务宴、商务宴、亲情宴等宴会席和家宴、便宴、团体餐等便餐席之分。

荆楚宴会席的特点是形式典雅，气氛浓重，注重档次，突出礼仪。整套菜品由冷碟、热菜（包括汤菜）、点心和水果等组成，以热菜为主。上菜讲究程序，宴饮重视节奏，服务强调规范；适合于举办喜事、欢庆节日、洽谈贸易、款待宾客等社交场合。湖北大中型餐饮企业所经营的各式筵宴，以宴会席居多。

荆楚便餐席的特点是菜式朴实，简洁大方，不拘形式，灵活自由。其筵宴结构可根据宾主爱好灵活安排，聚餐场所也能改变，还可自行服务。它轻松活泼，简约大方，经济实惠，适应面广，多用来接待至亲好友，可以充分畅述友情。

2. 按宴席规格档次分类

按照接待规格的不同，荆楚宴席有普通宴席、中档宴席和高级宴席之分。

荆楚普通宴席的原料多是普通鱼鲜、禽畜肉品、四季蔬菜和粮豆制品，偶有少量山珍海味充当主菜。看馔以乡土菜品为主，就地取材，制作简易，讲求实惠，菜名朴实，多用于民间婚、寿、喜、庆以及企事业单位的社交活动。

荆楚中档宴席的原料以优质的禽肉、畜肉、鱼鲜、蛋奶、时令蔬果和精细的粮豆制品为主，常配置适量的山珍海味。菜品多由地方名菜组成，取料较为精细，重视特色风味，餐具整齐，格局讲究，常用于较隆重的庆典或公关宴会。

荆楚高档宴席的原料多取用动植物原料的精华，山珍海味比重较大，特色风味名菜应用较多。菜品调理精细，味重清鲜，餐具华美，命名雅致，文化气质浓郁，席面丰富多彩。多用于接待知名人士或外宾、归侨，礼仪隆重。

3. 按地方饮食风味分类

按照饮食风味的不同，荆楚宴席有汉沔风味宴席、荆南风味宴席、襄郧风味宴席、鄂东南风味宴席和恩施土家族山乡风味宴席之分。

汉沔风味宴席以古云梦泽为中心，传播于武汉、孝感、仙桃等地，极具都市饮食文化风情。荆楚风味全鱼席、武汉四喜四全席是其杰出代表。

荆南风味宴席以荆江河曲为中心，传播于荆州、荆门、宜昌等地，以荆南七星宴、天沔三蒸九扣席最为著名。

襄郧风味宴席以汉水流域为中心，传播于襄阳、十堰、随州等地，以襄阳三蒸九扣席、古隆中三国文化宴最具特色。

鄂东南风味宴席以鄂东丘原为中心，传播于黄冈、咸宁等地，极具民间特色风味。黄州东坡宴、五祖寺全素席是其典型代表。

恩施土家族山乡风味宴席以鄂西十山地为中心，传播于恩施土家族苗族自治州以及宜昌市鹤峰土家族自治县、长阳土家族自治县等地区，具有土家族原始宗教食风的遗痕。土家族赶年宴、长阳十碗八扣席等山乡风味宴席特色浓郁。

4. 按宴席主题分类

荆楚主题风味宴，是指楚菜名宴名席中突现宴会活动主题、注重餐饮风格的一类特色风味筵宴。其中，强调主要原料的主题风味宴，有长江浪阔鲴鱼宴、武汉楚香莲藕宴等；突出办宴目的的主题风味宴，有恩施州神农架原味养生宴、武汉市醉江月楚才宴等；彰显人文风貌、历史渊源的主题风味宴，有十堰武当太极宴、宜昌香溪昭君宴等。此类筵宴对传承荆楚饮膳风情，突现宴会主题文化，打造楚菜宴席品牌，提升楚菜知名度和影响力具有现实意义。

2018 年 9 月 19 日，中国烹饪协会对外发布《中国菜·全国省籍地域经典名菜、主题名宴名录》。经中国烹饪协会认定，湖北"十大主题名宴"——天门九蒸宴（天门市）、武当太极宴（十堰市）、原味养生宴（武汉市、恩施州神农架）、长江鲴鱼宴（武汉市、宜昌市）、武昌全鱼宴（武汉市、鄂州市）、惟楚有才宴（武汉市）、楚香莲藕宴（武汉市、孝感市）、白云黄鹤宴（武汉市、黄石市）、香溪昭君宴（宜昌市）、喜庆吉祥宴（武汉市、襄阳市）入选中国菜主题名宴名录。

三、荆楚宴席设计与制作

荆楚宴席是荆楚风味菜点的组合艺术，是楚地民众从事社交活动的重要工具。在其传承与发展过程中，形成了一定的筵宴结构，具有基本的设计规则和制作程式。

（一）荆楚宴会席的结构

按照筵宴特性及接待仪程的不同，荆楚宴席有宴会席与便餐席之分。荆楚风味便餐席虽然也由冷菜、热菜、点心和茶酒等食品所组成，但其菜点和茶酒可根据不同的饮食需求灵活配置。因此，湖北餐饮业的专家学者探究荆楚筵宴的内在构成，常以荆楚宴会席为研究对象。

荆楚宴会席是荆楚风味宴席的主要表现形式，尽管种类繁多、风味各异，但其筵宴格局多由冷碟、热菜和点心水果 3 大类食品所构成。

1. 冷碟

湖北的居民称冷碟为冷菜、冷盘或凉菜。在荆楚宴会席中，冷碟常以独碟、双拼（或三拼）、什锦拼盘或彩碟带围碟等形式出现在筵席之首，其主要功能是佐酒品味，为热菜作铺垫。

在整桌宴会席中，冷菜所占的成本比例通常为 10% ~ 20%。它讲究配料、调味、拼装和盘饰，要求量少质精、以味取胜，起到先声夺人、导入佳境的作用。

2. 热菜

荆楚宴会席中的热菜包括热炒菜和大菜（含汤菜），这是该类筵宴的主体，所占成本比例高达 60% ~ 70%。其质量要求较高，排菜跌宕变化，好似浪峰波谷，把宴饮推向高潮。

热炒菜，又称小炒，其最大特色是色艳味鲜、嫩脆爽口。荆楚宴会席中的热炒菜一般分散穿插于大菜之中，或是集中安排在冷碟与大菜之间，起承上取下的过渡作用。

大菜，属于宴席的主菜，素有"筵席台柱"之称。其总体特征是做工考究、量大质优。荆楚宴会席中的大菜一般包括头菜、荤素大菜、甜菜和座汤 4 类。头菜是宴会席中规格最高的菜品，通常排在大菜的最前面；座汤是正菜完毕的标志，通常排在大菜的最后面。

3. 点心水果

点心与水果在荆楚宴会席中所占的成本比例通常为 10% ~ 20%。合理调配点心与水果，可使筵宴

锦上添花、余音绕梁。

荆楚宴会席中的点心（含小吃）品种较多，注重档次，要求小巧玲珑，以形取胜。其水果常以鲜果为主，有时也加配蜜饯或果脯，目的是解腻、消食、调配营养。

香茶虽属饮品，但在荆楚宴会席中不可或缺。上茶多在入席前或撤席之后，宾主既品茶，又谈心，其乐融融。

总之，荆楚宴会席的三大部分枝干分明，匀称协调。一般情况下，这三组食品常以热菜为主体，热菜之中突出大菜，大菜之中尤以头菜最突出，常常居于显著位置。

（二）荆楚宴席的设计原则

从经营管理的角度看，荆楚宴席的生产与经营主要包括宴席预订、菜品制作和接待服务等3个环节。

荆楚宴席预订是筵宴生产与经营的基础环节，其工作中心便是宴席设计。荆楚宴席设计包括宴席菜单设计、生产工艺设计、宴饮环境设计、服务仪程设计和接待礼仪设计等，尤以宴席菜单设计最为关键，它是筵宴制作以及接待服务的重要依据。

设计荆楚筵席与宴会，绝非菜品酒水的胡乱编排，随机组合。在长期生产与实践过程中，荆楚宴席的生产经营者掌握了如下设计规则。

1. 按需配菜，迎合宾主嗜好

"按需配菜"，是指结合目标市场的特点和需求，根据主体就餐者的民族、地域状况、年龄结构、职业特点、风俗习惯、饮食嗜好和禁忌等合理选配宴席菜点。

九省通衢的湖北位于华夏腹心之地，当地的餐饮企业经常招待南来北往的各类宾客。随着改革开放的逐步深入，四方交往频繁，食俗不同的就餐者越来越多。宴席设计者通常在详细调查了解和深入分析目标市场的基础上，有目的地规划和调整宴席菜单，设计出宾客乐于接受的筵宴内容。

2. 据实配菜，参考制约因素

"据实配菜"，是指结合宴席生产经营实情，充分考虑自身的生产能力，灵活选配宴席菜点。

设计荆楚筵席与宴会，一是充分掌握各种原料的供应情况，因料施艺。凡列入宴席菜单的菜式品种，必须无条件地保证原料供应。二是考虑设备设施条件。餐室的大小要能承担接待的任务，设备器具要能满足菜点制作的要求。三是考虑自身的技术力量，

充分展现员工的技术水平。四是充分考虑宴席的类别和规模，忌讳冗繁的菜式，拙劣的工艺。

3. 随价配菜，讲求经济实惠

"随价配菜"，是指按照"质价相称""优质优价"的原则，合理选配宴席菜点。

湖北的餐饮名企确立筵宴菜品，特别注重掌控生产经营成本，突现菜品赢利能力。为获取最佳的宴饮效果，其菜品选配通常采用如下方法：第一，丰富菜式品种，适当增加素菜比例；第二，以名特菜品为主，乡土菜品为辅；第三，增加高利润且畅销的特色菜品；第四，适当安排特色风味鲜明或造型艳美的工艺菜点；第五，合理安排边角余料，巧用粗料，物尽其用。这既节省成本，美化席面，又能给人丰盛之感。

4. 应时配菜，突出名特物产

"应时配菜"，是指筵宴设计务求符合节令要求。像原料的选用、口味的调配、质地的确定、色泽的变化、冷热干稀的安排之类，都须视气候不同而有所差异。

首先，选择应时当令的原料。适时选用节令食材，既能确保制品品质，又能满足客人求新求变的饮食需求。其次，按照节令变化调配口味。"春多酸、夏多苦、秋多辣、冬多咸，调以滑甘"；夏秋偏重清淡，冬春趋向醇浓。第三，注意菜肴滋汁、色泽和质地的变化。夏秋气温高，汁稀、色淡、质脆的菜肴居多；春冬气温低，汁浓、色深、质烂的菜肴为主。

5. 营养配餐，席面贵在多变

宴席系由一整套菜品组合而成，完全有条件组配成平衡膳食。荆楚名师配置筵席菜品，多从宏观上考虑整桌菜点的营养是否合理，在保证宴席风味特色的前提下，丰富食材的品种，适当增加素料的比例；合理控制食盐的用量，清鲜为本，以维护人体健康。

宴席既然是菜品的组合艺术，理所当然地讲究席面的多变性。要使席面丰富多彩，赏心悦目，在菜与菜的配合上，务必注意冷热、荤素、咸甜、浓淡、酥软、干稀的调和。具体地说，荆楚宴席的配置特别注重原料的调配、刀口的错落、色泽的变换、技法的区别、味型的层次、质地的差异、餐具的组合和品种的衔接。

（三）荆楚宴席的制作程序

宴席预订环节设计出的宴席菜单，只是停留在计划中的一种安排，只有通过生产活动才能把处于计划中的菜单设计转化为现实的物质产品——宴席菜品。

荆楚宴席的生产过程是指从制订生产计划开始，

直至把所有宴席菜品生产出来并输送出去的全部过程。一般包括制订生产计划阶段、辅助加工阶段、基本加工阶段、烹调与装盘加工阶段和菜品成品输出阶段等。

1. 制订生产计划阶段

这一阶段是结合宴席任务要求，根据已经设计好的宴席菜单，制订筵席菜品生产的具体计划。

2. 烹饪原料准备阶段

烹饪原料准备是指菜品在生产加工以前进行的各种烹饪原料的准备过程。准备的内容是根据已制订好的烹饪原料采购单上的内容要求进行的。

3. 辅助加工阶段

辅助加工阶段是指为基本加工和烹调加工提供净料的各种预加工或初加工过程。例如，鲜活原料的初步加工、蓉胶制品的预制等。

4. 基本加工阶段

这一阶段是指将烹饪原料变为半成品的过程。例如，热菜是指原料的成形加工和配菜加工，并为烹调加工提供半成品；点心是指制馅加工和成形加工；而冷菜则是熟制调味等。

5. 烹调与装盘加工阶段

烹调加工是指将半成品经烹调或熟制加工后，制成可食菜肴或点心的过程。例如，热菜的烹制工艺和调和工艺，点心的成形工艺和熟制工艺。成熟后的菜肴或点心，再经装盘工艺，便成为一道完整的菜品。

6. 成品输出阶段

成品输出阶段是指将生产出来的菜肴、点心及时有序地送上餐桌，以保证宴会正常运转的过程。从冷菜到热菜，直至点心和水果，菜品成品输出是与宴会运转过程相始终的。

总之，在荆楚宴席生产与营销的各个环节中，宴席预订、菜品制作和接待服务相辅相依，缺一不可。特别是宴席生产，既把处于计划中的菜品设计转化为现实的物质产品，又为后期的餐饮接待服务提供了物质基础。理想的荆楚宴席，通常都能提供品质优良的风味菜品和大方得体的餐饮服务，既突出筵席宴会主题，彰显地方特色风味，满足就餐者的饮食需求；又充分利用餐室接待条件，突现筵宴制作者的技术专长，为餐饮企业带来可观的经济效益和社会声誉。

第二节
荆楚特色风味宴会席

荆楚宴席品目众多，体系纷繁，主要是由荆楚特色风味宴会席和民俗风情便餐席所构成。荆楚特色风味宴会席是荆楚名宴名席的主要表现形式，根据其筵宴性质和宴会主题的不同，可细分为公务宴（包含国宴）、商务宴和亲情宴（人生仪礼宴、岁时节日宴、迎送酬谢宴）等类型，尤以荆楚风味全鱼席、鄂东文化主题宴、湖北三国文化宴、荆楚风味素菜席等主题风味宴最负盛名。传承与推广此类特色筵宴，有利于打造荆楚宴席品牌，充实荆楚饮食文化内涵，满足广大民众日益增长的饮食生活新期待。

一、荆楚特色风味公务宴

公务宴，是指政府部门、事业单位、社会团体以及其他非营利性机构或组织因交流合作、庆功庆典、祝贺纪念等有关重大公务事项接待国内外宾客而举行的桌餐服务式宴席。这类宴席的主题与公务活动有关，一般都有明确的接待方案、既定的接待标准。宴席的主持人与参与者多以公务人员的身份出现，宴席的环境布置、菜单设计、接待仪程、服务礼节要求与宴席的主题相协调，宴饮的接待规格一定要与宾主双方的身份相一致。

荆楚特色风味公务宴注重宴饮环境，强调接待规程，重视筵宴风味，讲究菜品质量，公务特色鲜明，气氛热烈庄重，多由指定的接待部门来完成，深受社会各界关注。

（一）荆楚风味国宴

国宴，是国家元首或政府首脑为国家重大庆典，或为外国元首、政府首脑到访而以国家名义举行的最高规格的宴会。国宴政治性强，礼节仪程庄重，宴席环境典雅，宴饮气氛热烈，以中式宴会席居多。

国宴的设宴地点往往是根据接待对象、接待场所及宴饮规模而定。在湖北，设置国宴的场地主要有武汉的东湖宾馆、宜昌的桃花岭饭店等。

国宴菜单设计与菜点制作须依据宴会标准与规模，主宾的宗教信仰和饮食嗜好，以及时令季节、营养要求和进餐习俗等因素科学调配。国宴所用菜品的档次不一定很高，但其菜单设计、菜品制作和接待服务都要符合最高规格。目前，湖北地区的国宴菜式以荆楚风味饮食为主体，辅以一定数量的西餐与西点；筵宴结构精炼，主要突出热菜，另加适量的冷菜、水果和点心；进餐时间一般控制在 1 小时以内。

下面是 2006 年 1 月武汉东湖宾馆用以宴请某国领导人的国宴菜单，可供鉴赏。

武汉东湖宾馆国宴菜单

开味小碟：	琥珀桃仁	翠绿西芹
	橙皮蓉菌	如意菜卷
头盘凉碟：	楚韵迎宾花篮	
头　　汤：	极品佛跳墙	
热　　菜：	生煎香汁鹅肝	鮰鱼狮子头
	葱烧武昌鱼	铁板金钱香肉
	一品血燕	
餐前面包篮：	麻仁餐包	切片方包
	红豆面包	杏仁餐包
	全麦面包	
面　　食：	武汉三鲜豆皮	东湖双面米粑
	咖喱酱千丝饼	香菇鸭丝酥盒
	酱香葱花薄卷	

说明：东湖宾馆坐落于风景秀丽的武汉东湖之滨，庭院面积 0.83 平方千米。宾馆东院与东湖公园相邻，西院与珞珈山、磨山隔岸相望，院内高树如云，鸟语花香，鹭飞鹤翔，自然环境优美，政治人文资源丰厚，素有"湖北国宾馆"之称，曾经接待过毛泽东、周恩来、邓小平、江泽民、胡锦涛、习近平等历代领导人及许多外国元首和贵宾。毛泽东主席曾 44 次下榻东湖宾馆，这里是毛主席在中华人民共和国成立后除北京中南海之外，居住次数最多、时间最长的地方，曾留下了《水调歌头·游泳》等不朽篇章。

本接待宴席由东湖宾馆国宴名厨翁华军大师（楚菜大师、东湖宾馆行政总厨）主持设计与制作。其

设计理念是：结合东湖的自然生态景观，辅以楚地的人文历史风貌，凝聚湖北的特色风味美食，依照鱼米之乡之饮膳风格，用以凸显荆风楚韵之筵宴主题。本筵宴的成功举办，深受中外国家元首的高度赞许，例如筵宴中的创新狗肉菜式——"铁板金钱香肉"，新颖别致，大方天成，既彰显了大国之接待风范，又传承了中朝之传统友谊，令金正日委员长赞不绝口。

除上述接待宴席之外，设置于武汉东湖宾馆的公务宴请不胜枚举。现摘其国宴菜单列举如下：

东湖宾馆国宴菜单（一）

开味小碟：	醋泡苦瓜	白卤蚕豆
	泉水藕带	香菜仔鳜
头盘凉碟：	黄鹤什锦花碟	
头　　汤：	寓意莲藕鱼蓉	
热　　菜：	水浸原味牛肉	籽酱银柳白鱼
	秘制荷香仔鸡	养生有机菜核
	金盏冰玉瓜泥	
面点食盒：	武汉三鲜豆皮	黄油板栗酥饼
	牛肉花生烧饼	东湖传统米糕
	广米松仁花盏	

东湖宾馆国宴菜单（二）

开味小碟：	翠绿西芹	脆响红参
	琥珀桃仁	酱味香干
头盘凉碟：	楚韵白云黄鹤	
头　　汤：	东湖满坛飘香	
热　　菜：	黑椒长江鳜鱼	彩石珍珠米圆
	宫保荷包花虾	蝉翅珠翠秀笋
餐前面包篮：	杏仁餐包	切片方包
	蒜香法棍	麻仁餐包
	墨西哥面包	
面　　食：	武汉三鲜豆皮	咖喱酱千丝饼
	糯米包油条卷	恩施酱香烧饼
	老汉口热干面	

东湖宾馆国宴菜单（三）

开味小碟：话梅西柿　　　橙皮蓉菌
　　　　　火炝芦笋　　　香干烤麸
迎宾彩盘：东湖情
头　　汤：松露香莲素锦
热　　菜：咖喱九孔藕排　　房菇鲜米豆腐
　　　　　香芒水晶虾仁　　田间地芹藕带
餐前面包篮：香草法棍　　　原味面包
　　　　　蔓越莓面包　　　全麦面包
　　　　　红豆面包
面　　食：东湖双面米粑　　松蓉口袋酥饼
　　　　　秘酱风味薄卷　　红安绿豆糍粑

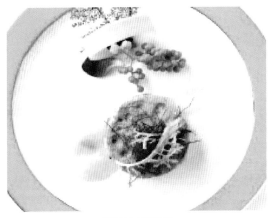

咖喱九孔藕排

（二）荆楚风味专宴

专宴，亦称公宴，是地方政府、事业单位、社会团体、科研院所或一些知名人士牵头举办的正式宴会，多用于接待国内外贵宾、签订协议、酬谢专家、联络友情、庆功颁赏或举办有关重大活动时举行。专宴的规格低于国宴，但仍注重礼仪，讲究格局；同时由于它形式较为灵活，场所没有太多限制，更便于开展公关活动，因而在社会上很受欢迎。

湖北地区的专宴形式多样，有使团的外事活动，有政界的交往酬酢，有社会名流的公益活动，有国际会议的接待安排。承办场地可以是星级宾馆、酒楼饭店，还可以是企事业单位的接待餐厅，桌次可多可少，规格可高可低。

例如，宜昌桃花岭饭店政务接待宴。

桃花岭饭店（建于1957年）地处宜昌市中心，具有浓郁巴楚文化特色和园林庭院式风格，是宜昌市中外宾客商务、旅游及举行会议的理想场地（五星级酒店），素有宜昌"国宾馆"之誉。

下面是宜昌桃花岭饭店行政总厨杨善全设计并主持制作的政务接待宴，可供鉴赏。

宜昌桃花岭饭店政务接待宴菜单

冷菜：姜汁嫩仔鸡　　　面酱乳黄瓜
　　　凉拌鱼腥草　　　卤水牛腱子
热炒：鲜鱿炒脆笋　　　松子玉米粒
　　　泡椒爆鳝丝　　　油淋鲜乳鸽
大菜：鸡粥烩鱼肚　　　椒盐大明虾
　　　三游神仙鸡　　　一品酱猪肘
　　　椰汁西米露　　　鸡汁菌四宝
　　　清江大白鲷　　　冬瓜鳖裙羹
点心：桂花荸荠饼　　　三鲜蒸水饺
水果：丰收水果拼

松子玉米粒

（三）其他形式公务宴

除国宴、专宴之外，荆楚大地还有其他多种形式的公务宴。如外事活动类宴会、节日庆典类宴会、总结表彰类宴会、公益慈善活动类宴会等。

例一：武汉老会宾楼外事接待宴

武汉老会宾楼创立于1898年，是一所专营楚菜的著名老字号酒店。该店名厨辈出，名菜荟萃，名扬荆楚，素有"正宗鄂菜、名厨摇篮"之誉，曾多次成功举办湖北省、武汉市有关部门重大的外事专宴。下面是该店著名楚菜大师汪建国1996年夏季设计并主持制作的经典外事接待宴。

说明：中南花园饭店是一家集住宿、餐饮、会议于一体的多功能花园式酒店。作为"湖北风味名店"，曾多次获得全国烹饪技能大赛金奖。本公务接待宴由该店何渊大师设计，筵宴结构简练，荆楚食风鲜明。

武汉老会宾楼外事接待宴菜单

彩盆： 白云黄鹤迎宾

围碟： 六味精致冷碟

热炒： 蒜苗笔杆鳝丝　　　　蒜爆仔鸭四宝

　　　　鲜笋滑炒虾仁　　　　辣子油爆石鸡

大菜： 蟹黄通天鱼翅　　　　晶莹掌上明珠

　　　　花篮黄焖甲鱼　　　　江陵千张扣肉

　　　　冰糖炒青豆泥　　　　五香葱油扒鸡

　　　　鸡汁植蔬四宝　　　　一品葵花豆腐

　　　　金奖明珠鳜鱼　　　　铜锅生汆鮰鱼

点心： 黄州东坡小饼　　　　奶油四色蛋糕

水果： 荆楚名果满篮

例二：中南花园饭店公务接待宴

中南花园饭店公务接待宴菜单

冷菜： 楚乡卤味拼

热炒： 韭黄炒鸡丝　　　　　玉带财鱼卷

　　　　油爆脆肚仁　　　　　鲜莲炒红菱

大菜： 砂钵焖甲裙　　　　　香酥炸斑鸠

　　　　白焯基围虾　　　　　鸡汁扒菜胆

　　　　油焖樊口鳊

汤菜： 珍珠奶汤鲴

点心： 咸宁桂花糕　　　　　小笼灌汤包

水果： 中南佳果荟

白焯基围虾

关于公务宴的生产与经营，荆楚地区某接待办一位领导曾撰文说：要成功举办公务宴，必须做到"准""博""精"。所谓"准"，就是要准确把握每次宴饮活动的办宴目的和接待标准，做到有的放矢。设计公务宴会，要分析与会人员的群体特征，

实施不同的设计策略。只有宴会设计的格调相宜，才会达到应有的效果。所谓"博"，就是要多多积累与宴会设计相关的素材，提升设计者的审美能力和创新能力。只有清楚理解和完全把握各种设计元素，在实施创意设计时，才会胸有成竹、得心应手。所谓"精"，就是要注意每一设计细节，精雕细琢，打造出宴会设计精品。特别是主题宴会的设计，如能做到"因情造景、借景生情"，其宴饮接待一定能产生理想的效果。

二、荆楚特色风味商务宴

商务宴，主要是指各类企业为了一定的商务目的而举办的桌餐服务式宴席，如商务策划类宴席、开张志庆类宴席、招商引资类宴席、商务酬酢类宴席、行帮协会类宴席、酬谢客户类宴席，以及其他各类主题商务宴席等。

在我国，商务宴请的目的十分广泛，与之相关的商务宴席品类丰繁，它们都与当地的商业经济发展状况联系紧密。湖北自古便是内地最大的水陆交通枢纽和物资集散中心。武汉作为华中地区唯一的特大综合性枢纽城市，是长江中游最大的制造业基地、金融商贸中心、交通物流和科教文化中心，商务活动异常发达。自改革开放以来，湖北经济实现了跨越式发展，襄阳、宜昌、荆州、黄石、黄冈、十堰、荆门等大中城市异军突起，这为商务宴请提供了广阔的市场。特别是近些年来，商务宴会在湖北社会经济交往中日益频繁，商务宴席已成为当地餐饮企业的主营业务之一。

例一：赤壁茶商商务宴

湖北盛产青砖茶和绿茶。采茶在赤壁有着悠久的历史。三国东吴时期该地的茶叶进入宫廷，唐代帽合茶开始出口西域和南亚，宋代赤壁茶砖参与国家"茶马交易"，明清至民国初赤壁茶砖、绿茶、红茶占据国际市场，现今赤壁羊楼洞的青砖茶、帽盒茶、砣茶更是全国闻名。每到收茶季节，四方客商云集，买卖双方经常互相宴请，其席面相当考究，菜式极具鄂东南饮膳风情。

下面是赤壁盛世华庭商务酒店2011年春季设计的一份赤壁茶商宴，可供赏鉴。

说明：赤壁市是三国时的古战场，该地物产资源丰富，尤以赤壁四宝（青砖茶、猕猴桃、竹笋衣、春鱼干）最负盛名。本宴的最大特色是突出了当地的风

味名菜名点，如"新店蒸鱼糕""蒲圻炸藕丸""春鱼蒸鸡蛋""烟熏关刀鱼""赤壁野菜卷""东坡千层饼"，时尚新潮接地气。

赤壁茶商宴菜单

彩碟：春色满华庭

围碟：糖醋竹节虾　　　烟熏关刀鱼

　　　腊味炝鲜笋　　　五香野兔丝

头菜：三丝鱼翅羹

热菜：香滑财鱼片　　　蒜爆石鸡腿

　　　青豆炒虾仁　　　蒲圻炸藕丸

　　　新店蒸鱼糕　　　冬笋煲老鸭

　　　鸡蓉豆腐盒　　　冰糖炖莲米

　　　春鱼蒸鸡蛋　　　田园时令蔬

座汤：八仙齐过海

点心：赤壁野菜卷　　　东坡千层饼

茶果：应时水果拼　　　羊楼洞砖茶

例二：襄阳满福楼商务宴

襄阳市地处湖北省北部，居长江最大支流——汉江的中游，是全国重要的铁路交通枢纽和汽车工业基地，湖北省第二大城市。近年来，该市的地方经济发展迅猛，商务活动异常活跃，商务宴请日益频繁。

襄阳满福楼酒店商务宴菜单

一彩碟：运筹帷幄（楼宇象形盘）

四围碟：囊藏锦绣（泡菜金钱肚）

　　　　深思熟虑（满福楼缠蹄）

　　　　集思广益（珍菌拌三丝）

　　　　偶结同心（蜜汁糯米藕）

六热菜：满楼祈福（鲍参翅肚羹）

　　　　鸿运当头（宜城焖大虾）

　　　　百年好运（百合莲枣羹）

　　　　节节高升（樊城盘龙鳝）

　　　　金钱满地（花菇扒菜胆）

　　　　独占鳌头（清蒸槎头鳊）

一座汤：大吉大利（土鸡炖山瑞）

二点心：春风得意（马蹄金刚酥）

　　　　抬金进银（襄阳玉带糕）

一水果：硕果满园（时果大拼盘）

一香茗：吉星高照（襄阳高香茶）

襄阳满福楼酒店是当地著名的餐饮企业之一，自1995年创立以来，一直致力于荆楚美食的传承与创新，曾荣获"湖北风味名店""鄂菜十大名店"等称号。

左下边是襄阳满福楼酒店厨务总监、中国烹饪大师江立洪设计的一份商务宴菜单，可供鉴赏。

说明：本商务宴的襄郧饮膳特色鲜明，筵宴文化背景深厚。宴席所涉及的缠蹄、泡菜、牛肚、糯米藕、百合、珍菌（猴头菇、花菇等）、槎头鳊、三黄鸡、高香茶均系当地名产；"襄樊缠蹄""蜜汁糯米藕""宜城焖大虾""樊城盘龙鳝""清蒸槎头鳊""马蹄金刚酥""襄阳玉带糕"均为当地特色风味名菜。

例三：荆州聚珍园酒楼商务酬谢宴

素有"荆楚第一园"之称的荆州名店"聚珍园"，是一家有着百余年历史的中华老字号。该店原名"聚珍馆"，创建于1902年，经过几代经营者的不懈努力，终成荆州城首屈一指的餐饮名店。该店的传统风味名菜名点"荆州鱼糕""散烩八宝饭""千张扣肉""皮条鳝鱼""黄焖圆子""酥黄雀""溜麦啄""珍珠米丸""焦盐饼""九黄饼""龙凤喜饼"等，吸引着南来北往的各地客人。

2004年夏季，荆州聚珍园酒楼傅兆斌大师设计并主持制作一款荆南风味商务宴，菜单如下：

荆州聚珍园酒楼商务宴菜单

一彩碟：情重如山（山水象形冷拼）

四围碟：岁寒三友（凉拌素三丝）

　　　　搭伙求财（火腿财鱼条）

　　　　冰心玉洁（水晶冻肴蹄）

　　　　百年好合（湘莲拌百合）

六热菜：吉庆有余（鸡粥笔架鱼肚）

　　　　荆沙寻珍（荆沙三蒸菜肴）

　　　　心花怒放（三色橘瓣鱼氽）

　　　　豪气干云（江陵千张扣肉）

　　　　囊括宇内（三鲜口袋豆腐）

　　　　携手并进（老母鸡炖甲鱼）

二面点：感恩面饼（园中园焦盐饼）

　　　　八宝聚珍（聚珍园八宝饭）

一水果：佳果大会（南国水果拼盘）

例四：武汉汉正街商业开业宴

具有五百多年历史的武汉汉正街自古就有"天下

第一街"之美誉。武汉汉正街商业开业宴是当地商务宴请的代表作之一。本宴席以商业开业宴请为主题，其环境布置、菜品选择、菜肴命名、宴饮接待全都围绕这一中心而展开，筵宴格局较为讲究，菜品调排注重程式，菜肴命名含蓄雅致，荆楚食风特色鲜明。特别是整桌筵宴菜品的名称，全部使用寓意法命名，含蓄雅致，和谐得体，绝无牵强附会之感。

武汉汉正街商店开业宴菜单

看　盘：彩灯高悬（大型瓜雕造型）
凉　菜：囊藏锦绣（金钱肚拼泡菜）
　　　　童叟无欺（童鸡丝拌猴头）
　　　　抬金进银（火腿丝炝银芽）
　　　　一帆风顺（卤猪耳缀番茄）
热　菜：开市大吉（鱼翅蒸沙滩鲫鱼）
　　　　地利人和（监利南荠炒虾仁）
　　　　高邻扶持（孝感红菱爆鸭心）
　　　　勤能生财（荆沙财鱼辅香芹）
　　　　足食丰衣（木耳红椒爆石鸡）
　　　　万宝献主（荆楚八宝葫芦鸭）
　　　　贵在至诚（蒸鳜鱼肉酿鲜橙）
座　汤：众星捧月（五圆蒸炖黄孝鸡）
饭　点：货通八路（荆州八宝饭）
　　　　千云祥集（东坡千层饼）

本席单的寓意是：彩灯高悬，门庭利市，希望宾

客抬金进银，一帆风顺；笑脸迎客，以诚取信，还望高邻扶持，锦上添花；今后要披星戴月，广交朋友，勤劳致富，回馈社会。

例五：湖北十堰武当太极宴

湖北十堰武当太极宴菜单

看　盘：太极武当
餐前水果：三味山果
六围碟：人生百味　　　琥珀桃仁
　　　　姜汁苦瓜　　　素熏鸡
　　　　素火腿　　　　拌野菜
九热菜：蒸蒸日上（竹溪蒸盆）
　　　　花开富贵（什锦时蔬拌菜）
　　　　一掌乾坤（酱汁扒牛蹄）
　　　　大吉大利（灵芝焗仔鸡）
　　　　五福临门（太极双味豆腐）
　　　　荷塘月色（水晶双鱼冻）
　　　　年年有余（汉江大白鱼）
　　　　猴头花菇（猴菇烧小花菇）
　　　　步步高升（清炒步步高野菜）
养生羹：天池甘露（血耳炖桃胶）
点　心：三丰草帽饼
　　　　文火玉米粥（配雪里蕻酸菜）
饮　品：武当道茶

说明：武当太极宴是中国烹饪协会发布的湖北

"十大主题名宴"之一。

山为阳，水为阴，故成太极。武当太极宴由十堰市方志勇技能大师工作室领衔设计与制作，它取秦巴、汉水之十堰地区纯天然特色食材，以五行、五味调和，并融入武当太极元素，曾在2017年央视《魅力中国城》城市味道环节竞演中，以其深厚的文化底蕴和独特的呈献方式赢得全国观众的高度赞许和现场评委的高票嘉奖。武当太极宴已于2018年12月通过国家工商总局商标注册。

三、荆楚特色风味亲情宴

荆楚特色风味宴会席是楚菜名宴名席的重要表现形式，尤以荆楚风味亲情宴应用最广泛，特色最鲜明。亲情宴，是指民间个体之间以情感交流为主题的桌餐服务式宴席。这类宴席的主办者和宴请对象均以私人身份出现，它以体现私人情感交流为目的，与公务和商务活动无关。由于人与人之间的情感交流涉及各个方面，人们常常借用宴席来表达思想感情和精神寄托，因此，亲情宴的主题十分丰富，常见的有婚庆宴、寿庆宴、丧葬宴、迎送宴、节日宴、纪念宴、乔迁宴、欢庆宴等。本节将对荆楚风味人生仪礼宴、岁时节日宴和迎送欢庆宴作专门介绍。

（一）荆楚风味人生仪礼宴

人生仪礼宴，又称红白喜宴，是指城乡居民为其家庭成员举办诞生礼、成年礼、婚嫁礼、寿庆礼或丧葬礼时置办的桌餐服务式宴席。一般都有告知亲朋、接受赠礼、举行仪式、酬谢宾客等程序，以前习惯在家中操办，现今多在酒店举行，其接待标准、礼节仪程和承办要求各不相同。

1. 荆楚风味诞生礼宴席

诞生礼宴席多在婴儿出世、满月或周岁时举行，主要包括三朝酒、满月酒、百日酒和周岁宴等。它的主角是"小寿星"，赴宴者为至亲好友，贺礼常是衣服、首饰、食品和玩具。此类宴席要求突出"长命百岁、富贵康宁"的主题，宴席菜品重十，须配花色蛋糕、长寿面等，菜名要求吉祥和乐，充满喜庆。

湖北的"三朝酒"又称"三朝礼宴"，是指新生儿出生的第三天为其举办的盛大仪典和庆贺酒宴。前来祝贺的亲友都要备上礼品，有的通过"洗三"仪式为婴儿洗去身上的污垢，祝福仪程完成之后，便是举办酒宴。有些地区不设"三朝宴"，专设"满

月宴""百日宴"或"周岁宴"，宴客的时间各不相同，表达的心愿一致。

例如，土家族人的"打三朝"宴。

土家族人特别重视婴儿诞生礼。婴儿降生后，父亲要怀抱"报喜鸡"去外婆家报喜，外婆家则要置办"三朝礼"，三天之后，与亲友们挑着礼品前来贺喜，即为"打三朝"。宴饮聚餐时，婴儿的外公或舅父要给婴儿取名，俗称"命名礼"。满月那天，外婆家要给婴儿母子送来相应的衣物和食品，如醪糟、猪腿、熏肉、鸡、蛋、糖等，并与亲友们一起分享"满月酒"。随着时代的推移，现今多数土家族人把"三朝酒"与"满月酒"合二为一，统称为"打三朝"，有条件的家庭喜欢在餐馆酒店里操办"打三朝"宴。

下面是鄂西长阳土家族人秋季使用的"打三朝"宴席菜单及伴宴山歌，可供赏鉴。

（1）长阳土家族秋令"打三朝"宴席菜单。

长阳土家族秋令"打三朝"宴席菜单		
冷 菜：	蒸长阳香肠	卤艮山野兔
	拌鄂西珍菌	熏清江白鱼
热 菜：	吉星全家福	香酥炸斑鸠
	板栗焖牛腩	长命粉蒸肉
	土家凤姜鸭	团徽煮鸡蛋
	砂堡吉庆鱼	
汤 菜：	山菌炖野鸡	
主 食：	香甜玉米饼	

（2）长阳土家族人伴宴山歌。

土家的山，绿茵茵，土家的水，甜津津；

土家的咂酒香喷喷，土家的客人笑盈盈；

山青青地灵灵，清江鲤鱼跳龙门；

家鸡肉野鸡汤，土家风味醉仙人。

说明：淳朴、热诚的长阳土家族人嗜唱山歌，素以"八百里清江八百里歌"而闻名。宴席上的客人听着悦耳的民族歌谣，尝着可口的特色美食，身临优美的自然景观，感触独特的饮食风俗，真的是如醉如痴，久久难以忘怀！

2. 荆楚风味成年礼宴席

人生的十岁，最是天真可爱的年龄，交织着梦想与宠爱，充满了无限的童真！望子成龙的父母们看到心爱的孩儿现已成长为一名乐观向上、品学兼优的学

生，所给予的希望，所付出的辛劳，所享受的幸福，全都沉淀在喜悦之中。

湖北的成年礼宴多在小孩9岁至10岁时举行，赴宴者除至亲好友外，还有孩子的伙伴。它的主角是"小寿星"，要求突出"光宗耀祖、后继有人"的主题；贺礼常是玩具、文具、衣物或现金。此类筵宴的菜品重十排双，须配什锦菜点、裱花蛋糕之类，忌讳"腰子"，勿用"腰盘"，多给小主人一些话语权，让其尽情地展现自己的才华。

下面是流行于湖北襄郧地区的一份十岁宴菜单（秋季使用），可供鉴赏。

湖北襄郧地区十岁宴菜单

一彩盘：鹰击长空（象生大冷拼）

四围碟：孟母教子（鹌蛋扒鹌鹑）

　　　　文韬武略（竹笋拼莴苣）

　　　　笔扫千军（虾籽炝香芹）

　　　　鹏程万里（鸡翅拼鸭掌）

六热菜：望子成龙（虾籽烧刺参）

　　　　前程无量（乳鸽配黄蘑）

　　　　人中蛟龙（宜城蒸盘鳝）

　　　　诗礼银杏（莲子炖银杏）

　　　　精卫填海（鸡蓉火腿缠蹄）

　　　　长命百岁（虫草炖老鸭）

二面点：玉带甜糕（谷城传统名点）

　　　　裱花蛋糕（置于开席前）

一水果：状元苹果（状元红苹果）

说明：本席单是一份男孩十岁宴菜单，襄郧地方风味。它表达了年轻父母盼望儿子识文懂礼、文武双全，长大后有精卫填海的气概；能够展翅飞翔、搏击长空，成为人中蛟龙；能孝敬父母，报效祖国，为家族争光。

3. 荆楚风味婚庆礼宴席

婚庆礼宴席是举办婚庆大礼的重要组成部分，主要为前来祝贺的亲朋好友而设置。它的主角是新郎、新娘，赴宴者是亲友、街邻、同事、同学和介绍人，要求突出"吉庆甜蜜、和乐美满"的主题。荆楚风味婚庆宴排菜习用双数，最好是扣八、扣十，菜名风光火爆，寄寓祝愿；忌讳摔破餐具和饮具，不上"梨""桔"等果品，不用"霸王别姬""三姑守节"等不祥菜名。

湖北的宴会设计师和烹调技师设计与制作此类筵宴，常常通过吉祥菜名烘托夫妻恩爱、幸福美满的主题；借用重八排双的筵宴格局，寄寓良好祝愿，从心理上愉悦宾客；延用当地的饮食习俗，趋吉避凶，将美好的祝愿与美妙的饮食交织在一起，使宾客在品位与审美上获得最大满足。

例一：十堰市"山盟海誓"婚庆宴

十堰市"山盟海誓"婚庆宴菜单

一彩拼：花好月圆（象形工艺彩盘）

四围碟：珠联璧合（腊味合蒸）

　　　　前世姻缘（四色珍菌）

　　　　永结同心（襄阳捆蹄）

　　　　白头偕老（花菇仔鸡）

八热菜：山盟海誓（山海烩八珍）

　　　　比翼双飞（油淋乳鸽）

　　　　鸾凤和鸣（琵琶鸭掌）

　　　　早生贵子（甜枣莲羹）

　　　　四喜临门（四喜丸子）

　　　　枝结连理（植蔬四宝）

　　　　麒麟送子（麒麟鳜鱼）

　　　　福满华庭（珍珠炖甲鱼）

二点心：相敬如宾（金银小包）

　　　　浓情蜜意（玉带甜糕）

一果品：百年好合（时果拼盘）

说明：本婚庆宴菜单由十堰市著名餐饮连锁企业高登酒店提供。整桌筵席分为三大部分，第一部分为一彩碟带四围碟，开席带彩，引人入胜。第二部分为筵宴主体，八道热菜组配合理，排列有序。头菜"山盟海誓"格调高雅，座汤"福满华庭"寓意深刻。宴席第三部分是点心和水果，短小精悍，全系地方特色菜品。

例二：仙桃市"金玉盈门"婚庆宴

说明：此席单由仙桃市知名餐饮企业杜柳农家小院提供。本宴席主要由仙沔风味菜品组成，其最大特色是以寓意与写实相结合的命名方法，将"糖醋油虾""沔阳三蒸""毛嘴土鸡""荆沙鱼糕""鸡汁鱼丸""玉碗甜糕"等地方风味名菜联为一体，用以彰显荆南地区的饮膳风格，突现"金玉盈门"这一婚庆主题。

仙桃市"金玉盈门"婚庆宴菜单

凉　菜：翡翠满庭园（炝仙沭鲜蔬）
　　　　称心玉如意（银芽拌蜇丝）
　　　　鸳鸯绘彩蛋（风味鹌鹑蛋）
　　　　浓情似蜜意（糖醋渍油虾）

热　菜：金玉喜盈门（八宝鱼肚羹）
　　　　三星齐报喜（沔阳三合蒸）
　　　　东方展彩凤（毛嘴扒土鸡）
　　　　黄金铺满地（荆沙蒸鱼糕）
　　　　永结连理枝（橙香烤羊排）
　　　　角逐群龙舞（翡翠明虾球）
　　　　红娘织情网（拔丝香苹果）
　　　　生辉花满园（花菇扒时蔬）

汤　菜：吉庆有盈余（鸡汁鳜鱼丸）

点　心：甜蜜水晶糕（荆楚玉碗糕）
　　　　美点同庆贺（双色金银包）

水　果：瑞果迎新人（时令鲜水果）

4. 荆楚风味寿庆礼宴席

寿庆礼宴席是指为纪念和庆贺诞生日所设置的酒宴，常在六十大寿、七十大寿、八十大寿、九十大寿时举行，主角是"老寿星"，赴宴者多系儿孙、亲友及街邻，要求突出"老当益壮、福寿绵绵"的主题。湖北居民操办寿庆礼宴，一般在逢十大寿时提前一年操办，讲究"做九不做十"，避讳"十全为满，满则招损"。其筵宴的菜品数目重九，席面最好采用"九冷九热"的排菜格局，寓"九九长寿"之意；菜名也要选用"松鹤延年""五子献寿"等吉言。菜点宜温软、易消化、多营养，选配寿桃、寿面、蛋糕等象征吉祥的食品，不可上带"虫"（谐音终）字的菜肴，避开民间忌讳。

例一：荆南民间寿庆宴

荆南民间寿庆宴菜单

冷　菜：万寿福满园

头　菜：虫草鳖裙羹

热　菜：凤翅扒猴头　　　长湖蒸鱼糕
　　　　豉椒炒牛柳　　　蒜香炸鹌鹑
　　　　马鞍烧鳝乔　　　莲子炒虾仁
　　　　江陵千张肉　　　桃仁鲜时蔬

　　　　寿桃槎头鳊　　　五圆土鸡汤

主　食：长寿龙须面　　　如意南瓜饼

果　拼：锦绣水果拼

香　茗：金山毛尖茶

虫草鳖裙羹

说明：本寿庆宴系荆南民间特色风味筵宴的代表作品之一，它以祝寿增寿为主题，以传统风味名菜虫草鳖裙羹为头菜，合理选取当地特色食材，巧妙组配当地风味名菜，菜品命名规范得体，赋予筵宴美好寓意。"万寿福满园""凤翅扒猴头""寿桃槎头鳊""长寿龙须面""如意南瓜饼""锦绣水果拼"等特色佳肴，典雅吉祥，突出了宴会主题；"虫草鳖裙羹""长湖蒸鱼糕""马鞍烧鳝乔""江陵千张肉"等地方名馔，风味隽永，彰显了荆南饮膳特色。

例二："久久上寿"宴

武汉地区"久久上寿"宴菜单

冷　菜：九子庆寿（九色凉菜拼）

热　菜：返老还童（五圆焖金龟）
　　　　儿孙满堂（干锅鱿鱼仔）
　　　　玉侣仙班（三文鱼刺身）
　　　　天伦之乐（黄陂烧三合）
　　　　彭祖献寿（猴头扒野鸭）
　　　　洪福齐天（蟹黄豆腐盒）
　　　　罗汉大会（素烩全家福）
　　　　五世祺昌（清蒸武昌鱼）

座　汤：甘泉玉液（人参炖乳鸽）

寿　点：福寿绵长（云梦龙须面）
　　　　寿比南山（香煎南瓜饼）

寿　果：母子大会（宜昌母子橙）

说明：本宴席是一款流行于武汉地区的高档寿庆席，9色冷菜、9款热菜，兼有"久久长寿"之寓意，且取料名贵，烹制精细，以吉言隽语命名，凸显敬老爱幼、共享天伦之乐的宴会主题。

5. 荆楚风味丧葬礼宴席

丧葬礼宴席指丧礼、葬礼和服孝期间祭奠死者和酬谢宾客、匠伏的各类筵宴。主要包括祭奠亡灵的宴席（供奉斋饭）、酬劳匠伏的宴席（大多重酒重肉）、答谢亲友的宴席（即"劝丧席"）及家属志哀的宴席（如"孝子饭"）。

荆楚地区的丧葬礼有长寿辞世、死时安详的"吉丧"和短命夭亡、死得惨烈的"凶丧"之分。前者称为"白喜事"，摆冥席，供清酒，宴宾客，收奠礼，比较热闹；后者一般不加张扬，匆匆安埋了结。

湖北居民操办"白喜宴"，都能突出"驾鹤西去、泽被子孙"的主题。宴席上菜重七，有"七星耀空"之说，少荤腥，忌白酒，用素色餐具，无猜拳行令等余兴。酬谢办丧人员，则须用大鱼大肉、好酒好菜来"冲晦"。此类筵宴如在酒店操办，服务员应着素色服装，保持肃静，以示哀悼。

下面是一款土家族酬劳匠伏及答谢亲友的丧葬礼席，可供鉴赏。

土家族酬劳匠伏的丧葬礼席单

冷 菜：	泡椒拌腊肠	葱姜松花蛋
	烟熏小白鲷	酸辣牛肚丝
热 菜：	山椒兔肉丁	豆干粉蒸肉
	野猪焖竹笋	团馓煮鸡蛋
	干烧清江鲤	腊肉炒时蔬
	香菇土鸡汤	
饭 菜：	宣恩榨广椒	泡姜萝卜干
主 食：	走马葛米饭	

土家葬礼有断风祭天、上榻入殓、吊唁守灵、开棺出殡、下逝砌坟、润七回煞等六大礼俗，尤以吊唁守灵最为浓重。明代《巴东县志》载："旧俗，殁之日，其家置酒食，邀亲友，鸣金伐鼓，歌舞达旦，或一夕，或三、五夕。"土家人常说："人死饭甑开，不请自然来。"老人仙逝的当天，亲朋好友、左邻右舍纷纷带着鞭炮前来吊唁，献上花圈，三拜九叩，并参加最具民族特色的礼俗——"跳丧鼓舞"（"跳

撒尔嗬"）。其舞姿古朴，粗犷热烈，舞步飘逸痴迷，略呈醉态，从入夜一直跳到次日清晨，充分地表达了生人对死者的依恋和难舍之情！

（二）荆楚风味岁时节日宴

岁时节日宴，即年节宴席。湖北每逢农祀年节、纪庆节日、交游节庆等都有风格特异的年节宴席。限于篇幅，本节仅介绍其中最有影响的几类传统节日宴。

1. 荆楚风味新春宴

春节是我国历史最悠久、参与人群最广泛、活动内容最丰富、节庆食品最精致的一个节日，它以正月初一为中心，前后延续二十多天。

湖北人过年，通常有掸扬尘、备年货、贴春联、放鞭炮、闹社火、走亲戚、上祖坟等活动，宴饮聚餐是整个节庆活动的高潮。事前，人们忙于采购年货，宴席菜品通常有"年年高"（年糕）"万万顺"（饺子）"年年有余"（全鱼）"红红火火"（肉圆）等，十分丰盛。

例如，黄石市楚乡厨艺酒店新春宴。

黄石市楚乡厨艺酒店新春宴菜单

凉 菜：	红枣糯米藕	楚乡腊鳜鱼
	爽脆泡藕带	香菜拌牛肉
热 菜：	楚乡蒸鱼糕	香菇扒全鸡
	黄州东坡肉	牛腩香芋煲
	鸡汁豆腐泡	蒜泥炒藜篙
	松鼠鳜花鱼	家乡绿豆丸
汤 菜：	雪耳桃胶露	腊蹄三鲜锅
主 食：	腊肉炒豆丝	
水 果：	合家水果拼	

黄州东坡肉

说明：本宴席菜单由黄石市楚乡厨艺餐饮有限公司提供，短小精悍，特色鲜明，非常迎合当地的民俗

风情。全席菜品16道，既无山珍海味，又无奇珍异馔，萝卜、豆腐、豆丝、莲藕、鳜鱼、藜蒿等全是当地的特色食材，"黄州东坡肉""楚乡蒸鱼糕""鸡汁豆腐泡""红枣糯米藕""腊肉炒豆丝""腊蹄三鲜锅"等都是荆楚风味名菜点。在膳食营养方面，本席取材宽广，荤素互补，真正做到了"鱼畜禽蛋兼顾，蔬果粮豆并用"。更为可贵的是素料接近全席用料总量的一半，但丝毫没有简陋之感。

2. 荆楚风味端午宴

端午节又称龙子节、诗人节、龙船节，时在农历五月初五。在历代的端午节庆活动中，端午宴素来为人所看重。湖北的居民操办端午宴，强调以食辟恶，注重疗疾健身功能。如酒中加配雄黄、菖蒲或朱砂，饮用龟肉大补汤，粽子中裹夹绿豆沙，食用有"长命菜"之称的马齿苋等。这些宴席习俗，在《后汉书·礼仪志》《荆楚岁时记》等书中均见记载。

例如，汉阳乐福园酒楼端午宴。

汉阳乐福园酒楼端午宴菜单

冷　菜：	盐茶鹌鹑蛋	香菜拌牛肉
	香脆泡藕带	油炝脆肚仁
热　菜：	三鲜烩鱼肚	莴笋焖腊鸭
	福园酱猪手	蒜子烧鳝乔
	葛粉莲蓉露	鸡汁素四宝
	剁椒胖头鱼	清汤煨牛尾
点　心：	全料清水粽	楚乡绿豆糕
水　果：	应时水果拼	

说明：本端午宴菜单由武汉市汉阳乐福园酒楼提供。该店设计与制作的端午宴，季节特征鲜明，地方风味突出，筵宴格局简练，膳食组配合理。

香脆泡藕带

3. 荆楚风味中秋宴

中秋节又叫团圆节，时在农历八月十五夜，因其正值三秋之半，故名中秋。

中秋正式成节是在北宋，有烧斗香、点塔灯、舞火龙以及拜月、赏月、斋月等活动，十分热闹。荆楚地区的中秋宴是一年之中仅次于团年宴的一个重要节庆宴席，节令食品有月饼、新藕、板栗、螃蟹、柚子、花生种种。在这花好月圆、宾朋团聚的美好时刻，亲朋好友欢聚一堂，尽情分享秋令节庆的快乐，其意深深，其乐融融。

例如，天门聚樽苑酒店中秋九蒸宴。

天门聚樽苑酒店中秋九蒸宴菜单

彩　碟：	月是故乡明	
冷　菜：	水晶冻肴肉	椒麻卤鸭掌
	菊花糯米藕	酸辣金钱肚
热　菜：	百花酿刺参	天门炮蒸鳝
	板栗焖仔鸡	特色香辣蟹
	米酒酿汤圆	金针菇茄子
	粉蒸黄颡鱼	双圆乳鸽汤
点　心：	菊花香酥糕	聚樽苑月饼
水　果：	时果大拼盘	

天门炮蒸鳝

说明：本中秋宴系由湖北省天门市聚樽苑酒店梁少红大师于2011年秋设计与制作的一款节日宴。本宴席以中秋节庆为主题，以天门地方特色风味菜品为主体，重点突出，主次分明。为彰显地方特色风味，宴席设计者精选了多款本地特色食材及风味名菜，尤以"百花酿刺参""天门炮蒸鳝""粉蒸黄颡鱼"等蒸菜，功力深厚，众口皆碑。为突出宴饮主题，宴席在食材的安排、菜品的选择，菜名的确立及场景的布置等方面，时刻突出"中秋佳节，亲友团聚"这一中心，

用以烘托节日气氛。为调配膳食营养，本席遵循了广泛取料、荤素搭配的膳食调配理论，菜品的制作以蒸、煮、烧、焖为主体，膳食营养得到了合理利用。

4.荆楚风味除夕宴

除夕又叫大年夜或年三十，时在农历腊月的最后一天，古人有"一夜连双岁，五更分二年"的说法。除夕守岁，源远流长，其节俗丰富多彩，重台戏是喝分岁酒，吃团年饭。

除夕宴，又称年夜饭、团年饭、守岁席，流行于大江南北，是中华民族亿万家庭每年必备之筵宴。据南北朝时期宗懔《荆楚岁时记》所载，每到农历除夕，江汉平原农村家家都具备酒肴，亲人团聚，迎贺新年；并且还要把吃剩的酒食，留在新年正月初二这一天倒掉，名之为"迎新去故"。

荆楚风味除夕宴的食品丰盛精美，常见的有"更年饺子万万顺""百事顺遂年年高"，再加全鱼、肉圆、嫩鸡、肥鸭、烧卤、汤羹、金银米饭、枣栗诸果，洋洋洒洒十多盘碗，象征着和和美美、团团圆圆、年年有余、岁岁平安。

例如，荆州荃鳯雅宴酒店团年宴。

荆州荃鳯雅宴酒店团年宴菜单

冷　菜：	手撕腊鳡鱼	虾米拌香芹
	香辣口水鸡	红油卤顺风
热　菜：	富贵荆沙甲	荃鳯合家欢
	公安牛三鲜	荆沙蒸鱼糕
	千张扣蒸肉	红枣鲜橙羹
	腊味炒藜蒿	吉庆年有余
座　汤：	腊排煨莲藕	
点　心：	团圆欢喜砣	金银双色饺
水　果：	荆南水果盘	

说明：本团年宴由湖北荆州荃鳯雅宴酒店设计与制作，以"迎春纳吉，合家团年"为主题。在宴席组配方面，全席菜品由冷菜、热菜和点心水果三大部分组成，主次分明，重点突出。在菜品选用方面，"荆沙焖甲鱼""长湖蒸鱼糕""公安牛三鲜""江陵千张肉"等，均系当地传统风味名菜，荆南冬令鱼米之乡的饮膳特色鲜明。在节令食材调配方面，腊鱼、腊肉、红枣、鲜橙、莲藕、藜蒿、香芹、百合、荆南水果、公安肥牛、荆沙鱼鲜，既是冬令食材，又是当地特产。在膳食营养供给方面，多料兼顾使用，荤素交相呼应，

冷热渐次推进，干稀合理搭配，既有利于形成合理膳食，又方便食用、消化和吸收。

（三）荆楚风味迎送酬谢宴

迎送酬谢宴，是民间亲情宴中除人生仪礼宴、岁时节日宴外，较为常见的一类桌餐服务式宴席，如亲朋聚会宴、接风饯行宴、酬谢恩情宴等。此类宴席大多与公务和商务活动无关，但比一般的便餐席正式庄重，酒宴多在酒店操办。

荆楚名师设计与制作迎送酬谢宴，通常都能明确筵宴主题，突出宴饮氛围，尊重宾主愿望，顺应当地饮食习俗；根据酒宴接待标准，确立宴席规格档次，突出重点，分清主次；结合餐厅自身实际，扬长避短，发挥专长；考虑节令要求，突出名特物产，变换菜品口味；重视菜品的合理调配，考虑整桌宴席的膳食营养；力争体现筵宴特色，努力迎合餐饮潮流。

例一：武汉雅和睿景餐饮管理公司吉庆迎宾·鮰鱼宴

武汉雅和睿景餐饮管理公司营销总监陈占大师深得"鮰鱼大王"孙昌弼大师真传，研制的"吉庆鮰鱼圆""雅和鮰鱼卷""三味鮰王鱼"以及吉庆·鮰鱼宴构思新颖，意境深邃，融美食文化和创新艺术于一体，集膳食营养和风味品质于一身，深受社会各界好评。

下面是陈占大师按其恩师孙昌弼大师授意，设计与制作的一款迎宾宴席——"吉庆迎宾"鮰鱼宴，可供赏鉴。

"吉庆迎宾"鮰鱼宴菜单

冷　拼：	五福迎嘉宾
头　菜：	金汤鮰鱼肚
热　菜：	吉庆鮰鱼圆　　三味鮰王鱼
	雅和鮰鱼卷　　睿景扒鮰鱼
	桂花米酒羹　　粉蒸石首鮰
	酱汁焗鮰鱼　　清炒时令蔬
座　汤：	菌王焱鮰鱼
美　点：	小笼野菜饺　　蜜酱烤花馍
水　果：	吉庆水果拼

例二：武汉黄陂假日酒店接待台湾同胞的迎宾宴

武汉市黄陂区位于武汉市北郊，江汉平原与鄂东北丘陵的结合部，是武汉市面积最大、生态最好、文化底蕴最深厚的经济区，素有"无陂不成镇"之说。

下面是武汉黄陂木兰浅水湾假日酒店2009年冬季接待台湾同胞的一份迎宾宴菜单，可供赏鉴。

黄陂假日酒店迎宾宴菜单

彩　碟：	喜鹊登梅（大型工艺冷拼）
围　碟：	藕断丝连（蜜汁糯米藕）
	鱼雁传书（芫荽腊鳝鱼）
	隔海相望（海蜇渍湖虾）
	手足情深（椒盐卤蹄花）
热　菜：	人心思归（人参扒寿龟）
	骨肉团聚（八宝烩鱼肚）
	故乡明月（鸽蛋酿花菇）
	兄弟齐心（黄陂烧三合）
	早日和合（红枣百合羹）
	炎黄子孙（竹荪烩虾籽）
	河山秀美（鸡汁素四宝）
	吉星高照（鸡汁双圆汤）
点　心：	叶落归根（小笼地菜饺）
	皆大欢喜（香甜欢喜砣）
水　果：	母子情深（宜昌子母橙）

例三：荆州学子酬谢恩师谢师宴

十年寒窗，一朝圆梦，别离母校，师恩难忘！为酬谢恩师的殷殷教诲，激励学子迈向新的征程，"唯楚有才"的荆沙大地连年举办谢师宴。2012年，毕业于荆州中学的刘姓同学以613分的优异成绩被武

汉大学录取，在湖北楚园春酒业有限公司的资助下，一场大气的谢师宴在荆州阳光大酒店隆重举行。

下面是其宴席菜单，可供鉴赏。

荆州学子酬谢恩师谢师宴菜单

冷　菜：百花争艳绣锦图（什锦卤水拼盘）

热　菜：寒窗苦读犇前程（豉椒苦瓜牛柳）

　　　　春江水暖鸭先知（水晶鸽蛋鸭掌）

　　　　秋天一鹄铮铮骨（仔公鸡焖排骨）

　　　　杏坛方寸悬明镜（荆州长湖鱼糕）

　　　　儒学衣冠启后人（金盏油炸薯丸）

　　　　独占鳌头喜气扬（蟹斗酿蒸虾球）

　　　　喜看三春花千树（鸡油植蔬四宝）

　　　　知恩图报鸦反哺（鹌蛋黄焖甲鱼）

汤　菜：红豆此物最相思（红豆米酒桔羹）

　　　　桃李天下展英才（鸡汁三色鱼圆）

点　心：敬献恩师状元饼（豆沙状元喜饼）

水　果：寸草报得三春晖（三色时果拼盘）

说明：本宴席主题鲜明。第1～2道菜品"百花争艳绣锦图"和"寒窗苦读犇前程"可理解为"立志求学篇"；第3～6道菜品"春江水暖鸭先知""秋天一鹄铮铮骨""杏坛方寸悬明镜"和"儒学衣冠启后人"可理解为"恩师授业篇"；第7～8道菜品"独占鳌头喜气扬"和"喜看三春花千树"可理解为"成才欣喜篇"；第9～11道菜"知恩图报鸦反哺""红豆此物最相思"和"桃李天下展英才"可理解为"感念师恩篇"；第12～13道菜品"敬献恩师状元饼"和"寸草报得三春晖"可理解为"知恩图报篇"。整张菜单排列齐整紧凑，前后连贯，浑然一体。

四、著名荆楚风味宴会席

著名荆楚风味宴会席，是指楚菜名宴名席中影响力特别强、传播面特别广、知名度特别高的一类荆楚宴会席。此类宴席是荆楚特色风味宴会席的典型代表，现遴选出荆楚风味全鱼席、鄂东文化主题宴、湖北三国文化宴和荆楚风味素菜席等4种，逐一进行研讨。望能以此为蓝本，打造荆楚宴席品牌，提升湖北餐饮企业的竞争实力。

（一）荆楚风味全鱼席

湖北省号称"千湖之省""鱼米之乡"，淡水资源十分丰富，鱼鲜筵宴遐迩闻名。荆楚风味全鱼席，是指流行于湖北及周边地区，以荆楚特色饮食为旗帜，以淡水鱼鲜菜品为主体的一类宴会席，如汉口老大兴园鮰鱼宴、武汉大中华酒楼全鱼席等。此类筵宴水乡特色鲜明，烹制技法规整，鱼馔精品荟萃，宴饮情趣雅致，素以精纯、严谨、齐整、高雅而著称。

根据所用食材差异，荆楚风味全鱼席可分为单料全鱼席、多料全鱼席和拓展全鱼席等3种。

单料全鱼席是指以一种淡水鱼鲜为主料而制成的整桌筵宴。此类宴席的主要食材只取用同一款鱼鲜，在菜品品质的掌控及筵席营养的组配等方面要求苛严，一般的酒店难以贸然供应。现今流行于市场的单料全鱼席，通常是宴席的主菜选择同一种鱼鲜，而冷碟、点心、主食及水果等则是灵活变通。例如汉口老大兴园的鮰鱼宴，调排考究，技法规整，特色鲜明，深受好评。

多料全鱼席是指由多种淡水鱼鲜菜式组配而成的整桌筵宴。此类宴席由众多的鱼馔精品汇聚而成，其主要食材是各式淡水鱼鲜。例如楚乡全鱼大宴，它以湖北著名的淡水鱼菜为主体，精品荟萃，组配协调，鱼米之乡的饮膳特色十分鲜明。

拓展全鱼席是指宴席的主要菜式由各类淡水鱼鲜（含淡水鱼类、虾蟹类、两栖类等水产品）菜品所构成，冷菜、点心、主食等可灵活选用其他食材的各种鱼鲜宴。此类宴席虽不是严格意义上的"全席"，但其食材更宽泛，组配更自由，既可让食客领略鱼宴精髓，评品鱼鲜精品，又不受"全席"的苛刻条件制约，例如大中华酒楼的全鱼席，大方得体，灵活自由，更受宾客好评。

设计与制作荆楚风味全鱼席，必须在遵循宴席设计原则的前提下，努力体现全鱼宴席"用料精专、技法规整、风味谐调、情趣盎然"的共有特征。单料全鱼席要求名副其实，力争以专一取胜；多料全鱼席应以广博见长，尽可能做到体系完整；拓展全鱼席更应突出地方风味，注重工艺创新，努力迎合时代新风尚。与此同时，全鱼席的设计与制作还需符合创新发展要求。特别是在全国上下倡导节约餐饮、遏止奢华浪费的大背景下，设计与制作此类筵宴绝不能崇尚虚华，更不能贪多求大。只有务本求实，注重创新，切合时代潮流，展现文化气质，提供优雅的进餐环境，辅以周全的服务礼仪，使宴席朝着清新、典雅、简约、实用的方向发展，才能在设计思想、席面调排、看馔制作和接待礼仪上实现质的飞跃，才能更好地迎合餐饮市场，服务广大民众。

例一：武汉大中华酒楼全鱼席

成立于1930年的武汉市大中华酒楼，是一家以经营淡水鱼鲜为主的中华老字号，曾因毛泽东主席的诗词"才饮长沙水，又食武昌鱼"而名扬海内外。

下面是该酒楼的一款经典全鱼席菜单。

武汉大中华酒楼全鱼席菜单

冷　盘：	金鱼戏莲	四味围碟
头　菜：	鸽蛋裙边	
热　荤：	油爆鳝花	韭黄鱼丝
	粉蒸石鸡	莲菱鱼饼
	红烧鮰鱼	财鱼焖藕
	清蒸樊鳊	珊瑚鳜鱼
座　汤：	虫草金龟	
主　食：	云梦鱼面	蟹黄鱼饺
果　拼：	吉庆有余	

创意说明：本宴是一款拓展全鱼席，其主要菜式均由产自湖北的著名淡水鱼鲜所制成，而冷菜、点心、主食和水果等则是按照全鱼席的设计要求灵活配置。与其他筵宴相比较，本席最大特色是：食材精纯，名馔荟萃，楚乡饮馔特色鲜明；组配合理，简约大方，符合创新设计理念。

在原料构成上，本席使用了多种著名的淡水鱼鲜，如鄂州樊口的武昌鱼、荆沙的金龟、荆南的甲鱼（裙边）、石首的鮰鱼、咸宁的石鸡、沙市的财鱼、天门的鳜鱼等，全系湖北地方特产。

在菜品选用上，本席的"清蒸樊鳊""鸽蛋裙边""虫草金龟""云梦鱼面""珊瑚鳜鱼""红烧鮰鱼""财鱼焖藕""油爆鳝花""粉蒸石鸡"等都系著名鱼鲜菜式，能让顾客真切地领略全鱼宴之精髓，体会到湖北鱼菜为何"冠绝天下"。

在菜式组配上，本席的菜品总数18道，其中淡水鱼鲜菜式达12道。注重菜品间色、质、味、形的巧妙搭配，更强调构建简约大方的筵宴格局。

在营养构成上，本席的最大特色是富含高蛋白、低脂肪的鱼鲜菜式居于主导地位，冷碟、主食、果拼及酒水等亦占有相当的比例，这种主副食的合理搭配，符合当今的餐饮潮流，属于组配合理的平衡膳食。

在艺术风格上，本宴所有菜品风味特色鲜明，符合审美品鉴标准，再辅以江南水乡美景以及完备的接待礼仪，做到了"美食、美景与美趣的和谐统一"。

例二：汉口老大兴园鮰鱼宴

汉口老大兴园创建于清朝道光十八年（公元1838），是一家经营楚菜的中华老字号，曾以鮰鱼名菜享誉武汉一百五十余年。该店第四代"鮰鱼大王"

孙昌弼艺术功底精深，创新思维缜密，在传承前辈技艺的基础上，曾先后推出了"奶汤汆鮰鱼""鸡粥鮰鱼肚"等三十余道创新鮰鱼菜，研制出一系列极具地方特色的荆楚风味鮰鱼宴。

下面是孙昌弼大师设计与制作的一款以"长江浪阔鮰鱼美"为主题的鮰鱼宴，曾在第十四届中国厨师节上荣获最高奖项。

汉口老大兴园鮰鱼宴菜单

冷　菜：	春令竹影动	盛夏幽兰香
	金秋傲菊放	寒冬腊梅开
头　菜：	鸡粥鮰鱼肚	
热　菜：	珍珠扒鮰鱼	五彩鮰鱼丝
	荆沙鮰鱼糕	粉蒸石首鮰
	红烧鮰鱼块	鮰鱼素三珍
汤　菜：	奶汤鮰鱼丸	
主　食：	鸡汁鮰鱼饺	鮰鱼阴米粥
水　果：	长江时果拼	

创意说明：本宴头菜、热菜、座汤及主食全都以鮰鱼为主料，精纯雅致。鮰鱼又名鮠鱼、江团、肥王鱼，是长江的三大水产珍品之一，其肉质细嫩，滋味鲜美，适于蒸、烧、焖、煮、汆、烩等多种技法。宋代文豪苏东坡曾赞颂曰："粉红石首仍无骨，雪白河豚不药人"；明太祖朱元璋一直将湖北石首的笔架鮰鱼肚列为宫廷的贡品。本宴席的创意主要体现在菜品选用与菜式调排两方面。

在菜品选用上，本宴席的鮰鱼菜式以荆楚风味名肴为主体，制作技法规整，特色风味显著。例如宴席大菜"红烧鮰鱼块"，晶亮润泽，柔嫩滑爽，汁浓味醇，鲜香适口，作为老大兴园的"金字招牌"，曾吸引一批批慕名而来的中外游客。又如头菜"鸡粥鮰鱼肚"，系以湖北特产的笔架鮰鱼肚为主料，配以鸡脯肉蓉、鸡清汤等烩制而成，工艺精湛，品质上乘。再如汤菜"奶汤鮰鱼丸"，汤汁浓酽似奶，鱼丸晶莹滑润。现代诗人碧野尝过之后，曾作诗著文赞誉"长江浪阔鮰鱼美！"

在菜式调排上，按湖北筵宴的菜式结构排列，简约大方，朴实自然；既遵循了"按质论价"的调配原则，又满足了创新求变的设计要求。设计出的筵宴既具主料之专，又兼配料之博，主配调料相辅依存，菜肴点心组配得体。上菜时，头菜"鸡粥鮰鱼"位列餐台正中，"珍珠扒鮰鱼""红烧鮰鱼块""奶汤鮰鱼丸""鸡汁鮰鱼饺"等菜点环列四周，再辅以"竹影""幽兰""傲菊""腊梅"等象形冷盘，如同一幅"泛舟长江"的优美画卷。

总之，荆楚风味全鱼席，作为荆楚风味宴席的典型代表，既有一般筵宴的共性，又具情趣高雅的个性。设计与制作此类鱼鲜宴，必须以荆楚特色风味为旗帜，提供优雅的进餐环境，辅以周全的服务礼仪，使顾客在评品美味佳肴的同时，陶冶情操，娱乐身心，达到"酒食所以合欢也"的目的。

（二）鄂东文化主题宴

湖北黄冈市位于鄂东长江北岸、大别山的南麓，下辖黄州区及麻城市、蕲春县等9县市，建城历史长达两千余年。这里既传承着五祖寺佛家禅宗文化、程颢程颐理学文化、苏东坡赤壁文化、李时珍医药养生文化、大别山山乡风情文化，又孕育了极具鄂东饮馔风情的湖北黄冈饮食文化，繁衍出不同类别的文化主题宴。

文化主题宴，是指突现文化活动主题、注重宴饮聚餐风格的一类特色风味筵宴。这类宴席通常是根据消费需求、地方物产、人文风貌、历史渊源及饮食习俗等因素，选定某一文化主题作为筵饮活动的中心内容，然后根据文化主题收集素材，依照主题特色去设计与制作宴席，借以吸引公众关注，提升筵宴的社会影响力。

鄂东黄冈文化主题宴，是指流行于湖北黄冈及周边地区，以文化活动为主题、以鄂东饮膳为主体的一类简约型主题风味宴，如东坡美食文化宴、赤壁怀古人文宴、五祖寺禅宗清素宴、楚才高升谢师宴、大别山山乡风情宴等。此类宴席的文化特质鲜明，辐射到鄂、豫、皖、赣四省的相邻区域，吸引着一批批中外游客。

1. 鄂东文化主题宴的主要特色

鄂东黄冈地区的文化主题宴，是鄂东地方饮食的重要组成部分，是黄冈这一历史文化古城两千余年的饮食文化积累和总汇，其主要特色表现如下：

（1）宴饮主题鲜明，文化底蕴深厚。由于特定的地理环境和历史机缘，黄冈地区拥有中国历史上众多的风流人物和人文事件，黄冈文化主题宴大多以此为活动主题。

唐代佛教高僧禅宗四祖道信、五祖弘忍著锡于黄冈之属地，开创了定居传法、农禅并修的修行方式。六祖惠能得法于黄梅东山五祖寺，推动了寺院素斋的快速发展。

宋代理学的奠基者程颢、程颐兄弟（世称"二程"）

出生于黄冈属地。二程所创建的"天理"学说对我国古代政治思想、社会伦理和饮食民俗产生了重要而深远的影响。

宋代文豪苏东坡被贬至黄州之后，写下了《前赤壁赋》《后赤壁赋》和《念奴娇·赤壁怀古》等千古绝唱，还留有《老饕赋》《菜羹赋》等百余篇美食诗文，促进了黄冈美食的传承与发展。

明代蕲州人李时珍历时27年编成药物学巨著《本草纲目》，为中医饮食保健与养生奠定了坚实基础。

清代被康熙帝嘉誉为"天下廉吏第一"的黄州知府于成龙政绩卓著，居官廉洁，为鄂东节约型餐饮的传播起到了促进作用。

20世纪的黄冈人文蔚起，光耀中华。其中，声名卓著者有国学大师熊十力、著名科学家李四光、著名经济学家王亚南、著名军事家林彪、国家主席李先念等。这诸多的文化名人及其活动传闻为黄冈文化主题宴的设计提供了丰富的素材，极大地充实了该类筵宴的文化内涵。

（2）筵宴简约大方，菜式朴实自然。鄂东黄冈地区的文化主题宴素以简约大方，朴实自然而著称。这与历代文化名人的大力倡导以及当地民风淳朴，崇尚节俭密不可分。

黄梅五祖寺的高僧们以成佛济世、普度众生为己任，清心寡欲，终生食素；宋代理学大师主张受教育者循天理，仁民而爱物，谨守道德伦常；苏东坡创制的系列菜点，全系大众化食品；明代李时珍著《本草纲目》，集中国传统医学饮食之大成，收录的药物和食材多为民间物产。鄂豫皖根据地的革命志士、黄冈本土诞生的一百多位将军全是艰苦朴素、勤俭为民的倡导者和践行者。

在历代文化名人们的倡导与引领下，黄冈的民众自古至今保持着崇尚朴实，厉行节约的良好习俗。他们所设计的文化主题宴，从未出现暴殄天物、奢靡浪费等离奇怪异之事。

2. 鄂东文化主题宴的设计要求

作为湖北地方特色筵宴的典型代表，湖北黄冈的文化主题宴简约大方、朴实自然的个性非常突出。设计与制作此类宴席，只有紧扣文化活动主题，充分展现鄂东饮膳风情，遵循筵席设计的基本原则，符合简约型筵宴的设计要求，才有可能切合餐饮潮流，展现文化气质，打造出一大批风味独特、赋有创意的

品牌筵席，弘扬荆楚饮食文化，服务湖北地方经济。

（1）紧扣文化活动主题。鄂东文化主题宴是主题宴会的表现形式之一，这类筵席特别注重主题的单一性和风格的差异性，要求筵席主题个性鲜明，自身风格独特显著。黄冈文化主题宴的设计与制作应时刻紧扣人文活动主题，无论是规划设计思想、确立宴会主题、编制筵席菜单、制作筵宴菜点，还是布置筵宴场景、安排接待仪程等都要围绕文化主题而展开，不能重形式轻内容、重菜名轻食用，给人以牵强附会、华而不实之感。

（2）充分展现鄂东饮膳风情。鄂东风味饮食，是湖北东部各式膳饮的总称，是中国楚菜的一项重要分支。它广取山乡土特原料，擅长加工粮豆蔬果和畜禽野味；烧炸煨烩菜式功力深厚，主副食结合的看馔品质上乘。其菜品用油宽，火功足，鲜咸微辣，经济实惠，鄂东山乡饮膳的色彩鲜明。

（3）遵循宴席设计原则。宴席是菜品的组合艺术。首先，须充分考虑市场需求，应客所求，按需配菜。第二，须明晰餐室的生产条件、加工材料的供应状况及厨务人员的技术水平，量力而行。第三，须随价配菜，力争做到"质价相称"。第四，须重视菜品之间冷热干稀、高低贵贱、色质味形及膳食营养的合理搭配，适应节令变换的具体要求，体现"席贵多变"的设计原则。

（4）符合简约型筵宴的设计要求。随着时代的发展与进步，人们的饮食观念更趋理性与实在。设计黄冈文化主题宴，只有务本求实，注重创新，切合时代潮流，展现文化气质，提供优雅的进餐环境，辅以周全的服务礼仪，使筵席朝着简约、实用、清新、典雅的方向发展，才能在设计思想、席面调排、看馔制作和接待礼仪上实现质的飞跃，才能更好地迎合餐饮市场，服务广大民众。

3. 鄂东文化主题宴设计探析

湖北黄冈地区的文化主题宴品类繁多，特色鲜明，现从中撷取2例加以探析。

例一：黄冈东坡美食宴

在中国历代文人中，苏东坡既是一位大文豪，也是一位美食家。宋神宗元丰二年（公元1079），苏东坡因"乌台诗案"被贬至黄州长达4年零4个月，过着"无客无看无酒无鱼无赤壁，有江有山有风有月有东坡"的放达生活，常以"东坡肉""东坡鲴鱼""东

坡豆腐""东坡肘子""东坡饼"等菜点招待客人，并总结出"黄州好猪肉，价贱如泥土，富者不肯吃，贫者不解煮。净洗锅，少著水，柴头罨焰烟不起，待它自熟莫催它，火候足时它自美"等烹调技巧，为宋代黄冈饮食特色的成形奠定了基础。关于东坡美食宴的研制，早在20世纪80年代即已开始。湖北黄冈饮食服务公司依据苏东坡在黄州生活4年多的饮食嗜好与故事传闻，以黄冈餐饮界收集整理出的"东坡三十二味"为基础，经过研发试制、逐次筛选，最终组配成席。

下面是一位黄冈籍烹饪大师2014年为"长天湖杯"黄冈东坡美食节设计的一款宴席，可供赏析。

黄冈东坡美食节宴席菜单

冷　菜：	东坡炝脆笋	东坡拌顺风
	东坡卤牛肉	东坡渍甜藕
热　菜：	东坡烧鲴鱼	东坡葛仙米
	桃仁东坡肉	东坡翘嘴鲌
	东坡酿豆腐	板栗焖仔鸡
	东坡蒸鳊鱼	莲藕排骨汤
主　食：	黄州东坡饼	东坡玉糁羹

创意说明：本宴席是一款以"东坡美食"为主题的文化主题宴。就食材看，本席重视荤素物料的合理调配，14道菜品中，荤料菜品8道，素料菜品6道，罗田板栗、麻城黄牛、茅山竹笋、巴河莲藕、黄州豆腐、樊口鳊鱼、长江鲴鱼、红安土鸡等食材的使用，突出了筵宴的特色风味。

就宴席构成看，本席集传统名看（如"东坡烧鲴鱼""黄州东坡饼"）与创新菜式（如"桃仁东坡肉""东坡酿豆腐"）于一席，融东坡美食（如"东坡蒸鳊鱼""东坡炝脆笋"）与鄂东看馔（如"板栗焖仔鸡""莲藕排骨汤"）为一体。菜品之间的冷热配合、干稀配合、荤素配合、口味配合、质感配合及营养配合得体，充分体现了"席贵多变"的设计要求。

就工艺特色看，本席强调本土技法，做工相当精致。例如"桃仁东坡肉"，嫩绿光洁的菜心垫底，烘托着色泽橘红、由稻草捆扎的东坡肉，饰以黄亮的核桃仁，置于方型水晶盘中，亮丽明快，意境十足。

例二：黄州赤壁怀古人文商务宴

湖北境内的长江两岸有两个赤壁，长江南岸的叫

"蒲圻赤壁"（蒲圻县现名赤壁市），长江北岸的称"黄州赤壁"（位于湖北省黄冈市黄州区）。蒲圻赤壁千古闻名，因为三国时的赤壁大战就发生在这里，故称"武赤壁"；黄州赤壁更享盛名，因为唐代著名诗人杜牧的《赤壁》、宋代著名文学家苏轼的《前赤壁赋》《后赤壁赋》和《念奴娇·赤壁怀古》等千古绝唱全都诞生于此，故又称"文赤壁"。

黄州赤壁历来都是高级客商和文化名人游览观光、畅谈人生、抒发情怀、洽谈商务的理想场所，不少著名的商务宴请均出现在这里。下面是黄州东湖尚景生态酒店提供的一份黄州赤壁怀古人文商务宴菜单，可供赏鉴。

黄州赤壁怀古人文商务宴菜单

赤壁群英会（什锦卤味拼）

跃马过檀溪（鸡汁海马盅）

三雄逐中原（粉蒸鱼肉蔬）

凤雏锁连环（油淋脆皮鸽）

赋诗铜雀台（砂锅东坡肉）

煮酒论英雄（汤圆米酒羹）

豪饮白河水（清蒸胖鱼头）

迎亲甘露寺（鸡油菌四宝）

卧龙戏群儒（五圆炖金龟）

千里走单骑（香炸地菜卷）

貂蝉拜明月（水晶三鲜饺）

桃花春满园（时令鲜果拼）

创意说明：本商务宴是一款以赤壁怀古为主题的鄂东饮食风情宴，宴席结构简练，文化背景深厚。菜单设计者能从文化的角度加深筵宴的内涵，设计出的宴会菜单紧扣赤壁怀古人文商务这一主题。菜式品种的特色反映了文化主题的内涵；菜单及菜名能围绕赤壁怀古这个中心；菜品的选用考虑到宾主双方的饮食习俗，迎合了文人墨客游览观光的雅趣。

（三）湖北三国文化宴

湖北三国文化宴，是一类以三国历史事件为背景，以三国文化为主题，以湖北三国菜品为组成元素的主题文化宴，其知名品牌主要有襄樊古隆中三国文化宴、黄州赤壁三国文化宴、宜昌夷陵三国文化宴以

及荆州的水乡风情三国宴等。

湖北三国文化宴是荆楚名宴名席的重要组成部分，是三国饮食文化的积累和总汇。积淀深厚的三国文化、特色鲜明的荆楚饮食、丰姿各异的三国菜点，是其筵宴设计与制作的重要依据。

地处华中水陆枢纽的湖北省，是三国豪杰斗智争勇的主要舞台，三国时期所涉及的许多重大历史事件，如三顾茅庐、隆中献策、舌战群儒、赤壁之战、借荆州、战当阳、失荆州、走麦城以及夷陵之战等，都出现在这里。传承至今的鄂州吴王城、赤壁古战场、荆州三国遗址、当阳关帝陵、襄樊古城墙以及古隆中等文物建筑群都是三国历史的重要见证。湖北作为中国三国文化之乡、中国三国文化的重要研究基地，其有形和无形的三国文化资源，已是当地民众无比珍贵的物质财富和精神财富。

自20世纪80年代中期开始，随着三国文化研究的逐步深入，湖北餐饮界人士融三国文化资源与当地饮膳风情于一体，以三国著名历史故事及三国文物资料为背景，研制出一大批风格各异的"三国文化菜"，诸如"桃园结义""龙凤配""隆中献策""火烧赤壁""草船借箭""子龙脱袍""将军过桥""舌战群儒"等，它们是构成湖北三国文化宴的重要组成元素。

湖北三国文化宴，作为主题文化宴的一种表现形式，特别注重主题的单一性和风格的差异性，要求宴席的主题个性鲜明，自身的风格独特显著。

下面是流行于襄郧地区的古隆中三国文化宴，可供赏析。

创意说明：本席最大特色是：宴饮主题突出，地方特色鲜明，清新雅致，简约大方。

在主题规划方面，宴席设计者将地道的襄郧风味菜品融入三国历史故事及饮食趣闻之中，使历史、文化与美食相互交融，让游览古隆中的旅客在评品襄郧美食的同时，感受三国历史文化。

在原料选用方面，本席食材以淡水鱼鲜和山野资源为主体，如清江的白鱼、汉江的盘龙鳝、半月溪的甲鱼、房县的木耳和花菇、武当山的猴头菇、襄阳的三黄鸡、郧阳的黄牛等，多为襄樊本地的名特物产，物美价廉。

襄郧地区古隆中三国文化宴菜单

类别	菜品名称	三国菜品设计	三国历史文化
冷菜	群英荟萃	襄樊缠蹄、武当猴头、清江熏鱼、椒麻牛肚、姜汁木耳等襄郧名馔拼成什锦拼盘。	东汉末期，群雄并起；三国群英，逐鹿中原；鄂地争战，谋略传奇。
热菜	卧龙出山	粉蒸盘龙鳝，饰以古隆中花菇、草菇和猴头菇制成的山林。	人间卧龙诸葛亮，隆中谋对策，出山辅蜀主。
	神机妙算	取襄郧地方名产三黄鸡蒸至熟透，辅以青蒜、香菇等制成。	诸葛亮才智过人，空城计、借东风等是其杰作。
	将军过桥	财鱼寓将军；财鱼片、财鱼汤二吃，寓意"将军过桥"。	赵子龙于长坂坡单骑救主，纵马过桥，忠勇两全。
	舌战群儒	卤鸭舌寓"孔明舌"，鱼丁、虾仁、鲜贝等寓意"群儒"。	诸葛亮前往江夏（东吴）游说诸儒，力举孙刘联合抗曹。
	草船借箭	竹排盛载酥炸清江白鱼，插上火腿制成的签作箭。	孙刘联军借长江大雾，以草船佯攻曹军，巧取10万支箭。
	火烧赤壁	铁板烧挂炉烤鸭，以烤鸭寓赤壁，以铁板烧烟雾烘托气氛。	孙刘联军于赤壁火攻曹军，取得以少胜多的辉煌战绩。
	三足鼎立	三足铜鼎盛装卤蹄花、烤牛掌、炙羊足，借指魏、蜀、吴。	赤壁之战，曹军大败，退回中原。魏蜀吴形成鼎立局面。
汤菜	祥龙配凤	古隆中半月溪甲鱼炖母鸡，甲鱼寓意为龙，母鸡寓意为凤。	周瑜设美人计欲取荆州，诸葛亮妙促刘备弄假成真。
点心	天下一统	取香菇、酱肉、火腿、虾仁及香干，包以酵面，蒸制而成。	天下久分必合，魏蜀吴三国统一归晋，天下自此太平。

在菜式组配方面，全席菜品仅10道，可细分为冷菜、热菜（含汤菜）和点心3大类，其总体特征是主次分明，重点突出，简约大方，组配完美。特别是"襄樊缠蹄""蜜汁甜枣""粉蒸盘龙鳝""酥炸清江白鱼""甲鱼炖母鸡"等地方风味名菜的选用，构思缜密，赋予新意，充分展现了当地烹制技艺之特长。

在宴饮接待方面，本席在确保菜品风味品质、营造宴饮就餐氛围的基础上，力图做到美食、美景与美趣和谐统一。本席面曾在襄阳市的隆中酒楼、卧龙饭店、醉仙居宾馆等知名餐饮企业上市供应，取得了良好的经济效益与社会影响。

总之，湖北的餐饮企业营销与策划的三国文化宴，都能紧扣三国文化主题，充分展现荆楚饮膳特色，切合餐饮潮流，展现文化气质，弘扬荆楚饮食文化，服务湖北地方经济。

（四）荆楚风味素菜席

素菜，通常是指以蔬菜、粮食、豆制品、食用菌和干鲜果品等植物性食材为主料而制成的各式菜品，主要由民间素菜、寺观素菜和市肆素菜所组成。

素菜席，俗称素宴，根据原料的组配状况，可分为禁绝一切荤腥物料的全素席和以植物性原料为主体，适当配用蛋、奶、鸡汁等荤腥物料的花素席等两类。

湖北省是大乘佛教和全真派道教的传播中心之一，寺观众多，香火旺盛，素菜和素宴遐迩闻名。早在盛唐，黄梅五祖寺就推出了"佛门五斋"（"烧春菇""烫春芽""炸春卷""白莲汤"和"桑门香"）；到了明代，武当山道观又创造出了洋洋大观的"混元菜席"。及至近代，市肆素宴的制作技术得到了长足发展，湖北餐饮市场上出现了品类繁多的特色素菜席。

1. 荆楚风味全素席

湖北的全素席，又称全素宴席、斋席或清素席，是指由蔬菜、果品、菇耳、粮豆等植物性原料制作而成的各式筵宴。它们有的植根于名山古刹，如五祖寺禅宗清素宴；有的活跃在茶楼酒肆，如襄郧地区三菇六耳席；还有的诞生于城乡居民之家，如随州村民祭祖席。其特色风味表现如下：

第一，就地取料，选料严谨，时鲜为主，清爽素净。湖北全素席的原料大多取用湖北本地的蔬菜、果品、粮食、豆类及菌笋等植物性原料，它以"三菇"（香菇、草菇、蘑菇）和"六耳"（石耳、黄耳、桂花耳、白背耳、银耳、榆耳）唱主角，配料是时令蔬菜与瓜果；调味汤多用黄豆芽、口蘑、冬菜、蚕豆、冬笋和老姜等熬制，鲜香适口。特别是宫观寺院的清素宴，忌用动物油脂与蛋奶，回避"五辛"（大蒜、小蒜、兴蕖、葱、茗葱）和"五荤"（韭、薤、蒜、芸苔、胡荽），强调就地取材，突出乡土物产，注重应时当令。

第二，做工考究，注重本味，花色繁多，制作精细。湖北全素宴的菜品制作极为考究：烹制一般素菜，重视清炒、清烩、清炸、清蒸、清炖，少加粉饰，以突出物料的清新自然和本色原味；烹制工艺素菜，注重标新立异，擅长于包、扎、卷、叠等造型技巧，重视各种模具的合理使用，工艺素菜几可以假乱真。武当山的道总徐本善在《混元宗坛执事条教牌榜》中说："为默造之厨，作烹饪之务。奏刀不嫌其细，乘供必取其先。羹汤固宜适味，粗淡岂可轻心？"僧尼道士们辛勤劳作，提高了湖北清素宴的产品质量。

第三，筵宴膳食营养全面，健身疗疾效果明显。湖北全素宴的饮膳结构合理，饮食保健功效明显。相关实验研究表明：素食中的汁液、叶素与纤维可促进胃肠蠕动，帮助人体消化吸收，可减肥健体，预防心血管疾病的发生；素食中的维生素和无机盐，可调节人体的生理机能，预防多种缺乏症的产生；素食中的干果类蔬菜，如核桃、芝麻等，能使皮肤滋润、头发乌亮；素食中菌笋类蔬菜，如猴头菌、鸡枞菌等，能够抗病疗疾，使人延缓衰老。

第四，湖北全素宴的品鉴常以淡雅清香为时尚，普通菜肴，讲求清淡、洁净；工艺菜肴，多是"以素托荤"。特别是湖北当地的寺观素宴，无不严守清规戒律，佛家"只吃朝天长，不吃背朝天"，道家"荤酒回避""斋戒临坛"，这为寺观素宴的饮膳特色定下了基调。

2. 荆楚风味花素席

湖北的花素席，又称"仿荤素席"，是指用素质为主的原料仿制的类荤式筵宴，多在大中城市的素菜馆供应。

研制荆楚风味花素席，其基本原则是去粗取精，去伪存真；保持特色，突出创新。首先，湖北素宴选料严谨、绿色环保的餐饮特色需要传承；第二，湖北素宴淡雅清丽的菜肴风貌不要改变；第三，湖北素宴做工考究的良好口碑需要颂扬，疗疾健身的养生功效需要倡导。

目前，研发推广荆楚风味花素席，当务之急是要从各宫观寺院中挖掘出各式可供利用的寺院素菜，取其精华，去其糟粕，创制出新的湖北素宴，以供市场推广。还应对流行于湖北本地的市肆素宴进行合理移植与改造，借鉴其烹调技艺，赋以创新元素，取长补短，为我所用。

3. 荆楚风味素菜席赏析

荆楚风味素菜席种类丰繁，影响深远。现摘其精品2例，以供鉴赏。

例一：黄梅五祖寺禅宗清素宴

位于湖北黄冈黄梅县的五祖禅寺，系由禅宗五祖弘忍于唐朝咸亨年间所创建，距今已有一千三百多年的历史。弘忍一生积极倡导斋菜，经常关注寺院膳食，要求僧人的膳饮"三餐搭配，四时相宜"。寺内的传统美食"三春"（"煎春卷""烫春芽""烧春菇"）"一香"（"桑门香"）"一莲"（"白莲汤"），名留千古，传承至今。

下面是一份源自黄梅县五祖寺的禅宗清素宴。

黄梅县五祖寺的禅宗清素宴菜单

冷　菜：	凉拌莴苣	炝春芽
	油淋黄瓜	桑门香
热　菜：	红扒素鸡	烧春菇
	油焖双冬	嫩姜千张
	桂花板栗	炸藕圆
	八宝豆腐	
汤　羹：	白莲汤	豆芽汤
点　心：	煎春卷	八宝饭

创意说明：本宴席是一款以"礼佛济世，清净有为"为文化主题的禅宗清素席。它以产自湖北黄冈的蔬菜、果品、菇耳、粮豆等植物性原料为食材，按照佛家的清规戒律及膳饮传统，运用寺庙传承的古法调制而成。其主要特色表现为如下三个方面：

第一，佛家文化色彩鲜明。本宴席所用的食材时鲜为主，清爽素净；所选的菜品，如"桑门香""白莲汤"等，是该寺传承千年的著名斋菜，文化积淀深厚；所用的技法全都传承古制，不事雕琢，传承了"斋食应以本色以贵"的值厨规矩。

第二，黄冈饮膳情韵浓郁。本宴席所用的食材全部取自鄂东地区，尤以黄州豆腐、巴河莲藕、罗田板

栗、龙王白莲最具特色。菜品以烧煨烩煮煎焖为主体，简约大方。菜品排列符合鄂东筵宴的饮膳风格，朴实自然。

第三，多料合烹，强身健体。本席取料广泛，花色繁多，组配谨严，营养平衡。全席所用食材五十余种，其膳食营养不仅数量充足，而且比例适当，既利于消化吸收，又具有强身健体功能。

例二：武汉归元寺素菜馆花素宴

归元寺坐落在湖北省武汉市汉阳翠微街西端，建于清代顺治初年。归元寺素菜席有一百余年的历史，原系僧人操办；现有专门对外经营的素菜馆，主要供应游客。其高档席面依照湖北市肆素宴编制，按照冷拼、热菜、汤点的格局设计，仿荤菜式约占1/3。其提鲜增味主要仰仗香菇、冬笋、面筋和豆芽；还安排有少量的现代新菜（如"花生酪""果酱排"），兼具古、今、僧、俗情韵。

下面是武汉归元禅寺与武汉商学院联合研制的一款市肆素宴，可供赏鉴。

说明：2013年6月，武汉素食研究所成立仪式暨首届素食研讨会在武汉商学院举行。武汉佛教协会副会长（归元禅寺方丈）隆印、武汉佛教协会副会长（宝通禅寺方丈）隆醒及相关团体、企业负责人分别陈述素食养生观点，并就素食研究工作献计献策。同年7月，该所人员及相关专家会聚归元禅寺，分析国内外素食产业发展现状，商讨素食产品研发方向和重点领域，决定以归元禅寺素菜馆、花之恋食品有限公司2家企业为依托，以武汉商学院为产品研究及人员培训基地，建立产、学、研三位一体的素食研发联合体，并开始实质性运作。上述素宴是其阶段性研究成果。

武汉归元禅寺市肆素宴菜单

四味传统凉碟：	紫菜素鸡卷	五香素牛肉
	香酥麻雀头	四鲜炙烤麸
四品佛门热炒：	焦熘素脆鳝	石烹竹荪胎
	佛手四鲜炒	禅门素茄夹
四赏罗汉大菜：	佛门涮时菌	功德尽圆满
	芦笋扒海参	脆皮素全鱼
四鉴归元精品：	虫草炖松蓉	蟹黄豆腐羹
	归元狮子头	雪蛤炖桃胶
四形菩提斋食：	极品罗汉包	豆沙佛手卷
	四色如意饺	佛珠荷花酥

第三节
荆楚民俗风情便餐席

荆楚民俗风情便餐席，又称荆楚风味便餐席，是指流行于湖北省及其周边地区，以荆楚民俗风情为旗帜，主要由当地乡土风味食品所组成的简约型桌餐服务式宴席。此类筵宴是一种应用广泛、灵活自由的简式宴席，主要由家宴、便宴和团体餐所构成。它没有固定的菜式结构，不拘泥于正式的宴饮形式，类似于家常聚餐，既经济实惠，又朴实大方。特别是一些经典的荆楚风味便餐席，如湖北三蒸九扣席、武汉四喜四全席、荆沙民俗鱼糕席、郧阳十大碗席、咸宁四分八吃席、恩施十碗八扣席等，构思奇巧，工艺善变，传承历史悠久，民俗风情浓郁，深为当地民众所喜爱。

一、荆楚风味家宴

家宴，是指在家中设置酒菜款待客人的各类筵宴。与正式宴会席相比，家宴强调宴饮活动在办宴者家中举行，它没有复杂烦琐的礼仪与程序，没有固定的排菜格式和上菜顺序。其菜品通常根据宾主的爱好而确定，规格可高可低，主要由家人或聘请的厨师设计与制作。

湖北的居民置办家宴，特别注重营造亲切、友好、温馨、和谐的气氛，其家宴菜单的编制、烹饪原料的选购，办宴程序的安排以及宴饮节奏的掌控朴实大方、井然有序，给人以轻松、欢快、自然、和乐之感。

（一）家宴菜单编制

家宴菜单，即家宴所列菜品的清单。它是采购原料、制作菜点的重要依据。

湖北的居民编制家宴菜单，首先是根据宾主的需求、宴饮的类别及当地的食俗确立必备菜品，"投其所好，避其所忌"是其基本要求。第二是参照接待标准、酒宴规模、食材供应情况及季节变换因素遴选出冷热菜式和面食点心，"量入为出，务本求实"是其设计原则。第三是兼顾家庭厨房的办宴条件和厨师（或主人）自身的技术水平，淘汰影响筵宴制作的烦琐菜品，"扬长避短，发挥所长"是其操作要诀。第四是合理调配菜式品种，注意技法的区别、色泽的变换、味型的层次、质地的差异和品种的衔接，"席贵多变，应客所需"是其品评准则。

例如，武汉市黄陂区村民2004年冬季聘请厨师设计的团年宴。

武汉市黄陂区乡村家宴菜单

四冷菜：	麻辣肚档	香菜牛肉
	糖醋油虾	广米香芹
四热炒：	腰果鲜贝	茄汁鱼片
	腊味蒌蒿	酸辣鱿鱼
八大菜：	全家福寿	红烧全膀
	八宝酥鸭	桂圆甜羹
	黄陂三合	植蔬四宝
	脆溜龙鱼	山药炖鸡
二点心：	喜沙甜包	合欢水饺
二茶果：	母子脐柑	茉莉花茶

（二）家宴原料选购

湖北居民安排家宴原料，首先是根据接待标准，确定食物原料的规格档次。一般来说，中高档家宴，可适量安排名贵食材，而普通的居家宴请，通常都是就地取材。掌握了原料的规格档次之后，接着是优选物美价廉的特色食材，既保证肴馔的质量，又提高筵宴的档次。最后便是合理调配原料品种，兼顾使用各类动植物原料。

为合理控制办宴成本，确保筵宴丰盛大方，当地的民众常常采用如下方法：第一，丰富原料品种，给人以食材广博之感。第二，就地取材，增大素料比例。第三，多用成本低廉、且能烘托席面的菜品，使酒宴显得丰盛大气。第四，合理运用边角余料，注意统筹兼顾、物尽其用。

（三）家宴菜品制作

承制家宴的工序复杂，时间紧凑，设备简陋，各项工作必须有条不紊地交错进行，宴饮接待才能成功地进行。湖北的居民操办家宴，强调着眼全局，统筹规划。其制作程序通常有清理检场、初步加工和正式烹制三个环节。每一环节都有相应的操作要求和工作任务。

下面是武汉城区家庭设计与制作的一桌小型家宴，7菜1汤1主食，另加啤酒，适用于五六月份接待亲友，可供6～8人享用。

武汉家宴菜单

冷　菜：	凉拌鲜毛豆	
热　菜：	蒜子烧鱼乔	韭黄炒鸡丝
	牛腩芋头煲	虾皮蒸鸡蛋
	江城酱板鸭	香滑莲藕带
汤　菜：	鱼头豆腐汤	
主　食：	京山贡米饭	
酒　水：	行吟阁啤酒	

（四）荆楚风味家宴赏鉴

荆楚风味家宴作为楚菜民俗风情便餐席的重要组成部分，在湖北及其周边地区的应用相当普遍。其主要特色是：选料突出淡水鱼鲜和山野资源；调制擅用蒸、煨、烧、炸、炒等技法；菜品汁浓芡亮、鲜香微辣、富有鱼米之乡的饮馔特色；每桌家宴的菜点多在12道左右，规格档次居中；筵宴虽无固定格式，但常按照冷菜、热菜、汤菜、点心的上菜顺序排列，款式纷繁，风格各异。

例一：汉沔风味家宴

汉沔风味家宴菜单（适于春季）

冷　菜：	五香熏鱼块	虾米拌香芹
	红油卤顺风	蒜蓉炝菠菜
热　菜：	吉利全家福	葱爆鱿鱼卷
	韭黄炒鸡丝	萝卜焖牛杂
	沔阳老三蒸	清蒸长春鳊
	腊味四季豆	鱼丸鱼头锅
点　心：	酒糟煎米饼	三鲜蒸水饺

说明：汉沔风味家宴以武汉地方风味家宴为主体，改革开放以前习惯在家中操办，聘请厨师登门主理。现今只有一些小型家宴仍在家中操办，但其排菜格局与正式宴席非常接近。此类筵宴的食材选用宽广，规格相对较高，鱼鲜菜式安排较多，尤以蒸、煨技艺见长，汉味小吃颇具特色。

例二：荆南风味家宴

荆南风味家宴菜单（适于夏季）

冷 菜：	皮蛋拌豆腐	香菜卤牛肉
	凉拌海蜇丝	蒜泥脆芸豆
热 菜：	长湖蒸鱼糕	蒜子烧鳝乔
	江陵千张肉	辣子田鸡腿
	干锅有机菜	财鱼焖莲藕
	银耳莲枣羹	米粉蒸鲶鱼
	蒜蓉炒苋菜	冬瓜排骨汤
点 心：	鸡蛋韭菜饼	豆沙小甜包

说明：荆南风味家宴主要流传在荆州、荆门、宜昌等地。此类筵宴的水乡特色鲜明，水产品的制作技艺独到，菜肴芡薄爽口，咸鲜微辣，尤以鱼糕、鱼圆等地方风味名菜全国称誉。

例三：襄郧风味家宴

襄郧风味家宴菜单（适于秋季）

冷 菜：	五香扎蹄	椒麻鸭掌
	糖醋油虾	甜汁地瓜
热 菜：	隆中烧鸭	豉椒牛柳
	酥炸斑鸠	夹沙甜肉
	蚝油香菇	干菜肘子
	油焖鳊鱼	炒白菜秧
	野菌鸡汤	
点 心：	双色蛋糕	虾蓉蒸饺

说明：襄郧风味家宴主要流行于襄阳、十堰、随州等地，食材以肉禽蔬菜粮豆为主，杂以淡水鱼鲜和山珍野味。菜品咸鲜香辣，口味偏重，汤汁较紧，软烂且有回味。

例四：鄂东南风味家宴

鄂东南风味家宴菜单（适于冬季）

冷 菜：	红油金钱肚	蚝油焖双冬
热 菜：	三鲜烩鱼肚	黄州东坡肉
	鱿鱼五花肉	网油蒸鸭卷
	金酱豆腐圆	海米烧豆腐
	香煎糍粑鱼	萝卜焖羊肉
	蒜蓉炒菠菜	咸宁土鸡汤
主 食：	腊肉炒豆丝	

说明：鄂东南地区家宴主要由当地特色乡土菜品构成，荤素相配，用油宽，火功足，分量充足，口味略重，菜式简洁；粮豆制品、畜禽制品及烧焖蒸煨菜式的制作有过人之处。

例五：鄂西土家族家宴

鄂西土家族家宴菜单（四季适宜）

烟熏野山兔	酸辣拌黄瓜	鲊广椒炒肥肠
冬笋焖老鸭	马齿苋熏肉	酸菜煮鱼片
熏肉炒豆干	张关仔鸡合渣	香菇炒菜心
来凤姜蒸鸡	土家油茶汤	香煎野菜粑
葛仙米蒸饭		

说明：土家人家宴以农家特色菜为主体，简约淳朴，味道厚重；素以健康时尚的山野资源为主，以古朴粗犷的食风为本，深受当地居民及外地游客喜爱。

二、荆楚风味便宴

便宴，又名"便席"，是指企事业单位、社会团体或民间个体在餐馆、酒店或宾馆里所举办的一种普通宴饮聚餐。这是一种非正式宴请的简易酒席，规模一般不大，菜品数目不多，宴客时间比较紧凑，招待仪程较为简便。因其不如宴会席那么正规、隆重，故其菜单设计通常是由顾客根据自己的饮食喜好，在酒店提供的零点菜单或原料中自主选择菜品；也可由酒店将同一档次的两套或三套菜单中的菜品按大类合并在一起，让顾客从中任选组合。

（一）便宴设计要求

在湖北省及其周边地区，顾客临时聚餐习惯于通过酒店提供的零点菜单自由选择菜品，或在酒店提供的原料中确定自己所能接受的烹调方法、菜肴味型，自行组配成一整套筵宴。

湖北居民设计便宴菜单（点菜式宴席菜单），常在如下方面做出周密思考。

1. 明确就餐目的，掌握接待规格

便席的设计与制作，首先是明确就餐目的，掌握筵宴的接待规格。如果是亲朋好友临时聚餐，可选择普通实用的菜品，佐酒下饭两宜；如果请客意义重大，就餐规模较小，则应确立档次较高的菜品，以示庄重。

2. 迎合宾主嗜好，因人选用菜品

请客的目的就是要让就餐者吃得畅快，玩得尽兴。因此，就餐者的生活地域、宗教信仰、职业年龄、身体状况、个人的嗜好及忌讳等都应列入考虑的范畴。只有区别情况，"投其所好"，才能充分满足不同的餐饮需求。

3. 了解餐厅经营特色，发挥酒店技术专长

设计便席菜单，通常是参照酒店的零点菜单灵活进行。菜单设计者只有了解酒店的经营特色，才能使所选的菜品与餐厅供应的菜品应保持一致。特别是酒店的一些特色菜（招牌菜、每日时菜），既可保证质量，又能满足就餐者求新求异的心理，必须重点考虑。

4. 注重品种调配，讲求营养平衡

便席菜单合理与否，与其菜点品种的调配联系紧密。譬如，鱼鲜菜品确定了，可适当配用禽畜蛋奶菜；荤菜确定了，应考虑素菜；热菜确定了，应考虑冷菜；无汁或少汁的菜肴确定了，应考虑汤羹菜；菜肴确定之后，还需考虑主食、点心或小吃。此外，兼顾冷热干稀的调配、荤素食材的调配及菜肴主食的调配，可使便宴的膳食营养趋于平衡。

5. 增强节约意识，提高筵宴性价比

以特色便宴招待顾客，要牢固树立节约意识。在接待规格既定的前提下，要以较小的成本选配最为丰盛的菜点，以获取最佳的宴饮效果。具体操作时，除注意菜式品种的合理安排之外，应尽量选配物美价廉的特色菜肴，适当增加素菜比例，适时参考酒店的促销菜品及酒水，以此提高筵宴的性价比。

（二）荆楚风味便宴赏鉴

例一：武昌湖畔美食城便宴

2008年春季，武昌某大型公司的总经理助理负责接待来自南京的客商，由于时间较紧，即在武昌湖畔美食城设置便宴，供8人就餐，接待标准为800元。

武昌湖畔美食城便宴菜单

冷 菜：	腊味合蒸	卤水牛腱
热 菜：	双黄鳜鱼片	白焯基围虾
	金酱片皮鸭	鸡腰烧鹌鹑
	孜然羊肉串	蒜蓉豌豆苗
	葱烧武昌鱼	鲜菌鸡汁汤
点 心：	椰蓉小包	三鲜蒸饺
酒 水：	白云边酒	鲜橙汁

说明：本便宴安排了多款地方风味名菜，荆楚风味特色鲜明，符合南京客商的饮食习尚。根据零点菜单所标示的价格，菜点酒水的总价款为796元，符合接待标准。全席菜品涵盖了特色菜、冷菜、海鲜菜、江鲜菜、禽畜菜、蔬果菜、汤羹菜及点心，总计12道，既显丰盛，又不浪费。宴席的冷热干稀、口味质感、营养搭配比较合理，符合"席贵多变"的设计原理。

例二：汉阳老村长乡土风味菜馆便宴

2013年秋季，武汉经济技术开发区某集团公司的7位职员，结伴前往汉阳老村长乡土风味菜馆品尝特色乡土菜，按照80元／位的就餐标准，自行设计了一桌便餐席。

汉阳老村长乡土风味菜馆便宴菜单

冷 菜：	泡椒黑木耳	糖醋泡藕带
热 菜：	油焖土龙虾	灶王焖猪脚
	田鸡烧鱼乔	花菇蒸仔鸡
	鱼籽烧豆腐	蒜蓉苕藤尖
	牛八挂煨汤	
主 食：	砂钵蒸米饭	三鲜野菜饼
酒 水：	武汉百威啤酒	

说明：湖北乡土风味便席多取用当地居民钟爱的乡土名菜，菜品咸鲜香辣，醇厚肥美；水产鱼鲜较多，蒸煨烧焖而成，装盘丰满大方，价格经济实惠，极具乡野饮食风情。

例三：恩施自治州帅巴人酒店冬令便席

2012年12月，武汉商学院烹饪与食品工程学院成立湖北民间菜研发团队，前往湖北恩施地区从事特色食材、地方名菜及民俗筵席调研，品评了当地帅巴人酒店的特色便宴。

恩施自治州帅巴人酒店冬令便席菜单

冷 菜：烟熏土腊鸭　　　酸辣顺风耳

热 菜：砂煲焖野兔　　　小米蒸年肉

　　　　香菇土家鸡　　　石磨豆腐圆

　　　　鲊辣椒蹄花　　　腊香肠菜薹

　　　　清蒸大白鲷　　　当归马头羊

主 食：秘制老婆饼　　　土家蒸社饭

说明：恩施帅巴人酒店是以经营餐饮、住宿为主要业务的连锁企业，曾多次评为恩施市"优秀民营企业"。本便席地方特色鲜明，土家风情浓郁，菜式朴实明快，丰而不俗。

三、荆楚风味团体餐

团体餐，又称团体包餐，是指为学术研究会、洽谈会、旅游团、访问考察团等大规模团体用餐而设计与制作的一类经济型桌餐，主要有旅游包餐、会议包餐及其他类型的包餐。其接待对象主要是集体宾客，他们多在事前预订，届时统一就餐，少则几桌，多则几十桌不等。其特点是用餐人数固定，用餐标准固定，开餐时间统一，用餐速度较快，就餐顾客容易形成统一意见，容易配合就餐服务。

荆楚风味团体餐通常根据人数的多少和价格的高低来设计与制作，安排菜品8～12道不等，主要为冷菜、热菜、汤羹和主食，有时加配点心、水果和饮品。此类便宴虽然结构简洁、规格不高，但接待的对象层次不低，要求不少，因此，因时配菜，应客所需，丰富菜品花色品种，确保菜品质量显得非常重要。特别是一些重要的会议包餐、旅游包餐，接待周期较长，更应注意菜式品种的合理调配，尽量避免正餐菜品的雷同。

（一）荆楚风味旅游包餐

旅游包餐，属团体包餐的一种主要类型，是指旅客在旅行社为其事先预订之后，以统一标准、统一菜式、统一时间进行集体就餐的一种餐饮形式。其特点是：事先预订、人多面广、简易就餐、集中开席、服务迅捷。

下面是武汉琴台食上酒店营销总监涂建国大师2009年为在武汉东湖—黄鹤楼—古琴台这一线路旅游的客人设计的一份旅游包餐菜单，可供鉴赏。

武汉夏令旅游包餐菜单

冷　菜：红油金钱肚　　　三色莴苣丝

热　菜：蒜苗烧鳝乔　　　沔阳新三蒸

　　　　干锅洪湖鸭　　　红烧武昌鱼

　　　　香菇蒸凤翅　　　韭黄炒鸡蛋

　　　　香滑蔡甸藕

汤　菜：冬笋老鸭汤

主　食：华农新谷饭

红烧武昌鱼

这份旅游包餐共9菜1汤，另加米饭，适用于春夏之交，当时的订餐标准为300元/桌/10人。下面是其特色简介。

1.从菜品结构上看，这份便宴式旅游包餐没有固定的菜品构成模式，没有繁杂的礼节仪程，座位不分主次，上菜不讲顺序，各色菜肴可同时上桌，简便大方。

2.从原料构成上看，这份桌菜合理使用了江鲜、畜肉、禽肉、蛋类、蔬菜及主食，特别是淡水鱼鲜和蔬菜，既突现了地方特产，又兼顾了节令。

3.从制作方法上看，这份桌菜集蒸、拌、烧、煨、炒、焖等技法于一体，因料而异；所有的烹法皆简便实用，适合于批量烹制、集中开席。

4.从菜品感官评审上看，这份桌菜兼顾了色、质、味、形的合理搭配。如菜肴的口味，有咸鲜、红油、酱香、酸甜、咸香5种；菜品的质地、色泽、外形等更是一菜一格，各不相同。

5.从价格构成上看，这套包餐的订餐标准为300元/桌/10人，若按10桌计算，其产品成本为1800元，总毛利额为1200元，毛利率为40%，虽然每桌利润较薄，但它仪程简单，就餐迅捷，占用酒店的资源有限，如有稳定的客源，其前景还是可观的。

（二）荆楚风味会议包餐

会议餐，又称会议包餐、会议套餐，是指开会期间，与会成员以统一标准进行集体就餐的一种餐饮形式。其特点是：事先预订、按时用餐；人数较多，规格较低，程式简短、服务迅捷。

例一：武汉东湖碧波宾馆一周会议餐菜单（2011年5月）。

周一

早餐：湖北风味自助餐

午餐：粉蒸排骨、泡椒鳝鱼、蒜苗鱿鱼须、回锅牛肚、黄焖鸡翅、糖醋藕带、炒莴苣叶、鱼头豆腐汤、米饭

晚餐：凉拌毛豆、虾籽蹄筋、水煮牛肉、香酥鸭方、马鞍鱼乔、酥炸藕夹、口蘑菜心、瓦罐鸡汤、三鲜炒饭

周二

早餐：湖北风味自助餐

午餐：豆瓣鲫鱼、青椒牛柳、荆沙鱼糕、菜心奎圆、豆瓣茄子、韭黄鸡丝、虾米冬瓜汤、葱油酥饼、米饭

晚餐：卤味双拼、煎糍粑鱼、回锅口条、孜然鹌鹑、珍珠米丸、三鲜锅巴、炒竹叶菜、萝卜老鸭汤、米饭

周三

早餐：湖北风味自助餐

午餐：蚝油牛柳、江城酱板鸭、梅菜扣肉、虾米蒸蛋、肉末冬瓜、豉椒石鸡腿、蒜蓉苋菜、奶汤鲫鱼、米饭

晚餐：蒜泥芸豆、麻仁鸡翅、韭黄炒鸡蛋、红烧鲶鱼、虎皮青椒、黄焖牛筋、冬瓜排骨汤、蛋糕、腊肉豆丝

周四

早餐：湖北风味自助餐

午餐：椒麻肚丝、皮蛋拌豆腐、粉蒸鲶鱼、芹菜牛肉丝、黄焖野鸭、糖醋排骨、清炒豆角、双元粉丝汤、三鲜豆皮、米饭

晚餐：凉拌苦瓜、椒盐竹节虾、清蒸樊鳊、芋头烧牛脯、肉末蒸蛋、清炒白菜秧、红枣乌鸡汤、双色蛋糕、三鲜水饺

周五

早餐：湖北风味自助餐

午餐：蒜苗牛肉丝、香干回锅肉、莴苣焖野鸭、干锅鱿鱼仔、炒滑藕片、蒜蓉四季豆、沙湖咸鸭蛋、萝卜牛骨汤、米饭

晚餐：川味凤爪、三鲜蹄筋、红烧青鱼尾、油焖大虾、铁板海鲜、香炸茄夹、鸡汁菜胆、炒滑藕带、花菇乳鸽汤、砂钵蒸饭

例二：武汉醉江月度假村会议餐菜单（2009年5月）。

星期一

早餐（自助）：空心麻丸、鸡冠饺子、煎软饼、咸鸭蛋、桂林米粉、四川泡菜、绿豆稀饭

中餐：虾籽蹄筋、泡椒鳝鱼、菜心奎圆、回锅肚片、酸辣藕带、鱼头豆腐汤

晚餐：凉拌毛豆、粉蒸排骨、水煮牛肉、香酥鸭方、马鞍鱼乔、酥炸藕夹、瓦罐鸡汤

星期二

早餐（自助）：肉末花卷、红枣发糕、煎鸡蛋、热干面、绿豆汤、老锦春酱菜、桂花糊米酒

中餐：豆瓣鲫鱼、青椒牛柳、腰果鸡丁、荆沙鱼糕、豆瓣茄子、虾米冬瓜汤

晚餐：卤味双拼、煎糍粑鱼、回锅口条、孜然鹌鹑、珍珠米丸、炒竹叶菜、萝卜老鸭汤

星期三

早餐（自助）：五彩蛋糕、烧梅、酱肉包子、卤鸡蛋、葱油花卷、牛奶、红豆稀饭

中餐：蚝油牛柳、江城酱板鸭、肉末烧冬瓜、梅菜扣肉、清炒丝瓜、奶汤鲫鱼

晚餐：蒜泥芸豆、麻仁鸡翅、韭黄炒鸡蛋、红烧鲶鱼、虎皮青椒、黄焖牛筋、冬瓜排骨汤

星期四

早餐（自助）：双色蛋糕、三鲜豆皮、金银馒头、米发糕、黄金饼、牛肉粉、豆浆

中餐：椒麻肚丝、粉蒸鲶鱼、千张肉丝、糖醋排骨、清炒豆角、红枣乌鸡汤

晚餐：凉拌苦瓜、椒盐竹节虾、黄焖野鸭、清蒸樊鳊、肉末蒸蛋、香菇菜心、双元粉丝汤

星期五

早餐（自助）：四季美小包、香煎软饼、咸鸭蛋、三鲜面、泡萝卜、香油榨菜、白米稀饭

中餐：油爆腰花、贵妃凤翅、干烹带鱼、植蔬四宝、家常牛蛙腿、甲鱼冬瓜汤

晚餐：葱爆肚仁、红烧鲴鱼、香酥全鸡、虎皮蹄髈、水煮鳝片、蒜蓉苋菜、花菇乳鸽汤

四、著名荆楚风味便餐席

著名荆楚风味便餐席，是指楚菜名宴名席中影响力较强、传播面较广、知名度较高的一类地方风情民俗宴。此类宴席是荆楚风味便餐席的典型代表，它们构思奇巧，工艺善变，擅长选用山乡土特原料，强调运用本土制作技法，楚乡民俗风情浓郁，深受当地民众认同。现遴选出湖北三蒸九扣席、武汉四喜四全席、荆沙民俗鱼糕席、郧阳十大碗席、恩施十碗八扣席等数种，逐一鉴赏。

（一）湖北三蒸九扣席

湖北民众嗜爱蒸菜，当地的厨师擅长制作蒸菜。湖北蒸菜名品众多，大体分为四类：一为粉蒸，如沔阳"粉蒸茼蒿"、天门"炮蒸鳝鱼"、洪湖"粉蒸青鱼"、襄郧"荷叶粉蒸肉"、黄冈"粉蒸玉银萝卜丝"等；二为清蒸，如武汉"清蒸武昌鱼"、浠水"清蒸鸡肘"、襄樊"清蒸槎头鳊"、广济"清蒸鲫鱼"等；三为干蒸，如江陵"千张肉"、沙市"螺丝五花肉"、大悟"蒸蹄髈"、武汉"梳子红肉"等；四为杂蒸，如"钟祥蟠龙菜""应山滑肉""安陆翰林鸡""荆沙鱼糕""江陵八宝饭"等。

湖北居民用蒸菜席招待宾客，由来已久。襄郧地区，每逢岁时佳节或红白喜庆，必推"三蒸九扣席"。天沔一带（含天门、沔阳等地），素有"三蒸九扣十大碗，不上格子（蒸笼）不成席"的饮食习俗。广济、大悟、麻城、新洲等地，凡正式宴请，乡镇居民常设"三蒸九扣肉糕席"。

湖北三蒸九扣席，是指流行于湖北及周边地区，以蒸扣菜式为主体的各式民间风味宴席的总称。关于三蒸九扣席的具体含义，《中国烹饪辞典》说："早时（长江上中游）农村办席，一次有二三十桌者，因席桌多，为求出菜快，故制作菜肴多用蒸扣。"湖北民间则有三种说法对其进行解释：一种是指蒸三类食材，即蒸畜禽，蒸水产和蒸素菜；一种是指使用多种蒸法，如粉蒸、清蒸、干蒸、杂蒸等；还有一种说法是"逢菜必蒸"，"无席不用蒸菜"。其实，这里的"三蒸"，只是一个概数，它在不同场合，可表达不同含意。所谓"九扣"，有时是指九大碗菜，或者一桌宴席安排九道主菜；更多的说法是"以九为大"，极言其多，用以表示筵席的丰盛和待客的真诚。

1. 湖北三蒸九扣席的主要特色

与其他地方民俗风情筵宴相比较，湖北三蒸九扣席的风味特色表现如下：

在食物原料方面，就地取材，突出地方名特物产；荤素互补，注重食材合理组配；适应节令变化，努力调控筵宴成本。

在制作工艺方面，以粉蒸、清蒸、干蒸和杂蒸为主，蒸扣并举，兼及其他。加工工艺便捷，适于批量生产，具有较强的地方倾向性。

在菜式特色方面，除少数菜品香辣之外，绝大部分是传统的咸鲜味。粉香扑鼻，鲜嫩软糯，原汁原味，营养全面，深受当地乡镇居民所称颂。

在菜式品种方面，常见的菜肴品种有"珍珠圆子""蒸白丸""荷叶粉蒸肉""千张扣肉""梅菜扣蹄髈""清蒸鳊鱼""粉蒸鲴鱼""粉蒸茼蒿""蒸豆腐圆子"等，风格各异。

在筵席构成方面，单纯凝练，大方天成。一般筵宴通常选用大盘大碗盛装；中高档筵席不过分追求席面摆设。

此外，此类筵宴的酒规席礼都有传统规范，餐室装潢与环境设计带有浓郁的地方乡情，个性化的服务方式极具湖北乡村特色。

2. 湖北三蒸九扣席赏析

湖北三蒸九扣席流行面广，影响力大，自古至今，深为广大乡镇居民所青睐。下面列有襄郧地区、天沔地区的两份三蒸九扣席菜单，可供赏析。

例一：襄阳三蒸九扣席

襄阳三蒸九扣席菜单	
五福拼盘	全家福寿
清蒸鳊鱼	香酥全鸭
粉蒸鸡块	红煨牛腩
珍珠米圆	油焖双冬
梅菜扣膀	粉蒸菱角
双圆鲜汤	八宝蒸饭

创意说明：这是汉水流域城乡居民岁时佳节、红白喜庆、乔迁新居时的流水筵席，主要流行在十堰、襄樊、随州等地。该席安排菜品12道，以蒸扣菜式为主，适当配用炒菜、烧菜、烩菜与煮菜，常用大盘大碗盛装，荤素兼备，菜汤并举。其炊具主要是大锅、

大笼，菜肴预制好后码碗置入笼中保温，随用随取，简便快捷。宴饮方式是上一道菜，吃一道菜；吃完一道菜，饮完一巡酒，撤去一只盘（碗），如此循环往复，如同流水。

例二：沔阳三蒸九扣席

沔阳（现今仙桃市）位于湖北省中部的江汉平原，是武汉城市圈西翼的中心城市，著名的中国沔阳三蒸之乡。

沔阳居民擅长制作蒸菜，大凡畜禽类、水产类、素菜类，都可蒸制。沔阳民间操办宴席离不开蒸菜，蒸菜在上桌时通常使用扣碗翻扣装盘，勾芡浇汁，所以有"三蒸九扣"之说。当地蒸扣席的制法主要有粉蒸、清蒸、扣蒸、酿蒸、汤蒸、炮蒸、包蒸、封蒸、花样造型蒸、干蒸等，尤以清蒸、粉蒸和扣蒸最为闻名。沔阳蒸菜粉香扑鼻、鲜嫩软糯，以滚、烂、淡而见长。

下面是流行于沔阳、天门一带的三蒸九扣席菜单，可供赏析。

沔阳三蒸九扣席菜单

冷　菜：	家乡卤味拼	
热　菜：	茼蒿蒸青螺	天沔蒸白丸
	炮蒸黄鳝鱼	香酥扣蒸鸭
	莲藕粉蒸肉	珍珠豆腐丸
	梅菜扣蹄髈	太极蒸双蔬
汤　菜：	野菌土鸡汤	
主　食：	荆沙八宝饭	

创意说明：本宴席是天沔地区蒸扣席的典型代表，除一款冷菜之外，余下的即为"三蒸九扣十大碗"。其特色主要有六：一是就地取材，不尚虚华；二是主菜必蒸，食材广博；三是菜品滚、淡、烂、鲜，

原汁原味；四是荤素搭配，汤菜并重；五是简约大方、朴实便捷；六是适应面广，影响力强。"茼蒿蒸青螺""莲藕粉蒸肉""珍珠豆腐丸"曾受到多位国家领导人的好评。

（二）武汉四喜四全席

在武汉民间传统喜庆宴席中，四喜四全席应用最广泛。"四喜"本指福、禄、寿、庆兼具，"四全"指父母、兄妹、夫妻、儿女齐全，当地则以四喜凉菜、四喜热炒、四全大菜、四色点心等来表示。此类筵宴的菜品构成是菜肴点心成双成对，逢四扣八。冷拼和热炒各为4道，寓意"事事如意"；大菜通常安排全鸡、全鸭、全鱼、全膀，齐齐全全；点心常用4种花型，以"锦上添花"来显示宴客盛情。

下面是流行于武汉地区的一款四喜四全席。

武汉四喜四全席菜单

四冷碟：	五彩香肚	凉拌蛰丝
	广米西芹	糖醋油虾
四热炒：	龙凤双球	油爆菊红
	水晶虾仁	玉带鱼卷
六大菜：	三鲜鱼肚	八珍酥鸭
	珍珠蹄髈	黄陂三合
	香菇菜心	鸳鸯鳜鱼
二汤菜：	莲枣甜羹	五圆全鸡
四点心：	四美汤包	三鲜水饺
	金牌麻圆	双色蛋糕
一水果：	时果拼盘	
一香茗：	玉露红茶	

创意说明：本筵席既按四喜四全席的结构排菜，又处处紧扣"庆婚"二字。四冷碟用以佐酒品味，四热炒件件带"彩"，头菜"三鲜鱼肚"，将宴席推向高潮，紧跟的几道大菜，则寄托着宾客们的美好祝愿：愿新人贤惠、盼早生贵子、祝白头到老、庆财源广进。座汤五圆炖全鸡是正菜完毕的标志，颂夫妻恩爱，望家庭和睦。酒席最后既有咸点汤包、水饺，又有甜点麻圆、蛋糕；水果是楚乡佳果脐橙，香茗是鄂西特产玉露红茶。整桌酒宴彰显着武汉居民热情、好客、大气、豪爽的个性。现今的武汉居民宴客，无论婚寿喜庆、亲朋相聚、迎来送往，还是交际应酬，虽仍在沿用四喜四全席，仍然强调欢快祥和的喜庆气氛，

但宴客方式及酒宴内容已不再拘泥于传统宴席模式。

下面是一份近些年来流行于武汉市区以四喜四全席为称号的便餐席，可供赏析。

武汉四喜四全喜庆宴菜单

凉　菜：家乡食珍汇

热　菜：山药扒土鳖　　　　豉椒石鸡腿

　　　　荷花三黄鸡　　　　沔阳新三蒸

　　　　砂钵焖双圆　　　　酥炸菱角排

　　　　海参武昌鱼　　　　什锦冬瓜盅

汤　菜：冰爽清莲汤　　　　菌王炖乳鸽

点　心：一品虾蓉包　　　　木瓜烤蛋挞

水　果：江南名果拼

本宴席与传统的喜庆宴相比较，特色之处主要表现如下：

第一，格式简约，大方天成。该席排菜14道，既有冷热之分、干稀之异、荤素之别，又主次分明，重点突出，体现了江城民众的饮膳习尚，符合四喜四全席的设计要求。

第二，荤素互补，营养平衡。在膳食调配及营养构成方面，该席取料较为广泛，荤素比例协调，多料组配谨严，膳食营养平衡。食品用料较传统筵席大幅减少，素料的比例接近30%；全席主副食品种多达五十余种，有利于形成一整套平衡膳食。

第三，传承经典，突现创新。该席既传承了传统筵宴的精髓，又与时俱进，大胆创新。例如"沔阳新三蒸"，先用小碗整齐地排列拌有米粉的鳝片，蒸熟后倒扣于16寸平底白圆盘中央，淋以明芡；同时将蒸熟的珍珠米丸和粉蒸茼蒿相间对称排列于扣蒸

膳片的四周，呈中心对称。本菜鱼鲜、畜肉、蔬菜3类主料相配，质感各不相同，黄亮、晶白、嫩绿交相辉映，令人耳目一新，较之传统的蒸鱼、蒸肉和蒸蔬菜（沔阳老三蒸），其风味品质实现了质的飞跃。

（三）荆南地区七星宴

荆南地区七星宴，又名"七星剑"或"七星饯"，是近两百年来流行于荆南地区的民俗风情宴。

在湖北荆州农村，逢年过节或是红白喜事，当地居民保持着在家请客的传统习俗。主家请来专业厨师操办酒宴，并在自家后院设置简易厨房生火做菜，亲朋则在临时搭建的帐篷里聚餐，前一拨客人刚吃完，下一拨客人便入座。荆南地区的七星宴即是以这种"流水席"的形式招待宾客。它通过荤素食材的合理组配，将筵席主菜定格为7道，以供8位宾客之用，兼取"七星"伴"八仙"之寓意。据相关资料记载，民国初期，荆沙民间婚丧喜庆、商会会馆聚餐，以及政府部门的公务宴请，都以"七星宴"为标准筵席。就菜式品种而言，其常用菜品主要有"杂烩头子""黄焖圆子""红烧全鱼""油爆三鲜""皮条鳝鱼"等。"瓦罐鸡汤""霸王财鱼""冬瓜鳖裙羹"等名菜可按需求灵活配置，"荆沙鱼糕""黄焖圆子""千张扣肉"等本土名馔则必不可少。

例如，荆沙长湖鱼糕七星宴，其筵宴菜单如下：

荆沙七星宴菜单

第一组：七星碟

主　碟：古城风光

围　碟：椒盐湖虾　　　　透味牛肉

　　　　糖醋脆藕　　　　麻辣肚档

　　　　凉拌蜇丝　　　　蜜汁香枣

第二组：七星盘

主　盘：长湖鱼糕

围　盘：夏果鲜贝　　　　韭黄鸡丝

　　　　蒜爆膳片　　　　银鱼炒蛋

　　　　炒荷兰豆　　　　茄汁鱼片

第三组：七星碗

主　碗：人参炖鸡

围　碗：江陵扣肉　　　　红扒全鸡

　　　　口蘑菜心　　　　粉蒸鲶鱼

　　　　酥炸藕圆　　　　白汁鱼丸

收　席：虾蓉蒸饺　　　　珍珠发糕

创意说明：本款长湖鱼糕七星宴，又称"众星拱月席"，菜品分为碟菜、盘菜和碗菜3组，每组7件。其中，主菜1件，盛器较大，置于正中；辅菜6件，盛器较小，围在四周，如同七星拱月式。宴饮聚餐时，每用完一组菜品，就更换一次餐具，最后用两道点心收席。

从菜式结构上看，此宴第一组食品以"荆州古城风光"为主碟，辅以6道精巧的小围碟，形成冷菜组团。第二组食品以"长湖鱼糕"为主菜，辅以6道时令热炒，起着上承冷菜，下启大菜的作用。第三组食品为大菜，7道菜品全都使用大碗盛装，"人参炖鸡"为主汤领头。第四组食品为点心，仅排2道，咸甜各一，作为宴席结束的标志。

从特色风味上看，此宴食材多为当地物产，水产为本，间以畜禽蔬果；所用技法以蒸煨烧炸为主体，注重鸡鸭鱼肉蛋奶合烹，尤以鱼糕、鱼圆最具盛名；所制看馔芡薄爽口，咸鲜微辣；所列菜品如"长湖鱼糕""白汁鱼圆""江陵千张肉"等，皆为湖北名菜，荆沙特色十分鲜明。

如今的"七星宴"表现出与时俱进的创新意识，在聚餐方式、菜单设计、食材选配、菜品制作及礼节仪程等方面均有较大改进。第一，在聚餐方式上，传统的七星宴多为8人一桌，使用八仙桌，方方正正，八八大发。现今多数酒店改用圆桌，10人共餐，十全十美，团团圆圆。第二，在筵宴设计上，由于荆南民众的饮食观念发生了较大变化，现今的"七星宴"否定了传统筵宴相对固定的排菜格局，倾向于简明、时尚、清新、雅致的饮食风尚。第三，在食材选配上，现今的"七星宴"已不再拘泥于本地的物产资源，所用原料越来越时尚，越来越广博。第四，在菜品制作上，更加重视合理创新与营养组配。例如"鱼糕头子"，传统做法是鱼糕16块，其下铺垫8个大肉圆，现今则将大改小，将粗变精，并加大了黄花菜、黑木耳的分量。第五，在礼节仪程上，朴实的宴客仪式也有改进。例如传统筵席，每位宾客的座位上放有一张草纸或荷叶，这是让客人把吃不完的菜看作"滴食"带回家。如今，这种"吃不完打包带走"的礼俗在当地已不再盛行。

下面是一款简约型荆南风味七星宴，可供赏鉴。

（四）恩施十碗八扣席

十碗八扣席是土家人红白喜事、节日庆典、款待宾客时置办的民俗筵宴，因筵席的十碗菜中有八碗是扣菜而得名。

十碗八扣席的第一碗是"头子碗"，肉糕垫粉条和黄花，这是不用盖碗的，最后一碗是虾米肉丝汤，其余八碗均先用盖碗（比大碗小）在碗内涂上油，将食物、佐料放进，上格子笼蒸熟，然后以大碗扣上反转过来，拆去盖碗，其菜形制一样，表面光滑。

恩施十碗八扣席的筵宴格局及菜品排列方式极具土家族特色。十碗菜陈列在大方桌上，或摆"四角扒爪"，或摆"三元及第"。除十碗主菜以外，还要配腌菜碟两个以解酒解腻。

下面是恩施土家族居民节庆欢饮、尊客敬老常用的一套筵席菜品：

第八碗：凤头姜扒羊排（以羊排、凤头姜为主要原料，鲜咸辛辣，酥烂脱骨）

第九碗：土家蒸社饭（以腊豆干、腊肉干、糯米为主要原料，芳香味鲜，松软可口）

第十碗：虾米肉丝汤（以瘦肉丝、虾米、莼菜为主要原料，鲜香味美，滑嫩可口）

说明：本宴席的第一、二道菜是贺菜，取"恭贺"之意，须放在餐桌正中。上第一碗菜时，端大盘子的人高喊一声"大炮手——"，长长的拖腔直到席前，随之鸣炮，响匠（鼓乐手）吹起欢快的"菜调子"，主人要请全体客人用酒。推出第二碗菜时，端大盘子的人高喊"顺——"，"菜调子"又吹起。第三道菜是鸡菜，放在头两道菜的上方中间；第四道菜是猪蹄，放在头两道菜的下方中间；第五道菜是蒸肉，这是上席菜，上菜时托盘的人要高声叫喊"五碗菜——"，主人要四处给客人敬酒。第六道菜是扣肉，属下席菜；第七道菜上鱼，属上席菜，这叫"鸡肉鱼，坐上席"。第八道菜上羊肉菜（或鸭菜、野味），这是下席菜。第九、十道菜，是素菜、主食或汤菜。上第十道菜时，托盘的人喊一声"齐——"后，响匠便吹"下席调"，宣布筵席菜品上齐，宴饮即将结束。

土家十碗八扣席的菜品制作相当考究。其菜品选料常以家畜家禽及当地山野资源为主体，注重荤素物料的合理搭配，蒸扣菜式是主流。第一碗"土家鲜肉糕"品质最优、规格最高，使用肉糕与和菜蒸制而成。和菜先用粉丝、肉丝、黄花、黑木耳等调制拌味，装入头子碗中用于垫底，和菜上面排放肉糕。肉糕是用猪肉蓉、鱼蓉加佐料拌和成糊状，放入蒸笼抹平，先蒸至定型，糊上一层蛋黄液，再蒸熟后切成长方形块，用十六条按四方摆在和菜上，最后入笼蒸至滚熟，淋上鲜汤即成。宴席的最后一碗"虾米肉丝汤"则由虾米、肉丝等制成，本菜不用扣碗蒸制，不必提前预制，多是现烹现吃，强调一热三鲜。这是宴席中的最后一道菜品，常用于酒醉饭饱之后，又叫"醒酒汤"。

（五）鄂东庆典围席

自宋代至明清，在湖北东部的罗田、麻城、红安、黄冈、黄州、黄梅等地，每逢科举及第或是婚寿喜庆等盛大庆典，当地居民常设大型围宴以示庆贺。这一传承千载的大型筵宴共设8组菜式，每组8道菜品，因席面宏大，兼取"八八大发"之寓意，故称"大围席"。

鄂东地区举办的"大围席"，正式而且庄重。庆典之前，主人要为人、财、物、事筹划多时。多在院坝内搭设帐篷，摆放桌椅，聘请本地名厨主理，在家族及亲友中选用专人采买、跑堂、接待与服务，还有锣鼓唢呐乐队以及舞龙、舞狮或相关戏班的艺人助兴。客至，放鞭奏乐，主人迎候，拱手揖让，奉茶安座。客齐开席，先上"花盘"。如婚宴，使用红花月饼寓意"花好月圆"；如寿宴，则用长生果表示"长生不老"；如学子登科宴，就用如意三圆象征"三元及第"。接着，按照流水席的格局，依次排上八八六十四道看馔，席终多用面塑的龙、凤、鱼、鸡寄寓"龙凤呈祥""鱼跃龙门""凤栖梧桐"等祝愿。宴饮的最后，主人及族人列队欢送嘉宾。

三元及第

继大围席之后，鄂东民间还流行着一种小型围宴，其宴席菜品也分8组，每组4道，共计32道，因接待仪程不变，但菜品总数减半，故称"半围席"。

下面是一份民国年间流行于鄂东地区的半围席菜单，可供赏析。

鄂东庆典围席菜单

第一组：四鲜果（苹果、鲜桃、艳李、西瓜）

第二组：四点心（麻圆、酥糖、港饼、烧梅）

第三组：四甜食（莲子汤、糯米酒、糖粟米、蜜甜枣）

第四组：四凉菜（香干顺风、皮蛋豆腐、香菜牛肉、椒麻鸭掌）

第五组：四大菜（如意肉糕、油焖全鸡、清蒸樊鳊、排骨藕汤）

第六组：四珍味（黄焖甲鱼、鸡蓉鱼肚、鄂南石鸡、春笋山鸡）

第七组：四饭点（白米饭、绿豆糕、千层饼、银丝面）

第八组：四饮品（龟山茶、鲜橙汁、甜豆奶、桂花酒）

说明：民国年间的这种"半围席"较之先前的大围席，虽然接待风范、宴客仪程及酒宴格局变化不大，但其肴馔数量减少，制作工艺更新，菜品的组配有了重大变革。

随着时代的发展与进步，如今设置庆典围席，鄂东居民传承了真诚朴实的宴客食风，保留了欢快祥和的喜庆气氛，摒弃了以量取胜的传统观念，更加注重合理配膳。

下面是一份近几年来流行于鄂东地区的秋令小型围席，其清新亮丽的个性、朴实大方的风格令人欣喜。

鄂东秋令小型围席菜单

四凉菜：	巴河泡藕带	五香葱油鸭
	香菜拌牛肉	冰糖渍香莲
六热菜：	珍珠扒牛掌	三鲜蒸鱼糕
	板栗烧仔鸡	黄州东坡肉
	酥炸红苕圆	清蒸大白鲷
二汤菜：	莲枣桃胶羹	虫草炖老鸭
二主食：	黄州蒸烧梅	麻城银丝面
一水果：	鄂东时果拼	
一香茗：	龟山毛峰茶	

（六）荆楚风味莲藕席

莲藕，属多年生睡莲科草本植物，其茎叫藕，花叫荷，果叫莲，生长于浅水溪塘，分布于长江流域和南方各省，一年四季皆可采撷，尤以产自湖北湖区者品质最佳。

湖北省素称"千湖之省""鱼米之乡"。这里千湖碧波，万顷荷塘，阡陌田野，荷花飘香，莲藕是其最具代表性的土特产之一，产量高，品质好，深受荆楚民众喜爱。当地有"饭稻羹鱼"的生活习性，有"无藕不成席"之宴饮习俗。

产自湖北的莲藕，呈短圆柱形，质脆嫩，味微甜，生熟皆可食用，以藕身肥大、肉质脆嫩、汁多味甜、清香淡雅者为上品。本品富含碳水化合物、各种维生素及矿物盐，有清暑利尿、健脾开胃、益血生肌、止血散瘀等养生功效，既是上好的常供食品，又是廉价的滋补佳珍。

近年来，在省市领导及专家名师的引领下，湖北餐饮界掀起了莲藕菜和莲藕宴的研制热潮，一大批经典菜式及莲藕筵宴脱颖而出。下面是武汉盛秦风

臻宴酒店张强大师创制的楚香莲藕宴，曾被评为"湖北十大主题名宴"，其意境高雅，令人口舌一新。

楚香莲藕宴菜单

凉　碟：	泡椒藕尖	桂花糯米藕
	爽口脆藕丝	七喜冰镇藕带
	嫩藕钵钵鸡	秘制卤藕
热　菜：	洪湖野藕煨野鸭	极品粉蒸鲴鱼藕
	白灼大明虾	脆炸藕圆拼小鱼
	金丝藕饼	银杏脆藕炒虾滑
	红烧肉扣粉藕	麻香珊瑚藕
	长阳腊蹄焖藕	明珠藕圆武昌鱼
	田间秀色	清炒时蔬
汤　羹：	猪弯骨莲藕汤	传统藕粉糊
主　食：	浓汤面片	紫薯糍

为打造湖北莲藕菜式品牌，满足荆楚民众的饮食期盼，湖北经济学院邹志平副教授（国家级技能大师、享受国务院政府特殊津贴专家）多年以来潜心研究莲藕菜和全藕席，他将传统与创新相结合，集工艺与科技于一体，总结出烹制莲藕的规整技法，打造出一大批藕菜精品，设计出系列莲藕筵宴，出版了《中国莲藕菜》等饮食著作，为楚菜的传承与发展做出了杰出贡献。

下面是邹大师及其研发团队设计与制作的荆楚风味全藕席，可供赏鉴。

创意说明：本筵宴是一款以莲藕为主要食材的荆楚风味全藕席，全席菜品18道，由冷菜、热菜和主食组成。其显著特色是烹制技法规整，水乡风味显著，菜品精纯雅致，味型清淡为主，筵宴大方天成。

荆风楚韵全藕席菜单

彩　碟：	夏日荷塘晓景	
围　碟：	泡拌洪湖藕带	冰镇巴河脆藕
	桂花糯米藕片	秘制月湖卤藕
头　菜：	藕蓉鸡汁鱼翅	
热　菜：	湖鲜水晶虾片	藕带鲜菱扒蟹
	香荷天沔三蒸	金钱酥炸藕夹
	老藕油焖野鸭	拔丝洪湖脆藕
	荆沙财鱼焖藕	清炒荷塘三鲜
汤　羹：	血燕莲菱甜羹	瓦罐排骨煨藕
主　食：	莲蓉三鲜蒸饺	云梦藕粉鱼面

（七）湖北钟祥长寿宴

湖北省钟祥市是中国历史文化名城、世界长寿之乡、楚文化的重要发祥地、中国最佳生态旅游城市。其历史文化底蕴深厚，地方饮膳特色鲜明。

钟祥长寿养生文化是一种源于湖北钟祥地区，因为楚文化的滋养、尚礼文化的传承、孝道文化的弘扬、长寿理念的积淀、养生理论的熏陶而形成的地方饮食文化，它与"钟聚祥瑞"的历史文化、"养生山水"的旅游文化密不可分。为使钟祥长寿宴既突出养生功效又体现文化内涵，钟祥餐饮界常以当地的长寿物产为食物资源，运用历代传承的菜点制作技艺，根据当地的宴饮习俗和健康饮食理念，精心设计与制作各式特色风味筵宴。

湖北钟祥长寿宴，是指流行于湖北钟祥及其周边地区，按照当地宴饮礼仪和审美观念编制，具有长寿养生功效的民俗风情宴，主要特色如下：

第一，养生食材品质优良。湖北钟祥是全国小康建设百强县市之一，物产丰饶，长寿养生食品口碑良佳。其著名的养生物产有产自大洪山的"亚洲人参"——野生葛根和葛粉；口感滑润、柔软香糯的钟祥长寿米（曾被列为皇室贡品）；具有保健功效的"八

月炸"水果；被嘉靖皇帝列为"贡茶"的钟祥云雾茶；"中国豆腐之乡"石牌镇的石牌豆腐等。此外，张集香菇、客店黑木耳、香熏肉、橡粉、板栗、保健滋补酒及地方干菜、泡菜、酸菜、砂梨等产品，经常用于长寿养生宴中。

第二，养生菜品品类齐全。钟祥长寿宴的冷菜通常选取当地的畜禽、水产、豆制品、蔬菜等原生态食材，运用多种技法制成，精美细致。用之于长寿宴的热菜主要有"蟠龙菜""三元蹄髈""喜沙肉""凤凰香菇""鱼蓉卷""腰带鳜鱼""生炝虾"等，品类丰繁。在筵席点心、主食方面，"长滩焦切""葛粉饼""橡粉饼""邵妞子酥饼""张集酥粑粑""红枣糯米粥"等，颇具地方特色。水果则是选用"农谷"的绿色时令水果，如官庄湖西瓜、旧口砂梨、"八月炸"等。此外，饮品常选金文峰酒、金龙泉啤酒、客店云雾茶、张集响水茶和"三匹罐"茶等。

第三，养生筵宴饮膳特色鲜明。钟祥长寿养生宴选料严谨，组配巧妙，精于烹制调理，养生功效显著。它有以郢中为代表的城区派，以石牌为代表的靠江派，以胡集为代表的矿山派，以客店为代表的山林派，以长滩为代表的丘陵派等风味流派。爆炒菜鲜嫩爽口，不失其色；炸制菜酥松泡脆，不失其香；蒸制菜鲜滚软烂，不失其味；烧扒菜酥烂脱骨，不失其形。

第四，筵宴菜品命名雅致。钟祥长寿养生宴的菜品命名既直观明了，又工巧含蓄。例如"蟠龙菜""喜沙肉""金砂鳝鱼""砂罐蹄花""香酥油卷"等朴素明朗的菜名，能反映菜品概况；"钟聚祥瑞""凤鸣楚郢""松鹤延年""阳春烟树""寿星罗汉"等吉祥典雅的菜名，能烘托筵宴意境。

钟祥蟠龙菜

第五，筵席文化内涵深厚。钟祥长寿养生文化与楚文化、明代帝王文化、山水旅游文化等相结合，派

生出具有自身特色的钟祥长寿养生筵宴文化。例如该地推出的千年楚风宴、大明帝王宴、钟祥美景宴等系列主题筵席，即是以钟祥长寿养生筵宴文化为基石，按当地宴饮习俗和饮膳特色设计与制作而成，文化底蕴深厚。

随着鄂西生态文化旅游圈的建设，湖北钟祥抢抓机遇，拉长旅游产业链条，打造"行、游、购、食、住、娱"一条龙产业体系。适时推出此类长寿养生宴，有助于带动当地旅游产业发展。

下面是一份钟祥"千年楚风"长寿宴菜单。

钟祥"千年楚风"长寿宴菜单

类型	菜品名称		菜品概况
	寓意命名	写实命名	
冷菜	凤鸣楚郢	楚凤彩拼	以卤牛肉、卤豆腐干、香菇、火腿、蛋卷等凉菜拼制而成。
热菜	武王逐鹰	胡集烧鸭	选取胡集土鸭烧制而成。以鸭喻鹰，可搭配武王形象食雕盘饰。
	阳春烟树	一品豆腐	选用石牌嫩豆腐精制而成，辅以九里冈生态牛肉。
	白雪晴岚	雪枣肉	选用罗汉寺土猪五花肉，辅以豆沙、蛋清精制而成。
	兰台午风	钟祥楚糕	选取汉江鲜鱼制成鱼糕。做成扇面的形象，以喻文风。相传此菜与楚庄王有关。
	嘉靖中兴	蟠龙菜	瘦猪肉和鱼肉制蓉，肥膘肉切丝，制馅。蛋皮包馅卷筒，蒸熟，装盘成龙形。据传此菜与明代嘉靖皇帝有关。
	胥台振彩	金砂鳝鱼	以鳝鱼为主料，黏玉米粉蒸制而成。相传此菜与伍子胥有关。
	莫愁古渡	荷湖小炒	以莫愁湖所产的鲜鱼制成小鱼圆，与虾仁、莲子、菱角、红辣椒一同炒制，盛入嫩藕雕成的小船即成。
汤菜	龟鹤仙池	龟鹤延年汤	当地野生乌龟与江汉土母鸡煨制而成。汤醇味鲜，滋阴益气。
点心	仙洞奇观	养生葛粉饼	取野生葛根粉制作，辅以干橡子、青葛叶盘饰。具有保健功效。

（八）武汉白云黄鹤宴

湖北武汉地处江汉平原东缘，鄂东南丘陵余脉，自古就是"白云黄鹤之乡"。武汉黄鹤楼是中国江南三大名楼之一，素有"天下江山第一楼"之美誉。这里地处长江与汉江交会之处，龟山与蛇山隔江相望。登楼远眺，江面舟楫如织，江上白云悠悠，湖光山色，碧波千顷，吸引着无数文人墨客流连于此。唐朝诗人崔颢留下了"昔人已乘黄鹤去，此地空余黄鹤楼。黄鹤一去不复返，白云千载空悠悠"这一千古绝唱。

"湖水连天品四海，锦绣佳肴食满堂"。在白云黄鹤之乡迎接来自五湖四海的宾客，正好映和了中华民族喜好登高的民风民俗、亲近自然的空间意识、崇尚宇宙的哲学观念。

下面是一份由武汉烹饪酒店行业协会提供的白云黄鹤宴菜单。作为湖北"十大主题名宴"之一，本筵宴"鱼米之乡"的饮膳特色十分鲜明。

创意说明：为凸显"白云黄鹤迎嘉宾"这一筵宴主题，本宴席的摆台采用黄白相间的色彩，餐具选用高档骨瓷中国黄，圆桌中间采用琼脂雕刻黄鹤楼，以白萝卜雕刻仙鹤相围绕。在菜单设计上着力彰显湖北地方饮膳风情，兼顾荆楚民众的饮食习俗；在菜品确立上，优选"清蒸武昌鱼""瓦罐煨鸡汤""天沔蒸三鲜""腊肉炒菜薹""黄州东坡肉""荆沙焖甲鱼""米酒煮汤圆"等荆楚风味名菜与名点；在菜肴原材料的选用上倾向于武昌鱼、红菜薹、野菌王、土甲鱼等淡水鱼鲜和山野资源；在烹制技法上采用了蒸、煨、烧、

焖等湖北技师最为擅长的烹调方法；酒水、饮料则是分别采用金奖黄鹤楼和桂花葛根汁等湖北地方特产。

白云黄鹤宴菜单

冷　菜：	黑木耳蟹柳	桂花炙山药
	翡翠拌蜇头	卤水葱香鸭
热　菜：	荆沙焖甲鱼	白焯基围虾
	椒盐炸羊排	荷塘炒三鲜
	黄州东坡肉	楚乡煎藕饼
	小花菇芦笋	天沔蒸三鲜
	腊味炒菜薹	清蒸武昌鱼
汤　菜：	菌王土鸡汤	米酒煮汤圆
美　点：	特色热干面	五谷杂粮拼
饮　品：	桂花葛根汁	金奖黄鹤楼

（九）襄郧山珍野味席

在湖北餐饮行业里，襄郧风味区，通常泛指襄阳、郧阳、十堰、神农架及其周边地区。这里山川众多，林木茂盛，物产丰富，尤以山野资源充沛而著称。当地著名的特产食材有：武当山猴头菇、神农架香菇、房县黑木耳、竹溪养殖娃娃鱼、郧阳山笋、房县燕耳、郧县蜜枣、鄂西斑鸠、郧阳口蘑、襄郧野兔、襄阳野鸡、竹溪龙峰茶、大洪山葛根、清江野生乌龟、鄂西野猪等。这众多的山珍野味，常与当地的家畜家禽、蔬果粮豆相配合，调制成风格各异的菜品和宴席，用以款待贵客。

下面是襄郧地区的山珍野味席菜单，可供赏析。

本宴席主要特色有四：一是地方名特物产众多，主要由鄂西的山野食材所组成，风格迥然；二是筵席菜品程式井然，组配合理，襄郧地方饮膳风情浓郁；三是菜品制作以蒸、煨、烧、焖、炸、扒、卤、拌为主体，工艺丰富擅变，彰显了各式野味的天生丽质；四是筵席菜品短小精悍，10道主菜，充分展示了鄂西山地山珍野味席的神韵。

襄郧山珍野味席菜单

郧阳三镶盘（香卤野鸡肫、姜汁黑木耳、襄阳缠蹄拼盘）

砂钵焖大鲵（竹溪养殖娃娃鱼使用砂钵焖制）

口蘑扣斑鸠（鄂西斑鸠腌渍、油炸、扣蒸至透味，辅以郧阳口蘑）

冬笋野鸡脯（山笋嫩尖辅以襄郧野鸡脯肉片滑炒）

时蔬扒野兔（襄郧野兔焖扒至酥烂脱骨，辅以时蔬）

香烤野猪排（鄂西野猪排熏烤后，佐以椒盐味碟）

燕耳莲枣羹（房县燕耳、郧阳蜜枣、莲子炖制）

凤翅扒猴头（主料为襄阳三黄鸡翅、武当山猴头菇）

房县烩三菇（房县花菇、草菇和猴头菇用鲜鸡汤烩成）

虫草炖金龟（郧阳野生乌龟配以冬虫夏草煨炖）

葛粉白鱼面（清江白鱼、大洪山葛根粉及面粉制鱼面，用鸡汤煮成）

竹溪龙峰茶（湖北特产竹溪龙峰茶沏泡）

（十）均州十大碗

评品均州十大碗，不可淡忘均州城。

均州古城是一座淹于丹江口水库水下的历史名城。该城因武当道教而兴盛，具有两千多年的悠久历史。

相传古均州是真武大帝的降生地。自宋代开始，从水路去武当山朝圣的人们，都要在此地下船，换车乘马上山。所以，古代的均州帆樯林立、车水马龙，呈现出一片繁荣景象。明朝永乐年间，为遵循"南修武当、北建故宫"的基本国策，作为武当山"九宫"之首的静乐宫兴建于均州古城之内，其面积占到均州城的一半之多（一座静乐宫，半座均州城），规模相当宏大。清朝大兴武当，古均州香客云集，官商共处，除了接待中原香客，文武百官外，更是接待了无数批帝王将相，皇亲国戚。就这样，浸润着古均州文化的均州十大碗不知不觉地传遍了南北各地。

均州十大碗，是均州当地百姓在迎送嫁娶、年节庆典等重大场合时设置的民俗风情宴，它源自均州民间，因武当道教而兴盛。本宴席的食材必选当地常供的排骨、蹄髈、丸子、鲜鱼、蔬菜和主食，荤素兼备，经济实惠。其烹制技法以蒸熘为主，常有"十碗八扣"之说。之所以以蒸菜为主，一是食材可以提前预处理，有利于快速上菜；二是蒸制的菜肴形状不散，扣入碗中，品相好看；三是有利于形成酥烂或熟嫩的质感，有利于保持菜品温度，保持鲜香的风味。

下面是丹江口兴诚酒店管理有限公司推荐的均州民俗风情十大碗筵宴菜单可供赏鉴。

均州十大碗菜单

一炸藕二炖蹄
三下水四酥骨
五糯米六条肉
七碗圆子八蒸肉
九碗小炒十碗鱼
青龙过江走上水

均州十大碗菜品简介：

一炸藕。将莲藕切成方方正正的长条块，腌制码味，挂糊，油炸至金黄，上笼蒸透。寓意百姓联系紧密，心心相印。

二炖蹄。猪蹄髈卤熟切方块，倒置碗里，垫上边料上笼，蒸至色泽红润质感酥烂后出笼，扣在盘中。寓意勤能生财，红火风光。

三下水。豆腐切长条块，入油锅炸至金黄色，改切成条形。白菜稍炒垫入碗底，辅以豆腐条入笼蒸透。寓意人间有正道，公道在人心。

四酥骨。排骨腌制码味、挂糊，炸至金黄，上笼蒸透后取出，倒扣盘中。寓意为人正直，铁骨铮铮。

五糯米。将上好糯米洗净泡透，装碗蒸熟，出笼后倒扣盘中洒上白砂糖，缀以枸杞。寓意五谷丰登，

生活甜蜜。

六条肉。将上好五花肉腌制码味，卤至红润，切成条形、装碗、垫酸菜，上笼蒸，倒碗，上席。寓意惠及苍生，天下太平。

七圆子。将红薯蒸熟，去皮、捏碎，将面炒熟一同揉成泥状，搓成条形，揉成圆疙瘩，下油锅炸成金黄。寓意勤劳发家，实干兴邦。

七圆子

八蒸肉。猪五花肉切长条，腌制码味，滚上米粉，排入扣碗，垫边角余料，入笼蒸至酥嫩取出，扣入盘中。告诫人们勤俭持家，必须杜绝浪费。

九小炒。卤熟的猪耳朵切丝，配以鲜嫩的黄豆芽烹炒调味而成。寓意洁白无瑕，顺风顺水。

十碗鱼。鲤鱼炸至金黄，浇上红润汤汁。寓意生活富裕，年年有余。

说明：本民俗风情宴曾多次获得"舌尖上的中国"及省市电台专访。2017年11月，其筵宴展台在十堰市首届食品餐饮博览会暨第二届美食文化节活动中荣获团体金奖。

（十一）湖北蕲春药膳养生席

湖北蕲春县，隶属黄冈市，南临长江，北倚大别

山，风光秀丽，景色宜人。蕲春是世界文化名人李时珍故里，医学巨著《本草纲目》的诞生地，素有"千年药都"之称。除盛产农作物、水产品及山野食材外，蕲春出产七百余种中药材，尤以药食兼用的蕲竹、蕲艾、蕲龟和蕲蛇（历称"蕲春四宝"）"天下重之"。

蕲春药膳养生席是指利用蕲春及周边地区的食物资源和相关药材，依据药食养生的相关理论和医方，为特殊食客设计与制作的文化主题宴。此类宴席包括补气药膳养生席、补血药膳养生席、补阴药膳养生席、补阳药膳养生席、抗衰药膳养生席和美容药膳养生席等。

下面是一例补阴药膳养生席，可供赏鉴。

蕲春补阴药膳养生席菜单

冬笋焖乌鸡（乌骨鸡、茅山竹笋、麦冬、百合等焖制）

天麻蒸鱼头（大胖头鱼头、天麻、川芎、茯苓、生姜、剁椒蒸制）

当归焖羊排（黄州萝卜、鄂东山羊排、当归、生姜、何首乌等烧焖）

地黄蒸老鸭（鄂东麻鸭、生地黄、怀山药、枸杞蒸制）

银耳莲子羹（大别山银耳、鄂东香莲、冰糖、沙参、石斛煮成）

八宝镶豆腐（黄州豆腐、蟹肉、水发干贝、香菇、蕲艾等酿蒸）

虫草炖蕲龟（蕲春蕲龟、冬虫夏草、猪脚、枸杞、生姜煨炖）

腊肉炒豆丝（黄冈腊肉、麻城豆丝、青蒜、豆豉、枸杞、菊花炒制）

蕲春鲜果汁（巴河鲜藕、蕲春甘蔗、龟山雪梨、英山荸荠熬成）

创意说明：本宴席是一款以"滋阴补阴、食治养生"为文化主题的简约型药膳养生席。其主要特色表现如下：

第一，本宴席的所有食品按照中医饮食有节、五味调和、辨证施治的食疗膳补原则而调制，食用为主，兼具治疗功效。例如"冬笋焖乌鸡"，能使人体的红细胞和血色素显著增生。又如"当归焖羊排"，可治疗妇女产后血虚，身体虚寒腹痛、腰痛和闭经等症。

再如"地黄蒸老鸭"，可滋阴养胃、益肺补肾、补虚损、止喘咳。至于"虫草炖蕲龟"，其养生功效更是名不虚传。《南齐书》说：龟肉性味甘酸温，能滋阴补血，逐风祛湿，柔肝补肾，去火明目，可"通经脉，助阳道，补阴血，益精气，治痿弱。"

第二，本宴席的地方特色鲜明，极具鄂东饮膳情韵。筵席所用的食材及药材大多源自鄂东地区，尤以蕲春蕲龟、黄州豆腐、巴河莲藕、麻城豆丝、长江胖头、茅山竹笋、鄂东麻鸭最具特色。菜品以蒸煨烧煮炖焖为主体，既保护了食物的营养成分，有助于保健功能的充分发挥，又符合鄂东民众的饮食习尚。

需要说明的是：本宴席适用于阴虚体质的宾客，根据中医"因人而异，对症而施"药膳配用原则，设计与制作此类筵宴，必须提前预订，"量身定做"。

（十二）宜昌香溪昭君宴

湖北宜昌之香溪，本是长江的一道支流，因哺育过"中国古代四大美女"之王昭君而闻名于世。据《汉书》载，西汉南郡（湖北）秭归籍宫女王昭君于竟宁元年（公元前33）嫁与匈奴单于和亲。和亲促进了汉匈两族长达60年的友好交往及经济文化的广泛交流，昭君出塞的义举更是赢得了后世人们的景仰。关于"香溪"的来历，《兴山县志》亦有"昭君临水而居，恒于溪中浣手，溪水尽香""香溪水味甚美，常清浊相间，作碧腻色，两岸多香草，故名'香溪'"之记述。

宜昌香溪不但自然景观秀丽、物产资源丰富，文化底蕴深厚，地方饮食也颇具特色。湖北宜昌的烹饪技师围绕昭君出塞的历史故事及其饮食习俗，结合湖北荆南地方物产和佳肴美点，研制出"香溪昭君宴"，是2018年中国烹饪协会认定的楚菜"十大主题名宴"之一。

香溪昭君宴菜单

冷　菜：和亲开胃碟（四碟）

热　菜：昭君出塞　　　沉鱼落雁

　　　　情思桃花鱼　　昭君鸭

　　　　昭君眉豆　　　昭君西汁牛腩

　　　　梦回南君　　　昭君手撕牛肉

　　　　香溪脆炸三拼

汤　菜：昭君减肥汤

点　心：相思昭君糕　　昭君菊花烙

水果：汉匈佳果拼

（十三）武当山道家养生素斋宴

武当山又名"太和山"，位于湖北省丹江口市西南部。武当主峰天柱峰，海拔1612米，周围有"七十二峰、三十六岩、二十四涧"等胜景环绕，风光旖旎，气势宏伟，被世人誉为"亘古无双胜境天下第一仙山"。

武当山是我国著名的道教圣地。该地道士在养生长寿等生命科学实践中凝练出众多行之有效的健身术，主要表现在道教医学、道教养生学、道教仙学三个方面。其中，道教养生学包括导引行气、食补食养以及日常养生等技术和理论，是我国传统养生学和保健学的重要分支和主要表现形式。

鄂西北餐饮行业的能工巧匠深受武当胜景及道家文化所熏染，依据《道藏》记载的"武当祥瑞图"（明永乐年间宫廷画师绘制）所描绘的祥瑞景观，制作出"五彩祥云汤"等寺院素斋，组配成武当山道家养生素斋宴，以此期盼康乐长寿、国泰民安、天人合一、吉祥如意。

下面是一份湖北烹饪酒店行业协会推荐的"湖北特色主题名宴"之一的武当山道家养生素斋宴菜单，可供赏鉴。

武当山道家养生素斋宴菜单

五彩祥云汤（香菇、豆腐、胡萝卜、豆芽、鸡
　　　　蛋等煮制、拼摆而成）

逍遥太清盅（嫩豆腐等初步处理后，加调配料，
　　　　放入盅里蒸制而成）

三界拼行粟（玉米、山药、南瓜、红薯、花生
　　　　等洗净、蒸熟，摆盘即成）

太极老豆腐（豆腐、黑芝麻、南瓜等加工蒸制，

拼摆制成太极图形）

老君拌竹笋（竹笋、芹菜、胡萝卜、黑木耳初
　　　　加工后，入锅烧制而成）

神仙叶凉粉（神仙树叶捣碎，取汁，加草木灰
　　　　等拌匀，加工凝固而成　）

盘龙焯瓠子（瓠子去皮，切蓑衣花刀，入开水
　　　　锅中余熟，摆盘淋味汁）

芦笋烩花菇（芦笋、小香菇焯水，下锅烧焖入
　　　　味，摆盘即成）

白灼鲜秋葵（黄秋葵洗净，切段，入开水锅余
　　　　熟入味，摆盘即成）

麻花缀时疏（黄瓜、胡萝卜、莴笋、白萝卜刻
　　　　花刀，调拌入味，摆麻花状）

养生萝卜皮（萝卜去皮，切厚片，余至8成熟，
　　　　入锅调味烧透，摆盘即成）

武当草帽饼（面粉调水油面团，入锅摊熟，拍
　　　　松，形成草帽状薄饼）

太乙点星粥（面粉加水、鸡蛋调浆，顺锅边淋
　　　　煮，熟后加芝麻叶、芝麻油）

（十四）洪湖驯养野鸭席

洪湖市位于湖北中南部，境内除中国第七大淡水湖洪湖之外，还有千亩以上的大湖21个。这里水域辽阔，水草丰茂，水质清澈，野生动植物繁盛，尤以洪湖野鸭最负盛名。

野鸭，又名山鸭、水鸭、蚬鸭，其常见品种有青头鸭、黄鸭、中野鸭、八搭鸭等39种，尤以青头鸭与八搭鸭最负盛名。当地民谚说："九雁十八鸭，最佳不过青头和八搭。"洪湖地区的餐饮企业在传承当地野鸭制作技艺的同时，结合现代食品加工技术，以驯养的野鸭为主要原料，研制出一大批野鸭菜品，组配成风姿特异的各式野鸭宴席。

下面是洪湖餐饮酒店协会提供的一份驯养野鸭席菜单，可供赏鉴。

洪湖野鸭席菜单

冷 菜：	香芹野鸭丝	透味卤野鸭
	椒麻野鸭肫	蒜香烤鸭翅
热 菜：	干贝野鸭掌	莲菱蒸野鸭
	野鸭煲笋尖	红烧野鸭块
	腊野鸭焖藕	虫草老雄鸭
主 食：	鸭蓉小笼包	腊鸭炒豆丝

创意说明：全席菜品共计 12 道，逢菜必以洪湖野鸭为原料，精纯齐整的野鸭菜式构成了大气而完备的筵宴格局。

在原料的取用上，本席以洪湖驯养野鸭为主体，辅以莲藕、莲子、红菱、笋尖、藕粉等特色食材。作为国家农产品地理标志的洪湖野鸭，丰腴肥美，肉质细腻，鲜香味醇。本席的"虫草老雄鸭"，即是选用雄性的老野鸭，配以冬虫夏草蒸炖而成，具有滋肝养肾、补虚暖胃、增强体质的功效。

在菜品加工工艺方面，洪湖的厨艺高手对于野鸭的制作有其独特要领：一是初加工时注意鸭身完整，适时除掉含有异味的尾脂腺；二是多用姜、葱、蒜、绍酒、川椒和花椒等辛香调料压抑异味，突出野鸭特有的鲜香；三是注意调控火候，务求野鸭肉质酥烂爽口。

"遍地野鸭和菱藕，秋收满畈稻谷香，人人都说天堂美，怎比我洪湖鱼米乡。"勤劳朴实的洪湖人民通过各式野鸭全席，将当地的物产资源发挥到了极致。

（十五）厨祖詹王传承宴

在"鄂北门户"广水市的涢水河畔，坐落着一个钟灵毓秀的小镇——马坪镇。广水市马坪镇乃中国厨行祖师爷"詹王"的故里，从厨人员众多，素有"中国厨师镇"之美誉。据国家图书馆收藏的《义门陈氏宗谱》记载，厨祖詹王本名陈志龙，出生于南北朝时期，常奔走于永阳县（今广水市）中华山，好狩猎，善烹野味，曾被唐太宗封为"詹王"。湖北广水市詹王文化研究会文史资料亦证实：詹王是中国五大厨祖之一，出生在湖北广水马坪镇，历任随、唐两代御厨，一生两揭皇榜，救众多厨师于水火，是中国厨师崇拜的偶像和福星。詹王创制的"应山滑肉""金鸡报晓""葱花饼"等菜点，传承千年，经久不衰。后世传人

依托当地物产，根据詹王厨艺而制作的地方民俗宴亦传承至今。

以下是一份享誉湖北餐饮界的厨祖詹王传承宴菜单，可供赏鉴。

厨祖詹王传承宴菜单

四 干 果：	椒盐白果	野生核桃
	红袍花生	炒南瓜子
四 干 点：	橙香锅盔	阴米切糕
	香麻翻饺	孝感麻糖
四 蜜 饯：	应山蜜桃	洪山蜜枣
	广水杏脯	寿山橘饼
八 珍 碟：	枯酥小麻鱼	水晶腊蹄冻
	清脆水腌菜	生呛土黄瓜
	蒜油地皮菜	香卤野斑鸠
	元宝黄牛肉	蜜汁野板栗
十 热 菜：	詹王千年炖滑肉	鸿运金鸡报晓鸣
	焖罐花肉野生甲	绿豆圆子炖羊蹄
	水库菱角烧野鸭	玉米发粑扣红肉
	广水萝卜扒三鲜	香煎荠菜酥卷煎
	土灶菜油烧鳜鱼	清朝贡品泡泡青
两 汤 羹：	独蒜腊肉煨鳝鱼	阴米傲子荷包蛋
六 小 吃：	马坪拐子饭	詹王葱花饼
	香脆裤腰粑	红糖炒糍粑
	灶堂炕包粑	清汤煮奎面

创意说明，本厨祖詹王宴是在继承詹王名菜特色风味的基础上，结合鄂北广水市饮膳风格，充分利用大别山生态食材，精心设计与制作的一套民俗风情宴。本筵宴既传承经典而不守旧，又赋予创新且不忘本。其主要特色有五：一是筵宴主题意境明晰，突出詹王饮食文化传统；二是擅取湖北广水特色食材，注重突出地方名优物产；三是民间特色烹法技艺精湛，倍受社会各界推崇；四是地方传统菜式品类丰繁，山乡特色风味显著；五是筵宴结构朴实大方，极富地方民俗饮膳风情。本筵宴在特色传承中突出开拓创新，于朴素大方中展现清新雅致，曾多次用以接待中外政要和港澳华侨，深受中外宾客一致好评。

（十六）团风乌林宴

公元 208 年夏，曹操亲率雄兵南下，屯兵古乌林（今湖北团风）。当地百姓取团风鲜藕、南瓜、萝卜、

板栗、土鸡、鳊鱼、蹄髈等特色食材，按照地方饮食习俗制作乌林宴，犒劳三军。曹军将士对酒舞剑而歌，雄浑豪壮，士气大振。

昔日金戈铁马的恢宏气势虽已逝去，但团风鱼米之乡的饮馔风情却千古传承。

团风乌林宴，是一款源自湖北团风的民俗风情宴，又称"三圆三全宴"。本筵宴历史传承悠久，文化底蕴深厚；常以"三圆""三全"的菜式结构招待往来于湖北团风的中外嘉宾。本席精选地方特色食材，凸现山乡独特烹技；筵宴简约大方，菜式朴实自然；食风淳美厚实，尽现豪迈奔放之气概，承载着团风百姓对国泰民安、福寿万全的美好期盼。

以下是黄冈市团风龙腾大酒店胡志勇、陈福明和童先彬大师根据湖北团风传统饮食习俗，结合现代餐饮发展潮流，精心设计与制作的2款团风乌林宴，以供赏析。

例一：团风乌林三国宴菜单

团风乌林三国宴菜单

类别	序号	菜品名称	制作工艺设计	创意展示
冷菜	1	故垒西边千堆雪	精选马蹄、菱角、鲜藕、莲米等团风水上四鲜，辅以牛肉、毛肚、顺风、驴肉等透味凉菜，精心拼制风水图案。	再现当年故垒连营号角长、惊涛拍岸千堆雪的深远意境。
	2	战舰雄姿踞龙盘	取南瓜、冬瓜、萝卜、板栗等应时瓜果，精心雕刻为古代战舰模型，樯橹兼备，风帆烈烈。	栩栩如生的造型，气势磅礴的意境，重现了浩瀚长江之上三军雄姿。
热菜	3	百战金甲功名求	秘制绿豆圆子：选用上等绿豆，用石磨磨出豆浆，添加面粉和胡萝卜丁制成球状，入油锅炸至金黄。	本品寓意为绿豆矢志坚，齑粉气不休；浴火穿金甲，百战功名就。
	4	凤雏巧思乾坤汤	精选农家散养土鸡，初加工后切块，先以旺火爆炒，再入瓦罐慢煨，调味后加入特产鱼面煨炖入味即成。	本品鸡汤鲜醇清纯、鱼面洁白如丝。寓意锦鸡赛凤雏，鱼面巧丝裁。
	5	劈波斩浪勇有余	精选金秋时节团风野生鳊鱼，初加工后，入锅煎制，红烧至透味，装盘点缀即成。	团风柳叶鳊鲜香肥美，尽显蜿蜒长江之灵气。寓意锦鳞著红袍，灵动跃江天。
	6	马蹄声声赤壁矶	鲜美的蹄髈浓油赤酱，辅以洁白亮爽的马蹄，色泽明快，浓香扑鼻，柔软绵糯，清甜脆爽。	乌林马蹄甜，赤壁蹄髈艳。本品印证了昔日万马奔绕赤壁的雄浑与粗犷。
	7	周瑜风流颜如玉	本品取长江翘嘴鲌鱼肉制作鱼胶，余为鱼丸，以鸡汁烩制而成。成菜洁白亮丽，圆润如玉。	妙手成满月，温香玉软色。寓意周瑜笑傲王侯志、风流颜如玉。
	8	秀外慧中孔明灯	取巴河特产鲜藕，磨研成粉，配以糖桂花等鄂东地方特产，精制成为惟妙惟肖的孔明灯。	栩栩如生的孔明灯秀外慧中，兼取桂花芬芳意，粉雕玉琢圆之意。
点心	9	艨艟千艘风帆劲	本品以高汤煮制手擀大包面，外形精致、晶莹剔透，如同战船千艘排列过长江。	精致的手擀包面浮于清澈的鸡汤上，寓意清水出芙蓉，吉祥又安康。
	10	惊涛拍岸雪花膏	取当地特产珍珠糯米蒸饭，置石臼捣碎，精制成雪白的糍粑，加工装饰而成。	珍珠糯米材，众人合力揣。寓意百姓合力打造幸福安康的甜美生活。

例二：团风乌林三圆三全宴

团风乌林三圆三全宴菜单

雕　刻：乌林古战船

冷　拼：团风乌林镇

热　菜：马蹄扒全膀　　黄冈烩鱼圆

　　　　石磨绿豆圆　　桂花莲藕圆

　　　　牛车河烧鱼　　鱼面土鸡汤

主　食：团风炸糍粑　　手工大包面

附，团风乌林宴展台图：

（十七）土家族人赶年宴

在鄂西恩施土家聚居区，每进腊月，土家人都要杀年猪、做熰馇、推豆腐、打粑粑、置办年货，准备团年饭菜等。土家人过年，又称"过赶年"。这是土家族人最隆重且持续时间最长的节日，从腊月二十三过小年开始，直到正月十五撤下祭祀围帐，摆手锣鼓收场，整个年事活动才告落幕。

土家人的团年饭不尚奢华，所用菜品主要有"竹笋焖牛腩""干菜粉蒸肉""煮合菜""泡生姜炒腊肉""烟熏鱼块""酸菜鱼片汤""大蒜炒灌肠""青椒炒牛肚""笋干蒸猪脚""腊肉焖莲藕""腊肉丁子蒸蒸菜""玉米粉子煎腊肉"以及甑子饭、豆饭、粑粑和团馓等。

需要说明的是，土家族人团年饭虽因经济状况有所差异，但是每家必用甑子饭、蒸肉和煮合菜。蒸甑子饭时，甑子下层一般蒸的是大米饭，上层是用小米或米粉子裹的坨坨肉。甑子饭一定要蒸得很多，一般需要从过年那天一直吃到正月十五。合菜，又称"贺菜"，就是将肉丝、萝卜丝、白菜、粉丝、猪杂等放在一起煮着吃，既取"全家合乐、万事合顺"之意，

又祝贺土家祖先古时候在过年这天打了胜仗。

下面是一份土家族人赶年宴，可供赏鉴。

土家族赶年宴菜单

冷　菜：	烟熏白鱼块	豆豉金钱肚
	酸辣顺风耳	冬菇拌腐竹
热　菜：	祥和煮合菜	泡姜炒腊肠
	竹笋焖牛腩	小米蒸年肉
	腊蹄焖莲藕	恩施炭烤鱼
	石磨豆腐圆	山菌腊鸡汤
主　食：	土家甑子饭	恩施桃片糕

土家人吃团年饭也相当讲究：第一，家庭成员必须到齐，全家团团圆圆、和和美美地聚餐。第二，所有人必须同时入席，待长辈放完团年鞭炮，祈求来年平安之后，团年饭才正式开始。第三，土家有一种"抢"着团年的习俗，看谁家的鞭炮放得响，年饭吃得早，这与本民族的历史沿革、生产方式、宗教习俗及饮食文化密切相关。

第四节
荆楚创新筵席与宴会

作为荆楚民众交往应酬的重要工具，传统的荆楚筵席与宴会虽然食材组配谨严，菜品调理精细，传承历史悠久，特色风味鲜明，注重环境气氛、强调礼俗食趣，但有部分筵宴存在选料崇尚珍奇，排菜缺乏新意，菜品数量过大，宴饮时间太长，进餐方式落后，忽视营养卫生等基本问题。

随着社会的不断进步，现代餐饮正向着多样化、个性化、快速化、科学化和节俭化的方向发展。传统荆楚宴席只有顺应这种发展趋势，实施科学合理的革新措施，才会焕发生机与活力。

革新荆楚筵席与宴会，不应全盘否定，只能是在借鉴中扬弃，在继承中创新。首先，改革要兼顾湖北本地的饮膳特色和礼仪习俗，不能失去荆楚风味

筵宴的优良品质，传承不守旧，创新不忘本。第二，要在保持楚乡风味的前提下，不断探索荆楚筵宴的传承规律，结合自身的发展条件，利用新技术、新工艺、新设备、新原料等对湖北传统筵宴进行研发、改造、试制和推广，使其更具科学性和生命力。第三，尊重荆楚筵宴的商品属性，顺应餐饮发展趋势，研发创制出一大批精、全、特、雅、省的风味筵宴，打造荆楚筵宴品牌，提升荆楚宴席的市场竞争实力。

具体地说，荆楚宴席的改革与创新，应着力解决好以下几方面问题。

第一，减少菜品数目。根除"筵为席丰"的传统饮食观念，提倡风格多样的筵宴模式；减少菜品数量，提高菜品质量；删除繁文缛节，缩短宴饮时间。

第二，改革食物结构。根除选料崇尚珍奇的菜品设计理念，注重食物原料的多样化和均衡化，降低动物性原料的用量比例，丰富动植物原料品种，注意特色食材的合理选用，努力形成合理的平衡膳食。

第三，强化技术创新。顺应现代餐饮发展趋势，更新筵宴设计理念，用新食材、新技法、新设备打造出特色鲜明的筵宴品牌；借鉴西式宴会的接待服务方式，在筵宴构成及就餐形式等方面革新传统宴席。

第四，提高文化艺术含量。注重文化气氛的营造，使传统菜肴、精美食品与文化风情相互促进；针对不同的主题进行环境包装、艺术渲染，营造出荆楚饮食文化艺术氛围。

第五，突出宴席的个性化特色。从筵宴的主题确立、菜单设计、菜品制作、环境布置、节奏掌控等多个方面着手，增强宴席创新元素，突出楚菜个性化特色，打造出一大批荆楚筵宴品牌，使之更具科学性和生命力。

总之，荆楚筵宴的改革与创新是现代餐饮发展的客观要求和必然趋势。宴席改革与创新的目的是弘扬传统筵宴的优良特色，摈弃不科学、不合理的内容，使之更好更快地发展。

一、湖北民间乡土宴席开发与应用

在湖北广袤的乡村和城镇，遍布着为数众多的乡土宴席。此类筵宴擅长选用山乡土特原料，强调运用本土制作技法，楚乡民俗饮膳风情浓郁，深受当地民众认同。可随着时代的发展与进步，其不足之处也日显突出。主要表现为：

第一，湖北民间乡土宴席的食材以淡水鱼鲜和山野资源为主体，品类数量虽多，但新型食材的开发利用较少，难以跟上时代发展的步伐。

第二，除传统制作技法之外，湖北民间的烹饪技艺创新不足，一些新炊具、新工艺没能及时引进和利用，筵席菜品的风味品质没能随着时代的发展而显著提升。

第三，部分地区的宴席菜品丰而不洁，筵宴结构千篇一律，宴饮时间太长，饮食营养卫生问题堪忧。

第四，绝大多数乡土宴席缺乏文化底蕴，筵宴品牌的打造尚需时日，创新筵宴的市场推广尚有极大的拓展空间。

上述现象的出现，源自多种因素。调研分析发现，对待湖北民间乡土宴席，只有采用科学的创新理念和合理的研发措施，着重解决这类筵宴菜品数量过多，食物结构僵化，忽视营养卫生等问题，才能促进其合理地开发与应用，使之更好更快地发展。

1. 根除丰而不洁的弊端

湖北居民宴客，习惯于以丰为敬。多数民俗风情筵席菜品数量较多，分量特别充足。部分菜点工艺粗犷、习用海碗大盆盛装，曾留下"油大、芡大、量大，吃了不说话"等不雅评语。此外，餐具和用具规格较低，就餐环境相对简陋，影响了宴席的品位与格调。

随着社会的不断进步，人们的审美意识在日益提高，这种"以量取胜""丰而不洁"的饮食思维越来越不合时势。如果摒弃"有吃有剩"等传统观念，限制筵席菜品的数量，注重每一菜点的色质味形与盛器，高度重视宴饮的就餐环境，那么，清新亮丽的民俗风情宴一定会脱颖而出。

2. 突出筵席个性化特色

传统的荆楚宴席有宴会席与便餐席之分。前者的最大弊病是死守固定的排菜格局，各式筵宴风格雷同。后者的弊端是菜品的花色品种相对单一，"十八罗汉打转"，毫无新意可言！

打造湖北民间乡土宴席，当务之急是突出乡土筵宴的个性化特色。就原料构成看，要充分利用湖北交通便利的地理优势，广辟食源。就筵席格式看，要借鉴外地的餐饮模式，提倡多样化宴饮风格。就菜品的制作而言，要引进富有特色的流行菜品，取人之长，补己之短。就宴席环境的布局而言，要针对不同宴席主题进行环境包装，力争使餐室装潢与环境设计具有浓郁的地方乡情。

3. 注重合理营养与卫生

湖北民间乡土宴席的操办者大多源自本乡本土，真正掌握平衡膳食理论者不是很多。在乡村，部分居民视请客设宴为聚众打牙祭，大鱼大肉，大吃大喝，暴饮暴食，毫无节制。在城镇，有些富贵人家在原料的选择上搜奇猎异，在食品的取用上少取多弃，重油大荤的比重过大，素菜与主食的用量相对不足。一些偏远的贫困地区，山民们稼穑艰难。每次操办宴席，常以木柴为燃料，以低劣的器具为餐具，取用大锅土灶烹制，低劣的工作环境及卫生条件极易影响制品的质量。因此，荆楚民俗风情宴要想发扬光大，平衡膳食的相关理论有待普及，必要的饮食卫生知识有待加强。

下面列有2例湖北民间创新乡土宴菜单，可供赏鉴。

例一：荆楚美食乡情宴

荆楚美食乡情宴菜单

透味冷碟：	荆南卤水鹅胗	大刀千层顺风
	应时酱汁青瓜	襄郧美酱牛肉
楚乡热菜：	什锦荆沙鱼糕	黄州东坡肉方
	水晶葛粉虾仁	罗田板栗仔鸡
	沔阳珍珠米丸	江城酥炸藕夹
	鸡汁时令菜心	清蒸鄂州樊鳊
精美靓汤：	孝感米酒汤圆	鸡汁橘瓣鱼氽
汉味小吃：	武汉迷你面窝	金奖特色麻丸

说明：本宴席是武汉市教育局科研项目——"湖北民间特色宴席研究"[（2009）10—147]课题组研制的一款湖北民间创新特色乡土宴。全席菜品16道，主要由透味凉菜、楚乡热菜和汉味小吃3部分组成。

宴席第一部分是"荆南卤水鹅胗""大刀千层顺风""应时酱汁青瓜""襄郧美酱牛肉"4款特色凉菜，调配精妙，质精量巧，佐酒品味，引人入胜。

宴席的第二部分由8道热菜和2道汤菜所组成。其总体特征是蒸煨烧炒做工考究，荆楚饮膳特色鲜明，菜品排列跌宕变化，宴饮渐次进入高潮。

头菜"什锦荆沙鱼糕"，是湖北荆南地区的传统风味名菜。此菜晶莹洁白，软嫩鲜香，鱼糕柔韧，对折不断，素有"食鱼不见鱼，可人百合糕"之美誉。

"黄州东坡肉方"是湖北黄冈风味名菜之首。苏东坡的诗词："黄州好猪肉，价贱如泥土，富者不肯吃，贫者不解煮。净洗锅，少著水，柴头罨焰烟不起，待它自熟莫催它，火候足时它自美"，道出了它的工艺精髓和操作要领。

江城酥炸藕夹

鸡汁时令菜心

"沔阳珍珠米丸"是湖北沔阳风味三蒸之一，此菜荤素搭配，简约大方。

"罗田板栗仔鸡"系以中国板栗之乡——湖北罗田的特产板栗与江汉流域的黄孝仔公鸡焖制而成。成菜色泽黄亮，酥嫩粉糯，肉中有菜香，菜中有肉鲜。

"清蒸鄂州樊鳊"是湖北传统风味名肴，选用鄂州梁子湖的樊口鳊鱼（俗称武昌鱼）清蒸而成，成菜口感滑嫩，清香鲜美，素有"千湖之省的首席鱼馔"之称。

"孝感米酒汤圆"系取湖北孝感地区特产的糯米酒，配以汉口五芳斋的糯汤圆煮制而成。成品酒香四溢，香甜可口，柔软绵糯，解酒醒腻。食之口角吟香，余韵悠长。

鸡汁橘瓣鱼氽

座汤"鸡汁橘瓣鱼氽"，是湖北荆南地区的传统风味名菜。本品以黄孝老母鸡煨汤取汁，氽制清江白鱼制作的鱼氽，成菜汤汁清醇，鱼氽白亮，滋味鲜香醇美，质地细嫩滑爽。

宴席的第三部分由2款汉味小吃——"武汉迷你面窝"和"金奖特色麻丸"组成，精致灵巧，乡情浓郁，能使筵宴锦上添花，余音绕梁。

例二：湖北·武汉美食飨宴

湖北·武汉美食飨宴菜单

楚韵四小蝶：五香熏鱼块　　　桂花炙山药
　　　　　　脆皮黄瓜条　　　扇贝黑木耳
合家大头盘：荆沙蒸鱼糕
荆风传台海：黄州东坡肉　　　板栗焖仔鸡
　　　　　　沔阳蒸三鲜　　　松滋烧麻鸭
　　　　　　米酒煮汤圆　　　腊肉炒菜薹
　　　　　　清蒸樊口鳊
思念手足情：排骨煨藕汤
欢聚献美点：江城热干面　　　红糖糯糍粑
时令水果拼：时果大拼盘

说明：2018年12月16日中午，在湖北省台办、武汉市台办的支持下，由台北市湖北同乡会、湖北文献社、台湾武汉市同乡会共同主办的"湖北·武汉美食飨宴"在台北市天成大饭店成功举办。中国国民党前主席洪秀柱、台湾退役将军戴伯特、台北湖北同乡会理事长陈兴国、湖北文献社社长汪大华、台湾武汉市同乡会理事长陈光陆及三百余名在台湖北乡亲欢聚一堂，共同品鉴了源自湖北武汉的原汁原味的风味筵宴和特色节目。

本筵宴以"知味湖北，美食江汉"为主题，由来自武汉商学院的王辉亚、李茂顺等六位烹饪大师设计与制作。宴席中的"排骨煨藕汤""腊肉炒菜薹""黄州东坡肉""板栗焖仔鸡""沔阳蒸三鲜""米酒煮汤圆"等地方名肴风味隽永、精妙绝伦，令在场的湖北乡亲大快朵颐，直呼好久没品尝过如此地道的家乡美食。

二、小巧节约型荆楚宴席创新设计

小巧节约型宴席，是指在设计、生产、营销及服务等各个环节中，节约和利用各种资源，以尽可能少的资源消耗来实现预期目标的各式小巧精致型筵宴。它以精致灵巧、功能齐全、节约资源、提高效能为基本特征。

小巧节约型荆楚宴席，作为楚菜筵席与宴会的重要组成部分，常与奢华型荆楚宴席相对立，其主要特征表现为：资源利用充分，接待规格适度，筵宴结构小巧，工艺简捷大方，特色风味鲜明，服务仪程明快，就餐环境优雅，深受荆楚民众欢迎。

（一）小巧节约型宴席设计要求

设计与制作小巧节约型荆楚宴席，其总体原则是根据湖北本地的饮食习俗、风味物产及筵宴风情，结合顾客饮食需求、酒宴接待标准，餐厅设施条件及厨师技术水平，以尽可能少的资源消耗来设计与生产各式精致小巧型筵宴，力争以最小的投入，取得最好的效益。

1. 倡导小巧节约型餐饮，改变认识上的误区

设计小巧节约型荆楚宴席，离不开节俭务实的社会氛围。大力倡导勤俭节约、务实有为的生活作风，可从根本上让奢靡享乐之风失去生存之土壤。通过正确的舆论引导，合理的法规制度，确立科学的社会消费模式，适时打击超额公务接待，有利于形成行业自律的市场新秩序，可让小巧节约型荆楚筵宴发挥其应有的社交作用。

2. 提高从业人员素质，夯实宴席设计基础

设计与制作节约型荆楚筵宴，应强化合理膳食理论及营销管理策略的学习与应用，准确定位节约型荆楚筵宴，加强筵宴研发创新的实操演练与归纳总结，提高从业人员的整体素质，为设计出更多更好的节约型筵宴夯实基础。

3. 简化传统筵席结构，节省人力、物力和财力

荆楚筵宴的节俭化趋势，要求筵席的菜式结构合理、菜品制作便捷、礼节仪程简省、就餐时间缩短。就菜式结构而言，凡正式宴请，宴会席主菜最好是人均一道；凡简易招待，便餐席的主菜可确定为"四菜一汤"。宾客宴饮聚餐，要结合当地实情，节省人力、物力和财力，提倡适度消费，反对铺张浪费。

4. 努力传承精品，注重锐意创新

设置小巧节约型荆楚筵宴，应鼓励和引导餐饮企业不拘一格，大胆创新。进一步提高特色食材在楚菜筵席与宴会中的比例，充分发挥楚菜传统烹制工艺之所长，积极借鉴西式宴席的筵宴格局，在接待规程、服务方式、环境布置、经营策略等方面做出更多的创新，形成一大批小巧、经济、便捷、实用的创新宴席，以满足不同层次的饮食需求。

5. 加强节约型筵宴研发力度，提升荆楚宴席的质量水平

小巧节约型筵宴的研发要根据健康饮食要求，运用现代科技手段，体现荆楚饮膳风情；要按照顾客的餐饮需求和饮食时尚，结合餐饮接待标准，为其提供

个性化服务，凸显节约型宴席的文化品位，提升楚菜筵宴的整体水平。

（二）小巧节约型荆楚宴席赏析

为全面认识小巧节约型荆楚宴席，现以郧西七夕婚庆宴设计为代表，对其设计背景、指导思想、标准化宴席菜单及风味特色做如下分析。

1. 宴席设计背景

湖北郧西位于秦岭南麓、汉水北岸。郧西天河发源于秦岭南麓，全长69千米，清浅幽婉，走向与银河一致，沿岸的几十个景点优美绝伦！优越的地理环境，富饶的物产资源，悠久的文化传承，造就了郧西秀美的自然风貌和独特的饮食风格。

在郧西天河之畔，自古就有七夕庆婚的淳朴风俗。2010年8月16日，首届中国（郧西）天河七夕文化节暨中国《牛郎织女》邮票首发式在湖北郧西县天河广场隆重举行，来自世界各地的113对新人举行了集体婚礼，众多媒体和记者参与了现场报道。文艺演出分龙凤呈祥、鹊桥相会、天河作证、地久天长、牵手郧西等五个板块，凸现了"七夕在中国，天河在郧西"的节庆主题。

作为郧西天河七夕文化节的配套项目，当地的宾馆酒店按照郧西七夕文化节举办方要求，设计与制作了规模盛大、便捷实惠的郧西七夕婚庆宴。

2. 宴席设计指导思想

郧西七夕婚庆宴主题为"七夕婚庆，天河作证"。指导思想是：举办的宴会既要彰显郧西地方特色饮食，又要揭示天河七夕文化艺术；既要符合主办方提出的"安全、喜庆、节俭、圆满"的节庆原则，又要体现节约型楚菜宴席的设计要求。全席设置菜品12道，每菜配一则七夕文化故事，让人细细品味，陶冶心灵。

3. 标准化宴席菜单

郧西七夕婚庆宴菜单

冷　碟：鹊渡银桥（天河什锦拼）

热　菜：男耕女织（凤翅扒牛腩）

　　　　纤手弄巧（茄汁熘鱼卷）

　　　　珠联璧合（青豆炒虾球）

　　　　吉祥如意（粉蒸盘龙鳝）

　　　　四喜临门（砂钵四喜丸）

　　　　满园生辉（荷塘炒四宝）

　　　　吉庆有余（清蒸槎头鳊）

座　汤：美人浣纱（鸡汁氽鱼丸）

点　心：穿针引线（银丝龙须面）

　　　　早生贵子（枣桂莲蓉糕）

果　拼：仙女散花（南国水果荟）

4. 宴席设计说明

本宴席是一款小巧精致、高效务实的创新筵宴，郧西地方风味，每席售价880元。

第一，从筵宴结构上看，本席简洁明快，小巧实用。冷菜什锦拼盘仅1道，开席见彩。热菜共8道，味醇而不杂，朴实显高雅。点心、水果共3道，咸甜兼备，灵巧雅致。

第二，从食材选用上看，本席选用了郧巴黄牛、鄂西汉江鸡、天河青鱼、汉江槎头鳊、郧西山葡萄、板桥豆腐丁、郧西马头山羊以及宜城大虾、随州蜜枣、房县黑木耳、襄郧缠蹄等多种地方特产，名品荟萃，物美价廉。

第三，从制作工艺上看，本宴席集多种烹调技法于一体，尤以蒸煨菜式最具地方风情。为合理调控宴席成本，本席广取地方特产，特别注重食材的综合利用。例如汉江鸡除用以制作"凤翅扒牛腩""天河什锦拼"以外，余下的部分用来煨汤，可烹制"鸡汁氽鱼丸"。

第四，从饮食文化内涵上看，本席将七夕文化与婚庆祝福融为一体，宴席菜品使用寓意法命名，吉祥典雅。每道菜品所对应的故事与"牛郎织女"的美丽传说紧密相连，扣人心弦。

三、荆楚风味自助餐宴会设计

自助餐，是一种源自西方的餐饮形式。其主要特征是，餐厅将备好的冷菜、热菜、点心、主食、水果及饮品等分别陈列在长台桌上，供顾客随意取食；顾客用餐时不受任何约束，或立或坐，随心所欲，想吃什么就取什么，想吃多少就取多少。这种新颖、直观、轻松、随意的餐饮形式不受传统桌餐礼仪的约束，既尊重了顾客的饮食需求，又降低了餐饮经营费用，深受民众欢迎。

早期的自助餐主要用作餐前冷食，后来逐渐由便餐发展成正餐，以至各种主题自助餐宴会。现今的自助餐已发展得枝繁叶茂。按餐别分，有早餐自助餐、正餐自助餐、夜宵自助餐；按菜式风味分，有中式自助餐、西式自助餐、中西合璧式自助餐；按供餐方式分，有便饭式自助餐、招待会式自助餐及商务宴会式自助餐。

荆楚风味自助餐宴会，源自辛亥革命以后，兴盛于20世纪90年代中期，是一种兼顾荆楚民众饮食嗜好，融汇鄂地物产资源的自助式宴会，主要流行于湖北大中城市的星级酒店和自助餐厅。

与零餐点菜、各式套餐及筵席宴会相比，自助餐宴会的特点主要表现为：

第一，就餐形式轻松随意。自助餐宴会的就餐形式具有不排席位、自我服务、自由取食、随意攀谈等特点，客人可随心所欲地挑选食品，省去了传统宴席的繁文缛节，改变了传统的桌餐服务方式，解决了合餐制的饮食卫生问题，有利于客人进行社交活动。特别是人数多、规模大的自助餐宴会，更有利于丰富菜式品种，最大限度的利用食品，用最少的人手实现最有效的服务。

第二，菜式品种多种多样。自助餐宴会的菜品数量通常根据就餐人数、接待规格等因素来决定，少者20～40种，多者一百多种。就餐人数越多，接待标准越高，则其食品越丰富。特别是一些大型的中西合璧式自助餐宴会，其菜品全部分类展示在餐厅内，由顾客自由挑选，随意享用，给人一种色彩纷呈，富丽雅致之观感。

第三，接待标准应客所需。自助餐宴会的接待标准多由举办方根据餐饮主题及经济条件来决定，可高可低，贵贱宜人。用于招待会的自助餐，主要面向与会宾客，每位每餐的就餐标准相对较低；而用作商务宴请的自助餐宴会，每位就餐标准可多达上百元。

第四，餐饮接待便捷自如。自助餐宴会的最大特点是顾客自由选菜，自行服务。餐厅只集中提供菜品，不设置固定席位，有的甚至不提供座椅。这种供餐方式，既能充分尊重顾客的饮食需求，让其自由自在，又可节省餐厅空间，免除餐前服务等环节，省去了上菜不及时等后顾之忧。

下面列有2款荆楚风味自助餐宴会菜单，可供赏析。

例一：外交部湖北全球推介活动楚菜冷餐会

外交部湖北全球推介活动楚菜冷餐会菜单

冷菜：泡拌洪湖藕带　巧手泡三鲜　樱桃山药
　　　武汉新农卤牛肉　水晶莲籽

热菜：沔阳三蒸　草船借箭　香煎武昌鱼拖
　　　随州菜卷　房县小花菇　三顾茅庐
　　　香酥鸡卷　老汉口炸三样　湖北鱼圆
　　　松鼠鳜鱼　恩施炕小土豆　五祖寺素鱼
　　　潜江小龙虾球　大别山黑山羊排

主食：糯米鸡　武汉豆皮　象形面点拼
　　　曹祥泰绿豆糕　咸宁桂花糕　秭归粽子

水果：保康蓝莓　夷陵猕猴桃　天兴洲西瓜
　　　山峡脐橙

武汉新农牛肉

湖北鱼圆

房县小花菇

咸宁桂花糕

说明：2018年7月12日下午，以"新时代的中国：湖北，从长江走向世界"为主题的外交部湖北全球推介活动在外交部蓝厅隆重举行。国务委员兼外交部部长王毅出席并讲话，湖北省委书记蒋超良致辞，湖北省委副书记、省长王晓东进行推介。来自128个国家、18个国际组织的驻华使节、国际组织代表、世界500强企业嘉宾及中外媒体记者等近500人与会，共同领略荆山楚水的独特魅力。

当天下午18时开始的楚菜冷餐招待会是本次外交部湖北全球推介活动的压轴戏，由湖北经济学院副教授邹志平大师和湖北经济学院教授卢永良大师率领湖北厨师团队精心设计和制作。本宴会的25道楚味佳肴（冷菜5道，热菜14道，主食点心6道），紧紧围绕"知音湖北，楚菜动人"的餐会主题而组配，充分遵循"全清真、无皮无核、无刺无骨，不掉渣"的原则要求，集中展示了楚菜灵动的鲜美滋味和深厚的文化底蕴，让与会的中外嘉宾在品尝荆楚美食的同时，进一步近距离了解和感受湖北的历史人文故事。

例二：宜昌某自助餐酒店2013年冬令自助餐宴会（118元／位）

宜昌冬令自助餐宴会菜单

冷　菜：口水鸡　桂花金丝枣　老醋蜇皮
　　　　糖醋油虾　红油肚丝　果仁菠菜
　　　　楚乡风鱼　椒麻鸭掌　泡椒凤爪
　　　　蔬菜沙拉　蒜泥藜蒿　五彩笋丝
　　　　蒜泥黄瓜

热　菜：白焯基围虾　京都羊排　脆皮鱼条
　　　　干锅鱿鱼仔　菊花财鱼　腊鸭焖藕
　　　　梅干菜扣肉　酱爆兔丁　腊肉菜薹
　　　　砂锅狮子头　鲍汁白灵菇
　　　　蚝油生菜　长湖蒸鱼糕

汤　羹：野菌土鸡汤　萝卜炖牛尾
　　　　红枣百合汤

面　点：白米饭　虾仁蛋炒饭　葱油饼
　　　　油炸糕

现场制作：铁板海鲜　豉椒炒牛柳　刀削面
　　　　蟹黄蒸水蛋

水　果：母子脐橙　南国香蕉　新疆哈密瓜

饮　料：可口可乐　雪碧　汇源橙汁　绿茶

四、湖北餐饮业筵席创新实践研究

荆楚风味筵席的传承与演变有近2800年历史，其总的趋势是由粗劣到精巧，由古朴到新潮。这其中，湖北餐饮行业的筵席创新实践研究对荆楚筵宴的发展起到了极大的推动作用。

筵席创新实践研究，是指餐饮行业在继承传统的基础上，根据筵席革新原则和要求，利用新技术、新工艺、新设备、新原料等对传统筵宴进行研发、改造、试制和推广，以适应消费者不断变化的饮食需求。荆楚风味筵席的创新实践属于技术创新范畴，它是餐饮企业经营策略的重要内容，是衡量企业管理水平的重要指标。

（一）湖北餐饮业筵席创新实践内容

湖北餐饮行业的筵席创新实践注重现代餐饮发展趋势，符合精、全、特、雅、省的要求，并力求以最小的研发成本取得最好的经济效益。为把楚菜宴席引向快速健康发展的道路，湖北餐饮业着力加强传统筵宴的改革与创新，其内容主要涵盖6个方面，一是优化筵席结构，减少菜品数目；二是改革食物结构，力求营养均衡；三是更新饮食观念，搞好技术创新；四是提高文化含量，突出宴饮主题；五是突出个性特色，增强竞争能力；六是革新就餐方式，合理选用餐具。

湖北餐饮业在筵席菜品的研发、制作技艺的创新、主题宴席的设计、节约型筵宴的推广等方面做出了诸多努力。湖北知名餐饮企业，如湘鄂情、小蓝鲸、亢龙太子、湖锦、三五醇、艳阳天、醉江月、梦天湖、楚灶王、楚天卢、桃花岭、新海景等，都设有独立的产品研发部，他们将宴席及筵席菜品的创新实践研究视作企业长久兴盛的生命线。

（二）湖北餐饮业宴席创新实践措施

近些年来，湖北餐饮业对于荆楚筵宴的创新实践研究主要实施了如下措施。

第一，打造创新实践平台，加强荆楚筵宴研发力度。为加强楚菜及荆楚筵宴的研发力度，湖北省成立了鄂菜烹饪研究所、武汉地方菜研发中心、湖北省食文化研究会、湖北蒸菜研发中心等机构，主要从事楚菜名菜、名点及名宴的认定与研究，申报科技产权保护，研发新型饮食产品，宣传、推广荆楚风味饮食，提高楚菜的知名度与影响力。

第二，探索筵席创新实践路径，着实提升筵宴质量水平。为全面提升楚菜宴席创新实践水平，湖北餐饮界的技能大师、专家学者们为此付出了艰辛努力。湖北经济学院楚菜研发专家余明社大师在交流楚菜筵宴工艺创新感悟时说：烹饪技艺的悟性在于偶然与嬗变；烹饪技艺的境界源自生活和实践；烹饪技艺的风格出于创造与更新。研发与创制荆楚筵宴，务须遵守"食用为本、注重营养""关注市场、适应大众""易于操作、务本求实"等创新原则，以期实现"实用""时尚""精致""大气"的创新实践目标。

第三，传承荆楚宴席精品，打造荆楚筵宴品牌。传承荆楚宴席精品，意在保持荆楚筵宴特色风味的同时，鼓励、引导和支持餐饮企业不拘传统，大胆创新，打造出一大批诸如荆楚风味全鱼席、湖北三蒸九扣席、鄂东文化主题宴、湖北三国文化宴之类的荆楚筵宴品牌，增强楚菜的市场竞争实力。目前，湖北餐饮业正进一步提高特色食材在荆楚风味筵席中应用比例，充分发挥荆楚风味筵席传统烹制工艺之所长，按照现代餐饮发展要求，积极借鉴国外及其他菜系的先进工艺，从食材、器具、工艺以及经营策略上做出更多的创新，力争形成既符合绿色、健康、环保要求，又能满足不同层次营养需求的楚菜宴席新体系。

五、湖北餐饮业宴席创新实践案例赏析

近年来，荆楚宴席的创新实践研究顺应了现代餐饮发展趋势，遵循了筵席改革发展原则，实施了科学合理的研发措施，故而取得了丰硕的研究成果。下面是湖北著名餐饮企业研发的新型宴席以及校企合作研究筵席创新菜品的具体案例，可供业界同仁赏鉴。

例一：武汉市醉江月饮食服务有限公司创新筵席

武汉市醉江月饮食服务有限公司不断挖掘荆楚饮食文化内涵，开发出系列颇具特色的创新筵席与菜品。其中，"楚才宴"在全国第十三届厨师节上被评为"中国名宴"。"开元生肖宴"在第十五届全国厨师节上荣获筵席创新金奖。

附：武汉市醉江月酒店"楚才宴"

武汉市醉江月酒店"楚才宴"菜单

冷菜：天椒鸡盖骨（造型寓意——梅）
　　　盐水浸芥蓝（造型寓意——兰）
　　　跳水乳黄瓜（造型寓意——竹）
　　　酱烧鲜墨鱼（造型寓意——菊）
　　　冰镇鲜露笋（造型寓意——笔）
　　　养身龟苓膏（造型寓意——墨）
　　　道观素鸡鹅（造型寓意——纸）
　　　张飞黑牛肉（造型寓意——砚）

热菜：伯牙遇知音（造型寓意——琴）
　　　乐意在其中（造型寓意——棋）
　　　御品冬瓜脯（造型寓意——书）
　　　灵烩牡丹鱼（造型寓意——画）
　　　牧牛入海烹（造型寓意——惟）
　　　楚天一品贡（造型寓意——楚）
　　　齐天展宏图（造型寓意——有）
　　　昭君桃花溪（造型寓意——才）

主食：荆楚千湖鲜（造型寓意——于）
　　　清水白罗粽（造型寓意——斯）
　　　寺庙东坡饼（造型寓意——为）
　　　苏轼芥菜粥（造型寓意——盛）

说明：清嘉庆十七年至二十二年（公元1812—1817），袁名曜任岳麓书院山长。门人请其撰题大门联，袁以"惟楚有材"嘱诸生应对。正沉思未就，明经（贡生的尊称）张中阶至，众人语之，张应声对曰："于斯为盛。"这幅名联就此撰成。上联"惟楚有材"，典出《左传》。原句是："虽楚有材，晋实用之。"下联"于斯为盛"出自《论语·泰伯》"唐虞之际，于斯为盛"。

武汉醉江月饮食服务有限公司的研发团队在深入研究主题风味筵宴的同时，融荆楚饮食文化于现代筵宴之中，借用"惟楚有材"等文献资料，结合企业自身实际，成功推出"楚才宴"。

例二：武汉艳阳天酒店菜品研发展示宴

下面是武汉商学院与武汉艳阳天商贸发展有限公司校企合作研发团队于2015年12月28日在汉口保丰路艳阳天酒店举办的成果汇报展示宴。

艳阳天酒店菜品研发展示宴菜单

透味凉菜：五香糖醋油虾　　橘汁蒜蓉木耳
　　　　　姜丝醋拌蜇皮　　金钩翡翠菠菜
特色热菜：砂煲荆沙鱼糕　　风味水煮牛柳
　　　　　百灵菇扒凤翅　　干锅香辣鱿鱼
　　　　　软炸芝麻藕元　　腊肉洪山菜薹
　　　　　瓦罐土鸡煨汤
精美主食：云梦葛粉鱼面　　金奖空心麻圆
时令佳果：秭归母子脐橙

　　2014年12月19日，武汉艳阳天商贸发展有限公司与武汉商学院正式签订校企合作协议。为传承楚菜经典，打造筵宴品牌，2015年度，双方研发人员精诚合作，联合探究湖北传统风味名菜的制作技艺及形成机理，联合从事简约型创新筵宴的开发与应用研究。

腊肉洪山菜薹

瓦罐土鸡煨汤

六、全国技能竞赛荆风楚韵筵席创意设计

　　2011年6月5日，第三届全国高等学校烹饪技能竞赛在北京落幕。武汉商业服务学院代表队设计与制作的"荆风楚韵筵席"荣获大赛金奖，其筵席菜品分获两枚金牌和两枚银牌。下面是本次烹饪技能大赛的比赛项目、分值要求和荆风楚韵筵席设计理念、筵宴菜单及创意设计说明。

（一）第三届全国高校烹饪技能大赛比赛项目及要求

　　第三届全国高等学校烹饪技能大赛设置团体赛，以学校为报名单位，参赛队人员包括指导老师1名、在校学生5名，共6人。大赛由筵席设计与制作、筵席解说与答辩两部分组成。

全国高校烹饪技能大赛比赛项目及要求表

序号	项目	分值设置	总分
1	筵席设计与制作	筵席设计：100分	300分
		筵席制作：200分	
2	筵席解说与答辩	筵席解说：50分	100分
		现场答辩：50分	
总成绩		400分	

1. 筵席设计与制作

　　（1）筵席设计。参赛队须在报到当天提交一份筵席设计书，筵席设计书包含筵席主题、菜点设计、菜单制作、整体效果说明。设计时应有针对性、准确性、可行性。筵席菜品要求荤素兼顾、浓淡相宜、营养搭配合理，筵席菜单组合编列要协调、恰当，冷热菜、荤素菜比例适中。

　　（2）筵席制作。参赛队队员共同合作，完成整桌筵席的制作。参赛队自定筵席主题，用餐标准满足10人量，原则上不少于热菜8道、凉菜6道、面点2道。

　　总体要求：筵席主题突出，菜点制作精美，营养搭配合理，具有地方风味特色，体现团队合作。

　　比赛说明：比赛时间为240分钟。选手需提前30分钟凭参赛证入场，进行设备调试等准备工作。迟到30分钟者不得入场。严禁任何比赛原料进行赛前改刀、入味等处理，如携带预处理原料或食品雕刻作品进入比赛现场，一经发现将取消该队本项菜品成绩，以0分计算。

2. 筵席解说与答辩

（1）筵席解说。参赛队完成菜品的展示后，指定一名选手进行筵席解说。其整体效果：筵席主题鲜明，菜品组配合理，营养搭配科学，烹饪技法多样。

筵席解说要求：参赛队须对整桌筵席的主题、设计理念、创新思想、菜品风味特点、营养、主要烹饪技法等方面进行介绍。

（2）现场答辩。评判组根据筵席设计方案、成品及实际效果，对参赛队进行提问，提问范围以筵席为主，可涉及相关的营养、文化、历史、艺术等领域。参赛队指定一名或多名队员回答。

（3）比赛说明。现场将提供 2.5 米 ×1.5 米长条桌展台一个，白色底布一块，学校可自带梯形架。展示解说时间控制在 4 分钟至 5 分钟，参赛队须在评判开始前 15 分钟到位。如无人解说、答辩则视为放弃，筵席解说与答辩环节成绩按 0 分计算。

（二）荆风楚韵筵席创意设计

荆风楚韵筵席是荆楚风味宴席的代表作品之一。本筵席以"荆风楚韵"为主题，由武汉商业服务学院中国烹饪大师潘东潮老师指导 5 名在册学生设计制作而成。

1. 荆风楚韵筵席设计理念

设计特色风味筵席，必须结合筵席的主题，努力展现筵宴的独特个性，充分考虑其民族特色和地方风情；在兼顾宾客饮食需求的同时，可尽量安排本地名菜，显示独特风韵，以达到出奇制胜的效果。荆风楚韵筵席的设计理念主要体现在"精、全、特、雅、新"五个方面：

精，指筵席结构简练，菜品排列分为冷菜、热菜、点心（含水果）3 部分，短小精悍，体现湖北地区的上菜格局。

全，指用料广博，菜点组配合理。本筵席在原料的择用、菜点的配置上力求符合平衡膳食的要求，鱼畜禽蛋兼顾，蔬果粮豆并用，烹饪原料的品种齐全，组配合理。

特，指展示地方风情，显现荆楚饮食特色。本筵席尽量安排本地名菜与名点，整桌筵席应以"荆风楚韵"为主题，以显示荆楚地区独特的饮食风貌。

雅，指注重宴饮环境，强化饮食风情。本筵席从菜品设计、筵宴制作到台面展示，力图将美食与美境和谐统一，使宾客在享受美味的同时，娱乐身心。

新，指筵席的设计与制作务求符合创新要求。第一，本筵席不用明令禁止的保护动物；第二，注重物尽其用的调配原则；第三，菜品设计力争引领湖北餐饮潮流；第四，反映高职学生的创新能力；第五，筵席制作便捷省时。

2. 荆风楚韵筵席

荆风楚韵筵席菜单

荆风六凉碟：寒香　兰芳　高节
　　　　　　霜彩　含露　仙寿

楚韵八热菜：福鼎冬瓜甲鱼裙
　　　　　　琴台珊瑚鳜花鱼
　　　　　　知音金钱龙凤簪
　　　　　　沔阳珍珠扣鳝鱼
　　　　　　荷塘风味炒石鸡
　　　　　　荆楚招财进宝虾
　　　　　　桂花八宝长寿球
　　　　　　游龙戏凤闯天下

楚情双色点：长阳土家腰鼓酥
　　　　　　楚城吉祥苹果包

荆乡水果拼：行吟波涛瓜果颂

3. 荆风楚韵筵席创意说明

（1）筵席的第一部分是凉菜。它以花中四君子"梅、兰、竹、菊"及莲荷、水仙为主题，分别拼制成"寒香""兰芳""高节""霜彩""含露""仙寿"6 味冷碟。开席见彩，引人入胜。

（2）筵席的第二部分是热菜，包括 1 头菜、6 大菜、1 座汤。跌宕变化，把宴饮推向高潮。

头菜"福鼎冬瓜甲鱼裙"，参照荆州传统风味名菜——"冬瓜鳖裙羹"创制而成。"新粟米炊鱼子饭，嫩冬瓜煮鳖裙羹"，这是宋代江陵饮食的真实写照。本菜以荆南野生甲鱼为主料，配以时令嫩冬瓜，形成"用芡薄，重清纯，原汁原味，淡雅爽口"之特色。

"珊瑚鳜鱼"，系湖北风味名菜之一。"西塞山前白鹭飞，桃花流水鳜鱼肥。"本品以湖北黄石西塞山特产的鳜鱼为原料，经出骨、造型等工艺，焦熘而成。成菜外焦内嫩，酸甜适口，红亮油润，酷似珊瑚，故名"琴台珊瑚鳜花鱼"。

以龙凤为图腾向来都是荆楚民众的风俗习惯。"金钱龙凤簪"以高汤焖制海参，穿进出骨的凤翅之

中，制成楚国妇女常用的"龙凤簪"，熟制后排列在豆角制成的竹排上，再辅以类似于古币的"金钱串"，成菜色泽明快，香滑适口，表达了湖北人民祝愿各位来宾富贵吉祥的心意。

"沔阳三蒸"，系湖北汉沔风味名菜。本品以当地特产黄鳝为主料，辅以珍珠米丸和蔬菜，创制出"沔阳珍珠扣鳝鱼"，既保持了传统鄂菜之特色，又兼具创新求变之理念。

"荷塘风味炒石鸡"所选主料为湖北咸宁出产石鸡，其肉质细嫩，味美如鸡，极具清热解毒、补肾益精之功效。本品的设计理念是：精选物料，兼取寓意，以求滋味优美而韵味高洁。

"荆楚招财进宝虾"以湖北特产的湖山龙虾为主料，油焖而成，以元宝状的造型表达了荆楚人民的美好心声。

"桂花八宝长寿球"系选用武汉东湖的葛仙米、咸宁的糖桂花等名优特产制成，预祝与会来宾长寿安康！

"游龙戏凤闯天下"系以武汉名特物产鮰鱼制成鱼胶，再余成游龙戏水的造型，辅以黄孝土母鸡煨制的鲜汤制成，取勇猛无敌之寓意，展现楚人"一飞冲天"的文化特质。

（3）筵席的第三部分是点心与果拼。这是筵席的"尾声"，目的是锦上添花，余音绕梁。

"长阳腰鼓酥"以湖北长阳土家族的腰鼓为素材，做成咸点腰鼓酥；"吉祥苹果包"以"平安之果"苹果为主题，制成甜点苹果包。本席之咸甜双点兼顾了荆楚民众的饮食习俗，反映出鄂菜新秀的美好愿景：愿民族团结、盼祖国平安。

"行吟波涛瓜果颂"：受爱国诗人屈原诗句"后皇嘉树，橘徕服兮"的启发，本队取用湖北特色水果拼制了这份拼盘，取名"行吟波涛瓜果颂"，将整桌筵席画上一个完美的句号。

（三）荆风楚韵筵席特色鉴赏

荆风楚韵筵席是荆楚风味宴席代表之一，它有如下特色可供鉴赏：

（1）从筵席结构上看：本席安排菜品17道，其中冷菜6道、热菜8道、点心2道、水果1道。上菜程序是：冷菜—热菜（头菜＋大菜＋汤菜）—点心—水果，体现了华中地区的排菜格局。

（2）从原料构成上看，本筵席使用了多种著名特产，如长江鮰鱼、荆南甲鱼、巴河莲藕、湖山龙虾、

鄂州白鱼、洪湖黄鳝、咸宁石鸡、随县蜜枣、黄孝老母鸡、东湖葛仙米、咸宁糖桂花、武当山猴头菇，此外，本地的鳜鱼、财鱼、口蘑、独头蒜等也颇耐品尝。

（3）从制作方法上看，它集蒸、焖、烩、炒、熘、炖等多种技法于一体，因料而异，尽现各种烹饪原料之特长；此外，安排较多的鱼鲜制品，也是本筵席的一大亮点。

（4）从筵席菜品的组合程式上看，它讲究菜品之间色、质、味、形、器的巧妙搭配，注重菜品本身的纯真自然，力求味纯而不杂，汤清而不寡，并尽可能地展示当地的特色名菜。如"沔阳三蒸""珊瑚鳜鱼""双味鮰鱼"等。

（5）从营养配伍的角度上看，本席有三大特色：一是在烹调技法的选择上，多运用蒸、煨、烧、焖、汆、烩，注重烹饪温度和加热时间的控制，最大限度地减少营养素的损失。二是本筵席提供的能量人均1008kcal左右，约占轻体力劳动成年男性一日总能量的42%；其中蛋白质的供能比为21%，且优质蛋白约占蛋白质总量的90%，维生素和矿物质也达到了人均一日需要量的40%。三是符合中医食疗养生学原理，宴席中的甲鱼、鳜鱼、鳝鱼、鮰鱼等食材，具有明显的滋补功效。

（6）从文化内涵方面看，荆风楚韵筵席可理解为荆楚风味特色主题宴席。该席具备"全""品""趣"三大特色。所谓"全"，就是做到了名品荟萃；所谓"品"，指符合审美情趣；所谓"趣"，指美食与美境和谐统一。

七、武汉高校后勤集团校园接待宴研制

校园接待宴主要是指教学单位、科研院所因教学科研、学术研讨、合作交流、欢庆纪念等有关事务在校园里举办的公务宴席。这类筵宴一般都有明确的活动主题、既定的接待标准。宴席的主持人与参与者多以公务人员的身份出现，宴席的环境布置、菜单设计、接待仪程、服务礼节要求与宴席主题相协调。它注重宴饮环境，强调接待规程，讲究菜品质量，公务特色鲜明，多由校园接待部门来完成。设计与制作校园接待宴，除遵循宴席设计基本原则外，还需认真考虑如下设计要求：

第一，校园接待宴作为公务宴会之一种，其宴会

主题必须引起设计者的高度重视，要能做到紧扣主题，突出重点。

第二，设计校园接待宴，必须着重考虑重要宾客的饮食嗜好和餐饮要求，投其所好，避其所忌。特别是招待高级专家，应注意安排清淡素雅、易于消化的各式菜品。

第三，宴席规格要符合接待标准，原料选用要突出地方物产，菜式品种要丰富多彩，制作技法要扬餐厅厨师之所长。

第四，筵席菜品的设计既要兼顾地方传统风味，又要体现创新求变要求。

第五，筵席菜品必须做到冷热、荤素、咸甜、浓淡、酥软、干稀的相互调和。要考虑其营养组配是否合理，是否利于消化，便于吸收。

下面是武汉商学院烹饪技术实训中心和华中科技大学后勤集团设计的2例校园接待宴菜单，可供赏鉴。

例一：武汉商学院烹饪技术实训中心迎宾宴

武汉商学院烹饪技术实训中心迎宾宴菜单

透味凉菜：	手撕爽口鳜鱼	笋瓜醋拌蜇皮
	五香糖醋熏鱼	金钩翡翠菠菜
特色大菜：	奶汤野生甲鱼	云腿芙蓉鸡片
	砂煲黄陂三合	蟹味双黄鱼片
	软炸芝麻藕元	原烧石首鮰鱼
	芦笋蚝油香菇	腊肉洪山菜薹
精美靓汤：	孝感太极米酒	瓦罐萝卜牛尾
美点双辉：	金奖香炸麻圆	五芳斋煮汤丸
时令茶果：	南国时果拼盘	恩施玉露香茗

金奖香炸麻圆

说明：本宴席由武汉商学院李茂顺、罗林安、王辉亚、潘东潮、方元法等中国烹饪大师于2011年12

月在该校烹饪技术实训中心联合设计与制作。

例二：华中科技大学后勤集团接待宴

华中科技大学后勤集团秋令接待宴菜单

凉　菜：	蚝油拌香菌	透味鱿鱼仔
	麻香烤小排	糖醋泡藕带
热　菜：	上汤鮰鱼肚	杭椒曝牛柳
	板栗焖仔鸡	蒜爆鲜鳝花
	蟹蓉芙蓉蛋	珍珠糯米圆
	鲜莲炒菱米	葱烧武昌鱼
汤　菜：	米酒小汤丸	老鸭润肺汤
点　心：	鸿运葱煎包	如意南瓜饼

米酒小汤丸

说明：华中科技大学自1998年实施后勤社会化改革以来，学校的餐饮服务工作实现了跨越式飞跃，现已形成接待筵席、特色餐饮、美食广场、风味小吃、中式快餐五大业态齐头并进的良好局面；每天可为近10万师生提供四百多种质优价廉的主副食品种，尤其是简约型的校园接待宴，获得了良好的社会效益和经济效益。

关于校园接待宴的研制，该校后勤集团饮食服务总公司曾做出如下总结：

第一，创新餐饮经营模式。按照特色化、规模化经营的指导思想，开展餐饮环境改造、饮食结构调整和进餐模式创新，大大提高市场占有率和竞争力，使校园接待筵席在全国高校中独领风骚。

第二，调整传统筵席的饮食结构。既兼顾鄂地的饮膳风情，又不崇尚虚华。以"少而精、少而专、少而特"代替"多而杂、多而乱、多而差"，以满足人们"吃口味，吃营养，吃特色"的消费要求。

第三，提升餐饮文化品位。在明确宴会主题和接

待重点的同时，规范宴席菜品的工艺标准，拓展筵宴的饮食文化内涵，调配筵席膳食营养，注重宴饮就餐环境，让校园接待宴成为校外来宾及校内师生"吃环境、吃文化、吃健康"的一种享受。

第五节
荆楚宴席服务与礼仪

荆楚宴席的生产与营销，主要有宴席预订、菜品制作以及接待服务等环节。荆楚筵宴的接待服务工作通常由宴会设计师和餐厅服务员负责，它考虑的是餐室美化、餐桌布局、台面装饰和宴饮服务等，注重的是职业素养、服务技能和礼仪接待，要求做到仪容端庄、语言文雅、举止大方、态度热情、主动、热忱、细心、周到。由于服务人员代表整个酒店面对面为顾客提供消费服务，餐厅的声誉、菜点的质量和接待的风范都要通过她们反映出来，因此，筵宴服务与礼仪相当重要。

一、荆楚宴席服务程序

随着社会的发展与进步，人们请客设宴既讲究菜品风味品质，注重膳食营养卫生，又重视宴饮就餐环境，强调服务质量水平。为突出宴饮氛围，实现宴请目标，荆楚地区的餐饮服务人员对于宴席服务程序执行着一整套严格的工作规程。

（一）宴席服务准备工作

宴席服务准备工作包括掌握情况、人员分工、场地布置、熟悉菜单、物品准备、宴席摆台、摆放冷盘、全面检查等内容。每项服务内容均有既定的工作规范，只有严格遵照执行，方能确保宴饮顺利进行。

1.掌握情况

承接宴席时，必须充分了解宴席及客人的相关情况，做到"八知""三了解"。即知出席宴席人数，知桌数，知主办单位，知客人国籍，知宾主身份，知宴席标准，知开席时间，知菜式品种及上菜顺序；了解宾客风俗习惯，了解客人生活忌讳，了解宾客的特殊要求。

2.明确分工

举办规模较大的宴席，主持餐饮接待的负责人必须进行明确分工。迎宾、值台、传菜、斟酒的工作职责，

衣帽间、贵宾房等岗位工作要求等，应逐一落实到人。

3.场地布置

布置宴会厅时，要根据宴席的性质、档次、人数及宾客的要求来调整与布局。

4.熟悉菜单

熟记宴席上菜顺序及每道菜点的菜名菜价，了解每道菜品的原料构成、烹制技法、风味特色及食用要求，以保证准确无误地进行上菜服务。

5.物品准备

准备宴席所需的各类餐具、酒具及用具，备齐菜肴的配料、佐料，备好酒品、饮料、茶水等。

6.宴席摆台

宴席摆台应在开席前1小时完成，按要求铺台布，下转盘，摆放餐具、酒具、餐巾花，并摆放台号或按要求摆放席次卡、菜单等。

7.摆放冷盘

在宴席正式开始前15分钟摆上冷盘。摆放冷盘时，要根据菜点的品种和数量，注意品种色调的分布、荤素的搭配、菜盘间的距离等，使得整个席面整齐美观。

8.全面检查

包括环境卫生、餐厅布局、桌面摆设、餐用具的配备、设备设施的运转、服务人员的仪容仪表等，都要一一进行仔细检查，以保证筵宴的顺利举行。

（二）宴间就餐服务

荆楚宴席的宴间就餐服务主要包括迎宾服务、宾客入席、上菜服务及斟倒酒水等席间服务与接待。

1.热情迎宾

迎宾员应在宾客到达前迎候在宴会厅门口，宾客到达时，要热情迎接，微笑问好，大型宴席还应引领宾客入席。

2.宾客入席

值台员在宴席开始前，应站在各自的服务区域内等候宾客入席。当宾客到来，服务员要面带微笑，欢迎宾客，并主动为宾客拉椅让座。宾客入席后，帮助宾客铺餐巾，除筷套，并撤掉台号、席次卡等。

3. 斟倒酒水

为宾客斟倒酒水，应先征求宾客的意见。具体操作时，应从主宾开始，再到主人，然后按顺时针方向依次进行。

4. 上菜服务

（1）当冷菜食用掉一半时，应开始上热菜。每上一道新菜，要向宾客介绍菜名、风味特点及食用方法。

（2）上菜时要选择正确的上菜位，一般选择在翻译与陪同位之间进行。所上菜肴，如有佐料的，应先上佐料后上菜。

（3）宴席上菜应控制好上菜节奏，主动地为宾客分汤分菜，上新菜前要先撤走旧菜。

5. 席间服务

在整个筵席期间，要勤巡视，勤斟酒，勤换骨碟、烟灰缸，细心观察宾客的表情及示意动作并主动服务。

（三）宴席收尾工作

荆楚宴席的收尾工作主要包括结账送客、收台检查及清理现场等。

1. 结账送客

筵席结束时，服务员要征求宾客意见，提醒宾客带好自己的物品。与此同时，要清点好消费酒水总数，以及菜单以外的各种消费。付账时，若是现金可以现收交收款员，若是签单、签卡或转账结算，应将账单交宾客或宴席经办人签字后送收款处核实，及时送财务部入账结算。

2. 收台检查

在宾客离席的同时，服务员要检查台面上是否有未熄灭的烟头，是否有宾客遗留的物品，宾客全部离开后立即清理台面。清理台面时，按先餐巾、毛巾和金器、银器，然后酒水杯、瓷器、刀、叉、筷子的顺序分类收拾。凡贵重物品要当场清点。

3. 清理现场

所有餐具、用具要回复原位，摆放整齐，并做好清洁卫生工作，保证下次宴席可顺利进行。

二、荆楚宴席服务要求

荆楚宴席服务除要遵守相应的服务规程外，还应注意如下服务要求。

（一）公务宴服务要求

1. 公务宴餐前服务要求

荆楚公务宴注重宴饮环境，强调接待规程，公务特色鲜明，气氛热烈庄重，其餐前服务准备工作应充分了解宴请活动的主办单位、服务对象、用餐标准、出席人数、宴会时间、菜点品种和接待形式、席次安排等，只有详细了解各种信息，做好周密安排，才能满足餐饮接待服务要求，提升宴席服务水准。

2. 公务宴用餐服务特别要求

荆楚公务宴的用餐服务主要包括宾客到达时的服务、客人入席时的服务、上菜服务及斟倒酒水等席间服务接待程序。其间，最应注意上菜顺序、时机和速度。

荆楚公务宴的上菜通常是按照先冷后热、先干后稀、先浓后淡、先菜后点的顺序依次进行，其菜品排列次序为：冷菜—热炒—大菜—汤菜—点心—水果，顺次推进，井然有序。为增强服务接待效果，确保菜品风味品质，餐饮服务人员要能恰到好处地掌握筵宴的上菜时机和速度，为宾客营造最佳食用时机。上菜速度过快，客人来不及品尝，极易影响菜品的色泽、香气、滋味和质感；上菜过慢，宾客边饮食边等菜，容易滋生烦躁情绪，损害了良好的宴饮效果。

3. 公务宴结束服务要求

当宴会即将结束时，服务员要把工作台上的餐具、酒水归置好，然后列席台边等候宾客起座。当宾客起身离座时，应为其拉开座椅，疏通走道，当宾客步过宴会厅时，目送至宴会厅门口。在宾客尚未全部离开宴会厅时，不要急忙收拾台面的物品，在宾客全部离开后，再按先口布、毛巾，后酒水杯，再碗筷、果刀、叉等的顺序分别收拾。

（二）商务宴服务要求

商务宴是荆楚宴席的重要组成部分。此类筵宴接待档次较高，服务质量要求不同于一般性宴席，其组织与实施需注意以下几方面。

1. 场地布置要求

（1）厅堂装饰突出宴席主题

厅堂装饰时要突出商务宴稳重、热烈、友好的气氛，所以，装饰物的选择要突出主办单位的特点，如悬挂的红色横幅要贯穿宴会厅正面墙壁的左右，横幅上写明主办单位名称及宴席内容。布置厅堂时，宜选用绿色植物、鲜花或主办单位的产品模型、图片来装饰。

在装饰物的选择上，一定要注意宴席宾主双方的喜好及忌讳，尽量迎合双方共同的爱好，表现双方友谊，使宴席在良好的环境中进行。

（2）台形设计要求

商务宴席的台形设计要突出主桌。宴席的主人、主宾身份一般较为尊贵，主桌要摆在宴会厅居中靠主席台的位置，桌面要大于其他来宾席的桌面，在桌面的装饰及餐、用具的选择方面，都应高于其他来宾席。

荆楚商务宴席的台形设计应根据餐别、用餐人数、宴席主办单位要求进行，可选用中式圆桌或西式一字、L字、回字等台形。如选用中式圆桌一定要注意餐桌之间的距离，一般不少于2米，西式台形要注意餐位之间的距离。由于商务宴规格档次较高，所以场地一定要宽敞明亮，并且相对独立，相邻餐位间距合适，以方便宾主之间交流及服务员的服务。

（3）设备设施配置要求

商务宴一般均设主台，用鲜花及绿色植物装饰，配备演说台、麦克风或投影仪等商用设备。宴会厅的音响效果要好，可根据主办单位要求播放背景音乐，

以烘托宴席气氛。商务宴席还应在宴会厅入口处设立贵宾签到台或礼品发放台。

2. 宴间服务特别要求

（1）由于商务宴席档次一般较高，所以在人员配备方面一定要充足，尤其是主桌，可配置一名至三名服务员（如果是三名服务员，则一名负责看台，一名负责斟酒，一名负责传菜）。其他来宾席可配置较少服务员，一桌可设一名专职的看台服务员。

（2）服务员的仪容仪表要端庄齐整，懂礼节讲礼貌，尤其是有外国宾客参加宴席时，餐饮服务应大方得体，既体现中国传统的民族风格，又熟知客方国家礼仪，尊重他国的习俗。

（3）严格按照宴席程序提供服务，掌握好服务节奏，及时与厨房联系，控制好上菜节奏。

（4）商务宴请对餐饮服务要求严格，必须选择业务素质较高的服务人员，提供高质量的宴席服务，以防在餐饮接待中出现失误。如有失误发生，宴席组织者一定要特别重视，妥善处理，尽量不要影响整个宴席气氛。

（三）亲情宴服务要求

荆楚风味亲情宴是荆楚宴席的重要表现形式，主要包括婚庆宴、寿庆宴、生日宴、丧葬宴、迎宾宴、节日宴、酬谢宴、迎送宴等。此类筵宴多由个人出资承办，常以民间情感交流为主题，宴饮气氛较为轻松、融洽、热烈、活跃。在其组织与实施过程中主要注意以下几方面。

1. 场地布置要求

（1）由于荆楚民众讲究团圆、吉祥、欢快、和谐，所以在举办亲情宴时，在宴会厅的布置方面应突出荆楚民俗风情。例如，根据"红色"表示吉祥的传统，在喜庆宴席的餐厅布置、台面和餐具的选用上，多使用红色的地毯、红色的台布、红色的幕布、红色的灯笼等，烘托出喜庆热烈的气氛。

（2）在台形设计时，要着重考虑主桌的摆放。根据宴席规模的大小，摆放1桌至3桌主桌，安排贵宾、主家宾客就座。在安排宾客席次时，必须与客人商定好，尽量将一家人或相互熟悉的宾客安排在同一席或相邻席。

（3）荆楚民众喜庆聚会时，往往喜欢离席相互敬酒。所以，在餐桌摆放时，要考虑餐桌之间的距离，留出宽敞的通道，以方便客人在席间行走以及服务员

的斟酒服务。

（4）为烘托气氛，抒发情感，亲情宴席往往会有宾客祝词或即席表演节目。所以，宴会厅的布置要开设出独立的主席台或留出活动场地，并提供相应的设备设施，如麦克风、卡拉OK等。

2.宴间服务特别要求

（1）为了促进亲情宴席的销售，酒店往往为宾客提供一些特别优惠，如免费提供请柬、嘉宾提名册、停车位；自带酒水免收开瓶费等。服务员在服务过程中，一定要清楚哪些服务项目是免费提供的，哪些项目是客人自费的，以防出现差错，引起纠纷。

（2）服务员在服务过程中要大方得体，懂礼节讲礼貌。特别是在运用服务语言时，一定要注意宾客的喜好和忌讳。湖北民众在举办亲情宴席时忌讳不吉利的语言、数字，讲究讨口彩，服务员要灵活运用服务语言，为宾客提供满意的服务。

（3）亲情宴席的气氛较为热烈，有时会在餐饮服务过程中出现一些突发事件，如宾客醉酒，打碎餐具、用具，菜汤、酒水泼洒等，服务员要沉着冷静，妥善处理好这些突发事件。如没有能力处理，要立即向上级汇报，防止扩大事态，影响整个宴饮气氛。

三、荆楚宴席服务礼仪

古人云："设宴待嘉宾，无礼不成席。"为了使筵宴接待工作井然有序，顺利圆满，餐厅负责人必须根据主办人的要求和宴席接待标准，制订出合理的工作方案并付诸实施。餐饮服务人员应在宴席负责人的指引下热情从事接待工作，一切服务活动都应从尊重

客人、爱护客人、方便客人出发，充分体现荆楚民众"待客以礼"的传统美德。

（一）国宴接待礼仪

国宴是以国家名义举行的高规格宴席，主要有欢迎宴、送别宴、午宴、晚宴、国庆招待会、新年招待会、冷餐酒会等类型，规格与人数可灵活变化，用餐时间一般控制在1小时左右，接待服务要严格按照外交部礼宾司的规定进行。其工作人员经过正规培训，文化素质高，仪容风度好，具有高度的责任心和娴熟的业务技能，熟悉各国各民族的风土人情，遵守外事纪律，能表现出中华民族的优良风范。

（二）公务宴接待礼仪

公务宴通常是指政府部门、事业单位、社会团体以及其他非营利性机构或组织在接风饯行、签订协议、庆功颁奖、联络友情、酬谢赞助等重大活动时举行筵宴，其规格低于国宴，但仍注重礼仪，讲究格局。同时由于它的形式较为灵活，场所没有太多的限制，规模一般不大，更便于开展公关活动，因而在社会上应用普遍。

公务宴的接待要旨主要体现为五个方面：第一，接待的等级应与主宾身份相称；第二，国际礼仪与民族礼仪并重；第三，接待程式不要过于烦琐；第四，突出小、精、全、特、雅的风格；第五，着意烘托友好的气氛，多给宾主一些活动空间和交谈时间。

（三）商务宴接待礼仪

商务宴席主要系指工商企业开张志庆、洽谈业务、推销产品、酬谢客户、进行公关活动、塑造企业形象时筹办的酒筵。其档次大多较高，桌次多少不等，经常在中、高级酒楼、饭店或宾馆中举行，对于接待礼仪和服务规程有较高要求。

首先，商务宴常与商务谈判同时进行。它要求宾馆、酒店除了提供洁净的餐室之外，还要提供宽敞、舒适的谈判会场和签约会场，以及电脑、电传等现代化办公设备和训练有素的文秘人员。因此，高效率、保密性和良好的环境氛围十分重要。

其次，商务宴的参加者大多是一些文化层次较高、餐饮经验丰富、烹饪审美能力较强的人士。为使商务活动成功举办，其宴饮规格通常相对较高，用以满足其高消费需求。

最后，从商者都有一种趋吉避凶的心态，追求好

的口彩，期盼"生意兴隆通四海，财源茂盛达三江"。所以承接此类宴席，更为注意商业心理学、市场营销学和公共关系学的运用，着意营造一种"和气生财""大发大旺"的环境气氛。

开业宴会是企业宣布正式对外开展业务时酬谢领导、来宾和客户的大型宴请活动，接待档次往往偏高，礼仪要求较严。通常是餐厅大门要悬挂大红横幅，门前摆放花篮，主人迎宾时有乐队伴奏，服务员应佩戴有企业标志的绶带，导引每一位客人。入座后一般有简短的仪式，主人致辞，主宾祝酒；此时服务人员应将盛满红酒的高脚酒杯用托盘及时送到每位客人手中。上菜以后，更需勤加巡看，全面提供筵间服务，从始到终都要听从主人的指挥。

竣工宴是某个项目或工程完工、通过验收、交付使用时举办的大型宴请活动。它往往带有四个目的：第一，表彰和感谢为之付出辛劳的英模和员工；第二，答谢有关方面的支持与合作；第三，欢迎上级和专家组前来指导；第四，与工程或项目的委托方洽谈某些事宜。

现今的许多竣工宴会习惯于在现场举行自助餐或酒会，委托某一酒楼操办。其优越性是占尽"地利"，可以利用工程及竣工典礼会场作为背景，场面开阔，气氛热烈；困难是菜点要就地制作或用保温箱运来，厨师和服务人员劳动强度较大。因此必须统一指挥，有效调度，忙而不乱，从容不迫，礼仪一一到位。

（四）亲情宴接待礼仪

亲情宴主要包括民间个体所举办的人生仪礼宴、岁时节日宴、接风饯行宴等。

人生仪礼宴是指各个家庭为其成员举办的诞生礼、成年礼、婚嫁礼、寿庆礼或丧葬礼时置办的酒宴。一般都有告知亲朋、接受赠礼、举行仪式、酬谢宾客等程序，多在餐馆、酒楼举办，接待要求各不相同。

团年宴的接待首重气氛。餐厅应当张灯结彩，欢快和乐，充满喜气洋洋的热烈氛围。菜品应突出乡土风味，多用"吉语"，力求丰盛大方，多彩多姿。

接风饯行宴多见于亲朋好友之间的送往迎来，多在客人到达的当日或客人离开的前夜分别举行。其席面大多精致，陪客一般不多，席上免去了许多礼俗，重在宾主之间推心置腹的交谈，有"酒逢知己千杯少"的意味。它要求服务人员尽量减少干扰，给宾主们更多的自由空间。

乔迁宴多是普通家庭祝贺新房落成或搬迁新居时举行的答谢亲友、乡邻、领导、同事的宴饮聚餐活动。其接待礼仪的要旨是祝贺、欢庆，故而各个服务细节与此相吻合。

（五）便宴接待礼仪

便宴指零星顾客三五相邀、临时点菜就餐的宴席。荆楚便宴的接待仪程包括热情迎宾、导引安座、送茶递巾、礼貌询问、介绍菜点、开单下厨、台位摆设、上酒布菜、餐间服务、准确结算、征询意见、致谢送别等十多道环节，通常由迎宾员、值台员、传菜员、收银员分工协作完成。

在荆楚便宴接待中，注重做好开堂前的准备工作和打烊后的收尾工作，如清洁卫生、清点用物、查看意见簿、交接班之类，较为琐细和辛劳。便宴接待的关键是以礼相待、一视同仁、诚信无欺、任劳任怨。

第八章

荆楚名菜名点

JINGCHU MINGCAI MINGDIAN

第一节
荆楚风味名菜

一、中国菜·楚菜十大经典名菜

【葱烧武昌鱼】

主辅调料　鲜活武昌鱼1条（750～1000克），食盐5克，味精5克，白糖10克，料酒20克，生抽20克，老抽5克，葱花90克，红椒50克，葱结30克，姜末10克，陈醋30克，胡椒粉1克，熟猪油20克，高汤500克，水淀粉20克，色拉油适量。

制作方法

1.武昌鱼宰杀治净，两边剞上十字花刀，用料酒、食盐腌制10分钟待用。

2.锅置火上烧热，倒入色拉油滑锅，倒出热油，加入冷油，将腌制好的武昌鱼入锅煎至两面金黄色出锅待用。

3.锅置火上烧热，加入熟猪油、姜末炒香，放入煎好的武昌鱼、葱结蒜末，烹入料酒、生抽，再加高汤、食盐、味精、白糖、老抽、陈醋，旺火烧开，盖上锅盖，改中小火烧制约8分钟，旺火收汁，待汁收浓后，挑出葱结，撒上葱花、胡椒粉，勾芡，淋入起锅醋，出锅装盘即成。

成品特点　味感鲜醇，葱味熏喉，酸甜微辣均匀；菜里味中弥漫着浓、郁、柔、绵、糯等武昌鱼葱烧的味觉特征。

【粉蒸鮰鱼】

主辅调料　野生鮰鱼1条（约1200克），细米粉400克，熟猪油60克，米醋15克，食盐5克，白糖5克，味精5克，生抽2克，姜汁5克，白胡椒粉1克，小葱球5克，葱姜水100克。

制作方法

1.鮰鱼宰杀洗净烫水，把鮰鱼表皮黏液物洗净后斩成宽2厘米、长4厘米的块状，漂净血水待用。

2.将生抽、白糖、姜汁、米醋调制成味碟待用。

3.鮰鱼块放入汤盆中，加入食盐、味精、姜葱水，用手拌匀上劲，再放入熟猪油拌匀，裹上细米粉，入蒸笼用旺火蒸约15分钟，取出后装入盘中（或装入竹筒再次蒸热），撒上白胡椒粉，点缀葱球，淋入少量热猪油，跟味碟上桌即成。

成品特点　色泽洁白，米香浓郁，肉质鲜嫩，富有荆楚风味。

【原汤氽鱼圆】

主辅调料　新鲜胖头鱼1条（约3000克），鸡蛋3个，白萝卜400克，河虾50克，姜片50克，小葱50克，盐15克、味精5克，胡椒粉1克，熟猪油75克，料酒20克，清水、色拉油各适量。

制作方法

1. 30克生姜，30克葱白拍松，泡姜葱水500克，入冰箱冷藏，白萝卜洗净切片待用。

2. 取胖头鱼尾，用刀刮取鱼白肉部分，入纱布袋，冲净血水，入食品加工机，加一倍量姜葱水，制成细腻的鱼蓉，倒入汤锅。

3. 鱼蓉加盐、味精、3只鸡蛋清、淀粉、熟猪油顺时针方向打匀上劲，双手配合挤成直径3厘米大小的鱼圆，入冷水锅，小火煮熟捞起，用冷水冲洗备用。

4. 鱼头煎至两边微黄，放入姜片葱结熟猪油，加入清水2000克，加入白萝卜片，旺火煮约10分钟，至汤汁奶白，加入鱼圆、河虾、盐、味精，继续加热，撒入胡椒粉，出锅即成。

成品特点　鱼汤乳白鲜香扑鼻，鱼头质糯软绵滑口，鱼圆质嫩劲韧弹牙，堪称"千湖鱼乡首汤"。

【钟祥蟠龙菜】

主辅调料　猪瘦肉 500 克，肥膘肉 250 克，净草鱼肉 200 克，虾仁 100 克，菜心 100 克，干淀粉（蚕豆）200 克，鸡蛋 4 个（约 200 克），鸡汤 50 克，1 个鸡蛋清，湿淀粉 5 克，熟猪油 15 克，姜末 5 克，味精 2 克，食盐 7 克，葱花 5 克。

制作方法

1.将猪瘦肉搅拌成蓉，放钵内加适量清水浸泡约 30 分钟；待肉蓉沉淀后沥干水分，加食盐 2 克、淀粉 140 克、1 个鸡蛋清、葱花、姜末，边搅动边加清水，搅成黏稠肉糊待用。

2.净草鱼肉搅拌成蓉，加食盐 2 克、淀粉 50 克，搅拌上劲成黏糊状待用。

3.鸡蛋磕入碗内，搅匀后入锅摊成蛋皮 3 张待用。

4.虾仁洗净后加入食盐 2 克、淀粉 10 克上浆，肥膘肉切黄豆大的丁待用。

5.鱼蓉、肉蓉、肥膘丁、虾仁和在一起拌均匀，分别摊在鸡蛋皮上卷成圆卷，上笼用旺火沸水锅蒸约 30 分钟，取出晾凉后切成约 3 毫米厚的蛋卷片待用。

6.取碗一只，用熟猪油抹匀，将蛋卷片互相衔接盘旋码入碗内，上笼用旺火沸水锅蒸约 15 分钟，取出翻扣入盘中待用。

7.炒锅上火，加鸡汤烧开，食盐、味精调味，用湿淀粉勾芡，淋入熟猪油，浇在蛋卷上，用焯水后的菜心围边即成。

成品特点　形如蟠龙，黄白相间，口感 Q 弹，咸香味美，营养丰富。

【荆沙甲鱼】

主辅调料 活大池甲鱼1只（约1750克），千张150克，青椒2个，熟猪油50克，色拉油100克，荆州豆瓣酱60克，姜片20克，味精3克，白糖5克，胡椒粉2克，陈醋20克，料酒20克，蒜瓣10个，葱花3克，葱结20克，高汤1000克。

制作方法

1. 将活甲鱼宰杀，烫水去黑膜，洗净后剁成3厘米见方的块状待用。

2. 千张洗净切丝，入沸水锅焯水，放入砂锅中打底待用。

3. 甲鱼块入冷水锅焯水，捞出用清水冲洗去黄油。

4. 炒锅置火上，加入色拉油、熟猪油烧热，加入甲鱼块煸至水分炒干，放入姜片、蒜瓣、荆州豆瓣酱，炒出香味，烹入料酒，加入高汤及白糖、陈醋、料酒、青椒，大火烧开，改用小火焖制约30分钟，旺火收汁，加入味精、胡椒粉，放起锅醋，转入砂锅内即成。

成品特点 酱香浓郁，汤汁稠浓，软糯弹而有韧，鲜香醇正，是荆楚大地代表菜品。

【莲藕排骨汤】

主辅调料 新鲜猪排骨 500 克，莲藕（粉藕）1000 克，新鲜猪筒子骨 1000 克，食盐 20 克，姜片 20 克，味精 5 克，料酒 15 克，白胡椒粉 1 克，葱花 3 克，清水适量。

制作方法

1. 将猪排骨、猪筒子骨洗净，剁成段，入锅中焯水待用。

2. 莲藕去皮，切滚刀块，放入盆中，加 15 克食盐腌制约 10 分钟待用。

3. 炒锅置火上，加入色拉油烧热，放入姜片、筒子骨炒香，加入料酒，倒入适量清水，大火烧开后，转入砂锅内，小火煨制约 1.5 小时，加入猪排骨，小火煨制约 1.5 小时，莲藕块冲洗去盐味后加入汤中，继续用中火煨制约 40 分钟，中途搅动，最后加入食盐、味精、白胡椒粉调味即成。

成品特点 莲藕粉糯，排骨软烂，汤汁浓郁，是湖北煨汤最典型代表。

【潜江油焖小龙虾】

主辅调料 潜江清水小龙虾（约1100克），高汤500克，清水500克，独蒜100克，食盐5克，白糖10克，鸡精8克，味精5克，白胡椒粉4克，花椒粉6克，干辣椒10克，陈醋20克，白酒20克，豆瓣酱50克，生姜、八角、桂皮各10克，草果、香果、山奈各2克，色拉油适量。

制作方法

1. 将生姜、八角、桂皮、草果、香果、山奈入油锅中，小火熬制约6小时，放凉后打渣，制成香味独特的特制油待用。

2. 将清水小龙虾剪去虾头、腹部两侧小爪，保留虾黄部分，挑出虾线和内脏，在虾背上剪上一刀，逐个刷洗，用清水洗净，控干水分，入热油锅中爆炸后沥油待用。

3. 锅置火上，加入特制油、豆瓣酱、干辣椒，炒香出色，下入小龙虾，加白酒、高汤、清水、独蒜，大火烧开，调入食盐、味精、白糖、白胡椒粉，加盖改中火焖制约5分钟后，加入鸡精、花椒粉、陈醋，转大火收汁，待汁浓时起锅，盛入虾盆，撒上葱花即成。

成品特点 色泽鲜艳，虾肉脆弹，味道香、辣、鲜、醇。

【腊肉炒洪山菜薹】

主辅调料　新鲜洪山菜薹750克，腊肉100克，食盐2克，味精2克，色拉油20克，熟猪油20克。

制作方法

1. 将洪山菜薹去除老叶，剥去茎根部的老皮，洗净后掐成约5厘米长段待用。

2. 将腊肉洗净蒸熟后切成薄片待用。

3. 炒锅上火滑净，加入色拉油、熟猪油，放入腊肉片，煸炒至金黄色，再放入菜薹，加入食盐、味精调味，边炒边点水至菜薹9成熟时，出锅装盘即成。

成品特点　菜薹清脆爽口，冬腊香味浓郁，是著名的国家地标菜品。

【沔阳三蒸】

主辅调料　草鱼500克，猪五花肉400克，茼蒿500克，早稻熟米粉（粗）40克，早稻生米粉（细）150克，食盐10克，味精3克，胡椒粉3克，腐乳汁20克，姜米16克，熟猪油10克，香油5克，酱油10克，香醋30克，料酒20克，葱花10克。

制作方法

1. 将五花肉切成6厘米长的片状，加适量食盐、姜米、料酒、胡椒粉、腐乳汁、酱油腌制约5分钟，均匀拌上用熟粗米粉，上笼旺火沸水锅蒸制约60分钟待用。

2. 将草鱼治净后剁成6厘米的块状，加适量食盐、姜米、料酒、胡椒粉腌制约5分钟，均匀蘸上生细米粉，上笼旺火沸水锅蒸约8分钟待用。

3. 将茼蒿洗净沥干水分后切成粒状，拌上生米粉，上笼旺火沸水锅篜制约6分钟，取出加入食盐、味精、熟猪油调味待用。

4. 将初步蒸制后的鱼块、肉片、茼蒿分别装入竹笼中，上笼蒸约2分钟，淋入香油、撒上葱花即成。

成品特点　突出了楚菜粮食与鱼肉蔬菜合烹的一大特色，其软糯粉香，营养味道互补。

【黄州东坡肉】

主辅调料 黄州土猪带皮五花肉 1500 克，干竹笋 50 克，西蓝花 5 朵（或菜心数棵），生姜片 40 克，小葱结 50 克，冰糖 20 克，老抽 20 克，食盐 4 克，黄酒 30 克，红曲 2 克（或南乳汁 10 克），色拉油、清水各适量。

制作方法

1. 将带皮猪五花肉用旺火烫皮后洗净，入锅中加适量清水煮至断生，捞出压平，改刀切成约 4 厘米的方块，过油待用。

2. 干竹笋用清水发好后切片待用。

3. 炒锅置火上，加适量清水、冰糖、老抽、黄酒、生姜片、小葱结、红曲（或南腐乳汁），放入肉块，先大火烧开，再改文火焖约 2 小时至 8 成熟待用。

4. 水发干竹笋垫于煲底，将 8 成熟的肉块皮面朝上，均匀码在竹笋片上，灌入原汁，上火继续焖 1 小时，至肉酥烂透味，围上焯水后的西蓝花即成。

成品特点 色泽酱红，形态方正，皮薄肉厚，咸鲜回甜，肥不腻口，瘦不黏牙。

二、水产动物类荆楚风味名菜

【清蒸武昌鱼】

主辅调料　鲜活梁子湖武昌鱼（团头鲂）1 条（重约 750 克为宜），清鸡汤 100 克，香菇 1 枚，熟火腿 50 克，冬笋片 50 克，食盐 5 克，白胡椒粉 2 克，鸡油 5 克，熟猪油 20 克，姜片 40 克，姜丝 10 克，食醋 20 克，料酒 10 克，整葱 20 克，葱丝 5 克，湿淀粉 10 克。

制作方法

1. 武昌鱼宰杀制净，剞兰草花刀，入沸水中稍烫，刮去黏液，治净，食盐、料酒、姜片待用。

2. 香菇、熟火腿、冬笋片剞花刀待用。

3. 将武昌鱼放入盘中，把冬菇、火腿片、冬笋片相间摆在鱼身上，再放熟猪油、整葱，撒上白胡椒粉，上笼宽水旺火蒸约 12 分钟，出笼后去掉葱结，将盘中原汤倒入锅中，加清鸡汤，调味，炖沸勾薄芡，淋热鸡油，浇在鱼身上，点缀葱丝，跟姜丝醋碟上桌即成。

成品特点　火足气满，一气呵成，鱼肉洁白如玉，肉质细嫩滑口，清鲜味美，是驰名中外的楚天第一菜。

【红焖武昌鱼】

主辅调料　武昌鱼1条（约900克），高汤1000克，熟猪油50克，熟鸡油10克，黄豆酱20克，食盐5克，大葱段100克，生姜片30克，生抽10克，蚝油10克，白糖5克，绍酒30克，胡椒粉1克，香醋5克，色拉油适量。

制作方法

1. 武昌鱼宰杀治净，鱼身两面剞上十字花刀（每面7～9刀），用食盐、绍酒、姜片腌制3小时待用。

2. 将腌制后的武昌鱼用清水洗去表面盐分，擦干体表水分，入七成热油锅中炸至定型，改小火炸约30分钟，至鱼骨酥脆时捞起沥油待用。

3. 锅置火上，加熟猪油、熟鸡油烧热，放入大葱段、姜片炒香，加入黄豆酱煸香，倒入高汤，旺火烧开，加入食盐、生抽、白糖、蚝油、胡椒粉、香醋调味，改中火煮约10分钟，将汤汁过滤待用。

4. 锅置火上，放入武昌鱼，倒入过滤后的汤汁，紧盖锅盖，改小火焖约3小时，至鱼骨酥软，出锅装盘，浇上原汤撒葱花即成。

成品特点　鱼形完整，色泽红润，鱼骨松酥，鱼肉糯软，微辣回甜，具有透、香、浓、醇味美等特色，是武昌鱼系列最著名的代表菜品。

【香煎武昌鱼拖】

主辅调料 武昌鱼 2 条（每条约 900 克），生姜片 50 克，小葱段 50 克，食盐 10 克，白胡椒粉 1 克，料酒 30 克，色拉油 50 克。

制作方法

1.武昌鱼宰杀洗净，留头尾、去鱼骨，取武昌鱼肚档（鱼拖），改刀成 7 厘米长、4 厘米宽的块状待用。

2.将改刀后的鱼块加入食盐(约按 500 克净鱼肉 8 克食盐的比例)抓捏上劲，再加料酒、生姜片、小葱段抓匀，腌制 4 小时待用。

3.煎锅烧热，放入色拉油，将武昌鱼两面煎至金黄，撒白胡椒粉，出锅摆入盘中，点缀葱丝即成。

成品特点 色泽黄亮，鱼香浓郁，肉质细嫩，咸中透鲜。

【明珠武昌鱼】

主辅调料　武昌鱼1条（约1000克），菜心10棵，红萝卜1根，莴苣1根，清鸡汤300克，鸡蛋2个，食盐10克，味精3克，淀粉10克，清水、色拉油各适量。

制作方法

1. 武昌鱼宰杀治净，取净鱼肉打成蓉，加入食盐、姜葱水、淀粉、鸡蛋清，搅拌上劲，制成鱼圆待用。

2. 武昌鱼骨撒上食盐腌制1小时，拍上淀粉定型，放入油锅中炸至成型酥脆待用。

3. 菜心焯水，红萝卜、莴苣分别雕刻成小玲珑焯水待用。

4. 锅置火上，倒入清鸡汤烧开，加入食盐、味精调味，放入鱼圆加热，水淀粉勾芡，淋入明油，出锅装入鱼骨架内，点缀小玲珑球、菜心即成。

成品特点　造型生动，色泽洁白，光滑圆润，鲜香细嫩。

【酥鳞武昌鱼】

主辅调料　武昌鱼1条（约1000克），食盐20克，小葱50克，姜片20克，花椒末2克，色拉油适量。

制作方法

1.武昌鱼宰杀治净，抹上食盐（按每500克鱼10克盐的比例），放入小葱、姜片，入冰箱腌制5天左右待用。

2.武昌鱼放入清水中浸泡1小时，取出蒸熟后摊凉待用。

3.炒锅置火上，倒入适量色拉油烧至8成热，将武昌鱼炸至鱼酥鳞脆时出锅，沥油改刀成条状撒上花椒末，装盘即成。（也可以将带鳞武昌鱼切块，再入锅炸熟后装盘）

成品特点　色泽黄亮，鱼肉细嫩成瓣，鱼鳞酥脆爽口，鱼香浓郁。

【红烧鮰鱼】

主辅调料 长江鮰鱼肉600克,食盐5克,料酒15克,白糖10克,湿淀粉25克,熟猪油50克,葱白段10克,生姜片5克,大蒜片5克,色拉油25克,清水750克。

制作方法

1.将净鮰鱼肉剁成约4厘米见方的鱼块待用。

2.炒锅置旺火上,热锅后下入熟猪油、色拉油,加葱白段、生姜片、大蒜片炝锅出香,放入鮰鱼块,淋入料酒,略翻炒后加入清水约600克,盖上锅盖,大火烧开,转中火烧约7分钟待用。

3.烧至鱼肉松软(8成熟)时,端锅离火,将锅内2/3汤汁倒汤碗内(另作他用),再向锅内加入清水(约150克)、食盐、白糖,置微火上烧约8分钟,至鱼块透味时,收芡至汤汁呈稠糊状粘在鱼块上时,再淋入少许熟猪油,出锅装盘即成。

成品特点 色泽黄亮油润,口感细嫩肥美。

【原味长江肥鱼】

主辅调料 鲜活长江肥鱼1条（约1250克），生姜片20克，大葱段20克，蒜米20克，食盐5克，味精3克，白胡椒粉2克，白酒3克，熟猪油50克，清水适量。

制作方法

1. 在活肥鱼尾部1寸处划1刀，用铁钩将鱼嘴勾住挂起，让血水从鱼尾部排出待用。

2. 锅置火上，倒入清水烧热至约60～70℃时，放入肥鱼焯烫10秒钟捞出，放入清水中，用小刀轻轻去除黏液及黑色污物，洗净待用。

3. 将肥鱼切成6厘米左右的长块，用清水冲洗干净待用。

4. 炒锅置火上烧热，放入熟猪油，加入生姜片、大葱段、蒜米炒香，加入肥鱼块略炒，淋入白酒，加入适量清水，盖上锅盖，用旺火煮开，转小火慢炖约15分钟至鱼汤奶白，调入食盐、味精、胡椒，装入砂锅即成。

成品特点 汤汁乳白醇厚，鱼肉鲜香细嫩。

【三味鲴鱼】

主辅调料 长江鲴鱼1条（约1000克），食盐2克，味精2克，料酒20克，姜葱汁20克，蒜蓉酱30克，豆豉酱30克，剁椒酱30克，葱段6根。

制作方法

1. 鲴鱼宰杀去内脏，洗净后取鱼头、鱼尾、鱼骨、鱼肉，鱼肉改麒麟花刀，同鱼头、鱼尾、鱼骨一起，加食盐、味精、葱姜汁、料酒等调味料腌制待用。

2. 将鱼头、鱼尾摆放在盘子的两端，鱼骨摆放中间，鱼肉摆两边，分别将蒜蓉酱、剁椒酱、豆豉酱整齐地排放在鱼肉、鱼骨上，入笼用旺火蒸熟，取出点缀葱段即成。

成品特点 造型美观，肉质鲜嫩，味型多样。

【三峡玉米肥鱼】

主辅调料 肥鱼（鮰鱼）1条（约1250克），玉米棒300克，西芹100克，卤牛肉30克，胡萝卜30克，生粉20克，鸡蛋1个，姜片10克，大葱段10克，料酒3克，食盐3克，味精2克。

制作方法

1.将肥鱼宰杀治净，去骨刺取净肉，1/3鱼肉制成鱼蓉，2/3鱼肉改刀成小块，打十字花刀后用姜片、大葱段、料酒、食盐腌制入味待用。

2.玉米棒、西芹、胡萝卜洗净，用刀片下玉米粒，西芹切成片做成玉米叶，胡萝卜削成苞谷茎待用。

3.将卤牛肉撕成细丝，做成苞谷（玉米）须状待用。

4.将鱼蓉与鱼块加入蛋清、生粉，一起搅拌上劲，放入盘中，制成玉米棒形状的鱼坯，入笼蒸熟后，取出贴上玉米粒，使其成为玉米形状，摆上苞谷须（牛肉丝）、苞谷叶（西芹）、苞谷茎（胡萝卜），上笼继续蒸约10分钟即成。

成品特点 形象逼真，色泽黄亮，玉米粉糯，鱼蓉鲜嫩。

【葱烧鮰鱼肚】

主辅调料 长江鮰鱼肚12个（约500克），水发房县花菇200克，姜末10克，小葱100克，葱油20克，食盐5克，味精5克，料酒10克，生抽5克，老抽2克，陈醋10克，鸡汤300克，生粉10克。

制作方法

1.鮰鱼肚治净后，改刀（一改二）待用。

2.水发花菇洗净待用。

3.锅置火上，倒入葱油加热，放入姜末、小葱炒香，再放入鮰鱼肚，继续煸炒后加入鸡汤、花菇，大火烧开用食盐、味精、生抽、老抽、陈醋调味，转中小火烧约15分钟，旺火收汁，水淀粉勾芡，出锅装盘即成。

成品特点 葱香浓郁，滋味鲜美，鱼肚滑嫩爽口，花菇鲜香Q弹。

【菊花鮰鱼肚】

主辅调料　胖头鱼鱼尾 2000 克，石首笔架鱼肚 100 克，熟猪油 50 克，冰冻姜葱水 500 克，浓汤 500 克，鸡蛋 3 个，食盐 10 克，味精 2 克，生粉 50 克，鸡油 30 克，蟹黄 10 克，清水适量。

制作方法

1. 笔架鱼肚浸泡 12 小时后冲水，清洗干净待用。

2. 胖头鱼尾去鳞洗净，鱼皮朝下，用刀从鱼尾至鱼头方向刮取净白鱼肉 500 克，漂净血水后放入电动搅拌机内，加入 3 个鸡蛋清、500 克冰冻姜葱水搅成鱼蓉，再倒入钵内，调入食盐、味精，顺时针方向搅拌上劲，再加入生粉 50 克、熟猪油 50 克，搅拌均匀待用。

3. 将 9 寸平碟抹上熟猪油，放入冰箱将猪油冻硬待用。

4. 将搅拌好的鱼蓉装入裱花袋中，裱在油碟上，裱成多种菊花形状待用。

5. 锅置火上，倒入清水，烧热至 90℃，将裱好的菊花鱼连盘放入锅中氽熟（菊花鱼会跟平盘自然脱离），将浮在水面的菊花鱼捞起，放入清水中待用。

6. 将泡好洗净的笔架鱼肚切成丝状，入锅用浓汤、鸡油调味勾芡，装入碟中。

7. 将氽好的菊花鱼放入蒸柜中加热，取出摆放在烩好的鱼肚上，点缀蟹黄即成。

成品特点　形如菊花，色泽洁白，质感滑润，滋味鲜美。

【蟹黄鱼肚】

主辅调料　油发石首笔架鱼肚 3 个（约 100 克），蟹黄 100 克，清鸡汤 500 克，丝瓜 400 克，鱼蓉 300 克，淀粉 10 克，盐 3 克，味精 5 克，白糖 2 克，白醋 20 克，清水适量。

制作方法

1. 油发石首笔架鱼肚用净水浸泡 12 小时，鱼肚油分洗净，再用净水加入白醋兑制浓度 5% 的醋水浸泡 1 分钟，冲洗干净。

2. 取丝瓜皮酿入鱼蓉蒸熟，改刀成佛手状。

3. 清鸡汤烧开后放入笔架鱼肚，加入蟹黄、盐、味精、白糖调味，勾芡装盘，佛手丝瓜围边即成。

成品特点　色泽鲜艳，装盘大气，口感柔软，味道鲜香。

【珊瑚鳜鱼】

主辅调料 鳜鱼1条（约1250克），番茄汁450克，食盐4克，淀粉800克（实耗约250克左右），白醋50克，白糖150克，料酒50克，色拉油，姜末20克，蒜末20克。

制作方法

1.鳜鱼宰杀治净，从头部切断，沿脊骨取两边的肉，但去除脊骨时一定不要把尾部切断，然后去掉两边的肋刺，剞花刀待用。

2.将剞好花刀的鳜鱼洗净，沥干水分，加食盐、料酒，腌制待用。

3.锅置火上烧热，倒入色拉油，烧至七成热时，将鱼头、鱼尾炸熟捞出，再将拍过淀粉的鱼身皮朝上，下锅炸4分钟左右，成珊瑚状捞出装入盘中。

4.锅中留底油，烧至四成热时，加入蒜末、姜末、番茄汁，煸炒出香味，再加入清水、白糖、食盐、白醋，调制成番茄芡汁，勾成油芡，将制好的芡汁浇在炸制成型的鳜鱼上即成。

成品特点 形似珊瑚，香味扑鼻，酸甜适口，酥脆宜人。

【汪氏拖网鳜鱼】

主辅调料 鲜活鳜鱼1条（约750克），高汤500克，猪素肉末100克，胡萝卜1条（约200克），豆瓣酱100克，姜粒10克，白糖5克，味精5克，老抽3克，生抽20克，料酒5克，食盐5克，香醋5克，黑胡椒粉0.5克，香葱段5克，生姜片10克，青粽叶10片，色拉油、水淀粉各适量。

制作方法

1. 将鳜鱼宰杀后处理干净，剞成双十字花刀，用食盐、料酒、香葱段、生姜片腌渍待用。

2. 胡萝卜剞成渔网状，焯水待用。

3. 橙子皮改刀成树叶状，焯水待用。

4. 炒锅置火上烧热，加入色拉油，放入猪肉末炒散，加入食盐、姜粒、豆瓣酱、老抽、白糖、味精、香醋、黑胡椒粉，炒成豆瓣肉末料待用。

5. 炒锅上火，倒入色拉油滑锅，留底油烧至七成热，将腌好的鳜鱼抹干水分，入锅煎至两边金黄出锅。

6. 锅烧热加油，姜粒炒香，放入鱼，加高汤、盐、味精、生抽、陈醋、料酒调味，大伙烧开，盖锅盖，改小火烧10分钟，加老抽、精粉，旺火收汁，加入肉末，水淀粉勾芡，放起锅醋，装盘。

7. 盖上鱼网，点缀即成。

成品特点 形态美观别致，口感细嫩，口味鲜香。

【石锅鱼杂】

主辅调料　鮰鱼唇350克，鲤鱼籽280克，鮰鱼鳔100克，荆沙豆酱150克，红椒片60克，大葱段60克，小米辣50克，生姜片50克，食盐5克，白糖10克，味精5克，陈醋10克，料酒20克，香菜3克，色拉油、清水适量。

制作方法

1.鮰鱼唇用清水漂洗1小时，捞出沥干，入油锅炸至金黄色，出锅控油待用。

2.鮰鱼鳔加清水、陈醋、料酒，焯水熟透，再用流动清水浸漂3小时待用。

3.鲤鱼籽剥去表面的鱼油和外衣，用清水漂洗干净，捞出待用。

4.石锅上火，倒入色拉油烧热，加入荆沙豆酱、小米辣、生姜片炒香，加入清水，大火煮沸，下入鮰鱼唇，加盖焖约15分钟，再加入鲤鱼籽、鮰鱼鳔、红椒片、大葱段、白糖、味精、食盐，大火煮约10分钟，放入香菜即成。

成品特点　汤色油亮，浓而不腻，鱼杂香辣，鲜而不腥。

【粉蒸青蛙鳜鱼】

主辅调料　鳜鱼3条（每条约600克），大米粉100克，食盐5克，料酒10克，味精1克，姜末10克，高汤200克，白胡椒粉0.5克，色拉油20克，水淀粉10克。

制作方法

1.将鳜鱼宰杀除骨，洗净剞十字花刀，用食盐、料酒、姜末腌制10分钟，拍上大米粉，装盘摆成青蛙状，入笼旺火蒸约8分钟，取出待用。

2.锅置火上，倒入高汤，调入味精、白胡椒粉、色拉油，烧沸后勾薄芡，淋在蒸熟的青蛙鳜鱼上即成。

成品特点　形象逼真，鲜美可口。

【糟溜双黄鱼片】

主辅调料　鳜鱼1条（约750克），鸡蛋3个，水发黑木耳50克，淀粉100克，面粉100克，香葱1棵，生姜50克，香糟汁20克，米醋10克，米酒20克，白糖5克，食盐5克，鸡汤100克，色拉油适量。

制作方法

1. 将香葱、生姜制成葱姜汁待用。

2. 将鳜鱼宰杀制净，剔除主骨，去掉鱼皮，改刀成6厘米长、4厘米宽、1毫米厚的薄片，加葱姜汁、食盐腌制待用。

3. 取出鸡蛋黄，加入面粉、淀粉调成蛋黄糊，将腌好的鱼片挂上蛋黄糊，入油锅中用五成热的油温滑熟，出锅沥油待用。

4. 锅内留少量色拉油，倒入鸡汤，调入食盐、白糖、米醋，加入香糟汁、米酒、黑木耳，勾薄芡，倒入鱼片翻匀，出锅装盘即成。

成品特点　色泽黄亮，糟香浓郁，鱼肉嫩滑，爽口开胃。

【红烧野生小斑鳜】

主辅调料　野生小斑鳜750克，熟猪油100克，姜片30克，胡椒粉5克，鸡粉2克，土青椒2个，白糖5克，野山椒5克，蒜子5克，老抽1克，高汤400克，清水适量。

制作方法

1. 野生小斑鳜去内脏，去鳃去鱼鳞整理干净备用。

2. 炒锅置上火，下熟猪油烧热，下姜片、蒜子，炒香，下鱼，煎至两面金黄，下野山椒，加入少许高汤、清水，青椒，小火烧8分钟，下胡椒、鸡粉、糖、老抽上色收汁即可。

成品特点　鱼肉鲜嫩、汤汁味美。

【萝卜炖清江水蜂子鱼】

主辅调料 野生水蜂子鱼500克，白萝卜400克，熟猪油50克，姜片30克，食盐5克，味精3克，胡椒粉5克，鸡粉2克，清水适量。

制作方法

1. 清江水蜂子鱼去内脏洗干净，白萝卜切丝。

2. 炒锅置上火，下熟猪油烧热，将鱼稍微煎一下，下入姜片，加入清水、萝卜丝，大火烧开，汤变白，下入盐、胡椒粉、味精、鸡粉，起锅撒上葱花即成。

成品特点 鱼汤奶白、鲜甜，滋补养颜。

【阳新笋干烧鳜鱼】

主辅调料 鳜鱼一条（约 1500 克），五花肉丁 50 克，涨发好的阳新笔杆笋 100 克，煎豆腐 200 克，大葱段 150 克，葱花 50 克，姜末 10 克，蒜子 50 克，芜湖椒 100 克，食盐 8 克，味精 5 克，白砂糖 5 克，生抽 15 克，老抽 5 克，陈醋 30 克，自磨黑胡椒 10 克，菜籽油 50 克，熟猪油 50 克，料酒 50 克，干辣椒 5 克，开水 200 克，高汤 400 克。

制作方法

1. 将鳜鱼宰杀治净，鱼身两面肉厚处打上十字花刀，下油锅，用菜籽油煎至两面金黄备用。

2. 提前将阳新笋干涨发开后，手撕成筷头粗细，再解刀成 10 厘米的段，用高汤煨制 2 小时备用。

3. 炒锅滑油，落菜籽油、精炼猪油，下五花肉丁煸香，待脂肪充分流出，入姜末炒香，放入煎好的鳜鱼，烹入料酒，倒入 2000 克开水，将大葱段、蒜子、芜湖椒、干辣椒也一并下锅，加盖，大火烧开，中火焖 4 ~ 5 分钟，待汤汁成奶白色，落食盐、生抽、老抽、一半陈醋，继续加盖小火烧制 5 分钟，下入味精、白砂糖、黑胡椒、另一半陈醋、笋干及煎豆腐，继续烧 3 ~ 4 分钟，待汤汁浓稠，将整条鱼滑入大煲内，将大煲置放与煲仔炉上，烧开，收汁，待汤汁收干，撒上葱花，锅边淋上少许陈醋，加盖即可上桌。

成品特点 鱼香味浓，汁味醇厚，荤素搭配，营养均衡。

【蟹黄芙蓉蛋】

主辅调料 新鲜草鱼 1 条（约 1500 克），母大闸蟹 3 只（每只约 150 克），清鸡汤 500 克，熟猪油 5 克，鸡蛋清 2 个，生粉 15 克，食盐 10 克，味精 5 克，姜汁 5 克，葱汁 3 克，清水 300 克。

制作方法

1. 草鱼切尾部放血 15 分钟，宰杀治净，用刀刮取鱼肉后剁成细蓉，加入生粉、食盐、味精、葱汁、姜汁、清水，顺时针方向搅拌上劲，再加入鸡蛋清、熟猪油，搅匀待用。

2. 大闸蟹入笼锅蒸熟，取出蟹黄，加姜末、熟猪油搓成小指头大小的球状待用。

3. 将蟹黄球挤入鱼蓉中，成直径 4 厘米大的蟹黄鱼圆，入冷水锅中用小火氽熟待用。

4. 锅置火上，加入清鸡汤，放入氽熟的芙蓉蛋，大火烧开，转小火煮约 2 分钟，勾芡，出锅装盘即成。

成品特点 色泽洁白，光滑圆润，咸鲜滑爽。

【橘瓣鱼氽】

主辅调料 鲜胖头鱼尾 1500 克，熟火腿 20 克，鸡蛋 3 个，菜心 3 棵，清鸡汤 750 克，水淀粉 50 克，盐 15 克，味精 5 克，料酒 5 克，冰姜葱水 500 克，熟猪油 30 克，蛋清 3 个。

制作方法

1.胖头鱼尾，刮取白肉，漂净血水，放入搅拌机内制蓉。

2.将制好的鱼蓉放入钵内，加冰姜葱水、蛋清、水淀粉、盐、味精、料酒、熟猪油，用力搅拌均匀。（比例：50 克净鱼肉，500 克冰姜葱水，3 个鸡蛋清，水淀粉 50 克，熟猪油 30 克）

3.锅中加清水，双手配合将和好的鱼蓉挤橘瓣型鱼圆，氽入水中，小火加热，至鱼氽成熟，捞起，鸡汤加热，加入菜心、火腿调味，加入鱼氽烧开即成。

成品特点 色泽洁白，光滑圆润、口感滑嫩、形似橘瓣。

【清汤龙凤】

主辅调料 鱼蓉400克，盐6克，味精2克，熟猪油50克。

制作方法

1. 将调好的鱼蓉放入裱花袋，用平盘抹上熟猪油，把鱼蓉按龙凤的形状分别裱到平盘上。

2. 把裱有龙凤的平盘分别放入清水锅中加热氽熟。

3. 鱼蓉氽熟后捞出平盘，把定型后的龙凤分别用平铲取下放入清鸡汤器皿即可。

成品特点 带有地方特色的鱼蓉菜，以一种新的形势呈现出来，所表达的意境更有楚菜文化的特点。

【清水大鱼圆】

主辅调料 胖头鱼尾 2000 克, 香芹梗 30 克, 鸡蛋清 150 克, 盐 20 克, 味精 10 克。

制作方法

1.将胖头鱼尾取鱼白, 漂净血水, 制蓉待用。

2.鱼肉加盐搅拌上劲, 边搅边逐步加清水, 直到鱼蓉饱和吸水上劲, 加味精、蛋清搅拌均匀, 放入冰箱静置保鲜 2 小时。

3.搅拌好的鱼蓉挤出直径大约 5 厘米的大鱼圆入清水锅, 用小火慢加热至 90℃, 熄火浸泡 40 分钟。(泡的作用是让大鱼圆里面熟透和去除部分盐味, 防止鱼圆偏咸)

4.上菜时把鱼圆 12 枚带水一起加热后捞起, 放入已烧开的纯净水中撒芹菜粒即可上桌。

成品特点 鱼圆口感鲜嫩软滑, 色泽晶莹如玉。

【簲洲湾鱼圆】

主辅调料 长江簲洲段西流湾所产江鱼(以鳡鱼为佳,青鱼、草鱼亦可)约1800克,猪肥膘肉20克,生粉10克,鸡蛋清1个,姜末5克,葱花5克,食盐4克,味精4克,鸡精4克,白胡椒粉4克,清水适量。

制作方法

1. 将新鲜江鱼宰杀后取鱼白剁成细蓉待用。

2. 将猪肉膘切成丁状待用。

3. 加生粉、鸡蛋清、食盐、味精、鸡精、白胡椒粉和适量姜葱水,搅打上劲待用。

4. 把上劲的鱼蓉挤成丸子状,上笼旺火沸水锅蒸约5分钟(至鱼圆5成熟时),熄火稍加冷却,再次旺火沸水锅蒸约4分钟,撒葱花即成。

成品特点 色泽洁白,形态粗犷,鲜而不腥,嫩弹爽口。

【鱼圆狮子头】

主辅调料 猪五花肉 500 克，去皮马蹄 50 克，胖头鱼尾 1000 克，清汤 700 克，菜心 3 棵，鸡蛋 9 个，大葱 50 克，生姜 100 克，大白菜叶 1 片，枸杞 2 颗，熟猪油 30 克，淀粉 100 克，冰块 100 克，清水 400 克，食盐 15 克，味精 10 克，胡椒粉 1 克。

制作方法

1. 去皮马蹄切黄豆大小的丁状，冲水去甜味待用。

2. 将经过冷却排酸的猪五花肉切成黄豆大小的肉丁，放入盆中，加入 5 克食盐、1 克胡椒粉、50 克马蹄丁、10 克姜葱汁、30 克冰清水，搅和上劲，搓成 1 个大狮子头待用。

3. 取 5 个鸡蛋的蛋清，加入淀粉 100 克，打成蛋清糊，将狮子头挂蛋清糊，放入开水锅中，待蛋清凝固定型后捞起，转入另一个盆（或砂锅）中，加入适量清水，盖上大白菜叶，用文火炖约 4 小时待用。

4. 将胖头鱼尾去鳞去骨，刮取白鱼肉，放入盆中漂净血水，转入电动搅拌机中，加葱姜水、鸡蛋清（4 个），搅拌成细腻的鱼蓉，倒入盆中，再放入 5 克食盐、5 克味精，用手顺时针方向搅拌均匀，加熟猪油增白去腥，加水淀粉，继续顺时针方向搅打上劲，挤成乒乓球大小的鱼圆，氽入凉水中，小火加热至熟，捞出冲凉备用。

5. 砂锅置火上，加清汤 700 克烧开，调入食盐、味精，放入狮子头、鱼圆、菜心、枸杞，再次用小火烧开即成。

成品特点 汤色清亮，滋味鲜美，形态美观，寓意吉祥，鱼圆与狮子头相映成趣。

【银包金】

主辅调料　胖头鱼尾 2000 克，猪肉末 100 克，葱姜 50 克，冰葱姜水 500 克，高汤 200 克，淀粉 50 克，鸡蛋 3 个，生抽 5 克，菜心 30 克，食盐 10 克，味精 5 克，白胡椒粉 2 克，熟猪油 50 克。

制作方法

1. 将胖头鱼尾去鳞洗净，刮取鱼白肉 500 克，漂净血水，放入电动搅拌机内，加入 3 个鸡蛋清、500 克冰葱姜水打成鱼蓉，再倒入盆内，加食盐、淀粉、熟猪油，和匀上劲待用。

2. 猪肉末加葱姜汁、食盐、胡椒粉、生抽、味精，和匀上劲，挤成小圆子待用。

3. 将和好的鱼蓉挤成鱼圆，在鱼圆中镶入小肉圆，入冷水锅用小火余熟，捞出待用。

4. 锅置火上，倒入高汤烧热，加入食盐、白胡椒粉调味，放入余熟的圆子，勾薄芡出锅装盘，用焯水后的菜心围边即成。

成品特点　鱼肉合烹，名巧味鲜，色泽白润，口感滑嫩。

【浠水炖鱼头】

主辅调料　浠水花鲢鱼头 1 个（约 1500 克），食盐 5 克，鸡精 5 克，青杭椒圈 30 克，生姜片 15 克，白胡椒粉 3 克，菜籽油适量。

制作方法

1. 浠水花鲢鱼头治净，改刀待用。

2. 炒锅置火上烧热，倒入菜籽油滑锅，将鱼头煎至表面金黄，放入生姜片炒香，加入开水，大火烧沸后，继续煮至汤色奶白略带黄色，再加入青杭椒片，调入食盐、鸡精、白胡椒粉，出锅装入砂钵中即成。

成品特点　色泽黄亮，汤汁醇厚，鱼肉鲜美。

【萝卜丝煮鲫鱼】

主辅调料 鲫鱼5条（每条约100克），白萝卜500克，生姜末20克，熟猪油20克，料酒10克，食盐5克，味精2克，白胡椒粉0.5克，葱花5克，清水、色拉油各适量。

制作方法

1. 鲫鱼宰杀治净，鱼体两边剞上一字花刀，擦干表面水分，入锅中煎至两面金黄待用。

2. 白萝卜洗净削皮，切成粗细均匀的萝卜丝待用。

3. 锅置火上烧热，加入色拉油、生姜末炒香，放入煎好的鲫鱼，烹入料酒，倒入清水，加盖大火煮开，放入熟猪油、白萝卜丝，大火煮约10分钟（至鱼汤稠白），最后加入食盐、味精、白胡椒粉调味，出锅撒上葱花即成。

成品特点 汤汁奶白，鱼肉鲜嫩，萝卜回甜，味美价廉。

【白花菜炒鱼面】

主辅调料 腌白花菜（以安陆、应城一带所产为佳）80克，云梦鱼面200克，红椒丁10克，葱花5克，生抽5克，胡椒粉5克，色拉油30克。

制作方法

1. 将云梦鱼面用温水浸泡至散开滤水待用。

2. 将腌白花菜挤干水分，下热锅干炒至白花菜香味溢出待用。

3. 锅置火上，加色拉油烧热，下入鱼面、炒香的白花菜，小火翻炒至鱼面略干时，加入生抽、胡椒粉，翻炒均匀，撒入红椒丁、葱花，翻炒均匀，出锅装盘即成。

成品特点 色彩美观，香气诱人，咸鲜适中，油润爽口。

2.砂煲置火上，加入浓汤、鲟鱼骨，小火炖约2小时至软烂时，调入鸡汁，出锅配熟米饭，点缀枸杞子即成。

成品特点　汤汁黄亮透明，鱼骨晶莹如玉，滋味清淡适口，富含胶原蛋白。

【潜江二回头】

主辅调料　鲜活黄鳝500克，熟猪油50克，鸡汤100克，食盐3克，酱油10克，食醋10克，料酒10克，白糖5克，姜末10克，蒜泥15克，香葱段15克，胡椒粉2克，淀粉150克。

制作方法

1.将鳝鱼宰杀去骨，洗净后拍上干淀粉，入笼用大火蒸8～10分钟，取出用刀截成约6厘米长的段，依次摆放于盘中待用。

2.锅中加食盐、酱油、食醋、料酒、白糖、姜末、蒜泥、鸡汤、湿淀粉调制碗汁待用。

3.锅置旺火入熟猪油，烧至7～8成热，将蒸好的鳝鱼段趁热下入锅中，用炒勺推炒一下，烹入碗汁，见芡汁油亮时，撒入香葱段、胡椒粉盛入盘中即成。

成品特点　香气浓郁，滑嫩爽口。

【柔膳长江鲟鱼骨】

主辅调料　（按位份计）人工养殖鲟鱼骨100克，浓汤500克，鸡汁3克，大葱段10克，生姜片15克，枸杞子1颗，熟米饭60克，清水适量。

制作方法

1.锅置火上，加入清水、鲟鱼骨、大葱段、生姜片，加热煮至鲟鱼骨呈透明状时，捞出待用。

【皮条鳝鱼】

主辅调料 活鳝鱼 450 克，香醋 30 克，白糖 50 克，老抽 25 克，料酒 10 克，葱丝、姜丝 10 克，姜末 5 克，蒜末 10 克，食盐 3 克，胡椒粉 1 克，面粉 50 克，玉米淀粉 50 克，色拉油，清水各适量。

制作方法

1. 将活鳝鱼宰杀，去内脏、去骨洗净，切成 7 厘米长、1.5 厘米宽的鱼条，放入大碗内，加入姜末、料酒、食盐拌和，再加面粉、玉米淀粉拌匀待用。

2. 色拉油烧至八成热，将挂糊的鱼条逐条下锅，炸至定型捞出。

3. 炒锅继续加热，当油烧到八成热时，再将鳝鱼条下锅炸约 1 分钟，至金黄色酥脆时捞出待用。

4. 炒锅留底油，蒜末炸香，加入清水、香醋、白糖、老抽，用湿淀粉勾芡，投入炸好的鳝鱼条，快速翻炒均匀，快速出锅，装盘姜丝、葱丝点缀即成。

成品特点 口感酥脆，咸鲜酸甜适中。

【清蒸鳝鱼】

主辅调料 鳝鱼 750 克，独蒜 350 克，生姜 50 克，土猪油 50 克，小葱 30 克，淀粉 150 克，面粉 150 克，白米醋 30 克，鸡蛋 1 个，盐 8 克。

制作方法

1. 将鳝鱼去头去骨，切成 12 厘米的段，用面粉洗去鳝鱼的血水，沥干备用。

2. 鳝鱼放入盐搅拌，再放淀粉、鸡蛋清上浆，炒锅上火，放猪油，7 成油温，炸至 6 成熟沥油。

3. 用独蒜、姜片垫底，依次摆好鳝鱼，放上葱结、少许猪油和调好的清汤，放入蒸箱蒸 50 分钟，蒸熟后放入白米醋、葱花即可。

成品特点 汤汁清亮鲜美、鳝鱼滑嫩。

【炮蒸鳝鱼】

主辅调料 鳝鱼 750 克，食盐 5 克，姜末 20 克，老抽 10 克，生抽 10 克，米醋 20 克，生粉 30 克，蒜泥 30 克，葱花 5 克，味精 1 克，胡椒 1 克，色拉油 20 克。

制作方法

1. 鳝鱼剖杀后去骨去头尾洗净，改刀成长 8 厘米左右的条状，用生粉拌匀，入笼大火蒸 4 分钟左右取出待用。

2. 将初步蒸制的鳝鱼段加入食盐、米醋、生抽、老抽、姜末调味，整齐码入碗中，再上笼蒸制 10 分钟左右，取出扣入盘中，撒上蒜泥、葱花，浇上热油即成。

成品特点 滚烫细嫩、回味悠长，咸鲜适中，酸中透香。

【炮蒸甲鱼】

主辅调料 大池甲鱼 1 只（约 1250 克），猪五花肉 100 克，鸡蛋 1 个，水发黑木耳 50 克，高汤 500 克，淀粉 25 克，面粉 15 克，熟猪油 70 克，姜末 10 克，蒜泥 10 克，葱花 5 克，生抽 10 克，食盐 5 克，味精 3 克，黑胡椒粉 3 克，米醋 30 克，料酒 30 克，红小米椒 5 克。

制作方法

1. 猪五花肉切厚片焯水待用。

2. 将甲鱼宰杀放净血水，入 70℃水中稍烫，去膜后洗净，取下甲鱼壳，去净内脏，斩成小块，焯水去油洗净。

3. 将甲鱼块、五花肉片调入食盐、味精、黑胡椒粉、料酒拌匀，打入鸡蛋，放入淀粉、面粉拌匀，入 6 成热油锅中炸黄，捞出控油，摆入扣碗内，盖上黑木耳待用。

4. 将高汤调入生抽、红小米椒、熟猪油、味精，勾兑成蒸汁，浇在炸好的甲鱼块上，入笼蒸制 1.5 小时，取出扣入盘中，撒上黑胡椒粉、蒜泥、葱花，淋上米醋，浇上热猪油即成。

成品特点 肉质酥烂肥糯，醋香浓郁诱人。

【红烧汉江甲鱼】

主辅调料　襄阳汉江甲鱼1只（重1600克左右为宜），猪五花肉200克，八角、桂皮各3克，芝麻油20克，食盐4克，大葱段20克，姜片20克，花椒10克，酱油20克，蒜瓣50克，胡椒粉10克，料酒15克，蚝油15克，白糖5克，红辣椒油10克，米醋10克，鸡汤500克。

制作方法

1. 先将甲鱼宰杀放血，入沸水锅中烫一下，捞起褪去表面黑皮，揭开背壳，撕下肠肺，保留甲鱼胆，清洗干净，甲鱼肉剁成约4厘米见方的块状，将胆汁和料酒淋入拌匀待用。

2. 猪五花肉切成拇指大小的肉丁待用。

3. 将甲鱼背壳剁成4块，焯水待用。

4. 锅置大火上，倒入芝麻油，加姜片、花椒、大葱段炸出香味，放入五花肉丁煸炒出油，再放入甲鱼块煸炒，收干水分后，加入蒜瓣、酱油、鸡汤、食盐、八角、桂皮、米醋、白糖、蚝油、甲鱼壳，大火烧开，小火煨约1小时，至甲鱼肉质酥烂，加入胡椒粉、红辣椒油调味。

5. 取大汤盆1只，将烧好的甲鱼倒入盆内，4块甲鱼背壳放在表面装饰即成（上桌时配一大碗米饭，肉吃完，汤泡饭，亦为甲鱼泡饭）。

成品特点　色泽油润，香味浓郁，胶汁醇厚，肉质鲜美。

【红烧裙爪】

主辅调料　鲜活甲鱼2只（约3000克），高汤1500克，熟猪油20克，色拉油30克，黄酒30克，姜末5克，蒜子5克，食盐5克，味精5克，生抽10克，老抽3克，胡椒粉1克。

制作方法

1. 甲鱼宰杀取裙爪治净待用。

2. 锅置火上烧热，放入色拉油、熟猪油、姜末、蒜子、加入裙爪炒香，烹入黄酒，倒入高汤，调味，大火烧开，改小火焖约40分钟，出锅装入砂锅中即成。

成品特点　色泽酱红，汤汁醇厚，口感软糯，营养丰富。

【清炖乌龟】

主辅调料 乌龟3只（约1500克），猪里脊肉50克，高汤800克，冬瓜100克，胡萝卜100克，天麻5克，党参5克，食盐5克，生姜片10克，味精3克，胡椒粉1克，葱花5克。

制作方法

1.乌龟先放盆中，冲入热水，使之排尿干净，然后宰杀洗净，去内脏、头爪待用。

2.乌龟肉切成2厘米见方的小块，猪里脊肉切成1厘米大小的肉丁，放入锅中焯水，捞起洗净；冬瓜、胡萝卜切成2厘米见方的块状待用。

3.将焯水后的乌龟肉块、猪里脊肉丁、冬瓜块、胡萝卜块、生姜片、天麻、党参放入大盅内，倒入高汤调味，盖上盖待用。

4.将盅放入蒸柜中蒸制约2小时，出笼撒上胡椒粉、葱花即成。

成品特点 汤汁清澈，鲜味醇正，龟肉嫩滑。

【私房小甲鱼】

主辅调料 襄阳鲜活小甲鱼8只（每只约125克），食盐5克，味精2克，鸡精3克，白糖4克，老抽3克，生抽15克，菜籽油20克，香醋10克，生姜片20克，大葱段20克，独蒜50克，八角10克，干花椒2克，干辣椒10克，熟猪油20克，胡椒粉1克，料酒15克，西蓝花80克，鸡汤100克。

制作方法

1.将小甲鱼从腹部十字刀宰杀放血，入开水锅中烫一下，捞起后褪去表面黑皮，撕下肠肺，清洗干净待用。

2.锅置小火上，放入菜籽油、熟猪油，加入生姜片、大葱段、干花椒、干辣椒、八角，炒出香味，捞起待用。

3.余油留锅中，放入小甲鱼，用中火煎香，烹入料酒，倒入鸡汤，加入食盐、味精、鸡精、白糖、香醋、胡椒粉、老抽、生抽、炒香的香料调味，改小火烧约8分钟，至甲鱼酥烂时，去掉料渣，加入独蒜，大火收汁，出锅装盘待用。

4.西蓝花入沸水锅中焯水，再入鸡汤中氽熟，点缀在小甲鱼四周即成。

成品特点 色泽油润，香味浓郁，滋味醇厚，鲜辣爽口。

【编钟脱骨甲鱼】

主辅调料 大池甲鱼2只（约1500克/只），冬瓜段1000克，南瓜1500克，五花肉100克，鸡汤750克，熟土豆泥50克，老抽15克，姜葱各20克，盐10克，味精10克，糖3克，白胡椒粉1克，熟猪油30克。

制作方法

1. 将冬瓜雕刻成瓜圈，南瓜雕刻成编钟状待用。

2. 将甲鱼宰杀后用开水烫皮去沙，锅中加水继续上火加温，脱骨后改刀成块。

3. 瓜圈焯水，摆入圆盘中，土豆泥封紧边缘。

4. 将炒锅划锅下葱、姜五花肉煸香，下脱骨甲鱼块同炒烹入鸡汤调味，旺火烧沸后小火焖至入味，旺火收汁，盛入瓜圈中，编钟蒸熟围边点缀即成。

成品特点 搭配和谐，形态逼真，营养丰富，口感柔滑，具有浓厚的楚地特色。

【鸽蛋酿裙边】

主辅调料 鲜甲鱼裙边 750 克，甲鱼蛋 20 粒，虾蓉 150 克，鸽子蛋 6 只，冬瓜圈 500 了，枸杞子 20 克，食盐 10 克，味精 5 克，老抽 5 克，高汤 500 克，葱结 30 克，葱球 10 克，熟猪油 30 克，湿淀粉适量。

制作方法

1. 甲鱼裙边刀成梳子状，焯水；鸽子蛋煮熟去壳一分为二。
2. 虾仁搅拌上劲，入汤勺中，酿入鸽蛋蒸熟，瓜圈蒸熟摆入盘中。
3. 姜葱入锅煸香，加入裙边，加入高汤烧开，调味，小火收汁。
4. 将裙边装入瓜圈中，鸽蛋围边。

成品特点 鸽蛋玲珑剔透，汁浓鲜稠醇正，裙边软糯适口。

【清蒸小龙虾】

主辅调料　鲜活清水小龙虾1000克，生姜片20克，香油10克，白酒20克，蜂蜜15克，姜汁醋15克，生抽10克，干尖椒2克。

制作方法

1.将鲜活小龙虾放入清水中静养3小时，吐净泥沙待用。

2.干尖椒用香油炸香，加蜂蜜、姜汁醋、生抽调成蘸味碟。

3.将小龙虾刷洗干净，剪去小爪，去除虾线，加入白酒、生姜片，摆入笼中，入蒸笼（蒸柜）大火蒸制约6分钟即成。

成品特点　原汁原味，肉质Q弹鲜美。

【潜江蒜蓉虾】

主辅调料　潜江清水小龙虾（青虾）1200克，食盐2克，味精4克，鸡精7克，白糖12克，蒜末30克，番茄酱3克，大红浙醋5克，蒜蓉酱60克，色拉油、啤酒200克，湿淀粉20克，清水适量。

制作方法

1.将清水小龙虾剪去虾头、腹部小爪，保留虾黄部分，挑出虾线和内脏，在虾背上剪一刀，逐个刷洗，用清水洗净待用。

2.锅置火上，倒入适量色拉油烧热，将处理干净的小龙虾过油待用。

3.锅入油烧热，放入蒜末、蒜蓉酱，煸炒出香，加入过油后的小龙虾翻炒几下，烹入适量啤酒、清水，调入食盐、鸡精、味精、白糖，加盖焖约10分钟，最后放入番茄酱、大红浙醋起锅，收汁勾芡，亮油装盘即成。

成品特点　蒜香浓郁，形态自然，虾体红亮油润，虾肉鲜醇回甜。

【碧绿香滑龙虾球】

主辅调料　稻田小龙虾仁1000克，芥蓝400克，西蓝花100克，蛋清300克，小龙虾3只，清鸡汤100克，姜汁10克、食盐10克，味精3克，生粉20克，清水、色拉油各适量。

制作方法

1. 虾仁攒干水分，用搅拌器打成虾蓉，加入盐、蛋清、生粉、姜汁搅打成虾胶，待用。

2. 小龙虾，用竹签穿着蒸熟，摆盘用。

3. 芥蓝梗打双十字花刀，用冰水冰镇成球形，焯水，炒入味，装盘打底。西蓝花焯水待用。

4. 锅置火上，热锅冷油（四成热油）把打好的虾胶挤成乒乓球大小球形，小火㴉至熟，起锅沥油。锅入底油，下鸡清汤、㴉熟的龙虾球，加盐、味精，淋入水淀粉，翻炒，淋明油起锅，装在盛有芥兰花球的盘中，用西蓝花、蒸熟的小龙虾盘边点缀。

成品特点　色泽艳丽，口感滑嫩，外观光滑圆润，清香咸鲜适口。

【双色时蔬河虾饼】

主辅调料　河虾仁 1000 克，肥膘肉 100 克，蔬菜末（根据季节不同可选用地菜、芹菜、上海青、嫩荷叶、泡泡青等绿叶蔬菜均可）100 克，姜末 20 克，马蹄 50 克，食盐 30 克，味粉 8 克，白胡椒 5 克，蛋清 50 克，超级生粉 25 克，橄榄油 50 克。

制作方法

1. 将河虾仁洗净沥干水分，用刀拍松，保留一点颗粒感。

2. 蔬菜末用纱布挤尽水分，马蹄及肥膘肉切半个筷头大小的小粒备用。

3. 将拍松的河虾仁放入盆中，加入马蹄、肥膘肉、食盐、味粉、白胡椒、姜末和匀并摔打上劲，加入鸡蛋清及超级生粉和匀，即成河虾滑馅，一分为二，取一半打好的虾胶，加入蔬菜末，拌匀备用。

4. 将两种颜色的河虾滑馅按 25 克一个的标准制成象棋型河虾饼坯子，每样 8 个备用。

5. 取一平煎锅，倒入少许橄榄油，下入两种颜色的河虾饼坯子，煎至两面金黄即可装盘出品。

成品特点　双色成菜，脆爽清香，营养均衡，装盘简洁干净。

【清蒸梁子湖螃蟹】

主辅调料　鲜活梁子湖大河蟹 5 只，黄酒 30 克，生姜末 20 克，香醋 40 克，生抽 10 克，芝麻油 2 克。

制作方法

1. 将鲜活梁子湖大河蟹用清水刷洗干净后，用粗线把两只大螯和八只蟹脚扎紧成团状，放入盆中，倒黄酒浸泡 5 分钟待用。

2. 将洗净绑好的河蟹腹面朝上，每只河蟹上放一片生姜，入蒸箱（笼锅）中用冷水开蒸，上汽后蒸约 13 分钟即成。

3. 用香醋、生抽、生姜末、芝麻油调成味汁，随同蒸熟的河蟹一起上桌。

成品特点　膏肥黄满，肉嫩味鲜。

【葛仙米虾仁汤】

主辅调料　河虾仁 200 克，水发鹤峰葛仙米 50 克，清汤 1000 克，鸡油 10 克，生姜末 30 克，食盐 10 克，生粉 30 克，金华火腿末 15 克。

制作方法

1. 将河虾仁挑去虾线，洗净沥干水分，加入食盐生姜末、金华火腿末，轻揉上劲，拌入生粉待用。

2. 炒锅置火上，倒入清汤，加食盐调味，待汤汁温度升至约 90℃时，将河虾仁汆入，倒入涨发好的葛仙米，待汤汁烧开后，淋入鸡油，出锅盛入茶具中即成。

成品特点　虾仁脆爽，味道鲜美，汤色透亮，营养丰富。

【远安土泥鳅】

主辅调料　鲜活远安土泥鳅 800 克，西红柿块 100 克，泡椒 100 克，土辣椒 100 克，杭椒 100 克，茄子 100 克，姜片 50 克，紫苏 10 克，香菜 10 克，干红辣椒 5 克，鲜花椒 20 克，熟猪油 30 克，白糖 3 克，白醋 10 克，泡椒水 50 克，味精 5 克，食盐 20 克，胡椒粉 1 克，清水、冰水、山泉水各适量。

制作方法

1. 在清水中加入少许食盐、姜片，放入土泥鳅静养 2～3 天，其间逐步增加食盐、姜片用量，促使泥鳅吐净腹中污物待用。

2. 土辣椒、杭椒、茄子洗净，分别改刀成条状待用。

3. 锅置火上，倒入冰水，放入土泥鳅，加少许食盐、清水，盖卜锅盖，用微火加热，至泥鳅不动且水微沸时沥去热水，重新倒入山泉水，上小火，同时加入西红柿块、土辣椒条、杭椒条、茄子条、干红辣椒、鲜花椒、泡椒、泡椒水、白糖，至汤水微沸时，保持约 20 分钟，加入白醋、味精、熟猪油，起锅撒上胡椒粉，放上紫苏、香菜即成。

成品特点　泥鳅口感细嫩，汤汁咸鲜酸辣。

【香酥泥鳅】

主辅调料 鲜活小泥鳅 500 克，干辣椒 20 克，生姜 20 克，花椒 20 克，八角 3 个，葱段 20 克，食盐 10 克，鸡精 2 克，白糖 10 克，陈醋 50 克，啤酒 20 克，白芝麻 2 克，色拉油，清水适量。

制作方法

1. 将泥鳅放入清水中，加入几片生姜，放置 2～3 天，每天换水 1 次，让其吐净泥沙待用。

2. 泥鳅洗净，沥干水分待用。

3. 炒锅置火上，倒入色拉油，待油温七成热时放入泥鳅，炸制金黄酥脆，沥油待用。

4. 锅中留底油，放入姜丝、干辣椒、花椒、八角炒香，倒入炸好的泥鳅，翻炒约 1 分钟，依次加入啤酒、食盐、白糖、陈醋、鸡精、葱段，翻炒约半分钟，出锅摆放在用篾子垫底的盘中，撒上白芝麻即成。

成品特点 色泽酱红，口感干香，富有韧性，辣中带麻，咸中透鲜。

【厨林烧泥鳅】

主辅调料 黄板泥鳅 500 克，土黄瓜 100 克，蒜瓣 50 克，姜片 15 克，干辣椒节 15 克，荆沙豆瓣酱 50 克，料酒 50 克，老抽 30 克，陈醋 15 克，菜籽油 50 克，熟猪油 30 克，麻油 15 克，食盐 3 克，白糖 5 克，胡椒粉 1 克，高汤 500 克，水淀粉 15 克。

制作方法

1. 黄板泥鳅宰杀后去内脏洗净待用。

2. 土黄瓜洗净后刨瓜皮、去籽，切成约 7 厘米长条待用。

3. 锅置火上，倒入菜籽油、熟猪油烧热，放入黄板泥鳅软煎至表皮浅黄色，加入干辣椒节、姜片、蒜瓣、荆沙豆瓣酱煸香，入料酒翻炒，加入高汤、黄瓜条、食盐，大火烧开，盖上锅盖，改中火焖约 10 分钟，至泥鳅软烂时加入白糖、老抽，烹锅边醋，撒胡椒粉，用水淀粉勾芡，淋入麻油，出锅装盘即成。

成品特点 色泽酱红，香气浓郁，滋味鲜中透辣，泥鳅软烂脱骨。

【红烧房县大鲵】

主辅调料 房县人工养殖大鲵1条（约1000克），猪五花肉150克，黄豆酱30克，老抽10克，熟猪油50克，葱结、葱段各20克，姜片20克，蒜子20克，房县黄酒30克，花菇50克。

制作方法

1.大鲵宰杀放血，沸水烧烫，去黏液洗净，改刀切成长5厘米、宽3厘米的块状，焯水待用。

2.猪五花肉洗净切成3厘米方块待用。

3.锅置火上，放入熟猪油烧至7成热，加入猪五花肉块，炒至脱油，放入姜片、蒜子、葱段煸香，加黄豆酱、花菇、大鲵肉块、黄酒、老抽，烧制约1小时，至汤汁浓稠时起锅装盘即成。

成品特点 色泽酱红，口感软糯，酱香浓郁，滋味咸鲜回甜。

【清蒸义河蚌】

主辅调料　义河蚌 1500 克，冬笋 100 克，香菇 50 克，食盐 5 克，味精 1 克，姜末 10 克，鸡汤 250 克，白胡椒粉 0.5 克，葱花 5 克，色拉油 50 克。

制作方法

1. 义河蚌去壳取肉除污洗净，正反剞十字花刀待用。

2. 将剞好花刀的义河蚌肉，与冬笋、香菇、鸡汤、食盐、味精、姜末一起入锅中，用中小火烧约 15 分钟待用。

3. 将烧好的义河蚌、冬笋等盛入碗中，上笼用大火蒸约 1 小时取出，撒上白胡椒粉、葱花，淋入热油即成。

成品特点　鲜香味美，嫩滑爽口，营养丰富。

【辣得跳】

主辅调料 牛蛙 4 只（每只约 1200克），蒜瓣 20 克，食盐 15 克，味精 15 克，老抽 5 克，预制卤水 500 克，魔鬼辣椒（打成粉状）4 克，干辣椒 20 克，八角 10 克。

制作方法

1. 牛蛙宰杀治净，每只剁成 6 块，洗净待用。

2. 锅置火上，倒入预制卤水烧开，加入牛蛙肉块、蒜瓣、食盐、味精、老抽、魔鬼辣椒粉、干辣椒、八角，大火卤制约 8 分钟，继续浸泡 2 分钟，捞出装盘即成。

成品特点 具有辣不躁而醇香，辣不薄而香辣，辣不淡而鲜醇的鲜明味觉特征和强烈的味感冲击力。

【黑椒菇扒鲜鲍】

主辅调料 （按位份计）房县花菇 40 克，新鲜鲍鱼 80 克，去皮猪五花肉丁 50 克，猪肚菌 30 克，鸡蛋清 10 克，洋葱丝 10 克，黑椒碎 1 克，素鲍汁 2 克，澄面 5 克，玉米淀粉 5 克，大葱丝 10 克，生姜末 10 克，食盐 3 克，高汤 200 克，色拉油适量。

制作方法

1.花菇、猪肚菌洗净焯水，切成粗丝，挤干水分，加入鸡蛋清、洋葱丝、黑椒碎、素鲍汁、大葱丝、生姜末、玉米淀粉、澄面、食盐，拌匀后腌制约 1 小时，卷成筒状，入笼蒸约 1.5 小时，取出待用。

2.锅置火上烧热，加入猪五花肉丁煸炒出油，倒入高汤，调入食盐，放入新鲜鲍鱼，烧制入味待用。

3.锅置火上烧热，加入色拉油，放入改刀后的菇扒，煎至双面金黄，出锅和烧好的鲍鱼一起装盘即成。

成品特点 菇扒鲜嫩，鲍鱼醇厚，荤素搭配，营养丰富。

【大鲵土鸡汤】

主辅调料 人工养殖大鲵 1 条（约 1000 克），农家散养母鸡 1 只，白萝卜 500 克，食盐 10 克，葱段 30 克，姜片 15 克，枸杞子 5 克，清水适量。

制作方法

1.大鲵宰杀放血，沸水稍烫，去黏液，洗净后改刀成块状待用。

2.农家散养母鸡宰杀治净后剁成块状待用。

3.白萝卜洗净削皮后切滚刀块待用。

4.将大鲵肉块、母鸡肉块、白萝卜块、枸杞子、清水、姜片、葱段放入砂锅中，置于木炭火上用小火慢炖约 2 小时，加入食盐调味即成。

成品特点 汤汁清爽，肉质鲜美。

【红烧鱼乔】

主辅原料 鲜活鳝鱼 7 条（约 500 克），蒜苗 100 克，熟猪油 20 克，蒜瓣 10 个，食盐 5 克，姜片 10 克，胡椒粉 3 克，老抽 10 克，陈醋 10 克，料酒 20 克，白糖 5 克，鸡粉 2 克，葱花 3 克，清水 400 克，干辣椒 2 克，豆瓣酱 60 克。

制作方法

1. 鳝鱼宰杀后去掉内脏，用清水冲去表面黏液，沥干水后，切去头尾待用。

2. 将鱼皮朝上，剁成约 5 厘米长的段状，每段内侧中间处鱼骨剁断。

3. 炒锅置火上，倒入适量清水，用大火煮沸，下入鳝鱼段略烫，出锅用热水洗去浮皮，沥干水分待用。

4. 炒锅置火上，加入熟猪油，烧至 4 ~ 5 成热，下入蒜瓣、姜片煸炒，待蒜瓣呈金黄色时，加入切好的鳝鱼段，转大火爆炒约半分钟，再加入白糖、料酒、陈醋、老抽、干辣椒、豆瓣酱和适量清水，待鳝鱼段开始变色时，加食盐、鸡粉翻匀，转中火焖烧约 7 分钟，加入蒜苗大火收汁，撒入胡椒粉，起锅装盘即成。

成品特点 色泽酱红，香气浓郁，肉质鲜嫩，滋味醇厚。

【藕带焖武昌鱼】

主辅调料 鲜活武昌鱼 1 条（约 900 克），猪五花肉 80 克，青椒 2 个，熟猪油 50 克，藕带 300 克，高汤 500 克，小葱 30 克，生姜 30 克，老抽 10 克，生抽 20 克，蚝油 10 克，食盐 10 克，胡椒粉 1 克，白糖 2 克，料酒 10 克，干辣椒 5 克，香醋 15 克，豆瓣酱 10 克，色拉油适量。

制作方法

1. 武昌鱼宰杀治净，鱼身两面剞上十字花刀，用食盐、料酒、姜片、葱段腌制 20 分钟待用。

2. 炒锅置火上烧热，加入色拉油滑锅，放入武昌鱼煎至两面金黄出锅待用。

3. 猪五花肉切片，入锅炒出油，加入熟猪油、姜末、葱段、干辣椒、豆瓣酱炒香，放入煎好的武昌鱼，烹入生抽、料酒，倒入高汤，旺火烧开，放入白糖、胡椒粉、蚝油、老抽调味，加入藕带、青椒，紧盖锅盖，改小火烧约 10 分钟，旺火收汁，起锅淋醋即成。

成品特点 色泽酱红，汤汁稠浓，鱼肉细嫩，藕带鲜香。

【香煎风干鳡鱼块】

主辅调料 鳡鱼 1 条（4000 克—5000 克），盐约 100 克，料酒 50 克，姜片 5 克，葱段 5 克，色拉油适量。

制作方法

1. 鳡鱼宰杀治净，抹干水分，剁长 8 厘米、宽 4 厘米、厚 2.5 厘米的块，加盐、料酒拌匀（按 1 斤鱼 10 克盐的比例）腌制 4 ~ 5 天，取出抹干水分，大太阳晒半天，或风吹 1 天，放冰箱内保鲜。

2. 食用时按需取出，锅放色拉油，小火煎至两边微黄熟透，加入姜片、葱段，煎出香味，出锅摆盘。

成品特点 色泽黄亮，口味鲜香，富有弹性。

【清蒸清江白甲鱼】

主辅调料 清江白甲鱼 1 条（1200 ~ 1500 克），大葱段 20 克，蒜片 10 片，生姜片 10 克，红椒丝 10 克，小葱丝 10 克，蒸鱼豉油 10 克，鸡油 50 克，食盐 10 克。

制作方法

1. 清江白甲鱼放血宰杀制净（保留鱼鳞），放入姜片、蒜片盐水中浸泡 20 分钟待用。

2. 将腌制好的白甲鱼取出，加入大葱段、生姜片，入蒸柜蒸约 12 分钟，取出加入红椒丝、小葱丝、蒸鱼豉油，淋入热鸡油即成。

成品特点 鱼鳞软糯，鱼肉滑嫩，味道鲜美。

【香煎翘嘴鲌】

主辅调料　丹江口翘嘴鲌1条（约2000克），食盐20克，胡椒粉5克，料酒30克，老抽3克，生抽10克，香醋30克，味精5克，葱段20克，姜粒20克，蒜片、干花椒2克，干辣椒2克，色拉油、清水各适量。

制作方法

1. 翘嘴鲌宰杀治净，加入适量食盐、料酒、姜粒、蒜片、干花椒、干辣椒等调味料腌制3天待用。

2. 用清水冲掉鱼体表面的腌制物，挂在通风处晾至半干半湿待用。

3. 将晾好的翘嘴鲌入锅煎至两边金黄后装盘待用。

4. 锅中加入适量色拉油、姜粒、蒜片、干花椒炒香，放入鱼，烹入料酒，加入水、老抽、生抽、味精、香醋、胡椒粉，稍烹，收汁即成。

成品特点　色泽黄亮，香气浓郁，肉质紧实，咸鲜可口。

【汉江鱼头王】

主辅调料 新鲜汉江花鲢鱼头1个(约2500克),手工自制鱼丸500克,高汤1500克,姜片50克,蒜瓣20个,大葱段100克,干花椒1克,小米辣50克,紫苏叶5克,食盐5克,料酒20克,生抽20克,胡椒粉1克,熟猪油15克,菜籽油适量。

制作方法

1.将鲢鱼头剖开去腮,洗净待用。

2.炒锅置中火上烧热,倒入菜籽油,将鲢鱼头煎至金黄色,出锅待用。

3.锅中放入熟猪油、菜籽油,下入姜片、大葱段、干花椒、小米辣炒香,倒入高汤,煮出香味后,加入食盐、生抽、料酒、胡椒粉调味,放入煎好的鲢鱼头、

手工鱼丸,大火烧开,改小火慢炖90分钟,放入蒜瓣,改中火收汁入味,撒上紫苏叶即成。

成品特点 香味浓郁,鱼肉鲜嫩,汤汁鲜辣,回味悠长。

【鸡汤笔架鱼肚】

主辅调料 油发石笕笔架鱼肚100克,老母鸡1只,鸡油10克,食盐6克,鸡精5克,味精5克,姜末5克,白醋6克,葱球5克,食碱5克。

制作方法

1.将老母鸡宰杀、洗净后,加水清炖约30分钟,制成鸡汤待用。

2.将笔架鱼肚放入冷水中(浸泡12小时,并加入食碱拌匀),用双手反复夹洗鱼肚数十遍,然后用清水漂洗后,加清水、白醋浸泡5分钟,再用清水漂洗数次待用。

3.捞出漂净后的鱼肚,挤干水分,切斜片装盘待用。

4.在净锅内放入约1300克鸡汤,烧开后适量捞出油脂,再投放切好的鱼肚片和食盐、味精、鸡精、姜末等调味品略煮,出锅撒葱花即成。

成品特点 鱼肚色白似玉,柔软适口,鸡汤色泽黄润,鲜香诱人。

【香煎糍粑鱼】

主辅调料 草鱼肉 750 克，食盐 5 克，料酒 5 克，酱油 5 克，白糖 20 克，香醋 10 克，干辣椒 3 克，青花椒 5 克，葱段 10 克，姜片 5 克，姜末 5 克，蒜泥 5 克，色拉油 100 克。

制作方法

1. 草鱼肉改刀成 10 厘米见方的鱼块，用食盐（3 克）、料酒、姜片腌制 12 小时后，放阴凉处晾干水分待用。

2. 锅置火上烧热，加入色拉油，放入晾干的鱼块，煎至两面金黄捞出待用。

3. 锅里留底油，加入干辣椒、青花椒稍煸，加入姜末、蒜泥、葱段炒香，倒入煎好的鱼块，再加入食盐（2 克）、酱油、白糖、香醋稍焖，收干汁水，出锅装盘即可。

成品特点 色泽黄亮，肉质成瓣，细嫩富有弹性，鱼香浓郁。

【岩耳肥鱼狮子头】

主辅调料 长江肥鱼 1 条（约 1000 克），水发岩耳 100 克，猪肥膘肉 20 克，鸡汤 1500 克，食盐 15 克，料酒 5 克，味精 2 克，姜汁 2 克。

制作方法

1. 长江肥鱼宰杀清理后，用开水烫去表皮黏液，刮洗干净，再剔骨去皮，将肥鱼净肉、猪肥膘肉切成米粒状待用。

2. 在切好的鱼肉粒、肥膘粒中调入食盐、料酒、味精、姜汁，和匀上劲，挤成圆形，做成狮子头状，放入炖盅，加入鸡汤、岩耳，上笼用旺火蒸约 50 分钟即成。

成品特点 肉质肥嫩，味道鲜美。

【发财鮰鱼肚】

主辅调料 鮰鱼1条约（1000～1500克），黑皮香菇200克，干鮰鱼肚100克，大头菜200克，火腿1条，莴苣1根，菜心500克，葱、姜各50克，盐15克，鸡精、味精各3克，淀粉10克，清水、色拉油各适量。

制作方法

1.黑皮香菇水发，然后刻成金钱型。

2.鮰鱼洗净改刀只要鱼片，调味，经加工后做成1厘米厚的鱼糕，冷制后刻成金钱饼待用。

3.干鮰鱼肚油发，冷水浸泡，焯水，切成长方形薄片；大头菜、火腿、莴苣也切成长三角形薄片，焯水待用，把切好的片依次摆在码斗中。将码斗反扣至盘中，取出码斗，上面放沸水好的香菇（米字花刀）待用。

4.菜心改刀大小一样，沸水冲凉，沥水，改好的菜心依次摆在菜周围。把金钱鱼饼取11枚，围在菜品外围。

5.摆好成型后，把金钱鱼饼淋上玻璃芡汁，再把菜心中的成型鮰鱼肚淋上鲍鱼汁（放凉一下再淋）即成。

成品特点 造型美观，色泽亮丽，口感滑嫩，味道鲜美。

【清蒸丹江口大鲌鱼】

主辅调料　丹江口大鲌鱼 1 条（约 1250 克），熟猪油 50 克，食盐 5 克，味精 5 克，蒸鱼豉油 50 克，陈醋 20 克，料酒 30 克，姜丝 30 克，姜片 50 克，葱丝 30 克，整葱 50 克，色拉油适量。

制作方法

1. 丹江口大鲌鱼宰杀治净，鱼背两侧剞一字刀口。

2. 大鲌鱼加盐、味精、料酒腌制，摆入盘中，加姜片、整葱、熟猪油。

3. 入沸水蒸锅，旺火蒸约 10 分钟，取出摘去姜片、整葱，倒去原汤，姜丝、葱丝放于鱼背，油烧至八成热，浇至鱼身，加入蒸鱼豉油。

4. 姜丝、陈醋、蒸鱼豉油，调成味碟，与于同上，即成。

成品特点　鱼肉晶莹剔透，口感细嫩，鲜香味美。

【荆州鱼糕】

主辅调料 草鱼1条（重约3000克），肥膘肉500克，猪油100克，肉丝30克，水发黑木耳20克，水发黄花菜20克，高汤200克，葱白末20克，淀粉250克，鸡蛋4个，食盐20克，味精5克，白胡椒粉2克，老抽2克，生姜水1000克。

制作方法

1. 将草鱼宰杀洗净，从背部剖开，剔去鱼骨和胸刺，用刀刮取鱼白肉，漂水，用食品加工机制成蓉。

2. 将肥膘肉切成细丁待用。

3. 将鱼蓉放入盆内，取蛋清用筷子打散，加到鱼蓉中，搅拌至呈粥状时，加入生姜水、葱白末、淀粉，继续搅拌，再放入食盐、味精、白胡椒粉，继续搅拌至鱼蓉黏稠上劲，放入肥膘肉丁，搅拌成鱼蓉糊待用。

4. 将蒸笼铺上纱布，倒入鱼蓉糊，用刀抹平，盖上笼盖，旺火沸水蒸约30分钟，揭开锅盖后，用干净纱布将鱼糕表面蘸干，再将调匀的蛋黄液平抹在鱼糕表面，盖上笼盖，继续蒸约5分钟，出笼晾凉，翻倒在案板上，用刀切成6厘米长、1厘米厚的鱼糕片，装入盘中。

5. 肉丝上浆，黑木耳切丝，黄花菜切段，猪油下锅将肉丝炒熟，加高汤、木耳、黄花菜调味，水淀粉勾芡，浇盖在鱼糕上即成。

成品特点 工艺细腻，色泽美观，肉鱼合烹，鲜嫩爽口。

【瓜蓉鳖裙羹】

主辅调料　大池雄甲鱼1只（约2000克），冬瓜1个（约5000克），鸡汤800克，姜片20克，小葱20克，黄酒20克，盐5克，味精5克，胡椒1克，熟猪油30克，熟鸡油20克，色拉油适量。

制作方法

1.甲鱼宰杀放血，入70℃水中微烫，去黑膜，放入清水锅中，加料酒、姜片、小葱，小火煮1小时至软，卸下裙边，切成梳子花刀待用。

2.冬瓜取下2/3，用雕刀刻成冬瓜盅，另取800克切片。

3.冬瓜盅入笼，旺火蒸30分钟。熟猪油下锅烧热，冬瓜片炒香，加入鸡汤，小火将冬瓜煨至酥烂，冬瓜带原汤制成瓜蓉，加入裙边，小火再煨15分钟，加入熟鸡油、盐、味精、胡椒调味，装入冬瓜盅，再蒸20分钟即成。

成品特点　装盘美观大气，色泽淡雅，裙边软糯醇正，瓜蓉软绵清香。

【面烤鮰鱼】

主辅调料　野生长江鮰鱼一条（约 1000 克），面粉 1000 克，火腿 100 克，鲜笋 100 克，姜片 100 克，盐 20 克，料酒 150 克，柠檬 1 个，葱 100 克。

制作方法

1. 将面粉分别和面团饧发 10 分钟。（其中：水调面团 40%，蓬松面团 20%，烫面 30%）

2. 将鮰鱼宰杀放血，烫皮去黏液，用盐、葱、姜、料酒、柠檬腌制 10 分钟；将鱼两边剞牡丹花刀，依次将火腿片、笋片、姜片放入刀口备用。

3. 将和好的面团用压面机压成厚约 0.5 厘米的面皮，将鱼包入面皮，捏成鮰鱼外形后，放入烤箱烤制 70 分钟（底火 160℃，面火 180℃）即可。

4. 将鱼取出装盘，切开面皮，跟味碟食用。

成品特点　色泽金黄，鮰鱼鲜嫩，原汁原味，面皮酥脆，菜点合一。

【榔头蒸鳝】

主辅调料　黄鳝 250 克，粗米粉 80 克，菜心 50 克，小番茄 50 克，汉川米醋 15 克，姜末 10 克，葱花 5 克，蒜泥 10 克，食盐 5 克，味精 4 克，料酒 10 克，黑胡椒粉 3 克，湿淀粉 3 克，熟猪油 30 克，高汤 150 克。

制作方法

1. 将黄鳝宰杀后去内脏用刀平拍，去头、尾和骨刺，切成 8 厘米长条，入钵加入盐、姜末、味精、生抽、黑胡椒粉、料酒抓拌均匀，腌制 6 分钟左右，两边均匀沾上米粉，入蒸笼，置旺火沸水锅蒸约 12 分钟，取出摆入汤碗中，再扣入深盘中，小番茄切块，菜心焯水待用。

2. 炒锅置中火上，放适量熟猪油烧热，投入蒜泥稍煸，倒入高汤，加入食盐、味精、汉川米醋调味，煮沸后勾薄芡，淋熟猪油起锅，浇在蒸好的鳝鱼上，撒葱花、黑胡椒粉，用菜心及小番茄块点缀即成。

成品特点　肉质细嫩，口感滑润，咸鲜酸辣，油而不腻。

【鱼头泡饭】

主辅调料 清江胖头鱼1条（约3000克—3500克），熟腊肉30克，薄皮青椒100克，京山晚稻大米500克，矿泉水500毫升，野山椒20克，熟猪油100克，食盐5克，味精10克，白糖5克，生抽10克，老抽5克，香醋30克，料酒30克，荆沙豆瓣酱30克，胡椒粉1克，干尖椒2克，蒜米50克，姜粒50克，葱花5克，高汤750克，色拉油适量。

制作方法

1. 胖头鱼取鱼头，鱼头从中间剖开，洗净剁成块状，入锅中煎至两面微黄待用。

2. 薄皮青椒洗净，切滚刀块，撒入食盐腌制5分钟，焯水待用。

3. 京山大米洗净，加入矿泉水，煮熟成米饭待用。

4. 锅置火上烧热，加入熟猪油、腊肉切片炒香，蒜米、姜粒、野山椒、干尖椒、荆沙豆瓣酱炒香，放入鱼头，烹入料酒，倒入高汤，调入食盐、味精、白糖、生抽、老抽、香醋20克，加盖用大火烧开，改小火烧约10分钟，再加入胡椒粉、青椒块，旺火收汁，淋起锅醋，装入砂煲中，撒上葱花，配米饭上桌即成。鱼尾可另做鱼圆或剁椒蒸、清蒸，一同上桌，一鱼两吃。

成品特点 鱼肉细嫩、味道鲜美、汤汁浓稠、酱香浓郁、汤汁浇饭、回味无穷。

【腾龙盛世】

主辅调料　大嘴鲌净鱼肉 600 克，猪肥膘肉 100 克，龙虾仔 1 只（约 350 克），鸡蛋 3 个，青椒丁 5 克，红椒丁 5 克，食盐 10 克，味精 3 克，葱白末 5 克，生姜末 5 克，淀粉 10 克、清水、色拉油各适量。

制作方法

1. 猪肥膘肉切丝，用清水漂白待用。

2. 龙虾仔分档，取净肉切丁，用清水漂白，虾头、虾尾入油锅内炸成金黄色待用。

3. 大嘴鲌净肉用清水漂白，捞出打成蓉状，加入清水、猪肥膘肉丝拌匀，加入食盐、蛋清、味精、淀粉、葱白末、生姜末，顺着一个方向搅匀上劲，再将上劲后的鱼蓉卷成龙身状，上笼蒸约半小时，出笼抹两遍蛋黄液，继续上笼蒸熟，出笼切片，在盘中摆成龙身，把炸过的虾头、虾尾分别摆放在龙身的头部、尾部定型。

4. 炒锅置火上，加入色拉油，放入龙虾肉丁滑熟，加入青椒丁、红椒丁，勾薄芡后淋在龙形鱼糕上即成。

成品特点　造型生动，色泽亮丽，口感咸鲜，寓意吉祥。

【珍珠鲴鱼】

主辅调料　鲴鱼1条（约1000克），胡萝卜3根，菜心20棵，食盐5克，味精3克，料酒20克，熟猪油20克，姜葱汁20克，胡椒粉2克，白糯米200克，黑糯米100克。

制作方法

1.鲴鱼宰杀去内脏，取鱼头、鱼尾，鱼肉改刀成块状，洗净沥干，加入食盐、料酒、姜葱汁、胡椒粉、味精等调料腌制入味待用。

2.糯米洗净，用清水浸泡2～3小时，捞出沥干待用。

3.胡萝卜洗净制成10个胡萝卜球，与菜心一起焯水待用。

4.鲴鱼块逐一均匀地粘上白糯米和黑糯米，整齐摆放于盘中，头尾分别摆放在盘子两头，拼成鱼形，放入笼屉用旺火蒸熟，取出淋入热猪油，用胡萝卜球、菜心围边即成。

成品特点　形态美观，色泽亮丽，鱼肉鲜嫩，米香浓郁。

【龟鹤延年汤】

主辅调料　断板龟1只（约500克），枸杞5克，老母鸡300克，冬笋片25克，香菇25克，葱段5克，味精3克，姜片10克，食盐3克，黄酒10克，熟猪油20克，清水2000克。

制作方法

1.将断板龟断去头，控净血水，放入沸水中微烫，然后去壳取净肉，剁成3厘米见方的块待用。

2.老母鸡洗净，剁成3厘米见方的块待用。

3.将龟肉、鸡块分别入沸水锅中焯水，捞出洗净待用。

4.炒锅置火上，加入熟猪油，烧至八成热后下葱段、姜片炸香，下鸡块、龟肉炒干水分，淋入黄酒，放入食盐，冬笋片、香菇，炒匀后将原料转入砂锅内，加入2000克清水、枸杞，文火煨3小时，至原料酥烂，加入味精、食盐调味即成。

成品特点　汤面黄亮，汤味甘鲜，肉质软烂，食后口留余香。

【红烧江汉槎头鳊】

主辅调料　选用襄阳汉江产新鲜槎头鳊1条（重约900克为宜），五花肉75克，水发冬笋50克，水发香菇50克，高汤500克，葱姜各20克，熟猪油20克，食盐5克，味精5克，老抽5克，生抽10克，香醋30克，料酒20克，水淀粉20克，胡椒粉1克。

制作方法

1.将槎头鳊宰杀治净，在鱼背两边打十字花刀，淋上料酒待用。

2.五花肉、冬笋、香菇分别切丁，生姜切片，小葱打结待用。

3.炒锅置火上，清油滑锅，把槎头鳊两边煎黄。

4.锅放猪油，将五花肉煸炒出油加入生姜、冬笋、香菇炒香，加入高汤、煎好的槎头鳊、老抽、生抽，旺火烧开，一次性调味，紧盖锅盖，改小火焖10分钟至鱼熟。

5.选出姜片、葱结，旺火收汁，水淀粉勾芡，放入20克起锅醋，撒上胡椒粉即成。

成品特点　色泽酱红，口味鲜香，鱼肉细嫩。

三、畜禽单类荆楚风味名菜

制作方法

1. 炒锅置火上，放入食盐，用小火炒热，加入八角粉、花椒粉、十三香，炒匀出锅，制成五香盐待用。

2. 猪蹄去骨，放入盆内，将制好的五香盐撒在猪蹄上，加入白糖、料酒、二锅头酒拌揉均匀，腌制 4 小时待用。

3. 用 30 厘米见方的干净纱布，将腌制好的猪蹄包卷成圆柱形，再用龙须草搓成的细绳紧紧缠扎捆紧，晾吹半天待用。

4. 将缠蹄放入卤汤中，大火烧开，改用小火卤制 1 小时，成熟后捞起，待冷却后拆去草绳和纱布，切片装盘，配米醋和辣椒油上桌即成。

成品特点　色泽红亮，肥瘦相间，咸中透鲜，富有弹性，回味悠长。

【应山滑肉】

主辅调料　猪五花肉 300 克，白萝卜 400 克，鸡蛋 2 个，食盐 3 克，鸡汁 5 克，味精 3 克，姜片 20 克，料酒 5 克，生粉 200 克，菜心 3 棵。

制作方法

1. 白萝卜切成 0.5 厘米厚的菱形片待用。

2. 猪五花肉去皮，切成 3 厘米见方的小块，入清水中漂净血水，捞出放入碗中，加入食盐、鸡蛋清、生粉上浆，入油锅中炸至淡黄色时捞出，用热水洗去浮油待用。

3. 砂罐置火上，加入清水、炸好的五花肉、萝卜片、姜片、食盐、料酒、鸡汁、味精小火炖约 60 分钟，取出装盘点缀焯水后的菜心即成。

成品特点　香味浓郁，汤汁清亮，口味咸鲜，入口滑嫩。

【襄阳缠蹄（扎蹄）】

主辅调料　猪蹄 1 只（约 500 克），食盐 4 克，八角粉 2 克，十三香 2 克，花椒粉 2 克，白糖 1 克，二锅头酒 10 克，料酒 5 克，襄阳米醋 10 克，辣椒油 5 克，龙须草，卤汤适量。

【黄焖圆子】

主辅调料　猪前夹肉150克，猪五花肉150克，净鱼肉200克，菜心8棵，马蹄75克，水发黑木耳10克，水发黄花菜10克，食盐5克，味精5克，姜末5克，葱花5克，水淀粉20克，生抽5克，老抽3克，胡椒粉5克，熟猪油20克，色拉油、清水各适量。

制作方法

1. 将猪前夹肉冰冻排酸剁末，猪五花肉冰冻排酸切成3毫米方丁，马蹄切丁加生抽、食盐、胡椒粉搅拌上劲。净鱼肉制成蓉，加入食盐、姜末、加倍量清水，顺着一个方向搅拌上劲兑入肉蓉中，和匀。

2. 将上劲的肉蓉挤成直径3厘米圆子，六成油温炸至色泽金黄时捞出。

3. 锅置火上，放入熟猪油，姜末炒香，加入清水，再加入老抽调色，放入水发黑木耳、水发黄花菜、肉圆，盖上锅盖，小火焖至肉圆柔软泡松，加菜心、味精、胡椒粉，旺火收汁，水淀粉勾芡，最后撒上葱花即成。

成品特点　质感泡松而有弹性，鱼鲜肉香相融，味厚醇正，突出湖北宴席代表菜品。

【珍珠圆子】

主辅调料 猪五花肉末200克,草鱼净肉100克,糯米200克,马蹄丁20克,食盐5克,味精3克,白胡椒粉2克,鸡蛋1个,淀粉20克,姜末10克,葱花5克。

制作方法

1.糯米用清水浸泡30分钟,捞出待用。

2.将草鱼肉搅拌成蓉,加入猪五花肉末、食盐、味精、白胡椒粉、鸡蛋、姜末、淀粉,搅拌上劲,加入切好的马蹄丁拌匀,挤成圆子状,均匀地滚上糯米。

3.摆入笼中,大火蒸约10分钟见糯米成熟,撒上葱花取出即成。

成品特点 糯米洁白,粒粒如珠,肉圆口味鲜香,口感软嫩。

【蒸白圆】

主辅调料 猪前夹肉200克,猪肥膘肉150克,草鱼肉100克,马蹄丁30克,蛋清50克,食盐15克,味精10克,生粉50克,白胡椒粉2克,料酒20克。

制作方法

1.把猪肥膘肉切成小丁,猪前夹肉、草鱼肉分别搅碎成肉蓉、鱼蓉待用。

2.将肥膘肉丁、肉蓉、鱼蓉放入盆中,加入食盐、味精、白胡椒粉、料酒、马蹄丁、鸡蛋清、生粉,搅拌上劲待用。

3.将调好味的肉馅挤成大圆子,上笼蒸约20分钟取出装盘即成。

成品特点 色泽晶莹剔透,口感滑嫩,鲜香味美。

【千张肉】

主辅调料 新鲜猪五花肋条 1500 克，菜心 16 棵，红方腐乳汁 10 克，金酱（用红糖炒制的酱）150 克，食盐 1 克，酱油 25 克，葱花 2 克，葱段 25 克，花椒 6 粒，豆豉 50 克，姜片 25 克，胡椒粉 1 克，色拉油适量。

制作方法

1. 将猪五花肉洗净，放入锅内，加清水，旺火烧开后，小火煮约 0.5 小时，捞出待用。

2. 将捞出的猪五花肉猪皮面用金酱涂匀，放入五成热的油锅中，旺火炸至金黄色时捞出晾凉，切成 4 ~ 5 厘米长的薄肉片（越薄越好，约 80 片）待用。

3. 取大碗 1 只，放入花椒粒、葱段、姜片垫底，将肉片整齐地摆入碗内，再将酱油、腐乳汁淋在肉上，撒上胡椒粉、食盐、豆豉，连碗上笼用旺火蒸约 1 小时，取出翻扣入盘，挑出花椒粒、葱段、姜片，撒上葱花即成。

成品特点 色泽红亮，片薄如纸，入口柔润，香醇不腻。

【土家抬格子】

主辅调料 猪五花肉 2500 克，仔排 1250 克，老南瓜 2500 克，红薯 2500 克，土豆 2500 克，宜昌农家稀辣酱 300 克，豆瓣酱 200 克，姜末 100 克，葱花 10 克，花椒面 30 克，玉米面 1000 克，料酒 100 克，老抽 30 克，胡椒粉 2 克，辣椒油 200 克，鲊广椒 300 克。

制作方法

1. 猪五花肉治净，切成 6 厘米长、2 厘米宽、0.5 厘米厚的长块待用。

2. 仔骨剁成 4 厘米长的块状待用。

3. 将猪五花肉块、猪排骨块放入盆中，加入老抽、料酒、姜末、胡椒粉、花椒面、农家稀辣酱、豆瓣酱拌匀，腌制 12 小时，待用。

4. 老南瓜去皮去籽，红薯、土豆去皮，洗净后均切成 2 厘米见方的块状，拌上玉米面，平铺在格底待用。

5. 将腌制好的肉块和排骨块加上辣椒油、鲊广椒、玉米面拌匀，格内外沿均匀平铺五花肉，中间摆放排骨，用大火蒸约 1 小时，起锅撒上葱花即成。

成品特点 外形大气饱满，内容荤素多样，蔬香肉鲜，滋味丰富。

【白花菜扣肉】

土辅调料　土猪五花肉1000克, 干白花菜100克, 荷叶夹馍200克, 生姜30克, 干辣椒节2克, 生抽20克, 胡椒5克, 老抽5克, 味精5克, 黄豆酱20克, 八角5克, 桂皮5克, 盐3克, 熟馍馍、荷叶夹馍适量。

制作方法

1. 锅内加水, 放入八角、桂皮、生姜、少许盐, 放入土猪五花肉, 煮至断生。

2. 油温烧至八成, 将煮好的土猪五花肉抹上少许老抽, 炸制起皮 (虎皮状), 冷却后切成0.5厘米厚, 长7厘米的块, 放入扣碗中备用。

3. 干白花菜用冷水泡开洗净, 切末, 将边角的五花肉炒香加入黄豆酱、生抽、味精、胡椒、姜末, 加入白花菜焖至入味, 然后均匀的铺在肉上, 上笼蒸1.5小时, 用熟馍馍围边即可, 上桌可配荷叶夹馍。

成品特点　此菜肉香味浓, 入口即化, 肥而不腻, 回味悠长。

【竹篙子打老虎】

主辅调料　莲藕 200 克，猪五花肉 500 克，米粉 100 克，食盐 5 克，味精 2 克，白糖 3 克，胡椒粉 1 克，姜粒 50 克，料酒 10 克，香油 10 克。

制作方法

1. 猪五花肉烫皮刮洗干净，去除毛腥味，切成肉丁待用。

2. 莲藕洗净，去皮，切成藕丁待用。

3. 将五花肉丁、藕丁放入盆中，调入食盐、味精、白糖、胡椒粉、姜粒、料酒，搅拌均匀，再拌入米粉，码入碗中，上笼蒸制 1 小时左右取出，撒上胡椒粉、葱花，淋上香油即成。

成品特点　香气怡人，荤素搭配，莲藕软糯，猪肉鲜美。

【粉蒸肉】

主辅调料　带皮猪五花肉 500 克，米粉 40 克，食盐 5 克，胡椒粉 0.5 克，豆瓣酱 10 克，老抽 10 克，味精 0.5 克，生姜末 10 克，葱花 5 克。

制作方法

1. 将带皮猪五花肉刮洗干净，切成长 5 厘米、宽 3 厘米、厚 0.5 厘米的肉片待用。

2. 将切好的猪五花肉片与食盐、老抽、豆瓣酱、生姜末、胡椒粉、味精一起拌匀，腌制 10 分钟待用。

3. 将腌好的猪五花肉片与米粉拌匀后码入碗内，入笼蒸约 40 分钟取出，翻扣在盘内，撒上胡椒粉、葱花即成。

成品特点　肉味醇正，米香浓郁，软中带糯，肥而不腻。

【干贝焖肉方】

主辅调料 精品五花肉 1500 克，干贝 16 颗（约 75 克），梅干菜 300 克，高汤 600 克，常规卤料大全 1 袋 30 克，冰糖 30 克，生姜 10 克，葱 5 克，料酒 15 克，盐 15 克，老抽 10 克，味精 10 克，食用油适量。

制作方法

1. 五花肉要求无毛、皮面光滑、无刀痕，洗净灼水后，处理干净平整。

2. 干贝用温水浸泡两小时，加姜、葱、料酒蒸制 30 分钟，备用。

3. 生姜卤料大全煸炒、加水、冰糖、生抽、味精调味、调色。将五花肉小火卤至 6~7 成熟。取出压制冷却，再将压好的肉放到设置零度的冰箱，使肉不软不硬为佳。

4. 用片刀，将肉从外向内切薄片，保持均匀不断，将切好的五花肉细心的码入宝塔模型内。

5. 梅干菜洗净放食用油煸炒，加高汤调色调味煐至入味，装入宝塔内塞紧，加干贝，用保鲜膜包好上笼旺火蒸 90 分钟，扣入盘中摆盘围边即成。

成品特点 技法细腻，层次分明，色泽红亮，软糯醇香，鲜香浓郁互补。

【罐焖牛肉】

主辅调料 黄牛瓦沟1000克，干葱头20克，白萝卜500克，红萝卜150克，西芹100克，猪肉皮100克，水发干松菌50克，水发干茶树菇50克，水发黑木耳50克，辣味黄豆酱30克，生姜50克，生抽25克，味精3克，料酒30克，黑胡椒碎5克，白糖3克，高汤500克。

制作方法

1. 黄牛瓦沟、猪肉皮冷水下锅，煮至断生，切成5厘米长、4厘米宽的肉块待用。

2. 红萝卜、干葱头切块，西芹切段，白萝卜切成2厘米见方的正方块，焯水待用。

3. 炒锅置火上烧热，放入牛瓦沟煸炒至水干，烹入料酒、生抽，加入辣味黄豆酱炒匀，倒入高汤，调入白糖、味精、黑胡椒碎，煮沸后转入高压锅内，加入红萝卜块、干葱头块、西芹段、猪肉皮块、水发干松菌、水发茶树菇、水发黑木耳、姜片，用小火焖约40分钟，挑出牛瓦沟、松蓉菌、茶树菇、黑木耳，汤汁过滤待用。

4. 炒锅置火上，倒入过滤后的汤汁，放入牛瓦沟块、松蓉菌、茶树菇、黑木耳、白萝卜块，大火收汁，至汤汁稠浓起锅，装入瓦罐中，包上锡纸，封上黄泥，入烤箱内用文火焖约3小时即成。

成品特点 香气浓郁，汤汁稠浓，牛肉软烂，荤素搭配，营养丰富。

香菇丁、萝卜丝，搅拌均匀，搓成球状，均匀地滚上糯米，上笼大火蒸制 8～10 分钟即成。

成品特点 色泽美观，口感绵软，滋味鲜美，营养丰富。

【黄陂五彩珍珠圆子】

主辅调料 去皮猪五花肉 1000 克，豆腐 200 克，白萝卜 400 克，茼蒿 400 克，红薯 200 克，水发香菇 200 克，食盐 10 克，糯米 300 克，熟猪油 80 克。

制作方法

1. 糯米用清水浸泡好后沥干水分待用。

2. 豆腐洗净捏碎，茼蒿洗净切碎，红薯洗净切细丁，香菇洗净切粒，白萝卜洗净去皮切丝待用。

3. 去皮猪五花肉洗净，剁成肉蓉，加入食盐、熟猪油，搅拌成肉馅，分别加入豆腐碎、茼蒿碎、红薯丁、

【会宾长寿肉】

主辅调料 带皮猪五花肉（膘不宜过厚）1000 克，菜心 16 棵，五香豆豉 80 克，干辣椒节 3 克，蒜末 5 克，葱油 10 克，色拉油 15 克，红汤卤水 1500 克。

制作方法

1. 将带皮猪五花肉去毛洗净，放入红汤卤水中，慢火煮熟，捞出用重物压紧，放入冰箱中定型待用。

2. 炒锅置火上，加入色拉油烧热，放入五香豆豉、干辣椒节、蒜末炒香待用。

3. 将定型的猪五花肉改刀成六角长形块，呈乌龟背六角花纹状，再用刀改成薄片，放入碗底，摆放整齐，加入炒香的豆豉酱，入笼用大火蒸至透味，取出反扣盘中，周围点缀菜心，淋入葱油即成。

成品特点 色泽红亮，形态美观，香气浓郁，口感醇厚，肥而不腻。

【腊鱼烧肉】

主辅调料　腊鱼350克，猪五花肉400克，酱油10克，蚝油5克，味精5克，料酒50克，干辣椒8克，姜粒10克，蒜米5克，白糖30克，清水、色拉油各适量。

制作方法

1.将腊鱼切成5厘米见方的块状，用温水浸泡1小时，捞出洗净，沥干水分，入笼蒸熟待用。

2.将猪五花肉切块放入锅中，加清水、料酒，煮至五成熟捞出，沥干水分待用。

3.锅置火上，加入色拉油，放入五花肉块，煸炒至肉质焦黄时出锅待用。

4.锅底留油，放入白糖熬成糖色，加入蚝油、酱油和适量清水，倒入煸炒好的五花肉块，焖熟待用。

5.锅置火上，加入适量色拉油，放入姜粒、蒜米、干辣椒煸香，倒入五花肉、腊鱼块和适量清水，小火烧约5分钟，加入味精，收汁起锅装盘即成。

成品特点　色泽黄亮，香气浓郁，咸鲜爽口，肥而不腻。

【野猪肚烩葛仙米】

主辅调料　人工养殖野猪猪肚1只，新鲜葛仙米100克，浓汤500克，咸蛋黄3个，面粉200克，食盐50克，味精10克，白醋100克，白糖15克，料酒50克，香料粉10克，淀粉30克，清水、色拉油适量。

制作方法

1.新鲜猪肚用流水冲净内外两面的黏液，放入小盆中，倒入适量的白醋和食盐，用手在猪肚正反两面搓匀，腌制约5分钟，倒入面粉，再次正反两面搓匀，继续腌制约5分钟，用手搓猪肚3分钟，最后淋入50克料酒，用手搓匀，用清水冲洗干净待用。

2.将洗净的猪肚放入锅中，加入清水、食盐、白糖、料酒、香料，卤煮约1小时，至用竹签可以戳穿猪肚时，捞出晾凉，用刀剖开，改刀切成长8厘米、宽2厘米的条块状待用。

3.取一只扣碗，在碗内壁上刷一层色拉油，将切好的熟猪肚条整齐地码放在碗中，上笼用旺火沸水蒸约1小时待用。

4.锅置火上，倒入清水，大火烧开，加入新鲜葛仙米，待水再次沸腾后，转小火煮约10分钟，待葛仙米由黑色变成墨绿色的小珍珠时，用纱网滤出葛仙米待用。

5.将咸蛋黄用勺背充分碾碎（可拌入1～2小勺高汤），搅匀调成稠糊状待用。

6.将蒸好的猪肚扣入大窝盘中（暂时不要去除扣碗，以保温）待用。

7.锅置火上，倒入高汤烧开，加入咸蛋黄糊搅匀，再加入葛仙米，调入食盐、白糖、味精，用水淀粉勾芡，将窝盘中的扣碗打开，淋在蒸熟的野猪肚上即成。

成品特点　鲜香味美，软烂柔滑。

【腊蹄子煨土豆坨】

主辅调料　土家腊蹄子700克,干土豆坨200克,咸菜8碟,姜片10克,干辣椒5克,高汤1500克,色拉油50克。

制作方法

1.腊蹄子烫皮,刮洗干净,改刀成4厘米见方的小块,浸泡1小时,焯水待用。

2.干土豆坨用温水浸泡2小时待用。

3.热锅倒入色拉油,放入腊蹄煸炒至表皮金黄,下入姜片炒香,再加入高汤、土豆坨、干辣椒,大火煮至汤色浓白,转小火煨约1小时,上桌时配8碟咸菜即成。

成品特点　腊味浓郁,经嚼耐品。

【土家腊蹄焖昭君眉豆】

主辅调料　土家腊蹄子500克,昭君干眉豆100克,土家菜油50克,干辣椒10克,青辣椒20克,红辣椒30克,食盐10克,味精2克,葱花5克,胡椒粉2克,生姜片20克,清水适量。

制作方法

1.将昭君干眉豆用冷水泡发,洗净并除去老筋待用。

2.将土家腊蹄子去毛洗净,斩成块状待用。

3.锅中放土家菜油,加入生姜片、干辣椒爆香,放入眉豆和腊蹄煸炒,加适量清水煮沸,下食盐调味,烧至腊蹄和眉豆酥烂时,再放入味精、胡椒粉、青辣椒片、红辣椒片,大火收汁,出锅装盘,撒上葱花即成。

成品特点　眉豆酥烂,腊蹄醇鲜,香气浓郁,口感丰富。

【乾坤牛掌】

主辅调料 生牛掌1个（3000克～4000克），鸽蛋8枚，虾蓉300克，菜心80克，高汤3000克，香料5克，酱油10克，食盐10克，味精5克，淀粉10克，姜、葱各20克。

制作方法

1.生牛掌用火枪烧糊，浸泡，刷洗干净，入高汤煨4小时，至软，去骨待用、鸽蛋煮熟。

2.虾蓉、鸽蛋酿成型待用，去骨牛掌入高汤加入香料、酱油、食盐、味精、葱、姜上色入味、上海青菜心氽水摆盘。

3.熟牛掌摆盘红汤勾芡、鸽蛋勾米汤芡，摆成掌形状成菜。

成品特点 色彩分明，食材搭配合理，口感软糯带有韧性。

【珍珠牛肉荷包圆】

主辅调料 新鲜牛腩350克，榨菜50克，大葱50克，豆油泡12个，糯米80克，鸡蛋2个，食盐3克，味精3克，鸡精3克，老抽10克，十三香3克，胡椒粉1克，海鲜酱15克，甜面酱15克，色拉油、生粉各50克，清水适量。

制作方法

1.新鲜牛腩切小块剁成肉末，榨菜切细丁，大葱切末，糯米用清水泡好待用。

2.炒锅置火上烧热，倒入色拉油，放入牛腩肉末炒香，加入食盐、味精、鸡精、老抽、海鲜酱、甜面酱、十三香、胡椒粉调味，再放入榨菜丁、大葱末炒匀，出锅晾凉待用。

3.豆油泡用清水泡约2小时，捞出压干水分，包入炒好的牛肉馅，再依次滚上鸡蛋清、生粉、泡好的糯米，上蒸锅用大火蒸约10分钟即成。

成品特点 外形美观，香浓味鲜。

【牛肉三鲜】

主辅调料 黄牛肉350克，牛蹄筋150克，牛肚150克，色拉油50克，牛油50克，公安豆瓣酱150克，干辣椒15克，大葱段30克，生姜片50克，桂皮10克，食盐5克，白糖10克，味精5克，料酒20克，十三香3克，清水适量。

制作方法

1.黄牛肉去筋膜后切片，放入冷水锅中，加入姜片、料酒，焯水待用。

2.牛蹄筋洗净，加入清水，小火煨约2小时，至牛蹄筋酥烂时捞出，切成3厘米块状待用。

3.牛肚去油后漂洗干净，加入清水、大葱段、桂皮，小火煨约1小时，至口感爽脆时捞出，切成1厘米薄片待用。

4.锅置火上，倒入色拉油、牛油烧热，放入豆瓣酱、干辣椒炒出红油，加入大葱段、生姜片、桂皮、十三香、牛肉片、牛筋块、牛肚片，煸炒出香味，再加入白糖、高汤，调入食盐、味精，用小火煨透，出锅即成。

成品特点 酱香浓郁，色泽红亮，咸鲜透辣，质感多样。

牛板筋，淋上汤汁，点缀香菜即成。

成品特点 色泽油亮，香气宜人，汤汁稠浓，芸豆粉糯，牛板筋柔软不失韧性。

【郧西马头羊汤石子馍】

主辅调料 新鲜马头羊肉 1000 克，白萝卜 500 克，火烧馍数个，黄酒 30 克，香菜 50 克，蒜苗 80 克，姜片 30 克，葱段 20 克，干尖椒 1 个，油辣子 30 克，陈皮 5 克，食盐 10 克，白胡椒粉 3 克，白糖 3 克，鸡精 3 克，味精 5 克，色拉油 50 克，清水 2500 克。

制作方法

1. 新鲜马头羊肉剁大块焯水待用，萝卜切滚刀。

2. 火烧馍炕热后掰成小块，装盘待用。

3. 香菜洗净切段，蒜苗洗净切末，装盘待用。

4. 锅加油烧热，入姜片、干尖椒、陈皮煸香，倒入羊肉小火炒干水分，烹入黄酒炒香，加入清水烧开，加入萝卜，加盐，倒入大砂锅中旺火烧开，盖紧锅盖，改小火煨 3.5 小时左右，至羊肉酥烂，加味精、鸡精、胡椒粉调味，转入干净的砂锅，配石子馍、香菜、蒜苗、油辣子上桌。

成品特点 羊肉软烂，汤汁鲜香，是鄂西地方特色。

【老妈牛板筋】

主辅调料 牛板筋 800 克，牛肚 500 克，牛鞭 500 克，水发芸豆 100 克，荆沙豆瓣酱 20 克，食盐 5 克，味精 5 克，生抽 20 克，冰糖 20 克，姜片 30 克，大葱 50 克，八角 5 克，桂皮 5 克，干花椒 3 克，干尖椒 5 克，红油 30 克，黑胡椒 5 克，香菜 20 克，牛骨头 1000 克，黄酒适量。

制作方法

1. 牛板筋、牛肚、牛鞭冷水下锅焯水，捞起用清水冲 2 小时，去异味，再入清水锅中，加姜片、大葱、黄酒煮至断生，捞起冷却。

2. 牛板筋、牛肚切 1 厘米厚，6 厘米长的厚片，牛鞭割花刀。

3. 色拉油入锅烧热，下豆瓣酱、红油、姜、葱、八角、桂皮、花椒、尖椒炒香，加入牛板筋、牛肚、牛鞭煸炒，烹入黄酒、生抽，加入牛骨汤、冰糖、芸豆烧开，倒入高压锅，旺火上气后，改文火焖 20 分钟关火。

4. 压好的牛板筋倒入漏勺过滤，摘去姜葱香料，再倒入锅中，加味精、黑胡椒调味，旺火收汁，芸豆先入砂锅、牛板筋、牛肚、牛鞭分别装入砂锅，突出

【大别山锦秀羊】

主辅调料　大别山锦秀黑山羊肉（1250～1500克），白萝卜1000克，生姜20克，党参3克，当归片2克，干尖椒3～4颗，干花椒5～6颗，鸡油30克，盐8克，味精10克，胡椒粉3克，料酒20克。

制作方法

1. 新鲜羊肉烧毛洗净，改刀成3～4厘米的方块冲水2小时，再下锅焯水（羊肉要冷水下锅加料酒），将血水焯干净捞起冲凉待用。

2. 白萝卜去皮切滚刀待用。

3. 用高压锅加入清水2000克、羊肉下锅后，加盐、鸡油、白萝卜、生姜、党参、当归片、干花椒、干尖椒，盖紧锅盖压15分钟（上汽后开始计时），开盖加味精、胡椒粉调味装盘即可。

成品特点　口感软糯，具有补神益气，温胃助阳功效。

【翰林鸡】

主辅调料 成熟土母鸡1只，黄酒10克，胡椒粉5克，葱花3克，蒜粒8克，姜片10克，食盐5克，酱油6克，水淀粉10克，鲜香菇丁15克，火腿丝8克，清鸡汤100克。

制作方法

1.土母鸡宰杀去内脏，洗净放入盆中，加入食盐、黄酒、姜片、胡椒粉腌制2小时待用。

2.将腌制好的母鸡上蒸锅用大火蒸约1小时取出，去骨改刀成块状，摆入盘中待用。

3.另取锅置火上，放入清鸡汤、火腿丝、蒜粒、鲜香菇丁煮沸，加食盐、酱油调味，用水淀粉收汁浇在鸡肉上，撒葱花即成。

成品特点 肉质肥嫩可口，味道浓香鲜醇。

【毛嘴卤鸡】

主辅调料 三黄鸡1只（约1200克），花椒3克，桂皮3克，八角3克，草果3克，陈皮2克，白糖10克，食盐20克，高汤5000克。

制作方法

1.活鸡宰杀去内脏洗净，鸡腿、鸡胸脯用刀划一字形花刀，撒上食盐腌制4小时待用。

2.锅中炒糖制成糖色，加入高汤煮沸，放入花椒、桂皮、八角、草果、陈皮调制成卤水待用。

3.腌制好的三黄鸡焯水去腥味，放入卤水中，小火卤制1小时后，关火再浸泡1小时，捞出装盘即成。

成品特点 咸鲜微辣，回味悠长，口感富有弹性。

【罗田板栗烧仔鸡】

主辅调料　仔公鸡1只（约700克），罗田板栗200克，熟猪油10克，色拉油30克，清水500克，湿淀粉10克，料酒50克，酱油20克，食盐4克，胡椒粉1克，蒜瓣5个，葱花20克，姜末5克。

制作方法

1.仔鸡宰杀去毛，剖腹去内脏（只留心、肫、肝），剁去鸡头、脚爪、鸡屁股，剩余鸡肉剁成3.3厘米长、2.5厘米宽的肉块，鸡脖剁成4厘米长的段；鸡肫横直剖几刀，切成小块，同鸡块一起放入容器内，加料酒、葱花腌渍待用。

2.在板栗上砍一刀（不要砍断），带壳入烤箱中，底火230℃，面火180℃，烤约20分钟，取出剥壳待用。

3.炒锅置旺火上，倒入色拉油，烧至八成热，放入鸡块、鸡心、鸡肫、鸡肝煎约7分钟，至色泽金黄时，再加入姜末、蒜瓣、料酒、酱油、食盐和清水烧沸，改中火继续焖约20分钟。

4.待鸡肉烧透味时，加入板栗，改旺火继续焖约5分钟。

5.至鸡肉软烂时，再下葱花、胡椒粉，以湿淀粉勾芡，淋入熟猪油，起锅即成。

成品特点　鸡肉紧实微辣，板栗粉糯回甜，滋味醇厚，营养丰富。

【腊香鸡】

主辅调料　散养土鸡1只（约1000克），花椒30克，食盐300克，白酒50克。

制作方法

1.散养土鸡宰杀制净待用。

2.炒锅置火上，放入花椒和食盐，用小火不停翻炒，至花椒变成棕黄色时，盛出待用。

3.将炒好的椒盐均匀地抹在洗净的鸡肉上（鸡大腿部分应适量打花刀），反复多抹几次，让鸡肉充分吸收盐分，再淋入适量白酒，上下翻转一下（让鸡肉上下都和酒接触到），装入大盆或者密封盒中，加盖腌制3天待用。

4.将腌制好的鸡肉取出，悬挂在空旷通风处，风干1～2周（至鸡肉中尚保留着一定的弹性和水分为宜）待用。

5.将风干好的土鸡上笼篜25～30分钟，取出改刀成块，装盘上桌即成。

成品特点　醇香软嫩，不油不腻，回味悠长。

【糯米腊香鸡】

主辅原料　熟腊香鸡 1 只（约 480 克），熟糯米 600 克，腊香鸡味王（120 克），生姜末 30 克，新鲜粽叶 10 片。

制作方法

1. 将熟腊香鸡切成细长块待用。

2. 将腊香鸡味王、生姜末与熟糯米充分搅拌均匀待用。

3. 将新鲜粽叶铺在 8 寸蒸笼底部，倒入拌匀的糯米摊平，再把熟腊香鸡块摆放在糯米上，蒸锅烧开，上汽后蒸制约 7 分钟即成。

成品特点　鸡肉鲜醇，米饭软糯，腊香浓郁，回味悠长。

【瓦罐鸡汤】

主辅调料　肥嫩农家土鸡 1 只，熟猪油 20 克，姜片 20 克，食盐 8 克，胡椒粉 1 克，清水适量。

制作方法

1. 选用肥嫩农家土鸡 1 只，宰杀，去毛，去内脏，洗净剁块，焯水待用。

2. 炒锅置火上，加熟猪油、鸡块、姜片炒香，

至鸡块呈黄色时，起锅倒入瓦罐中，加入适量清水，大火烧开后，改小火煨约 3 小时，最后加食盐、味精、胡椒粉调味即成。

成品特点　汤面黄亮，汤汁清澈，鲜香味美，鸡肉软烂绵滑。

【鱼面土鸡汤】

主辅调料　农村散养土鸡 1 只（约 1400 克），白鲢鱼 1 条（约 2500 克），鸡蛋清 1 个，清水 500 克，食盐 5 克，味精 2 克，生姜 5 克，葱花 2 克，淀粉 10 克。

制作方法

1. 白鲢鱼宰杀后去内脏，洗净去皮去骨，净肉用刀剁碎成鱼蓉待用。

2. 鱼蓉加入淀粉、蛋清、清水搅拌均匀，再加入食盐、味精，继续顺时针搅拌，至鱼蓉上劲后捏成块状待用。

3. 在桌台和擀面杖上撒上淀粉，将鱼蓉块擀成厚约 2 毫米的薄片，入笼锅蒸熟，待冷却后切成长条待用。

4. 土鸡宰杀后去毛去内脏，洗净放入砂钵中，加入生姜、食盐和清水，盖上盖子，大火煮开，改用文火炖约 5 小时，最后加入鱼面、葱花略煮即成。

成品特点　香气浓郁，汤味醇厚，鸡肉鲜嫩，鱼面爽滑。

即成。

成品特点 汤鲜味醇，石耳爽滑，鸡肉酥烂，有滋补功效。

【黄陂鸡汤双圆火锅】

主辅调料 净黄孝土鸡1只（约1200克），猪前腿肉600克，花鲢1条（约1000克），娃娃菜200克，粉丝300克，豆腐泡100克，河虾200克，土鸡蛋4只，香菇200克，番茄仔100克，食盐8克，清水、色拉油各适量。

制作方法

1.净黄孝土鸡改刀成块状，入锅加入清水，煨制成清汤，调入食盐待用。

2.猪前腿肉洗净，剁成肉蓉，加入食盐拌匀上劲，制成肉圆，入油锅中炸熟待用。

3.花鲢宰杀治净，去骨取肉，剁成鱼蓉，加入食盐拌匀上劲，制成鱼圆，入热水锅中汆熟待用。

4.鸡蛋、河虾煮熟，粉丝、香菇水发待用。

5.将炸熟的肉圆和汆熟的鱼圆放入鸡汤中煨制，煮熟的鸡蛋、河虾与娃娃菜、粉丝、豆腐泡、香菇、番茄仔装盘，配鸡汤双圆火锅上桌涮食即成。

成品特点 肉鱼合烹，荤素搭配，汤鲜味美，营养丰富。

【神农岩耳鸡】

主辅调料 神农架干岩耳150克，神农架土乌鸡1只（约1500克），山泉水2500克，姜片10克，葱段5克，食盐5克，料酒10克，熟猪油20克，淘米水、清水适量。

制作方法

1.将土乌鸡宰杀治净，剁成块状待用。

2.将干岩耳用清水浸泡约5小时，用淘米水洗去泥沙，再用清水洗净待用。

3.炒锅放熟猪油烧热，加入姜片、葱段，炒出香味，倒入土鸡块，烹入料酒，煸至水汽稍干，起锅倒入砂锅内，再向砂锅中加入山泉水，大火烧开，转小火煨制2小时，加入洗净的岩耳，小火继续煨制30分钟

【洪湖野鸭焖莲藕】

主辅调料　仿野生人工养殖洪湖野鸭1只（毛重约1300克），洪湖莲藕（粉藕）500克，带皮猪五花肉100克，青椒5个，熟猪油50克，色拉油30克，姜片50克，葱结30克，啤酒300克，料酒50克，白糖5克，食盐5克，味精5克，生抽20克，老抽10克，干黄椒10克，黑胡椒粉1克，八角5克，桂皮1克。

制作方法

1. 莲藕洗净去皮，切3~4厘米长、1厘米厚的方形条状，入锅用中小火炒出藕浆，转入高压锅用中火压制约7分钟待用。

2. 野鸭用火枪烧去茸毛，洗净后剁成5厘米长、3厘米宽的块状，凉水下锅焯水，沥干水分待用。

3. 猪五花肉烧皮洗净，切成约4厘米宽、1厘米厚的片状待用。

4. 青椒洗净，改刀成块状待用。

5. 炒锅置火上，烧热后加色拉油、熟猪油，放入猪五花肉，炒香出油，加入姜片、干黄椒、鸭块继续煸炒，至鸭块表面水分炒干时，加入食盐、葱结、白糖、八角、桂皮，烹入料酒、生抽，加啤酒旺火烧开后紧盖锅盖，改小火焖烧约30分钟待用。

6. 至鸭块软烂脱骨时，将姜片、葱结、猪五花肉挑出，加老抽调色，加入味精、熟猪油和压制好的藕块，继续小火焖约10分钟，大火收汁，至汤汁稠浓时，撒上黑胡椒粉，倒入以青椒块垫底的砂锅中即成。

成品特点　莲藕粉糯，鸭肉紧实，汤汁浓稠，鲜香微辣，营养丰富。

【金牌烧鹅】

主辅调料　鲜鹅肉半只大约5斤，菜籽油200克，生姜200克，辣椒王150克，八角3克，桂皮3克，冰糖3克，柱侯酱5克，美极鲜5克，辣妹子5克，食盐10克，味精5克，啤酒2瓶，黄滩酱油10克，生抽30克，蚝油15克，百扣3克，花椒5克，红薯200克，胡椒粉10克，葱结50克，千张150克。

制作方法

1. 鹅用盐、生抽、红薯粉上浆，炒锅上火七成油温，下鹅肉炸至金黄色，沥油备用。

2. 炒锅下菜籽油、生姜、辣椒王、香料、葱结炒出香味，葱结捞出，下炸好的鹅肉，炒出肉香味，被老抽上色，生抽、蚝油、花椒、胡椒粉小火炒1分钟，加入啤酒调味，倒入高压锅上气焖28分钟即可。

成品特点　色泽深红色，鹅肉鲜嫩，肉质入味，酱辣爽口。

【会宾葫芦鸭】

主辅调料 嫩鸭1只（约1500克），胡萝卜500克，薏仁米100克，虾仁100克，火腿丁100克，干贝50克，冬菇50克，冬笋50克，鱼肉丁100克，鸡肉丁100克，芥蓝菜梗10棵，饴糖50克，食盐10克，鸡汁10克，葱段30克，姜片30克，柠檬1个，五香卤水4000克，水淀粉10克，胡椒粉5克，葱油、色拉油各适量。

制作方法

1. 胡萝卜雕刻成小葫芦形，芥蓝菜梗改刀成球状待用。

2. 薏仁米煮熟，用虾仁、火腿丁、干贝、冬菇、冬笋、鱼肉丁、鸡肉丁拌好，加入食盐、鸡汁、胡椒粉调味，制成八宝馅料待用。

3. 嫩鸭宰杀去内脏，洗净脱骨，加入食盐、姜片、葱段腌制，加入新鲜柠檬去腥，再将八宝馅料酿于鸭腹内，扎紧刀口，做成葫芦形状，烫水晾干，挂饴糖浆，吹干后经油淋上红，再入五香卤水中浸泡3小时，入笼蒸熟，取出装盘待用。

4. 炒锅置火上烧热，倒入蒸鸭汁水，加入水淀粉勾芡，淋入葱油，浇于葫芦鸭上，点缀萝卜小葫芦和芥蓝菜球即成。

成品特点 色泽红亮，形似葫芦，鸭肉鲜嫩，馅料香糯，营养丰富。

厘米宽的大块，用清水洗去血污待用。

2.将土豚肉块放入紫砂锅中，加入山泉水、红参、红枣、枸杞、姜片，一起用文火煲制约6小时，再加入食盐、白糖调味，撒上葱花即成。

成品特点 汤色清亮，香气怡人，肉质细嫩，滋味鲜醇，油而不腻，回味悠长。

【随州野味三珍炖钵】

主辅调料 乌梢蛇1条（约600克），人工养殖鹧鸪2只，人工养殖刺猬肉200克，土猪腊肉100克，食盐10克，姜片15克，葱段10克，高汤400克，色拉油适量。

制作方法

1.乌梢蛇宰杀治净，剁块待用。

2.鹧鸪宰杀治净待用。

3.刺猬肉洗净，剁块待用。

4.炒锅置火上，加入色拉油烧热，放入姜片、葱段煸香，倒入高汤烧沸，转入炖钵中，再放入蛇肉、刺猬肉、鹧鸪肉、土猪腊肉，用小火煨熟，调入食盐即成。

成品特点 汤浓味鲜，营养丰富。

【阳新豚汤】

主辅调料 阳新土豚（又称阳新鸨）1只，山泉水2000克，红参、红枣、枸杞各20克，葱花、姜片、食盐各15克，白糖5克。

制作方法

1.将阳新土豚宰杀治净，改刀剁成5厘米长、3

【阴米土鸡蛋】

主辅调料　土鸡蛋10个，孝感太子阴米200克，冰糖10克，红枣20克，清水适量。

制作方法

1. 太子阴米、冰糖、红枣清洗干净待用。

2. 锅置火上，加适量清水烧开，下入太子阴米、冰糖、红枣，用大火烧开，煮约7分钟（至汤汁浓稠透亮，阴米软糯为宜）待用。

3. 锅置火上，加适量清水烧开，改为小火，下入土鸡蛋，关火浸泡至蛋白凝固待用。

4. 将煮好的太子阴米倒入汤碗中，放入煮好的土鸡蛋即成。

成品特点　鸡蛋洁白，汤汁透亮，阴米爽口，回味甘甜。

【金鸡报晓】

主辅调料　活仔公鸡1只（约1000克），食盐5克，料酒10克，白糖20克，姜片30克，葱段30克，蜂蜜100克，香卤料包1个（小茴香、香叶、豆蔻、草果、白芷、花椒、干辣椒、丁香各4克），色拉油、清水适量。

制作方法

1. 将仔公鸡宰杀治净，加入食盐、料酒、姜片、葱段腌制，入开水锅中焯水待用。

2. 卤锅中加入清水、白糖、卤料包，放入仔公鸡卤至酥烂入味，捞出后沥干卤汁，在鸡身表面抹上蜂蜜，入油锅中用6～7成油温炸至通体金红色，出锅沥油装盘即成。

成品特点　色泽金红，表皮酥脆，肉骨透味，入口香鲜。

【黄陂三合】

主辅调料　猪前夹肉1000克，鲢子鱼净肉750克，鸡蛋4个，菜心50克，水发黑木耳30克，黄花菜30克，豆油皮75克，大白菜300克，食盐25克，味精15克，胡椒10克，酱油15克，白糖10克，淀粉120克，色拉油1000克（实耗约100克），高汤1000克，生姜30克，蒜子10克，小葱20克，清水适量。

制作方法

1.将鲢子鱼净肉的鱼白部分加食盐、味精、蛋清、葱姜水搅拌上劲，挤成丸子状，放入温水锅中汆煮成熟，制成鱼丸待用。

2.将猪前夹肉剁碎，加入鱼红、食盐、味精、酱油、鸡蛋、清水、姜末搅拌上劲，取其一半挤成丸子状，放入150℃的油锅中炸熟，制成肉丸待用。

3.调盘垫上豆油皮，将另一半肉蓉置于豆油皮上，用刀抹平（约5厘米厚），入笼蒸约30分钟取出，抹上蛋黄再蒸5分钟左右，制成肉糕，冷却后切长方块待用。

4.将大白菜洗净切片，焯水后垫于砂锅底部，依次摆上肉糕、鱼丸、肉丸、菜心、黑木耳、黄花菜，灌入高汤（已调味），小火炖约15分钟，撒上葱花即成。

成品特点　肉鱼合烹，色形美观，滋味鲜美，寓意吉祥。

【夹沙肉】

主辅调料 五花肉 500 克，豆沙 100 克，白糖 20 克，果脯 30 克，糖桂花 5 克，蜂蜜 5 克，老抽 2 克，色拉油、清水适量。

制作方法

1. 锅置火上，加入适量清水，放入猪五花肉，煮至断生后捞出，擦干猪皮表面水分，涂抹上老抽上色，再涂上一层蜂蜜待用。

2. 另取锅置火上，加入适量色拉油，烧至油温 6～7 成热时，将肉皮朝下放入油锅中，炸至肉皮表面焦黄后，捞出放入原煮肉的水锅中，继续煮约 8 分钟，捞出晾凉，切成连夹片（即第 1 刀不切断，第 2 刀再切断）待用。

3. 将豆沙填入连夹片中，合起后压平整，将肉皮朝下依次摆放在碗底，上面放上果脯、糖桂花压实，入蒸锅（水量要足）先用大火速蒸，再改中小火蒸约 2～3 小时，取出扣于盘中，撒上白糖即成。

成品特点 色泽美观，外酥里嫩，肥而不腻，香甜爽口。

【土家年肉】

主辅调料 农家烟熏腊圆尾 200 克，糯小米 200 克，食盐 6 克、花椒粉 2 克、味精 10 克。

制作方法

1. 糯小米淘洗干净，冷水浸泡 2 小时待用。

2. 农家烟熏腊圆尾皮面置火上烧焦，放入温水中浸泡约 90 分钟，捞出刮去表层焦皮，洗净后放入沸水锅中煮至五成熟时捞出，切成 6 厘米长、4 厘米宽、1 厘米厚的肉片（肉片每两片皮部相连）待用。

3. 将泡好的糯小米、切好的熏腊肉片与食盐、花椒粉、味精拌匀，肉片的连刀夹缝中也要夹入糯小米，一片搭一片摆入蒸碗中，入笼旺火蒸约 2 小时，取出翻扣入盘即成。

成品特点 色泽红润，熏香浓郁、糯香轻柔，肉粑米糍，油而不腻，入口即化。

成品特点 色泽美观，香味浓郁，鲜嫩爽口，营养丰富。

【竹溪蒸盆】

主辅调料 猪蹄1000克，土鸡肉300克，土豆250克，山药400克，红薯200克，红萝卜100克，水发木耳100克，水发香菇100克，水发银耳70克，水发笋子100克，水发天麻30克，菜心200克，鸡蛋盒子150克，葱段25克，姜片25克，蒜瓣30克，花椒3克，八角3克，鸡精3克，草果3克，桂皮3克，枸杞5克，胡椒粉2克，食盐2克，食用油30克，矿泉水1250克。

制作方法

1.将腊蹄烧洗干净，锯成圆形饼状待用。

2.将土鸡肉剁成小块状，焯水待用。

3.土豆、山药、红薯、红萝卜洗净切块，水发香菇、水发笋子改刀待用。

4.将土豆块、水发木耳等各种辅料依次放入蒸盆中，再加入鸡肉块、腊蹄、以及葱段、姜片、蒜瓣、花椒、八角、鸡精、草果、桂皮，枸杞、胡椒粉、食盐等各种调料，上笼大火蒸约150分钟，出笼后摆上鸡蛋盒子、菜心，再大火蒸约5分钟即成。

成品特点 色泽诱人，外形大气，淡香四溢，味道鲜美，营养丰富。

【随州三鲜】

主辅调料 猪肉末100克，水发香菇100克，鸡蛋2个，娃娃菜500克，菜胆5个（30克），卜豇豆圆子5个（200克），红烧肉5片（100克），马蹄丁50克，油条末50克，豆油皮1张，鸡汤500克，色拉油1000克，食盐2克，味精2克，生粉5克，蚝油3克，生抽5克。

制作方法

1.将猪肉末、油条末、马蹄丁、食盐、味精抖匀上劲，豆油皮平铺并涂上一层生粉水，再将拌好的肉馅平铺在豆油皮上，厚度约0.5厘米。

2.色拉油烧至250℃，将铺好的肉馅下油锅炸至两面金黄，冷却后，切成三角形小块待用。

3.将鸡蛋摊成蛋饼，做成蛋饺待用。

4.水发香菇焯水，娃娃菜炒入味待用，红烧肉用蚝油、生抽煨制入味待用。

5.将炒好的娃娃菜、香菇放入暖锅垫底，切好的肉块、蛋饺、红肉、卜豇豆圆子依次摆入暖锅中，浇入鸡汤调味成型，入蒸柜中蒸约5分钟，放上入味菜胆即成。

【鲊肉】

主辅调料　猪五花肉 500 克，大米粉 100 克，红辣椒 100 克，姜末 20 克，葱花 10 克，食盐 3 克，色拉油 50 克，生抽 10 克，豆瓣酱 20 克。

制作方法

1. 将猪五花肉烫皮、刮洗干净，切成 0.3 厘米厚的肉片待用。

2. 红辣椒切丁，加入食盐、大米粉、姜末、生抽、豆瓣酱、肉片拌匀，腌制 30 分钟待用。

3. 锅置火上，倒入色拉油，放入腌制好的肉片，小火慢煎出油，至散发出浓郁香味时，出锅装盘，撒上葱花即成。

成品特点　酸香滑润，色泽红亮。

【应城酱油肉】

主辅调料　精五花肉 15000 克（按 30 斤计），生抽 1500 克，老抽 1000 克，白糖 300 克，蚝油 500 克，美极鲜 500 克，海鲜酱 500 克，盐 100 克，甜面酱 500 克，冰糖 100 克，八角 10 克，桂皮 10 克。

制作方法

1. 将五花肉治净，改刀成宽 6 厘米的长条块备用。

2. 酱油腌料：生抽 1500 克、老抽 1000 克、白糖 300 克、蚝油 500 克、美极鲜 500 克、海鲜酱 500 克、盐 100 克、甜面酱 500 克、冰糖 100 克、八角 10 克、桂皮 10 克搅匀成酱油腌料，然后放入大保鲜盒中备用。

3. 五花肉放入腌料中摆齐，用重物将五花肉压住，让五花肉浸泡在酱油汁中，入冰箱中冷藏腌制一周后翻面，然后再腌一周，取出放通风位置将肉表皮风干，风干放冰箱中冷藏保鲜。冬天腌制，不需入冰箱冷藏腌制。

4. 将风干的酱油肉取出入蒸锅中，上汽蒸 20 分钟后取出，改刀装盘淋上原汁即成。

成品特点　色泽酱红，肥肉透明，酱香味浓，口感柔软带有韧性。

【任婆肘子】

主辅调料　鲜猪肘子一只（约2500克），霉干菜50克，老卤汤3000克，精盐10克，味精5克，胡椒1克，剁椒酱5克，香菜20克，

制作方法：

1.将鲜猪蹄用火去除猪毛，治净，焯水捞出待用。霉干菜泡发洗净，切末，入锅焖熟待用。

2.肘子去骨，入老卤汤锅中，调味，卤至40分钟，（此乃是第1次脱脂）打捞出来，扣入碗中，入笼慢火蒸至6个小时（此乃是第2次脱脂），取出肘子，放入霉干菜。

3.放入蒸笼，用慢火再蒸1个小时（此乃是第3次脱脂），取出扣入盘中，添加剁椒酱增加辣味，香菜围边点缀即成。

成品特点　色泽红亮油润，口感软糯，肥而不腻。

【腊肉炖雷竹笋】

主辅调料　新鲜崇阳雷竹笋300克，当地腊肉100克，熟猪油10克，食盐4克，味精4克，葱花5克，白胡椒粉2克，鸡汤1500克。

制作方法

1.选用新鲜雷竹笋去壳，洗净后切成丝状，焯水待用。

2.腊肉切薄片，焯水待用。

3.锅置火上，加入熟猪油、腊肉片煸炒出香，加鸡汤、雷竹笋，大火烧开，转小火炖约30分钟，加食盐、味精、白胡椒粉调味，出锅撒上葱花即成。

成品特点　竹笋脆嫩爽口，腊肉醇香诱人。

【襄阳牛骨汤】

主辅调料 新鲜牛筒子骨 2500 克，水泡红薯粉丝 500 克，卤牛肉 500 克，娃娃菜 500 克，白萝卜 500 克，香菜 50 克，红枣 5 个，食盐 10 克，味精 3 克，黑胡椒粉 1 克，葱花 5 克，香料袋 1 个（八角、桂皮、陈皮、丁香、花椒、香叶、草果、生姜、小茴香、干辣椒各 3 克）。

制作方法

1. 将新鲜牛筒子骨放入盆中，用清水漂去血水，冲洗干净，下入沸水锅中焯水，打去浮沫，捞出洗净待用。

2. 把八角、桂皮、陈皮、丁香、花椒、香叶、草果、生姜、小茴香、干辣椒放入锅中，小火慢炒，装入纱布袋内待用。

3. 砂锅置火上，加入适量清水，倒入焯水后的牛筒子骨，放入香料袋，大火烧沸，改小火慢慢熬制 12 ～ 18 小时待用。

4. 在熬制好的牛骨汤中，加入食盐、味精、黑胡椒粉调味，转入汤煲内，加入卤牛肉、娃娃菜、红枣、泡好的红薯粉丝、切好的白萝卜片煮熟，撒上香菜、葱花上桌即成。

成品特点 汤汁清鲜，香气浓郁，荤素搭配，不油不腻。

【萝卜煨牛瓦沟】

主辅调料 新鲜黄牛瓦沟 750 克，白萝卜 1 个（约 1000 克），生姜 3 片，八角 1 个，干尖椒 1 个，料酒 10 克，食盐 10 克，葱花 2 克，黑胡椒粉 1 克，清水适量。

制作方法

1. 新鲜黄牛瓦沟切大块，用清水反复冲洗（尽量将血水漂净）待用。

2. 白萝卜削皮洗净，切滚刀块待用。

3. 将清水倒入沙吊子中，牛瓦沟冷水下锅，加入料酒，大火烧开后，撇去浮沫，煮约 20 分钟，捞起改刀切小块，倒入原汤里，加姜片、八角、干尖椒，中小火煨制 3 小时，再放入白萝卜块，继续用中小火煨制半小时，调入食盐、黑胡椒粉，撒上葱花即成。

成品特点 荤素互补，汤清香浓，牛肉鲜美适口，萝卜淡爽回甜。

【烤大洪山三黄鸡泡馍】

主辅调料 随州大洪山三黄鸡1只（约1500克），面粉250克，酵母3克，食盐10克，味精5克，老抽3克，生抽10克，熟猪油30克。

制作方法

1. 三黄鸡宰杀洗净剁块待用。

2. 面粉、酵母、加入100克清水和好成面团，发酵30分钟，发酵膨胀2倍大即可。

3. 锅置火上，清油滑锅，加入猪油、生姜、鸡块炒香加清水、盐、味精、老抽、生抽，小火焖20分钟至成熟。

4. 将发酵好的面团做成每个35克的小馍贴入焖鸡的锅四周，盖上锅盖焖10分钟，至小面馍底结面锅粑即可。鸡汤汁浓郁香醇，用面馍沾汤汁，味道更佳。

成品特点 鸡肉鲜香浓郁，鸡肉富有弹性，馍香脆而柔软。

【卸甲坪油焖鸡】

主辅调料 卸甲坪山坡散养雄鸡1只（约1800克），青椒片150克，啤酒1500克，豆瓣酱50克，老抽20克，食盐10克，鸡精5克，蒜米3克，姜末3克，黄辣椒10克，菜籽油20克，桂皮、八角、青花椒各10克。

制作方法

1. 将雄鸡宰杀放血（清水接血放少许食盐），治净剁块待用。

2. 炒锅置火上，倒入菜籽油，烧至7成油温，下入鸡块，煸炒至外皮焦黄，放入桂皮、八角、青花椒、蒜米、姜末煸香，再加入豆瓣酱、老抽，翻炒约5秒，倒入啤酒，加入食盐、鸡精，小火焖煮至熟透，最后放入青椒片，收汁出锅即成。

成品特点 香气浓郁，色泽红亮，鸡肉鲜辣，青椒脆爽。

2. 苔粉条用常温清水浸泡待用。

3. 把土鸡和姜片放入瓦罐，倒入清水，小火慢炖约4小时，加入食盐、胡椒粉调味，然后加入浸泡好的苔粉即成。

成品特点 汤色清亮，香气怡人，鸡肉鲜美，苔粉爽口。

【乳鸽烧鞭花】

主辅调料 乳鸽4只(约1千克)，牛鞭花100克，熟猪油100克，大葱丁30克，蒜头30克，姜30克，秘制酱100克，啤酒1瓶，辣椒节5克，野山椒丁5克，胡椒粉2克，鸡粉1克。

制作方法

1. 乳鸽去头，爪尖，斩成3厘米的块，冲净血水，牛鞭压熟备用。

2. 炒锅置火上，下入熟猪油烧热，将姜丁，蒜头，干辣椒炒香，下入沥干水的乳鸽，小火翻炒香，下入啤酒，高汤，大火烧浓，再放入秘制酱，小火烧10分钟，放入葱丁，胡椒，鸡粉，老抽上色收汁即可。

秘制酱配方：小麦酱，黄豆酱，海鲜酱，蚝油，八角，桂皮等26种香料，小火熬至4小时即可。

成品特点 酱香扑鼻，鲜嫩爽滑，滋补养颜。

【贺胜桥鸡汤】

主辅调料 贺胜桥农家土鸡1只，通山苔粉条200克，姜片10克，食盐8克，胡椒粉1克，清水适量。

制作方法

1. 选用当地农家土鸡，去毛，宰杀，去内脏，洗净待用。

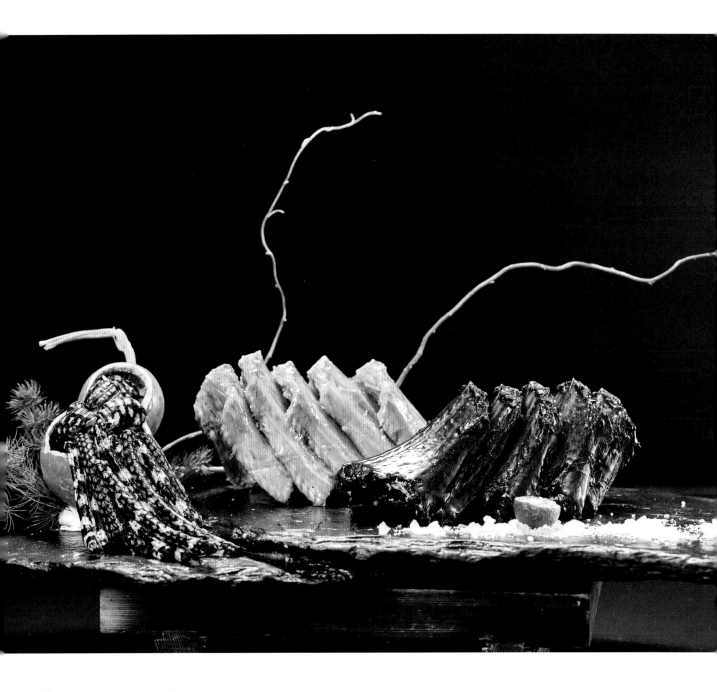

【荆楚双味大王蛇】

主辅调料 养殖大王蛇（1500—2500 克），青柠檬 4 个，面粉 30 克，鸡蛋 2 个，小米椒 10 克，白腐乳 5 克，高汤 1000 克，香料 5 克，椒盐粉 10 克，清水、色拉油各适量。

制作方法

1. 大王蛇宰杀洗净、去皮，皮切成 5 厘米段，蛇肉切 6 厘米段待用。

2. 生粉 20 克、面粉 50 克、鸡蛋 2 个加适量水均匀调和，加入白腐乳、适量色拉油调成糊浆，取一半蛇用高汤调味煮熟，挂浆炸至金黄色，撒椒盐粉待用。

3. 另一半蛇肉入卤汤锅内调色调味卤熟。

4. 蛇皮烫熟，冰水冰镇捞起加入香辣酱调味。

5. 以上成品装盘造型，青柠檬点缀成菜。

成品特点 蛇两味，鲜香醇正，焖炒透味。

四、豆制品类荆楚风味名菜

【恩施合渣】

主辅调料　黄豆200克，去皮猪肉80克，青菜叶200克，色拉油50克，食盐10克，胡椒粉2克，花椒1克，鸡蛋50克，姜末10克，蒜泥20克，葱花5克，熟芝麻1克。

制作方法

1.黄豆洗净，用清水泡胀（大约需要8小时，此时用手轻搓即可脱皮）待用。

2.将泡好的黄豆用石磨研磨成稀浆，浆渣一体存留待用。

3.猪肉洗净，剁成细末待用。

4.炒锅置火上，加入色拉油烧热，下姜末、蒜泥、花椒炒香，加入肉末炒散，加入食盐、胡椒粉调味，炒匀、炒熟、炒香，出锅待用。

5.青菜叶择洗干净，切成碎末状待用。

6.将磨好的黄豆浆渣倒入吊锅中，小火烧开，加入食盐、胡椒粉调味，放入青菜叶碎末，烧开后淋入打散的鸡蛋液，离火搅匀，最后放入炒好的肉末，撒上葱花和熟芝麻即成。

成品特点　色泽鲜亮，豆香浓郁，口味清淡，食之开胃，营养健康。

【黄石四宝炖金牛千张】

主辅调料　干金牛千张100克，干墨鱼100克，干冬笋尖50克，腊排骨100克，干虾米20克，食盐4克，白糖5克，葱花5克，色拉油30克，清水适量。

制作方法

1.把干金牛千张、干虾米、干冬笋分别用水发制，洗净待用。

2.把干墨鱼发好改刀成片状待用。

3.把腊排骨改刀成1寸长的块状，焯水待用。

4.锅置火上，加入色拉油烧热，把腊排骨、干墨鱼、干虾米入锅中炒香，加入适量清水，大火煮开，转入砂锅中小火慢炖约30分钟。

5.放入发好的金牛千张、干冬笋，继续用小火慢炖约2小时，加入白糖、食盐调味，撒上葱花即成。

成品特点　腊香浓郁，味道鲜美，千张柔软富有弹性。

【醋酿阳新太子豆腐】

主辅调料　阳新太子豆腐4块，猪前夹肉250克，蒜薹25克，姜末10克，葱花10克，生抽15克，食盐5克，味精5克，米醋15克，白糖10克，湿淀粉10克，色拉油适量。

制作方法

1.猪前夹肉剁成肉蓉，放入姜末、葱花、食盐拌匀，制成肉馅待用。

2.太子豆腐改刀成长方形，中间用小勺挖孔，酿入肉馅待用。蒜薹切5厘米长段，剖十字花刀待用。

3.将生抽、食盐、味精、米醋、白糖一起调制成酱汁待用。

4.锅置火上，倒入适量色拉油烧热，放入酿好肉馅的豆腐块，煎至一面金黄色，淋入调制好的酱汁，小火烧制入味，收汁装盘，撒蒜薹花即成。

成品特点　香气浓郁，色泽悦目，口感软嫩，滋味咸鲜。

8. 素烧鸭卷上蒸柜蒸制约 20 分钟，取出摊凉，再用糖色汁刷在烧鸭卷上，用热油将素鸭卷淋成烤鸭色，改刀装盘。

9. 炒锅置火上，倒入色拉油烧热，放入生姜片爆香，加入番茄酱、白糖、白醋、香醋、素鱼块爆入味，淋入小麻油，收汁装盘。

10. 将泡芥蓝块摆入盘中即成。

成品特点　摆盘美观，色泽悦目，以素托荤，滋味丰富。

【佛门素食拼】

主辅调料　豆油皮 500 克，素全鱼 1 条，食盐 20 克，色拉油 1000 克（实耗约 150 克），香菇 30 克，冬笋 100 克，小麻油 50 克，野菌粉 40 克，花椒 10 克，牛抽 30 克，老抽 35 克，五香粉 15 克，白糖 85 克，干辣椒 15 克，南乳汁 10 克，红曲粉 10 克，甜面酱 30 克，泡芥蓝 200 克，生姜片 100 克，香菜段 50 克，番茄酱 20 克，白醋 15 克，香醋 10 克，蘑菇精 5 克，素汤适量。

制作方法

1. 将全部豆油皮留下 3 张，其余豆油皮全部撕成小碎片待用。

2. 将香菇、冬笋焯水后切成黄豆大的小丁待用。

3. 素全鱼切成小块，入油锅炸成焦黄色时出锅待用。

4. 制作素牛肉。炒锅置火上，倒入色拉油 50 克，放入干辣椒、花椒、生姜片、香菜段炒香，再放入甜面酱炒香，加入生抽、老抽、白糖、五香粉、野菌粉、素汤，熬成素牛肉汁，拌入 150 克碎豆油皮，再用一张豆油皮包入拌好味的碎豆油皮卷成卷，用棉布包起来后用粗棉绳绑紧待用。

5. 制作素火腿。炒锅置火上，倒入色拉油、小麻油，放入生姜片炒香，加入南乳汁、生抽、白糖、红曲粉、五香粉、素汤、食盐、野菌粉，熬成素火腿汁，拌入 150 克碎豆油皮，用一张豆油皮包入拌好味的碎豆油皮卷成卷，再用棉布包起来后用棉绳绑紧待用。

6. 制作素烧鸭。炒锅置火上，倒入色拉油、小麻油，加入生姜片爆香，放入香菇丁、冬笋丁炒香，加入素汤、食盐、白糖、野菌粉入味，拌入 150 克碎豆油皮，再用一张豆油皮包入拌好味的碎豆油皮卷成卷待用。

7. 素牛肉卷、素火腿卷一起上蒸柜蒸制约 2.5 小时后，用重物压 3 小时，取出改刀装盘。

【红烧素大肠】

主辅调料　水洗面筋 250 克，青椒 25 克，红椒 15 克，水发黑木耳 15 克，黄豆芽汤 150 克，味精 3 克，姜汁 15 克，食盐 3 克，酱油 15 克，白糖 10 克，料酒 10 克，辣鲜露 10 克，芝麻油 5 克，湿淀粉 20 克，熟花生油适量。

制作方法

1. 青椒、红椒去籽后切成 2.5 厘米见方的菱形片，水发黑木耳洗净捞出撕成小片待用。

2. 将面筋改成长条状，绕缠在大肠型模具上，入冷水锅中煮 30 分钟以上，至面筋熟透时捞出，取出模具，改刀成约 4 厘米的长段，放入盘中，加食盐、料酒、酱油腌制约 15 分钟待用。

3. 炒锅置旺火上，倒入熟花生油烧至七成热，将腌制好的素猪大肠入油锅炸至金黄色时，倒入漏勺沥油待用。

4. 原锅留适量余油，放入炸好的素猪大肠，加入食盐、酱油、白糖、料酒、姜汁、辣鲜露、黄豆芽汤烧沸，转小火烧约 3 分钟，再转旺火加热，放入青椒片、红椒片、黑木耳片、味精，用湿淀粉勾芡，淋入芝麻油，出锅装盘即成。

成品特点　色泽红润油亮，滋味回甜鲜香。

4. 素肉糕装入盘内，周围摆放素肉圆，上笼蒸热，取出待用。

5. 锅置火上，放入黄豆芽汤、香菇片、黑木耳片、青椒片、红鲜椒片、食盐、味精，烧沸后用湿淀粉勾芡，淋入芝麻油，倒在蒸热的素肉糕肉圆上即成。

成品特点 形态美观，口感筋道。

【番茄炙素排骨】

主辅调料 水洗面筋 250 克，鲜藕条 250 克，番茄酱 25 克，黄豆芽汤 100 克，食盐 3 克，白糖 50 克，白醋 10 克，酱油 10 克，芝麻油 5 克，淀粉 10 克，熟花生油各适量。

制作方法

1. 将面筋改成长条，呈八字绕缠在两只竹筷上，入冷水锅中煮 30 分钟以上，至面筋熟透捞出，取出筷子，切成约 4 厘米的长段，将鲜藕条穿入筷子留下的空隙中做骨头，制成的排骨胚放入盘中，加入食盐、料酒、酱油腌制约 15 分钟，再用淀粉拌匀待用。

2. 炒锅置旺火上，倒入熟花生油烧至六成热，将拌匀淀粉的素排骨抓散，入油锅内炸至金黄色时，倒入漏勺滤油待用。

3. 原锅留适量余油，放入番茄酱炒至深红色时，加入黄豆芽汤、食盐、白糖，熬至呈自来芡状时滴入白醋，再放入炸好的素排骨，颠锅翻炒均匀，淋入芝麻油，出锅装盘即成。

成品特点 色泽红艳，味道酸甜。

【素肉糕圆子】

主辅调料 水发腐竹 250 克，葛粉 15 克，山药 100 克，豆油皮 2 张（约 50 克），水发黑木耳 20 克，青椒片 15 克，红鲜椒片 10 克，水发香菇片 20 克，黄豆芽汤 100 克，食盐 5 克，味精 5 克，红腐乳汁 15 克，湿淀粉 10 克，白胡椒粉 1 克，姜汁水 15 克，芝麻油 10 克，清水、熟花生油各适量。

制作方法

1. 水发黑木耳洗净捞出后撕成小片，山药去皮蒸熟去渣，葛粉加清水在小火上打成芡待用。

2. 取部分腐竹切末，入锅中煮透捞出沥干水分，盛入盆中，加入蒸熟的山药、葛粉芡、食盐、料酒、味精、姜汁水、芝麻油，拌揉均匀后包入豆油皮中，入蒸笼蒸约 30 分钟后放凉，切成 10 厘米长、6 厘米宽、2 厘米厚的素肉糕状待用。

3. 取部分腐竹剁碎，加入蒸熟的山药、食盐、味精、红腐乳汁，搓成肉圆状，入热油锅中炸至金黄色时，捞出待用。

【黄冈绿豆圆子】

主辅调料 干绿豆500克,鸡蛋黄1个,食盐5克,味精3克,白胡椒粉1克,辣椒面2克,五香粉2克,生姜末1克,上汤500克,色拉油、清水各适量。

制作方法

1.干绿豆放入盆中,倒入适量清水浸泡24小时,洗去绿豆表面皮壳,沥干水分,放入石磨中磨细成浆待用。

2.在绿豆浆中加入食盐、味精、白胡椒粉、鸡蛋黄、五香粉、辣椒面、生姜末,再加入约50克清水,顺时针搅拌上劲待用。

3.炒锅置火上,倒入色拉油,烧至四成热,把上劲的绿豆浆挤成圆子,逐个下入油锅中炸透,捞出待用。

4.炒锅置火上,倒入上汤,下入炸好的绿豆圆,大火煮沸后改小火煨6分钟即成。

成品特点 香气浓郁,口感软糯,咸鲜微辣。

【油炸柏杨豆干】

主辅调料 柏杨豆干500克,色拉油1000克,辣椒酱30克。

制作方法

1.挑选上等的柏杨豆干,洗净沥干水分待用。

2.锅置火上,倒入色拉油,烧至6成热,下入柏杨豆干炸至金黄色时捞出,带辣椒酱装盘即成。

成品特点 豆香浓郁,外酥里嫩。

五、谷薯及蔬果类荆楚风味名菜

成品特点　色泽晶莹透亮，青蒿葱味馨香，腊肉香味浓郁，米饭松软可口，油而不腻。

【昭君米豆腐】

主辅调料　凉糕粉 1000 克，水 2500 克，食盐 30 克，葱花 5 克，洋葱粒 10 克，干辣椒段 20 克，生抽 10 克，色拉油适量。

制作方法

1. 凉糕粉放入盆中，加入清水、食盐充分搅拌均匀，再转入托盘中抹平，上笼用大火蒸约 40 分钟，出笼冷却后改刀成 6 厘米长、4 厘米宽、1 厘米高的小块待用。

2. 锅置火上，烧热滑油，放入米豆腐块，两面煎至金黄色，下入干辣椒段、洋葱粒煸香，烹入生抽，撒上葱花，出锅装盘即成。

成品特点　色泽金黄，外酥里嫩，咸鲜适口。

【恩施社饭】

主辅调料　糯米 300 克，大米 200 克，熟腊肉 150 克，青蒿 200 克，苦蒜（野葱）150 克，茶油 20 克、食盐、味精各 5 克。

制作方法

1. 腊肉切成小丁，苦蒜（野葱）去根须洗净切成短节待用。

2. 青蒿洗净（只用嫩叶），切成短节，揉出苦水，挤干水分待用。

3. 炒锅置火上，加入少许茶油烧热，将青蒿倒入锅中翻炒，至青蒿转黄微干时出锅待用。

4. 糯米淘洗干净，用清水浸泡 1 ~ 2 小时，捞出待用。

5. 大米淘洗干净，放入沸水锅中稍煮片刻捞出，滤出米汤待用。

6. 将滤干水分的糯米与煮过的大米混合在一起，加入腊肉丁、苦蒜（野葱）、青蒿、食盐、味精拌匀，放入甑内，用大火沸水蒸制 30 ~ 45 分钟后出锅即成。

【香莲橘瓣山药】

主辅调料 （按位份计）高山山药 250 克，新鲜莲米 150 克，葛粉 30 克，鲜枸杞子 10 克，蜜豆 10 克，素清汤 50 克，食盐 3 克，水淀粉、色拉油各适量。

制作方法

1. 山药去皮洗净，蒸熟制蓉，掺入葛粉，搅拌均匀待用。

2. 新鲜莲米去皮去芯，蜜豆去皮，焯水待用。

3. 锅置火上，加入适量清水，将山药蓉挤成橘瓣状，放入清水中，加热煮熟待用。

4. 锅置火上，倒入色拉油滑锅，加入素清汤煮沸，再加入食盐调味，水淀粉勾芡，淋明油，最后加入橘瓣山药、莲米、蜜豆、枸杞子，翻炒均匀，出锅装盘即成。

成品特点 形似橘瓣，晶莹透亮，咸鲜适口，清淡健康。

【香煎大冶苕粉肉】

主辅调料 纯手工苕粉（红薯粉）300 克，清水 400 克，花生碎 20 克，火腿丁 30 克，土芹丁 10 克，食盐 10 克，鸡精 1 克，胡椒粉 0.5 克，菜籽油适量。

制作方法

1. 将苕粉放入盆中，倒入 300 克清水，搅拌均匀后，加入食盐、鸡精、胡椒粉调味，再放入花生碎、火腿丁、土芹丁，一起调拌均匀，制成苕粉浆待用。

2. 锅置火上烧热，加入菜籽油滑锅，倒入调制好的苕粉浆，慢慢推匀，摊平压薄定型，待朝锅底的一面煎制好后，翻面继续煎至两面焦黄，待内外成熟后，出锅改刀装盘即成。

成品特点 色泽黄润，香气怡人，外酥内嫩，糯中透鲜。

【油焖小香菇】

主辅调料 随州、十堰所产小香菇（干）150 克，去皮猪五花肉 50 克，高汤 300 克，色拉油 30 克，姜片 10 克，干辣椒 3 克，葱花 10 克，食盐 5 克，生抽 5 克。

制作方法

1. 小香菇（干）用清水涨发后，沥干水分待用。

2. 去皮猪五花肉切成小丁待用。

3. 炒锅置火上，加入色拉油烧热，放入猪五花肉丁、姜片、干辣椒煸炒出香，再放入小香菇翻炒均匀，加入食盐、生抽、高汤煮开，转中火加盖焖烧至汤汁收干，撒葱花出锅装盘即成。

成品特点 色泽油亮，形态自然，菇味清香纯正，口感鲜醇筋道。

【曾侯葛根烩桃胶】

主辅调料　葛粉 100 克，桃油 100 克，糖桂花 50 克，冰糖 50 克，蜜枣 10 个，野生蜂巢蜜 50 克，矿泉水 1000 克。

制作方法

1.将桃油提前泡好，加入 500 克矿泉水、冰糖炖至浓稠，加入野生蜂巢蜜调味，装入冬瓜雕刻的编钟器皿中。

2.葛粉用凉水化开待用，矿泉水烧开，倒入葛粉水、糖桂花、冰糖、蜜枣，加热搅拌至浓稠状态，倒入盒盘至凉，切块成型，搭配桃油羹食用。

成品特点　香甜可口，入口即化，营养丰富，天然食补佳品。

【鸡汤泡泡青】

主辅调料　泡泡青850克，豆腐250克，银杏30克，鸡汤250克，熟猪油50克，食盐3克，味精3克，生姜末10克。

制作方法

1. 将泡泡青去根茎老叶，洗净沥水待用。

2. 豆腐加入食盐拌匀，做成豆腐圆子，酿上银杏造型，放入蒸锅中蒸熟待用。

3. 炒锅置火上烧热，放入熟猪油50克，烧至七成热时下入生姜末煸香，再将泡泡青下入锅中炒熟，加入食盐调味，最后放入鸡汤，小火焖煮2分钟，调入味精，出锅倒入盛器中，将蒸好的豆腐圆子沿着泡泡青围一圈即成。

成品特点　色彩亮丽，清淡适口。

【远安冲菜】

主辅调料　新鲜青腊菜1000克，生姜50克，辣椒面20克，食盐15克，味精5克，香油20克，色拉油20克。

制作方法

1. 新鲜青腊菜放于通风处吹晾1天待用。

2. 将晾好的青腊菜洗净切细，锅中烧水至70～80℃，放入切好的青腊菜，煮约5分钟捞出，加入生姜、食盐、味精、香油拌匀，趁热装入密封罐中，发酵24小时待用。

3. 锅置火上，加色拉油烧热，放辣椒面炒香，倒入腌制好的新鲜青腊菜，翻炒均匀，出锅装盘即成。

成品特点　色泽悦目，清脆爽口，酸咸适中，香气中暗含冲劲，风味别具一格。

沾上鸡蛋液，裹面包糠制成素菜球半成品。

4.取一炒锅，开油锅，油温烧制3成热，下入素菜球半成品，保持3~4成油温浸炸3分钟后收油出锅，沥去多余油脂装盘即可。

成品特点 充分利用原料自身的黏性，不加入生粉及动物性脂肪制作而成，成菜素雅、大方、营养丰富。

【郧西神仙叶豆腐】

主辅调料 新鲜神仙叶子（二翅六道木的树叶）500克，胡萝卜丝100克，黄瓜丝50克，食盐3克，辣椒油50克，香醋50克，蒜泥20克。

制作方法

1.将新鲜神仙叶子淘洗干净，沥干水分待用。

2.将沥干水分的新鲜神仙叶了用刀稍加切碎，放入盆中用温开水（80℃左右的水）烫匀，再用木棍快速搅拌或用双手反复揉搓，至叶子和温水混合为糊状，用纱布或细筛滤入盆中，放阴凉处，凝固后打成豆腐样的块状，放进清水里漂着（可以减轻苦味）待用。

3.取出神仙叶豆腐，切成小条状，放入碗中，加入胡萝卜丝、黄瓜丝、食盐、香醋、蒜泥、辣椒油拌匀即成。

成品特点 凉润爽滑，酸辣微麻。

【功夫素菜球】

主辅调料 菠菜1500克，橄榄油50克，杏鲍菇50克，马蹄25克，食盐15克，味粉5克，白胡椒5克，鸡蛋300克，生粉100克，面包糠200克。

制作方法

1.将杏鲍菇、马蹄切5毫米见方的小丁备用。

2.菠菜飞水后过冷水冷却，充分挤干水分后剁碎，放入盐、味粉、白胡椒、切好的各种小丁、橄榄油，和匀后做成25克1个的圆球坯子备用。

3.将制好的圆球坯子均匀拍上薄薄一层生粉，

【黄冈桂花莲藕圆】

主辅调料 巴河九孔藕 500 克，藕粉 200 克，桂花糖 1 克，老冰糖 5 克，炒熟的黑芝麻 4 克，熟猪油 2 克，干桂花 1 克，红砂糖 10 克。

制作方法

1. 将冰糖压碎，与桂花糖、干桂花、黑芝麻、熟猪油一起搅拌均匀，揉成小球后，放入冰柜定型待用。

2. 将巴河藕刨皮洗净，在专用砂钵中擦成藕蓉待用。

3. 将藕蓉放在手心稍稍压平，放入桂花冰糖小球迅速包好，再均匀裹上藕粉，放入蒸笼中用大火蒸制 15 分钟，出笼装盘，撒上红砂糖和干桂花即成。

成品特点 香气浓郁，质感粉糯，绵甜适口。

椒面等调味料，迅速与炕好的土豆块充分翻拌均匀，最后撒上黑芝麻，出锅装盘即成。

成品特点 色泽金黄，香气扑鼻，滋味浓郁，表皮焦脆，内里绵密。

【鸡汤苕粉圆】

主辅调料 农家老母鸡1只，红薯粉（苕粉）400克，去皮猪五花肉200克，鸡蛋2个，红萝卜30克，水发香菇50克，生姜30克，食盐5克，味精3克，鸡精3克，白胡椒粉1克，葱花2克。

制作方法

1. 农家老母鸡宰杀治净，剁块熬制成清汤待用。

2. 将去皮猪五花肉切成肉丁，剁成肉末，加入食盐、味精、鸡精、白胡椒粉，拌匀待用。

3. 水发香菇、红萝卜、生姜分别切碎成粒状，倒入肉馅中，加入鸡蛋清，继续顺时针搅拌均匀，搓成肉圆待用。

4. 将肉圆依次放入苕粉中，顺时针滚动，使其表面裹上苕粉后待用。

5. 锅置火上，倒入适量清水，烧开后下入裹有苕粉的肉圆，使其熟透定型后，捞出沥干水分，再次放入苕粉中，顺时针滚动，使其表面裹上苕粉，入锅煮熟后，捞出沥干水分，再次滚粉。重复4次，待肉圆外表裹上厚厚的苕粉而成为苕粉圆后待用。

6. 锅置火上，倒入鸡汤，加入食盐、味精、鸡精调味，下入苕粉圆，用小火煮至苕粉圆膨胀熟透，出锅撒上葱花即成。

成品特点 汤色黄亮，汤味鲜美，外糯内嫩，营养丰富。

【恩施炕土豆】

主辅调料 土豆500克，食盐2克，白糖2克，味精5克，味椒盐5克，辣椒面5克，黑芝麻5克，色拉油800克（实耗约100克）。

制作方法

1. 土豆洗净，带皮改刀切成大小均匀的小块状（大土豆可切小块，小土豆不用切）待用。

2. 蒸笼置沸水锅上，将带皮土豆块平铺于蒸笼中，蒸约20分钟（用长竹签可刺穿土豆块）出锅待用。

3. 将蒸熟的土豆块撕去表皮，用刀轻轻拍扁待用。

4. 在平底锅中倒入色拉油，将蒸熟去皮拍扁的土豆块平铺于锅底一层，盖上锅盖，用小火炕制，约3分钟后揭盖，把土豆翻动一下，继续盖上锅盖用小火炕制。如此重复几次直到土豆表皮呈金黄色，表皮有点起脆时，撇尽锅中多余的油脂，留下炕好的土豆块待用。

5. 在锅中加入食盐、白糖、味精、味椒盐、辣

【恩施洋芋饭】

主辅调料　洋芋（土豆）500克，大米500克，纯菜籽油30克，食盐5克，清水适量。

制作方法

1. 洋芋（土豆）洗净切块，大米洗净待用。

2. 锅置火上（最好选用柴火灶），加适量菜籽油，将洋芋块煸炒至外皮酥脆待用。

3. 将洗净的大米放在炒好的土豆块上，加适量清水焖制30分钟左右，再沿锅四周浇入适量菜籽油，继续焖制约5分钟，当底部洋芋块形成锅巴时，出锅装盘即成。

成品特点　色泽黄润，焦香浓郁，风味别致。

【荆楚八宝饭】

主辅调料　糯米100克，莲子50克，红枣35克，薏仁米20克，蜜冬瓜条30克，蜜樱桃30克，桂圆肉40克，瓜子仁30克，白糖20克，熟猪油15克，湿淀粉15克，纯碱15克，清水适量。

制作方法

1. 将炒锅置旺火上，锅内置清水烧沸，加入莲子、纯碱，用竹刷帚不断搅打去皮，再用温水冲洗干净，用细竹签捅去莲芯，入笼在旺火上蒸约半小时至熟透，取出待用。

2. 薏仁米洗净后盛入碗内，加清水浸没，入笼用旺火蒸约半小时至开花，出笼再用清水淘洗，沥干待用。

3. 糯米浸泡后淘洗干净，盛入瓷碗中，加白糖、清水调匀后，入笼用旺火蒸约0.5小时至熟透，取出待用。

4. 红枣洗净去核，与蜜冬瓜条、桂圆肉一起，都切成0.3厘米见方的小颗粒状待用。

5. 将莲子、红枣粒、薏仁米、蜜冬瓜条粒、桂圆肉粒、瓜子仁按顺序放入碗底，然后把熟糯米盛在上面，入笼用旺火蒸约0.5小时，取出待用。

6. 炒锅置旺火上，放入清水、白糖，将蒸好的八宝饭下锅，一起拌合烩沸，再加入熟猪油，用湿淀粉调稀勾芡，起锅分盛，分别撒上蜜樱桃即成。

成品特点　软糯滑爽，香甜适口。

【炸藕三样】

主辅调料　莲藕 2000 克，猪前夹肉末 100 克，食盐 10 克，生抽 10 克，鸡粉 3 克，脆炸粉 200 克，味椒盐 5 克，蒜蓉辣椒酱 10 克。

制作方法

1. 猪前夹肉末加入食盐、生抽拌匀，制成肉馅待用。

2. 脆炸粉加清水调成脆炸糊待用。

3. 莲藕洗净去皮，分成 3 份，1 份切蝴蝶片，1 份切藕丝，1 份擦成藕蓉待用。

4. 在蝴蝶片内夹上肉馅，制成藕夹，挂脆炸糊，入油锅中炸至金黄酥脆，捞出待用。

5. 藕蓉挤出藕汁，入砂锅内熬成藕糊，兑入藕渣和匀，加鸡粉拌匀，搓成藕圆，入油锅中炸至表面光滑且呈金黄色，捞出待用。

6. 藕丝加入食盐腌软，用筷子夹起，拖上脆炸糊，入油锅中炸至酥脆，捞出待用。

7. 将炸好的藕夹、藕圆、藕丝摆入盘中，配上蒜蓉辣椒酱、味椒盐上桌即成。

成品特点　色泽黄亮，藕香浓郁，藕丝酥脆爽口，藕夹外酥内软，藕圆外酥内糯。

第二节
荆楚风味名点名小吃

【一品大包】

主辅调料 （按 10 个计）中筋面粉 400 克，猪腿肉 250 克，甜面酱 15 克，冬菇 50 克，冬笋 50 克，熟猪油 15 克，白糖 30 克，酱油 50 克，味精 1 克，食盐 1 克，淀粉 5 克，生姜末 15 克，酵面 100 克，食碱 2 克。

制作方法

1. 猪腿肉去皮和杂质，洗净切成约 10 厘米长、12 厘米宽的条放在盆内，下入白糖 15 克、酱油 50 克腌制 0.5 小时，取出放入卤水锅内煮到 7 成熟捞出晾凉，切成 1 厘米见方的小丁待用。

2. 将处理好的冬菇、冬笋切丁焯水待用。

3. 炒锅置旺火上，下熟猪油 5 克烧热，放入猪肉丁、生姜末煸炒出香味，待猪肉油汁浸出，再放入甜面酱、食盐、味精、冬菇丁、冬笋丁、少许清水继续煸炒到汁水渐干，用淀粉勾芡，炒匀成酱肉馅，出锅晾凉待用。

4. 在发酵面盆中，将中筋面粉 400 克、酵面 100 克、熟猪油 10 克、白糖 15 克加入适量温水和成面团，待面团揉上劲后用干净湿毛巾盖上发酵待用。

5. 在发酵好的面团中加入适量纯碱，揉透、揉匀、揉光滑，搓条下剂（每个约 80 克），拍皮包入酱肉馅，捏成提花包生坯，饧发约 20 分钟待用。

6. 锅内放入清水用旺火烧沸，将饧发好的包子摆放在笼屉里，上火蒸制 15 分钟取出即成。

成品特点 色泽洁白，形态美观，面皮柔软，馅心鲜美。

【糯米鸡】

主辅调料 （按 100 个计）糯米 3500 克，食盐 40 克，面粉 500 克，麻油 2500 克（实耗 750 克），猪肉 500 克，胡椒粉 5 克，酱油 250 克，姜末 25 克，味精 25 克，葱花 100 克，适量清水。

制作方法

1. 糯米用清水洗净浸泡约 6 小时，捞出蒸熟待用；猪肉洗净，切成筷子头大的肉丁待用；面粉放在盆里加入食盐 5 克和适量清水调成面浆待用。

2. 炒锅置旺火上，倒入麻油 50 克烧热，先放入姜末煸炒，然后放入猪肉丁煸炒至断生吐油时，加入食盐 30 克、酱油、葱花、胡椒粉、味精炒制，成熟后起锅盛在盆内，倒入糯米饭拌匀，再搓成每个重约 65 克的 100 个糯米团待用。

3. 炒锅置旺火上，倒入麻油烧至约 150℃时，将糯米团逐个投入清面浆中裹糊，再投入油锅内炸至表面金黄色取出即成。

成品特点 色泽金黄，外酥内软，荤素搭配，滋味鲜美。

【 黄石港饼 】

主辅调料（以约 5000 克成品计）

皮料：特制粉 1200 克，饴糖 700 克，食碱（碳酸钠）25 克，清水 150 克。

酥料：特制粉 300 克，植物油（大豆油）100 克，熟猪油 100 克。

馅料：熟标准粉 350 克，白砂糖 600 克，绵白糖 400 克，植物油（大豆油）400 克，黑芝麻屑 400 克，冰糖 200 克，橘饼 100 克，糖桂花 100 克。

面料及其他：白芝麻 300 克，淀粉 100 克。

制作方法

1. 将特制粉过筛，放在案板上摊成圆圈，倒入饴糖、清水、食碱（碳酸钠），调成软硬适度的面团，分块静置饧发，包酥前经拉白后再分成小剂待用。

2. 将特制粉过筛，放在案板上摊成圆圈，加入植物油（大豆油）、熟猪油，混合擦制均匀，分成酥坨待用。

3. 将熟标准粉过筛，一部分摊成圆圈，将白砂糖、绵白糖、黑芝麻屑、糖桂花以及破成豌豆大的橘饼粒、冰糖粒等各种小料置于其中，加植物油（大豆油）搅拌均匀，再加剩余熟标准粉揉合均匀（至软硬适宜），制成馅料待用。

4. 将面团小剂擀成约 3 厘米厚的长方形面块，再将酥剂搓成长条放在面块中间压扁，一起擀成长片，以酥为中心折 3 幅（折 3 折），将底面翻上用擀筒擀成约 2 厘米厚的面片，卷成长条，搓条分坨待用。

5. 将包酥面坨按平，包入馅料，放在案板上，用掌心均匀旋转，收口待用。

6. 将收口的皮馅用小木槌捶成圆状饼坯待用。

7. 将饼坯用铁箍圈住，用小擀筒擀成厚薄一致的圆形生饼坯待用。

8. 将擀好的生饼坯边黏上生粉（防止上麻时饼边黏上白芝麻），表面刷清水，上麻（两面上麻均匀，不掉不花）待用。

9. 将上麻后的饼坯均匀放在圆板上，托起圆板，快速将饼坯下入炉锅中（通常底火为 260 ~ 280℃，面火为 150 ~ 200℃）烘烤，待饼坯定型后，及时翻面（通常要翻两次面，使两面麻色一致），烤至锣铉起鼓，两面金黄色时（通常约 5 ~ 6 分钟）起锅。

10. 将烤好的港饼冷却后包装即成。

成品特点　形态美观，麻色黄亮，酥松爽口，甜润清香。

（动作要快，使之生熟均匀），呈糊状时，再舀入适量米酒，并点入少许碱水搅匀，至呈淡黄色并起泡时，放入白砂糖、蜜汁桂花、金橘饼末等搅匀，继续煮至起白泡即成。

成品特点　色泽洁白，香气浓郁，质地稠滑，甘甜可口。

【通山包坨】

主辅调料　（以半荤包坨为例）芋头 1000 克，薯粉 300 克，五花肉 500 克，腊肉 300 克，豆芽 100 克，油豆腐 50 克，白萝卜 50 克，竹笋 50 克，香菇 100 克，火腿 50 克，蒜苗 50 克，香油 20 克，葱花 10 克，酱油 15 克，食盐 3 克，味精 5 克，辣椒粉 10 克，胡椒 3 克。

制作方法

1. 将五花肉、腊肉、油豆腐、香菇等做馅的材料都切成细小的丁状倒入锅中翻炒，再加入酱油、食盐、味精、葱花等调味，熟制成馅料，出锅放置凉透待用。

2. 芋头洗净带皮煮熟，捞出剥皮后放盆中；薯粉和开水烫熟，与去皮熟芋头一起充分揉合均匀（上劲有韧性）待用。

3. 取 30 克揉好的粉团，用手反复捏粉团四周让其成凹形（粉皮越薄越好），包入馅料，用两只手反复环揉，使其成圆团状即包坨生坯待用。

4. 将做好的薯粉坨轻轻放入煮沸的鲜汤中，煮到一个个浮出水面，颜色稍变即可出锅装盘（煮好的薯粉坨可油炸）。

成品特点　皮薄馅多，馅心鲜美，口感饱满筋道。

【糊汤米酒】

主辅调料　优质纯净糯米 2500 克（30% 用于制酒，70% 制浆），酒曲 10 克，白砂糖 1500 克，蜜汁桂花 100 克，金橘饼末 150 克，食碱 20 克。

制作方法

1. 先将糯米淘净用清水浸泡数小时（米质硬可稍延长），复用清水漂洗数次，去掉米的酸味，然后捞起沥干水，入甑上锅蒸熟，取出过水或摊凉至 30℃左右（夏秋季节天气炎热，需用水过冷），再将捣成粉末的酒曲均匀撒入糯米饭中，迅速拌匀，装入洗净的容器（无碱、无油污）封盖严密，并保持 30℃左右温度发酵（时间约 30 小时），待有酒香味和浆液渗出时即可。

2. 将剩余 70% 的糯米淘净，浸泡约 12 小时（浸泡时间需视气温高低灵活掌握，夏季不宜久泡，以泡至用手捻搓，米粒即粉碎时为宜），捞起用清水过净酸味，沥干后加清水磨浆（磨得越细越好）；再将磨好的米浆装入细布袋中，吊干或用洁净石块压干水分，制成吊浆待用。煮制米酒前，在吊浆中按 1% 比例加入发酵过的老浆或米酒，加入约 7 克食碱，再加适量清水（冬季用热水，夏季用凉水）揉匀，发酵 1～2 小时即可。

3. 将铜锅置旺火上，每锅注入约 1 千克冷水，烧沸后点入少许冷水降温，用勺瓢紧挨锅内壁，把发酵好的吊浆捣成蚕豆大小的小块，边捣边下锅边搅动

【黄州东坡饼】

主辅调料 高筋面粉 500 克,食盐 4 克,熟猪油 10 克,鸡蛋 2 个,泡打粉 6 克,香油 2000 克,清水 200 克,糖粉 20 克。

制作方法

1.将 500 克面粉放在盆中,加 4 克食盐、2 个鸡蛋、6 克泡打粉、200 克清水,一起和面至光滑柔软,面团饧约 30 分钟待用。

2.将饧好的面团下成 10 个剂子,放入托盘中用香油浸泡约 20 分钟待用。

3.取一个剂子放入不锈钢的平托盘(托盘约 60 厘米长、40 厘米宽)中,用手慢慢摊成如透明纸张的薄面皮,再将薄面皮由两边向中间对卷成条形状,拉至 60 厘米长,用手慢慢摊长成细丝,再卷成饼状,放入托盘中,用香油泡上待用。

4.锅内倒入适量香油,待油温至约 120℃时,将卷好的饼坯下入锅内,用长筷子夹住饼中间来回抖动,继续炸至质感酥脆时起锅装盘,撒上糖粉即成。

成品特点 形态美观(千丝万缕之势,盘龙虬绕之姿),色泽金黄,气味香甜,酥脆爽口。

【马坪拐子饭】

主辅调料 土猪脚 200 克，米饭 100 克，卤水 1000 克，腐皮卷 50 克，食盐 10 克，小碟若干。

制作方法

1. 土猪脚用火枪烧皮，浸入冷水中泡软，刮去毛皮洗净，放入老卤水锅中，加入食盐，卤至酥烂脱骨待用。

2. 腐皮卷洗净，焯水待用。

3. 碗中盛入米饭，浇入适量卤水汁，放入卤制好的猪脚和焯过水的腐皮卷，配小碟上桌即成。

成品特点 猪肉软烂无渣，猪皮胶质醇厚，香气浓郁，肥而不腻。

【随州菜饼】

主辅调料 新鲜地菜 800 克，新鲜猪前夹肉 100 克，豆油结 3 张，豆腐 200 克，马蹄 100 克，生姜 30 克，食盐 10 克，味精 5 克，胡椒粉 2 克，菜籽油 50 克。

制作方法

1. 将新鲜地菜择洗干净，焯水后挤干水分切成碎末待用。

2. 豆油结泡水后沥干水分，切成正方形待用。

3. 将马蹄、生姜切成碎丁，猪前夹肉剁成肉末，豆腐用手捏成小丁，一起在锅中炒干水分，出锅加入地菜末、味精、食盐、胡椒粉搅拌均匀，制成馅料待用。

4. 用豆油结包入适量馅料，卷好后入锅用菜籽油煎至两面金黄，出锅装盘即成。

成品特点 皮金黄透亮，馅深绿油润，外焦香松脆，内软嫩鲜美，荤素搭配，营养丰富。

煮熟，去除骨头，留下鳝鱼肉切丝，入油锅中炸酥，然后用卤水浸泡入味，制成鳝鱼臊子待用。

2.用鳝鱼骨、鳝鱼血和自制的酱料、猪杂骨加入适量清水和生姜，熬汤勾芡，再加入适量食盐和味精调成汤汁待用。

3.将大米用清水浸泡1天后捞起洗净，磨成米浆，装入布袋扎紧，用重物放在布袋上面压出水分，形成生米浆，捏成高尔夫球大小的米团子，放入开水中煮至半生半熟时，捞出放案板上打压成泥状，装在长约50厘米、直径约15厘米的铁筒里（底下放有一个孔隙细密的小筛子），用千斤顶挤压出细长的米粉丝，直接放入开水锅中，待米粉丝浮在水面时捞出，用冷水过凉待用。

4.将生米粉用热水烫好，倒入盛有汤汁的碗中，加入适量食用油和鳝鱼臊子，撒上少许葱花和胡椒粉即成。

成品特点　汤汁鲜香，米粉细滑，鳝丝酥软，别具风味。

【仙桃米团子】

主辅调料　早稻米1000克，烘干子300克，腊肉300克，粉条100克，蒜苗50克，芹菜50克，生姜末20克，味精10克，胡椒粉5克，豆瓣酱20克，生抽10克。

制作方法

1.早稻米开水烫过，用布盖上自然放凉后，磨成粗米粉待用。

2.将腊肉、烘干子切成丁，粉条泡发后切成小段，芹菜、蒜苗切细，入炒锅炒熟，加味精、胡椒粉、生抽、豆瓣酱等调好口味，制成馅心待用。

3.米粉用纱布垫底蒸熟，取出加生姜末、开水搅拌，揉合成面团状待用。

4.将米团子改成小剂子，搓圆团打成窝，装入馅心，封口成圆团子状，入笼蒸20分钟即成。

成品特点　外皮松软粉糯，馅心腊香突出，粮菜合一，营养丰富。

【天门鳝鱼米粉】

主辅调料　（按10碗计）优质大米1000克，鳝鱼500克，猪杂骨500克，自制酱料50克，生姜50克，食盐10克，味精5克，胡椒粉3克，葱花15克，卤水500克，食用油适量。

制作方法

1.将宰杀的鳝鱼（鳝鱼血备用）放入开水锅中

【蔡林记热干面】

主辅调料　（按10碗计）面粉1000克，食盐8克，食碱4克，清水220克，酱油100克，香醋40克，胡椒粉5克，味精5克，芝麻酱150～180克，小麻油50克，酱红白萝卜丁各40克，葱花50克，绵白糖2克。

制作方法

1. 在酱油中按50∶1的比例溶入绵白糖，在芝麻酱中加入约四成小麻油拌匀备用。

2. 面粉中加入食盐和食碱（食碱使用前先化水存放1天），比例为250∶2∶1，揉合成面团，制成直径为1.5～1.6毫米的面条备用。

3. 用大锅大火，每次下面约2千克，煮沸后加凉水，用长筷子上下翻动，防止面条成团，上盖再煮沸，待面条出现透明质感，即八成熟后起锅，快速淋凉水，一次沥干，摊在案板上淋上熟油（一般25千克面条淋1.5～2千克熟油）拌开摊凉。

4. 水沸后，用笊篱盛入约125克面条在沸水中来回浸烫数次，待熟透滚热后迅速盛入碗中。

5. 在碗中淋入酱油10克，香醋4克，胡椒粉0.5克，味精0.5克，芝麻酱15～18克，小麻油5克，酱红白萝卜丁各4克，葱花5克即成。

成品特点　色泽黄而油润，酱汁香味浓郁，面条爽滑筋道。

【三鲜豆皮】

主辅调料 糯米700克，大米200克，去皮绿豆100克，去皮猪肉350克，鸡蛋4个，水发玉兰片100克，水发香菇25克，卤香干100克，猪口条100克，猪心100克，江虾仁50克，熟猪油175克，绍酒10克，酱油50克，味精5克，食盐30克，清水400克，猪油50克。

制作方法

1. 大米、绿豆浸泡后加入水磨成600克细浆（越细越好）待用。

2. 将去皮猪肉和猪心、猪口条、香干一起卤熟，切丁状，水发玉兰片、香菇切丁焯水待用。

3. 炒锅置旺火上，下熟猪油烧热，放入玉兰片丁和香菇丁煸炒出香味，加入卤熟的猪肉丁、猪口条、猪心、香干丁和适量清水、食盐、绍酒、酱油、味精等，一起合烧约20分钟，待其烧至熟透、味汤汁渐干时，起锅成馅料待用。

4. 糯米洗净，用清水浸泡约5～6小时，沥干水分，旺火蒸熟后晾一下待用。

5. 锅内加入猪油50克、食盐少许、清水250克，放入糯米饭炒匀，直至将糯米饭炒透待用。

6. 平底锅置火上，将适量米豆面浆倒入锅中摊皮，打入鸡蛋涂匀，盖锅盖烙成熟皮，然后用铲子将熟皮四周铲松，翻面后撒上适量食盐、味粉、胡椒，把糯米饭平铺其上，再在糯米上面撒馅料铺匀，最后将四边的豆皮折上，包住糯米和馅料，制成豆皮生坯待用。

7. 将豆皮生坯皮面朝下放入锅中，沿豆皮边淋入适量熟猪油，边煎边切成小块，待豆皮呈金黄色时，翻面再煎约2分钟，起锅装盘即成。

成品特点 色泽金黄，皮形方正，外酥内软，馅味鲜美。

【四季美汤包】

主辅调料 鲜猪腿肉500克(肥瘦比3:7),面粉500克、酵面100克、高汤150克、姜末15克、食盐10克、酱油5克、黄酒15克、白糖20克、麻油2克、胡椒粉1克、皮冻200克。

制作方法

1.选用7成瘦、3成肥的鲜猪腿肉,先切块后绞碎,加入适量高汤拌匀(如遇冬天可稍多加高汤,夏季气温高可减少高汤用量),再加入姜末、食盐、酱油、黄酒、白糖、麻油、胡椒粉和皮冻拌好,制成汤包馅心备用。

2.用面粉7成、酵面3成(冬天酵面可以改为4～5成,夏天可改为1.5成),加入适量水和成面团,再搓成长圆条,揪成一个个的面剂,将面剂逐个擀成周边薄中间厚的汤包皮备用。

3.包制汤包时要讲究皮圆薄、馅居中、花均匀(每只包子捏出18～22个子花纹,包子口捏成鲫鱼嘴形,肉馅微露),包好后上蒸笼用大火蒸熟出笼装盘。

4.将细姜丝和醋调成味碟,与汤包一起上桌即成。

成品特点 皮薄如灯笼,馅鲜汤更浓,佐以姜丝醋,神仙也动容。

【小桃园油酥饼】

主辅调料 中筋面粉2050克，小麻油150克，猪板油400克，熟猪油325克，食盐50克，小葱350克，麻油200克。

制作方法

1.中筋面粉600克与猪油300克揉合成油酥面，另在面粉1400克中注入沸水200克烫制，晾凉后，再注入500克水（春秋季用温热水，夏季用冷水，冬季用热水）和匀揉透。

2.将猪板油切成细丁，加食盐拌匀待用。

3.中筋面粉50克、猪油25克和麻油100克调匀成稀油酥，做抹酥用。

4.案板抹麻油150克，将和好的面揉匀揉光滑，然后搓成长条按扁，再将油酥面搓成小长条，放在大长条面中间，用手掌横着向两边揉擦一遍，而后卷成圆柱继续向两边揉擦，反复3次后卷成筒状，揪成重约125克的面剂，摔成长条片，抹匀油酥（油酥不要太干，否则酥皮会破碎），放入猪板油丁、葱花叠拢，卷成螺旋形饼坯待用。

5.将面饼逐个擀成直径约7厘米的圆饼，放入抹油的烤盘内，进烤箱烤4～5分钟后逐个翻面，再入炉烤至表面金黄色，出炉逐个刷上小麻油即成。

成品特点 色泽金黄，形态美观，香味浓郁，外酥内软。

【枯炒牛肉豆丝】

主辅调料 湿豆丝300克，牛里脊肉100克，水发香菇5克，水发玉兰片5克，牛肉汤400克，味精1克，食盐1克，酱油20克，胡椒粉1克，湿淀粉25克，蒜末5克，麻油400克（实耗约150克）。

制作方法

1.把湿豆丝切成6厘米长、0.7厘米宽的长丝，牛里脊肉切丝后用10克湿淀粉、1克食盐拌匀上浆，水发香菇、水发玉兰片切成细丝待用。

2.炒锅置中火上，加适量麻油和豆丝入锅炕制，待两面焦黄取出待用。

3.炒锅置旺火上，浆好的牛肉丝过油后捞起待用。

4.原锅留油约25克烧热，下蒜末煸香，加入香菇丝、玉兰片丝、酱油、牛肉汤，烧沸后加入味精、胡椒粉调味，用湿淀粉勾芡，再放入过油后的牛肉丝，翻炒均匀，淋入麻油起锅，浇在炕好的豆丝上即成。

成品特点 豆丝酥脆，肉丝滑嫩，滋味鲜美，营养丰富。

【糊汤米粉】

主辅调料 （按10碗计）细水米粉2000克，小活鲫鱼400克，干米粉125克，熟猪油50克，酱豆豉80克，味精5克，食盐20克，胡椒粉10克，酱萝卜丁80克，葱花50克。

制作方法

1. 鲫鱼宰杀制净待用。

2. 锅置旺火上，向锅内倒入1000克水，加入鲫鱼煮至半熟，再加入酱豆豉、食盐继续煮约半小时，起锅留鱼汤汁待用。

3. 将鱼汤汁倒入锅中，兑入适量清水一起烧开，下干米粉打糊，待鱼汤煮至浓稠时，再下入适量熟猪油、胡椒粉、味精搅拌均匀，小火保温待用。

4. 另取锅置火上，加入清水煮沸，将约100克细水米粉装入竹捞勺中，在沸水中上下浸烫约1分钟后，滤干水分倒入碗中，再浇上一勺鱼汤糊，撒上适量酱萝卜丁、葱花即成。

成品特点 米粉软滑，鱼汤浓稠，香中带辣，咸中透鲜，味美可口。

【重油烧麦】

主辅调料 糯米500克，面粉250克，前腿肉300克，水发冬菇50克，水发冬笋50克，肉皮冻150克，食盐2克，老抽5克，味精5克，猪油50克，黑胡椒粉7克。

制作方法

1. 糯米淘洗干净，用约50℃温水浸泡2小时，待泡涨后沥水旺火蒸熟放凉待用。

2. 将肥瘦猪肉切块煮熟后切成细丁，水发冬菇、水发冬笋切丁出水待用。

3. 将肥瘦肉丁入锅中煸炒出香味，再加入冬菇丁、冬笋丁、老抽、食盐、味精和适量清水，在锅中烧熟至保留总原料2/3的汤汁时，将熟糯米倒入，待糯米充分吸收汤汁后出锅晾凉待用。

4. 肉皮冻切成细丁，拌入猪肉、糯米馅中即为重油烧麦馅料。

5. 面粉加水调制成面团，下成每个约8克的剂子，用小擀锤擀出直径约8厘米的圆形荷叶边状的面皮待用。

6. 用荷叶边的烧麦皮每个包入约40克的馅料，入笼旺火蒸制10分钟即成。

成品特点 形如石榴，皮薄馅重，香肥软糯，油润可口。

【太和米粑】

主辅调料　糙米 200 克，米酒 100 克，米汤 200 克，白糖 80 克，葡萄干 30 克。

制作方法

1. 糙米浸泡一晚，沥干水，加米酒米汤磨成米浆，加入白糖，发酵至两倍大，有酒香味即可。

2. 电饼档升温至 180℃，米浆装入漏斗内，下米浆煎成圆饼，撒上葡萄干和一点水煎至底面金黄色即可装盘。

成品特点　酒香浓郁，柔软表皮酥脆。

【武汉空心麻圆】

主辅调料　糯米粉 250 克，白糖 100 克，白芝麻 50 克，泡打粉 10 克。

制作方法

1. 将白糖中加入 175 克水融化。

2. 将糖水加入糯米粉、泡打粉搅拌成团。

3. 下 35 克每个的剂子，沾上白芝麻搓圆。

4. 油锅中，油温烧至 180℃下麻圆，用竹篱按压，按压时先轻后重，至拳头大小，色泽金黄，表皮变硬捞起装盘。（图为空心大麻圆）

成品特点　色泽金黄，香酥、软糯，皮薄空心。

【宜昌凉虾】

主辅调料 大米 500 克，红糖 55 克，清石灰水 20 克，清水适量。

制作方法

1. 将大米洗净，用清水浸泡 4 ~ 5 小时后，捞出打成米浆待用。

2. 锅置火上，倒入清水烧开后晾凉待用。

3. 另取一锅置火上，倒入清水烧开，加入 20 克清石灰水，再将米浆慢慢倒入锅中，顺时针搅拌，煮成米糊，再转入漏勺中，不断摇动，使其慢慢滴落在凉开水中，凝固成白白的凉虾待用。

4. 取适量凉开水倒入碗中，放入红糖拌匀，盛入凉虾，冰镇即成。

成品特点 形态生动，冰爽软糯。

【萝卜饺子】

主辅调料 大米 1500 克，黄豆 500 克，新鲜萝卜 4000 克，菜籽油 100 克，葱花 25 克，蒜末 20 克，姜末 50 克，香菜末 50 克，辣椒粉 30 克，花椒粉 20 克，胡椒粉 8 克，食盐 10 克。

制作方法

1. 萝卜以宜昌本地所产胭脂萝卜（皮薄鲜嫩、质细无渣、味道甘醇）为主，将萝卜洗净晾干刨成萝卜丝，加入食盐、葱花、蒜末、姜末、香菜末、辣椒粉、

花椒粉、胡椒粉拌匀，制成萝卜丝馅料，待用。

2. 挑选上好的黄豆、大米（按 1 : 3 配比），清水浸泡 10 ~ 12 小时，用手推小石磨磨成半流质状面浆，待用。

3. 锅置火上，倒入菜籽油烧至 8 成热，先将特制的约 4 寸长、2 寸宽、两头上翘的月牙状长柄铁勺放入油锅中预热后，在勺面均匀淋上薄薄一层黄豆米面浆，然后在初步定型的面浆上满铺一层萝卜丝馅料，再严严实实地淋入一层黄豆米面浆，放入油锅中浸炸约 3 分钟后，一只肚子凸、两头翘的月牙形饺子便离勺成形浮起在油面上，待两面金黄色时捞出沥油即成。

成品特点 形态美观，色泽金黄，外酥里软，香辣诱人。

【土家油茶汤】

主辅调料　花生米 150 克，核桃仁 50 克，干黄豆 50 克，阴玉米粒 100 克，阴米 100 克，粗茶叶 50 克，食盐 8 克，姜末 15 克，蒜蓉 15 克，葱花 5 克，胡椒粉 3 克，菜（茶）籽油 800 克，熟猪油 30 克，清水适量。

制作方法

1. 将锅置火上烧热，倒入菜（茶）籽油，分别加入花生米、核桃仁炸香出锅备用。

2. 将锅置火上烧热，倒入菜（茶）籽油，待油温七成热时，分别加入阴玉米粒、阴米、干黄豆炸香出锅备用。

3. 将锅置火上，加入适量熟猪油烧热，先放入粗茶叶，然后放入姜末、蒜蓉，炸香后加适量清水，再放入适量食盐、胡椒粉、葱花，水开起锅盛入碗中，最后加入炸好的花生米、核桃仁、黄豆粒、玉米花、阴米花等佐料即成。

成品特点　茶餐合一，滋味浓郁，口感多变，内容丰富。

【三峡石汤圆】

主辅调料　澄面 50 克，糯米粉 150 克，黑芝麻馅 150 克，可可粉 2 克，吉士粉 3 克，白糖 10 克，蜂蜜 2 克，清水和开水各适量。

制作方法

1. 将澄面用开水烫熟，加入糯米粉调成面团待用。

2. 取 15 克面团，加入吉士粉，揉匀后擀成大块面皮待用。

3. 取 10 克面团，加入可可粉，揉匀后擀成大块面皮待用。

4. 剩余面团擀成大块面皮待用。

5. 将 3 种面皮叠压在一起搓条，下 10 克小剂压扁后，包入芝麻馅搓成汤圆坯待用。

6. 锅置火上，倒入清水烧开，将汤圆坯一起入开水锅中煮约 6 分钟，捞出装盘，倒入调好的白糖蜂蜜水即成。

成品特点　外形圆润，纹路美观，造型逼真，口感软糯。

【丝瓜酥】

主辅调料 起酥猪油750克，黄油150克，低筋面粉750克，高筋面粉350克，盐5克，鸡蛋1个，水350克左右，菠菜500克，胡萝卜素1克，菠菜取天然叶绿素10克，可可粉3克，莲蓉馅50克。

制作方法

1. 起酥猪油650克，黄油150克，低筋面粉500克制成酥心；高筋面粉350克，低筋面粉250克，起酥猪油100克，盐5克，蛋清一个，叶绿素，水350克左右制成酥皮；进冰箱冷藏待用。

2. 酥皮粘酥心开酥，切成长条状，粘在一起，进冰箱冷冻一晚上待用。

3. 切下多余的面团添加可可粉、胡萝卜素制成混酥丝瓜的蒂部、花须部分待用。

4. 酥皮斜切片擀开刷上蛋液，放入馅料，制作成丝瓜的形状，用蛋液粘上蒂部分、花须部分，制成丝瓜生坯待用。

5. 锅置火上，倒入干净色拉油或者猪油烧至130°，放入枇杷生坯炸制成型起锅，垫上吸油纸进烤箱控油即成。

成品特点 造型逼真，形似丝瓜，口感入口即酥，香甜适口。

酥枇杷的花须部分、蒂部待用。

4. 酥皮斜切片擀开刷上蛋液，放入馅料，制作成枇杷的果实形状，蛋液粘上蒂部分、花须部分，制成枇杷生坯待用。

5. 锅置火上，倒入干净色拉油或者猪油烧至130℃，放入枇杷生坯炸制成型起锅，垫上吸油纸进烤箱控油即成。

成品特点 造型逼真，形似枇杷，口感入口即酥，香甜适口。

【大集绿豆包子】

主辅调料 中筋面粉 2000 克，老面肥 400 克，食碱 10 克，绿豆 500 克，花生油 1500 克（实耗约300 克），食盐 25 克，葱花 50 克，胡椒粉 2 克，味精 5 克。

制作方法

1. 中筋面粉加老面肥，用水调和成面团，饧发（夏天用冷水发酵 3 小时，冬天用温水发酵 6 小时，春秋天 4 小时）待用。

2. 绿豆洗干净，煮熟后过滤，加入食盐、葱花、生姜末、胡椒粉、味精等拌匀成为馅心待用。

3. 饧发好的面团加食碱揉匀，下成每个约 40 克的面剂，逐个拍皮后，每个包上约 20 克的绿豆馅心，捏成提花包状按扁成生坯待用。

4. 将生坯醒放 20 分钟后，入笼大火足汽蒸制 15 分钟，取出放凉。

5. 锅内倒入花生油，加热到油温 180℃左右时，下入凉包子炸制 8 分钟，待金黄色时捞出即成。

成品特点 色泽金黄，清香油润，面皮酥松焦脆，馅心豆香味浓。

【枇杷酥】

主辅调料 起酥猪油 750 克，黄油 150 克，低筋面粉 750 克，高筋面粉 350 克，盐 5 克，鸡蛋 2 个，水 350 克左右，胡萝卜素 2 克，可可粉 2 克，莲蓉馅 50 克。

制作方法

1. 起酥猪油 650 克，黄油 150 克，低筋面粉500 克制成酥心；高筋面粉 350 克，低筋面粉 250 克，猪油 100 克，盐 5 克，鸡蛋 1 个，胡萝卜素 1.5 克，水 350 克左右制成酥皮；进冰箱冷藏待用。

2. 酥皮粘酥心开酥，最后再切成长条状，粘在一起，进冰箱冷冻待用。

3. 开酥切下面团添加胡萝卜素、可可粉制成混

【红糖油香】

主辅调料 中筋面粉 500 克,老面 50 克,花生油 1000 克(实耗约 50 克),老红糖 300 克,熟面粉 30 克,糖桂花 20 克,食碱 2 克,芝麻油 50 克,橘饼 20 克,白糖 50 克,猪油 50 克。

制作方法

1. 将 700 克清水倒入锅中,在旺火上烧沸后点上一些凉水,使得水沸而不腾,立即倒入面粉迅速搅拌,直到面团由白色变成灰白色,而且不黏手时,取出摊在案板上,晾凉后加入老酵面和食碱、猪油揉匀,盖上湿布饧发约 10 分钟待用。

2. 将红砂糖放入盆内,加入芝麻油、糖桂花、白糖、熟面粉、橘饼,拌匀制成馅心待用。

3. 将饧好的面团搓成圆条,揪成每个重约 125 克的剂子,逐个按成圆皮,放上约 25 克的馅心,将四边包严实,揪去收口处的面头,按成直径约两寸的圆形生坯待用。

4. 锅内倒入花生油,在旺火上烧至约 120℃时,将油香生坯分批下入油锅中,炸制约 10 分钟,待两面都成金黄色时出锅即成。

成品特点 色泽黄亮,外酥内嫩,香甜可口。

【空心糍粑】

主辅调料 糯米粉 500 克,糖粉 50 克,熟黄豆粉 50 克。

制作方法

1. 糯米粉 500 克,加入清水 350 克和成团,做成 12 厘米长橄榄形生坯待用。

2. 糖粉与熟黄豆粉拌匀成味粉待用。

3. 准备两个锅,一个烧开水将糍粑生坯煮熟透(大约 12 分钟左右),另一个锅将油温烧至 180℃,将煮好的糍粑稍稍沥干水分,迅速倒入油锅炸制到表面金黄即可起锅装盘,撒上熟黄豆糖粉,跟上红糖水碟即可。

成品特点 色泽金黄,形似橄榄,外酥内软,味粉香甜而不腻。

【生煎长饺】

主辅调料　面粉 300 克，五花肉末 200 克，娃娃菜 200 克，生粉 80 克，盐 5 克，鸡精 4 克，酱油适量。

制作方法

1. 面粉 250 克、生粉 50 克拌匀，加入开水 150 克烫熟，搅拌均匀，再放凉。压成长 12 厘米、宽 6 厘米的长方形面片即成饺子皮。

2. 五花肉末加入盐、鸡精、酱油调成肉馅，再加入切成小丁的娃娃菜、麻油拌匀，即成饺子馅。

3. 饺子皮放入菜馅包成长条状，即成长饺。

4. 用 50 克面粉、30 克生粉、50 克色拉油、50 克清水调成水油面浆，饺子沾上面浆下锅煎，放入 180℃的饼档中，加油、水煎 7 分钟。底部金黄即可装盘。

成品特点　鲜香、酥脆。

【鸡冠饺】

主辅调料　（按 40 个计）面粉 2000 克，老面 250 克，糯米 200 克，猪肉末 400 克，白糖 50 克，食盐 10 克，酱油 50 克，食碱 8 克，味精 4 克，胡椒粉 2 克，姜末 20 克，葱末 50 克，芝麻油 2000 克。

制作方法

1. 面粉加老面和适量清水揉成面团，待饧好后加入食碱、30 克白糖和 50 克芝麻油，揉匀揉透待用。

2. 糯米洗净，浸泡约 5 小时后捞出蒸熟，晾凉入盆，再加入猪肉末、食盐、酱油、味精、胡椒粉、姜末、葱末和 20 克白糖，一起调制成馅料待用。

3. 案板抹油，将调制好的面团下成每个约 75 克的面剂，逐个按成圆饼状的面皮，包入约 20 克的糯米肉馅料，对折将面皮捏拢，做成鸡冠花形的饺子生坯待用。

4. 炒锅置中火上，倒入芝麻油烧至约 160℃时，将鸡冠饺生坯逐个投入油锅中，反复翻动，炸至饺子呈金黄色时出锅即成。

成品特点　色泽金黄，皮脆馅香，蓬松可口，营养丰富。

【谈炎记水饺】

主辅调料 （按10碗计）面粉500克，新鲜猪前腿肉250克，新鲜牛肉100克，新鲜猪蹄200克，猪筒子骨200克，猪排骨100克，水发香菇50克，猪油100克，原汁汤2500克，芹菜末50克，虾米25克，味精10克，酱油75克，食盐30克，干淀粉70克，葱花10克，食碱1克，胡椒粉3克。

制作方法

1.将新鲜猪前腿肉、牛肉去皮去筋，剁成肉蓉，加入芹菜末和适量食盐、清水搅拌均匀，制成馅料待用。

2.将新鲜猪蹄、猪排骨和筒子骨放砂罐内，加适量清水，置中火上煨熬成原汁浓汤待用。

3.面粉加入食碱后揉匀成光滑面团，用干淀粉作沾粉压擀3次，折叠，切成6.6厘米见方的面皮块，逐个包入肉馅，制成生水饺待用。

4.水发香菇切成小丁，入锅加适量猪肉炒熟待用。

5.取碗10个，分别放入适量熟猪油、味精、虾米、胡椒粉、酱油、食盐，倒入适量原汁沸汤待用。

6.锅置旺火上，倒入适量清水烧沸，将生水饺下入锅内煮2分钟，待水饺浮出水面时，点入适量冷水降温，续煮半分钟后，捞出倒入碗中，放入熟香菇丁，撒上葱花即成。

成品特点 形美料真，皮薄馅大，肉嫩汤鲜。

【炸面窝】

主辅调料 早稻大米500克，黄豆75～100克，食盐3克，姜末10克，芝麻3克，葱花40克，麻油500克（实耗约60克）。

制作方法

1.大米和黄豆分别淘洗干净，用水（春夏季用冷水，秋冬季用温水）浸泡约4小时，沥干水磨出米浆和豆浆待用（大米和黄豆要泡制到位）。

2.将米浆、豆浆、食盐、葱花、姜末拌匀（米浆和黄豆浆的比例按10∶2为基础，各个季节凭制作经验上下浮动）。

3.麻油倒入旺火锅中，待油温达到180℃时，将特制的面窝勺入油锅中烧热取出，撒上芝麻，再舀入适量米豆浆，放进油锅中炸至两面成金黄色，取出沥油即成。

成品特点 色泽金黄，香气浓郁，外酥里嫩，咸鲜爽口。

【襄阳牛肉面】

主辅调料　（5000 克面条用料）牛肉 2500 克，牛骨 2500 克，牛油 500 克，植物油 250 克，郫县豆瓣 500 克，干辣椒碎 250 克，香料 100 克分装成 2 袋，牛杂 3000 克，豆芽 200 克，姜末 100 克，蒜末 50 克，葱花 50 克，芫荽末 50 克，韭菜末 50 克。

制作方法

1.牛骨浸入清水中，加入香辛料包和拍松的大块生姜，撇去浮沫，小火长时间煨熬，成白色浓醇奶汤待用。

2.将锅置火上，加入牛油、香辛料熬制，待油温升高，香气溢出时，捞出香料渣，倒入拌匀的干辣椒碎、搅碎的郫县豆瓣，翻拌均匀，制成红油待用。

3.牛肉切成大块用盐腌渍，放入锅中煮至七成熟，切成大片。锅置中火上，加入牛油、红油、炸姜末，放入牛肉片煸炒，再加入肉汤焖烧至成熟。牛杂切小块，如上述方法制成肉臊待用。

4.水烧开，笊篱内放入面条、适量绿（黄）豆芽，当豆芽汤熟面烫热后，倒入大碗内，加牛肉（杂）臊，浇上红油和牛肉汤即成（葱花、芫荽末、韭菜末由食客自取）。

成品特点　汤汁红亮，鲜香微辣，筋道滑爽，回味悠长。

【襄阳油酥馅饼】

主辅调料　（按 30 个计）面粉 1500 克，净猪腿肉 300 克，葱花 150 克，姜末 15 克，盐 3 克，酱油 5 克，味精 3 克，五香粉 1 克，化猪油（或卤油）20 克，食碱 2 克，麻油适量。

制作方法

1.面粉分成 450 克一份，1 份加适量清水、酵母、食碱制成发面，1 份加适量开水搅拌制成烫面，1 份加清水制成子面；面粉 150 克炒黄后，加麻油 75 克搅拌成油酥糊待用。

2.猪腿肉剁成细粒，加入适量食盐、酱油、味精、五香粉、姜末、葱花和麻油 30 克拌匀，制成馅料待用。

3.3 种面团放在案板上合拢揉匀摊开，抹上油酥糊，卷成长条；揪剂 30 个，包入约 20 克馅料，收拢成圆形，放入抹有麻油的平盘内，包口向下按平，成直径约 8 厘米的圆饼坯待用。

4.麻油 100 克和 20 克化猪油（卤油）倒入锅中，烧至八成热时，放入饼坯，待呈老黄色时，起锅放在铁丝架上沥油，装盘即成。

成品特点　色泽金黄，薄层重叠，内外焦脆，香酥可口。

【襄阳马悦珍锅盔】

主辅调料 面粉 750 克，芝麻 15 克，食盐 12 克，食碱 3 克，麻油 30 克，面肥 100 克。

制作方法

1. 面粉 300 克加面肥 100 克、温水 180 克和成发酵面团发酵待用；面粉 300 克加 180 克清水和成水调面团待用。

2. 将发酵面团和水调面团放在案板上，揉搓均匀后，中和食碱，再揉搓均匀分成 450 克一个面剂。把面团表面沾上食盐、芝麻，在案板上擀成直径约 45 厘米、厚 2 厘米的圆形面坯发酵待用。

3. 平鏊子锅（燃料用木炭为宜，便于掌握火候）烧热后，用刷子涂上少许麻油，放入发酵好的面坯。待面皮稍变色后，翻面，用手在锅内转动面坯边将其依次对折，折出细皱花纹，待两面全部炕黄，香味扑鼻时，起锅改刀装盘即成（配上鲜香的牛杂汤，食用起来味道更佳）。

成品特点 形如满月，色泽金黄，外焦内嫩，酥香可口。

【荆州早堂面】

主辅调料 （以大连面为例）新鲜猪筒子骨 5000 克，猪五花肉 1000 克，猪里脊肉 1000 克，老母鸡 1 只，新活笔杆鳝鱼 1000 克，活鲫鱼 1000 克，生姜 200 克，甜面酱 100 克，碱水面 100 克，葱花 3 克，食盐 2 克，清水适量。

制作方法

1. 将新鲜鲫鱼、老母鸡、猪五花肉、猪里脊肉、筒子骨、鳝鱼制净待用。

2. 大锅中加入清水，将生姜片和用布袋包裹的鲜活笔杆鳝鱼投入锅中，大火煮沸后转文火煮约 3 分钟。将煮熟的鳝鱼捞出、去内脏，切成约 3 厘米的小段，入油锅中炸至酥脆（呈紧缩粗丝状）待用。

3. 将制净的大块猪五花肉、猪里脊肉、猪筒子骨、老母鸡（整只）、鲫鱼（用布袋包裹）放入汤锅中，大火煮沸后改小火熬制。约 30 分钟时，将煮熟的猪五花肉、猪里脊肉从汤锅中捞出，猪里脊肉切成薄片，猪五花肉切成肉末；约 120 分钟时，将煮熟的老母鸡从汤锅中捞出取鸡肉，撕成肉丝，鸡骨架投入汤锅中继续熬汤待用。

4. 锅置火上，加植物油烧热，放入猪五花肉末、姜末、葱花一起炒香，再加适量甜面酱一起炒制成油汁待用。

5. 汤料熬制 3 ~ 4 小时后，取适量原汤倒入另一锅中，加入适量食盐调制成高汤待用。

6. 锅中加入清水煮沸，下碱水面（约 100 克）煮至七八成熟时，捞起过凉水，再入沸水锅中烫一下，甩干水分后盛入碗中，倒入 250 克高汤，加上 1 小勺油汁和适量鸡肉丝、猪肉片、鳝鱼丝和葱花即成。

成品特点 汤汁鲜润，面条爽滑，鳝丝酥脆，营养丰富。

【蒿子粑粑】

主辅调料　糯米 1000 克，青蒿 600 克，腊肉 100 克，大蒜末 30 克，植物油适量。

制作方法

1. 将糯米用清水浸泡约 8 小时，捞出洗净，入锅旺火蒸熟待用。

2. 将野外采摘的新嫩青蒿择洗干净，用沸水余烫后捞出过凉水，挤干水分，剁成碎末待用。

3. 将腊肉切成细丁，入锅和大蒜末一起炒熟（炒出油来）待用。

4. 将糯米饭、青蒿碎末、炒好的腊肉丁一起充分搅拌均匀，分成 10 份，用手逐个揉成圆球形面团，再压成圆饼状，入锅加少许植物油两面略煎，或入油锅炸香，出锅装盘即成。

成品特点　香味浓郁，软嫩适口，油而不腻，滋味悠长。

【郧阳三合汤】

主辅调料　当地红薯粉（水粉）150 克，熟黄牛肉片 50 克，猴头饺 7 个，蒜苗 10 克、香菜 10 克，味精 3 克，香醋 10 克，酱油 5 克，盐 3 克，红牛辣油 30 克，葱结 30 克，辣椒 50 克，八角 1 个，桂皮 3 克，花椒 15 克，生姜片 20 克，牛骨汤 1000 克。

制作方法

1. 将牛骨汤倒入锅中，并在锅中间放一无底的围罐，在围罐外的汤中加入葱结、辣椒、八角、桂皮、花椒、生姜片，熬煮至香味溢出时待用。

2. 取猴头饺（用姜末、葱末、芹菜末、蒜苗末、食盐、味精、胡椒粉、鸡蛋液、牛肉末拌馅包成的水饺，郧阳当地人称之为猴头饺）放入围罐中间的牛骨汤里，煮熟待用。

3. 罩滤中放入熟黄牛肉片、红薯粉，入围罐中间的牛骨汤里，烫熟后扣入碗中，再把煮熟的猴头饺盛于碗中红薯粉、牛肉片之上，撒上适量蒜苗、香菜、盐、味精、香醋、酱油、红牛辣油，舀入锅内滚烫的牛骨汤即成。

成品特点　粉条爽滑有韧，牛肉劲道弹牙，饺子咸鲜糯软，汤汁红亮香辣。

入备好的容器中待用。

3.取适量绿豆芽焯水后垫入碗底，再将手工擀切的杂粮面下锅煮熟，捞起除水，倒入碗中，撒上熟芝麻、味精，浇入热浆汤，撒酸菜末、葱花（根据个人需要加少许辣椒油）即成。

成品特点 酸香扑鼻，面条劲道，味美酸爽，老幼皆宜。

【郧阳酸浆面】

主辅调料 手工擀切的杂粮面150克，绿豆芽50克，酸菜末20克，浆汤（郧阳老坛酸浆水）2000克，姜片50克，葱花5克，香油30克，猪油50克，味精2克，胡椒粉2克，辣椒面10克，熟芝麻5克，酸菜末10克。

制作方法

1.净砂锅置火上舀入酸浆、姜片，大火煮出香味时，改文火保持微沸状待用。

2.锅中加入香油、猪油，待油温升到约80℃时，放入食盐、胡椒粉、辣椒面，炒至红黄色时出锅，倒

【竹溪碗糕】

主辅调料 早稻米1000克，黄豆70克（白米：黄豆＝15∶1），白糖200克。

制作方法

1.早稻米、黄豆一起浸泡，待泡胀后用石磨推碾成浆，待用。

2.将磨好的米豆浆舀起1/30放入锅中煎炒，待六成熟时出锅，倒入原浆盆中拌匀加入白糖发酵待用。

3.把土陶碗洗净摆入笼屉中蒸热，待碗蒸热后放入米豆浆，大火蒸约20分钟出笼即成。

成品特点 形态美观，色泽洁白，粮豆合一，香甜软糯。

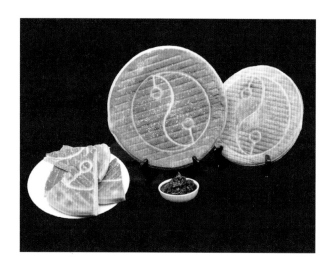

剂子，逐个擀成1厘米厚的圆形面坯待用。

4.将面坯置于烤炉中，用200℃高温烤制约10分钟，烤至两面呈金黄色时取出即成。

成品特点　色泽金黄，形态美观，外酥里软，鲜香爽口。

【牛郎火烧馍】

主辅调料　（按10份计）面粉3000克，老面500克，纯净水500克，温水1000克。

制作方法

1.将500克老面加入1000克温水搅匀，静置约1小时，制成1500克发酵液待用。

2.将3000克面粉、500克纯净水、1500克发酵溶液放入面盆中拌匀，揉搓光滑，静置饧发1小时待用。

3.将饧好的面团再次揉至光滑劲道，下成10个

【竹山懒豆腐】

主辅调料　大米300克，黄豆250克，青菜150克，石膏15克，纯净水1500克，香菜50克，辣椒末20克，大蒜10克，葱花5克，姜末10克，食盐3克，小磨香油10克，青菜50克。

制作方法

1.把辣椒末炒香，同香菜、蒜蓉、葱花、姜末、食盐混在一起，再用小磨香油烹制成油泼香辣酱待用。

2.用石磨将泡胀的黄豆磨成豆汁后点膏，用过滤出的浆水大火煮米待用。

3.将大米加水煮成8成熟米饭时放入制作好的嫩豆腐，用小火慢炖，期间不断搅拌防止糊锅，待煮熟时加入青菜即可出锅，与油泼香辣酱相配食用。

成品特点　红白相间，米香豆浓，口感柔软，主副兼备，养胃养生。

【汉川荷月】

主辅调料 （按10个计）熟面粉45克，白糖15克，熟猪油45克，生面粉255克，食用油15克，饴糖10克，蜜橘饼10克，蜜桂花5克，青梅5克，食盐1克，苏打1克。

制作方法

1.将17克熟猪油放入47克开水中化开，再放130克生面粉，视气温酌情放入少许食盐，拌匀搓揉至面团有弹性后，分成10只小剂作皮面待用。

2.生面粉80克加入熟猪油28克拌匀，制成方砖型，切成10只1.5厘米见方的小块，制成油酥待用。

3.将油酥逐个包入皮面中，擀成约10厘米长、5厘米宽的薄片，卷成圆卷，再折叠3层，擀成直径5厘米、厚1厘米的圆形皮面块待用。

4.取生、熟面粉各45克，加入饴糖、食用油、橘饼、桂花、青梅、苏打等拌匀，剁成细末，然后加水150克，拌和成馅料待用。

5.取适量馅料包入皮面块中，擀成直径10厘米、厚6厘米的圆形坯，上炉烘焙翻烤（炉温250℃左右为宜），待烤至两面凸起、面边呈粉白色时取出即成。

成品特点 形态圆满，皮白细腻，质地酥软，香甜可口。

【太极草帽饼】

主辅调料 面粉500克，鸡蛋200克，色拉油1000克，香辣料50克，猪油200克，芝麻20克，清水适量。

制作方法

1.面粉加鸡蛋、100克猪油、清水，和成稍硬一点的面团待用。

2.擀开面团成薄片，抹上香辣料，撒上芝麻，卷成细长条按扁、刷油待用。

3.面团下剂成重500克的大饼，再擀开。面上用太极模具一半刷上巧克力酱待用。

4.将面坯入油锅中，用约140℃油温炸至金黄色起锅即成。

成品特点 形似草帽，造型逼真，色泽美观，香酥可口。

【石子馍】

主辅调料　面粉 500 克，嫩酵面 250 克，生猪板油 20 克，芝麻油 20 克，葱花 10 克，食盐 6 克，纯碱 3 克，清水适量。

制作方法

1. 面粉加入嫩酵面和清水、盐、碱拌和揉匀，盖上净布，饧发待用。

2. 猪板油切成绿豆状小丁，加食盐、葱花，拌匀成馅待用。

3. 把发酵好的面团下面剂（150 克），擀开，刷芝麻油酥包入猪油馅，擀成直径约 16 厘米的圆形饼胚待用。

4. 铁锅放入小鹅卵石，淋入麻油，炒制石头290° 左右，将饼胚放在石头上，表面再盖一层，上烫下烙，逐个以此法烙熟即成。

成品特点　配料精细，制作独特，酥香爽口，老少皆宜。

【荆门太师饼】

主辅调料　上等白面粉 3750 克，白糖 2250 克，生猪板油 400 克，红绿丝 50 克，桂花 50 克，核桃仁 50 克，冬瓜条 50 克，金橘饼 50 克，熟猪油 1075 克，清水 790 克，猪油 1500 克（实耗约 150 克），茶叶、食红各适量。

制作方法

1. 将面粉 2250 克，加熟猪油 550 克、清水 790克，揉合均匀成水油酥待用。

2. 用面粉 1500 克，加熟猪油 525 克，揉匀成干油酥待用。

3. 将白糖 2250 克，用擀筒在案板上擀成细末；将生猪板油去皮切成细小丁粒；将红绿丝、桂花、核桃仁、冬瓜条、金橘饼等分别切成细末，然后混合成馅料待用。

4. 将水油酥（皮面）反复揉匀后，搓成长条形，下成每个重约 80 克的小剂，然后包入经反复擦揉的干油酥（酥面）约 40 克，成为一个大剂（重约 120 克）待用。

5. 取大剂一个，用手压平，擀成长条薄片状，然后由外一端向内卷成筒形，用手压平，继续擀成约 8厘米宽、27 厘米长的条形薄片，再由外端向内卷成两端整齐约 10 厘米的筒形，最后用刀横切成四个小剂，将每个小剂的刀口面向案板，用手按平，擀成圆形皮状待用。

6. 将擀好的皮，包上约 20 克馅料，收好口，黏上茶叶，用手按成饼状，并在茶叶一面，用圆筷黏一点食红，点一个红印，制成生坯待用。

7. 油锅置中火上，先将猪油化开，当油温达到两成热（约 60℃）时，将点心面向下放 15 个入锅汆炸，并慢慢转动油锅，当点心开始离开锅底，向上浮动发松时，则用筷子轻轻翻身转动约 2 分钟，将锅端离火，继续汆约 5 分钟后，再转到火上，待点心完全泡松、色带微黄时，捞出摆盘即成。

成品特点　形态美观，色泽白中透黄，酥层清晰，馅心香甜不腻。

反复搓揉至均匀再次静置饧发 30 分钟。

3. 面团发至表面起如鸡蛋大气泡时，取熬锅倾斜状置中火上，倒油（锅底油呈一边深一边浅）烧 7 成热。

4. 取尖筷左手一支，右手两支，先用右手筷子在面盆中挑一点面，沾上用盐拌制的葱花，再用左手竹筷靠面盆边沿挑面，右手挑葱花的筷子迅速与左手配合，边提边卷 4 ~ 5 转，双手猛提使筷子上的面与面盆中的面拉断，双手趁势将筷子抖动，使面迅速伸长为约 25 厘米，然后将左手筷子上的面搭在右手筷子上绕成圆圈，顺锅边放入油浅的一边煎炸至黄。再翻面炸至两面金黄即成。

成品特点 外形浑圆，色泽金黄，葱香浓郁，质地泡松，外酥内软。

【团风狗脚】

主辅调料 面粉 500 克，五香粉 0.3 克，麻油 3 克，红糖 3 克，小苏打 0.3 克，酵母 0.3 克，老面 5 克。

制作方法

1. 将红糖、五香粉、麻油、小苏打、老面、面粉和匀，发酵待用。

2. 将已饧好的面团放在案板上，反复揉搓成直径约 5 厘米的圆条，下 50 克一个的面剂，再在圆饼上方均匀切划 3 刀，用手掰开成梅花形即狗脚生坯。

3. 将制作好的狗脚生坯，均匀的粘贴在瓮形桶炉缸壁里烘烤，约烤 20 多分钟，有香味溢出时，即用纸包着红糖放入炉中，让红糖在高温下生成雾状，布满狗脚成金黄色，此时的狗脚酥香松软。

4. 用布瓦围住炉火绕 2 层，以瓦不能被烤红为度，将狗脚堆放瓦后成一圈，利用余火回炉，约 6~8 小时烘干水分，即成。

成品特点 其色泽金黄，松酥香甜，形似狗脚。

【葱花油墩】

主辅调料 面粉 4500 克，酵面 500 克，葱 500 克，碱 35 克，矾 50 克，盐 50 克，油适量。

制作方法

1. 面粉入盆加入酵面和适量温水和成较软的面团，静置发酵。

2. 面团发起增大 2 倍时，加入盐、矾和碱溶液，

【钟祥熮米茶】

主辅调料 糙籼米（或大麦米）1000 克，水 3000 克。

制作方法

1. 选用粒大、饱满、均匀的籼米（以糙米为佳）或大麦米。

2. 用小火将锅烧至 8 成热时，加入籼米（或大麦米）用锅铲不停翻炒（通常的炒米时间约为 15 ～ 20 分钟），待米炒到金黄或棕黄色且浓香扑鼻时即可。

3. 待米炒好后，熄火，慢慢往锅里加入凉水，焦酥的炒米快速吸水，锅中声响随着温度逐渐下降而渐渐平息，等到声响完全平息，将米捞起淘洗干净待用。

4. 锅内放清水（米与清水的比例，干吃时约为 1：1，饮用时约为 1：3）烧沸后，加入淘洗干净的炒米，不加任何调料，继续煮 15 ～ 20 分钟（具体视米的数量及火候大小灵活掌握）即成。

成品特点 清香爽口，解热消暑。

【水晶葛粉糕】

主辅调料 葛粉 100 克，白砂糖 100 克，红樱桃 5 颗，清水适量。

制作方法

1. 将葛粉放入不锈钢盆内，加入凉水泡开（水不宜太多，泡开就行），再把白砂糖加入开水中融化成白糖水，迅速趁沸浇入已泡开的葛粉中，朝一个方向搅拌，制成半熟的面糊待用。

2. 将模具抹上麻油，浇上冲好的葛粉浆，放入已冒出蒸汽的蒸锅内用旺火蒸熟即可。

3. 用竹签将蒸好的葛粉糕挑出，摆入盘中，用红樱桃点缀即成。

成品特点 形态圆润美观，色泽晶莹透亮，质感爽滑弹牙，滋味甘甜爽口。

装入碗中，淋入用食盐、酱油、陈醋、葱花等调制好的味汁即成。

成品特点 制法古朴，吃法多样，质感细嫩，四季皆宜。

【鄂城菜合子】

主辅调料 优质面粉 400 克，土鸡蛋 4 个，嫩韭菜 300 克，干粉丝 50 克，食盐 3 克，酱油 5 克，鸡精 3 克，胡椒粉 2 克，清水、植物油各适量。

制作方法

1. 面粉倒入盆中，加适量开水和食盐和成开水面团摊凉，充分揉匀后饧发约 20 分钟待用。

2. 嫩韭菜洗净切碎，干粉丝用温水泡好捞出控干水分后切成小段待用。

3. 锅中加适量植物油烧至 6 成热，加入搅匀的鸡蛋液炒熟成鸡蛋碎，出锅倒入盆中放凉，再加入韭菜碎、粉丝段和适量食盐、酱油、鸡精、胡椒粉，拌匀制成馅料待用。

4. 把面团分成 18 克每个的面剂，每个剂子擀成薄面皮，包入适量的韭菜鸡蛋馅料，制成半圆形生坯待用。

5. 锅中加入少量植物油，加热至 6 成油温时将菜合子生坯先蒸再煎或者生煎，用中火将菜合子面皮双面煎至金黄色时出锅即成。

成品特点 色泽金黄，形态美观，外焦内嫩，营养丰富。

【手工石磨米粉】

主辅调料 荆门城北籼米 100 克，食盐 15 克，酱油 15 克，陈醋 5 克，葱花 3 克，清水等各适量。

制作方法

1. 选用优质的城北籼米，拣出杂质并清洗干净，加入适量清水，没过大米表面，盖上一层保鲜膜，放在冰箱或冰柜里冷藏（一般夏天 4 ~ 5 小时，春天 7 小时，秋天 10 小时，冬天 16 小时）待用。

2. 泡好的大米按照 1 勺大米 1 勺清水的比例，用石磨磨成细米浆，用细筛过滤（如细筛里有残留米粒，放入石磨中继续磨浆）待用。

3. 在过滤后的米浆中放入适量食盐，用筷子朝一个方向搅拌，待食盐和米浆拌匀后，向米浆中间淋入适量开水待用。

4. 舀取点浆后的米浆倒入一特制圆盘（或方盘）中，均匀地铺在盘底部，入笼锅用大火蒸制 3 ~ 5 分钟，形成米皮待用。

5. 把蒸好的米皮从盘中取出，放在特制的架子上，待冷却后叠起待用（每次放好一张米皮，都要在表面刷一层食用油，避免互相粘连，食用的时候拿取自如）。

6. 将摊凉的米皮卷成卷，用刀把米皮切成 1 厘米宽的条状待用。

7. 手工石磨米粉吃法多样，较为常见的是汤粉、炒粉、卷粉和凉粉，而每种吃法都可以按照季节和个人喜好进行选择。如选择凉粉，则取适量切好的粉条

【黄州烧梅】

主辅调料 优质面粉 500 克，橘饼 200 克，新鲜花生米 200 克，肥猪肉 1500 克，馒头 1000 克，冰糖 200 克，白砂糖 1000 克，糖渍桂花 100 克，葡萄干 100 克，红绿丝 50 克，干淀粉 100 克，食盐 15 克。

制作方法

1. 将肥猪肉、馒头、橘饼、花生米、冰糖等原料切成豌豆大小的丁（冬季时肉丁入锅略炒，以不冒油为度），再放入桂花、葡萄干、红绿丝、白砂糖等原料，调和均匀，制成馅料待用。

2. 面粉加适量清水、食盐，揉匀和透至面团光洁，饧 30 分钟（冬春季约 1 小时），搓成圆条，切小剂，案上撒下干淀粉，擀成荷叶边似的圆形薄皮待用。

3. 将馅料包入面皮中，制成"下端似石榴、收口像梅花"的生坯（因馅中冰糖粒酷似石榴果实，故又名石榴烧梅）待用。

4. 黄州烧梅的熟制方法多样，若蒸食，则将烧梅入笼屉中旺火蒸约 3 ~ 4 分钟，揭盖，洒少许凉水，再蒸 2 分钟左右即成；若炸食，则将烧梅入油锅炸 2 ~ 3 分钟，至呈金黄色时，捞起装盘即成。

成品特点 形态美观，寓意吉祥，鲜香爽口，营养丰富。

【黄冈大包面】

主辅调料 面粉 750 克，去皮猪五花肉 300 克，菜心 50 克，葱花 10 克，姜末 10 克，马蹄丁 10 克，鸡蛋 1 个，食盐 5 克，味精 1 克，酱油 3 克，熟猪油 5 克，清水适量。

制作方法

1. 去皮猪五花肉剁成肉末，加入食盐、味精、葱花、姜末、酱油、鸡蛋、马蹄丁，顺着一个方向搅拌均匀，制成肉馅待用。

2. 面粉加入适量清水和匀，擀成约 2 毫米厚的面皮，再改刀成 5 厘米见方的正方形面皮待用。

3. 将调好的肉馅包入面皮中，对折，左右反转捏紧，做成生包面待用。

4. 锅中倒入适量清水，用大火烧开，下入包面，小火煮约 3 分钟后，盛入放有焯水的菜心、葱花、熟猪油的碗中即成。

成品特点 面皮爽滑，肉馅鲜嫩，荤素合一。

【安居豆皮】

主辅调料　籼米 1000 克，绿豆 1000 克，猪肉末 100 克，食盐 1.5 克，葱花 30 克，白胡椒粉 3 克，植物油适量。

制作方法

1.将等量的籼米、绿豆分别淘洗干净，放清水中浸泡约 10 小时，捞出冲洗干净后混合，一起带水磨成米糊待用。

2.在热锅上抹少许植物油，舀入适量米糊，入锅内摊成蛋皮状豆皮坯待用。

3.炒锅内加少许植物油，放入 100 克猪肉末煸炒出香味，再加入食盐、白胡椒粉炒匀待用。

4.取 3 张豆皮，切 10 厘米长条状，将炒香的肉末、葱花均匀铺在豆皮坯上，将豆皮叠成 4 折待用。

5.炒锅置火上，倒入适量植物油，烧至 6 成热时，放入豆皮坯，两面煎黄，起锅改刀成 2 厘米宽的条，装盘即可。

成品特点　色泽金黄，葱香浓郁，脆中带韧，营养丰富。

【崇阳小麻花】（甜味）

主辅调料　优质面粉 400 克，老面 50 克，食盐 5 克，鸡蛋 2 个，蜂蜜 30 克，奶油 20 克，葱花 5 克，白砂糖 75 克，山茶油 1000 克，熟芝麻 15 克，清水适量。

制作方法

1.在 400 克面粉中加入鸡蛋、清水、食盐、蜂蜜、奶油、葱花、白砂糖、熟芝麻、山茶油，充分揉匀待用。

2.在和好的面团中加入老面，充分揉匀后饧发约 20 分钟待用。

3.将饧发好的面团用手压平，再用刀切成粗细均匀、长短、重量一致的直条状面坯待用。

4.用手蘸适量山茶油涂于直条状面坯上，再搓成圆形细条，对折后揉搓，再对折后搓成麻花生坯（麻花生坯粗细均匀，纹路一致，每个长度约 12 厘米，重量不超过 25 克或 6 厘米，重量不超过 20 克）。

5.锅中倒入山茶油，加热到 160℃左右，将麻花生坯沉入油中，小火浸炸约 5 分钟，出锅控油冷却即成。

成品特点　形条纤巧，色泽黄亮，香脆爽口，甜而不腻。

【苞谷粑粑】

主辅调料 鲜嫩玉米棒5根,白糖85克,面粉(或糯米粉)150克。

制作方法

1. 用刀把新鲜玉米粒和玉米衣从玉米棒上切下来,玉米衣尽量保证其完整性,分别洗净,沥干水分待用。

2. 用石磨将新鲜玉米粒磨成浆(不滤渣),在其中加入适当白糖搅匀调味,加入适量的面粉(或糯米粉)调整玉米浆渣的黏稠度(呈略微稠厚的糙糊状)待用。

3. 取一片玉米衣或粽叶,将其下半截兜在手心,用勺子加入玉米糊,然后将玉米衣上下对折,依靠玉米衣的自然弯曲包住玉米糊呈扁三角形。

4. 将包好的苞谷粑粑半成品整齐地码放在笼屉中,旺火沸水蒸约30分钟即成。

成品特点 制作简单,色泽清爽,鲜甜软糯,口味清新,营养丰富。

【潜江草鞋板】

主辅调料 面粉1000克,老面150克,植物油200克,食碱5克,饴糖水、芝麻仁各适量。

制作方法

1. 将500克面粉加150克老面揉匀发酵,加食碱15克揉匀饧发待用。

2. 将500克面粉加入200克植物油调成油酥待用。

3. 将饧发好的面团下成剂子,逐个擦上油酥,擀压成鞋板形,刷上饴糖水,撒少许芝麻仁,入烤箱中烤至金黄色即成。

成品特点 色泽金黄,焦香可口。

【合渣面窝】（油馅）

主辅调料　糙米 600 克，黄豆 200 克，土豆丝 150 克，浆好的猪瘦肉丝 100 克，食盐 10 克，鸡精 4 克，葱花 20 克，胡椒粉 2 克，清水、植物油各适量。

制作方法

1. 糙米、黄豆分别用清水泡发 12 小时左右，洗净后一起磨成米浆，加入适量食盐、鸡精、胡椒粉拌匀待用。

2. 取适量调制好的米浆于面窝勺中，加入适量的土豆丝、肉丝、葱花，再倒入适量米浆，放入油锅中炸至金黄色，出锅控油即成。

成品特点　色泽黄亮，外酥内嫩，营养丰富。

第三节
荆楚冷拼雕刻、面塑及糖艺代表作品

【冷拼——白云黄鹤楼】

"落日青山亭，浮云黄鹤楼"。作为湖北武汉的地标，数次出现在文人墨客的诗句中。登楼远眺，感受诗人的千古名句，品精美冷拼，悟思乡情怀。

494

【冷拼——奔】

骏马奋蹄，追赶韶光，扬鬃嘶鸣，唤醒混混。一寸光阴一寸金，寸金难买寸光阴。

【冷拼——催春】

　　雨后春笋破土而出，如蒸蒸日上的事业节节高。茂林修竹，城市建设如火如荼。适合楼盘封顶，股市涨停，事业崭露头角之宴请。

【冷拼——月是故乡明】

　　"露从今夜白，月是故乡明"。每个人都有个故乡，
月色下遍地是相思，愿岁月慢煮酒，老后归故乡。

【冷拼——菜根香】

蔬菜之根，通常质地粗劣，滋味寡淡。常食萝卜，白菜加洋葱，心安茅屋稳，性定菜根香。菜根中有真味，平淡也是幸福。

【冷拼——秋韵】

秋韵几重思即浓，墨染馨香在深秋。作品把秋的韵味，花的清香展现在方寸之间，呈现在食客面前。聆听落花盈素语，细品秋韵在心间。

【琼脂雕——太平有象】

瓶，似玉非玉，圆浑饱满，气派雄健，是安详沉稳的天下太平，是庄严内敛的富贵满盈。

【琼脂雕——玉白菜】

构图大方，刀工精细。仿玉的琼脂白菜几可乱真，跳跃的胡萝卜螳螂生动传神。寓意辛勤劳作，发财致富。

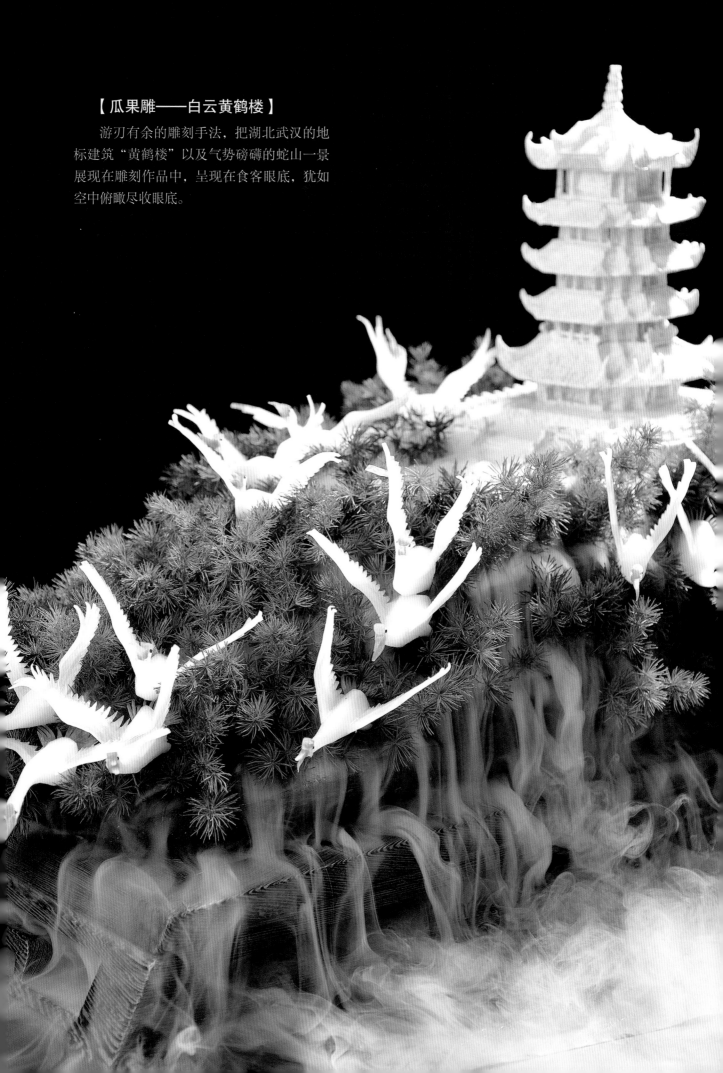

【瓜果雕——白云黄鹤楼】

　　游刃有余的雕刻手法，把湖北武汉的地标建筑"黄鹤楼"以及气势磅礴的蛇山一景展现在雕刻作品中，呈现在食客眼底，犹如空中俯瞰尽收眼底。

【瓜果雕——知足】

知足语出《道德经》，知道满足，时常快乐。作品巧妙地运用蝉驻足于竹节上的造型来寓意知足常乐。。

【瓜果雕——木桶理论】

大堤毁于蚁穴，团队损于异距。只有齐头并进，方能形成合力，成就事业无限。

【瓜果雕——情恋梦泽】

塘边柳丝飘拂，池水清澈见底，水上鹅儿成群。此情此景以雕刻作品呈现，格外迷人。

【瓜果雕——虾趣】

虾生动，富有活力，把艺术造型中的"形""质""动"三个要素完满地表现出来。虾看似在水中嬉戏游动，触须也似动非动，深入地表现出了它们的形神特征，力争上游的品格！

【瓜果雕——凤耳瓶插】

双凤衔耳，牡丹妖妍，凤耳瓶插果蔬雕将中华雕刻技艺交融于饮食艺术，托吉祥如意、富贵安泰于人间。

【瓜果雕——楚韵瓜灯】

将传统雕刻工艺结合现代雕刻技巧，采用镂空，突环，浮雕的表现手法。图案上的楚文化和曾随炎帝文化，体现出我们新时代的雕刻技艺！

【瓜果雕——编钟乐舞】

　　1978 年随州出土的曾侯乙编钟，是战国时期世界上规格最高的钟鼓乐器，被誉为"古代世界的第八大奇迹"。冬瓜雕刻的曾侯乙编钟，采用了浮雕、阴阳刻、线描等雕刻技法，配合光源使冬瓜编钟如翠玉一般晶莹剔透，尽显"曾侯乙编钟"宏观巍峨庄重，微观精美华丽，展示了博大的荆楚文化，高超的楚菜技艺！

【故事梗概】

鹬蚌相争，渔翁得利

春秋战国时的一个风和日丽的中午阳光温暖着海边。太阳公公微笑着欣赏着海边的风景，这时一只长嘴鹬鸟从远处飞来，有位蚌壳姑娘正在享受日光浴，她藏着墨镜，脱下了高跟鞋伸着懒腰，鹬鸟饥饿垂直朝蚌壳姑娘飞去，蚌姑娘急忙收壳并夹住鹬嘴不放叫道："快松口，否则三天我不松壳定饿死"。"你这鸟儿"鹬怎肯放过到口之食叫道："我若咬你三天不放，你会干渴而亡。你才死定了"。不远处一位渔夫看见了鹬蚌相争不下。心中暗喜，丢下钓鱼杆急奔而来。本来蚌可海阔，鹬可天空，只要各退让一步松口就可双双活命，却被渔夫双双活捉。黄昏时分，渔夫大兴而归，这便是"鹬韩相争，渔翁得利"的中国寓言故事。

【面塑——武汉热干面】

　　热干面是湖北武汉最出名的小吃之一，用油拌碱面，佐以盐、油、芝麻酱……是武汉人的过早首选。作品把过早的行色姿态栩栩如生地捏塑出来，潇洒自在的市井生活幸福洋溢其中。它不仅仅是一种小吃，更是一种情怀。

【面塑——寿星】

寿星作为福、禄、寿三星之一，代表着健康长寿。古人将其作为长寿老人的象征，是寿宴中祝福健康长寿美好心愿的氛围烘托。

【面塑——李白醉酒】

"人生得意须尽欢，莫使金樽空对月"。唐代大诗人李白留下的千古名句，让中国的酒文化和诗歌盛行，小酌雅致，对饮尽兴。"美酒三百杯，酒酣心自开"，酒能成欢也可忘忧。

【糖艺——博弈】

围棋蕴含着中华文化的丰富内涵，至今已有4000年历史，"尧造围棋，丹朱善之"。是中国文化及文明的体现，使人增长智慧，陶冶情操。弈棋自古与弹琴、写诗，绘画引为风雅之事。

【糖艺——时光】

"钟鼓乐之，钟鸣鼎食"，自古国人在宴享时喜欣悦耳的音乐。钟在辽阔的中国大地无所不在，悠扬的钟声从远古一直响彻至今。

第九章

楚菜大师

CHUCAI DASHI

《中国楚菜大典》楚菜大师的录入条件：

1. 有史料记载，具高级烹调师资格证书或高级餐饮服务师资格证书，有较大社会影响和较高社会声誉，为楚菜技艺形成、传承、推广、创新做出重大贡献的历史人物。

2. 在1980年由国家职能部门评定的特级厨师。

3. 获得地市级及以上政府奖励（如"五一劳动奖章""劳动模范""三八红旗手""技能大师""首席技师"等荣誉）的厨师或餐饮服务人员。

4. 湖北省人民政府授予的"十大鄂菜大师"和湖北省商务厅、人力资源和社会保障厅等单位发文授予的"十大鄂菜大师"。

5. 具高级烹调师资格证书或高级餐饮服务师资格证书，由中国烹饪协会授予"中国餐饮业突出贡献人物""中国餐饮业功勋人物"奖项获得者。

6. 具高级烹调师资格证书或高级餐饮服务师资格证书，从事楚菜技艺研发、传承、推广、创新，或从事楚菜餐饮服务传承、推广，或从事楚菜餐饮企业创业、创新，为促进楚菜产业发展做出重要贡献的楚菜烹饪大师或楚菜餐饮服务大师。

7. 具高级烹调师资格证书或高级餐饮服务师资格证书，担任老字号餐饮企业行政总厨或总经理，为推进湖北餐饮老字号发展做出突出贡献的楚菜烹饪大师或楚菜餐饮服务大师。

8. 具高级烹调师资格证书或高级餐饮服务师资格证书，担任国家四叶级及以上绿色饭店（餐饮企业）行政总厨或总经理，为创建湖北绿色饭店（餐饮企业）做出突出贡献的楚菜烹饪大师或楚菜餐饮服务大师。

截至2019年8月20日，凡具备以上条件之一，且年龄在45周岁以上（特别突出者可放宽至30岁以上），个人据实提出申请，填写《中国楚菜大典》楚菜大师申请表，由所在单位或所在市州烹饪协会（餐饮协会），或所在市州商务部门推荐，再由《中国楚菜大典》编委会审核，条件合格者即可录入。

特别说明：

在楚菜的历史发展过程中，离不开众多烹饪技能人才的辛勤付出和大力推动。尤其是20世纪以来，楚菜进入到前所未有的快速发展期，涌现出一批批、一代代优秀的楚菜烹饪大师和餐饮服务大师，为推进楚菜行业发展做出了重要的或者突出的贡献。因为历史因素导致资料收集困难等诸多方面的原因，其中一部分符合录入条件的楚菜烹饪大师和餐饮服务大师的个人介绍未能及时录入。

20世纪以来，部分尚未录入《中国楚菜大典》楚菜大师篇的楚菜烹饪大师和餐饮服务大师名单如下：

元老级楚菜烹饪大师（按姓氏笔画排序）：王小木、王义臣、王云卿、王智元、毛耀堂、田玉堂、文家元、付家宽、朱世明、朱世金、刘开榜、刘毛字、李贤启、李贤皋、李炎林、杨纯清、辛传耀、张定春、张道贤、陈世浩、宗良植、唐显芝、盛先典、黄昌海、曹雨庭、龚乃生、崔恩贵、程礼炎、曾延林等。

资深级楚菜烹饪大师（按姓氏笔画排序）：李子春、李明刚、陈广简、陈昌根、陈祖树、周翼旋、胡立红、姚泽民等。

资深级楚菜餐饮服务大师（按姓氏笔画排序）：杨亚萍、肖洁华、肖岚、黄明亨等。

第一节
楚菜烹饪大师

一、元老级楚菜烹饪大师

卢玉成

卢玉成，男，1948年出生，湖北红安人，中式烹调高级技师，中国烹饪大师，湖北省烹饪技术考试委员会高级考评员，餐饮业国家一级评委。曾任武昌饭店副总经理、湖北饭店副总经理，曾兼任湖北省烹饪协会常务理事、中国烹饪协会理事、中国烹饪协会名厨专业委员会委员、武汉商业服务学院客座教授、武汉军事经济学院客座教授。2009年5月，因病去世，享年61岁。

1964年，年仅16岁的卢玉成进入江汉饭店学徒，师承川菜名家刘大山。1981年，调入武昌饭店，历任武昌饭店膳食部主任、武昌饭店副总经理。1997年，调入湖北饭店任副总经理。2002年，参与创建武汉东鑫酒店。

在卢玉成大师四十多年的厨师生涯中，不仅研发了"珊瑚鳜鱼""螺丝五花肉""芙蓉鸡片"等近百款荆楚风味菜品，多次应邀担任省市及全国烹饪大赛专业评委，培养了一批优秀的烹饪技能和饭店管理人才。

1987年，参加湖北省饮食服务业高级技术职称考试，首创的"珊瑚鳜鱼"获评满分。1988年，荣获湖北省首届烹饪技术大赛热菜项目第三名，荣获第二届全国烹饪技能竞赛1枚金牌和2枚铜牌，并被湖北省商务厅评为特一级烹调师。1990年，被湖北省人民政府授予"湖北省劳动模范"称号。1991年，被中华全国总工会授予"全国五一劳动奖章"。1996年，被湖北省贸易厅授予"鄂菜大师"称号。

1998年，被武汉商业委员会授予"世纪名厨"的称号。2000年，率领湖北武汉代表队参加在日本举行的第三届中国烹饪世界大赛，获得团体项目金奖和展台特别奖。

汪钧

汪钧，男，1943年出生，湖北黄石人，黄石市著名烹饪大师，湖北省特级烹调师，曾任黄石饭店餐饮部经理、黄石饭店经理。2017年12月，因病去世，享年74岁。

1962年，进入黄石市餐饮服务公司任职文案岗位，在实践中逐渐地喜欢上了烹饪工作。1966年，拜湖北名师曹树华为师，在黄石市一食堂（现好乐大酒店）学习红案。1973年，在黄石饭店成立后，调入黄石饭店任厨师长。1981年，调任黄石市餐饮服务公司主导创办的黄石首家中西餐厅经理。1985年，调任黄石饭店餐饮部经理，创制的"磁湖春晓"冷拼在当时受到业界人士的一致好评。1988年，在湖北省鄂菜名师表演赛中，制作的"蝶恋花""花篮甲鱼""三鲜双冬卷"等创新菜品获得广泛好评。时任湖北省烹饪协会会长的李洪生，对冷拼"蝶恋花"做出了"像素描、像画，淡雅别致，手法简单明快，值得推广"的评价。1991年，首创黄石市第一家自选式快餐——楚联快餐。1992年，主导的"西塞山前白鹭飞"展台在湖北省饭店行业展台比赛中获得金杯奖。1994年，升任黄石饭店经理。

汪建国

汪建国，男，1945年出生，湖北武汉人，大专学历，中式烹调高级技师，湖北烹饪大师，中国烹饪大师。曾任武汉老会宾楼厨师长、武汉商业服务学院烹饪系主任、湖北省烹饪协会常务理事、武汉市烹饪学会副会长、武汉市高级技师评审委员会委员等职务。2009年11月，因病去世，享年65岁。

1963年，进入原武汉市服务学校烹饪专业学习。1964年，被分配到友好餐厅实习，拜鲁菜大师计绍华为师学艺。1965年，被派到老会宾楼学习，拜京、苏帮名师陈训民、宗良松为师。1966年，被分配到老会宾楼工作，先后担任红案班长、小灶班长、厨师长，多次被评为"商业局系统先进工作者"。20世纪70年代初期，汪建国带领一支湖北省烹饪代表队到深圳创办了一家具有地道湖北风味的四季美酒楼，遵循"食无定位，适口者珍"的制菜思想，打破传统思维，北料南做，西菜中做，创制出独具新颖风格的菜品，深受食客的青睐。1983年，代表湖北省参加全国首届烹饪名师技术表演鉴定会，荣获热菜金奖。1988年，当选为武汉市江汉区第五届党代会代表，同年参加了第二届全国烹饪技术比赛，获得热菜金牌1枚、铜牌2枚。1990年，调入武汉商业服务学院，担任烹饪系副主任，从事烹饪专业教学与管理工作。1991年，汪建国大师应日本大分市城南高校邀请，到日本进行烹饪技术表演，受到日本师生的一致好评，圆满完成了国际交流任务。1993年，当选为武汉市第九届人大代表，被评为武汉市政府津贴专家。1996年，被湖北省原贸易厅授予"鄂菜烹饪大师"称号。2001年至2003年，先后为日本留学生、芬兰留学生授课，给留学生们留下了深刻印象。2004年，被中共武汉市委组织部评为武汉市高级专家协会成员，被湖北省烹饪协会特聘为鄂菜名厨俱乐部主席。

汪显山

汪显山，男，1920年出生，湖北汉阳人。因为家境贫寒，年仅11岁时，到汉口老大兴园酒楼当学徒，师从第一代"鮰鱼大王"刘开榜。15岁时，开始掌勺，曾创下一天烧制600斤鮰鱼菜肴的纪录。1953年，叶剑英元帅到武汉期间，当时的武汉市副市长张执一宴请叶帅，特邀曹雨庭和汪显山为叶帅做了拿手名菜"氽鮰鱼"和"红烧鮰鱼"，叶帅当面夸赞两位师傅的菜做得好，当晚请他们到人民剧院看京戏。1961年，继刘开榜、曹雨庭之后，被当时的湖北省饮食公司和行业协会推选为第三代"鮰鱼大王"。1964年，第二代"鮰鱼大王"曹雨庭因病去世，汪显山随后独自扛起了老大兴园酒楼"鮰鱼大王"的品牌大旗。1985年，被武汉市人民政府授予"特级厨师"称号。1989年，从老大兴园酒楼退休。1999年，应邀担任武汉艳阳天酒店技术顾问，在餐饮企业中继续发挥余热。2007年，因病去世，享年88岁。

在七十多年的从厨生涯中，汪显山大师将传统的鮰鱼菜系列从4道发展到十余道，诸如"粉蒸鮰鱼""红烧鮰鱼""清炖鮰鱼""氽鮰鱼""干烧鮰鱼""鸡蓉笔架鱼肚"等，曾多次在全国烹饪大赛上获奖。

张发明

张发明，男，1945年出生，湖北沙洋人，特一级烹调师，中式烹调高级技师，湖北省职业技能鉴定考评员。曾任荆门市饮食服务公司办公室主任、荆门市饮食服务公司副经理，曾兼任荆门市烹饪协会秘书长、湖北省烹饪协会常务理事，以及沙洋师范高等专科学校、荆门市技工学校、荆门市职教中心（职业中专）烹饪专业教师。2001年8月25日，因病去世，享年57岁。

1960年3月，初中毕业后进入餐饮行业。1963

年4月，被选送到荆门县商业局首届厨师培训班学习。1965年6月，开始负责基层门店管理工作，曾任沙洋车站饭店、工农饭店、汉江饭店、服务大楼副主任或主任。1965年9月，到武汉老通城餐馆、筱陶袁煨汤馆进修学习。1978年11月，调任荆门饭店副主任。1979年至1982年，被优选到荆州地区饮食技术考评组，参加对12个县的厨师等级考评工作。1981年4月至1985年7月，在荆门县、荆门市饮食服务公司先后任业务股长、办公室主任。1984年3月至1985年1月，到中国饮食服务总公司武汉烹饪技术培训站首届高级厨师培训班学习。1984年12月，当选为荆门市烹饪协会副理事长。1985年8月，担任荆门市饮食服务公司副经理。1987年，编著的《荆楚食萃》出版发行。1991年4月，当选为荆门市烹饪协会第二届理事会副会长兼秘书长。1997年，被湖北省原贸易厅评为"鄂菜烹饪名师"。1999年，主持编撰《荆门食风》论文集并出版。

张发明大师曾在《中国烹饪》《东方美食》《餐饮世界》等刊物上发表多篇楚菜研究论文，4次荣获荆门市烹饪协会理论研讨会优秀论文奖，两次荣获荆门市自然科学优秀学术论文奖，《荆楚食萃》获评中共荆门市委、荆门市人民政府社会科学优秀成果三等奖。

钟生楚

钟生楚，男，1926年出生，湖北省汉阳县（今武汉市蔡甸区）人，特级烹调师。1938年，在汉口百里司中西餐厅做白案学徒。1940年，在汉口共和春餐厅任白案厨师。1946年，在汉口老四季美餐馆任白案厨师。1950年，在老四季美汤包馆任白案掌作厨师兼生产主任。1956年后，历任四季美汤包馆副书记、书记、经理等职。1990年12月，从四季美汤包馆退休。1992年4月，钟生楚大师因病去世，享年66岁。

在四季美汤包馆工作期间，累积了丰富经验的钟生楚大师，综合徐大宽、张老六、李干庭等几位四季

美前辈厨师制作汤包的经验，因地制宜，因时制宜，把以前口味偏甜的汤包改良成以咸鲜为主的风味，推出多个汤包品种，并在汤包制作的每个环节上精益求精，改良后的汤包深受武汉民众的喜爱，博得中外人士的一致赞扬，被誉为"汤包大王"。毛泽东、周恩来、刘少奇、邓小平等原国家领导人曾多次品尝过他制作的汤包，并受到好评。1958年4月，钟生楚大师在汉口受到毛泽东主席的亲切接见。

钟生楚大师将汤包制作技艺要领总结为7点，即"面熟碱准水适当，节准量足一个样，边薄中厚杆圆形，馅子挑在皮中心，花细均匀鲫鱼嘴，轻拿轻放要摆正，火候时间掌握准"，制作的汤包具有"皮薄、馅嫩、汤鲜、味美"的特点。钟生楚大师在"鲜肉汤包"基础上研制了"香菇汤包""蟹黄汤包""虾仁汤包"等多个品种，多次获得武汉市优产品奖。

高金安

高金安，男，1917年出生，湖北孝感人。因为家境清贫，15岁的高金安就到汉口谋生，挑着担子沿大街小巷叫卖豆皮。为人忠厚，不善言辞的高金安，做事踏实，吃苦耐劳，而且肯动脑筋，曾在杨洪发豆皮店、美味春豆皮店掌厨，逐渐练出了一手扎实的豆皮制作技术。1989年，因病去世，享年72岁。

1947年，老通成食品店重新开业，扩充店堂，增加品种，小有名气的高金安被请到老通成掌勺摊豆皮，在豆皮制作的原料和工艺上加以改良和创新，以肉丁、虾仁、冬菇作馅料，精心创制出皮薄色靓、松嫩爽口、馅心鲜香、油而不腻的"三鲜豆皮"，深受市民喜爱，成为老通成的招牌产品。高金安大师不断推陈出新，在同一口锅里同时做出几种不同风味的豆皮，如年轻人爱吃的老火豆皮、老年人喜吃的嫩火豆皮、不吃葱的人爱吃的免青豆皮等，并且一步步推出虾仁豆皮、冬菇豆皮、蟹黄豆皮、全料豆皮等数十种豆皮品种，成为武汉三镇公认的"豆皮大王"，"老通成豆皮"成为汉口的一张鲜活名片。

高金安大师在豆皮制作技艺上精益求精，认真细化豆皮馅、豆皮浆、豆皮煎制等一整套标准工艺，明确提出豆皮制作质量"三道关"，即磨浆关（浆要磨细，干湿恰当，随用随磨，随换清水）、火功关（一锅豆皮中途变换几次火候，保证豆皮的色、味、香、型，外脆内嫩）、下料关（主配料齐全，原汁原味）。

20 世纪 50 年代中期，老通成食品店更名为"老通成餐馆"，高金安制作的"三鲜豆皮"不仅享誉武汉三镇，还传入广州、上海、长沙、乌鲁木齐等地。1958 年，毛泽东主席两次亲临老通成餐馆品尝"三鲜豆皮"，并在接见高金安及老通成餐馆职工时说："豆皮是湖北风味，要保持下去。"金日成、西哈努克等多位外国前领导人品尝过老通成的"三鲜豆皮"，并给予了很高评价。

黄昌祥

黄昌祥，男，1935 年出生，湖北武汉人，特一级烹调师。曾任中国烹饪协会理事、湖北省烹饪协会常务理事、武汉市烹饪协会顾问、楚天大厦厨师长等职。1983 年，曾应邀担任全国烹饪名师技术表演鉴定会评委。2004 年，因病去世，享年 70 岁。

1956 年，黄昌祥到武汉市黄仁记餐馆随父亲学徒，8 年后转到大中华酒楼跟柳学洪、李双文学习厨艺，曾在大中华酒楼工作多年。

成名后的黄昌祥大师刀工技法娴熟，烹饪技艺全面，对火候与调味的把控得心应手，擅长制作湖北菜与安徽菜，精于食品雕刻和花拼彩碟，尤以烹制淡水鱼菜见长，仅武昌鱼这道食材，就能制作出"清蒸武昌鱼"等三十余种菜肴，还可设计和制作不同档次的全鱼席和武昌鱼宴。黄昌祥大师能运用 20 种技法、14 种味型，烹制出三百余款菜式，他制作的"菠萝鳜鱼""凤脯鱼饼""五彩鱼丝"等菜品，以形态肖似、色味俱佳而著称。此外，黄昌祥大师还勤于编撰烹饪书籍，乐于带徒传授厨艺，曾主编、参编《武昌鱼菜谱》《鄂菜工艺》等烹饪著作，培

养了卢永良、余明社、黄旺喜等一批优秀的楚菜大师。

曹树华

曹树华，男，1903 年出生，湖北黄陂人，黄石市特级烹调师，是津京帮在湖北最早的传人之一，被誉为"黄石餐饮行业泰斗"。

13 岁时，随叔父从老家到汉口德华酒楼学徒，师承德华楼老板、津京风味菜大师李焕庭。19 岁时，跟着师傅去天津、北京两地司厨。23 岁时，返回武汉成亲，之后受聘于德华楼，其间去过上海、南京、九江等地司厨。1946 年，抗日战争胜利后，与第一代"鮰鱼大王"刘开榜等名师一起，共同出资对德华楼进行维修装饰，使历经劫难的德华楼得以重新开业。1949 年，曹树华大师来到黄石石灰窑（现西塞山区）和平街，创办了黄石小德华酒楼。

曹树华大师认为"餐饮是有生命的，做菜一定要投入感情"，提倡"做人学道理，做事学原理"，自己在餐饮工作中身体力行，不仅成就了自身精湛的厨艺，而且以实际行动诠释"德艺双馨"这四个字的丰富内涵，乐于助人，不遗余力地传授厨艺，传播厨德，为黄石餐饮业界培养了大批优秀技能人才，为推进黄石餐饮行业持续发展做出了突出贡献。

曹啟炎

曹啟炎，男，1925 年出生，湖北武汉人，国家一级烹调师（高级技师），湖北烹饪大师。1941 年，到武汉老大兴园酒楼做学徒，师承第二代"鮰鱼大王"曹雨庭。1964 年之后，协助第三代"鮰鱼大王"汪显山经营老大兴园酒楼。2005 年，因病去世，享年 80 岁。

曹啟炎大师参与了老大兴园酒楼的多个重要活

动，也见证了老大兴园酒楼的辉煌与没落。1955年，原商业部在北京举行全国食品展览，曹啟炎参与制作的"红烧鮰鱼""荷包元子"等送展菜肴受到一致好评。1963年，在湖北省饮食公司编辑名菜谱过程中，也浮现了曹啟炎大师的身影。1964年，第二代"鮰鱼大王"曹雨庭因病去世，第三代"鮰鱼大王"汪显山在老大兴园挂牌献艺。此后，曹啟炎尽力辅佐师兄汪显山，在厨房里兢兢业业工作，并且和师兄汪显山一起，对孙昌弼等弟子们手把手传帮带，传承老大兴园酒楼的鮰鱼制作技艺，为老大兴园酒楼一步步走向辉煌而默默地奉献着。20世纪80年代，老大兴园酒楼生意火爆，处于鼎盛时期。1986年，曹啟炎大师被武汉市硚口区商业委员会授予"硚口区先进工作（生产）者"称号。

退休之后，曹啟炎大师依然没有离开心爱的餐饮行业。1999年，被聘为武汉艳阳天商贸发展有限公司出品部总顾问。2004年，曹啟炎大师被武汉市餐饮服务处授予"武汉市餐饮行业特别贡献奖"。

喻凤山

喻凤山，男，1924年出生，湖北黄冈人。1937年，年仅13岁的喻凤山离开灾荒严重的家乡，只身外出寻找在汉口做工的父亲。父子团聚之后，迫于生计，少年喻凤山曾到餐馆做帮工。1944年，汉口遭到飞机轰炸，20岁的喻凤山被迫返回黄冈。1946年冬，22岁的喻凤山到陶坤甫、袁得照在汉口兰陵路合伙开办的煨汤馆做学徒。因为做事勤快，观察细致，领悟力强，逐渐掌握一手绝活——用鼻子一闻就能辨香知味，不用尝就知道汤煨的火候如何，能判断是否汤浓味美。1948年，厨艺精进的喻凤山开始在扩建后的筱陶袁煨汤馆主理煨汤。在传统牛肉汤和八卦汤（乌龟汤）的基础上，大胆创新，逐渐推出母鸡汤、鸭子汤等十多个新品种，并且赢得了顾客的广泛好评。

喻凤山大师主理的煨汤，选料严谨，讲究火候，汤香味美，被誉为武汉"煨汤第一人"。1958年11

月底，喻凤山大师曾为到武昌参加中共八届六中全会的周恩来总理精心煨制了一罐鸡汤。会议期间，毛泽东主席特意邀请喻凤山大师到东湖宾馆献艺，刘少奇、朱德等领导人都品尝过喻凤山大师煨的汤。会议结束后，周总理临上飞机前特意将喻凤山等人请到一起照了张合影。1964年，喻凤山大师受上海市委一位领导的邀请，赴上海锦江饭店献艺。多位外国元首包括朝鲜劳动党主席金日成，在锦江饭店品尝过喻凤山大师的煨汤后赞不绝口。1978年，喻凤山大师被原商业部授予"煨汤大王"称号。1979年，喻凤山大师从小桃园煨汤馆退休，随后因工作需要被返聘。1982年，喻凤山大师再次从小桃园煨汤馆退休。1999年10月，喻凤山大师去世，享年75岁。

蔡学仁

蔡学仁，男，1936年出生，湖北黄陂人，湖北省特一级烹调师。曾执掌过武汉人民酒楼、武汉实验餐厅，曾担任湖北省烹饪学习班、中国商业部武汉烹饪技术培训站主讲教师，曾被聘请为武汉艳阳天大酒店顾问。2006年，因病去世，享年70岁。

1948年，到餐馆做学徒。1976年，在武汉市青少年宫饮食公司组织的刀工比赛中荣获第一名。1977年，在十堰举行的湖北省烹调比赛中荣获第一名。1981年，受聘担任湖北省烹饪学习班主讲教师。1983年，调到中国商业部武汉烹饪技术培训站担任主讲教师。1986年，在武汉市烹饪比赛中再次荣获第一名，被武汉市人民政府授予"武汉市劳动模范"称号。1987年，赴新疆开展烹饪教学期间，在组织的安排下，为国家前领导人李鹏制作了一桌色香味形俱佳的全鱼宴。1989年，担任武汉蓝天酒店厨师长。1992年，由组织安排专程到湖北应城宾馆为江泽民主席烹制了一桌荆楚风味全鱼宴。

蔡学仁大师德艺双馨，曾获"鄂菜十大名师"称号，曾参编《鄂菜工艺》等烹饪书籍，为餐饮行业培养了一批批亟须的技能人才。

二、资深级楚菜烹饪大师

孙昌弼

孙昌弼，男，1949年出生，湖北武汉人，中式烹调高级技师，湖北烹饪大师，元老级注册中国烹饪大师，餐饮业国家级评委，曾就职于武汉老大兴园酒楼、武汉国大艺园、武汉小蓝鲸健康美食管理有限公司，现任武汉市老大兴园酒店管理有限责任公司总经理、武汉昌弼厨艺工作室主席，兼任武汉新海景酒店管理有限公司顾问、武汉商学院客座教授、中国国际书画艺术研究院终身书法家。

孙昌弼大师早年师承第三代"鮰鱼大王"汪显山和烹饪名师曹启炎，在鮰鱼制作、冷拼和食品雕刻等方面独树一帜，自成体系。

1980年，荣获湖北省烹饪技术大赛第二名。1987年，被武汉市总工会评为"武汉市自学成才优秀职工"。1992年，被武汉市人民政府授予"武汉市技术能手"称号。2004年，主持研制的"鮰鱼宴"在第十四届中国厨师节上被评为"中国名宴"。

2005年，被湖北省人民政府授予"十大鄂菜大师"称号，被武汉市人民政府外事办公室授予"武汉中法文化年活动先进个人"称号。2006年，被中国烹饪协会授予"中华金厨奖"。2007年，被中国烹饪协会授予"中国烹饪大师金爵奖"。2012年，被湖北省文化厅聘为"湖北省级非物质文化遗产项目（老大兴园鮰鱼制作技艺）代表性传承人"。2014年，被中国烹饪协会授予"中国烹饪大师终身成就奖"。2016年，被湖北省人民政府评为"湖北省级非物质文化遗产代表性传承人评定评委"。2017年，被中国烹饪协会授予"中国餐饮30年杰出人物奖"和"中国烹饪大师名人堂尊师"称号。

孙昌弼大师曾主编《中国烹饪大师作品精粹（孙昌弼专辑）》，参编《中国鄂菜》《美味湖北》等多部烹饪书籍，入选《中华优秀人才大典》《中国名厨大典》《中国饭店管理人才大典》《世界优秀人才名典》《华夏英才——中华名厨系列》，在社会上享有第四代"鮰鱼大王"的美誉，在业界内被称为"厨房里的文化人""厨师中的艺术家"。

徐家莹

徐家莹，女，1952年出生，祖籍上海，大专学历，高级经营师，中式面点高级技师，湖北烹饪大师，资深级注册中国烹饪大师，国家职业技能竞赛裁判员，餐饮业国家一级评委，中国绿色饭店（餐饮）高级注册评审员。现任武汉市四季美饮业有限责任公司董事长，兼任湖北省烹饪酒店行业协会理事。

1968年，响应毛主席号召上山下乡。1970年，被召回武汉市四季美汤包馆工作，师承"汤包大王"钟生楚。1981年，出任四季美汤包馆总经理。1986年，申请全国首个汤包速冻专利。20世纪90年代初期，相继研发出酸、甜、苦、辣、麻等八味百余种汤包，并在全国首次隆重推出"汤包宴"。1993年，注册成立武汉市四季美饮业有限责任公司。2004年，在徐家莹大师的主持下，武汉市四季美饮业有限责任公司成为国内首部小吃标准——《武汉面食标准》的主要制定者。

张毅

张毅，男，1952年出生，湖北钟祥人，本科学历，湖北省特级教师，中式烹调高级技师，湖北烹饪大师，资深级注册中国烹饪大师，全国餐饮业一级评委，湖北省职业技能鉴定高级考评员，中国绿色饭店（餐饮）注册高级评审员。现任荆门市烹饪酒店行业协会会长、荆门市美食文化研究所所长、湖北省烹饪酒店行业协会特邀副会长、湖北省食文化研究会副会长。

1976年至1977年，任荆门县龙泉中学食堂炊事员。1977年至1986年，任沙洋师范食堂炊事员。1986年至2012年，任湖北信息工程学校（原荆门职教中心和荆门职业中专）烹饪专业教师。2012年至2016年，任荆门市烹饪酒店行业协会副会长兼秘书长。

在四十多年的烹饪探索历程中，张毅大师烹调实践与烹饪理论相结合，不仅为荆门地区培养了一批批优秀的烹饪技能人才，多次参加省市及全国烹饪学术研讨会，出版《烹苑杂谈》专著1部，参编《吃在荆门·乡土风味篇》《荆门烹协三十年》《中国鄂菜》《鄂菜产业发展报告2013》等烹饪书籍多部，公开

从事餐饮工作近50年来，徐家莹大师一直专注汤包制作技艺，不断学习烹饪理论和企业管理知识，多次参加省市及全国烹饪技术比赛并获得优异成绩，研制的汤包、点心多次夺得金鼎奖（饮食业最高荣誉），多次应邀担任省市及全国烹饪技术比赛的专业评委，而且像老一辈师傅那样收徒传艺，手把手传帮带，为武汉餐饮行业培养了一批优秀的面点技能人才。

1999年，被武汉市商业委员会和武汉市饮食服务行业协会联合授予"美食经营明星"称号。2000年，被武汉市总工会授予"武汉五一劳动奖章"。2002年，被中国烹饪协会授予"中国餐饮业管理成就奖"。2012年，被湖北省文化厅授予"首届湖北省食文化技艺传承人"称号。2017年，被中国烹饪协会授予"中国餐饮30年杰出人物奖"。2018年，被武汉市餐饮业协会授予"武汉餐饮行业技艺传承突出贡献人物奖"和"武汉餐饮行业终身成就奖"。

发表文章一百多篇，荣获各项论文奖二十余次，并多次应邀担任省市及全国烹饪大赛的专业评委，多年主持荆门市烹饪酒店行业协会日常工作，被誉为"荆门饮食文化的摆渡人"。

1981年，被湖北省人民政府授予"职工后勤战线先进工作者"称号。1987年，荣获"荆门市优秀共产党员"称号。1994年，获评"荆门市烹饪学科带头人"。1997年，被荆门市人民政府授予"职业教育先进工作者"称号。1998年，被荆门市委、市政府授予"专业技术拔尖人才"称号。2007年，荣获"全国餐饮业教育成果奖"和"中华金厨奖（人才培育奖）"。2010年，被湖北省商务厅授予"湖北省十大鄂菜大师"称号。2011年，荣获教育部全国职业院校技能大赛"优秀指导教师奖"和湖北省教育厅"优秀指导教师奖"。2012年，获评"湖北省首批食文化突出贡献专家"。2013年，荣获"全国酒店酒家等级评定先进个人"称号。2015年，荣获湖北省科协"优秀科技工作者建议二等奖"。2017年，荣获"中国餐饮30年杰出人物奖"，获评荆门市科协"2017年全国科普日活动先进个人"。2018年，获评"全国绿色饭店先进工作者"、湖北省烹饪酒店行业协会"年度优秀社团工作者""改革开放40年中国餐饮业·促进发展突出贡献人物"。

卢永良

卢永良，男，1954年出生，湖北天门人，大专学历，中式烹调高级技师，湖北烹饪大师，资深级注册中国烹饪大师，高级经营师，湖北省政府专项津贴专家，湖北省高技能人才评审专家，湖北省旅游发展决策咨询专家，国家职业技能竞赛裁判员，餐饮业国家一级评委。曾执掌过中华名店武汉大中华酒楼，现为湖北经济学院教授、湖北省卢永良技能大师工作室领办人、武汉卢大师酒店管理有限公司董事长、湖北省级非物质文化遗产名录项目武昌鱼制作技艺第三代传承人代表，兼任世界中餐联合会名厨委副主席、中国烹饪协会特邀副会长、中国烹饪协会名厨委常务副主席、中国顶级大师联谊会秘书长、湖北省烹饪酒店行业协会名厨委主席等社会职务。

1971年参加工作，师承楚菜名宿黄昌祥。从业四十多年来，实践与理论相结合，技术与学术相结合，企业与学校相结合，逐渐成长为湖北餐饮界旗帜人物。曾多次参加省市、全国及国际烹饪技术比赛并取得优异成绩，多次应邀担任全国各类烹饪技能大赛的专业评委和裁判长，多次组织湖北省各类烹饪技术大赛并担任裁判长，研制的"海参武昌鱼""红焖武昌鱼"等多道菜品入选"湖北名菜"和"中国名菜"，曾编著《中国烹饪大师卢永良作品精粹》《中华名厨卢永良烹饪艺术》《楚厨绽放》等数十部烹饪书籍，在《中国烹饪》《中国食品》等专业期刊上发表数十篇学术论文，主编参编《烹饪工艺学》《餐饮管理》等多部专业教材，曾受邀走进联合国总部表演厨艺、制作中法高级别人文化机制交流中国非遗美食品鉴宴，在北京大学等著名高校以及全国各地和三十多个国家举办楚菜文化交流和楚菜厨艺培训活动，指导并带领湖北厨师参加全国及国际烹饪技术大赛，培养了一大批优秀的楚菜技能与管理人才。

卢永良大师曾担任湖北省第六届、第七届、第八届人民代表大会代表，先后被政府部门或行业组织授予"全国劳动模范""湖北省特等劳动模范""湖北省十大名厨""湖北省技能大师""十大鄂菜大师""全国百名技术能手""中国烹饪领军人物""中国最美厨师""世界中餐国际推广突出贡献奖""中国烹饪功勋人物""改革开放 30 年餐饮行业功勋人物""改革开放 40 年餐饮行业功勋人物"等诸多荣誉称号。

余明社

余明社,男,1956 年出生,湖北武汉人,大专学历,中式烹调高级技师,湖北烹饪大师,资深级注册中国烹饪大师,国家餐饮业一级评委,湖北经济学院教授,武汉市政府专项津贴专家,湖北省非物质文化遗产项目武昌鱼制作技艺传承人代表。曾就职于武昌大中华酒楼,现任武汉湖锦娱乐发展有限责任公司副总经理和出品总监,兼任中国烹饪协会名厨委湖北工作区主任、中国饭店协会名厨委常务副主席、湖北省烹饪酒店行业协会副会长等社会职务。

1971 年参加工作。从厨四十多年来,余明社大师在烹调技术上精益求精,在烹饪理论上厚积薄发,理论与实践相结合,个人事迹曾被《长江日报》《中国青年报》《工人日报》《湖北电视台》等诸多媒体报道。作为中式烹调高级技师,多次参加国内国际烹饪技术大赛并取得优异成绩,多次应邀担任省市和全国烹饪技术大赛的专业评委,多次受邀到国外开展中国饮食文化交流活动。1980—1988 年,连续五次获得湖北省烹饪技术大赛第一名。1988 年,荣获第二届全国烹饪技术大赛金奖。1993 年,荣获第三届全国烹饪技术大赛团体金奖。2000 年,荣获第三届中国烹饪世界大赛(日本东京)冷盘金奖和团体金奖。作为餐饮企业出品总监,提出菜肴创新研发须遵循"实用、时尚、精致、大气"四大要点,研制的"干贝焖肉方""鸽蛋酿裙边""红煨裙爪""菜根香"等多道创新菜品,在湖北餐饮市场上深受欢迎。作为大学烹饪专业教授,曾参与完成"烹饪工艺专业特色教学模式研究""烹饪产品的创新与鉴赏研究"等多项校级教研科研课题,主编或副主编《食品雕刻》《切配技术》等国家规划教材,主编或参编《中国烹饪大师作品精粹·余明社专辑》《中国鄂菜》等多部烹饪书籍,在《中国烹饪》《餐饮世界》等专业期刊上公开发表论文十余篇。

1980 年,获评"武汉市优秀青年职工标兵"。1991 年,被武汉市人民政府授予"武汉市劳动模范"称号。1995 年,荣获"中华金厨奖"。2005 年,被

湖北省人民政府授予"十大鄂菜大师"称号。2007 年,荣获"中国烹饪大师金爵奖"。2009 年,荣获"法国蓝带美食勋章"。2010 年,荣获"推动中部餐饮业发展成就奖"。2014 年,获评"全国餐饮业典型人物"。2015 年,获评"全国商贸流通服务业劳动模范"。2017 年,荣获"中国餐饮 30 年功勋人物奖"。2018 年,获评"改革开放 40 年全国饭店餐饮业功勋企业烹饪大师",荣获"中国烹饪大师名人堂尊师"称号。

鲁永超

鲁永超,男,1954 年出生,湖北武汉人,本科学历,中式烹调高级技师,注册资深中国烹饪大师,武汉商学院副教授,餐饮业国家级评委,湖北省人力资源和社会保障厅技能评审委员会委员。曾任武汉商学院烹饪与食品工程学院院长,现任武汉商学院烹饪与食品工程学院名誉院长、武汉素食研究所所长、中国烹饪协会理事、中国烹饪协会名厨专业委员会委员、湖北药膳食疗研究会监事长、湖北省非物质文化遗产评审委员会委员。

院素斋》《奥运健康食谱》《鄂菜大系》等多部烹饪书籍。

鲁永超大师曾被中国烹饪协会授予"全国餐饮业教育成果奖"及"中华金厨奖"，被教育部职教司授予"全国教改先进教师"称号。

涂建国

涂建国，男，1956年出生，湖北武汉人，大专学历，武汉商学院讲师，中式烹调高级技师，湖北烹饪大师，资深级注册中国烹饪大师，中国烹饪协会名厨委委员，湖北省旅游职业技能鉴定专家，餐饮业国家一级评委，湖北省烹饪酒店行业协会特聘专家副会长，入选第七届世界军人运动会餐饮服务专家。

1974年至2016年，在武汉商学院（原武汉市服务学校、武汉商业服务学院）任教。20世纪80年代，被武汉市政府选派到广东省负责武汉市驻广东办事处的接待服务工作，为湖北菜的创新与推广做了大量工作。20世纪90年代中期，被武汉市商委选派到武汉商务饭店任总经理。2000年以后，回校担任武汉商

1973年，到武汉市第二商业学校任教。从事餐饮职业教育工作40年，鲁永超大师理论与实践相结合，教学与科研相结合，校内育人与社会服务相结合，多次参加省市及全国烹饪比赛，多次应邀担任省市及全国烹饪比赛的专业评委，多次为中国南极科学考察站组织配置厨务人员以保障中国科考人员的日常膳食质量，被多家餐饮企业聘请为技术顾问，为湖北省乃至全国餐饮界培养了数以千计的专门人才。

鲁永超大师积极开展教育创新，在全国职业教育院校中首先创办了生鲜食品加工、厨政管理等专业，首次提出烹饪技能教学"因岗施教、梯级递进"的教学观念，率先推行"2 + 1"烹饪技能教学模式，首次倡导举办全国高等院校学生技能大赛，曾带领408名师生参加2008年北京奥运会餐饮服务工作。

鲁永超大师积极开展科学研究，主持完成了《寺庙斋菜及其食疗保健研究》《鄂菜产业化发展》等多项课题，公开发表"加强餐饮文化建设推进鄂菜产业发展"等多篇学术论文，主编参编了《面点工艺学》《中外饮食民俗》等多部专业教材和《我行我素》《寺

学院烹饪与食品工程学院副院长。

涂建国大师多次参加全省、全国及国际烹饪技术比赛，研发制作的"石锅海参""灌汤龙虾球""面烤鮰鱼""清汤大鱼圆""藕蓉菊花鱼""蟹黄虾球""糖醋脆鳝"等十余道菜品，荣获省部级、国家级、国际级烹饪大赛金奖。曾受邀出任湖北饭店、武汉三五酒店等多家餐饮企业运营顾问。积极参与开创武汉市餐饮行业"时尚菜看"餐饮模式，应邀参与创办武汉田园食上餐厅等多家时尚餐饮企业实体。参编《中国鄂菜》《美味湖北》等多部烹饪书籍，参与"沔阳三蒸""竹溪蒸盆"等非物质文化遗产课题研究，多次应邀担任省市及全国烹饪技术大赛的专业评委。在学校课堂教学培养专业人才的基础上，收徒弟达六十多人（其中多名徒弟成为湖北地区餐饮行业领军人物和创业典型），为湖北餐饮行业培养了一大批优秀的技能和管理人才。

在从事烹饪教学及餐饮管理工作的四十多年间，涂建国大师坚持理论与实践结合，学校与行业互通，钻研厨艺，传道授业，曾被中国烹饪协会授予"中国十大名厨""中国烹饪大师金爵奖""中国烹饪30年功勋成就奖""改革开放40年中国餐饮行业技艺传承突出贡献奖"等多项荣誉称号。

李和鸣

李和鸣，男，1957年出生，湖北仙桃人，中式烹调高级技师，湖北烹饪大师，资深级注册中国烹饪大师，湖北省职业技能鉴定高级考评员，湖北省非物质文化遗产名录项目沔阳三蒸制作技艺代表性传承人。曾就职于仙桃市饮食服务公司、仙桃市花源酒店、仙桃市天怡大酒店，现任仙桃市李和鸣大师工作室董事长，兼任仙桃市烹饪酒店行业协会会长、仙桃市沔阳三蒸协会会长、湖北省烹饪酒店行业协会特邀副会长、武汉商学院客座教授。

1997年，进入餐饮行业，拜楚菜名家喻成汉为师。从业40年来，具备了扎实的烹饪技术水平，积累了丰富的餐饮管理经验，代表菜品有"粉蒸松鼠鱼""香煎青鱼唇""清炖白莲"等。

1995年，荣获湖北省第三届烹饪大赛金牌。2010年，被中国饭店协会授予"推动中部地区餐饮业发展成就奖"。2012年，被中国烹饪协会授予"中

华金厨奖"。2014年，被仙桃市人民政府授予"行业领军人才"称号。2015年，被湖北省人民政府授予"湖北省首席技师"称号。2017年，被中国烹饪协会授予"中国餐饮30年杰出人物奖"。

李和鸣大师曾当选为仙桃市第八届、第九届政协委员，主编出版《沔阳三蒸》菜谱，并在《东方美食》《当代旅游》《仙桃日报》《仙桃周刊》等媒体上发表多篇文章，多次在湖北省及全国烹饪技能大赛上担任评委，在武汉、宜昌、北京等地交流沔阳三蒸制作技艺。中央电视台《消费主张》栏目和《远方的家》栏目、湖南电视台《天天向上》栏目以及内蒙古电视台、台湾东森电视台、湖北经视等电视媒体，曾对李和鸣大师的蒸菜技艺进行过专题报道。作为仙桃市餐饮行业领军人物和沔阳三蒸制作技艺代表性传承人，李和鸣大师重视高素质技能型人才队伍的培养，对徒弟严格要求，其亲授弟子中多人已经成长为湖北烹饪大师、中国烹饪大师。

丁志彬

丁志彬，男，1948年出生，湖北武汉人，湖北省原商业厅评定的首届三级点心师。曾任武汉市硚口区谈炎记水饺馆工会主席、谈炎记水饺馆经理、硚口区铁桥餐馆经理等职，是武汉餐饮业界公认的第三代"水饺大王"。

1964年，年仅15岁的丁志彬进入武汉市谈炎记水饺馆学徒，师承面点名师杨绍新和第二代"水饺大王"谈艮山。1985年，因工作需要调离谈炎记水饺馆。2000年，退休后被新成立的武汉谈炎记饮食有限公司返聘为面房主管。

从事餐饮工作五十多年来，丁志彬大师潜心研究水饺制作技术，相继开发出"芹菜鲜肉水饺""大葱鲜肉水饺""金牌虾仁水饺"等近10个水饺系列新产品。1989年12月，"虾米香菇鲜肉水饺"被武汉市饮食服务管理处授予"武汉市优质产品"称号。2000年9月，"虾米香菇鲜肉水饺"被中国烹饪协会评为"中华名小吃"。

2001年，武汉电视台《天生我才》栏目组特邀丁志彬大师录制了谈炎记水饺制作过程的专题片，并在武汉电视台播放。2002年，中央电视台二频道栏目组也特邀丁志彬大师录制了谈炎记水饺制作过程的专题片，并在中央电视台播放。2003年11月，"原汤水饺"被第五届武汉美食文化节组委会授予"第五届武汉美食文化节特别荣誉奖"。2014年5月，丁志彬被武汉市文化新闻出版广电局评定为"武汉市非物质文化遗产项目谈炎记水饺制作技艺代表性传承人"。

王乾坤

王乾坤，男，1952年出生，湖北仙桃人，中式烹调高级技师，中国烹饪大师。曾先后就职于原沔阳县饮食服务公司仙桃酒楼、原沔阳县饮食服务公司车站饭店、原沔阳县饮食服务公司工农饭店、仙桃市政府沔阳宾馆，曾被荆州地区第三技工学校、仙桃供销学校聘为烹饪专业指导老师，曾任仙桃市烹饪协会副秘书长、副会长。现在湖北省仙桃市仙宇调味食品股份有限公司任沔阳三蒸产品研发专家，兼任仙桃市烹饪协会顾问。

1970年，进入餐饮行业，走上从厨之路。1991年，参加在广西桂林举行的全国饮食文化研究会演展，获热菜优秀作品奖（金奖）。1994年，在荆州地区烹饪大赛中，设计的展台荣获第一名，并指导徒弟陈砚标获热菜金奖，刘军获冷拼金奖。1999年，在第四届全国烹饪技能竞赛中，指导徒弟武思平获热菜金奖、何正富获食品雕刻铜奖。2008年，在第六届全国烹饪技能竞赛中，指导学生肖艳芳获热菜银奖、王俊获热菜铜奖。2010年，在"富水鱼杯"武汉"1+8"城市圈烹饪技能大赛中，指导仙桃代表队荣获团体第一名，同时荣获特金奖2枚、金奖3枚。2011年，在第四届全国中餐技能创新大赛中，指导徒弟汤祥武获热菜金奖。2012年，在第三届中国湖北潜江龙虾节"龙虾烹饪大赛"中，指导徒弟汤祥武获热菜金奖。2016年，在湖北省职业技能电视争霸赛中，指导徒弟汤祥武荣获"楚天匠才行业技术能手"称号。

王域明

王域明，男，1940年出生，湖北黄冈人，中专学历，师从楚菜大师朱世金，中式烹调高级技师。曾多次参加省市烹饪大赛并获奖，多次应邀担任省市烹饪考核的专业裁判和烹饪比赛的专业评委。

1957年，到青山沔阳饭店学习红案。在青山沔阳饭店工作期间，曾荣获"武汉市劳动模范"称号。1962年，由湖北省原商业厅派往北京湖北餐厅担任红案师傅，曾为董必武、徐海东等湖北籍领导单独做菜，曾接待过李先念、王树声等高级领导人。1965年，回到武汉担任青山和平餐厅经理。1973年，调到武东餐厅担任书记。

1982年，被外交部派往中国驻原民主德国大使馆任厨师长，曾为到访的李鹏、江泽民等国家原领导人主理接待宴。1985年，回国后担任青山饮食管理处业务主任。1988年，参编的《三楚名肴》一书由中国食品出版社出版。1989年，被外交部派往中国驻巴西大使馆任厨师长，曾专程为到访的李鹏、杨尚昆等国家领导人做菜。1992年6月，国务院原总理李鹏参加在巴西里约热内卢召开的联合国环境与发展大会期间，曾宴请12国元首，王域明大师亲手掌厨。1992年下半年，回国后到青山悦宾大酒楼任职。2000年，从青山悦宾大酒楼退休。

朱铁山

朱铁山，男，1947年出生，湖北潜江人，大专学历，中式烹调高级技师，湖北烹饪大师，国家一级公共营养师，资深级注册中国烹饪大师，湖北省首批食文化技艺传承人。现任潜江市营养学会副理事长、潜江市烹饪酒店行业协会特邀顾问专家、中国潜江龙虾职业学院客座教授。

1965年至1982年，先后在潜江饮食服务公司担任厨师，到原武汉商业服务学院烹饪系进修学习，在武昌饭店拜师学习，师从楚菜名家卢玉成，系统钻研楚菜烹饪技术，厨艺水平和综合素质得到持续提升。

1983年以来，朱铁山大师先后创办潜江好再来酒楼和潜江麒麟酒楼两大实体，担任酒楼总经理，传带学徒百余人，其中多名徒弟在全省、全国烹饪技能大赛中荣获金奖或特金奖。

2010年以来，朱铁山大师参编《中国烹饪大师名师百人作品精选》（丛书），出版《潜江家乡菜》和《潜江龙虾美食100例》两部烹饪书籍（已被潜江市图书馆作为地方文献永久珍藏）。2015年，《潜江龙虾美食100例》被潜江市人民政府授予"科学技术进步奖特等奖"。

向家新

向家新，女，1945年出生，湖北松滋人，特一

级厨师，中式烹调高级技师。曾任武昌大中华酒楼副经理。

1961年，到武汉市青山区和平餐厅工作，拜楚菜名宿朱世金为师。通过10年的勤学苦练，在烹饪技术方面打下了扎实的基本功。1973年，调入武昌大中华酒楼工作，从此得到柳学鸿、李双文、黄昌祥等前辈大师的悉心指导和谆谆教诲，多次参加区、市和省级各类厨师考试和烹饪比赛并取得优秀成绩，烹饪技艺和业务能力持续提高。1983年，担任武昌大中华酒楼副经理。1995年，从武昌大中华酒楼退休。

1980年，参加武汉市厨师等级考试，荣获第二名，被湖北餐饮业界誉为"红案女状元"。1981年，获评红案一级厨师。1987年，参加湖北省原商业厅组织的厨师考核，荣获第二名，被评为特一级厨师。1994年，被原劳动部评为高级技师。

刘念清

刘念清，男，1955年出生，湖北武汉人，大专学历，中式烹调高级技师，湖北烹饪大师，资深级注册中国烹饪大师，武汉商学院副教授，餐饮业国家级评委。

1976年，到武汉市服务学校（武汉商学院前身）任教。1985年下半年至1986年上半年，受学校委派，到深圳蛇口上海酒家工作。1993年3月至12月，到深圳御花园酒店担任厨师长，为湖北菜在深圳市的推广做了大量工作。2017年，从武汉商学院退休。

从事烹饪教学及餐饮管理工作40年来，刘念清大师坚持理论与实践相结合，学校教学与行业服务互通，致力于传承楚菜和推广楚菜，培养了大批烹饪专业人才，代表菜品有"金狮鳜鱼""菊花虾段""红油鳝糊""虾籽蹄筋""油爆肚尖""白虎啸月"等，

多次参加省市及全国烹饪技术比赛并获得金奖，曾受邀出任湖北三五醇酒店技术顾问长达12年之久，曾参编《烹饪原料加工技术》等专业教材和《鄂菜大系》《寺院素斋》等烹饪书籍多部，在《中国烹饪》《烹调知识》等期刊上发表研究论文多篇。曾被国家教委授予"全国优秀教师"称号，被武汉市人民政府授予"第十届武汉市劳动模范"称号。

江立洪

江立洪，1950年出生，湖北襄阳人，中专学历，中式烹调高级技师，湖北烹饪大师，资深级注册中国烹饪大师，餐饮业国家级评委。

1962年，年仅12岁的江立洪拜师学艺，师承楚菜名宿曹大伦。1966年至1986年，在襄阳市大华酒店（襄樊饭店）工作。1986年至1991年，被外交部派往中国驻美国旧金山和加拿大温哥华使领馆主厨，多次接待国家领导人及外国元首。1992年至2010年，在襄阳市石油宾馆工作（曾任总经理）。2016年，受聘担任襄阳技师学院兼职教师。

1979年，参编《中国名菜谱（湖北风味）》。1979年至1988年，连续当选襄阳市第九届、第十届人大代表。1985年，在《中国烹饪》（湖北专号）发表"夹沙肉的制作要领"，以及"夹沙肉""大葱羊排""猴头玉白菜""雪花鱼片"等菜肴制作工艺，被摄入北影纪录片《状元谱》中。1985年至2015年期间，先后担任湖北省烹饪协会第一届、第二届、第四届、第五届副会长，曾任襄阳市烹饪协会副会长。1990年，发表论文"北美归来话中餐，餐饮方式要改革"。2005年，被湖北省人民政府授予"十大鄂菜大师"称号。

汤德姑

汤德姑，女，1942年出生，湖北孝感人，特一级烹调师。曾任孝感县国营槐荫酒楼门店副主任，曾被孝感市人民政府授予"孝感市劳动模范"称号，被湖北省人民政府授予"湖北省劳动模范"称号，曾当选为孝感市人民代表大会代表、湖北省人民代表大会代表。

1958年，到武汉市重型机床厂工作。1962年，到孝感县城关镇丝棉厂工作。1963年，到孝感县国营会宾餐馆工作，对饮食行业充满兴趣，师从孝感名厨董正福，刻苦练习烹饪基本功。1967年，到孝感县国营槐荫酒楼工作，多次利用出差和探亲的机会，到武汉老通成等大型餐馆实地观察学习。1979年4月，利用1周时间，专程到武汉老通城餐馆进修。1980年，到武汉二商校烹饪专业进修，历时4个月时间里，烹饪技能和理论知识得到系统性的提升。回到槐荫酒楼后，在工作之余，挤出时间自学《烹调技术》《湖北糕点》《饮食营养卫生》《饮食成本核算》等烹饪专业知识，写下了3万多字的读书笔记，成长为酒楼的业务骨干，孝感地方报纸和广播曾先后对此进行了报道。

汤德姑大师对烹饪工作情有独钟，代表菜品有"炸藕夹""爆腰花""红烧鱼""鸡油菜心"等。汤德姑大师积极带徒传艺，培养出了朱福兴、鲁环珍等几位优秀的技能人才。1983年，汤德姑大师被孝感市人民政府授予"孝感市劳动模范"称号，当选为孝感市人民代表大会代表。1984年，被湖北省人民政府授予"湖北省劳动模范"称号，当选为湖北省人民代表大会代表。

许哲祥

许哲祥，男，1954年出生，湖北武汉人，中专学历，湖北省特二级烹调师，湖北烹饪大师。1972年5月，进入武汉市商业学校（武汉商学院的前身）烹饪班，两年系统的红案专业学习经历，为后期的专业发展打下了扎实的基础。1974年，分配到武昌大中华酒楼从事红案工作。1983年，兼任武昌烹饪学校校长。1984年，受聘至

美国奥尔良市楚仙楼中国餐馆，主理湖北风味菜肴。

1979年，荣获武昌饮食公司红案专业综合考试（四至六级厨师资格）第三名。1981年，荣获武汉市红案综合考试（一至三级厨师资格考试）第三名。1983年，参加湖北省饮食服务公司举办的"湖北菜肴展示表演"活动，代表大中华酒楼参与了"湖北水乡鱼宴席"的全盘设计及主理，并独立制作大型食品雕刻——孔雀牡丹主碟、八图造型拼碟等作品。2005年，被湖北省商务厅授予"鄂菜大师"称号。

严友元

严友元，男，1946年出生，湖北鄂州人，湖北省特一级烹调师，中式烹调高级技师，楚菜烹饪大师，鄂州市非物质文化遗产项目武昌鱼烹调技艺第二代代表性传承人。

1958年11月，年仅13岁的严友元到鄂城县饮食服务公司参加工作，从学徒做起，历任厨工、厨师、主厨、门店副主任、门店主任，曾担任鄂城饭店副总经理，主管餐饮部的业务经营和人员培训等工作，于1999年退休。

1963年，荣获黄冈地区饮食业技术比赛红案第一名。1978年，荣获原鄂城县财贸系统技术表演赛烹调技术项目一等奖，荣获湖北省饮食服务系统业务技术表演赛面点项目一等奖和二等奖。1980年，荣获黄冈地区饮食服务业厨师考核红案第一名，荣获黄冈地区宴席菜单设计和制作一等奖。1997年，被湖北省原贸易厅授予"鄂菜烹饪大师"称号。1998年，被鄂州市人民政府授予"鄂州市技能大师"称号，被湖北省人民政府授予"湖北省技术能手"称号。

苏金明

苏金明，男，1930年出生，湖北鄂州人，特一级烹调师，被誉为黄石餐饮界德高望重的烹饪泰斗，为黄石市餐饮业的发展做出了突出贡献，荣获"黄石餐饮行业终身成就奖"。

1942年，苏金明到黄石品珍学徒，师从淮扬菜

大师赵振声。1946年至1949年，先后就职于武汉旋宫饭店、武汉吟雪楼和武汉群艳楼。1949年，调入大冶钢厂招待所，并被评为特一级厨师。1959年，调入黄石海观山宾馆任主厨。在海观山宾馆工作期间，苏金明把一批有特长的优秀厨师招入海观山宾馆，一起开展厨艺交流、菜品研发并传艺授课，代表黄石厨艺界多次到全国各地进行厨艺交流，以丰富的理论基础、精湛的烹饪技艺和虚怀若谷的风范，赢得了众多同行的好评和尊重，海观山宾馆由此被誉为黄石厨界的"黄埔军校"。1985年至1987年，退休后的苏金明大师被返聘到北京冶金招待所服务公司工作。

在四十多年的从厨生涯中，苏金明大师曾接待过毛泽东主席用餐，被外派到北京参加周恩来总理主持的外交部接待西哈努克亲王欢迎宴会，还曾接待过李先念、董必武、陈毅、王震等原国家领导人，以及数学家华罗庚等多位知名人士。

杨同生

杨同生，男，1937年出生，湖北天门人，中式烹调高级技师，湖北烹饪大师，元老级注册中国烹饪大师。曾任天门县饮食服务公司新民酒楼厨师长、天门县饮食服务公司竟陵酒楼总经理、天门市深圳陆羽茶楼行政总厨、天门市饮食服务公司天门大酒店总经理、天门市天门饭店大世界酒楼总经理、天门市天门饭店工会主席，以及湖北省烹饪协会理事、原荆州市烹饪协会副会长、天门市政协委员。

自1957年参加工作后，杨同生师承天门名厨倪菊侣和杨如意学习厨艺，对烹饪技艺精益求精，小水产类菜肴制作技术日益精湛，不仅改革了鳝鱼宰杀等

初加工工艺，而且创制了"橘瓣鱼氽"等特色菜品，在省级和全国烹饪技术表演中多次获得优异成绩，鱼氽技艺闻名遐迩，被誉为湖北的"鱼氽大王"。

1978年，参加湖北省饮食服务系统业务技术表演，所制作的"橘瓣鱼氽"荣获鱼圆表演项目第一名。1983年，参加全国名师表演鉴定会，在人民大会堂表演制作的"橘瓣鱼氽"被评为最佳奖，与党和国家领导人叶剑英、杨尚昆、习仲勋、陈丕显、余秋里、王震等合影留念，并应邀到叶剑英元帅家中献艺，受到叶帅的称赞。

1992年，被政协天门市委员会授予"先进政协委员"称号。1996年，被湖北省原贸易厅授予"鄂菜烹饪大师"称号。2017年，被中国烹饪协会授予"中国烹饪大师名人堂尊师"称号。

杨同生大师的烹饪事迹，曾被《湖北日报》《天门日报》分别以"妙手亨珍馐，绝艺显楚风""传奇厨师杨同生"为题进行专题报道。

吴昌汉

吴昌汉，男，1946年出生，湖北黄陂人，中式烹调高级技师，湖北烹饪大师。曾就职于武汉胜利饭店、武汉丽江饭店。

1964年，到武汉市人民政府交际处胜利饭店学厨。在工作期间，得到黄传菊、刘大山、杨纯清、艾礼金以及杜春臣等厨界前辈的指导和教诲，逐步成长为湖北省外办、湖北省旅游接待系统中的一名骨干厨师。

1988年5月，参加在北京举办的第二届全国烹饪技术比赛，荣获银牌和铜牌，并受到湖北省人民政府办公厅的嘉奖。1988年8月，参加湖北省餐饮服务理论和实操统考，荣获湖北省中式烹饪项目第三名。1989年，调入湖北省侨办中旅下属丽江饭店，从事餐饮管理工作，担任餐饮部经理。1993年，在饭店里积极鼓励菜品创新和提倡"新型楚味"。2005年1月，被湖北省商务厅授予"湖北烹饪大师"称号。

吴美华

吴美华，男，1949年出生，湖北沙市人，特一级烹调师，中式烹调高级技师。

1965年，进入沙市好公道酒楼工作，师从名厨刘绍玉、张定春。1993年，荣获第三届全国烹饪技能大赛热菜金牌和冷菜银牌，并被授予"全国优秀厨师"称号。1996年，被授予"湖北省技能大师"称号。1997年，被授予"鄂菜烹饪大师"称号。

从事餐饮工作近50年，吴美华大师在烹饪技术上勤于钻研，在烹饪理论上勤于思考，曾在《中国烹饪》《食品科技》等期刊上发表"皮条鳝鱼技法上的特点""浅析菜完汁子干的成菜特色"等多篇论文，其中"皮条鳝鱼技法上的特点"一文曾荣获沙市市自然科学优秀学术论文二等奖。

余付泉

余付泉，男，1946年出生，湖北武汉人。曾就职于荆州聚珍园酒楼、荆州饭店。

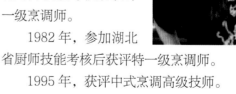

1962年，进入荆州聚珍园酒楼学徒。

1981年，参加湖北省厨师技能考核后获评一级烹调师。

1982年，参加湖北省厨师技能考核后获评特一级烹调师。

1995年，获评中式烹调高级技师。

2003年，获评"鄂菜烹饪大师"。

冷明纯

冷明纯，男，1949年出生，湖北随州人，中式烹调高级技师，湖北烹饪大师，中国烹饪大师，高级经营师。曾任随州市烹饪协会会长，现为湖北省烹饪酒店行业协会特邀顾问。

1966 年，到随州火车站餐馆学厨，后师从楚菜名宿王朝洪、苏永发。曾相继担任随州迎宾酒楼红案班长、随州交通饭店红案班长、随州涢水饭店食堂主任、随州圣宫饭店经理、随州市饮食旅游服务总公司总经理及党总支书记。2004 年，注册成立随州市冷家酒源餐饮有限公司。

冷明纯大师曾研发出五十余道新菜，首创三黄鸡全席（三黄鸡宴），研制的"荷花三黄鸡""金枣汁羊肉""八宝虎皮蛋"等特色菜品，在随州餐饮市场广受欢迎。曾在随州市十余次厨师技能培训班上担任主讲老师，自编二十余万字的培训教材，培养了一批优秀的烹饪技能人才。曾在《中国烹饪》《随州日报》等刊物上发表文章十余篇。1979 年，荣获湖北省烹调技术比赛第二名。1999 年，被中共随州市委、随州市人民政府授予"1998 年度优秀经理（厂长）"称号，被中共随州市委授予"随州市优秀共产党员"称号。2000 年，荣获"全国内贸系统劳动模范"称号。

汪耀智

汪耀智，男，1943 年生，湖北黄陂人，特一级烹调师，楚菜烹饪大师。1964 年，中专毕业后到原武汉军区招待所（后更名为滨江饭店）从事烹饪工作。

汪耀智大师酷爱绘画和雕刻，自觉地将这一兴趣融入烹饪实践中。1974 年，在接待英国武官的大型宴会上，曾制作了湖北省第一座立式盘龙油雕，取名为"二龙戏珠"，其独到之处是用料讲究，操作细腻，洁白高雅，观赏性强，受到英国武官的好评。1979 年初，在原武汉军区司令员杨得志前往昆明指挥对越自卫反击战前夕，在饯行宴上，汪耀智大师特意用土豆泥做了

一道名为"祥龙出海"的花盘，杨得志司令员拍手叫绝，称赞汪耀智大师"送了个好兆头"。1983 年，参加全军烹饪技能比赛，获得三个一等奖，荣立三等功。1990 年，被外交部派往中国驻苏联大使馆工作。在江泽民总书记访问苏联期间，曾特地做了些南方菜肴，江总书记称赞说："湖北厨师的南方菜也做得很地道。"2000 年，湖北电视台采访汪耀智大师，并制作了专题节目。

张浩

张浩，男，1945 年出生，湖北武汉人，特一级烹调师，中式烹调高级技师。曾任武汉老通城酒楼经理、武汉市江岸区烹饪学校教师，兼任武汉市烹饪协会常任理事，曾受聘担任商务部"优质产品奖"评审员、武汉市工人行业考核委员会考核小组评委。

1963 年，就读于原武汉市服务学校烹饪专业。1967 年，分配到武汉老通成酒楼工作。1983 年，担任老通城酒楼经理。1984 年，参加中国驻坦桑尼亚大使馆援外工作。

张浩大师精于刀工刀法，擅长制作"工艺菜肴"，注重工艺与美学相结合，代表菜品有"琵琶鸭""葫芦鸡腿""一品鱼方""麻酱鲍鱼""雄狮鱼翅""母子卧巢"等。在担任武汉市江岸区烹饪学校教师期间，理论结合实践，为湖北餐饮行业培养了一批批优秀的烹饪技能人才。

张久森

张久森，男，1932 年出生，湖北武汉人，中国烹饪大师，原武汉商业服务学院高级讲师。曾任武汉市第二商业学校副校长、武汉商业服务学院烹饪系主任、武汉烹饪学会副会长、武汉饮食服务协会副会长等职，现被武汉餐饮协会聘为资深专家。

从事烹饪教育教学和餐饮行业服务工作六十多年来，张久森大师理论联系实际，烹饪技艺精湛，注重因材施教，讲究言传身教，不断更新教学理念，为湖

北餐饮业界培养了一批批高素质技能人才。

张久森大师是原武汉市第二商业学校（武汉商学院前身）烹饪专业的创办人，是湖北省第一位烹饪专业高级讲师，也是湖北省第一位将楚菜带往国外交流的烹饪学科带头人，在湖北省甚至国内餐饮行业中享有盛誉，曾被中国烹饪协会授予"中国烹饪大师金爵奖"。

张祥照

张祥照，男，1949年出生，湖北汉阳人，师承"豆皮大王"高金安。目前仍活跃在餐饮工作一线岗位上，兢兢业业地传承和弘扬豆皮制作技艺。

1965年，16岁的张祥照进入武汉老通成做学徒，勤奋好学的劲头打动了"豆皮大王"高金安，被高大师收为徒弟，亲手传授豆皮制作技艺。

在老通成工作期间，张祥照大师秉承豆皮"皮薄、浆清、火功正、外脆内嫩"的工艺要求，制作出的豆皮广受好评。曾接待过多位国家领导人和多位外国元首，曾被邀请到湖北省军区、武汉军区、武汉钢厂等单位制作豆皮，招待到访的尊贵客人（如在武汉军区与高金安大师一起为朝鲜代表团制作豆皮）。

1984年，张祥照大师受邀到日本千叶县参加中日餐饮文化交流会，主要负责推广湖北豆皮。张祥照大师制作的豆皮吸引了上百名华人华侨到店品尝，让当地的华人华侨们品尝到了中国传统美食的鲜美滋味和浓浓的家国情怀。

2005年，张祥照大师退休后，受武汉市醉江月饮食服务有限公司董事长苏忠高邀请，到醉江月酒店指导和传授正宗豆皮做法。近十几年来，张祥照大师带领醉江月酒店的面点师，一起研发出二十多种适应不同年龄人群口味的豆皮，其中受比萨饼启发而研制出的"芝士豆皮"和受咖喱菜启发而研制出的"咖喱豆皮"，颇受年轻人的青睐。

2016年8月，张祥照大师带领徒弟苏昊，参加"第二届中国厨师华山论剑技能大比武中南赛区大赛"，荣获"中国豆皮王"称号，制作的豆皮被评为"湖北地方名小吃"。

陈继衡

陈继衡，男，1946年出生，浙江定海人，中专学历，中式烹调高级技师。

1963年，考入武汉市服务学校烹调专业，系统学习烹饪技术和理论知识。1967年，进入武汉市春明楼酒楼工作，师从高全喜、张永福，烹饪技术水平和菜肴创新能力不断提高。1978年，在湖北省烹饪技术表演中，"整鸭去骨"技术名列第二名。1979年，在武汉市烹饪技术比赛中，"整鸡去骨"技术名列第三名，荣获武汉市财贸系统"技术能手"称号。1981年，被外交部选派到中国驻瑞士大使馆工作，曾为到访的陈丕显、杨得志、习仲勋、耿飚、秦基伟等领导举办宴会。1984年，回国后再次到武汉市春明楼酒楼工作。1989年，被外交部选派到中国驻迪拜总领事馆工作。1991年，回国后被调到江岸区饮食服务学校担任副校长，为武汉餐饮界培养了一批批技能型人才。1993年，因工作需要再次调回武汉市春明楼酒楼。通过3年努力，企业经济效益直线上升，使面临破产的春明楼酒楼起死回生。1997年，调入武汉市小桃园酒楼工作。1998年，被武汉市人民政府授予"武汉市技术能手"称号。

陈锡椿

陈锡椿，男，1943年出生，江苏无锡人。1958年参加工作，曾先后就职于原沔阳县饮食服务公司、原沔阳县彭场镇饮食服务公司、原沔阳县沔阳饭店、原荆州地区饮食服务业务技术等级考核办公室、原荆州地区第三技工学校。曾任原荆州地区烹饪协会常务理事、原沔阳县烹饪协会副秘书长。2003年，从学校退休后，依然笔耕不止，时常关注仙桃餐饮行业，坚持弘扬湖北饮食文化。

从业五十余载，从灶台到讲台，陈锡椿大师为推进仙桃餐饮行业和湖北楚菜产业发展做出了贡献。前二十多年在饮食企业站灶台，钻研烹饪技艺，服务企业员工和社会消费者；后二十多年站讲台，传授烹饪技艺，为行业和社会培养烹饪技能人才千余人，其中多人成长为湖北烹饪大师、中国烹饪大师和餐饮企业总经理或董事长。1985年，荣获"湖北省优秀教研员"称号。1994年，荣获"全国优秀教师"称号。

从20世纪80年代开始，陈锡椿大师专注研究沔阳三蒸，曾参与《沔阳三蒸》编写工作。迄今在个人QQ空间撰写有关美食文章两百多篇，部分文章被地方美食网及报纸杂志选载，《复州膳道》《陈迹》等书籍于2019年正式出版。

武清高

武清高，男，1948年生，湖北钟祥人，中专学历，中式烹调高级技师，元老级注册中国烹饪大师。曾就职于钟祥市饮食服务公司、钟祥市高级技工学校。现任湖北省武清高技能大师工作室领军人，兼任荆门市烹饪协会常务副会长、钟祥市烹饪协会执行会长。

1961年参加工作，师从楚菜名宿张培珍。1983年，担任钟祥市饮食服务公司白雪酒楼经理。1989年，担任钟祥市饮食服务公司副经理。1990年，调入钟祥市高级技工学校（原荆州四技校），担任实习教学科科长。2012年，经湖北省人力资源和社会保障厅批准，成立"武清高大师工作室"。

五十多年来，武清高从饮食公司到职业学校，从灶台到讲台，一直致力于烹饪生产与烹饪教学，坚持理论与实践相结合。在烹饪技术方面，精益求精，制作的"蟠龙菜""三元蹄髈""金砂鳝鱼""裙边甲鱼"等招牌菜在业界声名远扬，多次应邀担任湖北省各级各类烹饪比赛的评委；在烹饪理论研究方面，不甘人后，在《中国烹饪》《中国食品》《四川烹饪》《烹调知识》《餐饮世界》等专业期刊上发表论文十多篇，编著有《中国郢州菜》《楚天风味》《钟祥食记》《楚乡美食与传说》等多部烹饪书籍；在烹饪专业人才培养方面，高度负责，培养了一大批优秀的企业职业厨师和军地两用技能人才，为推进钟祥餐饮行业和湖北楚菜产业发展做出了突出贡献。

1992年，带队参加湖北省技校学生烹饪技能大赛，荣获团体冠军和个人赛一、二、三等奖。2005年，被湖北省人民政府授予"十大鄂菜大师"称号。2007年，被荆门市总工会授予"荆门五一劳动奖章"，并获评"荆门市第二届中国农谷十大民间文化守望者"和"湖北省十大名厨"。2012年，被湖北省文化厅评为"省级非物质文化遗产名录项目蟠龙菜制作技艺代表性传承人"。2017年，被中国烹饪协会授予"中国餐饮30年杰出人物奖"。2018年，被中国烹饪协会授予"改革开放四十年中国餐饮行业技艺传承突出贡献人物奖"。

胡志斌

胡志斌，男，1947年出生，湖北武汉人，湖北省特一级烹调师，湖北烹饪大师。曾任武昌区饮食公司生香酒楼经理、武汉大中华酒楼经理、武昌烹饪学校校长等职。

1968年，毕业于武汉市服务学校烹饪专业。1982年，参加湖北省商业厅首届烹饪技术考核，获评特三级厨师。1992年，参加武汉市商委组织的高级厨师研修班学习，经考核后获评特一级厨师。2005年，被湖北省商务厅授予"湖北烹饪大师"称号。

胡润松

胡润松，男，1949年出生，湖北孝感人，高级烹调师，高级经营师。曾任武汉市新兴大酒楼经理、武汉市小黄鱼酒楼总厨，现任武汉市新兴大酒楼法人代表。

1974年底，胡润松进入武汉市新兴大酒楼工作。武汉市新兴大酒楼创始于1927年8月，原名"新兴楼"。20世纪70年代初，更名为新兴大酒楼，于2011年被武汉市商务局认定为"武汉市老字号餐饮企业"。新兴大酒楼出品做工精细，味美质嫩，闻名三镇，曾在武汉餐饮界享有"青鱼划水大王"之誉。

胡润松大师从事餐饮工作四十多年，具有熟练的中餐烹饪技艺和丰富的酒店经营管理经验，为武汉餐饮行业培养了一批批优秀的技能型人才。

聂亚农

聂亚农，男，1944年出生，湖南常德人，中专学历，湖北特一级厨师，中式烹调高级技师。曾任武汉市老会宾酒楼经理、武汉市江汉区烹饪学校校长、武汉市江汉区成人教育教师，曾受聘担任武汉市餐饮业等级评审委员会评委、武汉市饮食业优质产品评审委员会评委、商业部优质产品"金鼎奖"评审委员、武汉市商委工人考核委员会烹调专业技术小组评委。

1966年，毕业于原武汉市服务学校烹饪专业。从事烹饪工作40年，在实践中不断提高烹饪技艺，积累餐饮管理经验，曾多次到湖北洪湖、荆州、沙市等地调研湖北地方菜，首推的"财鱼三吃"成为武汉市老会宾酒楼的品牌菜品。1988年，荣获湖北省首届烹饪技术比赛表演奖。1990年，被武汉市江汉区人民政府授予"先进工作者"称号。

夏仁俊

夏仁俊，男，1945年出生，湖北荆州人，中式烹调高级技师。曾任荆州市聚珍园大酒楼经理，曾兼任荆州地区中高级技术职称考评委员、湖北省烹饪协会第二届理事、湖北省烹饪协会第三届理事、湖北省烹饪协会第四届理事、荆州地区烹饪协会副会长、荆州地区旅游烹饪协会副会长等职，现任荆州市烹饪协会名厨委员会委员。

1978年，在全省饮食服务系统技术比武表演中，制作的"葫芦千张肉"荣获风味名菜第一名。1988年，荣获湖北省首届烹饪技术大奖赛表演奖，荣获全国第二届烹饪技术大赛面点银牌1枚和热菜铜牌3枚。

徐顺才

徐顺才，男，1947年出生，湖北潜江人，中专学历，中式面点高级技师，湖北烹饪大师，元老级注册中国烹饪大师，潜江非遗面点传承人。现任潜江市烹饪酒店行业协会特邀顾问专家。

1964年参加工作，曾就职于潜江供销社食堂。1994年，自主创业，经营面点。

从事面点行业五十多年，徐顺才大师技术精湛，其制作的面点以"制作精致、品种丰富、风味多样"而著称，共计研制出一百多个面点品种，制作的"潜江猪油锅奎""猪油饼子""草鞋板""水麻酥""玉扇米糕""灯盏窝"等多种面点深受人们喜爱。曾多次受命参与并圆满完成在潜江视察工作的湖北省及中央政府领导人的饮食接待任务，因为制作的面点具有浓郁的潜江特色，常常受到领导们的表扬。1995年，国务院原总理李鹏来潜江视察，席间品尝了潜江名点"草鞋板"和"金钱猪油饼"，对徐顺才大师的技艺连连称赞。

徐顺才大师乐于传艺，培养徒弟近百名，其中多人在全省及全国烹饪技术比赛中荣获金奖、特金奖。2018年，徐顺才大师被潜江市烹饪酒店行业协会授予"技艺传承突出贡献奖"。

彭绍新

彭绍新，男，1957年出生，湖北潜江人，中式烹调高级技师，高级公共营养技师，湖北烹饪大师，资深级注册中国烹饪大师，潜江市餐饮饮食文化传承人，潜江市职业技能鉴定考评员，中国潜江龙虾职业学院客座教授。

1975年，到潜江宾馆从事厨师工作。1985年，拜楚菜名家卢玉成为师，系统钻研楚菜技艺。曾任潜江宾馆厨师长及副总经理、潜江市章华花苑酒店餐饮总监，多次为到潜江考察工作的党和国家领导人（温家宝、杨尚昆、廖汉生、邹家华等）制作菜肴。现任潜江市鑫乐大酒店技术总监，兼任潜江烹饪酒店行业协会特邀顾问、潜江烹饪酒店行业协会名厨委员会主任、潜江市饮食文化研究会高级顾问。

1993年，荣获第三届全国烹饪技术大赛银奖，被潜江市人民政府授予"潜江市劳动模范"称号。2003年，被湖北省人民政府授予"湖北省技术能手"称号。2006年，被湖北省劳动和社会保障厅评为"湖北省劳务输出贡献突出技能人"。

喻成汉

喻成汉，男，1951年出生，湖北仙桃人，中式烹调高级技师，湖北烹饪名师。曾就职于仙桃市饮食服务公司、仙桃市仙苑宾馆、仙桃市天怡大酒店。现任仙桃市小掌柜餐饮管理公司餐饮顾问。

1966年参加工作，师从蒸菜名厨祁金海。在从事烹饪事业五十余年间，喻成汉大师既注重实际操作，又注重理论学习，积累了丰富的烹饪经验，撰写了二十多万字的工作和学习笔记。特别是对地方名菜"沔阳三蒸"具有独到研究，培养了李和鸣等一批优秀的厨界精英，并将3000册珍贵的烹饪藏书和2000张颇有价值的自拍仙桃特色菜品图片资料及相关工作笔记，无偿捐献给李和鸣大师工作室。

20世纪80年代，曾策划并主理仙桃市撤县建市大型庆典宴会和全国记者招待宴会。20世纪90年代，在担任仙苑宾馆行政总厨期间，曾为到仙桃视察工作的党和国家领导人主理膳食。曾多次参加省市及全国烹饪技术比赛并取得佳绩，多次应邀担任省市及全国烹饪技术比赛的专业评委，曾参编《湖北蒸菜谱》等多部烹饪书籍，多次指导弟子参加省市及全国烹饪技术比赛并获得多项金奖。

虞东海

虞东海，男，1946年出生，湖北黄陂人，特一级面点师，中式面点高级技师。

1960年，到武汉铭新街试一试小吃店学习厨艺。1964年，到武汉德华酒楼工作，一步步成长为德华楼响当当的技术骨干，研发的德华包子曾荣获"中华名小吃"称号。1983年，担任武汉烹饪技术培训站教师。2006年，兼任武汉小吃研究发展中心研究员。2008年至今，受聘担任武汉户部巷技术总顾问。

虞东海大师对烫面、子面、发面、酥面样样纯熟，尤其对苏帮面食中的起酥技艺最有心得，独创的麻将馒头曾风靡武汉三镇，曾多次参加湖北省及全国烹饪技术比赛并取得佳绩，多次应邀担任湖北省及全国烹饪技术比赛评委，在湖北餐饮业界被尊称为"虞特"，在社会上享有"武汉包子大王"的美誉。虞东海大师乐于传授技艺，培养出武汉市四季美饮业有限责任公司董事长徐家莹、湖北省级非物质文化遗产名录项目蔡林记热干面制作技艺第三代代表

性传承人王永中等楚菜名师。

1979 年，荣获"湖北省点心状元"称号。1988 年，荣获湖北省烹饪技术大赛全能第一名。2014 年，

参加第十五届中国美食节暨第二届中国餐饮产业博览会，荣获"江城名师"称号。

三、知名楚菜烹饪大师

马国鸿

马国鸿，又名马腾，男，1972 年出生，湖北随州人，中专学历，中式烹调高级技师，湖北烹饪大师，注册中国烹饪大师。曾任职于荆门市新纪元食府、荆门市金穗宾馆、荆门市华盐宾馆、荆门市绿叶大酒店、荆门市常发大酒店，现任荆门市食尚轩酒店管理有限公司董事长，兼任荆门市烹饪酒店行业协会秘书长。

从厨 30 年来，刻苦钻研楚菜烹饪技术和学习烹饪理论知识，多次参加省市及全国烹饪技术比赛，曾在《中国大厨》2007 年第 10 期发表题为"餐饮管理用活四张表"的研究论文（该论文曾被荆门市科协、市人事局、市科技局评为优秀学术论文二等奖），曾多次组织荆门市烹饪技能大赛活动，多次带领团队参加"厨王争霸赛"等烹饪技能比赛并屡获殊荣，代表菜"吊锅牛尾泡饭"被中国烹饪协会认定为"中国名菜"。曾获荆门市"劳动技能之星"、荆门市"五一劳动奖章"、湖北省烹饪酒店行业"年度优秀社团工作者"等荣誉称号。2018 年，荣获第八届全国烹饪技能竞赛热菜项目铜奖和首届湖北省楚菜职业技能大赛热菜项目特金奖。

王庆

王庆，男，1972 年出生，湖北武汉人，大专学历，中式烹调高级技师，湖北烹饪大师，注册中国烹饪大师，中国药膳大师，国家职业技能注册裁判员，餐饮业国家级评委。现任武汉市王大厨酒店管理有限公司总经理，兼任中国烹饪协会名厨委新星俱乐部副主任、中国厨艺精英联盟副主席、中国烹饪协会名厨联谊会理事、世界中餐名厨交流协会理事、湖北省食

文化研究会理事。

1986 年，年仅 15 岁的王庆进入餐饮行业学厨。曾就职于武汉老会宾酒楼、湖北省教育装备处餐厅、武汉五月花大酒店、武汉楚天卢酒店。2009 年，创办武汉市王大厨酒店管理有限公司。

进入餐饮行业三十多年来，王庆大师曾多次在省级、国家级和国际级烹饪技术比赛中获奖，主编参编《好吃佬丛书·吃鱼》《中华名厨卢永良烹饪艺术》《中国鄂菜》《美味湖北》《烹调制作与工艺》等多部专业书籍。

1995 年，荣获湖北省第三届烹饪（鄂菜）技术比赛金奖。1997 年，荣获湖北省第四届烹饪（鄂菜）技术比赛金奖。1999 年，荣获第四届全国烹饪技术比赛金奖和首届武汉美食文化节"金炒瓢"称号。2002 年，荣获第十二届全国厨师节"金厨奖"。2003 年，荣获第十三届中国厨师节"金厨奖"。2004 年，荣获第五届中国烹饪世界大赛团体项目金奖和个人项目金奖。2005 年，被中国烹饪协会授予"中华金厨奖"。2007 年，荣获首届武汉餐饮业"十大名厨"称号，被中国烹饪协会名厨委授予"突出贡献奖"。2012 年，被湖北省文化厅授予"突出贡献企业家"称号。2015 年，荣获湖北省生活服务业职业技能竞赛特金奖，并被湖北省人力资源和社会保障厅授予"湖北省技术能手"称号。2016 年，被武汉市文化局评为"武昌鱼制作技艺非物质文化遗产代表性传承人"。

王波

王波，男，1979 年出生，湖北咸宁人，本科学历，中式烹调高级技师，湖北烹饪大师，注册中国烹饪大师，国家职业技能竞赛裁判员。曾任湖北经济学院法

商学院兼职教师，现任武汉儿时记忆餐饮管理有限公司总经理、山东清清仁木食品有限公司研发总监、湖北经济学院旅游与酒店管理学院业界导师。

从事烹饪工作20年来，曾多次参加省市及全国烹饪技术比赛，曾在《烹调知识》等专业期刊上发表多篇论文，多次应邀赴欧洲、东南亚交流中餐厨艺，多次指导学生在全省及全国各类烹饪技能大赛上获奖，相关事迹曾被《湖北日报》《长江日报》《楚天都市报》和湖北电视台等多家媒体报道。

2012年，受邀赴马来西亚拉曼大学旅游管理学院表演中式面点制作技艺。2016年，随中国烹饪协会代表团参加巴黎中国文化中心美食交流活动，赴法国斯特拉斯堡市、贝桑松市，参加"中法高级别人文机制交流会议"，制作中华非遗美食宴，并现场表演中式面点技艺，被中国烹饪协会和中国驻法国总领事馆授予"中餐国际推广特殊贡献奖"。

2008年，荣获第六届全国烹饪技能竞赛（湖北赛区）金奖。2012年，荣获第二届世界厨王争霸赛团体冠军，被共青团湖北省委、湖北省劳动和社会保障厅联合授予"湖北省杰出青年岗位技术能手"称号。2013年，荣获第七届全国烹饪技能竞赛（湖北赛区）金奖。2015年，荣获第三届世界厨王争霸赛季军。2018年，荣获首届湖北省楚菜职业技能大赛面点特金奖（中式面点项目第一名），被湖北省人力资源和社会保障厅授予"湖北省技术能手"称号，指导湖北选手入选第四十五届世界技能大赛烹饪（西餐）项目中国集训队，并被湖北省人力资源和社会保障厅授予"优秀教练"称号，被湖北省总工会授予"湖北五一劳动奖章"。

王俊

王俊，男，1987年出生，四川达州人，中式烹调高级技师，湖北烹饪大师，中国烹饪名师。曾任华中电网培训中心行政总厨、麻城聚豪国际大店行政总厨、武汉市丽岛会所厨务部总厨、武汉市怡酒轩厨务

部总厨、恩施华龙城大酒店行政总厨、武汉翠柳村客舍厨师长。现任米粮长江大酒店行政总厨，并承接恩施华龙城大酒店（五星）、洪湖国际大酒店（五星）、武汉电力学院内部接待中心（四星）、咸宁景元国际大酒店（四星）、通山景元大酒店、中铁十一局和怡酒轩、华中科技大学百景园餐厅、红安党校接待中心等多家酒店及餐厅的后餐经营业务。

2001年，年仅14岁的王俊进入餐饮行业。从厨18年来，用心钻研厨艺，积极弘扬湖北饮食文化，在省市及全国烹饪技能比赛中多次获奖。

2010年，荣获全国名厨烹饪综艺大赛独特技艺表演金奖、热菜金奖及雕刻特金奖。2013年，荣获第七届全国烹饪技能竞赛（湖北赛区）特金奖，被湖北省总工会授予"湖北五一劳动奖章"。2018年，荣获湖北"工匠杯"技能大赛特金奖，被湖北省总工会授予"湖北省技术能手"称号。

王文刚

王文刚，男，1977年出生，湖北汉川人，中专学历，中式烹调高级技师，湖北烹饪大师，中国烹饪大师。曾任湖北饭店、武汉中南花园酒店、武汉东鑫酒店、武汉海滨城度假村、合肥金莎大酒店、北京洪湖大酒店厨师长或行政

总厨，现任武汉良辰美景餐饮有限公司行政总厨、武汉欣沛园绿色食品有限公司研发部技术总监。

1993年，王文刚到湖北饭店拜师学艺。从厨20年来，曾多次参加省市及全国烹饪技术比赛并取得佳绩，曾多次参与国家及地方政府的重要接待活动，获得了嘉宾和酒店同行的一致好评。近几年来，专注研发既满足厨房快速出品又保留食材原汁原味的罐

装菜品——藕誉里鸡汤、藕汤系列。"藕誉里鸡汤"味道纯正鲜美，色泽金黄而不油腻，不添加任何防腐剂就能在常温下保存较长时间，其工艺流程正着手申报国家发明专利和实用新型专利。"藕誉里藕汤"汤汁色泽乳白，浓香扑鼻，莲藕粉糯甘甜，鲜香浓郁，保留了汉味藕汤的传统风味，又减少了酒店宴席加工的时间，提高了酒店的出品质量和效益。

2009年，荣获第二届湖北旺店旺菜烹饪大赛家常旺菜金奖和时尚旺菜金奖。2011年，荣获第四届全国中餐技能创新大赛（中南赛区）热菜金奖。2013年，荣获港顺国际俱乐部菜品演示特金奖。

王业雄

王业雄，男，1975年出生，湖北蔡甸人，中式面点高级技师，湖北烹饪大师，中国烹饪大师。现任武汉堂客土钵菜负责人和王包子渔家厨坊总经理。

1993年，从武汉商业服务学院烹饪专业毕业。1994年，到武汉天泰美食城工作，曾担任天泰美食城点心主管。1996年，担任武汉嘉叶宾馆厨师长。1998年，担任武汉市亢龙太子酒轩连锁店厨师长。

2003年，参加湖北省厨艺大比拼活动，荣获中餐面点项目特金奖。2011年，荣获第四届全国中餐技能创新大赛面点项目特金奖。2013年，荣获武汉市武昌区职工创新菜品交流活动"最佳创意奖"，荣获第七届全国烹饪技能竞赛（湖北赛区）中餐面点项目金奖，荣获湖北省第十一届烹饪技术比赛中餐面点项目特别金奖，被湖北省总工会授予"湖北五一劳动奖章"。

王永中

王永中，男，1962年出生，湖北武汉人，中式烹调高级技师，湖北烹饪大师，资深级注册中国烹饪大师，餐饮业国家级评委，湖北省级非物质文化遗产名录项目蔡林记热干面制作技艺第三代代表性传承人。现任武汉市蔡林记商贸有限公司食品总监、执行总经理，兼任中国烹饪协会常务理事、中国烹饪

协会中华小吃委员会委员、湖北省烹饪酒店行业协会副会长。

1980年至2008年，在武汉德华楼工作，师从面点名家虞东海，其间（1997年至2003年），被原武汉市蔡林记热干面馆聘为蔡林记热干面制作技术指导（兼职）。2008年，进入武汉市蔡林记商贸有限公司工作。

从事餐饮工作40年来，王永中大师潜心面点技艺，实践与理论相结合，经常到全国各地开展小吃制作技艺交流，发表了"武昌鱼蒸饺的创新设计""湖北鲜鱼饺的创新设计""湖北风味美食的经营设想及经营思路"等多篇论文，参编了《中国食文化丛书》等专业书籍。

1989年，荣获武汉市首届筵席点心表演赛全能第一名。1998年，被武汉市江汉区人事局授予"十佳能工巧匠"称号，被武汉市人民政府授予"武汉市技术能手"称号，被湖北省劳动厅授予"湖北省优秀技师"称号。2016年，应邀参加中国烹饪协会和中央电视台举办的"十大名面邀请赛"，在中华传统面食文化论坛上发表主题演讲。2017年，被中国烹饪协会授予"中国餐饮30年杰出人物奖"。

王克金

王克金，男，1974年出生，湖北巴东人，本科学历，三级公共营养师，中式烹调高级技师，湖北烹饪大师，中国烹饪大师。现任恩施职业技术学院高级讲师，兼任恩施州餐饮酒店行业协会副会长。

1997年，大学毕业后参加工作，进入恩施州商务技工学校担任烹饪专业教师。从事烹饪职业教育工作二十多年来，王克金大师曾多次参加省市及全国烹饪技术比赛，多次应邀担任恩施州烹饪技术比赛裁判长及组织工作，主编全国

中等专业通用教材《烹饪原料加工技术》，公开发表多篇研究论文，其中"技校烹饪教育的现状与展望"于2007年获评湖北省劳动厅"优秀论文三等奖"，"烹饪中职生职业道德行为养成的途径和方法"在2008—2009年度中华民族传统美德教育科研论文评选活动中荣获二等奖。

2002年，被湖北省人事厅评为"优秀教师"。2004年，被恩施州劳动局评为"金牌教师"。2005年，荣获湖北省烹饪（鄂菜）技术比赛热菜金奖，荣获首届全国中餐技能创新大赛"创新大奖"，被恩施州商务局评为"先进工作者"。2008年，被恩施州委、州政府授予"首届恩施州优秀高技能人才"称号。2009年，被恩施州教育局评为"教育科研先进个人"。2010年，荣获"恩施州烹饪名师"称号。2016年，荣获第六届全国饭店业职业技能竞赛（湖北赛区）金奖。

王海东

王海东，男，1962年出生，湖北随州人，经济管理学硕士，中式烹调高级技师，湖北烹饪大师，资深级注册中国烹饪大师，餐饮业国家一级评委，全军烹饪技能大师鉴定专家。现为中国人民解放军陆军勤务学院教授，大校军

衔，全军烹饪教研室学科带头人，兼任中央军委八一大楼技术顾问、中国饭店协会名厨委常务副主席。

1980年，应征入伍。1983年，在组织安排下，从侦察兵班长转为炊事班班长。1987年，被委派到中国人民解放军军事经济学院当教员。为进一步提升自己的厨艺水平，先后拜楚菜名家汪建国、卢永良、孙昌弼为师，系统钻研楚菜烹饪技术，认真学习烹饪理论知识，兼修川菜、湘菜、粤菜等菜系，迅速成长为知名的军旅厨艺大师，研制的"清汤游龙""葱烤海参""七彩橘瓣氽""珍珠鲴鱼""鲴鱼狮子头"等菜肴被评为"中国名菜"。

在三十多年的军旅生涯中，王海东大师多次参加省市、全军、全国及国际烹饪技术大赛，多次应邀担任省市、全国及国际烹饪技术大赛的专业评委，

主编、参编《军旅味道》《军队中式烹调教程》《中国烹饪大师作品精粹·王海东专辑》《中国鄂菜》《湖北经典家乡菜系列》《好吃佬丛书》等十多部烹饪书籍，为军队和地方培养了6000名后勤骨干，并多次在军委八一大楼、人民大会堂为世界各国军政领导、外交使节烹制楚菜，更是受到了党和国家领导人的亲切接见。2016年至2018年，担任中俄军演烹饪比赛中方总教练，均获得团队总分第一的骄人成绩。

王海东大师在全军、全国及世界烹饪技术大赛上，先后获得金牌19枚、金杯3个。曾荣立三等功3次、二等功3次，荣获全军国防服役金质勋章、全军育才银奖和"全军优秀共产党员""全军学雷锋标兵"等称号，被国家民政部和原总政治部联合表彰为"全国军地两用人才先进个人"，被中国烹饪协会授予"中华金厨奖""中国烹饪大师金爵奖""全国最佳厨师""中国烹饪杰出人物"等奖项或荣誉称号。

王盛刚

王盛刚，男，1986年出生，湖北武汉人，中式烹调高级技师，中国烹饪名师。现任武汉湖锦酒楼管理有限公司产品部总监。

从职业高中毕业后，17岁的王盛刚步入社会。2006年至2018年，在武汉湖锦酒楼工作。

曾荣获第四届全国中餐技能创新大赛（华中赛区）特金奖及总决赛特金奖，曾荣获武汉市第十九届职业技能大赛中式烹饪项目第一名，曾荣获"全国中餐技能十佳创新能手""武汉市杰出青年岗位能手"等荣誉称号，曾被中国烹饪协会授予"中华金厨奖"，被武汉市人民政府授予"武汉市第十九届职业技能大赛技术状元"称号，被武汉市总工会授予"武汉五一劳动奖章"。

王辉亚

王辉亚，男，1963年出生，湖北武汉人，本科学历，高级工程师，中国烹饪大师，湖北省人力资源和社会保障厅职业技能鉴定高级评委，国家五钻级酒店

酒家注册评委。曾任武汉商学院烹饪与食品工程学院副院长，现任武汉商学院烹饪与食品工程学院党总支书记。

1983年，进入武汉市第二商业学校（武汉商学院前身），担任烹饪专业教师。1987年，到黑龙江商学院烹饪师资专业进修。2009年，受组织派遣参与中国第26次南极科考服务工作，在南极长城站主理中国科考人员的日常饮食，并打造出中国首部南极科考食谱。

从事餐饮职业教育工作三十多年，王辉亚大师多次参加省市及全国烹饪比赛，多次应邀担任省市及全国烹饪比赛的专业评委，还参与了近20期全国厨师培训班的培训教学及班主任工作，为湖北省乃至全国餐饮界培养了数以千计的专门人才。

1993年，荣获第三届全国烹饪技术比赛热菜金牌和凉菜铜牌。1997年，荣获武汉市属高校青年教师授课大赛第一名。2008年，被中国烹饪协会授予"中华金厨奖"。2011年，被武汉市人民政府授予"武汉市技术能手"称号。

王新生

王新生，男，1972年出生，湖北沙洋人，大专学历，中式烹调高级技师，注册中国烹饪大师。曾任职于荆门市教委食堂、沙洋泰和春酒楼、荆门市劳动大酒店、荆门市劳动培训中心。现任荆门技师学院副院长、荆门市就业创业服务中心主任。

从业30年来，理论与实践相结合，多次参加省市及全国烹饪技术比赛，曾在《中国烹饪》《餐饮经理人》等期刊和《中国食品报》《荆门日报》等报刊上发表多篇专业文章，曾被聘担任《美食》杂志评论员。

1995年，调入荆门市劳动培训中心，参与组建

烹饪专业。多年来，为社会弱势群体、下岗失业人员、复转军人的培训、创业等方面做了大量工作，培养技师、高级技师数十人，学员近4000人。

2005年，荣获荆门市首届烹饪技术大赛热菜一等奖和冷拼一等奖。2007年，荣获"湖北省优秀技师"称号。2013年，荣获第七届全国烹饪技能竞赛（湖北赛区）热菜金奖，荣获湖北省第十一届烹饪技术比赛热菜特金奖。

方元法

方元法，男，1963年出生，湖北武汉人，本科学历，中式面点高级技师，中国烹饪大师。现为武汉商学院烹饪与食品工程学院副教授，兼任全国烹饪大赛面点组专业评委、湖北省团膳协会面点顾问、湖北省素食研究所研究员、

武汉市小吃协会研究员、武昌首义园小吃顾问。

1983年，到武汉市第二商业学校（武汉商学院前身）任教。从事中国面点教育工作三十多年来，方元法大师积极致力于汉味小吃的传承与发展工作，曾担任武汉四季美汤包馆、武汉老通城酒楼、武汉纽宾凯大酒店等多家企业的技术指导。2010年，在上海世博会期间，受湖北省烹饪酒店行业协会委托，带领团队制作和展示湖北名优风味小吃，受到各国游客称赞。2013年，受组织委派到南极主理中国科考人员的日常饮食。

方元法大师理论结合实践，兼顾学校教学和社会服务工作，代表作品有"鲜肉提花包""红糖油香"等，曾多次参加省市及全国烹饪比赛，多次应邀担任省市及全国烹饪比赛专业评委，曾参编《中国鄂菜》《鄂菜大系·地方风味篇》等多部烹饪书籍，公开发表专业论文二十多篇。

1995年，荣获湖北省第三届烹饪（鄂菜）技术比赛面点项目金牌。1999年，被武汉市人民政府授予"武汉市技术能手"称号。2000年，荣获全国湖鲜烹饪技能大赛面点项目特金奖。2007年，被武汉市商业局授予"武汉餐饮十佳名师"称号。2010年，被湖北省教育厅授予"优秀指导教师"称号。2012年，

再次被湖北省教育厅授予"优秀指导教师"称号。

方志勇

方志勇，男，1978年出生，湖北浠水人，本科学历，中式烹调高级技师，高级经营师，湖北烹饪大师，注册中国烹饪大师，湖北省职业技能考评员，中国绿色饭店国家级注册评审员，湖北省酒家酒店等级评定委员会专家委员。曾就职于武汉小蓝鲸酒店、武汉市蓝天宾馆、广东中山富苑酒店、十堰市车城明珠大酒店，现任十堰市饮食服务行业管理办公室主任，兼任中国饭店协会青年名厨委副主席、湖北省烹饪酒店行业协会副监事长、东方美食学院客座教授、武汉商学院客座教授、湖北省财政厅及十堰市政府采购办专家库成员。

方志勇大师在十堰市饮食服务业工作多年，多次代表十堰市率队参加全省及全国烹饪大赛，荣获诸多个人和团体奖项。2004年，荣获第二届全国美食大赛金牌。2005年，荣获第三届东方美食国际大奖赛金奖和湖北省鄂菜烹饪大赛十堰赛区第一名，同时被十堰市总工会授予十堰市"五一劳动奖章"，被十堰市人社局授予"十堰技术能手"称号。2006年，被十堰市商务局授予"十堰市餐饮界十大杰出人物"。2007年，荣获十堰市茅箭区委区政府"十类百名人才奖"，被湖北省劳动和社会保障厅授予"湖北省农民工技术能手"称号。2012年，被湖北省商务厅授予"全省商务系统先进个人"称号。2016年，当选中共十堰市第五次党代会代表，十堰市第三届文代会代表。2017年，领队参加央视《魅力中国城》节目竞赛的城市味道环节，设计制作的太极宴广受好评，同年由中共十堰市委组织部、市人社局联合批设方志勇技能大师工作室。2018年，荣获"十堰市政府专项津贴专家"，被湖北省委、省人民政府授予"湖北省劳动模范"称号。

方志勇大师曾参编和主编《鄂菜产业发展报告》《吃好喝好》《武当素食》《十堰市饮食服务业发展报告》《十堰味道》等书籍，并牵头起草了《十堰市农家乐地方标准》。个人事迹被《楚天都市报》《十堰晚报》《四川烹饪》《东方美食》及十堰电视台等多家媒体报道，入编《十堰地方志·商务篇》。

尹东

尹东，男，1967年出生，湖北荆门人，中式烹调高级技师，湖北烹饪大师，注册中国烹饪大师，荆门市尹东大工匠工作室牵头人，荆门市第四届人大代表，荆门市东宝区第八届政协委员。曾就职于荆门市漳河镇国营饭店、荆门宾馆、荆门国宾酒店，现任荆门九尊食上酒店管理有限公司副总经理，兼任荆门市烹饪酒店行业协会特邀副会长及名厨委秘书长。

从厨三十多年来，尹东大师多次参加省市及全国烹饪技术比赛并获奖，曾参编《楚厨绽放》《汉味寻真》等多部烹饪书籍，研制的"鲍鱼炖排骨""长湖鱼糕""漳河银鱼羹"等特色菜品在荆门餐饮市场上深受欢迎。

1990年，荣获湖北省第二届烹饪（鄂菜）技术比赛面点金奖。1999年，荣获第四届全国烹饪技术比赛银奖。2005年，在第十五届中国厨师节上被授予"全国优秀厨师"称号。2009年，被荆门市总工会授予"荆门五一劳动奖章"。2014年，在全国湖鲜烹饪技能大赛中荣获面点特金奖。2016年，烹制的"长湖鱼糕"及全鱼宴，在"一城一味"评选活动中入选荆门城市味道代表作，并获"最具传承价值奖"。2017年，荣获首届汉江流域职业技能大赛中式烹调一等奖（第一名）。2018年，被中国烹饪协会授予"中华金厨奖"。

尹若冰

尹若冰，男，1963年出生，湖北荆门人，中式烹调高级技师，资深级注册中国烹饪大师。曾就职于荆门市政府机关食堂、荆门宾馆、中共荆门市委机关食堂，现任荆门市直机关后勤服务中心政府食堂经理，兼任湖北小乐仙餐饮管理有限公司面点高级顾问、湖北省社会科学院荆门分院美食文化研究所研究

员、荆门技师学院面点教师、荆门市烹饪酒店行业协会常务理事、荆门市烹饪酒店行业协会美食文化专业委员会秘书长。

从厨三十多年来，尹若冰大师曾多次参加省市及全国烹饪技术比赛并获得佳绩，曾在《中国烹饪》《中国食品》《饮食科学》等期刊以及《荆门日报》等报刊上发表文章二十余篇，曾参与《中国鄂菜》和《荆门市接待志》的编写工作。

1992年8月，撰写的《菜肉馅——合理配膳的典范》一文，荣获荆门市首届烹饪理论研讨会二等奖；同年12月，参加接待来荆门视察的时任中共中央总书记江泽民，以及中央书记处原书记温家宝等党和国家领导人。1994年10月，撰写的《面点在筵席中的作用和地位》一文，荣获荆门市第二届烹饪理论研讨会二等奖。1995年10月，参加湖北省第三届（鄂菜）烹饪技术比赛，制作的"薯泥蒲棒""银丝龙须面"获面点银牌，并被《荆门市志》收录。2013年9月，荣获第七届全国烹饪技能竞赛面点金奖，同时荣获湖北省第十一届烹饪技术比赛面点特金奖。2018年10月，荣获第八届全国烹饪技能竞赛热菜银奖，同时荣获首届湖北省楚菜职业技能大赛热菜金奖和面点金奖。

孔德明

孔德明，男，1972年出生，湖北随州人，中式烹调高级技师，湖北烹饪大师，注册中国烹饪大师，餐饮业国家级评委。曾任随州市玉明餐饮公司行政总厨，现任随州市随厨餐饮文化有限公司董事长、随州市玉明酒家有限责任

公司总经理，兼任随州市烹饪协会副会长、湖北名厨委随州地区牵头人。

1997年，荣获湖北省第四届烹饪（鄂菜）比赛

金牌。2002年，荣获湖北省第二届美食文化节烹饪大赛银奖。2008年，荣获第六届全国烹饪技能竞赛热菜金奖和冷拼金奖，荣获湖北省第十届烹饪技术比赛热菜特金奖和冷拼特金奖。2008年，被随州市人民政府授予"随州市技术能手"称号。2011年，被随州市人民政府授予"随州市劳动模范"称号。2012年，被湖北省文化厅评定为"湖北省首批食文化技艺传承人"称号。2013年，创办随食印象餐饮文化公司。2015年，创办随厨餐饮公司、武汉雅和睿景花园酒店。2016年，创办随厨人家酒店。

邓龙山

邓龙山，男，1964年出生，湖北随州人，中式烹调高级技师，湖北烹饪大师，注册中国烹饪大师。曾就职于随州市新街镇政府招待所、随州市新街镇万宝宾馆，现任随州市炎帝大酒店总经理，兼任随州市烹饪协会副会长。

1982年，走上餐饮工作岗位。从业三十多年来，一直坚守在餐饮行业，逐渐从一名学徒工成长为技术上独当一面、管理上带动一片的技能型高级管理人才。1999年，荣获湖北省烹饪（鄂菜）技术比赛铜奖。2008年，被随州市人民政府授予"随州市技能大师"称号。2015年，荣获"最浓随州味道"特色美食大赛一等奖和随州市烹饪职业技能竞赛银奖，被随州市人民政府授予"随州市劳动模范"称号。

石亚军

石亚军，男，1981年出生，湖北鄂州人，中式烹调高级技师，湖北烹饪大师，中国烹饪大师。曾先后就职于武汉梦天湖阳光大酒店、荆门皇庭大酒店、咸宁湘里湘气酒店、武汉光谷龙家私厨酒店、武汉曲水兰亭度假酒店，现任武汉市丽华园酒店（青少年宫店）行政总厨。

1998年，在烹饪培训学校毕业后，到鄂州雨台山大酒店学厨。从厨20年来，石亚军大师技术水平和业务能力快速提升，在武汉餐饮行业崭露头角，跻

身优秀高技能人才队伍之列。

2018 年，荣获第八届全国烹饪技能竞赛（湖北赛区）金奖，首届湖北省楚菜职业技能大赛热菜项目特金奖，首届楚菜美食博览会名宴展金奖，被湖北省总工会授予"湖北五一劳动奖章"。

甘泉

甘泉，男，1975 年出生，湖北黄陂人，大专学历，中式烹调高级技师，湖北烹饪大师，注册中国烹饪大师，国家职业技能竞赛一级裁判员，餐饮业国家级评委，武汉市非物质文化遗产名录项目老大兴园鮰鱼制作技艺代表性传

承人，现任武汉味发现酒店管理有限责任公司董事长，兼任世界中餐名厨交流协会理事。

1990 年参加工作，曾就职于武汉香格里拉广东食府、武汉福尔摩莎大酒店、武汉西西宾馆、武汉富苑假日酒店、武汉小蓝鲸美食广场、武汉小蓝鲸孝感店。2003 年，拜第四代"鮰鱼大王"孙昌弼为师，系统学习鮰鱼制作技艺。2009 年，创办武汉味发现酒店管理有限责任公司，传承和传播老大兴园鮰鱼制作技艺，旗下酒店以鮰鱼菜肴作为主打菜、招牌菜。

从事餐饮工作 30 年来，甘泉大师研制出的"编钟鱼糕"等菜品入选"中国名菜"，多次参加省市、全国及国际烹饪技术比赛并取得佳绩，多次应邀担任省市及全国烹饪技术比赛的专业评委，参编《好吃佬丛书》等烹饪书籍。

1999 年，荣获第四届全国烹饪技术比赛团体金奖。2001 年，荣获第一届东方美食国际大奖赛冷拼金奖和热菜金奖，被武汉市人民政府授予"武汉青年技术能手"称号。2002 年，荣获第十二届全国厨师

节"全国金厨奖"。2004 年，荣获第五届全国烹饪技术比赛北京总决赛"全国最佳厨师"称号。2005 年，被中国烹饪协会授予"中华金厨奖（最佳厨房管理奖）"。2007 年，被武汉市商业局、武汉市餐饮业协会评选为"江城十大名厨"。2008 年，被武汉市劳动和社会保障局授予"武汉市优秀农民工"称号。2012 年，荣获第二届世界厨王争霸赛团体总冠军。2014 年，被世界中餐名厨交流协会授予"创新名酱名菜世界金厨奖"。2018 年，被世界中餐业联合会授予"中餐厨师艺术家"称号。

卢永忠

卢永忠，男，1968 年出生，湖北武汉人，中式烹调高级技师，湖北烹饪大师，注册中国烹饪大师。曾就职于武汉市彭刘杨路老大中华酒楼、武汉市楚天卢大酒店，现任武汉天龙大中华酒店有限责任公司行政总厨。

从厨三十余年来，一直坚守在烹饪工作第一线，遵循"用料精、下料狠、刀工细、火功足、原汁原味"的烹饪原则，致力于湖北传统菜品的传承和创新，尤其擅长鱼类菜品的烹制，曾多次参加省市及全国烹饪技术比赛并获得佳绩。

在担任武汉天龙大中华酒楼主厨期间，卢永忠大师按照"湖北武汉特色、大中华酒楼经典、现代时尚元素"相结合的方式，推行"基本功传承不丢失，工艺传统不丧失，湖北特色不遗失，大中华酒楼经典不流失"的出品质量管理原则，推出了颇具湖北特色风味的系列产品，代表菜品有"泉水浸武昌鱼""卢门滑鱼""中华红烧肉""大中华粉蒸肉""酱烧青头鹅"等，形成了武汉老字号餐饮企业的产品风格。

2002 年，在第四届武汉美食文化节上，荣获"武汉餐饮名厨师"称号。2003 年，荣获第五届全国烹饪技术比赛（湖北赛区）热菜金奖，同时荣获第十三届中国厨师节热菜金奖。2004 年，被中国烹饪协会评为"全国最佳厨师"。2014 年，在中国烹饪协会举办的中国名厨精品菜展评活动中，制作的"大中华

粉蒸肉"荣获"最具推广价值奖"。

叶庆年

叶庆年，男，1965年出生，重庆云阳人，本科学历，中式烹调高级技师，湖北烹饪大师，注册中国烹饪大师，中国餐饮业高级职业经理人，全国餐饮业二级评委。曾任湖北当阳棱金饭店厨房主管、宜昌市富豪沙龙酒店厨师长、宜昌县宜磷饭店厨师长、三峡坝区公安分局劳动服务公司金鑫酒家经理、三峡工程大酒店副总经理、湖北鸾凤餐饮管理有限公司执行总经理。现任湖北聚翁餐饮管理有限公司副总经理、叶庆年大师工作室领军人，兼任中国烹饪协会名厨委员、湖北省烹饪酒店行业协会理事、宜昌市名厨委副主任。

自1986年参加工作以来，叶庆年大师多次参加省市、全国及国际烹饪技能大赛，多次应邀担任湖北省及全国烹饪大赛的专业评委，公开发表"清江流域土家火龙文化及其开发"等多篇学术论文，参编《吃在宜昌》《中国鄂菜》等多部烹饪书籍。

1999年，荣获宜昌市第一届烹饪技术比赛冷菜金奖。2001年，荣获宜昌市第二届地方菜烹饪技术比赛团体金奖。2004年，荣获第五届中国烹饪世界大赛热菜铜奖和冷拼银奖。2005年，获评宜昌市"2004年度优秀厨师长"。2006年，被中国烹饪协会授予"中华金厨奖"。2008年，荣获第六届全国烹饪技能竞赛团体银奖和湖北省第十届烹饪技术比赛热菜金奖，被宜昌市人民政府办公室授予"中式烹调技术能手"称号。2010年，被湖北省商务厅授予"湖北省十大鄂菜大师"称号。2012年，荣获宜昌市餐饮酒店行业"突出贡献人物奖"和"湖北省技能状元"称号。2013年，被湖北省总工会授予"湖北五一劳动奖章"。2017年，成立宜昌市"叶庆年技能大师工作室"。

史华龙

史华龙，男，1965年出生，江苏泗阳人，本科学历，经济师，中式烹调高级技师，湖北烹饪大师，中国烹

饪大师，国家职业技能鉴定高级考评员。现任荆门石化总厂行政中心后勤事务科主任，兼任荆门市烹饪酒店行业协会特邀专家副会长。

从事餐饮工作近40年来，史华龙大师多次参加省市及全国烹饪技术比赛，多次在《东方美食》《餐饮世界》等杂志发表论文（其中多篇论文获荆门烹协学术研讨会优秀学术论文奖），参编《吃在荆门》《中国鄂菜》等多部烹饪书籍，多次负责荆门市烹饪技能大赛组织工作。

史华龙大师曾连续三次被荆门石化总厂评为"技术尖子"，曾获荆门石化总厂"双文明先进个人""创新带头人""模范员工""知识型职工标兵""服务明星""青年岗位技术能手""先进工作者""优秀党员"等诸多荣誉称号。2008年，荣获中国烹饪协会"中华金厨奖"。2011年，荣获"中国中部地区杰出餐饮人"称号。2012年，荣获"荆门五一劳动奖章"。2018年，被荆门石化总厂评为"劳动模范"。

冉启静

冉启静，男，1973年出生，重庆万州人，中式烹调高级技师，注册中国烹饪大师。现任宜昌市冉府四合院餐饮连锁管理有限公司董事长，兼任湖北省烹饪酒店行业协会名厨专业委员会委员、宜昌市烹饪酒店行业协会名厨专业委员会主席。

1992年，在重庆万州区政府接待处餐厅学徒。2003年，担任湖北宜昌市三味太子大酒楼行政总厨。2010年，创办宜昌市冉府四合院餐饮连锁管理有限公司，担任公司董事长兼行政总厨。

2005年，被评为"宜昌市优秀总厨"。2006年，荣获全国原生态烹饪大赛个人项目金奖和团体项目

第一名。2007年，被宜昌市烹饪酒店行业协会授予"最具水平厨艺大师"称号。2009年，荣获全国青年名厨烹饪大赛武汉赛区特金奖。2010年，荣获全国青年名厨烹饪大赛总决赛"中国名厨金勺奖"，被湖北省人力资源和社会保障厅授予"湖北省技术能手"称号。2018年，被中国烹饪协会授予"中华金厨奖"。

付和平

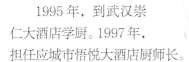

付和平，男，1978年出生，湖北应城人，大专学历，中式烹调高级技师，湖北烹饪大师，应城工匠。现任应城市农妇菜馆餐饮服务管理有限公司总经理，兼任应城市餐饮行业协会秘书长。

1995年，到武汉崇仁大酒店学厨。1997年，担任应城市悟悦大酒店厨师长。

自担任公司总经理以来，付和平大师不忘"艰苦创业、服务社会"的初心。一方面，将国家改革政策的红利全部以厨艺培训和劳动竞赛的方式奖励给公司员工，把深化改革释放出来的经济利益让公司全体员工共享；另一方面，热心社会公益事业，积极扶贫济困，踊跃捐款捐物，得到了应城市社会各界的好评，多次受到应城市经贸局和总工会的嘉奖。

2011年，研制的"农妇蒸三鲜"被湖北省烹饪酒店行业协会评定为"湖北名菜"。2015年，在孝感市首届美食节活动中，制作的"麦香煨牛肉""蒸凤爪""农妇蒸三鲜"被孝感市烹饪酒店行业协会和孝感市外事侨务旅游局评定为"孝感地方特色名菜"。2018年，被应城市人力资源和社会保障局授予"应城工匠"称号。

冯超

冯超，男，1977年出生，湖北武汉人，大专学历，中式烹调高级技师，湖北烹饪大师，中国烹饪大师，餐饮业国家级评委，武汉市非物质文化遗产名录项目老大兴园鮰鱼制作技艺代表性传承人。曾就职于武汉小桃园酒楼、武汉三五酒店、武汉艳阳天酒店，现任新海景酒店管理有限公司行政总厨。

在二十多年的从厨历程中，冯超大师多次在省市及全国烹饪技能大赛中荣获多项大奖，同时积极向《中国烹饪》《东方美食》等多家专业期刊撰稿，热心宣扬湖北饮食文化，用心普及鮰鱼制作技艺。

2001年，荣获湖北省鄂菜烹饪技术大赛银奖。2005年，荣获第三届东方美食国际大奖赛金奖。2008年，荣获湖北省第十届烹饪技术比赛特金奖。2010年，荣获湖北省鄂菜烹饪技术大赛团体特等奖。2011年，荣获全国蒸菜大赛特金奖。2012年，被中国烹饪协会授予"中华金厨奖"。2014年，荣获全国湖鲜烹饪技能大赛团体特等奖和个人特等奖，并荣获"湖北省技能状元"称号。2015年，被湖北省总工会授予"湖北五一劳动奖章"。

朱福兴

朱福兴，男，1961年出生，湖北孝感人，中式烹调技师，高级经营师。曾就职于孝感市饮食服务公司槐荫酒楼、孝感市饮食服务公司会宾酒楼。现任孝感市宏源饮食服务有限责任公司副总经理兼槐荫酒楼经理，兼任孝感市烹饪协会会长。

1982年，被湖北省商贸厅评为"先进工作者"，荣获"孝感市文明青年"称号。1983年，荣获"湖北省新长征突击手"称号。1996年，被评为孝感市"抗洪救灾先锋"，并荣立三等功。1997年，荣获第四届全国烹饪技术竞赛银奖。1999年，被湖北省商贸厅评为"先进工作者"，荣获孝感市孝南区财贸系统"优秀共产党员"称号，并荣获孝感市孝南区科技创新三等奖。2000年，被孝感市人民政府授予"孝感市劳动模范"称号。2002年，被选举为孝感市孝南

区人民代表大会代表。2008年，被选举为孝感市孝南区第一届党代表。2011年，再次被选举为孝感市孝南区人民代表大会代表。

伍峰

伍峰，男，1962年出生，湖北仙桃人，大专学历，中式烹调高级技师，湖北烹饪大师，资深级注册中国烹饪大师，餐饮业国家级评委，国家职业技能竞赛裁判员，中国烹饪协会名厨委委员，仙桃市政协委员，湖北省级非物质文化遗产项目沔阳三蒸制作技艺传承人代表。

曾就职于仙桃市水工商服务部沔阳三蒸餐馆、荆州地区水利局三峡宾馆、仙桃市鼓楼宾馆、仙桃市政府驻武汉办事处古复州酒楼，现任仙桃市大垸子闸管理所所长，兼任仙桃市烹饪酒店行业协会常务副会长和名厨委主席。

1984年参加工作。从业三十多年来，伍峰大师多次在省市、全国及国际烹饪技术大赛上获奖，参编《美味湖北》《沔阳三蒸》等多部烹饪书籍，曾参加由联合国总部餐饮办公室邀请，由中国烹饪协会主办的"中国美食走进联合国，享誉美利坚"活动。

2013年，荣获第七届全国烹饪技能大赛（湖北赛区）金奖，荣获第五届全国江鲜（淡水鱼）烹饪技能大赛特金奖。2014年，荣获第七届全国烹饪技能大赛总决赛特金奖，并荣获全国湖鲜烹饪技能大赛暨湖北省生活服务业职业技能竞赛特金奖。2015年，荣获法国巴黎中国美食节个人五钻金奖和团体五钻金奖，被中国烹饪协会授予"中华金厨奖"，被仙桃市人民政府授予"仙桃市劳动模范"称号。2017年，荣获世界厨王（深圳）争霸赛展台金奖和团体亚军，被中国烹饪协会授予"中华金厨奖"。2018年，荣获"中国烹饪艺术家"称号。

向晋鹤

向晋鹤，男，1970年出生，湖北仙桃人，大专学历，中式烹调高级技师，湖北烹饪大师，中国烹饪

大师。现任北京红菜薹酒店管理有限公司执行总经理。

1988年至1992年，在仙桃市饮食服务公司工作。1992年至2004年，任北京湖北大厦行政总厨，曾在人民大会堂用产自武汉市的洪山菜薹为国家领导人和外宾做过几道湖北特色菜肴。2005年，从湖北大厦辞职，创建北京红菜薹酒店管理有限公司。2016年，联合创立北京沔阳三蒸餐饮文化有限公司。

北京红菜薹酒店定位于"做地道湖北菜"，从食材到服务，坚持湖北特色，重视原材料品质，注重菜品的优化创新与表现形式，用一种现代餐饮艺术的语言阐释传统湖北菜的精神，用心打造在京湖北菜知名餐饮品牌，受到消费者的认同和欢迎，包括小米科技创始人兼CEO雷军、神雾科技集团股份有限公司董事长吴道洪、e袋洗创始人张荣耀等仙桃籍知名人士，也纷纷慕名前来红菜薹酒店品尝湖北味道。2007年，北京红菜薹酒店被评为"湖北餐饮名店"。

2001年，荣获首届楚文化美食节烹饪技术大赛金奖，并被授予"十佳厨师"称号。2003年，以第五届全国烹饪技术比赛（中南赛区）第一名的成绩荣获金奖。2004年，以第五届全国烹饪技术比赛总决赛第二名的成绩荣获金奖，被原劳动和社会保障部授予"全国技术能手"称号。2015年，被国务院农民工工作领导小组授予"全国优秀农民工"称号。

刘卫兵

刘卫兵，男，1974年出生，湖北鄂州人，中式烹调技师。现任武汉市亢龙太子酒轩有限责任公司雄楚店厨师长。

2014年，荣获全国湖鲜美食节烹饪技能比赛热菜特别金奖。2017年，曾应邀担任湖北电视台"一城一味"节目

特邀评委。2018年，荣获湖北省首届楚菜职业技能大赛热菜金奖。

刘现林

刘现林，男，1974年出生，重庆市人，大专学历，中式烹调高级技师，湖北烹饪大师，注册中国烹饪大师，中国药膳大师，国家级药膳评委，国家餐饮业职业技能竞赛裁决员，国家钻石酒家酒店评定高级注册评审员，中国绿色饭店（餐饮）国家级注册评审员。现任武汉厨林餐饮管理有限公司总经理，兼任中国饭店协会青年名厨委常务副主席、湖北省烹饪酒店行业协会秘书长、湖北省药膳食疗研究会副会长。

1994年参加工作，曾就职于武汉江汉宾馆、武汉扬子江酒店、武汉王府井美食广场、武汉嘉叶宾馆、武汉湖锦酒楼、武汉新海景酒店。2005年，创办专业菜品设计公司——武汉厨林餐饮管理有限公司。

从厨二十多年来，刘现林大师多次参加全省、全国及国际烹饪技术大赛并获奖，曾荣获"全国最受瞩目的青年厨师""全国最佳厨师""全国十佳烹调师""满汉全席金牌擂主"等多项荣誉称号，研制的"砂锅泥鳅"等多道菜品被评为"湖北名菜"。曾任《膳养天下》杂志出品人、湖北省烹饪酒店行业协会会刊《荆楚美食》执行主编，编著出版《养生国膳》《吃禽》《湖北新潮名菜谱》等多本烹饪书籍。曾入选中国烹饪协会国家代表队，出访俄罗斯、挪威、丹麦等五国，开展中华美食厨艺国际交流。2017年，被国家人力资源和社会保障部授予"全国技术能手"称号。2018年，被武汉市总工会授予"大城工匠"称号，被中国饭店协会授予"改革开放40周年全国饭店餐饮业功勋大师"称号。

刘宏波

刘宏波，男，1970年出生，湖北武汉人，大专学历，中式烹调高级技师，湖北烹饪大师，中国烹饪大师。现任武汉新八茗春汇行政总厨，兼任湖北

省烹饪与酒店行业协会名厨专业委员会委员。

1989年，到湖北省畜产进出口公司食堂工作。1993年，到武汉商业服务学院烹饪工艺专业进修。1994年，担任武汉三五酒店厨师长。1998年，担任武汉小蓝鲸酒店（山味特色店）行政总厨。2004年，到武汉商业服务学院酒店管理专业进修。2009年，担任武汉艳阳天酒店行政总厨。2013年，担任武汉雅和睿景酒店行政总厨。2015年，担任武汉新八茗春汇行政总厨。

从事餐饮工作30年来，一直坚守在餐饮工作一线岗位，踏实好学，爱岗敬业，具备了较精湛的楚菜烹饪技艺，积累了较丰富的厨务管理经验，曾多次参加省市及全国烹饪大赛，被多家餐饮企业聘请为技术顾问，培养的三十多名徒弟已经成长为高素质技能人才。

1999年，荣获第四届全国烹饪技术比赛热菜铜牌。2001年，荣获武汉市首届美食节热菜金牌，并被美食节组委会授予"武汉名厨"称号。2002年，荣获第十二届全国厨师节热菜"金厨奖"。2003年，荣获第五届全国烹饪技术比赛热菜银奖。2004年，参与制作的鲴鱼宴在第十四届中国厨师节上荣获中国名宴特金奖，个人荣获第十四届中国厨师节热菜"金厨奖"。

江先洲

江先洲，男，1969年出生，湖北沙洋人，高中学历，中式烹调高级技师，公共营养高级技师，中国烹饪大师，湖北省职业技能鉴定高级考评员。曾就职于荆门市漳河宾馆、荆门市税务局食堂、荆门市劳动培训中心、荆门市就

业创业服务中心。现为荆门技师学院烹饪专业教师，兼任荆门市烹饪酒店行业协会特邀副会长。

1986年参加工作。2010年，被荆门市首届职工文化节职工烹饪技能竞赛组委会评为"优秀裁判员"。2012年，被荆门市人力资源和社会保障局授予"就业和再就业工作先进工作者"称号，被荆门市全民创业和创建创业型城市工作领导小组办公室聘为"创业指导服务专家"。2013年，荣获第七届全国烹饪技能竞赛（湖北赛区）热菜金奖，荣获湖北省第十一届烹饪技术比赛热菜特金奖。

汤正友

汤正友，男，1974年出生，湖北黄冈人，中式烹调高级技师，湖北烹饪大师，注册中国烹饪大师。现任武汉楚鱼王酒店管理有限公司董事长。

1992年，到武汉江鹰饭店学习厨艺。1997年，投资在汉口吉庆街开办"兄弟餐馆"，开启自主创业之路。1998年底，将餐馆迁至武昌雄楚大道，主营夜市餐饮，一炮而红，每天售出酸菜鱼几百斤，被食客们称赞为"鱼王"，自此鱼王名号诞生。2003年，在离兄弟餐馆不远处又开办了一家新店——鱼王百姓人家，并注册"楚鱼王"商标，"楚鱼王"品牌闪亮登场。2015年，注册成立武汉楚鱼王酒店管理有限公司，担任公司董事长。

2008年，带领鱼王百姓人家酒店荣获湖北省第十届烹饪技术大赛团体金奖，荣获首届湖北旺店旺菜烹饪大赛热菜金牌。2009年，荣获第二届湖北旺店旺菜烹饪大赛热菜金牌，鱼宴楼店制作的"匙吻鲟鱼宴"在首届中国长江江鲜河豚美食节上获评"金牌江鲜宴"。2011年，带领楚鱼王华农店荣获第三届湖北旺店旺菜烹饪大赛热菜金牌。2013年，带领楚鱼王二七路店荣获第五届全国江鲜（淡水鱼）烹饪技能大赛最佳表演奖。2017年，荣获第二届中华厨王挑战赛"厨王"称号，荣获中原餐饮博览会风味菜肴特金奖，被世界中餐名厨交流协会授予大匠传承中餐标准化转化交流会"创新研发奖"。2018年，带队荣获第八届全国烹饪技能竞赛（湖北赛区）团体金奖。

汤荣战

汤荣战，男，1970年出生，河南安阳人，大专学历，中式烹调高级技师，湖北烹饪大师，注册中国烹饪大师，餐饮业国家级裁判员。现任武汉中南花园饭店行政总厨，兼任中国饭店协会酒店星厨委员会副主席。

自1987年参加工作以来，汤荣战大师曾参与接待过俞正声、李鸿忠等政府领导，周星驰、宋祖英、蒋大为等艺术家，以及李大双、李小双、李娜等体育明星。参与了《中国鄂菜》《湖北鄂西地方菜》等书籍的编辑及其菜品制作。

2011年，被中国烹饪协会授予"中华金厨奖"。2012年，被中国烹饪协会授予"中华金爵奖"。2013年，参与完成了原广州军区在汕尾的重大接待，荣获个人三等功。被湖北省总工会授予"湖北五一劳动奖章"。2014年，荣获全国湖鲜烹饪技能大赛最具创意设计奖和个人特金奖、团体特等奖。

孙先一

孙先一，男，1962年出生，湖北荆州人，大专学历，中式烹调高级技师，湖北烹饪大师，资深级注册中国烹饪大师。现任长江大学后勤集团饮食中心技术总监、副经理，兼任荆州市烹饪协会常务副会长、荆州市烹饪协会专家委员会主席、荆州市映山红餐饮管理有限公司技术总监、湖北省美发美容协会秘书长等社会职务。

1978年至1992年，在原江汉石油学院后勤处工作。1992年至2012年，在日本华盛顿和星野会社担任中华料理指导员、料理长。从业40年来，孙先一大师曾参编《主副食加工标准与规范指南》等专业书籍，公开发表"浅谈如何做好大锅菜"多篇文章。

1983 年，被湖北省人民政府授予"湖北省劳动模范"称号。1985 年，获评"全国高等学校后勤先进个人"。1986 年，获评"石油部石油教育先进工作者"。1995 年，荣获湖北省第三届（鄂菜）烹饪技术大赛热菜金奖。2018 年，获评长江大学"2017'温暖长大'年度人物"。

苏方胜

苏方胜，男，1972 年出生，重庆市人，中式烹调高级技师，湖北烹饪大师，中国烹饪大师。现任神农架林区小蓝天饮食文化传播有限公司总经理，兼任神农架林区烹饪协会会长。

1992 年，被兴山县粮食局评为"先进个人"。2002 年，创办神农架林区小蓝天酒店。2005 年，被神农架林区人民政府评为"神农架林区青年岗位能手"。2009 年，被湖北省劳动和社会保障厅授予"湖北省岗位能手"称号。2010 年，荣获"味道 2009"青年名厨全国烹饪大赛年度总决赛"名厨奖"。2011 年，当选为神农架林区第八届政协委员。2013 年，荣获第七届全国烹饪技能竞赛热菜金奖和湖北省第十一届烹饪技术大赛热菜特金奖。2014 年，被中共神农架林区委员会授予"全区十佳旅游从业人员"称号，被中国烹饪协会授予"中华金厨奖"。2017 年，被湖北省烹饪酒店行业协会授予"社会组织先进工作者"称号。2018 年，被中国烹饪协会授予"改革开放 40 年中国餐饮行业企业家突出贡献人物"称号。

苏忠高

苏忠高，男，1969 年出生，湖北武汉人，武汉大学 EMBA，中式烹调高级技师，湖北烹饪大师，注册中国烹饪大师，高级经营师。现任武汉市醉江月饮食服务有限公司董事长，兼任武汉市餐饮业协会副会长、武汉市武昌区慈善会副会长、武汉市武昌区政协委员等社会职务。

自 1986 年参加工作以来，苏忠高大师主持开发出数十道"新派楚菜招牌菜"，其中"脆皮蒜香鸡""南

郡肥鱼蓑衣元"等多道菜肴入选"中国名菜"。

1999 年，被评为"武昌区青年兴业带头人"和"武汉市青年兴业带头人"。2000 年，被评为"第三届武昌区十大杰出青年"。2001 年，被评为"武汉市优秀经营管理者"和"武汉市爱职工优秀管理者"。2002 年，被评为"全国餐饮业优秀企业家"。2003 年，被评为"第五届武汉市优秀青年企业家"。2004 年，被评为"湖北省技术能手""第六届武汉优秀青年""武汉新长征突击手"和"湖北省青年岗位能手"。2008 年，被评为"武汉市绿色餐饮年度人物"。2009 年，被评为"中国经济贡献百名杰出人物"和"湖北省优秀企业家"。2010 年，被评为"湖北省十大鄂菜大师"。2011 年，荣获"中国中部地区餐饮行业终身成就奖"。2012 年，荣获"2012 世界厨王争霸赛"团体赛冠军和"中国烹饪大师金爵奖"。2013 年，荣获"武昌英才"和"优秀企业家"称号。2014 年，荣获"武汉五一劳动奖章"。2017 年，被评为"中国餐饮 30 年功勋人物"。

李广

李广，男，1965 年出生，湖北汉川人，中式烹调高级技师，高级公共营养师，湖北烹饪大师，国家餐饮业评委，湖北省职业技能鉴定考评员。曾任武汉三五酒店餐饮部总厨、郑州承誉德大酒店餐饮总监，现任正大集团正大食品资深顾问。

1983 年，在武汉幸福酒家学厨。从业 35 年来，多次参加省市及全国烹饪技术比赛并获奖。1997 年，荣获第七届中国厨师节金奖。2018 年，被汉川市人民政府授予"美食工匠杰出人才奖"。

李伟

李伟，男，1976年出生，湖北武汉人，大专学历，中式烹饪高级技师，注册中国烹饪大师。现任荆门苏州府大酒店行政总厨，兼任荆门市烹饪酒店行业协会特邀副会长。

2007年，荣获全国中餐技能创新大赛金奖。2008年，荣获第六届中国烹饪世界大赛银奖。2010年，带队参加鄂菜烹饪技术大赛，荣获团体赛特金奖。2013年，荣获首届全国水产技术推广职业技能竞赛特金奖。2018年，牵头制作的"香溪昭君宴"荣获第二十八届中国厨师节风味名宴大赛一等奖，牵头制作的"菊花宴"荣获黄冈地标风味名宴大赛特金奖，牵头制作的"香溪昭君宴"荣获湖北省首届楚菜美食博览会"楚菜美食名宴展"金奖。

李斌

李斌，男，1975年出生，湖北黄陂人，大专学历，中式烹调高级技师，湖北烹饪大师，中国烹饪大师。曾就职于武汉蓝天大酒店、湖北华联楚天大厦、北京湖北大厦、武汉珞珈山国际酒店、鄂州长城花园大酒店，现任武汉美联假日酒店行政总厨，兼任湖北省烹饪酒店行业协会理事、名厨杂志社特邀记者。

李斌大师曾多次参加省市及全国烹饪比赛，曾担任广州第七届搜厨国际烹饪技术交流大赛特邀评委、安徽国际烹饪技术交流大赛暨"一带一路"美食文化节特邀评委，曾获"中国白金名厨""全国优秀厨师""湖北省技术能手"等荣誉称号。

1997年，荣获第四届湖北省烹饪技术大赛金奖。2003年，荣获第五届全国烹饪技能大赛银奖。2008年，制作的"极品皇后豆腐"被评为北京奥运会金牌

菜。2009年，荣获全国青年名厨烹饪大赛（武汉赛区）特金奖。2013年，荣获全国江鲜烹饪技能大赛金奖。2018年，荣获第七届全国饭店业职业技能大赛（中式烹调工种）金奖。

李加红

李加红，男，1979年出生，湖北荆门人，本科学历，标准化工程师，高级公共营养师，中式烹调高级技师，湖北烹饪大师，国家职业技能鉴定高级考评员，湖北省科技企业孵化器管理员，潜江市第八届人大代表。曾就职于湖

北省气象局桃园餐厅、四川全兴大酒店、北京东方美食文化集团、长春红事会餐饮集团、河北辰光酒店集团、新华教育集团新东方烹饪教育，现任潜江龙虾学校（江汉艺术职业学院饮食文化学院）执行院长，兼任中国渔业协会小龙虾市场分会副会长、荆门市烹饪酒店行业协会特邀专家副会长。

从厨20年来，曾多次参加各级各类烹饪技术比赛，应邀担任省市及全国烹饪比赛专业评委。曾作为联合创始人，参与筹建潜江龙虾学校、潜江楠鼎众创空间、潜江虾府管理集团，曾编著《小龙虾烹饪师操作手册》等书籍65册，申请专利6项，起草省级行业标准4项。

曾获奥运美食超厨大赛特金奖、全国湖鲜烹饪技能大赛金奖。2016年，荣获第六届亚太美食养生大赛团体金奖、国际酒店培训业金爵奖。2018年，荣获中国烹饪协会"中华金厨奖"、首届楚菜博览会美食名宴展金奖、第三届"中国创翼"创新创业大赛优胜奖。

李亚娟

李亚娟，女，1966年出生，湖北咸宁人，中式面点高级技师，注册中国烹饪大师。现任湖北常青麦香园餐饮管理有限公司董事长，兼任湖北省食文化研究会会长。

2003年，在武汉常青花园开办麦香园美食城，

主推热干面。2010 年，拜蔡林记热干面创始人蔡明纬之子蔡汉文为师，学习蔡氏热干面技艺精华。2012 年至今，先后创建武汉李氏麦香园餐饮管理有限公司、湖北金香园食品有限公司、湖北常青麦香园餐饮管理有限公司，担任技术总监和总经理。

李亚娟的创业事迹曾被《楚天都市报》《楚天金报》《长江日报》《武汉晚报》等多家媒体报道。2012 年，被湖北省文化厅评为"湖北省首批食文化技艺传承人"。2016 年，被《东方美食》杂志社评为"中国烹饪艺术家"。2018 年，被中国饭店协会授予"中国优秀餐饮企业家"称号。

李兴炳

李兴炳，男，1968 年出生，安徽金寨人，中式烹调高级技师，湖北烹饪大师，中国烹饪大师。现任武汉市亢龙太子酒轩有限责任公司花园酒店厨部经理。

1986 年，进入餐饮行业，后曾在多家酒店事厨。1991 年，进入武汉市亢龙太子酒轩有限责任公司工作。

2005 年，荣获湖北省鄂菜烹饪技术大赛热菜特金奖，被第十五届中国厨师节组委会授予"全国优秀厨师"称号。2010 年，荣获第三届全国饭店业职业技能竞赛热菜特金奖。2013 年，被中国烹饪协会授予"中华金厨奖"。

李茂顺

李茂顺，男，1959 年出生，江苏江都人，中式烹调高级技师，资深级注册中国烹饪大师。曾任武汉望旺煨汤公司技术顾问 13 年，现任武汉商学院烹饪与食品工程学院副教授，兼任东湖碧波宾馆、竹溪宾馆

等多家企业的餐饮顾问。

1975 年参加工作，师从张久森大师。1975—1985 年，在武汉云鹤酒楼掌勺。1985 年至今，在武汉商学院（原武汉商业服务学院）从事烹饪工艺教学与研究，理论与实践相结合，专业教学、学术研究与社会服务相互促进，烹调技艺和综合素养不断提升，代表菜品有"山药野鸭汤""鞭花杏鲍菇"等，主持和参与横向课题 6 项，在《食品研究与开发》等刊物发表学术论文 10 篇，参编《鄂菜大系·地方风味篇》《寺院素斋》《奥运健康食谱》等烹饪书籍 3 部。

2012 年，指导青年教师和学生参加中国烹饪协会等单位举办的"全国职业院校技能大赛"，其中一等奖 1 名、三等奖 3 名，个人荣获"优秀指导老师"奖。2011 年 6 月，主持申报的"煨汤技艺"入选湖北省第三批非物质文化遗产名录。

李庭华

李庭华，男，1967 年出生，湖北随州人，中专学历，中式烹调高级技师，湖北烹饪名师，注册中国烹饪大师。现任湖北省随州市曾都区曾都食府有限公司总经理，兼任随州市城区烹饪酒店行业协会副会长。

1984 年 8 月，进入餐饮行业工作。曾在随州颇具盛名的圣宫饭店、交通饭店学习厨艺。后相继在随州市柳林镇招待所、随州市大洪山风景区宾馆任职。2000 年 5 月，创办随州市曾都食府。2012 年 1 月，成立随州市曾都食府有限公司。

2001 年，荣获随州市曾都区"全力杯"首届"十大经济风云人物"提名奖。2011 年，被随州市总工会授予"随州五一劳动奖章"。2015 年，被全国酒家酒店等级评定委员会评为"国家钻级酒家优秀管理

者"。2017年，再次被全国酒家酒店等级评定委员会评为"国家钻级酒家优秀管理者"。

李清华

李清华，男，1972年出生，湖北荆州人，本科学历，中国烹饪大师，武汉市第十三届政协委员。曾历任神龙汽车有限公司后勤主管、武汉华兴餐饮管理有限公司总经理、武汉华鼎后勤配套服务有限公司总经理，现任湖北华鼎团膳管理股份有限公司董事长、总经理，兼任武汉市餐饮业协会副会长、湖北省楚商协会副会长、湖北省烹饪酒店行业协会副会长、湖北省团餐行业协会常务副会长、武汉团膳快餐生产供应协会副会长、中国烹饪协会团餐委员会委员。

从业二十多年来，曾获湖北省烹饪技术比赛金奖，被中国烹饪协会授予"中华金厨奖"，曾获评"武汉市优秀企业家""改革开放40周年湖北团餐事业突出贡献人物"。2015年，被武汉市总工会授予"武汉五一劳动奖章"，被武汉市人民政府授予"武汉市劳动模范"称号。

李雄武

李雄武，男，1975年出生，重庆市人，大专学历，中式烹调高级技师，湖北烹饪大师，注册中国烹饪大师。曾就职于武汉五月花大酒店、武汉卢大师酒店管理有限公司楚天卢酒店、武汉王大厨酒店管理有限公司。现任上海市功德林素食有限公司功德林素食制作技艺（素菜国家级非物质文化遗产项目）小组组长，兼任安徽省现代徽菜文化研究院特邀研究员。

1994年，到武汉五月花大酒店学习厨艺。2008年，到上海市功德林素食有限公司从事素食研发工作。从厨二十多年来，多次参加省级和全国烹饪大赛并取得优秀成绩。

2005年，荣获首届全国中餐技能创新大赛金奖。2008年，荣获第六届中国烹饪世界大赛团体项目金奖和个人项目银奖，荣获第六届全国烹饪技能竞赛（上海赛区）暨2008迎上海世博烹饪技术比赛食品雕刻项目金奖。2011年，荣获湖北省第三届烹饪技能状元选拔赛金奖。2016年，荣获好食材国际厨艺邀请赛特金奖，荣获第十八届FHC中国国际烹饪艺术比赛素食项目银奖。2017年，荣获第十九届FHC中国国际烹饪艺术比赛素食项目银奖，被中国烹饪协会授予"中华金厨奖"。2018年，荣获第八届全国烹饪技能竞赛（湖北赛区）冷拼雕刻项目金奖，荣获湖北省首届楚菜职业技能大赛冷拼雕刻项目特金奖，被湖北省人力资源和社会保障厅授予"湖北省技术能手"称号。

严金明

严金明，男，1968年出生，祖籍湖北沔阳，本科学历，中式烹调高级技师，中国厨政管理师（行政总厨）考评员，广州严金明学堂创始人，新潮轻奢品牌"餐桌的记忆"茶饮连锁加盟投资人，广州市巾帼创业志愿导师团专家。

1998年9月至2005年5月，曾任广东白云学院旅游管理系副教授，酒店管理专业学科带头人。2005年6月至2015年底，曾先后担任广东鸿星海鲜饮食集团暨广州东江饮食有限责任公司策划总监、广东轻工职业技术学院东江学院副院长、广东远通集团有限公司副总经理、广州东方国际饭店"东方潮菜"总经理。2016年至今，担任顺德职业技术学院烹饪专业群建设平台执行副主任。2018年起，兼任广东枫盛楼·汉正街一号餐饮集团董事长助理。

1999年，曾获第十二届广州国际美食节"东峻杯"金杯一等奖。2002年至2014年，主编出版《现代餐饮管理技术》《粤菜烹调工艺》《广州名小吃》

《餐饮服务与管理》等旅游酒店餐饮类专业教材17部。2018年，被广州市妇女联合会聘请为"广州市巾帼创业志愿导师团"专家。

杨辉

杨辉，男，1973年出生，湖北武汉人，中式烹调高级技师，湖北烹饪大师，中国烹饪大师。1996年，开始从事厨师工作，师从楚菜名家余明社，曾先后就职于武汉江南大酒店、武昌嘉叶宾馆、南航湖北航空大酒店、武汉亢龙太子酒轩、武昌鑫华园酒楼、武汉东海金阁酒楼，现为湖锦酒楼国宴店行政总厨，兼任世界中餐联合会国际中餐名厨专委会委员。

从厨二十多年来，潜心钻研楚菜厨艺，多次参加省市及全国烹饪技术比赛并获奖。在湖锦酒楼工作的10年间，参与湖锦酒楼的厨房管理和菜品研发，负责湖锦酒楼宴会菜谱的编制和创新，是打造湖北餐饮界"湖锦现象"的骨干成员之一。

2002年，荣获第十二届全国厨师节"金厨奖"。2005年，荣获首届全国中餐技能创新大赛特金奖。2008年，荣获第六届全国烹饪技能竞赛（湖北赛区）特金奖。2010年，荣获第三届全国饭店业职业技能大赛金奖。2013年，荣获第七届全国烹饪技能竞赛（湖北赛区）金奖。2013年，被中国烹饪协会授予"中华金厨奖"。2016年，荣获第六届全国饭店业职业技能大赛金奖。

杨元银

杨元银，男，1979年出生，湖北黄陂人，大专学历，餐饮业高级职业经理人，中式烹调高级技师，湖北烹饪大师，注册中国烹饪大师，中国药膳烹饪大师。现任武汉市状元甲餐饮管理有限公司董事长。

1993年，年仅14岁的杨元银谨记"无艺莫立业"的家训，到武汉老通城酒楼当学徒。1995年，到宜昌三峡工程大酒店工作。2001年至2003年，担任北京一位国家级领导人的私人厨师。2004年，回武

汉创办大丰收家常菜餐馆。2005年，开办大丰收家常菜连锁店"妈妈菜馆"。2008年，开办新店"竹林鱼庄"。2010年，转行从事建筑工程失利后，重回餐饮行业，开办专营甲鱼菜的"状元甲"餐厅。2015年，注册成立武汉市状元甲餐饮管理有限公司。

作为一家专注做甲鱼的餐厅，状元甲连锁餐馆采用透明式厨房设计，以"食材新鲜、口味香醇、价格亲民"为经营策略。

杨东林

杨东林，男，1973年出生，四川武胜人，大专学历，中式烹调高级技师，湖北烹饪大师，注册中国烹饪大师，国际餐饮业评委，湖北省高技能人才评审委员会评委，武汉市非物质文化遗产名录项目武昌鱼制作技艺传承人。曾就职于四川省原成都军区后勤学院、武汉嘉叶宾馆、武汉湖锦酒楼、武汉卢大师酒店管理有限公司、武汉江城明珠豪生大酒店，现任武汉巴布罗餐饮管理公司总经理，兼任世界中餐联合会名厨委员会委员、中国烹饪协会名厨委委员、武汉江城明珠豪生大酒店技术顾问。

1989年进入餐饮行业。三十余款代表菜肴入选"中国名菜""湖北名菜""江城名菜"。曾在《湖北日报》《武汉晚报》《中国烹饪》等报刊期刊上发表多篇文章，参编《中国鄂菜》《楚厨绽放》等多部烹饪书籍。

1999年，荣获第四届全国烹饪技能竞赛银奖。2000年，荣获第三届中国烹饪世界大赛银奖。2002年，荣获第四届中国烹饪世界大赛金奖。2011年，被中国烹饪协会授予"中华金厨奖"。2018年，被世界中餐业联合会授予"中餐厨师艺术家"称号。

杨孝刘

杨孝刘，男，1983年出生，安徽安庆人，本科学历，中式烹调高级技师，高级公共营养师，餐饮业高级职业经理人。现任武汉市第一商业学校餐饮旅游专业部副主任。

从事烹饪职业教育工作十多年来，曾在《当代教育与实践》等专业期刊上发表多篇学术论文，主编参编《冷盘制作与食品雕刻技术》《水果拼盘与食品雕刻》《旅游电子商务》《中华年节食观》《中式烹调工艺与实训》《中式热菜》等多部专业书籍。曾指导学生在全国职业院校烹饪技能大赛中获得一金三银四铜的优异成绩，五次获得湖北省教育厅授予的"优秀指导教师奖"，曾获2018年教育部国家教学成果奖二等奖，荣获全国烹饪技能大赛金奖三次。

2008年，荣获第六届全国烹饪技能竞赛（湖北赛区）银奖和第十届湖北省烹饪技术大赛金奖。2009年、2012年，两次荣获"武汉市优秀教师"称号。2014年，荣获全国淡水鱼鲜烹饪技能大赛特金奖。2015年，荣获教育部举办的全国职业院校信息化教学大赛教学设计赛项一等奖，荣获武汉市第十四届教师五项技能竞赛一等奖，被武汉市人民政府授予"武汉市职业技能大赛技术状元"称号，被武汉市总工会授予"武汉五一劳动奖章"，被共青团武汉市委员会授予"武汉市杰出青年岗位能手"称号。2017年，荣获全国职业院校信息化教学大赛课堂教学赛项三等奖，荣获首届"荆楚好老师"称号，被湖北省教育厅授予"湖北省师德先进个人"称号。2018年，荣获第八届全国烹饪技能竞赛银奖和首届湖北省楚菜职业技能大赛特金奖，被武汉市人民政府授予"武汉市劳动模范"称号。

杨善全

杨善全，男，1958年出生，湖北宜昌人，中式烹调高级技师，湖北烹饪大师，资深级注册中国烹饪大师，中国烹饪协会名厨委委员，湖北省职业技能鉴定指导中心考评员，餐饮业国家一级评委。曾长期担任

宜昌桃花岭饭店行政总厨，现任宜昌市杨善全劳模创新工作室领军人、宜昌桃花岭饭店总顾问，兼任宜昌市烹饪酒店行业协会副秘书长、宜昌市烹饪酒店行业协会名厨委主任、三峡旅游职业技术学院兼职教授。

自1978年参加工作以来，在四十余年的职业生涯中，杨善全大师多次参加省市及全国烹饪技术大赛并荣获金奖、特金奖，多次应邀担任省市及全国烹饪技术大赛的专业评委，并为宜昌餐饮界培养了一批高素质的烹饪技能人才。

1993年，被湖北省旅游局评为"湖北省旅游行业先进工作者"。1993年、1999年和2005年，相继被宜昌市直机关工委授予"宜昌市直机关优秀共产党员"称号。1995年，荣获湖北省烹饪（鄂菜）技术比赛团体金奖。2004年，被宜昌市委、市政府评为"宜昌市优秀高技能人才"。2005年，在第十五届中国厨师节上，荣获"全国优秀厨师"称号。2007年，被中国烹饪协会授予"中华金厨奖（技术创新奖）"。2008年，被评为"宜昌市餐饮业十大风云人物"。2010年，被湖北省商务厅等联合授予"湖北省十大鄂菜大师"称号。2012年，荣获宜昌市烹饪酒店行业"突出贡献人物奖"。2015年，被湖北省人民政府授予"湖北省劳动模范"称号。2017年，被中国烹饪协会授予"中国餐饮30年杰出人物奖"。

吴旻

吴旻，男，1975年出生，湖北武汉人，大专学历，中式烹调高级技师，高级公共营养师，注册中国烹饪大师，餐饮业国家级评委，职业技能鉴定国家级裁判员。现任武汉湖锦娱乐发展有限责任公司产品研发部总监。

1993年5月，大专毕业后分配到武汉亚洲大酒

店工作。后相继就职于知名快餐企业麦香居、知名粤菜海鲜酒楼长江大酒店和银都娱乐城等多家企业。2002年，进入武汉鑫华园酒店任职档口主管。2005年，进入武汉湖锦酒楼任职行政总厨。

曾被中国烹饪协会、中国饭店协会授予"全国最佳厨师""全国十佳雕刻师"等荣誉称号，曾被中国烹饪协会授予"中华金厨奖"，被湖北省人力资源和社会保障厅授予"湖北省技术能手"称号。2009年，荣获第六届全国烹饪大赛全国总决赛特金奖。2010年，荣获第三届全国饭店业职业技能大赛全国总决赛团体赛第一名。

吴有伏

吴有伏，男，1957年出生，湖北武汉人，大专学历，中式烹调高级技师，湖北烹饪大师，注册中国烹饪大师。现任武汉藕巷餐饮管理有限公司董事长。

1982年参加工作，曾就职于武汉生香酒楼、武昌区饮食公司、武昌烹饪学校。1993年，创办武汉天友大酒店。2003年，创办楚灶王大酒店。2007年，创办湖北君宜王朝酒店管理有限公司。2016年，创办武汉藕巷餐饮管理有限公司。

1983年，荣获"武汉市青年技术能手"称号。1988年，荣获全国首届"怀燕杯"食品雕刻大赛三等奖。1989年，荣获武汉市烹饪技术大赛第一名，荣获湖北第二届青年烹饪大赛第一名。1990年，荣获首届全国青工烹调技术大赛金奖（最佳奖），被共青团中央授予"全国新长征突击手"称号，被湖北省总工会授予"全省青年烹调技术能手"称号，被共青团武汉市武昌区委授予"新长征突击手标兵"称号。2014年，被武汉市总工会授予"武汉五一劳动奖章"。

吴位武

吴位武，男，1976年出生，湖北武汉人，中式烹调高级技师，湖北烹饪大师，注册中国烹饪大师。现任武汉市江夏贵公府酒楼行政总厨、武汉吴大厨酒店

店长。

1995年参加工作，后师从楚菜名家邹志平，系统钻研楚菜烹饪技艺。2002年至2006年，任北京九头鸟酒店（石景山店）厨师长。2007年至2012年，任武汉安华酒店厨师长。2013年至2014年，任武汉佳豪酒店行政总厨。2015年至2017年，任武汉醉清风酒店行政总厨。

2007年和2009年，连续两届荣获湖北省技能状元选拔赛"技能状元"称号。曾荣获"湖北省杰出青年岗位能手"和"湖北省技术能手"称号，被湖北省总工会授予"湖北五一劳动奖章"。2018年，荣获首届湖北省楚菜职业技能大赛金奖。

吴细双

吴细双，男，1971年出生，湖北黄冈人，中式烹调高级技师，湖北烹饪大师，注册中国烹饪大师。曾就职于湖北医科大学食堂、武昌饭店、武汉三五酒店管理有限公司，现为武汉东鑫酒店管理有限公司行政总厨。

自1986年参加工作以来，一直坚守在餐饮岗位第一线，多次参加省市及全国烹饪大赛。2007年以来，依托武汉东鑫酒店管理有限公司中央厨房研发中心，为公司研发了一百多道特色菜品。

2009年9月，在2008—2009年武汉商业服务业诚信经营、优质服务活动中，被武汉市商务局、武汉市总工会、共青团武汉市委员会等部门联合授予"烹饪名厨"称号。2010年12月，荣获湖北省鄂菜烹饪技术大赛团体项目特金奖。2011年8月，荣获第四届全国中餐技能创新大赛热菜特别金奖。2014年1月，被武汉市人民政府授予"武汉市首席技师"称号。2014年5月，被中国烹饪协会授予"中华金厨奖"。

何奇

何奇，男，1970年生，浙江杭州人，本科学历，中式烹调高级技师，高级公共营养师，湖北烹饪大师，注册中国烹饪大师。曾任湖北饭店厨师长、北京湖北大厦（湖北省人民政府驻京办）行政总厨，现任武汉九大碗酒店执行总经理，兼任武汉餐饮业协会理事、中国饭店协会湖北名厨委委员。

1986年参加工作，在武昌饭店学习厨艺。从业三十多年来，积极参与营养健康膳食、养生素食推广工作，参编《湖北地方菜》等烹饪书籍。

1995年，荣获湖北省第三届烹饪（鄂菜）技术比赛个人单项热菜金牌和团体展台金牌。2003年，被武汉市第五届美食文化节组委会授予"江城名厨"称号。2010年，荣获第三届全国饭店职业技能大赛（湖北赛区）团体金奖。2016年，被武汉餐饮业协会、武汉市总商会等部门联合授予餐饮行业"武汉十佳优秀店长"称号。2018年，荣获湖北省首届楚菜职业技能大赛团体特金奖。

何渊

何渊，男，1972年出生，湖北房县人，中式面点高级技师，湖北烹饪大师，中国烹饪大师，湖北省职业技能鉴定高级考评员，国家职业技能竞赛裁判员，中国烹饪协会名厨专业委员会委员，三峡旅游职业技术学院客座教授。

曾担任2014年及2016年全国职业院校技能大赛（扬州赛区）裁判员、2018年第八届全国烹饪大赛（银川赛区）面点组裁判员、（南昌赛区）面点组裁判组长。

自1995年以来，历任武汉中南大酒店面点部厨师长、武汉香格里拉大酒店面点部厨师长、武汉中南花园饭店面点部厨师长，现任武汉艳阳天发展有限公司厨务部面点总监。

何渊大师刻苦钻研烹饪技艺，积极投身于菜品研发与创新，理论与实践相结合，研制的特色菜品曾被《武汉创新菜》《中国优秀厨师大典》《旺店火爆菜》《烹调制作与工艺》《厨师教育教程》《中国名厨大典》《武汉大餐饮》《湖北创新菜》《好吃佬丛书·喝汤》《好吃佬丛书·吃鱼》《楚厨绽放》《汉味寻真》等书籍收录。

2003年，荣获第五届全国烹饪技术比赛个人赛面点项目金奖。2004年，荣获第五届中国烹饪世界大赛（广州赛区）团体金奖及个人赛面点项目金奖。2008年，荣获第六届全国烹饪技能竞赛（解放军赛区）团体金奖及个人面点项目金奖。2014年，荣获海峡两岸工会金厨表演交流金厨奖。曾获"武汉市优秀进城务工青年"和中国烹饪协会"中华金厨奖"。

何培艳

何培艳，男，1972年出生，湖北武汉人，中式烹调高级技师，湖北烹饪大师，中国烹饪大师。曾担任武汉中南大酒店、青山万豪大酒店、武汉新谷大酒店、武汉安聚源大酒店行政总厨，现任武汉青番茄酒轩总经理。

1991年毕业于武汉商业服务学院高工进修班。曾在《中国大厨》《楚天都市报》《楚天金报》发表"谈鄂菜经营成功之道""走出创新发展的本源"等多篇文章，研制的"编钟鮰鱼"等多道菜品入选《中国烹饪大全》。

2007年，荣获中央电视台美食冠军总决赛（南部赛区）冠军，被武汉市餐饮业协会授予"江城名厨"称号。2009年，荣获第二届湖北省技能状元选拔赛热菜项目第一名，被授予"湖北省技能状元""湖北省技术能手""湖北五一劳动奖章"。2017年，被武汉市江夏区委人才办授予"江夏英才计划·江夏工匠"称号。2018年，被武汉市人民政府授予"武汉市劳动模范"称号。

余勤

余勤，男，1965年出生，湖北汉阳人，中专学历，中式烹调高级技师，湖北烹饪大师，注册中国烹饪大师，中国烹饪协会名厨委委员。曾就职于原武汉商业服务学院、香港新华社联艺机构后勤、武汉帅府饭店、武汉三五酒店、武汉盛秦风酒店，现任武汉艳阳景轩酒店发展有限公司出品总监。

自1986年参加工作后，研发出"壶冲酸汤鳜鱼""恩施土猪肉""脆皮武昌鱼""香酥羊排"等一系列特色菜品。多次在省市及全国烹饪技术比赛中获得佳绩，曾获"中华金厨奖""中国名厨白金奖""武汉市餐饮业先进个人奖"等多项荣誉。

余克喜

余克喜，男，1973年出生，湖北武汉人，大专学历，中式烹调高级技师，湖北烹饪大师，中国烹饪大师，全国餐饮业评委。曾就职于武汉市东湖碧波宾馆、武汉小蓝鲸健康美食管理有限公司、武汉首席假日餐饮有限公司、武汉

钻石假日酒店。2008年，担任武汉商业服务学院饮食服务中心主任。2011年，受组织派遣到中国南极科考站，负责长城站科考人员的后勤保障工作。2013年至今，担任昌弼厨艺工作室副主席。

1997年，荣获湖北省第四届烹饪（鄂菜）技术比赛银牌。1999年，荣获第四届全国烹饪技术比赛铜牌。2003年，荣获第五届武汉美食文化节"江城名厨"称号，荣获第五届全国烹饪技术比赛银奖。2005年，荣获首届江苏省淡水鱼烹饪大赛特金奖，被武汉市人民政府授予"武汉市技术能手"称号。2007年，被湖北省劳动和社会保障厅授予"湖北省

技术能手"称号。2008年，荣获湖北省第十届烹饪技术比赛特金奖。2013年，被中国烹饪协会授予"中华金厨奖"。2014年，荣获全国湖鲜烹饪技能大赛特金奖。

余明华

余明华，男，1969年出生，湖北武汉人，中专学历，高级经营师，中式烹调高级技师，湖北烹饪大师，中国烹饪大师，中国烹饪协会名厨委委员。曾就职于武汉大中华酒楼、武昌饭店、武汉洪山宾馆、武汉小天地酒楼、武汉东

鑫酒店，现任武汉福润酒店管理有限公司湖滨客舍行政总厨。

1989年参加工作。从厨30年来，余明华大师多次参加省市和全国烹饪技术大赛并获得多项金奖，制作的"蟹黄鱼裙素鲍"等菜品被认定为"中国名菜"。

1995年，荣获湖北省第三届烹饪（鄂菜）技术比赛热菜金奖和冷拼金奖。1999年，荣获第四届全国烹饪技术比赛（湖北赛区）热菜金奖和冷拼银奖。2003年，荣获第五届全国烹饪技术比赛（湖北赛区）热菜金奖，并在随后的第五届全国烹饪技术比赛总决赛上荣获热菜金奖。2003年，在第五届武汉美食文化节上被授予"江城名厨"称号。2005年，被中国烹饪协会授予"中华金厨奖"。2007年，被武汉市商业局授予"年度武汉餐饮业十大名厨"称号。2010年，被湖北省商务厅等联合授予"湖北省十大鄂菜大师"称号。

余明超

余明超，男，1979年出生，湖北武汉人，中专学历，中式烹调高级技师，湖北烹饪大师，注册中国烹饪大师。曾就职于武汉大中华酒楼、武汉小天地酒楼、武汉鑫华园酒店、武汉三五酒店新华家园店、北京市红菜薹酒店、武汉三五酒店王家湾店、武汉湖锦酒楼国宴店、武汉湖锦酒楼万达店。现任武汉湖锦酒楼新荣店行政总厨。

1998 年，荣获湖北省烹饪大赛金奖。2005 年，荣获首届全国青年技能创新大赛特金奖，并被授予"最佳厨师"称号，同年荣获第十五届中国厨师节"优秀厨师"称号。2012 年，被中国烹饪协会授予"中华金厨奖"。2013 年，

荣获第七届全国烹饪技能竞赛（湖北赛区）金奖和湖北省第十一届烹饪技术比赛特金奖，被武汉市人力资源和社会保障局授予"技术能手"称号，被武汉市总工会授予"武汉五一劳动奖章"，被湖北省人民政府授予"湖北省劳动模范"称号。2014 年，荣获第七届全国烹饪技能竞赛总决赛特金奖。

余贻斌

余贻斌，男，1953 年出生，湖北广水人，中式烹调高级技师，湖北烹饪大师，资深级注册中国烹饪大师，中式烹饪国家一级评委。现任中国烹饪协会名厨专业委员会委员、湖北省烹饪酒店行业协会特邀副会长。

1970—1973 年，在湖北饭店学厨，师从楚菜泰斗卢玉成。1973—1988 年，在武昌饭店工作。1988—1992 年，由外交部借调到中国驻赞比亚大使馆、中国驻挪威大使馆担任主厨。1992—1996 年，担任武昌饭店餐饮部经理。1996—1997 年，由外交部借调到中国驻秘鲁大使馆担任主厨。1997—2013 年，担任湖北饭店行政总厨。

在近 50 年的厨艺生涯中，烹饪理论与实践相结合，技术全面，精通红白两案，主编参编《中华厨圣食典》《中国鄂菜》等多部烹饪书籍，多次应邀担任省市及全国烹饪大赛的专业评委，在宣传厨祖詹王饮食文化方面发挥了积极作用。

1986 年，荣获湖北省直机关工委"优秀共产党员"

称号。1987 年，荣获湖北省饮食服务业高级技术职称考试第四名。1993 年，荣获第三届中国烹饪技能竞赛热菜金奖、冷菜金奖和团体金奖，并以武汉赛区第一名的成绩获得"全国优秀厨师"称号。2007 年，被中国烹饪协会授予"中华金厨奖"。2010 年，被湖北省商务厅授予"湖北省十大鄂菜大师"称号。2017 年，被中国烹饪协会授予"中国餐饮三十年杰出人物奖"。

邹志平

邹志平，男，1973 年出生，湖北黄冈人，本科学历，中式烹调高级技师，湖北烹饪大师，注册中国烹饪大师，湖北省人力资源和社会保障厅高技能人才评审专家，省级非物质文化遗产项目武昌鱼制作技艺第四代传承人代表，湖北省

人民政府专项津贴专家，国务院政府特殊津贴专家。

1989 年参加工作。从厨 30 年来，曾就职于武汉蓝天之梦酒楼、武汉东方大酒店、武汉梦天湖酒店、湖北省政府洪山宾馆、湖北省政府大楼机关餐厅、武汉安华酒店。现为湖北经济学院副教授、湖北经济学院楚菜研究所所长、邹志平国家级技能大师工作室（首席湖北省示范性劳模职工创新工作室）领办人、湖北省人大常委会办公厅翠柳村客舍行政总厨，兼任湖北省人民政府大楼机关餐厅顾问、湖北省烹饪酒店行业职业技能鉴定所所长、中国烹饪协会名厨委副主席、世界中餐联合会湖北区主席、第七届世界军人运动会餐饮顾问。

邹志平大师曾受邀到二十多个国家表演中国厨艺，在全国十多个省市开设中国厨艺楚菜高级研修班。主编、参编《喝汤》《美味湖北》等烹饪书籍近 20 部，《中国莲藕菜》专著获得湖北省人民政府领导批示表扬，荣获湖北省社会公益出版奖，"一带一路"中国文化出版伊尹金奖，并与尼泊尔、印度签约版权输出，入选国家新闻出版广电总局赠送 28 个国家文化出版收藏作品，被湖北省人民政府作为外事活动湖北特色文化礼品。《中国楚菜》电子音像出版物

获得湖北省社会公益出版政府资助奖。

2015 年和 2016 年，曾随李克强总理、刘延东副总理访问巴黎，参加"中法高级别人文机制交流会议"，制作中华非遗美食宴，向法国推广荆楚饮食文化。2014 年至 2018 年，邹志平技能大师工作室承办并圆满完成了湖北省人民政府"国庆招待宴"、湖北省政府"湖北台湾周"、湖北省政府主办的"2018 世界技能中国行·楚菜文化展"、第八届全国烹饪技能（湖北赛区）竞赛、首届楚菜职业技能大赛、首届楚菜美食博览会等多项大型活动，策划并主持制作湖北省委、省政府举办的外交部湖北全球推介活动楚菜冷餐会，参与拍摄《楚天匠才》《楚菜名宴》等电视节目三百多期。

邹志平大师曾获得全国和国际烹饪比赛大奖二十余项，荣获"全国五一劳动奖章"，还被政府部门授予"全国技术能手""湖北省劳动模范""首届湖北省首席技师""首届楚天名匠""首届荆楚工匠""湖北省十大鄂菜大师""武汉市黄鹤英才""首届武汉工匠""首届武汉市技能大师""武汉市十大杰出青年""武汉城市吸引力人物"等诸多荣誉称号，被中国烹饪协会授予"中华金厨奖""中餐国际推广突出贡献奖""中国烹饪 30 年杰出人物奖"和"改革开放四十年中国餐饮业突出贡献人物奖"。

汪毅卿

汪毅卿，男，1972 年出生，安徽绩溪人，中式烹调高级技师，湖北烹饪大师，中国烹饪大师。

1994 年至 1996 年，任武汉汉庆大酒店炉头。1996 年至 1999 年，任武汉华云大酒店炉头主管。1999 年至 2000 年，任鄂州文新森海鲜酒楼副厨师长。2000 年至 2003 年，任武汉粗茶淡饭酒店厨师长。2003 年至 2005 年，任武汉三五酒店厨师长。2005 年至 2007 年，任武汉明星花园酒店厨师长。2009 年至 2018 年，任黄石三五轩饮食集团下陆分店店长。

从厨二十多年来，一步一个台阶，从一名学徒工成长为酒店行政总厨和分店店长，跻身黄石餐饮行业楚菜名师之列。2005 年，荣获苏州烹饪技能大赛银奖。2009 年，荣获"味道 2009"中国青年名厨烹饪大赛（武汉赛区）特金奖。2016 年，荣获"东坡美食节"烹饪技能大赛特金奖。

张彬

张彬，男，1973 年出生，重庆涪陵人，大专学历，公共营养师，中式烹调高级技师，湖北烹饪大师，注册中国烹饪大师，餐饮业国家级评委，湖北省非物质文化遗产东坡饼制作技艺第三代传承人。

1990 年至 1995 年，先后在多家餐馆做厨工。1996 年至 1998 年，在原武汉商业服务学院烹饪工艺专业进修。2007 年至 2009 年，被派往中国驻葡萄牙大使馆餐饮部工作。2012 年至 2015 年，被派往中国驻韩国大使馆餐饮部工作。2015 年以来，完成南开大学酒店管理专业（大专）学历进修，担任黄冈职业技术学院副教授兼烹饪工艺与营养专业带头人、东坡菜标准化工作室负责人、烹饪大师（张彬）创新工作室暨黄冈市职工（劳模）创新工作室主任，兼任黄冈市餐饮酒店行业协会副秘书长。

2003 年，荣获第五届全国烹饪技术比赛（武汉赛区）热菜银奖，在第五届武汉美食文化节上被授予"江城名厨"称号。2005 年，荣获湖北省鄂菜烹饪大赛（黄冈赛区）热菜特金奖，被黄冈市商务局评为"黄冈十佳突出贡献者"。2013 年，荣获首届国际名厨烹饪大赛金奖。2014 年，被中国烹饪协会授予"中华金厨奖"。2015 年，荣获首届黄冈东坡美食节热菜金奖。2018 年，被全国总工会授予"全国五一劳动奖章"，获评"黄冈市东坡美食制作代表人"。

张发源

张发源，男，1964 年出生，湖北沙洋人，中式烹调高级技师，湖北烹饪大师，中国烹饪大师。现任荆门九尊食上酒店管理有限公司副总经理，兼任荆门市烹饪酒店行业协会特邀专家副会长、荆门市烹饪酒店行业协会名厨专业委员会主任。

自1979年学厨以来，从事餐饮工作近40年，多次参加省市及全国烹饪技术比赛并荣获金奖，曾在《中国烹饪》《中国食品》等期刊和《中国食品报》《荆门日报》《荆门商业经济》《湖北市场报》等报刊上发表文章多篇，其中《国营饮食服务业如何提高经济效益》一文被录入《中国经济改革文库》。

1986年，在共青团湖北省委举办的"创优质产品、创优质服务，全面提高青工素质"活动中荣获"先进个人"称号。2016年，在陕西渭南举办的第二十六届中国厨师节水果创新宴大赛中，荣获个人项目金奖和团体项目金奖。

张春明

张春明，男，1964年出生，湖北武汉人，大专学历，中式烹调高级技师，湖北烹饪大师，注册中国烹饪大师，全国餐饮业中式烹调一级评委，中国绿色饭店（餐饮）注册评审员。曾就职于湖北省人民政府接待办武昌饭店，现任武汉东鑫酒店管理有限公司厨务总监。

1979年参加工作。从厨40年来，张春明大师研制出了"铁扒鳜鱼""辣酒肥牛""瑶柱炖虾圆"等两百多道特色菜肴，参编《中国鄂菜》《美味湖北》等多部烹饪书籍，培养了五十多位高技能烹饪人才，参与了二十余家中国绿色饭店（餐饮企业）评审工作，多次应邀担任省市及全国烹饪比赛的专业评委。

1999年，荣获第四届全国烹饪技术比赛热菜金奖、冷拼银奖和"全国优秀厨师"称号，被武汉市商业委员会授予"武汉市最佳厨师"称号。2000年，

荣获第三届中国烹饪世界大赛（东京）面点银奖、团体金奖和展台特金奖。2009年，在武汉市举办的中国烹饪大师认定会上首创"黄州东坡宴"，得到与会专家的一致好评，相关产品资料被湖北省商务厅收录。2011年，荣获湖北省第三届烹饪技能状元大赛特金奖和"湖北省技能状元"称号，被中国烹饪协会授予"中华金厨奖"，被湖北省总工会授予"湖北五一劳动奖章"。

张爱兵

张爱兵，男，1970年出生，湖北黄石人，中式烹调高级技师，营养配餐师，注册中国烹饪大师。现任黄石楚乡厨艺餐饮有限公司出品主管。

1990年，到黄石品珍餐厅学厨。1993年，到黄石康赛大酒店任厨师。1999年，进入黄石楚乡厨艺餐饮有限公司工作。

从厨近20年来，张爱兵大师在烹饪技术上精益求精，和团队成员们一起群策群力，研制出系列具有餐桌生命力的优质菜品，如"锡纸排骨"这道菜肴，被评为黄石市民最受欢迎的"十大名菜"之一。

2008年，荣获湖北省第十届烹饪技术比赛团体赛特金奖。2009年，荣获第三届全国中餐技能创新大赛热菜特金奖。2011年，荣获第四届全国中餐技能创新大赛热菜特金奖。

张鹏亮

张鹏亮，男，1963年出生，湖北黄冈人，中式烹调高级技师。1984年，从武汉市第二商业学校中专厨师班毕业，曾就职于湖北省旅游局、中国驻美国大使馆官邸餐厅。1993年，荣获第三届全国烹饪技术比赛金奖。1998年，

被湖北省人民政府授予"湖北省劳动模范"称号。

张鹏亮大师现在美国从事中餐经营，任 Peter Chang 餐饮集团（拥有中高级中餐厅 12 家，分布于美国弗吉尼亚州、马里兰州、华盛顿州、康涅狄格州等地）董事长，主推楚菜风味菜品，于 2018 年隆重举办楚菜宴席品鉴会四十多场，引起了当地中外食客的高度关注和追捧，在当地树立了中餐第一品牌形象，被称为"大华府地区中餐名片"。

张鹏亮大师已公开发表"瓦罐风味的成因"等几十篇文章，出版《流行新潮菜谱》《金牌厨艺》等专著，曾两次入围世界厨艺界的奥斯卡大奖——詹姆斯比尔德大奖的最佳大厨名单，被美国厨艺界称为"最有传奇色彩的中国大厨"，还被媒体称为"最有情怀的大厨"，先后被美国主流媒体《纽约时报》《华盛顿邮报》《纽约客杂志》以及美国旅游频道《美食专访》栏目、美国中文网等几十家媒体专访和报道，并被中国中央电视台、凤凰网、参考消息网等国内几十家媒体转载。

陈占

陈占，男，1971 年出生，湖北武汉人，本科学历，湖北烹饪大师，中国烹饪大师。现任武汉雅和睿景餐饮管理有限公司董事长，兼任武汉市餐饮业协会副会长。

1989 年，进入餐饮行业拜师学艺。随后 10 年间，独立研发的"宽粉炖牛腩""鱼头炖双元""农家三鲜"等菜品成为武汉餐饮市场上的旺销菜。

1998 年，筹资 5 万元创办老妈烧菜馆，开启了一位年轻厨师的创业之路，原创菜品"老妈牛板筋"广受消费者欢迎，老妈烧菜馆被誉为武汉餐饮界的"板筋大王""板筋第一家"。截至 2018 年底，老妈烧菜馆开办了 12 家连锁店。

2012 年，创立武汉雅和睿景餐饮管理有限公司，集资 2000 万元创办雅和睿景花园酒店。截至 2018 年底，雅和睿景花园酒店开办了 4 家连锁店。

陈占大师曾在省市及全国烹饪技能大赛中多次

获奖。2008 年，荣获第六届全国烹饪技能竞赛个人热菜金奖。2013 年，荣获湖北省十一届烹饪技术比赛热菜特金奖。2014 年，荣获全国湖鲜烹饪技能大赛热菜特金奖。

陈明

陈明，男，1974 年出生，湖北应城人，大专学历，中式烹调高级技师，湖北烹饪大师。现任应城市蒲阳人家餐饮管理公司董事长，兼任应城市餐饮行业协会会长。

1997 年，创办应城"好再来"土菜馆。从事餐饮行业二十多年来，多次到湖北各地餐饮名店调研学习，多次赴湖南、四川等地餐饮业界考察交流。代表菜品有"清蒸甲鱼""白花菜扣肉"等。

作为餐饮企业家，陈明大师致富不忘回报社会，不忘惠及公司员工，热心社会公益，积极捐款捐物，支持精准扶贫，受到应城市政府职能部门和社会各界的好评，曾被评为应城市"先进企业家"和"扶贫带困先进个人"。

2018 年，被中国应城市委宣传部授予 2017 年度"应城楷模"称号，被应城市精神文明建设委员会授予应城市第四届"道德模范"提名奖。

陈亮

陈亮，男，1973 年出生，湖北英山人，中式烹调高级技师，一级健康管理师，注册中国烹饪大师。曾担任武汉阿二靓汤厨师长、武汉嘉叶宾馆行政总厨、武汉天艺大酒店行政总厨，现任武钢宾馆中餐厅技术顾问、武汉市武昌区陈亮烹饪名师工作室主任。

1989 年底，进入武汉四海酒家学厨。从事餐饮

工作30年来，多次参加省市及全国烹饪比赛，曾在《中国食品周刊》《中国烹饪》等专业期刊上发表多篇文章。其个人先进事迹曾被《楚天都市报》《湖北日报》以及武汉电视台、湖北经视等多家媒体报道。

2007年，被武汉市人民政府授予"武汉市优秀农民工"称号。2009年，被共青团武汉市委员会授予"武汉市十大杰出进城务工青年"称号。2012年，荣获世界厨王争霸赛个人赛热菜金奖。2014年，被武汉市人民政府授予"武汉市技能大师"称号。

陈才胜

陈才胜，男，1972年出生，湖北黄陂人，本科学历，硕士学位，湖北经济学院副教授，中式烹调高级技师，湖北烹饪大师，注册中国烹饪大师，餐饮业高级职业经理人，国家职业技能竞赛裁判员，餐饮业国家二级评委，湖北省职业技能鉴定专家，武汉清雅酒店管理有限公司董事长兼总经理，兼任中国烹饪协会会员、中国烹饪协会名厨委委员、中国饭店协会名厨委执行委员、湖北省烹饪酒店行业协会副秘书长、湖北省烹饪酒店行业协会名厨委执行委员等社会职务。

从事烹饪教育二十多年来，陈才胜大师曾参与"烹饪与营养教育专业实践性教学标准化研究"等多项教研科研课题研究，在《烹调知识》等专业期刊上发表多篇学术论文，主编参编《好吃佬丛书·圆子》《中国鄂菜》《美味湖北》等多部烹饪书籍，多次应邀赴欧洲、澳洲、东南亚交流中餐厨艺。代表菜品有"汤爆龙虾""面烤鲷鱼""虾仁三鲜豆皮""鲍鱼仔红烧肉"等，曾获得湖北省第四、第五届烹饪大赛金奖，第四届全国烹饪大赛金奖，第四届中国烹饪世界大赛特金奖，首届全国烹饪绝技鉴定最佳厨艺奖，中国烹饪协会中华金厨奖。曾多次指导学生在全省及全国各类烹饪技能大赛上获奖，并获评"优秀指导老师"。相关事迹曾被《湖北日报》《中国教育报》和湖北电视台、东方卫视、东南卫视等多家新闻媒体报道，并被新华网、光明网、中国教育网等多家网络媒体转载。

1997年，被共青团湖北省委、湖北省劳动和社会保障厅联合授予"湖北省杰出青年岗位技术能手"称号。1998年，被武汉市人民政府授予"武汉市技术能手"称号。2015年，被湖北省人民政府授予"湖北省首席技师"称号。2017年，被湖北省人力资源和社会保障厅授予"湖北省技术能手"称号。2018年，被湖北省总工会授予"湖北五一劳动奖章"。

陈天虎

陈天虎，男，1977年出生，湖北潜江人，大专学历，中式烹调高级技师，中国烹饪大师，高级公共营养师，国家二级企业人力资源管理师。曾任华中科技大学后勤集团接待总公司餐饮中心行政总厨，现任华中科技大学后勤集团接待总公司餐饮中心厨务总监。

2001年，荣获湖北省鄂菜烹饪技术大赛热菜金牌。2006年，荣获首届中国高校烹饪技术大赛热菜特金奖。2010年，荣获教育部高校系统烹饪技能大赛热菜特金奖。2013年，被评为"全国高校系统后勤行业技术能手"。2018年，带队参加全国教育宾馆餐饮服务技能大赛，荣获中餐宴会创意摆台项目金奖以及中式烹饪项目金奖、特金奖和最佳菜品奖。

陈军峰

陈军峰，男，1968年出生，湖北武汉人，大专学历，中式烹调高级技师，湖北烹饪大师，注册中国烹饪大师。现任武汉市醉江月饮食服务有限公司江夏醉江月酒店行政总厨。

1985年以来，曾先后就职于山西省晋城市、北京市、广东省广州市、湖北省武汉市的多家酒店。1996年，进入武汉市醉江月饮食服务有限公司工作。

2001年，参加第二届中国美食节，设计制作的"楚天一品贡""鲍汁辽参武昌鱼"获得中国名菜名点大奖。2002年，荣获第十三届全国厨师节热菜金奖。2003年，被湖北省烹饪协会授予"江城名厨"称号，设计制作的"昭君琵琶鸭"和"楚才宴"分别被中国烹饪协会评为中国名菜、中国名宴。2005年，荣获第十五届中国厨师节中华美食精品菜点和宴席展示最佳展台菜品创意金奖。2007年，荣获新洲第二届蘑菇节热菜金奖。2010年，荣获湖北省鄂菜烹饪技术大赛个人项目热菜银奖和团体项目特金奖，荣获第十一届中国美食节暨第九届国际美食博览会中国名厨白金奖。2011年，荣获湖北省技能状元比赛烹饪项目特金奖。2012年，荣获第三届世界厨王争霸赛季军。2013年，荣获第五届武汉市"创争"活动知识型职工"先进个人"称号。2016年，荣获第八届中国烹饪世界大赛个人项目金奖和团体项目金奖。

陈来彬

陈来彬，男，1966年出生，河南漯河人，中式烹调高级技师，湖北烹饪大师，注册中国烹饪大师，餐饮业国家级评委，中国烹饪协会名厨委委员，享受湖北省政府专项津贴专家。现任湖北鱼头泡饭酒店管理有限公司总经理。

1984年，到武汉学习厨艺。曾就职于武汉南源酒店、武汉三五酒店、武汉卢大师酒店管理有限公司。2006年，在武汉大学EMBA总裁班学习深造。2014年，创办武汉市洪山区鱼头泡饭店。

从业35年来，一直在餐饮行业从事菜品研发和餐饮管理工作，研制的"翡翠龙虾仔""兰花裙边""黄金银鳕鱼"等特色菜品，在武汉餐饮市场深受欢迎。曾多次参加省市、全国及国际烹饪技术大赛并取得佳绩，多次应邀担任省市及全国烹饪技术大赛的专业评委，参编《中华名厨卢永良烹饪艺术》《中国鄂菜》《好吃佬丛书》等多部烹饪书籍，其事迹曾于2005年在大型餐饮画册《大武汉·大餐饮》中做专题介绍。

1993年，荣获第三届全国烹饪技术比赛（中南赛

区）热菜金奖。2000年，荣获第三届中国烹饪世界大赛（日本东京）水产类项目金奖和团体金奖。2004年，荣获"武汉市商业服务业优秀企业家"称号。2015年，被湖北省人力资源和社会保障厅授予"湖北省技能大师"称号。2016年，被湖北省委组织部、湖北省人力资源和社会保障厅联合授予"楚天名匠"称号。

陈彦斌

陈彦斌，男，1975年出生，湖北武汉人，中式烹调高级技师，湖北烹饪大师，注册中国烹饪大师，中国药膳大师，国家餐饮业二级评委。现任武汉原生态酒店总经理，兼任武汉昌弼厨艺工作室常务理事。

1992年参加工作，曾先后就职于武汉星辰酒家、武汉翠花大酒店、武汉关山大酒店、武汉桃园大酒店、武汉市醉天香酒楼。2013年，开始自主创业，创办武汉原生态酒店。

2004年，荣获第十四届中国厨师节金厨奖。2005年，荣获首届江苏省淡水鱼烹饪比赛特金奖。2009年，荣获"味道2009"青年名厨烹饪大赛特金奖和湖北省第二届"技能状元"选拔赛特金奖。2014年，荣获第三届全国民间美食烹饪大赛特金奖。2016年，荣获武汉市厨王争霸赛"金奖厨王"。

陈锦洪

陈锦洪，男，1965年出生，湖北武汉人，中式烹调高级技师，湖北烹饪大师，注册中国烹饪大师，餐饮业国家二级评委。现任武汉市丽华圆酒店管理有限公司集团出品部总监，兼任武汉昌弼厨艺工作室常务理事。

1982年参加工作，曾就职于武汉阿里山饭店、武汉老谢大酒楼、武汉小南京酒店等餐饮企业。

1986年至1990年，相继在武汉市江岸区饮食烹饪学校、武汉市商业学校及武汉商业服务学院学习烹饪专业知识。1996年至2000年，先后到日本横滨、长野、富山、松本学习和工作。

2003年，荣获全国第五届烹饪技术竞赛热菜特金奖。2016年，在北京参加"一带一路"国际烹饪大赛并担任国际评委工作。2016年，荣获"武汉五一劳动奖章"。2018年，带队参加"联合利华杯"第八届全国烹饪技能大赛荣获特金奖，参加湖北省楚菜职业技能大赛荣获金奖，在宜昌第二十八届中国厨师节上荣获"中华金厨奖"。

陈新乐

陈新乐，男，1974年出生，湖北红安人，大专学历，中式烹调高级技师，湖北烹饪大师，中国烹饪大师。2005年，创办武汉市辛香味酒店管理有限公司。2015年，创办湖北爱尚辛香味餐饮管理有限公司。现任武汉市辛香味酒店管理有限公司总经理，兼任湖北省烹饪酒店行业协会名厨专业委员会（湖北名厨联谊会）会员。

2004年，荣获第五届全国烹饪技术比赛热菜金奖和第十四届中国厨师节"金厨奖"。2007年，在首届武汉餐饮业"十大名店""十大名厨"评选活动中，被评为"武汉餐饮业十佳名厨"。2011年，荣获第二十一届中国厨师节"中华金厨奖（烹饪技艺创新）"，在第三届湖北旺店旺菜烹饪大赛中，烹制的"排骨红烧肉"被评为"金牌菜"。2016年，在天下楚菜·第二届中华厨王挑战赛中，烹制的"萝卜牛腩汤"被评为"地标菜"。2018年，被河北邯郸市大名县授予"爱心大使"称号。

武思平

武思平，男，1969年出生，湖北仙桃人，大专学历，中式烹调高级技师，湖北烹饪大师，中国烹饪大师，沔阳三蒸制作技艺代表性传承人。

1989年参加工作，曾就职于仙桃市沔阳宾馆、

仙桃市汉江酒店。现任仙桃市神龙御餐饮管理有限公司董事长，兼任仙桃市烹饪协会副会长、仙桃市书法家协会理事、湖北省书法家协会会员、仙桃职业学院烹饪专业特聘讲师。

从厨30年来，多次参加省市及全国烹饪大赛，多次应邀担任仙桃市烹饪比赛的专业评委。最为难得的是，首开仙桃公益烹饪培训的先河，免费定期提供所需食材和场地，向广大市民普及菜品烹制技术和健康饮食知识。

1999年，荣获湖北省第五届烹饪技术比赛金牌。2000年，荣获第四届全国烹饪技能竞赛（湖北赛区）银牌。2013年，荣获第五届全国江鲜（淡水鱼）烹饪技能大赛特金奖。2017年，率队荣获全国蒸菜烹饪技能大赛个人特金奖2枚和团体特等奖1枚。2018年，率队荣获中国（天门）蒸菜技能大赛个人金奖和团体铜牌。

罗文

罗文，男，1967年出生，湖北省大冶人，大专学历，中式烹调高级技师，公共营养师高级技师，中国烹饪大师，湖北省职业技能鉴定高级考评员，餐饮业国家级评委。现任大冶市粥大福养生餐厅总经理、大冶市政协常委，兼任湖北省营养学会常务理事、大冶市食品安全协会会长、大冶市文明志愿监督自治委员会主任。

自1984年参加工作以来，一步一个脚印从餐馆学徒工到中国烹饪大师，从普通打工者到餐企总经理，从厨房灶台到公众讲台，从行业精英到政协常委，罗文大师持续演绎着属于自己的精彩人生。

1995年，创办新菜园美食城。2002年，荣获第十二届中国厨师节首届川菜烹饪技术比赛热菜铜牌。

2003 年，荣获第二届东方美食国际烹饪大奖赛金奖，创办东楚厨艺酒店。2004 年，荣获第十四届中国厨师节海峡两岸美食节"金厨奖"，制作的"红扒牛掌"等菜品入选"中国名菜"。2005 年，荣获湖北省鄂菜烹饪技能大赛金奖、第十五届中国厨师节"全国优秀厨师"，被黄石市总工会授予"黄石市五一劳动奖章"。2006 年，被中国烹饪协会授予"中华金厨奖"。2007 年，被湖北省劳动与社会保障厅授予"湖北省农民工技术能手"，被黄石市环保局授予"黄石市十佳环保模范人物"。2008 年，被黄石市人民政府授予"黄石市环保先进个人"。2012 年，被湖北省文化厅评定为"湖北省食文化名人"和"湖北省首批食文化技艺传承人"，被黄石市商务局授予"黄石市餐饮业杰出贡献人物奖"，被大冶市政协评为"大冶市优秀政协委员"。2013 年，被黄石市委市政府授予"黄石市突出贡献专家"。2017 年，被湖北省营养学会授予"湖北省先进科普工作者"。2018 年，被大冶市委宣传部授予"大冶楷模好人"称号。

罗华璋

罗华璋，男，1963 年出生，湖北老均县（今丹江口市）人，中式烹调高级技师，湖北烹饪大师，中国烹饪大师。现为湖北省委接待办东湖宾馆政务厨师长，在业界被誉为"湖北省国宴设计大师"。

自 1981 年以来，一直在武汉东湖宾馆从事烹饪岗位工作，多次代表东湖宾馆参加全省及全国烹饪技术比赛，获得多枚团体及个人金奖，并荣获"湖北省十佳优秀厨师"称号。罗华璋大师多次参与徐向前、朱镕基、李鹏、胡锦涛、李克强、温家宝、习近平等党和国家领导人在武汉的饮食接待工作，并多次受到中央领导人的好评。

2015 年，参与并完成比利时国王菲利普访问武汉期间在东湖宾馆的餐饮接待任务。2017 年，负责并完成英国安妮公主访华期间的武汉站素食接待宴、法国总理贝尔纳·卡泽纳夫访华期间的武汉站接待宴的制作任务。2018 年，参与并完成国家主席习近平

在武汉东湖宾馆同印度总理莫迪举行非正式会晤期间的国宴接待任务，负责并完成加蓬总统邦戈以及毛里塔尼亚总统阿齐兹访问湖北武汉期间的接待宴会制作任务。

罗利强

罗利强，男，1972 年出生，湖北老河口人，中式烹调高级技师，湖北烹饪大师，注册中国烹饪大师。1989 年参加工作，曾就职于武汉白玫瑰大酒店、湖北丽江饭店、武汉中南花园饭店，现任湖北省社会主义学院后勤服务中心厨师长。

从厨 30 年来，罗利强大师多次参加省市及全国烹饪技术比赛并获奖，参编《中国鄂菜》《湖北特色菜》《好吃佬丛书·吃鱼》等多部烹饪书籍。

2005 年，荣获首届全国中餐技能创新大赛热菜特金奖。2006 年，荣获第二届中国餐饮业博览会团体金奖，制作的"楚天全鱼宴"被评为"中华名宴"。2008 年，荣获第六届全国烹饪技能竞赛（湖北赛区）热菜金奖和湖北省第十届烹饪技术比赛热菜特金奖。2009 年，荣获湖北省第二届"技能状元"大赛特金奖。2011 年，荣获湖北省第三届"技能状元"大赛特金奖。2013 年，荣获第七届全国烹饪技能竞赛（湖北赛区）金奖。2014 年，在湖北省第四届"技能状元"大赛上荣获"技能状元"称号。2015 年，被湖北省人民政府授予"湖北省首席技师"称号，被湖北省总工会授予"湖北五一劳动奖章"。2018 年，被中国烹饪协会授予"中华金厨奖"。

罗林安

罗林安，男，1963 年出生，湖北武汉人，注册中国烹饪大师。曾任多家餐饮企业的技术顾问，现任武汉商学院烹饪与食品工程学院副教授。

1985 年参加工作，入职武汉商业服务学院，从事烹饪工艺教学与研究。主讲的《烹调工艺学》获批为湖北省精品课程，主编高校教材《烹调工艺学》和《餐

饮业职业素质》，发表论文30篇，主持省级、校级科研课题3项，参与省级、市级课题5项。

1999—2003年，受邀于北京九头鸟餐饮公司从事菜品研发工作。2013年，被评为武汉商学院"最受学生欢迎的老师"和"湖北省高校先进教师"，《中国青年报》（2013年10月16日）曾以"罗林安：写20万条评语激励学生"为题，报道其教书育人的事迹。2015年，受聘为中百集团生鲜食品公司技术专家。

罗建文

罗建文，男，1971年出生，湖北武汉人，大专学历，中式烹调高级技师，湖北烹饪大师，注册中国烹饪大师，国家餐饮业二级评委。曾就职于武汉市台北大厦、武汉长海大酒店、湖北泰锦酒店、西安黄鹤楼酒店、武汉市农家小院后湖店，现任武汉会宾盛宴酒店管理公司菜品研发工作室主任，武汉市罗建文劳模创新工作室领办人。

1986年参加工作。从业三十多年来，罗建文大师多次在省市及全国烹饪技术比赛中获奖，多次在武汉电视台《美味江城》栏目中演示创新菜肴，还积极参加大武汉大餐饮书籍的参编和投稿工作。

2003年，荣获第五届全国烹饪技术比赛热菜金奖，并在第五届武汉美食文化节上荣获"江城名厨"称号。2014年，被武汉市江岸区人民政府授予"江岸区劳动模范"称号。2016年，被武汉市总工会授予"武汉五一劳动奖章"。2018年，被武汉市总工会授予"大城工匠"称号。

周刚

周刚，男，1977年出生，湖北宜昌人，本科学

历，中国餐饮业高级职业经理人，中式烹调高级技师，公共营养技师，湖北烹饪大师，注册中国烹饪大师，湖北省职业技能鉴定高级考评员。曾就职于宜昌教工活动中心、三峡技师学院，现任宜昌市烹饪职业培训学校校长。

周刚大师曾多次参加各级各类烹饪技术比赛并获奖，曾撰写"论中西方饮食文化差异""民办职业培训学校发展情况探析"等多篇职业教育类研究论文，曾参编《楚厨绽放》《学生营养膳食指南》等烹饪技术和饮食营养类专业书籍。自2010年以来，带领宜昌市烹饪职业培训学校，与宜昌市教育局、宜昌市职业鉴定中心、宜昌烹饪酒店行业协会等政府部门和行业协会合作，开展从业人员专项培训和企业评价鉴定活动，培训学校食堂工作人员和食品安全管理员共计2万多人次。

2009年，在"味道"青年名厨烹饪大赛中荣获特金奖。2013年，荣获第七届全国烹饪技能竞赛热菜金奖。2017年，被湖北省人民政府授予"湖北省首席技师"称号。2018年，被中国烹饪协会授予"中华金厨奖"。

周云清

周云清，男，1972年出生，湖北松滋人，中式烹调高级技师，湖北烹饪大师，注册中国烹饪大师，国家餐饮业裁判员。曾任荆门东方明珠娱乐城餐饮部总厨、广州长江大酒店副总经理兼行政总厨，现任湖北松滋大宏酒店总经理兼行政总厨。

1987年，进入武汉紫阳湖宾馆学厨。2017年，被中国饭店协会授予"2017年度中国十大名厨"称号。2018年，被中国烹饪协会授予"中华金厨奖"。

庞建新

庞建新，男，1969年出生，湖北崇阳人，大专学历，中式烹调高级技师，咸宁烹饪名师，注册中国烹饪大师。现任崇阳县银海大酒店总经理，兼任咸宁市崇阳县烹饪协会会长、中国烹饪协会名厨专业委员会委员。

1984年，到崇阳县人民政府第二招待所学厨。1987年，作为单位技术骨干先后被派到武汉晴川饭店、武汉大中华酒楼、咸宁温泉泉山宾馆进修学习。1997年，调到崇阳县怡园宾馆担任厨师长。2000年，因单位改制下岗，开始从事个体餐饮经营，曾到广东、广西开店，后返回崇阳，承包崇阳县政府机关食堂。2015年，创办崇阳县巧味厨房餐饮管理公司。2016年，承包经营咸宁市正基文化有限公司旗下的华美达酒店餐饮。2017年，受聘担任崇阳县银海大酒店总经理。

2012年，被咸宁市烹饪酒店行业协会授予"咸宁烹饪名师"称号。2013年，荣获第二十三届中国厨师节中餐技能大赛金奖。2011年，荣获湖北省第三届烹饪技能状元选拔赛特别金奖。2018年，被中国烹饪协会授予"中华金厨奖"。

房丞杰

房丞杰，男，1987年出生，广西桂林人，中式烹调高级技师，高级食品雕刻师，中国烹饪名师，邹志平国家技能大师工作室（湖北省示范性劳模创新工作室）讲师，房丞杰雕塑工作室创办人。现任武汉翠柳村客舍雕塑与设计总监。

2003年参加工作。从厨十几年来，专注食品雕刻技术，厨艺水平持续提升，不仅多次参与并圆满完成湖北省高层次相关活动中展台果蔬雕刻设计与制作，而且在省市及全国烹饪技能大赛上多次获奖。

房丞杰大师参与设计并制作2014年至2017年湖北省政府国庆招待宴，参与2015年至2018年由国务院台办、湖北省政府举办的湖北·武汉台湾周展台雕塑的设计及制作，全程参与湖北省委、省政府2018年湖北全球推介会楚菜冷餐会展台的果蔬雕刻制作，全程负责由湖北省商务厅举办的2018年首届楚菜美食博览会楚菜文化展展台果蔬雕刻的设计及制作。

2015年，雕刻作品"白云黄鹤"被武汉市武昌区人力资源和社会保障局、武昌区总工会授予"最佳展示奖"。2016年，被湖北省总工会授予"湖北·武汉台湾周突出贡献奖"。2018年，荣获第八届全国烹饪技能竞赛（湖北赛区）雕刻项目金奖，荣获湖北省楚菜职业技能大赛雕刻项目特金奖，荣获第二十八届中国厨师节雕刻项目金奖，被中国烹饪协会评为第四届中国厨师职业技能大比武"雕塑能手"，被湖北省人力资源和社会保障厅授予"湖北省技术能手"称号，被湖北省总工会授予"湖北五一劳动奖章"。

郑邵奎

郑邵奎，男，1974年出生，湖北武汉人，武汉大学工商管理硕士，中式烹调高级技师，湖北烹饪大师，中国烹饪大师，中国饭店业国家级评委、全国饭店业国家级技能竞赛裁判员。现任湖北三五醇酒店运营总监、执行总经理，兼任中国饭店协会名厨委员会执行委员、湖北省烹饪酒店行业协会会长助理。

1994年参加工作。郑邵奎大师多次参加省市和全国烹饪技术比赛并获奖，研制的"干炒野兔""银湖碧波"等菜品被认定为"湖北名菜""中国名菜"。

2000年，被武汉市人民政府授予"武汉市技术能手"称号。2004年，荣获第十四届中国厨师节"银厨奖"。2005年，荣获湖北省烹饪（鄂菜）技术比赛热菜特金奖，带领湖北三五醇酒店厨师代表队参加首届全国中餐技能创新大赛，荣获团体赛总分第一名和展台赛总分第一名，同时荣获热菜特金奖和凉菜最

佳推广奖,并在第十五届中国厨师节上被授予"中华金厨奖"和"全国优秀厨师"称号。2017年,被武汉市餐饮业协会评为"武汉市诚实守信职业经理人"。

郑彦章

郑彦章,男,1972年出生,湖北孝感人,中式烹调高级技师,湖北烹饪大师,中国烹饪大师,鄂州非物质文化遗产名录项目武昌鱼制作技艺代表性传承人。曾任鄂州市鄂东宾馆厨师长、武汉市梦天湖酒店厨师长、武汉市梦天湖鄂州分公司行政总厨。2010年,创立鄂州大碗厨酒楼。现任鄂州市大碗厨餐饮公司董事长,兼任中国烹饪协会名厨委委员、湖北省烹饪酒店行业协会副会长、鄂州市烹饪协会会长。

在2018年"武昌鱼杯"鄂州首届乡村旅游楚菜大赛暨中国武昌鱼"百味宴"吉尼斯挑战赛上,郑彦章董事长组织并带领鄂州厨师参加中国武昌鱼"百味宴"大世界吉尼斯挑战赛,以157道不重样的武昌鱼菜肴创造了新的大世界吉尼斯纪录。

郑德敢

郑德敢,男,1969年出生,湖北武汉人,大专学历,高级公共营养师,中式烹调高级技师,湖北烹饪大师,注册中国烹饪大师,国家职业技能竞赛裁判员。曾就职于武汉饮食服务公司云鹤酒楼、武汉台北大厦、武汉江城大酒店、北京宏景酒店管理有限公司、湖北兴发集团神农架旅游总公司,现任武汉铁路九州通衢大酒店行政总厨,兼任湖北宜昌三峡旅游职业学院兼职教授、中国烹饪协会名厨委委员。

从厨30年来,郑德敢大师多次参加各级各类烹饪技术比赛,多次应邀担任省市及全国烹饪比赛的专业评委,曾参编《楚厨绽放》《外婆家常菜丛书》《中华厨圣食典》等多部烹饪书籍。

2003年,荣获第五届全国烹饪技术比赛(湖北赛区)冷菜金奖和热菜银奖。2012年,被湖北省教育厅授予"楚天技能名师"称号。2014年,指导学生在全国高职烹饪比赛上荣获宴席设计项目三等奖。2015年,被湖北省人民政府授予"湖北省首席技师"称号。2016年,荣获全国厨师华山论剑技能大比武热菜金奖和第八届中国烹饪世界大赛(荷兰)金奖。

宗家宏

宗家宏,男,1970年出生,湖北武汉人,本科学历,中式烹调高级技师,高级公共营养师,湖北烹饪大师,注册中国烹饪大师。曾任武汉市江岸饮食服务公司厨师、厨师长、店经理、培训师。现任武汉会宾盛宴酒店管理公司总经理,兼任武汉餐饮业协会监事长、湖北省食文化研究会理事、中国饭店协会湖北名厨委委员。

自1991年参加工作以来,刻苦钻研厨艺,努力学习理论,不断充实自己和超越自我。在厨房工作岗位中,倡导"四时为养、因时而食"的饮食理念,研制的"萝卜煨瓦沟""葵花豆泥""红焖羊肉"等代表菜在武汉餐饮市场深受消费者欢迎,在酒店管理岗位上,秉持"敬天爱人、德善之家"的经营哲学,不断强化酒店成本管控和宴会标准化流程设计,同时以创新思维持续打造企业盈利模式。曾应邀参编《武汉创新菜》《湖北地方菜》《军旅味道》等烹饪书籍。

2001年,在北京市中秋佳宴评选活动中荣获金奖。2002年,在河南省新乡市首届美食节上荣获团体特等奖。2003年,被武汉市第五届美食文化节组委会授予"江城名厨"称号。2010年,荣获第三届全国饭店职业技能大赛(湖北赛区)总决赛个人单项热菜金牌和团体金奖。2015年,被武汉市总工会授予"武汉五一劳动奖章"。

祁建国

祁建国，男，1970年出生，湖北应城人，大专学历，中式烹调高级技师，湖北烹饪大师，中国烹饪大师。现任武汉郝福记餐饮管理有限公司总经理。

1985年，开始从事烹饪工作。1987年初，到武汉江汉饭店学习。1987年底，到应城市粮食宾馆工作。2013年，创办应城新河大酒店。2016年，创办武汉郝福记餐饮管理有限公司。

1998年，被孝感市粮食局评为"孝感市粮食工作先进工作者"。1999年，被应城市财办授予"应城市财贸系统劳动模范"称号。2001年，再次被应城市财办授予"应城市财贸系统劳动模范"称号。2006年，被应城市人民政府办公室共青团应城市委授予"青年创业明星"。2008年，被应城市精神文明建设委员会评为"十佳文明诚信经营户"。2009年，被中共应城市委、应城市人民政府评为全国文明城市、中国优秀旅游城市创建活动"先进工作者"。2010年，荣获湖北省鄂菜烹饪技术大赛团体项目特金奖和个人项目金牌，被应城市食品药品安全监管工作领导小组评为"食品药品安全监管工作先进工作者"。2011年，被中国烹饪协会授予"中华金厨奖"。

郝永桥

郝永桥，男，1959年出生，湖北武汉人，中专学历，中式烹调高级技师，湖北烹饪大师，资深中国烹饪大师。2005年至今，担任随州市曾都食府有限公司厨务总监，负责公司各分店的菜品研发创新与文化包装、厨房操作流程与出品现场生产管理等工作。

从事餐饮工作四十余年，主攻楚菜烹饪技艺，擅长食品雕刻、冷菜拼摆及造型大菜，多次在省市及全国烹饪大赛中取得优秀成绩，并且在长期实践中积累了丰富的厨务管理经验。

1988年，获得全国首届"怀燕杯"食品雕刻大奖赛荣誉奖。1989年，荣获武汉肉鸡菜看表演大赛第一名。1991年，获得全国第二届"怀燕杯"食品雕刻大奖赛银牌。1992年，被武汉市人民政府授予技术能手选拔赛（烹饪）工种"金牌明星技术主导老师"称号。1993年，荣获第三届全国烹饪技术比赛两块金牌。1997年，获得全国大中城市第七届联谊厨师节优秀奖。2004年，荣获第五届全国烹饪技术比赛团体特别金奖。

胡长斌

胡长斌，男，1974年出生，重庆万州人，本科学历，中式烹调高级技师，湖北烹饪大师。现任武汉湖锦酒楼出品总监，是湖锦酒楼核心团队成员，是湖北餐饮行业经营意境菜、艺术菜的先行者，是湖锦酒楼升级品牌——赛江南艺术餐厅的主创成员，是打造湖北餐饮界"湖锦现象"的重要人物，在湖北餐饮界享有"烹饪艺术家"之誉。

1990年初，在重庆学习厨艺，随后进武汉餐饮行业。在湖锦酒楼持续工作的二十多年间，在实践中相继研发出一系列具有代表性的特色菜品，诸如"葱烧武昌鱼""锦绣红袍辣得跳""红腰豆焖乌龟""小米辽参""石烹虾球""菌王汤"等，不仅成为湖锦酒楼的畅销菜，而且入选"江城名菜""湖北名菜"或"中国名菜"。

作为湖锦酒楼的出品总监，胡长斌大师负责湖锦酒楼的厨政管理和菜品研发与创新，一直秉承"口味有保证，品味要上乘"的理念来管理厨房，积极推进4D厨房建设，厨政管理精细规范，出品生产精益求精，经典传承与时尚创新兼备，使得湖锦酒楼成为民众在武汉市商务宴请和品尝楚菜的上上之选，这也是湖锦酒楼能够驰名武汉三镇和闻名全国餐饮界的重要原因之一。

胡晓屹

胡晓屹，男，1967年出生，湖北黄石人，中式烹调高级技师，注册中国烹饪大师。曾就职于黄石港公安分局食堂、黄石市饮食服务公司烹饪技术培训中心，现任黄石楚乡厨艺餐饮有限公司董事长，兼任中国烹饪协会名厨专业委员会委员，黄石市烹饪酒店行业协会监事长等职务。

1983年，年仅16岁的胡晓屹开始走上从厨之路。1999年底，创办黄石楚乡厨艺餐饮有限公司。

胡晓屹董事长集烹饪大师和餐饮企业家于一身，融烹饪技术和餐饮管理于一体，懂技术，懂管理，懂市场，是黄石餐饮界优秀的高级复合型专业人才，承担着诸多责任，也获得了系列荣誉。曾多次应邀担任黄石市、湖北省和全国烹饪技能大赛评委，多次应邀担任黄石市烹饪技术大赛裁判长。2004年，获评"黄石市优秀工会工作者"。2007年，获评"全国餐饮业优秀企业家"。2008年，荣获湖北省第十届烹饪技术比赛团体赛特金奖。2010年，获评"湖北省推动鄂菜发展十大企业家"。2012年，荣获"黄石餐饮行业杰出贡献（人物）奖"。

钮立平

钮立平，男，1970年出生，湖北应城人，中式烹调高级技师，湖北烹饪大师。曾就职于武汉长海大酒店、武汉梨园大酒店，现任孝感市乾坤大酒店行政总厨兼执行总经理。

从事餐饮行业二十多年来，从学做面点开始入行，勤奋钻研烹饪技术，认真学习管理知识，不断提升餐饮服务素养，通过持之以恒的努力，从一名学徒工一步步成长为酒店行政总厨和执行总经理。研制的"清炖清江肥鱼""酱香肉""小炒生态猪肉""私

房糍粑鱼""养生滋补甲鱼""应城老豆腐"等多道代表菜，曾多次在省级和国家级烹饪技术比赛中获奖。

钮立平大师曾荣获第三届华中旅游美食节"团队风味餐金奖""商务套餐优秀奖""商务套餐最佳推广奖"、中国国际名厨烹饪大赛"金牌总厨"、首届国际名厨烹饪大赛特金奖、第六届全国烹饪技能竞赛（湖北赛区）团体赛金奖和个人赛热菜金奖、第七届全国饭店业职业技能竞赛全国总决赛包子专项赛特金奖。2017年，"应城老豆腐"被评为"国家钻级酒家镇店名菜"。2018年，研制的"楚乡莲藕宴"入选《中国菜·全国省级地域（湖北省）十大主题名宴名录》。

闻明保

闻明保，男，1979年出生，湖北武汉人，大专学历，中式烹调高级技师，注册中国烹饪大师。现任湖北咸宁太乙小镇饮食服务有限公司总经理，兼任中国烹饪协会名厨专业委员会咸宁分会会长、咸宁市餐饮协会副会长。

1995年，到咸宁娱乐大世界酒楼学徒。1997年，到武汉湖锦酒楼任厨师。1999年，担任武汉明星酒店厨师长。2001年，担任咸宁阳光酒店厨师长。2005年，开始自主创业，经营咸宁闻家湾湘菜馆。2014年，创办湖北咸宁太乙小镇饮食服务有限公司。

2005年，荣获湖北省首届鄂菜烹饪大赛总决赛团体赛金奖。2007年，荣获第二届全国中餐技能创新大赛热菜银奖。2008年，荣获湖北省第十届烹饪技术比赛热菜特金奖。

姚春霞

姚春霞，女，1973年出生，湖北黄陂人，管理学硕士，中式烹调高级技师，中级公共营养师，湖北烹饪大师，注册中国烹饪大师。现任湖北经济学院副教授，湖北省人力资源和社会保障厅职业技能鉴定评委。

1993年，大学毕业后到原湖北商业高等专科学校（湖北经济学院前身）旅游系任教。曾被外派到武

汉扬子江游轮餐厅、北京奥运餐厅、武汉光明万丽酒店以及法国普罗旺斯地区的星级餐厅进修学习。从事烹饪教育工作二十多年来，不断探索、总结实践经验与教学理论之间的有机结合点，主讲《烹饪工艺学》《冷盘与雕刻》《西餐工艺》等专业课程，多次荣获学校教学质量优秀奖，主编《中式烹调与实训》《冷盘制作与食品雕刻艺术》《西餐工艺》等多部教材，在《餐饮世界》《光明日报》等报纸杂志上发表论文多篇，经常参与湖北省人力资源和社会保障厅等部门组织的烹饪技能业务培训及考核工作，多次指导学生在全省及全国职业技能竞赛活动中荣获金奖。

1997年，荣获湖北省第四届烹饪（鄂菜）技术比赛金奖，并被授予"十佳优秀烹调师"称号；同年被《东方美食》杂志社评为1997年"最受瞩目的中国十大青年厨师"。1998年，被湖北省委省政府等部门授予"湖北省杰出青年岗位能手"称号，被第二十九届奥组委授予"奥运会餐饮贡献荣誉证书"。2008年，被中国烹饪协会授予"中华金厨奖"，并荣获第六届全国烹饪技能竞赛金奖。2009年，被湖北省人民政府授予"湖北省三八红旗手"称号。

聂昌伟

聂昌伟，男，1973年出生，湖北武汉人，中式烹调高级技师，湖北烹饪大师，注册中国烹饪大师。曾就职于武汉海工食品厂、武汉游子乡娱乐有限公司、武汉中南花园酒店、武汉长江证券俱乐部、湖北省工商接待中心、湖北省人民政府办公厅大楼餐厅、武汉六合宴餐饮有限公司，现任武汉纽宾凯金银湖国际酒店行政总厨。

自1988年参加工作以来，脚踏实地学习烹饪技术，系统钻研楚菜厨艺，不断融合，大胆创新，创制出了"荷香珍珠骨""风味千岁鱼""棒打石首鮰鱼鱼圆""盐焗恩施娃娃鱼"等一批具有自身风格的特色菜品，在经营中颇受消费者欢迎。

自2002年以来，随着自身厨艺水平、理论素质和管理能力的不断提升，聂昌伟大师在相关的行政总厨岗位上承担着更多更大的责任，也取得了更好的成绩，不仅成功完成2004年湖北奥运代表团庆功宴、省市地方考察访问团及国内外各大财团总裁等的接待宴、国家相关领导人招待宴，还曾圆满完成密克罗尼西亚联邦前总统乌鲁塞马尔、越南前总理潘文凯等外国政要的接待宴会。2012年，制作的"龙虾线塔""牡丹鱼片"被武汉市饮食服务处评为首届鄂菜传承与发展论坛成果展示"最佳作品"。2017年，被纽宾凯集团有限公司评为"集团优秀管理者"。

徐钢

徐钢，男，1972年出生，湖北武汉人，中专学历，中式烹调高级技师，湖北烹饪大师，注册中国烹饪大师，武汉市江岸区第十四届、第十五届人民代表大会代表。现任武汉会宾盛宴酒店管理有限公司董事长，兼任湖北省烹饪酒店行业协会副会长、湖北省食文化研究会副会长、中国饭店协会湖北名厨委委员。

1990年参加工作，曾任武汉市台北大厦厨师长。1994年开始自主创业，创办武汉市江岸区友邦酒楼。2005年，创办武汉市农家小院酒店管理有限公司。2017年，开办武汉会宾盛宴酒店管理有限公司。

从业二十多年来，持续践行"弘扬湖北饮食文化，做老百姓喜欢吃的放心菜"的事业目标，在实践实干中不断提升素质和超越自我，在菜品研发和酒店管理方面积累了丰富的经验，善于结合市场，研发特色风味菜品，创新企业赢利模式。

2003年，被武汉市第五届美食文化节组委会授予"江城名厨"称号。2010年，荣获第三届全国饭店职业技能大赛（湖北赛区）总决赛个人单项热菜金

牌和团体金奖。2015 年，被武汉企业联合会、武汉企业家协会、武汉市工商业联合会联合授予"武汉市优秀企业家"称号。

徐锋

徐锋，男，1975 年出生，湖北荆门人，中专学历，高级公共营养师，营养配餐员，中式烹调高级技师，注册中国烹饪大师。曾就职于武汉青山卓越大酒店、武汉红钢城宾馆、武汉青山热电厂餐厅、北京九头鹰餐饮有限责任公司，现任荆门九尊食上·楚味坊行政总厨。

自 18 岁开始学厨，二十多年来，一直坚守在酒店餐饮行业烹饪岗位第一线，刻苦钻研楚菜烹饪技术，对菜品不断推陈出新，重视菜点的营养搭配和安全健康，多次参加各级各类烹饪技术比赛并获奖。在繁忙的工作之余，徐锋大师坚持积极学习烹饪理论知识，曾获巴国布衣烹饪技术学院结业证书、北京楚菜研修班结业证书、清华大学继续教育学院中国餐饮产业高级职业经理研修班结业证书，曾参编《楚厨绽放》等多部烹饪书籍。

2011 年 11 月，荣获北京烹饪协会创新菜大赛热菜银奖。2018 年 10 月，荣获第八届全国烹饪技能竞赛（湖北赛区）热菜金奖，荣获首届湖北省楚菜职业技能大赛热菜特金奖。

徐元茂

徐元茂，男，1964 年出生，湖北洪湖人，本科学历，中式烹调高级技师，湖北烹饪大师，资深级注册中国烹饪大师，仙桃职业学院副教授，湖北省职业技能竞赛裁判员，湖北省职业技能鉴定高级考评员，仙桃市政府专家库专家，

仙桃市非物质文化遗产名录项目沔阳三蒸制作技艺传承人代表。现任仙桃职业学院烹调工艺与营养专业教研室主任，兼任仙桃市烹饪酒店行业协会秘书长、中国沔阳三蒸研究院副院长。

1986 年以来，先后在仙桃市高级技工学校、仙桃市理工中等专业学校、仙桃职业学院从事烹饪教育工作，在烹饪职业教育这块沃土上耕耘了三十多年，为仙桃地区培养了一批批优秀的烹饪技能型人才。徐元茂大师曾在《中国烹饪》《烹调知识》《美食导报》等刊物上发表各类文章近百篇，多次应邀担任省市烹饪技术大赛的专业评委，多次参与沔阳三蒸美食文化节的组织工作。

2008 年，被省人事厅授予"全省技工院校金牌教师"称号。2013 年，担任《仙桃美食》（仙桃市烹饪酒店行业协会主办）主编。2015 年，主编《沔阳三蒸》菜谱，参与编写沔阳三蒸文化丛书。2017 年，荣获全国蒸菜烹饪技能大赛特金奖和团体赛蒸菜宴席金奖。2018 年，被仙桃市人力资源和社会保障局授予"仙桃市技术能手"称号。

徐水元

徐水元，男，1974 年出生，湖北武汉人，大专学历，中式烹调高级技师，中国烹饪大师。现任武汉雅和睿景生态园酒店管理有限公司董事长兼总经理，兼任世界中餐业联合会会员、中国烹饪协会名厨专业委员会新星俱乐部会员。

2006 年至 2017 年期间，曾担任武汉聚缘庄酒店管理有限公司总经理。2018 年，创办武汉雅和睿景生态园酒店管理有限公司。

徐水元大师不仅在烹饪技术上精益求精，善于创新，多次参加省市及全国烹饪比赛并获得金奖，在餐饮管理上以人为本，勤于探索，敢于担当，业务水平和管理能力持续提升，而且注重个人品德修养，重视履行社会责任，长期为社会困难人群捐款捐物，曾获武汉市慈善总会颁发的慈善爱心证书。

2008 年，制作的"秘制烧鲴鱼""热切驴肉"

获得湖北省首届旺店旺菜金奖，同年荣获第六届全国烹饪技能竞赛（湖北赛区）热菜金奖。2009年，制作的"棒槌牛肉""砂锅焖土鸡"获得湖北省第二届旺店旺菜金奖。2018年，荣获第八届全国烹饪技能竞赛（湖北赛区）热菜金奖。

徐曙东

徐曙东，男，1974年出生，湖北浠水人，大专学历，中式烹调高级技师，湖北烹饪大师，中国烹饪大师。现任武汉市千滋百味酒店管理有限公司董事长，兼任武汉市餐饮协会副会长。

1995年，就职于湖北楚游宫。1998年，就职于武汉市明星酒店。2000年，就职于武汉市粗茶淡饭管理有限公司。2007年，创办武汉市千滋百味酒店管理有限公司。

从业二十多年来，系统学习烹饪理论和烹调技法，厨艺水平和管理能力不断提升，多次参加省市及全国烹饪大赛，曾接待过苏丹前总统巴布尔、日本前首相小泽一郎、新加坡前发展部长马宝山等世界知名政要。

2005年，荣获湖北省鄂菜烹饪技术比赛团体项目金奖。2007年，荣获第二届全国中餐技能创新大赛热菜银奖，荣获第二届全国厨艺绝技鉴定活动"厨艺超群奖"，被武汉市商业局、武汉餐饮协会授予"武汉十大名厨"称号。2008年，荣获湖北省第十届烹饪技术比赛热菜特金奖。2010年，被中国烹饪协会授予"中华金厨奖"。

翁华军

翁华军，男，1964年出生，湖北武汉人，中式烹调高级技师，湖北烹饪大师，注册中国烹饪大师，武汉市非物质文化遗产名录项目武昌鱼制作技艺代表性传承人。

1980年，到武汉东湖宾馆工作。曾历任东湖宾馆厨房厨师、班长、主厨、厨房经理、餐饮部行政总厨、餐饮部出品总监。现任东湖宾馆副总经理兼出品总监，重点负责政务接待工作，具有丰富的国宴菜肴设

计和策划经验，被业界誉为"湖北省国宴总设计师"。

工作40年来，翁华军大师刻苦磨炼烹饪技艺，认真钻研宴会设计，曾参编《中国鄂菜》等烹饪书籍，多次荣获全省及全国烹饪技术比赛金奖，多次负责完成到湖北视察工作的李先念、江泽民、胡锦涛、李克强、习近平等党和国家领导人的餐饮接待任务，并得到政府部门和业界同行的一致好评。

2006年，负责并完成朝鲜原最高领导人金正日访华期间的武汉站餐饮设计任务。2008年，在全国宾馆餐饮评比中荣获"金厨"称号。2009年，负责巴基斯坦原总统扎尔达里在东湖宾馆的餐饮接待，亲自烹制的武昌鱼菜肴，得到扎尔达里总统的称赞。2013年，应泰国政府邀请，赴泰参加美食节活动，在萨巴通王宫展示设计的菜肴和摆台，"舌尖上的湖北"得到了泰国诗琳通公主的高度赞扬。2015年，负责并完成比利时国王菲利普访问武汉期间在东湖宾馆的餐饮接待任务。2017年，担任英国安妮公主访华期间的武汉站素食接待宴的总设计、负责并完成法国总理贝尔纳·卡泽纳夫访华期间的武汉站接待宴设计。2018年，负责设计并完成国家主席习近平在武汉东湖宾馆同印度总理莫迪举行非正式会晤期间的国宴接待任务、负责并完成加蓬总统邦戈以及毛里塔尼亚总统阿齐兹访问湖北武汉期间的接待宴会设计。

高峰

高峰，男，1973年出生，湖北武汉人，中式烹调高级技师，注册中国烹饪大师。曾就职于汉港饭庄、营招食府、天堂大酒店，现任黄石三五轩饮食集团楚江南分店厨师长。

从事餐饮工作二十多年来，始终坚守在厨

房岗位第一线，认真钻研烹饪技术，积极学习烹饪知识，大力开展菜品创新，努力加强厨政管理，多次参加厨艺高级技能研修班、传统楚菜高级研修班的培训交流，业务能力和综合素养持续提升，多次参加省市及全国烹饪大赛并获奖。

2016年，获评黄石三五轩饮食集团"年度优秀管理者"。2017年，荣获黄石市螃蟹美食烹饪大赛金奖，被授予"黄石十大名厨"称号。2018年，荣获第八届全国烹饪技能竞赛湖北赛区中式面点项目银奖，荣获"湖北工匠杯"技能大赛中式面点项目特金奖，获评黄石三五轩饮食集团"年度优秀工作者"。

高琼

高琼，女，1975年出生，湖北武汉人，管理学硕士，中式面点高级技师，中国烹饪名师，湖北省人力资源和社会保障厅中式烹饪工种考评员。现为湖北经济学院副教授。

自1996年参加工作以来，立足专业教学岗位，理论与实际相结合，教学与科研并重，公开发表学术论文10篇，主编烹饪专业教材《中式面点》《调酒》，主持横向科研项目2项，参与各级各类科研项目5项。

2007年，荣获湖北经济学院法商学院教学优秀奖一等奖。2008年，率队参加全国高校烹饪技能大赛并荣获特金奖，荣获第六届全国烹饪技能竞赛个人赛中式面点项目金奖，荣获湖北省第十届烹饪技术比赛个人赛中式面点项目特金奖。2014年，指导学生参加全国高校餐旅创业大赛获得二等奖。2015年、2017年相继获得湖北经济学院教学质量一等奖。2018年，指导学生参加湖北省烹饪技能大赛获得金奖。

高志国

高志国，男，1977年出生，湖北鄂州人，大专学历，中式烹调高级技师，湖北烹饪大师，中国烹饪大师。现任黄冈德尔福大酒店执行总经理、黄冈德尚酒店执行总经理，兼任黄冈市餐饮酒店行业协会副秘书长、

中国饭店协会黄冈分会副秘书长、黄冈职业技术学院特聘讲师。

1994年，到高级技工学校烹饪专业学习。1995年，到武汉市福尔摩莎大酒店工作。1996年，到武汉市经济开发区管委会餐厅工作。1998年，到黄冈德尔福大酒店担任厨师长。2005年，到武汉青山热电宾馆担任行政总厨。2012年，到黄冈德尔福大酒店担任行政总厨。

从事餐饮工作二十多年来，用心钻研烹饪技艺，积极加强理论学习，曾主动到湖北大学商学院进修，到高级厨艺研修班交流，多次参加省市及全国烹饪大赛并取得优秀成绩，曾应邀担任省市烹饪比赛的专业评委，参编《东坡美食》等烹饪书籍，曾参加湖北卫视《一城一味》等美食节目。

2003年，荣获杭州东坡菜比赛团体金奖。2005年，荣获湖北省鄂菜烹饪技术大赛（黄冈赛区）热菜金奖，荣获湖北省鄂菜烹饪技术大赛冷拼项目特金奖，被黄冈市商务局、黄冈市旅游局等部门联合授予"黄冈十大名师"称号。2010年，荣获美国马铃薯厨师烹饪大赛"菜式口感奖"。2015年，被首届黄冈东坡美食节组委会授予"黄冈十大名厨"称号。2018年，被湖北省人民政府授予"湖北省技术能手"称号。

黄金池

黄金池，男，1975年出生，湖北大冶人，湖北烹饪大师，中国烹饪大师。曾就职于大冶市国营食堂、武汉大中华酒楼、广州白天鹅宾馆、武汉中南花园饭店，现任大冶市老传统酒店董事长、大冶味道土菜馆董事长，兼任中国烹饪协会名厨委委员、黄石市烹饪酒店行业协会副会长。

1992年，到大冶市国营食堂学厨。2009年，创

办大冶市老传统酒店。2013年，创办大冶味道土菜馆。从事餐饮行业二十多年来，黄金池大师不断提高烹饪技术水平和积累厨务管理经验，积极开展烹饪创新和自主创业，曾获"黄石市十佳青年厨师"等荣誉称号。

身为企业董事长，黄金池大师不仅带领大冶市老传统酒店、大冶味道土菜馆荣获"湖北最受欢迎特色餐饮企业"称号，被黄石市烹饪酒店行业协会授予"突出贡献奖"，而且用心关注社会公益活动，在农户产品的对口帮扶工作中持续发挥积极作用，赢得了大冶市社会各界的好评。

黄望喜

黄望喜，男，1958年出生，湖北武汉人，特二级烹调师，湖北烹饪大师，中国烹饪名师，湖北省非物质文化遗产项目武昌鱼制作技艺第三代传承人代表，现任武汉市农家小院酒店管理有限公司行政总监。

1975年，进入武汉市武昌品香酒楼从事餐饮工作。1988年，调入武汉天梦宾馆。1990年，到武汉东湖宾馆进修，后进入武汉五月花大酒店任总厨。2007年至今，就职于武汉市农家小院酒店管理有限公司。

黄望喜自幼喜爱烹饪，受到父亲楚菜名宿黄昌祥的言传身教和行业前辈们的指点和教诲，踏踏实实磨炼烹饪技术，不仅掌握了精湛的厨艺，而且积累了丰富的厨务管理经验，多次带队参加省市及全国烹饪大赛，多次应邀担任省市烹饪大赛的专业评委。

2005年，被中国烹饪协会授予"中国行政总厨注册证书"。2019年1月，被武汉餐饮业协会、武汉商业总会、武汉企业联合会、武汉企业家协会授予"改革开放40周年武汉餐饮行业技艺传承突出贡献人物"称号。

黄德斌

黄德斌，男，1977年出生，湖北武汉人，本科学历，中式烹调高级技师，营养配餐高级技师，湖北烹饪大师，中国烹饪名师，中国餐饮业高级职业经理人，

湖北省人力资源和社会保障厅高级技能考评员。曾就职于武汉大学珞珈山庄、武汉汇申大酒店、武汉艳阳天酒店、荆门石化工贸宾馆、武汉杜家鸡酒店，现任武汉楚一甲酒店运营总监、武汉华洋新兴酒店有限公司出品总监。

自1992年参加工作以来，黄德斌大师研创了三十余道个人代表菜肴，其中部分菜肴成为湖北餐饮市场的流行菜和旺销菜。

2005年，荣获湖北省首届鄂菜烹饪大赛总决赛金奖，被评为"全国优秀厨师"。2006年，被评为"江城名厨""武汉十佳青年厨师"。2007年，被评为"武汉餐饮业十佳厨师""湖北省技能状元""湖北省技术能手""湖北省杰出青年岗位能手"，荣获第二届全国中餐技能创新大赛凉菜项目"最佳设计奖"，被湖北省总工会授予"湖北五一劳动奖章"。2008年，荣获湖北省鄂菜烹饪技术大赛金奖。2010年，被中国烹饪协会授予"中华金厨奖"。2011年，被评为"湖北省首席技师""湖北省优秀农民工"，并荣获"武汉市政府专项津贴"。2012年，被武汉市人民政府授予"武汉市技能大师"和"武汉市劳动模范"称号。

常福曾

常福曾，男，1975年出生，湖北武汉人，本科学历，中式烹调高级技师，食品专业高级工程师，高级讲师，中国烹饪大师，餐饮业国家级评委，湖北省常福曾技能大师工作室领办人，湖北省非物质文化遗产鮰鱼制作技艺项目

第五代代表性传承人。曾任荆门华侨宾馆执行总经理、武汉丰颐大酒店餐饮总监、武汉晴川酒店管理有限公司餐饮总监、武汉市艳阳天商贸发展有限公司行政总厨。现任武汉市第一商业学校餐饮旅游专业部副

主任。

1994年参加工作，从厨二十多年来，刻苦磨炼烹饪技术，不断学习烹饪理论，取得了优异成绩，并获得了系列荣誉。制作的"群龙戏珠""浓汤鮰鱼肚""鲍汁鮰鱼""玉盘明珠"等多道菜品入选"江城名菜""湖北名菜"。2005年，荣获马来西亚吉隆坡第二届世界金厨大赛个人热菜特金奖，被授予"全国优秀厨师"称号。2009年，荣获湖北省第二届"技能状元"大赛特金奖。2010年，获评"湖北省技能状元""湖北省技术能手"和"湖北省杰出青年岗位能手"。2011年，被湖北省总工会授予"湖北五一劳动奖章"。2013年，荣获"武汉市政府专项津贴"和"全国优秀指导教师"称号。2017年，担任第四十五届世界技能大赛湖北省选拔赛糖艺／西点项目专家组组长。2018年，被武汉市总工会授予"大城工匠"称号，被湖北省人力资源和社会保障厅授予第四十五届世界技能大赛湖北选拔赛烹饪（西餐）项目"优秀教练"称号。

常福曾大师曾受上海东方卫视、湖北电台、武汉电视台等媒体邀请多次进行厨艺表演，曾参与《中国鄂菜》《大武汉大餐饮》《武汉创新菜》等书籍的编写工作，其事迹多次被《武汉晚报》《长江日报》《长江商报》《楚天金报》《楚天都市报》等媒体报道。

梁少红

梁少红，男，1966年出生，湖北天门人，中式烹调高级技师，湖北烹饪大师，注册中国烹饪大师。曾就职于天门市饮食服务公司、天门市富康酒店、天门市东湖大酒店、深圳市老地方酒店、北京市九头鸟酒家、天门市长江大

酒店，现任天门市聚樽苑餐饮有限公司总经理，兼任湖北省烹饪酒店行业协会副会长。

自1984年从事烹饪工作以来，本着"干一行爱一行"的职业心态，在坚守中成长，在传承中提升，楚菜制作技术日臻纯熟，并练就出了"玻璃台面杀鳝鱼""手工成形橘瓣鱼㺅"两项绝活，成为天门餐饮

业的领军人物。1987年，荣获天门市青年厨师大比武第一名。1990年，荣获荆州地区烹饪技术大赛金牌。2005年，荣获湖北省鄂菜大赛决赛特金奖。2008年，荣获湖北省第十届烹饪技能大赛热菜金奖和冷拼金奖。2010年，被湖北省商务厅授予"湖北省十大鄂菜大师"。2012年，被湖北省文化厅评定为"湖北省非物质文化遗产项目（天门蒸菜制作技艺）代表性传承人"，制作的"清蒸义河蚶"被湖北省文化厅授予"湖北省首批食文化知名食品"。2013年，被天门市政协办公室、天门市慈善总会授予"爱心委员"。2014年，被天门市政协授予"慈善捐赠先进个人"，被天门市工商联授予"奉献爱心，回报社会先进个人"。2015年，被天门市工商联授予"工商联先进个人"。2017年，被中国烹饪协会授予"中国餐饮30年杰出人物奖"。2018年，根据天门蒸菜特点改进制作的"天门九蒸宴"作为湖北十大主题名宴之一入选《中国菜·全国省级地域主题名宴名录》。

梁少红大师曾应邀参加《中国鄂菜》的编辑和拍摄工作，参加中央电视台"舌尖上的中国Ⅱ"、湖北电视台"湖乡的味道""一城一味"等专题节目的录制。在做好本职工作的同时，还热心社会公益事业，不仅积极做好爱心捐助，而且为天门市下岗职工再就业尽心尽力，用实际行动展现了一位湖北烹饪大师的社会责任和温暖情怀。

韩斌

韩斌，男，1969年出生，湖北武汉人，大专学历，中式烹调高级技师，湖北烹饪大师，中国烹饪大师。曾就职于武汉小蓝鲸健康美食管理公司、武汉味发现餐饮管理有限公司，现任武汉市武昌区安华大酒店行政总厨。

1985年，进入餐饮行业。从事烹饪工作三十多年来，韩斌大师严以律己，积极进取，主动参加省市及全国烹饪比赛，在烹饪技术上精益求精，在厨房管理上以身作则，取得了一系列优秀成绩。

2001年，在湖北省首届美食文化节上，制作的"生

余鲴鱼"被评为湖北名菜，同时荣获湖北"十佳厨师"称号。2002年，在第十二届全国厨师节上，制作的"珍珠鲴鱼"荣获金厨奖，受邀到武汉教育电视台录制"高考学生一周营养配餐"演示节目，个人事迹被《楚天都市报》以"土灶台艺术家"为主题进行专题报道。2003年，荣获第五届全国烹饪技术比赛个人项目热菜银奖。2005年，荣获首届江苏省淡水鱼烹饪大赛特金奖，被中国烹饪协会评为"中华优秀名厨"。2006年，被武汉市人民政府授予"2005年度武汉市技术能手"称号，被中共武汉市江汉区委员会评为"优秀共产党员"，被湖北省劳动和社会保障厅授予"湖北省劳务输出贡献突出技能人才"称号。2007年，被湖北省人民政府授予"湖北省技术能手"称号。

董新洲

董新洲，男，1980年出生，湖北黄冈人，中专学历，中式烹调高级技师，湖北烹饪大师，中国烹饪名师。1998年，到武汉学习厨艺，随后师从楚菜名家邹志平，系统钻研楚菜烹饪技术，曾就职于武汉军悦假日大酒店、武汉楚民大酒店。现任武汉葛洲坝美爵酒店行政总厨，兼任中国烹饪协会名厨委委员、邹志平劳模创新技能工作室秘书长。

从厨二十多年来，董新洲大师多次参加省市、全国及国际烹饪技术大赛并获奖，积极参加政府活动，大力推介楚菜文化，曾参加2014年、2015年、2016年、2017年湖北省人民政府国庆招待宴的制作活动，参加由湖北省人民政府主办的2015年、2017年、2018年"湖北·武汉台湾周——两岸名厨交流活动"，参加2018年外交部湖北全球推介会楚菜冷餐会菜品制作，参加2018年澳大利亚悉尼楚菜精品宴制作活动，参编《好吃佬丛书》等多部烹饪书籍。

2010年，荣获"味道2010"名厨烹饪大赛精英组特金奖。2014年，荣获全国湖鲜烹饪技能大赛特金奖。2016年，荣获第八届中国烹饪世界大赛（荷兰鹿特丹）金奖。先后获得"武汉市技术能手""武昌技能英才""武汉市技能大师""武汉市劳动模

范""湖北省青年岗位能手""湖北省技术能手""楚天匠才""湖北省首席技师""湖北五一劳动奖章"等多项荣誉。

彭辉昊

彭辉昊，男，1990年出生，湖北武汉人，本科学历，公共营养师，中式烹调技师，中国餐饮业高级职业经理人，湖北省职业技能鉴定考评员。曾就职于湖北安华酒店、东湖翠柳村客舍，现任武汉亘星物业发展有限公司食堂运营主管兼厨师长。

自2014年进入餐饮行业以来，踏实做事，爱岗敬业，不断提升烹饪技术水平，深入学习餐饮理论知识，积极参加各级各类烹饪技术比赛，曾参加由湖北省人民政府主办的2015年、2017年、2018年"湖北·武汉台湾周——海峡两岸名厨交流活动"，曾参加由湖北省委宣传部、湖北电视台主办的《一城一味》大型楚菜电视烹饪技能竞赛的录制工作，多次协助邹志平技能大师工作室组织并参加"名师进社区""大师厨艺讲堂"等社会活动。

2014年，荣获全国首届淡水湖鲜烹饪技能大赛热菜金奖，荣获湖北省青年职业技能大赛中式烹调项目第三名，被湖北省人力资源和社会保障厅授予"湖北省技术能手"称号。2015年，荣获首届中国厨师烹饪技艺大比武刀工技术项目第二名，被中国烹饪协会授予"中华金厨奖"。

喻少林

喻少林，男，1960年出生于武汉，祖籍湖北黄冈，武汉"煨汤大王"喻凤山之子，中式烹调高级技师，资深中国烹饪大师，湖北省级非物质文化遗产项目"武汉（小桃园）煨汤技艺"代表性传承人。

1981年，进入武汉江岸区春明楼酒楼工作。1987年，进入武汉市保险公司食堂工作。1996年，用全家人凑集的20万元资金，在江岸区球场路开办一家中小型汤馆——望旺煨汤屋。1998年，在江汉

区发展大道华南水产市场旁开办望旺煨汤屋首家分店。1999年，成立武汉市望旺煨汤饮食有限责任公司，并担任公司总经理。

武汉市望旺煨汤饮食有限责任公司是一家以煨汤为特色的餐饮企业。2002年，获评"中华餐饮名店"和"全国绿色餐饮企业"。2004年，获评"中国健康膳食企业"，"喻记土鸡汤""八卦汤"被中国烹饪协会评为"中国名菜"。2005年，"排骨莲藕汤"被湖北省烹饪协会评为"湖北十大名菜"。2011年，武汉（小桃园）煨汤技艺被列入湖北省第三批非物质文化遗产保护项目名录。2013年，武汉市望旺煨汤有限责任公司被列为武汉市非物质文化遗产项目"武汉（小桃园）煨汤技艺"项目生产性保护示范基地。

喻少林大师继承并传承了武汉"煨汤大王"喻凤山的煨汤技艺，多次参加省市及全国烹饪大赛并获奖。2004年，被中国烹饪协会授予"中华金厨奖"。2007年，在由楚天金报与武汉市商业局联合主办的首届武汉餐饮"十大名店""十大名厨"评选活动中，获评武汉餐饮业"十佳厨师"。

喻思恩

喻思恩，男，1970年出生，湖北汉川人，中式烹调高级技师，湖北烹饪大师，注册中国烹饪大师，中式烹饪技能竞赛国家级裁判员。现任武昌醉江南花园餐厅总经理，兼任中国烹饪协会名厨委委员。

1985年，到武汉市江岸区烹饪学校学厨。1987年，步入餐饮行业。曾任武汉市亢龙太子酒轩行政总厨、鄂州长城花园大酒店行政总厨、原广州军区武汉中南花园饭店行政总厨、黄石市九龙太子酒店总经理、黄冈市德尔福大酒店执行总监。

1988年，荣获武汉市"烹饪状元"称号。1989年，荣获湖北省饭店业烹调大赛热菜一等奖。1995年，荣获长航局旅游系统烹调大赛金奖。2005年，荣获湖北省鄂菜烹饪大赛决赛团体金奖。2007年，荣获第二届搜厨国际烹饪大赛金厨奖和特金奖，荣获第十七届中国厨师节暨第二届全国中餐技能创新大赛银奖，被武汉市商业局、武汉市餐饮业协会评为"武汉餐饮业十大名厨"。2008年，荣获第六届全国烹饪技能竞赛（湖北赛区）金奖和湖北省第十届烹饪技术比赛特金奖。2010年，被中国烹饪协会授予"中华金厨奖"，被湖北省商务厅授予"湖北省十大鄂菜大师"称号。

程奎

程奎，男，1971年出生，湖北浠水人，中式烹调高级技师，湖北烹饪大师，注册中国烹饪大师。曾任武汉古琴台大酒店厨师长、武汉良苑大酒店行政总厨、武汉凯威啤酒屋有限责任公司汉口店行政总厨、乌鲁木齐苏商大酒店行政总厨、武汉凯威啤酒屋有限责任公司麻城店及合肥店行政总厨、程厨味道总经理，现任深圳楚韵后宫餐饮管理有限公司行政总厨。

1990年，到武汉市江汉路芙蓉酒楼学厨。从事餐饮工作近30年来，勤奋好学，刻苦钻研，对工作认真负责，对出品精益求精，管理上与时俱进，善于结合市场需求不断研发并推出创新菜品，曾接待过美籍华人陈香梅等知名人士，曾受到归元禅寺昌明方丈等名家的题词表扬，曾多次参加省市及全国烹饪大赛并取得骄人成绩。

2006年，荣获第八届武汉（国际）美食文化节青年厨师大赛"江城名厨"称号。2013年，带领乌鲁木齐苏商大酒店厨师团队荣获第三届中国清真美食节"餐饮名店、名宴、名点、名菜、先进单位"五大奖项，被旅游业高级人才培训认证服务中心评为"中华金牌五星行政总厨"。2015年，荣获武汉市第十九届职业技能大赛金奖，被武汉市人民政府授予"武汉市第十九届职业技能大赛技术能手"称号。

程建权

程建权，男，1973年出生，湖北襄阳人，大专学历，中式烹调高级技师，湖北烹饪大师，注册中国烹饪大师，餐饮业国家级评委。曾就职于襄阳市政府南湖宾馆，现任襄阳市樊城区御源食府厨务总监，兼任襄阳技师学院烹饪系讲师、襄阳市襄州区烹饪酒店行业协会技术顾问。

1989年参加工作。从厨20年来，程建权大师踏踏实实，勤勤恳恳，不断学习和钻研烹饪技艺，持续提升自身综合素养，在省市及全国烹饪大赛中多次获奖。

2005年，荣获湖北省鄂菜烹饪大赛特金奖，在第十五届中国厨师节上被授予"全国优秀厨师"称号。2006年，荣获中国餐饮业青工技能大赛金奖、中国大师精英赛金奖及国际烹饪大赛（中国赛区）金奖。2008年，荣获全国第六届烹饪技能竞赛特金奖和湖北省第十届烹饪技术比赛特金奖。2012年，荣获潜江龙虾烹饪大赛特金奖。2013年，荣获全国第七届烹饪技能竞赛金奖和湖北省第十一届烹饪技术比赛特金奖。2018年，荣获中国天门首届蒸菜大赛金奖、全国第八届烹饪技能竞赛金奖、湖北"工匠杯"技能大赛特金奖，被中国烹饪协会授予"中华金厨奖"。

程俊东

程俊东，男，1968年出生，湖北沙洋人，大专学历，中式烹调高级技师，注册中国烹饪大师，湖北省职业技能鉴定高级考评员。曾就职于荆门宾馆、荆门凤凰花园酒店，现任荆门九尊食上酒店管理有限公司副总经理，兼任荆门市烹饪酒店行业协会常务副秘书长、荆门市烹饪酒店行业协会食堂（团膳）专委会秘书长、荆门市商业联合会副秘书长、湖北省青科协理事。

从厨30年来，在刻苦钻研楚菜技艺的基础上，积极学习餐饮管理理论，不断提升自身的业务能力和综合素养，曾多次参加省

市及全国烹饪技术比赛，多次应邀担任荆门市烹饪技术比赛的裁判工作，参与第七届全国烹饪技能竞赛（湖北赛区）组织工作，曾参与接待时任中共中央总书记江泽民及温家宝、陈俊生、回良玉等党和国家领导人，以及关广富、贾志杰、郭树言、俞正声、罗清泉、李鸿忠、王国生等湖北省委、省人民政府领导人。

程俊东大师曾获"荆门市青年岗位能手""荆门先进团干部""荆门市接待办系统先进工作者"等荣誉称号。1997年，荣获湖北省第四届烹饪（鄂菜）技术比赛热菜金奖。2000年，被荆门市人民政府授予"荆门市劳动模范"称号。2010年，荣获中国烹饪协会"推动中部餐饮业发展成就奖"。2012年，荣获首届荆门市商业服务业诚信经营优质服务"优秀个人"称号。2017年，荣获中国烹饪协会"中华金厨奖"。

程海中

程海中，男，1967年出生，湖北鄂州人，中式烹调高级技师，湖北烹饪大师，中国烹饪大师，鄂州非物质文化遗产名录项目武昌鱼制作技艺代表性传承人。现任湖北长城花园酒店股份有限公司行政总厨，兼任鄂州市烹饪协会执行会长。

1981年至1987年，在武汉市洪山宾馆从厨，多次参与并完成湖北省人民政府重要会议宴会和重要外事宴会的制作任务。1988年至2013年，历任鄂州市鄂州宾馆厨师长、鄂州市雨台山大酒店行政总厨、鄂州市凤凰山庄行政总厨、鄂州市东香国际大酒店行政总厨兼副总经理。

从厨三十多年来，程海中大师潜心研究楚菜烹饪技艺，积极弘扬楚菜饮食文化，曾获鄂州市烹饪技术

比赛金奖、第三届全国烹饪技术比赛银奖、第四届全国中餐技能创新大赛雕刻金奖和热菜金奖。

曾强松

曾强松，男，1978年出生，湖北武汉人，中式烹调高级技师，湖北烹饪大师，中国烹饪大师。曾就职于湖北省丽记饭店、湖北省驻深圳湖北大厦、中国驻乌克兰第聂伯领事馆、武汉市五月花大酒店、武汉市宝丰路艳阳天酒店、武汉市新大谷酒店、恩施市太子酒轩、武汉莱斯国际酒店，现任武汉大烁餐饮管理有限公司行政总厨。

自1996年参加工作以来，乐于学习，勤于思考，一步步从餐厨门外汉成长为企业烹饪技术骨干，不断研发并推广特色菜品，多次在省市及国家级烹饪大赛中取得好成绩。

1998年，荣获武汉市烹饪比赛热菜金奖。2001年，被武汉市烹饪协会授予"武汉市金炒勺"称号。2007年，荣获第二届搜厨国际烹饪食艺大赛热菜金奖，被第九届武汉美食文化节组委会授予"江城名厨"称号。2008年，荣获第六届全国烹饪技能竞赛（湖北赛区）热菜金奖，荣获湖北省第十届烹饪技术比赛热菜特金奖。2009年，荣获第二届湖北旺店旺菜烹饪大赛热菜金牌，被第二届湖北旺店旺菜烹饪大赛组委会授予"十佳厨师"称号。2012年，被香港烹饪协会和法国蓝带学院授予"法国蓝带大厨"称号。2014年，被中国烹饪协会授予"中华金厨奖"。

谢修文

谢修文，男，1973年出生，湖北武汉人，大专学历，湖北烹饪大师，注册中国烹饪大师。现任武汉谢氏老金口餐饮管理有限公司董事长。

1990年，年仅16岁的谢修文离家赴外地学习厨艺。曾就职于广州棠溪大酒店、湖南湘潭友谊大酒店、武汉江夏和利园大酒店。2004年，抱着"光大故园厨艺，感恩回报家乡"的想法，创办武汉谢氏老金口餐饮管理有限公司，以长江金口镇出产的鱼鲜为主

要食材，以从祖辈那里传承的烹鱼技艺烹制金口传统菜肴，为食客呈献老金口菜式的老味道。"生炸鱼圆""金口粉蒸肉""野藕腊猪蹄""金汤豆捞野生财鱼"等招牌菜品被武汉市餐饮业协会评为"江城名菜"。

经过十多年的发展，谢记老金口渔村以原汁原味的金口地方特色菜肴，不仅在武汉餐饮市场站稳了脚跟，而且在国内拥有了5家分店，以超常的发展步伐成为武汉新字号餐饮酒店中的知名品牌，深受武汉广大餐饮消费者的喜爱。2016年，被武汉市餐饮业协会授予"江城名店"称号。2017年，被大武汉新媒体评选为"武汉50家最受欢迎餐馆"。2018年，被武汉市餐饮业协会评为"最受消费者喜爱的餐厅"。

赖小龙

赖小龙，男，1974年出生，湖北宜昌人，中式烹调高级技师，湖北烹饪大师，中国烹饪大师。曾任宜昌国际大酒店、宜昌市金德瑞大酒店行政总厨，现任宜昌市鱼汤泡饭餐饮服务有限公司总经理，兼任《餐饮世界》记者、《东方美食》《餐饮文化》特约记者。

赖小龙擅烹楚、川、湘、粤等地方风味菜肴，具有厚实的菜品创新能力和丰富的酒店厨房管理经验。曾被宜昌国际大酒店评选为"最佳烹饪能手"及"优秀员工"，曾荣获四川美食节金奖、宜昌市第二届地方菜烹饪比赛金厨奖和团体金奖、湖北省烹饪比赛团体金奖和个人金奖、2006年《餐饮文化》杂志厨王争霸大赛特等奖、2007年"詹王杯"第二届全国中餐技能创新大赛金牌、2008年度宜昌市"烹饪业突出贡献奖"、2008年度"中华金厨奖"，曾被评为宜昌市"十佳厨师"。作品多次在《东方美食》

《中国名厨》《餐饮世界》《宜昌日报》《三峡商报》等媒体上发表或报道。

赖建全

赖建全，男，1973年出生，湖北荆门人，中式烹调高级技师，注册中国烹饪大师。曾就职于荆门市香港美食城、河北正定国豪大酒店、河北辛集金城大酒店、呼和浩特市陆雨酒店管理有限责任公司。现任内蒙古鄂尔多斯市蓝洋林顿酒店集团副董事长兼总经理，兼任荆门市烹饪酒店行业协会特邀副会长、《东方美食》客座教授。

从事餐饮工作30年来，不断提升烹饪技术水平和烹饪理论素养，多次在省市及全国烹饪技术比赛中摘金夺银，曾在《中国烹饪》等期刊上发表烹饪技艺、餐饮管理类文章两百多篇，多次荣获荆门市优秀学术论文奖。尤其是近几年来，赖建全大师在蓝海林顿酒店集团充分施展楚菜厨艺和管理技能，将年营业额1000万元的企业，发展成为拥有14家直营店、职工2000人、年营业额达3亿元的鄂尔多斯市最具实力的餐饮龙头企业。

赖建全大师曾获中餐行政总厨"年度成就奖"、第四届国际烹饪技术大赛热菜项目银奖、全国烹饪技术竞赛热菜项目金奖、湖北省烹饪技术大赛热菜项目特别金奖，曾担任迎奥运全国餐饮技能大赛评委、乡土菜国际烹饪大赛评委、美食大赛特技表演者、中国绿色裸烹大使。

雷光武

雷光武，男，1967年出生，湖北安陆人，中式烹调高级技师，湖北烹饪大师，注册中国烹饪大师。现任武汉市汉阳区大众两江鱼鲜酒楼总经理。

1985年，到武汉硚口烹饪学校学习。在烹饪技艺方面，注重博采众长，善于融合创新，烹制的"鲜鲍扣莲米""蟹肉芙蓉鸡"等菜品，体现出独特的厨艺风格。多次参加省市及全国烹饪比赛并取得优秀成绩，曾参编《楚厨绽放》《汉味寻真》等烹饪书籍。

1993年，荣获第二届全国烹饪大赛热菜银奖。2002年，被湖北省商业厅授予"湖北省十佳厨师"称号。2009年，荣获湖北省烹饪技术比赛热菜金奖。2012年，荣获第二届全国名厨烹饪大赛热菜特金奖。2013年，荣获湖北省第十一届烹饪技术比赛热菜特金奖。2018年，荣获第八届全国烹饪技能竞赛（湖北赛区）热菜金奖，荣获"湖北工匠杯"技能大赛热菜特金奖。

雷后勤

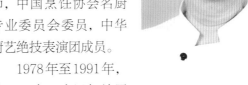

雷后勤，男，1958年出生，四川广安人，大专学历，中式烹调高级技师，湖北烹饪大师，资深级注册中国烹饪大师，中国烹饪协会名厨专业委员会委员，中华厨艺绝技表演团成员。

1978年至1991年，就职于中国人民解放军空军某部食堂。在部队的岗位练兵和烹饪比赛中屡次获奖，曾荣立三等功。1991年至2018年，就职于湖北省交通运输厅机关后勤服务中心，曾任中心行政总厨、餐厅经理，工作中兢兢业业，出色完成了厅机关的后勤保障工作和接待任务，多次被评为单位"先进个人"和后勤"服务标兵"。

从厨40年来，雷后勤大师保持着吃苦耐劳、刚毅干练的军人气质，技术上精益求精，管理上以身作则，取得了一系列优秀成绩。1999年，荣获第四届全国烹饪技能竞赛银奖。2002年，荣获第四届中国烹饪世界大赛团体特等奖和个人金奖。2006年，荣获全国首届烹饪绝技鉴定会"最佳厨艺奖"和全国烹饪电视大奖赛总决赛银爵奖。2018年，带队参加第八届全国烹饪技能竞赛（湖北赛区）暨湖北省楚菜职业烹饪大赛，获得团体金奖和个人特金奖4枚、金奖2枚、银奖3枚。参与编写了《湖北新潮菜谱》

《好吃佬丛书》等专业书籍，积极供稿《大武汉》美食专栏，多次主持并圆满完成湖北省交通系统和湖北省人民政府重要宴会接待工作，曾获得"湖北省十佳厨师""中国交通厨艺娇子"等荣誉称号。

廖华

廖华，男，1974年出生，湖北恩施人，中专学历，中式烹调高级技师，湖北烹饪大师，注册中国烹饪大师。现任恩施市滨江人家餐饮管理有限责任公司总经理，兼任湖北省烹饪酒店行业协会副会长、恩施州餐饮酒店行业协会会长、湖北省烹饪酒店行业协会青年名厨委副主席。

1994年，从恩施州广播电视大学机械专业毕业后，进入恩施州鄂西宾馆工作。2002年，到"中国蒸菜之乡"天门市，学习蒸菜技艺。2008年，重回恩施，创办恩施市滨江人家餐饮管理有限责任公司。

2007年，荣获湖北省第七届烹饪技术比赛热菜金奖。2009年，荣获湖北省第九届烹饪技术比赛热菜金奖。2013年，荣获湖北省第十一届烹饪技术比赛热菜特金奖、第七届全国烹饪技能竞赛热菜银奖。2018年，带队参加中国（天门）蒸菜技能大赛，荣获金奖4枚、银奖20枚；带队参加全国第八届烹饪技能竞赛（湖北赛区）暨首届湖北省楚菜职业技能大赛，荣获全国金奖4枚、银奖9枚、铜奖8枚，同时荣获湖北省特金奖4枚、金奖9枚、银奖8枚。

谭高雨

谭高雨，男，1976年出生，湖北阳新人，大专学历，中式烹调高级技师，湖北烹饪大师，注册中国烹饪大师。曾任宜昌稻香阁餐饮管理有限公司行政总厨，现任宜昌稻香阁餐饮管理有限公司总经理，兼任宜昌市烹饪酒店行业协会常务副会长、宜昌市烹饪酒店行业协会名厨专业委员会副主任、三峡旅游职业技术学院烹饪专业客座教授。

1993年，到武汉滨江饭店学厨。1997年，担任荆门大酒店厨师长。1999年，担任宜昌稻香阁餐饮

管理有限公司厨师长。2005年，担任宜昌稻香阁餐饮管理有限公司行政总厨。2015年，担任宜昌稻香阁餐饮管理有限公司总经理。

从事餐饮行业二十多年来，谭高雨大师多次参加省市及全国烹饪技术比赛并获得优秀成绩，"水晶蛋盏虾""夷陵土鸡汤""土家瓦片肉""稻香乳牛排"等代表菜品在餐饮市场上广受好评，逐步从一名普通的厨师成长为一名优秀的餐饮企业高级管理者。

2004年，被宜昌市烹饪协会评为"宜昌市年度优秀厨师长"。2009年，荣获"味道2009"全国青年名厨烹饪大赛特金奖。2010年，荣获湖北省鄂菜烹饪技术大赛热菜金牌。2008年，被宜昌市烹饪协会授予"宜昌市烹饪业突出贡献奖"。2012年，被宜昌市烹饪酒店行业协会授予宜昌市烹饪行业"突出贡献人物奖"。

熊星

熊星，男，1960年出生，湖北武汉人，中式烹调高级技师，中国烹饪大师。现任武汉熊胖子酒店管理有限公司董事长、总经理，兼任武汉市江岸区花桥街商会副会长。

1980年，到武汉武商集团工作。1986年，辞职经商。1992年，创办武汉南星酒家。1998年，创立武汉熊胖子酒楼。2015年，成立武汉熊胖子酒店管理有限公司。进入餐饮行业二十多年来，熊星大师研制并推出"大汗乳牛排""烤羊排""板煎脆香骨""铁板雪菜豆腐"等一大批适合武汉人口味的汉派特色菜。"金牌鱼头王""大汗乳牛排""荆沙财鱼""东湖臭鳜鱼""熊氏养生鸡""醉美酒香肉"等招牌菜被武汉市餐饮业协会评为"江城名菜"。

2016年，荣获第六届全国饭店业职业技能竞赛（湖北赛区）金奖、第六届全国饭店业职业技能竞赛全国总决赛金奖。

熊一富

熊一富，男，1975年出生，湖北广水人，中式烹调高级技师，一级公共营养师，注册中国烹饪大师，中国饭店业国家级评委，全国职业技能竞赛裁判员。曾担任武汉花苑大酒店行政总厨、湖北红安宾馆行政总厨，现任湖北三五醇酒店行政总厨，兼任中国饭店协会青年名厨委员会副主席。

1992年底，进入武汉洪山宾馆学厨。从事餐饮工作26年来，积极探索，大胆尝试，勤奋钻研烹饪技艺，理论与实践相结合，多次参加省市及全国烹饪技术比赛，曾在《中国烹饪》《餐饮职业经理人》等专业期刊上发表多篇文章。2008年4月，带领湖北三五醇酒店厨师团队，圆满完成第三届中国中部投资贸易博览会欢迎晚宴所有的出品工作，深受中央首长、港澳特首、中部各省领导的好评。

2006年9月，被武汉市人民政府授予"武汉市优秀进城务工青年"称号。2016年，荣获第六届全国饭店业职业技能竞赛（湖北赛区）个人特金奖。2018年10月，荣获第七届全国饭店业职业技能竞赛总决赛个人特金奖。

潘东潮

潘东潮，男，1963年出生，湖北武汉人，本科学历，中式烹调高级技师，湖北烹饪大师，注册中国烹饪大师，餐饮业国家级评委。现任武汉商学院烹饪与食品工程学院高级工程师、武汉素食研究所副所长。

1986年参加工作，从事烹饪教育三十多年来，潘东潮大师在刻苦钻研烹饪技术的基础上，积极加强烹饪理论研究，理论与实践结合，教学与科研互动，主编了《厨师手册》《鄂菜大系》丛书三册以及《寺院素斋》《奥运健康食谱》《我行我素》《中华年节

食观》《中国年节宴席》《熟食加工技术》等十多部专业书籍。在科研上，先后完成了武汉市产学研项目1项，校级科研项目2项，研发有潘锦记系列酱料，其中泰椒酱获得国家发明专利，并实现了科技成果转化。在《中国调味品》等核心期刊上发表论文4篇，其中《响应面法优化新型河虾调味酱感官品质》荣获校级科技成果二等奖。

1993年，荣获第三届全国烹饪技术比赛热菜金奖和冷菜银奖。1997年，被武汉市人民政府授予首届"武汉市技术能手"称号。2004年，荣获"鄂菜烹饪大师"称号。2007年，被中国烹饪协会授予"全国餐饮业科技创新奖"。2009年，被武汉商业服务学院评为校级名师。

魏铁汉

魏铁汉，男，1975年出生，湖北仙桃人，中专学历，中式烹调高级技师，湖北烹饪大师，中国烹饪大师，仙桃市沔阳三蒸非物质文化遗产项目代表性传承人。曾就职于仙桃市花源酒店、仙桃市天怡大酒店，现任仙桃市楚苑楼餐饮

管理有限公司武商宴总经理，兼任湖北省烹饪酒店行业协会理事、仙桃市烹饪酒店行业协会副秘书长、湖北江汉职业学院烹饪专业特邀讲师。

魏铁汉大师在烹饪技艺上精益求精，多次参加省市及全国烹饪大赛并获得优秀成绩，曾多次应邀担任仙桃市烹饪大赛专家评委，曾参编《沔阳三蒸》等烹饪书籍。

1995年，中专毕业后进入仙桃市花源酒店工作。2004年，荣获仙桃市首届烹饪大赛热菜金奖，制作的"八宝糯米藕卷"被评为"地方特色菜"，个人荣

获"仙桃市技术能手"称号。2005年，荣获湖北省鄂菜烹饪技术大赛总决赛热菜银奖。2009年，被共青团湖北省委、湖北省人力资源和社会保障厅授予"湖北省青年岗位能手"称号。2013年，荣获第七届全国烹饪技能竞赛湖北赛区热菜金奖，荣获湖北省第十一届烹饪技术比赛热菜特金奖。2014年，荣获第七届全国烹饪技能竞赛全国总决赛热菜特金奖。2017年，被仙桃市文化广播电视新闻出版局评定为仙桃市沔阳三蒸非物质文化遗产项目代表性传承人，享受仙桃市政府专项津贴。2018年，被湖北省人民政府授予"湖北省技术能手"称号。

戴涛

戴涛，男，1972年出生于武汉，祖籍湖南，本科学历，中式烹调高级技师，湖北烹饪大师，中国烹饪大师。现为武汉商学院烹饪与食品工程学院教师，兼任武汉饶叔独一味餐饮有限公司厨务顾问。

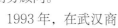

1993年，在武汉商业服务学院烹饪专业毕业后留校任教，多次利用课余和假期时间到餐饮企业一线岗位挂职锻炼。2008年7月至9月，担任北京奥运会国际新闻中心亚洲风味餐厅主厨。2009年11月至2011年4月，担任中国第26次南极科考中山站主厨。2014年12月至2015年4月，担任中国第32次南极科考长城站主厨。

从业二十多年来，刻苦钻研烹饪技术，代表菜品有"香滑龙虾球""风味糍粑鱼"等，多次参加省市及全国烹饪比赛，多次指导学生参加省市及全国烹饪技能竞赛，多次应邀担任餐饮公司厨务顾问，参编《烹饪基本功训练》《烹饪教学菜——基础菜肴制作》等专业书籍和《鄂菜大系》《寺院素斋》等烹饪书籍。

2003年，荣获第五届全国烹饪技术比赛优秀奖，同年被武汉美食节组委会授予"江城名厨"称号。2006年，参加第二届中国国际美食节，荣获全国烹饪技能竞赛热菜金奖。2007年，指导学生荣获湖北省中等职业院校烹饪技术比赛三等奖。2012年，被武汉市教育局评为"武汉市优秀教师"，被武汉市人民政府授予"武汉市技术能手"称号。2013年，荣获中国烹饪协会"中华金厨奖"。2014年，入选武汉市人力资源和社会保障局"武汉市高技能人才政府津贴专家"。2015年，指导学生参加首届中国小龙虾烹饪比赛并荣获金奖。2017年，指导学生参加首届国际青年烹饪艺术节，个人荣获"最佳领队"和"最佳指导老师"两项大奖。

第二节
楚菜餐饮服务大师

一、资深级楚菜餐饮服务大师

田莉

田莉，女，1968年出生，湖北武汉人，本科学历，高级技师，湖北餐饮服务大师，中国餐饮服务大师，全国餐饮业中餐服务二级评委，中国绿色饭店（餐饮）国家级注册评审员，湖北省烹饪酒店行业协会餐饮服务高级评委。现为武汉昌弼厨艺工作室秘书长、老大兴园管理有限公司副总经理，兼任湖北省多家餐饮企业服务顾问。

自1986年参加工作以来，注重理论的学习研究和实践的创新应用，不断加强对餐厅摆台设计、服务礼仪规范、地方饮食风俗、食品安全卫生等专业技能和理论知识的学习，持续提升自己的职业能力和综合素养，先后在武汉老大兴园酒楼、武汉白云酒楼、武汉贵宾楼大酒店、青山鑫龙潭大酒店、武汉艳阳天洪山分店、武汉江龙大酒店等酒店餐饮企业从事餐饮服务与管理工作。

在三十多年的餐饮职业生涯里，田莉大师一直致力于推动餐饮服务的规范化和品质化。曾在国内各级餐饮服务技能竞赛活动中取得金牌，多次受邀担任省市酒店餐饮行业服务技能大赛评委，多次应邀参加湖北省绿色饭店（餐饮）评审工作。2001年，被武汉市饮食服务管理处授予"武汉市第十二届职工技能大赛（中餐服务）技术能手"称号。2018年，受邀参加第七届武汉世界军人运动会"经典楚菜宴"宴会设计工作。

杨柳

杨柳，女，1971年出生，湖北武汉人，大专学历，高级技师，中国餐饮服务大师，国家职业技能竞赛高级裁判员，全国酒家酒店注册评审员，中国绿色饭店（餐饮）注册评审员。现任武汉湖锦餐饮管理集团公司营销部总监、武汉礼尚行文化发展有限公司总经理。

自1990年参加工作以来，始终坚守着"认真、勤奋、用心"的人生初心和"勤思、巧干、苦攀"的职业准则，致力于餐饮服务标准化和品质化，不断提升自身的服务技能和综合素养，多次完成高规格的餐饮接待任务，曾得到中国航天将军徐克俊、少将毛新宇、国际烹饪大师杨贯一等尊贵客人的赞扬。在紧张的一线工作之余，杨柳大师通过师徒制形式为餐饮企业和楚菜行业培养出了一批高级餐饮服务与管理人才。

杨柳大师先后获得"武汉市技能大师""国家级钻级酒家优秀管理者"等多项荣誉称号，被武汉市总工会授予"武汉五一劳动奖章"。

李伯伟

李伯伟，女，1953年出生，湖北武汉人，高级技师，资深级注册中国餐饮服务大师，中国餐厅服务高级评委，全国酒家酒店注册评审员，中国绿色饭店（餐饮）国家级注册高级评审员，第七届世界军人运动会国际赛事餐饮服务培训专家，是湖北省现代商贸服务战线上具有一定影响力的代表性人物。

1975 年，进入武汉大中华酒楼，从事餐饮服务工作，无论是在基层服务岗位还是在企业管理岗位上，踏踏实实用自身的实际行动诠释餐饮服务的内涵和价值，把自己的青春和热忱奉献给了中华老字号餐饮企业。从业四十多年来，李伯伟大师曾获得"优秀工作者""学雷锋标兵""金牌营业员""优秀技术能手""三八红旗手""优秀服务师"等诸多荣誉称号，曾在省市及全国各级餐饮服务类竞赛活动中多次获得金奖，曾被中国烹饪协会授予"中华金厨奖"。

学高为师，德高为范。在个人获得进步和荣誉的同时，李伯伟大师乐于将自己多年累积的经验悉心传授给年轻人。2013年成立"李伯伟中国服务大师工作室"，通过规范的师徒制形式，给更多从事餐饮服务工作的年轻人提供一个积极向上的成长环境，继续为湖北乃至中国餐饮业培养更多高素质的餐饮服务与管理专业人才。

汪淑华

汪淑华，女，1955年出生，湖北武汉人，中餐宴会设计师，高级技师，资深级注册中国餐饮服务大师，国家职业技能竞赛高级裁判员，全国酒家酒店注册评审员，中国绿色饭店（餐饮）国家级注册高级评审员。

从 1975 年进入餐饮行业开始，踏踏实实从最基本的服务工作做起，坚持工作实践与理论学习相结合，不断提升服务技能和综合素养，同时把自身的工作经验总结提炼为"金牌当作里程碑，规范服务攀高峰"等专业论文，把工作体会上升到专业理论高度。多次参加省市餐饮服务技能考核竞赛并取得佳绩，多次应邀担任省市及全国餐饮服务技能大赛的专业评委。

1982 年，参加武汉市商业小行家考核，荣获"餐饮服务小行家"称号。1984 年，参加武汉市餐饮服务考核，荣获"摆台项目状元"称号。1989 年，参加湖北省第二届金牌服务员考核竞赛，荣获"金牌服务员"称号。1987 年至 1989 年，参加武汉市"创商业新风杯"竞赛，连续三年获评"最佳服务员"和"优质服务标兵"。1990 年，被武汉市总工会评为"自学成才优秀员工"。2012年，被中国烹饪协会授予"中华金厨奖"和"优秀服务师"称号。

冷秀芹

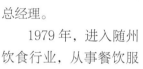

冷秀芹，女，1962年出生，湖北随州人，大专学历，宴会高级技师，高级经营师，湖北餐饮服务大师，中国餐饮服务大师。现任随州市饮食旅游服务总公司总经理。

1979 年，进入随州饮食行业，从事餐饮服务工作。在工作中踏实自律，刻苦钻研，业务技术和综合能力不断提升，不仅能设计出五十多种不同样式的特色筵席，能运用不同手法折叠出一百多种栩栩如生的花鸟虫草，而且了解全国大部分地区及国外部分地区的饮食风俗习惯，还自学简单英语接待外国客人，以规范而富有亲情化的服务赢得了许多消费者的由衷赞誉，以扎实的工作作风和不计较个人得失、无私奉献的精神受到企业领导和同事们的一致好评，多次在襄樊市和湖北省服务技术比赛中名列前茅。走上公司领导岗位后，冷秀芹大师思路开阔，态度严谨，行事稳健，决策果断，率领随州市饮食旅游服务总公司全体员工团结一心，勇往直前，因为业绩突出，多次被随州市商业集团总公司评为"商业标兵"。

从事服务工作 40 年来，冷秀芹大师踏实肯干，积极进取，成绩斐然，为推进随州市餐饮行业发展做出了突出贡献。1987 年，被随州市人民政府授予"随州市劳动模范"称号。1988 年，当选为湖北省第七届人大代表。1989 年，被襄樊市人民政府授予"襄樊市劳动模范"称号。1990 年，被湖北省劳动厅、湖北省贸易厅授予"金牌服务员"称号。1993 年，当选为湖北省第八届人大代表。1994年，被随州市商业局授予"商业标兵"称号。2002年，荣获随州市曾都区"优秀企业家"称号。

周桃花

周桃花，女，1962年出生，湖北黄石人，餐厅服务高级技师，特级宴会设计师，注册中国餐饮服务大师，全国酒店等级评定评审员，第七届全国人大代表。目前在黄石市烹饪酒店行业从事餐饮服务人员培训与考核工作，兼任黄石市烹饪酒店行业协会前厅服务培训讲师。

1979年参加工作，吃苦耐劳，勤奋好学，认真负责，一步一个脚印地从餐厅收银员成长为餐饮企业高级管理人员。曾在黄石长江饭店、黄石酒楼、黄石金花大酒店从事餐饮服务与管理工作，曾在黄石市烹饪技术培训中心从事餐饮教学与管理工作。

周桃花大师曾在国家级和省市各级餐饮服务竞赛活动中取得优秀成绩，获得湖北省"金牌服务员"等诸多荣誉称号。1987年，被湖北省人民政府授予"湖北省劳动模范"称号。2017年，受邀在黄石港区前厅摆台比赛活动中担任首席评委。2018年，受邀在黄石市烹饪酒店行业协会"迎接第十五届省运会黄石港区职工服务礼仪大赛"上担任首席评委。

钱萍

钱萍，女，1978年出生，湖北武汉人，注册中国餐饮服务大师。曾任武汉小蓝鲸美食广场楼面经理，现任武汉大中华酒楼总经理。

2000年，进入餐饮行业，到武汉小蓝鲸美食广场从事餐饮服务工作。2011年，进入武汉天龙大中华酒店有限责任公司，担任武汉大中华酒楼总经理。

在餐饮服务方面，钱萍大师不断钻研餐饮服务技能，尤其关注餐饮精细化服务及宴会一站式服务，在为顾客提供美味佳肴的同时，增设全方位的体验式服务，以优质服务温暖人心，赢得了顾客的好评，增强了企业的市场美誉度。

在餐饮管理方面，积极推行人性化、科学化管理，大力倡导团队合作精神和目标认同意识，高度重视员工在企业运营中的基础地位和重要作用，持续构建股东、企业、员工利益共同体，激励和调动员工的积极性和创造性，提升质量和效率，实现管理目标。

在钱萍大师担任总经理期间，武汉大中华酒楼获得了"武汉优秀老字号企业""国家五钻级酒家""湖北十大特色餐饮名店""金盘级旅游餐馆""国家五叶级绿色餐饮企业""诚信经营优质服务示范店"等诸多荣誉，受到地方政府职能部门及全国餐饮业界同行的高度认可，武汉大中华酒楼再次成为深受消费者喜爱的著名餐饮品牌。

曾凡琪

曾凡琪，女，1963年出生，湖北武汉人，本科学历，硕士学位，餐饮服务高级技师，中国餐饮服务大师，武汉商学院副教授，现任武汉市先之明管理咨询有限公司CEO，兼任武汉市文旅局星级酒店技能大赛评委。

1983年参加工作。从事酒店管理高等教育与企业实践三十多年，曾凡琪大师具有扎实的管理理论基础和丰富的管理实战经验。曾先后承担《酒店督导实操》《酒店人力资源管理》《餐饮部运行管理》《酒店职业素质修炼》《酒店服务基础技能训练》《连锁经营管理》六门课程的建设及主讲任务，善于因材施教，课堂生动有趣，深受学生喜爱，主持的《酒店服务基础技能训练》课程被评为湖北省精品课程。主编参编《餐厅服务工艺》等专业书籍10部，发表专业论文多篇，主持省市科研课题多项，其中参编的《中华饮食文库·中国餐厅服务大典》被列为国家"八五"重点图书，主持的《循岗导教：新高职、新理念、新模式旅游管理专业人才培养模式研究》曾荣获湖北省高等学校教学成果二等奖。在做好专业教学和科研工作之余，曾凡琪大师积极参与社会服务，先后担任省内外多家酒店、餐饮企业经营管理顾问，受邀为省内外多家企业开展企业诊断、营销策划、管理体系设计、员工培训等工作。

2004年，创办武汉市先之明管理咨询有限公司，为省内外一百多家企业做过管理咨询，为省内外二百多家企业开展过企业内部管理培训。公司还常年举办"餐厅经理特训营"等各类培训班，已培训酒店餐饮业从业人员1万多人。

2000年，被共青团武汉市委商业工委授予"武汉市优秀商业青年"称号，被湖北省教育厅、湖北省教育工会授予"湖北省高校先进女教师"称号，被武汉市人民政府授予"武汉市劳动模范"称号。2009年，被武汉市总工会授予"优秀示范岗岗长"称号。2013年，被武汉商学院评为"最受学生欢迎的十佳教师"，被武汉市人民政府授予"2012年度武汉市技术能手"称号。

蔡燕屏

蔡燕屏，女，1963年出生，湖北武汉人，高级职业经理人，高级经营师，注册中国餐饮服务大师，武昌区第十五届人大代表。现任武汉市醉江月饮食服务有限公司南湖店执行总经理，兼任武汉市洪山区工商联常委、全国酒家酒店等级评定委员会评审员、湖北省人力资源和社会保障厅职业技能大赛评委。

参加工作三十多年来，先后在武汉市京汉酒楼和武汉市醉江月饮食服务有限公司从事服务管理工作。凭借对中式餐饮服务的专注与热爱，不断学习和吸收先进的餐饮服务与管理理论知识，在实践工作中一步一个脚印地从餐饮企业一线服务人员走上高级管理岗位。

凭着高度负责的工作态度、精益求精的服务技艺和执着敬业的职业精神，保证了每一次高规格的接待服务得以圆满完成。曾参与接待凤凰卫视评论家石齐平先生及美国前总统比尔·克林顿的顾问罗杰道森等国内国际知名人士。因为在平凡的工作岗位上取得了突出的成绩，蔡燕屏大师先后被授予"新长征突击手""武昌区优秀共产党员""洪山区妇女三八红旗手"等多项荣誉称号。

谭墩群

谭墩群，男，1962年出生，江苏江都人，中式烹调高级技师，一级餐饮服务师。曾就职于湖北省郧阳地区第一招待所（十堰市柳林宾馆前身），任餐饮部经理，现为十堰市堰之味烹饪工作室副主任。

1979年，开始从事烹饪工作。1984年至1986年，曾赴武汉胜利饭店、武汉璇宫饭店、武汉东湖宾馆等知名旅游饭店，进修前厅接待和酒店管理，工作岗位由后厨转为前厅接待，并在1988年取得一级餐饮服务师资格证书。

从业40年来，谭墩群持之以恒对十堰市饮食文化尤其是餐饮服务文化进行深入研究，在十堰市餐饮服务行业具有一定的影响力，不仅圆满接待过多位因公务莅临十堰的国家领导人和国外贵宾，而且为十堰市餐饮酒店服务行业培养技术服务管理人才共计万余人。1992年至今，一直担任十堰市餐饮服务技能大赛评委、餐饮行业高级讲师，被十堰市集团学校、十堰市高级技工学校聘请为旅游酒店专业讲师，多次应邀为十堰本土知名企业进行开业培训、经营提升等指导工作，多次受邀为十堰市茅箭区的农家乐（民宿）开展菜品布置、经营和服务能力等业务培训，是十堰市餐饮业界知名培训导师。

1990年，荣获十堰市烹饪大赛金奖。2018年，参加湖北省首届楚菜美食博览会，参与设计制作的"武当太极宴"荣获名宴展金奖。

熊桂珍

熊桂珍，女，1952年出生，湖北黄陂人，大专学历，高级宴会设计师，资深级注册中国餐饮服务大师。现任湖北巨浪酒店管理有限公司总经理，兼任湖北省服务专业委员会技术顾问等社会职务。

1970 年参加工作，曾在湖北省旅游局所属的璇宫饭店、江汉饭店、胜利饭店，以及武汉小蓝鲸酒店管理有限责任公司、武汉艳阳天酒店等企业从事餐饮服务与管理工作。

熊桂珍大师这辈子坚持做一件事，那就是餐饮服务。从服务员到总经理，从外事接待到国内接待，从国企到民企，从计划经济到市场经济，在餐饮服务工作中，始终把顾客当亲人，一切以顾客为中心，曾经发表过一篇题为"把'对'让给顾客，把'错'留给自己"的文章。同时把员工当家人，甘当人梯，培养的徒弟中有的已成长为酒店餐饮企业的中坚骨干，有的已成长为中国餐饮服务大师。

熊培芳

熊培芳，女，1964 年出生，湖北黄冈人，研究生学历，高级技师，高级食品工程师，注册中国餐饮服务大师，国家人社部职业技能鉴定中心技能竞赛裁判员，国家职业技能竞赛高级裁判员，国家级星级饭店评审员，国家级钻级等级酒店酒家评审员，中国绿色饭店（餐饮）国家级注册高级评审员，湖北省教育厅职业技能竞赛评委，湖北省人力资源和社会保障厅职业技能竞赛评委，现任武汉城市职业学院旅

游与酒店管理学院调研员、湖北省熊培芳劳模职工创新工作室负责人、武汉市熊培芳技能大师工作室领办人，兼任中国饭店协会常务理事、湖北省烹饪酒店行业协会服务专业委员会主席等社会职务。

自 1983 年参加工作以来，熊培芳大师始终坚持在酒店服务一线岗位，致力于餐饮服务技能标准的研发和技术规范的革新，被行业誉为"首席服务师""金牌点菜师""技能传授师""创新研学师""标准设计师"。先后应邀担任了各级职业技能大赛裁判、评审组长三十余次，为行业协会、大中型企业指导服务质量与管理体系的培训及讲座达一百余场，培养出优秀徒弟三十余人。参与了《新鲜榨果蔬汁技术标准》《打包服务》《点菜服务》《餐饮五常法操作手册》《宴席设计理论与实务》《西式宴会摆台评判方法》《中餐宴会大赛评分细则》《绿色饭店评审细则》国标、行标、企标的制定工作，主持并完成了国家级、省级、市级科研课题多项，发明了技术专利，发表了多篇教研科研论文。曾获"全国职业院校优秀教师""全国饭店餐饮业功勋大师""湖北省劳动模范""武汉市服务状元""武汉市新长征突击手""武汉市巾帼建功标兵""武汉市首席技师""武汉市大城工匠"等多项荣誉称号。

二、知名楚菜餐饮服务大师

王巧云

王巧云，女，1980 年出生，湖北孝感人，注册中国餐饮服务大师，国家星级饭店评审员，国家钻级等级酒店酒家评审员，中国绿色饭店（餐饮）注册评审员。现任湖北省烹饪酒店行业协会办公室主任。

1997 年，进入餐饮服务行业，曾在武汉福盛酒楼、湖北三五醇酒店从事餐饮服务与管理工作，勤奋好学，踏实肯干，不断积累餐饮服务经验和提高餐饮管理能力，始终保持着对餐饮行业的热爱和执着，致力于中国餐饮服务的传承与创新，被业界誉为"优秀服务训

导师"。同时，不断突破自我，提升自身综合素质，多次参加由湖北省民政厅、湖北省工商联、湖北省食品药品监督管理局、湖北省人力资源和社会保障厅等政府部门组织的培训班学习，取得了首批"调解员"等多项职业资格证书。

从事餐饮服务与管理工作二十多年来，王巧云大师曾被湖北三五醇酒店评为"龙年之星"和首批"优秀训导师"，曾获武汉市"优秀农民工"、武汉市江汉区"先进工作者"、武汉市江汉区"新长征突击手"等诸多荣誉称号。

任宏慧

任宏慧，女，1972年出生，湖北武汉人，本科学历，中国餐饮业职业经理人，湖北餐饮服务大师，中国餐饮服务大师。现任武汉老村长私募菜餐饮有限公司外联部经理、首席培训讲师、酒店咨询顾问，兼任湖北省烹饪酒店行业协会服务专业委员会副主席。

1990年，进入餐饮行业，从事餐饮服务工作。从业30年来，任宏慧大师一直坚持在武汉餐饮行业服务第一线，工作中尽心尽责，勇挑重担，积极进取，不管大小事情，都认认真真去做，赢得了同事的尊敬和领导的赏识，在餐饮服务和管理工作岗位上取得了系列成绩并获得了系列荣誉，曾多次被评为企业"优秀职工"及"先进工作者"。1990年至1994年，连续五年被评为武汉市饮食服务技能大赛"最佳服务能手"。1994年，荣获湖北省旅游饭店技能大赛"金牌服务员"称号。

刘赛

刘赛，女，1977年出生，湖北大冶人，中专学历，注册中国餐饮服务大师。1998年，进入餐饮服务行业，就职于黄石市千禧酒楼，从餐厅服务员岗位做起。2003年，进入黄石三五轩饮食管理集团有限公司，曾任集团公司新佳总店大堂经理、店总，现任集团公司楚江南分店店总。

从事餐饮服务与管理工作20年来，学习刻苦，做事踏实，认真钻研餐饮服务技能，主动研修形体语言艺术，系统学习餐厅服务、宴会设计、食品安全、营养配餐、行业政策法规等专业知识，技术水平、业务素质和管理能力不断提升，逐步成长为公司的业务骨干和服务标兵，曾连续5年获评黄石三五轩饮食管理集团有限公司"优秀管理者"，多次带队参加黄石市和湖北省餐厅服务比赛并取得优异成绩。

2013年，获得营销策划与点菜师培训合格证书，以及餐饮服务食品安全管理员培训合格证书。2018年，荣获"湖北工匠杯"技能大赛暨湖北省首届楚菜职业技能大赛餐厅服务项目特金奖，被湖北省人力资源和社会保障厅授予"湖北省技术能手"称号。

李红娟

李红娟，女，1970年出生，湖北荆门人，大专学历，餐饮服务高级技师，注册中国餐饮服务大师，湖北省职业技能鉴定考评员，中国绿色饭店国家级注册评审员，国家职业技能鉴定考评员，荆门市第五届人大代表。现任荆门市烹饪酒店行业协会专职副秘书长兼办公室主任。

参加工作三十多年来，曾就职于荆门宾馆、荆门华侨宾馆，踏实肯干，爱岗敬业，从餐厅服务员做起，逐步升任为宾馆接待部经理。

李红娟大师曾参加接待到荆门视察工作的时任中共中央总书记江泽民等重要领导人的服务工作，多次参加荆门市各类大型活动的接待工作。1998年，当选为荆门市第五届人民代表大会代表，在参政议政过程中，针对荆门餐饮业发展问题积极建言献策。在负责荆门市烹饪酒店行业协会日常工作期间，尽心尽职，成绩斐然，为提升荆门餐饮行业服务水平做出了贡献。曾获评"荆门市精神文明建设优质服务明星"和"湖北省全国科普日活动先进个人"，多次被全国绿色饭店工作委员会评为"全国绿色饭店先进工作者"，被湖北省烹饪酒店行业协会评为"2017年度优秀社团工作者"。

吴世荣

吴世荣，女，1972年出生，湖北鄂州人，湖北餐饮服务大师，中国餐饮服务大师，鄂州市烹协餐饮服务技能竞赛评委。现任鄂州长城花园酒店总经理。

自1993年参加工作以来，认真负责，勤于学习，敢于担当，在企业面临困难的时候，她带队迎难而上；在制度要求落实的时候，她率先身体力行，凭着对餐饮服务的职业责任感和对企业发展的强烈事业心，脚踏实地从基层服务员做到高级管理者，不仅经常赢得新老顾客的高度赞扬，而且凝聚了一个强有力的管理团队，在激烈的市场竞争中取得了优秀成绩，先后被评为湖北长城花园酒店管理有限公司"优秀共产党员"和"先进工作者"，荣获湖北长城花园酒店管理有限公司优秀管理团队奖。

吴世荣大师多次带领管理团队外出考察学习，多次应邀担任鄂州市职业技能大赛的专业评委。2014年，荣获鄂州市凤凰社区"优秀共产党员"称号。2015年，荣获鄂州市"中小企业优秀管理者"称号。2016年，荣获鄂州市"巾帼建功能手"称号。

冷小兵

冷小兵，男，1968年出生，湖北随州人，高级经营师，餐饮服务高级技师，注册中国餐饮服务大师。曾就职于随州市圣宫饭店、湖滨餐厅、圣宫集团，现任随州市饮食旅游服务总公司总经理，兼任湖北省烹饪酒店行业协会副会长和随州市烹饪酒店行业协会会长。

自1984年走上服务工作岗位后，不断努力学习，刻苦钻研，专业技术日臻完善，经营管理才干持续提高，逐步成长为饮食服务公司的一名优秀管理

者。1997年，被中共随州市财办委员会评为"财贸战线先进工作者"。1999年，被中共随州市商业集团总公司评为"商业标兵"。2000年，被随州市商业局评为"商业标兵"。2002年，被湖北省人民政府授予"湖北省劳动模范"称号。2003年，高票当选随州市曾都区人大代表。2004年，被中华全国总工会授予"全国五一劳动奖章"。2012年，被湖北省文化厅评定为"湖北省首批食文化技艺传承人"。2017年，被湖北省人力资源和社会保障厅评定为"湖北省首席技师"。

张丽

张丽，女，1980年出生，湖北仙桃人，中国公共营养师，现任湖北楚苑楼餐饮管理有限公司旗下仙桃宴店店长。

1999年至2015年，在仙桃万钜国际旗下花源酒店从事餐饮服务与管理工作。2016年，加入湖北楚苑楼餐饮管理有限公司。

从业20年来，一直工作在餐饮行业一线服务岗位，严格要求自己，不断超越自我，把为客户提供预期的服务作为努力进取的方向，一次次用满意的服务赢得消费者的赞誉。

得益于高度负责的态度和执着敬业的精神，凭借着丰富的餐饮服务经验和厚实的餐饮管理素养，张丽在用自身实际行动诠释中国餐饮服务精神的同时，也使自己赢得了行业的美誉和社会的认可，先后荣获仙桃市第五届餐饮酒店职业技能竞赛中餐厅服务二等奖、第七届全国烹饪技能竞赛餐厅服务金奖、第十一届湖北省烹饪技术比赛餐厅服务特金奖等诸多奖项。

周腊梅

周腊梅，女，1979年出生，湖北荆门人，大专学历，餐饮服务高级技师，注册中国餐饮服务名师。现任荆门九尊商贸有限公司服务总监，兼任荆门市烹饪协会副秘书长、湖北省酒店烹饪行业协会服务专业委员会副主席。

2003 年，开始从事餐饮服务工作，曾就职于荆门海港城。无论作为一线服务人员还是企业管理人员，工作中脚踏实地，勤学好问，不断吸纳新的行业知识和学习相关规范标准，多次到国内知名酒店进行走访学习。随着自身综

合素质的持续提升，周腊梅大师对餐饮服务的认识和理解更加深刻，不仅在现场服务中以身垂范，而且在管理工作上身先士卒，以精湛的服务技艺和优良的管理水平赢得了尊重和荣誉，在荆门市餐饮业界树立了口碑。2011 年，被荆门市妇联授予"巾帼文明岗"称号。2013 年，荣获第七届全国烹饪技能竞赛餐厅服务项目金奖和湖北省第十一届烹饪技术比赛餐厅服务项目特金奖，并被湖北省总工会授予"湖北五一劳动奖章"。2014 年，荣获荆门市"三八红旗手"称号。

祝小娟

祝小娟，女，1987 年出生，湖北武汉人，中专学历。现为武汉市亢龙太子酒轩楼面经理。

2007 年 1 月，祝小娟成为武汉市亢龙太子酒轩的一名餐厅服务员。工作上踏实勤恳，生活中乐于助人，在各个方面严格要求自己，能吃苦，敢作为，对服务质量精益求精，自身的服务技能和管理水平不断提升，快速成长为企业的技术骨干和服务标兵。2007 年 3 月，在武汉市亢龙太子酒轩新生模拟实操考试中获得第一名。2007 年 4 月至 12 月，多次被评为"月度优秀员工""月度销售能手""月度服务标兵"。2008 年，升职为领班。2009 年，升职为部长，2010 年，升职为餐厅主管。2018 年，升职为见习楼面经理。

2009 年，荣获武汉市第十六届职业技能大赛"江

城服务明星"称号。2010 年，荣获第三届全国饭店业职业技能竞赛（武汉赛区）餐厅服务项目银奖。2014 年，荣获湖北省生活服务业职业技能竞赛餐厅服务项目特金奖。2018 年，荣获湖北省首届楚菜职业技能大赛餐厅服务项目特金奖，被湖北省总工会授予"湖北五一劳动奖章"。

贺军勤

贺军勤，女，1970 年出生，湖北荆门人，餐厅服务高级技师，特一级宴会设计师，注册中国餐饮服务大师，湖北省职业技能鉴定考评员，荆门市第四届、第五届政协委员。曾就职于荆门宾馆、荆门国宾酒店、武汉荆门会馆、

荆门月新大酒店，现任武汉私房菜馆总经理，兼任荆门市公关礼仪学会会长、荆门市烹饪酒店行业协会特邀顾问。

参加工作三十多年来，认真学习服务知识，刻苦钻研服务技能，曾多次参加各级各类服务技能比赛并荣获佳绩，曾编写《荆门宾馆员工服务手册》，参与《荆门市接待志》编写工作，曾在《荆门食风》上发表题为"浅谈中餐宴会摆台艺术"的专业论文，曾主持荆门市大型接待礼仪培训工作，参加"中国八艺节""荆门市油菜花旅游节""湖北省第十三届运动会"及多年荆门"两会"等活动的接待工作。

1992 年 12 月，曾参加接待时任中共中央总书记江泽民、时任中央书记处书记温家宝等中央领导的服务工作。1992 年 12 月至 2003 年 3 月，连续当选为荆门市第四届、第五届政协委员。1992 年，被评为"荆门市青年服务明星"和"荆门市新长征突击手"。1996 年，荣获湖北省"金牌服务员"称号。

徐晓萍

徐晓萍，女，1977 年出生，湖北咸宁人，大专学历。现任咸宁市御湾酒店管理有限责任公司总经理。

自 1997 年参加工作以来，踏实肯干，勤奋学习，不断丰富自身的专业知识和提升自身的职业素养。

走上公司领导岗位之后，大力创建公司质检体系，不断提升服务质量标准，持续完善企业培训体系，高度重视员工培训进修，持续提高自身与团队的综合竞争力。

作为一名拥有十多年餐饮行业一线服务技能和经营管理经验的餐饮工作者，徐晓萍对餐饮行业有着丰富的市场阅历和敏锐的判断力，服务上细腻、规范，管理上稳健、果敢，在取得骄人业绩的同时，赢得了企业同事、行业同仁和政府部门的好评和赞誉。2010年，荣获咸宁市咸安区"自主创业标兵"称号。2016年，荣获咸宁市餐饮培训机构"优秀培训师"称号。2017年，荣获咸宁市"荆楚楷模·食美药安"先进典型提名。2018年，组织团队参加"湖北工匠杯"技能大赛——首届楚菜职业技能大赛，荣获团队赛项目金奖、面点项目特金奖和服务项目金奖，充分展示了团队的综合实力。

唐定玉

唐定玉，女，1967年出生，湖北荆门人，大专学历，客房服务高级技师，注册中国餐饮服务大师，国家职业技能鉴定考评员。现任荆门市东泰酒店管理有限公司副总经理，兼任荆门市烹饪酒店行业协会副秘书长。

1987年，开始在荆门宾馆从事餐饮服务工作，先后就职于荆门宾馆前厅部、客房部、餐饮部，一直保持着"既然做了，就要做好"的劲头，善于总结经验并制订计划带头实施，不断熟悉接待服务工作的各项操作规范和流程标准，曾编写《东泰酒店服务规范标准操作流程》《东泰酒店餐厅服务质量手册》《东泰酒店前台接待流程》，曾参加接待到荆门视察工作的时任中共中央总书记江泽民等中央领导人等大型活动，多次被评为荆门市政府接待办"先进个人"和"服务标兵"。

参加工作三十多年来，唐定玉大师在每一个岗位的服务过程中，都注重关注细节，保持思路清晰，而且作风硬朗，执行力强，以服务的规范性、细致性、严谨性为荆门同行所称道。在公司副总经理岗位上，不仅继续积极发挥传帮带作用，培养徒弟、员工一百多人（其中6人晋升为高级技师），而且积极践行绿色餐饮发展理念，带领东泰酒店获评荆门市"绿色餐饮企业先进单位"。

2014年，被荆门市妇女联合会授予"荆门市三八红旗手"称号。2017年，荣获荆门市"绿色餐饮企业先进工作者"称号。2018年，被中国烹饪协会评为"中国服务宴会专家"。

曹永华

曹永华，女，1977年出生，湖北黄冈人，餐厅服务高级技师，中国餐饮服务大师。现任武汉市亢龙太子酒轩有限责任公司东湖店执行总经理。

2004年，获评武汉市"十佳打工丽人"。2006年，获评"武汉市杰出进城务工青年"。2008年，被武汉市妇女联合会授予"武汉市三八红旗手"称号。2018年，被中共武汉市委、武汉市人民政府授予"武汉市劳动模范"称号。

康芬

康芬，女，1977年出生，湖北荆门人，管理学硕士，注册中国餐饮服务大师，中国绿色饭店（餐饮）国家级注册高级评审员，湖北省人力资源和社会保障厅职业技能鉴定评委。现任湖北经济学院副教授，主讲《酒店运营管理》《世界知名酒店概况》等专业课程，主要从事酒店经营与管理、服务战略管理研究。

主持完成省厅级科研课题1项，参与省部级科研课题6项，出版《酒店管理创新与运营》专著1部，参编（副主编）酒店管理专业教材3部，在国内外核

心期刊公开发表学术论文近 10 篇。曾荣获 2017 年教育部旅游管理教学指导委员会全国旅游院校优质课程建设暨说课大赛三等奖、2018 年湖北省人民政府优秀教学成果奖一等奖，先后于 2009 年、2011 年和 2013 年指导学生获得全国旅游院校饭店服务项目比赛二等奖和三等奖，于 2017 年指导学生获得第一届湖北省高校酒店经营电子沙盘大赛一等奖，多次被评为湖北经济学院酒店管理专业"优秀实习指导教师""优秀学科竞赛指导教师"。

梁慧

梁慧，女，1979 年出生，湖北武汉人，管理学博士，注册中国餐饮服务大师，中国绿色饭店（餐饮）国家级注册评审员，湖北省生活服务行业职业技能竞赛裁判员，湖北省人社厅职业技能鉴定餐厅服务项目专业评委，浙江大学访问学者，SSCI 期刊《Tourism Management》匿名评审专家。现任湖北经济学院副教授，主讲《餐饮服务与管理》等专业课程，主要从事旅游企业经营与管理、餐饮服务战略管理等方面的研究。

主持完成省厅级科研课题 2 项，出版《餐饮企业绿色管理研究》和《住餐业中小民营企业绿色管理：逻辑*机制*战略》学术专著 2 部，主编专业教材 1 部，副主编专业教材 2 部，在国内外核心期刊公开发表学术论文近 10 篇。曾获湖北经济学院教学质量优秀奖、湖北省鄂菜烹饪技能大赛餐饮服务项目特别金奖、湖北省高教学会产学研合作教育优秀论文二等奖、2018 年湖北省人民政府优秀教学成果奖一等奖。曾被授予湖北经济学院"青年岗位能手"等荣誉称号，指导的本科学生曾多次获得全国高校餐旅类专业大学生创业大赛二等奖、全国高校饭店服务技能大赛三等奖。

熊兰

熊兰，女，1988 年出生，湖北大冶人，中式餐厅服务高级技师。曾任黄石楚乡厨艺餐饮有限公司服务部长，现任黄石楚乡厨艺餐饮有限公司部门经理。

2006 年，熊兰到黄石楚乡厨艺餐饮有限公司从事服务员岗位工作。立足于餐饮服务一线岗位，勤奋好学，活学活用，善于把所知所学的服务技能在实践工作中充分发挥出来，业务素质不断提升，不仅在工作中受到顾客的广泛好评，在公司举办的服务比赛活动中多次获奖，而且多次参加省市及全国服务类技能比赛并取得优秀成绩，快速成长为公司的技术骨干和业务标杆。

2009 年，在黄石餐饮业十佳服务明星评选活动中，荣获"技能明星"称号。2010 年，荣获湖北省鄂菜烹饪技术大赛餐饮服务项目金牌。2018 年，荣获"湖北工匠杯"技能大赛暨湖北省首届楚菜职业技能大赛餐厅服务项目特金奖，被湖北省人力资源和社会保障厅授予"湖北省技术能手"称号。

薛巧英

薛巧英，女，1977 年出生，湖北襄阳人，餐厅服务高级技师，湖北餐饮服务大师。现任武汉市亢龙太子酒轩有限责任公司花园酒店执行总经理。

1998 年，进入武汉市太子酒轩（武汉市亢龙太子酒轩有限责任公司前身），后在公司的杂技厅店、江边店、洪山广场店任职。

2004 年，获评武汉市"十大杰出进城务工青年"。2007 年，被武汉市总工会授予"武汉五一劳动奖章"。2017 年，被全国酒家酒店等级评审委员会授予"国家钻级酒家优秀管理者"称号。

第十章

楚菜名店名企

CHUCAI MINGDIAN MINGQI

《中国楚菜大典》楚菜名店名企的录入条件：

1. 有史料记载，具有鲜明特色、较大社会经济影响和较高社会声誉，并以经营楚菜为主的饭店、酒店（酒楼、酒肆）、饮食店、客栈、茶楼等单位（机构）。

2. 传承与弘扬楚菜文化，经营特色鲜明，引领并满足人们不断提高的饮食需求，对推动湖北餐饮产业发展做出了重大贡献，享有较高社会声誉的新兴餐饮企业。

3. 中国商务部评定的"中华老字号"餐饮企业，湖北省商务厅评定的"湖北老字号"餐饮企业，湖北各市州商务局评定的"市级老字号"餐饮企业。

4. 湖北省或湖北各市州人民政府表彰的知名饭店或餐饮企业。

5. 地市级、省级、国家级非物质文化遗产代表作名录的项目保护单位（餐饮企业）。

6. 湖北省商务厅以及各市州商务局评定的"特色餐饮店"。

7. 湖北省商务厅、湖北省旅游局等部门联合评定的"推动鄂菜发展十大名店"。

8. 湖北省文化厅评定的"湖北省首批食文化知名企业"。

9. 中国烹饪协会评定的"中国餐饮名店""湖北餐饮名店"或者"中国餐饮三十年卓越企业"。

10. 全国旅游饭店星级评定委员会评定的三星级及以上的星级饭店，且饭店餐饮以楚菜为主体，有规模，有档次。

11. 全国绿色饭店工作委员会评定的三叶级及以上的"国家绿色餐饮企业"或"中国绿色饭店"。

12. 全国酒家酒店等级评定委员会评定的四钻级及以上的"国家钻级酒家"或"国家钻级酒家示范店"。

13. 按照《旅游餐馆设施与服务等级划分》(GB/T26361-2010)评定的"银盘级旅游餐馆"或"金盘级旅游餐馆"。

截至2019年1月1日，凡具备以上条件之一，且未被列入国家企业信用信息公示系统"违法失信企业名单"，企业可据实提出申请，填写《中国楚菜大典》楚菜名店名企申请表，由所在市州烹饪酒店行业协会（餐饮业协会）或所在市州商务部门推荐，再由《中国楚菜大典》编委会审核，条件合格者即可录入。

第一节
省外境外楚菜名店名企

北京湖北大厦

北京湖北大厦坐落于北京高科技园区的海淀区中关村南大街，西邻风光秀丽的紫竹院公园、首都体育馆，北依圆明园、颐和园名胜风景区，地理位置优越，周边环境优美，交通十分便利。1999年9月，正式开业迎宾。2007年8月，全部装修完毕。大厦由迎宾楼和贵宾楼两部分组成，主楼高十八层，附楼高九层，营业面积近3万平方米，是湖北省人民政府在京投资兴建的一家集住宿、餐饮、会议、休闲于一体的四星级酒店。

湖北大厦拥有温馨典雅的单人间、标准间等各类房型两百多间（套），大、中、小各型会议室12个，1600平方米的会议场地可满足各种规模的会议和社会活动的不同需求；大型餐厅3个（最大的东湖厅，可举行300人的大型会议和婚宴及其他宴会活动），包间13个，可接待近600人同时就餐，另配有大型停车场及格调高雅的多功能厅等辅助设施。大厦餐饮以湖北风味菜品为主体，兼营湘菜、川菜、粤菜等。"荆沙甲鱼""荆楚霸王鱼头""剁椒鱼头""番茄氽丸汤""莲藕排骨汤""铜锅腊蹄子"等特色菜品，深受消费者好评。

开业20年以来，随着管理水平和服务质量的持续提升，湖北大厦经营业绩屡创新高，取得了良好的经济效益和社会效益，曾被评为"国家特级酒店""金叶级绿色旅游饭店"，得到了湖北省委省人民政府和社会各界的广泛好评。

湖北大厦总经理叶海涛兼任全国工商联旅游商会常务理事、北京市海淀区旅游行业协会饭店分会副会长、京津冀酒店总经理俱乐部主席团主席等社会职务。叶海涛总经理不仅重视优化管理制度和健全管理体系，而且提倡全体员工加强湖北饮食文化学习，鼓励厨师团队开展湖北菜的研究与开发，真正向客人提供正宗地道的湖北味道，为推动楚菜国内国际交流、弘扬湖北饮食文化做出了重要贡献。2002年，被中国烹饪协会授予"全国餐饮业管理成就奖"。2004年，被北京市朝阳区总工会评为"经济技术创新标兵"。2008年，被北京市饮食行业协会授予"北京市餐饮管理成就奖"。2018年，被首都京津冀酒店总经理俱乐部授予"改革开放四十周年京津冀酒店业功勋人物奖"。

北京红番茄荆楚情饮食文化有限责任公司

北京红番茄荆楚情饮食文化有限责任公司位于北京市海淀区西八里庄北里56号西钓鱼台庄园写字楼，初创于1998年，成立于2000年。截至2018年底，在竞争激烈的北京高端餐饮市场，公司旗下拥有"楚膳·红番茄""汉口街头"两大品牌，共有4家连锁高档商务宴请酒店和两家"汉口街头"购物中心餐饮店，员工600人，年营业额近1亿元，常年有5万名登记在册的活跃顾客，是北京地区最负盛名的楚菜品牌企业。

公司创建20年来，立足于专心做好湖北菜，一直秉持"信任、尊重、激励、关爱"的价值观，以"通过服务把爱、惊喜和可靠交给顾客"为服务理念，重视企业文化和管理体系建设，致力于挖掘和弘扬荆楚饮食文化，积极开展楚菜理论研究与楚菜菜品创新。因为"地道的荆楚食材、浓郁的楚地风情、正宗的湖北味道"，被誉为"京城楚菜圣地"。

公司拥有配套的研发团队、中央厨房、原产地物流及配送系统。每年组织研发团队到湖北恩施地区、大别山区、神农架林区、洪湖湖区、丹江口库区等地，发掘优质特色食材，学习楚菜制作技艺。每年从湖北各地采购优质特色食材约16万吨，既可以缓解湖北农产品销售难题，又能为北京消费者提供地道、优质、安全、健康的湖北美食，在京商界名家、精英政要、文体明星纷纷慕名而至，在北京餐饮市场上赢得了众多海内外食客的认可，并且得到了《精品购物指南》《北京生活周刊》《京华时报》《Beijing Today》《City Weekend》以及北京电视台、中央电视台、韩国KBS电视台、台湾东森电视台等多家媒体的报道。

公司旗下的红番茄楚珍舫(鸟巢店)曾被评为"帝都十大惊艳景观餐厅",是《舌尖上的中国2》的拍摄餐厅之一,曾在大众点评网上位居北京热门餐厅排名榜第一名。2014年,荣获"用户点评五星商户"称号,被全国酒家酒店等级评定委员会评为"国家五钻级酒家"。

广州枫盛楼餐饮管理集团公司

广州枫盛楼餐饮管理集团公司位于广东省广州市天河区上元岗中成路,成立于2012年5月,主体业务一直专注于制售中高端特色湖北私房菜。截至2018年底,经过7年的不断发展,已成长为集餐饮、休闲、娱乐于一体的连锁性综合机构,旗下拥有广州汉正街一号餐饮服务有限公司、广州汉府餐饮服务有限公司、深圳枫盛楼餐饮服务有限公司、广州枫盛楼餐饮管理有限公司4家子公司,共有3家连锁酒楼和一家总部配送中心,员工达1000人,是广东乃至华南地区餐饮界以楚菜著称的知名品牌企业。

位于广州市天河区的枫盛楼·汉正街一号学院店,于2012年5月开业。位于广州市越秀区的枫盛楼·汉正街一号五羊店,于2015年1月开业。位于深圳市福田区的枫盛楼·汉正街一号福田店,于2016年10月开业。

公司一贯以"多品种的经营、高质量的出品、大众化的价格、贵族式的服务"为宗旨,致力于打造湖北餐饮文化知名品牌,始终坚持从产地到餐桌,追求原生态食材,注重挖掘湖北传统美食,传承楚菜美食文化,做有故事的楚菜,立足传承,与时俱进,走楚菜新味消费之路,在坚持楚菜传统的基础上,不断创新,在食材选择、菜品研发、营养搭配、菜单设计等诸多方面,始终精益求精。公司自营的万亩绿色农业生态养殖基地,能充分保证食材的新鲜、安全和高效利用。同时,建有大型人才培训基地"枫盛学院",形成了系统科学的服务于员工全面成长的教学体系,为企业发展储备更多高素质的技能型、管理型专业人才。"洪湖莲藕排骨汤""筒子骨煲莲藕""荆州甲鱼扣鲜鲍""公安牛三鲜""老黄瓜炖土鳝""大盘藕片""沔阳三蒸""糍粑鱼"等特色菜和招牌菜,颇受消费者青睐。

"不忘初心,才能行稳致远。"弘扬中华传统美德,枫盛楼一直在行动。从2016年开始,枫盛楼公益敬老宴已连续举办将近200期,免费接待近万名老人。此外,协同广东省湖北商会开展了2016年春运"暖冬行动",提供专列免费送1500名湖北老乡回家过年,并免费提供了1500份正宗湖北美食。枫盛楼用实际行动履行社会责任,得到了广东省和湖北省社会各界的赞誉。

规范的管理、优雅的环境、精美的菜品、优质的服务,给顾客带来愉快的心灵体验与高品位的美食享受,获得了消费者的广泛好评,公司在广东省及华南地区餐饮业界的影响力越来越大,相关成绩曾被广州日报大洋网、深圳晚报等媒体报道。2018年11月,枫盛楼·汉正街一号楚味私厨(五羊店)获评"第二季广州美食地标餐厅","洪湖莲藕排骨汤"获评"广州美食地标餐厅代表菜品"。

北京市丹江渔村酒店有限公司

北京市丹江渔村酒店有限公司位于北京市海淀区田村旱河路东海舟慧霖葡萄园内,创办于2015年。截至2018年底,经过4年的快速发展,公司在北京市拥有7家分店(北京丹江渔村四季青店、首都机场店、龙旗广场店、天秀路店、望京店、上地店、清水亭·湖北菜国贸商城店),成长为知名的楚菜品牌餐饮企业。

公司自创办以来,一直以弘扬楚菜文化为己任,诚心诚意做健康餐饮,踏踏实实做文化餐饮,食材以丹江口及其周边区域的优质农副产品为主,倾力打造"饮源头水、食丹江鱼、吃武当橘、品道家茶"

的餐饮特色，大力构建"丹江口农副产品展销基地"和"南水北调库区移民就业基地"，同时积极展示和推广南水北调文化、武当文化、汉水文化、沧浪文化。

公司多数员工是来自南水北调库区的移民，各分店内设有丹江口特色农副产品展销厅。"清蒸翘嘴鲌""茶油香辣大鱼头""金毛狮子鱼""武当山竹笋炒腊肉""石锅红薯粉条"等特色菜品深受消费者欢迎。

公司董事长张勇出生于湖北省丹江口市，具有30年的餐饮从业经验，曾任丹江口市餐饮协会会长，现兼任北京湖北企业商会餐饮行业委员会副会长、北京市海淀区餐饮协会副会长、北京市丹江口商会执行会长，为弘扬湖北饮食文化和推进楚菜产业发展做出了突出贡献。

2017年1月，被北京市海淀饮服行业协会授予"2016年度海淀区餐饮服务业最佳特色经营奖"。2018年1月，被北京市海淀饮服行业协会授予"2017年度海淀区餐饮服务业最具消费人气奖"。2018年4月，被中关村卓越高成长企业创新联盟授予"联盟之家"称号。

Q by Peter Chang 旗舰店

Q by Peter Chang 旗舰店是 Peter Chang 餐饮总公司旗下的第11家分店，也是该公司的第一家品牌店，位于美国马里兰州 Bethesda 市的东西大道上，于2017年5月正式开业，是美国最有名的湖北菜餐厅。

该店设计为中国传统大宅院式风格，大宅院式的造型木格门窗古朴典雅，自然得体；高矗的天井悬挂着豪华的长方形吊灯，庄重优雅。天井、吊灯、木格门窗，配上浅绿色与蛋黄色的桌椅，烘托出餐厅大气高端、富有中国传统文化气息的氛围。店内设有一个可容纳40人同时就餐的大包间，红砖砌成墙，木格为门窗，形成了典型的中国农家院落景致。

该店主营楚菜和川菜，使之成为美国东部地区第一家、也是全美国范围内极为少见的荆楚风味餐厅。出生于湖北省黄冈市的张鹏亮大师是 Q by Peter Chang 旗舰店的大厨兼老板，擅长制作湖北菜，老板娘张红英是国家级高级点心师。餐厅常规菜谱上的"武汉热干面""三鲜豆皮""空心麻球""孝感米酒""苕面窝"等湖北风味小吃，成为食客们最青睐的选择；"襄阳酱烧肉""黄州东坡肉""荆州鱼糕""板栗仔鸡""应山滑肉""鱼糕丸子""沔阳三蒸""糍粑鱼"等湖北风味菜肴，同样受到消费者的广泛认同。

张鹏亮大师采用美国本土食材，烹制出富有湖北风味特色的功夫菜品，引起了当地美食评论家和食客们的高度关注。如以赫赫有名的马里兰蓝蟹为主料，结合湖北菜烹调技法做出的"粉蒸荷香蓝蟹""黄

焖肉酿蟹""香辣年糕蓝蟹"等创新菜肴，中西结合，独具特色，被热捧为最接地气儿的"当地湖北菜"。

2018年3月至12月，该店总共举办了58场以推介湖北美食为主题的湖北菜品鉴会，系统而全面地推介湖北风味小吃、点心、凉菜、汤品、大菜等，接待了约3000名来自不同国家的餐饮消费者，在大华府地区获得了前所未有的轰动效应，在国际上为湖北菜赢得了良好的声誉。

华盛顿DC地区法国美食协会的会长曾带着28名会员参加该店举办的湖北菜品鉴会。品鉴会结束后，会长高兴地对张鹏亮和张红英两位大师说："美食无国界，今天的美食让我尝到了湖北淡水鱼鲜的美妙韵味，还有湖北山野河汉里的乡土气息，这是我和我的会员们在美国品尝到的最美味的中国菜之一，你们的劳动和创造给我们留下了深刻的印象，我们一定会常来的。"

深圳楚韵后宫原味文艺餐厅

深圳楚韵后宫原味文艺餐厅位于深圳市龙华区万众城维也纳酒店二楼，于2017年8月开业，是由楚韵后宫（深圳）餐饮管理有限公司倾情打造的主营地道湖北菜的风味餐厅。餐厅以弘扬楚菜文化为己任，注重诚信经营，奉行顾客至上，不断提升产品品质和服务体验，致力于打造深圳市乃至珠三角区域知名楚菜餐饮品牌。

走进楚韵后宫餐厅，极具特色的湖北装修风格让人倍感亲切，湖北地图、手工插画、农耕器具在彰显艺术气息的同时，也弥漫着故乡的记忆，一下子拉近了到此就餐的湖北籍消费者的心理距离。进门所看到的密密麻麻的小牌子上，写的都是湖北各处的地名，比如武汉、黄冈、十堰等等，让来这里就餐的湖北人能够看到自己家乡的名字，增强归属感。最让人怦然心动的，是那满满的活色生香的湖北味道，琳琅满目的湖北食材让人眼花缭乱，地道风味的湖北佳肴令人味蕾大开，无论是"汤逊湖鱼头鱼丸豆腐煲""清蒸武昌鱼""香煎大白刁""油焖大虾""排骨藕汤""荆沙甲鱼""沔阳三蒸""东坡肉"等特色菜肴，还是热干面、小面窝等风味小吃，都能切切实实吃出楚菜鲜美的滋味和灵动的品性，对在此进餐的湖北游子来说，最吸引人的无疑是菜品背后那一份浓浓的乡愁、乡味、乡情。

在未来3年内，公司将全力打造楚韵后宫深圳龙华店这一旗舰店，借助坚实的品牌影响力和名店示范效应，完成楚菜在珠三角区域的推广与布局。

2017年，餐厅被深圳市黄冈青年创客协会授予"青创会活动基地"，被深圳市鄂人俱乐部授予"鄂人俱乐部活动基地"，被深圳市浠水商会授予"深圳市浠水商会活动基地"，被商业地产与设计俱乐部授予"商业地产与设计俱乐部活动基地"。

厦门膳美人餐饮管理有限公司

厦门膳美人餐饮管理有限公司位于厦门市湖里区枋湖南路，成立于2018年，旗下拥有襄阳人家、三古龙虾、浪色、楚厨、襄阳牛肉面等多个品牌和7家门店（分别位于厦门鹭岛各个区域），是一家主营湖北菜的知名连锁餐饮公司。

"襄阳人家"创立于2009年，立足于传承楚菜烹饪精髓，以湖北原产地食材为基础，是厦门餐饮市场上湖北菜知名品牌，拥有3家直营店，即位于思明区洪文五里21号的瑞景店、思明区西林东路117号的西林店、湖里区枋湖南路165号的枋湖店。

"三古龙虾"创立于2014年，是厦门"襄阳人家"湖北私房菜餐厅倾力打造的一个专类品牌，产品所选食材全部来自湖北江汉平原稻田养殖的清水活虾，结合闽南地域饮食习惯，在湖北"潜江油焖大虾"的基础上研发而成，具有麻辣、蒜蓉、烤香、酱卤、清蒸等多个系列，在厦门餐饮市场上大受消费者的追捧与好评。

"楚厨"创立于2017年，立足于打造楚菜中高端品牌，第一家旗舰店于2018年开业，位于厦门市建发大厦品尚中心，以原产地优质食材为基础，突出"地道湖北味儿"，注重品质、服务、格调的协调统一，堪称"襄阳人家"的升级版。

"浪色酸菜鱼"创立于2018年，秉承"天人合一"原则，采用来自四川眉山的老坛酸菜，精选肉质细嫩的优质淡水鱼，辅以众多原产地调料，以好鱼好料熬成一锅经典鱼汤。

日本湖北总商会株式会社

日本湖北总商会株式会社位于日本东京都中央区银座5丁目8番9号，是由社团法人日本湖北总商会的会员于2018年3月众筹成立的，以中餐为主营业务。2018年10月，在银座5丁目开设楚菜餐厅——珞珈壹号，首次在日本集中推介楚菜。珞珈壹号的内装设计风格以湖北盛产的莲叶、莲花为主题，用日本消费者能够理解的现代时尚元素诠释楚文化。为了突出原汁原味的湖北味道，珞珈壹号的厨师团队曾专程到武汉拜师学艺，老通城豆皮、四季美汤包、蔡林记热干面等，都是取经的对象。

珞珈壹号餐厅经营者以社团法人日本湖北总商会会长徐耀华先生为领头人。徐耀华先生的自营品牌餐饮店有云南料理——御膳房、新派川菜——百菜百味、担担面专卖店——四川担担面1841等。

珞珈壹号开业不久就受到日本媒体与消费者的关注，开业报道曾登上了日本雅虎新闻，并且在2019年2月登上了日本电视台最受欢迎的节目《美食冤大头》。

珞珈壹号销售的楚菜有百余道，诸如武汉热干面、武汉烧麦、豆皮、汤包、面窝等风味小吃，以及"莲藕排骨汤""黄冈东坡肉"等风味菜肴，还有以黄鹤楼、武当山、归元寺、神农架命名的带酒水的四款套餐。

目前，东京都中央区银座已成为品鉴中国美食的好去处，慕名到珞珈壹号就餐的日本当地食客越来越多，口碑也越来越好，珞珈壹号逐渐成为日本消费者理解和体验楚菜的一扇窗口。

第二节
武汉市楚菜名店名企

老大兴园酒楼

老大兴园，原名"大兴园"，由汉阳人刘木堂始创于公元1838年（清道光十八年），原址在汉正街下段的陞基巷内，最初以烹制湖北特色淡水鱼菜为主。1888年，刘木堂病逝，因无后人，大兴酒楼遂由其徒弟吴云山、吴宝成两兄弟继承，随后改名"老大兴园"酒楼。

1936年，以烹制鮰鱼菜见长的刘开榜受邀来园挂牌，以"红烧鮰鱼""粉蒸鮰鱼"等为代表的鮰鱼菜由此成为老大兴园酒楼的招牌名菜。1944年，老大兴园酒楼被日军飞机炸毁，刘开榜不幸蒙难。1946年，吴云山集资在汉正街陞基巷原址上重建老大兴园酒楼，并恢复营业，由刘开榜的徒弟曹雨庭掌厨。1958年，老大兴园酒楼由汉正街陞基巷迁到居仁门。1964年，迁至航空路，营业面积扩大到800平方米，由曹雨庭徒弟汪显山挂牌主理。20世纪80年代，老大兴园酒楼生意火爆。1989年，汪显山从老大兴园酒楼退休。20世纪90年代中期，老大兴园陷入困境。1999年，老大兴园最后的门店在汉口航空路关张谢幕。

180年来，老大兴园酒楼接待了众多餐饮消费者，包括诸多的政府要员、殷秀梅和杨在葆等社会名流以及美国原国务卿基辛格博士等外国贵宾，期间虽然由于种种原因多次换址歇业，但老大兴园的魂依然在，鮰鱼名店在历史的洗礼中依旧"鮰"味无穷。现如今，"厨师中的艺术家"孙昌弼大师成为继第一代"鮰鱼大王"刘开榜、第二代"鮰鱼大王"曹雨庭、第三代"鮰鱼大王"汪显山之后的第四代"鮰鱼大王"。2015年9月，老大兴园在武汉园博园汉口里商业街重新盛装开业，其独特的装修风格和物品陈列使之成为武汉首家以餐饮发展史和特色美食相结合的文化餐厅。

老大兴园被武汉市商务局评为"武汉市老字号"，"红烧鮰鱼""粉蒸鮰鱼"入选"中国名菜"，"老大兴园鮰鱼制作技艺"入选湖北省非物质文化遗产名录。

老会宾楼

"老会宾"是武汉市老会宾商务有限责任公司的专利号，它的前身是"武汉市老会宾酒楼""湖北餐馆"等，位于武汉市最繁华的闹市中心——六渡桥即江汉区民权街辖下的三民路38号（原三民路50号），是武汉市著名的"中华老字号"商业企业。

光绪二十四年（公元1898年），武汉市汉阳县朱黄村（原汉阳县北乡，今属东西湖辖区）人朱荣臣及其兄弟朱荣祥、朱荣泰合伙在沙家巷开了一家名为"维新酒楼"的餐馆，后来相继更名"金谷酒楼""普宴春酒楼"。1929年，朱荣臣在三民路一带选址重新创办了一家酒楼，取名"会宾楼"，择吉开业，主打湖北地方风味菜肴，受到江城民众的欢迎和追捧。1932年，会宾楼扩建为两层后粗具规模。1935年，会宾楼迁入新址，开始主营湖北风味菜，以诚经商，管理有度，名气越来越大，生意越做越好，和杏花楼、燕月楼齐名，成为当时武汉三镇"三大酒楼"之一。1938年，武汉沦陷后，会宾楼被迫停业。1939年，朱荣臣回到汉口，因故将会宾楼更名为"老会宾楼"。

1949年后，由第二代传人朱世泽接掌的老会宾楼获得新生，生意逐渐兴隆，成为武汉市一家颇有名气的酒楼。1955年，老会宾楼成为武汉市第一家率先实行公私合营的酒楼。1966年，老会宾楼因特殊原因而改名为"湖北餐馆"。1979年至1982年，老会宾楼实施大规模改建，六层大楼落成开业，并恢复"老会宾"字号，以一流国营酒楼的崭新面貌迎接八方宾客。1996年，老会宾楼停业。1999年，"老会宾"取得国家商标注册证书。2002年，老会宾楼改制为民营股份制企业后，沿用"老会宾"的名号并调整了企业经营范围，全名为"武汉市老会宾商务有限责任公司"，属民营股份制企业。

老会宾楼自创建以来，始终以传承楚菜文化为己任，独具特色的"黄焖丸子""芙蓉鸡片""鸡蓉鱼肚""明珠鳜鱼""葵花豆腐"等招牌菜，色香味形俱臻上乘，名扬海内外。

武汉谈炎记饮食有限公司

武汉谈炎记饮食有限公司（原武汉谈炎记水饺馆）创办于1920年，是一家百年老字号企业。

1920年，湖北黄陂人谈志祥到汉口开作坊，经营小吃馄饨（武汉人称其为水饺），采用上好的猪筒子骨和猪蹄、肉皮熬制原汤，并将"谈言记煨汤水饺"写在夜间照明用的煤油灯罩上。"言"取和气生财之意。后将"言"字改为"炎"字，以示火上加火，取生意兴隆之意。这就是"谈炎记"招牌的来历。因为谈记水饺滋味鲜香，价廉物美，深受民众喜爱。当时，有汉口竹枝词赞曰："谈记水饺响当当，皮薄味鲜赛鸡汤。老少咸宜价不贵，风味独特滋味长。"

1945年，谈志祥的儿子谈良山在汉口利济巷（今利济南路）三曙街口正式开设谈炎记水饺馆。1956年，谈炎记水饺馆实行公私合营。1972年，谈炎记水饺馆迁入汉口中山大道。1986年、1989年、1992年，先后进行了大规模装修改造，成为集风味菜肴、特色水饺和名优新特小吃为一体的国有中型餐饮企业。2000年，武汉谈炎记水饺馆实行企业整体改制，组建民营企业——武汉谈炎记饮食有限公司。

谈炎记水饺包括"虾米香菇鲜肉水饺""鸡蓉水饺""什锦水饺""虾仁水饺"等十多个品种，能适应不同消费者的口味需求。水饺制作工序严谨，标准完善，形成了"形美、料真、皮薄、馅大、肉嫩、汤鲜"的独家风格，成为荆楚美食苑中的一朵奇葩。2012年，"谈炎记水饺制作技艺"入选武汉市非物质文化遗产项目名录。

谈炎记的"虾米香菇鲜肉水饺"先后获得"武汉市优质产品""中华名小吃"等称号。"谈炎记"

先后入选"武汉市著名商标"和商务部"中华老字号"。公司先后荣获"优秀老字号企业""中华餐饮名店"和"放心早点"牌匾，编撰制作的《谈炎记水饺系列》被评为"2013中华老字号时尚创意优秀产品"。

武汉市四季美饮业有限责任公司

四季美始创于1922年，是一家著名的"中华老字号"，其主营产品汤包是湖北省武汉市著名小吃，楚派汤包的旗帜。毛泽东、周恩来、邓小平等国家领导人都曾品尝过四季美汤包，并给予了很高评价，四季美汤包因而誉满荆楚，闻名遐迩，在民间赢得了"四季美季季美只因味道美，一次来次次来是为汤包来"的赞词。近百年来，四季美先后获得了"明星饮食企业""中华餐饮名店""十佳名店"等诸多荣誉称号，四季美汤包多次夺得我国饮食业最高荣誉"金鼎奖"。

1922年，汉阳人田玉山在交通路旁的小巷内开了一家名为"美美园"的熟食店，经营小笼汤包和猪油葱饼。1927年，武汉"四季美"汤包馆开业。店名四季美，原意为"一年四季都有美食供应"，春炸春卷，夏营冷食，秋炒毛蟹，冬打酥饼。

1950年，擅长白案的钟生楚进入四季美汤包任白案掌勺厨师兼生产主任，他把以前口味偏甜的汤包改良成以咸鲜为主的风味，并在汤包制作的每个环节上精益求精，改良后的汤包更受本地居民的喜爱，被誉为"汤包大王"。1956年，"四季美"实行公私合营，其门店地址迁至汉口中山大道与江汉路交会处，业态发展成为酒楼经营模式。

20世纪80年代初，钟生楚大师的关门弟子徐家莹出任四季美总经理，她带领四季美经营更上层楼，营业面积扩大数倍，四季美由小吃店发展成为大餐馆。徐家莹致力于汤包的创新改良，于1986年申请了全国首个速冻汤包专利，于1990年在全国首次推出了"汤包宴"。1993年，武汉市四季美饮业有限责任公司正式注册成立。2004年，在徐家莹的主持下，武汉市四季美饮业有限责任公司成为国内首部小吃标准——《武汉面食标准》的主要制定者。

2009年，为了武汉的地铁建设，位于中山大道的四季美总店不得不停业，但在困境中的四季美人砥砺前行。2010年，四季美户部巷店开业，四季美入选商务部认定的第二批中华老字号名录。截至2018年底，四季美吉庆街旗舰店、黄鹤楼店等分店相继开业，老字号焕发出新光彩。随着投资数千万元的位于临空港经济开发区的新一代中央厨房的落成，新规划新布局将不断展开，四季美这家荆楚老字号正迎来百年辉煌。

武汉德华楼酒店管理有限公司

德华楼首创于1924年，最初名为"得华楼"，是武汉饮食业老字号，至今有约百年历史，是湖北著名的老字号餐饮企业。

1924年，天津人李焕庭集合武汉三镇与北方各地名厨，在汉口民众乐园对面开办了主营京津风味的得华楼，一时名满三镇，而后衣锦还乡。1931年，天津人陈世荣、曹树召、李德富、陈大友等合股，在汉口中山大道民众乐园正对面，开办了一家名为"德华楼"的餐馆，不久因汉口水灾被迫停业。水灾过后，由陈大友接手继续开业，更名为"天津德华酒楼"，因经营不善，于1933年再次歇业。1934年，德华楼在原掌作师傅李晶珊、堂头周秉山两人集资后再度开业，生意日趋兴旺。1938年，武汉沦陷后，德华楼被迫停业。1945年，抗战胜利后，李晶珊、周秉山二人重新组股,德华楼恢复营业。1949年后,德华楼实行公私合营。1960年,德华楼搬迁到汉口三民路68号,逐渐形成集中餐、小吃为一体的综合性大众酒楼,以中餐筵席与武汉的老会宾楼、大中华酒楼等餐饮名楼齐名。"文革"期间,德华楼改名京津餐馆。1982年,恢复原名武汉德华楼。1985年,德华楼加层扩建为三层楼,经营进入鼎盛时期。1998年,德华楼实行股份制改造。2000年,德华楼实行改制重组。2004年,德华楼制定出武汉袋装真空年糕标准。2006年,德华楼无菌袋装年糕正式投入生产。

截至2018年底,公司拥有4家门店和一个配送中心,即德华楼总店(六渡桥店)、德华楼永旺梦乐城店、德华楼吉庆街店、德华楼汉阳摩尔城店和德华楼配送中心(面积约600平方米)。

在几代德华人的不懈努力下,德华楼的白案实现了京津风味与武汉风味的完美融合,"德华包子"形如菊花,色白如玉,皮薄肉嫩,馅大汤多;"德华年糕"玉色晶莹,韧而光滑,煮而不糊,炒而不黏。作为德华楼的招牌美食,"德华包子""德华年糕"被中国烹饪协会评定为"中华名小吃"。"德华楼"于2008年获评武汉市著名商标,2009年获评湖北省著名商标,2011年被武汉市商务局认定为"武汉老字号",2015年被湖北省商务厅认定为"湖北老字号"。

武汉老通城食品股份有限公司

老通城始创于1929年,是武汉传承百年的餐饮老字号。毛泽东、刘少奇、周恩来、朱德、董必武、邓小平、李先念等老一辈国家领导人,以及西哈努克、金正日等外国领导人,曾光临老通城品尝豆皮。2009年,"老通城豆皮制作技艺"入选湖北省非物质文化遗产名录。

1929年,汉阳人曾厚诚在汉口大智路口开办通成饮食店。20世纪30年代初,通成饮食店在经营中增加了豆皮这个新品种。1947年,抗战胜利后,曾厚诚从重庆返回武汉,在原址复业,改名为"老通成"食品店,扩充装修店堂,增加经营品种,随后创新性地推出湖北特色的风味小吃"三鲜豆皮"。20世纪50年代中期,老通成被武汉市饮食公司正式接管后更名为老通成餐馆(武汉市第一家国营餐馆),并在惠济路口开设了一家分店。"文革"期间,老通成餐馆曾更名为"东方红饭店""武汉豆皮馆"。1978年,在李先念的过问下,更名为"老通城"并沿用至今。20世纪80年代中期,老通城对店面进行全面改装,于1986年竣工并投入使用。1989年,老通城酒楼全年完成销售收入1227万元,实现利润240万元,各项经济指标名列全省同行业之首。

2006年初,老通城因修建长江隧道而拆迁停业。2013年,湖北白云边集团入主老通城,成立武汉老通城食品股份有限公司。2016年底,老通城以崭新的形象在新吉庆街上重新开张营业。

"三鲜豆皮"是老通城的一张美食名片,也是武汉小吃的一个文化符号。1987年和1988年,"三鲜豆皮"被评为"湖北省最佳日用消费品"。1989年,"三鲜豆皮"获得商业部颁发的中国饮食行业最高奖"金鼎奖"。

20世纪80年代末的"老通城"

在近 80 年的发展历程中，老通城获得了诸多殊荣。1988 年，被国家旅游局评为"涉外优质服务最佳酒楼"。1993 年，被国内贸易部认定为"中华老字号"。2013 年，被武汉市商务局授予"优秀老字号企业"，并被中国饭店协会授予"中国十佳小吃名店"。2015 年，被湖北省商务厅认定为"湖北老字号"。

武汉蔡林记商贸有限公司

"蔡林记"字号始创于 20 世纪 20 年代末，因店门前有两棵葱郁的大树，故取名"蔡林记"，寓意生意兴隆，财源茂盛。蔡林记热干面因面好味正，在江城独树一帜，备受顾客青睐，声名远扬省内外，一直享有"中华名优小吃"的美誉。

如今的蔡林记历经几代人的努力，已由原先单一的面馆发展为生产多样化的系列特色小吃产品的餐饮品牌企业，成为与武汉黄鹤楼、归元寺齐名的武汉城市名片。

蔡林记秉持"做放心面，让老百姓吃放心餐"的经营信条，视产品质量为企业生命，坚守"以品质铸就品牌"的经营理念，不断发展壮大，屡屡获得殊荣。2011 年，"蔡林记热干面制作技艺"入选湖北省非物质文化遗产名录。2013 年，武汉蔡林记商贸有限公司被评选为"武汉市非物质文化遗产项目生产性保护示范基地"。2014 年，蔡林记先后两次参与中央电视台财经频道的《第一时间——武汉特色早餐热干面》和《消费主张——城市味道》节目录制，节目中蔡林记非遗传承人王永中以现场制作表演的形式展示了精湛的热干面制作技艺，进一步增强了蔡林记热干面在全国的知名度和影响力。

"蔡林记"先后被评为"武汉市著名商标"和"湖北省著名商标"，被湖北省商务厅授予"湖北老字号"称号。蔡林记热干面曾获原商业部全国名小吃评比活动金奖、中国太原国际面食节中华特色面食金奖，第九届中国大连轻工商品博览会"中轻万花杯"创新产品奖评选活动金奖，并荣获"全国名优小吃""最佳汉味小吃"等诸多荣誉称号。企业被中国饭店协会评为"中国十大面条名店"，被武汉市餐饮业协会评为"年度诚信企业"，被湖北省食品药品监督管理局评为"湖北省餐饮服务食品安全示范单位"。

大中华酒楼

大中华酒楼始创于 1930 年（原店址在武昌芝麻岭）。1932 年，因修建马路而迁至武昌平阅路柏子巷口（今武昌区彭刘杨路）。大中华酒楼初期是一家以烹制淡水鱼菜为主的餐馆，后来发展成为著名的"武汉市老字号""湖北老字号"和"中华老字号"餐饮企业。

1956 年 6 月初，毛泽东主席到武汉品尝鱼菜后，写下了"才饮长沙水，又食武昌鱼"的名句。大中华酒楼由此以烹制"武昌鱼"为主的淡水鱼类菜特色而闻名天下。1957 年，大中华酒楼实行公私合营。1965 年，当时的武汉市饮食公司邀请各大宾馆饭店的名厨，在大中华酒楼正式定名"武昌鱼"为地方风味菜肴。20 世纪 80 年代，大中华酒楼一度拥有国家特级、一级厨师 20 人，开发出约 70 种鱼菜，并推出了全国闻名的全鱼宴，成为当时湖北地区唯一的国家二级餐饮企业，多次被商务部、湖北省和武汉市评为先进单位。

20 世纪 90 年代中期，大中华酒楼陷入经营危机。1998 年 8 月，武汉大中华酒楼有限责任公司注册成立。2003 年前后，酒楼因经营不善而多次关门停业。2009 年 9 月，武汉天龙投资集团有限公司投资复兴大中华酒楼。

2009 年 11 月，武汉天龙大中华酒店有限责任公司注册成立，而后确立"基本功传承不丢失，工艺传统不丧失，湖北特色不遗失，大中华酒楼经典不流失"的出品质量管理原则，"关注顾客消费后的感觉，分析顾客满意度"的服务质量管理原则，以及"谁做谁写，写我所做，做我所写"的标准化创建原则，建立和实施以提升出品和服务两个质量管理为核心的组织架构和经营管理运行系统。2010 年 9 月，面积近 5000 平方米的洪山区雄楚店盛装开业。2011 年 11 月，户部巷民主路景区店开业。2015 年 11 月，园博园汉口里店开业。酒楼始终坚持传承与创新相结合，湖北武汉特色、大中华酒楼经典与现代风格元素相结合，主推具有浓郁湖北武汉餐饮特色风味的组合产品，形成了老字号餐饮企业的经营定位和经营风格。"大中华清蒸武昌鱼""大中华全家福""鸡汁橘瓣鱼氽""黄焖牛瓦沟""清鱼划水"等十个菜肴入选"湖北名菜"。

酒楼被授予"武汉优秀老字号企业""武汉市国家旅游标准化创建试点企业""武汉市金盘级旅游餐馆""武汉市旅游标准化工作先进单位""湖北省诚信经营优质服务示范店""湖北十大特色餐饮名店""国家五钻级酒家""国家钻级酒家示范店""国家五叶级绿色餐饮企业"等称号。

武汉中南花园饭店

武汉中南花园饭店位于湖北省武汉市武昌武珞路，毗邻风景秀丽的武汉黄鹤楼景区，是一家按照五星级标准设计建造的、集住宿、餐饮、会议、娱乐等于一体的高档商务花园式饭店，占地面积 48000 平方米，环境幽雅，交通便利。院内亭台楼阁，粉墙璃瓦，小桥流水，花木掩映，四季如春，一派江南庭院的秀美格调，享有"都市绿洲、温馨港湾"之誉，是武汉市知名的涉外旅游品牌饭店。现为武汉市餐饮业协会副会长单位、湖北省烹饪酒店行业协会副会长单位。

饭店始建于 1949 年 12 月，曾于 2005 年 8 月重新装修。2010 年，因经营需要，在饭店南侧扩建南苑楼。目前，饭店拥有不同类型的客房共计 400 间（套），配有地面和地下停车位 300 个，内设南苑中餐厅、戈美西餐厅、玉生香特色风味餐厅、茶餐坊、碧玉轩咖啡茶艺厅，以及 18 间豪华包房、4 个不同风格的多功能宴会厅，可同时接待约 2000 人用餐。饭店餐饮以"五味调和、质味适中"的楚菜为主体，兼营粤菜、川菜、湘菜等，风味多样，味养兼备，"楚乡桂花鱼""花园十八鲜""愚公三鞭焖罐""皇牌蒜香鸡""雄鱼头鱼圆""乾坤牛掌""巴马泉水煮江鲶"等特色菜和招牌菜，深受消费者青睐。

饭店经管团队始终秉承"精品建店、特色兴店"的经营宗旨，坚持"精细、周到、圆满、美好"的经营理念，以市场为导向，把客人当亲人，用"人品"来做生意，在"味道"上下功夫，倡导人性化的亲情

一站式卓越服务，在武汉及湖北市场上赢得了广泛的赞誉。饭店曾被全国绿色饭店工作委员会评为"中国五叶级绿色饭店"，曾获第六届全国饭店业职业技能大赛（湖北赛区）团体金奖、第五届全国江鲜（淡水鱼）烹饪技能大赛最具特色风味奖，曾被授予"湖北餐饮名店""湖北省旅游涉外饭店十佳""推动鄂菜发展十大名店""武汉人最喜爱的餐饮名店""2016武汉味道10大特色餐饮名店""2016武汉味道年度诚信餐饮"等诸多荣誉称号。

东湖宾馆

东湖宾馆始建于 20 世纪 50 年代初，坐落于风光秀丽的武汉市东湖之滨，庭院面积约 2800 亩，水岸线三千多米，东眺磨山，南望珞珈。整个庭园错落有致，鸟语花香，风景宜人，移步易景，如临画中，院内绿树叠翠，绿草如茵，曲径通幽，院旁湖光山色，山水交融，自然天成，堪称"城市中的森林，森林中的港湾"。这里曾接待过毛泽东、周恩来、邓小平、江泽民、胡锦涛、习近平等国家历代领导人，还接待过金日成、金正日、卡泽纳夫、莫迪等许多外国元首和贵宾。因其自然环境优美别致，政治人文资源丰厚，艺术观赏性与湖北楚文化底蕴相融合，宛如一座典雅大气的中国水乡园林，故有"湖北中南海"之誉。

宾馆秉承"宾客第一、服务至上"的理念，用高级管家和会议专班接待模式，为宾客提供一流的服务。全院由梅岭、南山、百花、国际会议中心四大风格迥异、人文色彩深厚的接待楼群组成，接待设施配套齐全，健身房、棋牌室、室内恒温游泳馆等各类文体康乐设施应有尽有。宾馆拥有现代水准的总统套房、豪华套房、豪华单间、普通单间、湖景标间、高级标间等各类客房 500 间（套），各类会议厅 80 个，宴会厅、西餐厅、咖啡厅共 30 个。

宾馆为消费者提供中餐宴会、西餐宴会、酒会、团体餐、自助餐及零点服务，中西菜肴、精美茶点一应俱全，能同时接待 1600 人进餐。菜肴以楚菜见长，大力传承楚文化之精髓，同时融入淮扬菜、湘菜、粤菜等各大菜系之精华，在夯实传统名菜的基础上，中西结合，推陈出新，取料讲究，切配精细，烹制技法娴熟，调味方法丰富，严格遵循"绿色、安全、健康、美观"的餐饮文化理念，传统菜肴独具匠心，高档菜肴精益求精，创新菜肴味养兼备，每一道菜品都是一张活色生香的荆楚文化名片。

东湖翠柳村客舍

东湖翠柳村客舍位于湖北省武汉市武昌区沿湖大道（东湖听涛风景区大门旁），占地面积约 38 亩，始建于 20 世纪 50 年代初，周围三面濒湖，环境优雅，景色宜人，于 1997 年从湖北省委接待办整建制移交给省人大常委会办公厅，是一家具有六十多年历史的政务型接待宾馆。

翠柳村客舍曾与东湖宾馆共同调配使用厨师和服务人员，多位厨师直接参与过接待国家领导人和外国元首的宴会活动，其中俞可庆、陈昌根、陈祖树等烹坛名宿被评为湖北省第一批特级厨师。董必武、徐特立、谢觉哉、林伯渠、吴玉章、华罗庚、姚雪垠、碧野等许多老一辈国家领导人、知名民主人士、科学家、艺术家曾在此下榻。优美的环境，美味的佳肴，周到的服务，赢得了社会各界的广泛认可。

2015 年，翠柳村客舍改造装修结束后，餐饮部大胆革新，引进中国烹饪大师邹志平及其厨师团队，主营楚菜，传承与创新结合，传统与创意通融，在悉心传承传统楚菜精华的同时，大力研究开发出美味、绿色、健康的新派楚菜，"鱼圆狮子头""酥鳞武昌鱼""明珠武昌鱼""风干武昌鱼"四道菜品曾被中国烹饪协会认定为"中国名菜"，"排骨煨藕汤""鱼圆狮子头""砂锅莲藕圆子""湖鲜炖长江鮰鱼""石烹荷塘三鲜"等特色菜和招牌菜，色形俱佳，味养兼备，得到了餐饮消费者的一致好评和政府部门领导的高度赞誉。2018 年，"楚乡莲藕宴"被湖北省商务厅评为"湖北十大楚菜名宴"，翠柳村客舍被中国烹饪协会评为"中国菜·全国省级地域主题名宴（楚菜 楚乡莲藕宴）代表品牌企业"。

近几年来，翠柳村客舍不仅圆满完成了湖北省人大每年的相关重大会议接待任务，还圆满承办过2015年第二届鄂台餐饮厨艺交流展示会、2017年全国创新创业楚菜文化展、2018年外交部湖北全球推介会楚菜冷餐会、2018年世界技能中国行湖北省技能综合展等湖北大型对外宣传交流活动，为弘扬荆楚美食文化和推进楚菜产业发展做出了重要贡献。

武汉归元禅寺云集斋素菜馆

武汉归元禅寺云集斋素菜馆坐落于武汉市汉阳区归元禅寺内，专营正宗寺庙素食，其前身是武汉归元禅寺素餐馆。1953年，为满足前来归元禅寺礼佛旅游的香客、游客的就餐需要，寺院常住便开办了一家素餐馆，弘扬归元禅食文化。素菜馆的素菜、素面、素包子等素食独具风味且物美价廉，颇受欢迎。

1966年，归元禅寺素餐馆因故停业数年。1978年，由归元寺旅游服务管理处恢复营业。20世纪80年代初，到归元寺的游客持续增多，素餐馆已不能满足大量香客、游客的就餐需要。当地政府了解这一情况后，于1983年拨专款兴建一座两层楼的餐厅，1984年初竣工。归元禅寺昌明方丈为新建的素食餐厅赐名"云集斋"，并赠对联"归元奉献甘露食，云集嘉宾多福惠"，李尔重先生书写其名及横额门楣。

归元禅寺云集斋素菜馆厅堂面积约800平方米，装修古朴，环境雅静，设有"甘露""法喜""如意"等雅厅，是香客、游客小憩就餐的良好去处。云集斋的素菜，其主要原料为豆类制品、食用菌藻类和时令蔬菜水果，品种多样，质优价廉，造型美观悦目，食之美味爽口，营养丰富，老少皆宜，具有"咬得菜根香，方知道中味"的意境。"罗汉斋""归元素包""排骨莲藕汤"是其招牌菜品，"红皮素鸭""素什锦""什

锦素包""东坡饼"于1991年被武汉市饮食服务管理处授予"武汉市优质产品"称号。云集斋素菜馆还提供特色的素食筵席，如平安生日宴、健康长寿宴、吉祥如意宴、开光法喜宴等。

数十年来，归元禅寺云集斋素菜馆接待了众多的海内外香客、游客和名士国宾。1980年11月21日，昌明方丈在此设素宴款待来访的新加坡李光耀总理。1984年3月26日，昌明方丈在此设素宴欢迎来访的日本中曾根首相。另外，诸如苏联新闻工作者代表团、苏联马戏团、泰国正大集团总裁以及许多台、港、澳同胞，都曾专门到此品尝素食。

归元禅寺昌明方丈曾题词曰："食斋悟道，延年益寿。"随着素食日益成为一种环保与健康兼容的生活方式，素食文化也日益受到社会的关注与青睐，归元禅寺云集斋的素菜将随之受到人们更广泛的欢迎。

武昌宝通寺素菜馆

武昌宝通寺素菜馆位于武昌洪山南麓宝通禅寺旁，背靠丛林，面临大街，闹中取静，交通便利。宝通禅寺始建于南朝刘宋时期，是湖北地区著名的古刹，武汉四大丛林之一，庄严雄伟，古朴雅致，具有丰富的佛教文化底蕴，享有"武汉市唯一的皇家寺院"之誉。素菜馆的素食传承于宝通禅寺斋堂的斋菜，追根溯源，宝通禅寺的斋菜，从建寺至今，约有1600年的悠久历史。

20世纪50年代初期，因为提倡宗教人员自食其力，不依化缘为生，宝通禅寺僧众没有其他生活费用来源，政府出面组织部分僧人制作一些传统素斋外卖（宝通寺素菜馆的雏形），增加收入以自养。"文

革"期间，曾改名为"红星素菜馆"。"文革"结束后，改回原名。20世纪80年代中期，注册为"武昌区宝通寺素菜馆"。由昌明大师亲笔更名的"宝通寺素菜馆"，堪称素菜馆的镇馆之宝。

为支持国家宗教政策落地落实，逐步恢复宝通禅寺各殿堂楼阁，宝通寺素菜馆需要搬离苦心经营多年的老店堂场地。为安置素菜馆持续经营生存，由当地宗教管理部门协调，在宝通禅寺山门侧现经营地方还建了一座两层的综合楼。1997年，宝通寺素菜馆从老店堂搬迁至此，继续对外营业。

宝通寺素菜馆的素菜，其主要原料为豆类制品、食用菌藻类和时令蔬菜水果，品种多样，造型悦目，味道鲜美。2007年5月，"功德火腿""五香牛肉""红皮素鸭""酥炸雀头"被武汉市饮食服务管理处、武汉市素菜素点研发中心评为"江城名优菜"。素菜馆厨师团队在深耕细作传统素食的基础上，传承不守旧，创新不逾矩，不断研发并推出新素食品种。2016年，素菜馆厨师代表队参加第六届全国饭店业职业技能竞赛，荣获湖北赛区总决赛团体金奖。

有道是"金奖银奖不如消费者的夸奖"。顺应健康饮食和文化餐饮潮流，素菜馆管理团队在二楼推出不同层次的高品质商务接待服务和个性化禅意素食位餐料理，食材新鲜、品种丰富、造型新颖的各式素菜，美味中不失健康，简约中蕴涵精致，可以满足不同食客的个性需求。地道的洪山菜薹是素菜馆最有名的食材，通过不同的烹调方法，可以制作出别具一格的洪山菜薹宴。"清炒洪山菜薹""珍珠素牛肉丸""罗汉上素""八宝全鱼""荷包素球""素腊鱼"以及罗汉酥、素菜包、素水饺等特色素食，深受消费者好评。在餐饮的文化氛围上，素食馆以可见

可欣赏可收藏的艺术品为装饰，让消费者在品尝素食的同时，还能近距离感悟佛教文化，品回味悠长的禅意特色菜肴，观寓意深邃的禅艺书画作品，是素菜馆推出的又一项特色餐饮服务。

洪山宾馆

洪山宾馆位于武汉市武昌区中北路，坐落于著名的城市中心广场——洪山广场，毗邻黄鹤楼、东湖风景区、武汉大学、楚河汉街、中南商圈，位置优越，交通便利，环境优美。宾馆始建于1957年，其后经历过两次装修改造。2010年，按照国际五星级酒店标准重新改造装修，在保留其历史原貌的同时，彰显着现代酒店豪华庄重的建筑风格，是洪山广场周边的地标性建筑之一。

宾馆拥有标准间、商务间、行政客房、豪华客房、总统套房等各型客房300间（套），大、中型宴会厅5个（楚天宴会厅、楚韵厅、楚律厅、楚风厅、黄鹤厅），多功能会议室9个，中餐西餐兼备，内设5个格调各异的餐厅、酒吧及咖啡厅（其中，正元中餐厅融古典的优雅华贵与现代的时尚流畅于一身，阳光1958餐厅洋溢着浓郁的地中海风格，无柱式宴会厅净面积约1500平方米），另配有健身房、桌球室、恒温游泳池等康体娱乐设施，堪称武汉政务、商务、会议的首选之地。宾馆历史文化内涵深厚，硬件配套设施齐全，专业服务优质周到，曾多次接待过党和国家领导人及国外元首、各界政要，曾获"武汉市宾馆饭店十强"等诸多荣誉称号，在湖北省内外享有盛誉。

2015年，洪山宾馆整合丽江饭店、武昌饭店、楚风接待培训中心等资产，组建湖北洪山宾馆集团有限公司。万幼云董事长十分重视楚菜的挖掘与创新，要求保证每一位客人在洪山宾馆能品尝到正宗、优质的楚菜菜品，多次组织旗下酒店及托管酒店厨师开展

厨艺交流活动，从食材原产地选购优质材料，再经酒店楚菜大师精心烹饪，并对每道楚菜的由来和背后的故事进行总结汇编，深入挖掘楚菜文化，悉心讲好楚菜故事；多次组织酒店参加各类烹饪技能大赛，展示楚菜创新菜品。

2018年，宾馆荣获第八届全国烹饪技能竞赛（湖北赛区）团体银奖、面点金奖1枚、中餐热菜银奖1枚、西餐热菜银奖1枚，荣获首届湖北省楚菜职业技能大赛热菜特别金奖1枚、冷拼特别金奖1枚、面点特别金奖1枚。

武汉市小蓝鲸酒店管理有限责任公司

武汉市小蓝鲸酒店管理有限责任公司始创于1986年，原名"小南京"，于1998年正式更名为"小蓝鲸"。公司秉承"诚信为本，守法经营"的经营理念，以"打造中国健康餐饮第一品牌"为愿景，以"吃出健康来"为使命，坚守社会责任，始终如一地致力于健康餐饮事业，现已发展成为知名的全国餐饮连锁企业，是武汉市餐饮业协会会长单位，湖北省烹饪酒店行业协会副会长单位，中国烹饪协会理事单位。截至2018年底，公司在全国各地拥有近20家连锁店，员工4500名，累计纳税超5亿元。

自1990年代开始，公司在全国首倡"饮食讲科学，营养求均衡"和"吃出健康来"的饮食理念，于2006年由国家发改委公众营养与发展中心、中国烹饪协会评定为"全国首家营养健康型餐厅"，并在此基础上不断探索和研发，创造了独树一帜的"中国原味菜"，主打菜肴的"本味"和"养生"两大元素；同时强化管理规范，建立了总务支持体系、品牌推广体系、营运督导体系、职业培训体系、研发配送体系等五大连锁体系。

公司在加强自身发展的同时，牢记企业社会责任，先后安排下岗职工1400名，向残联捐助总计超300万元，向社会捐助总计近600万元。

公司被授予"中国餐饮百强企业""中华餐饮名店""全国双爱双评先进单位""全国首家营养餐厅""武汉市首届十佳和谐企业""全国百城万店无假货示范单位""中国商业信用企业""湖北风味名店""武汉市私营企业参与再就业先进单位""全国财贸系统工会十佳和谐企业""全国模范职工之家"等诸多荣誉称号，"小蓝鲸"连续两届被评为"湖北

省著名商标"。

公司董事长刘国梁坚持把餐饮当事业做，积极倡导"饮食讲科学，营养求均衡"和"吃出健康来"的饮食理念，一直秉承"诚信为本、守法经营"的经营理念，致力于践行健康餐饮和打造诚信企业。在引领企业发展的同时，刘国梁董事长积极开展餐饮理论研究，先后在《长江日报》《民营经济报》《经济日报》《武汉商报》等主要报刊上发表了题为"三大餐饮革命""加强法治建设是企业成功发展的必由之路""宏观调控与民营企业的对策""企业家文化：名牌之根""发挥民间商会的行业自律作用""餐饮服务营销全球化与本土化"等多篇专业文章。2001年，为了传播健康餐饮理念，提高科学饮食意识，促进健康饮食事业的发展，撰写并公开出版《吃的科学与艺术》一书，推动了饮食健康理念和科学饮食知识进入寻常百姓家庭。2006年，将小蓝鲸诚信经营实践的思考上升到"和商文化"的理念高度，撰写并公开出版《共创双赢》一书，通过对"和商文化"概念的探寻和思考，阐述了立足于人格之上的企业经营哲学，引导企业做兼顾各方利益的"和商"，倡导企业各阶层的相互和谐，对促进企业健康持久发展和推进和谐武汉建设发挥了积极作用。

刘国梁董事长曾获"全国餐饮业优秀企业家""全国爱职工的优秀经理""中国餐饮30年功勋人物""改革开放40年中国餐饮行业促进发展突出贡献人物""中国餐饮最具影响力企业家""湖北省十大杰出青年""湖北省十佳经营师""武汉市十大杰出青年""武汉市新长征突击手标兵""武汉市优秀私营企业家""武汉市劳动模范""武汉市优秀中国特色社会主义事业建设者""武汉市改革开放30年30位企业改革功勋人物"等诸多荣誉称号。

武汉市亢龙太子酒轩有限责任公司

武汉市亢龙太子酒轩有限责任公司成立于1999年9月，起源于1991年11月由宋红玉创办的太子酒轩（一家仅有7张桌子的小餐馆），现隶属太子·君悦集团，是国内一家著名的中式餐饮品牌企业，也是湖北省和武汉市餐饮业的龙头企业之一。

公司始终坚持"高的是品格，低的是价格，永远不变的是我们的风格"的发展理念，秉持"用爱经营、用心服务"的经营理念，实施"先树品牌，再上规模，以优取胜，稳步发展"的经营方针，通过推行个性化、亲情化服务和可持续发展战略，将文化、美食与享受融为一体，大力传承和弘扬楚菜美食文化，营造绿色美食大环境，形成了太子酒轩独有的环境风格、美食风格、细节服务风格和人才管理模式，"亢龙太子"也因此成为深受湖北省广大消费者喜爱的著名餐饮品牌。

截至2018年底，公司拥有4家分店，分别是亢龙太子酒轩临江总店、亢龙太子酒轩雄楚大道店、亢龙太子酒轩花园酒店（金融店）、亢龙太子酒轩东湖路店，各类包房270间，不同风格宴会厅10个，可容纳近万人同时进餐，年营业总额均保持在5亿元，年上缴税费数千万元。

在二十多年的发展历程中，公司曾获得"中国餐饮十大品牌""百城万店无假货示范店""中国餐饮百强企业""中华餐饮名店""全国质量监测放心餐饮酒店""鄂菜十大名店""湖北省优秀慈善企业""国家五钻级酒家""中国餐饮30年卓越企业""2017中国必吃TOP50家餐厅"等殊荣。

公司创始人宋红玉董事长曾获"全国餐饮业优

秀企业家""中国经济风云人物""推动鄂菜发展十大企业家""武汉市劳动模范""武汉市优秀人大代表""武汉市三八红旗手""武汉市首届诚信企业家""武汉市首届慈善公益之星""湖北省首届微公益评选十大公益之星"等诸多荣誉称号。

湖北三五醇食品配送有限公司

湖北三五醇食品配送有限公司创建于1992年（前身是位于武昌解放路485号的武昌三五酒店），成立于2001年，现为湖北省最具规模的大型民营餐饮企业之一。公司现为湖北省烹饪酒店行业协会会长单位。

公司自成立以来，坚持奉行"举品牌之旗、走创新之路、兴美食之业、树服务之风"的经营方针和"每天真诚多一点"的服务理念，以经营楚菜为主，大力弘扬荆楚饮食文化。截至2018年底，公司拥有3家大型餐饮店，员工1800人，营业总面积5万平方米，台位约5000张，可同时容纳5万人进餐，酒店年营业收入达2亿元，年纳税逾1000万元。公司在持续发展的同时，时刻不忘"回报公众，回报社会"，积极参与光彩事业、结对扶贫、希望工程、灾区捐助、资助残疾人事业等社会公益活动，先后捐资捐物数千万元。

公司被有关政府部门和行业协会评为"武汉市私营企业纳税大户""湖北省市场行情十佳信誉单位""湖北省纳税先进单位""湖北省优秀信贷诚信企业""湖北省餐饮服务食品安全示范单位""全国餐饮优秀企业""全国餐饮业龙头企业""中国餐饮百强企业""中华餐饮名店""国家五叶级绿色餐饮企业"等。

公司董事长孙桃香现为湖北省烹饪酒店行业协会会长。孙桃香董事长曾当选为湖北省第十届人大代

表，武汉市第十一届、第十二届、第十三届人大代表，曾获"武汉市新长征突击手""武汉五一劳动奖章""武汉市优秀企业家""武汉市卓越企业家""武汉市劳动模范""武汉市老劳模新贡献标兵""湖北省商贸流通业改革发展功勋企业家""全国餐饮业优秀企业家""中国百名杰出女企业家""中国杰出创业女性""中国杰出管理人才""中华厨皇美食博士""全国三八红旗手"等系列荣誉称号。

武汉市梦天湖娱乐有限公司

武汉市梦天湖娱乐有限公司创建于 1992 年，是一家集中式餐饮、度假休闲、娱乐住宿于一体的大型连锁性企业，现为武汉市餐饮业协会副会长单位，湖北省烹饪酒店行业协会副会长单位。截至 2018 年底，公司下辖梦天湖花桥大酒店、梦天湖（庙山）山庄、梦天湖东湖大酒店、梦天湖民福大酒店、梦天湖宾馆、梦天湖鑫瑞大酒店、梦天湖阳光大酒店、梦天湖梁子岛生态山庄 8 家连锁店，年营业额上亿元，年纳税额数百万元。

公司始终倡导"绿色消费"理念，各分店四季花草如春，环境舒适优雅，悉心烹制的新派楚菜闻名遐迩。公司一直奉行"以人为本，团结高整"的服务理念和"宾客至上，超值服务"的经营宗旨，诚信待客，守法经营。推出的"看样点菜、明白消费、绿色健康、价廉物美"的点菜模式，深得广大消费者的信赖和赞赏。

公司在做好自身经营管理的同时，不忘为国家分忧，为政府解难，不忘富而思源，回报社会，热衷于公益事业，安置就业员工 1000 人，捐款捐物超 100 万元。

公司被授予"湖北省消费环境最舒适酒店""武汉市双文明先进单位""武汉市明星私营企业""湖

北省消费者满意单位""武汉市纳税先进单位""武汉市文明诚信私营企业""国家五叶级绿色餐饮企业""最受欢迎湖北特色餐厅"等称号。

邓散心董事长被称为"中国阿信"，她用朴实、诚信和执着树立了一个成功创业者的形象，用自主创业历程谱写了一曲勤劳、奋斗、奉献的人生赞歌，为推进武汉餐饮行业和湖北楚菜产业发展做出了杰出贡献。邓散心董事长曾获"武汉市优秀企业家""武汉五一劳动奖章""武汉市劳动模范""湖北省商业标兵""湖北省十大优秀女企业家""湖北省三八红旗手""湖北省劳动模范""中国杰出管理人才""中国十大杰出女性""全国三八红旗手"等诸多荣誉称号。

武汉湖锦娱乐发展有限责任公司

武汉湖锦娱乐发展有限责任公司成立于 1994 年 7 月，以中式餐饮为主营业务，现已发展成为武汉著名的民营餐饮服务连锁企业。截至 2018 年底，湖锦品牌旗下拥有 7 家直营店面，以及武汉阳光钱柜娱乐发展有限公司、武汉赛江南艺术餐厅、锅星时尚火锅等支线品牌，总营业面积达 4 万多平方米。

公司始终注重硬件设施的提升与维护，持续重视员工素质培养和企业文化建设，明确以"诚信、责任、传承"为企业核心价值，以"精美的菜式留住消费者、个性化服务满足消费者"为企业永续发展动力，以"宾客利益最大化、产品品质标准化、数据考核系统化、责任管理信息化"为企业管理目标，经过年复一年的不懈努力，不仅通过了《质量管理体系》《职业健康安全管理体系》《环境管理体系》《食品安全管理体系》四大管理体系认证，而且成功塑造了湖锦酒楼首屈一指的行业地位，并尊享倍受推崇的品牌美誉。

公司一直以菜品的结构与质量为生命线，菜品以楚菜为基础，兼容湘、粤、川、苏等各大菜系精粹，以及日式铁板、泰国风情、法式西餐等世界美食精髓，人文情愫与营养保健相融合，四季时蔬与稀有珍馐相组合，历史传统与时尚潮流相结合，逐渐形成了具有荆楚美食风格又博采众长的个性化菜品体系。湖锦厨师团队盛名远播，在高级别国内国际烹饪技能大赛中多次摘得个人及团体金奖、特金奖，"辣得跳""老味卤牛肉""葱香鸭""茶香熏鸭舌""葱烧武昌鱼""葱酥鲫鱼"等多个特色菜肴入选"中国名菜"。

二十多年来，在各级部门领导的密切关怀和酒楼全体员工的共同努力下，公司取得了优异的成绩并获得了诸多的荣誉，诸如："武汉市商贸流通业优秀企业""中华餐饮名店""湖北省餐饮行业十强企业""鄂菜十大名店""武汉最受欢迎50家餐馆""湖北餐饮名店""中国十大餐饮品牌""湖北省餐饮酒店行业诚信经营示范企业""国家五钻级酒家""2010年度中国餐饮百强企业""2011年度武汉餐饮企业十强""湖北省著名商标""武汉市最受欢迎品牌示范酒店""国家白金五钻级酒家""湖北省餐饮服务企业诚信先进单位""中国餐饮业优秀企业""2012年度中国餐饮百强企业""2013年度中国餐饮百强企业""国家五叶级绿色餐饮企业""2014年度中国正餐知名品牌""武汉味道十大特色餐饮名店""2015年度湖北省最受欢迎婚宴酒店""2016年度中国十大喜宴品牌"等。

武汉乐福园美食有限责任公司

武汉乐福园美食有限责任公司成立于1994年，以经营中式餐饮为主，始终秉承"乐在百姓，福临万家，以服务立口碑，以实力铸品牌，以诚信做经营，以感恩为主题"的宗旨，大力传播和用心诠释武汉餐饮文化。截至2018年底，公司拥有3家大型酒店，即2004年9月开业的乐福园钟家村店，2005年12月开业的乐福园七里庙店，2012年5月开业的乐福园锦绣长江店。"乐福园"于2016年获评"武汉市著名商标"和"湖北省著名商标"。

公司现为湖北省烹饪酒店行业协会副会长单位，武汉市汉阳区工商联副会长单位。公司高度重视餐饮安全、环保与健康，出品的每一道菜点都经过严格选材和精心加工，确保消费者吃得满意，吃得放心，

从而赢得了消费者的青睐和社会的认可，同时获得了一系列荣誉称号。2012年，获评"湖北省模范劳动关系和谐企业"。2013年，获评"第十五届武汉市优秀企业"、汉阳区"三八红旗集体"、武汉市商务局和武汉市旅游局"金盘级旅游餐馆"。2014年，获评"武汉市工人先锋号"和"武汉市模范职工之家"。2015年，获评"武汉市十佳和谐企业"。2016年，获评"武汉味道年度诚信餐饮"。2017年，获评"武汉餐饮行业创新发展样板企业"和"湖北省食品安全信得过单位"。2018年，获评"湖北最受欢迎特色餐饮企业"和"武汉市汉阳区和谐企业示范单位"。

公司董事长刘望明现任武汉市餐饮协会副会长、汉阳区女企业家协会会长，先后荣获武汉市"三八红旗手""十佳创业女性""十佳创业人物"和武汉市"劳动模范""爱心劳模企业家""优秀人大代表""女企业家协会先进工作者"等系列荣誉称号，曾当选为中共武汉市第十一届、第十二届、第十三届人大代表和湖北省第九次妇代会代表。

武汉刘胖子家常菜有限公司

武汉刘胖子家常菜有限公司位于武汉市江汉区黄陂街，起源于1994年，成立于2003年，是一家具有二十多年历史的连锁餐饮公司。现有11家直营连锁店（刘胖子家常菜黄陂街总店、古田四路店、中南店、兴业店、富安店、中央花园店、马场角店、长丰店、金色港湾店、雄楚店、王家湾店）、一家东南亚风情旅店及一家QS资质的中央厨房，总营业面积达20000平方米，在武汉餐饮市场具有较高的品牌知名度。

公司自创建以来，致力于弘扬楚菜文化，主营

湖北风味菜品，致力于"做最用心的家常菜"，坚持走亲民路线，真心实意，好吃不贵，"火爆三鲜""蹄花焖藕""馓子牛肉丝""馋嘴牛蛙""粉蒸肉""洪湖野藕排骨汤""金牌脆皮猪手"等特色菜和招牌菜，深受消费者好评。

2003年，被武汉市工商局江汉分局、江汉区工商业联合会、江汉区私营企业协会授予"2003年度诚信企业"称号，被武汉市工商行政管理局、武汉市企业合同管理协会授予"重合同守信用企业"称号。2006年，被武汉市饮食服务管理处评为"江城餐饮名店"。2009年，"火爆三鲜""蹄花焖藕""馓子牛肉丝""金牌脆皮猪手"被武汉市饮食服务管理处评为"江城名菜"。2015年，被搜狐美食评为"中国100家最好吃的餐厅"，被武汉市人民政府授予"武汉市和谐企业"称号。2017年，入选大众点评网"必吃榜"餐厅。

武汉凯威啤酒屋股份有限公司

武汉凯威啤酒屋股份有限公司始创于1995年，成立于1996年，是一家以餐饮连锁为主的多元化集团企业。1995年，武汉凯威啤酒屋第一家店开业，主打引领潮流的风尚肥牛火锅、德式自酿鲜啤，更以"一人一锅、干净卫生"的进餐方式，为消费者带来了全新的进餐体验，为武汉餐饮市场的发展注入了新活力。

公司自成立以来，一直以"塑造强势品牌、成为百年企业"为企业愿景，以"致力于为消费者创造美味、健康、安全的消费体验"为企业使命，以"正直、拼搏、创新、共赢"为企业价值观，以"一切为了顾客，

在服务中体现自我价值"为企业宗旨，秉承"人无我有、人有我优、人优我新、人新我特"和"靠特色造势、靠信誉立业、靠质量生存、靠创新发展"的经营理念，大力倡导绿色健康餐饮，致力于为武汉消费者打造美味、健康、安全的餐饮消费体验模式。2003年，凯威肥牛火锅入选"中华名火锅"。2013年1月，公司在武汉股权托管交易中心成功挂牌，成为湖北省内第一家登陆OTC市场的餐饮企业。

面对餐饮行业的快速发展和激烈竞争，凯威啤酒屋审时度势，根据市场变化及时调整创新，转型升级。公司已由单纯的自助火锅品牌发展到"凯威食享家""凯威新煮艺""丫咪涮吧""鼎悦海鲜肥牛火锅""禾帕自助餐厅""小威快跑"等6个子品牌。截至2018年底，公司在国内数十个城市拥有数十家连锁店，总规模进入武汉市餐饮企业十强之列。

2000年，被湖北省饮食服务处、湖北省烹饪协会评为"湖北新字号餐饮名店"。2011年，被武汉市人民政府办公厅授予"武汉市首届创业军魂突出贡献企业"称号，被湖北省工商管理局评为"重合同守信用企业"。2012年，被武汉市总工会评为"武汉市关爱农民工十佳企业"，被武汉市人民政府授予"武汉市和谐企业"称号。2013年，被武汉市人民政府授予"武汉市十佳和谐企业"称号。2015年，被武汉市汉阳区创建和谐企业工作领导小组评为"汉阳区和谐企业示范单位"。2016年，被武汉餐饮业协会评为"武汉味道年度诚信餐饮"。2017年，被全国绿色饭店工作委员会评为"国家五叶级绿色饭店"。2018年，被湖北省烹饪酒店行业协会评为"湖北最受欢迎连锁餐厅"。

武汉艳阳天商贸发展有限公司

武汉艳阳天商贸发展有限公司创办于1995年，主要从事大众餐饮和商务酒店经营。截至2018年底，公司已发展成为拥有3000名员工和"艳阳天酒家""幸福殿堂""丽顿""汉口巷子""尚一特""围裙哥哥"等知名品牌，以及25家直营餐饮店、16家商务型酒店、近两百家加盟店的大型连锁与多元经营的企业集团，年销售总收入超6亿元，连续15年位居"中国餐饮百强"之列。

公司积极实施大众化经营战略，不断完善管理体系，全面推行"5S管理法"，努力发展"两型"餐饮，注重节水节能和资源综合利用，同时大力加强信息化建设，构筑网络信息平台，最大限度地为顾客提供增值服务。

公司积极开展饮食类非遗保护工作，致力于传扬楚菜饮食文化传统。"鮰鱼制作技艺"和"武昌鱼制作技艺"分别于2011年、2013年入选湖北省非物质文化遗产名录，艳阳天被武汉市文化局授予"武汉市非物质文化遗产项目生产性示范保护基地"，大力开展"鮰鱼制作技艺"和"武昌鱼制作技艺"的传承工作。2017年，艳阳天传承的"黄焖圆子制作技艺"入选武汉市非物质文化遗产名录。

公司始终把支持社会公益事业作为自身的社会责任，先后捐款资助了湖北通山、西藏乃东、河北承德等地的多所希望小学，向汶川震区、武汉下岗职工、贫困家庭和学生、公司困难职工等灾困地区和弱势群体捐款捐物达300万元；2008年和2012年，相继出资400万元与共青团湖北省委、共青团武汉市委设立了"艳阳天青年创业基金"；2012年，为黄冈

老区人民捐款150万元；2016年，又向黄冈市捐赠了一座价值4000万元的乒羽中心运动馆。

公司创办二十多年来，赢得了广大消费者和社会各界的高度赞誉。1998年，获评"武汉市优秀企业"。2001年，获评"武汉市私营企业参与再就业先进单位"。2002年，获评"国际餐饮名店"。2003年，获评湖北省"消费者满意单位"。2007年，获评武汉市"餐饮业十大名店"。2009年，获评武汉市"坚持科学发展先进企业"。2013年，获评武汉市"优秀民营企业"。2017年，获评"国家白金五钻级酒家"和"国家五叶级绿色餐饮企业"。

公司董事长余震彦兼任武汉市餐饮业协会副会长、武汉市青年联合会副主席、湖北省青年联合会常委等社会职务。1999年，获评"武汉市青年兴业领头人"。2001年，荣获"武汉商贸十大新闻人物奖"。2002年，被武汉市人民政府授予"武汉市劳动模范"称号，获评"武汉市优秀政协委员"。2003年，荣获"武汉五一劳动奖章"。2007年，被商务部授予"全国餐饮业十大优秀企业家"称号。2009年，被硚口区人民政府评为"2008年度全民创业工作优秀创业者"。2011年，获评"武汉市城市精神代言人"。2013年，当选为湖北省第十二届人大代表。

湖北艳阳天旺角工贸发展有限公司

湖北艳阳天旺角工贸发展有限公司是湖北省一家知名的大型连锁餐饮企业，起源于1995年，成立于2002年。艳阳天旺角第一家门店创立于1995年。2002年，艳阳天旺角第四家分店开业，菜式以私房菜为主。2004年，艳阳天旺角迈入新里程，经营面积达8000平方米的京汉店开业迎宾。2007年，经营面积达10000平方米的杨园店开业。2013年，被誉为"江城航母"的艳阳天旺角蓝天店闪亮登场，经营面积达5万平方米。

公司自成立以来，以传承楚菜文化和推动楚菜发展为己任，一直致力于菜品技术创新和新派楚菜的发展与推广，专注本土餐饮，追求质量建店，秉承平价美食，倡导绿色健康，推行现代管理，为武汉人打造超值美食特色餐饮名店。

经过二十多年的发展，艳阳天旺角以优质的特色菜品和超值的就餐享受获得了众多餐饮消费者的一致好评，并赢得了行业和社会的充分赞誉。2013年，

荣获第七届全国烹饪技能竞赛特别金奖和团体金奖。2014年，获评"武汉旅游知名品牌"和"国家五钻级酒家"，招牌菜"特色砂锅鱼头"入选"鄂菜十大名菜"。2015年，荣获武汉味道超级团年宴"最佳贡献奖"。2016年，获评"湖北省2016年度诚信餐饮"和"武汉市全民健康生活方式行动示范健康餐厅"，并荣获第六届全国饭店业职业技能竞赛金奖。2017年，获评"武汉餐饮行业创新发展样板企业"。

余震辉董事长朴实执着，开拓进取，而且热心社会公益事业，为贫困地区捐款捐物超百万元，谱写了一曲勤劳、奋斗、奉献的人生赞歌，赢得了社会各界的赞誉，为推进武汉餐饮行业和湖北楚菜产业发展做出了突出贡献，被评为"武汉市优秀民营企业家"，被武汉市人民政府授予"武汉市劳动模范"称号，当选为武汉市硚口区人大代表。

武汉市醉江月饮食服务有限公司

武汉市醉江月饮食服务有限公司创立于1997年。公司以建百年老店为目标，以"员工满意、顾客满意、社会满意"为企业的核心价值观，始终坚持"真真正正、百姓美食"的经营理念，秉承"环境留人、菜肴留客、价值留心、服务留情"的经营方针，现已发展成为武汉市餐饮知名品牌，是湖北烹饪酒店行业协会副会长单位和中国烹饪协会理事单位。截至2018年底，公司拥有两家大型酒楼和一家大型度假村。

公司致力于发掘荆楚美食精髓，弘扬荆楚饮食文化。由中国烹饪大师、湖北烹饪大师组成的醉江月厨师团队对厨艺精益求精，在国内国际烹饪技能大赛上荣获金银奖牌百余枚，曾获"中华金厨奖（团体）"、第二届中国美食节"中华美食金鼎奖"、第15届中

国厨师节"最佳展台菜品创意金奖"、第八届中国烹饪世界大赛团体赛金奖、2012世界厨王江阴华西争霸赛团体赛季军、第七届全国烹饪技能竞赛团队最佳奖等诸多荣誉。"金汤杏菇赛鲍鱼"入选2008年北京奥运会推荐食谱，"楚才宴"入选"中华名宴"，"醉月纸包骨""脆皮蒜香鸡""昭君琵琶鸭""西湖松子鱼"等三十多个精品菜肴被评为"江城名菜""湖北名菜""中国名菜"。

公司高度重视内部管理，不断提升管理水平，为公司可持续发展奠定了良好基础。2005年，引进"五常"管理法。2016年，导入ISO9001：2008质量管理体系。2017年，导入卓越绩效管理模式。随着管理质量的不断提高，公司经营业绩得以持续提升。

公司积极履行社会职责，成立"醉江月扶贫基金会"。20年来，累计向困难群体资助500万元，帮扶对象百余户，安置下岗职工百余人。2017年10月，公司与武汉电视台合作开展了"你是我的眼"大型助盲公益活动，赢得了社会的一致好评。

公司曾荣获"推动湖北省消费者满意单位""武汉人最喜爱的餐饮名店""国家五钻级酒家""重质量守信用企业""工会国家级模范职工之家""武汉市五星级民主管理单位"等诸多称号。

武汉楚鱼王管理有限公司

武汉楚鱼王管理有限公司成立于2015年，源于1997年底在汉口吉庆街开办的"兄弟餐馆"，是一家以特色鱼类菜肴融合经典湖北地方菜为主的连锁餐饮企业，一直醉心于传承荆楚饮食文化，执着于研发淡水鱼类系列菜式，用心打造武汉餐饮界的"鱼王企业"。截至2018年底，公司旗下拥有6家分店。

1998年底，公司创始人汤正友将兄弟餐馆迁至武昌雄楚大道，主营夜市餐饮，一炮走红。2003年，投资兴建鱼王百姓人家酒店，大胆创新研发出了特色干烧菜系列和大碗农家菜系列，并开创了让顾客看橱柜展示的食材来点菜的新式服务方法，到鱼王百姓人家酒店吃鱼成了当时武汉人的一个美食新时尚。同年注册"楚鱼王"品牌商标，为企业的发展打下坚实的基础。2005年，第二家楚鱼王分店开业，该店以中高档消费为主，引进的长江江鲜系列得到同行人士的称赞和顾客们的青睐。2008年，第三家楚鱼王分店开业，以长江流域的名贵淡水鱼为主打产品，以长江中上游天然无污染的高山冷水鱼为特色，被业界誉为"江城鱼菜第一家"。2014年，第四家楚鱼王分店（武昌华农店）开业。2015年，第五家楚鱼王分店（常青花园店）和第六家楚鱼王分店（汉口里园博园店）相继开业，武汉市楚鱼王管理有限公司由此进入了一个崭新的发展阶段。

公司研发制作的"生烧胭脂鱼""清蒸雅鱼""粉蒸江团""酱辣丁贵鱼""酱椒双宝""红焖小体鲟"在湖北旺店旺菜烹饪大赛上被评为金牌菜，"匙吻鲟鱼宴"在2009年首届中国长江江鲜河豚美食节上获评"金牌江鲜宴"。公司曾荣获2015武汉味道·超级团年宴"最佳贡献奖"。

武汉东鑫酒店管理有限公司

武汉东鑫酒店管理有限公司成立于2002年1月，是一家主营中式餐饮的民营企业。十几年来，面对餐饮行业激烈的市场竞争，东鑫酒店始终以"美食每客的享受"为经营理念，以"为顾客营造温馨的家园"为服务追求，以优质的特色菜品和精美的主题宴会赢得了湖北餐饮同行的认可和广大消费者的信赖，以超常规发展步伐成为武汉新字号餐饮酒店中的知名品牌企业。截至2018年底，公司旗下拥有东鑫光谷关山店、东鑫汉阳王家湾店、汉口食尚坊餐厅、按照五星级标准修建的武汉皇家格雷斯大酒店、以水为主题的滨湖美景主题餐厅5家分店。

公司现为湖北省烹饪酒店行业协会副会长单位，武汉市旅游指定接待用餐酒店，湖北省饮食卫生A级企业。主营楚菜，兼营川菜、湘菜、粤菜，"黄州东坡肉""萝卜牛三筋""辣酒煮肥牛""干锅茶树菇""藕焖蹄花""铁扒鲈鱼"等特色菜深受武汉餐饮消费者的好评。"香辣牛肉粒""土灶煨鳜鱼"这两道招牌菜，在2011年湖北旺店旺菜烹饪大赛中被评为"金牌菜"。

公司自成立以来，先后获得了一系列荣誉称号。2002年，获评"江城餐饮名店"。2003年，获评"湖北市场杰出企业"。2006年，获评"劳动用工诚信单位"。2007年，获评武汉餐饮业"十大特色名店"。2009年，获评湖北省劳动保障"守法诚信单位"、武汉市"模范职工之家"、武汉市第十六届职业技能大赛"优胜单位"。2010年，获评"推动鄂菜发展十大名店"。2013年，获评全国饭店业"劳动关系和谐企业"。2015年，获评"和谐企业示范单位"。2017年，获评"国家五叶级绿色饭店"。

公司董事长杨汉荣现为汉阳区第十五届政协委员、湖北省第十二次妇女代表大会代表，曾获得"汉阳区巾帼再就业能手""汉阳区三八红旗手""第六届洪山地区十大杰出青年"和"武汉优秀女企业家""武汉十大杰出女餐饮经理人""武汉市工友创业优秀带头人"等荣誉称号，被武汉市总工会授予"武汉五一劳动奖章"，被中国饭店协会授予"推动中部餐饮业发展成就奖"。

武汉新海景酒店管理有限公司

武汉新海景酒店管理有限公司是一家以经营餐饮、休闲、食品为主的现代化连锁企业，创立于2002年。截至2018年底，集团旗下拥有"新海景""海景时尚""稻香村"三大品牌，下辖新海景太平洋店、新海景东西湖店、花园道海景时尚店、惠济路海景时尚店、汉西路稻香村农家菜馆5家分店，公司现有员工1000人，总营业面积达20000平方米。

新海景的主要特色菜有"香辣浸花螺""雪域冰雕刺身""长江生态鮰鱼""云南野生鲜松蓉"等。海景时尚的主打菜品有"香辣浸花螺""香港深井靓烧鹅""七味劲蒜牛肋柳"等。稻香村农家菜馆的招牌菜主要有"农家杀猪菜""神仙鸡""暖锅系列"等。

新海景酒店经过不断的开拓进取和奋力拼搏，以其高档的环境氛围、美味可口的菜肴，绝对超值的享受以及不断追求卓越的品质，赢得了广大消费者、餐饮行业协会和政府职能部门的肯定。公司先后被授予"新中国60年湖北酒店餐饮十大品牌""国家五钻级酒家""湖北餐饮名店""武汉餐饮企业十强""武汉新字号餐饮名店"等称号。

公司董事长吴永海曾获"武汉十大杰出创业家""湖北省优秀民营企业家""新中国湖北酒店餐饮品牌建设优秀企业家"等系列荣誉称号，并荣获武汉市"五一劳动奖章"。

肖记公安牛肉鱼杂馆

肖记公安牛肉鱼杂馆是武汉老肖餐饮有限公司旗下的特色餐饮品牌，是具有湖北公安地域特色印记的风味美食名片，由肖述林于2002年创办，创办之初命名为"公安牛肉饭店"，之后更名为"公安牛肉土菜馆"。2007年，武汉老肖餐饮有限公司正式注册"肖记（公安）牛肉鱼杂馆"商标。截至2018年底，肖记公安牛肉鱼杂馆在武汉有3家形象旗舰店，在全国各地有近30家加盟店。

公司以弘扬荆楚饮食文化为己任，大力开展楚菜传承与创新活动。2013年，特色菜肴"牛肉三鲜""石锅鱼杂"被湖北省烹饪酒店行业协会评为"湖北名菜"。2016年，"牛肉三鲜""石锅鱼杂"被中国烹饪协会评为"中国名菜"。

公司始终坚持"消费者利益至上和诚信经营"原则，经过十多年的发展，已在国内多个省市的餐饮消费市场中建立了良好的口碑，树立了良好的品牌美誉度。

公司曾获"湖北省特色餐饮名店""武汉餐饮行业创新发展样板企业""武汉餐饮行业最受消费者喜爱的餐厅""2017中国连锁餐饮创新品牌"和"湖北最受欢迎连锁餐厅"等多项荣誉称号。

武汉谢氏老金口餐饮管理有限公司

武汉谢氏老金口餐饮管理有限公司成立于2004年，是一家以经营野生鱼菜、农家特色菜、健康有机蔬菜为特色的民营餐饮企业。截至2018年底，公司旗下拥有老金口渔村王家墩店、老金口渔村百

步亭店、老金口渔村纸坊店、老金口渔村梅苑店、老金口渔村汝州店5家分店,其中4家位于湖北省武汉市,一家位于河南省汝州市,总经营面积超过50000平方米。老金口渔村的每家分店根据不同区域的消费人群,针对性地采用差异化装修以突显区域风格特色。

公司自成立以来,始终以"食材好,味道一定好"为根本的经营宗旨,以传承和推广湖北菜为不变的企业追求。在短短的十几年间,谢氏老金口渔村不仅以原汁原味的金口地方特色菜肴在武汉餐饮市场站稳了脚跟,而且以超常的发展步伐成为武汉新字号餐饮酒店中的知名品牌,深受武汉广大餐饮消费者的喜爱。

2016年,被武汉市饮食服务处、武汉餐饮业协会评为"2016年度江城名店",被武汉市工商行政管理局、武汉市精神文明建设指导委员会、武汉市个体劳动者协会联合授予"2015—2016年度文明诚信个体工商户"称号。2017年,被大武汉新媒体等联合评为"大武汉50家最受欢迎餐馆"。2018年,被武汉餐饮业协会评为"最受消费者喜爱的餐厅"。"生炸鱼丸""红烧甲鱼""老金口红烧肉"等本帮招牌菜肴入选"江城名菜"。

武汉华工后勤管理有限公司

武汉华工后勤管理有限公司成立于2005年11月,是一家总部位于武汉的全国性大型团餐服务企业。公司现已通过ISO22000食品安全管理体系、ISO9001质量管理体系、ISO14000环境管理体系、ISO18000职业健康安全管理体系以及HACCP体系认证。截至2018年底,公司有从事直接经营服务的实体两百余家,服务对象涵盖大中专院校、政府机关、部队单位、大型医院、科研院所、高新企业、中小学校等众多领域,经营区域涉及湖北、贵州、江苏、山东、河南等九省(直辖市)的数十个地市。

公司自成立以来,始终坚持"弘扬楚菜文化,做一流楚味团餐"的服务宗旨,积极做好楚菜文化的传播者和发扬者。公司现为中国烹饪协会常务理事单位、中国烹饪协会团餐委员会副主席单位、中国饭店协会团餐委员会副理事长单位、湖北省团餐行业协会会长单位、武汉市餐饮业协会副会长单位,曾荣获"湖北最受欢迎特色餐饮企业""湖北团膳快餐服务标杆企业""2017年度中国团餐集团十强""2016年度中国餐饮业十大团餐品牌""2016年度中国团餐百强""2016年度中国高校团餐十大品牌""2016年度中国机关单位团餐十大品牌""2015年度中国团餐业领军企业""2015年中国团餐十佳品牌""2014年中国餐饮业百强企业""2014年中国团餐知名品牌""2013年度全国团餐20强""中国团膳知名品牌企业""中国快餐企业50强企业""全国高校后勤服务优秀企业""中国餐饮30年优秀企业""企业信用评价AAA级信用企业""湖北省校园连锁配送优秀企业""湖北省守合同重信用企业""中国高校伙食行业先进单位""中国高校首届烹饪大赛团体一等奖""第二届中国高校烹饪技术大赛团体一等奖"等系列荣誉。

公司创始人、董事长龚守相兼任中国高校伙食专业委员会名誉主任、中国教育后勤协会专家委员会委员、教育部特聘高校后勤管理专家顾问、中国教育后勤协会专家顾问、中国烹饪协会团餐管理专家顾问,曾被授予"高校伙食工作突出贡献人物""中国餐饮杰出企业家""中国餐饮优秀企业家""中国餐饮30年功勋人物"等荣誉称号。

武汉老村长私募菜餐饮有限公司

老村长私募菜第一家店创建于 2007 年 7 月，从而开启了老村长餐饮品牌在湖北的发展之路。2008 年 12 月，武汉老村长私募菜餐饮有限公司正式成立。公司立足湖北，面向全国，以打造"百年酱辣湖北菜"为己任，以"私募创新、品味感觉"为核心经营特色，秉承"打造非血缘关系的家族企业"的经管团队信念和"认真做人、用心做事"的企业核心理念，坚守原汁原味的产品风味和安全可追溯的食材来源，以"记忆楚地乡村风"为装修风格宣传湖北印象，弘扬湖北饮食文化，立志做湖北菜连锁餐饮第一品牌。

2010 年 5 月，公司总部成立，不仅明确以"直营连锁"为发展方向，以"总部服务单店"为管理模式，而且推动公司进入快速成长期，单店数量不断增加，品牌影响力持续扩大。2013 年 5 月，老村长集配中心成立。2017 年，投资兴建全新的集配中心，打造集仓储、物流、加工、配送为一体的现代化餐饮后勤基地，全面服务老村长所有单店，为公司发展提供了坚实的保障。截至 2018 年底，公司拥有一个总部、一个大型集配中心和 33 家直营分店，同时拥有面对高收入群体的"宽宅酒家"和面对商圈消费群体的"橱窗餐厅"两个兄弟品牌。

经过十余年的发展，在创始人郑文强和企业全体员工的共同努力下，在政府相关部门和社会各界的关注与支持下，公司取得了突出成绩并获得了系列荣誉。"泥藕焖老鸭""柴火烧土鸡""干烧大白刁"等招牌菜品获评"江城名菜"。2010 年，获评"武汉最受欢迎五星餐馆"。2013 年，被武汉市商务局等部门联合授予"优秀餐饮、服务企业"称号。2014 年，被武汉市旅游文化·发展促进会、武汉餐饮业协会评为"武汉旅游知名品牌"。2015 年，被武汉市工商行政管理局等部门联合授予"2013—2014 年度文明诚信私营企业"称号。2016 年，被湖北省烹饪酒店行业协会、武汉餐饮业协会评为"武汉味道年度诚信餐饮"。2017 年，获评"源全 5S 管理武汉区样板店"和"红厨帽餐厅"。2018 年，被武汉餐饮业协会评为"最受消费者喜爱的餐厅"。

武汉随园会馆

武汉随园会馆是武汉首座园林式高端健康养生休闲会所，位于武汉市东西湖区，按四星级标准园林式酒店建造，于 2007 年 8 月开始兴建，2008 年 2 月炫新亮相，占地面积约 30000 平方米，经营面积 8000 平方米，拥有 43 间客房、14 间餐饮豪华包房、1 个多功能厅和 2 个宴会厅，可同时容纳近 500 人进餐，另配备有现代化大型会议厅。会馆建筑上融中国皇家园林与江南私家园林风格于一体，装饰上传承中国古典文化之精髓，烹饪技艺上以古人私创"随园食单"与现代营养学理念相结合，服务上推崇"入有鼎礼相迎，行有群臣相拥"的管家式服务理念，整体上渗透着人文、绿色、高雅气息，处处彰显着健康、休闲、养生概念。

武汉随园会馆高度重视菜品的特色风味与健康属性，独创性提炼出"随园食谱"，制作的"招牌野生甲鱼""酱香猪尾"等多道特色菜肴入选"湖北名菜"，曾在第六届全国烹饪技能大赛（湖北赛区）暨湖北省第十届烹饪技术大赛中获得团体及个人金牌。

在十余年的发展过程中，武汉随园会馆先后获评"国家五钻级酒家"和"湖北十大特色餐饮名店"，并荣获"武汉市先进单位"和"武汉市诚信企业"等称号。

公司董事长陈小平曾获得"武汉市东西湖区十佳巾帼致富带头人""武汉市东西湖区巾帼建功明星""武汉市东西湖区十大杰出创业女性"，以及"武汉市优秀创业女性""第八届武汉市十大杰出创业家""武汉市三八红旗手""湖北省社会服务工作先进工作者"等诸多荣誉称号，曾被武汉市人民政府授予"武汉五一劳动奖章"。2018年4月，陈小平当选为第十一届民建中央委员会企业委员会委员。

武汉汇银双湖园酒店服务有限公司

武汉汇银双湖园酒店服务有限公司位于湖北省武汉市武昌区解放路，始创于2000年，成立于2011年。经过近20年的持续发展，现已成长为武汉地区知名品牌企业。

2010年，在水果湖放鹰台湖北省委老干部活动中心开办经营面积约3000平方米的双湖园水果湖店。2011年，在解放路海军房管处开办经营面积约3000平方米的双湖园解放路店。双湖园酒店以经营湖北特色菜肴为主，汇集川菜、湘菜、粤菜等风味菜肴，内设有大型宴会厅、多功能厅、时尚豪华包房和普通包间，可满足各种宴请需求。2018年，双湖园水果湖店重新进行定位升级，正式创下双湖园旗下第二品牌"双湖观澜"。2019年，双湖园旗下第三品牌"双湖宴"按计划推出，经营面积约6000平方米，通过主题定制会场，提供一站式宴会文化体验，着眼于打造武昌地区的顶级宴会之都。

公司在多年的经营管理过程中，一直坚守传承湖北特色美食文化，始终秉持"脚踏实地、勤勤恳恳地对待生活"的态度与情怀，良心选材，用心做菜，认认真真用时间的沉淀和情感的注入做好每一道菜品，以回馈广大客户的需求，不仅积累了丰富的经验，而且凭借真诚的服务，赢得了武汉广大顾客的厚爱与好评，树立了良好的品牌形象，并且打造了一支优秀的管理团队和职工队伍，为企业赢得了较好的社会效益和经济效益。

2012年，被中共武汉市武昌区委办公室、武汉市武昌区人民政府办公室联合授予"武昌区2011年度创业明星"称号，被共青团武昌区委员会授予"武昌区青年文明号"称号。2017年，被武汉市餐饮业协会等部门联合评为"武汉餐饮行业创新发展样板企业"。2018年，被武汉市餐饮业协会评为"武汉餐饮行业最受消费者喜爱的餐厅"，被湖北省烹饪酒店行业协会评为"湖北最受欢迎特色餐饮企业"。

武汉恒康捷餐饮管理公司

武汉恒康捷餐饮管理公司成立于2011年7月，位于武汉市东西湖区九通路中小企业城，是一家集农产品和净菜加工配送、机关学校企事业单位食堂托管承包、中西餐调料包生产销售、中央厨房加工等一体化的综合性企业，始终秉承"以一流品质赢得市场信任，以优质服务获取客户满意，以持续创新谋求企业发展，以卓越管理树立企业品牌"的经营理念，努力创建一家"永远、健康、快捷"的良心餐饮企业。

截至2018年底，公司在职员工300人，经营面积达8000平方米，拥有自营农业生态园500亩，并与农业合作社签订了数千亩蔬菜种植和水产养殖基地，建有国内最先进的大型中央厨房、无菌净菜加工车间、食品安全检测室，自有冷藏及保鲜库1000立方米和数十台冷链物流运输车，为湖北省内及周边地区客户提供"一站式"生鲜食材配送和食堂承包业务，单餐供应能力达3万人次，年营业额超过2亿元。

公司成立7年来,不仅牢记"四个最严(最严谨的标准、最严格的监管、最严厉的处罚、最严肃的问责)要求",严把食品安全关,利用先进设备运营,强化科学化管理,为大众餐饮的食材提供新鲜、营养、绿色无公害的安全保障,而且研发和生产了多种菜品的调味、调理包,为客户提供"用得省心,吃得放心"的特色调料包,有力推动了中餐标准化进程,简化了美味佳肴的制作流程,降低了餐饮生产成本和厨房管理难度。公司已通过ISO22000食品安全管理体系、ISO9001质量管理体系、ISO14000环境管理体系以及HACCP体系认证,曾获评"全国绿色食品示范基地""中国团餐优秀食材供应商""中国团餐优秀企业""湖北省餐饮服务安全示范企业""武汉市食品卫生等级A级单位""AAA级质量服务诚信单位"等。

武汉李氏麦香园餐饮管理有限公司

武汉李氏麦香园餐饮管理有限公司是一家集早餐连锁、研发生产、餐饮培训于一体的餐饮连锁企业,现为湖北省食文化研究会执行会长单位,旗下拥有"三镇蔡家"和"常青麦香园"两大连锁品牌,其中,武汉常青麦香园创立于2012年,主营武汉传统名小吃热干面。常青麦香园从第一家门店开始,明确定位于"街坊们的早餐连锁",始终专注于热干面产品研发和推广,瞄准刚需高频热干面市场,紧贴消费者需求,不断提升核心产品品质和服务,引领热干面潮流,用品质和速度占领市场,用心打造生活服务类强势品牌。截至2018年底,历经6年的高速发展,常青麦香园品牌遍布湖北、湖南、广东、山东、山西、河南等多个省份的六十余个城市,全国门店数量达九百余家,成为国内跨区域热干面连锁经营发展的领跑者。

2017年,总投资1.8亿元的常青麦香园中央大厨房落户东西湖食品工业园。2018年,常青麦香园中央大厨房正式投产,4条自动化热干面生产线日产面条28万斤,还有配套的各种调味料、原辅材料等半成品加工,为常青麦香园门店全品类的供应提供强有力的服务保障,同时意味着武汉热干面进入"工业化2.0时代"。

公司自成立以来,先后多次被有关单位授予荣誉称号。2012年,获评"湖北省首批食文化知名食品"和"中国食文化传承与创新优秀企业"。2014年,获评"湖北省十佳食文化品牌"和"湖北省十佳食文

化企业"。2018年,获评"中国餐饮好品牌"和"中国早餐经营优秀企业"。

公司创始人李亚娟是武汉市热干面创始人蔡明纬第三代嫡传人。2012年,被湖北省文化厅授予"湖北省首批食文化技艺传承人"称号。2016年,被《东方美食》杂志社授予"中国烹饪艺术家"称号。2018年,被中国饭店协会授予"中国餐饮优秀企业家"称号。

武汉市雅和睿景餐饮管理有限公司

武汉市雅和睿景餐饮管理有限公司位于武汉市洪山区东湖风景区鲁磨路,成立于2012年,主营餐饮管理、餐饮服务和酒店管理业务。截至2018年底,雅和睿景旗下拥有4家分店,分别为雅和睿景花园酒店东湖店、雅和睿景花园酒店园博园店、雅和睿景悦宴华师园店、雅和睿景花园酒店花博汇店,成为武汉餐饮市场知名品牌企业。

2000年,在汉口台北路创建老妈烧菜馆。2000年至2014年,老妈烧菜馆在江城发展了5家连锁店。2012年,创建雅和睿景花园酒店旗舰店(东湖店)。2015年,创建雅和睿景花园酒店园博园店。2018年,相继创建雅和睿景悦宴华师园店、雅和睿景花园酒店花博汇店。

东湖旗舰店以"回归大自然、还原原生态自然景观"为理念，地处洪山区八一路延长线与鲁磨路交会处，占地面积约60亩，环境幽雅，翠色环抱，是一家独具江南仿古风格的集婚庆、餐饮、度假、休闲于一体的园林式大型花园酒店，营业面积约1.2万平方米，可同时容纳1200人就餐。

园博园店位于古田二路园博园，营业面积约5000平方米，可同时容纳近1000人就餐。悦宴华师园店位于东湖新技术开发区华师园路，菜品主打武汉口味，将传统文化与时尚元素相融合。花博汇店地处风景优美的知音湖大道花博汇，以生态花卉为主题，店内环境通透雅致，洋溢着新中式的写意之美，营业面积约5600平方米。

2015年，被湖北省烹饪酒店行业协会等部门联合评为"中华美食地标餐厅"。2016年，被全国绿色饭店工作委员会评为"国家五叶级绿色餐饮企业"。2017年，在第二届中华厨王挑战赛上，制作的"老妈牛板筋"被组委会评为"地标菜"，雅和睿景花园酒店被组委会评为"武汉70佳餐厅"。2018年，被湖北省慈善总会等部门联合授予"爱心助学企业"称号，被中国烹饪协会评为"中国菜·全国省籍地域主题名宴（长江鮰鱼宴）代表品牌企业"。

湖北悟天下餐饮管理有限公司

湖北悟天下餐饮管理有限公司创立于2013年，集团旗下拥有"鸽味奇煮""大悟印象""椒元帅""刘友明堂"等多个餐饮品牌。截至2018年底，公司在全国拥有三座乳鸽供应基地和一座水域面积约3000亩的鲫鱼、甲鱼养殖基地，乳鸽月出栏量约8万只。基地配有专业的宰杀工厂，采用国内一流加工设备进行冷藏一条龙生产，最大限度地保证了原材料的安全与营养。

"鸽味奇煮"是公司旗下全新的楚菜品牌，以鸽肉为特色食材，填补了楚菜食材的一项空白。"鸽子烧鞭花""秘制卤乳鸽"等招牌菜品和"奇味牛骨头""酱汁烧甲鱼""古法煎鲫鱼"等特色菜品颇受消费者青睐。

公司董事长刘友明先生是中式烹调高级技师，中国烹饪大师，曾被孝感市人民政府授予"孝感市青年企业家""孝感市十大杰出青年"等荣誉称号。

湖北鱼头泡饭酒店管理有限公司

湖北鱼头泡饭酒店管理有限公司成立于2014年10月，位于徐东大街与欢乐大道交会处，主营餐饮服务、餐饮管理、食品销售及酒店管理业务，以弘扬湖北饮食文化为己任。截至2018年底，公司旗下拥有3家分店，分别是鱼头泡饭岳家嘴店、鱼头泡饭东湖店、鱼头泡饭藏龙岛店。

2014年，先后在洪山区中北东路创建鱼头泡饭岳家嘴店、在东湖风景区鲁磨路创建鱼头泡饭东湖店。2017年，鱼头泡饭正式入驻江夏藏龙岛。鱼头泡饭定位于新型社区餐饮品牌餐厅，餐厅装修既有江南文化韵味，又具时尚典雅元素，是家庭聚会、朋友聚餐、商务休闲的好去处。

"大米干饭白亮亮，上面浇着鱼肉汤"，这句江汉平原流传千年的俗语，在鱼头泡饭店里被演绎得活灵活现、滋味十足。胖头鱼和大米是鱼头泡饭的主要食材，胖头鱼来自北纬38度的八百里清江画廊，鲜而不腥；大米是东北黑土地的五常稻米，清白饱满。

鱼头泡饭店内开放式的厨房，高品质的食材，明厨亮灶烹制出来的美味佳肴，让消费者吃得放心，吃得健康。食客可在鱼池前当面自选鲜活胖头鱼，30分钟左右，"红烧鱼头""原汤鱼丸"新鲜出锅。

特制的器皿、精准的用料（五常大米 450 克、矿泉水 500 克），现场蒸制而成的大米饭满屋飘香。在尽情享用"红烧鱼头"的鲜美滋味之后，再用鱼头汤汁浇在现蒸的米饭上，拌匀食用，鲜润滑爽，唇齿留香，回味无穷，让来自各地的美食爱好者口口相传，引领着武汉本土餐饮乃至全国主题餐饮的味道潮流。

2014 年，被全国广播美食节目联盟、湖北广播电视台评为"中华美食地标餐厅"。2016 年，被湖北省烹饪酒店行业协会、武汉餐饮业协会评为"武汉味道诚信餐厅"。2017 年，在第二届中华厨王挑战赛上，"鱼头泡饭"被授予"地标菜"称号，鱼头泡饭店被评为"武汉 70 佳餐厅"。2018 年，被湖北省工商行政管理局、湖北省消费者委员会授予"湖北放心消费创建示范商户"称号。

湖北诺亚国际酒店

湖北诺亚禧事汇酒店发展有限公司成立于 2018 年 3 月，其前身是 2003 年 10 月由张建东创办的山里人家酒店，现隶属湖北山里人家酒店发展有限公司旗下品牌。

公司自成立以来，秉承"以顾客体验为目的，以菜品品质为核心"的经营理念，不断优化菜品制作流程，并以膳食均衡营养搭配的原则，精心调配宴席菜单，保证所有到店进餐体验的贵宾满意而归。

公司目前已在武汉、孝感等地拥有多家直营门店和一个生产制造基地（中央厨房），旗下拥有"山里人家""山里风情""诺亚禧事汇"三大品牌，以地道的菜品、健康的食材、均衡营养的膳食搭配以及专为新人呈现的专业一站式特色婚宴中心迅速打开市场，获得大众青睐，发展成为武汉知名餐饮企业。荣获"中华特色餐饮美食名店""全国绿色消费餐饮名店""武汉十大风味名店""中华美食名店""食

品安全诚信自律企业"等美誉，在武汉地区拥有很高的知名度和庞大的粉丝顾客群。

现阶段，以"诺亚酒店宴会中心"为主打品牌，已成为东西湖区最具发展潜力、人气最旺的餐饮品牌之一。公司创始人张建东董事长坚持独有的"以人为本、打造特色"餐饮经营模式，自始至终践行"一家人、一辈子、一件事"的价值观，以及"过程辅导、结果导向"的管理思维、"能者上、平者让、庸者下"的人才理念，创造性地搭建了一个顾客、员工、股东、老板多赢的开放平台，为公司可持续发展奠定了扎实的基础。

湖北诺亚国际酒店建筑面积约 40000 平方米，酒店拥有包括鑫城、诺亚、方舟、新太阳、大富、大贵、吉祥、金太阳等共计 12 个不同功能、风格的大型宴会厅，最大单场可承接 110 桌宴席或 2500 人以上的会议，酒店客房分为商务标间、商务单间、商务套房、豪华套房、总统套房，共计 236 间，融中西文化风格为一体，设计精巧，装修豪华，功能完备，是武汉市东西湖区首屈一指的高端会议及宴席场地，也是第七届世界军人运动会指定酒店。

第三节
黄石市楚菜名店名企

黄石金花酒店管理有限公司

黄石金花酒店管理有限公司位于湖北省黄石市黄石港区颐阳路，地处黄石市商业中心繁华地段，位置得天独厚，交通方便快捷。公司初创于1993年11月，注册成立于2001年9月，截至2018年底，已有25年的经营历史，目前，公司旗下拥有黄石金花大酒店、黄石金花美食城、黄石金花美食广场等多家营业场所，同时在武汉、鄂州等地经营多家直营分店，是湖北地区专业从事现代酒店管理的知名公司。

黄石金花大酒店占地面积9760平方米，建筑面积21000平方米，主楼二十四层，高84米，于1993年11月开业。2001年，酒店被全国旅游星级饭店评定委员会评为"中国三星级饭店"。2011年，酒店被全国旅游星级饭店评定委员会评为"中国四星级饭店"。酒店现有不同规格、不同特色的客房240间（套），从经济间到中档房、高档房一应俱全，同时配有6个不同风格的会议室、1个可容纳300人的

多功能会议厅、2个可容纳50人至100人的多媒体会议室，还有2个停车场。酒店长期承接黄石市政府、黄石港区政府、黄石市行政企事业单位等组织召开的大型会议，先后接待了沈国放、张召忠、邓亚萍、程菲、杨洪基、宋祖英、巩汉林等知名人士，受到黄石社会各界的一致好评。

金花美食城位于金花大酒店二、三楼，经营面积约5600平方米，内设大、中、小各类宴会厅9个，以及特色豪华包厢10个，能同时接待1500人进餐。美食城餐饮以楚菜为基础，以鄂东风味菜品为主体，兼营粤菜、川菜、湘菜，融汇多种菜系风味，兼顾多层次消费需求，"金花功夫汤""金花东坡肉""金花养生鸡""鲍汁红参锅巴""过桥鳜鱼""编钟牛肉""拇指煎包"等特色菜和招牌菜，深受消费者喜爱。2018年，再次投入300万元资金，对美食城后厨进行全新打造，从硬件设施到规范操作进行全面升级，建立了一套安全、透明、规范的厨房管理体系。宽敞舒适的就餐环境，细致入微的周到服务，精致可口的美味佳肴，在黄石餐饮市场赢得了良好的口碑。

酒店曾获"黄石市消费者信得过单位""黄石改革开放三十年领军品牌""黄石市十佳星级饭店""黄石市餐饮十大名店""黄石市烹饪行业贡献奖""湖北省文明诚信私营企业""湖北省旅游系统先进集体"等多项荣誉称号。

黄石三五轩饮食管理集团有限公司

黄石三五轩饮食管理集团有限公司位于湖北省黄石市黄石大道，始创于1999年5月。截至2018年底，公司从当年一家12张餐桌的小店，发展成为旗下拥有6家全资三五轩连锁酒店（三五轩黄石大道总店、三五轩下陆大道分店、三五轩大冶分店、武商购物中心外婆家餐厅、黄石港花湖大道楚江南健康

美食广场、黄石味道酒店），以及"楚江南健康美食广场""九湘健康食品有限公司""黄石味道酒店""外婆家的味道"等多个独立餐饮子品牌的大型饮食连锁集团，是黄石市餐饮行业的领头羊，也是湖北省知名饮食品牌企业。

公司一贯秉承"国以民为本，民以食为天"的企业宗旨，以"弘扬荆楚饮食文化，打造百年餐饮品牌"为经营目标，以"匠心品质、诚信经营"为经营理念，致力于把黄石三五轩打造成为"黄石老百姓的自家厨房"，让消费者实实在在享受到健康美味与优质服务。"秘制烤肉""乌龟炖双元""有机豆油皮"等招牌菜品，深受黄石广大餐饮消费者的喜爱。舒适的就餐环境，优质的餐饮服务，时尚、精致、健康、美味的特色菜品，在黄石餐饮市场上赢得了广泛赞誉，也得到黄石政府部门的高度肯定。

公司创始人、董事长曾文兼任中国烹饪协会常务理事、湖北省烹饪酒店行业协会副会长、黄石市烹饪酒店行业协会会长、黄石市黄石港区工商联副主席、黄石市工商联副主席，当选黄石市第十三届政协委员，为弘扬荆楚饮食文化和推进楚菜产业发展做出了突出贡献。

2001年，被黄石市消费者协会评为"黄石市1999—2000年度消费者满意单位"。2003年，被湖北省消费者委员会评为"湖北省2001—2002年度消费者满意单位"。2007年，被中国烹饪协会评为"全国餐饮业优秀企业"。2008年，被黄石市工商行政管理局授予"黄石市2007—2008年度文明诚信私营企业"称号。2010年，荣获湖北省鄂菜烹饪技术大赛团体金奖，被湖北省商务厅、湖北省烹饪酒店行业协会授予"推动鄂菜发展十大名店"称号。2012年，被全国酒家酒店等级评定委员会评为"国家四钻级酒家"，被黄石市食品药品监督管理局授予"2011年

度诚信先进单位"称号。2017年，楚江南健康美食广场被全国酒家酒店等级评定委员会评为"国家五钻级酒家"，被全国绿色饭店工作委员会评为"国家五叶级绿色餐饮企业"。2018年，被湖北省烹饪酒店行业协会评为"湖北最受欢迎连锁餐厅"。

黄石楚乡厨艺餐饮有限公司

黄石楚乡厨艺餐饮有限公司成立于1999年底，位于黄石市西塞山区大智路。截至2018年底，公司旗下拥有4家门店，分别是楚匠·大智路店（总店）、楚乡厨艺锦湖店、楚乡厨艺土菜店（楚乡土菜馆）、楚厨·黄石港店。楚乡厨艺主营楚菜，同时汲取川菜、湘菜、徽菜、京菜等菜系之精华，倡导绿色食品和健康饮食，走亲民的大众化消费路线，"铁锅鱼饺""香酥萝卜圆子""海鲜酱骨""三鲜蒸笼""楚乡老坛子""兰花脆骨"等特色菜品经久不衰，深受黄石消费者的喜爱与追捧。

楚匠·大智路店（总店）坐落在黄石市商业黄金地段，创建于2000年2月。2007年5月，楚乡厨艺锦湖店正式营业。2010年6月，楚乡厨艺土菜店（楚乡土菜馆）正式落成营业，占地面积达6000平方米，主营乡村土菜、野菜等地方风味特色菜品。2017年1月，楚厨·黄石港店盛装开业，面积达3000平方米，内设有风格迥异的各式宴会厅，可满足不同消费者的宴席需求。

近20年来，楚乡厨艺餐饮有限公司始终秉承"诚信经营、服务大众"的经营理念，敢创新，能坚守，选好料，做好菜，以质量求生存，以信誉求发展，坚持走自己技术风格的餐饮经营之路，得到了广大消费者的选择与认可，在不断发展过程中造就黄石餐饮业界优质品牌。

2000年，被黄石市消费者协会授予"消费者满

意单位"称号。2001 年，被湖北省工商业联合会授予"优秀会员"称号。2002 年，被黄石市国税局、黄石市地税局联合授予"全市首届诚信纳税最佳纳税人"称号，被中国商业联合会授予"全国商业服务业2002 年优质服务月活动先进单位"称号。2003 年，被中国烹饪协会和全国餐饮绿色消费工程组委会评为"全国绿色餐饮企业"。2004 年，获评"黄石市模范职工之家"。2005 年，荣获第十五届中国厨师节中华美食最佳展台菜品制作金奖，荣获湖北省鄂菜烹饪大赛决赛团体银奖和展台最佳菜品创新奖，并被湖北省人民政府授予"鄂菜十大名店"称号。2010 年，被湖北省烹饪酒店行业协会评为"湖北省餐饮酒店行业诚信经营示范企业"。2012 年，被黄石市商务局、黄石市烹饪协会联合授予"黄石餐饮行业杰出贡献（企业）奖"。2014 年，被黄石市烹饪协会评为"黄石老字号品牌餐饮名店"。2016 年，被黄石市东方山佛教协会评为"黄石市斋菜名店"。2017 年，被黄石市商务委员会（旅游局）等部门评为"黄石十大餐饮名店"。2018 年，被湖北省烹饪酒店行业协会授予"湖北最受欢迎特色餐饮企业"称号。

黄石磁湖山庄

黄石磁湖山庄坐落于湖北省黄石市团城山经济技术开发区，位于磁湖湖畔，三面环山，四面环水，环境幽美，交通便利。山庄隶属湖北美尔雅集团有限公司，于 1999 年 8 月注册成立，按照国家五星级标准设计建造，投资总额 5.5 亿元，占地面积近 197 亩，建筑面积约 31000 平方米，其装修风格融欧陆哥特风情和时尚潮流于一体，格调高雅，气派非凡，独树一帜，是黄石及鄂东南地区知名的涉外旅游饭店，也是黄石市委、市政府定点接待单位。

山庄一号楼于 1999 年 10 月试营业。2002 年 4 月，山庄获评"四星级旅游饭店"。2005 年 11 月，山庄二号楼正式对外营业。2010 年 4 月，山庄一号楼装饰改造工程动工。2012 年 8 月，山庄园林景观、二号楼客房改造工程整体完工。2013 年 1 月，山庄被全国旅游饭店星级评定委员会正式评为"中国五星级饭店"。

山庄秉持"质量源于细节，标准源于市场"的质量观，践行"服务他人，快乐自己"的服务观，环境幽雅舒适，菜点味养兼备，服务贴心细致，在黄

石旅游餐饮界赢得了良好的口碑。山庄拥有各类客房 181 间（套），行政酒廊、总统套房一应尽有，房间配备一应俱全，布置典雅，温馨舒适；配套有风格各异的会议厅、规格不同的会议室、洽谈室、会见厅共计 8 处，装修豪华、高雅气派的中西式餐厅共 14 个。中式餐厅主营楚菜，兼营川菜、湘菜、粤菜，以鄂东南本土风味菜品最具特色，可容纳 1000 人同时就餐。"农家饭蒸鱼""西塞小鳜鱼""菌香菊花盅""养生土豚汤""铜都明珠""香煎藕饼""粉丝肉包"等招牌菜品，深受消费者青睐。

2002 年，被湖北省旅游局授予"2001 年度湖北旅游涉外星级饭店十佳部门"称号。2006 年，被湖北省旅游局授予"2005 年度湖北省十佳饭店"称号。2013 年，被湖北省质量协会评为"湖北名牌产品（宾馆和餐饮）"。2018 年，被湖北省烹饪酒店行业协会评为"湖北最受欢迎宴会酒店"，被中共黄石市委、市政府授予"全市重点工作突出表现奖"。

黄石楚江南健康美食广场

黄石楚江南健康美食广场位于黄石市黄石港区，紧邻万达商业广场附近商圈，是一家楼高六层、总面积近 5000 平方米的航母型餐饮酒店，于 2016 年 8 月开始筹备，2017 年 1 月试营业，隶属黄石三五轩饮食管理集团有限公司旗下子品牌，是黄石当地乃至中部地区的标杆型示范酒店。

美食广场以江南文化为设计元素，凸显江南风情与现代实用的完美结合。整体外观上注重建筑外观空间和自然环境的和谐统一，在餐厅内部装饰上，主材质使用具有传统特色的手工青砖、实木、铸铁，刻意精选的传统建筑材料和所有家具、摆件、餐具，都是为了追求一种雅致与丰富。店内光线明暗相宜、

张弛有度，将静怡和舒适融为一体，营造出一种"身处都市、心游桃园、物我两忘"的奢侈感受，从宏观到细节，处处演绎着江南文化的精髓。

美食广场的一楼大厅，以休闲餐厅及半自助式的休闲服务为经营模式，有2人台到10人台的餐桌共计36个，就餐环境优雅，菜肴品种丰富，自助小吃、地方小吃品种齐全。二楼、五楼是量身打造的宴席场所，场地设计充分体现了人性化需要和一站式服务，

音响、灯光、投影等设备一应俱全，可同时容纳五十余桌酒席。三楼、四楼、六楼以精致包房为经营模式，大小包房总计35个，包房内具有中国传统饮食文化气息的餐桌、餐具及装饰，尽显尊贵与独特，环境舒适，主打楚菜，富有荆楚地域特色的一道道美味佳肴，鲜活地彰显着浓郁的湖北味道。

美食广场在经营上以"匠心品质、诚信经营"为核心理念，在管理上注重"以人为本、精于细节"的精品意识，大力倡导"健康、绿色、安全、营养"的美食风尚，市场定位准确，食材精选严谨，管理科学先进，服务周到优质，经营业绩年年递增，发展态势朝气蓬勃，在黄石餐饮市场上拥有良好的口碑。

2017年,被全国酒家酒店等级评定委员会评为"国家钻级酒家示范店"和"国家五钻级酒家"，被全国绿色饭店工作委员会评为"国家五叶级绿色餐饮企业"。2018年，被湖北省烹饪酒店行业协会评为"湖北最受欢迎连锁餐厅"和"湖北最受欢迎特色餐饮企业"。

第四节
襄阳市楚菜名店名企

襄阳市永祥饮食服务有限公司

襄阳市永祥饮食服务有限公司位于湖北省襄阳市前进路65号风神大厦，成立于2005年10月。截至2018年底，公司旗下拥有襄阳市永祥大酒店（永祥囍宴襄阳店）和重庆市永祥囍宴大酒店。公司现为襄阳市烹饪酒店行业协会会长单位。

襄阳市永祥大酒店（其前身是创建于1987年10月的永祥美食城，2018年更名为永祥囍宴酒店），地处襄阳市中心繁华区域，近邻襄阳火车站，交通便利。酒店占地面积2000平方米，建筑面积4000平方米，以经营襄阳本帮菜为主，兼营粤菜、湘菜、淮扬菜，拥有大小包厢35个，其中豪华包厢2个、超豪华宴会大厅4个，总体定位于中高档消费，兼顾不同层次消费需求，能同时容纳约1500人就餐。

2017年，公司在重庆市投资3000万元，开办

永祥囍宴大酒店，营业面积约7000平方米，可同时容纳约2000人就餐。2018年，公司对永祥大酒店重新整体装修改造，升级为一站式婚庆礼仪酒店，同时更名为"永祥囍宴襄阳店"。

公司创办人黄永祥一直遵循并践行"致富思源、富而思进、义利兼顾、德行并重、扶贫济困、乐善好施、发展企业、回馈社会"的光彩精神，多年来为社会捐款捐物总计近200万元，表现出了一位民营企业家高度的社会责任感。黄永祥董事长现任襄阳市烹饪酒店行业协会会长，曾任襄樊市樊城区工商联副主席、襄樊市第十届政协委员、襄樊市第十一届政协委员、襄樊市樊城区私营企业协会副会长、襄阳市光彩事业促进会理事、襄阳市樊城区人大代表等社会职务，为推动襄阳地方经济和楚菜产业发展做出了突出奉献。

经过十几年的不懈努力，永祥大酒店（永祥囍

公司旗下拥有壹家风雅酒店、蒸浏记两家分店。

壹家臻品酒店占地面积约5000平方米，是一家集餐饮、住宿、会议于一体的综合性多功能酒店，始终秉承"细心成就品质、热心成就感觉"的服务理念和"绿色、健康、环保、原生态"的菜品追求，致力于用真诚和良心打造襄阳人的放心厨房，塑造襄阳地区平价温馨酒店知名品牌。

二十多年来，持之以恒做服务，砥砺前行谋发展，不断提升经营管理水平，努力开展明厨亮灶工程和厨部3A（物物规范、人人执行、天天检查）管理，诸如强化原料采购索证索票制度和食品留样管理制度，应用多功能自动洗碗机和多功能餐具消毒柜，真正将"环境人性化、菜品健康化、服务规范化"经营理念落地落实，研发的"襄阳三绝"菜品及系列养生菜品，让顾客体验到家的感觉、家的味道，赢得了餐饮消费者的好评和喜爱，也得到了襄阳社会各界的广泛认可。

宴襄阳店）已成为襄阳市知名餐饮企业，其优美的环境、优质的菜品和优良的服务，赢得了襄阳消费者的广泛好评。2007年，被襄樊市商务局、襄樊市饮食服务行业协会等部门联合授予"襄阳市十大餐饮名店"称号。2008年，被襄樊市樊城区人民政府授予"2008樊城首届美食文化节樊城餐饮名店"称号，被襄樊市发展和改革委员会、襄樊市经济委员会等部门联合授予"影响襄樊市民生活100品牌"称号。2010年，被襄樊市饮食服务行业协会评为"2009年度消费者最喜爱的餐饮品牌"。2013年，被襄阳市文明委、襄阳市商务局联合授予"文明餐饮示范单位""襄阳百佳餐饮企业"称号。2017年，荣获《知味襄阳》美食文化汇展美食展台特金奖。2018年，被全国绿色饭店工作委员会评为"国家四叶级绿色餐饮企业"，被中国烹饪协会评为"中国菜·全国省级地域主题名宴（楚菜喜庆吉祥宴）代表品牌企业"，并荣获首届楚菜美食博览会名宴展金奖。

2011年，被湖北省电子商务行业协会评为"襄阳市价格诚信单位"。2012年，被襄阳市商务局授予"襄阳市十大特色餐饮名店"称号。2013年，被襄阳市商务局授予"襄阳魅力商务酒店"和"襄阳百佳餐饮企业"称号，被襄阳市旅游局授予"襄阳十大标杆旅游饭店"称号。2015年，被襄阳市旅游局授予"十佳文明星级酒店"称号，2017年，被襄阳市旅游局授予"九星级文明饭店"称号，被襄阳市食品药品监督管理局授予"襄阳市首届百佳放心后厨"称号。2018年，被全国绿色饭店工作委员会评为"国家四叶级绿色饭店"。

襄阳市壹家臻品酒店管理有限公司

襄阳市壹家臻品酒店管理有限公司位于湖北省襄阳市襄城区檀溪路，成立于2017年6月，其前身为创建于1992年的华府大酒店（2011年4月，更名为襄阳市襄城区壹家臻品酒店）。截至2018年底，

湖北汉江人家饮食服务有限公司

湖北汉江人家饮食服务有限公司位于湖北省襄阳市襄州区交通路，始创于20世纪末期（前身为双沟人家甲鱼店），成立于2003年8月。截至2018年底，

公司旗下拥有 4 家分店，分别是襄州区交通路汉江人家店、樊城区大庆东路汉江人家店、襄城区胜利街汉江人家店、广东深圳汉江人家店。公司现为襄阳市襄州区烹饪酒店行业协会会长单位。

汉江人家以经营楚菜为主，目标市场定位于中低档大众化消费，以"真诚真材、实在实惠"为服务宗旨，注重根据季节变化，不断推出时令健康菜品，深得顾客好评。"孙氏红烧甲鱼""秘制汉江鱼""老孙家烧鸡""砂煲狮子头"等招牌菜，不仅深受襄阳市餐饮消费者的青睐，而且入选"襄阳名菜""湖北名菜""中国名菜"。湖北地区的部分书画名家，在品尝了汉江人家的招牌美食后，即兴挥毫泼墨，留下了"古城襄阳汉江人家美，荆楚大地野生甲鱼香""赏汉江人家祖传砂煲狮子头实乃人间美味，品荆楚名食孙氏红烧野甲鱼堪称本土一绝""汉江人家赋"等楹联词赋，充分彰显了汉江人家作为襄阳餐饮品牌企业的文化魅力。

2011 年，荣获第四届全国中餐技能创新大赛特金奖。2012 年，荣获第三届中国湖北潜江龙虾节龙虾烹饪大赛金奖，被襄阳市食品药品监督管理局授予"襄阳市餐饮服务食品安全示范店"称号。2013 年，荣获第七届全国烹饪技能竞赛湖北赛区暨湖北省第十一届烹饪技术比赛特金奖，"孙氏红烧甲鱼"被湖北省烹饪酒店行业协会评为"鄂菜十大名菜"。2014 年，被襄阳市工商行政管理局授予"2013—2014 年度文明诚信工商户"称号，被襄阳市商务局等部门联合授予"襄阳特色餐饮名店"称号。2015 年，荣获湖北省生活服务业技能竞赛金奖，被襄阳市工商行政管理局授予"襄阳市第四届文明诚信示范企业"称号。

襄阳吉阳酒店管理有限公司

襄阳吉阳酒店管理有限公司位于湖北省襄阳市襄城区檀溪路，始创于 1997 年 6 月，成立于 2001 年 5 月。经过 21 年的持续发展，截至 2018 年底，公司旗下拥有吉阳酒店襄阳檀溪路店、吉阳酒店安陆店、襄阳味到老家、武汉味到老家 4 家分店，是襄阳市知名的品牌餐饮企业。

1997 年 6 月，位于襄樊市襄城区南门桥头的老吉阳酒店开业。2001 年 5 月，成立襄樊市襄城吉阳饮食娱乐有限公司。2011 年 4 月，襄樊市襄城吉阳饮食娱乐有限公司更名为襄阳吉阳酒店管理有限公司。2011 年 5 月，营业面积达 6000 平方米的吉阳酒店襄阳檀溪路店正式营业。2016 年 5 月，公司旗下品牌襄阳味到老家开业。2017 年 4 月，公司旗下品牌武汉味到老家开业。2017 年 7 月，公司投入重金对吉阳酒店襄阳檀溪路店和襄阳味到老家进行 4D 厨房改造。2018 年 9 月，公司投入巨资对吉阳酒店襄阳檀溪路店进行全新升级，打造婚礼主题宴会厅。2018 年 11 月，吉阳酒店安陆店试营业。

公司始终秉承"以人为本、顾客至上"的经营理念，大力传承和弘扬荆楚美食文化。公司餐饮整体上以楚菜为主，兼营湘菜、川菜等，襄阳本土风味菜品独具一格，"吉阳全家福""吉阳宝塔肉""绝味霸王牛排""丹江口鱼头王""潜江油焖大虾""糯米珍珠丸""沔阳三蒸""招财进宝"等特色菜和招牌菜，深受新老顾客青睐。优雅舒适的环境、风格各异的美食、宾至如归的服务，赢得了襄阳消费者的广泛好评，也得到了襄阳政府职能部门的充分认可。

2005 年，被首届襄樊美食文化节暨烹饪大赛组委会评为"襄樊名店"。2011 年，被襄阳市商务局、

襄阳市物价局授予"价格诚信单位"称号。2012年,被湖北省食品药品监督管理局授予"2011年度湖北省餐饮服务企业诚信先进单位"称号,被襄阳市食品安全委员会办公室评为"餐饮服务食品安全示范单位"。2013年,被襄阳市商务局、襄阳市旅游局等部门联合授予"文明餐饮示范单位"称号。2014年,荣获襄阳市中式烹饪技能大赛团体赛展台特等奖。2017年,荣获《知味襄阳》美食文化汇展美食展台特金奖,被襄阳市食品药品监督管理局、襄阳市烹饪酒店行业协会评为"襄阳市百佳放心后厨",被全国绿色饭店工作委员会评为"国家五叶级绿色餐饮企业"。

湖北红瓦房餐饮酒店有限公司

湖北红瓦房餐饮酒店有限公司位于湖北省襄阳市樊城区春园西路火炬大厦1楼,始创于1998年(前身是襄樊红瓦房酒店),成立于2004年(襄樊红瓦房餐饮有限公司),2010年更为现名。截至2018年底,公司旗下拥有4家直营店、两家加盟店和一家配送中心,4家直营店分别为襄城南街店、樊城春园路店、中原路家乐福店、新五中店,总营业面积约6800平方米,员工约300人。旗舰店位于襄阳市中心繁华的春园路地段,楼上、楼下两层,共设餐位约400个,装修风格简洁时尚,主打枣阳特色菜和家常菜。公司现为襄阳市烹饪酒店行业协会副会长单位。

二十年来,公司以特色经营为基础,以服务质量为保证,以"让老百姓吃得起的物美价廉的地道菜、怀旧菜"为经营理念,坚持"以人为本"的管理模式和"亲情一家人"的服务宗旨,通过积极的态度、求实的精神、高效的行动,着力打造襄阳餐饮文化品牌。

2014年,被襄阳市商务局授予"襄阳本土餐饮名店"和"襄阳特色菜名店"称号,"红烧干鱼""酱烧杂骨""小炒羊肉""玉米饼"被襄阳市烹饪酒店行业协会评为"襄阳特色名菜"。2016年,被襄阳市工商行政管理局等部门联合授予"襄阳市第一届十星级文明企业"称号。2017年,荣获知味襄阳美食文化汇展特金奖,被襄阳市商务局授予"《知味襄阳》十大餐饮名店"称号,被襄阳市工商行政管理局等部门联合授予"襄阳市第二届十星级文明企业"称号。2018年,被全国绿色饭店工作委员会评为"国家四叶级绿色餐饮企业",被襄阳市旅游局评为"襄阳市旅游试点单位"。

襄阳长虹大酒店

襄阳长虹大酒店隶属襄阳电力集团有限公司,地处湖北省襄阳市长虹路繁华商圈,交通条件便利,地理环境优越,房间特色各异,菜品精致美味,服务细致入微,是一家集餐饮、住宿、休闲于一体的国家标准三星级酒店。

酒店自2001年开业以来,始终坚持"不求最大,唯求更好"的经营目标,内求规范标准的管理,外求特色人性的服务,用文化铸就长虹品牌,逐渐形成了自己的经营管理特色,并受到业界和消费者的广泛好评。酒店餐饮以楚菜为主,兼营湘菜、粤菜等,尤以襄阳本土风味菜最具特色,"长虹东坡肉""红烧狮子头""香辣黄骨鱼""辣酒肥牛""浓汤河鱼""锅贴面"等特色菜品,深受顾客喜欢,在襄阳餐饮市场上赢得了良好的口碑。

2006年,被襄樊市旅游局授予"2005—2006年度十佳星级饭店"称号。2007年,被襄樊市商务局等部门联合授予"十大魅力商务酒店"称号。2008 年，被襄樊市樊城区人民政府授予"樊城餐饮名店"称号。2010 年，被襄樊市烹饪协会授予"2009 年度消费者最喜欢的餐饮品牌"称号。2013 年，被襄阳市文明办授予"文明餐饮示范单位"称号，被襄阳市旅游局授予"十大标杆旅游饭店"称号，被襄阳市樊城区文明委授予"2012 年度文明餐桌示范店"称号，被襄阳市烹饪酒店行业协会评为"襄阳特色旅游酒店"。2014 年，被襄阳市商务局评为"2013 年度全市餐饮服务工作先进单位"，并荣获襄阳市中式烹饪大赛团体赛特等奖。2016 年，被襄阳市旅游局授予"十佳文明星级饭店"称号。2017 年，荣获襄阳市商务局主办的《知味襄阳》美食文化会展美食展台特金奖，同时被授予"《知味襄阳》十大餐饮名店"称号，同年被襄阳市食品药品监督管理局和烹饪酒店行业协会联合授予襄阳市"百佳放心后厨"称号。2018 年，被襄阳市旅游饭店行业协会评为"先进单位"，被全国绿色饭店工作委员会评为"国家四叶级绿色饭店"。

襄阳市腾天阁酒店

襄阳市腾天阁酒店位于湖北省襄阳市襄城区环山路，地处风光秀丽的群山脚下，地理位置优越，环境优美，交通便利。酒店创立于 2003 年 10 月，根据发展需要，于 2011 年 10 月再次投资 2000 万元进行装修升级，装修风格简约大气又不失奢华气派。截至 2018 年底，酒店建筑面积近 4900 平方米，营业面积约 2000 平方米，在册员工百余人，是襄阳市知名的品牌酒店。

酒店一贯秉承"全心全意、无微不至""顾客至上、追求卓越"的服务理念，以弘扬荆楚美食文化为己任，坚持"菜品是生命、服务是寿命"的经营理念，追求"管理一流、服务一流、员工素质一流、社会效益一流"的企业文化，大力培养具有丰富实践经验的服务与管理人才队伍，致力于打造襄阳市餐饮服务标杆企业。

酒店内设包厢 23 个，总餐位数达 300 个，餐饮以楚菜为主体，尤以本土风味菜品最具特色。食材选用精挑细选，层层把关，力求安全新鲜，讲究绿色健康，烹调流程规范，环节标准细致，真心实意做好每一道菜，保证每一位顾客都能食之健康，食之美味，食之放心。"手撕汉江凤尾鳊""高钙牛骨汤""搓椒莜麦菜""三鲜蒸笼""葱烧辽参""天阁烧饼"

等招牌菜，深为新老顾客所称道。温馨气派的环境、美味健康的菜品、大众化的价位、亲情式的服务，赢得了广大消费者的赞誉和襄阳社会各界的认可。

2005 年，被首届襄樊美食文化节暨襄樊烹饪大赛组委会评为"襄樊特色餐饮店"。2012 年，被襄阳市食品药品监督管理局授予"2011 年度全市餐饮食品安全先进单位"称号。2017 年，荣获《知味襄阳》美食文化汇展美食展台特金奖，被襄阳市商务局、襄阳市烹饪酒店行业协会评为"襄阳餐饮名店"，"手撕汉江凤尾鳊""搓椒莜麦菜""高钙牛骨汤""三鲜蒸笼""葱烧辽参"被襄阳市商务局、襄阳市烹饪酒店行业协会评为"襄阳特色名菜"，"天阁烧饼"被襄阳市商务局、襄阳市烹饪酒店行业协会评为"襄阳特色名点"。2018 年，被襄阳市旅游局推荐为"襄阳市旅游试点单位"。

湖北一景酒店集团有限公司

湖北一景酒店集团有限公司总部位于湖北省襄阳市樊城区前进路，创立于 2005 年 6 月，由襄阳一丁甜酒有限公司演变发展而来，经营业务包括餐饮、住宿、养殖及日用百货销售等。截至 2018 年底，集

团旗下拥有襄阳一景酒店管理有限公司、湖北一景商贸有限公司，湖北一景汽车贸易有限公司、湖北一景鸽业养殖有限公司4家子公司，员工总计1100人，是襄阳市实力雄厚的知名综合型民营企业，现为湖北省烹饪酒店行业协会副会长单位。

公司一贯倡导"诚信、尊重、慎独、求同"的企业精神，始终奉行"进取、求实、严谨、团结"的经营方针，努力实现"组织系统化、决策科学化、管理规范化、工作程序化、效率标准化"的集团化发展目标。目前，集团公司旗下拥有襄阳一丁甜酒美食广场、襄阳一景风味酒楼、襄阳一景国际假日酒店、襄阳一景快捷酒店、襄阳一景城市花园酒店、郑州一景酒楼、郑州一景新概念酒楼等十余家酒店和餐饮店。

2007年，荣获首届襄樊烹饪大赛特金奖1枚、金奖5枚、银奖9枚，被襄樊市商务局、襄樊市饮食服务行业协会评为"襄樊十大特色餐饮店"。2008年，被中共襄樊市委员会办公室授予"2007年度全市助老工作先进单位"称号，被襄樊市工商行政管理局、湖北省企业信用促进会授予"2006—2007年度守合同重信用企业"称号，"一景"被襄樊市工商行政管理局评为"襄樊市知名商标"。2009年，被湖北省消费者委员会评为"2007—2008年度消费者满意单位"，"一景"被湖北省工商行政管理局评为"湖北省著名商标"。2010年，被襄樊市商务局、襄樊市烹饪酒店行业协会联合授予"襄樊餐饮名店"称号，被湖北省商务厅、湖北省旅游局等部门联合授予"推动鄂菜发展十大名店"称号。2011年，被湖北省人事厅、湖北省工商行政管理局等部门联合授予"2010—2011年度文明诚信私营企业"称号。2014年，荣获襄阳市中式烹饪技能大赛团体赛展台特等奖，被湖北省人事厅、湖北省工商行政管理局等部门联合

授予"2013—2014年度文明诚信私营企业"称号，被襄阳市工商行政管理局授予"2012—2013年度守合同重信用企业"称号。2015年，被湖北省消费者委员会评为"2013—2014年度湖北省消费者满意单位"。2018年，荣获襄阳市首届舌尖上的美食第一名，被襄阳市工商行政管理局授予"2016—2017年度襄阳市守合同重信用企业"称号。

襄阳一生好福记大酒店

襄阳一生好福记大酒店位于湖北省襄阳市樊城区长虹路民发世纪新城，创建于2006年10月，地理位置优越，交通条件便利。2017年10月，累计投入4000万元，历时8个月，经过整体装修改造的酒店重新盛装开业，装修风格雍容华丽，致力于打造襄阳知名的"一站式婚礼"主题酒店，设有38个豪华包厢和4个风格迥异的宴会厅，可同时容纳1300人就餐，是襄阳市餐饮市场知名品牌企业。

十余年来，酒店秉持"让顾客满意、让员工满意"的经营宗旨，坚守"亲情化、个性化"的服务理念，以高品位的就餐氛围和高品质的餐饮服务，赢得襄阳市社会各界的广泛好评，进入襄阳市餐饮行业的标杆企业之列。

2007年，被襄樊市商务局授予"襄樊十大餐饮名店"称号。2008年，被中共襄樊市樊城区委、襄樊市樊城区人民政府授予"2007年度民营企业纳税大户"称号，荣获2008樊城首届美食文化节"金牌菜品奖"，被襄阳市樊城区人民政府授予"樊城餐饮名店"称号，2009年，被襄樊市樊城区人民政府授予"2008年度完成消防工作责任目标先进单位"称号，被襄樊市樊城区人民政府授予"2008年度民营企业

纳税大户"称号。2010年，被襄樊市樊城区人民政府授予"2009年度完成消防工作责任目标先进单位"称号，被中共襄樊市樊城区委、樊城区人民政府授予"2009年度纳税突出贡献单位"称号，被襄樊市商务局、襄樊市烹饪酒店行业协会授予"襄樊餐饮名店"称号。2011年，被襄阳市樊城区人民政府授予"2010年社会消防工作先进单位"称号。2012年，被湖北省食品药品监督管理局授予"2011年度湖北省餐饮服务企业诚信先进单位"称号，被襄阳市食品安全委员会办公室授予"餐饮服务食品安全示范单位"称号，被襄阳市婚庆礼仪行业协会评为"最佳婚礼酒店襄阳市"。2013年，被襄阳市食品安全委员会办公室授予"餐饮服务食品安全示范单位"称号，被襄阳市食品安全委员会办公室、襄阳市商务局等部门联合授予"文明餐饮示范单位"称号。2017年，被襄阳市商务局授予"《知味襄阳》十大餐饮名店"称号。

第五节
荆州市楚菜名店名企

湖北荃凤饮食文化有限公司

湖北荃凤饮食文化有限公司位于湖北省荆州市荆中路，始创于1991年，成立于2014年5月，是集餐饮项目开发与推广、餐饮项目咨询与策划、餐饮企业管理与服务、餐饮文化弘扬与传播于一体的综合型企业。截至2019年1月底，公司旗下拥有7家分店，员工共计400名，是荆州市烹饪协会常务副会长单位。

1999年，荃凤雅宴新南门店开业。2002年，荃凤雅宴东门店开业。2006年，沙市文化宫路荃凤雅宴店开业。2015年，荆中路荃凤雅宴店开业。2016年，沙市区荃凤凰庭餐饮晶崴店开业。2018年8月，沙市区人信汇荃凤凤来仪店开业。2019年1月，荆州市开发区荃凤凰庭酒店正式成立。

公司始终秉承"诚信经营、品质至上、口感最佳、服务第一"的经营理念，以质量求生存，以信誉求发展，踏踏实实演绎荆楚餐饮文化，以独特的风味，优良的品质，满足广大餐饮消费者对荆州菜品的多层次需求，鼎力打造荆州餐饮龙头品牌企业。

二十多年来，餐饮服务与管理一直是公司的主要经营目标，温馨的就餐环境、优质的美味佳肴、暖心的餐饮服务，始终是公司餐饮经营的核心。以此为导向，在长期实践中探索出"3+1"模块运营模式，即厨房管理模块（保证菜品创新和质量）、原料采购模块（保证物美价廉）、员工服务模块（定期培训、定期考核，保证高效率高品位的服务）和目标激励模块（顾客满意度目标考核办法，避免以利润为导向的考核陷阱）。公司厨师团队先后研发出荆楚风味菜肴约500道，锤炼出特色菜肴约180道，尤以"荃凤排骨藕汤""鸡汁三鲜砂锅"自成一派风味，美味与健康兼具，深受消费者喜爱。"荃凤排骨藕汤"是以本地莲藕为原料，以新鲜猪大骨为辅料，由楚菜名师精心烹制而成，汤汁奶白味浓，莲藕鲜香粉糯，食之回味悠长，是获得2008北京奥运美食推荐的"湖北名小吃"，曾被荆州电视台、中央电视台以及海外旅游报刊等媒体专题报道。公司曾获"湖北餐饮名店""湖北省消费者满意单位""荆州市放心酒店推荐单位"等诸多荣誉称号。

荆州市古城阳光酒店管理有限公司

荆州市古城阳光酒店管理有限公司位于湖北省荆州市荆州区人民路，成立于2014年，其前身是2005年开业的荆州新北门阳光酒店。经过十多年的发展，公司旗下拥有厚厨生活菜馆、阳光美寓精选酒店、膳景堂餐厅等多家分店，具备综合型酒店、个性化餐饮、早中晚生活菜馆等服务项目以及大型学校、医院等单位食堂的经营管理能力，是荆州市知名餐饮品牌。

公司自创立以来，秉承"强化品牌意识，提升品牌价值"的经营理念，践行"贴心服务，完美体现"的服务理念，大力倡导健康美食，始终坚守社会责任，积极参与公益活动，在荆州酒店餐饮行业赢得了良好的社会声誉。

代表荆州地方特色餐饮的厚厨生活菜馆，是一家以餐饮为主、客房为辅的综合型酒店，大小包房及零点台位共计68个，宴会厅1个，可同时容纳约800人就餐。

以茶文化为主题的阳光美寓精选酒店，是兼具住宿、商超、餐饮、会议于一体的商务型酒店，建筑面积5000平方米，以温馨客房为经营主体，以茶文化为特色，以个性化餐饮为辅助。

个性化餐厅膳景堂，是一家以个性化定制为特色的商务餐厅，装修风格融合地中海情调及中国风等多种元素于一体，特设有精致的露天园林小景，环境清静优雅，主营粤菜和荆州风味菜品。

2007年，被荆州市商务局、荆州市烹饪协会评为"荆州市饮食行业放心酒店推荐单位"。2009年，被荆州市消费者委员会评为"2008年度荆州市最受市民信赖的安全美食餐饮名店"。2014年，被湖北省食品药品监督管理局授予"湖北省餐饮服务食品安

全示范单位"称号。2016年，厚厨生活菜馆被荆州市旅游协会、荆州电视台评为"旅游协会推荐名店"，"公安牛三鲜"被湖北广播电视台、湖北省烹饪酒店行业协会评为"《一城一味》金牌味道"。2017年，"洈水野生甲鱼"被湖北省烹饪酒店行业协会评为"镇店名菜"。2018年，"漳河甲鱼"被荆州市商务局、荆州广播电视台评为"酒店特色菜"。

荆州市天喜餐饮娱乐管理有限公司

荆州市天喜餐饮娱乐管理有限公司地处湖北省荆州市沙市区红门北路，成立于2014年3月，是一家集餐饮、住宿、娱乐于一体的大型餐饮企业。截至2018年底，公司酒店占地面积共计约36000平方米，建筑面积共计约24000平方米，在册员工207人，其中高级管理人员10人。

公司自创建以来，秉承"诚信天下"的企业精神，大力推行管理制度化、经营系统化、产品标准化、服务人性化建设，用具体行动诠释"不求千人来一次，但求一人来千次"的服务真谛。公司董事长孙联华曾获"2016年中国餐饮行业杰出企业家""中国餐饮30年杰出人物"等诸多奖项。

公司以经营楚菜为主，率先在湖北餐饮企业内成立楚菜研究室，经营与研究相结合，传承与创新相结合，注重吸收川菜、粤菜、湘菜、浙菜等知名菜系之精华，逐步形成了时尚、气派、绿色、健康的天喜楚韵系列特色菜品，"冬瓜鳖裙羹""荆沙鱼糕""皮条鳝鱼""荆沙乌龟""荆沙甲鱼""千张扣肉""龙凤配""笔架鱼肚""荆沙财鱼""莲藕烘排骨"等特色菜、招牌菜，深受荆州市餐饮消费者的好评和喜爱。

2011年，被荆州市总工会评为"基层工会规范

化建设示范单位",被荆州市卫生局授予"2011年度食品卫生等级A级单位"称号。2012年,被中共荆州市沙市区委员会授予"沙市区2010—2012年度创先争优先进基层党组织"称号,被湖北省食品药品监督管理局授予"湖北省餐饮服务食品安全示范单位"称号。2013年,被荆州市人民政府授予"重合同重信用企业",被荆州市总工会评为"荆州市模范职工之家"。2015年,被荆州市总工会评为"2013—2015荆州市模范职工之家"。2016年,被荆州市沙

市区爱国卫生委员会授予"健康餐厅"称号。2017年,被中国烹饪协会评为"2016年度中国餐饮500强门店",被中国烹饪协会授予"中国餐饮30年优秀企业奖",被荆州市沙市区食品药品监督管理局授予"2017年满意餐厅示范店"称号,被全国绿色饭店工作委员会评为"国家五叶级绿色餐饮企业",被全国酒家酒店等级评定委员会评为"国家五钻级酒家"。2018年,被全国酒家酒店等级评定委员会评为"国家白金五钻酒家"。

第六节
宜昌市楚菜名店名企

宜昌桃花岭饭店

宜昌桃花岭饭店位于湖北省宜昌市西陵区云集路,地处城区中心地带,地理位置优越,交通便利,环境优雅,具有浓郁的巴楚文化特色和园林庭院风格。饭店始建于1957年,是宜昌著名老字号。1984年,更名为"宜昌桃花岭饭店"。1989年,在宜昌市工商行政管理局注册成立。1991年,被评定为"三星级饭店"。1998年,被评定为"四星级饭店"。2009年,按五星级饭店标准进行升级改造。目前,饭店集住宿、餐饮、娱乐、健身、休闲、商务于一体,员工共约410人,是宜昌市首家高星级旅游饭店,

也是宜昌市定点政务接待基地,享有宜昌"国宾馆"之美誉。

饭店占地面积约3.6万平方米,建筑面积达3.7万平方米,主要由具有简欧式建筑风格的望峡楼(八层)、居业楼(三层)、灼华楼(三层)组成,拥有高、中档客房297间(套),床位总数412张,大小餐厅38间,不同规格的会议室16间,可以同时容纳400人住宿、2100人会议就餐。饭店餐饮中西兼顾,以楚菜为主,宜昌本土风味菜肴独居一格,"桃岭养生罐""贡茶罐罐鸡""鸡汁菊花盅""原味腊蹄火锅""宜昌扣肉""土家满坛香""土家六

蒸哑""三峡龙舟肘""三峡奇石汤圆"等招牌菜品，深受消费者喜爱。

饭店通过了 ISO9001 质量管理体系认证、ISO14001 环境管理体系认证，各项配套设施齐备，是宜昌市对外政治、经济、文化交流的重要窗口，长期以来担负着宜昌市重要的内、外事接待任务。曾圆满接待过习近平、胡锦涛、江泽民、李鹏、李先念、胡耀邦等党和国家领导人，以及金正日、科尔、中曾根、李光耀、基辛格等国际重要人士，在国内外政务接待饭店中享有较高声誉。

2006 年，被湖北省人事厅、省旅游局联合授予"全省旅游系统先进集体"称号。2007 年，被中国烹饪协会评为"全国餐饮业优秀企业"。2009 年，被共青团湖北省委评为"2008 年度青年文明号"。2010 年，被湖北省旅游局授予"2009 年度湖北省先进星级饭店"称号。2012 年，被宜昌市人民政府授予"和谐企业"称号。2014 年，被宜昌市人民政府授予"和谐示范企业""宜昌市旅游产业发展领军企业"称号。2015 年，被宜昌市总工会评为"2014 年度宜昌市工人先锋号"，被宜昌市西陵区商务局等部门联合授予"西陵味道必吃 100 家特色餐饮名店"称号。2016 年，被湖北省旅游协会评为"湖北味道特色名店"，被宜昌市商务局等部门联合授予"2015 年度宜昌市餐饮酒店业领军企业"称号，被宜昌市总工会评为"2015 年宜昌市工人先锋号"，被宜昌市商务局、市旅游局联合授予"金盘级旅游餐馆"称号。2017 年，被中共宜昌市西陵区委员会授予"2016 年度旅游休闲业奖"，被宜昌市旅游发展委员会授予"2015—2016 年度十佳星级饭店"称号。

湖北聚翁餐饮管理有限公司

湖北聚翁餐饮管理有限公司是以宜昌三峡古今名人旅游为主题文化的著名餐饮品牌，一直秉承"以德治店、诚信为本、一次结缘、一生不变"的经营理念，以"上级服务下级、对员工不抛弃不放弃、让员工快速成长"为管理理念，以"我的岗位我负责、我的工作请放心"为工作理念，以"升华厨艺、放飞美味、保障健康"为餐饮经营核心指导思想，立足弘扬楚菜文化，汇楚川湘粤菜系之精华，集巴楚山珍野菜之灵气，独创以长江肥鱼为特色的野生鱼菜系列，让就餐者吃出美味、吃出健康、吃出文化。截至 2018 年底，公司拥有 9 家纯餐饮企业，分别是聚翁品位店、聚翁葛洲坝店、聚好味、少掌柜数码城店、少掌柜三峡大学店、少掌柜万达店、鹅太太万达店、少当家、放翁酒家，以及一个综合性酒店（聚翁大酒店）和一个占地 50 亩的食材种植养殖基地（点军区高岩放翁聚翁蔬菜专业合作社）。酒店员工共计近 500 人，经营面积达 14400 平方米，可同时接待 2700 人用餐和 120 人住宿。

1997 年 7 月，公司法人黄大菊接手三游洞旁的放翁酒家。2006 年 7 月，注册成立宜昌放翁酒家饮食有限公司。2007 年 9 月，聚翁大酒店注册为聚翁餐饮服务有限责任公司。2017 年 12 月，重新注册为湖北聚翁餐饮管理有限公司。2010 年底，融三峡人文历史与本地餐饮文化于一体的万达广场聚翁品位店闪亮登场。2013 年，点军高岩蔬菜基地成立。2014 年，聚好味时尚餐厅开业。2015 年，聚翁葛洲坝店开业。2016 年，聚翁放翁餐饮文化的延续品牌——少掌柜三峡大学店开业。2017 年，位于西陵区的少掌柜数码城店和位于三峡大学北门口的少当家火锅店相继开业。2019 年 1 月，聚翁·鹅太太万达店开业。2019 年 3 月，少掌柜万达店开业。

二十多年来，在黄大菊董事长的引领下，公司持续快速发展，逐渐得到宜昌社会各界的青睐，成为宜昌特色餐饮名店。2011 年，被宜昌市伍家岗区人力资源和社会保障局评为"劳动关系和谐企业"。2012 年，被宜昌市烹饪协会评为"宜昌市餐饮酒店行业 30 强"，被宜昌市消费者协会评为"宜昌市诚信企业"和"宜昌市市民喜爱的健康酒店"。2014 年，被宜昌市商务局、宜昌市烹饪协会评为"宜昌市餐饮行业领军企业"。2015 年，被湖北省烹饪酒店行业协会评为"湖北餐饮名店"。2016 年，被湖北省卫生厅评为"食品卫生等级 A 级单位"。2017 年，被宜昌市食品药品监督管理局评为"食品卫生等级 A 级单位",被全国酒家酒店等级评定委员会评为"国家五钻级酒家",被全国绿色饭店工作委员会评为"国家五叶级绿色餐饮企业"。2018 年,被宜昌市烹饪协会评为"推动行业发展先进企业",被湖北省烹饪酒店行业协会评为"湖北最受欢迎特色餐饮企业",被中共伍家岗区委、伍家岗区人民政府授予"2017 年度创新成长奖"。

长阳食锦园百姓餐厅

长阳食锦园百姓餐厅坐落在享有"八百里清江美如画,三百里画廊在长阳"之美誉的风景秀丽的清江边,位于湖北省宜昌市长阳土家族自治县龙舟坪镇清江大道,创办于 20 世纪 90 年代后期,是一家主营土家传统菜和湖北风味菜,兼营川菜、湘菜、粤菜,具有浓郁土家风情的平价餐厅,现已发展成为长阳餐饮行业的知名品牌餐馆和人气标杆企业。

2006 年,餐厅实行深度创新,开始进入快速发展阶段。2009 年,注册成立"长阳食锦园餐饮管理有限公司"。2015 年 5 月,投资对餐厅进行重装改造,软硬件全面升级,厨房更是采用先进的专业化设计,科学布局,标准创建,启用透明式厨房,使后厨可视、可感、可知,让餐饮安全看得见,切实保证顾客吃得美味且吃得放心。

食锦园百姓餐厅营业总面积超过 1000 平方米,拥有 9 个轻奢包房、1 个宴席大厅及各类卡座,可容纳约 400 人同时进餐。舒适典雅的环境、健康美味的菜肴、温馨优质的服务,赢得了消费者的一致好评。"土家抬格子""高山炕土豆""食锦霸王鱼""香煎萝卜糕""浓汤白甲鱼""合渣火锅""腊蹄子火锅""西施银鱼火锅""洋芋锅巴饭"等招牌菜和特色菜,深受消费者喜爱。

2014 年,被宜昌市食品药品监督管理局评为"餐饮服务食品安全等级 A 级单位"。2015 年,被宜昌市商务局授予"最佳阳光厨房"称号,被宜昌市商务局和宜昌市烹饪酒店行业协会联合授予"宜昌市餐饮酒店业领军企业"称号。2018 年,被宜昌市烹饪酒店行业协会评为"宜昌市厨房标准化管理先进单位"。

食锦园百姓餐厅总经理李霞云曾获"长阳土家族自治县劳动模范""湖北省优秀女企业家"等荣誉称号,曾被长阳土家族自治县妇女联合会评为"第二届土家十大女杰",被长阳土家族自治县总工会评为"优秀女职工工作者"。2011 年 12 月,当选为宜昌市第五届人民代表大会代表。2016 年 12 月,当选为宜昌市第六届人民代表大会代表。

秭归县长林酒店

秭归县长林酒店(原名长林宾馆)位于湖北省宜昌市秭归县城明珠大道,隶属湖北长林旅游酒店管理股份有限公司,位置优越,交通便利,环境优美,是秭归县规模最大、设备最完善、服务最齐全的三星级酒店,现为秭归食品安全协会会长单位。

酒店于 1999 年 1 月开业,经历三次扩建,至 2012 年 3 月时形成现有规模,集客房、餐饮、会议于一体,拥有客房 84 间(其中商务套房 5 间、商务标准间 3 间、标准客房 60 间、单人间 16 间),大、小会议室各 1 个,以及餐厅包房 18 间、特色大包房 8 间、大型多功能宴会厅 2 个,可同时接待 2400 人进餐。

酒店以"舒适——为您创造"为经营理念,以弘扬荆楚美食文化为己任,大力倡导标准化、规范化管理,努力践行积分制管理、厨房 6T 管理(6T,

即天天处理、天天整合、天天清扫、天天规范、天天检查、天天改进）和 4D 管理（4D，即整理到位、责任到位、执行到位、培训到位），面向广大消费者提供安全、舒适、方便、贴心的服务，致力于打造秭归第一家高星品牌酒店。

酒店餐饮以荆楚菜肴为主体，以川菜、湘菜、粤菜为辅助，以本地风味菜品为特色，大力选用本地纯天然食材和各地特色优质食材，精心烹制，不断创新，提供高山腊货系列、长江水产系列、田园养生系列、厨嫂小炒系列菜品，"屈乡煎鲊肉""生片鲟鱼""玉仁合渣""四眼蚕豆""椒香蜂蛹""香煎南瓜馒头""大招炖腊蹄""橙香酥牛肉""唤哥鮰鱼""茶香卤鸡""古法炮羔羊""端阳煮五黄"等招牌菜，深受消费者青睐，其中"端阳煮五黄""古法炮羔羊""屈乡煎鲊肉"获评"湖北名菜""中国名菜"。

近几年来，在秭归全力打造屈原家宴品牌的大环境下，酒店积极承担屈原家宴相关设计制作、标准制定、品牌推广任务，多次获得秭归县委、宜昌市委领导的表扬，席间展现出的屈原文化和屈乡风情，让顾客兴趣盎然、赞不绝口，取得了良好的经济效益和社会效益。

2008 年，被宜昌市烹饪协会评为"2007—2008 年度宜昌市餐饮行业 30 强"。2009 年，被宜昌市烹饪协会评为"2008—2009 年度宜昌市老字号酒店"。2013 年，被宜昌市商务局评为"2013 年度宜昌最佳酒店"。2015 年，被宜昌市商务局评为"2015 年度宜昌市餐饮酒店业领军企业"。2016 年，被宜昌市商务局评为"宜昌市金盘级旅游餐馆"。2018 年，被湖北省烹饪酒店行业协会评为"湖北最受欢迎宴会酒店"。

宜昌市燕沙食典

宜昌市燕沙食典位于湖北省宜昌市胜利四路白龙岗检察官培训中心，是宜昌燕沙酒店管理有限公司精心打造的又一家时尚精品店，于 2011 年 12 月正式开业，共有四层楼，装修为简中式风格，黑白灰的色彩，浓郁的中式文化氛围，营造出高贵典雅的消费环境，总面积约 3800 平方米，内设接待大厅、宴会厅、豪华包房、自助餐厅、茶吧等，可同时容纳 600 人用餐。

燕沙食典主营特色本帮菜，同时汇集精品粤菜、时尚川菜、新派湘菜等知名菜系经典美食，菜品制作

精细，装盘精致，营养与美味兼具，"碧波鲟鱼""昭君美极米豆腐""峡江芋儿鸭""宜昌非遗冲菜""土家手工橡籽豆腐"等特色菜品，深受宜昌市餐饮消费者的好评，燕沙食典也被业界誉为宜昌商务、政务接待的新标杆美食店。

2015 年，被中国烹饪协会评为"中国餐饮 500 强企业"。2016 年，被宜昌市商务局等部门联合授予"金盘级旅游餐馆"称号。2017 年，被中国烹饪协会授予"中国餐饮 30 年优秀企业奖"。2018 年，被全国绿色饭店工作委员会评为"国家四叶级绿色饭店"，荣获第二十八届中国厨师节职业技能大比武"最佳呈现宴席奖"，被全国酒家酒店等级评定委员会评为"国家五钻级酒家"。

宜昌长阳瓴悦酒店

宜昌长阳瓴悦酒店创建于 2013 年，位于湖北省宜昌市长阳土家族自治县龙舟坪镇清江古城文化街，占地面积约 5000 平方米，环境优美，交通方便，远眺山色，近听水声，是一家集餐饮、住宿及会议于一体的三星级酒店。

酒店内设普通间、标间、套房及豪华商务间共计 50 间，拥有宴会餐厅及各类豪华包房，其中最大包房可容纳 30 人同时用餐。2019 年，酒店投资升级改造临江多功能宴会厅，占地面积约 1000 平方米，可同时接待约 500 人就餐。酒店致力于弘扬土家美食文化，主营地方风味菜品，推崇绿色消费，倡导

绿色餐饮，与当地农户协作建立绿色食材供应基地，有效保证食材的安全与营养，"香煎萝卜糕""土家腊蹄子""洋芋锅巴饭""干锅生态肉""霸王鱼头""桂花糍粑"等特色菜及招牌菜，深受消费者好评。

2013 年，被宜昌市商务局、宜昌市烹饪酒店行业协会授予"2013 年度宜昌最佳酒店"称号。2014

年，被宜昌市食品药品监督管理局评为"食品安全等级 A 级单位"，被长阳县旅游局挂牌"长阳旅游定点接待单位"，被宜昌市商务局、宜昌市烹饪酒店行业协会授予"2014 年度宜昌市餐饮酒店业领军企业"称号。2015 年，被湖北省食品药品监督管理局授予"湖北省餐饮服务食品安全示范单位"称号，被宜昌市商务局、宜昌市烹饪酒店行业协会授予"2015 年度宜昌市餐饮酒店业领军企业"称号。2016 年，被宜昌市商务局、宜昌市烹饪酒店行业协会评为"金盘级旅游餐馆"。2017 年，被宜昌市商务局、宜昌市烹饪酒店行业协会授予"湖北省餐饮服务食品安全示范单位"称号，被宜昌市商务局授予"宜昌市爱心奉献单位"称号，被宜昌市旅游局挂牌"旅游定点接待单位"。2018 年，被全国绿色饭店工作委员会评为"中国四叶级绿色饭店"，被宜昌市商务局授予"中国绿色饭店优秀企业"称号。

第七节
十堰市楚菜名店名企

十堰市武当山宾馆

十堰市武当山宾馆位于湖北省十堰市武当山旅游经济特区永乐路，始建于 1984 年，是一家具有三十多年历史的湖北国有老字号企业。宾馆处于武当山特区中心地带，占地面积约 18300 平方米，建筑面积约 21000 平方米，固定资产达 8500 万元，硬件设施完善，地理位置优越，外部环境优美，交通条件便利。2007 年 10 月，被评定为"四星级涉外旅游饭店"。现为中华全国总工会指定的劳模疗休养基地，也是政府会议接待定点酒店。

宾馆以"绿色、休闲、养生"为发展方向，餐饮上主营楚菜，兼营川菜、湘菜、粤菜，武当山特色风味菜最具特色，参与设计制作的"武当太极宴"被中国烹饪协会评为"中国菜·全国省级地域菜系楚菜主题名宴"。截至 2018 年底，宾馆共有客房楼 4 幢，房间总计 209 间，配套设有大型宴会厅及各类包厢 13 间，可同时接待 300 人就餐。宾馆不仅多次成功

地接待了多位党和国家领导人，而且相继圆满完成了第三届世界传统武术节暨第八届武当国际旅游节、国家 5A 级风景区创建检查组、武当大兴六百年纪念活动及第四届国际道教论坛等大型接待任务。

宾馆总经理石明艳团结武当山旅游经济特区接待办及武当山特区宾馆一班人，在重大接待任务和大型接待活动中出色地完成了各项接待任务，尤其是在 2017 年举办的第四届国际道教论坛，以及第九届

海峡两岸中华武术论坛期间，武当山宾馆被评为"三等功集体"和"突出贡献集体"，石明艳总经理也获得"个人三等功"和"先进个人"等荣誉。

宾馆曾被湖北省委、省人民政府授予"湖北省文明单位"称号和"全省接待工作先进单位"称号，被湖北省工商行政管理局、省卫生厅、共青团省委评为"湖北省消费者满意单位""湖北省旅店业业务示范单位"和"青年文明号"，被十堰市委、市人民政府评为"十堰市文明单位""十堰市旅游工作先进单位"和"十堰市巾帼文明岗"，被湖北省绿色饭店工作委员会评为"2017年度湖北省绿色饭店（餐饮）评审工作先进单位"，被全国绿色饭店工作委员会评为"2018年度中国优秀绿色饭店"，被十堰市商务局评为"诚信经营示范店"。

湖北未美餐饮管理有限公司

湖北未美餐饮管理有限公司的前身是十堰市高登酒店管理有限公司。原高登酒店管理有限公司自1988年进入餐饮行业以来，一直以中餐为主营业务，随着新快餐市场的兴起，逐渐壮大业务经营范围，发展成为以中餐和团膳为主营业务的湖北未美餐饮管理有限公司。

公司自成立以来，一直秉承"行大道，守朴拙，做良知企业"的价值观，坚守"味至臻，膳至美，做团膳专家"的核心理念，践行"善若水，利及人，为客户着想"的服务理念，持续开展经营管理模式创新，切实保障食品质量安全，做大做实传统中餐市场，积极拓展新快餐市场。

公司独创了以创造美味为核心的"四位一体"管理模式，即依托鄂西北优质生态资源构建的特色食材供应链体系、依托品牌连锁经营形成的菜品研发创新体系、依托现代科技形成的服务和质量管控体系、依托职业学院构建的专业技能人才培训体系。

公司视食品安全和食品质量为生命线，通过了ISO9001质量管理体系、ISO22000食品安全管理体系、OHSAS18001职业健康安全管理体系认证，建立了从食品源头到生产环节以及服务环节的全过程质量管控体系。

截至2018年底，公司旗下拥有12家中餐店，分布于十堰和武汉两地，十堰区域的十堰幸福小镇酒店、十堰市龙安酒店和武汉区域的汉阳美味故事、武昌汉江情酒店等，都是深受大众喜爱的知名品牌餐饮连锁店。公司承接了武汉市、十堰市15家企事业单位食堂，合作单位有湖北省机关事务管理局茶港餐厅、湖北省国资委食堂、十堰市公安局食堂、十堰市人民医院等，专业能力和优质服务得到了合作单位的一致好评。

公司多次被十堰市人民政府授予"全市商务系统内贸优秀企业"称号，曾被十堰市旅游局、十堰市卫生监督局等部门联合授予"十堰市我最喜爱的旅游饭店"称号，曾被十堰市慈善总会授予"十堰市慈善爱心单位"称号。

竹溪宾馆

竹溪宾馆位于湖北省十堰市竹溪县城关镇人民路，创建于1990年5月，是一家以经营中餐为主，兼营住宿、休闲的三星级酒店，是竹溪县委、县人大、县政府、县政协的接待定点单位。

竹溪宾馆地处竹溪县城中心，四周青山环抱，绿意盎然，8000平方米的馆区内，鲜花芬芳，树木苍翠，环境幽静，空气清新，景色宜人，花园式建筑与现代式楼房之间，布局和谐，相得益彰。宾馆拥有98间客房、14个雅座、3个宴会厅、5个会议厅，美容美发、健身娱乐、停车等配套服务项目齐全。

竹溪美食是十堰市乃至鄂西北餐饮界的一块金字招牌。为传承竹溪饮食文化，扩大竹溪菜的影响力，竹溪宾馆主推竹溪特色风味菜肴，"竹溪蒸盆""竹溪四蒸""酸辣炒土鸡""双拼大块肉""贡米炒花饭""牛肉火烧"等特色菜点，深受消费者欢迎，其中最为著名的是"竹溪蒸盆"。"竹溪蒸盆"用料讲究，做工精细，集猪蹄、鸡蛋、笋干、土豆、山药等十几种主料和腊、烘、煨、蒸、煎等多种技法于一盆，汤清色美，香味诱人，鲜美可口，营养丰富，是竹溪风味的杰出代表。2016年，"竹溪蒸盆制作技艺"入选湖北省第五批非物质文化遗产代表性项目名录。

近30年来，竹溪宾馆始终恪守"宾客至上、服务第一"的经营理念，积极承担地方政府接待任务，大力传承和弘扬竹溪饮食文化，用服务和美食构筑"山外世界了解竹溪，竹溪走向山外世界"的窗口和纽带。

2014年，获评"十堰特色小吃名店"。2017年，入选央视《魅力中国城》竞演城市味道环节特别支持单位；在十堰首届食品餐饮博览会暨第二届美食文化节中，与竹溪县其他3家企业联手，共同制作的"国心食珍宴"获得团体宴席展台金奖。

十堰市堰丰宾馆

十堰市堰丰宾馆是一家集餐饮、住宿、娱乐于一体的三星级旅游涉外饭店，位居湖北省十堰市中心繁华地段（茅箭区人民北路），地理位置优越，交通出行便利，是十堰市知名的品牌企业，也是中国四叶级绿色饭店。

宾馆楼高十层，于1994年7月开始营业。2003年，完成企业改制。2013年10月，重新装修升级。宾馆装修别致，清逸舒适，设有87间温馨客房和3个会议室，拥有30个精致典雅的餐饮包厢和2个多功能宴会厅，能同时容纳约750人就餐。餐饮以楚菜为主流，以十堰本土菜为主体，兼营川菜、湘菜，注重菜品的安全、绿色和健康，味美可口，质优价廉，"香煎大白刁""海带心肺汤""郧阳三合粉""金

牌手撕牛肉""砂锅牛尾""乾隆鸡"等特色菜和招牌菜，深受消费者的好评。

面对市场的严峻挑战，堰丰宾馆始终秉承"堰丰消费、高贵不贵"的经营理念，坚持与时俱进，及时转型发展，以"回馈顾客、平价经营、感恩社会"为营销基点，以顾客满意度为着力点，坚持高标准、高起点的服务要求，在产品质量、服务水平、环境氛围上精益求精，诚心诚意地为客人提供规范化与个性化兼顾的温馨服务。同时，高度重视企业文化建设，在内部不断开展经营管理创新，加强职工业务技能培训，常态化开展评优评先活动，持续传播正能量，使职工队伍保持争先比优的工作激情；在社会上经常参加"扶危济困"的公益活动，捐款捐物，奉献爱心，积极展示十堰市旅游服务窗口形象，踏踏实实增强"堰丰"品牌的社会感召力。

经过二十多年的发展，堰丰宾馆以其优美的环境、优质的产品和优良的服务，赢得了十堰市社会各界的一致认可。"堰丰"商标被评为"十堰市第四届知名商标"，堰丰宾馆曾获"十堰市文明单位""十堰市重合同、守信用单位""国内贸易优秀企业""十堰老字号"等多项荣誉称号。

湖北九头鸟餐饮管理有限公司

湖北九头鸟餐饮管理有限公司位于湖北省十堰市茅箭区东岳路，创始于1996年，其前身是九头鸟食乐社，主要经营中餐。1998年，更名为"九头鸟火锅城"，首推十堰第一家"单人单位自助肥牛小火锅"。截至2018年底，公司旗下有九头鸟云鹤店、九头鸟东岳路店、小板凳吧式火锅店等两个品牌及3家分店。

公司始终以市场需求为第一信号，以顾客满意

为终极目标，想顾客之所想，行顾客之所需，从细节抓起，从小处入手，始终把满足客人的需要摆在首位，全心全意为顾客提供物美价廉的美食产品和优质高效的饮食服务，致力于打造十堰地区餐饮服务行业的旗帜型品牌企业。

公司自创建以来，不断推陈出新，将周边川菜、湘菜等多个菜系和十堰本土菜品进行整合，迎合了十堰这座移民城市不同地域、不同层次、不同口味的饮食消费需求，得到了消费者的广泛认可。旗下的九头鸟酒店以"弘扬湖北菜、自豪家乡人"为己任，用心集汇荆楚名菜，以中餐和火锅为主营业务。1998 年，九头鸟火锅城（东岳路店）开创十堰肥牛火锅之先河，引进十堰第一家"单人单位自助肥牛小火锅"，以"肥牛火锅哪里找，东岳路上九头鸟"为口号，大力引领车城火锅文化潮流，将北方纯正涮肉结合港式小火锅引入十堰市，成为十堰火锅餐饮市场的先锋。2012 年，公司精心打造的九头鸟云鹤店，采用中西合璧的后现代装饰风格，以精品川菜、肥牛火锅为经营主题，充分彰显着现代美食的艺术魅力。2014 年，开创小板凳吧式火锅店，在继承传统重庆火锅的基础上，以大众餐饮消费心理从"食物时代"到"心体时代"的变化为契机，装修装饰上突出跨界混搭风格，开创了一个十堰吧式火锅的新品类，引领着一股十堰火锅餐饮新风潮。2017 年，九头鸟东岳路店进行了全新升级。

历经二十多年的发展，公司先后获得"中华知名特色火锅""十堰名火锅""十堰市诚实守信经营户""十堰老字号"等诸多荣誉称号。

十堰市红太阳国际酒店

十堰市红太阳国际酒店位于湖北省十堰市郧阳区解放南路，地处人文风情浓郁、自然环境优美的汉江河畔，交通便利。其前身是 1996 年 9 月开业的红太阳酒店，经改造升级后，于 2014 年 2 月新装开业，是一家集餐饮、客房、会议、康乐于一体的综合性知名酒店。

酒店按照国家四星级标准设计建造，总投资 1.8 亿元，建筑面积达 24000 平方米，装修风格高档豪华，时尚温馨。酒店拥有 121 套客房、36 间豪华餐饮包房、5 个多功能会议厅、3 个多功能厅、1 个大型宴会厅、1 个自助餐厅，另备有足浴、KTV 等多项独具特色的康乐服务设施。

酒店秉承"高端大气、低调奢华、经济实惠、百姓消费"的经营理念，重视营造优雅的生活品位，竭诚为消费者提供优质周到的服务。餐饮部以中餐为主营业务，因地制宜，善于创新，以楚菜为主体，尤以十堰本土风味菜品为特色，并结合郧阳区特色食材汉江河鱼头，开创了十堰首家鱼头泡饭特色餐厅。"酱油鸡""卤味牛盖骨""干四季豆焖腊肉""乡村腊味萝卜干""郧阳三合汤""地耳包子""酸菜馍""酸浆面"等特色菜肴和风味小吃，深受十堰消费者好评。

2006 年 7 月，被十堰市商务局、十堰市餐饮业协会授予"十佳餐饮名店"称号。2009 年 12 月，被湖北省烹饪酒店行业协会评为"最受欢迎品牌示范酒店"。2017 年 3 月，被全国绿色饭店工作委员会评为"中国四叶级绿色饭店"。

丹江口市宾馆

丹江口市宾馆位于湖北省丹江口市城区中心的人民路，占地面积约 11000 平方米，建筑面积约

16700平方米，环境优美，交通便利，是一家旅游涉外三星级宾馆。

宾馆以"团结奋进、开拓创新、务实高效、争创一流"为服务宗旨，以客房和餐饮为经营主体，积极倡导细节化、个性化服务。宾馆客房部由迎宾楼、嘉宾楼组成，设有总统套房、豪华单间、套间、标准间共计125间（套），床位共计232个。宾馆餐饮部设有宴会厅、大小餐厅、美食小吃城、自助餐厅，可同时容纳约1000人就餐。

宾馆餐饮以楚菜见长，兼营川菜等其他菜系，突出古均州和武当山地方风味特色，挖掘开发了武当道家素宴、汉江鱼鲜宴等系列特色宴席和武当山野菜、武当药膳等系列特色菜品，深受消费者的喜爱和好评。

宾馆自1996年开业以来，一直是丹江口市每年的政协、人大、党建会议定点承办单位。2014年8月至今，连续承办了五届"全国摩托艇大赛"的接待任务。2014年10月至今，连续承办了五届"武当国际演武大会"的接待任务，并连续承办了五届"库区情·思源行"武当蜜橘推介会的接待任务。2015年12月，承办了"水都论坛"全国招商及新闻发布大会的接待任务。2016年5月至今，连续承办了三届"万人长跑大赛"的接待任务。2018年3月，承办了十堰市人民购物广场重建开业典礼的接待工作。2018年5月，承办了百年人寿保险公司会议的接待工作。

2010年至2018年，连续九年被丹江口市大坝办事处评为"社会管理综合治理工作先进单位"。2013年，被丹江口市人民政府授予"三八红旗集体"称号，被丹江口市委、市人民政府联合授予"库区情·思源行启动仪式先进单位"称号。2015年，被丹江口市委授予"党建工作优秀单位"称号。

湖北李二鲜鱼村餐饮连锁管理有限公司

湖北李二鲜鱼村餐饮连锁管理有限公司位于湖北省十堰市车城路，是一家以经营各类河鲜特色火锅及特许加盟连锁为主业，兼营生态鱼养殖及相关原料、调味品的研发与加工的知名餐饮企业。截至2018年底，公司旗下拥有"李二鲜鱼火锅""李二活鱼头""婉鱼""李二风干鱼"四大餐饮品牌，品牌门店共计超500家。

公司的前身是1999年10月在十堰市车城路火车桥头开办的一家鲜鱼馆。2003年，桥头鲜鱼馆正式更名为"李二鲜鱼村"，并开办第一家分店（六堰店）。2010年，注册成立湖北李二鲜鱼村餐饮连锁管理有限公司。2011年，李二鲜鱼村餐饮连锁管理有限公司正式全国招商加盟。2014年，李二鲜鱼村与刘一锅强强联合，统一新VI形象，更名为"李二鲜鱼火锅"。

公司自成立以来，以产品质量为企业生命线，始终坚持"营养、健康、绿色"的品质理念和"从不把死鱼卖给顾客"的经营原则，定位于大众化市场消费，致力于引领餐饮发展潮流，弘扬中华美食文化，专注鱼类产品链，努力打造中国最具"鱼文化"底蕴的火锅品牌。

2006年，李二鲜鱼村被评为"湖北市场行业双十佳企业"。2009年，李二鲜鱼村被评为"全国绿色消费餐饮企业"和"中华知名特色火锅"。2010年，在由武汉市饮食服务管理处等部门联合主办的江城"最受消费者欢迎十大火锅品牌"评选活动中，李二鲜鱼村获评"2010年江城火锅最具成长奖"。2017年，李二鲜鱼入选中国红厨帽委员会、北京东方美食研究院发布的《2017红厨帽餐厅榜单》。

公司董事长李声平在创业之初就心怀"做特色好餐饮，让生活更美好"的使命感，目前兼任湖北南水北调源头丹江口生态养鱼基地负责人、湖北省烹饪酒店行业协会副会长、湖北省烹饪酒店行业协会特色餐饮主席、湖北民营经济研究院理事会副理事长、丹江口市水产协会常务副会长等职务。2014年，李声平董事长荣获"湖北十大杰出创业家"称号。2015年，李声平董事长荣获东方美食杂志社"最受瞩目青年烹饪艺术家"称号。

十堰市紫荆花酒店管理有限公司

十堰市紫荆花酒店管理有限公司位于湖北省十堰市茅箭区江苏路，成立于1999年，以经营中餐为主营业务，是一家集团餐、会议住宿、酒店管理等于一体的多元化公司。截至2018年底，公司旗下拥有紫荆花宏正大酒店、姥姥家酒店、武汉慈凯酒店等多家品牌餐饮。

公司高度重视经营管理模式创新，积极打造多业态餐饮服务体系、标准化食品安全管理体系、高品质的产品生产服务体系、集中采购现代化物流体系，全方位铸就核心竞争力。其中，独创的"5H"食品质量管理控制体系，为公司食品安全提供坚实"防火墙"。"5H"即好的食材（与十堰绿色蔬菜基地、禽畜牧养殖基地、大型商超建立合作机制，对供应的原材料进行追溯管理）、好的保鲜（对供应原材料实现采购、运输、存储动态管理）、好的加工（执行高标准操作流程，加工过程进行实时监控，确保每道工序、每道菜品都具备星级品质）、好的质检（随机抽样检查，48小时留样备查制度，保证供应安全

优质的食品）、好的产品（前4H保障的核心）。

公司董事长陈华文曾当选为十堰市第三届政协委员、十堰市企业家协会副会长，曾获得"中国餐饮企业家社会责任突出贡献人物"等诸多荣誉称号。现任十堰市餐饮业协会会长、湖北省烹饪酒店行业协会副会长，为推进十堰市餐饮行业和湖北楚菜产业发展做出了突出贡献。

经过20年的发展，公司在十堰市不仅赢得了广大消费者的好评，而且得到了政府职能部门和行业协会组织的认可，先后被评为"湖北省食品卫生先进单位""湖北省十佳卫生酒店""湖北最受欢迎连锁餐厅""鄂西北十佳酒店""中国菜·全国省级地域主题名宴代表品牌企业""十堰市创卫先进单位""十堰市经济突出贡献企业"等。

十堰市武当国际酒店

十堰市武当国际酒店位于湖北省十堰市中心城区（茅箭区朝阳中路），是一家按照五星级标准建造的高档酒店，交通便利，环境优美，经营面积达4万平方米，拥有各类客房400间、宴会厅9个、大型特色餐厅4个，于2010年9月正式营业。酒店注重将国际先进管理理念与鄂西地域文化元素相融合，遵从现代人"健康环保、绿色消费"的生活理念，致力于为顾客提供优质而温馨的住宿和餐饮服务，先后通过了ISO9001、ISO14001、OHSAS18001国际标准管理三体系认证，一流的硬件设施和管理水准使酒店在十堰市独树一帜，是十堰市日常商务、政务接待的重要场所。

酒店重视倡导并践行企业社会责任，积极参与政府职能部门及行业主管部门组织的大型相关活动。2014年，圆满完成中央及受水区媒体南水北调采访接待任务。2015年，圆满完成湖北省委督导组团队接待任务。2016年，圆满完成湖北省特警系统户外拉练演练活动接待任务。2018年，圆满完成十堰市创建全国文明城市暗访组接待任务。

酒店的餐饮特色鲜明，独立运营的餐饮品牌有"龙舫中餐厅""太子豆捞""老街坊""瑞士西餐厅"等，在十堰市享有较高的行业知名度和市场美誉度。酒店中餐厅以楚菜、粤菜为主，以川菜、湘菜为辅，踏踏实实为顾客提供纯正、地道的食材和安全、优质的菜品，"房县小花菇煨蹄筋""香煎汉江翘嘴鲌""养

生菌王汤""龙舫鱼头王""家乡石子馍""野菜春卷"等特色菜品，受到广大消费者的喜爱和好评。

2016年，被全国绿色饭店工作委员会评为"中国五叶级绿色饭店"。2017年，荣获由十堰市人社局、市商务局、市饮食服务办等部门共同举办的十堰市烹饪技能大赛单项赛特金奖1枚和金奖2枚，被十堰市商务局授予"十堰市商务经济三项工作先进单位"称号。2018年，荣获第八届全国烹饪技能竞赛（湖北赛区）和首届湖北省楚菜职业技能大赛特金奖1枚和金奖1枚，并被十堰市商务局授予"最佳商务酒店""诚信经营单位"等荣誉称号。

房县唐城福满苑酒店管理有限公司

房县唐城福满苑酒店管理有限公司位于湖北省十堰市房县房陵大道盛世唐城，成立于2013年10月，其前身是始创于2009年9月的房县唐城福满苑酒店。截至2018年底，公司旗下拥有4家门店，分别是唐城福满苑酒店、姥姥家主题餐厅、小板凳吧式火锅、醉美乡村农家乐。其中，创建于2009年9月的房县唐城福满苑酒店，是一家以"时尚·平价"为主题的大众化民营餐饮企业，营业面积约1200平方米，可同时容纳约400人就餐。唐城福满苑酒店于2016年进行整体重装升级，硬件和软件水平得到大幅度提升。公司现为房县旅游餐饮协会副会长单位、房县旅游定点接待单位、十堰市餐饮业协会副会长单位。

公司自创建以来，始终以"忠诚、敬业、执着、进取"为团队理念，以"主动热情、耐心周到、规范快捷、团结奋进"为经营理念，以"打造餐饮名店，帮助员工实现梦想"为经营目标，立足房县，主营本土风味菜品，高度重视菜品安全和菜品口味，不断推

陈出新，同时在餐饮服务与管理上下功夫，不断提升服务技能和管理水平，在房县餐饮市场上赢得了良好的口碑。

2012年，被十堰市工商行政管理局授予"2011—2012年度十堰市消费者满意单位"称号，被房县旅游局授予"2012年度全县旅游行业先进单位"称号；在十堰市餐饮业协会组织的中国·房县"风雅美食"地方特色菜看烹饪大赛中，制作的"腊味山珍席"荣获特色宴一等奖。2014年，被十堰市餐饮业协会评为"2013—2014年度十佳百姓餐厅"。2017年，被房县文明办授予"2017年度全县文明单位"称号。2018年，被十堰市工商行政管理局授予"十堰市放心消费创建示范商户"称号，被湖北省工商行政管理局授予"湖北省放心消费创建示范商户"称号。

公司董事长欧阳燕青兼任房县旅游餐饮协会秘书长、十堰市餐饮业协会副会长，其作品曾被中央电视台《中国味道》、中央电视台《回家吃饭》、十堰电视台《十堰味道》等电视栏目进行专题报道，曾获"2012年度全县旅游行业先进工作者"等荣誉称号。

第八节
孝感市楚菜名店名企

孝感市槐荫酒楼

孝感市槐荫酒楼原名孝感饭店，始建于 1969 年，于 1972 年扩建后改名为槐荫酒楼，位于孝感市孝南区槐荫大道与城站路交会处，以汉孝子董永和七仙女槐荫路遇的传说而命名，是目前孝感市经营中餐历史最久的专业酒楼，现隶属孝感市宏源饮食服务有限责任公司。截至 2018 年底，酒楼拥有固定资产净值约 2000 万元，员工 80 人（其中高级技师 2 人，高级经营师 6 人）。

孝感市槐荫酒楼占地面积 2074 平方米，营业面积 2477 平方米，装潢考究，格调高雅，大厅宽敞明亮，包房整洁雅致，以经营特色小吃和中餐筵席为主。酒楼一楼大厅经营以孝感米酒为主要品种的全国各地名优小吃，二楼、三楼的宴会大厅及各式包间，可供近 1000 人同时就餐。

槐荫酒楼始终坚持"顾客至上、信誉为本、服务周到、真诚经营"的宗旨，致力于打造百年中华老字号餐饮品牌。酒楼现任总经理朱福兴长期在一线从事餐饮管理工作，积累了丰富的经验，研制的菜品多次在省市及全国烹饪比赛中获得佳绩，推出的系列家常菜深受广大顾客的喜爱，取得了良好的经济效益，为弘扬孝感饮食文化和推进楚菜产业发展做出了突出贡献。

1993 年，被国内贸易部授予"中华老字号"称号。1996 年，被湖北省贸易厅授予"湖北风味名店"称号。2009 年，被中共孝感市委宣传部、孝感市商务局等部门联合授予"新中国 60 年影响孝感 60 品牌"称号，"孝感糊汤米酒"荣获第十届中国美食节"金鼎奖"，并被中国饭店协会评为"中国名小吃"。2010 年，被国内商贸部授予"中华老字号"称号。2012 年，"孝感米酒"被国际饭店与餐饮协会、中国饭店协会联合授予"2012 国际饭店业优秀品牌奖"。2013 年，"槐荫放油鱼"获评"孝感市十大地方名菜"，"孝感米酒制作技艺"入选湖北省非物质文化遗产名录。2016 年，"孝感糊汤米酒"被中国旅游协会评为"首届中国金牌旅游小吃"。

湖北乾坤大酒店有限公司

湖北乾坤大酒店有限公司位于湖北省孝感市乾坤大道，成立于 2001 年 9 月。截至 2018 年底，公司旗下拥有 3 家分店，即孝感乾坤大酒店、孝感乾坤商务酒店、孝感乾坤国际大酒店。公司现为湖北省商标协会副会长单位、孝感市旅游协会会员单位。

孝感市乾坤大酒店位于孝感市交通西路口，于 2001 年开业，是孝感市首家集餐饮、住宿、商务于一体的三星级酒店，建筑面积达 1.6 万平方米。孝感乾坤商务酒店位于孝感市乾坤大道，于 2007 年正式营业，建筑面积达 2 万平方米。孝感乾坤国际大酒店位于孝感市乾坤大道，于 2016 年正式营业，是按国际标准设计的一家五星级酒店，主体楼高 108 米，共二十六层，总建筑面积达 8 万平方米。

公司自成立以来，以经营楚菜为主，积极加强菜品研发与创新，多次参加省市和全国各类烹饪大赛并荣获佳绩，高品质的菜品和高品位的服务，赢得了孝感市社会各界的一致好评，为弘扬楚菜美食文化和推进孝感经济发展做出了突出贡献。

2008 年，孝感乾坤大酒店被中共孝感市委孝感经济开发区授予"纳税十强企业"称号。2009 年，"乾坤大酒店"被湖北省工商行政管理局评为"湖北省著名商标"。2010 年，孝感乾坤大酒店被湖北省旅游局授予"2009 年度先进星级饭店"称号。2012 年，公司被湖北省烹饪酒店行业协会评为"湖北餐饮名店"，孝感乾坤大酒店被湖北省质量技术监督局等部门授予"湖北省服务业标准化示范单位"称号，"酱香肉""小炒生态猪肉""私房糍粑鱼""清江鱼头炖鱼圆"等招牌菜被湖北省烹饪酒店行业协会评为"湖北名菜"。2013 年，孝感乾坤大酒店被首届华中旅游网络博览会组委会评为"湖北最温馨酒店"，孝感乾坤商务酒店被全国酒家酒店等级评定委员会评为"国家五钻级酒家"和"国家钻级酒家示范店"，"鮰鱼狮子头""清炖清江肥鱼""滋补养生甲鱼"被中国国际名厨烹饪大赛组委会评为"金牌菜"。2014 年，孝感乾坤大酒店被湖北省食品药品监督管理局授予"湖北省餐饮服务食品安全示范单位"称号。2016 年，荣获中国饭店协会组织的第六届全国饭店业职业技能竞赛（湖北赛区）金奖 3 枚。2017 年，公司被湖北省工商行政管理局等部门授予"守合同重信用企业"称号，孝感乾坤大酒店被全国绿色饭店工作委员会评为"国家五叶级绿色餐饮企业"，"应城老豆腐"被全国酒家酒店等级评定委员会评为"国家钻级酒家镇店名菜"。2018 年，公司被湖北省烹饪酒店行业协会评为"湖北最受欢迎宴会酒店"，荣获湖北省商务厅等部门联合组织的湖北省首届楚菜职业技能大赛团体特等奖 1 枚、个人特金奖 1 枚、

金奖 2 枚，荣获中国饭店协会组织的第七届全国饭店业职业技能竞赛（全国总决赛）特金奖 3 枚，孝感乾坤商务酒店再次被全国酒家酒店等级评定委员会评为"国家五钻级酒家"，"楚乡莲藕宴"入选"中国菜·全国省级地域菜系湖北十大主题名宴"。

孝昌花园人家酒店

孝感市孝昌花园人家酒店位于湖北省孝感市孝昌县城区孟宗大道，成立于 2012 年 12 月，隶属湖北花园印象餐饮管理有限公司（成立于 2005 年 10 月），现为孝感市烹饪酒店行业协会副会长单位。截至 2018 年底，酒店在职员工 60 人，经营面积 2200 平方米，内设多功能宴会大厅、豪华大包、普通包房等，可满足多层次餐饮消费需求。

酒店自成立以来，秉承"全心全意为顾客做一桌好饭"的神圣使命，专注于打造以"商务宴请、宴席接待、朋友聚会"为主题的特色餐饮企业，致力于成为"孝昌标杆型品牌酒店"。酒店积极挖掘地方特色菜品，倾情传承楚菜美食文化，主营特色风味地方菜品和融合创新型轻商务菜品，悉心精选本土地标性食材，以给父母家人做菜一样的态度，诚心诚意烹制每一道菜品，并通过热情周到的服务，为顾客营造良好的就餐体验，同时展现花园人家良好的企业文化。"花园红烧肉""太子阴米煮土鸡蛋""花西豆棍""王店鳝鱼羹""王店豌豆粉""夏庙土鸡汤""小河羊肉汤""小河滑鱼"等招牌菜和特色菜，深受本地餐饮消费者的青睐。在做好自身工作的同时，酒店还积极回馈和服务社会，热心社会公益事业，诸如孝昌精准扶贫爱心捐赠、孝昌义工联爱心协会、孝昌阳光志愿者服务队等活动，赢得了孝昌县社会各界的广泛好评。

2014 年，被孝昌县政府税务部门授予"2014 年诚信纳税大户"称号，2015 年，被孝昌县物价局授予"价格诚信单位"称号。2016 年，被湖北省工商行政管理局授予"2015 年度放心消费企业"称号。2017 年，

被东方美食文化传媒集团红厨帽委员会评为"中国红厨帽餐厅"。2018 年，被湖北省烹饪酒店行业协会评为"湖北最受欢迎连锁餐厅"，被孝感市人民政府确定为"花园红烧肉非物质文化遗产传承单位"。

第九节
荆门市楚菜名店名企

荆门市苏州府酒店管理有限公司

荆门市苏州府酒店管理有限公司位于湖北省荆门市掇刀区月亮湖路，是湖北彭墩科技集团旗下的子公司，成立于 2012 年 11 月，前身是创建于 1998 年 10 月、成立于 2002 年 5 月的荆门市荆富商贸有限公司。截至 2018 年底，苏州府酒店管理有限公司在荆门城区拥有 3 家连锁店，即苏州府紫金殿店、苏州府阳光店、苏州府掇刀店，总营业面积达 10000 平方米，可同时容纳 4000 人就餐，是荆门市餐饮市场知名品牌企业。

公司旗下的苏州府紫金殿店，建筑面积约 6800 平方米，使用面积约 5900 平方米，厨房面积约 1000 平方米，前厅营业面积约 4600 平方米，可同时容纳约 1800 人就餐，在荆门餐饮界享有盛誉。

公司始终坚持"举健康旗、炒环保菜、打品牌战、走连锁路"的指导思想，主营楚菜，融粤菜、川菜等菜系之精华，深受荆城人民的喜爱和认可，已成为荆

门地区一张靓丽的餐饮名片，为弘扬荆门饮食文化和推进楚菜产业发展做出了突出贡献。

2005 年，被湖北省人民政府授予"鄂菜十大名店"称号。2008 年，被中共湖北省委、湖北省人民政府授予"湖北省回归创业先进企业"称号，被荆门市国税局等部门联合评为"影响荆门市民生活 100 品牌"。2010 年，被荆门市商业联合会评为"荆门市餐饮名店"。2012 年，被荆门市商业联合会评为"优秀企业"。2014 年，被荆门市食品药品安全委员会评为"2013 年度荆门市餐饮安全示范店"。2016 年，被荆门市烹饪酒店行业协会评为"荆门十佳餐饮标杆品牌"。2017 年，被全国绿色饭店工作委员会评为"国家五叶级绿色餐饮企业"，被荆门市烹饪酒店行业协会评为"2017 年度绿色餐厅"，被全国酒家酒店等级评定委员会评为"国家钻级酒家示范店"。2018 年，被湖北省烹饪酒店行业协会评为"湖北省最受欢迎宴会酒店"，被全国酒家酒店等级评定委员会评为"国家五钻级酒家"。2019 年，被荆门市烹饪酒店行业协会评为"2018 年荆门市优秀绿色餐饮企业"。

湖北小乐仙餐饮管理有限公司

湖北小乐仙餐饮管理有限公司位于湖北省荆门市东宝区象山大道，始创于 2004 年，成立于 2014 年，是一家致力于为顾客提供多元化产品、服务及体验的品牌连锁餐饮管理机构，专业从事荆楚饮食文化的传播推广，以及特色餐饮的研究开发、加盟连锁、运营培训、策划咨询、品牌管理等服务。截至 2018 年底，公司旗下拥有四个楚味品牌（楚味小厨、青橙餐厅、乐宴、乐粉）和一个团膳品牌（天天向上）。

基于对楚味美食及楚菜文化的热爱，公司始终坚持"乐在一起、幸福人生"的经营理念，坚持"以人为本"的企业文化，以亲情关怀带领团队，对内努力让严肃的工作转化为有情感的生活，对外尽力让家的感觉延伸渗透于每一位顾客的身心。

楚味小厨是公司旗下的楚菜正餐品牌，以楚菜文化的传播推广为己任，多年来一直秉承"知楚味、若自家"的品牌理念，以及"舒适、自然、本味"的品牌主张，传承"回归自然、甄选食材"的烹饪理念，潜心实践"我们用良心换您的放心""双心餐厅倡导者"的服务承诺，优选食材，合理搭配，精心烹调，不断创新，为广大顾客提供健康臻美的餐品和消费体验。2004年，首开楚味小厨工商街店。2005年，楚味小厨广场店开业。2017年，楚味小厨金虾店开业。2019年，楚味小厨中央华府店按计划闪亮登场。

2017年，被《东方美食》杂志授予"红厨帽餐厅"称号。2018年，在荆门市商业服务业诚信经营优质服务活动中被评为"优秀企业"，同年被荆门市烹饪酒店行业协会评为"绿色饭店创建先进企业"。

荆门市筱宴春餐饮文化管理有限公司

荆门市筱宴春餐饮文化管理有限公司位于湖北省荆门市东宝区象山大道，成立于2016年6月，由原来的筱宴春菜馆发展演变而来。2007年，具有多次创业经历的台磊接管筱宴春菜馆，随后注册了"筱宴春"商标，开办筱宴春酒楼南台店。2010年，开办筱宴春酒楼掇刀店。2012年，开办筱宴春菜馆月亮湖店。2015年，开办筱宴春饺子馆长宁店。2018年，开办筱宴春酒楼荆粼台店。截至2018年底，公司发展成为拥有5家菜馆的连锁经营企业。

荆门筱宴春菜馆是一家享誉荆门市的老字号餐饮名店，其技艺传承于具有"烹饪世家"之称的邱氏家族，堪称荆门市烹饪界与时俱进、继往开来的一面旗帜。据史料记载，以"烹饪世家"著称的邱家厨艺具有200年历史，曾名震鄂西地区，影响江汉平原。邱氏祖传酥食手艺，特别善做"太师饼"及海味佳肴。1911年，邱家落籍荆门，邱家第六代传人邱家祯在荆门城关紫竹街（今北门路）开设桂芳斋酥食店，生意兴隆。后因战乱，邱家厨艺流离失所，几度沉浮。20世纪60年代初，在公私合营中，邱氏第七代传人邱宗琅以先父之名继承的"邱祯记"菜馆，正式合营到原荆门县饮食服务公司，从而注入了造福于民的新活力。1979年，在原"邱祯记"菜馆的基础上，扩建为两层楼，创办古色古香的筱宴春菜馆，其首任主厨兼经理为楚菜名宿张发源。

筱宴春的"众星捧月""四大六小""蹄筋席""海参席""鱼翅席""烧烤席"，以及"太师饼"等传统荆楚风味美食，深受当地消费者的好评和喜爱。各连锁店在坚持传承邱家厨艺的基础上，相继研发出的"彪哥腐鱼""平锅臭鳜鱼""筒子骨炖野藕"，以及酸粉子系列菜等招牌菜，同样赢得了当地消费者的认可和青睐。

十余年来，公司立足荆门，以邱家厨艺为依托，致力于打造知名餐饮老字号品牌，为传承荆楚饮食文化和推进楚菜产业发展做出了突出贡献。2010年，在荆门市商业联合会、荆门市烹饪酒店行业协会、荆门社区网（荆门美食频道）共同举办的特色餐饮评选活动中，被评为"餐饮特色店"。2013年，在荆门日报传媒集团（荆门晚报）、荆门市消费者协会、荆门市质量协会共同举办的"科学发展 品牌荆门"活动中，获评"第二届影响荆门市民生活100品牌"。2015年，被荆门市消费者委员会评为"消费者满意单位"，"太师饼制作技艺"入选荆门市非物质文化遗产名录。

2016年，被全国绿色饭店工作委员会评为"国家三叶级绿色餐饮企业"，"筱宴春"商标被荆门市工商行政管理局评为"2016—2022年荆门市知名商标"。2017年，"筱宴春"被湖北省商务厅评为"湖北老字号"。

钟祥市莫愁湖国际大酒店

钟祥市莫愁湖国际大酒店坐落于风景秀丽的湖北省钟祥市莫愁湖畔，依山而建，临湖而立，空气清新，环境优美，花草树木遍布其间，小桥流水点缀其中，亭台楼榭错落有致，湖光山色如诗如画，是湖北润德实业集团有限公司投资修建的挂牌四星级旅游度假休闲园林式酒店，是钟祥市知名品牌酒店，现为武汉酒店行业协会副会长单位、荆门市烹饪酒店行业协会副会长单位。

酒店创建于2007年2月，并于2014年8月重新装修。2015年，因经营需要，在酒店南侧扩建贵宾楼。扩建后的酒店拥有不同房型的客房共计两百多间（套），内设宴会厅2间、豪华包房12间、西餐厅1间、各种规格的会议厅5间和大型多功能厅1个，其中多功能厅可接待800人规模的大型会议或1200人同时就餐。酒店还设有地面和地下停车位200个。

酒店经营管理团队始终坚持"不断学习、不断努力、不断创新、不断超越"的经管理念，持续践行"以身作则、勇于担当、高效执行、持之以恒"的工作作风，用心加强企业文化建设，热心吸纳社会人员就业，管理水平和社会责任得到钟祥市政府部门和广大民众的一致好评。

酒店积极创建中国绿色饭店，大力弘扬荆楚美食文化，餐饮以楚菜为主体，以本地农家风味土菜为特色，兼营粤菜、川菜、湘菜等知名菜系，"御膳蟠龙菜""莫愁千张锅""绝味砂锅牛排""纱帽山羊白切""石牌石磨豆腐""葛仙葛粉丸""客店老腊肉""钟祥贡米茶""寿乡橡子皮"等招牌菜和特色菜，深受消费者青睐。

酒店曾获湖北省食品药品监督管理局授予"2017年度湖北省餐饮服务食品安全明厨亮灶示范店"、荆门市外事侨务旅游局授予"2017年度荆门市旅游行业文明诚信示范单位"、荆门市烹饪酒店行业协会授予"2018年度荆门市绿色饭店创建先进企业"等诸多荣誉称号。

荆门市屈家岭饭店

屈家岭饭店坐落于湖北省荆门市屈家岭管理区屈岭路步行街，位居中国农谷发展战略的核心区，创建于2008年，并于2010年在国家工商行政管理总局注册"屈家岭饭店"品牌商标，是一家集餐饮、住宿、茶吧及棋牌、商务于一体的综合性企业，现为荆门市烹饪酒店行业协会副会长单位。

饭店占地面积3200平方米，客房温馨舒适，茶吧设施典雅，餐饮部拥有大型宴会厅5个、包间19间，可容纳1000人同时就餐。饭店餐饮以经营楚菜为主，荆门本土风味菜品最具特色，"屈家岭蒸全膀""屈家岭水晶黄桃""鹿蹄炖鹿筋""滋补鹿排""鹿肉火锅""蒸笼格子""雪里蕻炖鳝鱼筒""水煮黄古丁""双椒鱼头"等招牌菜，深受荆门地区餐饮消费者好评。

饭店以"屈家岭文化"为根基，以"传承千年农脉、打造百年老店"为经营目标，按照"以观念更新推动理念创新，以文化发展推动企业文化建设"的总体思路，以培育员工素质为基础，以培植优秀企业文化为

前提，以提高经济效益和社会效益为目标，大力倡导绿色消费和健康饮食，始终坚守并传承地方饮食风味特色，良心选材，用心做菜，凭着良好的管理、美味的菜品和优质的服务，赢得了消费者的广泛赞誉，不仅在竞争激烈的当地市场稳固扎根，而且带动了区域内酒店餐饮业的整体发展。

2010年，被荆门市商业联合会、荆门市烹饪酒店行业协会、荆门社区网联合评为"餐饮特色店"。2016年、2017年，连续两年被荆门市烹饪酒店行业协会评为"荆门市绿色餐厅"。2018年，被湖北省烹饪酒店行业协会评为"湖北最受欢迎特色餐饮企业"，被荆门市商业联合会评为"荆门市商贸服务业诚信经营优质服务优秀企业"。

京山天天有鱼餐饮服务有限公司

京山天天有鱼餐饮服务有限公司位于湖北省荆门市京山市新市镇轻机大道，成立于2008年，是一家以经营水库野生鱼为主、融本地饮食特色于一体的餐饮企业。截至2018年底，公司旗下拥有5家直营店（海鲜厨房店以海鲜为特色，川菜馆店以川菜为特色，京源店适合家庭聚会，钟鼓楼店适合商务接待，富水花园店是集天天有鱼所有特色于一体的旗舰店。富水花园店营业面积超过2000平方米，内设大型宴会厅、时尚包房、私密卡座，可满足不同消费者的多种宴请需求），员工共计200人。公司现为京山市餐饮行业龙头企业、京山餐饮服务行业协会会长单位。

公司自成立以来，立足扎根京山，服务京山，以成就"京山人的味道"和"京山人的厨房"为发展目标，始终秉承"品质、安全、实惠"的经营宗旨，高度重视消防安全和食品安全，通过优质的食材、健康的菜品、实惠的价格、周到的服务，为顾客提供安全、健康的美食体验，持续营造消费口碑，精心打造京山品牌餐饮。

公司餐饮以楚菜为主体，以本土风味菜品为基础，兼营川菜、粤菜等知名菜系代表菜品，选用最新鲜的食材，用心烹饪，用情服务，推出的惠亭水库鱼火锅系列，以及"三阳板栗红烧肉""富水白花菜金鱼汤""钱场风干鸡""金丝大虾""孙桥烤鸭"等具有本地特色的招牌菜，深受顾客青睐。"三阳板栗红烧肉""金丝大虾"曾获2017年京山首届美食节金奖，"富水白花菜金鱼汤"曾获2018年京山乡土特色菜大赛金奖。

公司在做好自身发展的同时，时刻不忘肩负的社会责任。十年来，公司员工每年积极参加献爱心活动。钱场福利院、京山特校、宋河养老院是公司的三个献爱心定点单位，逢年过节，公司都会组织员工上门送米送油送衣物，和老人们一起包饺子，和孩子们一起做游戏，以实际行动为社会弱势群体增添温暖。

2015年、2016年、2017年，连续三年被荆门市消费者委员会评为"消费者满意单位"。2017年、2018年，连续2年被湖北省食品药品监督管理局评为"湖北省餐饮服务食品安全示范单位"。2017年，被荆门市烹饪酒店行业协会评为"2017年度绿色餐厅"。2018年，被湖北省烹饪酒店行业协会评为"湖北最受欢迎特色餐饮企业"。

荆门九尊商贸有限公司

荆门九尊商贸有限公司（九尊食上）位于湖北省荆门市东宝区金龙泉大道，成立于2009年6月，是一家集荆楚特色餐饮、客房经营、酒店管理、团膳服务等项目于一体的综合性餐饮酒店服务企业。现为中国烹饪协会理事单位、湖北省烹饪酒店行业协会副会长单位、荆门市烹饪酒店行业协会执行会长单位。截至2018年底，公司旗下拥有生态美食园林餐厅等6家经营实体店，同时管理荆门石化总厂、荆门市政务中心等6家企事业单位的大型食堂。

2009年，公司投资打造面积5000平方米、具有独特荆楚文化景观的生态园林餐厅。随后，率先在荆门市餐饮行业中开展"六T现场管理"，率先践行绿色发展理念，先后通过质量管理体系认证和食品安全管理体系认证，成为荆门市最具影响力的餐饮品牌企业。

十年来，公司致力于弘扬荆楚饮食文化，以楚菜为主，汇集粤菜、川菜、湘菜等风味流派，大力开展菜品研发创新，先后有40道特色菜品被评为"湖北名菜"，其中"九尊蟠龙菜""长湖鱼糕"被评为"中国名菜"。公司曾圆满承办第七届全国烹饪技能竞赛（湖北赛区）暨湖北省第十一届烹饪技术比赛，在社会上受到广泛好评。公司先后荣获省市级和国家级集体奖项40个，荣获"全国餐厅服务金奖"等个人荣誉百余人次。

2012年，被全国酒家酒店等级评定委员会评为"国家五钻级酒家"，被湖北省文化厅授予"湖北省首批食文化知名企业"称号。2013年，荣获第七届全国烹饪技能竞赛团队最佳奖、湖北省第十一届烹饪技术比赛团队最佳奖。2014年，被荆门市精神文明建设委员会办公室等部门联合授予"2013—2014年度诚信经营示范单位"称号，被湖北省食品药品监督管理局授予"湖北省餐饮服务食品安全示范单位"称号，被荆门市食品药品监督管理局授予"2013年度食品安全示范单位"称号，被湖北省工商行政管理局等部门联合授予"2013—2014年度湖北省文明诚信私营企业"称号。2015年，被全国酒家酒店等级评定委员会评为"国家钻级酒家示范店"，被全国绿色饭店工作委员会评为"国家五叶级绿色餐饮企业"，被湖北省商贸流通业协会评为"湖北省商业服务业先进集体"。2016年，被全国绿色饭店工作委员会评为"国家级优秀绿色餐饮企业"。2017年，被中国烹饪协会授予"中国餐饮30年卓越企业奖"，被全国酒家酒店等级评定委员会评为"国家钻级酒家示范店"，被荆门市商务局授予"2017年度荆门市优秀绿色餐饮企业"称号。2018年，荣获第八届全国烹饪技能竞赛（湖北赛区）中餐热菜金奖1枚，荣

获首届湖北省楚菜职业技能大赛团体金奖1枚和单项特金奖5枚，被荆门市人民政府授予"2017年度消防工作先进单位"称号，被中国烹饪协会评为"改革开放40年中国餐饮行业·模式创新突出贡献单位"。

荆门市金王子大酒店

荆门市金王子大酒店是荆门市金王子大酒店管理有限公司旗下品牌酒店。荆门市金王子大酒店管理有限公司成立于2010年4月，位于湖北省荆门市掇刀区虎牙关大道。

荆门市金王子大酒店是按照荆门市及掇刀区两级政府要求，以四星级标准投资兴建的一所高档综合型酒店，集餐饮、住宿、会议、茶楼、健身、娱乐、美容于一体，总占地面积约10000平方米，客房使用面积约9000平方米，餐饮使用面积约4000平方米。酒店自2010年9月开业以来，在各级领导和各界朋友的关心与支持下，先后成功接待了湖北省、荆门市各级政府举办的多项重大活动和重要会议，在当地取得了良好的社会口碑，已成为荆门市各级部门接待和老百姓心中优质服务的品牌象征。

2012年，被荆门市总工会授予"2011—2012年度女工委会先进集体"称号，被荆门市文化局授予"湖北省第十三届运动会承办先进集体"称号。2013年，被全国酒家酒店等级评定委员会评为"国家五钻级酒家"。2014年，荣获第七届全国烹饪技能竞赛最佳团队奖，被荆门市烹饪酒店行业协会评为"荆门饮食好去处"，被荆门市酒类流通监督管理办公室等部门评为"放心酒示范店"。2015年，被湖北省烹饪酒店行业协会评为"湖北餐饮名店"，被荆

门市工商局授予"荆门市文明诚信私营企业"称号，被荆门市卫生局授予"荆门市公共卫生A级单位"称号，被湖北省食品药品监督管理局授予"湖北省餐饮服务食品安全示范单位"称号。2016年，被全国绿色饭店工作委员会评为"国家五叶级绿色饭店"。2018年，被全国酒家酒店等级评定委员会评为"国家五钻级酒家"。2019年，被荆门市烹饪酒店行业协会评为"2018年荆门市最受欢迎宴会酒店"。

荆门帝豪国际酒店

荆门帝豪国际酒店坐落于湖北省荆门市内环线长宁大道，位居荆门金融、经济、文化商圈之核心区域，交通条件便利，地理位置优越，于2010年9月挂牌营业，是湖北省烹饪酒店行业协会评定的"最受欢迎品牌示范酒店"，是原国家旅游局评定的四星级酒店，也是全国绿色饭店工作委员会评定的国家五叶级绿色饭店。

酒店共计二十七层，高99.8米，在岗员工近200人，有306间客房、10个会议厅、3个大型宴会厅和20个豪华包间，可容纳1000人同时就餐，是一家集餐饮、客房、会议、康乐于一体的大型多功能酒店。2018年，经重新装修后，酒店硬件设施进一步提档升级。

酒店自开业以来，一直本着"扎根荆门、立足荆门、服务荆门"的经营理念，秉承"让客人满意、让客人惊喜"的服务目标，在着力做好基础服务工作的同时，注重酒店整体服务、员工素质、管理能力等软件建设的体系化提升。系统的人才培养、完备的后勤保障、丰富的拓展活动，不仅为员工提供了广阔的成长空间和发展平台，而且打造了一支精益求精的服务团队和高效务实的管理团队，多次圆满完成各类大型政务、商务接待任务，屡次获得国家及省市相关部门的表彰。

2013年，荣获第七届全国烹饪技能竞赛（湖北赛区）团队最佳奖。2014年，荣获湖北省生活服务业职业技能竞赛选拔赛特金奖1枚和金奖1枚。2016年，特色菜"百味鲜泡蟹"被中国烹饪协会评为"中国名菜"。2017年，被荆门市商务局授予"2017年度优秀绿色饭店"称号。2018年，荣获首届湖北省楚菜职业技能大赛热菜项目特金奖1枚，荣获第八届全国烹饪技能竞赛（湖北赛区）金奖1枚。2019年，被荆门市烹饪酒店行业协会评为"2018年荆门市最受欢迎宴会酒店"。

沙洋县江汉明珠国际酒店

江汉明珠国际酒店坐落于湖北省荆门市沙洋县洪岭大道，距沙洋卷桥汽车站咫尺之遥，地理位置优越，交通十分便利。酒店于2008年8月开始动工建设，2011年7月底正式开业迎宾，占地面积约4000平方米，建筑面积达15000平方米，建筑风格典雅气派，整体外观雄伟挺拔，是一家按四星级标准兴建的现代精品商务酒店，也是沙洋县首屈一指的地标性建筑。

酒店高二十层，集住宿、餐饮、会议、娱乐于一体，装饰高雅，设备一流，拥有总统套房、豪华套房、豪华标准间及普通标准间共计140间，另有15个豪华雅间、2个宴会大厅、1个自助早餐厅，可以提供宴会、酒席、自助餐、便餐等服务，能容纳900人同时进餐。

酒店餐饮以楚菜为主体，兼营湘菜、川菜、粤菜，尤以荆门本地风味菜品为特色，"长湖野菜鸽子火锅""长湖鱼糕""长湖针钩鱼""江汉大蒸笼""曾集土风干鸡""豆豉扣牛肉""干炕广皮"等招牌菜品，

深受消费者欢迎。

酒店管理团队一直秉承"严格高效、讲求信誉、宾客至上、质量第一"的服务宗旨，努力践行"先利人后利己，满意＋惊喜"的金钥匙服务理念，通过优雅的环境、精美的菜肴、优质的服务，致力于打造沙洋县最具口碑的精品商务酒店。

2013年，被荆门市食品药品安全委员会授予"2013年度全市餐饮服务食品安全示范酒店"称号。2016年，被湖北省食品药品监督管理局授予"2016年湖北省餐饮服务食品安全示范单位"称号。2017年，被荆门市烹饪酒店行业协会评为"2017年度绿色客房"。2018年，被荆门市烹饪酒店行业协会评为"2018年荆门最受欢迎宴会酒店"。

湖北东城酒店管理有限公司

湖北东城酒店管理有限公司位于湖北省荆门市掇刀区月亮湖南路，成立于2011年10月，现已发展成为荆门地区最具影响力的餐饮品牌之一。截至2018年底，旗下拥有荆门市东城国际酒店和湖北忆许鲜餐饮管理有限公司两家子公司。公司现为荆门市烹饪酒店行业协会常务副会长单位。

荆门市东城国际酒店创建于2010年，营业面积

达4000平方米，始终以经营楚菜为主，一直秉承"安全环保、绿色健康"的经营理念，坚持面向大众消费群体，精心推出系列安全健康的特色菜肴，保证消费者吃得舒心，吃得放心。优越的地理位置、便利的交通条件、豪华的装修格调、雅致的消费环境、浓厚的文化氛围、超值的美味佳肴、优良的服务质量，使之成为荆门市东城区餐饮服务行业的标杆企业。

湖北忆许鲜餐饮管理有限公司成立于2018年，旗下忆许鲜文化主题餐厅以"养生更需养心"的情怀和理念，将诗情画意的杭州"西湖十景"融入其中，让顾客在体味荆楚美食的同时，体验大同和美的中国古典文化，实现观景养心的美食消费体验。

公司先后获评"国家四钻级酒家""国家五叶级绿色餐饮企业"，"湘妃鱼糕""农家糍粑鸡"2道菜品被中国烹饪协会评为"中国名菜"，"大师腌鱼块""八珍豆筋煲""阴米煮鳜鱼""花蟹煮年糕""山珍菌王锅"等40道菜品被湖北省烹饪酒店行业协会评为"湖北名菜"，曾获"湖北餐饮名店""湖北省餐饮服务食品安全示范酒店""荆门市民最爱酒店品牌""荆门市优秀企业""荆门市诚信单位""影响荆门市民生活100品牌单位""首届荆门商业服务业诚信经营优质服务先进企业""湖北省最受欢迎品牌示范酒店""全国商业服务业顾客满意企业""国家钻级酒家示范名店"等系列荣誉称号。

荆门市凯莱·世纪大酒店

荆门市凯莱·世纪大酒店坐落于湖北省荆门市中心商务区长宁大道，成立于2010年1月，于2012年1月正式营业，以经营餐饮、住宿为主，并

于 2013 年 9 月正式获评"中国四星级饭店",是一家专业从事星级酒店经营和管理的知名品牌企业。

自开业以来,酒店坚持将"诚信为本、服务为先、以客为尊"的企业宗旨贯穿于经营全过程,始终将服务质量和食品安全放在工作的重中之重,并且在服务理念上打破常规,探索并形成了独具特色的凯莱服务模式和服务品牌,造就了"以质取胜、以情动人"的核心竞争力,使企业在激烈的市场竞争中稳步发展,在荆门餐饮市场上赢得了良好的口碑,具有较高的知名度和美誉度。

餐饮作为酒店重点经营项目之一,始终坚持以顾客为中心,以质量为根本,精心打造地方特色美食,不仅在餐厅软装上展现荆楚文化元素,并且在厨房大力开展特色菜品研发,到原产地采购"土、特、鲜"原材料,与当地农户合作进行生态养殖,实行定点供货,如栗溪的跑地鸡和土鸡蛋、仙居的萝卜、漳河的黑猪肉、东宝的石碾米等,美味与营养兼备的系列化荆门风味菜品,赢得了消费者的好评和青睐。

2012 年,被荆门市人民政府授予"荆门市先进消防单位"称号,被共青团荆门委员会等部门联合授予"青年文明号"称号。2015 年,被荆门市人力资源和社会保障局授予"荆门市劳动关系和谐企业"称号。2016 年,被荆门市工商行政管理局授予"2015—2016 年度文明诚信私营企业"称号,被荆门市总工会授予"优秀职工之家"称号。2017 年,被荆门市外事侨务旅游局授予"荆门市旅游行业文明诚信示范单位"称号,被荆门市商务局授予"2017 年度优秀绿色饭店"称号,被全国绿色饭店工作委员会评为"国家五叶级绿色饭店"。2018 年,被荆门市商业联合会评为"第二届荆门商贸服务业诚信经营优质服务优秀企业"。

王国民董事长是荆门市第七届、第八届政协委员,荆门市东宝区第六届、第七届人大代表,荆门市温州商会会长,荆门市工商联副主席,荆门市旅游协会会长。2012 年,被评为"荆门市十大经济风云人物"。2013 年,被评为"荆门市优秀社会主义建设者"。

钟祥市王府大酒店

钟祥市王府大酒店位于湖北省钟祥市安陆府东路——老城区和莫愁新区结合部,创建于 2015 年。酒店占地面积约 100 亩,建筑风格与周边环境浑然天成,绿树与湖水相伴,繁华与静谧共享,地理位置优越,环境优美典雅,是按照国家五星级标准及国家二星级绿色建筑标准设计并建造的钟祥市标志性建筑,内设有大型宴会厅、多功能厅、西餐厅、会议厅及时尚豪华包房,可满足各种宴请及会议需求,被誉为钟祥市餐饮行业的标杆企业。

酒店在经营管理过程中,始终秉持"脚踏实地、勤勤恳恳对待生活"的态度与情怀,大力倡导并践行"节能、环保、安全、健康"的发展理念,以爱心凝聚企业社会责任,以匠心传承湖北美食文化。酒店餐饮以楚菜为主体,汇集川菜、湘菜、粤菜等风味菜肴,尤以荆门地方风味菜点为特色,"石牌柴火豆腐""帝王蟠龙菜""张集鲜菌汤""三元蹄髈""橙香排骨""茄汁虾仁""钟祥米茶""长寿葛根酥"等特色菜品,深受消费者好评。

酒店积极创建绿色饭店,高度重视消防安全和食品安全,严抓食品安全培训,严把食品原料关、食品加工关、清洗消毒关、食品存放关、食品添加剂使

用关、餐饮环境和个人卫生关，在此基础上深度挖掘钟祥本地特色菜肴，为钟祥广大市民及远道而来的客人提供安全、健康的美食体验，并用心打造一支优秀的管理团队和职工队伍，为企业赢得了较好的社会效益和经济效益。

酒店曾连续三年（2015年、2016年、2017年）被钟祥市人民政府授予"年度食品药品安全工作先进单位"称号。2016年，被湖北省食品药品监督管理局授予"湖北省餐饮服务食品安全示范单位"称号。2018年，被钟祥市人民政府授予"2017年度消防工作先进单位"称号，被荆门市义务工作联合会评为"2017年度爱心企业"，被荆门市商业联合会评为"第二届荆门商贸服务业诚信经营优质服务优秀企业"。

第十节
鄂州市楚菜名店名企

湖北李太婆餐饮管理有限公司

湖北李太婆餐饮管理有限公司位于湖北省鄂州市鄂城区古城北路，成立于2007年11月，其前身是于2003年1月开业的李太婆鱼汤馆。公司董事长陈国兵现为鄂州市工商联执行委员、鄂州市第八届政协委员。

"民以食为天，食以鱼为鲜。"公司立足于"百湖之市"的鄂州，致力于弘扬湖北鱼鲜美食文化，定位于大众化消费，以鱼汤为特色，以鱼菜为招牌，突出自然本味，体现经济实惠，讲究以诚待客，注重服务到位。经过十余年的努力，由原来营业面积约70平方米的小店，发展成为营业面积达1000平方米的大店。"乌鸡炖财鱼""蹄花炖黄鱼""草鱼煮水饺""太婆粉蒸肉""太婆红烧肉"等招牌菜深受消费者青睐，在鄂州餐饮市场上赢得了良好的口碑。

2006年，被鄂州市服务业评选活动组委会评为"鄂州人最喜爱的餐饮店"。2007年，被湖北省消费者委员会等部门授予"湖北省第十届（2005—2006年度）消费者满意单位"称号，"乌鸡炖财鱼（李太婆鱼汤）"被鄂州市商务局、鄂州市旅游局等

部门联合授予"2006—2007年度餐饮业十大名菜"称号。2009年，"李太婆"被鄂州市发改委、鄂州市经济委员会等部门联合授予"推动鄂州经济、服务鄂州民生最具影响力品牌"称号。2011年，被鄂州市商务局、鄂州市旅游局等部门联合授予"鄂州市十佳餐饮名店"称号。2013年，被湖北省消费者委员会评为"2011—2012年度消费者满意单位"，被鄂州市经济和信息化委员会、鄂州市人民政府新闻办公室等部门联合授予"鄂州最具成长力30品牌"称号。2014年，被鄂州市人民政府授予"第三届鄂州市优秀中国特色社会主义事业建设者奖"，被鄂州市工商行政管理局、鄂州市精神文明建设委员会办公室等部门联合授予"2013—2014年度文明诚信企业"称号。2015年，被鄂州市商务局授予"鄂州老字号名品名店"称号。2016年，被鄂州市统计局授予"统计诚信企业"称号。2018年，被湖北省烹饪酒店行业协会评为"湖北省最受欢迎特色餐厅"。

湖北长城花园酒店股份有限公司

湖北长城花园酒店股份有限公司位于湖北省鄂州市鄂城区凤凰路，是一家餐饮旅店婚礼经营管理服务公司，旗下拥有3家分店(鄂州和宴楼、广州和宴楼、鄂州长城花园V酒店)，是鄂州烹饪酒店行业最具影响力的知名品牌，引领着鄂州烹饪酒店行业的发展。公司现为鄂州市烹饪酒店行业协会会长单位、湖北省烹饪酒店行业协会副会长单位、湖北省楚商发展促进会副会长单位。

公司的前身为湖北木子农业科技股份有限公司金盾酒店，于2008年8月改为现名。2008年9月，鄂州长城花园大酒店正式对外营业（该酒店因故于2018年8月停业）。2017年9月，公司投资兴建了集婚礼、宴席、会务于一体的鄂州和宴楼。2018年5月，公司投资兴建鄂州长城花园V酒店（于2019年5月正式对外营业）。

公司坚持"效益来自管理，回报奉献给社会"的企业宗旨，践行"精益求精，把微不足道的小事做得尽善尽美"的服务理念，立足于弘扬楚菜文化，注重研发"中国武昌鱼美食之乡"的本邦菜品，致力于打造鄂州楚菜精品系列，多次参加省市和全国烹饪技能大奖并荣获金奖、特别金奖，"清蒸武昌鱼""传统东坡肉""狮子头炖鱼圆""鲜人参水蒸鸡""果

木烤鸭"等特色菜肴深受鄂州市餐饮消费者青睐。

2010年，被湖北省烹饪酒店行业协会评为"湖北餐饮名店"，被中国饭店协会评为"中国十佳酒家"，被全国酒店酒家等级评定委员会评为"国家五钻级酒家"，被全国旅游饭店星级评定委员会评为"国家四星级旅游饭店"，被湖北省餐饮酒店行业诚信经营示范活动领导小组评为"诚信经营示范企业"。2013年，被中国烹饪协会评为"转型升级先进企业"。2016年，被鄂州市工商行政管理局、鄂州市精神文明建设委员会办公室授予"十星级文明企业"称号。2017年，公司注册的"依食"商标被湖北省质量技术监督管理局授予"湖北名牌"称号，公司被共青团中央授予"2015—2016年度全国青年文明号"称号，被中国烹饪协会授予"中国餐饮30年优秀企业奖"。2018年，被湖北省烹饪酒店行业协会评为"湖北最受欢迎宴会酒店"，公司制作的"武昌鱼全鱼宴"荣获湖北省首届楚菜美食博览会名宴展金奖。

公司董事长李惠强现为鄂州市政协委员、鄂州市民建委员，入选鄂州市第六届道德模范，兼任湖北省烹饪酒店行业协会副会长、广东省湖北鄂州商会副会长、鄂州市烹饪酒店行业协会名誉会长、鄂州市楚商联合会副会长，为推进楚菜产业发展做出了突出贡献。

鄂州市大碗厨餐饮管理有限公司

鄂州市大碗厨餐饮管理有限公司位于湖北省鄂州市武昌大道东段金色港湾，创办于2010年4月。公司始终坚持"以食为本、以安为先"和"地道厚道、本土本质"的经营理念，专注原生态、绿色、健康美食，定位为"鄂州人的第二个家"，致力于打造鄂州地方风味特色餐饮品牌。截至2018年底，公司旗下拥有两家分店和一家配送中心，即大碗厨家宴馆、大碗厨

味宴楼和大碗厨加工配送中心。公司现为鄂州市"4D食品安全现场管理"示范标杆企业、鄂州市烹饪酒店行业协会会长单位、湖北省烹饪酒店行业协会副会长单位，堪称鄂州餐饮市场上的一张靓丽名片。

"大碗厨"之名，意在以"大腕"谐音，激励人们砥砺前行，成为社会生活中的主角和自己人生中的大腕。鄂州大碗厨视员工为企业最重要的家人，注重改善员工生活和提高员工待遇，为员工营造一个轻松快乐的工作环境，尤其是成立"仁仁基金"，以此帮助生活上有困难的员工，真正做到"一人有难，全店承担"，使得员工在提升自身价值和自我获得感的同时，更好地为企业创造价值。鄂州大碗厨不仅重视在内部员工中积聚正能量，还积极把正能量传播到行业里和社会上，主动参加鄂州市及湖北省行业协会和政府部门组织的相关活动，积极参与各项社会公益事业，赢得了鄂州市社会各界的好评。

郑彦章董事长是鄂州市餐饮行业的代表人物。2016年，带领大碗厨积极参加湖北大型美食文化节目"一城一味"活动。2018年，在鄂州首届乡村旅游楚菜大赛暨中国武昌鱼"百味宴"吉尼斯挑战赛上，组织并带领鄂州厨师以157道不重样的武昌鱼菜肴创造了新的大世界吉尼斯纪录。

2009年，被鄂州市劳动就业管理局授予"创业培训实训基地"称号。2010年，被鄂州市烹饪酒店行业协会评为"鄂州地方风味特色名店"。2013年，被湖北省烹饪酒店行业协会评为"湖北餐饮名店"。2015年，被鄂州市残疾人联合会授予"鄂州市残疾人就业基地"称号。2016年，被鄂州市统计局授予"统计诚信单位"称号，被鄂州市商务局、鄂州市食品

药品监督管理局等部门联合授予"金盘级旅游餐馆"称号。2017年，荣获鄂州市首届职业技能状元大赛"优秀组织奖"，获评"2017年度湖北省餐饮服务明厨亮灶示范店"。2018年，被全国绿色饭店工作委员会评为"国家五叶级绿色餐饮企业"。

湖北老街坊餐饮有限公司

湖北老街坊餐饮有限公司位于湖北省鄂州市鄂城区洋澜村滨湖南路，成立于2010年5月，以酒店管理、餐饮及住宿为主营业务。截至2018年底，公司旗下拥有3家分店，即湖北老街坊鄂州洋澜店、湖北老街坊鄂州江滩店、湖北老街坊鄂州虾皇店，是鄂州市代表性的新兴餐饮品牌企业，也是鄂州市烹饪酒店行业协会常务副会长单位。

公司自成立以来，立足鄂州，面向湖北，坚持"以食为天、以人为本"的经营宗旨，秉承"不求大但求强、不求快但求稳"的经营方针和"安全第一、质量第一、服务第一、信誉第一"的经营原则，守法经营，透明经营，绿色经营，尤以餐饮服务和菜品质量为核心，高度注重菜品品质，从原料采购、存储，一直到菜品烹制、装盘，每一道工序都严格执行制度化和规范化要求，"街坊高压粉蒸肉""街坊药膳八宝鸭""秘制砂锅黄牛肉""秘制砂煲雄鱼头"等招牌菜和特色菜，深受新老顾客青睐，优质的菜品和温馨的服务赢得了鄂州市广大消费者的称道。

公司董事长刘文兼任鄂州市工商联执行常委、中国饭店协会餐饮企业家工作委员会常务副主席，为推进鄂州餐饮行业和湖北楚菜产业发展做出了突出贡献。

2013年，被湖北省消费者委员会评为"2011—2012年度消费者满意单位"，被鄂州市文明办、鄂

州市商务局等部门联合授予"鄂州市文明餐桌行动示范店"称号，被鄂州市工商行政管理局授予"鄂州市第十二届守合同重信用企业"称号。2016年，被鄂州市统计局授予"统计诚信企业"称号，被鄂州市工商行政管理局授予"鄂州市第十三届守合同重信用企业"称号。2018年，被湖北省烹饪酒店行业协会评为"湖北省最受欢迎连锁餐厅"和"湖北省最受欢迎特色餐饮企业"称号，"吊锅鲜板鸡"被湖北省烹饪酒店行业协会评为"鄂州好味道十大人气菜"。

鄂州市南浦人家大酒楼

鄂州市南浦人家大酒楼地处湖北省鄂州市新城区滨湖南路中段，毗邻风景秀丽的洋澜湖畔，环境优美，交通便利。酒楼成立于2016年1月，前身是创建于2012年4月的鄂州老街坊酒楼，后迁至新城区滨湖南路，改名为"南浦人家大酒楼"。2018年底，酒楼在职员工共约60人，是鄂州市知名餐饮企业，现为鄂州市烹饪酒店行业协会副会长单位。

酒楼建筑面积1800平方米，设有普通包厢、个性化包房和大、中、小及多功能宴会厅，共计660个餐位，敞亮雅致，能满足不同层次的消费需求。酒楼秉持"以亲情提供服务，以服务留下亲情"的服务宗旨，凝聚"尽职尽责，乐于奉献，不畏艰难，追求进步"的团队精神，大力倡导积极的态度、求

实的精神、进取的决心、高效的行动、和谐的文化，致力于以"诚心、爱心、匠心"打造鄂州知名品牌酒店。

酒楼以经营楚菜为主，突出地方饮食文化特色，高度重视菜品品质，用心保证服务品位，每一个环节，每一道工序，都有严格的规章制度和专人管理。"老味粉蒸肉""有机清江鱼""砂锅牛肉""小炒山药""手工鱼丸""堂灼黄鱼""蹄花焖藕""一品豆腐""卤猪弯""稻草鸭"等招牌菜品，味养兼备，物美价廉，赢得了鄂州消费者的喜爱和赞誉。

2017年，被湖北省烹饪酒店行业协会评为"湖北最受欢迎特色餐饮企业"和"湖北省最受欢迎品牌示范酒店"，被鄂州市精神文明建设指导委员会办公室、鄂州市商务局等部门评为"鄂州市文明餐桌行动示范店"。

第十一节
黄冈市楚菜名店名企

黄冈德尔福商贸有限责任公司

黄冈德尔福商贸有限责任公司初创于1993年7月，成立于2001年8月。截至2018年底，公司发展成为集住宿、餐饮及休闲、娱乐于一体的大型综合性企业，员工约400人，旗下拥有13家餐饮店。公司现为湖北省烹饪酒店行业协会副会长单位、黄冈市餐饮酒店行业协会会长单位。

公司以"求真务实、不断创新"为经营原则，以"厚德诚信、祈福天下"为文化理念，以"打造放心餐饮、

铸造良心品牌"的企业宗旨，大力推行"六常"管理，积极倡导绿色餐饮，定期开展丰富多彩的文体活动和能力培训活动，在生产上狠抓安全，在服务上追求卓越，在菜品上力求创新，在管理上不断精进，致力于将"德尔福"打造成为享誉黄冈乃至华中地区的知名品牌。公司在追求自身发展的同时，热心参与社会公益事业，多年来为贫困学生、贫困家庭及社会弱势群体提供资助，为社会爱心捐资累计达200万元。

公司以弘扬荆楚美食文化为己任，重视对黄冈地

方传统风味菜品的发掘与创新，有三十多道菜点荣获省市及国家级金奖，其中"黄州煨萝卜""有机雄鱼头"获评"中国名菜"，"黄州东坡甜烧梅"获评"中国名点"，"东坡酱菜（黄瓜、萝卜）"获评"中华名小吃"。

德尔福大酒店位于黄冈市黄州区胜利街，总经营面积约6000平方米，装修精致，豪华气派，可同时容纳1200人就餐。德尔福遗爱湖大酒店（中国三星级饭店）位于黄冈市黄州区赤壁大道，总经营面积近7000平方米，可接纳800人同时就餐。公司还在黄州城区开设有德尔福快餐总店、德尔福沙街民间菜馆等10家快餐店及民间菜馆。

2008年，被中国烹饪协会、全国餐饮绿色消费工程组委会评为"全国绿色餐饮企业"。2012年，被全国酒家酒店等级评定委员会评为"国家四钻级酒家"，被湖北省食品药品监督管理局授予"2011年度湖北省餐饮服务企业诚信先进单位"称号。2014年，被黄冈市黄州区消防安全委员会授予"2013年度社会消防工作先进单位"称号。2015年，被首届黄冈东坡美食节组委会评为"黄冈十大餐饮名企"。2016年，被中国烹饪协会评为"中华餐饮名店"，被黄冈市工商行政管理局授予"2014—2015年度守合同重信用企业"称号。2017年，被中国烹饪协会授予"中国餐饮30年优秀企业奖"。2018年，被湖北省烹饪酒店行业协会评为"湖北省最受欢迎宴会酒店"。

黄冈市黄州湖滨食府

黄冈市黄州湖滨食府位于湖北省黄冈市黄州区西湖三路，毗邻遗爱湖，地理位置优越，周边环境优美。食府成立于2002年，至2018年底，已发展成为一家集餐饮、住宿、商务、会议等服务于一体的知名品牌酒店，现为黄冈市餐饮酒店行业协会会长单位。

2016年，经过全新改造装修后，湖滨食府的硬件设施实现了全面升级。目前，营业面积达3000平方米，内设包厢、卡座、茶餐厅、宴会大厅等，可同时容纳约700人用餐。另外，住宿部有各类客房38间，舒适洁净，格调高雅。

湖滨食府主营楚菜，尤其以黄冈本土风味菜最具特色，"湖滨风味豆渣饺""湖滨手工南瓜馍""老黄州水晶鸡汁萝卜""一品东坡牛排""双色鱼糕元"等招牌菜，得到本地餐饮消费者的一致好评，为弘扬黄州美食文化做出了突出贡献。

2015年，被湖北省烹饪酒店行业协会评为"湖北省最受欢迎酒店"。2018年，被湖北省烹饪酒店行业协会评为"湖北最受欢迎宴席酒店"，制作的"黄州味道宴"在2018大别山（黄冈）地标优品博览会暨首届东坡文化美食节上荣获金奖。

黄冈龙腾酒店管理有限公司

黄冈龙腾酒店管理有限公司位于湖北省黄冈市团风县得胜大道，始创于2004年，成立于2015年。公司始终坚持"高的是品格，低的是价格，永远不变的是龙腾风格"的企业理念，实施"先树品牌、再上规模、以优取胜、稳步发展"的经营方针，竭力奉行企业可持续发展战略，弘扬绿色健康美食消费主旋律，致力于将"龙腾酒店"打造成为深受黄冈地区广大消费者喜爱的知名品牌。截至2018年底，公司拥有两家高品质酒店，营业面积达17000平方米，拥有复式多功能豪华包房、商务包房、高档包房等各种包房几十间，多功能会议室2个、高档大型宴会厅3个、餐台150桌，可容纳1500人同时进餐。

2004年，在黄冈市团风县经济园1号的"神龙酒店"开业之际，创办人陈福明就明确了"小店要出精品""家常菜要做出非常味道""低价位要达到高品位"三个创业理念。

2008年，在黄冈市团风县团黄大道特一号租用5000平方米商用楼，投资装修成为格调高雅、豪华新颖、品位高端的新型酒店——龙腾大酒店，并注册"龙腾酒店"品牌。

2015年，在黄冈市开发区投资参与建设黄冈市高新开发区大学生创业中心，在开发区明珠大道68号创建集"餐饮、会议、住宿"等服务于一体的新型酒店，并在黄冈市注册成立"黄冈龙腾酒店管理有限公司"。同年，在原龙腾大酒店的基础上，投资重新翻新、扩建成为龙腾大酒店宴会中心，该中心的无柱宴会大厅可同时容纳500人进餐。

经过十几年的经营和发展，公司现已成为黄冈地区餐饮界的明星企业，主要经营业务包括酒席宴请、商务接待、政府定点采购会议及自助餐、住宿等服务。餐饮是公司经营的核心业务之一，龙腾酒店菜品以楚菜为主体，尤以黄冈地方风味菜点为特色，"干萝卜焖牛肉""马蹄煨排骨""鱼面煨土鸡""黄冈绿豆圆子""桂花莲藕圆子""黄冈大包面"等招牌菜点，深受消费者欢迎。

2018年，荣获湖北黄冈首届东坡美食文化节技能大赛特金奖，酒店制作的"乌林宴"荣获2018大别山（黄冈）地标优品博览会特金奖，同年荣获首届楚菜美食博览会名宴展金奖。

武穴市龙门休闲度假村

武穴市龙门休闲度假村坐落在武穴市余川镇龙门花海景区（被全国旅游景区质量等级评定委员会评定为国家级AAA级景区）内，隶属武穴市宏森汽车运输集团有限公司，于2016年8月正式营业，由主楼、客房楼、餐饮楼、连体别墅群、会务楼组成，自然

融合于龙门冲独特的竹山水景之中，是一家集客房、餐饮、娱乐、会议于一体的主题型休闲度假酒店。

度假村以"特色先导、诚信为本、服务至上"为经营理念，以"玩出新奇、养出健康、吃出品质"为经营特色，以"塑造省级一流景区形象、打造省级一流餐饮品牌"为发展目标，服务攻坚脱贫，助力乡村振兴，坚持敢干加实干，探索跨越式发展之路，现已成为黄冈市知名打卡景点，其高品质餐饮和特色化服务赢得了游客的广泛认可，客流量年均达20万人次。

自建的果蔬生产基地和鱼禽养殖基地，可以为度假村源源不断地提供优质食材。楚菜名师带领的厨师团队，高举"绿色饮食、健康生活"大旗，不断发掘、持续创新，研制的"山药豆果炖腊鸭""龙门鱼头泡饭""龙门狮子头""石烹莴苣尖""干锅太平笋""桂花桃油羹""牦牛锅巴饭"等特色菜品，质优价廉，味养兼备，深受食客好评。

度假村在加强自身发展的同时，不忘企业社会责任，通过土地流转、提供就业、入股分红、无偿培训等多种途径，帮助当地贫困户脱贫。度假村服务人员主要由当地村民经过系列培训后酌情聘用，度假村不定期邀请农业专家开展栽培技术、养殖技术、法律基础知识、餐饮健康知识等多种培训班，不断提升当地村民的综合素质。

2017年，被第十四届中国武汉农业博览会授予"湖北省特色美食餐饮名店"称号，荣获首届寻找黄冈最美客栈网络评选大赛"最美客栈优秀奖"。2018年，被湖北省农业厅、湖北省旅游发展委员会授予"湖北省休闲农业示范点"称号，被黄冈市妇联、黄冈市农办、黄冈市旅游委授予"黄冈最美巾帼农庄"称号，被环球休闲农业网评为"全国百佳生态基地"和"2018年网民最喜爱的网红农庄"，荣获2018黄冈地标优品烹饪职业技能大赛热菜金奖。

第十二节
咸宁市楚菜名店名企

咸宁市咸安区贺胜桥和平酒店

咸宁市咸安区贺胜桥和平酒店位于湖北省咸宁市咸安区贺胜桥镇贺胜大道，成立于1996年5月，前身是始建于1987年的和平餐馆，后经历了三次重建扩建，至2018年底，发展成为一家总营业面积近2000平方米的中型酒店，是咸宁市知名的品牌餐饮企业。

酒店楼高三层，一楼大厅设有16个散客台，二楼设有1个宴会厅，一楼、二楼、三楼都设有雅间和豪华包间，其中标准雅间10间、双桌雅间4间、14座豪华包间2间、20座豪华包间2间，可容纳500人同时就餐。酒店餐饮以楚菜为主，咸宁本土风味菜最具特色，"贺胜和平李鸡汤"是其最负盛名的招牌菜。

1987年，在全国经济改革的大潮下，余佑和、李铁萍夫妇两人响应号召，一起下海经商，利用107国道的区位优势，建起三间瓦房，创建了一家和平餐馆，聘请本地的本帮菜厨师，制售"土菜烧鸡""苕粉肉""萝卜丝圆子""霉豆渣烧鲶鱼"等本地乡土菜。为满足广大顾客的不同口味需求，老板娘李铁萍经过上百次的试验，研发出镇店名菜"贺胜和平李鸡汤"。这道菜采用农家散养土鸡和自制纯苕粉丝清炖而成，汤色清亮，荤素搭配，味道鲜美，成了每桌客人的必点菜，而且三十年旺销不衰，并带动贺胜鸡汤声名远

播，享誉全国，贺胜桥镇被誉为"中华鸡汤小镇"。

2008年，被国家工商行政管理局、中国个体劳动者协会授予"光彩之星"称号，"贺胜和平李"商标被咸宁市工商行政管理局认定为"咸宁市知名商标"。2009年，制作的"和平李鸡汤"被咸宁市烹饪大赛评选活动组委会评为"咸宁市十大名菜"。2017年，制作的"和平李土鸡汤"被咸宁第九届国际温泉文化旅游节组委会评为咸宁特色美食"八大碗"。2018年，被咸宁第十届国际温泉文化旅游节组委会评为"2018年咸宁楚菜名店（名企）"，制作的"贺胜鸡汤"荣获首届楚菜美食博览会咸宁十大特色名菜金奖。

通山县通山大酒店

通山大酒店原属国有企业，成立于1990年8月，于2006年改制为民营企业，后由湖北省咸宁市通山县老城区迁至新城区，现位于咸宁市通山县洋都大道49号兴业花园，共五层楼（地下一层，地上四层），总建筑面积约4000平方米，营业面积共约4700平方米，曾多次圆满接待大型会议和承接外事活动，是通山县知名的老字号品牌餐饮企业。

酒店秉承国有老店的优良传统，融入现代经营理念，以"顾客的满意是我们永远的追求"为服务

宗旨，倡导时尚与简约兼容的美食新风。宴会厅豪华气派，餐厅宽敞明亮，包房别致典雅，能容纳约1000人同时用餐。菜式以楚菜为主，汇聚川菜、湘菜、粤菜等，舒适的环境、一流的服务、平价的消费，为酒店赢得了良好的市场口碑。"谭厨经典鱼头""炆火牛肉焖包砣""最爱牛肉丝""百合腊香笋""兰花蛋菇"等招牌菜，深受新老顾客称道。

2007年，被通山县卫生监督局授予"文明卫生酒店"称号，被湖北省卫生监督局评为"食品卫生A级单位"。2009年，"兰花蛋菇"在咸宁市首届烹饪大赛暨咸宁市餐饮名店、名菜、名点评选活动中被评为"咸宁市十大地方特色菜"。2016年，被通山电视台评定为"行业标兵　百姓信赖"的绿色餐饮企业。2017年，被通山县商务局、通山县旅游局授予"金盘级旅游餐馆"称号。2018年，被第十届国际温泉文化旅游节组委会、首届美食博览会咸宁组委会评为"2018年咸宁楚菜名店（名企）"，制作的"谭厨经典鱼头""炆火牛肉焖包砣"分别荣获首届楚菜美食博览会咸宁特色名菜金奖、银奖。

2016年，被湖北省食品药品监督管理局授予"湖北省餐饮服务食品安全示范单位"称号，被赤壁电视台评定为"赤壁媒体重点推介绿色餐饮机构"。2017年，被咸宁市物价局评为"2016—2017年度价格诚信单位"，2018年，被赤壁市食品药品监督管理局评为"食品安全量化等级A级单位"，被第十届国际温泉文化旅游节组委会、首届美食博览会咸宁组委会评为"2018年咸宁楚菜名店（名企）"，制作的"鱼头泡饭"荣获首届楚菜美食博览会咸宁特色名菜银奖。

湖北玉龙传说餐饮有限公司

湖北玉龙传说餐饮管理有限公司位于湖北省赤壁市河北大道，前身是由李春琅于1995年创建的东方快车，后由公司董事长李禹璋于2006年创立玉龙传说。截至2018年底，在李春琅、李禹璋父子两代人的共同努力下，经过二十多年的持续发展，公司旗下拥有玉龙传说、楚辞、凤小馆、石锅堂四个子品牌，共有赤壁玉龙传说影剧院店、赤壁玉龙传说新街口店、赤壁玉龙传说新街口5店、赤壁玉龙传说·楚辞国贸店、赤壁玉龙传说·楚辞广电店、石锅堂广州潮楼店、石锅堂广州时尚天河店、凤小馆广州泰丰店、凤小馆广州燕汇店、凤小馆广州祈福店10家分店，是赤壁市餐饮代表品牌企业，也是湖北省知名餐饮品牌企业。

公司以弘扬荆楚美食文化为己任，以"成为三国赤壁美食的倡导者，打造赤壁人民心中的老品牌"为目标，传承工匠精神，融合饮食潮流，专心专意做湖北菜的传播者，把湖北大地之民俗风情、鱼米之乡、楚辞才情与世界分享。"鱼头泡饭""爱马仕油焖大虾""神农本草鸡""金牌脆皮猪手""洪湖莲藕汤""嘉鱼铁锅野藕""锅巴藕丸""石头烤馍""橄榄糍粑"等招牌菜点，深受顾客好评。

湖北汇民实业集团有限公司阳光酒店

湖北汇民实业集团有限公司阳光酒店系湖北汇民实业集团有限公司投资成立的一家三星级旅游饭店，集客房、餐饮、会议、购物、旅游、休闲于一体，地处湖北省咸宁市金融集中区的温泉淦河大道，交通便利，环境优雅，曾先后圆满完成了第四届中国国际竹文化节、湖北省第十届运动会、国际温泉文化旅游节等咸宁市多项重要活动的接待任务，是咸宁市知名的品牌酒店。

酒店自1998年创立以来，以"树形象，创品牌，发展旅游经济，改善咸宁投资发展软环境"为己任，诚信为本，有诺必践，用心服务，创新经营，致力于打造咸宁市旅游饭店品牌。酒店拥有套房、标准间、单人间等各式客房76间（套），风格简约雅致，设备精美先进。3间会议室依现代会议会展标准装修，视听设施设备齐全，整体格调敞亮温馨。餐厅内的大小包房风格迥异，或庄重，或典雅，能接待500人同时进餐。酒店另有度假、商务、购物、衣物洗涤、车辆租赁等配套服务项目。

酒店餐饮以楚菜为主，兼营粤菜、川菜、湘菜，尤以咸宁本地传统特色菜最具特色。"南山烧猪

脚""茶聊小白刁""鲜椒三色鱼"等招牌菜，配以光彩熠熠的精致器皿和细致周到的服务，凸显出浓厚的文化氛围，赢得了广大消费者的称道和青睐。

2005年，被共青团中央、国家旅游局授予"青年文明号"称号，被湖北省卫生厅授予"百家旅业、饮食业卫生先进单位"称号。2013年，被湖北省旅游局、湖北日报传媒集团授予"2013十年十大满意旅游酒店"称号。2015年，被湖北省食品药品监督管理局授予"湖北省餐饮服务食品安全示范单位"称号。2016年，被湖北省旅游协会评为"湖北味道特色名店"，被咸宁市总工会等部门联合授予"咸宁市民最满意优质服务窗口"称号，被咸宁市商务局、咸宁市旅游局授予"金盘旅游餐馆"称号。

赤壁金桥国际大酒店

赤壁金桥国际大酒店位于湖北省赤壁市河北大道，位置优越，交通便利，环境优美，占地面积约25000平方米，是赤壁市委、市政府的招商引资回归企业，前身是赤壁金桥宾馆，隶属赤壁市交通局，是咸宁市知名的品牌酒店，现为赤壁市旅游行业协会副会长单位。

2008年5月，一期工程投资约2000万元，在原三星级饭店的基础上，向四星级标准进行了整体改建提升。2014年、2016年、2017年，共计投资

1700万元，对酒店进行改造装修。截至2018年底，酒店拥有各类客房93间（套），多功能大小会议室6间，豪华包房11间，大小宴会厅4个，可接待约1200人同时用餐。

酒店秉持"服务为根、效益为本、持续创新、追求完美"的企业价值观，本着"唯真至美、唯美至善"的服务宗旨，致力于打造赤壁市一流的现代化商务精品酒店。优美的环境，先进的设施，美味的菜品，优质的服务，赢得了消费者的广泛赞誉，在咸宁市具有较高的社会知名度。"青椒煮小鳜鱼""滋补羊肉汤""虎皮青菜扣肉""鹅肝酱藕饼""腊味合蒸"等荆楚风味特色菜品，颇受新老顾客好评。

2001年，被国家旅游局、共青团中央联合授予"青年文明号"称号。2008年，被咸宁市工商联、咸宁市总商会评为"2008年度商会工作先进单位"。2009年，被赤壁市旅游局授予"2009年度十佳旅游企业"称号。2010年，被全国旅游星级饭店评定委员会评为"中国三星级饭店"，被咸宁市旅游局、咸宁市旅游协会评为"2010年度咸宁市十佳旅游饭店"。2011年，被中共赤壁市委创先争优领导小组办公室、中共赤壁市委宣传部等部门联合授予"青年文明示范岗"称号，被赤壁市人民政府授予"2010年度食品安全管理先进单位"称号，被赤壁市商务局、赤壁市旅游局评为"金盘级旅游餐馆"。2018年，被赤壁市志愿者协会评为"爱心企业"，被湖北省烹饪酒店行业协会评为"湖北最受欢迎特色餐饮企业"。

咸宁市御湾酒店管理有限责任公司

咸宁市御湾酒店管理有限责任公司位于湖北省咸宁市咸宁大道，始创于2006年6月，成立于2014年7月。2006年6月，浅水湾中西餐厅（后更名为"浅水湾时尚餐厅"）隆重开业。2009年10月，浅水湾家常菜馆（后更名为"浅水湾厨房制造精细菜馆"）闪亮登场。2013年8月，公司旗舰店御湾酒楼盛装开业。2014年6月，托管第一家政府机关食堂。2016年4月，托管第一家企业单位食堂。2018年5月，浅水湾时尚餐厅同惠店开业。2018年10月，赤壁浅水湾加盟店开业。截至2018年底，公司旗下拥有4家直营店和一家加盟店，并托管一家企业单位食堂和一家政府机关食堂，在职员工230人，总经营面积约8000平方米，可同时容纳约2万人就餐。公司现为湖北省烹饪酒店行业协会副会长单位。

十余年来，公司一直致力于弘扬楚菜饮食文化，本着"对产品负责、对社会负责、对员工负责"的责任感和使命感，专业做餐饮，精心做服务，以经营咸宁本土特色菜为主。在本土优质食材的基础上，积极研发并销售系列咸宁风味菜品，获得了咸宁市广大食客一致好评，诸如"桂花红烧肉""崇阳雷竹笋""通城豆油皮""赤壁小干鱼""甑湖野藕汤""泡藕焖鳊鱼""特色千刀鸭""簰洲湾鱼圆"等招牌菜品深受消费者喜爱，在咸宁餐饮市场上赢得了良好的信誉和口碑。

2010年，被咸宁市消费者协会评为"2008—2009年度咸宁市消费者满意单位"称号。2014年，被湖北省工商行政管理局等部门联合授予"文明诚信个体工商户"称号。2015年，被咸宁市咸安区商务局授予"商贸企业成长工程内贸先进企业"称号，被食品药品监督管理局授予"湖北省餐饮服务食品安全示范店"称号。2016年，被咸宁市公安局温泉分局授予"2015年度消防工作先进单位"称号，被咸宁市食品药品监督管理局授予"放心餐饮示范单位"称号，被湖北省司法厅、湖北省普法工作办公室联合授予"省级法治文化建设示范点"称号。2018年，被湖北省烹饪酒店行业协会评为"湖北最受欢迎宴会酒店"，被咸宁市工商行政管理局等部门联合授予"2016—2017年度守合同重信用企业"称号，并荣获2018中国国际食品餐饮博览会优秀组织奖，荣获"2018年咸宁楚菜美食博览会特别贡献奖"，还荣获首届湖北省楚菜职业技能大赛团队赛金奖1枚、面点项目特金奖1枚、服务项目金奖1枚、热菜项目银奖3枚、雕刻项目银奖1枚。

咸宁市通山人家连锁酒店

咸宁市通山人家连锁酒店始创于2006年（前身为通山农家菜小炒店），成立于2013年，主营楚菜，尤以通山地方菜为特色，融楚菜、川菜、湘菜等菜系之精华，致力于打造以自然、精致、大众化湖北农家菜为主体风味特色的连锁餐饮品牌。截至2018年底，公司旗下拥有5家分店，即通山人家宁虹店、通山人家金茂花园旗舰店、通山人家潜山店、通山人家文笔路店（湘味厨房）、通山人家阳新店。

2012年5月，位于咸宁市咸安区宁虹大市场二楼的通山人家宁虹店开业。2013年11月，位于咸宁市咸安区永安大道的通山人家旗舰店（金茂花园店）开业。2015年3月，位于咸宁市咸安区温泉潜山路的通山人家潜山店开业。2015年6月，位于咸宁市咸安区文笔路的通山人家文笔路店（湘味厨房）开业。2016年8月，位于黄石市阳新县兴国镇的通山人家阳新店开业。

通山人家自成立之日起，一直致力于以本土特色楚菜为主要经营方向，以乡土特色食材为基础，借鉴川湘菜系优点，大力挖掘和研发地方风味菜品，"红烧苕粉圆""特色三干锅仔""富水胖头鱼""腊蹄绿豆炖粉条""牛气冲天""小炒苕粉皮"等招牌菜品，深得食客喜爱，在旗下各店持续热销旺销，经久不衰。

"通山苕粉坨""盐焗香草肉"荣获首届楚菜美食博览会"咸宁特色名菜银奖"。

2016年，被咸宁旅游委员会授予"咸宁特色餐饮店"称号。2017年，被咸宁市食品药品监督管理局授予"放心餐饮示范单位"，被湖北省工商行政管理局、湖北省消费者委员会联合授予"湖北省放心消费创建示范商户"称号。2018年，被咸宁市烹饪酒店行业协会评为"咸宁楚菜名店（名企）"，被湖北省烹饪酒店行业协会评为"湖北最受欢迎连锁餐厅"。

嘉鱼县根据地美食城

嘉鱼县根据地美食城位于湖北省咸宁市嘉鱼县人民大道茶庵新区方庄巷内，创建于2006年10月，占地1000平方米，因嘉鱼人民经常聚集在此品尝吊锅，故名"根据地"，是嘉鱼县特色餐饮名店和咸宁十大特色名店之一，现为嘉鱼县食品烹饪协会会长单位。

美食城店内装修装饰别具特色，整体采取中式风格，全景以"红色文化"为元素，内设大、小雅间共14个，主要以革命根据地和二万五千里长征路线重要节点城市（例如井冈山、瑞金、遵义、延安等）冠名，店内音乐以红色经典歌典为主，菜名也凸显着红色主题，例如"根据地红烧肉"等，营造出一种既富有革命情怀又不失古朴雅致的浓郁怀旧氛围。

美食城致力于弘扬荆楚美食文化，以正宗的吊锅和地道的嘉鱼传统菜为主营方向，将特色美食文化与时尚健康理念相融合，积极发掘当地传统菜点，大力开展菜品创新活动，"根据地红烧肉""龙骨野藕吊锅""嘉鱼头子菜""腊肉烧豆渣""鲫鱼炖豆腐""太极鲫鱼""嘉鱼滑鱼""簰洲丸子""陆溪肉糕""十

样菜""苕粉坨""藕饼"等特色菜和招牌菜，深受消费者好评。

2011年，美食城被评为"湖北特色餐饮机构"。2014年，"龙骨野藕吊锅"在嘉鱼首届美食巡展上荣获"金牌名菜"称号。2016年，"龙骨野藕吊锅"在首届咸宁味道美食节上荣获"咸宁特色菜"称号，美食城被咸宁市旅游委员会、咸宁广播电视台评为"咸宁餐饮名店"。2018年，"龙骨野藕吊锅"在中国咸宁首届农民丰收节上被评为"最受欢迎的农家菜"，荣获咸宁市首届楚菜美食博览会金奖，并被评为"咸宁十大特色名菜"；"嘉鱼滑鱼"荣获咸宁市首届楚菜美食博览会烹饪大赛银奖，美食城被第十届国际温泉文化旅游节组委会评为"咸宁楚菜名店（名企）"。

咸宁市我的港湾商务酒店

咸宁市我的港湾商务酒店位于湖北省咸宁市咸安区咸宁大道，位置优越，交通便利，经营面积5000平方米，于2007年10月开业，曾被称为"咸宁八大迎宾酒店"之一，是一家集餐饮、住宿、会议等于一体的精品商务酒店，也是咸宁市知名品牌企业。

酒店始终倡导"我的港湾、您温馨的家"的服务理念，秉持"用心服务、宾客至上"的经营原则，

在硬件设施上不断改进完善，在内部管理上不断创新提升，在餐饮服务上不断优化提高，整体软硬件配套和管理服务达到中国三星级饭店标准。2015年至2016年、2017年至2018年、2019年至2020年，连续六年被选定为咸宁市党政机关会议定点场所。

酒店拥有不同类型的客房62间（其中豪华套间1间、豪华标间49间、豪华单间12间），能同时容纳120人住宿。餐饮以楚菜为主，以咸宁本土风味菜品最具特色，不同规格的豪华包间、分餐贵宾厅、高档大型自助餐厅和宴会厅，可容纳近600人同时就餐，"拖网辽参武昌鱼""翅汤野生桂""水晶鱼圆""果木烤雪花牛扒"等招牌菜，深受消费者青睐。酒店还配有独特的多功能厅、不同规模和布局的会议厅、舒适的大型康体中心，以及60个车位的大型停车场。

2013年，荣获第五届全国江鲜（淡水鱼）烹饪技能大赛热菜特金奖。2015年，被咸宁市公安局温泉分局评为"2014年度消防工作先进单位"。2018年，被咸宁第十届国际温泉文化旅游节组委会评为"2018年咸宁楚菜名店（名企）"，荣获2018年度咸宁咸安区首届"最具人气酒店宾馆"网络评选大赛冠军。

崇阳县银海大酒店

崇阳县银海大酒店位于湖北省咸宁市崇阳县桃溪大道，于2008年11月开业迎宾，经全面升级重新装修后，于2018年12月再次盛装营业，楼高六层，建筑面积约15000平方米，不仅是崇阳县首家集客房、餐饮、会议、商务、购物等于一体的综合型三星级大酒店，也是咸宁市知名品牌企业。

酒店大堂宽敞气派，前台接待端庄高雅，餐厅宽敞明亮，色彩柔和宁静。12间包房之外，还设有1个中餐厅和4个风格各异的主题宴会厅，能同时承办不同类别、不同规格的宴席，可同时容纳1000人就餐。中式风格的楚韵厅极具楚韵古风，花海厅满眼温馨浪漫，海洋厅相当清新自然，天合厅别具欧简格调。3间设施齐全、功能完备的会议室，最小的可容纳20人，最大的可容纳300人。店内还配有大型恒温泳池、养身SAP房等康乐场所，店后配有100个车位的大型停车场。

酒店餐饮以楚菜为主体，兼营川菜、湘菜、粤菜，三百多道特色美食，配以精美大气的餐具、丰俭由人

的消费和细致周到的服务，一直引领着崇阳食尚潮流。"雷竹笋炖排骨汤""银海龙船鱼""石烹柃蜜鸡蛋""崇阳腊猪脚""绝味酱猪手""松子葡萄鱼""鸿运当头""菠萝鱼"等特色菜和招牌菜，深受消费者好评。

作为崇阳县政府招商引资的重点工程和城市接待窗口，酒店为促进崇阳社会经济发展和弘扬楚菜美食文化做出了突出贡献。2009年，被全国旅游星级饭店评定委员会评为"中国三星级饭店"，被咸宁市首届烹饪大赛评选活动组委会评为"咸宁市最佳餐饮名店""银海龙船鱼"被咸宁市首届烹饪大赛评选活动组委会评为"咸宁市十大名菜"。2010年，被湖北省爱卫会评为"湖北省卫生先进单位"。2017年，"石烹柃蜜鸡蛋"被咸宁第九届国际温泉文化旅游节组委会评为"咸宁名菜"，"崇阳腊猪脚"被咸宁第九届国际温泉文化旅游节组委会评为咸宁特色美食"八大碗"。2018年，被湖北省烹饪酒店行业协会评为"湖北最受欢迎特色餐饮企业"，被咸宁第十届国际温泉文化旅游节组委会评为"2018年咸宁楚菜名店（名企）"，"雷竹笋炖排骨汤"荣获首届楚菜美食博览会"咸宁十大特色名菜金奖"。

通城县药姑山生态度假村

通城县药姑山生态度假村位于享有"瑶胞故园"之称的湖北省咸宁市通城县药姑山脚下，占地面积约200亩，地处青山绿水间，风景秀丽，水波荡漾，花香馥郁，畜禽成群，有"碧水云天度假村，鸟语花香似天堂"之誉。度假村创建于2010年，以药姑山得

天独厚的地理环境、人文环境为依托，以自有农林种养基地及土特产加工销售为支撑，经过18年的发展，成为集农林文化休闲、度假观光、商务交流于一体的知名企业，是咸宁市通城县唯一具有瑶族文化特色的旅游餐饮住宿专业化休闲度假村。

度假村大力发展旅游事业和"五药"产业，建有农林种养基地、生态鱼池、瑶民酒坊、450平方米水上瑶族文化大舞台、1200平方米药姑山旅游文化接待中心、100个车位的停车场以及相关配套服务设施，分为餐饮住宿区、垂钓活动区、瑶民水上舞台区、游客接待区、瓜果采摘区、荷莲观赏采摘区、特产展销区及停车场等"七区一场"。

度假村建筑风格古香古色，飞檐立柱，四角攒尖，呈现着一种拥抱自然、返璞归真之感。整体格调以古朴典雅为主，局部融合现代气息，室内设施齐备，环境干净舒适。接待中心有标准间、三人间、会议室、商务套间，可同时接待200人就餐住宿。食材均为自养自种自取，新鲜、绿色、环保，以通城猪肉为原料制作而成的香肠、火腿、腊肉等土特产风味独特，"通城两头乌红烧肉""农家小炒肉""中药材大骨汤"等特色菜品，倍受顾客欢迎。

度假村接待活动丰富多彩，游种养基地，看瑶族村寨，赏瑶族舞蹈，听通城山歌，玩千佛古寺，观药王圣庙，享天然氧吧，购鄂南特产，住休闲山庄，钓生态池鱼，采新鲜荷莲，吃通城猪肉，品有机绿茶，尝特色水果，赢得了消费者的广泛好评。

2012年至2017年，连续6年被湖北省农业厅、湖北省旅游发展委员会授予"湖北省休闲农业示范点"称号。2015年，被湖北省农家乐星级评定委员会评为"湖北省五星级农家乐"。

第十三节
随州市楚菜名店名企

随州市圣宫饭店

随州市圣宫饭店因地处湖北省随州古城"圣宫"旧址而得名，始建于1912年，在20世纪80年代曾名噪一时。现位于湖北省随州市曾都区烈山大道，是一家集餐饮、客房等多功能服务于一体的知名老字号企业。

饭店以"信誉第一、顾客至上"为宗旨，以产品求生存，以服务求口碑，立足竞争求发展，围绕创新求提高，充分发挥名师名店优势，着力打造随州餐饮业品牌企业。

在企业发展过程中，大力挖掘、研发出系列随州地方特色菜，诸如"金枣汁羊肉""随州春卷""编钟鱼""随州泡泡青""随州香肠""随州三鲜"等，在历届湖北省烹饪技术大赛中获奖，成为"随州名菜"及"湖北名菜"。同时，面对市场竞争和饮食潮流，积极创制出系列特色筵席，诸如"三黄鸡宴""圣宫全鸭宴""圣宫萝卜宴""圣宫豆腐宴""圣宫香菇宴"等，营养与美味兼备，深受当地食客喜爱，亦被到随州旅游的外地消费者所称道。可以说，"随州圣宫菜"已成为随州美食的一张靓丽名片。2008年12月，在随州市首届香菇节上，圣宫饭店烹饪大师们制作的"香菇宴"闪亮登场，被国内多家媒体报道，尤其引起了台湾媒体的关注。2009年7月，台湾中天电视台《台湾脚逛大陆》栏目组，专程来随州全程拍摄"香菇宴"制作，充分体现了"随州圣宫菜"品牌的知名度。

饭店的烹饪技术力量雄厚，多次参加省市及全国烹饪技术大赛并荣获金奖、特金奖。在做好自身业务的同时，关心和支持行业发展，经常面向社会开办烹饪技艺、餐饮服务培训班，培养了一批批优秀的技能人才。"圣宫集团，厨师摇篮"在当地广为传颂，为弘扬随州饮食文化和推进楚菜产业发展做出了突出贡献。

2002年，被中国烹饪协会评为"中华餐饮名店"。2003年，被中国烹饪协会、全国餐饮绿色消费工程组委会联合评为"全国绿色餐饮企业"。2005年，被国内贸易部授予"全国商业信誉企业"称号，被湖北省消费者协会评为"湖北风味名店"。2012年，被湖北省文化厅授予"湖北省首届食文化名企"称号。

随州市曾都食府有限公司

随州市曾都食府有限公司位于湖北省随州市曾都区白云湖风景区东堤，始创于2000年5月，成立于2012年1月。截至2018年底，公司旗下拥有两家分店，即位于白云湖东堤的新曾都食府和位于沿河大道的楚来顺酒店，定位于中式餐饮中高档企业；还有一家托管食堂，即随县一中食堂。经营面积总计1.6万多平方米，能同时容纳2600人就餐，在职员工共计250人。

公司自创立以来，一直以国家法制为经营准则，以菜品质量为经营核心，以顾客满意为经营目标，以科学管理为经营保障，立足随州，主营楚菜，大力开展菜品研发，挖掘、整理、创新出二十多道具有随州地方风味的特色菜点，多次在省市及全国烹饪技术大赛上荣获金奖。同时积极推行量化管理模式，严格按"产前计划、产中监督、产后考评"的三段管

理流程运营，运行有序，层层把关，人人负责。公司还勇担社会责任，热心社会公益，共投资50万元资金，以"请进来、走出去"的方式，为随州餐饮行业培养了一批服务管理型和烹饪技能型人才。自2014年起，连续5年承担着随州炎帝神农节活动现场人员用餐的配送任务，圆满完成了6万人次的安全用餐任务。优质的特色菜品、周到的餐饮服务、良好的社会责任，赢得了随州广大消费者的信赖和好评，为弘扬楚菜美食文化和活跃随州地方经济做出了突出贡献。

2010年，被湖北省烹饪酒店行业协会、湖北省商务厅授予"湖北省餐饮酒店行业诚信经营示范企业"称号。2011年，被随州市工商行政管理局等部门联合授予"随州市第六届守合同重信用企业"称号，被全国酒家酒店等级评定委员会评为"国家四钻级酒家"。2013年，被随州市税务局评为"纳税先进企业"，被随州市工商行政管理局等部门认定为"随州市第六届守合同重信用单位"。2014年，被随州市工商行政管理局等部门认定为"随州市第七届守合同重信用企业"。2015年，被全国酒家酒店等级评定委员会评为"国家钻级酒家示范店"。2016年，新曾都食府被湖北省食品药品监督管理局授予"2015年度湖北省餐饮服务食品安全示范单位"称号，被全国酒家酒店等级评定委员会评为"国家四钻级酒家"。2017年，被随州市曾都区卫计委授予"健康酒店"称号。2018年，被湖北省烹饪酒店行业协会评为"湖北最受欢迎特色餐饮企业"，被全国绿色饭店工作委员会评为"国家五叶级绿色餐饮企业"，被湖北省食品药品监督管理局授予"湖北省餐饮服务食品安全示范单位"称号。

随州市玉明酒家有限责任公司

随州市玉明酒家有限责任公司位于湖北省随州市烈山大道，成立于 2002 年 12 月，是一家集餐饮服务、客房服务和进出口贸易于一体的综合型企业。截至 2018 年底，公司下辖随州玉明酒家、随州玉明商务酒店、广水玉明大酒店、随州随食印象主题文化酒店，可同时容纳 3000 人就餐。

公司自成立以来，坚持立足随州，始终把"守法经营、诚信纳税"作为企业经营活动的生命线，视"发掘地方土菜文化精髓"为己任，大力倡导"从绿色农庄到城市餐桌"的健康餐饮理念，高举楚菜文化大旗，吸取南北精品，博采众家之长，主推菜肴 80% 均为湖北特色土菜，并通过现代化、特色化、品牌化的经营手段，依托自建的约 300 亩无公害蔬菜基地，努力打造无公害食品，从安全营养角度科学配餐，让消费者吃得放心，吃得营养，吃得健康。曾成功举办"食在玉明·香飘随州土菜节"，推出以"弘扬神农美食文化精神"为主题的"寻根宴"，受到了随州市各级领导和社会各界的广泛好评。同时，高度重视烹饪技术人才队伍的传帮带工作，与全国各地同行密切开展技术交流，先后培养了一批技术技能型人才，其中多人被评为中国烹饪大师、随州市烹饪技术能手。

公司的发展得到了政府部门和社会各界的广泛认可和好评。2010 年，被湖北省商务厅等部门联合授予"推动鄂菜发展十大名店"称号。2011 年，被随州市外事侨务旅游局和随州市旅游协会联合授予"随州市首届十佳旅游餐饮名店"称号，被随州市曾都区人民政府授予"2010 年度服务行业十佳企业"称号。2012 年，获评"湖北省首届食文化名企"称号。

2014 年，被随州市双文明评选工作领导小组评为"曾都区十佳文明诚信企业"。2016 年，入选"随州市民最喜爱的十大酒店"，并在第六届全国饭店业职业技能大赛中，荣获团体赛金奖 1 枚和个人单项赛金奖 3 枚。2017 年，被全国绿色饭店工作委员会评为"国家四叶级绿色餐饮企业"。

作为公司带头人，在引领公司健康发展的同时，雷迅董事长也获得了系列荣誉。2011 年，被湖北省妇女联合会授予"湖北省三八红旗手"称号。2012 年，被湖北省地方税务局授予"全省地税纳税标兵"称号。2015 年，被中华全国妇女联合会和中国商业联合会授予"中国商界杰出女性"称号。2017 年，当选为随州市第四届人民代表大会代表。

随州市随厨餐饮有限公司

随州市随厨餐饮有限公司位于湖北省随州市西城区烈山大道，成立于 2015 年 6 月，以经营中餐为主营业务。截至 2018 年底，公司旗下拥有随厨·家宴、随厨人家、随厨渔村、随厨·湘西味道等不同业态、错综定位的多个餐饮品牌。

随厨餐饮致力于打造"随州人喜爱的餐厅、随州人的会客厅"，肩负弘扬随州美食文化的使命感，不求企业效益最好，但求消费口碑第一，在整合、发掘随州地方菜的同时，汲取南北菜系之精华，博采众长，通过特色化、品牌化的经营手段，努力践行"从绿色农庄到城市餐桌"的绿色餐饮理念，将随州各地的特色食材汇聚起来，以透明厨房和全开放式明档点菜方式，精心展示最纯正的随州味道，让消费者吃的营养、吃得放心、吃得健康，源源不断地给"随州菜"赋予新的内涵。

随厨餐饮倡导企业社会责任，热心地方公益事业。从 2016 年开始，不仅经常开展为困难家庭、夕阳红老年公寓和福利院儿童送温暖活动，而且每年正月十三日，还免费为随州环卫工人举办一年一度元宵宴会，以表达对"马路天使"——环卫工人的由衷敬意。

随厨餐饮积极参与政府部门和行业协会组织的大型相关活动，并取得系列优秀成绩。2016 年，在湖北省"一城一味"餐饮文化展示活动中，由随厨餐饮的烹饪大师们精心烹制的"随州泡泡青""随州三黄鸡""随州拐子饭"三道美食荣誉入选；同年，获评"随州市民最喜爱的十大酒店"，荣获第六届全国饭店业职业技能大赛单项赛金奖 2 枚，并被湖北省食品药品监督管理局授予"湖北省餐饮服务食品安

全示范单位"称号。2017 年，在随州市参加央视"魅力中国城"竞演活动期间，随厨餐饮的骨干人员投入到"城市味道"环节的工作中，并出色地完成了预定进入十强的任务；同年，被全国绿色饭店工作委员会评为"国家五叶级绿色餐饮企业"，被湖北省食品药品监督管理局授予"名厨亮灶优秀单位"称号，被中国绿色饭店行业协会评为"节能减排优秀餐企"。2018 年，参加第八届全国烹饪技能竞赛（湖北赛区）和首届湖北省楚菜职业技能大赛，荣获国赛金奖 1 枚和省赛特金奖 2 枚、银奖 2 枚；同年，在首届楚菜美食博览会上，代表随州餐饮行业制作的"随州寻根宴"荣获名宴展金奖。

第十四节
恩施州楚菜名店名企

建始县茨泉宾馆

建始县茨泉宾馆位于湖北省恩施州建始县茨泉路，创建于 1989 年，从最初的县委、县人民政府招待所逐步发展而来，属建始县委、县人民政府接待宾馆。2010 年 11 月，经湖北省旅游饭店星级评定委员会评定为"国家四星级旅游饭店"。

整个宾馆占地面积 7000 平方米，大厦占地面积约 1600 平方米，共十七层，总建筑面积约 21000 平方米，集餐饮、住宿、会议、国内旅游、休闲、保健、娱乐于一体，设施完备，装修典雅，环境优美，位置优越，可同时容纳 900 人用餐、370 人住宿以及 300 人的会议。随着县域经济的持续发展，目前正投资新建宾馆副楼及地下停车场，后期还将逐步对原有的茨泉大厦主楼进行全面升级改造，规划投资 12000 万元。

宾馆坚持以"绿色、生态、可持续发展"为经营理念，坚持清洁生产，倡导绿色消费，积极引导社会消费环境意识。宾馆餐饮以楚菜为主体，以恩施地方风味菜品为特色，"富硒恩施小土豆""富硒玉米米酒""土司王鲍鱼""景凤玉圆""鱼恋情丝""蛋

黄鸡排""建始大饼""花坪金鳟三吃"等招牌菜，深受消费者的欢迎和青睐。"建始大饼"获评"2014年度恩施州十大特色小吃"，"花坪金鳟三吃"获评"2014年度恩施州十大新派土家菜"。

2007年，被恩施州税务局授予"2004—2005年度A级纳税人"称号。2011年，被恩施州商务局授予"2010年度商贸龙头企业"称号，被恩施州人民政府授予"2010年度恩施州十佳星级酒店"称号，被恩施州人民政府授予"2011年度社会消防工作先进单位"称号。2012年，被恩施州人民政府授予"恩施州社会消防先进单位"称号，被恩施州总工会授予"工人先锋号"称号，被共青团湖北省委授予"2011—2012年度青年文明号"称号。2013年，被恩施州人民政府授予"2013年度全州十佳星级饭店"称号。2015年，被湖北省食品药品监督管理局授予"湖北省餐饮服务食品安全示范单位"称号，被恩施州人民政府授予"2014年度全州十大旅游饭店"称号。2016年，被第十三届中国武汉农业博览会组委会评为"特色名店名食"。2017年，被第十四届中国武汉农业博览会组委会评为"湖北省生态农业创新示范企业"。2018年，经全国绿色饭店工作委员会评定为"中国四叶级绿色饭店"。

利川市阿富饮食服务有限公司

利川市阿富饮食服务有限公司位于湖北省恩施州利川市滨江路和体育路交界处，毗邻利川火车站，交通便利。公司正式成立于2006年，前身是开办于1998年的阿富饭庄。截至2018年底，经过20年的经营，公司已发展成为集餐饮、住宿、休闲、娱乐于一体的连锁性综合机构，员工达150人，旗下拥有阿富餐饮部和阿富女儿湖客栈两家分店，是恩施州知名的中式餐饮品牌企业。

1998年，开办利川阿富饭庄。2006年，开办利川阿富生态园。2011年，在恩施大峡谷开办阿富女儿湖客栈。公司在经营理念上，将"安全、环境、态度、味道、价格、质量、营养、文化"十六字有机融合，与时俱进，以"实惠才是硬道理，味美方能走天下"为经营宗旨，以"传承土家文化，引领土家风味"为经营目标，致力于打造物美价廉的土家餐饮品牌。公司重视社会效益和经济效益的深度融合，踊跃参与地方政府及餐饮行业组织的相关活动，得到了利川市乃至恩施州消费者的青睐和社会各界的认可，为弘扬荆楚饮食文化和推进恩施餐饮行业发展做出了突出贡献。

公司餐厅总面积共约5000平方米，可一次性容纳1500人就餐。餐饮以楚菜为主体，兼营川菜，以土家风味菜为特色。公司行政总厨曾被恩施州商务局评为"恩施市十大名厨"，被恩施州餐饮酒店行业协会评为"恩施州十大名厨"。"农家猪头""山野莼菜""黄金山药""恩施印象""网中球""阿富一锅鲜"等招牌菜品，深受消费者好评。

2007年和2008年，连续两年被利川市企业信用公示领导小组评为"守信企业"。2013年，荣获恩施州首届厨师技能提升培训班烹饪技能竞赛二等奖。2014年，"山野莼菜"被恩施州商务局、恩施州旅游委评为"恩施州十大特色小吃"，"黄金山药"被恩施州餐饮酒店行业协会评为"恩施州十大新派土家菜"。2017年，被恩施市旅游局授予"恩施社节美食大赛最佳创意奖"。2018年，"状元鸡"被利川市人民政府授予"利川招牌汤锅"称号，荣获首届楚菜美食博览会名宴展金奖。

恩施州帅巴人酒店发展有限责任公司

恩施州帅巴人酒店发展有限责任公司位于湖北省恩施市施州大道，成立于2002年7月，是以餐饮、住宿、文化传播、烹饪研究为主营业务的餐饮连锁企业，先后经营帅巴人食府、帅巴人景园楼、帅巴人将军楼，先后承包恩施州地税局食堂、恩施州工商银行食堂等5家单位食堂。截至2018年底，公司拥有帅巴人风味楼、帅巴人观景楼、帅巴人小菜馆、帅巴人酒店等二十多家实体经营店，拥有"小帅巴人""舅母子当家""亲情小厨""小饭围""帅巴人·土家民间菜""巴人原著"等多个子品牌，以及烹饪研究所和企业文化报《帅巴人视窗》，是恩施州知名品牌餐饮企业。

公司以"诚信于心、奋发于行、思路决定出路、态度决定高度"为经营理念，以"创造品牌、经营品牌、拥有品牌、以品牌争效益"为经营方针，以"一业为主、多业并举"为发展思路，在立足地方特色餐饮的同时，逐步涉足文化传播、旅游、职业技术培训等相关行业。公司致力于企业品牌打造和企业文化建设，坚持把制度建设、队伍建设作为发展基础，把产品质量、服务质量放在中心位置，把社会责任、社会效益视为企业良心，大力打造标准化、规范化、程序化管理模式，并用创新思维指导日常工作，成立恩施州第一家"爱心互助基金会"，积极开展捐资助学、帮扶助困等爱心行动。公司大力弘扬巴楚饮食文化，餐饮以土家风味菜为主，兼营川菜等其他菜系，深受消费者好评。2012年，"社饭"被湖北省文化厅评为"湖北省首届食文化知名食品"。2014年，"五香清江鱼""鸡蓉合渣"被恩施市商务局、恩施市旅游局评为"十大新派土家菜"

2002年，被国家经贸委、共青团中央授予"青年文明号"称号。2005年，被中共恩施市委、恩施市人民政府授予"十佳民营企业"称号。2008年，被湖北省消费者委员会评为"2007年度诚信维权单位"。2010年，被恩施州旅游局授予"2008—2009年度全州优秀旅游星级饭店"称号。2011年，被中共恩施州委、州人民政府授予"2009—2010年度文明单位"称号。2012年，被湖北省食品药品监督管理局授予"2011年度湖北省餐饮服务企业诚信先进单位"称号。2013年，被恩施州发改委等部门联合授予"恩施州建州30年·影响百姓生活100品牌"。2014年，被恩施州商务局授予"先进单位"称号。2016年，被全国绿色饭店工作委员会评为"国家五叶级绿色餐饮企业"。2017年，被恩施市义工协会评为"爱心企业"。

公司董事长冯俐现为恩施州政协常委、恩施州工商联（总商会）副会长，曾于2007年当选为湖北省第十一届人大代表，不仅用心做大做强民营企业，而且积极参政议政建言献策，为推进恩施餐饮行业和湖北楚菜产业发展做出了突出贡献。

恩施市滨江人家餐饮管理有限责任公司

恩施市滨江人家餐饮管理有限责任公司位于湖北省恩施市施州大道滨江花园，初创于2008年5月，成立于2015年6月，以恩施地方菜为主营业务。截至2018年底，公司拥有两家店，即滨江人家滨江花园总店和滨江人家凤凰城分店，是恩施州知名的品牌餐饮企业，现为湖北省烹饪酒店行业协会常务副会长单位、恩施州餐饮酒店行业协会会长单位。

公司立足于传承和弘扬湖北饮食文化，一贯坚持恩施州乡土菜与恩施市本帮菜的融合创新，大力培养高素质的技术团队和管理团队，秉持大众化、特色化的发展思路，价格上走平价亲民路线，注重餐饮质量，降低消费价位，提升服务品位。"腊五花肉炒螺丝椒""鸡汤羊肚菌""土家腊蹄子""土家油茶汤""土家洋芋饭""土家合渣""恩施炕土豆""恩施苞谷粑"等特色菜点，深受顾客称道。独到的经营理念、先进的管理方式、舒适的就餐环境、安全美味的菜肴、细致周到的服务，赢得了广大消费者的认可，提高了滨江人家在恩施餐饮市场上的知名度。

2007年，荣获湖北省第七届烹饪技术比赛热菜金奖。2009年，荣获湖北省第九届烹饪技术比赛热菜金奖。2013年，荣获湖北省第十一届烹饪技术比赛热菜特金奖，荣获第七届全国烹饪技能竞赛（湖北赛区）热菜银奖。2016年，在由湖北广播电视台、

湖北省烹饪酒店行业协会共同举办的"一城一味"评选活动中,"土家合渣""土家腊蹄子"被评为"金牌味道","恩施烧饼加豆皮早餐组合"获评"最具本土特色奖"。2018年,被湖北省烹饪酒店行业协会评为"湖北最受欢迎特色餐饮企业",被中国烹饪协会评为"中国菜·全国省级地域主题名宴(楚菜原叶养生宴)代表品牌企业",荣获第八届全国烹饪技能竞赛(湖北赛区)银奖。

恩施华龙城大酒店

恩施华龙城大酒店坐落于湖北省恩施市施州大道与机场路交会处,于2013年12月正式开业,隶属恩施华龙村集团公司。酒店占地约200亩,总投资约12亿元,总建筑面积近20万平方米,地处市中心交通要道,位置优越,交通便利,环境优美,设施完善,是恩施州知名的品牌酒店,也是每年州市人大、政协、党代会、硒博会等政府会议指定的接待场所。

酒店建筑采用浓厚的中式风格,朱红色的廊柱,楠木雕花窗棂,飞檐翘脚干栏式建筑群,展现着巴族后裔的神采飞扬。酒店中心区域匠心独具,以"太极八卦"为构思,将水、石、山等元素融入其中,以水系贯穿全境,环水建景,形成立体园林山水景观。3000米的空中长廊,堪称世界空中连廊之最,在白天,安享一份自然的优雅与恬静;在夜间,五色灯光交相辉映,美轮美奂。酒店装饰全部采用红木定制装潢,客房及餐厅全部采用黄花梨实木家具布置,配以珍贵的金丝楠乌木摆件,集实用性、观赏性、收藏性于一体。

酒店拥有大小客房共计800间,会议中心设有20间大小会议室,可同时容纳2000人开会。餐饮部包括宴会中心和餐饮大楼,以经营楚菜为主,兼营川菜等其他菜系,本土菜最具特色,餐位数达4000个。"养生娃娃鱼火锅""手撕黄牛肉""华龙片皮鸭""生涮羊肚菌""吊锅合渣""炕双拼"等招牌菜,颇受消费者青睐。截至2018年底,酒店共接待大小会议上万场,其中包括国家民委、国家发改委、湖北省金融办、国际茶博会、硒博会等重要的大型会议,细致入微的组织,周到优质的服务,受到了各级领导、客人的一致好评,为恩施州政务商务接待工作及旅游餐饮业发展做出了突出贡献。

2016年,被恩施市爱国卫生运动委员会评为"2016年度恩施市全民健康生活方式行动健康餐厅",被全国绿色饭店工作委员会评为"中国五叶级绿色饭店"。2018年,由杭州市总工会、杭州市旅游委员会授牌为"杭州市职工(劳模)疗休养基地",被广大网络传媒评为"2018恩施最美酒店",被湖北省绿色饭店工作委员会评为"2018年度绿色饭店先进单位",荣获首届楚菜美食博览会名宴展金奖,被中共恩施市委、市人民政府授予"2018年度城乡环境综合治理工作突出单位"称号。

第十五节
仙桃市楚菜名店名企

仙桃市吴氏琴雨坊餐饮管理有限公司

仙桃市吴氏琴雨坊餐饮管理有限公司的前身是1983年创立的吴刚餐馆,截至2018年底,从最初的单店发展成为以餐饮经营为主的集团公司,已经形成多元化经营格局,旗下有不同风格、不同模式的4家门店,在仙桃市具有较高的知名度。公司现为仙桃市烹饪酒店行业协会副会长单位。

1983年,在农村实行家庭联产承包制之际,于沔阳县(今仙桃市)杨林尾镇开办吴刚餐馆。1997年,在仙桃市商城广场经营小吃店,随后在仙桃市爱民广场门楼的一层至三层创办"吴刚酒楼",经营农家菜,逐步形成了自己的品牌。2006年,在仙桃市杜柳农庄餐饮一条街上,开办具有山寨风格的"吴刚农家院",28间敞开式的大小包间建在小桥流水之上,颇具农家风味的特色菜品吸引周边城市食客络绎不绝地慕名前来就餐。2011年,在仙桃市沔街(仙桃文化美食街)创办具有中国式古典韵味的"吴刚酒家",是沔街唯一以自有名字命名的品牌餐饮酒店,员工150人,营业面积近2000平方米,可同时容纳近700人进餐。2015年底,在吴刚酒家仅一条马路之隔的沔州大酒店一二楼创办"吴刚食府",是一家专门以地方宴会为主的特色酒楼,营业面积约4000

平方米。2017年,在仙桃市新街创办了比较适合年轻人消费的"天琴座"时尚餐厅,颇受年轻客户群体的喜爱。

2012年,被仙桃市食品药品监督管理局授予"餐饮服务管理先进单位"称号。2013年,被仙桃市商务局、仙桃市人力资源和社会保障局等部门联合授予"仙桃市餐饮名店"称号和"仙桃市第五届餐饮酒店业职业技能大赛最佳组织奖"。2014年,被湖北省烹饪酒店行业协会评为"湖北餐饮名店",被仙桃市爱卫办授予"仙桃市全民健康生活方式行动健康示范餐厅"称号。2016年,被湖北省食品药品监督管理局授予"湖北省餐饮服务食品安全示范单位"称号。2017年,荣获中国徽州菜婺源蒸功夫菜肴烹饪大赛宴席特金奖。2018年,被湖北省烹饪酒店行业协会评为"湖北最受欢迎特色餐饮企业"。

湖北楚苑农家小院餐饮有限公司

湖北楚苑农家小院餐饮有限公司位于湖北省仙桃市沙嘴街道办事处杜柳村沔街(沔街城门楼旁),地理位置优越,交通条件便利。公司成立于2017年,前身是始创于2006年的仙桃杜柳农家小院。2009年3月29日,时任国务院总理温家宝到湖北视察仙洪新农村建设试验区,曾非常高兴地称赞"农家小院办得很有特色,非常漂亮"。公司现为湖北省烹饪酒店行业协会副会长单位。

楚苑农家小院是一家以农耕文化为主线,集餐饮、休闲、娱乐于一体的综合性农家乐企业,在建筑上具有江南水乡粉墙黛瓦、亭台楼阁等浓郁的民俗风情风格,洋溢着乡情、乡音、乡味的乡土特色,在餐饮经营上以"美味来自野生,健康源于绿色"为主题,以"本味本色、原汁原味、健康养生、传统美味"为追求,努力通过舒适的环境、健康的菜品、温馨的笑容和贴心的服务,为顾客提供愉快的美食享受与进

餐体验，致力于打造江汉平原乃至湖北省农家菜第一品牌。

楚苑农家小院建筑面积2900平方米，设有1个宴会大厅和29间包间，共有600个餐位，可满足不同消费者的就餐需求。十余年来，采取请进来、走出去的办法，收集整理和改良创新出约500道仙桃风味特色菜品，其中"农家炭烤草鱼""农家炭烤猪手""奶汤财鱼饺""毛嘴卤鸡"等招牌菜入选"湖北名菜"，"沔阳三蒸""乡巴佬黄古鱼""小院一品豆腐""干烧大白刁"等特色菜深受仙桃市消费者的青睐。

楚苑农家小院还是仙桃市农家乐人才培训基地，培训出的厨师和管理人员多达两百余人，为弘扬仙桃美食文化和推进楚菜产业发展做出了突出贡献。

2012年，被湖北省烹饪酒店行业协会评为"湖北餐饮名店"。2014年，被湖北省工商行政管理局授予"湖北餐饮酒店行业诚信经营示范企业"称号。2015年，被湖北省食品药品监督管理局授予"湖北省餐饮服务食品安全示范单位"称号，被中国烹饪协会评为"中华餐饮名店"。2016年，荣获第六届全国饭店业职业技能竞赛（湖北赛区）团体金奖。2017年，被全国绿色饭店工作委员会评为"国家四叶级绿色餐饮企业"。2018年，被湖北省烹饪酒店行业协会评为"湖北最受欢迎特色餐饮企业"。

仙桃市沔阳会馆

仙桃市沔阳会馆位于湖北省仙桃市沔街中段，于2011年筹建，2012年正式营业，是一家综合展示老沔阳地界民风民俗、传统美食、地方曲艺、茶艺表演的大型旅游接待场所，是仙桃市本土餐饮企业的著名品牌企业，现为仙桃市烹饪酒店行业协会副会长单位。

仙桃地方文化气息浓厚，花鼓戏、皮影戏等民间小调独具特色，多年来苦于无固定场所，无舞台设施，演出之路颇为艰辛。追求本土餐饮企业与地方曲艺文化的融合发展，是投资兴建沔阳会馆的初衷。沔阳会馆占地面积约3000平方米，由三幢独立仿古建筑串建而成，暗含"三阳开泰"之势，整体设计上将荆楚建筑文化、饮食文化、曲艺文化融为一体。东、西楼之间曲径通幽，楼内建有花鼓戏台和皮影戏台，店内还有独具一格的八宝菜、古茶艺表演，顾客在进餐的同时，还能近距离欣赏地方皮影戏、花鼓戏。餐饮上以沔阳本土地方菜、创新茶为主，同时汇兼全国蒸菜之众，彰显着地方饮食"百菜百蒸，百菜可蒸"的特点，18间包房古风古韵，演绎不同的地方饮食文化特色，可同时容纳180人听曲赏艺及进餐。

沔阳会馆自创建以来，始终着眼于走专注、用心和持续发展之路，以"为老百姓提供独具文化魅力的就餐场所和愉快超值的品质生活"为使命，以"争做本土文化餐饮第一品牌，打造百年老店"为愿景，大力践行"人本化、标准化、目标化"的管理理念和"走动、聆听、快乐、感动"的服务理念，通过丰富而独特的文化魅力，赢得了广大消费者的青睐，被誉为"老沔阳城的代表、新仙桃市的名片"。

2012年，被共青团仙桃市委员会授予"青年文明号"称号，被仙桃市人民政府台湾办事处办公室授牌为"两岸文化美食交流会馆"。2013年，被共青团湖北省委员会评为"全省五四红旗团支部"，被共青团仙桃市委员会授牌为"仙桃市青年就业创业见习基地"。2014年，被湖北省烹饪酒店行业协会授予"湖北餐饮名店"称号，"九味桌盒""鸭血鱼糕"被湖北省烹饪酒店行业协会评定为"湖北名菜"。2015年，"九味桌盒"被中国烹饪协会评定为"中国名菜"。2018年，被湖北省烹饪酒店行业协会授予"湖北最受欢迎特色餐饮企业"称号。

第十六节
潜江市楚菜名店名企

潜江市利荣商贸有限责任公司

潜江市利荣商贸有限责任公司位于湖北省潜江市广华寺办事处五七振兴路，成立于2002年4月，是一家以经营小龙虾特色餐饮为主，兼营票务代理、水产养殖、养生休闲于一体的综合型私营企业。公司前身是创建于1997年10月的潜江江汉油田广华利荣酒店。截至2018年底，公司旗下拥有11家直营店面，员工300人，经营面积总计8000平方米，年营业额达4000万元。

公司本着"把生活还给每一个人"的经营宗旨，不断引进先进的公司管理制度，不断探索自己的经营特色和餐饮风格，积极倡导"高度敬业、高效创新"的团队精神，以连锁经营方式，走连锁扩张之路，持续夯实小龙虾餐饮业态，聚焦小龙虾单品类别，打造小龙虾从源头到消费者的全产业生态经营链，致力于打造全国最大的小龙虾餐饮品牌店。

2005年，率先将湖北小龙虾推向北京餐饮市场，把小龙虾这道大排档乡土美味华丽变身为大餐厅旺销美食。2006年初，建立潜江小龙虾养殖基地。2009年，推出的"红透天"小龙虾系列餐饮产品。2010年，率先在湖北省实施"千名妇女培训创业再就业计划"，并牵头成立潜江市小龙虾餐饮协会，助推潜江小龙虾产业规范化发展。这些以小龙虾为主

题的系列创新活动，在社会上产生了广泛的影响力，从而赢得了"世界的小龙虾看中国，中国的小龙虾看湖北，湖北的小龙虾看潜江，潜江的小龙虾看利荣"的赞誉。

公司曾获"潜江市食品卫生等级A级单位""潜江市十佳企业""潜江市优秀私营企业""潜江市明星私营企业""潜江龙虾餐饮消费者满意示范店""江城餐饮名店""湖北省食品卫生百佳企业""湖北省农家乐旅游厨嫂厨艺大赛优秀组织奖""中国特色风味餐厅"等诸多荣誉称号。

潜江市小李子油焖大虾有限公司

潜江市小李子油焖大虾有限公司的前身是江汉油田五七夜市小李子油焖大虾店，始创于2003年，成立于2009年，位于湖北省潜江市园林办事处章华中路，是一家以专业烹饪油焖大虾闻名的特色餐饮店，也是潜江市最负盛名的龙虾餐饮企业之一。

"小李子油焖大虾"以潜江优质淡水小龙虾为原料，佐以十余种药食兼用的中草药材，经油焖技法烹制而成，色泽鲜艳，汤汁醇浓，麻、辣、鲜、香恰到好处，是目前潜江最具人气、最具代表性的特色菜肴，是潜江饮食文化的重要代表，其引领的"红色风暴"已成为湖北地区乃至全国餐饮市场的一道靓丽的风景。

2006 年，央视的一部《夫妻店里龙虾事》使"小李子油焖大虾"蜚声大江南北。2009 年，"小李子油焖大虾"入驻潜江城区的南浦饭店，李代军被首届中国湖北潜江龙虾节组委会授予"油焖大虾烹制第一人"称号，小李子油焖大虾店被潜江市龙虾节组委会评为"十佳龙虾餐饮店"。2010 年，"小李子"被评为"潜江市知名商标"。2011 年，油焖大虾创始人李代军被长江出版社出版的《潜江市志》录入，"潜江小李子油焖大虾"被中国烹饪协会评为"中国名菜"。2012 年，被湖北省消费者委员会评为"湖北省消费者满意单位"，荣获第三届中国湖北潜江龙虾节龙虾烹饪大赛特金奖和"最受欢迎菜品奖"。2013 年，被潜江市龙虾节组委会、潜江市消费者委员会评为"潜江市消费者满意示范店"，被湖北省消费者委员会评为"湖北省消费者满意单位"。2015 年 6 月，潜江天下城小李子油焖大虾旗舰店开业。2017 年，被潜江市食品药品监督管理局、潜江市商务局联合授予"潜江市放心餐饮单位"称号。

潜江市味道工厂餐饮有限公司

潜江市味道工厂餐饮有限公司坐落于湖北省潜江市园林办事处东方路，始创于 2004 年 3 月，成立于 2008 年 6 月，约 3000 平方米的总部大楼设在潜江生态龙虾城，是集小龙虾养殖、小龙虾餐饮、厨艺培训、菜品研发、电子商务于一体的综合型企业，跻身于湖北省小龙虾餐饮龙头企业之一，也是潜江市烹饪酒店行业协会副会长单位。截至 2018 年底，公司旗下拥有 6 家直营店和 68 家连锁店，员工总计 1000 人，日接待顾客总量达 1.2 万人次。

公司高度重视企业文化建设，以"共同成长、共同富裕"为企业使命，以"创造价值、服务客户"

为经营核心，用心培养一支高素质、高职业化的员工队伍，持续推进企业的制度化、规范化建设，致力于打造享誉全国的小龙虾餐饮品牌。味道工厂的"油焖大虾""极品蒜蓉虾"等招牌小龙虾菜品深受国内广大消费者的喜爱，仅味道工厂楚虾王旗舰店一年的营业额就达 2000 万元，为弘扬潜江小龙虾美食品牌做出了突出贡献。

2004 年 3 月，在潜江市老虾街租下一间约 20 平方米的小店，开始经营油焖大虾，由于经营有方，生意红火，该店年底被湖北省烹饪酒店行业协会评为"湖北特色餐饮店"。2012 年，公司创始人张登华被第三届中国湖北潜江龙虾节龙虾烹饪大赛执委会评为"蒜蓉虾第一人"，公司被第三届中国湖北潜江龙虾节龙虾烹饪大赛执委会授予"最具市场潜力奖"，被湖北省烹饪酒店行业协会评为"最受欢迎品牌示范酒店"，"油焖大虾"被湖北省烹饪酒店行业协会评为"最受欢迎金牌菜"。2013 年，被潜江市龙虾节组委会、潜江市消费者委员会评为"2013 年度潜江龙虾餐饮消费者满意示范店"，"极品蒜蓉虾"被湖北省烹饪酒店行业协会评为"湖北名菜"。2014 年，被潜江市红十字会评为"爱心企业"。2016 年，被湖北省潜江市慈善总会评为"爱心企业"，被潜江市工商行政管理局授予"守合同重信用企业"称号，被湖北省烹饪酒店行业协会评为"湖北特色餐饮机构"，被全国绿色饭店工作委员会评为"国家四叶级绿色餐饮企业"。

潜江市第八号虾铺餐饮有限公司

潜江市第八号虾铺餐饮有限公司位于湖北省潜江市紫月路，始创于 2007 年 3 月，成立于 2013 年 9 月，是一家主营小龙虾特色餐饮的综合型服务公司，也是潜江小龙虾餐饮龙头企业之一，面向全国开展熟食开发、餐饮培训、餐饮直营、餐饮加盟、小龙虾养殖五大核心业务。截至 2018 年底，公司旗下拥有 8 家直营店、近 60 家加盟店和一百多家合作店，员工总计 300 人。公司现为潜江市烹饪酒店行业协会副会长单位、湖北省烹饪酒店行业协会小龙虾招委会副主席单位、湖北省烹饪酒店行业协会理事单位。

公司创建十余年来，坚持以服务顾客为己任，以顾客满意为目标，秉承"认真做事、诚信做人、关爱他人、感恩社会"的价值观，以"勤劳、务实、创新、高效"为经营理念,实现了超常规、跳跃式发展。2013年,成立以"虾"主题饮食文化为背景的连锁餐饮品牌管理公司,八号虾铺淘宝店、八号虾铺微信平台上线。2014年,成立第八号虾铺品牌运营中心。2016年,打造全新的小龙虾主题熟食店经营模式。2017年,八号虾铺代表潜江龙虾在武汉股权托管交易中心挂牌上市。2018年,公司线上年销售额超过2万份,线下年销售量达3万份,八号虾铺潜江店每年可销售600万只小龙虾,为将第八号虾铺打造成为国内小龙虾餐饮主流企业奠定了坚实基础,也为做大做强潜江小龙虾品牌和推进楚菜产业发展做出了突出贡献。

2012年,荣获湖北省首届龙虾烹饪大赛"最佳推广价值菜品奖",被湖北省烹饪酒店行业协会等部门授予"江城十佳虾店"称号。2013年,被湖北省烹饪酒店行业协会评为"潜江龙虾餐饮消费者满意示范酒店","八号油焖大虾"被湖北省烹饪酒店行业协会评为"湖北名菜","八号蒜蓉大虾"被中国烹饪协会评为"中国名菜"。2014年,荣获潜江市"十佳虾店"称号。2016年,被全国绿色饭店工作委员会评为"国家四叶级绿色餐饮企业"。2017年,荣获首届国际龙虾虾王烹饪大赛"虾王"称号。

潜江虾皇实业有限公司

潜江虾皇实业有限公司位于湖北省潜江市泰丰办事处紫月东路,成立于2015年12月,是一家以专业烹饪油焖大虾而闻名的特色餐饮连锁店,也是潜江市最受欢迎的品牌餐饮店之一。公司前身是潜江市虾皇美食城,始创于2008年12月。2013年5月,成立潜江虾皇餐饮管理有限公司。截至2018年底,

公司旗下拥有25家直营店和一百二十多家加盟店,还拥有1200亩的养殖基地、约15000平方米的食品加工厂,以及招商加盟部、淘宝电商部(面向全国48小时内送货到家)、配送中心(负责统一配送原材料)等。

公司自成立以来,秉持"发展潜江龙虾产业文化、打造虾皇首席品牌形象"的企业目标,大力倡导"均衡营养、科学配餐"的饮食观念,坚持"精心制作每盘菜、优质服务每一天"的服务理念,兢兢业业诠释潜江龙虾美食文化,致力于打造国内小龙虾产业链首席品牌。在自身快速发展的同时,公司热心社会公益事业,乐于帮扶和救助贫困群体,诸如开设爱心包子铺、举办小龙虾厨艺免费培训班等活动,先后捐款捐物共计超200万元,赢得了潜江市社会各界的广泛好评。

潜江"虾皇油焖大虾"以湖塘清水养殖的小龙虾为原料,辅以十多种药食兼用型中药材和调料,按规范操作流程精心烹制而成,辛香爽口,辣中带甜,油而不腻,回味悠长,备受广大消费者青睐,相继被湖北省烹饪酒店行业协会评为"最受欢迎品牌菜"和"湖北名菜",被中国烹饪协会评为"中国名菜"。

2009年,被中国潜江首届龙虾节组委会评为"潜江十佳龙虾餐饮店"。2010年,被湖北省烹饪酒店行业协会评为"最受欢迎品牌示范酒店",2011年,被中国烹饪协会评为"中华美食名店"。2012年,被湖北省文化厅授予"湖北省首届食文化名企"称号。2014年,被湖北省食品药品监督管理局授予"湖北省餐饮服务食品安全示范单位"称号。2015年,"虾皇"被潜江市工商行政管理局评为"潜江市知名商标",被湖北省工商行政管理局评为"湖北省著名商标"。

第十七节
天门市楚菜名店名企

天门市亿客隆美食城

天门市亿客隆美食城最初于 1999 年 5 月在湖北省天门市城区中心南湖市场挂牌开业。2015 年 10 月，因政府实施城区改造工程，整体搬迁至天门市钟惺大道仁信国际广场。目前经营面积达 5000 平方米，能同时接待 1500 人进餐，是天门餐饮市场知名品牌企业。

该美食城不仅装潢典雅，宽敞明亮，绿色环保，而且拥有一支优秀敬业的厨师和服务员团队，主营楚菜，技术力量雄厚，接待程序讲究，菜肴品种多样，传统名菜常备，创新菜品常出，卫生质量过硬，就餐服务周到，尤以"橘瓣鱼氽""粉蒸甲鱼""炮蒸鳝鱼""五彩义河蚶""瓦块鱼""全家福"等特色菜品以及各类火锅最具特色，经济效益和社会效益一直在天门市同业中名列前茅，是天门市烹饪酒店行业协会副会长单位，也是天门市大型餐饮企业之一。2016 年 7 月，在天门市遭到百年难遇的水灾之际，亿客隆美食城积极为灾区捐款捐物，为抗洪子弟兵制作盒饭 3000 份，被天门市广大民众誉为"爱心美食城"。

2007 年，被湖北省工商局授予"消费者满意单位"称号。2015 年，被湖北省食品药品监督管理局授予"湖北省饮食服务食品安全示范单位"称号。2016年，被天门市商务局和天门市烹饪酒店行业协会联合授予"天门市餐饮业优秀企业"称号。2017 年，被天门市工商行政管理局授予"文明诚信个体工商户"称号。2018 年，被湖北省烹饪酒店行业协会授予"湖北最受欢迎宴会酒店"称号。

天门市天门宴

天门市天门宴的前身是天门市阿庆嫂酒家，创立于 1999 年 8 月，开创了天门餐饮业海鲜、香辣蟹的市场先河，独创的"油焖甲鱼""手撕大汉羊排""油焖大虾"及"阿庆嫂一锅鲜"等特色菜品在天门餐饮市场上颇受好评，从而打造了阿庆嫂酒家的好口碑。

2016年3月，在天门市东湖路新宇城上城投资打造了营业面积达4000平方米的天门宴，装潢典雅的宴会大厅，优质美味的特色菜品，很快在天门餐饮市场上赢得了良好的声誉。

2017年1月，因大雪造成随岳高速封路，天门市境内高速路上滞留了上千台车辆。天门宴全体员工及时行动，冒着严寒为滞留车辆司机送去可口的热饭热菜。中央电视台曾以"人间自有大爱"为题，对这件事进行了专题报道。

天门市天门宴始终以"优质的服务、优良的菜品、优惠的价格"诚待天下宾客，为楚菜产业的创新和发展做出了积极的贡献。2016年，被天门市商务局、天门市烹饪酒店行业协会联合授予"天门市餐饮业优秀企业"和"最受欢迎香辣蟹店"称号。2017年，被天门市工商行政管理局等部门联合授予"文明诚信个体工商户"称号，并荣获"2017全国蒸菜烹饪技能大赛蒸菜推广宴席奖"。2018年，被天门市烹饪协会授予"天门蒸菜示范店"称号。

天门市天和餐饮文化传播有限公司

天门市天和餐饮文化传播有限公司位于湖北省天门市钟惺大道，始创于2001年，成立于2014年。现为天门市烹饪协会副会长单位、湖北省烹饪酒店行业协会理事单位。

经过17年的发展，从最初不足200平方米的小店，逐步成长为拥有150名职工、经营面积达7000平方米的天门市最大的餐饮企业。截至2018年底，拥有天和美食、天和美食鳝鱼馆、天和美食主题宴会中心、天和美食厚厨、天和美食虾皇店5家门店。天和美食主题宴会中心在天门市率先实行4D厨房管理，年营销额达6000万元，成为天门餐饮业的标杆厨房。

天和美食始终秉承"求真务实、开拓创新、艰苦奋进、服务至上"的理念，追求"经营管理一流、员工素质一流、社会效益一流"的企业目标，用赤诚的服务和优质的菜品回报社会，为弘扬楚菜饮食文化和推进天门经济发展做出了突出贡献。

天和美食积极参加天门市"中国蒸菜之乡"的创建工作，多次在天门市举办的蒸菜美食文化节中起到主力军作用，展示的菜品获得天门市广大同仁和市民的一致好评。2010年，在天门市首届蒸菜美食

文化节期间，设计制作的"神州第一笼"惊艳亮相，轰动全国。

2009年，被湖北省烹饪酒店行业协会评为"湖北餐饮名店"。2015年，被湖北省食品药品监督管理局评为"湖北省餐饮服务食品安全示范单位"。2016年，被天门市商务局、天门市烹饪酒店行业协会联合授予"天门市餐饮业优秀企业"称号，被中国绿色饭店工作委员会评为"国家四叶级绿色餐饮企业"。2017年，被天门市工商行政管理局授予"2015—2017年度文明诚信个体工商户"称号，被湖北省食品药品监督管理局授予"湖北省餐饮服务食品安全明厨亮灶示范店"称号，并获评"2017全国蒸菜烹饪技能大赛蒸菜推广宴席奖"。2018年，被天门市烹饪协会评为"天门蒸菜示范店"，被湖北省烹饪酒店行业协会授予"湖北最受欢迎宴会酒店"称号。

天门市聚樽苑宴宾楼

天门市聚樽苑宴宾楼位于湖北省天门市学院路，于2004年5月开业，主要经营楚菜和天门地方特色菜，由楚菜名家梁少红大师主理，"橘瓣鱼氽""熘青鱼""炮蒸鳝鱼""青蛙鳜鱼""粉蒸甲鱼"为该店招牌菜和特色菜，广受当地消费者喜爱。截至2018年底，聚樽苑宴宾楼职工共计约60人，年营销额超过1000万元，是天门市享有盛誉的品牌酒楼，为弘扬天门饮食文化和推进楚菜产业发展做出了突出贡献。

自2009年以来，天门市聚樽苑宴宾楼不仅积极参与天门市申报"中国蒸菜之乡"系列活动，而且积极参与天门市"中国蒸菜之乡"品牌创建活动，烹制的十道蒸菜入选《天门精品蒸菜100品》，并多次以最佳菜品在天门蒸菜美食文化节中进行展示，

获得了湖北省和天门市各级领导及广大同仁的认可与肯定。

2014年，被中共天门市委、市人民政府授予"2013年度全市创业之星"称号，被湖北省烹饪酒店行业协会评为"湖北餐饮名店"。2015年，被湖北省食品药品监督管理局授予"湖北省餐饮服务食品安全示范单位"称号，被天门市残疾人联合会评为"扶残助残爱心企业"。2016年，被湖北省工商行政管理局等部门联合授予"文明诚信个体工商户"称号，被天门市商务局、天门市烹饪酒店行业协会联合授予"天门市餐饮业优秀企业"称号，被全国绿色饭店工作委员会评为"国家四叶级绿色餐饮企业"。2018年，被天门市烹饪协会评为"天门蒸菜示范店"。

天门市会德美食城

天门市会德美食城坐落在湖北省天门市城西状元路，于2012年5月建成开业，装潢古色古香，环境整洁别致，经营面积达4500平方米，可同时接待约2000人进餐，主营楚菜，承办中高档大型宴会，一直以"顾客至上、信誉第一"为经营宗旨，致力于打造楚菜知名餐饮企业，现为天门市烹饪协会副会长单位。

会德美食城以天门蒸菜为主要特色，"砂钵鹿肉""筒子骨汤""炮蒸鳝鱼""粉蒸甲鱼"等招牌菜品，广受当地消费者的青睐和好评。

2012年，被湖北省文化厅授予"湖北省首批食文化知名企业"称号。2014年，被中共天门市委、

天门市人民政府授予"2013年度全市创业之星"称号。2015年，被中共天门市委、天门市人民政府授予"2013—2014年度文明单位"称号。2016年，被天门市商务局等部门联合授予"天门市餐饮业优秀企业"称号。2017年，被天门市工商行政管理局等部门联合授予"2015—2017年度文明诚信个体工商户"称号。2018年，被湖北省烹饪酒店行业协会评为"湖北最受欢迎宴会酒店"，被天门市烹饪协会评为"天门蒸菜示范店"。

天门市映像天门中餐店

天门市映像天门中餐店位于湖北省天门市竟陵东江大道，于2015年5月建成开业，是天门市德福源餐饮管理有限公司（成立于2014年8月）的一家门店，整体装修采用古朴的民俗格调，内部环境典雅别致，经营面积1000平方米，主营楚菜，尤以天门蒸菜和淡水鱼鲜菜品最具特色，"炮蒸鳝鱼""糯米蒸牛肉""红烧甲鱼""杂鱼火锅"等招牌菜颇受欢迎，是天门市知名餐饮企业，现为天门市烹饪协会副会长单位。

映像天门中餐店一直秉承"质量第一，顾客至上"的经营理念，高度重视并大力落实规范化经营管理模式，不仅在天门市率先实行明厨亮灶和明档亮菜，而且率先实行4D厨房管理，有力保证了菜品质量，有效提升了服务品位，让消费者吃得放心、吃得健康，因而受到广大顾客的一致好评，在天门餐饮行业中发挥着标杆作用，为弘扬天门饮食文化和推进楚菜产业发展做出了突出贡献。

2018年5月27日，在"2018中国（天门）蒸菜技能大赛暨首届楚菜美食博览会天门分会"期间，映像天门中餐店主理"一架笼、千道菜、万人品"活动，

选择天门本地二十余种优质原材料，由张在祥大师领衔制作1098道蒸菜菜品，成功获得"大世界吉尼斯之最（同时蒸制蒸菜数量之最）"称号，轰动全国，为扩大天门蒸菜影响力发挥了积极作用。

2015年，被湖北省食品药品监督管理局授予"湖北省餐饮服务食品安全示范单位"称号。2016年，被全国绿色饭店工作委员会评为"国家四叶级绿色餐

饮企业"。2017年，被湖北省工商行政管理局授予"文明诚信个体工商户"，被湖北省食品药品监督管理局授予"湖北省餐饮服务食品安全明厨亮灶示范店"称号。2018年，被湖北省烹饪酒店行业协会评为"湖北最受欢迎宴会酒店"，被天门市烹饪协会评为"天门蒸菜示范店"。

第十八节
神农架林区楚菜名店名企

神农架林区小蓝天酒店

神农架林区小蓝天酒店地处湖北省神农架林区松柏镇长青路，于2002年11月开业，位置优越，环境优美，隶属神农架林区小蓝天饮食文化传播有限公司。酒店经营面积达600平方米，前厅简约大方、宽敞明亮，普包整洁雅致、温馨宜人，豪包华丽气派、风格独特，能满足不同层次消费需要，可同时容纳300人进餐，是神农架林区知名的餐饮品牌企业，现为神农架林区饮食业协会会长单位。

酒店以"顾客胜似亲人"为服务宗旨，以"宁愿一人吃千次，不愿千人吃一次"为经营理念，实行大堂经理、厨房部总监、质量总监、财务部总监负责制，尽心尽力为广大顾客提供安全、可口、健康的美食。主营楚菜，兼营川菜、湘菜，以神农架本土风味菜品最具特色，"神农岩耳鸡""神农鲍鱼""腊味竹米""炎帝养生汤""神农葛仙米""金针涮肥牛""孔雀玉米粒""凤凰土豆饼""神农赛人参""赛熊掌"等招牌菜和特色菜，深受消费者欢迎。

2010年，被湖北省工商行政管理局等部门联合授予"2009—2010年度湖北省文明诚信个体工商户"称号。2013年，荣获第七届全国烹饪技能竞赛热菜金奖，荣获湖北省第十一届烹饪技术比赛热菜特金奖。2016年，"神农岩耳鸡"被湖北省烹饪酒店行业协会评为"《一城一味》金牌味道"，"神农鲍鱼"被湖北省烹饪酒店行业协会授予"《一城一味》最具价值奖"。2017年，"神农岩耳鸡""炎帝养生汤"在神农架首

届药膳大赛中被评为"神农架十大特色养生药膳"。2018年，被湖北省烹饪酒店行业协会评为"湖北最受欢迎特色餐饮企业"，被中国烹饪协会评为"中国菜·全国省级地域主题名宴（楚菜原味养生宴）代表品牌企业"，荣获首届楚菜美食博览会名宴展金奖。

酒店总经理苏方胜兼任神农架林区饮食业协会会长，为推进神农架林区餐饮业发展和弘扬楚菜美食文化做出了突出贡献。2011年，当选为神农架林区第八届政协委员。2013年，获评"神农架林区优秀共产党员"。2014年，被中国烹饪协会授予"中华金厨奖"。2016年，被湖北省旅游协会评为"湖北味道农家大厨"。2017年，被湖北省烹饪酒店行业协会评为"社会组织先进工作者"。2018年，被中国烹饪协会评为"改革开放40年中国餐饮行业企业家突出贡献人物"。

第十一章

名人谈楚菜

MINGREN TAN CHUCAI

一、长江浪阔鮰鱼美

碧野（1916—2008），原名黄潮洋，广东大埔县人，当代著名作家。曾任中华全国文艺界抗敌协会成都分会理事，莽原出版社总编辑，中国作协第三、四届理事，湖北省政协第四、六届委员，中国作家协会湖北分会副主席等职务。

碧野一生创作小说、散文、报告文学等近千万字，出版《肥沃的土地》等长篇小说10部、《奴隶的花果》等中篇小说7部、《山野的故事》等短篇小说集4部、《丹凤朝阳》等报告文学集4部、《月亮湖》等散文集15部以及《碧野文集》（四卷）。2008年2月，碧野被湖北省人民政府授予"终身成就艺术家"荣誉称号。

在湖北荆州地区的长江南岸，有连成一串的三座县城：松滋、公安和石首。石首县有一座临江的笔架山，山形酷似笔架，林木葱茏，有如一块碧玉。鱼类也喜欢美丽的环境，笔架山投影大江中，妩媚多姿，尤为鮰鱼所喜爱。

在石首以下的一段江流，曲折回旋，为长江的"九曲回肠"。鮰鱼爱在急流中游动，逆水游到石首笔架山脚下产卵。因此，鮰鱼多产于石首。

石首的鮰鱼闻名于世。县城沿江一带，渔民处处放有滚钩渔网，专门捕捉鮰鱼。

1980年春，我到石首县，第一顿饭就很有口福吃到了鮰鱼。吃鮰鱼，在我说来，还是头一次，真是感到福分不浅。

鮰鱼色呈黄黑，有玉石琥珀光，无鳞，给人一种半透明感。少刺，肉细，味鲜，嫩如脂，入口即化，清炖鱼汤，乳白色，鲜嫩无比。

不论是吃鮰鱼块，或是喝鮰鱼汤，如果能以邻县松滋出产的名酒"白云边"佐餐，那是再美不过了。唐朝大诗人李白游洞庭，夜泊松滋湖口，举杯吟诗："且就洞庭赊月色，将船买酒白云边。"饮美酒，吃鮰鱼，当是人生一大乐事。

更为珍贵的是鮰鱼的鱼肚。宴席上的珍馐鱼肚，就是取之于鮰鱼的。石首的鮰鱼，一般卖鱼不卖鱼肚，因为鱼肚价值昂贵。石首的鮰鱼鱼肚厚而肥大，大的晒干了足有半两重。石首的鮰鱼鱼肚形似笔架，这可能是受到笔架山生态的影响，大自然的灵气感应到鮰鱼身上，简直像是美丽的神话，巧极了。石首鮰鱼鱼肚切片烹调，白如雪花，嫩如春芽，黏而不腻，鲜美

甘甜。吃石首鮰鱼鱼肚，真是平添活力，精神清爽。

松滋矿产丰富，我把她比作金子，叫她做金松滋；公安是白棉之乡，我把她比作银子，叫她做银公安；石首笔架山照影长江，幽绿沉碧，鮰鱼游于江中，鲜亮明洁，我把她比作玉石，叫她做玉石首。石首鮰鱼活鲜鲜，游于大江急流中，不是天生的无数美玉吗！

临离开石首县的时候，我去郊区参观了鱼类养殖场。年轻科学家告诉我说，他们正在试验鮰鱼的养殖。据说，这些鮰鱼喜食螺蛳和红蚯蚓。只要它们产卵，育成鱼苗，就可以推广繁殖。现在，我离开石首县已经五年了，不知人工饲养鮰鱼获得成功否？如果池塘养殖鮰鱼成功，那么长江"九曲回肠"就成了鮰鱼的天国乐园，石首沿岸就可以省去滚钩渔网了。

长江浩浩荡荡，鮰鱼争相嬉水。我放声歌唱："长江浪阔鮰鱼美！"

（本文撷自《中国烹饪》1986年第5期"湖北专号"）

二、家乡情与家乡味

陈荒煤（1913—1996），原名陈光美，笔名荒煤，生于上海，祖籍湖北襄阳，当代著名作家，文艺评论家。先后创作出版了二十多部小说、报告文学、散文、文学评论和电影评论等著作，在中国当代文学史和电影史上占有重要位置。

曾任《北方杂志》主编、中共中央中南局宣传部副部长兼中南军政委员会文化部副部长、文化部电影局局长、文化部副部长、中国文联党组副书记、中国艺术研究中心主任、中国电影工作者协会副主席、第七届全国政协教育文化委员会副主任、中国作家协会副主席、《中国作家》主编、中国夏衍电影学会会长等职务。

我是湖北人，其实在湖北的时间不长。1925年从上海回到大冶，1926年又到了武汉，到1933年秋天离开武汉时，总共不过是八个年头，正是十二岁到二十岁的时候，却有不少坎坷的经历、长期贫困的生活。

然而，在长期漂泊在外期间，时常发作一阵忧郁，整天感到一种难以排遣的忧郁，怀念家乡，不是怀念某一个具体的亲人，而是怀念某一段值得记忆眷恋的生活，某一个固定的可以捉摸的东西；只是感到千丝万缕、连绵不绝，无法排除也无法说明的一种感情缠

绕着惆怅的心头。甚至在噩梦中，也觉得身上发热，就似漂流在长江上，滚滚的长江水已经渗透在我的血液里，翻腾不已。

这是一种怀乡病，也是一种无法排遣的家乡情。

说来也可笑，也很奇怪。我常常因一阵阵茫然而徘徊于街头，感到饥饿了，就跑到一家小铺子里去，喝一碗莲子汤或是一碗糯米酒小汤圆，再吃上几个烧麦，也就渐渐平静下来。我还记得这两家小店铺，一家就在上海"大世界"隔壁街头拐角的地方，另一家是在南京路冠生园饭店斜对角一家小吃店。

我不知道这两家小吃店是不是湖北人开的。可是，这两处有几味小吃却是我在武汉喜爱的食物。汉口许多街上都有这种小吃店，当然，最著名的一家是大智门街口的"老通成"，我还记得他家有一个大莲子锅，犹如一个大莲蓬，一个一个长圆的小筒插在大锅里，提出来倒在碗里正好是一小碗白晶晶的冰糖莲子汤。当然，老通成的豆皮也是有名的。

因此，家乡风味的食物，既可饱腹，也可清除怀乡症。

许多人终生保持家乡的口味，难以改变习惯，这也就是一种渗透家乡情的标志吧。也因此，对家乡风味的欣赏、爱好，甚至到了迷恋的程度，对于另外的异乡人，是无法理解的。所以家乡情与家乡味是不可分的。只有家乡情而不喜家乡味的人，或是只爱家乡味而无家乡情的人都是不存在的。

当然，真正可口的美味，也可以得到异乡甚至异国人民的欣赏。近几年我分别到过罗马、米兰、都灵、巴黎、东京、京都、华盛顿、纽约等城市，那里到处都可以看到中国饭店的广告，据说巴黎的中国餐厅就有三千家，也可以说是一个壮观了。而凡是来中国访问的朋友也都惊讶地发现，在我国各个地方还都有想象不到的独特风味菜。

可是，我不知道，在国外有没有湖北风味的餐馆。我也很难说出来，湖北菜有什么特殊的风味。

但我姨母有几样菜，的确是我非常喜爱的，是很难在饭店吃到的。

一是"蓑衣丸子"。当新鲜糯米上市的时候，挑选三分瘦一分肥的猪肉剁得细细的，还掺一点儿荸荠、小葱花，以荷叶垫底，用温火蒸熟。据她说，关键在于火候。蒸得过火，糯米失去它颗粒晶莹的形状和香味，肉也不嫩了，荷叶香味也没有了，吃起来

就不那么清香可口。

之所以叫蓑衣丸子，就是说看不到肉丸的内形，糯米颗粒可见，像披上一层白皑皑的蓑衣。可见，这个名称也是富有家乡味的。

再一个是炸藕夹。也要在新藕上市的时候，选一节最粗最圆的藕切成薄薄的藕片，两片之间大约只有十分之一还连接着，然后在藕眼里填上精细的鲜肉泥，裹上一层蛋清面浆，用香油炸出来；形状像一块淡黄色小小的油饼，吃起来又香又脆。大概是我十五岁的生日吧，也是考进高中的那一年，姨母对我高兴地说道："今天我给你做一个特别的菜"。她买来一些新鲜的小虾，剥成虾仁填在藕眼里，给我吃过这一种风味的虾藕夹。这可能是我这位"秀才娘子"姨母的创造。因为，我从来也没有在任何餐馆吃过炸虾藕夹。当然，这个菜也有一个火候的问题，炸得过焦，藕夹就不脆也失去香味。

还有一个菜也是在外面很难吃到，甚至认为是一种不能登大雅之堂的野菜吧，可是我至今也还不能忘却，它有一种特殊的风味。在大冶农村，湖边、田野生长着一种紧贴地面的野草，叫马齿苋，也叫长寿菜；姨母把它采来洗净稍稍晒干，用来做米粉肉的垫底。有时候，也用它做成咸肉或鲜肉包子。

还有一种不能叫作菜了，就是在豌豆刚刚上市、颗粒饱满而清嫩的时候，用四分之三的新米和四分之一的糯米焖饭，到饭快熟的时候，用火腿丁、细粒的鲜肥肉丁，也可以放上鲜虾仁、葱花、黑木耳搅拌着豌豆盖在饭面上，洒上一点椒盐、香油，等到饭焖熟了，掀开锅盖就可以闻到一股清香，仍然嫩绿的豌豆、鲜红的火腿丁、白晶的肉丁、红嫩的虾仁、黑色的木耳和青青的葱花交织着色彩丰富画面，吃起来真香，我母亲胃弱，吃几口，是当作菜来吃的，但我却是当饭吃，并且一定要饱餐一顿的。

自然，这大概都称是家常菜吧。可是，在我的记忆里都远远比大饭店那种豪华的宴席更多些家乡味。

现在人民生活比较富裕了，大饭馆多起来了，旅游的外宾也很多。可是也确有些饭店以高价豪华盛宴取胜，却不注意小吃和地方风味菜，其实是没有特色的重复，并不能吸引人们。北京烤鸭确是有中国特色的北京风味。然而全国各大城市吃到最后都捧上一盘烤鸭，岂不是重复而且单调么？

所以，我作为一个湖北人，倒是很希望有人好

好研究一下湖北的风味菜，在自己传统的风味上再加以发扬，显出自己的特色来。

我听说黄鹤楼重修之后，在山脚下将有一条街专卖湖北风味的食品，这是一个很好的想法，我祝愿它早日实现。

可是，我也不禁回忆起两件事。

一个是难忘的旧黄鹤楼之下，当我从高小到高中读书的时候，只要到黄鹤楼上去逛一下，我必然要吃黄鹤楼上的油炸萝卜丝饼。有一位老人独自挑着一副担子歇在上黄鹤楼的门脚边，他就只卖有特殊风味的油炸萝卜丝饼。一个大瓷盆里装了切得细细的白萝卜丝搅拌着不稀不稠的面浆，用几只特制的碗口般大的铁勺盛着不断地在油锅里翻炸，快熟的时候，撒上几粒虾皮和特制的拌好的椒盐，这饼中间薄，四周又圆又厚，可是吃起来，热乎乎的，外脆内柔，的确很香。这位老头，据说一天卖完这一盆萝卜丝饼就收摊。星期天，或春光明媚的天气里，在游人多的时候，你想去吃上两个萝卜丝饼，你还得赶在一个上午去哩！

半个多世纪过去了，新修的黄鹤楼下当然不会有这样的小吃了。我1950年代初第一次爬到黄鹤楼上后，突然怀念过这位老人和他留在我记忆里的美味，当时还不禁有点惆怅哩。

另外，我也回忆起一个传说：

据说在古老的黄鹤楼上曾经有一位年过百岁的老道士，是一位美食家。他最嗜好吃甲鱼，而且吃法很特别，他把活的甲鱼放在锅里蒸，但锅盖上有一个小洞，当甲鱼在蒸气腾腾的热锅里把头伸出洞口来呼吸的时候，道士把他特制的调味佐料、药物、黄酒、酱油等用勺子喂这甲鱼……直到甲鱼蒸熟了，它所吸饮的佐料已经在全身循环甚至浸透了内脏，这只活甲鱼最后真正"入味"了，不仅美味无穷，而且特别补养身体，所以道士也长命百岁。

单就这个传说来看，咱们湖北人的祖先确是不乏美食家的。

我有幸尝到的家乡美味，屈指可数，可是，家乡风味留在我记忆里的家乡情，那是我永远数不清、道不尽的。所以，尽管我不是什么美食家，我也还是奉《中国烹饪》编辑之命，拉拉杂杂写了这一篇杂谈。回忆起半个世纪以来已经度过的腥风血雨的年代，我真诚地希望湖北人民和全国人民一样在这幸福的时代，家家户户都好好享受一下各自喜爱的风味菜，

迎接更加朝气勃勃的明天。

（本文撷自《中国烹饪》1986年第5期"湖北专号"）

三、鱼米之乡话鱼菜

易伯鲁（1915—2009），湖北汉阳（今武汉市蔡甸区）人，当代著名鱼类生态学家，武昌鱼的命名人，中国最早研究浮游甲壳动物的学者。曾就职于北平动物研究所、中央动物研究所、中国科学院水生生物研究所、华中农学院（华中农业大学前身），是华中农业大学水产学院水产系的创始人之一，也是水产养殖学科的奠基人。

曾任九三学社武汉市第三、四届委员会委员，九三学社湖北省筹备委员会委员和第一届委员会常委，九三学社湖北省委员会顾问，武汉市第六、七、八届人大代表，湖北省第四届政协委员等职务，为武汉市和湖北省的发展和建设做出了重要贡献。

著名的鄂菜中，鱼菜是一大宗。熘、炖、蒸、烩、爆、炸、熏、炒等各种烹调技艺精制的名菜中，都有以鱼为原料的佳肴。如菠萝鳜鱼、清炖团鲂、爆鲍鱼肚等，可以排出二三十种色香味各不相同的鱼菜谱，加上一批细心加工精制的鱼糕、鱼面、鱼羹、鱼圆等具有地方风味的冷热盘菜，真能摆出一桌桌丰盛的鱼宴来。

湖北的鱼菜有一个特点，都是由淡水鱼制作而成。长江流域是我国淡水鱼产量最高的地区，湖北省地处长江干流中游，有800千米的江面横贯省境东西，还有数以百计的大小湖泊与大江相通。此外，鄂西北自白河起，汉江蜿蜒向东南流经数百千米，沿途接纳了十几条支流的汇水，在武汉三镇注入长江，真是渊薮流长，为湖北省境内鱼类的滋生提供了得天独厚的良好环境。

湖北省境内长江水系的鱼类，已知的约150种，多数都是有较高食用价值的经济鱼类。这些鱼有大有小，体型千姿百态，有的头小体高，有的体厚肉细，有的没有肌刺，有的油脂丰富。各种著名鱼菜，多是选用特定种类精调而成，最为名厨喜爱的，莫过于鳜、鲤、鳊、鲂、鲩（草鱼）、青鱼、鳢（乌鱼）、鳝等高档品种。但鄂菜中还有以本省特产种类精制出来的名菜而闻名。如以长江出产的长吻鮠清炖的鮠鱼，肥而不腻，酥溶可口。用梁子湖出产的团头鲂清蒸的武

昌鱼，肉质雪白，清香鲜嫩。路经江城的中外人士，莫不以品尝这些名菜为一乐。

以湖北省渔产之丰，展望未来，在传统的鱼菜基础上，实有进一步挖掘创新的可能。如清蒸一档，除鳊鲂鱼类之外，还可选用铜鱼和翘嘴红鲌（大白鱼）这些尚未引起重视的著名种类作为原料，其味美决不在鳊鲂之下。铜鱼以宜昌地区产量较高。此鱼外呈古铜色，身体浑圆，头小肉厚，半公斤一公斤的最宜清蒸，鲜嫩无比。翘嘴红鲌是大型鱼类，1，1.5公斤重的可做全鱼；2，2.5公斤的，可截半装盘，出甑上席，清香扑鼻，令人食欲骤增。

吉庆筵席上的精美鱼菜，多采用中小型鱼类制作。实际上用中小型鱼类烹调的鱼菜，也有上品。对便宴小酌，最为适宜。湖北各地盛产黄鳝，鳝丝等鱼菜，香软可口，深为广大群众喜爱。江汉平原诸湖中出产的银鱼，制汤或烩蛋，别有风味。如能进一步研制出比传统烹饪方法更具特色的鄂菜新品种，必受欢迎。

中华鲟鱼的产量，目前湖北最多。其鱼子酱名贵价昂，在国外视为珍肴。看来，在出口换汇之外，也可考究调制出具有我国特点的鲟卵名碟，让来省的内外宾客，就地品尝。一旦成功，那将是烹调技术的一个突破。

家常食用的鱼菜，湖北也有不少精湛品种，而且调制简易。只是没有入席，鲜为人知。用鲜活的黄颡鱼与萝卜片煨汤，汁浓油丰，鲜美异常。多种小型鱼类，如鲚鱼、银飘、鳘条等，经过油炸卤熏，调以五味，不失为上等冷盘。闻名的鳝鱼，实是长不及寸的虾虎鱼等的干制品的商业名称，用以做汤，可与"海蜇"媲美，民间日常食用的鱼类中，还有鳊鱼（刁子）、花鲭（麻鲤）、银鲴、吻鮈以及各种红鲌鱼类等十余种，稍经盐浸油炸，或五味红烧，会令人大快朵颐。这些都是中等大小的鱼类。如能经过名厨高手的选用精调，做出创新高级鱼菜，不是没有可能的。这样还可摆脱对十几种名鱼的依赖，扩大原料来源，减轻日益增长的需求压力。

鱼的营养价值高，易被消化吸收，是肉食中的佼佼者。又因鱼肉蛋白质中含有较高比例的谷氨酸、赖氨酸等"味精"之源，增进了鱼肉的鲜味。武昌鱼（团头鲂）肌肉中的总氨基酸含量为18.2%，其中谷氨酸就达2.7%。各种鱼肉中所含各种氨基酸的量有所不同，所以显示出各种鱼类的特异风味。可是，鱼肉中丰富的氨基酸，又是鱼类易于腐坏的一个重要因素。因此，防止鱼肉中氨基酸的迅速变化，是鱼类保鲜工作的基本目的。

起水以后的鲜鱼，鱼肉中的氨基酸会发生一系列化学变化，稍久即产生不好的气味和腥臭，如赖氨酸可以转化为腐胺，并可进一步转化为怪异气味的吡啶。起水几天以后的鱼，即使在冷藏的条件下，鱼肉中的亮氨酸、异亮氨酸、缬氨酸的含量也将逐渐消失，一旦这些氨基酸开始减少，就是鱼体腐坏的开端。

鱼肉中的组织蛋白酶，活力比其他肉类大得多。在气温20℃以上的条件下，鱼肉中的蛋白质在一昼夜之内就被全部分解。谷氨酸和天冬氨酸虽有抗酶的能力，但随后在细菌的滋生和作用下，也将被破坏无遗。在一般低温条件下，过久贮藏也会影响鱼的质量。因为鱼体红细胞可携带肠胃消化酶通过血液侵袭肌肉组织，引起鱼肉变质。所以，即使采用低温冷藏，也应先将内脏去除。

精湛可口的鱼菜，除了归因于名师高手的烹调技艺外，还贵在原料的鲜活。鸡鸭鱼肉中，鱼的保鲜工作最为迫切和重要。当天起水或在低温中短暂冷藏的鲜鱼，都可制作出色香味俱全的佳肴。到过省内湖区或库区的人们，就有机会饱尝新鲜鲢、鳙鱼的自然美味。但鲢、鳙的名声有时并不太好。基本原因在于保鲜工作没有跟上，而它们又是易于腐坏变质的种类，并非完全是鲢、鳙鱼本身之过。鲢和鳙在我国四大家鱼中占有重要地位，目前省内的产量达总鱼产量的70%左右。它易繁易养，优点很多，在我国一些地区，是主食鱼类之一。鄂菜的鱼圆，习惯多选用鱼大肉细的鳡鱼制作，目前已更多地采用来源广泛的鲢鱼为原料。名菜砂锅鱼头，专用鳙鱼炖制，别的鱼类都不能代替，是出国鲜活鱼中不可或缺的品种，鳙鱼的前半段，油厚肉细，那肌肉与脂肪交混组织，一喝咽下，别有风味。

继承和发掘传统的鄂菜，使不失传，并保持较高的质量，当是饮食行业面临的任务。而发展和创新也应是维护中国菜肴声誉的一个重要方面。在有鱼米之乡之称的湖北，是可以做到丰盛的水产资源和多彩的鲜美鱼菜两相辉映的。

（本文撷自《中国烹饪》1986年第5期"湖北专号"）

四、武汉人的菜桌

方方，原名汪芳，1955年出生于南京，成长于湖北武汉，原籍江西彭泽县，当代著名女作家，中国作家协会会员，湖北省作家协会主席。曾任湖北电视台电视剧部专题片编辑、长江文艺杂志社社长兼主编等职务。

已出版小说、散文集等作品八十余部，主要作品有《大篷车上》《风景》《行云流水》《祖父在父亲心中》《桃花灿烂》《春天来到昙华林》《乌泥湖年谱》《万箭穿心》等。其作品曾获《小说月报》百花奖、中国女性文学奖、全国优秀中篇小说奖、《中篇小说选刊》优秀作品奖、上海市政府文学奖、湖北屈原文学奖、鲁迅文学奖等诸多奖项。2018年9月，《风景》被评为改革开放四十年最具影响力的15篇中篇小说之一。

在很长的时间里，最让武汉人扫兴的是：武汉人对吃极富兴趣，而武汉的菜在全国却毫无名气。这说明什么？说明武汉人吃来吃去，全没吃在点子上。武汉人吃的尽是些无名小菜，名扬全国乃至世界的佳肴竟都让那帮四川人和广广们吃去了。

记得朋友们欢聚一堂时，一说起粤菜川菜鲁菜下江菜以及与武汉人口味相近的湘菜，大家总是如数家珍，总能数上好些"精品名牌"来，而对武汉，除了那条"清蒸武昌鱼"，再也说不出个名堂来。就算是这条著名的"武昌鱼"，也还是毛主席写出来的，并非朋友们先吃出来的。武汉人穿不过上海人，玩不过北京人，喝不过东北人，打不过湖南人，剩下个比穿、玩、喝、打都更令人销魂的吃，却又落后在四川人和广东人手里。武汉人想想便为之憋一肚子气，却也无奈。

武汉人的性格太实打实了。虽然自家爱吃，并且自家也还有几个有模有样的菜肴，但却不会像广东人和四川人那样游走天下，四处设点，传播自己家乡的菜味；也不会到处做文章"炒作"自己的菜，"炒"得香味四溢，以吸引外地人闻香而来；更不会将自己为数不多的已成风格的菜扩而大之，演绎成无数品种，形成系列。在这点上，武汉人远不如广东人和四川人精明。既自知不如人家，便只能推桌认输。

当然，该找的客观原因和主观因素也都得找，武汉人认为武汉这地方没有广东那么多的海味——这是客观存在，而武汉的人又远不如四川人那么勤快

和灵巧——这大概就属于主观因素了。

因了武汉这座城市"九省通衢"的地域特点，长期以来，南来北往客人如同流水，把武汉原本的一点地方特色都冲淡了。要说武汉菜的特色就是兼并天下诸类口味而无独家固有风格。没有特色可能就是武汉菜最大的特色。要说起来，武汉人虽不采众家之长而自创新品，却能吃众家之长而自得其乐。这也是一种才能和本事。提升到高度，也可以说武汉人有一张开放的餐桌。

与此相配的是，武汉人的口味也是极其开放的，这同武汉人保守的思想截然不同。东西南北中，武汉人的口味守着一个"中"字，兼收并蓄，甜也可咸也可辣也可酸也可。所以同一个武汉人，他会喜欢粤菜也会喜欢川菜，他会对下江甜食满心欢喜，而对干辣无比的湘菜也会赞不绝口。比起一些口味挑剔的美食家来说，武汉人也可算是另外的一种类型的"善吃"者，是所谓"杂家"了。

作为地方大菜，与兄弟省份相比，武汉恐怕很难有惊人之作，真要说起来，也就几个武汉人自家关起门来常吃的家常菜。平心而论，从那几道家常菜中，倒可以看出来武汉人出手不俗。

清蒸武昌鱼

最使武汉人自豪的当是这道"清蒸武昌鱼"。过去诗人写过武昌鱼的人还真不老少。一千七百多年前，便有童谣将武昌鱼唱了进去，这首童谣也还颇有名，是为："宁饮建业水，不食武昌鱼"。此后一千多年中，但凡过往武昌的诗人，都忍不住要吟咏一下武昌鱼。比方唐人岑参"秋来倍忆武昌鱼，梦魂只在巴陵道"；宋人范成大"却笑鲈江垂钓手，武昌鱼好便淹留"；元人马祖常"南游莫忘武昌鱼"；等等。但这些诗词中所写到的武昌鱼，只是泛指武昌的鱼，并非特指一种。

直到1955年，武汉的鱼类专家才将"武昌鱼"归到一种名为"团头鲂"的鱼身上。而那时的武汉人早已知道团头鲂味道鲜嫩，脂肪丰富的价值了。武汉人常将此鱼当作自己餐桌上的佳肴而闷在家里自己吃，很少对外张扬。

直到有一天毛主席来了。毛主席吃了武汉人做的鱼，胃口大开，诗兴亦大发，提笔便将这条武昌鱼写进了诗里。毛主席说："才饮长沙水，又食武昌鱼。"

其实毛主席也并没有说这武昌鱼有怎么样的口味，是怎么样的好吃，只写了这五个字，表示他吃过了，这就不得了。武昌鱼的命运和名气便因这五个字而得以改变。远近来客坐上桌先念毛主席的诗，然后便要吃毛主席吃过的那种鱼——武昌鱼。

终于有一天有关方面的领导人醒了过来，他们开动了脑筋，找了名厨们专门研究，烹制出武昌鱼特有的味道，并将之作为武昌酒楼的挂牌名菜。实可谓毛主席吟一句，武昌鱼成名菜。

但需要说明的一句是：人们通常吃的武昌鱼，并非武昌所出，乃是出于湖北鄂州市的梁子湖。好在千多年前的鄂州便叫武昌，倒也说得过去。

武昌鱼的吃法是以蒸为主，鱼必鲜活，一次放料，一气蒸成，原汁原味，滑嫩爽口，清香扑鼻，的确是一道极诱人的好菜。在这件事上，武汉人委实得感谢毛主席，不是他老人家信口一诗，武昌鱼哪里会给武汉人挣得这么大的面子？

排骨煨汤

武汉人另一道家家皆喜的菜是"排骨煨汤"。这实在是比武昌鱼在百姓家更为普及更受喜爱的一道菜。在武汉，猪骨头是最俏的货。贵且不说，还很不好买。记得"文革"期间，家里想要煨一次汤，得半夜起来到菜场站队，站上七八个小时还不一定能买得到排骨，因为武汉人要买排骨的家庭实在是太多了。有时在外地，看见排骨堆在那里无人问津，上前一问价，还便宜得不行，由不得不让人垂涎三尺。

武汉人煨排骨汤从容器到配料都是极讲究的。煨汤必须用砂锅，武汉人称砂锅一般又叫作"砂锅铫子"。砂锅铫子煨出来的汤的味道真正是不一样，那种不一样之处只有嘴和肠胃知道，却无法用文字描述。

现在的小家庭，年轻人好用高压锅或电饭煲，可这种现代的厨具煨出来的汤，无论从口味到色泽都没法子跟砂锅铫子比，在这一点上，武汉人所公认。所以武汉的排骨煨汤又叫砂锅铫子煨汤。

武汉这个地方城里城外都多湖。有湖的地方，必有莲藕。而藕则是武汉煨汤最好的配菜，放它在排骨汤里，除了使汤色清白，其味清香外，藕块本身粉嫩可口，极是好吃。在武汉，只吃汤及莲藕而不吃排骨的人不算少数。为此，排骨煨汤最为准确的叫法应该是"砂锅铫子排骨藕汤"。

武汉人无论过年节还是日常生活都要喝排骨汤，倘家里有人生孩子、骨折以及其他生病住院，排骨汤自是最必需的补品，若是工作辛苦出差劳累游玩疲倦了一场，也都是煨一锅排骨汤予以解乏。至于家来客人，排骨汤更是作为一道佳肴摆上桌来。武汉人一般待客热情，有客人来坐，无意吃饭，主人往往不是拿小点心或水果待客，很可能会端上一碗排骨汤，让客人喝得惊喜交加。

最有趣的是一些老武汉人，一旦家中煨了汤，总是压抑不住兴奋，硬要端给隔壁四邻人家共同分享。大约也因为有此习惯，武汉人煨排骨汤的砂锅铫子总是很大很大。有时我想，如果没有排骨汤，武汉人会怎么样呢？问及一个武汉人，他说只有四个字：痛不欲生。这说法我还真信。喝过排骨汤的人一般还都放不下它。外地人来武汉，第一个被广泛接受下来并赞不绝口的武汉菜，便是它了。

（本文摘自《武汉文史资料》2013年第10期）

五、假如你没有吃过菜薹

池莉，1957年出生，湖北仙桃人，当代著名女作家，中国作家协会会员，武汉市政协常委，武汉市文联主席，湖北省文联副主席。曾任武汉市文联《芳草》编辑部文学编辑，武汉文学院院长，中国作家协会第六、七、八、九届全国委员会主席团委员，第九、十、十一、十二届全国人大代表等职务。

主要作品有《池利文集》（七卷）、《来来往往》等长篇小说、《生活秀》等中篇专集、《怎么爱你也不够》等散文集。曾获全国优秀中篇小说奖、鲁迅文学奖、湖北省屈原文学奖、湖北金凤文艺奖、小说选刊奖等七十余项奖项，多部小说被改编为影视作品。由《生活秀》改编的电影曾获2002年第六届上海国际电影节最佳影片、最佳女演员和最佳摄影三项大奖。

假如你没有吃过菜薹，无论你是谁，无论享有多么世界性的美食家称号，无论多少网友粉丝拥戴你为超级吃货，我都有一个好心的建议，先，赶紧，设法，吃吃菜薹。

武汉有一种蔬菜，名叫菜薹。血统正宗菜薹，叫洪山菜薹。洪山是武汉一个区，在长江以南。武汉人一般

懒得把行政区划说那么清楚，凡长江以南，就说武昌。凡长江以北，就说汉口。汉口人家卖菜薹，只要说是武昌的，价格就理直气壮高于非武昌的。行家一般也不会买错，品相就是不一样。肤色深紫且油亮的，薹芯致密且碧绿的，个头健壮且脆嫩的，香味浓郁且持久的，就是武昌的。武昌土壤呈弱酸，黑色沙瓤土。汉口土壤呈弱碱，黄色黏性土。菜薹性喜武昌土壤。当然作为蔬菜，菜薹相对还是有普适性，大江南北延及整个江汉平原，处处都有，也都还蛮好吃。不过品质最好的，当数洪山菜薹。洪山菜薹就像一武林高手，身手一亮，立见分晓，出类拔萃，鹤立鸡群。就像所有大人物大明星一样，只要你身居某个阶层顶端，就会有种种神奇传说围绕你。洪山菜薹的传说太多了。除了当代商业粗制滥造了许多矫揉造作的故事之外，民间流传千年的版本，可谓洪山宝通寺塔影之中的菜薹，才是之最。这个传说的确比其他版本更有合理性：菜薹最是爱干净的蔬菜，寺庙乃俗世最洁净的净土，在寺庙的庇护下，菜薹远离尘嚣与践踏，自然达到最高境界。

菜薹是毅然决然地与众不同的：它只生长在最寒冷季节，纵是千娇百媚的蔬菜，倒是傲雪凌霜的风姿。它不选择叶子作为菜，它选择质感最佳营养含量最高的茎，有效避免了叶类蔬菜的单薄、粗纤维太多、草酸含量偏高的缺点。它也并不走茎块路线，把自己埋在地底下泥土里，而是酷爱阳光、寒风和雪霜。寒露是万物凋零之始，却是菜薹拔节之时。不要搞错，菜薹不是菜薹。不是那些为结菜籽而抽出的细苔。如果冬至有幸落一场大雪，你会看到那脸盆大一兜兜菜，菜心无比宽阔，怀抱无数喇喇冒头的菜薹，只消一夜，那根根菜薹已然茁壮挺立，娇嫩紫色粗茎，鹅黄色簇状小花，七八根就是一盘菜。这不，今天刚采摘过的，明天又是蓬勃冒出新一茬。菜薹伤刀，亲人，说的是它不喜金属，喜人手料理。菜薹又是典型的时鲜，随采随吃最妙。它冷藏花容失色，冰冻即坏，隔天就老，它是如此敏感与高冷，如此宁为玉碎不为瓦全，却也是主观为自己，客观为食客，你人生苦短，不要白吃一场。这就是菜薹，你不勤奋追求，你就取不到真经。唯有你不辜负它，它才不辜负你。虽说老了也能吃，味道却已是天壤之别。

菜薹绝对不会辜负你：它冰清玉洁，纤尘不染，极易料理，掐成几段，清水过过，放进锅里，只需翻炒几下，就香气四溢，且荤素凉拌，般般相宜。菜薹炒腊肉之所以经典，那是因为有了菜薹腊肉更香，而不像一般蔬菜那样，靠肉长香。别忘了菜薹的菜汁，得浇在刚出笼的热白米饭上，那龙胆紫的颜色紫水晶的光泽，美味指数无法衡量，只好用最时髦的养生热词：满满都是花青素啊！武汉人对蔬菜的最高评价，只有一个标准——甜津了。菜薹当真甜津了！

这般好蔬菜，现在却是世人难见真佛面了。餐馆全都是物流配送大棚菜了。现在是商人不解卖，食客不解吃了。谢天谢地，我是不会错过好东西的。再忙我也要跑菜市场精心采买，回家即刻动手烹调。半辈子，无数次，面对菜薹，我就变成了一个神秘主义者。每当吃到上佳菜薹，我总觉得这种菜是一个不可言喻的神迹。我对菜薹是情有独钟不离不弃到即便它们老了也要养着，花瓶伺候，权当插花，它会为我盛开半个月，左看右看都别致。看花时，总不免，心生感慨：菜薹噢菜薹，你是我对武汉最深的眷恋。

（本文摘自《武汉文史资料》2017年第3期）

六、我爱武汉的热干面

董宏猷，1950年出生于武汉，祖籍湖北咸宁，国家一级作家，中国作家协会儿童文学委员会委员，武汉市文联副主席。著有长篇小说《一百个中国孩子的梦》《十四岁的森林》《少男少女进行曲》等，系列小说《天上掉下个胖叔叔》《小男生小豆包》，诗集《亲爱的乞力马扎罗》，长篇散文《三峡绝唱》等。作品曾获中宣部精神文明建设"五个一工程"奖、中国作协全国优秀儿童文学奖等。多部作品译介海外。

平生第一次使劲地坐火车，是在二十年前"大串联"的时候。那时节才十六岁，正是长出翅膀想飞的年龄，而且坐火车又不要钱，天南地北地跑了大半个中国。平生第一次出远门，除了想娘，就是想热干面了。想娘，是在夜里想的，而在白天，得三餐有饭下肚，于是每当肚子又瘪了时，便想起武汉的热干面来。

我所想念的热干面，似乎比现在的热干面要实在。作料的差异便更大了。在我的记忆中，那时热干面的作料，除了酱油、胡椒、味精、葱花以外，一是用的香麻油，而且勾油的也不是现在这种像掏耳朵的挖耳勺似的匙子；二是芝麻酱，的确是地地道道的芝麻酱，又稠、又香，而不是像现在一些熟食店里的芝麻酱——那简直是水一般的"芝麻糊"或者"芝麻羹"，掺假太厉害。此外，那时的热干面，一般都还配有切成丁的大头菜或者榨菜，脆生生地爽口；有的还配有切成小米粒丁般的虾米。信中，也时常提起吃面的事儿。果然，在外转悠了几个月后，一回到武汉，便扑向热干面直吃了个碗朝天。

平生第二次想念热干面，是下放到农村后。在农村，早上是要弄饭吃的，而不仅仅是吃一点"早点"点缀点缀。城里的伢们便有些不习惯了。久而久之，思乡、思家，思念亲人的情感，又凝聚到热干面上。当然，随着时光的流逝，从热干面进而推而广之，扩大到"四季美汤包""老通城豆皮"这些武汉的传统小吃来。更有甚者，旧曲翻新，将《我爱祖国的蓝天》这首歌的词儿，改成了《我爱武汉的热干面》："我爱武汉的热干面，二两粮票一角钱，老通城豆皮闻名四海，小桃园的鸡汤美又鲜。汪玉霞的月饼大又圆，我一口咬了大半边……要问武汉人爱什么？我爱蔡林记的热干面。"

我还清晰地记得，当冬夜风寒，油灯将尽，大家都偎在被子里，一人唱歌，众人齐和；唱了一遍，笑够了，又唱第二遍……当年，这首歌曾在下乡知青中广泛流传，它凝聚了一代人的多少情感，升华为家乡、亲人的象征……

据说武汉小吃有着悠久的历史，武汉的热干面，是可以和北京的炸酱面、涮羊肉、天津的狗不理包子、耳朵眼炸糕以及新疆的羊肉串等传统食品媲美的。究其原因，除了价廉物美，有其地域性特色外，更重要的是，它经过了消费者长期的、严格的筛选，终于长存而成为传统。

我爱武汉。我爱武汉的热干面。我愿武汉有更多更好的"热干面"。

（本文原刊载于《白壁赋》，长江文艺出版社，1993年）

七、香死街坊的"糊汤粉"

何祚欢，1941年出生，湖北武汉人，国家一级演员，著名评书表演艺术家，中国曲艺家协会理事，湖北省曲协副主席，武汉市文联副主席，武汉市民间文艺家协会主席。曾任武汉市第四职业中学教师、武汉市说唱团评书演员、武汉市艺术创作中心主任、武汉市说唱团团长。

创作有长、中、短篇评书等作品两百余万字，其中长篇评书《杨柳寨》获全国优秀曲艺（南方片）观摩演出创作一等奖，短篇评书《挂牌成亲》获全国优秀曲艺作品一等奖，由创作小说改编的同名戏剧《养命的儿子》获文华奖、"五个一工程"奖。

"大武汉"背后是江汉平原，是古云梦泽的余绪，是"鱼鳖鼋鼍为天下富"的地方。

鱼米之乡的美味佳肴，自然以米当家。以鱼当家的居多，但将"鱼"和"米"共治于一炉，在武汉街头独擅其美的，却只有从前叫"糊汤粉"，今天叫"鱼糊汤粉"的那一味小吃。

米粉是一般鱼米之乡都有的米制食材，但米粉的味道之美不在粉而在汤。武汉人形容说书先生说得好："前松后紧，鸡汤下粉，越吃越过瘾"。

为什么不说鱼汤？现实生活中，"喜头鱼"（鲫鱼）下粉的味道和鸡汤粉确是春兰秋菊，各尽其美，因此也很有名。但鱼汤虽鲜，那鱼刺鱼鳞的防不胜防，难以收拾，确使不少人望鱼却步。

不知是什么时候，也不知是哪位先生或女士，居然想出了个融鱼之鲜于粉而去其弊的方法，将一些地位并不高的小"猫鱼"，小杂鱼，用布包好，配好去腥之物，丢到大锅里一通死熬，只熬到鱼虾成渣，鱼汤雪白，才将布套拎出扔掉，然后往汤里下糊，再重重地撒上黑胡椒，这一锅汤就变得又浓又稠，又鲜又香。

舀一碗这样的热汤，再把粉在清汤里烫熟，放入汤中，撒上一小撮青白相间的香葱，顿时扑入鼻中满是香。一口口吃着粉，从头到尾没吃着一丝鱼的肉，却让它的香味漾了个满嘴，从眉心再一线沉向肚肠。这时候再来一根刚刚起锅的油条，那焦香和鱼香搅到一起，让许多人都忍不住"两面作战"，干的稀的通吃。

但多数食客都不会那样急不可耐，因为越是岁数大的武汉人越知道，武汉油条是根根脆，口口香，弄不好那股热会烫着你，那份脆会伤着你，一不留神就会让你一嘴泡。糊汤粉的油条，是让你把油条断成一截截朝汤里泡，泡一截吃一截，不让那热气过去。这样出汤的油条脆劲尚在，尖利全失，吃得香脆满口，嘴里却安然无恙。

"糊粉油条"这个搭配是武汉人认定的"天仙配"，所以历来糊汤粉馆，都要留出一小片店堂，拉一个炸油条的老板来配对。

武汉小吃品种不下百，绝大部分都可以在街头"挖地脑壳"。连热干面、水饺这类品种都以摆摊的居多。唯有糊汤粉，因为要保持糊汤的热度，保持烫粉水的沸腾，就必须搭两个烧糠壳、锯末的大灶，还要给炸油条的留店面，所以必须要营业大堂，它不能在露天摆。于是，卖别的小吃可以叫"摊子"类，卖糊粉油条的地方就一定要叫"馆子"。因为叫了"粉馆"，它就一定要有人跑堂。"一碗一件"，"两碗两件"地一喊，那就是馆子的味了。在这里请客，自然比请吃热干面有面子得多。其实一碗粉加两根油条也就一毛六分钱，比热干面仅多六分钱。但因为场地选得对，就成了正规请客了。

因为好吃，武汉的"粉馆"几乎是开一家火一家。后花楼的田恒启名气蛮大，但不一定就是最火爆的。有一点却可以肯定：在粉老板发财的时候，和他们搭伙的油条馆老板是一定会发财的。

（本文摘自《大武汉》2017 年第 C3 期）

八、沔阳三蒸

古清生，祖籍江西遂川，出生于湖北大冶，自由撰稿人，著名畅销书作家。现主要做产业研究、地域文化考察、独立评论和美食美文写作。已出版长篇小说、散文集和报告文学集二十余部。代表作品有《男人的蜕变》《漂泊者的晚宴》《美食最乡思》《鱼头的思想》《味蕾上的南方》《食在江湖》《金丝猴部落——探秘神农架》。

沔阳改名为仙桃，真是令人感到可惜，沔阳建县有 1400 年历史，一夕改成仙桃市，人们只有在品味沔阳三蒸的时候，复忆起沔阳，那个守候于长江、汉水中间的蒸菜和花鼓戏之都。沔阳，平原上的水乡，水网密布，草长鹤立，柳绿拂风，那辽阔而青葱的风景，曾令我无限向往。心里以为这样的地方，宜于画一幅夕阳、白鹤、水牛和牧童横吹短笛的水彩画，水边的草地，绿茵茵的无边无际。

沔阳的水草地胜似绿毯，儿童少年在此游戏耍闹，追逐和翻空心跟斗，因此出了四个世界体操冠军，最有名者为李大双和李小双。然而，我去沔阳的时候，沔阳已经改名为仙桃了，所以要去一趟沔城，去过沔城，也就算到过沔阳了。

在外地吃沔阳三蒸，常见有咸鱼、腊肉和腊鸭合蒸，若将此视为沔阳三蒸，那是一个可爱的错误。此三的表意，乃为无限，在沔阳实在是没有什么食物不能蒸。我初到沔阳（仙桃），发现饭店的沔阳三蒸与我在北京吃的沔阳三蒸大有不同。故问，方知举凡食物，皆可以蒸之。

沔阳显然是一个奇特的蒸食地带，据地方人士介绍，沔阳蒸食约有 600 年历史，我估计这是附会沔阳三蒸为"大汉"皇帝陈友谅夫人首创的编年史，我在河南偃师的商都博物馆见识了 3600 年的蒸罐，蒸食的历史，恐怕仅短于烧烤。烧烤的历史，可追溯至神农炎帝之"燔谷而食"。不问历史，但求现实，如今流行于天下的蒸食，还是要数沔阳三蒸为首。

在沔阳（仙桃）也一样，饭店的沔阳三蒸只能对付那些讲体面而味觉稍迟钝的名士高客，好的沔阳三蒸，仍然散布于沔阳（仙桃）街巷及乡下的无名小店。而且，好味道亦非鱼肉，乃一切飞禽走兽，沔阳三蒸至高境界乃其素食。我以为，蒸茼蒿为沔阳三蒸之极品，其次是蒸萝卜和蒸藕。蒸茼蒿，大约在江汉平原皆有流行，在中国地理的长江中上游平原，创造了水乡菜系的平民主义。平民化的蒸茼蒿，将青嫩的茼蒿剁碎，拌之米粉，如若菜糊，以小型的竹蒸笼蒸之，绵柔青绿，淡淡的茼蒿清苦味道和着米香味，那就是表达水乡人生的悠悠清苦味道。

蒸萝卜以及蒸藕，也一律拌以米粉。我以为粉蒸之法，可能因其粉浆包容了菜味，又因它的包容，使之菜的氧化过程阻缓，即沸蒸时保持了菜的青鲜。如蒸茼蒿，它所以能在熟后保护着青葱的绿意，粉蒸就是秘诀。蒸萝卜之绵甜，蒸藕的粉糯，皆为沔阳三蒸之美妙。恰好，茼蒿也是水乡的地道产物，那广阔的江汉平原，蒿类植物与水相连，拂天承日。萝卜、藕也是沔阳名物，流布于沔阳民间的沔阳三宝就有：沙湖盐蛋、红庙萝卜、沔城藕。那就说明，沔阳三蒸，萝卜必须生于红庙，藕则必须长在沔城。

（本文原刊于《中国经济时报》2008 年 3 月 28 日）

九、荆楚吊锅

曾庆伟，男，1958 年出生，湖北武汉人，作家、美食评论家，现任《炎黄美食》杂志总编辑，兼任武汉散文学会副秘书长、武汉餐饮业协会副秘书长、武汉炎黄文化研究会美食文化委员会主任、武汉地方菜研发中心副主任、武汉广播电视台科技生活频道专家顾问、华中科技大学出版社基础教育分社专家顾问、"长江讲坛"主讲嘉宾、"荆楚讲坛"主讲嘉宾，以及《幸福》杂志、《美食导报》等报纸杂志专栏作家。

在全国各大报纸杂志上，发表文学作品一百五十余万字，出版《楚天谈吃》《味蕾上的乡情》《武汉味道》等著作六部。撰稿的专题纪录片《武汉人过早》《异军突起的"第三世界"》曾获中央电视台一等奖。

火锅在四川、重庆（在餐饮业，川渝是视作一体的菜系，都被称为川菜，川菜系中包涵了重庆菜系，本文所称火锅亦然）讨人喜爱，是地球人都知道的秘密。其实，湖北人在对火锅的热爱程度上，与四川、重庆人可有一比。

只是，湖北人爱吃的火锅，叫法不同，名曰吊锅。

火锅与吊锅不仅名字有异，在食材品种、锅底汤料、炊具式样等方面，两者亦大有不同。吊锅和火锅的共通之处，在烹饪方法的本质上都是"煮"。按照辞典的解释，所谓"煮"，是指把东西放在水里，用火把水烧开，经过一段时间使开水中的食物至熟的方式。

若按字面上的意思，所谓吊锅就是"吊起来的锅"，作为一种炊具，吊锅在鄂东的大别山区、鄂南的咸宁和鄂西南的恩施等多山的地区，算是个稀松平常的器物，只是各地吊锅式样有所差别而已。山越大、林越密的地区，吊锅的普及程度越高，吃吊锅受到当地居民的喜爱程度亦愈高。

湖北人吃吊锅的历史可谓久矣。从武汉近郊盘龙城出土的文物中，就有数量不在少数的不同尺寸的陶制鼎罐，或曰"釜"，其形状与我们现在所说的吊锅有太多的相似之处。用鼎罐和吊锅烹饪饭菜的方法也是一样的，皆是将鼎罐和吊锅架在火上，在鼎罐和吊锅里烹菜焖饭。也可以这么说，古时先民使用的鼎罐就是我们今天的吊锅。鼎罐与吊锅的主要差别在于材质的不同，鼎罐是陶制的，吊锅是铁制的。当然，汉民族使用陶瓷的历史要比使用铁器的历史久远多了。

如此说来，吊锅在湖北人日常生活中所扮演的重要角色，至少也有 3000 年的历史了。

湖北人吃吊锅，与四川人吃火锅一样，也是一年四季皆可。但论及吃吊锅与人身体脏腑之间的平衡协调关系，以及吃吊锅的情趣，当推冬季吃吊锅为佳。

事实上，湖北人吃吊锅能够形成延绵不绝的饮食传统，且历久而不衰，在于暗合了本地居民喜欢"一热三鲜"的饮食习俗。食客冬天吃着烫嘴的吊锅，咂磨着吊锅中鲜润的滋味，人的身体从里到外，从上到下，都有一种难以名状的舒适感。

在我看来，湖北人冬季吃吊锅，可以吃出文气和江湖气的两种气度。

三九腊月，屋外朔风怒号，寒气凛冽，滴水成冰。屋内朋友家人，暖气融融，围吊锅而坐，推杯换盏，把酒话桑麻，确实可以体味到白居易诗："绿蚁新醅酒，红泥小火炉；晚来天欲雪，能饮一杯无"的境界。

毋庸置疑，能把吊锅吃出诗情画意的，仅限于文人雅士一类，是吃吊锅菜的少数。更多的人，则把吊锅吃出了江湖味道。也可以这么说，吃吊锅与湖北的主流文化形式——码头文化的属性是非常合拍的。

所以，我们时常在吊锅大排档上看到这样一幕：一圈大众，围坐一口吊锅旁，大小不论，高低不分，长幼不计，男女无别，人的社会属性此时淡淡隐去，肩膀一齐便是兄弟。食客大块吃肉，大口吃菜，大碗喝酒，大声喧哗。虽然没有论秤称金，那吃吊锅的场面，与许多电影中绿林山匪洞穴聚餐的情景确有几分相像。酒管够，菜吃饱，吃得好不好，全依着自己身体的本钱作为评价的依据。这吊锅，确实吃出了几分豪气。

我们说湖北的吊锅是个好东西，那么有人就会问了，未必湖北的吊锅还能好过四川火锅？

客观地说，在食材品种、锅底汤料、炊具式样等方面，湖北吊锅与四川火锅的差距还是非常明显的。从作为炊具到盛器的形式感考量，吊锅远没有火锅形式感强，变化的形式多；从火锅底料到锅内的内容计，吃火锅要比吃吊锅不知要丰富多少倍；如果从被人接受的普遍程度比较，四川火锅早已扬名四海，天下无人不识。反观吊锅，也只在湖北省境内吃香，走得稍远的外省地区，大约也就是安徽、河南等与湖北交界的鄂豫皖大别山地区，说白了，其实也就是沾了三地民众同居于大别山一脉的光而已。

吃湖北吊锅与吃四川火锅的最大不同在于，吊锅的汤汁没有火锅多，也不像吃火锅那样不停地添加速食菜。一言以蔽之，湖北的吊锅就是一锅"大杂烩"。

但不能否认，湖北吊锅有鲜明的地域特点，有

久远的文化传承，有丰富的食材支撑，作为一种饮食形式和烹饪方法，基础确实很好。但以我之见，湖北吊锅缺失的是极富特点的"一招鲜"菜式，没有影响力卓著的吊锅菜式品种，且缺乏整体的推广宣传。当然，湖北也有些地区在打"吊锅牌"，比如罗田每年都在举办"吊锅美食节"活动。但从整体上讲，吊锅的影响不大，还远没有抓住外地食客的眼球，说句直截了当的话，湖北的吊锅，远没形成品牌效应。

总而言之，要想让湖北人的火锅——吊锅像四川火锅那样火遍天下，还有太远太远的路要走，还需要湖北的餐饮人付出更多的努力。

（本文撷自《味蕾上的乡情》同心出版社 2016 年）

附录

楚菜大事记

约前 2900—前 2600 年

湖北省京山县屈家岭文化遗址，以种植粳稻为主，饲养猪、狗、鸡、牛。

约前 2800—前 1800 年

这一时期，湖北出现陶制鬲和甑等炊器，水煮和汽蒸两种烹饪方法也应运而生。嗣后又相继出现熬、汆、炖、烩等烹调法。

约前 440 年

《墨子·公输》："荆有云梦，犀兕麋鹿满之，江汉之鱼鳖鼋鼍为天下富。"

约前 433 年

曾侯乙墓（湖北随州出土）内有中国现存最早的人工冷藏器，即由方鉴与方壶双层套合而成的铜制冰鉴；另有中国早期的铜制煎盘，盘中有鱼骨，下层有木炭。

前 168 年（汉文帝十二年）

长沙马王堆一号汉墓，内有记载食品的《遣策》，上记：调味品脂、酱、菹、豉；饮料有白酒、温酒、肋酒、米酒；枣、梨、梅等果品；羹、脯、熬等一百多种菜肴以及以稻、麦、粟为主要原料蒸煮而成的饭、粥等。此外，还有鼎、匕、盒、壶、钫、盘、案、几、耳杯、匜等器具。

前 145—前 90 年

司马迁《史记·货殖列传》："楚越之地，地广人稀，饭稻羹鱼。""地势饶食，无饥馑之患。"

约 80 年

班固《汉书·地理志》："楚有江汉川泽山林之饶，……民食鱼稻，以渔猎山伐为业。"

约 180 年

东汉著名学者郑玄在为《周礼·天官·酒正》作注时，提到宜城酒。宜城酒在汉代就享誉天下，唐代是朝廷贡品。

约 469—520 年

南朝梁文学家吴钧《续齐谐记》："屈原五月五日投汨罗水，楚人哀之，至此日，以竹筒贮米投水以祭之……"

618—907 年

钟祥产"郢州春酒"，为朝廷贡品。

780 年

陆羽著《茶经》。

960—1279 年

湖北在宋代出现了一批名菜，如"金钱藕夹""冬瓜鳖裙羹"等。

一千多年前，湖北孝感出现两片薄藕包夹肉馅，外拖面粉糊成金钱形状，连炸两次的"金钱藕夹"。

湖北省《江陵县志》记载，宋仁宗问江陵县官张景，当地有何美食？答曰："新粟米炊鱼子饭，嫩冬瓜煮鳖裙羹。"仁宗遂命烹来一尝。张景家厨以菜花甲鱼的裙边切小块与嫩冬瓜、鸡汤煮成汤清汁醇、裙边糯滑、瓜汁腴美的冬瓜鳖裙羹献于皇帝。仁宗赞道："荆州鱼米香，佳肴数裙羹。"

约 1080—1084 年

北宋文学家苏轼（号东坡）在黄州烧肉时提出"慢著火，少著水，火候足时他自美"（《猪肉诗》）的主张。后来人们把用这种方法烧出的猪肉称为"东坡肉"。

苏东坡曾到鄂城西灵寺游览，方丈以香油麦面煎饼款待。此饼以香油、白糖、食盐和面粉为原料，擀成极薄圆片，涂抹香油，卷成长条形，盘成饼状，下油锅炸至金黄色，酥脆香甜，东坡品后夸其为"饼中一绝"而被称为"东坡饼"。

苏东坡送蕲门团黄茶进京。

1270 年（南宋咸淳六年）

考古工作者在恩施市区东柳州城山发现"西瓜碑"，共 167 字，碑文提及三种西瓜：蒙头蝉儿、团西瓜、细子儿（又名御西瓜）。

1301—1374 年

沔阳三蒸问世。据载湖北沔阳农民领袖陈友谅（1320—1363 年）在沔阳起义，其妻将晒干菱粉拌蒸野菜和鱼鲜，供义军食用。后此菜流传入市，由甑蒸改为垛笼蒸，并以碎米粉、五香碎米粉代替菱粉，并用扣碗蒸制后挂芡装盘。

1590 年

湖北蕲春人李时珍著《本草纲目》。李时珍在《本草纲目》中将蔬菜分为五类：荤辛（韭、葱、蒜、芥等）；柔滑（菠菜、蕹菜、莴苣等）；瓜菜（南瓜、

丝瓜、冬瓜等）；水菜（紫菜、石花菜等）和芝栭（芝、菌、木耳等）。书中还有大量食疗内容。

1830 年（清道光十年）

沙市著名传统小吃"早堂面"（又名早汤面）在沙市刘大人巷问世。

1838 年（清道光十八年）

汉口老大兴园酒楼开业。原设于汉正街（于1996 年迁至利济北路），由汉阳人刘木堂创办。吴云山主理后，以经营湖北风味菜为特色。因当时汉口有多家大兴园，故改名为老大兴园。

1861 年

汉口开埠后，东南亚海带、海参、干鱿（含墨鱼）及洋菜、江瑶柱、虾米、鱼翅等海产品成批输入武汉。

西餐传入，但仅限于领事馆、洋行、传教堂等外国人活动频繁的租界。

1874 年（清同治十三年）

经销"东洋"海味的上海东源行派人来汉，设海味专号，专营海味品批发。

1881 年

黄云鹄著《粥谱》刊行。书中共列"谷类""蔬类""蔬实类""木果类""植物类""卉药类""动物类"等粥方两百四十余方，并有理论文章。

1898 年（清光绪二十四年）

日本的海产品开始直输汉口，由三井、伊藤忠等洋行经销。

汉口老会宾楼开业。原设于沙家巷三民路，由朱永福、朱永祥和朱永泰合伙创办。因时值戊戌变法，取名维新酒楼。"百日维新"失败后，曾改名金谷酒楼（或称精谷酒楼）。1929 年，改名会宾楼。1939 年，又改名为老会宾楼。

1908 年（清光绪末年）

荆州聚珍园开业，由关焕海创办，以经营荆州本地风味菜点为特色。

1918 年

武汉老谦记牛肉馆创立，原名谦记牛肉馆，位于武昌青龙巷，创始人冯谦伯、冯有权夫妇。主要供应"牛肉炒豆丝""原汤豆丝""清汤豆丝""牛肉煨汤"等品种。

1920 年

武汉祁万顺酒楼开业，原设于汉口大智路。20世纪 30 年代，曾改名为福兴和粉面馆。后迁至汉阳大道，以经营水饺和发糕为特色。20 世纪 50 年代后，几经扩建，并恢复原名。

1924 年

汉口福庆和开业，位于中山大道靠近六渡桥地段，以经营米粉而独树一帜。

1927 年

武汉四季美汤包馆开业（前身是始创于 1922 年的美美园熟食店），主营小笼汤包，原址位于汉口花楼街，由汉阳人田玉山创办，后迁至汉口中山大道江汉路口。

1929 年

武汉老通城酒楼开业。原设于汉口大智路，由汉阳人曾厚诚创办，取名通成饮食店，以经营面点甜食为特色。后聘豆皮大王高金安等名厨掌灶，创制风味独特的"三鲜豆皮"，名扬武汉三镇。历经多次改名后，于 1978 年更名为老通城酒楼。

1930 年

汉口冠生园酒楼开业。由冼冠生在江汉路创办，总店设在上海。以经营广东风味菜和点心为特色。主要名菜名点有"烤乳猪""鸡丝烩蛇羹""叉烧包"等。

武汉大中华酒楼开业。位于武昌解放路与彭刘杨路口，由章在寿、张洪万等创办。原以经营安徽风味菜为特色，于 1936 年扩建后，增加了浙江和湖北风味菜，后来以湖北风味菜品为主。

1931 年

武汉德华楼开业。位于汉口中山大道民众乐园正对面（1960 年迁至汉口三民路），由天津人陈世荣、曹树召、李德富、陈大友等合股开办。德华楼的品牌渊源，可追溯至 1924 年由天津人李焕庭创办的得华楼。

1938 年

襄阳大华酒店开业。原设于樊城前街陈老巷，由当地名厨曹大伦创办，1957 年迁至人民路。20 世纪 90 年代扩建后，以湖北风味菜为特色。名菜有"夹沙肉""锅贴鱼""烧青鱼头"等。

沙市好公道酒楼创建，最初开业于觉楼街内警钟楼旁，由詹阿定创办。开始并无店名，经营稀饭、油饼、小吃、卤菜、什锦饭（猪油炒饭）等品种，被顾客誉为"菜美饭好，买卖公道"，于是詹阿定便以"好公道"为招牌。后搬迁中山路，扩大经营，主营湖北风味，兼营江浙菜点。

1939 年

汉口东来顺餐馆开业。位于六渡桥南洋大楼旁，由马辅忱创办，是一家具有清真饮食特色的餐馆。在征得北京东来顺丁德山三兄弟同意后，给小店起名为汉口东来顺，以经营北方小吃、清真炒菜、挂炉烤鸭、涮羊肉为主。

1942 年

汉阳野味香酒楼开业。由解华忠、王菊英夫妇创办，位于三里坡江堤街，以野味卤菜、卤汁面为特色。1945 年，改名为野味香小吃店。新中国成立后，几经改址扩建，成为汉阳专营野味的餐馆和对外服务的窗口。

1946 年

武汉小桃园煨汤馆开业，位于汉口胜利街兰陵路口，由陶坤甫、袁明照（或名袁得照）合伙创办。原名筱陶袁煨汤馆，后改名为小桃园煨汤馆，以经营"八卦汤（乌龟汤）""牛肉汤""瓦罐鸡汤"为特色。

1947 年

3 月，武汉北京春明楼开业，由原在北京致美斋做管事的吴成宝邀约几位同仁一起创办的京帮菜馆，位于汉口蔡锷路与胜利街交叉口，以"拔丝山药"等为拳头产品。

1954 年

京山县发现屈家岭遗址。1955 年、1957 年两次发掘，出土了距今 5100—4500 年的大量石器、陶器，如锅、碗等。在红烧土建筑遗迹中，保存有密结成层的大量稻谷壳和稻茎，经鉴别，属大粒粳型稻。

1955 年

天门县发现石家河遗址。在杨家湾等多个地点发现新石器时代遗存，出土了大量石器、陶器，还有骨器与蚌器。在遗址里还发现了一些附有稻谷壳的烧红土块，经时任中国农业科学院院长丁颖教授鉴定为"粳稻品种"，取名"石河粳稻"，并在 1959 年《考古学报》第 4 期发表论文称，为研究长江流域水稻种植的起源提供了可靠资料。

华中农学院水产系（华中农业大学水产学院前身）易伯鲁教授正式将梁子湖鳊鱼命名为团头鲂，这是新中国成立后我国科学家命名的第一个鱼类种名。

1956 年

5 月 31 日至 6 月 4 日，毛泽东主席在武汉品尝"清蒸鳊鱼"，三次畅游长江，在东湖客舍（今东湖宾馆）

南山甲所写下了著名的《水调歌头·游泳》，其中"才饮长沙水，又食武昌鱼"成为广为流传的名句。

1958 年

4 月 3 日，毛泽东主席视察武汉老通城酒楼。

9 月 12 日，毛泽东主席第二次视察武汉老通城酒楼，品尝三鲜豆皮。

1959 年

荆州聚珍园厨师余占海，参加全国财贸战线技术革新和技术革命大会，在北京怀仁堂表演"散烩八宝"。

1960 年

在湖北省饮食服务处组织下，沙市名厨刘绍玉于秋季赴京，在人民大会堂表演楚乡名菜"去骨鸡丁""双黄鱼片""皮条鳝鱼"等，受到朱德、李先念等中央领导接见，荣获奖章 1 枚。

1963 年

沙市名厨刘绍玉在北京湖北菜馆进行荆沙菜肴的操作表演。

武汉市服务学校经武汉市人民委员会批准成立，是武汉第一个专门培养商业服务类技术人才的学校，办校之初即设立烹饪专业。

1966 年

6 月，商业部饮食服务局编撰《中国名菜谱·第十二辑》（湖南、湖北名菜点），汇集名菜 111 种，名小吃 40 种，共 151 种，其中湖南 49 种，湖北 102 种，由轻工业出版社出版。

1974 年

1 月，湖北省商业局饮食服务处、武汉市饮食公司编撰《湖北菜谱（初稿）》，出打印本。

9 月，湖北省商业学校（湖北经济学院前身）首次开设炊技班。

1975 年

10 月，襄阳地区技工学校（襄阳技师学院前身）开设中式烹饪专业。

1978 年

5 月，随州曾侯乙墓共出土礼器、乐器、漆木用具、金玉器、兵器、车马器和竹简约 15000 件，仅青铜器就共计 6239 件。其中曾侯乙编钟一套 65 件，是迄今发现的最完整最大的一套青铜编钟。青铜礼器主要有镬鼎 2 件、升鼎 9 件、饲鼎 9 件、簋 8 件、簠 4 件、大尊缶 1 对、联座壶 1 对、冰鉴 1 对、尊盘 1 套 2 件及盥缶 4 件等。

9月，《中国菜谱》（湖北）由中国财政经济出版社出版，共收集湖北名菜222道。

10月，《烹调原理》（作者张启钧，湖北枝江人，哲学教授，1938年毕业于西南联大，1948年去台湾）由台湾新天地书局印行。该书多处介绍湖北菜点，删改本于1985年2月由中国商业出版社出版。

1979年

武汉市饮食公司举办技术表演赛，周军荣获花卉雕刻第一名。

5月，湖北省举办烹饪技术比赛。

9月，恩施州商务技工学校开办中式烹饪专业。

1980年

3月，商业部主办《中国烹饪》杂志出创刊号，刊登《永恒的怀念》一文，介绍毛泽东主席两次视察武汉老通城酒楼及品尝豆皮的故事。

9月，荆州地区技工学校钟祥县分校（荆州地区第四技工学校、钟祥市技工学校前身）开办烹饪班。

1981年

湖北省举办饮食业鄂菜培训班。

4月20日，荆州地区举办首届红案二级、一级厨师晋级考试。

9月1—15日，在湖北省旅游局组织下，由江汉饭店经理张连喜任团长，江汉饭店特级厨师刘大山任顾问，璇宫饭店特级厨师杨纯清、胜利饭店特级厨师黄传菊、胜利饭店西餐一级厨师曾宪华、江汉饭店西餐一级厨师周鑫甫为团员的厨师代表团，应邀到香港，在美丽华大酒店举行了为期半个月的"楚秀佳宴"表演。

1982年

9月，荆州地区第三技工学校（仙桃技校前身）

开办烹饪班。

10月，湖北省饮食服务行业技术考评委员会在省供销社招待所举办全省厨师点心师服务技师技术考核，共78人参加。

1983年

11月5—18日，商业部等八单位在北京举办全国烹饪名师技术表演鉴定会，湖北获"最佳厨师"1名（武昌酒楼红案副主任卢永良）、"技术表演奖"2名（沙市长江酒楼厨师长张定春，武汉市老会宾酒楼厨师长汪建国）。

1984年

汪建国领衔创办的作为湖北省人民政府窗口企业的深圳武汉餐厅（四季美）开业。

武汉市第二商业学校主办的《烹饪学刊》创刊。

10月，湖北省商业厅授予一批特级红案师、点

心师等技术职称。

12月24日，荆门市烹饪协会（荆门市烹饪酒店行业协会前身）成立，王志栋当选为首任会长。

1985 年

经武汉市人民政府批准，教育部备案，以武汉市第二商业学校为基础组建武汉商业服务学院，开办中部地区首个大专层次的烹饪专业，并挂牌为商业部全国饮食服务培训中心。

9 月，湖北省商业学校（湖北经济学院前身）与天门县联合开办烹饪中专班。

9 月，荆门市技工学校开办烹饪专业。

12 月 30 日，湖北省烹饪协会（湖北省烹饪酒店行业协会前身）成立，时任湖北省商业厅副厅长齐树勋当选为首任会长。

1986 年

黄石市烹饪协会（黄石市烹饪酒店行业协会前身）成立，纪四宝当选为首任会长。

5 月 13 日，中国烹饪杂志社 1986 年第 5 期（总第 57 期）出刊《中国烹饪·湖北专号》。

8 月 27 日，湖北省商业厅举办商业系统金牌服务员（营业员）服务技能比赛（考试）。

1987 年

1 月，湖北省烹饪协会授予武汉市首批获评商业部特级厨师的朱世金首位"鄂菜大师"称号。

1 月，荆门包山大冢（汉墓）出土数十只竹笥，其中盛有板栗、红枣、柿子、菱角、莲藕、荸荠、生姜、花椒等十多种果品和佐料，狗獾肉与部分菱角装在一起，铜鼎内盛着牛肉、羊肉，鱼放在水缸中，均保存相对完好，植物果实的肉仁虽然大多已碳化，但仍不失其原貌。

9 月 14 日，《中国食品报》（1 版）报道卢永良、余明社从江苏商业专科学校（扬州大学前身）大专班毕业。

1988 年

湖北省首届烹饪技术大赛在武汉市举行。

5 月 9—17 日，第二届全国烹饪技术比赛在北京市举行，汪建国"明珠鳜鱼"获热菜金牌，卢玉成"珊瑚鳜鱼"获热菜金牌，余明社"白云黄鹤"获冷拼金牌。

1989 年

5 月，武汉四季美汤包馆徐家莹参加商业部在石家庄市举办的首届筵席点心比赛，荣获全能金杯奖。

武汉大中华酒楼被商业部评定为餐饮业国家二级企业。

4 月 22 日，湖北省烹饪协会第二届会员代表大会召开，时任省商业厅常务副厅长陈振华当选为第二届会长，时任省饮食服务处处长李洪生当选秘书长。

8 月 10—12 日，中国烹饪协会在长沙市举办首届中国烹饪学术研讨会。武汉陈光新、孝感田玉堂、荆门张毅和曾望生撰写的论文入选参会交流。

1990 年

汪建国被武汉商业服务学院特殊引进为烹饪专业专任教师，担任烹饪系副主任。

湖北省商业厅举办商业系统金牌服务员服务技能比赛（考试），9 人获授"金牌服务员"称号。

7 月，湖北省烹饪协会二届二次理事会暨鄂菜理论研讨会在武当山举行。

9 月，湖北省第二届青工大赛烹调技术比赛在武汉市举办。

11 月，武汉四季美汤包馆徐家莹参加商业部筵席点心比赛，以"金鱼戏莲"荣获金鼎奖。

11 月 14—19 日，在北京市举办首届全国青工烹调技术大赛，50 名年龄在 30 岁以下的青年厨师参赛。评出前 10 名（湖北吴有伏第四名、黄飞第九名），由主办单位联合授予"全国青工烹调技术能手"称号，共青团中央授予"全国新长征突击手"称号，商业部颁发决赛优胜奖。

12 月 15—19 日，湖北省第二届烹饪技术（面点、小吃）比赛在武汉商业服务学院举办，全省 14 地市 97 名选手参赛。

1991 年

武汉四季美汤包馆徐家莹研制成功速冻系列汤包，申报国家专利。

3 月，武汉四季美汤包馆徐家莹参加商业部筵席点心（速冻食品）比赛，以"速冻香菇汤包"再获金鼎奖。

9 月中旬，武汉商业服务学院（武汉商学院前身）与湖北商业专科学校（湖北经济学院前身）联合开办的中国烹饪专业（大专班）新生入学报到。

11 月 28 日，襄樊市烹饪协会（襄阳市烹饪酒店行业协会前身）成立，首届会员代表大会在卧龙饭店召开，杨德朝当选为首任会长。

12 月 25 日，商业部、劳动部、中国财贸工会在北京人民大会堂召开商业部系统首批高级技师评聘试点颁证会。湖北大中华酒楼卢永良、余明社和老大兴园酒楼孙昌弼获授中餐烹调高级技师，翠华酒楼黄

文植获授中餐面点高级技师。

1992 年

9 月 16 日，商业部全国优秀服务员表彰大会在北京人民大会堂举行，湖北余习琼获评"全国最佳服务员"，肖岚、肖明玉、韩菊红获评"全国优秀服务员"。

1993 年

湖北省烹饪协会授予扬子江旅游船特级厨师李贤启"鄂菜大师"称号。

湖北省商业厅举办商业系统金牌服务员服务技能比赛（考试），8 人获授"金牌服务员"称号。

3 月，湖北队参加日本东京中国料理表演，荣获团体金牌，楚天大厦冯启光、荆州饭店陈国泉获单项金牌。

10 月 22—27 日，第三届全国烹饪技术大赛（武汉赛区）在武汉商业服务学院（武汉商学院前身）举办。

12 月 10 日，在第三届全国烹饪技术比赛总结表彰大会上，湖北余贻斌、吴美华、王家春、吴国强、万振启、王海东等参赛选手获评"全国优秀厨师"。

1994 年

7 月 19—20 日，湖北省烹饪协会召开第三届会员代表大会，时任省商业厅副厅级调研员李洪生当选为第三届会长，时任省饮食服务处处长张贤峰当选为秘书长。

9 月初，湖北商业高等专科学校（湖北经济学院前身）独立招收的烹饪工艺大专班学生入学报到，标志着湖北省烹饪高等职业教育进入新阶段。

9 月 15 日，中国烹饪协会在安徽黄山召开中国烹饪学术研讨会，收到论文 112 篇。荆门张毅与二十多位专家、学者论文入围交流。

10 月 6 日，黄冈地区烹饪协会成立，程柏任会长，余明海任秘书长。

1995 年

卢永良、余明社先后被湖北商业高等专科学校（湖北经济学院前身）特殊引进为烹饪专业专任教师。

10 月 23 日，湖北省第三届烹饪（鄂菜）技术大赛在武汉市举办。

11 月，湖北省人民政府召开整理和弘扬鄂菜专题办公会议，批准省贸易厅"关于整理和弘扬鄂菜的计划"，着手实施"三个一百"工程，即用十年时间，培育 100 家湖北风味名店，评定 100 个湖北烹饪大师（名师），推出 100 道湖北风味名菜。

12 月，钟祥市客店镇被国务院发展研究中心授予"中国葛粉之乡"称号，并成立葛粉产业专业化科研机构——钟祥市中华葛科学研究所。

1996 年

2 月，经湖北省贸易厅批准，湖北省鄂菜烹饪研究所在湖北商业高等专科学校（湖北经济学院前身）成立。

4 月 5 日，湖北省贸易厅发布"关于转发《湖北风味名店标准》和《鄂菜烹饪大师（湖北面点大师）标准》的通知"。

6 月 20 日，湖北省烹饪协会在武昌鸥翠宾馆召开三届二次理事会暨论文交流会，时任省长助理江泓就整理弘扬鄂菜发表讲话。

经湖北省贸易厅评选并报送省人民政府同意，授予卢永良、卢玉成、余明社、陈昌根、杨同生等 5 人"鄂菜烹饪大师"称号。授予武汉东湖宾馆、省人民政府驻京办湖北宾馆、楚游宫美食娱乐中心、武汉迎宾馆、武汉胜利饭店、湖北饭店、华联楚天大厦、复兴饭店、武汉机场长江美食城、大中华酒楼等 10 家单位"湖北风味名店"称号。

湖北省贸易厅举办商业系统金牌服务员服务技能比赛（考试）。

1997 年

2 月 27 日，随州市烹饪协会（随州市烹饪酒店行业协会前身）成立，王甫友当选为首任会长。

3 月，湖北省贸易厅召开表彰会，授予吴美华等 5 人为"鄂菜烹饪大师"；老通城酒楼等 31 家餐饮企业为"湖北风味名店"。

4 月 22 日，湖北省举办酒家酒店分等定级评审员培训班。

11 月 6—8 日，湖北省第四届烹饪（鄂菜）技术比赛在湖北商业高等专科学校（湖北经济学院前身）举办。

12 月 7 日，宜昌东山饭店美食城的"印子油香""苕面窝""蜘蛛蛋"，武汉市老通城酒楼的"三鲜豆皮"，武汉市蔡林记热干面馆的"虾仁热干面"，武汉市四季美汤包馆的"汤包"，武汉市德华酒楼的"德华小包"，武汉风味小吃城的"重油烧梅"，青山解放饮食娱乐有限责任公司的"灌汤蒸饺"，被认定为首届全国"中华名小吃"。

1998 年

由湖北省文化厅和荆州市人民政府筹办的湖北省

饮食文献中心暨荆州市饮食图书馆在荆州正式成立。

5月26日，恩施州烹饪协会（恩施州餐饮酒店行业协会前身）成立。

11月21—22日，第五届全省鄂菜暨首届地方特色菜比赛在武汉商业服务学院（武汉商学院前身）举办。

1999年

4月28日，宜昌市烹饪协会（宜昌市烹饪酒店行业协会前身）成立，吴德荣当选为首任会长。

5月10日，卢永良在中国烹饪协会第三次会员代表大会上当选为常务理事，张贤峰、余明社、卢玉成、刘国梁、陈光新当选为理事。

11月26—29日，第四届全国烹饪技能大赛（武汉赛区）在武汉商业服务学院（武汉商学院前身）举办。

2000年

2000年，卢永良、卢玉成被国家国内贸易局【内贸局发服务字（2000）第27号】认定为首批中国烹饪大师。

3月8—9日，余明社率湖北代表队参加在日本东京举办的第三届中国烹饪世界大赛，荣获团体金奖和个人金牌。

9月5日，保康县金城酒店的"玉米黄金饼"，武汉市德华酒楼的"德华年糕"，武汉市四季美汤包馆的"四季美赤豆稀饭""四季美红油牛肉粉"，武汉市蔡林记热干面馆的"葱花芝麻生煎包"，武汉市小桃园煨汤酒楼的"瓦罐母鸡汤"，广州空军武汉云都招待所的"云都小面窝"，武汉市谈炎记有限公司"虾米香菇鲜肉水饺"，武汉市五芳斋有限责任公司的"五芳斋汤圆""五芳斋粽子"，被认定为第二届全国"中华名小吃"。

2001年

4月18日，荆州市烹饪协会成立，邹志珍任会长。

8月9日，湖北省烹饪协会召开第四届会员代表大会，时任省贸易物资行业管理办公室副主任温遂和当选为会长，时任省饮食服务处处长周呈敏当选为秘书长。

9月26日，湖北省首届美食文化节在荆州市举办。

2002年

6月27—30日，湖北省烹饪协会组队参加在马来西亚举办的第四届中国烹饪世界大赛，获团体特金奖1枚、个人特金奖5枚、金奖2枚、银奖1枚。

10月25—29日，第十二届全国厨师节在成都市举办，湖北有10道菜肴获评"中国名菜"，8人荣获金厨奖。

11月28—30日，在中国烹饪协会成立15周年庆典暨表彰活动中，湖北汪建国、余明社、江立洪、徐家莹、孙昌弼被授予"中国烹饪大师"称号，汪淑华、熊培芳、李伯伟被授予"中国餐饮服务大师"称号，

另有16人被授予"中国烹饪名师"称号。

12月22日，中国烹饪协会在海口市为首批"中华餐饮名店"颁证授牌。获得认定的湖北名店有：武汉小蓝鲸美食广场、武汉三五酒店江汉北路分店、武汉市五芳斋酒楼、武汉市四季美汤包馆、武汉市醉江月酒楼、武汉老通城酒楼、武汉市亢龙太子酒轩、武汉市艳阳天酒店、随州市圣宫饭店、武汉市湖锦酒楼。

2003年

3月18日，武汉餐饮业协会在武汉市人民政府礼堂召开成立大会，刘国梁当选为首任会长。

3月26日，湖北省烹饪协会召开第四届理事会

第二次会议，张贤峰当选为会长。

7月18日，十堰市烹饪协会（十堰市餐饮业协会前身）成立，韩平当选为首任会长，尚正立当选为首任秘书长。

10月18日，第十三届全国厨师节在南昌市举办，

武汉楚才宴获"中华金厨奖"。

11月12—15日，第五届全国烹饪技术比赛（武汉赛区）在武汉市举办。

12月8日，湖北省烹饪协会名厨专业委员会、湖北名厨联谊会在武汉市成立。

2004 年

2月12日，武汉凯威啤酒屋有限责任公司的"凯威牛肉火锅"获中国烹饪协会首批"中华名火锅"认定。

6月13日，卢永良当选为中国烹饪协会第四届理事会副会长。

10月26日，鄂州市烹饪协会（鄂州市烹饪酒店行业协会前身）在民政局登记成立，陈宗云担任首任会长。

9月初，湖北经济学院烹饪与营养教育专业新生入学报到，开启了湖北省乃至华中地区烹饪本科教育新纪元。

10月21日，第十四届中国厨师节在福州市举办，武汉鮰鱼宴获"中华名宴奖"。

11月18—28日，武汉楚天卢酒店获第五届中国烹饪世界大赛团体赛金奖，王庆、何渊分别荣获个人赛冷拼、面点项目金奖。

2005 年

9月21—24日，2005湖北省鄂菜烹饪大赛在湖北饭店举办，省人民政府发文表彰"鄂菜十大名店""鄂菜十大名菜""十大鄂菜大师"。

10月18—20日，第十五届中国厨师节在武汉市举办，首届创新菜大赛暨世烹联首届"红口袋"中

外厨师烹饪大赛同期举行。

2006年

1月，经武汉餐饮业协会发起，武汉地方菜研发中心成立。

4月19日，天门市烹饪协会成立，王国斌当选为首任会长。

9月2—4日，由湖北省烹协和宜昌市政府联合举办的首届中国·三峡（亚太）饮食文化高峰论坛暨美食文化节在宜昌市举办。

11月湖北省烹饪协会会长张贤峰为团长，率卢永良、邹志平、常福曾等4人，赴日本、东京山形、大阪等地进行鄂菜宣传表演。

2007年

5月12日，湖北省中职学校烹饪技术大赛在武汉市第二商业学校举办。

6月30日，全国职业院校（中职组）烹饪技术大赛在重庆市举办，湖北省教育厅组团参赛并获奖。

11月，随州市安居镇羊子山西周早期墓葬出土了27件鄂国青铜器，有方鼎、圆鼎、簋、甗、罍、盉、盘、尊、斝、觯、爵等。

11月22—24日，全国高等学校烹饪技能大赛暨第二届全国餐饮业职业教育发展论坛在武汉商业服务学院（武汉商学院前身）举办，全国28所高校32支代表队参加活动。

2008年

2月，湖北省商务厅、湖北省烹饪协会编著的《中国鄂菜》由湖北科学技术出版社出版。

5月12日，湖北省烹饪酒店协会会长张贤峰为团长，率团到日本进行鄂菜宣传交流。

6月30日，2008年全国职业院校技能竞赛（中职组）烹饪比赛在天津市举办，湖北省教育厅组团参赛并获奖。

11月30日，第六届全国烹饪技能竞赛（湖北赛区）暨湖北省第十届烹饪技术比赛在武汉市第二商业学校举办。

2009年

4月23日，湖北省烹饪协会召开第五届会员代表大会，改名为"湖北省烹饪酒店行业协会"，张贤峰当选为会长，潘孝强任常务副秘书长。

5月15—17日，潜江市举办首届潜江龙虾节，同期举办湖北省小龙虾产业发展论坛、大型产品展示活动、龙虾美食特色街启动仪式等多项活动。

6月27—30日，2009年全国职业院校技能大赛（中职组）烹饪技能比赛在天津市举办，湖北省教育厅组团参赛并获奖。

2010年

8月，湖北省烹饪酒店行业协会会刊《荆楚美食》创刊，卢永良任主编，潘孝强任执行主编。

3月29日，湖北省烹饪酒店行业协会在武汉召开餐饮企业等级评定工作启动会。

4月22—25日，第三届全国饭店业职业技能竞赛（武汉赛区）在武汉市举办。

4月27—29日，首届中国（天门）蒸菜美食文化节举办，中国烹饪协会授予天门市"中国蒸菜之乡"牌匾。

6月24—26日，2010年全国职业院校技能大赛（中职组）烹饪技能比赛在天津市举办，湖北省教育厅组团参赛并获奖。

7月7—8日，潜江市举办第二届潜江龙虾节，同期举办小龙虾产业发展论坛、虾王争霸赛和万人龙虾宴等多项活动。

10月2日，湖北省妇联、省旅游局联合在黄冈市举办"湖北省农家乐旅游厨嫂厨艺大赛"。

12月21—23日，由湖北省商务厅等九部门联合举办的湖北省鄂菜烹饪技术大赛在武汉市第二商业学校举行，表彰"推动鄂菜发展十大知名企业""推动鄂菜发展十大知名企业家"和"湖北省十大鄂菜大师"。

2011年

4月，湖北省食文化研究会经省文化厅批准、省民政厅注册登记后正式成立。

5月，湖北省烹饪酒店行业协会张贤峰会长，率团赴美国进行鄂菜宣传交流。

6月20日，孝感市烹饪酒店行业协会成立，程

华担任法定代表人，买信敬当选为首任会长。

6月24—26日，2011年全国职业院校（中职组）烹饪竞赛在天津市举办，湖北省教育厅组团参赛并获奖。

7月，湖北省食文化研究会会刊《湖北食文化》创刊。

8月，中国水产流通与加工协会授予仙桃市"中国黄鳝之都"称号。

8月27—28日，第四届全国中餐技能创新大赛（中南赛区）暨湖北省首届创新菜大赛在武汉中南花园饭店举办。

9月，三峡旅游职业技术学院开办烹饪工艺与营养专业（专科）。

9月16日，湖北省烹饪酒店行业协会与省广播电视总台、湖北经济学院、荆楚网联合全省各市州、林区烹协（餐饮业协会）共同举办"湖北省首届烹饪酒店行业电视展评活动"。

9月18—20日，由湖北省酒家酒店等级评定委员会、省烹饪酒店行业协会联合开办的餐饮企业钻石等级知识及现场管理（六T实务）培训班在武汉市举行。

10月25日，咸宁市烹饪酒店行业协会成立，何

裕琪当选为首任会长。

11月14—15日，湖北省第三届"技能状元"烹饪选拔赛（复赛）在湖北经济学院举办。

12月3日，"第二届全国餐饮学术年会暨中国烹饪协会专家工作委员会（2011）年会"在北京召开，湖北多篇论文获奖。

12月28—29日，第二届中国（天门）蒸菜美食文化节暨2011中国（天门）蒸菜技术大赛在天门市举办。

2012 年

1月5日，湖北省烹饪酒店行业协会在湖锦酒楼锦江店举行"2011湖北省国家钻级酒店授牌仪式"。

4月8—9日，湖北省烹饪酒店行业协会五届四次理事会暨首届湖北省烹饪酒店行业电视展评活动表彰会在宜昌三峡工程大酒店举办。

6月11—14日，2012年全国职业院校技能大赛（中职组）烹饪比赛在扬州市举办，湖北省教育厅组团参赛并获奖。

6月16—18日，潜江市举办第三届潜江龙虾节，同期举办了潜江龙虾生态养殖模式研讨会、潜江油焖大虾烹饪比赛、电影《虾哥的故事》首映式等多项活动。

7月30日—8月1日，湖北省烹饪酒店行业协会在武汉市举办湖北省餐饮业现场管理"六T实务"暨钻石等级知识培训班。

9月20—25日，第三届中国餐饮业博览会暨餐饮业高峰论坛在澳门特别行政区举办，湖北十大名店、十大名师在湖北区展示。

11月29日，武汉商学院举办首届鄂菜传承与发展论坛，《鄂菜传承与发展论坛文集》发布。

12月12日，孙昌弼"昌弼厨艺工作室"在新海景太平洋店举行揭牌仪式。

2013 年

1月16日，湖北省酒家酒店等级评定委员会在武汉市召开2012年湖北省国家钻级酒家授牌仪式暨工作会议。

4月16—18日，第三届国家级酒家年会在武汉中南花园饭店召开。

6月12日，潜江市烹饪酒店行业协会召开成立大会（已于2012年12月26日经潜江市民政局以潜民政发〔2012〕205号文批复成立），康民彪当选为首任会长。

6月12—14日，潜江市举办第四届湖北潜江龙

虾节。

6月13—14日，2013年全国职业院校技能大赛（中职组）烹饪比赛在扬州市举办，湖北省教育厅组团参赛并获奖。

6月20日，武汉素食研究所在武汉商学院揭牌成立。

7月26日，湖北省蒸菜研发中心在天门市揭牌成立。

9月1—3日，湖北省酒家酒店评定委员会和省烹饪酒店行业协会联合开办餐饮企业现场管理暨钻石等级知识培训班。

9月21—22日，第七届全国烹饪技能竞赛（湖北赛区）暨湖北省第十一届烹饪技术比赛在荆门市九尊食上酒店举办。

11月29日，湖北省总工会在武昌湖锦酒楼为荣获第七届全国烹饪技能竞赛（湖北赛区）暨湖北省第十一届烹饪技术比赛个人单项第一名的余明超、王业雄、王俊、周腊梅等颁发"湖北五一劳动奖章"。

12月6—8日，第五届全国淡水鱼烹饪大赛在鄂州市举办，中国烹饪协会授予鄂州市"中国武昌鱼美食之乡"牌匾。

2014年

3月24日，第七届全国烹饪技能竞赛牛肉烹饪专项技能赛在武汉市举办。

4月18日，黄冈市餐饮酒店行业协会成立，曾德福当选为首任会长。

6月12—14日，潜江市举办第五届中国湖北潜江龙虾节，中国烹饪协会为潜江市颁发"中国小龙虾美食之乡"牌匾。

9月24日，中国鄂菜产业发展大会在武汉国际会展中心东湖厅召开，《鄂菜产业发展报告（2013）》和《鄂菜产业发展大会（2014）论文集》在会场首发。

9月23—27日，第五届全国饭店业职业技能竞赛专项比赛——全国湖鲜烹饪技能大赛暨2014年中国技能大赛暨湖北生活服务业职业技能竞赛、第十五届中国美食节暨第二届中国餐饮业博览会在武汉市举办。

12月，张毅主编《荆门烹协三十年》由中国文化出版社出版，为湖北省内第一部系统记述地方烹饪协会工作和地方餐饮行业发展的专著。

12月28日，中国蒸菜文化研究院在天门市成立。

2015年

1月21日，由湖北省人力资源和社会保障厅授予的"卢永良技能大师工作室"在湖北经济学院揭牌。

1月23—25日，由湖北省绿色饭店工作委员会组织的国家级注册评审员培训班在武汉市举办。

4月1—3日，仙桃市举办首届沔阳三蒸文化节暨沔街庙会，中国沔阳三蒸研究院在仙桃揭牌成立，仙桃市沔阳三蒸博物馆揭牌开馆，中国烹饪协会授予仙桃市"中国沔阳三蒸之乡"牌匾。

6月12—16日，潜江市举办第六届中国湖北潜江龙虾节，同期举行小龙虾烹饪职业技能大赛等多项活动。

6月30日—7月3日，2015年巴黎国际杯中国美食国际文化节和2015年巴黎国际烹饪中餐大赛在法国巴黎国际大酒店举办，湖北代表队荣获团体特金奖。

9月7—8日，湖北省商务厅在荆门市九尊食上酒店召开全省首次绿色饭店（餐饮）创建工作现场会。

11月，国家人力资源和社会保障部支持建设"邹志平国家级技能大师工作室"。

12月1日，湖北省烹饪酒店行业协会第六届会员代表大会召开，孙桃香当选为第六届会长，刘国梁当选为监事长。

12月23日，潜江市举办2015年湖北省生活服务业职业技能竞赛（中式烹饪、中式面点比赛）。

2016年

卢永良与中国烹饪协会副会长乔杰率团参加中法高级别人文机制交流，制作中华非遗美食宴。

3月23—25日，中国烹饪协会"中国名菜"认证组在荆门认证15道中国名菜。

4月28日，邹志平获"全国五一劳动奖章"。

5月，余贻斌主编《中华厨圣食典》由湖北科学技术出版社出版。

5月28日，潜江龙虾职业学院举办落成庆典仪式。

6月12—16日，潜江市举办第七届中国湖北潜江龙虾节，湖北小龙虾产业技术研究院在潜江市莱克水产揭牌成立。

6月17日，荆州市举办首届荆楚美食节暨楚味·荆州烹饪技能大赛。

8月—11月，湖北电视台举办"一城一味"现场拍摄活动，并于11月21日举行颁奖活动。

8月9—10日，2016湖北省绿色饭店（餐饮企业）创建工作会议暨国家级绿色饭店（餐饮企业）授牌仪式在石首市桃花山生态园举办。

8月14日，中央电视台摄制的《江湖宝典·吃在中国50城》之荆门篇，在中央电视台发现之旅频道首播。

9月初，荆门职业学院烹调工艺与营养专业（高职）新生入学报到。

9月4日，中央电视台摄制的《江湖宝典·吃在中国50城》之宜昌篇，在中央电视台发现之旅频道首播。

9月6—13日，黄冈市举办第七届（黄冈）东坡文化节，中国烹饪协会授予黄冈市"中国东坡美食文化之乡"牌匾。

10月，全国首部莲藕菜品专著《中国莲藕菜》（邹志平著）由湖北科学技术出版社出版，湖北省人民政府原副省长甘荣坤为该书作序。

12月30日，邹志平获2016年国务院政府特殊津贴。

2017 年

4月10—11日，中国烹饪（服务）大师注册认证在湖北经济学院举行理论考试和现场考核。

4月23日，由湖北省烹饪酒店行业协会和湖北省楚商协会联合举办的"鄂菜"改"楚菜"研讨会在武昌楚天传媒大厦召开。

5月7日，中国烹饪协会成立30周年庆典大会在北京市召开，湖北多家单位和个人获奖。

5月17日，湖北省首家楚菜博物馆在武汉商学院开馆试运行，展示楚菜文化发展阶段的特色食材、烹饪器具、饮食器具、菜品小吃实物或模型，馆藏菜模三百多件、标本一百多件、烹饪文物八十余件。

6月8日，2017鄂菜产业发展论坛暨全省绿色饭店（餐饮企业）授牌仪式在潜江市举办。

6月9—12日，潜江市举办首届中国（潜江）国际龙虾·虾稻产业博览会暨第八届中国湖北潜江龙虾节，潜江龙虾高级烹饪研修班开班仪式、首届国际龙虾虾王烹饪大赛暨2017湖北省生活服务业职业技能大赛预选赛相继在潜江龙虾职业学院举行。

7月9—10日，天门市举办中国（天门）第四届蒸菜美食文化节。

9月6日，促进鄂菜发展座谈会在湖北省人民政府10号楼5号会议室召开，座谈会由省人民政府副秘书长聂昌斌主持，时任省商务厅厅长邱丽新与会，周呈敏、孙桃香、卢永良、刘国梁、谢定源、余明社、张毅、邹志平、杜军等参会座谈。

9月18日，神农架林区饮食业协会成立，苏方胜当选为首任会长。

9月27—29日，首届汉江流域职业技能大赛在襄阳技师学院举办。

11月11—12日，十堰首届食品餐饮博览会暨第二届美食文化节在汉江师范学院举办。

11月18日，监利县举办2017湖北·监利黄鳝节，中国烹饪协会向监利县颁发"中国黄鳝美食之乡"牌匾。

2018 年

5月9—10日，国家人社部、湖北省人民政府在武汉举办世界技能中国行——走进湖北，共有22个单位参与湖北省技能成就综合展。湖北省省委副书记、省长王晓东，省委常委、常务副省长黄楚平，人力资源和社会保障部副部长汤涛，省人民政府秘书长别必雄，省委组织部副部长、省人力资源和社会保障厅厅长肖菊华，及市州市长、厅局领导巡视了由湖北经济学院楚菜研究所、卢永良技能大师工作室、邹志平技能大师工作室制作的"楚菜展馆"。

5月18—20日，潜江市举办第九届中国湖北潜江龙虾节暨第二届中国（潜江）国际龙虾·虾稻产业博览会，同期举行了中国小龙虾标准化养殖技术交流会等多项活动。

5月26日，天门市举办2018中国（天门）蒸菜技能大赛暨首届楚菜美食博览会天门分会。

5月29日，2018年（第十二届）中国餐饮产业发展大会、中国餐饮行业改革开放40年纪念大会在北京国际会议中心召开，湖北多家企业和多位个人获奖。

6月10日，荆州市举办2018年荆楚美食节暨第二届荆楚味道烹饪技能大赛。

7月3日，经荆门市社科联（湖北省社科院荆门分院）批准，湖北省社科院荆门分院美食文化研究所成立。

7月12日，外交部湖北全球推介活动——"新时代的中国：湖北，从长江走向世界"在外交部蓝厅举行，楚菜冷餐会是本次活动的压轴戏，由湖北省人民政府驻京办事处承办，卢永良、邹志平率领湖北厨师团队精心设计和制作的29道美味佳肴，集中展示了楚菜灵动的鲜美滋味和深厚的文化底蕴。

7月21日，湖北省人民政府办公厅下发《关于推动楚菜创新发展的意见》（鄂政办发〔2018〕36号），标志着楚菜的创新发展进入新时代。

8月23—24日，全省楚菜创新发展及绿色饭店创建工作现场会在十堰市召开。

8月27—28日，注册中国烹饪（餐饮服务）大师、名师认定暨中国（湖北）餐饮行业高技能人才技能提升培训班在湖北经济学院举办。

9月5日，湖北省商务厅下发《关于开展楚菜品牌评选活动的通知》（鄂商务发〔2018〕84号），在全省启动"楚菜品牌"评定活动。

10月11—12日，第八届全国烹饪技能竞赛（湖北赛区）暨2018年"湖北工匠杯"技能大赛在湖北经济学院举办。

10月18—21日，第二十八届中国厨师节在宜昌市举办，宜昌市被中国烹饪协会列入"中国美食之都"名录，秭归县、长阳土家族自治县被中国烹饪协会列入"中国美食之乡"名录。

11月9日，咸宁市举办湖北·咸宁第十届国际温泉文化旅游节、第三届咸宁味道美食节暨咸宁首届楚菜博览会。

12月1—2日，黄冈市举办2018大别山（黄冈）地标优品博览会暨首届东坡文化美食节。

12月2日，在北港城醉江月酒店召开"楚菜特点研讨会"，二十多位专家、教授、学者、烹饪大师、行业协会领导参会，经反复讨论后达成一致共识，楚菜特点统一表述为"鱼米之乡，蒸煨擅长，鲜香为本，融和四方"，一个字概括为"鲜"，确定了楚菜对外宣传的统一口径。

12月16日，首届楚菜美食博览会"楚菜百味，健康人生"民间楚菜大赛决赛在武汉市举办。

12月22—26日，首届楚菜美食博览会在武汉市举办，由楚菜文化展区、楚菜美食名宴展区、楚菜原辅材料展区等九个展区组成，同期举办中国楚菜品鉴宴、2018湖北省绿色饭店年会、楚菜产业高峰论坛等多项活动。

内容索引

后记

　　功成不必在我，功成必定有我。《中国楚菜大典》的面世，是近3000年来无数楚菜人士兼收并蓄、博采众长、薪火传承的硕果，更是当代楚菜人士情怀、执着、担当精神的结晶。

　　编撰《中国楚菜大典》是湖北省委、省人民政府交给湖北省商务厅的一项加强楚菜文化建设的重要任务。2018年7月21日，湖北省人民政府办公厅发布了《关于推动楚菜创新发展的意见》（鄂政办发〔2018〕36号），将湖北菜的简称统一规范为"楚菜"，明确要求加强楚菜文化研究，集中力量出版一部《中国楚菜大典》及系列丛书。《中国楚菜大典》的编撰，始终得到湖北省委、省人民政府领导同志的亲切关怀和精心指导，湖北省商务厅、湖北经济学院有关领导同志亲自审定编撰工作方案，关注编撰工作进程，成为仅一年半时间完成近百万字的《中国楚菜大典》编撰出版工作的动力源泉。

　　数风流人物，还看今朝。难忘楚菜学者、专家、大师五百多个日日夜夜的辛勤研著：湖北省社会科学院楚文化研究所研究员张硕论道"楚菜与楚文化"；华中师范大学历史文化学院博士生导师姚伟钧，带领谢定源、张硕、曾庆伟、方爱平、李明晨、李亮宇、刘国梁、郝建新求索于"楚菜的源流"，呈献了"千年楚馔史，半部江南食"；华中农业大学食品科技学院谢定源副教授与曾翔云、余明社、张毅并肩研究"楚菜发展与产业创新"，总结了楚菜特色发展道路，展现了楚菜产业发展成果；武汉大学中国传统文化研究中心特聘研究员方爱平率领许睦农、舒服亮、熊贤辉、曾翔云、熊培芳寻访"楚菜特色食材"，鱼米之乡、山珍野味尽收眼底；湖北经济学院教授卢永良携手余明社、孙昌弼、鲁永超、涂建国、曾翔云、曾庆伟、常福曾、陈才胜、高琼倡导"楚菜制作技艺与菜品创新"，推动楚菜创新发展；湖北经济学院副教授曾翔云偕同姚伟钧、谢定源、段胜章、高琼、谭志国畅游"楚菜饮食非遗与美食之乡"，分享传统美食盛宴；武汉商学院教授周圣弘引领罗爱华、柳娟、邹奇卉、闻艺畅饮"楚天名茶名酒"，增辉楚宴；武汉商学院教授贺习耀与熊培芳、何四云、刘虓、丁辉彩排"荆楚名宴名席"，领略荆楚风俗人情；湖北经济学院教授卢永良和余明社、孙昌弼、涂建国、徐家莹、曾翔云、邹志平、高琼、谭志国、陈才胜、方元法一道对"荆楚名菜名点"如数家珍，绽放味蕾；湖北经济学院副教授邹志平、曾翔云介绍"楚菜大师"，彰显楚菜团队力量；武汉餐饮业协会副会长涂水前联手曾翔云、邹志平、方志勇做客"楚菜名店名企"，共享餐饮文化；《炎黄美食》杂志总编辑曾庆伟与张硕协力收集整理"名人谈楚菜"，弘扬楚菜文化；荆门市烹饪酒店行业协会会长张毅率领曾翔云、姚伟钧搜集编辑的"楚菜大事记"，追寻楚菜发展壮大的历史轨迹。致敬你们勇于担当、求真务实、精诚合作的团队精神。

不忘初心，牢记使命。难忘全省各地楚菜人士精心挖掘、制作、拍摄楚菜饕餮盛宴的风景线。各市州商务局、省市行业协会组织四百多人的楚菜烹饪专家团队，收集整理楚菜品牌食材八十多种，制作拍摄楚菜特色菜肴、面点小吃两百四十多道，收录楚菜大师两百二十多人、楚菜名店名企名校一百五十多家。最初的激动渐渐淡去，振兴楚菜的情怀和责任愈加强烈。是你们成就了楚菜品牌的丰富呈献，致敬你们爱岗敬业、德艺双馨、无私奉献的精神风范。

文化自信是一个国家、一个民族发展中更基本、更深沉、更持久的力量。《中国楚菜大典》是楚菜创新发展、坚持文化自信的里程碑。早在 2007 年初，著名中国烹饪大师、湖北经济学院教授卢永良提议将湖北菜的简称统一规范为"楚菜"，2015 年又产生了编撰一部《楚菜大典》的念头，长期以来呕心沥血致力于楚菜的传承发展。借《中国楚菜大典》出版发行向卢永良先生致以崇高的敬意。

感谢湖北省市商务厅、湖北经济学院、湖北长江出版传媒集团（股份）有限公司、湖北科学技术出版社有限公司有关领导、编辑给予本书编撰、出版的大力支持。

楚菜历史悠久，文化源远流长。《中国楚菜大典》的编撰出版是一项颇具开创性与挑战性的工作，内容多，任务重，时间紧，且楚菜及楚菜产业正处于政府致力创建品牌和打造万亿产业的创新发展时期，还有与时俱进予以补充和完善的空间。因此，本书内容上的疏漏在所难免，不足之处，敬请各位领导、专家、同仁和读者不吝批评指正。

《中国楚菜大典》编委会

2019 年 11 月

联系地址：武汉市江夏区杨桥湖大道 8 号湖北经济学院卢永良技能大师工作室

邮编：430205　　　　　　　　　　　　　**电话：**027-81973724